U0387383

“十二五”
国家重点图书

国家科学技术学术著作出版基金资助项目

亚熔盐清洁生产技术与资源高效利用

张懿 等著

Sub-molten Salt Technology-Cleaner Production and Efficient Resource Utilization

化学工业出版社

·北京·

本书展示了我国清洁生产与资源优化循环的理念、目标、内涵、研究方法和技术创新特色；涵盖了我国化工冶金基础制造业绿色化升级与清洁生产技术创新的国家需求，绿色制造/清洁生产技术从化学分子尺度到设备放大系统集成多尺度的设计原理、科学内涵和方法，绿色过程模拟、集成与优化；着重介绍了亚熔盐化工冶金新原理与清洁生产关键共性技术，铬化工行业、氧化铝行业、钛白行业、稀有金属铌和钽的清洁生产技术与工艺，钒渣亚熔盐法钒铬高效提取分离技术，工业固废资源化利用；最后提出了过程制造业绿色化的升级转型技术路线图。

本书可供环境工程、化学工程、能源工程等领域的科研人员、工程技术人员和管理人员参考，也可供高等学校相关专业师生参考。

图书在版编目（CIP）数据

亚熔盐清洁生产技术与资源高效利用/张懿等著. —北京：化学工业出版社，2016.2

ISBN 978-7-122-25940-0

Ⅰ.①亚… Ⅱ.①张… Ⅲ.①化工过程-无污染技术 Ⅳ.①TQ02

中国版本图书馆 CIP 数据核字（2015）第 315994 号

责任编辑：刘兴春 左晨燕 刘 婧　　装帧设计：尹琳琳

责任校对：王 静

出版发行：化学工业出版社（北京市东城区青年湖南街 13 号 邮政编码 100011）

印 装：三河市航远印刷有限公司

787mm×1092mm 1/16 印张 33½ 字数 795 千字 2016 年 8 月北京第 1 版第 1 次印刷

购书咨询：010-64518888（传真：010-64519686） 售后服务：010-64518899

网 址：http：//www.cip.com.cn

凡购买本书，如有缺损质量问题，本社销售中心负责调换。

定 价：180.00 元

《亚熔盐清洁生产技术与资源高效利用》著者委员会

按汉语拼音排序：

曹绍涛　杜　浩　李会泉　马淑花　齐　涛

王少娜　王晓辉　徐红彬　薛天艳　阎文艺

张亦飞　张　懿　郑诗礼

前言

FOREWORD

我国工业化中期产业转型升级的核心是制造业的绿色化技术升级和产品高端化。我国在基础制造业特别是战略性原材料制造的资源、能源、环境全生命周期效率和成本上与发达国家仍有较大差距，我国钢铁、有色金属总量与化工基础产品产量连续多年居世界首位，未来十年资源环境问题将更加突出，低端产品产能过剩，产业急待转型升级。尽快突破高效清洁合理利用重大矿产资源的关键技术，是转变经济增长方式、引导原始科技创新的重大任务。

本书作者们是我国最早开展重化工业清洁生产技术与资源综合利用研发的中国科学院过程工程所创新团队成员。积 20 年的实验室基础研究与产业化示范工程应用开发研究实践经验，从面向国家需求的科研一线人员视角，系统展示了我国清洁生产与资源优化循环的理念、目标、内涵、研究方法和技术创新特色，为我国制造业的绿色化升级提供引领性技术支撑。

本书共 8 章。第 1 章由张懿执笔，内容包括我国化工冶金制造业绿色化升级与清洁生产技术创新的国家需求，绿色制造/清洁生产技术设计原理、科学内涵和方法，亚熔盐绿色过程模拟、集成与优化，着重介绍了亚熔盐化工冶金新原理与清洁生产关键共性技术，其中活性氧理论的量化研究主要是由杜浩研究员和郑诗礼研究员直接带领研究生们完成的工作。第 2～第 7 章分别介绍了团队多年研发的亚熔盐清洁生产与资源综合利用技术创新体系案例，其中，第 2～第 6 章分别介绍了铬化工行业（徐红彬研究员、郑诗礼研究员执笔）、氧化铝行业（张亦飞研究员、郑诗礼研究员、马淑花、曹绍涛执笔）、钒渣亚熔盐法钒铬高效提取分离技术（杜浩研究员、郑诗礼研究员、王少娜执笔）、钛白行业（齐涛研究员、薛天艳执笔）以及铌、钽稀有金属行业（郑诗礼研究员、王晓辉执笔）的亚熔盐清洁替代性技术原始性创新及应用示范工程，第 7 章为工业固废资源化利用（李会泉研究员、马淑花执笔），包括亚熔盐法处理高铝粉煤灰联产硅酸钙保温材料利用技术、高铝粉煤灰制备莫来石联产白炭黑综合利用技术。第 8 章提出了过程制造业绿色化的升级转型技术路线图（张懿执笔）。全书最后由张懿、郑诗礼统稿、定稿。

本书向我国科技界同行忠实奉献了中国科学院过程工程研究所“资源清洁转化绿色过程工程团队”20 年的工作积累，为国家可持续发展进一步提供技术支撑。20 年来，本书作者们的团队持续创新，艰苦拼搏，团结合作，曾获 2002 年国家人事部、中国科学院“先进集体”荣誉称号。团队首席已由张懿院士转给齐涛博士接任，创新团队核心骨干成员张懿、齐涛、郑诗礼、李会泉、徐红彬、杜浩、张亦飞、曲景奎等对科技成果的产业化已有重大推进，亚熔盐基础理论又有新的拓展。感谢我国湿法冶金创建人陈家镛院士悉心指导，感谢中国科学院过程工程研究所资深教授李佐虎研究员对本领域的开创性贡献。感谢示范工程企业技术人员多年坚持不懈的信任、支持和奉献。也用此书向困境中支持我们工作的当年中国科学院路甬祥、杨伯龄、李静海，国家21世纪议程中心郭日生等交一份汇报。向示范工程企业和所在地人民交一份答卷。期望所展示的学术成果经得起历史的考验。

张懿

2015年8月于中国科学院过程工程研究所

目录
CONTENTS

总论

铬化工清洁生产工艺与集成技术

氧化铝行业清洁生产技术与资源综合利用

钛白行业的清洁生产技术

稀有金属铌、钽的清洁工艺技术

钒渣亚熔盐法钒铬高效提取分离技术

工业固废资源化利用

过程制造业绿色化升级转型技术路线图预测

总论

1.1 化工冶金制造业绿色化升级与清洁生产技术创新的国家需求

绿色发展已成为世界各国的共同选择。支撑实体经济的过程制造业——钢铁、有色、化工、煤炭、石油石化等行业是我国大宗难处理资源加工的制造业龙头，是资源能源消耗和环境污染物产生的主体（＞70%）。随着资源、能源、环境约束的凸显，特别是对矿产、油气、生物质资源进行大规模物理、化学、生物加工的过程制造业绿色化技术创新，核心竞争力的培育将上升为国家战略[1~3]。我国作为世界制造业大国，为世界提供了高份额的基础原材料和低端产品。在经济高速增长的同时，也付出了沉重的资源环境代价，对制造业绿色化需求更为急迫[4,5]。产业转型升级的核心是制造业的绿色化技术升级和产品高端化。我国在基础制造业特别是战略性原材料制造的资源、能源、环境全生命周期效率和成本上与发达国家仍有较大差距，应在5～10年内大大缩短。我国科技界应在解决重大特色资源绿色加工利用技术难题上培植出国内外领先的原创性成果，引领制造业的绿色化升级，破解我国可持续发展的资源环境瓶颈[6,7]。

本书重点讨论矿产资源的高效清洁循环利用问题，对矿物资源进行大规模物理、化学、生物加工的钢铁、有色、化工等重化工业生产过程物流、能流密集，是我国经济增长受资源、能源、环境约束矛盾的焦点。我国主要矿物优质资源相对匮乏，45种主要矿产人均占有量不到世界平均水平的1/2，自给率逐年降低，且以低品位、难处理、多组分的复杂矿为主，我国一次矿物资源中复合型贫矿占97.8%，分离回收处理难度大[8~13]。由于传统产业技术更新速度相对缓慢，科技支撑不足，缺乏针对我国特色资源的原创性技术和成果产业化转化平台，致使作为我国重大特色资源代表的钒钛磁铁矿、一水硬铝石矿等资源综合利用至今未能取得根本性突破。我国矿物资源总体利用率低，废弃物产生量大，共伴生矿产资源综合利用率比国际先进水平低30个百分点，工业固废产生量是发达国家的10倍，能耗高，环境污染严重，已超出环境承载力。国内外矿产资源加工能源利用率部分比较见表1-1。矿物资源加工利用技术的绿色化升级是目前我国重大紧迫的战略需求。

表1-1 国内外矿产资源加工资源能源利用率部分比较

指标比较			国内水平	国际先进水平
资源利用率	有色金属矿产资源综合利用率/%		60	80
	共伴生矿产资源综合利用率/%		30	60
	钒钛磁铁矿综合利用率	钛回收率/%	20	80
		钒回收率/%	45	
		铬回收率/%	0	
	二次金属资源循环利用率	铜铝铅锌均计/%	25	＞50

续表

指标比较		国内水平	国际先进水平
能耗	钢铁冶炼	比国外高 20%	
	粗铜综合能耗（平均）	1tce（比国外高 40%）	
	氧化铝综合能耗	比国外高 50%～300%	
	湿法炼锌	比国外高 39%	
	铅冶炼（平均）	比国外高 84%	

我国已成为世界矿业加工的化工冶金基础原材料生产第一大国。钢铁、有色金属总量与化工基础产品连续多年居世界首位。未来 5～10 年资源环境问题将更加突出，低端产品产能过剩，产业亟待转型升级。尽快突破高效清洁合理利用重大矿产资源的关键技术，是转变经济增长方式、引导原始科技创新的重大任务。

未来 5～10 年，在新反应介质的全新化学新反应路径设计、绿色催化技术、过程强化技术、化学场和物理场强化耦合的先进反应分离设备、资源循环与环境核心技术集成等方向研究开发新理论、新方法，建立大幅度提高资源利用率、降低能耗、源头削减废弃物的绿色过程工程基础与清洁生产集成技术示范应用平台，加速新技术产业化进程，催生战略性新兴产业，是符合我国国情的战略选择。

1.2 绿色制造/清洁生产技术设计原理、科学内涵和方法

本书作者们是我国最早起步从事清洁生产技术/绿色过程工程研究的创新团队，20 年来一直坚持不懈地研究探求我国绿色/循环/低碳发展的技术战略与路径创新及示范工程验证。运用环境优先的绿色过程工程理论与方法，综合交叉化学、冶金、化工、环境、能源、计算信息等多学科的知识，从事资源物质转化绿色过程基础与清洁生产技术创新研发与示范实施[14,15]。

（1）污染物控制等级与国际绿色经济发展

重点突破源头减量的资源物质转化原子经济性反应新系统的构建，从源头大幅度提高资源利用率，减少废弃物产生，国内外实践证明这是污染控制最高效的方法。

① 20 世纪 80 年代，美国污染预防战略推进“清洁生产”，重点行业清洁生产技术研发/实施/立法。

② 美国制订了 2020 年化学工程、矿物加工等科技发展路线图，加大绿色技术研发投入，提出未来 20 年将资源加工原料损失率减少 90%。

③ 日本制订全面物质循环社会建设科技计划，2025 年规划“全部清洁化”战略，单位产值能耗下降 1/2，化学风险趋于零，建立环境导向技术的替代性新工艺/新过程/新材

料及污染防治和资源循环体系。

污染控制等级具体见图 1-1。

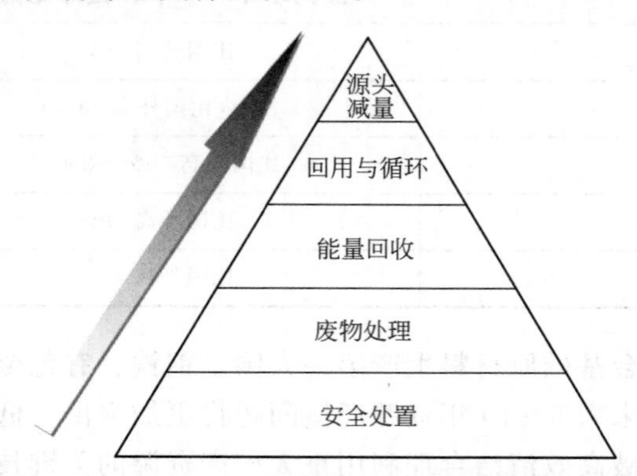

环境风险为危险和暴露的函数[16]。

风险=f(危险×暴露)

- 源头减量的污染预防是污染控制的最高级别。
- 贯穿于整个生命周期各阶段，绿色化学设计是源头控制的主线。
- 涵盖风险最小化可控的紧密结合的系统。

■ 图 1-1 污染控制等级与国际绿色经济发展

顶级的源头污染预防是原料高效转化为产品的反应分离新系统构建的绿色化学原始性创新，以不产生或少产生废弃物为主要目标。美国斯坦福大学教授 Barry Trost[17] 于 1991 年首次提出了原子经济性概念，引导人们如何去设计最大限度地利用原料中原子的新反应途径，从源头实现资源节约。Trost[18] 理论在过渡金属催化的有机分子环化和加成反应中得到了成功运用，获得了美国绿色化学理论奖，并得到国际学术界认同。一些提高资源利用原子经济性的新成果不断被推出[19]，对苯二酚的合成是典型实例。本书将有机合成中原子经济性概念首次引入矿物资源利用领域，设计出矿物资源原子经济性高效转化新系统，以实现资源节约-高效利用的绿色化过程。理想的原子经济性反应追求的目标为：A＋B（原料）→C（产物）＋D（有毒有害副产物），D→0，而不仅是产率。本书的典型案例是对亚熔盐反应介质、原料、反应条件、转化路径、过程强化与设备进行了全新设计。绿色化学框架 3 个要点可概括为：a. 贯穿于整个化学化工冶金全过程生命周期各个阶段的绿色化学设计；b. 绿色化学的目的是设计化工产品的固有性质和工艺过程，以减少其固有危险；c. 绿色化学是涵盖许多原则和设计标准的紧密结合的系统，如面向化工产业的不同化学领域，提出环境因子 E 值[20]（见表 1-2）。

■ **表 1-2 不同化学领域的 E 值**

工业分支	产量/(t/a)	E 值
大宗化工产品	104～106	＜1～5
精细化工	102～104	5～＞50
制药工业	10～103	25～＞100

注：1. 相对于每一种化工产品而言，目标产物以外的任何物质都是废物。

2. 环境因子越大，则过程产生的废物越多，造成的资源浪费和环境污染也越大。

3. 对于原子利用率为 100％的原子经济性反应，E 因子为零。

（2）源头污染预防与污染控制的界定

关于过程的资源循环回用，在物质元素和能量传递与利用过程中，未反应原料的过程内循环和界内循环是耗散代价较小的短程循环，还需设计废弃物与过程物流的质量交换集成网络。而界外循环相对耗散代价较大，危险物末端治理与安全处置是下策。源头污染预防与污染控制的界定具体见图 1-2。

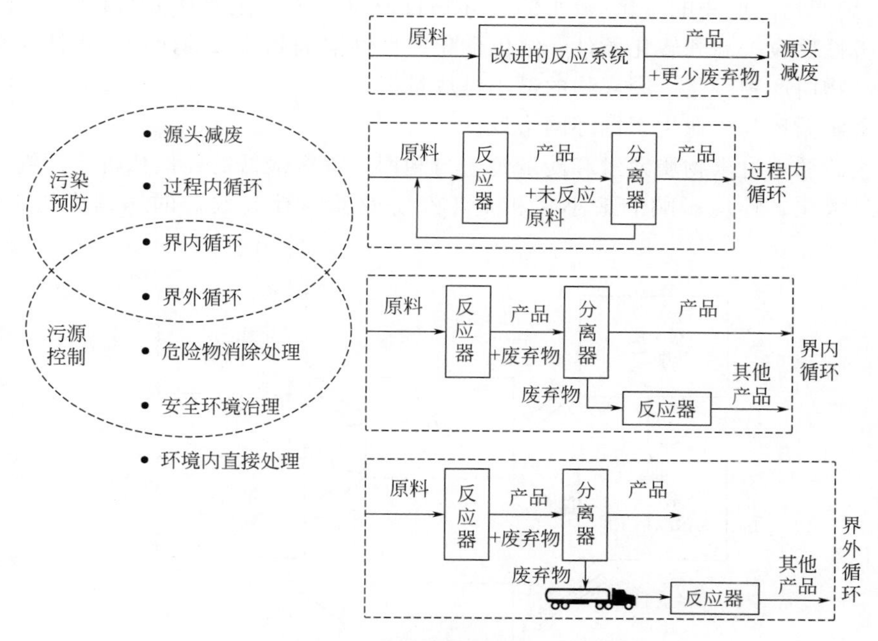

■ 图 1-2　源头污染预防与污染控制界定

(3) 基于资源节约和废弃物最小化的清洁工艺研究目标与方法

如图 1-3 所示，通过文献和社会调研产生可供选择的 N 个工艺替代方案，提出简化假设，综合热力学方法、单元操作原理，建立工艺过程仿真的数学模型，进行过程物料衡算、热量衡算、设备尺寸估算和能量分析，结合实验数据对各方案的物质强度、能量利用、“三废”产生、操作问题进行系统分析，并做出环境和经济评价，就环境、能量、资源效率、可操作性指标进行方案可行性定级。清洁工艺的核心是资源转化的绿色化学创

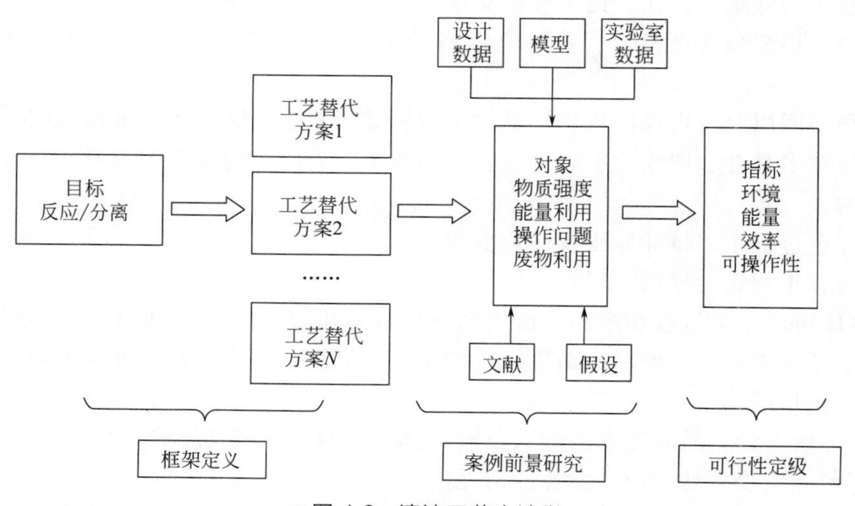

■ 图 1-3　清洁工艺方法学

新，在原子经济性反应/温和转化条件下，绿色催化/良性溶剂和介质的使用/毒性原料的可替代性/副产物向产物的转化/最小的废弃物排放量等成为主要研究目标[21,22]。具体包括原子经济性反应、温和转化条件、绿色催化、良性溶剂和介质的使用、毒性原料的可替代性、副产物向产物转化、废弃物的最小排放量等。

（4）资源循环与工业生态循环网络设计

工业生态循环追求物质元素和能量传递与利用过程中最低的耗散代价，即综合实现资源利用的最大化、环境影响的最小化和企业经济效益与社会效益的协调优化，如图 1-4 所示。

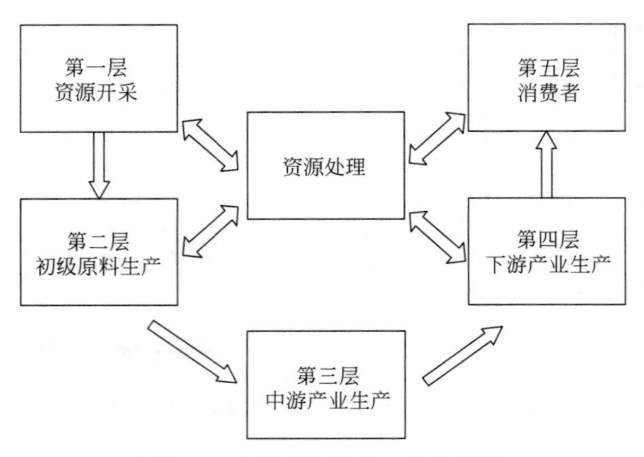

■ 图 1-4　全生命周期的工业生态循环

（5）工业生态/循环经济系统集成与区域示范

在生态工业系统尺度上研究元素代谢与物质外循环运行机制与产业共生的柔性链接技术，建立资源利用的物质流程/能量流程/信息流程的整体优化集成方法和评价体系，突破高能耗、重污染行业密集区域的工业生态与循环经济构建技术，建立节能减排与循环经济区域示范，并形成过程工业绿色化升级的科学量化评价方法和国家技术标准，为最终构建物质循环利用的低碳经济社会提供科技支撑。在本书重点阐述的亚熔盐清洁生产技术案例中，钒、铬、铝都是通过相关行业工业生态循环网络链接设计实施的，具体内容将另行展开。

资源循环回用要付出耗散代价，通过预测模型的建立预测二次资源回收的环境经济重要性、处理技术难度和回收成本，可以直观判断某一类废弃物处理的重要性及技术可行性是很必要的。

（6）绿色过程工程设计原则及内容框架

绿色过程工程设计原则[23]如下。

1）整体考虑工艺过程和产品，使用系统分析与集成的方法评估对环境的影响，环境影响应涵盖了生态因子、原料生命周期、能量生命周期、用水生命周期、原料消耗量、能量消耗量、土地征用。

2）保障所有的物质和能量的输入及输出是安全的和环境友好的。

3）尽可能减少自然资源、能源的消耗。

4）通过革新、创新和技术发明实现可持续发展，在传统和主流工艺之上，创造性地提出工程解决方案。

5）物质利用、能源利用、生态效率的量化衡量。

6）源头污染预防优于污染治理。

7）设计使反应终期的产品无害降解，而不是存在于环境中。

8）研发分析方法，实现有害物质的实时、过程控制，取代有害物形成后的控制技术，应选择发生化学事故（泄漏、爆炸和火灾）可能性最低的原料及化学过程中间物。

绿色过程工程设计内容框架[24,25]见图 1-5。

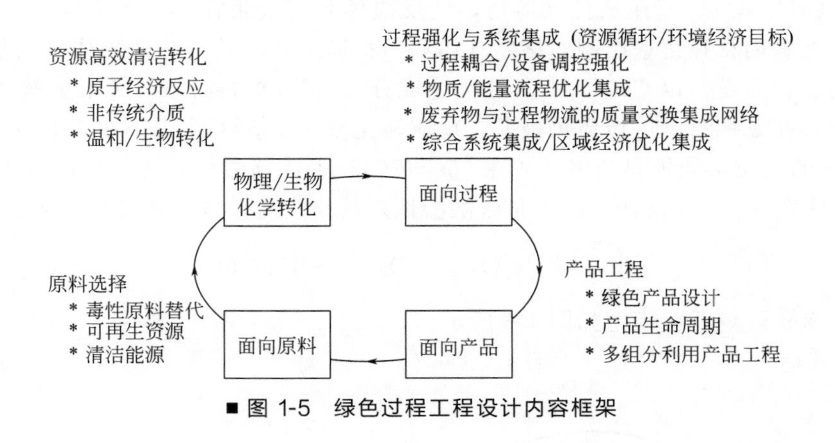

■ 图 1-5　绿色过程工程设计内容框架

1.3　亚熔盐化工冶金新原理与清洁生产关键共性技术

面向矿产资源高效清洁利用的国家重大战略需求，本工作针对具有化学共性的难处理两性金属矿物（Cr/Al/Ti/Nb/Ta/Mn/W/Mo 等），提出了亚熔盐非常规介质活化矿物资源转化反应的新概念，创建了矿物资源亚熔盐转化的全新化学体系与实现原子经济性反应的新原理、新方法。研发出替代高能耗、高污染的高温钠化氧化焙烧、苛刻化学分解反应条件等传统工艺的亚熔盐清洁生产集成技术，从源头大幅度提高了资源利用率，降低了能耗，消除了毒性废弃物的产生，示范工程运行取得了优于国内外已有技术的经济、环境指标的成效，实现了多种难分解两性金属矿物资源高效清洁转化、分离，形成了亚熔盐介质清洁化工冶金新理论和共性技术。

1.3.1　两性金属资源转化传统流程解析

铬、钒化工是代表性涉重金属行业，其氧化钠化焙烧传统提取流程对环境影响最大，重金属废渣与含毒性废气污染事件高发，危害人体健康与社会安定。本书清洁生产技术研究“九五”期间从铬化工行业切入，经历了从熔盐液相氧化到亚熔盐液相氧化取代传统钠化氧化焙烧流程的技术发展历程，在困境中坚持持续创新，从改变反应介质与路径、反应器过程强化到分离/产品工程进行了原理、方法过程工艺、设备及放大总体性创新，新方法建立的基本思路是针对氧化钠化焙烧工艺的资源转化率低与环境污染难题。

① 铬铁矿尖晶石高温（1150℃）氧化焙烧的主反应见式(1-1)。

$$FeO \cdot Cr_2O_3 + 2Na_2CO_3 + \frac{7}{4}O_2 \longrightarrow 2Na_2CrO_4 + \frac{1}{2}Fe_2O_3 + 2CO_2 \qquad (1\text{-}1)$$

焙烧体系涉及烧结态的气-液-固三相，熔点为856℃的碳酸钠为熔融液态，过程中与生成物 Na_2CrO_4 在655℃生成低共熔物，使反应体系含液量在30%～60%，熔融物包裹矿物颗粒，在炉内粘在窑壁结圈，堵塞气体和新料通道，回转窑无法操作。而加入矿量2倍的石灰石、白云石（以 $CaCO_3$、CaO 为主成分），稀释炉料时虽改善了炉料透气性，但氧气和中间体在黏稠熔态层传质仍极差，反应转化率在1150℃高温下小于80%。

② 加入的钙质焙烧辅料与铬铁矿在650～700℃生成铬酸钙，为致癌酸溶性物质［式(1-2)］，造成2.5～3t/t 铬盐产品大量含酸溶性六价铬废渣，危害环境和人体健康。

$$2CaO + Cr_2O_3 + \frac{3}{2}O_2 \longrightarrow 2CaCrO_4 \qquad (1\text{-}2)$$

铬铁矿氧化焙烧反应模型如图1-6所示。

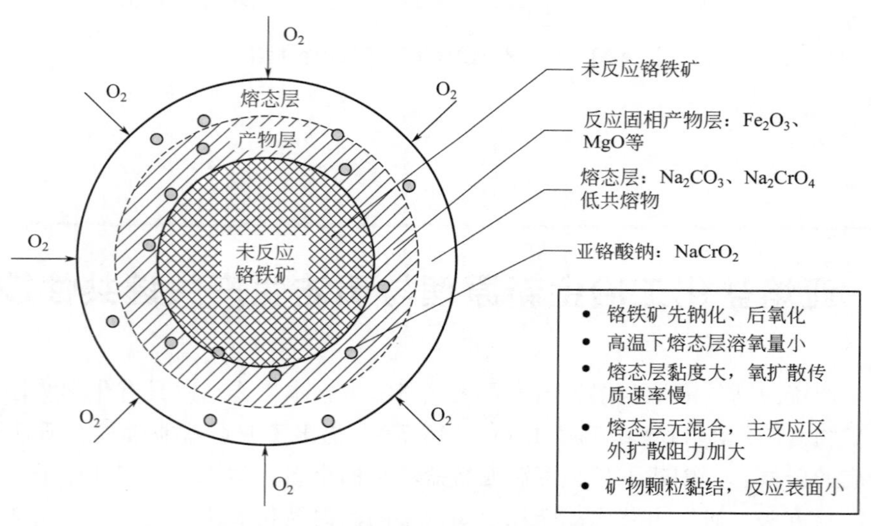

■ 图1-6 铬铁矿氧化焙烧反应模型

1.3.2 熔盐/亚熔盐液相氧化取代高温钠化氧化焙烧新工艺主体思路

根据环境优先的绿色设计原则，构建一个相对低温、不加钙质原料，不产生致癌性 $CaCrO_4$、矿物颗粒在溶氧的熔盐-亚熔盐液相介质中呈悬浮态的液相氧化体系，取代高温氧化焙烧工艺，以在低温常压下亚熔盐区实现资源转化的原子经济性（见图1-7）。本书在绿色化学方面研究了亚熔盐新介质的矿物转化和清洁氧化技术，引导介质中的电子转移，以在亚熔盐介质中生成并可稳定存在的高活性 O_2^- 取代分子氧。在亚熔盐中离子化的 O^{2-} 通过 Lewis 酸碱反应，取代非还原性矿物晶格表面的 O^{2-}，破坏晶格结构，降低表面反应活化能，强化矿物分解，如一水硬铝石的分解，结构为氧离子按六方密排，三价铝离子位于八面体中心，分解破坏 O—O 键困难，在亚熔盐介质离子氧 O^{2-} 存在下，$AlOOH(s)+O^{2-}\longrightarrow AlO_2^-+OH^-$，分解温度由拜耳法的 260℃降至 150℃，近常压；通氧下，在亚熔盐介质中进一步生成氧化性更强的 O_2^- 和 HO_2^-，如尖晶石中三价铬的氧化，先氧化为四价态，再氧化为六价，反应式为 $CrO_2^-+O_2^-+OH^-\longrightarrow CrO_3^{2-}+HO_2^-$（见图 1-8）。

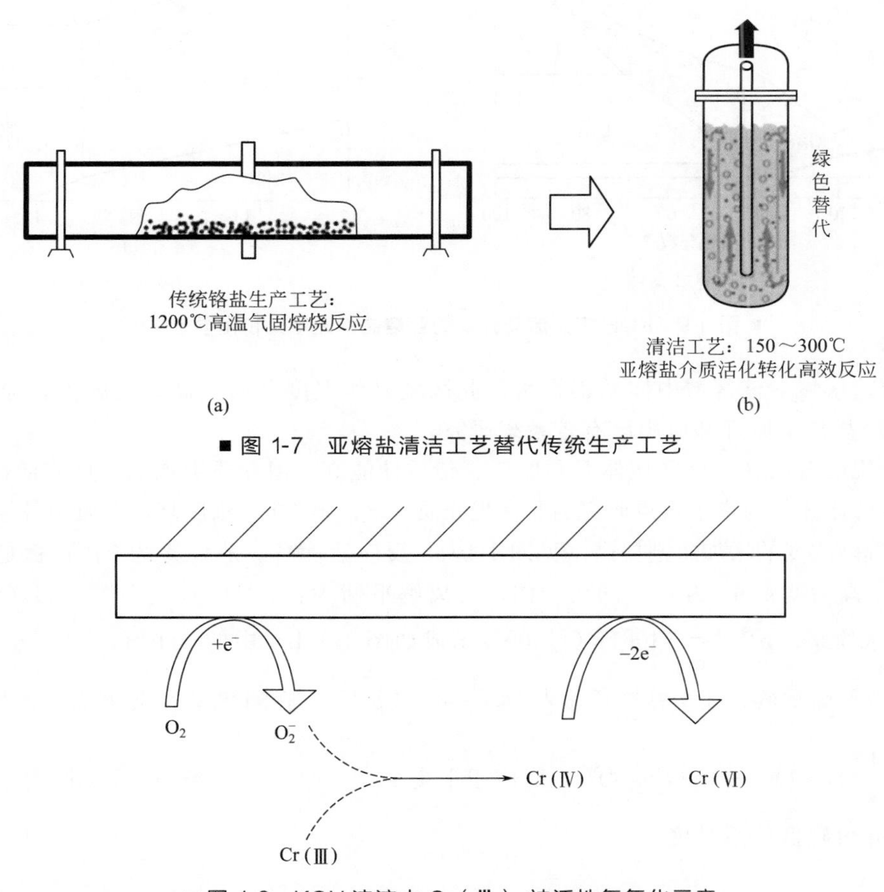

■ 图 1-7 亚熔盐清洁工艺替代传统生产工艺

■ 图 1-8 KOH 溶液中 Cr(Ⅲ)被活性氧氧化示意

机理模型已得到了实验验证，可使反应温度由 1150℃降至 150～300℃，实现了接近原子经济性的转化效果，节约了能耗，避免了高温下环境致癌物如 $CaCrO_4$ 和大量毒性废渣的产生。亚熔盐介质反应过程突破了传统热力学和动力学限制，并在新介质中构筑了易于分离的产物分子结构新类型，如控制铬铁矿的反应尾渣从难分离的无定形氧化铁转化为极易分离的铁酸盐晶体，再水解，以减少环境负载。以下展开对亚熔盐新介质全新化学系统进行的基础研究和模拟。

1.3.3 亚熔盐非常规介质的优异物理化学特性和计算分析

本书提出，亚熔盐非常规介质是可提供高化学活性、高离子活度的负氧离子的碱金属盐高浓介质，具有高反应活性、高沸点、性能可控、低蒸气压等显著优异特性[26]。如图 1-9(a)所示，在 KOH 的全浓度范围内，依据体系中水含量的差别，划分为 3 个区域。

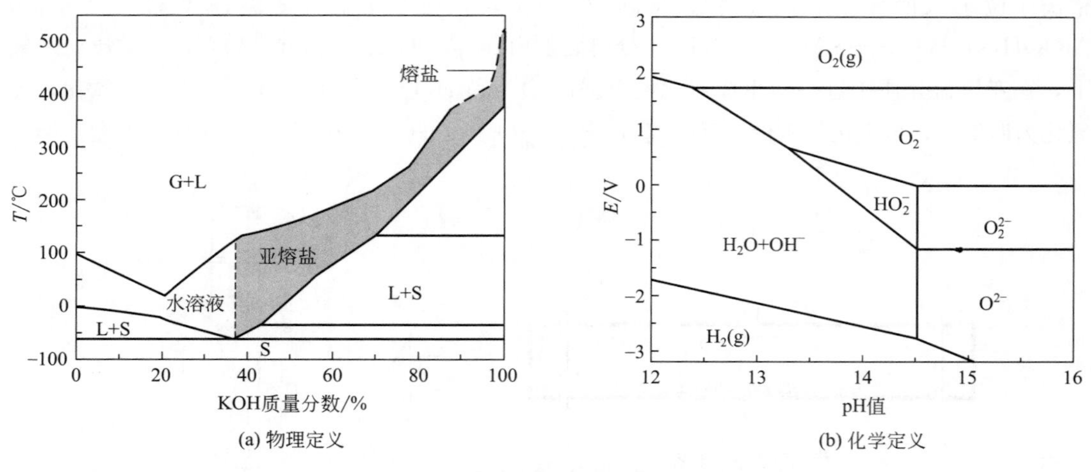

(a) 物理定义　　(b) 化学定义

■ 图 1-9　KOH 多元流动介质的亚熔盐物理定义和化学定义

① 熔盐区域　该区域中体系不含水，此区域操作温度和沸点高，黏度大，流动传递性质差，熔盐化学原理和应用已有较系统研究。

② 常规电解质区　该区域体系黏度低、传质性能好，但介质沸点低、反应活性低。

③ 亚熔盐区　为本书重点研究的非常规介质。该区域 OH^- 浓度高，介质中各组分的活度系数随着碱浓度的增加急剧提高（见图 1-10），反应活性高，是氧负离子存在稳定区。亚熔盐介质中高活度 OH^- 为 O^{2-} 的给予体，自离解平衡为：$2OH^- \rightleftharpoons O^{2-} + H_2O$，对亚熔盐的含水体系，$p^{H_2O} = -\lg[H_2O]$ 可表示成如图 1-9(b) 中的 pH 值，$p^{H_2O} + p^{O^{2-}} = p^{k_d}$，$k_d$ 为平衡常数，亚熔盐介质 $p^{H_2O} < \frac{1}{2}p^{k_d} < p^{O^{2-}}$。在通氧下又会生成高活性过氧、超氧根，$\frac{1}{2}O_2 + O^{2-} \longrightarrow O_2^{2-}/O_2^-$，对应于平衡 $2O^{2-} + 2O_2^- \rightleftharpoons 3O_2^{2-}$，用 p^{H_2O} 调控介质酸碱度并可降低体系黏度。

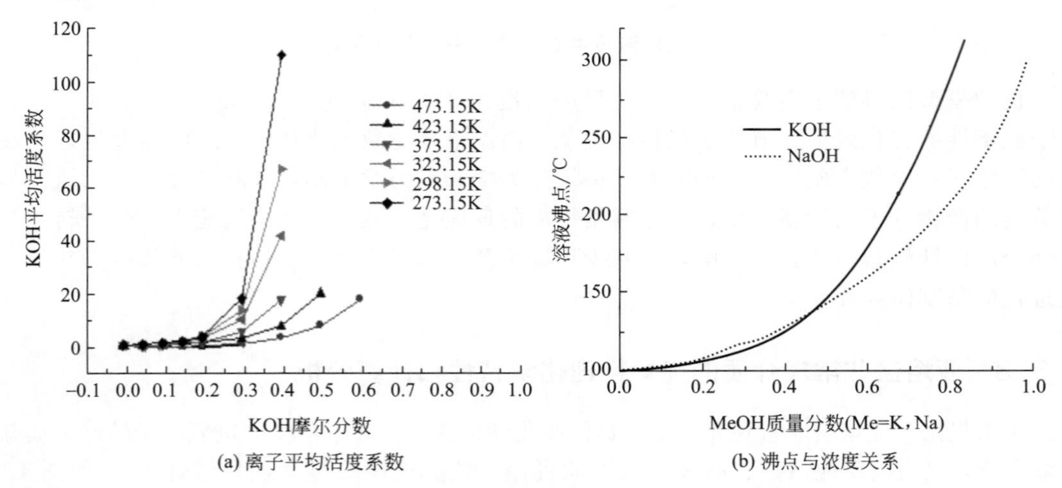

(a) 离子平均活度系数　　(b) 沸点与浓度关系

■ 图 1-10　KOH 中的离子平均活度系数、沸点与浓度之间的关系

根据文献［27，28］汇总的活性氧热力学数据，在标准氢电极电位为0的常规稀溶液中，可得到不同活性氧组分相互间转化的氧化还原电位［如式(1-3)～式(1-9)］，其 E-pH关系如图1-11所示。从图1-11中也可看出，高碱性条件下生成活性氧的氧化还原电位更低，而且有利于超氧根的生成和稳定存在，可见亚熔盐介质是活性氧的良好载体。

$$O_2+4H^++4e^-\longrightarrow 2H_2O,\quad E_0=0.4V \tag{1-3}$$

$$O_2+2H^++2e^-\longrightarrow H_2O_2,\quad E_0=0.305V \tag{1-4}$$

$$H_2O_2+H^++e^-\longrightarrow \cdot OH+H_2O,\quad E_0=0.30V \tag{1-5}$$

$$\cdot OH+H^++e^-\longrightarrow H_2O,\quad E_0=2.8V \tag{1-6}$$

$$O_2+e^-\longrightarrow O_2^-,\quad E_0=0.33V \tag{1-7}$$

$$O_2^-+2H^++e^-\longrightarrow H_2O_2,\quad E_0=0.34V \tag{1-8}$$

$$H_2O_2+2H^++2e^-\longrightarrow 2H_2O,\quad E_0=1.77V \tag{1-9}$$

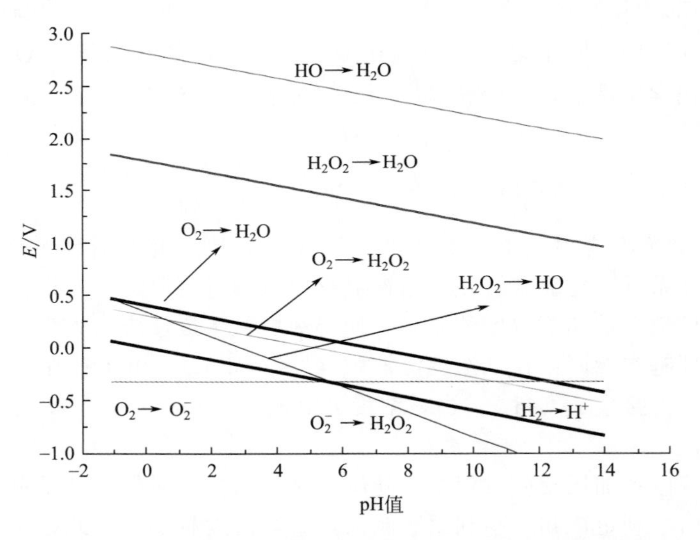

■ 图1-11 氧分子与活性氧交互随pH值变化的电位电势图

将常规稀溶液的参比电极标准氢电极电位作为原点改用钠标准电极（E. S. S）电位作为参比电极[29]，此时 $E^\circ_{H_2O/H_2}=0.82V$，换算出常用氧化剂的氧化还原电位（见表1-3），可看出活性氧的氧化还原电位明显高于分子氧，具有强氧化性。离子化溶剂传递/流动特性优越，反应易于实现定量调控，能够突破传统气-液-固三相反应的热力学和动力学瓶颈，实现拟均相反应，使反应物的转化率大幅度提高。

■ **表1-3 活性氧与常用氧化剂氧化还原电位比较**（相对于钠标准电极）

氧化剂	过氧根（O_2^{2-}/HO_2^-）	超氧根（O_2^-）	氯气	硝酸根	高铁酸钾	氧气
标准氧化还原电位（VS E. S. S）/V	2.59	2.28	2.18	1.76	1.54	1.22

1.3.4 亚熔盐介质中活性氧生成机理与研究方法

1.3.4.1 电化学方法研究活性氧生成机理

为了获得活性氧在亚熔盐介质中的生成机理和转化规律，本工作在前期进行了大量研究，采用电化学法研究了亚熔盐介质中活性氧的生成机理以及调控规律。氧气在亚熔盐介质中生成活性氧中间体，扩散到矿物表面，增强介质的反应活性，使原先的气-液-固三相反应转变为拟均相反应，反应和传质效率大幅提高。当氧气通入亚熔盐中时，在一定 p^{H_2O} 和温度下，出现 3 个主要的活性氧相关峰，分别如式(1-10)～式(1-13) 所示。

① 氧气发生 1 电子反应生成 O_2^- 的峰：

$$O_2 + e^- \rightleftharpoons O_2^- \tag{1-10}$$

② 发生了 O_2^- 的进一步还原，生成 O_2^{2-}：

$$O_2^- + e^- \rightleftharpoons O_2^{2-} \tag{1-11}$$

③ 出现 O_2^- 的氧化峰，其峰电流远大于氧气还原反应生成 O_2^- 的峰电流。这一差异是由于在亚熔盐介质中，除了电化学氧气还原，介质中已经有大量的 O_2^- 通过非电化学反应生成，在电化学条件下，这些超氧离子会发生氧化，导致 O_2^- 氧化峰电流大幅增加。

$$O_2^- \longrightarrow O_2 + e^- \tag{1-12}$$

$$\frac{3}{2}O_2 + O^{2-} \longrightarrow 2O_2^- \tag{1-13}$$

金伟等[30,31]研究和考察了不同碱浓度、氧气压力和温度对活性氧生成反应的影响。在不同的碱浓度体系下，对氧气转化为活性氧反应机理进行研究，发现在不同种类的碱介质中，由于氧气扩散系数和溶解度的差异，使得活性氧生成反应动力学存在较大差异，但氧气还原反应机理基本相同：在低浓度溶液中（<2mol/L），由于存在大量的水，氧气主要发生 4 电子反应直接生成 OH^-；当碱浓度升高时（<6mol/L），氧气则主要发生 2 电子反应生成 HO_2^-。

另外，在碱液体系加压反应过程中，随碱浓度的增加，氧气亨利系数不断增大，且近似呈指数关系。由亨利定律知，亨利系数越大，其溶解度越小，因此，高浓度碱溶液中压力对氧气溶解度的影响较低浓度中的影响小，在一定浓度条件下可通过改变压力来调控碱性介质中活性氧的生成。随介质温度升高活性氧生成反应速率先增大后减小，存在一最佳温度。这是由于随着温度的升高，氧气扩散系数不断增大、氧气反应活性增强和饱和氧气溶解度不断减小 3 个因素共同作用导致的。当温度 $T=298\sim333$K 时，氧气反应活度系数和扩散系数增大对 ORR 的影响大于饱和氧气溶解度减小带来的影响，表现为反应速率增加；而当温度 $T>333$K 时，由温度升高所引起的饱和氧气溶解度减小对 ORR 的影响大于氧气反应活度系数及扩散系数增大带来的效应，表现为反应速率减小（见图 1-12）。因此，碱介质在最佳反应温度时活性氧生成反应速率最大，在动力学上最有利于活性氧的生成[30]。

1.3.4.2 荧光探针法检测活性氧转化规律

本工作采用电化学工作站与荧光探针法相结合，在亚熔盐高温高碱非常规介质中多次实验后选定可稳定有效捕获和检测活性氧负离子的荧光探针 2,7-二氯荧光黄乙酰乙酸

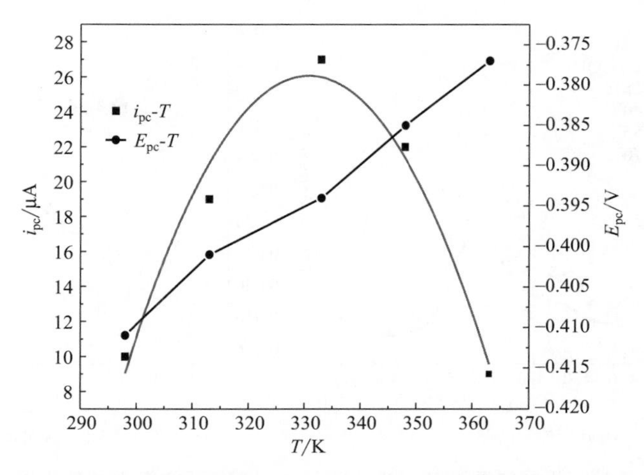

■ 图 1-12　0.2MPa 氧气饱和的 10mol/L KOH 溶液中氧气还原峰电流（i_{pc}）和峰电势（E_{pc}）与温度的关系

(2,7-dichlorodihydrofluorescein diacetate，H_2DCFDA)，建立起电化学紫外光谱相结合实时捕获活性氧的方法。荧光探针检测方法的原理是在常态下无荧光或荧光很弱的荧光探针，极容易与活性氧自由基结合后被氧化为 DCF，发出较强荧光，溶液中 DCF 浓度与紫外光谱图上峰值强度成正比，检测光强度可得到自由基的含量。此方法操作简便、结果快速易得、专一性强且具有良好的重复性，可对体系内总的活性氧实现定位和定量动态监测[32]。

在不同条件下的亚熔盐介质中加入荧光探针 H_2DCFDA，捕获溶液中活性氧负离子后生成 DCF，从而证明活性氧的生成及其在不同条件下的转化规律，找到活性氧赋存优势区域，进一步实现活性氧的定量测定和调控。图 1-13 表明不同碱浓度亚熔盐介质中活性氧的赋存规律，可看出随着碱浓度的升高，活性氧浓度先增大后降低，在一最优的碱浓度范围内活性氧含量最多。图 1-14 为不同温度下碱溶液中活性氧含量。可以看出，在所测温度范围内，高温更有利于活性氧的生成[33]。

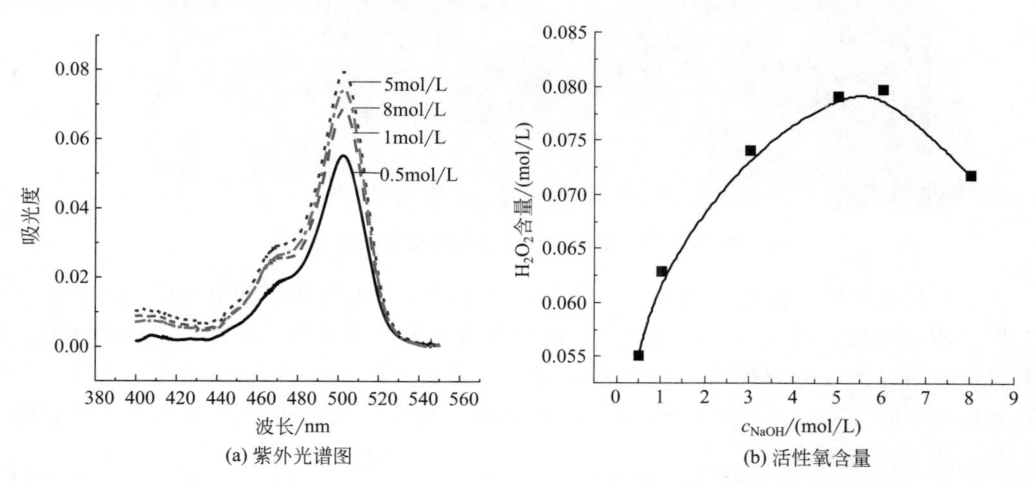

■ 图 1-13　不同碱浓度溶液+ H_2DCFDA 通电后紫外光谱图及不同碱浓度下碱溶液中活性氧含量

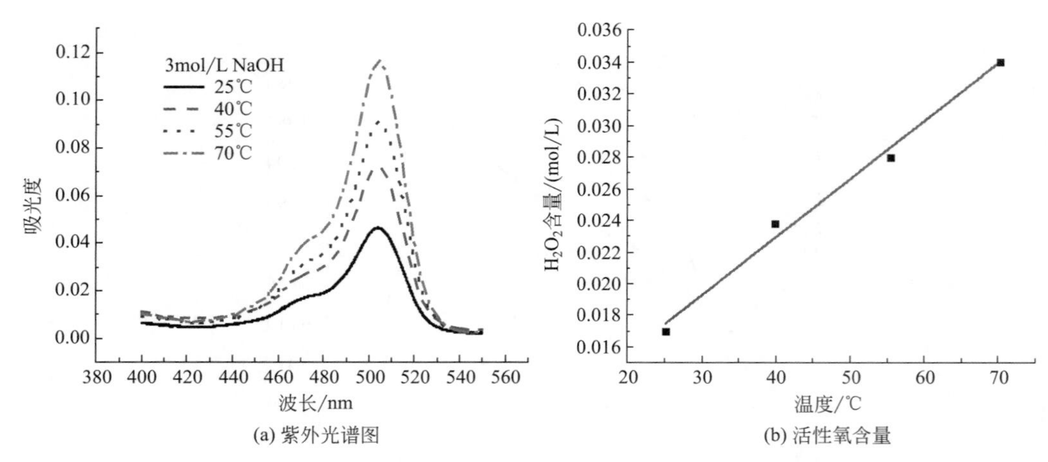

(a) 紫外光谱图　　(b) 活性氧含量

■ 图 1-14　不同温度下 3mol/L NaOH+ H_2DCFDA 溶液紫外光谱图及 3mol/L NaOH 溶液中不同温度下活性氧含量

1.3.4.3　和频振动光谱技术检测活性氧转化规律

为进一步证实电化学研究的活性氧生成机理，本工作自主研发先进的电化学光谱技术，搭建起亚熔盐电化学光谱原位在线检测研究平台，已可实现活性氧的在线检测，示意见图 1-15。和频振动光谱（Sum Frequency Generation Vibrational Spectroscopy）具有独特的准单分子层界面敏感性，可获取丰富的界面分子结构与取向信息及原位研究能力，已经发展成为原位研究不同环境中各种表面结构强有力的技术手段。

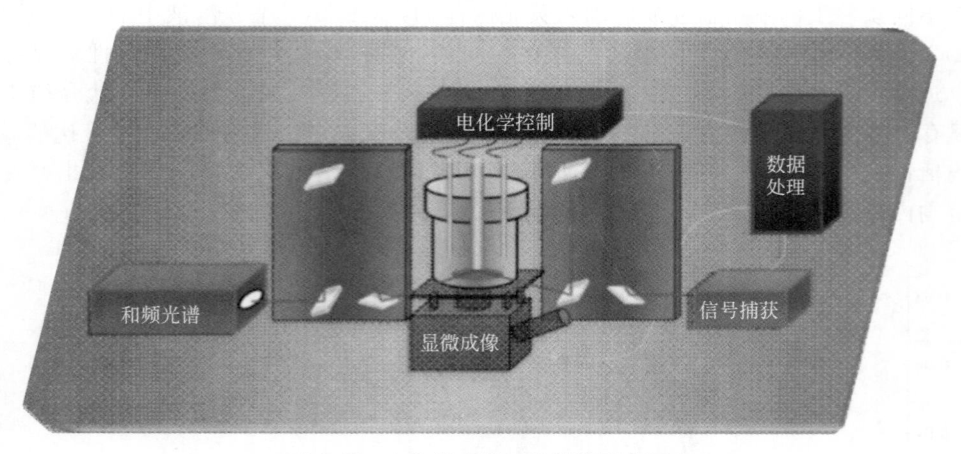

■ 图 1-15　电化学光谱原位检测研究平台

本工作将电化学方法与光谱技术相结合，自主设计三电极体系的电化学池，利用电化学工作站控制施加合适电压，在持续产生活性氧负离子的过程中，发现测得的和频光谱图通电后出现明显的峰分裂现象，如图 1-16 所示。无氧负离子时 $3730cm^{-1}$ 处一个峰，分裂为有氧负离子时 $3700cm^{-1}$ 和 $3780cm^{-1}$ 处两个峰，活性氧负离子的出现打破了原有的界面平衡，故而出现新峰。

测定固/液界面高温高碱溶液时发现溶液中有自发形成的活性氧出现，主要为过氧根

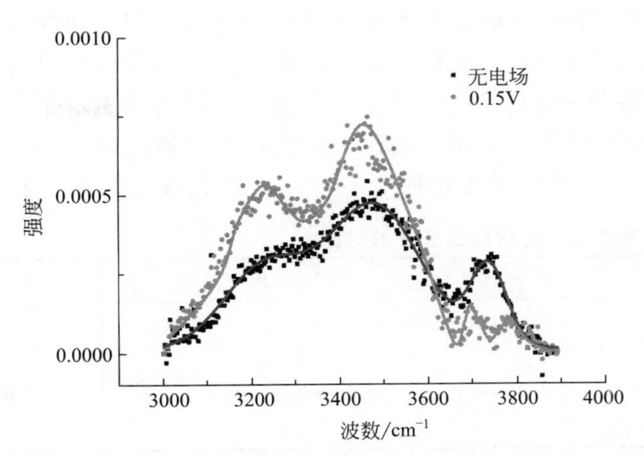

■ 图 1-16　0.5mol/L NaOH 恒电压通电前后的和频光谱图

离子。图 1-17(a) 为 2mol/L NaOH 溶液中加入双氧水的和频光谱图，加入双氧水后 3200cm^{-1}附近强峰出现分裂。图 1-17(b) 分别为检测恒温 20℃和 60℃的高碱溶液的和频光谱图，从红线中明显看到温度升高后，3200cm^{-1}处强峰出现分裂，且位置与图 1-17(a) 中引入过氧根离子后峰分裂位置相同，确定是由于高温高碱溶液体系中自发生成过氧根离子，从而使溶液表面性质及结构组成发生变化，出现峰分裂。此方面研究仍在进一步进行，将实现不同碱浓度、不同温度下的活性氧和频光谱在线检测，完善活性氧的系统研究，为亚熔盐高效催化氧化两性金属矿物奠定理论基础。

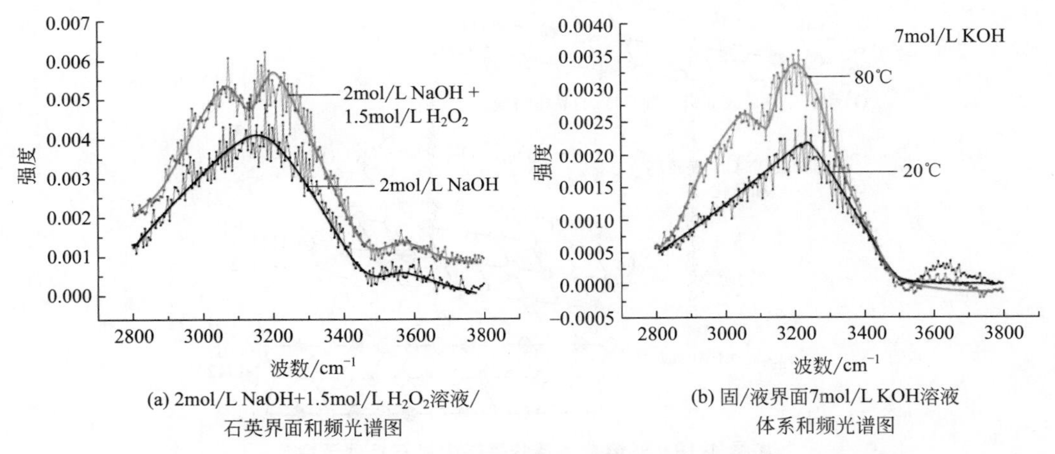

■ 图 1-17　2mol/L NaOH+ 1.5mol/L H_2O_2 溶液/石英界面和频光谱图及固/液界面 7mol/L KOH 溶液体系和频光谱图

1.3.5　亚熔盐铬盐清洁工艺典型案例解析

以典型难转化的铬尖晶石矿为例，采用亚熔盐清洁生产工艺，在相对温和条件下，实现了接近 100%的原子经济性反应。由于亚熔盐是一种离子化介质，具有高活度系数，流动传递特性好，氧气能够在流动介质中离子化，生成活性氧负离子，使铬铁矿颗粒的分解由原来被30%熔盐黏结包裹下的钠化氧化焙烧转变为反应与传递性能良好的流态拟均相反应过程和高反应活性的离子化氧新反应，铬铁矿转化率大幅度提高。在反应温度 $T<300℃$，较传统工艺降低900℃，反应过程不添加任何辅料的工业条件下，转化率较传统工艺提高20%，反应介质可完全循环利用；反应后不含铬的铁渣易于综合利用，亚熔盐工艺在国内外首次实现了铬渣的零排放[34,35]。新老工艺技术对比见表1-4。

表1-4 亚熔盐清洁生产工艺与传统工艺技术对比

工艺指标	传统工艺	清洁工艺
反应温度/℃	1200	150～300
铬转化率/%	75	>99
尾渣处理方式	2.5t铬渣/t产品	铁渣制高值脱硫剂、铁精矿
原子利用率(包括碱金属)/%	<20	>90

(1) 亚熔盐非常规介质反应/分离新系统的建立

亚熔盐作为高活性 O^{2-} 给予体促进矿物反应分解和氧化的可调控型介质，反应传递特性优越，大大降低了难处理矿物的转化提取条件，可在相对低温、不加辅料条件下实现近于100%的理想转化率和多组分的原子经济性利用。亚熔盐新介质分解铬尖晶石作用机理如图1-18所示。

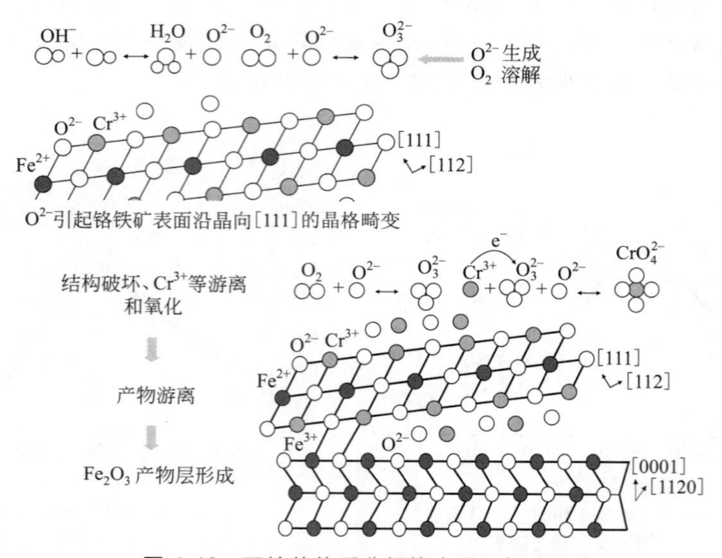

■ 图1-18 亚熔盐体系分解铬尖晶石机理示意

亚熔盐非常规介质中的高活性 O^{2-}，一方面可与氧化矿尖晶石相晶格中的 O^{2-} 通过晶面滑移发生交互取代作用，导致晶格畸变，增强反应活性；另一方面，离子化亚熔盐介质的 O^{2-}，可在氧气作用下生成高活性过氧离子、超氧离子而突破原氧化还原反应、热力学和动力学限制，以实现在相对低温下大幅度提高资源转化率。

(2) 亚熔盐非常规介质在拟均相高效反应-节能盐析相分离过程的耦合强化

运用亚熔盐高离子强度的盐析效应调控介质分离功能，与热力学相图和多元多相参数状态结合，通过对非常规亚熔盐介质多元复杂体系相平衡研究与相图计算，发现了反应/

分离耦合特性、突破热力学平衡限制的强化机制和相分离特性，建立了节能的反应/分离耦合强化/相分离方法。

相比于传统的焙烧工艺，亚熔盐清洁生产工艺具有以下优势。

① 反应热力学优势　亚熔盐介质沸点高，可在常压下实现高温反应；具有高 OH^- 浓度，活度系数高，可生成 O^{2-}、O_2^-、O_2^{2-} 等高反应活性的氧负离子，较分子氧大大提高了氧化电位，提高反应热力学趋势，降低反应温度，并可通过晶面滑移取代尖晶石构架中的负氧，引发矿物晶格畸变，降低反应活化能，较传统过程具有明显的优势。

② 反应动力学优势　相比于传统钠化氧化焙烧工艺，流态下的亚熔盐非常规介质的黏度大幅降低，传质流动性好，铬铁矿颗粒分散在反应介质当中，强化了液固相际传质；氧气在介质中的活化常压下可通过调控气泡的介尺度结构改善溶解度，提高活性物种浓度，生成高反应活性的负氧中间体，本工作还通过化学场与物理场的综合作用突破了气-液传质的瓶颈，转化率提高到接近 100%。

③ 亚熔盐铬盐清洁生产工艺流程　亚熔盐铬盐清洁生产及反应介质循环技术路线见图 1-19。

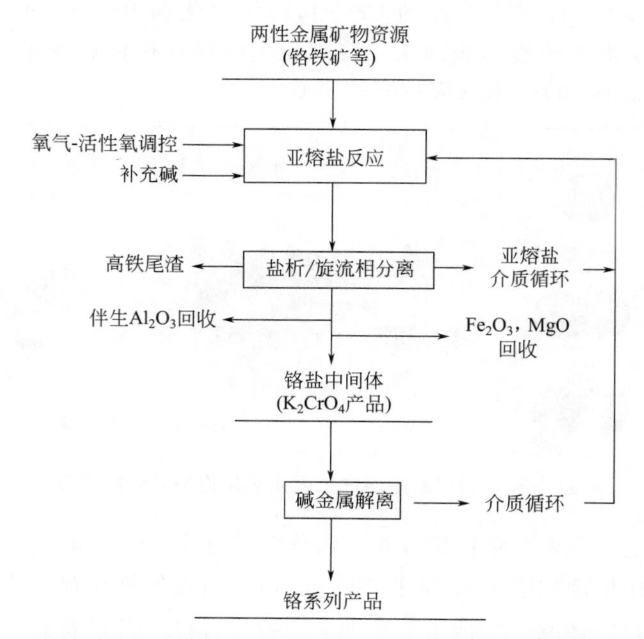

■ 图 1-19　亚熔盐清洁生产及反应介质再生循环技术路线

1.3.6 亚熔盐非常规介质活化机理

铬铁矿是由 O^{2-} 构架的尖晶石结构，氧离子在晶格中，紧密堆积成立方结构，由于 Fe—O、Cr—O 之间的键都是离子键，键力很强，且静电键强度相等，各方受力均匀，这种特点使得铬铁矿总体呈现八面体晶形，结构牢固，很难被破坏，只有在极端苛刻的条件下才能实现矿物的分解。

在传统的铬铁矿焙烧工艺中，1200℃的反应温度下加入的纯碱等熔化成为液相包裹在铬铁矿矿物表面，氧气通入作为氧化剂参与反应，涉及气液和液固的相际传质，尤其是氧气在体系中的传递，很大程度上决定了反应的进行程度，添加大量含钙辅料虽然可以改善窑壁结圈运行，但难于改善传质，并产生大量含致癌性铬酸钙废渣，单程转化率只有70%～80%。而在亚熔盐工艺中，由于传质性能优异，KOH 亚熔盐介质易于扩散到达反应界面，介质中离解生成的大量 O^{2-} ［见式(1-14)］，会促使矿物表面的 O^{2-} 沿着［111］方向发生迁移，引起表面结构的畸变，取代矿物表面的 O^{2-}，破坏矿物结构，如式(1-15) 所示。

$$2OH^- \longrightarrow H_2O + O^{2-} \tag{1-14}$$

$$O^{2-} \longrightarrow O^{2-}_{表} \tag{1-15}$$

O_2 通入体系后，与介质中与 O^{2-} 发生反应，生成高反应活性的 O_2^{2-}，见式(1-16)。

$$\frac{1}{2}O_2 + O^{2-} \longrightarrow O_2^{2-} \tag{1-16}$$

过氧离子发生歧化反应，对应于平衡式(1-17)。

$$3O_2^{2-} \longrightarrow 2O^{2-} + 2O_2^- \tag{1-17}$$

这些活性氧通过介质扩散至铬铁矿反应界面，进一步与矿物作用（见图 1-20），氧化矿物中的 Cr^{3+} 和 Fe^{2+}，产生水溶性的 Cr^{6+} 和固体氧化物 Fe^{3+}，前者作为产物溶于液相，后者作为产物层形成疏松的表面层，将未反应的铬铁矿包裹在里面，随着反应的进行，使得内核逐渐缩小，符合未反应收缩核模型[36]。

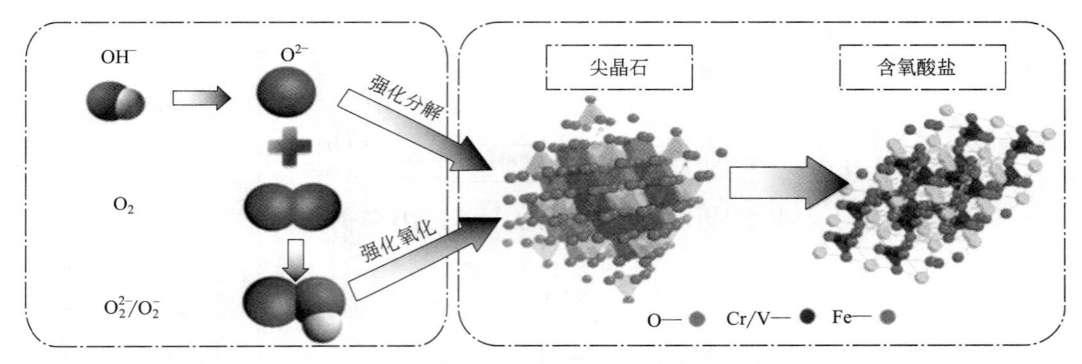

■ 图 1-20 亚熔盐中活性氧强化氧化铬铁矿分解模型

因此，在微观上，亚熔盐铬铁矿液相氧化分解可分为 4 个步骤，活性氧在其中发挥了重要的作用，其作用机理如图 1-21 所示[36]。a. O^{2-} 引发铬铁矿晶格表面沿［111］晶向的畸变；b. O_2 被 O^{2-} 还原，生成 O_2^{2-}/O_2^-；c. O_2^{2-}/O_2^- 引起表面 Fe^{2+}、Cr^{3+} 等的游离及氧化，进一步破坏结构；d. 实现 Fe^{2+}、Cr^{3+} 等的游离及氧化，形成表面疏松层和未反应内核。

活性氧是亚熔盐两性金属矿物分解过程强化的核心，它是指分子氧化还原反应或者含氧酸盐分解过程中产生的一系列具有高活性的中间产物，如超氧离子（O_2^-）、过氧离子（O_2^{2-}）等，具有强氧化活性，在矿物分解过程、水处理等领域已有相关的研究。

在常规溶液中，关于活性氧对铬的相关化合物作用的研究，Rao[37] 和 Pettine[38] 研究了 Cr(Ⅲ) 的氧化行为，发现在不同 pH 值下 Cr(Ⅲ) 的存在形式不一样，并且活性氧的作用受到 pH 值的影响，见式(1-18)、式(1-19)：

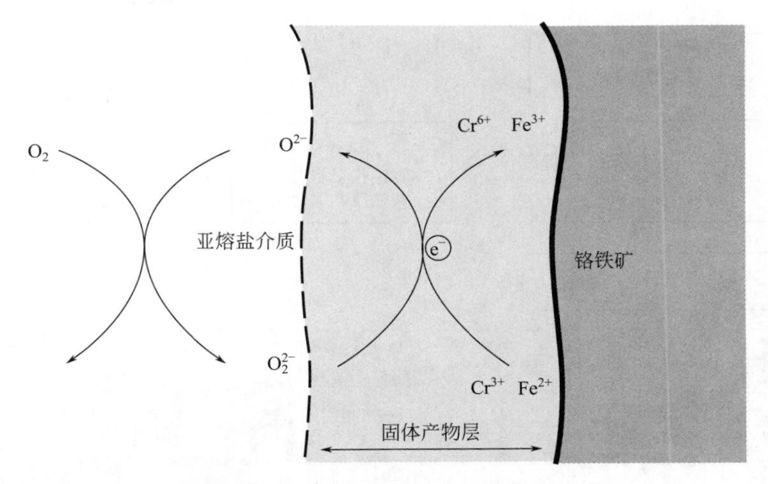

■ 图 1-21 O_2^{2-} 与铬铁矿表面的作用原理

$$2[Cr(OH)_4]^- + 3HO_2^- \longrightarrow 2CrO_4^{2-} + OH^- + 5H_2O \tag{1-18}$$

$$2[Cr(OH)_2]^+ + 3H_2O_2 + 6OH^- \longrightarrow 2CrO_4^{2-} + 8H_2O \tag{1-19}$$

美国太平洋西北国家实验室（Pacific Northwest National Laboratory，PNNL）[39] 发现在碱性溶液中过氧化氢可以实现对 Cr_2O_3 水合物的氧化溶出，见式(1-20)。

$$Cr_2O_3 \cdot nH_2O + 3H_2O_2 + 4OH^- \longrightarrow 2CrO_4^{2-} + (n+5)H_2O \tag{1-20}$$

1.3.7 亚熔盐铬、铝、钒、钛、铌、钽、锆化工冶金共性技术平台

除铬铁矿清洁生产过程以外，亚熔盐法已经广泛拓展到其他具有化学共性的两性金属矿物的处理过程中，如铝土矿、钒铬渣、铌钽矿、粉煤灰等，并取得了很好的应用效果[40~48]。可以看出，亚熔盐法从根本上改变了传统的两性金属矿物转化热力学和动力学特性，实现两性金属矿物清洁高效转化，从源头上消除了“三废”的排放，达到资源和能源的高效综合利用。亚熔盐法作为重大原创性技术已经逐渐发展成为一个引领湿法冶金发展的技术平台，已在铬、钒、铝行业建成示范工程，取得应用突破。亚熔盐法清洁生产技术原理及平台见图 1-22 和图 1-23。

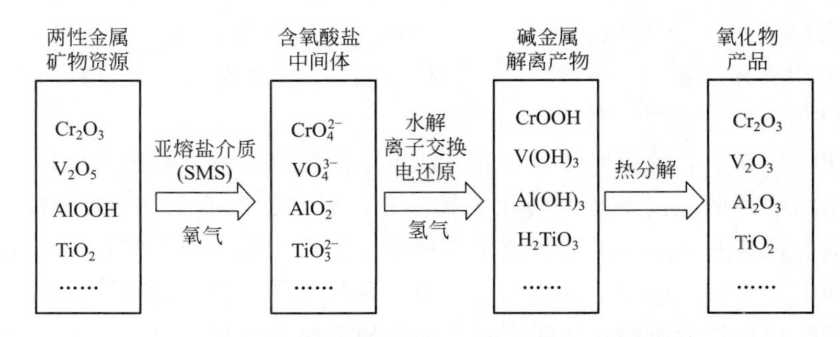

■ 图 1-22 亚熔盐法清洁生产技术平台框架原理

钒钛磁铁矿冶炼转炉吹钒过程中产生的钒渣是主要的提钒原料，现有主流工艺为采

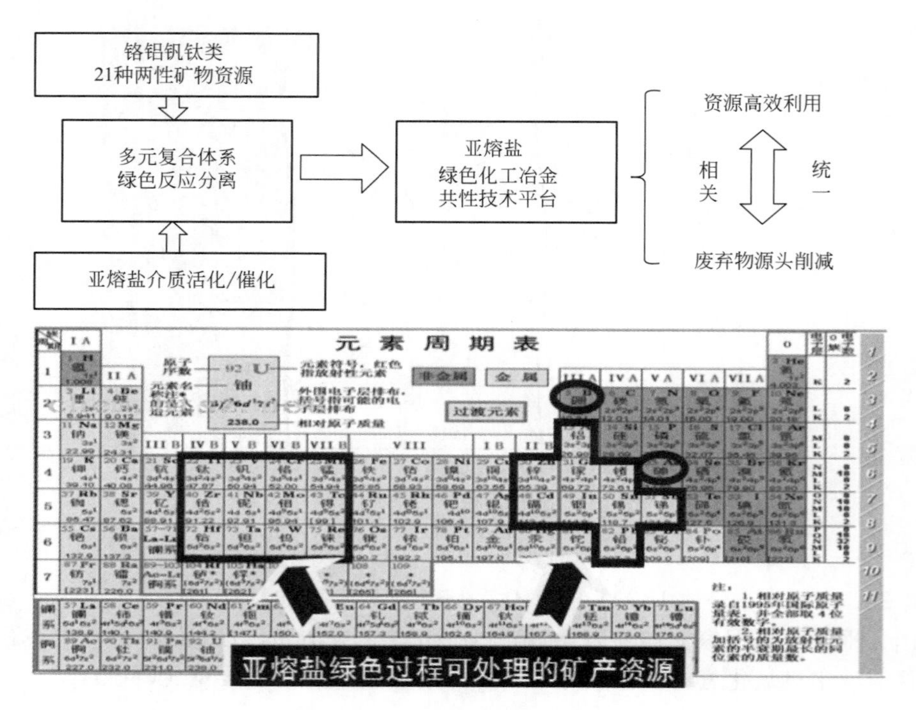

■ 图 1-23 亚熔盐绿色化工冶金共性技术平台

用碳酸钠及氯化钠等钠盐添加剂的钠化焙烧法，钒提取转化过程需要 850℃的高温，且需多次焙烧，但钒回收率仍不足 80%，铬基本不能回收利用，焙烧过程中且会产生含氯毒性废气，后续沉钒过程还将产生大量高盐度、高氨氮废水，难以经济处理，环境代价高。针对现有钒渣钠化焙烧工艺的资源环境难题，中国科学院过程工程研究所利用亚熔盐非常规介质优异的物理化学特性，与河北钢铁集团承德分公司合作，研究设计了 5 万吨/年钒渣高效提取与反应分离耦合的全新工艺体系，提出以“钒铬高效提取—多组分清洁分离—钒铬产品转化—提钒尾渣综合利用”为技术特色的亚熔盐法高效清洁提钒铬的原创性集成技术。亚熔盐新技术在常压、反应温度为 150℃的条件下，使钒转化率由传统工艺的 80%提高至 95%以上，铬回收率由基本不能回收提高至 80%以上，并可实现尾渣的综合利用。湿法过程无含氯废气产生，无氨氮废水产生，过程清洁；新过程采用介质内循环，大幅减少原料消耗；反应温度较传统过程下降 700℃，可显著节能。已展示出很好的工业应用前景。

亚熔盐法钛白新工艺的反应体系在较低温度下高效高选择性分解高钛渣，活性氧可替代钛氧键晶格结构中的氧离子，钛转化为钛酸盐；碱溶性杂质（如 Al、Si、Cr、Mn 等）反应形成相应的盐类并在随后的固相离子交换单元浸出至碱液中，实现杂质初步分离；酸溶性杂质（如 Fe、Ca、Mg 等）不参与反应并在深度离子交换-水解单元浸出至稀酸液中，而钛酸盐水解生成偏钛酸沉淀，两步实现钛与杂质的高效分离。分离后的杂质经进一步纯化生产副产品，反应介质（酸、碱）经浓缩净化后可循环多次使用。新工艺从生产源头解决硫酸法和氯化法生产钛白粉的重大环境污染难题，实现反应介质的再生循环。与硫酸法、氯化法生产钛白技术相比，亚熔盐法钛白新工艺在常压和较低温度下，钛转化率大于96%，较硫酸法提高10%以上，碱酸循环率达90%以上，废酸消减80%，实现酸性废渣和酸性废气零排放。

1.4 亚熔盐绿色过程模拟、集成与优化

我国冶金设计行业越来越需要借助先进的过程模拟、集成与优化技术。但相较国外的过程模拟技术，我国起步较晚。目前主要的商业软件基本都来自澳大利亚，例如用于磨矿回路及破碎回路模拟和浮选回路模拟的JKSimMet软件，可用于稳态模拟和动态模拟的SysCAD及METSIM软件等。我国在发展先进的过程模拟、集成与优化技术上任重而道远。

过程模拟、集成与优化技术可对各种不同的流程方案的优劣进行分析比较；在施工图设计阶段中，过程模拟、集成与优化技术可进行设备尺寸型号的选择及项目成本和经济效益分析；对于已有的生产流程，过程模拟、集成与优化技术可对流程工作状态和存在的问题进行诊断，识别瓶颈部位和薄弱环节，改进生产过程，提高产能或选别技术指标。综上可知，相对于传统实验，过程模拟、集成与优化技术可以节省由实验（小试与中试）探索最佳工艺工况条件所消耗的大量资金、时间和人力。同时，该技术能够从整个系统的角度来认识、分析和预测生产中深层次的问题，从而进行装置调优、流程剖析和过程综合，以达到优化生产、节约资源、环境友好和提高经济效益的目的。

先进的过程模拟、集成与优化技术是从系统的角度来对一个化工流程进行认识、分析和预测，以达到优化生产、节约资源、环境友好和提高经济效益的目的。为了进一步优化亚熔盐清洁生产工艺，实验引进了一个多用途的过程模拟系统——METSIM软件。

通过采用METSIM软件对亚熔盐法钒渣钒铬共提工艺进行流程模拟，考察工艺中碱矿比，得到了最优操作条件，为实际工艺设计提供指导；得到了物料、能量衡算结果，为进一步的工艺设计及设备选型等提供参考；基于物料衡算及能量衡算结果，采用夹点技术对钒铬共提工艺进行了换热网络优化，减少钒铬共提工艺中的能耗，为进一步进行工艺优化及工程设计指明方向。

虽然采用METSIM软件对亚熔盐清洁生产工艺进行优化取得了较好的效果，但是，目前过程模拟、集成与优化技术的发展还存在需要改进的问题。

① 进一步完善软件中所涉及的物质种类及其基础热力学参数。准确的基础热力学数据是工艺优化的基础，为进一步增加模拟结果的可靠性，现有软件中物质的种类及其基础热力学数据亟待进一步完善，尤其是对亚熔盐非常规介质。

② 进一步优化现有模型。由于模型是对实际原型的描述，其逼近程度决定了模拟计算结果对实际过程的拟合程度，而相对于化工领域的软件，冶金领域的软件起步较晚，现有模型仍有待进一步的优化。

③ 开发先进的工程分析、设计、优化和绿色过程系统集成技术和软件。开发出国产的大规模复杂过程系统的数值模拟计算软件，达到优化设计技术，实现从流程到工业园区的模拟放大和集成优化，见图 1-24。

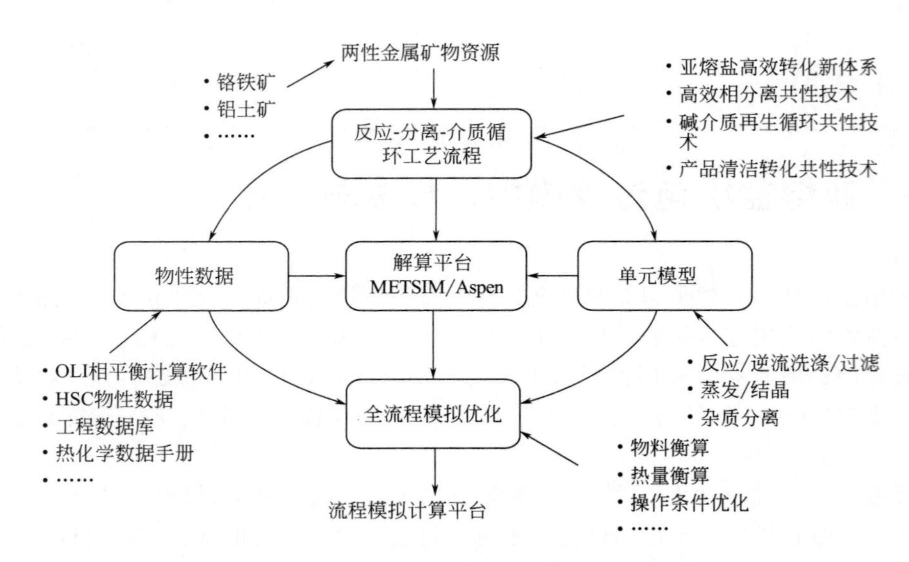

■ 图 1-24 亚熔盐共性技术流程模拟优化技术路线

矿物资源加工流程复杂，生产单元/装置在功能-结构上耦合效率低，系统集成性差，生产流程的多金属伴生资源综合利用过程之间也缺乏协同利用设计，尚未形成物质/能量梯级利用与资源循环网络，迫切需要运用系统工程、协同学、数学优化等方面的最新理论和方法，结合生态-环境和循环经济目标，建立冶金过程复杂流程体系的系统分析与过程集成的新理论、新方法，对我国紧缺特色矿物资源高效分离提取新过程进行整体优化设计和生态构建，并扩展至大系统的循环经济建设，形成资源生态化利用的集成创新体系。

在生态工业系统尺度上研究资源利用元素代谢与物质外循环运行机制与产业共生的柔性链接技术，建立资源利用的物质流程/能量流程/信息流程的整体优化集成方法，在跨企业的大系统尺度范围内实现物流、能流和信息流的衔接，提高系统的资源、能源利用效率，为建立资源综合循环利用提供技术支撑。

参 考 文 献

[1] 中国科学院战略研究组．科技发展新态势与面向 2020 年的战略选择 [M]．北京：科学出版社，2013.

[2] 中国科学院先进制造领域战略研究组．中国至 2050 年先进制造科技发展路线图 [M]．北京：科学出版社，2009.

[3] 中国科学院矿产资源领域战略研究组．中国至 2050 年矿产资源科技发展路线图 [M]．北京：科学出版社，2009.

[4] 张懿，徐滨士，段广洪．绿色制造技术发展重点与策略．中国科学院主编．2006 高技术发展报告 [M]. 北京：科学出版社，2006.
[5] 张懿．清洁生产与循环经济 [J]. 科技中国，2007，10：83.
[6] 陆熙炎．绿色化学与有机合成及有机合成中的原子经济性 [J]. 化学进展，1998，10(2)：123-130.
[7] 蔡升云，胡友彪．浅谈清洁生产 [J]. 矿业科学技术，2008，36(2)：14-20.
[8] 陈家镛，杨守志，柯家骏，等．湿法冶金的研究与发展 [M]. 北京：化学工业出版社，1998.
[9] 阳伦庄，邬建辉．铬的资源、用途与提取技术研究现状与展望 [J]. 铁合金，2010，6：42-48.
[10] 周进生．我国铝土矿特点与勘探投资分析 [J]. 中国有色金属，2010，10：40-41.
[11] 马茁卉，范振林．浅议利用国外铝土矿资源的风险与策略 [J]. 中国金属通报，2010，42：18-19.
[12] 罗天骄，魏昶，黄孟阳，等．世界铝工业的现状与发展 [J]. 云南冶金，2004，33(1)：42-46.
[13] 陈远望．当前世界铝土矿和氧化铝的供应形势 [J]. 金属世界，2005，4：6-8.
[14] 李静海等．展望 21 世纪的化学工程 [M]. 北京: 化学工业出版社，2004.
[15] 宋瑞祥等．零排放 [M]. 北京: 中国环境科学出版社，2002.
[16] Paul Anastas，Nicolas Eghbali. Green Chemistry: Principles and Practice [J]. Chem. Soc. Rev，2010，39: 301-312.
[17] Trost B M. The atom economy—a search for synthetic efficiency [J]. Science，1991，254(6)：1471-1477.
[18] Tundo P. New Developments in dimethyl carbonate chemistry [J]. Pure and Applied Chemistry，2001，73(7)：1117-1124.
[19] Borowiak M A. Design of complexity of industrial catalytic systems—impulse oscillation model studies [J]. Journal of Molecular Catalysis A: Chemical，2000，156(1-2): 21-57.
[20] Dunn P J. The importance of green chemistry in process research and development [J]. Chem Soc Rev，2012，41: 1452-1461.
[21] Pereira C J. Environmentally friendly processes [J]. Chemical Engineering Science，1999，54: 1959-1973.
[22] Jimenez-Gonzalez C，et al. How do you select the 'greenest' technology? development of guidance for the pharmaceutical industry [J]. Clean Production Process，2001，3: 35-41.
[23] Anastas P T，et al. Green Engineering [M]. Washington D. C.: American Chemical Society，2000.
[24] Allen D T，et al. Green process systems engineering: challenges and perspectives [J]. AICHE J.，2001，47(9)：1906.
[25] 张懿．绿色过程工程 [J]. 过程工程学报，2001，1(1)：10-15.
[26] Jin W，Du H，Zheng S L，et al. Comparison of the oxygen reduction reaction between NaOH and KOH solutions on Pt electrode: the electrolyte-dependent effect [J]. J. Phys. Chem. B 2010. 114: 6542-6548.
[27] 大连理工大学无机化学教研室 [M]. 无机化学．北京：高等教育出版社，2006.

[28] John Wilshire, Donald T. Sawyer. Redox Chemistry of Dioxygen Species [J]. Acc. Chem. Res., 1979, 12(3): 105-110.
[29] 段淑贞，乔芝郁．熔盐化学原理和应用 [M]．北京：冶金工业出版社，1990.
[30] 彭中．亚熔盐非常规介质中活性氧生成机理与转化规律基础研究 [D]．北京：中国科学院过程工程研究所，2014.
[31] 金伟．亚熔盐反应分离新过程的基础研究 [D]．北京：中国科学院过程工程研究所，2012.
[32] He Y. Y, Hader D P. UV-B-induced formation of reactive oxygen species and oxidative damage of the cyanobacterium *Anabaena* sp.: protective effects of ascorbic acid and *N*-acetyl-l-cysteine [J]. J. Photochem. Photobiol: Biology, 2002, 66: 115.
[33] Yan W Y, Zheng S L, Jin W, et al. The influence of KOH concentration, oxygen partial pressure and temperature on the oxygen reduction reaction at Pt electrodes [J]. Journal of Electroanalytical Chemistry, 2015, 741: 100-108.
[34] 张懿，李佐虎，齐涛，等．Green chemistry of chromate cleaner production [J]. The Chinese Journal of Chemistry, 1999, 17(3): 258-266, 202.
[35] Zhang Y, Li Z H, Qi T, et al. Green manufacturing process of chromium compounds [J]. Environmental Progress, 2005, 24(1): 44-50.
[36] Sun Z, Zhang Y, Zhang S L, zhang Y. A new method of potassium chromate production from chromite and KOH-KNO_3-H_2O binary sub molten salt system [J]. AICHE Journal, 2009, 55(10): 2646-2656.
[37] Rao L, Zhang Z, Friese J I, et al. Dissolution of $Cr(OH)_3/Cr_2O_3$ and oxidation of Cr(Ⅲ) in alkaline solutions [J]. Dalton Transactions, 2002: 267-274.
[38] Pettine M, Gennari F, Campanella L, et al. The effect of organic compounds in the oxydation kinetics of Cr(Ⅲ) by H_2O_2 [J]. Cosmochimica Acta, 2008, 72: 5692-5707.
[39] 王如松．复合生态与循环经济 [M]．北京：气象出版社，2003.
[40] Xu H B, Zheng S L, Zhang Y. Oxidative leaching of a Vietnamese chromite ore in highly concentrated potassium aqueows solution at 300℃ and atmospheric pressure [J]. Mineral Engineering, 2005, 18: 527-535.
[41] Xu H B, Zhang Y, Li Z H. Development of a new cleaner production process for producing chromic oxide from chromite ore [J]. Journal of Cleaner Production, 2006, 14: 211-219.
[42] Zhang Y, Li Z H, Qi T, et al. Green manufacturing process of chromium compounds [J]. Environmental Process, 2005, 24(1): 44-50.
[43] Zheng S L, Zhang Y, Li Z H, et al. Sub-molten salt environmentally benign technology [J]. Hydrometallurgy, 2006, 96: 52-56.
[44] Qi T, Zhang Y. A novel preparation of titaniurn dioxide from titanium slag [J]. Hydrometallurgy, 2009, 96: 52-56.
[45] Wang X, Zheng S, Xu H, et al. Leaching of niobium and tantalum from a low-grade ore using a KOH roast-water leach system [J]. Hydrometallurgy, 2009, 98: 219-223.
[46] Xiao Q, Chen Y, Gao Y, et al. Leaching of silica from vanadium-bearing steel slay

in sodium hydroxide solution [J]. Hydrometallurgy，2010，104: 216-221.
[47] 周宏明，郑诗礼，张懿 . KOH 亚熔盐浸出低品位难分解钽铌矿的实验 [J]. 过程工程学报，2003，3(5)：459-463.
[48] Zhang Y，Zheng S，Xu H，et al. Decomposition of chromite ore by oxygen in molten $NaOH-NaNO_3$ [J]. International Journal of Mineral Processing，2010，95：10-17.

铬化工清洁生产工艺与集成技术

2.1 行业背景和现状

2.1.1 铬化合物产品概况

铬化合物系列产品为重要的基础原料，在国民经济各部门用途极广，主要应用于高性能合金、电镀、皮革、颜料、印染、陶瓷、防腐、催化、医药等多个部门[1]。据统计，铬化合物与国民经济15%的工业产品密切相关。我国常用的无机铬化合物产品有30多种，包括重铬酸钠（红矾钠）、铬酸酐、重铬酸钾（红矾钾）、氧化铬、碱式硫酸铬（铬粉）、氯化铬、有机铬等，其中重铬酸钠是制备系列铬化合物的基础产品，其他铬化合物产品大多以重铬酸钠为母体衍生而来。重铬酸钠、铬酸酐、碱式硫酸铬、氧化铬为最重要的4种铬化合物产品。

我国铬化合物生产始于1958年，目前年总产能达40余万吨，约占世界总产能的50%，我国已成为世界铬盐产品生产和消费大国。行业存在的根本问题是铬渣污染控制技术绿色化升级。

2.1.2 铬化合物生产方法

铬在元素周期表中属Ⅵ族，是一种重要的两性金属元素。铬的6个电子都能成键，最高氧化态为+6态，常见化学价为+3、+6和+2。铬铁矿是目前开采和利用最广泛的含铬矿物，铬元素在矿物中以正三价形态存在。因铬元素具有较强的亲氧性和亲铁性，且Cr^{3+}的离子半径与Fe^{3+}及Al^{3+}的离子半径相近，所以铬铁矿尖晶石中存在广泛的类质同象现象。由铬铁矿生产铬盐的关键是要将尖晶石相中非水溶性三价铬转化为可溶性铬盐，同时实现与铁、铝等伴生元素有效分离，并最终得到纯净的铬化合物。

因铬元素存在多种价态，故提取铬铁矿尖晶石中Cr^{3+}存在多种途径。中间价态的Cr^{3+}既可以进行氧化反应转化为可溶的Cr(Ⅵ)，也可以还原转化为铬单质，还可以直接与酸反应得到酸溶性的Cr^{3+}。目前已经报道的铬铁矿处理方法都是依据上面途径开展的，而所有这些方法基本都可以归入图2-1中的3条路线[2]。下面对各种铬盐生产工艺进行详细的分析和讨论。

2.1.2.1 钠化氧化焙烧法生产熔盐主流工艺

在各种铬盐生产方法中最早实现了商业化应用，也是目前从铬铁矿中提铬的主流工艺。现在铬铁矿的焙烧操作都在回转窑中进行，为了保证回转窑的顺利运行，须保证炉料中熔液体积（$Na_2CO_3+Na_2CrO_4$）小于炉料总量的30%，否则将很容易造成窑内挂壁、炉瘤或结圈[3,4]。为此反应前配料时，除了铬铁矿与纯碱外还必须添加填料以控制炉料中的熔液体积，同时添加的炉料必须是惰性的且耐高温。

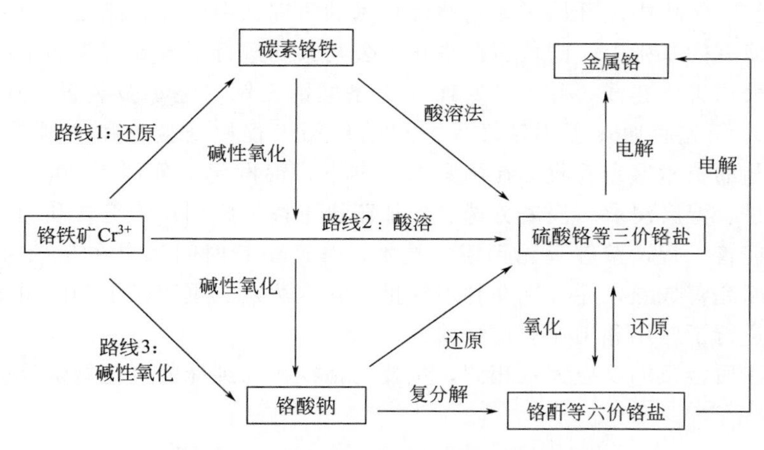

■ 图 2-1 铬铁矿生产铬化合物的基本路线图

焙烧法的发展过程也是焙烧填料更新的过程，发展至今焙烧法已经历了有钙焙烧法、少钙焙烧法和无钙焙烧法 3 个阶段。无钙焙烧法以精选的产品粗渣取代外加钙质填料做熔液稀释剂，有效降低排渣量和防止高毒性铬酸钙的生成，是目前最先进的焙烧工艺技术，被大多数西方发达国家采用[5]。

各种焙烧法的工艺流程和主要设备大体相似，无钙焙烧法的最大特点是不使用钙质填料，同时还增加了浸渣分选和溶液脱钒 2 个工段，工艺流程如图 2-2 所示[5]。该方法的基本原理为铬铁矿与纯碱、返渣及添加剂按一定比例混合后在回转窑内通空气氧化焙烧，所得熟料经冷却粉碎后浸取得到目标产物铬酸钠的碱性液和尾渣。碱性液再经中和、酸化及蒸发结晶后制得重铬酸钠产品。而尾渣经过分级操作分为粗渣和细泥两部分，其中的粗渣返回焙烧阶段作为填料，而细泥经解毒后作为终渣排出。

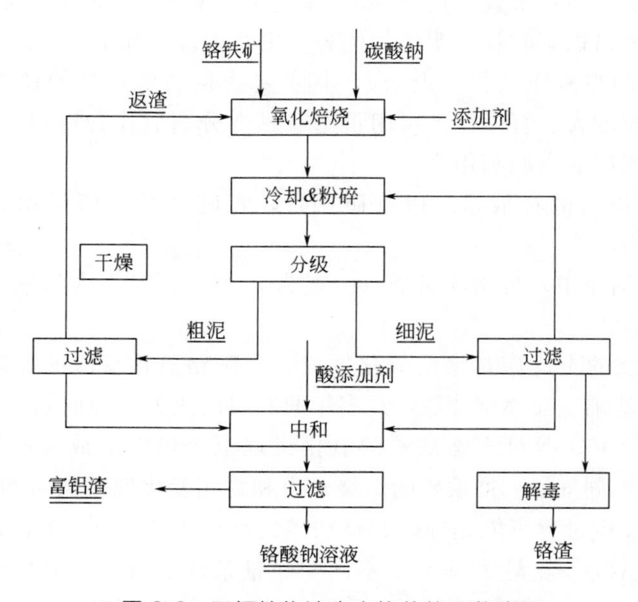

■ 图 2-2 无钙焙烧法生产铬盐的工艺流程

在20世纪70年代中国开始了无钙焙烧技术的研究。中海油天津化工研究设计院在进行机理和工艺研究的基础上，同黄石振华化工公司共同进行了放大试验和中间试验，并与甘肃锦世化工公司合作建成了年产1×10^4t重铬酸钠无钙焙烧示范装置。2003年该项目建成投产，2004年先后通过了国家环保总局的环保工程检查验收和中国石化协会组织、国家发改委参与的技术鉴定验收。在国家的资助下，锦世化工公司于2005～2007年进行了焙烧系统改进、湿磨浸取、浸渣分选、增加脱钒工段、废副产物综合利用、铬渣冶炼含铬生铁等多项完善工程，掌握了无钙焙烧技术，月产量长时间稳定在900t水平。随着无钙焙烧工艺不断完善成熟，还分别在甘肃锦世、新疆沈宏、重庆民丰和四川安县银河建化集团有限公司进行了应用和工业规模试验。

各种焙烧法所涉及的反应大致相同，主要是铬铁矿与纯碱的氧化焙烧反应，其反应方程表示如下：

$$FeO\cdot Cr_2O_3+2Na_2CO_3+\frac{7}{4}O_2 \longrightarrow 2Na_2CrO_4+\frac{1}{2}Fe_2O_3+2CO_2 \tag{2-1}$$

$$MgO\cdot Cr_2O_3+2Na_2CO_3+\frac{3}{2}O_2 \longrightarrow 2Na_2CrO_4+MgO+2CO_2 \tag{2-2}$$

$$Cr_2O_3+2Na_2CO_3+\frac{3}{2}O_2 \longrightarrow 2Na_2CrO_4+2CO_2 \tag{2-3}$$

硫酸中和酸化铬酸钠碱性液生成重铬酸钠的反应为：

$$2Na_2CrO_4+H_2SO_4 \longrightarrow Na_2Cr_2O_7+Na_2SO_4+H_2O \tag{2-4}$$

重铬酸钠熔融法制铬酸酐的反应为：

$$Na_2Cr_2O_7+2H_2SO_4 \longrightarrow 2CrO_3+2NaHSO_4+H_2O \tag{2-5}$$

无钙焙烧法由于没有高温强活性的氧化钙对铬尖晶石的中间反应，炉料的整体碱度下降，反应的整体速率较有钙焙烧也有所降低，反应温度也略高，故更宜使用大型甚至超大型的回转窑（国外最大回转窑直径达到6m，单台生产能力为7×10^4t/a）。

无钙焙烧在处理铬铁矿时具有明显的优势，主要表现在如下几点。

① 以分选得到的粗渣作填料（返渣），其主要物相是熔点高的镁铁矿和未反应铬铁矿，两者密度大、粒度大、有磁性，可用重选或磁选分离后作为返渣，不仅填料性能好，而且有利于提高铬铁矿的资源利用率。

② 大大降低了铬渣的排放量。以红矾钠计，每吨产品排渣量由有钙焙烧的1.5～2.0t/t降低至0.8t/t。

③ 分选后所排细泥中六价铬含量低（一般为0.1%），且不含致癌物铬酸钙，易于解毒处理或综合利用。

铬铁矿氧化焙烧的主反应是铬的氧化反应，明确铬氧化反应的控制步骤及反应机理是强化焙烧反应的基础。虽然焙烧法经过多年的发展已成为一种成熟工艺，对铬铁矿焙烧过程也进行了大量研究，但对于铬铁矿的氧化机理至今仍未形成统一的认识。Tathavadkar[6～8]等通过研究不同气氛下铬铁矿的焙烧过程和物相变化规律认为Na_2CrO_4比$NaCrO_2$更稳定。铬氧化的反应过程可能是纯碱和铬铁矿先反应生成$NaCrO_2$，然后$NaCrO_2$再进一步氧化生成Na_2CrO_4。纪柱[3]研究了不同配碱量条件下铬铁矿氧化焙烧过程中的物相变化，认为铬铁矿尖晶石中的亚铁首先被氧化成赤铁矿，进而尖晶石中的铬被氧化脱离晶格形成铬酸钠。Garber[9,10]等通过热分析的方法研究了 Cr_2O_3-Na_2CO_3-O_2 体系中铬的氧化反应速率，认为氧化过程中 Cr_2O_3 会形成不同价态的中间化合物，而这些中间化合物在高温下的分解可能会导致 Cr_2O_3 的氧化不完全。在焙烧过程动力学研究方面，虽然不同的研究者结论不尽相同，但多数研究者认为焙烧过程受扩散控制。同时很多研究者都发现氧化过程可分为初期和后期两个阶段，两反应阶段以 1000℃ 为界限，两阶段反应速率的差距也很明显[3,11~13]。

基于以上对铬铁矿焙烧机理的认识，人们又陆续提出了少碱多步焙烧法[14,15]、球团焙烧法[12,16]、富氧焙烧法[17]等多种改进方法，但效果均很有限，也不能彻底解决铬渣污染问题。尽管无钙焙烧法与有钙焙烧法相比，资源利用率大幅度提高，但无法避免焙烧法固有的反应温度高、含铬粉尘废气以及反应过程传质效率低的缺陷，因此国内外开始大力开发铬铁矿液相氧化提铬的新工艺。中科院过程工程所面向解决铬污染的国家需求，于“九・五”期间就开展了液相氧化法替代焙烘法的清洁工艺研究。

2.1.2.2 铬铁矿酸溶法

铬铁矿酸溶法主要集中于硫酸浸取铬铁矿生产碱式硫酸铬的研究，其反应原理如式(2-6)所示。铬尖晶石耐化学腐蚀，硫酸、盐酸等常用强酸在常压、沸点下都难以将其全溶，因此若单纯采用硫酸浸取，反应速率慢且铬转化率不高（一般在 50%左右）[18]。Amer 在带球磨的热压釜中研究了硫酸高温加压浸取铬铁矿的过程，在最佳浸取条件下（50%质量分数的硫酸、铬铁矿粒度小于 64μm、反应温度 250℃），反应 30min 的铬浸取率可达到 90%以上[19]。

$$FeO \cdot Cr_2O_3 + 4H_2SO_4 \longrightarrow Cr_2(SO_4)_3 + FeSO_4 + 4H_2O \tag{2-6}$$

但如果在硫酸中加入具有氧化作用的催化剂，则铬铁矿可以较快的速率、较彻底地溶解。其原因可能是铬尖晶石中的 Fe^{2+} 被氧化为 Fe^{3+} 引起晶格畸变导致晶体稳定性下降，而有利于铬的溶出[18,20]。酸溶法中常用的催化剂主要是铬酸酐[21,22]和高氯酸[23,24]。铬酸酐因价格低廉且不引入其他杂质，是铬铁矿酸溶方法中研究最多的催化剂。波格达洛夫[18]在 150℃使用 60%的硫酸浸取铬铁矿，当铬酸酐的加入量和铬矿中 FeO 质量持平时，铬的浸出率达到了 86%以上。刘承军等[25]使用巴基斯坦铬铁矿，在铬铁矿和硫酸质量比为 3∶1 时加入铬铁矿质量分数 5%的铬酸酐做催化剂，160℃下反应 60min 的浸出率即达到了 98.5%。

铬铁矿酸溶法所面临的更大挑战在于如何从浸出液中分离铬。反应后滤液的主要成分是铬、铝、铁和镁的硫酸盐，其中三价铁离子是要去除的主要杂质离子。史培阳等[26]使用十八烷基二甲基叔胺萃取分离浸取液，分层后硫酸铬进入水相，而硫酸铁则进入有机相。水相直接结晶后即得硫酸铬产品，而有机相则使用氢氧化钠反萃后制成氧化铁颜料。另一种方法是将铬离子转变为阴离子，将有利于和其他阳离子的分离。Stauter 等发现在二氧化锰的催化作用下，铬铁矿在硫酸中溶解后铬离子将转化为六价铬，此六价铬能萃取转入有机相，进而用氨水洗脱铬制成铬酸铵。也有将铁离子还原成亚铁离子后借鉴铬铁酸溶后铬铁分离经验的报道。

由于酸溶浸取液中三价铬、铁离子和铝离子的各种化学性质都相近，难以实现廉价高效的分离，其得到的硫酸铬产品无论在品质还是成本上都无法与铬铁酸溶法竞争，因此铬铁矿酸溶工艺还没有实现工业化。但酸法浸出铬铁矿无需经过 Cr^{6+} 直接制得碱式硫酸铬，可以消除 Cr^{6+} 污染的问题，有利于开发清洁的生产工艺流程。图 2-3 是史培阳等[27]提出的铬铁矿酸溶的原则流程，并据此进行了生产碱式硫酸铬的扩大实验，扩大实验的铬转化率达到了 94%。

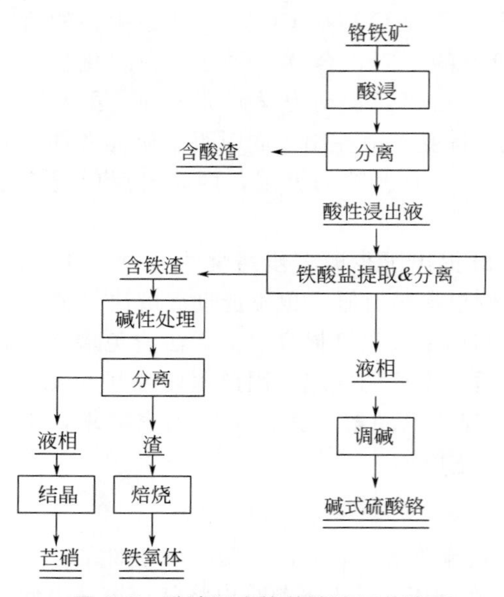

■ 图 2-3 酸法浸出铬盐清洁工艺流程

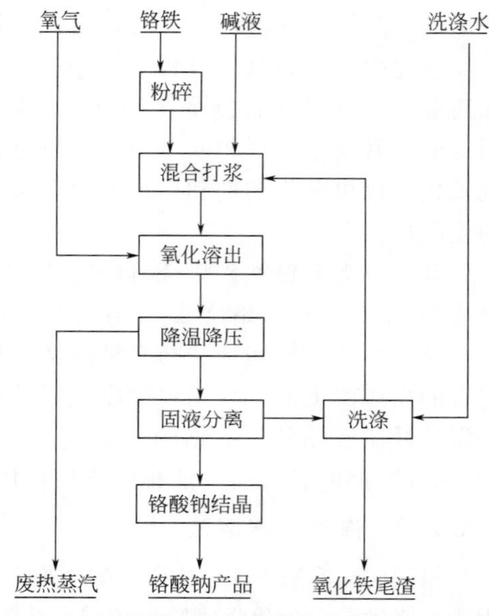

■ 图 2-4 铬铁碱性氧化生产铬盐的工艺流程

2.1.2.3 碳素铬铁法

碳素铬铁制铬盐的生产方法基本可分为酸溶法和碱性氧化法两大类。

酸溶法的原理是在 100℃下使用硫酸在隔绝空气条件下溶解铬铁，然后向所得滤液中通入氨气或加硫酸铵，然后调节硫酸铵浓度并冷却溶液使亚铁离子以硫酸亚铁铵晶体（莫尔盐）的形式析出，离心分离后的滤液即是铬铵矾溶液，铬铵矾经结晶后即可作电解制铬的中间体等[28]。电解铬铵矾是金属铬的主要生产方法，目前全球电解金属铬的产量已经超过了铝热法金属铬。但是目前酸溶法的应用还仅局限于金属铬的制造，使用该途径制造其他铬化合物的工艺还需要进一步开发。

铬铁的碱性氧化法包括氧化焙烧法[28,29]和水热氧化法[30,31]。铬铁氧化焙烧法与铬铁矿焙烧法类似，但因窑内温度难以控制及填料多而未能得到工业推广应用。这里重点介绍碳素铬铁水热法氧化制红矾钠的工艺。

碳素铬铁碱性水热法生产铬盐的工艺流程如图 2-4 所示。

铬铁碱性氧化生产铬盐的工艺流程为：将铬铁粉末与指定浓度的氢氧化钠水溶液置于热压釜中，密闭反应釜后通入氧气至指定压力（初压为 6～10MPa），然后在搅拌条件下将体系升温至所需温度（240～300℃），最后在搅拌下恒温反应规定时间（30～120min）。反应完成后将体系冷却至室温后放空开釜，过滤分离所得反应混合物，生成的铬酸钠产品进入滤液，滤液除杂后蒸发结晶即可得铬酸钠晶体产品。所用氢氧化钠水溶液的初始质量浓度为 200～400g/L，通入氧气量为铬铁中低价元素全部氧化所需理论量的 110%（质量分数）左右。在最优反应条件下碳素铬铁转化为铬酸钠的最高收率可达 99%。

碳素铬铁在碱性条件下氧化生产铬酸盐的工艺虽然已经完成了中试实验，但目前关于过程反应原理的报道还很少。研究人员通过对反应过程的研究，认为其中涉及的反应如下：

$$Cr + 2NaOH + \frac{3}{2}O_2 \longrightarrow Na_2CrO_4 + H_2O \tag{2-7}$$

$$Fe + \frac{3}{4}O_2 + \frac{3}{2}H_2O \longrightarrow Fe(OH)_3 \tag{2-8}$$

$$C + O_2 \longrightarrow CO_2 \qquad (2\text{-}9)$$

铬铁反应总的方程式可以表示为：

$$Cr \cdot Fe + 2NaOH + \frac{9}{4}O_2 \longrightarrow Na_2CrO_4 + \frac{1}{2}Fe_2O_3 + H_2O \qquad (2\text{-}10)$$

碳素铬铁的氧化反应是一个强放热过程，反应开始后就无需再外加热源，反应热不仅可维持体系的自热反应还可回收用于预热其他物料，大幅降低了生产过程的能耗。该工艺因采用铬铁做原料，有害杂质铝、硅含量大大减少，也就相应地减少了碱耗及排渣量（仅188kg/t红矾钠）。所排尾渣的主要成分是水合氧化铁和未氧化的铬铁，其中氧化铁含量约90%，尾渣不仅可以炼铁，由于其中氧化钴和氧化镍（约1%）富集明显，还可以用于炼制镍铁。所得滤液中仅含少量游离碱，故反应产物的分离相对简单，工艺流程短所需设备少。该工艺已在3000t/a的中试生产线上陆续试验了2年，产出的铬酸钠碱性液已成功用于生产铬黄颜料。

但该工艺所用热压釜的压力较高，设备制造和日常安全维护费用高，其反应渣的处理利用依赖于颜料行业，涉及行业间的协调配合问题。以碳素铬铁为原料生产铬盐，无论是酸溶法还是碱性氧化法都面对铬铁的来源问题。铬铁不仅价格上远高于铬铁矿，且国内长期面临供不应求的局面。另外铬铁的主要用户是不锈钢行业，以铬铁为原料生产铬盐将存在与不锈钢行业争夺原料的问题。因此铬铁原料经济稳定的来源将是铬铁工艺可靠生产和成本控制的首要问题。

2.1.2.4 熔盐液相氧化法

熔盐液相氧化法具有从源头解决铬渣污染问题的潜力，所以该工艺是最具发展前景的碱性氧化工艺，日本称其为划时代的铬盐技术。熔盐液相氧化法是在熔融态碱液中实现铬铁矿的氧化，然后浸提可溶性的六价铬，分离纯化后结晶得到合格的铬盐产品。相比于传统焙烧法，熔盐液相氧化法具有反应传递效果好、反应温度低、铬氧化率高（95%～99%）、排渣量少等优点。

美国和日本在20世纪70年代就率先开展了熔盐液相氧化法浸提铬铁矿的实验。日本的柏濑弘之等[32]研究了铬铁矿在NaOH-$NaNO_3$溶液介质中的浸出行为，在500～600℃下浸出3h左右可以达到95%以上的铬转化率，但是难以解决Na_2CrO_4、$NaAlO_2$和过量NaOH有效分离的难题。同期美国的Albany研究所[33,34]提出了在烧碱熔盐中通入空气氧化浸出铬铁矿的方法，并使用该方法研究了美国多个矿区的高硅高铝铬铁矿的提取效果。随后土耳其的研究者[35,36]也使用类似方法对土耳其国内铬铁矿的熔盐氧化提取展开了研究，并得到了很好的效果。烧碱熔盐法中铬铁矿的氧化反应过程如下：

$$FeO \cdot Cr_2O_3 + 4NaOH + \frac{7}{4}O_2 \longrightarrow 2Na_2CrO_4 + \frac{1}{2}Fe_2O_3 + 2H_2O \qquad (2\text{-}11)$$

焙烧法要求高温炉料中液相（熔盐）的质量分数小于30%，而液相氧化法则恰恰相反，反应体系中的液相质量分数基本都大于70%（一般要求碱液质量是理论耗碱量的3倍以上），如此可保证铬铁矿和氧气能在液相中的充分分散，有利于矿、碱液和氧气三相间的接触反应。但体系中过量的碱液在强化反应及传质的同时，也给后续的分离操作带来了较大的困难。烧碱熔盐法的分离方法[34,35,37]为将熔体冷却后破碎磨细，再使用甲醇浸提得到NaOH甲醇溶液、铬酸钠及铬渣的固体混合物，最后用水浸取分离得到铬酸钠溶液和尾渣。因分离过程中使用了有毒易燃的甲醇，在实际生产中将存在安全密封和甲醇循环的问题，导致该方法目前还未实现工业化。

2.2 铬铁矿高效清洁转化的反应分离工艺创新

亚熔盐液相氧化法铬化合物清洁生产技术是在不添加任何辅料的前提下，以铬铁矿在以 NaOH 或 KOH 为基质的多元亚熔盐介质中的低温连续氧化取代传统的高温有钙焙烧法工艺，以悬浮流动介质中的气液固多相反应取代气固反应，实现铬资源的高效清洁转化。同时利用亚熔盐体系中苛性碱的盐析作用，实现铬酸盐中间体的节能相分离。铬铁矿高效清洁转化的反应分离工艺创新是亚熔盐液相氧化法铬化合物清洁生产技术的核心。

根据亚熔盐分解铬铁矿技术的研发历程，分为 NaOH 及 $NaOH-NaNO_3$ 熔盐体系、KOH 亚熔盐体系来分步介绍。

2.2.1 NaOH 及 $NaOH-NaNO_3$ 熔盐体系铬化合物清洁生产技术

2.2.1.1 NaOH 熔盐体系铬化合物清洁生产技术

中科院过程所的研究团队通过对熔盐法热力学[38~40]、动力学[41,42]及铬碱分离[42~44]等的深入研究，提出了 NaOH 熔盐液相氧化-稀释相分离-碳氨循环-烧碱再生的工艺流程，实现了铬的高效浸出及碱介质的循环利用。该方案的排渣量小于 0.5t/t 重铬酸钠，渣中的残留铬低于 0.5%，具体工艺流程如图 2-5 所示。

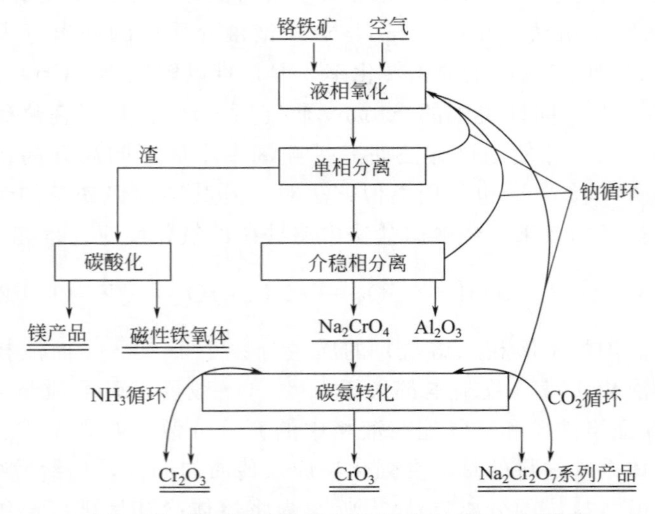

■ 图 2-5 烧碱熔盐液相氧化生产铬盐的原则流程

对 NaOH 熔盐介质分解铬铁矿的热力学、动力学，体系相关相平衡及结晶分离进行具体介绍如下。

(1) 铬铁矿在 NaOH 熔盐介质中氧化分解的热力学[45]

铬铁矿分子式可写为 $(Fe^{2+}, Mg)[Cr, Al, Fe^{3+}]_2O_4$，天然铬铁矿可看作是 $FeCr_2O_4$、Fe_3O_4、$FeAl_2O_4$、$MgCr_2O_4$、$MgFe_2O_4$ 和 $MgAl_2O_4$ 的固溶体，此外还包括杂质相 CaO、SiO_2。其中，MgO 可视为惰性物质。故铬铁矿的氧化过程涉及的体系有三元系 NaOH-(Fe, Mg)O·(Al, Cr)$_2$O$_3$-O$_2$ 及二元系 FeO-O_2、NaOH-Al_2O_3、NaOH-SiO_2、NaOH-Fe_2O_3、$NaAlO_2$-SiO_2、NaOH-CO_2 等。

① 铬铁矿的氧化　在氢氧化钠和氧气作用下，铬铁矿进行如下的分解反应：

$$\frac{1}{2}FeO \cdot Cr_2O_3 + 2NaOH + \frac{7}{8}O_2 \longrightarrow Na_2CrO_4 + \frac{1}{4}Fe_2O_3 + H_2O \tag{2-12}$$

$$\frac{1}{2}Cr_2O_3 + 2NaOH + \frac{3}{4}O_2 \longrightarrow Na_2CrO_4 + H_2O \tag{2-13}$$

$$\frac{1}{2}MgO \cdot Cr_2O_3 + 2NaOH + \frac{3}{4}O_2 \longrightarrow Na_2CrO_4 + \frac{1}{2}MgO + H_2O \tag{2-14}$$

由图 2-6 可见，在所研究温度区间，3 个反应的标准自由能变化负值很大，三价铬在氢氧化钠熔体中很容易被氧气氧化为六价铬，并以 $FeO \cdot Cr_2O_3 > Cr_2O_3 > MgO \cdot Cr_2O_3$ 的顺序呈减弱趋势。3 个反应在 570K 附近均有一自由能最小值，在该最小自由能值对应温度之前，随着温度升高，铬铁矿被氧化的热力学趋势就越强。超过该温度后，铬铁矿的氧化趋势随着温度升高反而减弱，尤以 $FeO \cdot Cr_2O_3$ 的氧化表现得最为明显，这种热力学特性归因于氢氧化钠的相变。

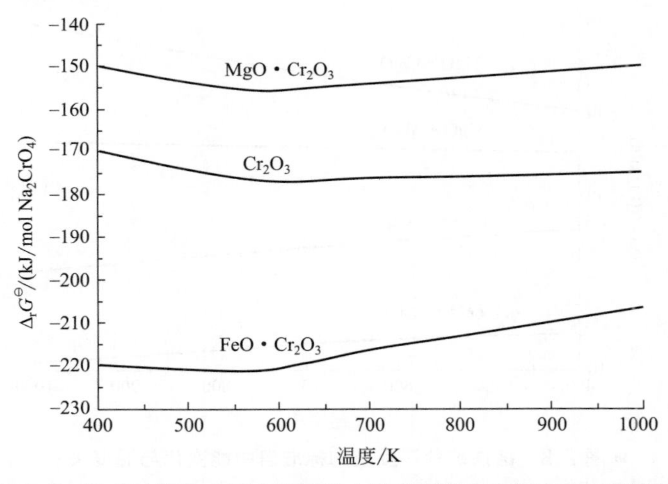

■ 图 2-6　NaOH 熔盐介质中铬铁矿主反应标准自由能变化与温度关系

由图 2-7 可见，反应式(2-12)～式(2-14) 均为放热反应，其中 $FeO \cdot Cr_2O_3$ 的氧化放热量最大。液相氧化过程主反应放热，可大大降低能耗，对于实际生产过程是有利的。3 个反应具有相似的温度影响规律，即随着温度的升高，反应放热量逐渐增加。当反应温度在 560～700K 时，3 个反应的标准反应热均出现低谷，这是由于氢氧化钠和铬酸钠的相变热所引起。若能将液相氧化过程操作温度降至 700K 以下，可更大程度地利用反应热，将进一步降低能耗。

② 铬铁矿的分解　尖晶石族的铬铁矿有可能存在以下 4 种化合物：$FeO \cdot Cr_2O_3$、$MgO \cdot Cr_2O_3$、$FeO \cdot Al_2O_3$、$MgO \cdot Al_2O_3$。热分解反应方程式如下：

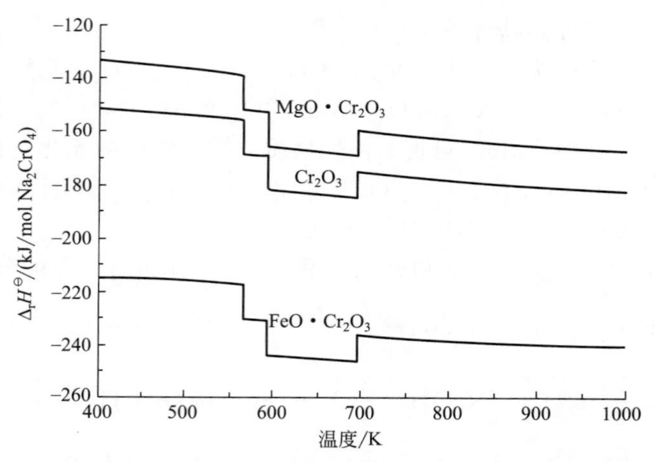

■ 图 2-7　NaOH 熔盐介质中铬铁矿主反应标准反应热与温度关系

$$FeO \cdot Cr_2O_3 \longrightarrow FeO + Cr_2O_3 \tag{2-15}$$

$$MgO \cdot Cr_2O_3 \longrightarrow MgO + Cr_2O_3 \tag{2-16}$$

$$FeO \cdot Al_2O_3 \longrightarrow FeO + Al_2O_3 \tag{2-17}$$

$$MgO \cdot Al_2O_3 \longrightarrow MgO + Al_2O_3 \tag{2-18}$$

以上热分解反应式(2-15)～式(2-18)的标准自由能变化值与温度的关系见图 2-8。

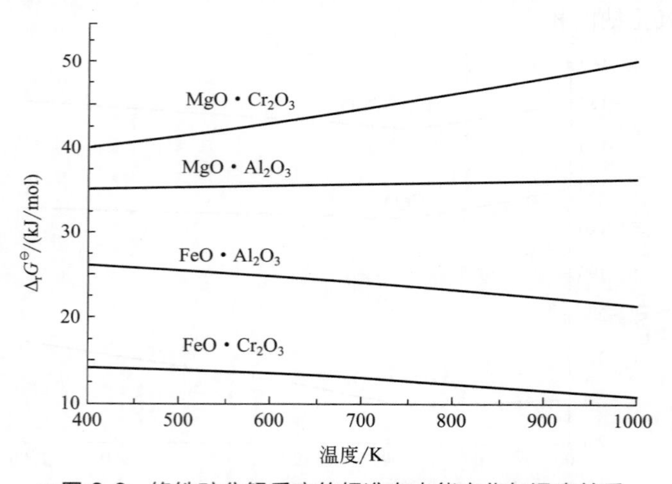

■ 图 2-8　铬铁矿分解反应的标准自由能变化与温度关系

由图 2-8 可见，温度对各反应标准自由能变化的影响趋势不尽相同，但在 400～1000K 的温度范围内，以上 4 个反应的标准自由能均为正值。从热力学角度考虑，在 400～1000K 的温度范围内，铬铁矿尖晶石族不可能进行热分解。对照上节的分析可知，通过化学反应则很容易破坏掉铬铁矿的尖晶石结构。因此液相氧化过程中铬铁矿尖晶石族的结构不是靠热分解而是通过化学反应破坏掉的。

③ FeO 的氧化　铬铁矿中 FeO 氧化主要有以下反应：

$$3FeO + \frac{1}{2}O_2 \longrightarrow Fe_3O_4 \tag{2-19}$$

$$\frac{2}{3}Fe_3O_4+\frac{1}{6}O_2 \longrightarrow Fe_2O_3 \quad (2\text{-}20)$$

$$2FeO+\frac{1}{2}O_2 \longrightarrow Fe_2O_3 \quad (2\text{-}21)$$

将以上氧化反应式(2-19)～式(2-21) 的标准自由能变化值对温度作图，见图 2-9。

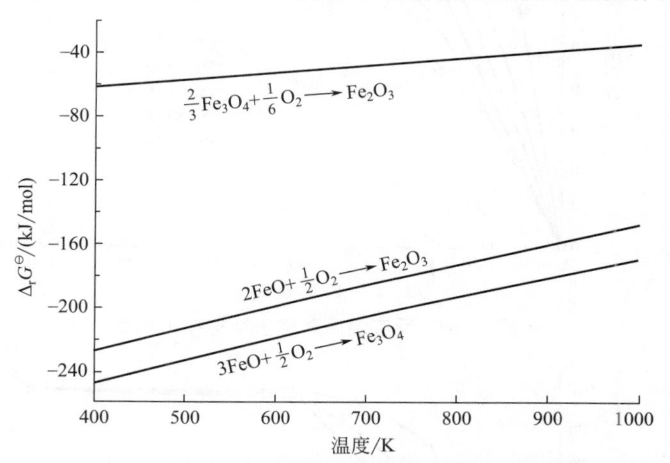

■ 图 2-9 FeO 氧化反应的标准自由能变化与温度关系

图 2-9 表明，FeO 氧化为 Fe_3O_4 及 Fe_3O_4 氧化为 Fe_2O_3 的趋势都很大，即 FeO 很容易被氧化为 Fe_2O_3。温度升高，反应的热力学趋势下降，不利于 FeO 及 Fe_3O_4 的氧化。

(2) 铬铁矿在 NaOH 介质中氧化分解的动力学[46]

对于以氢氧化钠熔盐为介质氧化铬铁矿的反应，美国矿务局委托 Denver 大学[47]对较低碱矿比下在氢氧化钠熔体中用空气氧化低品位铬铁矿进行了实验室研究，通过 450～650℃的动力学实验求得该反应活化能为 61.49kJ/mol，速率方程式符合扩散控制。本节从工艺设计的角度系统考察了 500～580℃温度范围内反应温度、矿粉粒度、氧气分压、氧气流量、碱矿比、搅拌速率等对铬转化率的影响规律[41]，根据液相氧化的典型工艺条件选定了流量、转速、粒度等条件，分析了低温区域铬铁矿氧化反应的动力学，推测了反应机理。

1) 在 500～580℃范围内各动力学参数对铬提取速率的影响规律。

① 反应温度　实验研究发现，温度低于 773K 时反应速率较小。为保证操作稳定性和反应速度，操作温度不宜过低。在碱矿比（质量）为 4.0、氧气流量为 4.0L/min、氧气分压为 101.32kPa、搅拌速率为 $4.17s^{-1}$的条件下，考察了 5 个温度对全颗粒体系铬铁矿中铬转化速率的影响，如图 2-10 所示。由图可知，随着温度的升高，铬转化速率加快。

② 矿粉粒度　在温度为 813K、碱矿比为 4.0、氧气流量为 4.0L/min、氧气分压为 101.32kPa、搅拌速率为 $4.17s^{-1}$的条件下，考察了 3 种粒度对铬转化速率的影响，如图 2-11 所示。由图可知，随着矿粉粒度的减小，其比表面积增大，铬的转化速率加快。降低矿粉粒度是提高铬转化速率的有效途径之一。实验还发现，随着粒度的降低，铬渣中的 Cr(Ⅲ)、Cr(Ⅵ) 都因此而降低。

③ 氧气分压　在温度为 813K、碱矿比为 4.0、氧气流量为 4.0L/min、搅拌速率为 $4.17s^{-1}$的条件下，考察了 5 种氧气分压对铬转化速率的影响，如图 2-12 所示。由图可知，氧气分压增大，铬转化速率增大，但其增加的幅度并不大。

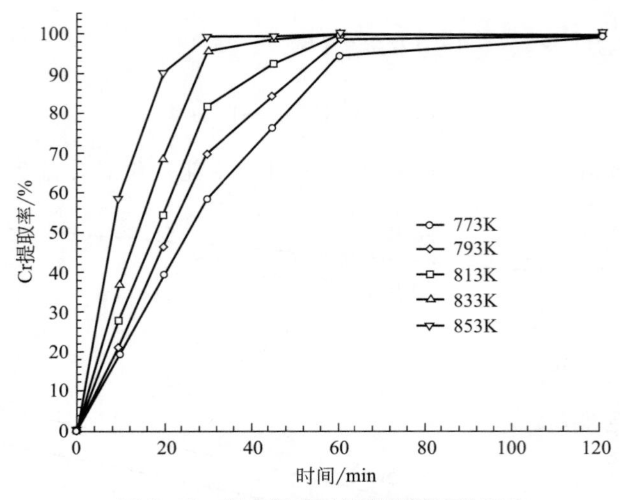

■ 图 2-10　反应温度对铬提取速率的影响

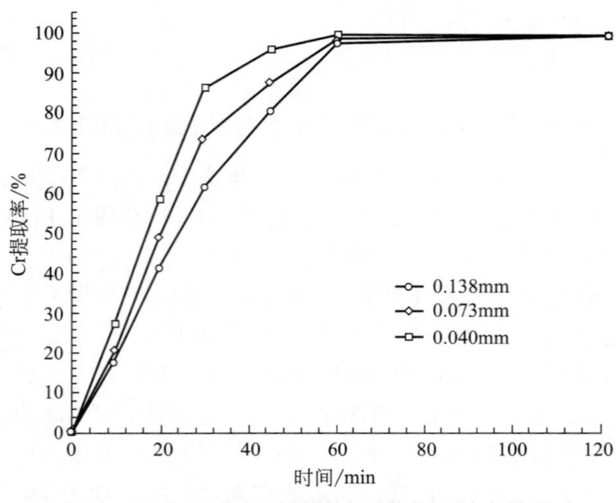

■ 图 2-11　不同初始矿粉粒度对铬提取速率的影响

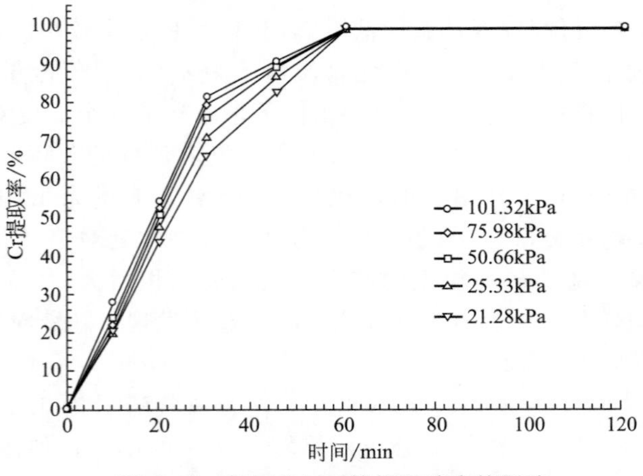

■ 图 2-12　氧气分压对铬提取速率的影响

④ 氧气流量　在温度为 813K、碱矿比为 4.0、氧气分压为 101.32kPa、搅拌速率为 4.17s^{-1}的条件下，考察了 4 种氧气流量对铬转化速率的影响，如图 2-13 所示。由图可知，氧气流量增加，铬转化速率增大，但主要反映在反应初期，铬在反应初期的 60min 内转化率可达到 95%以上。

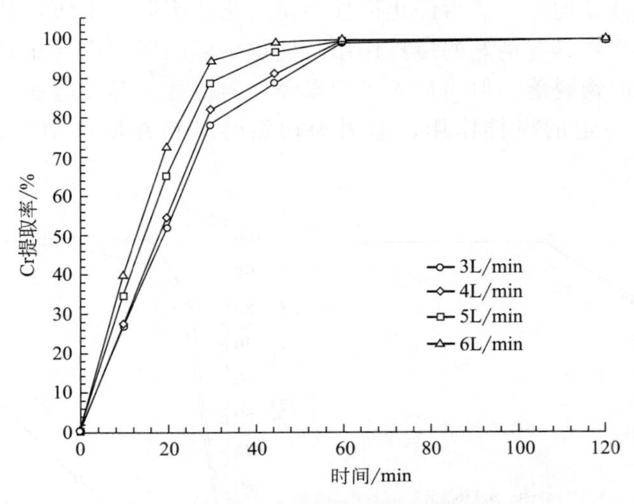

■ 图 2-13　氧气流量对铬提取速率的影响

⑤ 碱矿比　碱矿比是实验操作的一个重要指标和考察参数。在温度为 813K、氧气流量为 4.0L/min、氧气分压为 101.32kPa、搅拌速率为 4.17s^{-1}的条件下，考察了 5 种碱矿比对铬转化速率的影响，如图 2-14 所示。由图可知，碱矿比增大，铬提取速率加大，原因包括两方面：一方面碱矿比的增大，增大了反应物 NaOH 的浓度，使反应加快；另一方面碱矿比的增大导致液固比增大，从而降低了黏度，使得氧气在熔体中的扩散传输更加容易。但过高的碱矿比使得后续工序碱回收难度加大，同时，设备占用增大，设备利用率降低；过低的碱矿比则体系黏度过大，不易操作，铬提取速率降低。实验中观察到，当碱

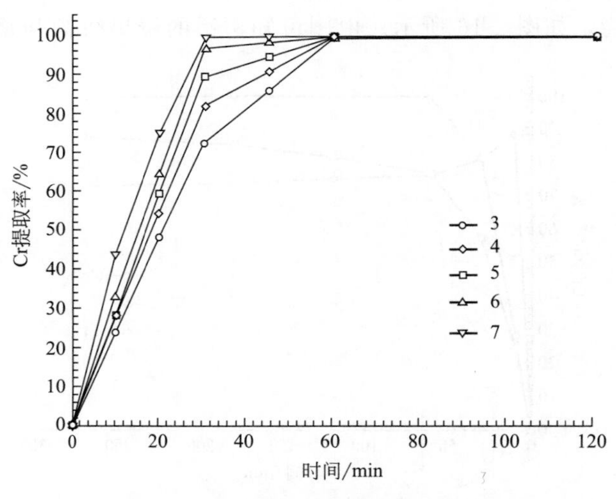

■ 图 2-14　碱矿比对铬提取速率的影响

矿比为 3.0 时，自反应釜中倒出熔体时，釜壁黏附较多。

⑥ 搅拌速率　在温度为 813K、氧气流量为 4.0L/min、氧气分压为 101.32kPa、碱矿比为 4.0 的条件下，考察了 5 种搅拌速率对铬转化率的影响，如图 2-15 所示。由图可知，当搅拌速率超过 $4.17s^{-1}$时，铬提取速率不再变化。在实验中观察到，当通气前先搅拌使矿粉在熔体中分散均匀，然后停止搅拌，铬转化速率同样很快，其原因可能是气体在熔体中的鼓动（底吹）具有良好的搅拌作用，使得反应的固相产物在颗粒表面积累时微裂不断扩大而使固相产物脱落。但当加入矿粉未经任何搅拌，其反应速率却很低，其原因可能是气体鼓动虽有一定的搅拌作用，但因为初始时矿粉在熔体中分散差因而反应速度很慢。

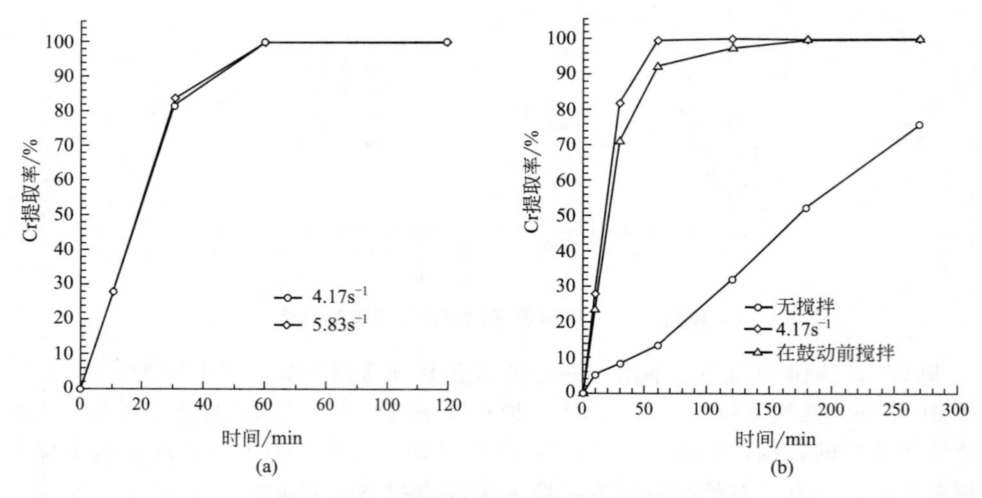

■ 图 2-15　不同搅拌条件对铬提取速率的影响

⑦ 铝、硅浸出行为　铝、硅是工艺中危害最大的两种杂质，它们不仅在反应过程中消耗碱，而且大部分进入液相污染铬酸钠，降低产品质量。在温度为 813K、氧气流量为 4.0L/min、氧气分压为 101.32kPa、碱矿比为 4.0、搅拌速率为 $4.17s^{-1}$的条件下，考察了铝、硅的浸出行为，如图 2-16 所示。由图可知，铝的浸出行为与铬类似，这是因为铝

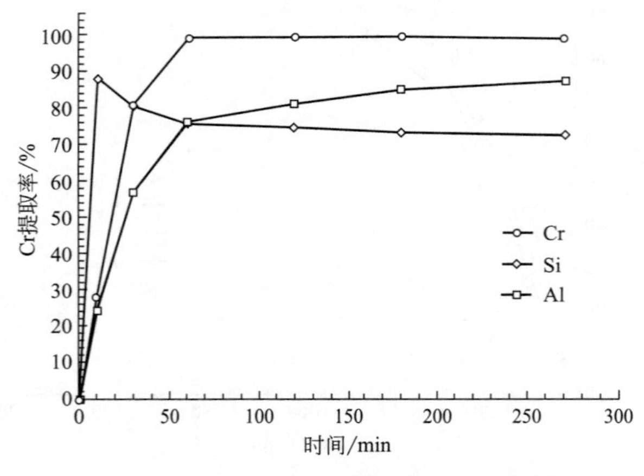

■ 图 2-16　Cr、Al、Si 的浸出率时间曲线

取代了部分铬而进入晶格，所以晶格破坏时，铝和硅几乎同时与 NaOH 反应进入液相，而硅因不进入晶格，故在晶格破坏之前，硅即与 NaOH 发生反应，生成低相对分子质量、易溶于水的 SiO_4^{4-}，很快进入液相，当这种四面体结构的 SiO_4^{4-} 增多时，离子间互相结合生成 $Na_zSi_xO_y$ 复杂硅酸盐不溶于水，这种不溶物的生成势必增加熔体黏度，使传质条件变差，不利于反应的进行，从图 2-16 可见，硅的浸出率在 10min 内就可达到 90%，随着时间的推移而逐渐下降。

2）动力学方程与控制步骤分析　铬铁矿的氧化在宏观上是一个较复杂的气液固多相反应。铬铁矿颗粒悬浮于熔体中，氧气和氢氧化钠扩散到矿粒表面与铬铁矿发生反应，在生成主产物铬酸钠的同时，伴随有固相产物氧化铁的生成。一般来说，气体先溶解于液相中，然后是溶解在溶液中的气体与固体作用，因此该反应的实质仍然是液固反应。该反应有以氧化铁为主的固相产物生成，因此存在两种可能：一是固相产物易脱落进入熔体，可按无固相产物层的缩粒模型处理；二是固相产物形成壳层，包裹在未反应的铬铁矿颗粒表面，产物层既可能是疏松的，也可能是致密的，可按有固相产物层的未反应收缩核模型处理。

按照以上假设的处理模型，根据速率方程式可确定出可能的反应机理。设 k 为反应速率常数，X 为铬转化率，t 为反应时间。

① 假如反应服从一级化学反应控制，$\ln(1-X)$ 对 t 作图应为一直线。

② 若固相产物生成时立即脱落进入液相，或搅拌等传质条件能完全消除固相产物在铬矿表面的积累，即属于这种情况。在这种情况下，可分为两类控制。

边界层扩散控制：$1-(1-X)^{2/3}=kt$

化学反应控制：$1-(1-X)^{1/3}=kt$

此外，过程的速率控制步骤还可结合其他判据：一是搅拌强度对反应速率的影响；二是活化能的大小。扩散控制过程活化能小于 13kJ/mol，化学控制过程活化能大于 40kJ/mol，介于二者之间的混合控制活化能为 20～34kJ/mol。

③ 有固相产物层形成时，固体产物包裹着未反应核形成固体产物层。若固体产物层疏松多孔，反应粒子进入达到反应界面所受阻力小，穿过此固体产物层的扩散不是速率控制步骤。

边界层扩散控制：$X=kt$

化学反应控制：$1-(1-X)^{1/3}=kt$

固体产物层扩散控制如下。

a. 假设氢氧化钠浓度及氧气不随时间变化或等分子逆向扩散，同时过程处于稳态或准稳态，则 $1-2X/3-(1-X)^{2/3}=kt$。

b. 若固相产物层较致密，反应粒子穿过固体产物层的扩散成为过程的速率控制步骤。假设固相产物层厚度的增长速率与其本身厚度成反比，可推导出转化率随时间的关系式为 $[1-(1-X)^{1/3}]^2=kt$。

参照钠系液相氧化工艺条件，选定各工艺参数如下：碱矿比为 5、反应气为空气、空气流量为 4.0L/min、搅拌速率为 1000r/min。在 350～530℃ 的温度范围内，铬转化率随时间的变化关系见图 2-17。实验结果表明，在初期反应较快，温度对反应影响显著，350℃时反应 5h 的转化率仅约 50%，而在 500℃时即可完全反应。

将各速率方程式及实验数据点作图如图 2-18 所示，由图可见，在 $t/t_{0.3}=4.0$ 以前，

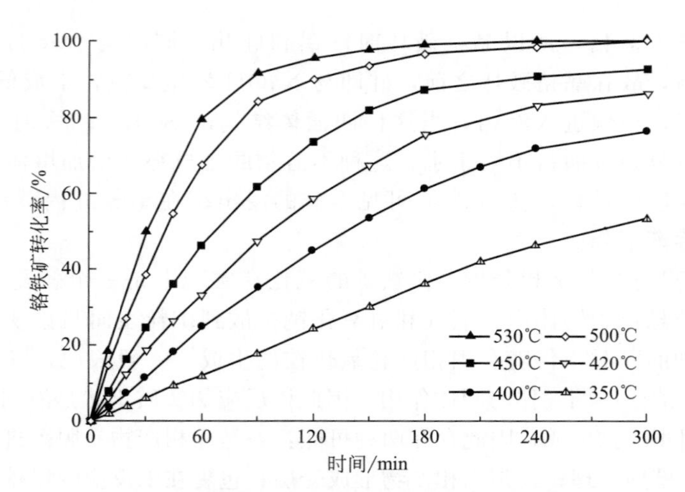

■ 图 2-17 不同温度下铬转化率与时间的关系曲线

实验数据与速率方程式 $1-(1-X)^{1/3}=kt$ 拟合得较好。当 $t/t_{0.3}>4.0$ 时，实验数据与速率方程开始偏移，说明反应逐渐进入扩散控制。

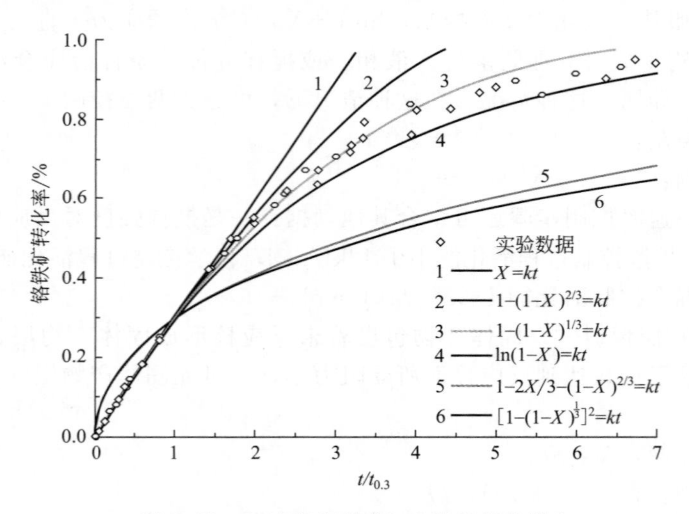

■ 图 2-18 各速率方程式与实验数据的拟合

将实验数据用速率方程式 $1-(1-X)^{1/3}=kt$ 进行拟合，在低温过程以及高温反应前期均有较好拟合，见图 2-19。由此可求得各直线斜率，结果见表 2-1。

■ **表 2-1 各温度下的反应速率常数**

T/℃	T/K	$(1000/T)/K^{-1}$	$k\times10^4$	ln$k$	适用时间/min
350	623	1.6051	7.74	−7.1645	300
400	673	1.4859	14.7	−6.5225	240
420	693	1.4430	20.8	−6.1754	180
450	723	1.3831	28.2	−5.8710	180
500	773	1.2937	51.1	−5.2766	90
530	803	1.2453	63.5	−5.0593	90

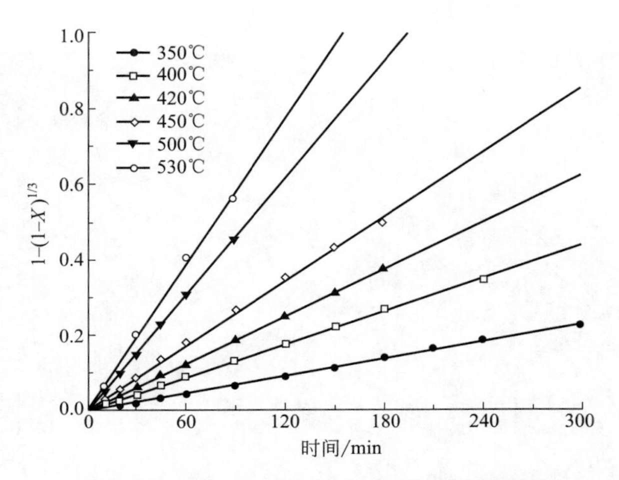

■ 图 2-19 函数 $1-(1-X)^{1/3}$ 与时间的关系曲线

根据阿伦尼乌斯公式可得 $\ln k=\ln A-\dfrac{E}{RT}$，将表 2-1 中的 ln$k$ 对 1000/T 作图，得图 2-20。

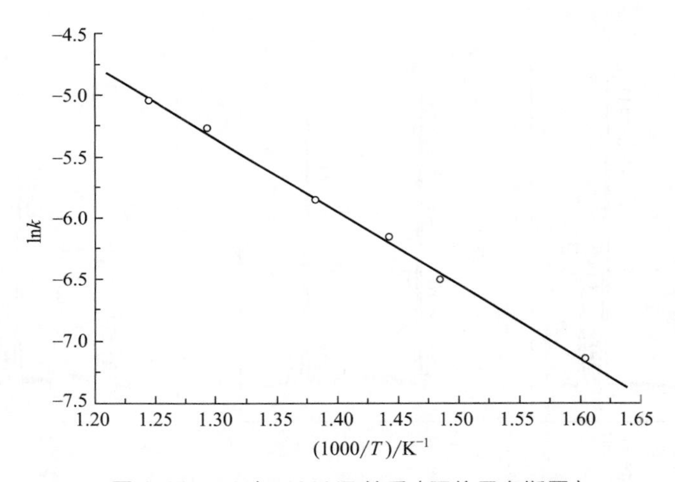

■ 图 2-20 lnk 与 1000/T 关系（阿伦尼乌斯图）

将图中各点拟合为一直线，可求得反应表观活化能为 49.64kJ/mol，因活化能大于 40kJ/mol，故认为 350～530℃温度范围内铬铁矿氧化主要为化学反应控制。

3）反应机理分析　将实验过程的物料骤冷，经特定处理及抛光后进行切面的 SEM 分析，见图 2-21。由图中可明显看出颗粒分为 3 层，最里层的粒径较大，为未反应铬矿颗粒；中间部分粒度较小，构成未反应铬矿的壳层，呈多孔状结构，为铬矿氧化后的固相产物（主成分为铁渣），最外部为氢氧化钠熔体的本体。SEM 分析明显表明铬矿的氧化过程是由疏松多孔的反应产物包裹着未反应核的反应过程，适用于有固相产物层的未反应核收缩模型，反应的宏观动力学分析也与该模型相吻合。

对图 2-21 中的未反应核（A），壳层（B）及本体（C）进行能谱分析，由图 2-22 可见，未反应核主要含 Cr，这是因为 Fe、Mg、Al 含量的下降使得 Cr 含量提高；壳层中的 Mg、Fe 含量很高，还含有少量 Na、Si，Cr 含量较少；在本体熔体中，主要由 Na、Cr 构

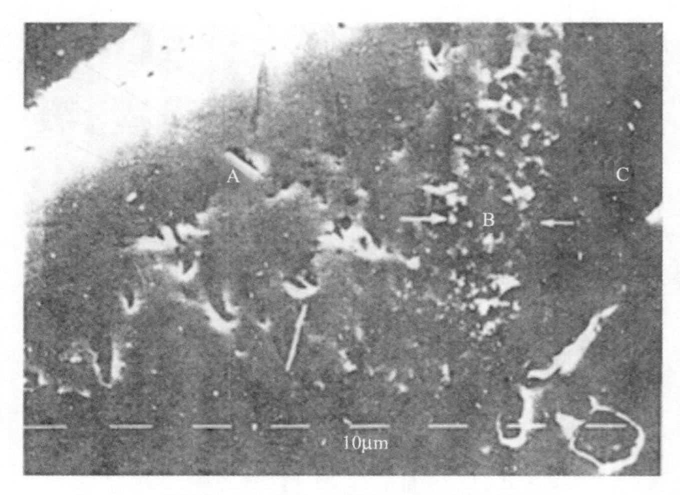

■ 图 2-21　部分反应铬铁矿的 SEM 图

成，并含有少量的 Mg、Al、Si、Fe，少量 Fe 的存在是因为某些微细的 Fe_2O_3 颗粒脱落进入熔体。

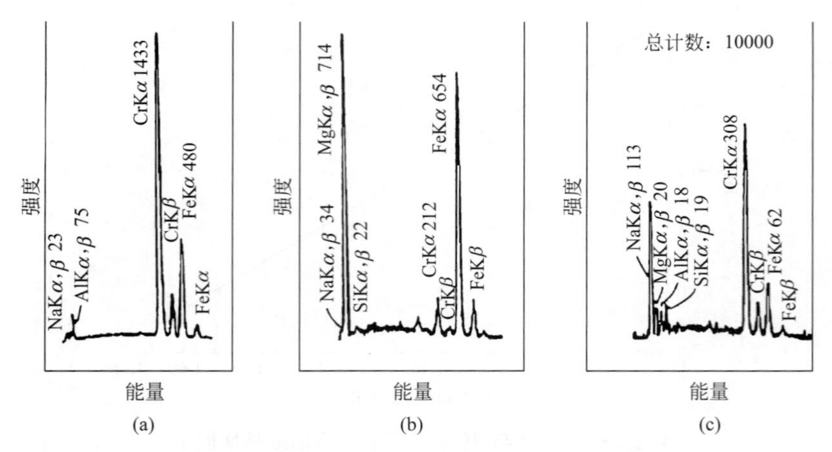

■ 图 2-22　图 2-21 中相区 A、B、C 的能谱分析

根据以上分析可提出如下反应模型，反应过程示意见图 2-23。在强传质条件下，铬

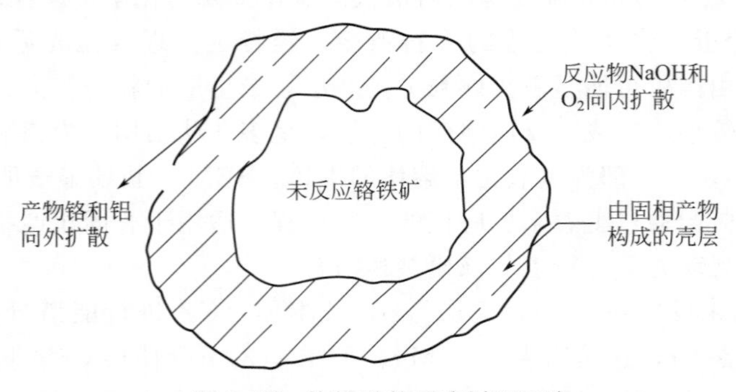

■ 图 2-23　铬铁矿的反应过程示意

铁矿颗粒均匀悬浮于氢氧化钠熔体中，以脉石存在的 SiO_2 首先溶出，进入熔体，剩余的为铬铁矿的尖晶石结构。氧气溶解进入熔体，扩散到颗粒表面，与铬铁矿反应，破坏了铬铁矿的尖晶石结构，铬、铝溶出，经扩散进入熔体。在尖晶石分解过程中，二价铁同时氧化为三价铁，与惰性物质氧化镁一起包裹着未反应铬铁矿颗粒，构成壳层。该壳层疏松多孔，在不是很厚的情况下一般不影响反应物和产物的扩散传质。

在反应前期，因壳层较薄，铬矿、氢氧化钠和氧气的表面化学反应构成过程的速率控制步骤，这已被实验所证实。随着反应继续进行，壳层逐渐加厚，氢氧化钠和氧气向颗粒内部扩散、产物铬铝向外扩散的速率逐渐下降，通过壳层的扩散传质逐渐成为反应的速率控制步骤，反应表现为扩散控制，此时一切能破坏壳层的手段均能使转化率明显提高。由阿伦尼乌斯公式知，反应速率与温度具有指数函数关系。因此，当反应温度升高，反应速率增加，壳层增厚很快，由化学反应控制过渡为扩散控制的时间也就越短，这与实验结果相一致。

(3) 氢氧化钠与铬酸钠多元混合电解质溶液体系溶解度与相平衡

1) $NaOH-Na_2CrO_4-H_2O$ 体系相平衡[48,49]　铬酸钠在氢氧化钠水溶液中的溶解度分高碱区和低碱区两种情况，测量数据见图 2-24 和图 2-25。图 2-24 是高碱区的情况，由该图可知，铬酸钠在氢氧化钠水溶液中的溶解度随氢氧化钠浓度的增加而减小，但当浓度大于 600g/L 时减小得非常缓慢。在氢氧化钠浓度大于 600g/L 的水溶液中，铬酸钠的溶解度随温度增加而迅速增加。溶解度差的数据见图 2-25。从图中可以看出，温度在 45～110℃的范围内，氢氧化钠浓度增加到 665g/L 时，铬酸钠溶解度差达 38.9g/L，再增加氢氧化钠浓度，并一直达到 804g/L 时，铬酸钠的溶解度差几乎固定不变，其他温度条件下也有类似结论。铬酸钠的溶解度在高碱度条件下受温度影响大和铬酸钠的溶解度差，氢氧化钠浓度在 665～804g/L 的范围内几乎不变这一重大特性，为铬酸钠和游离碱的分离提供了理论依据。

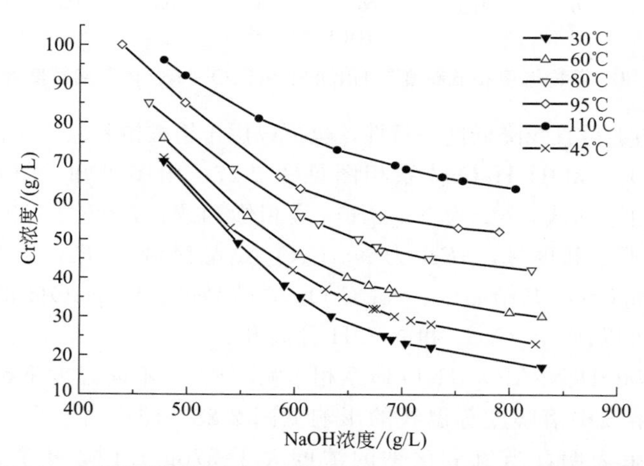

■ 图 2-24　不同温度和高碱度下 $NaOH-Na_2CrO_4-H_2O$ 体系溶解度等温线

图 2-26 是低碱区的情况，由图可知，当氢氧化钠的浓度小于 500g/L 时，铬酸钠的溶解度随氢氧化钠浓度的减少几乎呈线性增加；当氢氧化钠浓度小于 325g/L 时，温度从 45℃增加到 80℃，铬酸钠的溶解度受温度影响很小。铬酸钠在低浓度氢氧化钠溶液中的溶解度

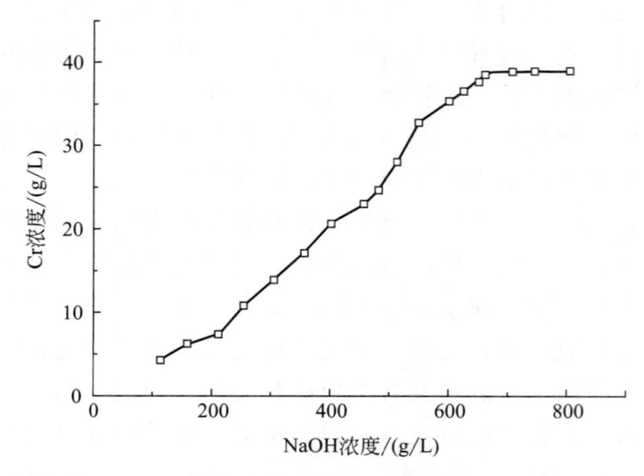

■ 图 2-25 温度在 45～110℃之间铬酸钠溶解度之差与氢氧化钠浓度的关系曲线

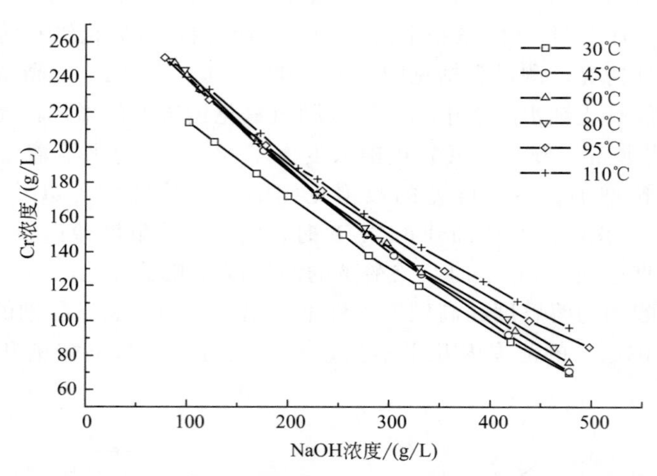

■ 图 2-26 不同温度和低碱度下 $NaOH-Na_2CrO_4-H_2O$ 体系溶解度等温线

随氢氧化钠浓度的增加呈直线降低这一特性，也可以用于铬酸钠和氢氧化钠的分离。

90℃时 $Na_2CrO_4-NaOH-H_2O$ 体系相图见图 2-27，由图可知，aEb 为饱和液相线，aE 为 NaOH 的液相饱和线，bE 为 Na_2CrO_4 液相饱和线。E 点为 NaOH、Na_2CrO_4 共饱和点。而 aOb 为不饱和区域，bEB 为 Na_2CrO_4 结晶区域，aEA 为 NaOH 结晶区域，AEB 为 NaOH、Na_2CrO_4 共结晶区。Na_2CrO_4 的结晶区大于 NaOH 的结晶区，说明通过蒸发结晶的方法可以使 Na_2CrO_4 和 NaOH 分离开。

2）$Na_2CrO_4-NaOH-NaAlO_2-H_2O$ 体系相平衡[48,49] 不同温度下铝酸钠存在时对铬酸钠在氢氧化钠水溶液中溶解度等温线的影响见图 2-28，图中各点所对应的铝酸钠都是处于饱和状态。结果表明，当氢氧化钠的浓度大于 370g/L 时，不管温度是 30℃还是 80℃，铝酸钠的存在对铬酸钠在氢氧化钠溶液中的溶解度等温线几乎没有影响，这一结果对铝存在时的铬碱分离具有重要意义。

$Na_2CrO_4-NaOH-NaAlO_2-H_2O$ 四元体系 120℃和 130℃相平衡数据见图 2-29 和图 2-30。从图中可以看出，在同一温度下，铬酸钠和铝酸钠晶体的溶解度随着氢氧化钠浓度

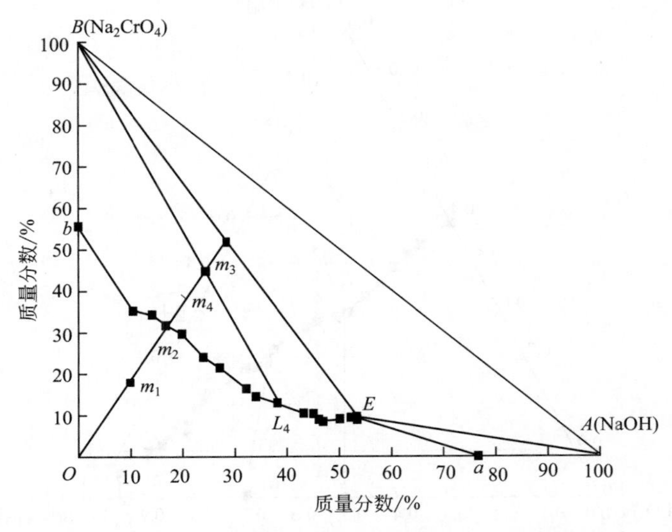

■ 图 2-27 90℃时 Na_2CrO_4-NaOH-H_2O 体系相图

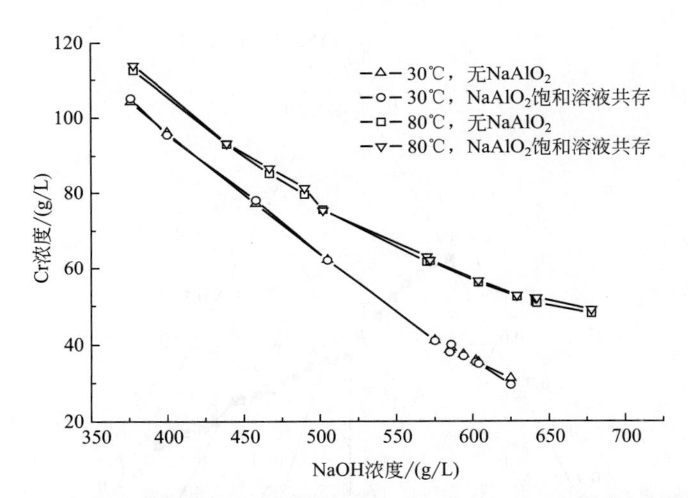

■ 图 2-28 不同温度下铝酸钠共存时对铬酸钠在氢氧化钠水溶液中溶解度等温线的影响

的升高而降低并逐渐趋于平衡；在同一碱浓度下，铬酸钠晶体和铝酸钠的溶解度随着温度的升高而升高。比较两幅图可知，铝酸钠的溶解度随温度的变化较显著。

从图 2-29 可知，在 120℃时 Na_2CrO_4-NaOH-$NaAlO_2$-H_2O 体系相图有 5 个结晶区域，分别为 Na_2CrO_4 的结晶区（CE_2EE_1C）、$Al_2O_3 \cdot 3H_2O$ 的结晶区（AE_2DE_3A）、$Na_2O \cdot Al_2O_3 \cdot 1.25H_2O$ 的结晶区（DE_3E_4FD）、$Na_2O \cdot Al_2O_3 \cdot 2.5H_2O$ 的结晶区（FE_4E_5EF）和 NaOH 的结晶区（BE_1EE_5B），并且 Na_2CrO_4 的结晶区域最大而 NaOH 的结晶区域最小。E 点为三相平衡点，E_1，E_2 和 E_5 为 3 个两相平衡点。$NaAlO_2$ 的平衡固相以 $Al_2O_3 \cdot 3H_2O$、$Na_2O \cdot Al_2O_3 \cdot 2.5H_2O$ 和 $Na_2O \cdot Al_2O_3 \cdot 1.25H_2O$ 3 种形式存在。其中 $Al_2O_3 \cdot 3H_2O$ 存在于低碱区域内，相反的，$Na_2O \cdot Al_2O_3 \cdot 2.5H_2O$ 存在于高碱区域内，$Na_2O \cdot Al_2O_3 \cdot 1.25H_2O$ 存在于高碱和低碱之间的区域，Na_2CrO_4 和

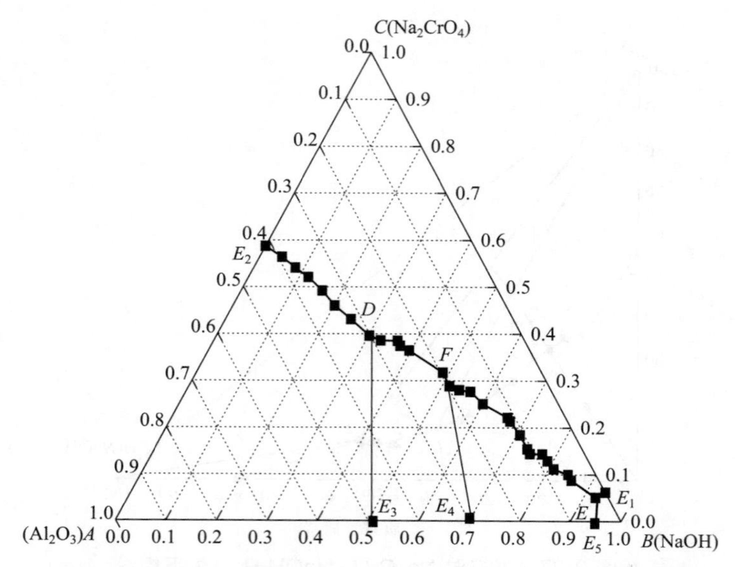

■ 图 2-29　120℃时 Na_2CrO_4-NaOH-$NaAlO_2$-H_2O 四元体系相图

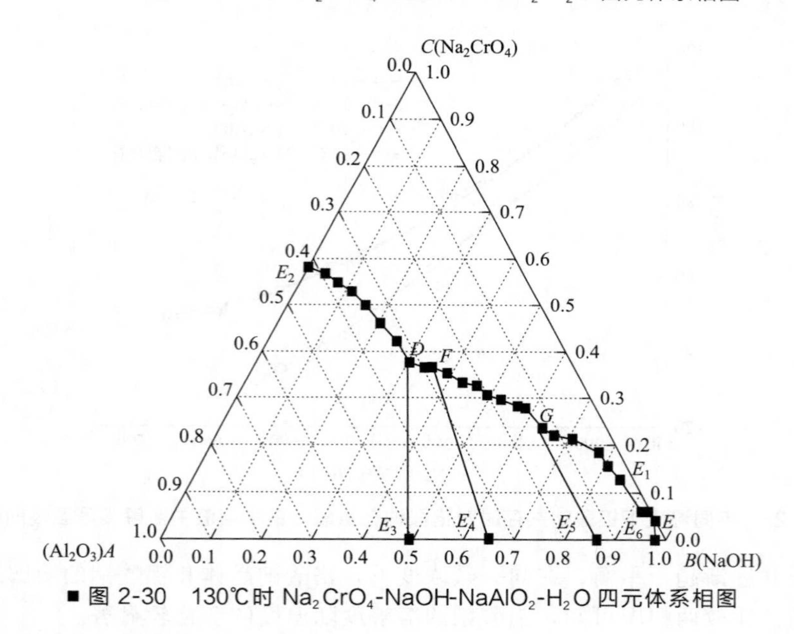

■ 图 2-30　130℃时 Na_2CrO_4-NaOH-$NaAlO_2$-H_2O 四元体系相图

NaOH 的平衡固相只有其本身一种形态。

由图 2-30 可知，在 130℃时 Na_2CrO_4-NaOH-$NaAlO_2$-H_2O 体系相图有 6 个结晶区域，分别为 Na_2CrO_4 的结晶区（CE_2EE_1C）、$Al_2O_3 \cdot H_2O$ 的结晶区（AE_2DE_3A）、$Na_2O \cdot Al_2O_3 \cdot 1.25H_2O$ 的结晶区（DE_3E_4FD）、$Na_2O \cdot Al_2O_3 \cdot 2.5H_2O$ 的结晶区（FE_4E_5GF）、$Na_2O \cdot Al_2O_3$ 的结晶区（GE_5E_6EG）和 NaOH 的结晶区（BE_1EE_6B）。其中 Na_2CrO_4 的结晶区最大，NaOH 的结晶区最小。E 点为三相平衡点，E_1、E_2 和 E_6 为 3 个两相平衡点。$NaAlO_2$ 的平衡固相以 $Al_2O_3 \cdot H_2O$、$Na_2O \cdot Al_2O_3 \cdot 2.5H_2O$、$Na_2O \cdot Al_2O_3 \cdot 1.25H_2O$ 和 $Na_2O \cdot Al_2O_3$ 4 种形式存在。其中 $Al_2O_3 \cdot H_2O$ 存在于低

碱区域内，相反地，$Na_2O \cdot Al_2O_3$ 存在于高碱区域内，$Na_2O \cdot Al_2O_3 \cdot 1.25H_2O$ 和 $Na_2O \cdot Al_2O_3 \cdot 2.5H_2O$ 存在于高碱和低碱之间的区域，Na_2CrO_4 和 NaOH 的平衡固相同样只有其本身一种形态。

比较图 2-29 和图 2-30 发现，对于 Na_2CrO_4 的结晶区，130℃时的面积要大于 120℃时的面积；对于 NaOH 结晶区，130℃时的面积要小于 120℃时的面积；在高碱区域内，120℃时铝酸钠以 $Na_2O \cdot Al_2O_3 \cdot 2.5H_2O$ 的形式存在，而 130℃时却以 $Na_2O \cdot Al_2O_3$ 存在。

3）Na_2CrO_4-$(NH_4)_2CrO_4$-H_2O 体系相图[51]　Na_2CrO_4-$(NH_4)_2CrO_4$-H_2O 体系 20℃和 50℃时相图分别见图 2-31 和图 2-32。从图中可以看出，Na_2CrO_4-$(NH_4)_2CrO_4$-H_2O 体系在 20℃和 50℃时存在有以下区域：$DOEP_1P_2$ 为不饱和溶液区域，EFP_1 为 $Na_2CrO_4 \cdot 4H_2O$ 结晶区，P_1KP_2 为复盐 $NaNH_4CrO_4 \cdot 2H_2O$ 结晶区，P_2BD 为 $(NH_4)_2CrO_4$ 结晶区，BP_2K 为 $(NH_4)_2CrO_4$ 与复盐共晶区，P_1FK 为 $Na_2CrO_4 \cdot 4H_2O$ 与复盐共晶区，KFA 为 Na_2CrO_4 与复盐共晶区，BKA 为 Na_2CrO_4、$(NH_4)_2CrO_4$、复盐三者共晶区。

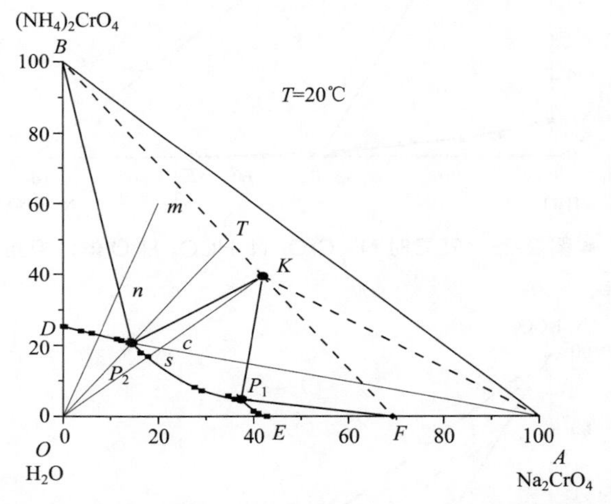

■ 图 2-31　20℃时 Na_2CrO_4-$(NH_4)_2CrO_4$-H_2O 体系相图

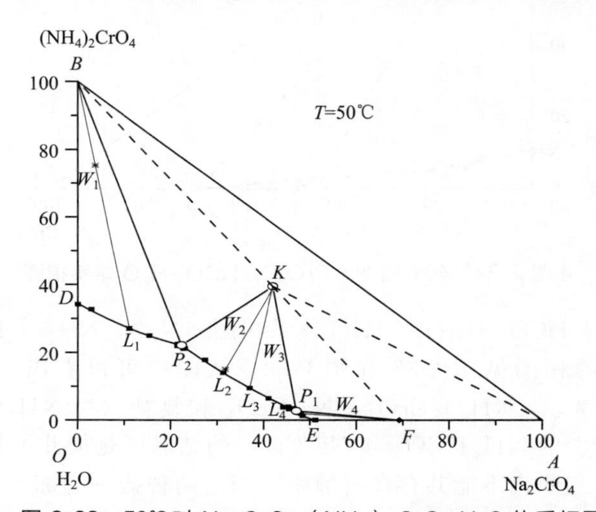

■ 图 2-32　50℃时 Na_2CrO_4-$(NH_4)_2CrO_4$-H_2O 体系相图

4）Na_2CrO_4-$NaHCO_3$-H_2O 体系相图　Na_2CrO_4-$NaHCO_3$-H_2O 体系 25℃和 40℃时的相图分别见图 2-33 和图 2-34。由图可知，该体系 25℃和 40℃时溶解度等温线有 2 条分支，分别对应于 $Na_2CrO_4 \cdot 4H_2O$ 和 $NaHCO_3$ 2 个结晶区。$NaHCO_3$ 结晶区面积较大，说明 $NaHCO_3$ 容易从体系中结晶出来，而 $Na_2CrO_4 \cdot 4H_2O$ 的结晶区则很小。共饱点组成为：Na_2CrO_4 44.16%，$NaHCO_3$ 1.16%。2 种原始组分之间没有形成复盐或固溶体，体系属简单共饱型。

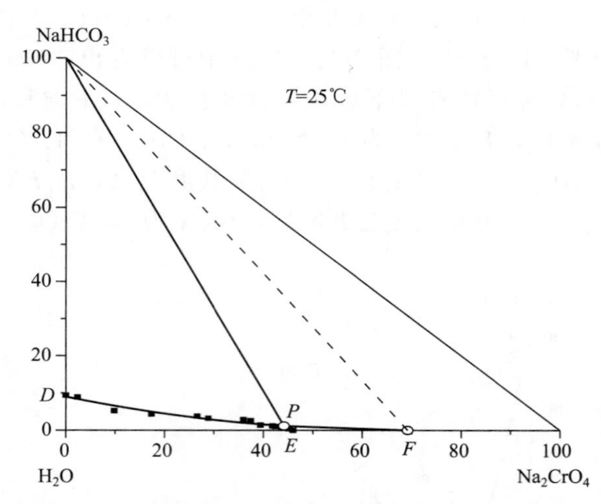

■ 图 2-33　25℃时 Na_2CrO_4-$NaHCO_3$-H_2O 体系相图

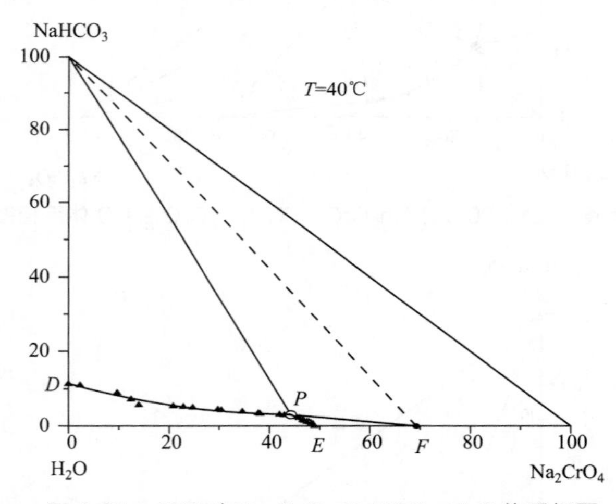

■ 图 2-34　40℃时 Na_2CrO_4-$NaHCO_3$-H_2O 体系相图

5）Na^+，$NH_4^+ \parallel HCO_3^-$，CrO_4^{2-}-H_2O 体系相图　Na^+，$NH_4^+ \parallel HCO_3^-$，CrO_4^{2-}-H_2O 体系 25℃和 40℃时的相图见图 2-35 和图 2-36。从图中可以看出，在本体系中存在着 NH_4HCO_3、$NaHCO_3$、$(NH_4)_2CrO_4$、Na_2CrO_4 和复盐（$NaNH_4CrO_4 \cdot 2H_2O$）5 种盐。其中处于对角线上的 NH_4HCO_3 和 Na_2CrO_4 的结晶区是彼此不相连的，称为不稳定盐对，表示这两种盐的固相不能共存在溶液中。当这两种盐一起加入水中时，就会生成另一种盐对 $NaHCO_3$ 和 $(NH_4)_2CrO_4$。在这相图中，$NaHCO_3$ 和 $(NH_4)_2CrO_4$ 的结晶区

是彼此毗邻的，它们称为稳定盐对，能同时以固相形式与溶液共存。

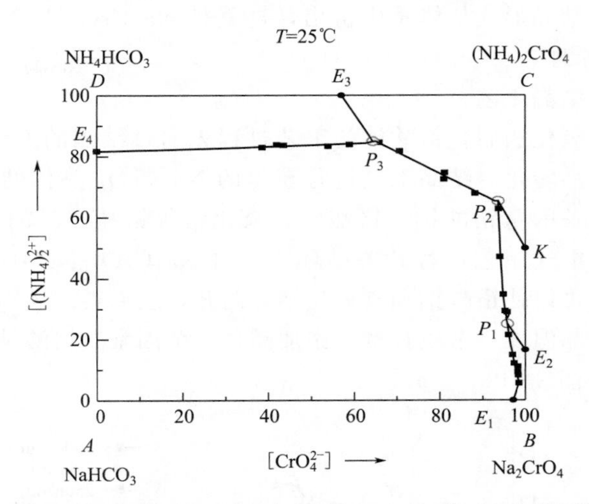

■ 图 2-35　25℃时 Na^+，NH_4^+ ‖ HCO_3^-，CrO_4^{2-} -H_2O 体系相图

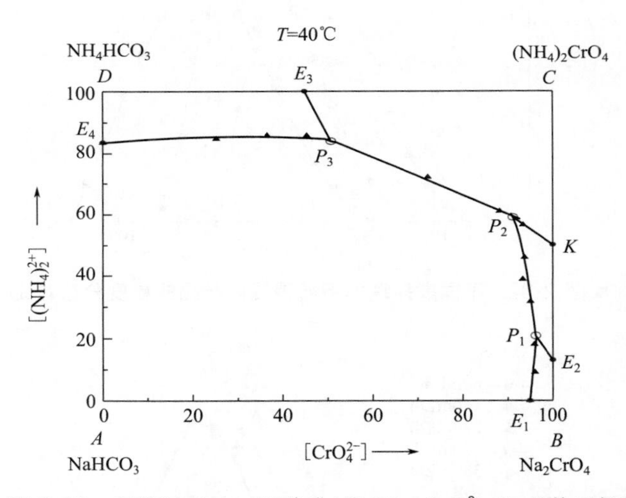

■ 图 2-36　40℃时 Na^+，NH_4^+ ‖ HCO_3^-，CrO_4^{2-} -H_2O 体系相图

两图中均有 7 条两盐共饱线，落在共饱线上的体系都为两种盐所饱和。处于顶角的 4 种盐中，$NaHCO_3$ 和 $(NH_4)_2CrO_4$ 具有一条共饱线 P_2P_3，而另一对盐 Na_2CrO_4 与 NH_4HCO_3 没有共饱线。

相图中的 P_1、P_2、P_3 点为 3 个三盐共饱点。P_1 点是 $NaHCO_3$、Na_2CrO_4、$NaNH_4CrO_4 \cdot 2H_2O$ 3 个饱和面的交点。处于此点的体系为三盐所饱和。同理，处于 P_2 点的体系为 $NaHCO_3$、$NaNH_4CrO_4 \cdot 2H_2O$、$(NH_4)_2CrO_4$所饱和的溶液，处于 P_3 点的体系为 $NaHCO_3$、$(NH_4)_2CrO_4$、NH_4HCO_3所饱和的溶液。在三盐共饱点处，共饱的液相与 3 种盐的固相相平衡，即分别处于 P_1 点、P_2 点、P_3 点的体系为四元四相体系。由相律 $F=C-P+1$ 知，当温度也恒定时，$F=C-P+0=4-4+0=0$。$F=0$ 说明 P_1 点、P_2 点和 P_3 点在恒温时为无变量点。

由图还可以看出，5 种盐的结晶区不相等。其中 $NaHCO_3$ 的结晶区最大，说明它的溶解度最小，容易以结晶形式从体系中析出，这就是 Na_2CrO_4 与 NH_4HCO_3 发生复分解能产生 $NaHCO_3$ 的原理。

（4）铬酸钠蒸发结晶工艺

钠系亚熔盐液相氧化法制备铬酸钠的工艺过程先通过结晶的方法分离出 Na_2CrO_4 晶体，再进行后续的产品转化。结晶工艺过程获得的 Na_2CrO_4 晶体的质量，将直接影响下游产品转化过程所制备的重铬酸钠、铬酸酐、氧化铬等铬盐产品的质量，故对 Na_2CrO_4 晶体的质量控制成为上述工艺过程的关键环节。由 Na_2CrO_4-$NaOH$-H_2O 体系 90℃ 相图可知蒸发结晶的方法可以使铬酸钠和氢氧化钠分离开，从而得到纯净的铬酸钠晶体，搅拌速率、蒸发速率、结晶温度、杂质含量、添加晶种 5 个因素对铬酸钠蒸发结晶工艺过程的影响规律见图 2-37～图 2-41。

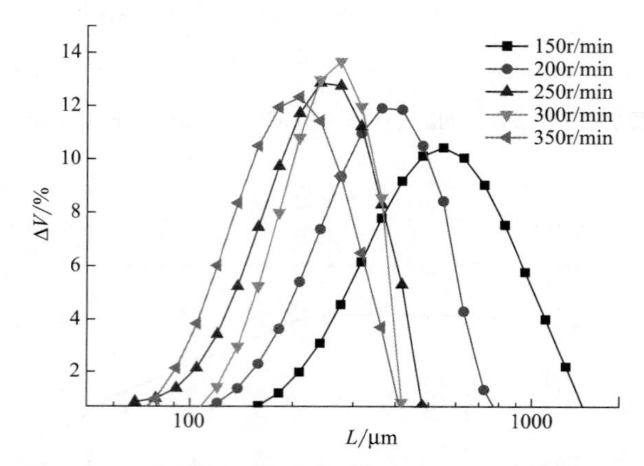

■ 图 2-37　不同搅拌速率下所得晶体产品的粒度分布对比

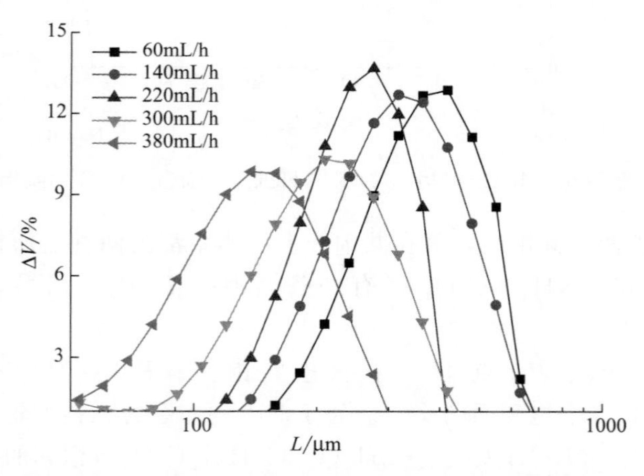

■ 图 2-38　不同蒸发速率下所得晶体产品的粒度分布对比

由图 2-37 可以看出当搅拌速率过大或过小时，得到的产品粒度分布都不均一。这是因为当搅拌速率过大时，已有晶粒与其他晶粒、结晶器器壁、搅拌桨间的碰撞概率增加，导致二次成核占主导地位，并且有些大颗粒晶体因碰撞强度过大而破碎为细小晶粒，所以

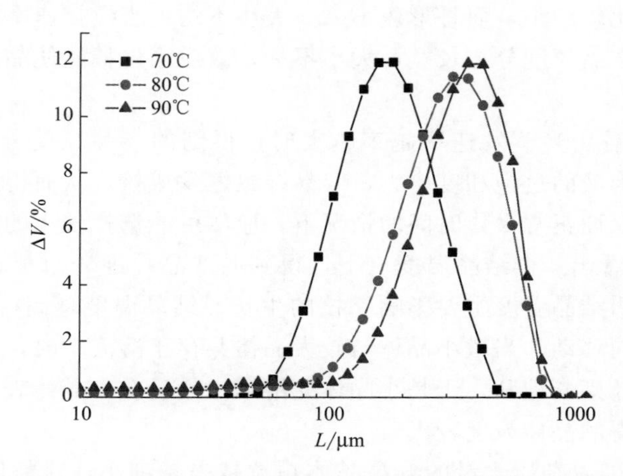

■ 图 2-39 不同结晶温度下所得晶体产品的粒度分布对比

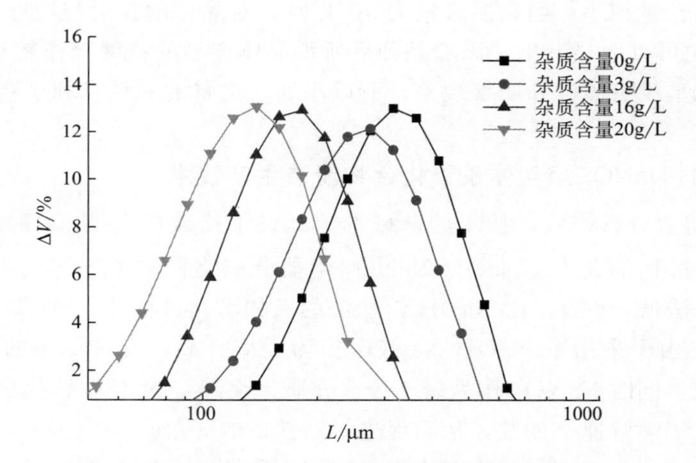

■ 图 2-40 不同杂质含量下所得晶体产品的粒度分布对比

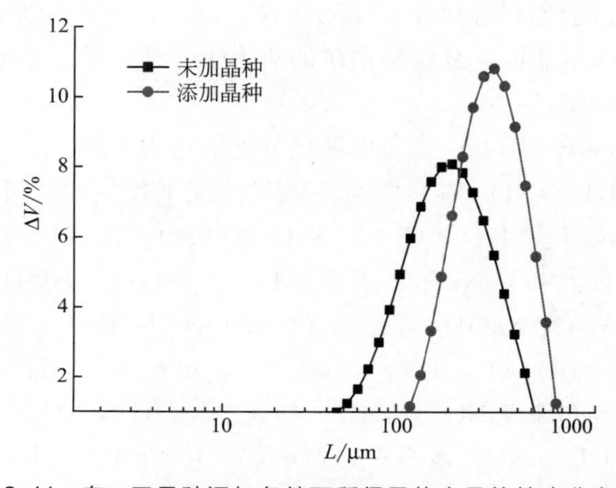

■ 图 2-41 有、无晶种添加条件下所得晶体产品的粒度分布对比

得到的晶体大部分比较细小，而且形貌不一，大小不均；当搅拌速率过小时，固液混合不均匀，得到的晶体产品粒度分布较宽，大小不一，故应当选择能使晶体离底悬浮的最小搅拌速率。

由图2-38可以看出当蒸发速率越来越大时，得到的产品粒度分布越来越不不均一。蒸发速率过快时，溶液的过饱和度增大，容易导致爆发成核，从而得到的晶粒较小，粒度分布也较宽。故在保证正常操作时间的情况下，应尽可能选择较小的蒸发速率。

由图2-39可以看出3个结晶温度点下，得到的产品粒度分布都较均一，几乎没有团聚和破碎现象。说明结晶温度主要影响晶核的生长，结晶温度越高，溶质的溶解度增大，溶解平衡向溶解方向移动，当微小晶体与较大晶体共存于溶液中时，如果溶液对较大晶体是饱和的，对小晶体则未饱和，于是小晶体先溶解，然后在大晶体表面上重新析出，促进晶体长大，从而获得的晶体粒度较大。

由图2-40可知随着杂质含量的升高晶体颗粒越来越细小，对粒度分布影响较小。说明杂质的存在会影响体系的过饱和度，杂质含量越多，过饱和度越大，成核速率大于生长速率，生成的晶粒越细小。当杂质含量为3g/L时，对晶体的粒度与纯度影响不大。

从图2-41中可以明显看出，添加晶种后所得晶体产品的粒度分布较均匀，尺度较大，晶习较完整，几乎没有破碎和团聚现象，所以添加一定量的晶种有利于获得质量好的晶体产品。

2.2.1.2 $NaOH\text{-}NaNO_3$熔盐体系铬化合物清洁生产技术

在NaOH熔盐分解铬铁矿技术的基础上，开发了铬铁矿在$NaOH\text{-}NaNO_3$体系中被氧气氧化生产铬酸钠的技术。$NaOH\text{-}NaNO_3$熔盐分解铬铁矿工艺的反应温度为400℃以下，比传统焙烧法低800℃，比NaOH熔盐法的液相氧化过程低100℃以上，铬的转化率达到99%以上。由于采用了$NaOH\text{-}NaNO_3$作为反应介质，反应体系的黏度降低，传质效率得到了提升。同时$NaNO_3$作为氧气传递介质，突破了NaOH熔盐法中氧气溶解困难的瓶颈，使得氧气溶解速率加快，从而促进了铬铁矿的分解。

$NaOH\text{-}NaNO_3\text{-}O_2$工艺生产铬酸钠的过程包括铬铁矿在$NaOH\text{-}NaNO_3$介质中以氧气为氧化剂的液相氧化反应、熔体稀释与固液分离、晶渣水浸与固液分离、浸出液除杂、蒸发结晶以及高浓碱液的循环等步骤。$NaOH\text{-}NaNO_3\text{-}O_2$工艺的原则流程见图2-42。

对$NaOH\text{-}NaNO_3$熔盐体系分解铬铁矿的热力学、动力学、体系相关相平衡及结晶分离设计进行具体介绍如下。

(1) 铬铁矿在$NaOH\text{-}NaNO_3$介质中氧化分解的热力学[50]

当铬铁矿在$NaOH\text{-}NaNO_3$体系中通入氧气情况下反应时，可能有以下反应体系存在：$FeO\cdot Cr_2O_3\text{-}NaOH$、$MgO\cdot Cr_2O_3\text{-}NaOH$、$FeO\cdot Al_2O_3\text{-}NaOH$、$MgO\cdot Al_2O_3\text{-}NaOH$、$Al_2O_3\text{-}NaOH$、$SiO_2\text{-}NaOH$体系；$FeO\cdot Cr_2O_3\text{-}NaOH\text{-}O_2$、$MgO\cdot Cr_2O_3\text{-}NaOH\text{-}O_2$、$FeO\cdot Al_2O_3\text{-}NaOH\text{-}O_2$、$Cr_2O_3\text{-}NaOH\text{-}O_2$体系；$FeO\cdot Cr_2O_3\text{-}NaAlO_2\text{-}O_2$、$MgO\cdot Cr_2O_3\text{-}NaAlO_2\text{-}O_2$、$FeO\cdot Cr_2O_3\text{-}Na_2SiO_3\text{-}O_2$、$MgO\cdot Cr_2O_3\text{-}Na_2SiO_3\text{-}O_2$体系；$FeO\cdot Cr_2O_3\text{-}NaOH\text{-}NaNO_3$、$MgO\cdot Cr_2O_3\text{-}NaOH\text{-}NaNO_3$、$FeO\cdot Al_2O_3\text{-}NaOH\text{-}NaNO_3$、$Cr_2O_3\text{-}NaOH\text{-}NaNO_3$体系；$FeO\cdot Cr_2O_3\text{-}NaNO_3$、$FeO\cdot Al_2O_3\text{-}NaNO_3$体系；$NaNO_2\text{-}O_2$体系。为简便起见，本节仅考虑$(Mg, Fe)O\cdot(Cr, Al)_2O_3\text{-}NaOH\text{-}$

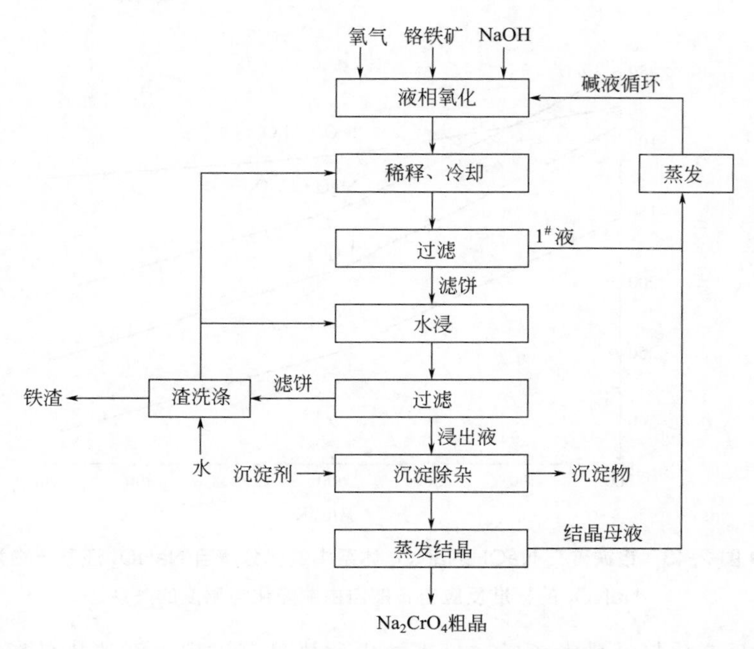

■ 图 2-42 NaOH-$NaNO_3$-O_2 工艺原则流程

$NaNO_3$ 体系。

当铬铁矿在 NaOH-$NaNO_3$ 反应时，$NaNO_3$ 将起到氧化剂的作用使铬铁矿发生氧化分解。随着反应条件的变化，$NaNO_3$ 的还原产物可能是 $NaNO_2$ 或 N_2，以下将对两种情况分别进行研究。

当 $NaNO_3$ 氧化分解铬铁矿之后的还原产物为 $NaNO_2$ 时，铬铁矿在 NaOH-$NaNO_3$ 体系进行如下的反应：

$$FeO\cdot Cr_2O_3+4NaOH+\frac{7}{2}NaNO_3 \longrightarrow 2Na_2CrO_4+\frac{1}{2}Fe_2O_3+\frac{7}{2}NaNO_2+2H_2O \quad (2\text{-}22)$$

$$MgO\cdot Cr_2O_3+4NaOH+3NaNO_3 \longrightarrow 2Na_2CrO_4+MgO+3NaNO_2+2H_2O \quad (2\text{-}23)$$

$$FeO\cdot Al_2O_3+2NaOH+\frac{1}{2}NaNO_3 \longrightarrow 2NaAlO_2+\frac{1}{2}Fe_2O_3+\frac{1}{2}NaNO_2+H_2O \quad (2\text{-}24)$$

$$Cr_2O_3+4NaOH+3NaNO_3 \longrightarrow 2Na_2CrO_4+3NaNO_2+2H_2O \quad (2\text{-}25)$$

反应式(2-22)～式(2-25) 的标准吉布斯自由能变化与温度的关系见图 2-43，其中式(2-25) 中的 Cr_2O_3 来源于 $NaNO_3$ 直接氧化 $FeO\cdot Cr_2O_3$ 中 FeO 的产物。

由图 2-43 可见，在所研究的温度区间，4 个反应的标准吉布斯自由能变化都为负值。随着反应温度的升高，各个反应的标准吉布斯自由能变化都往负值更大的方向移动，即升高反应温度有利于铬铁矿的氧化分解。这就是说，铬铁矿在 NaOH-$NaNO_3$ 体系中很容易发生氧化分解反应，使三价铬氧化为六价铬，各个端元发生氧化的趋势为 $FeO\cdot Cr_2O_3>Cr_2O_3>MgO\cdot Cr_2O_3>FeO\cdot Al_2O_3$。

图 2-44 为反应式(2-22)～式(2-25) 的标准反应热与温度的关系。在所研究的温度范围内，铬铁矿中各个端元在 NaOH-$NaNO_3$ 体系中的氧化过程均为放热反应，且 FeO·

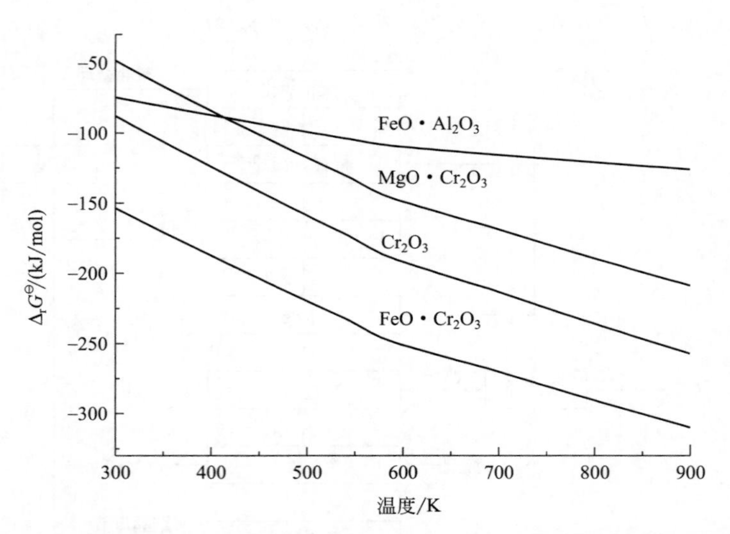

■ 图 2-43 铬铁矿在 $NaOH-NaNO_3$ 体系中氧化分解且 $NaNO_3$ 还原产物为 $NaNO_2$ 的标准反应吉布斯自由能变化与温度的关系

Cr_2O_3 的氧化反应放热量最大。反应过程放出的热量可以用于抵消热量耗散或者用于其他单元操作中。

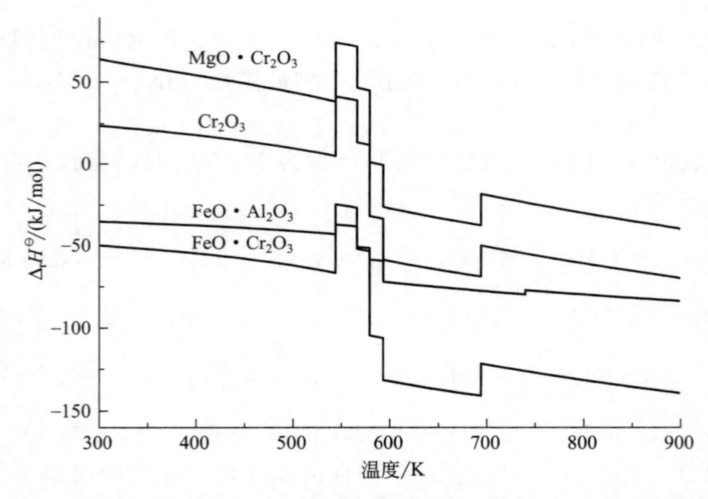

■ 图 2-44 铬铁矿在 $NaOH-NaNO_3$ 体系中氧化分解且 $NaNO_3$ 还原产物为 $NaNO_2$ 时的标准反应热变化与温度的关系

当 $NaNO_3$ 氧化分解铬铁矿之后的还原产物为 N_2 时，铬铁矿在 $NaOH-NaNO_3$ 体系进行如下的反应：

$$FeO \cdot Cr_2O_3 + \frac{13}{5}NaOH + \frac{7}{5}NaNO_3 \longrightarrow 2Na_2CrO_4 + \frac{1}{2}Fe_2O_3 + \frac{7}{10}N_2 + \frac{13}{10}H_2O \quad (2\text{-}26)$$

$$MgO \cdot Cr_2O_3 + \frac{14}{5}NaOH + \frac{6}{5}NaNO_3 \longrightarrow 2Na_2CrO_4 + MgO + \frac{3}{5}N_2 + \frac{7}{5}H_2O \quad (2\text{-}27)$$

$$FeO \cdot Al_2O_3 + \frac{9}{5}NaOH + \frac{1}{5}NaNO_3 \longrightarrow 2NaAlO_2 + \frac{1}{2}Fe_2O_3 + \frac{1}{10}N_2 + \frac{9}{10}H_2O \quad (2\text{-}28)$$

$$Cr_2O_3 + \frac{14}{5}NaOH + \frac{6}{5}NaNO_3 \longrightarrow 2Na_2CrO_4 + \frac{3}{5}N_2 + \frac{7}{5}H_2O \quad (2\text{-}29)$$

图 2-45 为反应式(2-26)～式(2-29) 的标准反应吉布斯自由能变化与温度的关系。与反应式(2-22)～式(2-25) 的标准反应吉布斯自由能变化与温度的关系类似，铬铁矿中各个端元在 $NaOH\text{-}NaNO_3$ 体系中反应且 $NaNO_3$ 的还原产物为 N_2 时，反应式(2-26)～式(2-29) 均能自动发生，且各个端元发生氧化反应从强到弱的趋势依然为 $FeO \cdot Cr_2O_3 > Cr_2O_3 > MgO \cdot Cr_2O_3 > FeO \cdot Al_2O_3$。

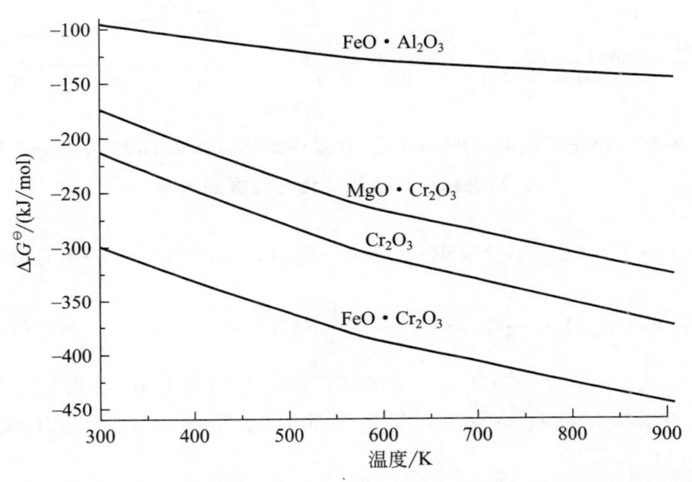

■ 图 2-45 铬铁矿在 $NaOH\text{-}NaNO_3$ 体系中氧化分解且 $NaNO_3$ 还原产物为 N_2 的标准反应吉布斯自由能变化与温度的关系

图 2-46 为反应式(2-26)～式(2-29) 的标准反应热与温度的关系。由图 2-46 可知，4 个反应均为放热反应，且放热量从大到小的顺序为 $FeO \cdot Cr_2O_3 > Cr_2O_3 > MgO \cdot Cr_2O_3 > FeO \cdot Al_2O_3$。

将图 2-43 和图 2-45 对比发现，$NaNO_3$ 氧化铬铁矿后生成 N_2 的趋势要大于生成 $NaNO_2$ 的趋势。但由于动力学因素的影响，在低温段（≤400℃）仅有 $NaNO_2$ 产生，而温度高到一定程度时才开始有 N_2 产生。这就说明热力学与动力学研究具有相对独立性，一个实际的反应过程是热力学与动力学综合作用的结果。

同样将图 2-44 与图 2-46 进行对比发现，$NaNO_3$ 氧化铬铁矿后生成 N_2 的标准反应热要大于氧化铬铁矿后生成 $NaNO_2$ 的标准反应热。从热力学角度看，$NaNO_3$ 氧化铬铁矿后生成 N_2 的反应更有优势。

铬铁矿中的 FeO 在 $NaOH\text{-}NaNO_3$ 中除了会发生以上反应外，其还单独与 $NaNO_3$ 发生如下的反应：

$$FeO \cdot Cr_2O_3 + \frac{1}{2}NaNO_3 \longrightarrow \frac{1}{2}Fe_2O_3 + Cr_2O_3 + \frac{1}{2}NaNO_2 \quad (2\text{-}30)$$

$$FeO \cdot Al_2O_3 + \frac{1}{2}NaNO_3 \longrightarrow \frac{1}{2}Fe_2O_3 + Al_2O_3 + \frac{1}{2}NaNO_2 \quad (2\text{-}31)$$

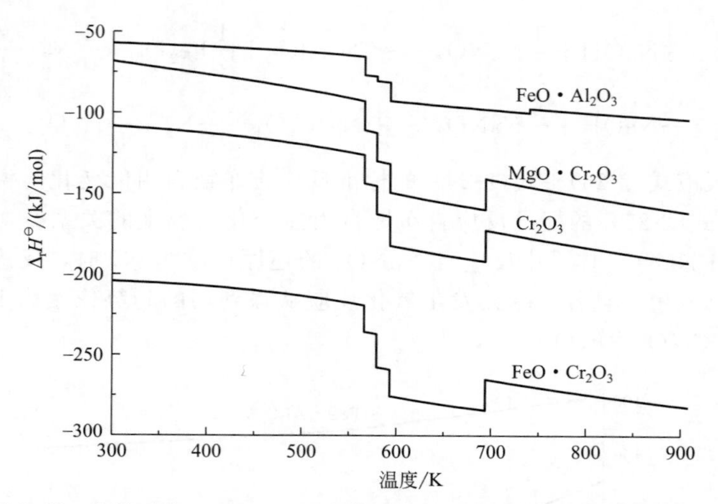

■ 图 2-46 铬铁矿在 $NaOH$-$NaNO_3$ 体系中氧化分解且 $NaNO_3$ 还原产物为 N_2 时的标准反应热变化与温度的关系

$$FeO \cdot Cr_2O_3 + \frac{1}{5}NaNO_3 \longrightarrow \frac{1}{2}Fe_2O_3 + Cr_2O_3 + \frac{1}{10}Na_2O + \frac{1}{10}N_2 \quad (2\text{-}32)$$

$$FeO \cdot Al_2O_3 + \frac{1}{5}NaNO_3 \longrightarrow \frac{1}{2}Fe_2O_3 + Al_2O_3 + \frac{1}{10}Na_2O + \frac{1}{10}N_2 \quad (2\text{-}33)$$

图 2-47 为反应式(2-30)～式(2-33) 的标准反应吉布斯自由能变化与温度的关系。由图 2-47 可知，各个反应均能自动发生，且各个端元与 $NaNO_3$ 反应后生成 N_2 的趋势大于生成 $NaNO_2$ 的趋势。

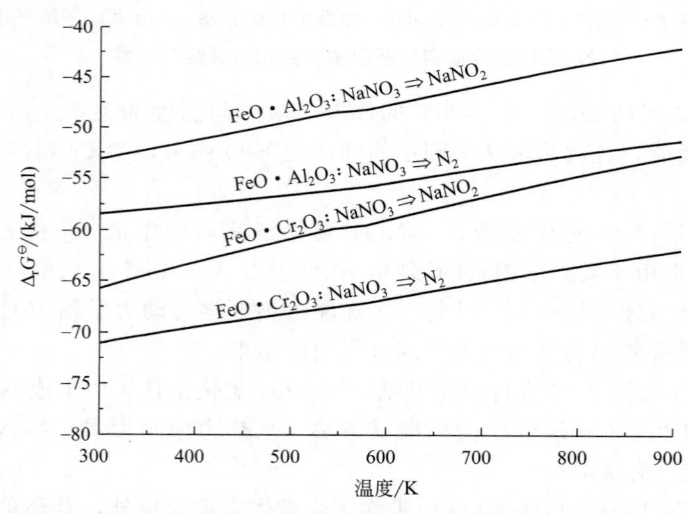

■ 图 2-47 FeO 氧化反应的标准吉布斯自由能变化与温度关系

当 $NaNO_2$ 与 O_2 共存时，主要发生如下反应：

$$NaNO_2 + \frac{1}{2}O_2 \longrightarrow NaNO_3 \quad (2\text{-}34)$$

铬铁矿于低温段（≤400℃）在 $NaOH$-$NaNO_3$ 体系中反应时，生成的 $NaNO_2$ 在氧气的氧化作用下会发生反应，见式(2-34)，这是实现 $NaNO_3$ 内循环的关键，也是 $NaNO_3$ 作为氧气传递介质的直接体现。

图 2-48 为反应式(2-34) 的标准吉布斯自由能变化与温度的关系曲线。由图 2-48 可知，在所考察的温度范围内，反应式(2-34) 的标准吉布斯自由能变化为负值，即该反应可以自动发生。温度升高时，标准吉布斯自能变化的绝对值逐渐变小，即不利于 $NaNO_2$ 的氧化。

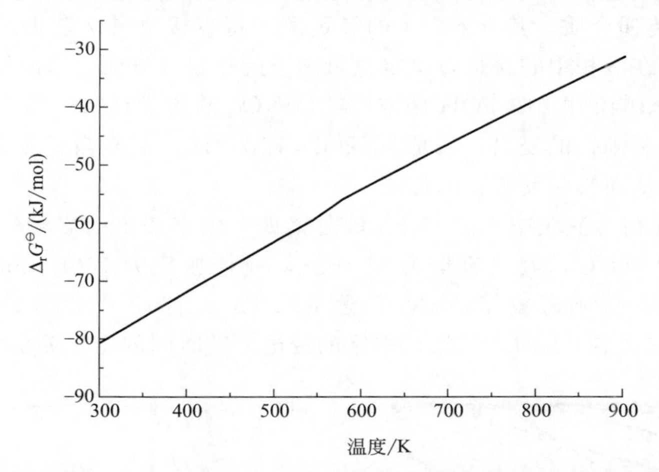

■ 图 2-48 $NaNO_2$ 氧化反应的标准吉布斯自由能变化与温度关系

根据平衡常数与氧气分压的关系，计算得到反应式(2-34) 中氧气分压与温度的关系，并将结果绘于图 2-49。由图 2-49 可知，随着温度的升高，$NaNO_2$ 氧化的氧气分压逐渐增大。在 600K 以下，只要微量的 O_2 就可实现 $NaNO_2$ 的氧化；600K 以上，氧气分压对 $NaNO_2$ 氧化的影响越来越大，到 900K 时，$P_{O_2}/P^\ominus$ 达到 0.12。氧化反应常用的空气中 $P_{O_2}/P^\ominus=0.21$，所以用空气已能满足 $NaNO_2$ 氧化要求。

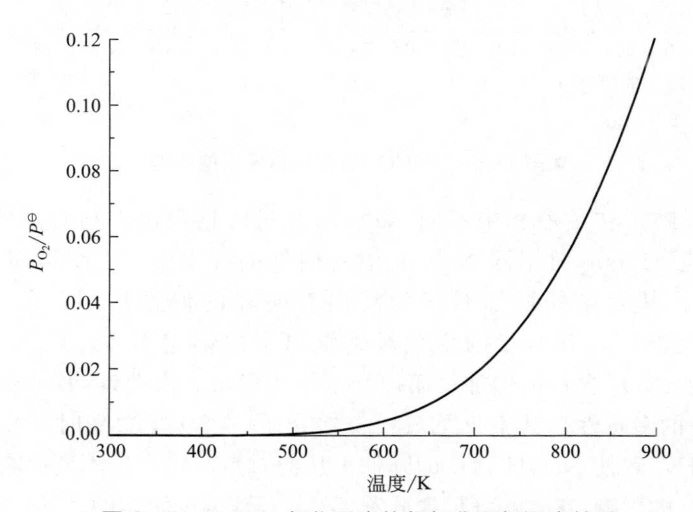

■ 图 2-49 $NaNO_2$ 氧化反应的氧气分压与温度关系

(2) 铬铁矿在 $NaOH$-$NaNO_3$ 介质中氧化分解的动力学[50]

① 浸出过程主要影响因素的分析　在 NaOH 熔盐体系的基础上加入 $NaNO_3$ 作为强

化介质后，铬铁矿中铬的浸出速率得到了极大的提高。除了 $NaNO_3$ 的加入量会影响铬的浸出速率外，初始液固比、铬铁矿粒度、氧气分压及搅拌速率等对铬的浸出速率也可能有重要影响。

a. 初始液相中 $NaNO_3$ 含量的影响　初始液相中 $NaNO_3$ 含量是指反应开始之前 $NaNO_3$ 在 NaOH-$NaNO_3$ 体系中的质量分数，它将从以下几方面影响铬的浸出：一是 $NaNO_3$ 作为氧气传递介质，其分解产生的氧负离子将直接攻击铬铁尖晶石，促使铬脱离晶格到达液相，其在液相中的含量将决定氧负离子的数目，进而对铬的浸出产生影响；二是 $NaNO_3$ 的含量影响液相中 NaOH 的浓度，$NaNO_3$ 的含量越高，作为反应物的 NaOH 浓度越低，势必不利于铬的浸出；三是 $NaNO_3$ 与 NaOH 一起充当反应介质，其含量将影响到介质的黏度，从而影响反应物的传质。

图 2-50 为研究初始液相中 $NaNO_3$ 含量对铬铁矿中铬浸出的影响，在初始液固比为 4∶1，反应温度为 400℃，氧气流量为 1L/min，搅拌速率为 700r/min，铬铁矿粒度为 −300 目的条件下，分别考察了 $NaNO_3$ 含量为 75%、70%、62.5%、50%、37.5%、25%、17.5%、7.5%和 0%时，铬铁矿中铬的浸出率随时间的变化关系。

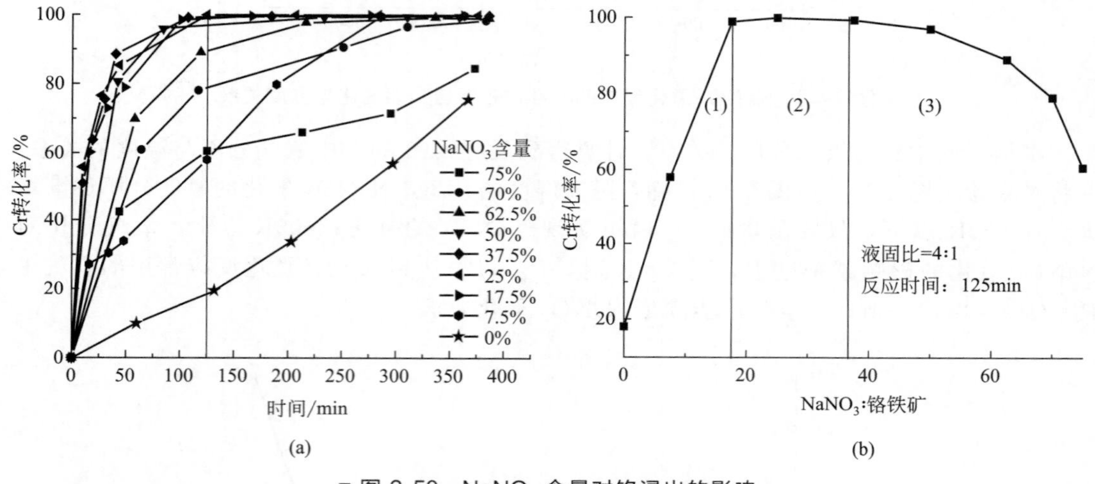

■ 图 2-50　$NaNO_3$ 含量对铬浸出的影响

图 2-50(a) 反映了初始液相中不同 $NaNO_3$ 含量时铬浸出率与时间的关系，图 2-50(b) 则反映了反应 125min 时不同 $NaNO_3$ 含量时铬的浸出率。由图可知，在 $NaNO_3$ 含量小于 17.5%时，其含量的增加对铬的浸出有明显的促进作用；在 $NaNO_3$ 含量在 17.5%～37.5%之间时，其含量的变化对铬浸出率的影响不大；当 $NaNO_3$ 含量大于 37.5%时，随着 $NaNO_3$ 含量的增加反而抑制了铬的浸出。由此证明了 NaOH-$NaNO_3$ 体系中 $NaNO_3$ 角色的多重性，其不仅是氧气传递介质；当含量太高时，$NaNO_3$ 的存在将会明显稀释 NaOH，致使 NaOH 活度的降低，从而对铬浸出产生不利影响。

b. 初始液固比的影响　在 $NaNO_3$ 含量为 25%，反应温度为 370℃，氧气流量为 1L/min，搅拌速率为 700r/min，铬铁矿粒度为 −300 目的条件下，考察了初始液固比为 4∶1、3.5∶1、3∶1、2.5∶1 时，铬的浸出率随时间的变化关系，实验结果见图 2-51。

由图 2-51 可知，在反应 20min 后，实验范围内的初始液固比对铬浸出率影响不大；

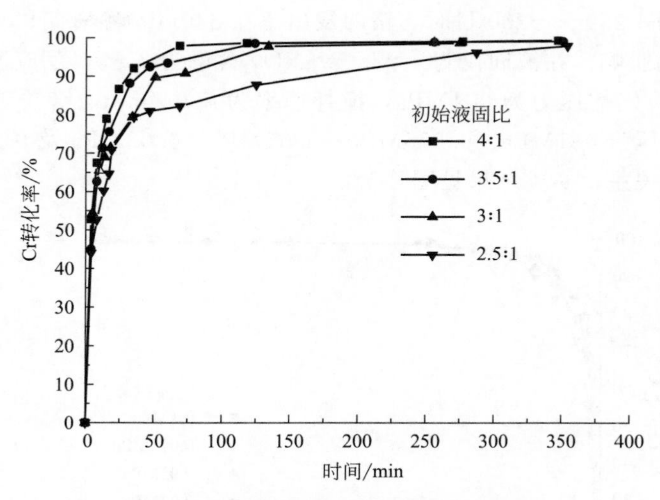

■ 图 2-51 初始液固比对铬浸出的影响

但随着反应的进一步进行，初始液固比越大，铬的浸出率上升越快。在反应物的量充足的条件下，初始液固比主要影响反应系统的传质过程。初始液固比越大，铬铁矿分布状态越好，对铬的浸出越有利。在反应开始阶段铬浸出率受初始液固比影响不大的事实表明，初始液固比≥2.5 时液相与铬铁矿形成的浆态体系传质充分。但是随着反应的进行，液相中的 NaOH 逐渐被消耗，同时铬铁矿浸出的铬、铝等形成的钠盐为固体，因此导致了反应过程中液固比的降低，相应的体系传质即会受到影响。初始液固比越低时，液固比降低对铬浸出的影响就越大。

c. 铬铁矿粒度的影响　在液固比为 4∶1，$NaNO_3$ 含量为 25%，反应温度为 370℃，氧气流量为 1L/min，搅拌速率为 700r/min 的条件下，考察了铬铁矿粒度为＋250～－200 目、＋352～－220 目，以及＋500～－325 目时铬浸出率随时间的变化关系，实验结果见图 2-52。由图可知，铬铁矿的粒度对铬浸出速率影响显著。随着粒径的减小，铬的浸出速率明显增大。当铬铁矿的粒度为＋500～－325 目时，经过 350min 的反应，铬浸出率高

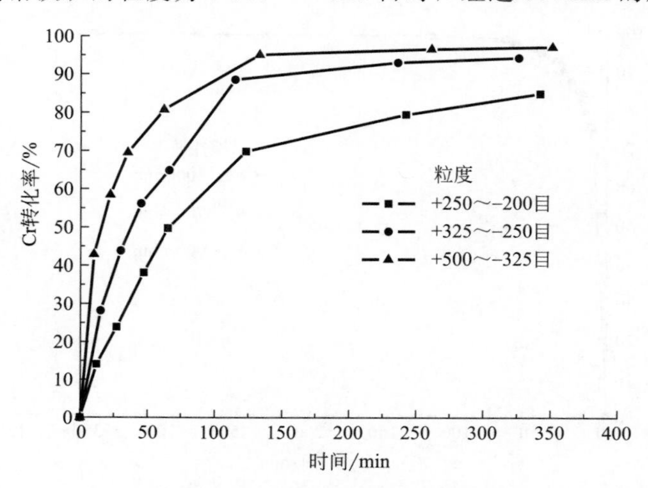

■ 图 2-52 铬铁矿粒度对铬浸出率的影响

达 97%；而粒度为+250～−200 目时，铬的浸出率在 340min 时只有 85%。

d. 氧气分压的影响　在液固比为 4∶1，$NaNO_3$ 含量为 25%，反应温度为 370℃，气体流量为 1L/min，气体压力为 0.1MPa，搅拌速率为 700r/min，铬铁矿粒度为−300 目时，考察了氧气分压为 0.1MPa、0.075MPa、0.05MPa、0.03MPa 及 0.01MPa 时铬的浸出率随时间的变化关系，实验结果见图 2-53。

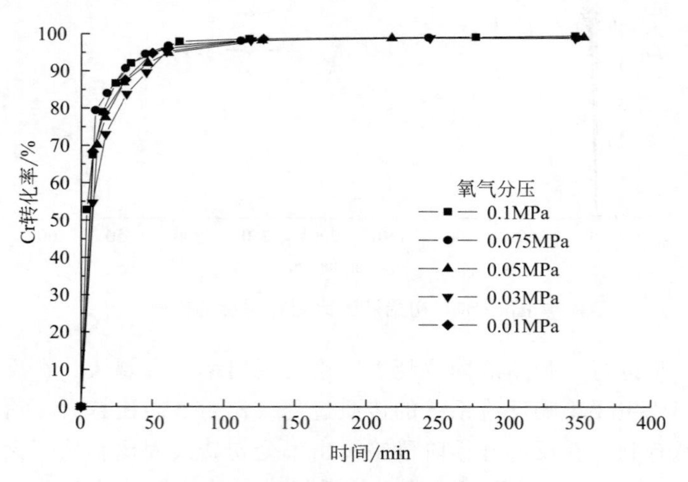

■ 图 2-53　氧气分压对铬浸出的影响

实验结果显示实验范围内氧气分压对铬浸出速率的影响不大。也就是说在反应过程中，即使氧气分压只有 10%，也能保证体系中充足的 $NaNO_3$ 含量。

e. 搅拌速率的影响　在液固比为 4∶1，$NaNO_3$ 含量为 25%，反应温度为 370℃，氧气流量为 1L/min，铬铁矿粒度为−300 目时，考察了搅拌速率为 500r/min、700r/min、900r/min 时铬的浸出率随时间的变化关系，实验结果见图 2-54。由图可知，实验范围内的搅拌速率对铬浸出率基本没有影响。这就是说，在搅拌速率为 500r/min 时，外扩散阻力已经得到充分的消除。

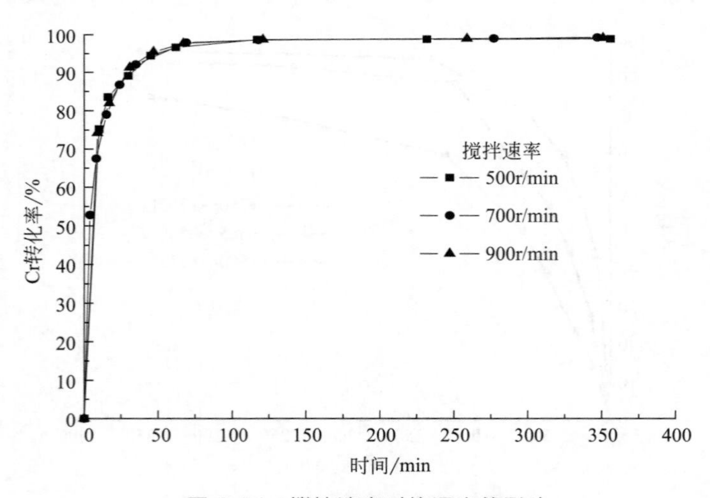

■ 图 2-54　搅拌速率对铬浸出的影响

f. 反应温度的影响　在初始液固比为4∶1，$NaNO_3$含量为25%，氧气流量为1L/min，搅拌速率为700r/min，铬铁矿粒度为−300目时，考察了在300℃、330℃、350℃、370℃、400℃条件下铬浸出率与时间的关系，实验结果见图2-55。由图可知，反应温度对铬浸出率的影响明显。随着温度的升高，铬浸出速率增大；从300℃到330℃，温度对铬浸出速率的影响尤其明显。

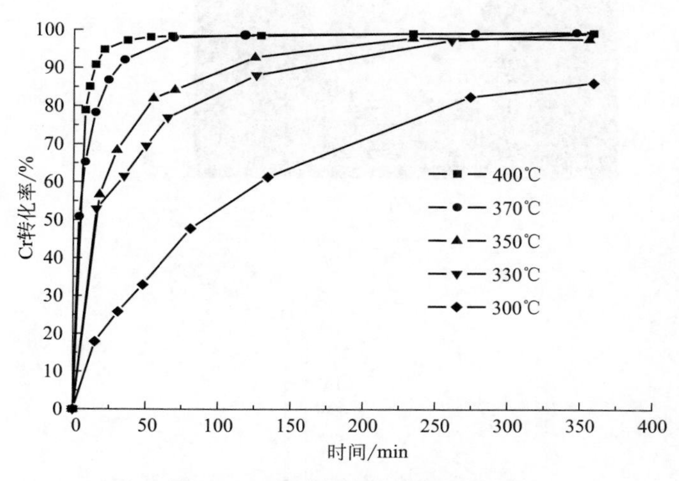

■ 图2-55　反应温度对铬浸出的影响

② 浸出动力学模型与控制步骤的分析　为确认铬铁矿在$NaOH-NaNO_3$体系中的浸出模型，实验观察了330℃下，初始液固比为4∶1，$NaNO_3$在液相中含量为25%时，反应20min后矿渣的剖面背散射SEM图及内核与外层的能谱图，实验结果见图2-56。由图可知，浸出过程的矿渣具有明显的分层。内核结构密实，通过能谱图可知，内核主要成分为Cr、Fe、Mg、Al、O等元素，也就是还未反应的铬铁矿；外层物质较为疏松，由能谱图可知，其主要成分为Fe、Mg、Al、Si、O等，Cr在该层中含量极低。这就是说，密实的铬铁矿在$NaOH-NaNO_3$体系中浸出时，反应内核逐渐收缩，生成的固体产物及未反应的惰性产物覆盖在内核外面，很明显，该过程属于未反应核收缩模型。

将图2-55中370℃时的铬浸出曲线分别用$X=kt$、$1-(1-X)^{1/3}=kt$、$1-3(1-X)^{2/3}+2(1-X)=kt$进行拟合，拟合结果见图2-57。由图可知，在浸出的开始阶段，用$1-3(1-X)^{2/3}+2(1-X)=kt$拟合的线性相关系数最高，其数值为0.99135。其他2个方程的线性相关系数都不理想，用$X=kt$及$1-(1-X)^{1/3}=kt$拟合的线性相关系数分别为0.89351与0.93551。该结果说明铬铁矿在$NaOH-NaNO_3$体系中浸出初始阶段用内扩散控制描述更为合理。

既然通过产物层的扩散是铬浸出的主要控制步骤，即反应物或可溶性产物在产物层的扩散速率很低。该步骤的扩散速率远小于表面化学反应速率，为了进一步提高铬的浸出速率，需从降低产物层扩散阻力的角度进行强化，故可采取以下措施：a. 使产物层变薄，要使浸出过程的产物层变薄，最有效的手段是减小矿物的粒径。同等质量的矿物颗粒，颗粒粒径越小，达到同等浸出率的产物层厚度越小，浸出速率越快，减小矿物粒径的一般方法是采用细磨或超细磨；b. 使产物层更加疏松，产物层越疏松，反应物通过产物层的阻

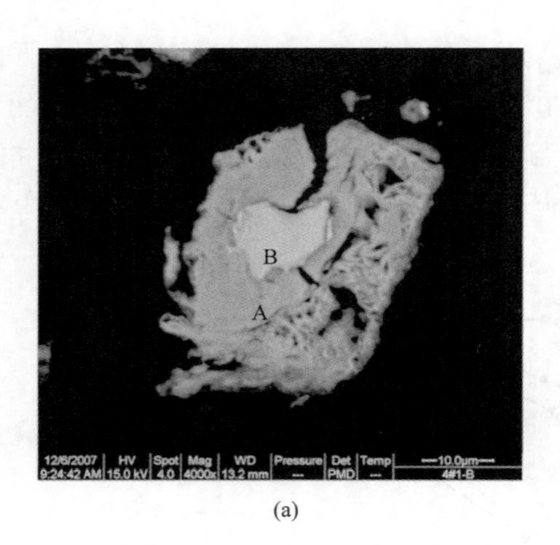

(a)

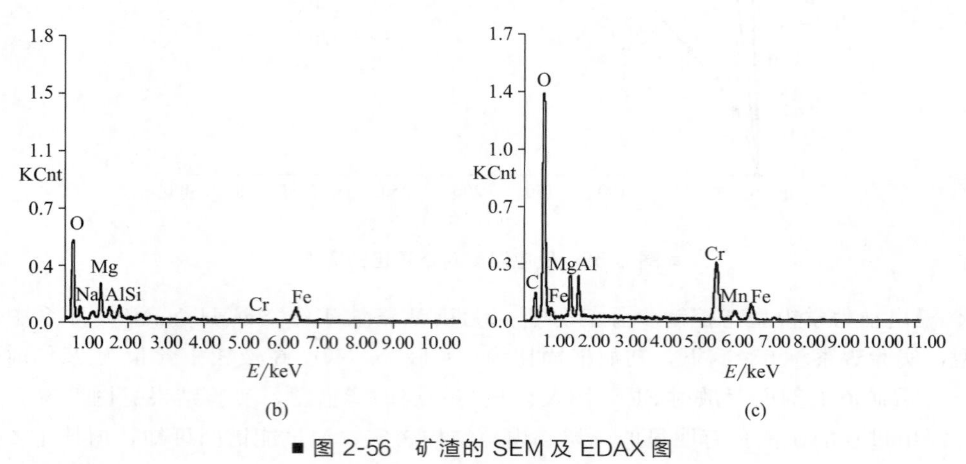

(b) (c)

■ 图 2-56 矿渣的 SEM 及 EDAX 图

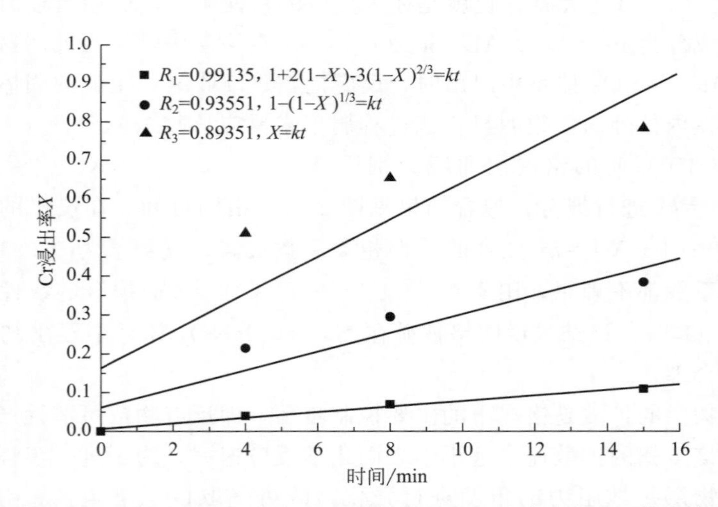

■ 图 2-57 370℃时铬浸出率 X 与时间关系用 3 种动力学方程拟合结果

力越小，其扩散速率越大，就有利于矿物浸出速率的提高。

③ 表观活化能的计算与浸出动力学方程的确定　根据上述结果，将 300～400℃时铬

浸出率与时间的关系用 $1-3(1-X)^{2/3}+2(1-X)=kt$ 进行拟合，结果见图 2-58。由图 2-58 可知，不同反应温度下铬的浸出动力学均可用 $1+2(1-X)-3(1-X)^{2/3}=kt$ 描述。

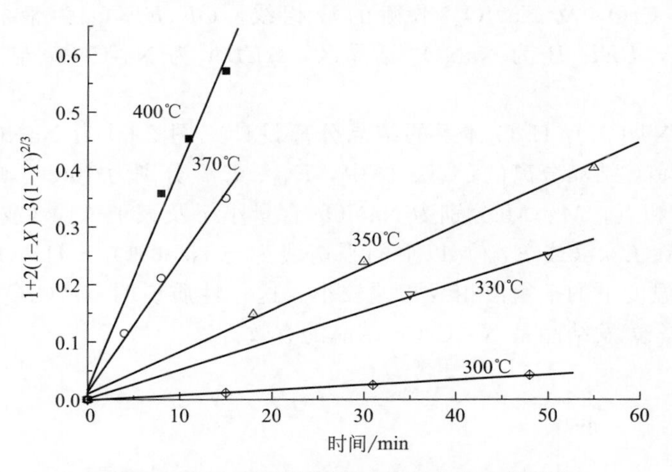

■ 图 2-58 不同反应温度下的浸出动力学曲线

根据阿伦尼乌斯方程，对图 2-58 中各温度下的 $1+2(1-X)-3(1-X)^{2/3}$ 与浸出时间 t 进行线性回归，所得直线的斜率就是不同温度下的反应速率常数 k。经数据处理后，铬浸出过程的表观活化能 $E=106\text{kJ/mol}$。

综上所述，在温度为 300～400℃，初始液固比为 4∶1，$NaNO_3$ 含量为 25%时，粒度为－300 目的铬铁矿浸出动力学方程为：

$$1+2(1-X)-3(1-X)^{2/3}=7.74\times10^{6}e^{-\frac{106000}{RT}}t$$

（3）$NaOH-NaNO_3-Na_2CrO_4-H_2O$ 体系相平衡及结晶分离方法设计研究

1）$NaNO_3-Na_2CrO_4-H_2O$ 三元体系相图　100℃时 $NaNO_3-Na_2CrO_4-H_2O$ 体系的相图见图 2-59。其他温度下的相图与 100℃的相图类似。

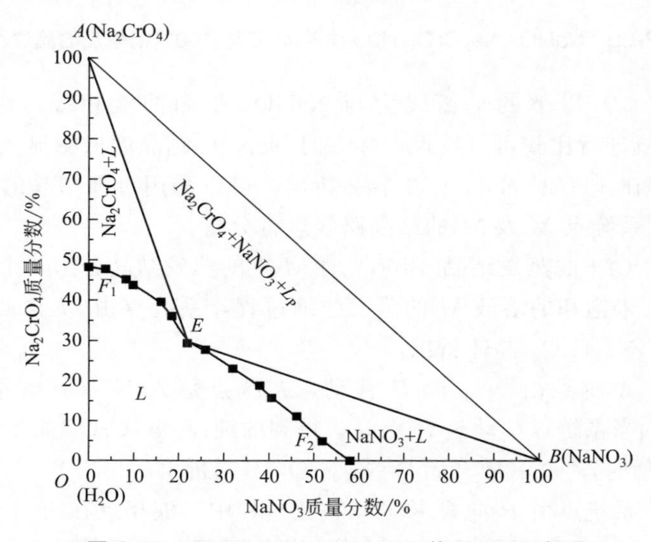

■ 图 2-59 $NaNO_3-Na_2CrO_4-H_2O$ 体系 100℃相图

图 2-59 中，A、B、O 分别代表 Na_2CrO_4、$NaNO_3$ 以及 H_2O。E 代表 Na_2CrO_4 与 $NaNO_3$ 的共饱和点。F_1、F_2 分别代表 Na_2CrO_4、$NaNO_3$ 在水中的溶解度。EF_1、EF_2 分别代表与 Na_2CrO_4 及 $NaNO_3$ 平衡的液相线。OF_1EF_2O 为液相区，AEF_1A 为 Na_2CrO_4 结晶区，BEF_2B 为 $NaNO_3$ 结晶区，$AEBA$ 为 Na_2CrO_4 与 $NaNO_3$ 共同结晶区域。

2）$NaNO_3$-Na_2CrO_4-H_2O 体系的结晶分离设计　图 2-60 为 $NaNO_3$-Na_2CrO_4-H_2O 体系在 40℃与 100℃结晶分离的示意。图中，E_{40}、E_{100} 分别为 40℃、100℃时 $NaNO_3$ 与 Na_2CrO_4 的共饱和点；M、M' 分别为 $NaNO_3$ 含量小于及大于 E_{40}（或 E_{100}）时 $NaNO_3$ 的溶液组成点。在 E_{40}（或 E_{100}）以上的平衡线为与 $Na_2CrO_4 \cdot 4H_2O(Na_2CrO_4)$ 平衡的液相线，不同温度下的平衡液相线相差较小。这一性质说明 Na_2CrO_4 的析出不能采取冷却结晶的方式，蒸发结晶是 Na_2CrO_4 结晶的有效方法。

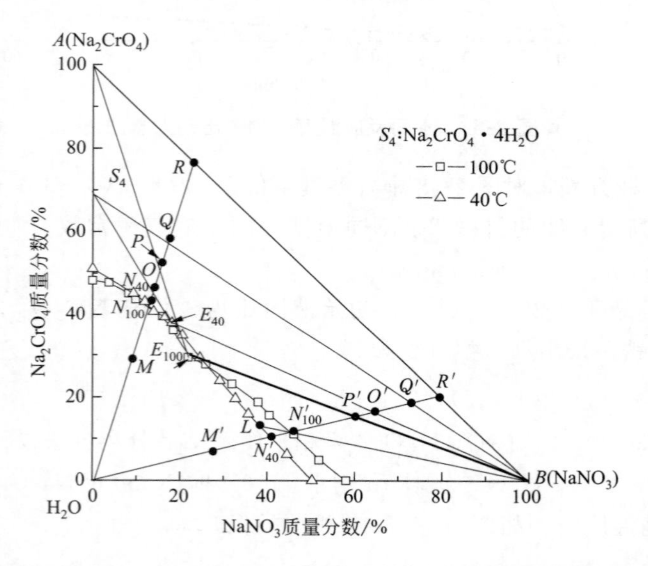

■ 图 2-60　$NaNO_3$-Na_2CrO_4-H_2O 体系 40℃与 100℃相图及结晶过程分析

在 E_{40}（或 E_{100}）以下的平衡线为与 $NaNO_3$ 平衡的液相线。对 40℃与 100℃时 $NaNO_3$ 的结晶区域进行比较可以发现，40℃时 $NaNO_3$ 结晶区域明显大于 100℃时的结晶区域。也就是说，在 40℃时 $NaNO_3$ 更容易析出，可以采用冷却结晶的方式使 $NaNO_3$ 析出。下面将分别对系统点 M 及 M' 的结晶路线进行分析。

① 100℃系统点 M 的蒸发结晶　100℃时 M 点的蒸发结晶分为 3 个阶段。

a. 第一阶段：未饱和的溶液 M 的蒸发浓缩过程，系统点由 M 移动至 N_{100}。从 N_{100} 开始，系统开始有 Na_2CrO_4 晶体析出。

b. 第二阶段：系统点由 N_{100} 向 P 移动，系统点落入 Na_2CrO_4 结晶区，液相点由 N_{100} 向 E_{100} 移动。当系统点移动至 P 点时，得到的纯净 Na_2CrO_4 晶体的量最大。当系统点越过 P 向 R 移动时，$NaNO_3$ 开始与 Na_2CrO_4 一同析出。

c. 第三阶段：系统点由 P 向 R 移动。在此过程中，液相点在 E_{100} 处不变，平衡固相点在直线 AB 上，平衡固相的组成可通过直线规则求得。当系统点到达 R 点时，体系中的游离水完全蒸发出去。

② 40℃系统点 M 的蒸发结晶　40℃ 时 M 点的蒸发结晶分为 4 个阶段。

a. 第一阶段：未饱和的溶液 M 的蒸发浓缩过程，系统点由 M 移动至 N_{40}。从 N_{40} 开始，系统开始有 Na_2CrO_4 晶体析出。

b. 第二阶段：系统点由 N_{40} 向 O 移动，系统点落入 $Na_2CrO_4 \cdot 4H_2O$ 结晶区，液相点由 N_{40} 向 E_{40} 移动。当系统点移动至 O 点时，能够得到纯净 $Na_2CrO_4 \cdot 4H_2O$ 晶体的量最大。

c. 第三阶段：系统点由 O 向 Q 移动，系统点进入 $Na_2CrO_4 \cdot 4H_2O$ 与 $NaNO_3$ 共同结晶区。在此过程中，液相点始终在 E_{40} 处。当系统点移至 Q 时，系统蒸干，此时系统点由 $Na_2CrO_4 \cdot 4H_2O$ 与 $NaNO_3$ 组成。

d. 第四阶段：当继续蒸发，即系统点由 Q 向 R 移动时，$Na_2CrO_4 \cdot 4H_2O$ 逐渐脱水，到 R 时全部转变为无水盐 Na_2CrO_4。

③ 40℃或 100℃系统点 M' 的蒸发结晶　40℃或 100℃时 M' 的蒸发结晶过程与 M 的蒸发结晶过程类似，在此不再赘述。

④ 系统点 M' 的蒸发-冷却结晶　利用 M' 所处位置 40℃与 100℃之间 $NaNO_3$ 结晶区域的差异，可以采用先蒸发后冷却结晶的方式析出 $NaNO_3$。冷却结晶能量消耗小，但是 $NaNO_3$ 析出不彻底。下面介绍 M' 的蒸发-冷却结晶步骤。

a. 第一阶段：100℃下未饱和溶液 M' 的蒸发浓缩过程，系统点由 M' 移动至 N'_{100}。

b. 第二阶段：温度降至 40℃，系统点由 N'_{100} 移至 L。在降温过程中，系统中的 $NaNO_3$ 析出。

3）$NaOH$-$NaNO_3$-Na_2CrO_4-H_2O 四元体系相图　$NaOH$-$NaNO_3$-Na_2CrO_4-H_2O 体系 40℃与 120℃时的相图见图 2-61。图中 A、B、C 分别代表 $NaOH$、$NaNO_3$ 以及 Na_2CrO_4。E 代表 $NaOH$、Na_2CrO_4 与 $NaNO_3$ 的共饱和点。F_1、F_2 及 F_3 分别代表 Na_2CrO_4 与 $NaNO_3$、$NaOH$ 与 $NaNO_3$ 及 $NaOH$ 与 Na_2CrO_4 的共饱和点。A 区域为 $NaOH$ 饱和溶液面的投影，B 区域为 $NaNO_3$ 饱和溶液面的投影，C 区域为 Na_2CrO_4 饱和溶液面的投影。

图 2-61 表明，$NaOH$-$NaNO_3$-Na_2CrO_4-H_2O 体系的相图有 3 个区域，分别为 Na_2CrO_4 结晶区、$NaNO_3$ 结晶区以及 $NaOH \cdot H_2O$ 结晶区。在 3 个结晶区域中，Na_2CrO_4 与 $NaNO_3$ 的结晶区域远大于 $NaOH \cdot H_2O$ 的结晶区域。同时，比较 40℃与 120℃时的相图发现，40℃时 $NaNO_3$ 的结晶区域与 120℃时相比明显增大。

4）$NaOH$-$NaNO_3$-Na_2CrO_4-H_2O 体系的结晶分离设计　等温蒸发结晶是相分离的常用方法。以下将根据 $NaOH$-$NaNO_3$-Na_2CrO_4-H_2O 体系 120℃时的相图（见图 2-62），分析系统点 M 的等温蒸发过程，具体分为 4 个阶段。

a. 第一阶段：液相的蒸发浓缩过程。在该阶段，液相中的水逐渐被蒸发，但是干基相图不能反映水的变化，系统点与液相点均在 M 处。

b. 第二阶段：液相点由 M 向 N 的移动过程。在该过程中，析出固相为 Na_2CrO_4。

c. 第三阶段：液相点由 N 向 E 的移动过程。液相点到达 N 之后，$NaNO_3$ 开始析出。NE 线上的任意一点 O 所对应平衡固相的组成为 P。

d. 第四阶段：液相点固定在 E，$NaOH \cdot H_2O$、$NaNO_3$ 与 Na_2CrO_4 同时析出直至

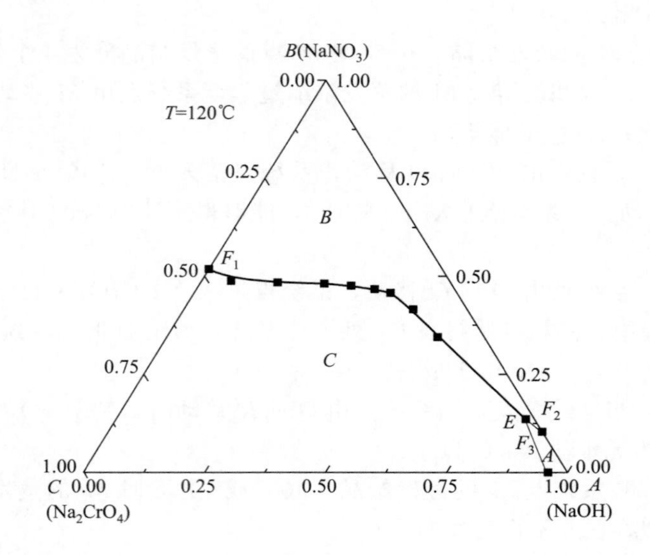

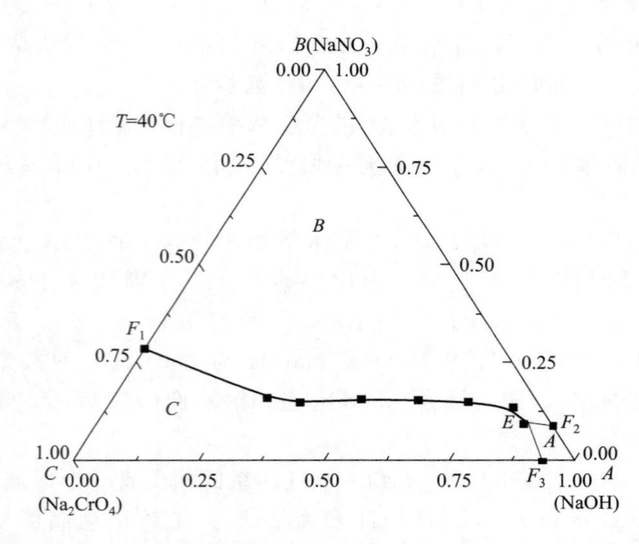

■ 图 2-61 40℃与 120℃时 $NaOH-NaNO_3-Na_2CrO_4-H_2O$ 四元体系相图

体系蒸干的过程。当液相点到 E 之后，$NaOH \cdot H_2O$ 开始析出。在该过程中，液相点始终在 E 点，平衡固相在 SM 上，并由 S 向 M 移动。当体系蒸干时，平衡固相点到达 M 处。

2.2.2 KOH 亚熔盐体系铬化合物清洁生产技术

2.2.2.1 KOH 亚熔盐体系铬化合物清洁生产技术

针对传统有钙焙烧技术存在的铬资源转化利用率低、铬渣污染严重等问题，在成功开发铬铁矿钠碱熔盐液相氧化清洁工艺后，利用亚熔盐优良的物理化学性质，中国科学院过程工程研究所开拓了更具竞争力的钾系亚熔盐液相氧化法铬盐清洁工艺。该工艺建立了高

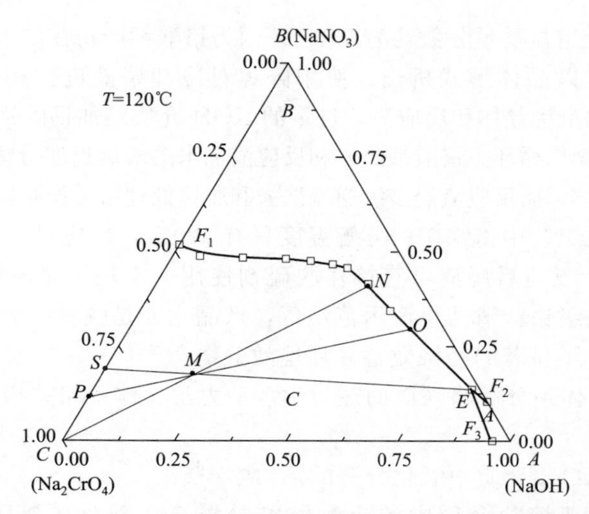

■ 图 2-62 NaOH-$NaNO_3$-Na_2CrO_4-H_2O 体系 120℃相图及结晶过程分析

效清洁转化铬铁矿资源的亚熔盐非常规介质拟均相原子经济反应与分离新过程、新方法，取代传统高温窑炉气固焙烧工艺，实现了资源转化利用率的大幅度提高、含铬污染物的源头削减与亚熔盐介质的再生循环，实施了铬铁矿资源综合利用与铬渣近零排放的生态工业新模式。该技术为具有我国自主知识产权的重大原创性清洁生产技术，被称为行业的“技术革命”。

以 KOH 为媒介的钾系亚熔盐比以 NaOH 为媒介的钠系亚熔盐在铬铁矿浸出反应热力学[51]、动力学[52]以及介质分离[53]方面更具优势，成为了铬铁矿溶出工艺的首选。钾系亚熔盐中铬铁矿在空气作用下的氧化反应如式(2-35) 所示：

$$FeO \cdot Cr_2O_3 + 4KOH + \frac{7}{4}O_2 \longrightarrow 2K_2CrO_4 + \frac{1}{2}Fe_2O_3 + 2H_2O \quad (2\text{-}35)$$

钾系亚熔盐清洁工艺流程如图 2-63 所示，空气从反应器底部鼓入 KOH 亚熔盐溶液，铬铁矿颗粒在气体作用下悬浮于亚熔盐溶液中与空气接触反应。反应完成后体系被冷却至

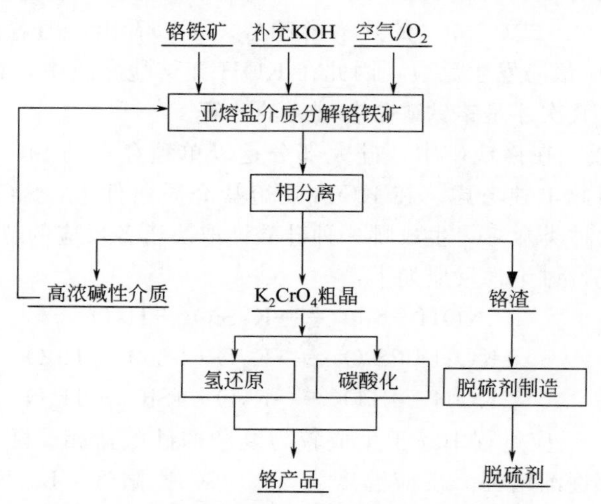

■ 图 2-63 钾系亚熔盐铬盐清洁生产工艺示意

150℃左右（KOH 亚熔盐质量分数约为 50%）。因为铬酸钾产物在浓 KOH 溶液中的溶解度小，大部分铬酸钾将以晶体形式析出。使用卧螺对冷却浆液进行相分离，滤液是过量的 KOH 溶液，滤饼是铬酸钾晶体和反应渣。过量的 KOH 介质经加钙除铝纯化和多级蒸发浓缩后，进入下一个浸取操作循环。铬酸钾晶体和反应渣加水溶解后过滤分离，铬酸钾溶液除杂精制后即可得铬酸钾晶体，而反应渣经多级逆流洗涤和脱铬处理后可作脱硫剂的原料[54~58]。

钾系亚熔盐清洁工艺中铬铁矿的分解温度只有 320℃，反应过程无需任何辅料，铬的转化率超过了 99%。反应后尾渣可直接作脱硫剂使用，实现了铬渣的零排放。该工艺已在河南义马建成万吨级铬盐清洁生产示范工厂，产品主要是颜料级氧化铬，到目前已稳定运行生产多年，取得了显著的经济效益和环境效益[54,55,58]。

对 KOH 亚熔盐体系分解铬铁矿的热力学、动力学、体系相关相平衡及结晶分离设计进行具体介绍如下。

（1）铬铁矿在 KOH 介质中氧化分解的热力学[59]

铬铁矿在 KOH 亚熔盐介质中的分解可以看作 2 个部分：介质的直接侵蚀作用和 KOH-氧气协同分解作用。所以，KOH 分解铬铁矿主要涉及以下主要体系：$FeCr_2O_4$-KOH、$MgCr_2O_4$-KOH、$FeAl_2O_4$-KOH、$MgAl_2O_4$-KOH、Al_2O_3-KOH、SiO_2-KOH 体系；$FeCr_2O_4$-KOH-O_2、$MgCr_2O_4$-KOH-O_2、$FeAl_2O_4$-KOH-O_2、Fe_2O_3-KOH 体系；$FeCr_2O_4$-$KAlO_2$-O_2、$MgCr_2O_4$-$KAlO_2$-O_2、$FeCr_2O_4$-K_2SiO_3-O_2、$MgCr_2O_4$-K_2SiO_3-O_2 体系以及 $KAlO_2$-硅酸钾体系。

① $FeCr_2O_4$-KOH、$MgCr_2O_4$-KOH、$FeAl_2O_4$-KOH、$MgAl_2O_4$-KOH、Al_2O_3-KOH、SiO_2-KOH 体系热力学　没有氧气存在时，在宏观上主要是由于 KOH 的侵蚀作用造成铬铁矿分解。主元素 Cr 生成 $K_2Cr_2O_4$。

$$FeCr_2O_4+2KOH \longrightarrow FeO+K_2Cr_2O_4+H_2O \tag{2-36}$$

$$FeAl_2O_4+2KOH \longrightarrow FeO+2KAlO_2+H_2O \tag{2-37}$$

$$MgAl_2O_4+2KOH \longrightarrow MgO+2KAlO_2+H_2O \tag{2-38}$$

$$Al_2O_3+2KOH \longrightarrow 2KAlO_2+H_2O \tag{2-39}$$

由于热力学数据缺乏，本节未对式(2-36) 的热力学趋势进行计算。图 2-64 反映了不同温度下反应式(2-37)～式(2-39) 的热力学趋势。可以看出，随着温度的升高，铬铁矿更易分解。其中 SiO_2 最易发生反应，因此在 KOH 亚熔盐介质中，铬铁矿矿物中的 SiO_2 相应该最先被分解，其次才是铬铁矿中各端元的分解。

② 硅酸钾的生成　在铬铁矿中，硅大部分是以单独存在的 SiO_2 相存在。而且 SiO_2 的反应较为复杂，因此单独考虑。在 KOH 亚熔盐介质条件下，SiO_2 会与 KOH 反应生成硅酸钾，硅酸钾的种类众多，生成哪一种硅酸钾取决于各反应的热力学趋势。以下仅对几种较常见的情况进行讨论，反应如下：

$$2KOH+SiO_2 \longrightarrow K_2SiO_3+H_2O \tag{2-40}$$

$$2KOH+2SiO_2 \longrightarrow K_2O \cdot 2SiO_2+H_2O \tag{2-41}$$

$$2KOH+4SiO_2 \longrightarrow K_2O \cdot 4SiO_2+H_2O \tag{2-42}$$

由图 2-65 可知，反应过程中易于生成较为复杂的硅酸盐相。随着温度的升高，各类硅酸盐的生成趋势都逐渐增强。反应温度为 500～700K 附近，KOH 与铬铁矿中的 SiO_2 生成两种复杂硅酸盐的热力学趋势相当，就是说反应过程中可能是两种硅酸盐的复合物。

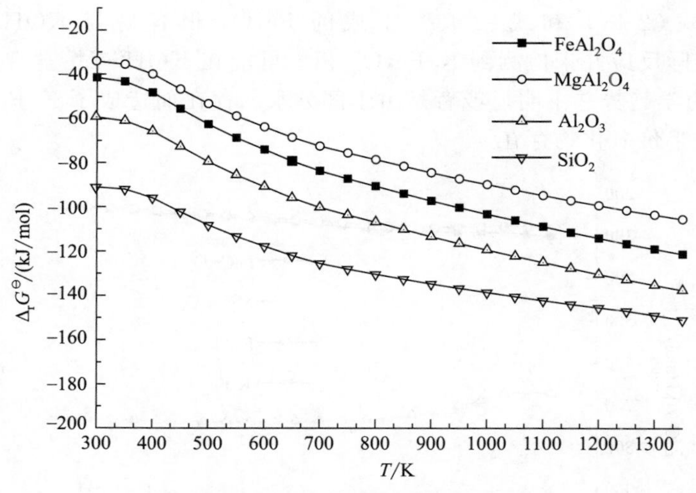

■ 图 2-64 KOH 与铬铁矿反应的 $\Delta_r G^\ominus$

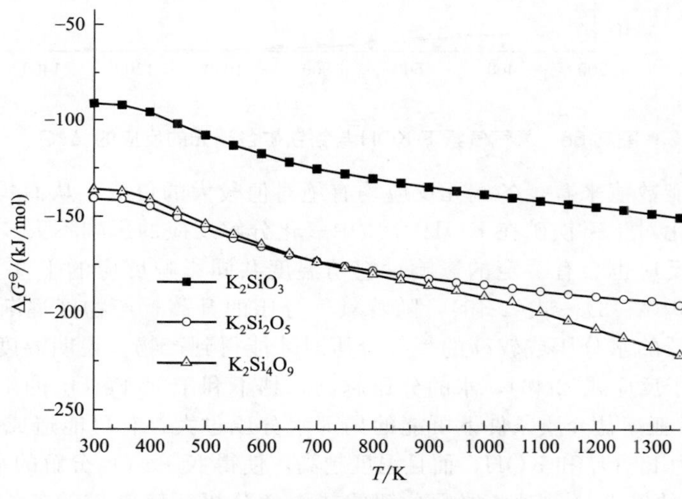

■ 图 2-65 几种硅酸钾生成反应的 $\Delta_r G^\ominus$

③ 氧气存在条件下铬铁矿中在 KOH 介质中的分解　在氧化性气氛下，铬铁矿会发生氧化分解并生成对应的钾盐，而分解生成的 Fe_2O_3 又会与 KOH 反应生成 $K_2Fe_2O_4$。主要涉及的反应如下：

$$\frac{4}{7}FeCr_2O_4+\frac{16}{7}KOH+O_2 \longrightarrow \frac{2}{7}Fe_2O_3+\frac{8}{7}H_2O+\frac{8}{7}K_2CrO_4 \tag{2-43}$$

$$\frac{2}{3}MgCr_2O_4+\frac{8}{3}KOH+O_2 \longrightarrow \frac{2}{3}MgO+\frac{4}{3}H_2O+\frac{4}{3}K_2CrO_4 \tag{2-44}$$

$$4FeAl_2O_4+8KOH+O_2 \longrightarrow 2Fe_2O_3+8KAlO_2+4H_2O \tag{2-45}$$

$$Fe_2O_3+2KOH \longrightarrow K_2Fe_2O_4+H_2O \tag{2-46}$$

由图 2-66 可以看出，端元中 $FeAl_2O_4$ 最易于发生氧化分解。但在实际铬铁矿分解过程中，Cr、Al 几乎同步浸出，这可能是由于 Cr^{3+}、Al^{3+} 共同占据尖晶石结构的八面体位置，在 KOH 液膜对氧气的溶解能力较好时，二者同步反应生成 K_2CrO_4 和 $KAlO_2$。计算表明，反应式(2-43)和式(2-45)生成的 Fe_2O_3 很容易与 KOH 发生反应生成 $K_2Fe_2O_4$。但实际反应并未检测到 $K_2Fe_2O_4$ 相，可能在 KOH 亚熔盐介质中，发生反应式(2-46)的动力学趋势并不明显或者是由于部分水的存在而造成了 $K_2Fe_2O_4$ 的水解，从而只检测到铁的半价氧化物存在。

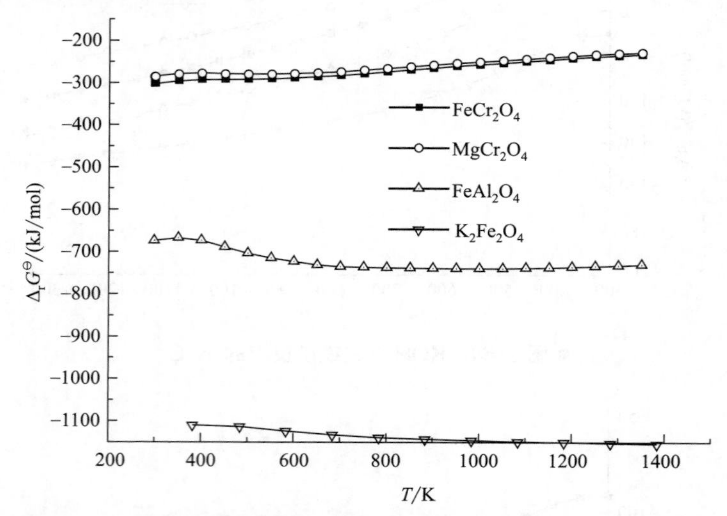

■ 图 2-66 氧气气氛下 KOH 与铬铁矿各端元的反应的 $\Delta_rG^\ominus$

从反应自由能数值来看，各端元反应均有绝对值较大的负值，从而具有较大的反应趋势，而且温度变化对于铬铁矿在 KOH 介质中氧化分解反应的影响不大。

气体分压对反应也会有一定的影响，它与温度共同影响反应的平衡。由图 2-67 可以看出，对于反应式(2-43)～式(2-46)，随着氧气分压的升高，产物区逐渐增大。而温度的升高，使得在较低的水分压或较高的氧气分压时才能得到产物，说明温度的升高不利于反应向右进行。对于反应式(2-46)，水的分压越高，越不利于 $K_2Fe_2O_4$ 的生成。从水分压的数值看，在 KOH 亚熔盐介质条件下可能的局部水分压过大，有可能造成 $K_2Fe_2O_4$ 的不稳定，进一步分解为 Fe_2O_3 和 KOH，而且温度越高，使得 $K_2Fe_2O_4$ 分解的水分压越低。

④ 反应生成的碱性盐类对各端元分解的热力学分析　铬铁矿的各端元除与 KOH 发生反应外，还可能会与反应过程中生成的碱性盐类发生反应，其反应过程可如下所述。反应产物中 Fe_2O_3、MgO、Al_2O_3、SiO_2 等也有可能进一步发生反应，但为了简化讨论过程和考虑到实际的反应状况，将不予考虑。

$$\frac{4}{7}FeCr_2O_4+\frac{16}{7}KAlO_2+O_2 \longrightarrow \frac{2}{7}Fe_2O_3+\frac{8}{7}K_2CrO_4+\frac{8}{7}Al_2O_3 \quad (2\text{-}47)$$

$$\frac{2}{3}MgCr_2O_4+\frac{8}{3}KAlO_2+O_2 \longrightarrow \frac{2}{3}MgO+\frac{4}{3}K_2CrO_4+\frac{4}{3}Al_2O_3 \quad (2\text{-}48)$$

$$\frac{4}{7}FeCr_2O_4+\frac{8}{7}K_2SiO_3+O_2 \longrightarrow \frac{2}{7}Fe_2O_3+\frac{8}{7}K_2CrO_4+\frac{8}{7}SiO_2 \quad (2\text{-}49)$$

$$\frac{2}{3}MgCr_2O_4+\frac{4}{3}K_2SiO_3+O_2 \longrightarrow \frac{2}{3}MgO+\frac{4}{3}K_2CrO_4+\frac{4}{3}SiO_2 \quad (2\text{-}50)$$

各反应在不同温度下的热力学趋势如图 2-68 所示。

由图 2-68 可以看出在 KOH 与铬铁矿反应的体系中，随着反应的进行铬铁矿的各端

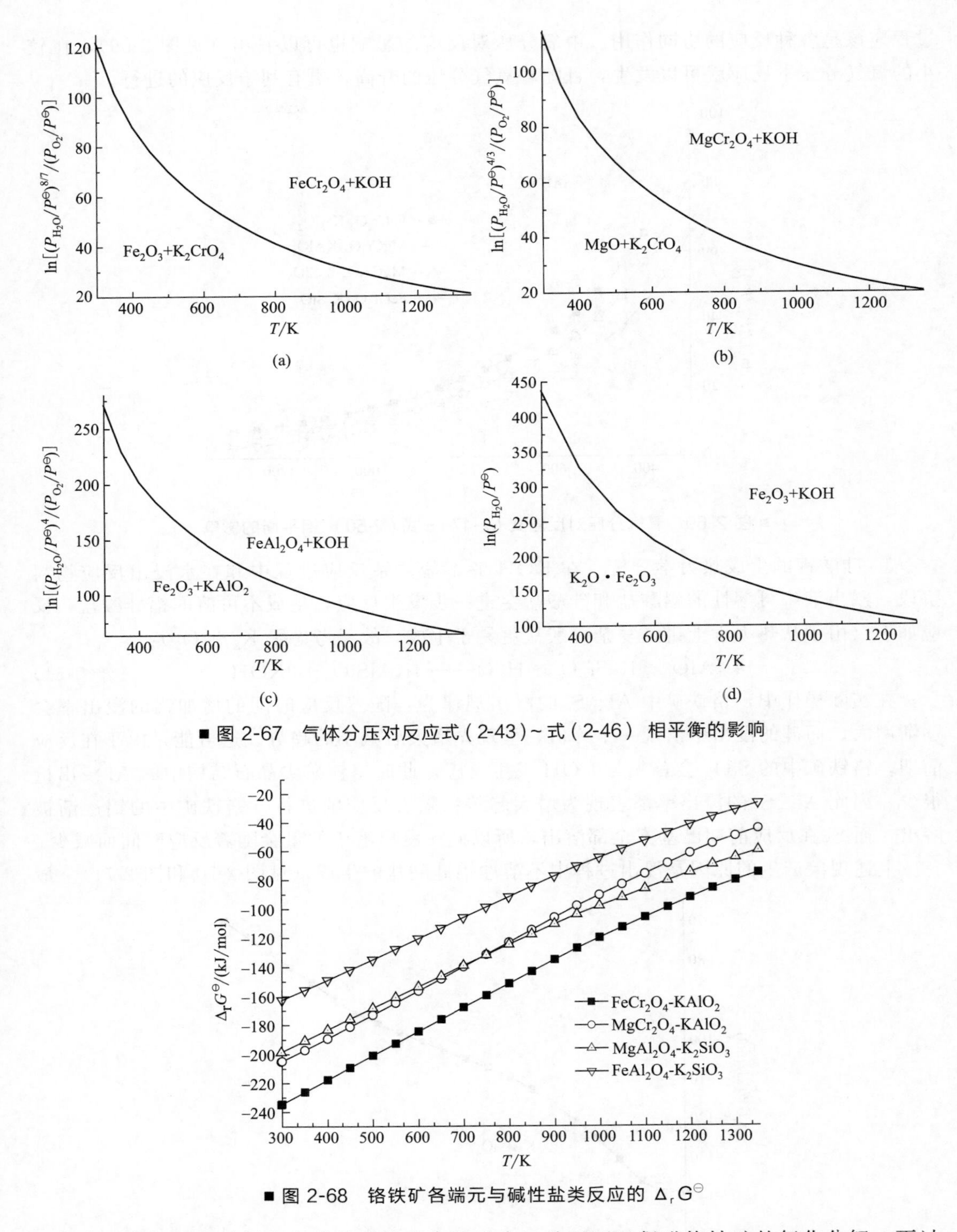

■图 2-67 气体分压对反应式（2-43）~式（2-46）相平衡的影响

■图 2-68 铬铁矿各端元与碱性盐类反应的 $\Delta_r G^{\ominus}$

元会进一步与反应过程中生成的碱性化合物反应，从而可以促进铬铁矿的氧化分解。不过升高温度不利于上述反应的进行。在 KOH 亚熔盐中除溶解氧气外，还会与反应过程中生成的钾盐生成共熔体，因此可能增强上述反应的进行，所以铬铁矿在 KOH 体系中的分解过程应该是各种反应的协同作用。由氧分压对反应的影响也可以看出（见图 2-69），在较小的氧气分压下反应就可以发生，且随着氧气分压的升高，更有利于反应的进行。

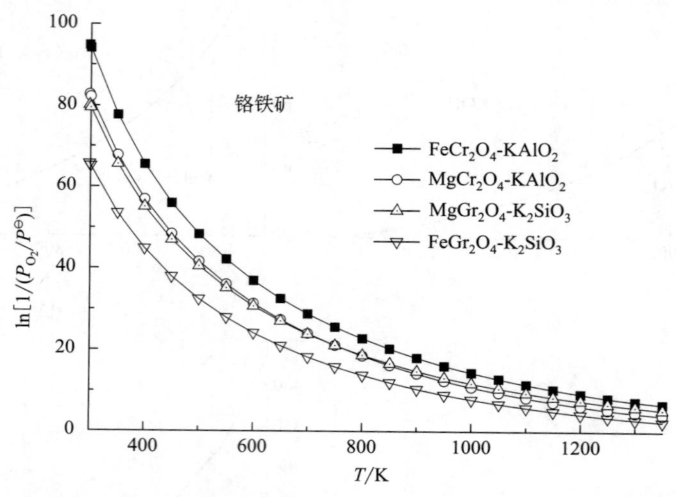

■ 图 2-69 氧气分压对反应式（2-47）~式（2-50）相平衡的影响

⑤ 硅酸钾的生成热力学分析　在 KOH 亚熔盐体系反应过程中和在水浸出反应物料阶段，浸出液中可溶性的铝酸盐和硅酸盐会进一步发生反应，生成不可溶的铝硅酸盐，反应如下（由于从热力学上讲，复杂硅酸盐更易于生成，故只考虑了 $K_2Si_4O_9$）：

$$4KAlO_2+K_2Si_4O_9+H_2O \longrightarrow 4KAlSiO_4+2KOH \quad (2\text{-}51)$$

在实际操作中，铬铁矿中 Al、Si 的浸出规律为：随着反应时间的增加铝的浸出率会逐渐增大，而硅的浸出率出现一个峰值，呈现先增大后减小的趋势。这可能是由于在反应前期，铬铁矿中的 SiO_2 会首先与 KOH 发生反应，此时铬铁矿尖晶石结构中的 Al 浸出量很少，因此 Al、Si 的浸出率都表现为增大趋势；随着反应的进行，铬铁矿中的铝逐渐被溶出，而 Si 在反应前期已基本全部溶出，所以硅在浸出液中的量会随着反应时间而减少。

上述现象产生的原因是浸出过程中不溶性铝硅酸盐的生成（见图 2-70 和图 2-71）。最

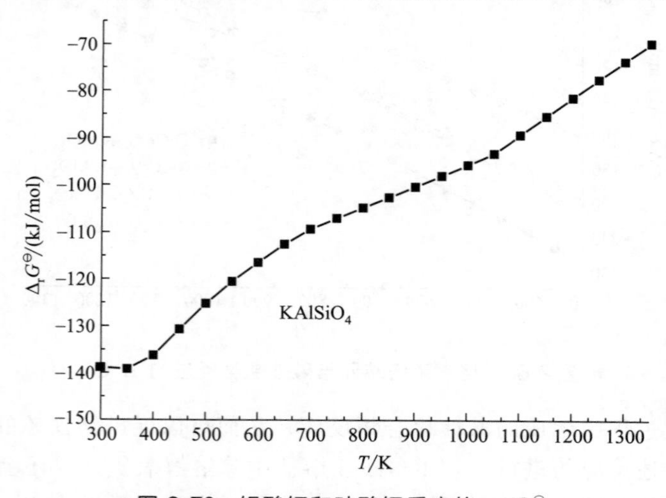

■ 图 2-70 铝酸钾和硅酸钾反应的 $\Delta_r G^{\ominus}$

终反应后物料浸出时的操作温度一般在常温到 363K 以下。在给定的温度范围内铝硅酸钾都易于生成。

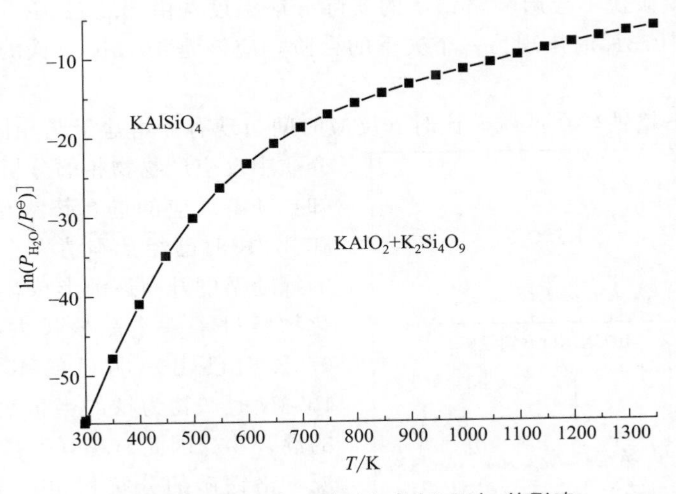

■ 图 2-71 氧气分压对反应式（2-51）的影响

⑥ 铬铁矿在低碱矿比 KOH 体系中的热分解过程　在现有亚熔盐工艺的较高碱矿比条件下（如 4∶1），铬铁矿在 593K 反应一定时间可接近完全分解。为了对比低碱矿比时的反应差异和确定低碱矿比时的分解条件，实验采用的碱矿比为 1.5∶1（即 KOH 的用量为铬铁矿质量的 1.5 倍，理论上铬铁矿的反应需要 1∶1 的碱矿比），并设定其他条件与现有亚熔盐工艺相同。在 KOH 亚熔盐反应介质中铬铁矿在 KOH 和 O_2 的协同作用下被破坏、氧化，最终生成可溶性钾盐和不溶于水的渣相。本节采用热重法考察了铬铁矿在 KOH 亚熔盐介质中的分解过程。

由图 2-72 可以看出随着温度的升高，*TG* 曲线先在 400～590K 出现明显失重，而后失重趋势减缓。说明 590K 左右之前主要发生了铬铁矿以外其他易反应物相的分解，如

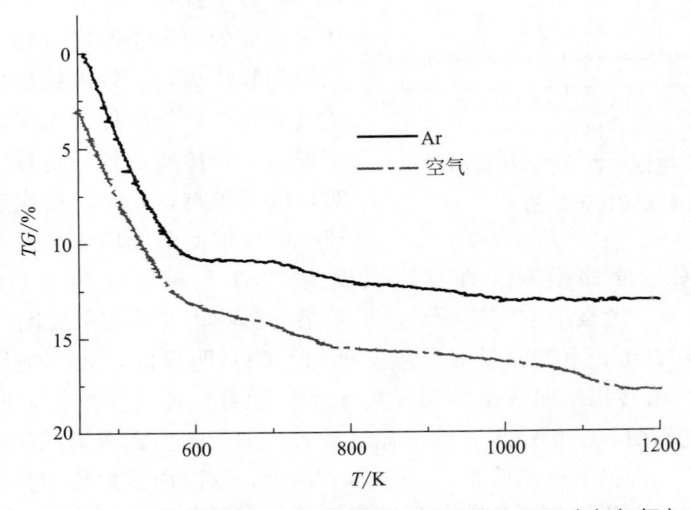

■ 图 2-72 铬铁矿在 KOH 体系中的 TG 曲线（Ar 和空气气氛）

SiO_2 等；而 590K 之后，应该主要是铬铁矿的分解，且分解相对于 SiO_2 等物相速率较慢。这说明铬铁矿在 590K 附近理论上可以完全分解，这与现有亚熔盐工艺的实验结果相符，也说明降低碱矿比不会影响铬铁矿的实际分解温度。由图 2-72 还可以看出，有空气存在时，在大约 1073K 时出现另一个失重的台阶，应该是 1073K 时铁的半价氧化物明显生成造成。

对不同温度下铬铁矿在低碱矿比时（反应时间与现有亚熔盐工艺相同）KOH 亚熔盐介质中反应产物物相的分析（见图 2-73）可知：随着反应的进行铬铁矿的峰逐渐变弱，在 873K 时已经基本消失。铁的半价氧化物的峰随温度升高逐渐形成，说明铁的半价氧化物经过了一个晶核长大的过程。反应在 673K 时已出现明显的 K_2CrO_4 的峰，到 1073K 时产物为铁的半价氧化物与 K_2CrO_4 的混合物。因此与现有工艺的较高碱矿比情况下铬铁矿的分解相比[39]，要使铬铁矿在同样的反应时间完全分解，应适当提高反应温度。

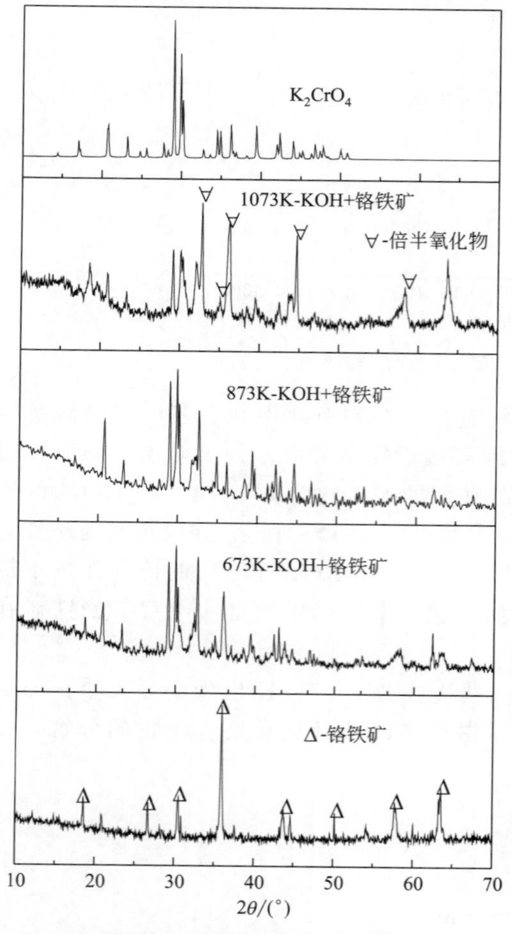

■ 图 2-73 铬铁矿在 KOH 体系中氧化分解的 XRD 图

（2）铬铁矿在 KOH 介质中氧化分解的动力学

① 各主要因素对浸出过程的影响规律。

a. 搅拌速率对反应的影响　在碱矿比为 7∶1、反应温度为 320℃、空气流量为 $0.40m^3/h$ 时，对比了 1100r/min、1300r/min、1500r/min 3 个速率对铬转化率的影响，实验结果见图 2-74。

随着搅拌速率增大，铬矿分散均匀，固体表面处的边界层厚度也随之减少，表面壳层得到较快更新，气液接触面积增加，加大了反应物及产物的传质速率，因而使反应速率提高。当传质达到一定程度时，扩散传质对反应无影响，此时，反应速度应不随搅拌速率的增加而继续增加。

b. 空气流量对反应的影响　在反应温度为 320℃、碱矿比为 7∶1、搅拌速率为 1300r/min 的条件下，考察了空气流量对反应效果的影响，实验结果见图 2-75。

由图 2-75 可以看出，空气流量对反应速度的影响是明显的，尤其是反应初期，气量小时（$0.3m^3/h$），铬转化率曲线呈较明显的 S 形，随着气体流量增大，曲线向抛物线过渡。这是因为反应初期，三价铬多，反应耗氧量大，氧的传质速率为反应的控制因素。随着反应继续进行，三价铬量逐渐降低，反应需氧量少，这时由扩散传质控制过为化学反应控制。在反应后期，三价铬量较低，其扩散传质成为新的速率控制步骤。

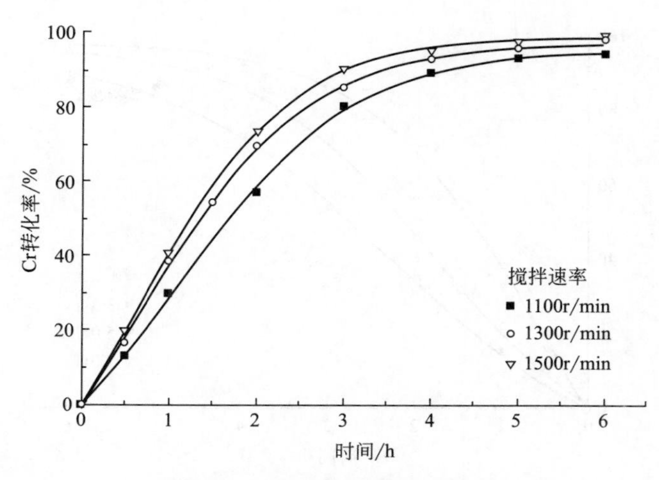

■ 图 2-74 搅拌速率对反应的影响

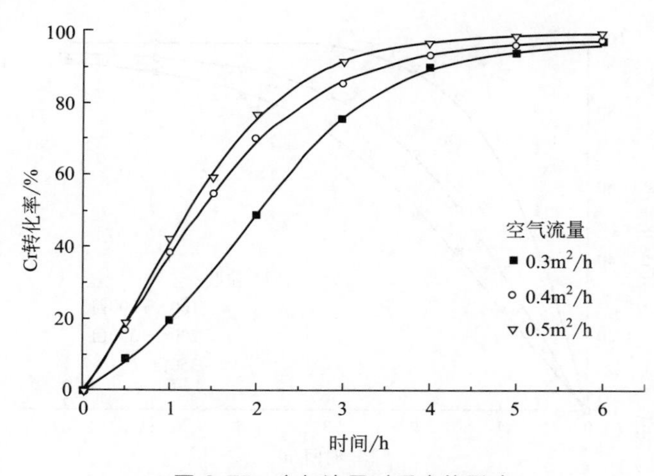

■ 图 2-75 空气流量对反应的影响

c. 碱矿比对反应的影响 在反应温度为 320℃、空气流量为 0.40m^3/h、搅拌速率为 1300r/min 时，考察了碱矿比对铬转化率的影响，实验结果见图 2-76。

由图 2-76 可见，碱矿比对反应转化率影响显著。随着碱矿比降低，浆料中固体含量增加，反应速率下降。由于铬矿浓度增加，使得反应初期耗氧量增加，受氧的传质速率影响，表观反应速率下降。另外，铬矿浓度增加，使得浆料黏度增加，这也影响到气液界面及液固界面间的传质速率。在反应过程中可以观察到，尽管碱矿比降低至 3.3∶1，但浆料并不十分黏稠，流动性尚可。因此可以初步判断，第一个原因是主要的。

d. 铬矿粒度对反应的影响 在反应温度为 320℃、空气流量为 0.40m^3/h、搅拌速率为 1300r/min、碱矿比为 7∶1 时，在 3 种粒度范围内 −160～+200 目、−200～+350 目、−350 目，考查了粒度对反应速率的影响，结果见图 2-77。

粒度减少，外表面积增大，液固表面反应接触面积增大，同时减少了内扩散阻力，从而使表观反应速度增加。当反应粒径小于 350 目时，反应速率有显著提高。当未反应核表

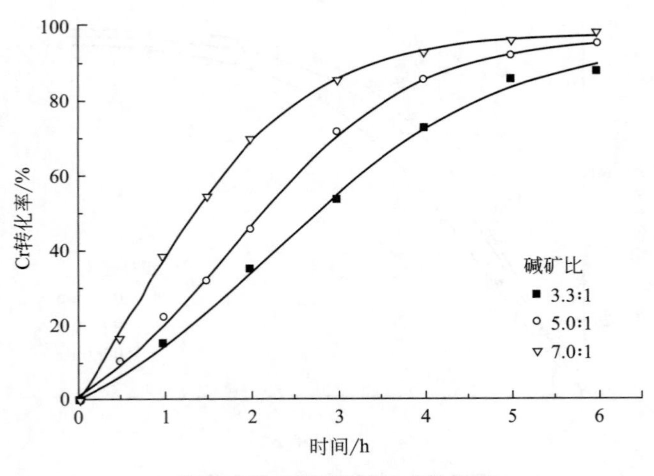

■ 图 2-76 碱矿比对反应的影响

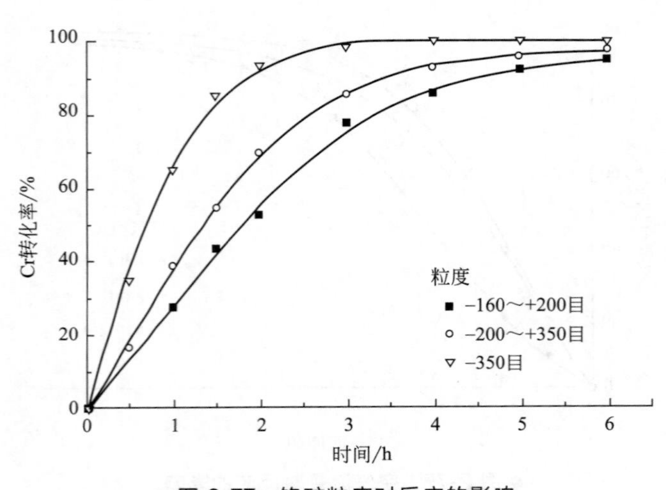

■ 图 2-77 铬矿粒度对反应的影响

面存在壳层时，粒度减少能显著增加反应效果，因此该反应过程适宜用未反应收缩核模型来描述。

e. 铝、硅溶出规律　铝、硅是工艺中危害最大的两种杂质，它们会与钾形成不溶性的化合物，使体系黏度增大，反应过程中消耗碱，并且有可能影响产品质量。

在反应温度为320℃、碱矿比为7∶1、空气流量为0.40m^3/h、搅拌速率为1300r/min的条件下考察了铬、铝、硅的溶出规律，见图2-78。

由图可见，铝的溶出行为与铬相似，均是随着反应时间的增长而增长，这是因为铝取代了部分铬进入晶格，所以晶格破坏时，铝与铬几乎同时进入液相。但铝的溶出速率比铬更快，这是因为铝的溶出不需氧化，因此反应速度快，而铬则需由三价铬氧化成六价铬。

硅以脉石形态存在，不进入晶格。故在晶格破坏之前，硅即与氢氧化钾反应，生成易溶于水的SiO_4^{4-}，很快进入液相，当这种四面体结构的SiO_4^{4-}增多时，离子间互相结合生成不溶于水的$K_2Si_xO_y$复杂硅酸盐，这种不溶物的生成势必增加熔体黏度，使传质条

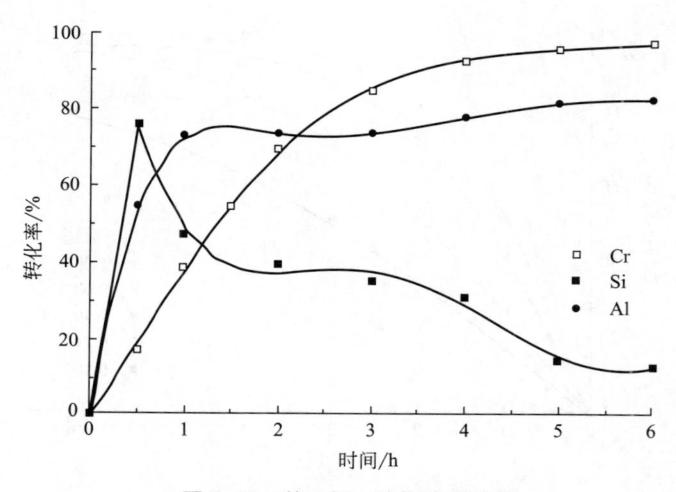

■ 图 2-78 铬、铝、硅的溶出规律

件变差，不利于反应的进行。从图 2-78 可见，硅的溶出率在 0.5h 约为 80%，已越过最高峰，随着反应时间增加硅的溶出率逐渐下降。

f. 温度的影响　在空气流量为 $0.40m^3/h$、碱矿比为 7∶1、搅拌速率为 1300r/min 的条件下，考察了 260～350℃温度范围内的铬转化率随时间的变化，结果见图 2-79。

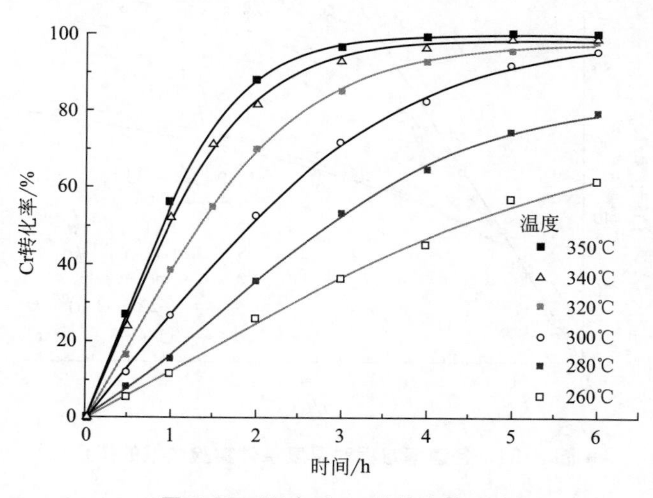

■ 图 2-79 温度对 Cr 转化率的影响

结果表明，温度对反应效果影响显著，铬转化率随温度升高显著加快。温度越高，化学反应速率及反应物、产物的扩散速率增加，从而使铬转化率增加。

g. 氧气分压的影响　在温度为 300℃、碱矿比为 7∶1、流量为 $0.40m^3/h$、搅拌速率为 1300r/min 时，考察了氧气分压对反应的影响，实验结果见图 2-80。

图 2-80 表明，氧气分压对反应的影响较为显著，反应速率随氧气分压增高而显著增加，且氧气分压有可能影响其最终平衡转化率。氧气分压增加，使得反应物浓度增加，因而反应速率增加。当氧气分压低于 0.21 时，反应速率较低。

② 宏观反应动力学分析　根据上节的条件实验结果对反应的宏观动力学进行了研究。

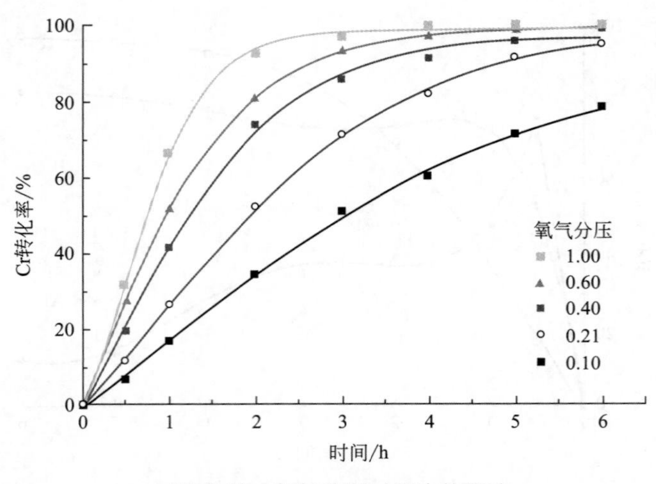

■ 图 2-80　氧气分压对反应的影响

对不同温度下铬转化率与反应时间之间的关系数据进行了速率方程式的拟合，拟合结果见图 2-81。拟合结果表明，实验数据适用于速率方程式 $1-(1-X)^{1/3}=kt$。将实验数据用上述速率方程式拟合，得到图 2-82。

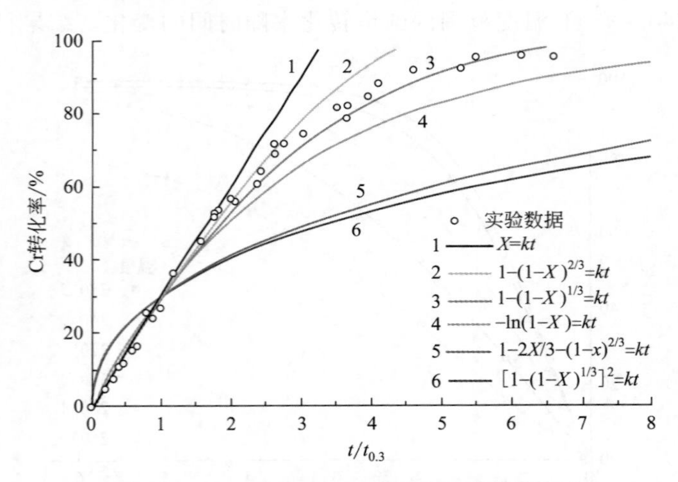

■ 图 2-81　各速率方程对温度条件实验数据的拟合

根据阿伦尼乌斯公式对实验数据进行处理，可求得反应的表观活化能 $E=52.5$kJ/mol。

(3) 氢氧化钾与铬酸钾多元溶液体系相平衡及结晶分离方法设计[49,60]

① 不同温度下铬酸钾在氢氧化钾水溶液中的溶解度　铬酸钾在氢氧化钾水溶液中的溶解度等温线见图 2-83。由图可知，铬酸钾在氢氧化钾水溶液中的溶解度随氢氧化钾浓度的增加而减小，当氢氧化钾浓度大于 400g/L 时，铬酸钾溶解度减小的程度变得非常平缓。同时在氢氧化钾浓度大于 400g/L 时，铬酸钾的溶解度受温度的影响也较小。铬酸钾溶解度之差与氢氧化钾浓度的关系曲线见图 2-84。由图可知，当氢氧化钾的浓度小于 400g/L 时，铬酸钾的溶解度随氢氧化钾浓度的减少急剧增加，这一特性可用于铬酸钾和氢氧化钾的分离。

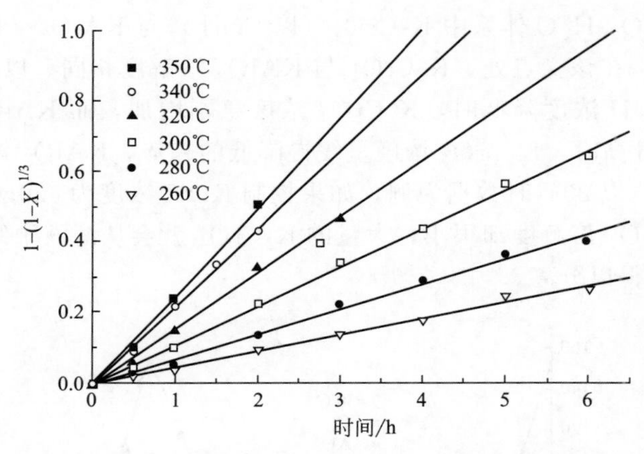

■ 图 2-82　速率方程式 $1-(1-X)^{1/3}$ 与时间关系

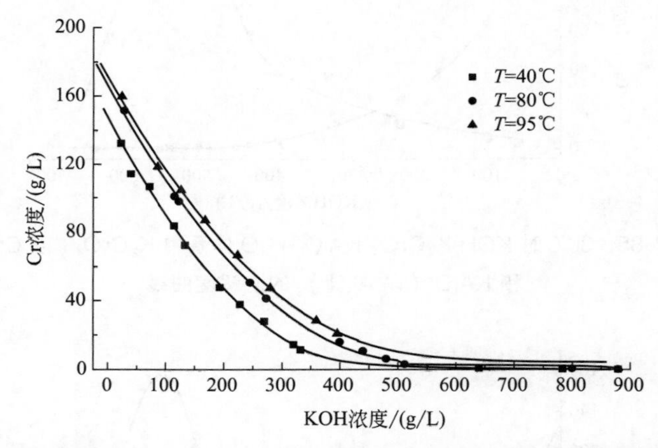

■ 图 2-83　K_2CrO_4（以 Cr 计）在 KOH 水溶液中的溶解度等温线

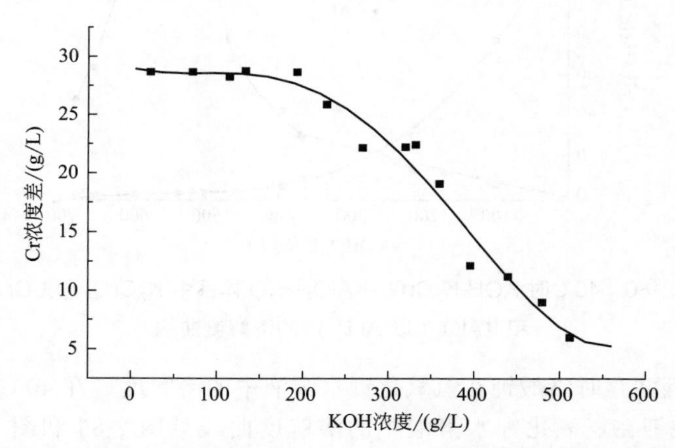

■ 图 2-84　40～95℃铬酸钾溶解度（以 Cr 计）之差与氢氧化钾浓度的关系曲线

② $KOH-K_2CrO_4-KAlO_2-H_2O$ 体系溶解度等温线　$KOH-K_2CrO_4-KAlO_2-H_2O$ 体系在 30℃、40℃、65℃、80℃时的溶解度等温曲线见图 2-85～图 2-88。由图可知，在

KOH-K_2CrO_4-$KAlO_2$-H_2O 体系中 K_2CrO_4（以 Cr 计）与 $KAlO_2$（以 Al 计）的溶解度等温线有一个交点，在该交点处，K_2CrO_4 与 $KAlO_2$ 溶解度相同。以此交点对应的 KOH 浓度为基点，当 KOH 浓度降低时，K_2CrO_4 浓度急剧增加，而 $KAlO_2$ 浓度则呈下降趋势。当 KOH 浓度升高时，K_2CrO_4 浓度呈缓慢降低的趋势，$KAlO_2$ 溶解度则急剧增加至极值点后，再下降。以 80℃时数据为例，如果控制 KOH 浓度为 520g/L，这时 $KAlO_2$ 溶解度最大，而 K_2CrO_4 溶解度却很小，大量的 K_2CrO_4 就会从溶液中结晶出来，这样就使 K_2CrO_4 与 $KAlO_2$ 得以分离。

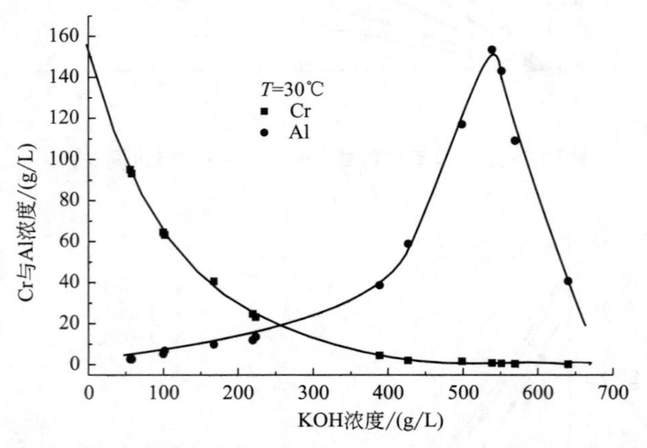

■ 图 2-85　30℃时 KOH-K_2CrO_4-$KAlO_2$-H_2O 体系中 K_2CrO_4（以 Cr 计）和 $KAlO_2$（以 Al 计）的溶解度曲线

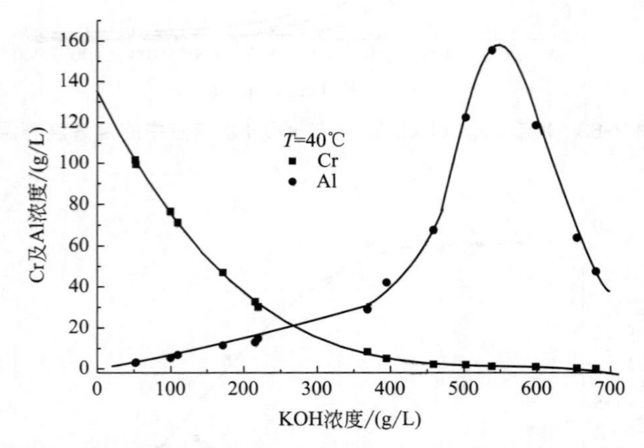

■ 图 2-86　40℃时 KOH-K_2CrO_4-$KAlO_2$-H_2O 体系中 K_2CrO_4（以 Cr 计）和 $KAlO_2$（以 Al 计）的溶解度曲线

③ 饱和铝酸钾共存时铬酸钾在氢氧化钾水溶液中的溶解度　在 40℃和 80℃、饱和铝酸钾共存时，铬酸钾在氢氧化钾水溶液中的溶解度曲线见图 2-89 和图 2-90。由图可知，无论 40℃还是 80℃，由于饱和铝酸钾的存在，在低氢氧化钾浓度范围内，铬酸钾在氢氧化钾溶液中的溶解度稍有降低；在高碱区内，饱和铝酸钾的存在对铬酸钾的溶解度几乎没有影响。

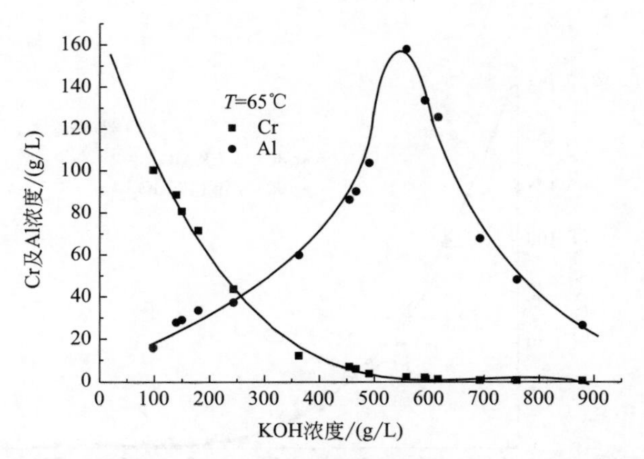

■ 图 2-87 65℃时 KOH-K_2CrO_4-$KAlO_2$-H_2O 体系中 K_2CrO_4（以 Cr 计）和 $KAlO_2$（以 Al 计）的溶解度曲线

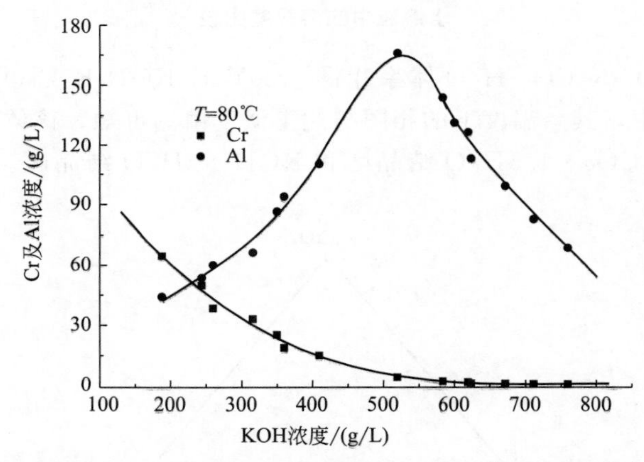

■ 图 2-88 80℃时 KOH-K_2CrO_4-$KAlO_2$-H_2O 体系中 K_2CrO_4（以 Cr 计）和 $KAlO_2$（以 Al 计）的溶解度曲线

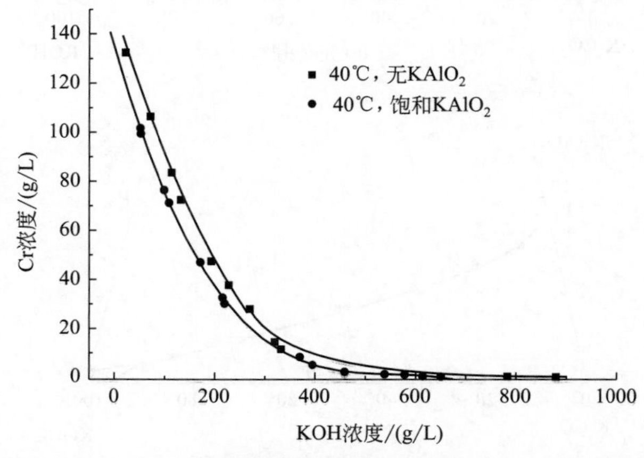

■ 图 2-89 40℃有、无铝酸钾共存时铬酸钾（以 Cr 计）在氢氧化钾水溶液中的溶解度比较

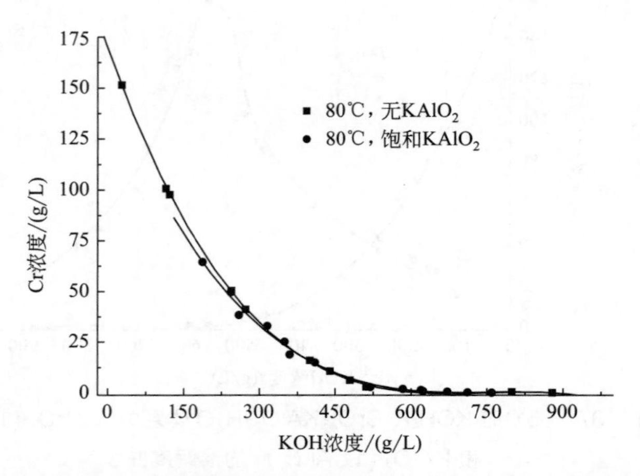

■ 图 2-90 80℃有、无铝酸钾共存时铬酸钾（以 Cr 计）在氢氧化钾水溶液中的溶解度比较

④ $KOH-K_2CrO_4-K_2CO_3-H_2O$ 体系相图　80℃时 $KOH-K_2CrO_4-K_2CO_3-H_2O$ 体系的相图绘于图 2-91 中，其余温度下的相图与此类似。由图可知，该体系有 3 个结晶区域：K_2CrO_4 结晶区，$K_2CO_3 \cdot 1.5H_2O$ 结晶区和 $KOH \cdot 2H_2O$ 结晶区。在这 3 个结晶区域

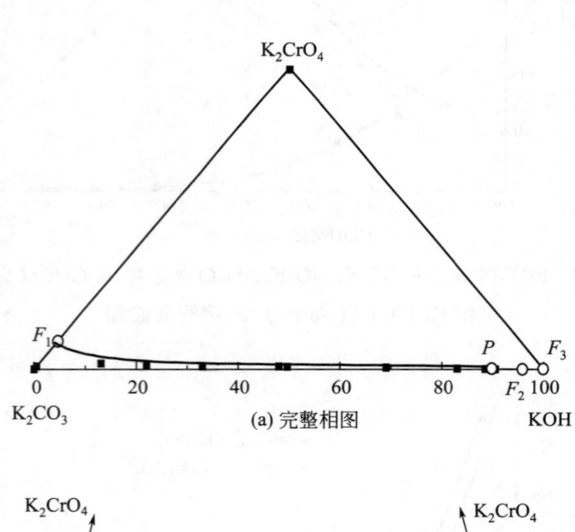

(a) 完整相图

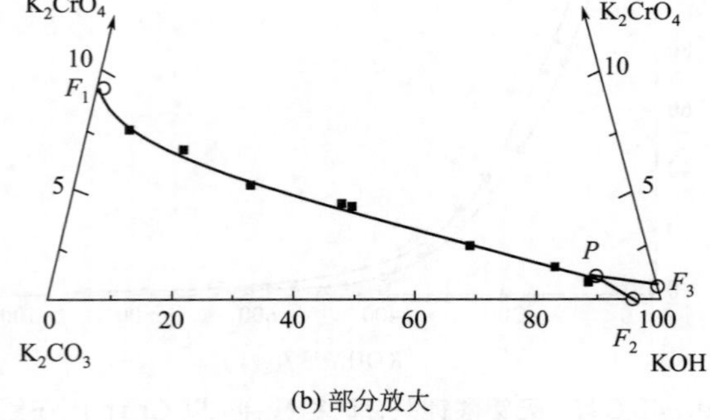

(b) 部分放大

■ 图 2-91 80℃时 $KOH-K_2CrO_4-K_2CO_3-H_2O$ 体系相图

中，K_2CrO_4 的结晶区远远大于另外两者的结晶区域，K_2CrO_4 从这个体系中结晶出来。

图 2-91 中，P 点是无变量点，F_1、F_2、F_3 分别代表该点所在三角形边对应两端的物质的两相平衡点。

⑤ 有、无碳酸钾共存时铬酸钾在氢氧化钾水溶液中的溶解度 40℃与 80℃时铬酸钾在氢氧化钾水溶液及在饱和碳酸钾共存的氢氧化钾水溶液中的溶解度曲线见图 2-92 和图 2-93。

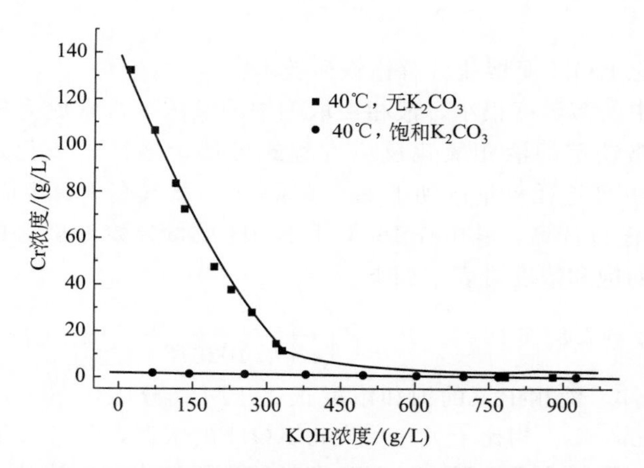

■ 图 2-92 40℃有、无碳酸钾共存时铬酸钾（以 Cr 计）在氢氧化钾水溶液中的溶解度数据比较

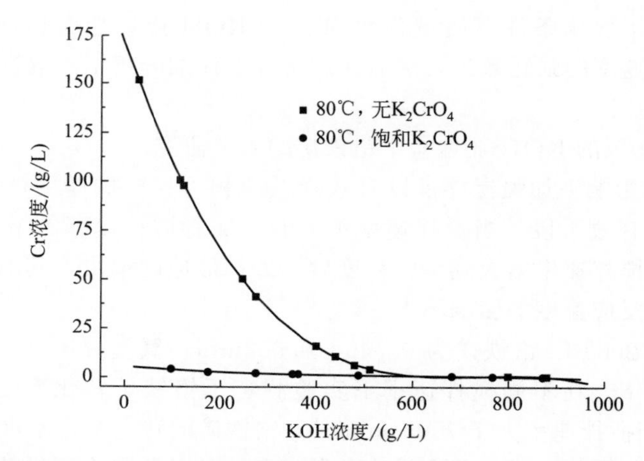

■ 图 2-93 80℃有、无碳酸钾共存时铬酸钾（以 Cr 计）在氢氧化钾水溶液中的溶解度数据比较

由图可知，在 KOH 浓度为 400g/L 以下的低碱区部分，碳酸钾存在时铬酸钾的溶解度会急剧下降，使得铬酸钾的溶解度等温线几乎成为一条水平直线。这一现象表明，饱和碳酸钾共存时，有利于铬酸钾从 $KOH-K_2CrO_4-H_2O$ 体系中结晶出来，尤其是在低碱区内，这种盐析作用更显著。这个结论与 $KOH-K_2CrO_4-K_2CO_3-H_2O$ 体系相图得出的结论是一致的。

2.2.2.2 KOH亚熔盐体系铬铁矿强化分解升级技术

钾系亚熔盐介质在处理铬铁矿时表现出了优良的技术和经济优势，是我国政府近年来致力推广的一项铬盐新技术，但亚熔盐介质的浓缩操作是钾系亚熔盐清洁工艺的主要耗能环节，蒸发和熬碱工段的能耗占到了整个能耗的50%左右，高浓碱液循环能耗高的原因是铬铁矿分解所使用的亚熔盐浓度过高。因此进行了反应器流场优化和氧气加压等强化方案，通过压力场强化、流场强化的方法可以显著提高铬浸出率，进一步降低铬铁矿溶出的反应条件。

(1) 压力场强化KOH亚熔盐分解铬铁矿技术[61]

由于氧气在水中的溶解度很小，液相浸取剂中的氧浓度常常成为氧化浸出过程的反应速率控制参数。由铬铁矿的液相氧化反应方程式可知，铬铁矿氧化过程的耗氧量较大，1g铬铁矿完全氧化的理论耗氧量达到了0.2（标）L。氧气在KOH亚熔盐中的溶解度可由Tromans关联式进行计算，其中在160℃下KOH质量分数为60%的KOH亚熔盐中不同氧气分压下氧气的饱和浓度可表示如下：

$$C_{O_2}=7.81\times10^{-4}\times P_{O_2}\times\left(\frac{1}{1+0.102078\times C_{KOH}^{1.00044}}\right)^{4.3089} \tag{2-52}$$

由式(2-52)可知，液相中氧的饱和浓度正比于氧气分压，在2.0MPa下，液相氧饱和浓度只有0.0245mol/L。相比于另一反应物KOH的浓度，氧气在KOH亚熔盐中的溶解度很小，因此液相中氧浓度在浸出过程具有至关重要的作用。从动力学角度看，增高氧压能加速浸取过程中氧气传递的总体速率。因此氧气加压浸出是一种加速铬铁矿氧化分解的有效途径。

本节首先研究了加压条件下质量分数60%的KOH亚熔盐中铬铁矿的反应动力学，确认了氧压对反应速率的强化效果，然后在此基础上详细分析了浸取过程中氧气在亚熔盐中传递和反应行为。

① 质量分数60%的KOH亚熔盐中铬铁矿的工艺研究。

a. 搅拌速率的影响　加强搅拌可以有效降低液相边界层的厚度，合适的搅拌速率是降低外扩散阻力的有效手段。当搅拌速率不大时，随着搅拌速率的增加，扩散层厚度降低，反应加快；当搅拌速率增大到一定程度后，外扩散速度很快，其不再是控制步骤，故进一步加强搅拌对反应速度的影响不大。

在反应温度为200℃、铬铁矿为0.045～0.063mm、氧气分压2.0MPa、氧气流量为0.10L/min的条件下，在不同搅拌速率下实验测定了铬铁矿转化率随时间的变化情况。如图2-94所示，当搅拌速率大于700r/min时，铬铁矿的转化率将不再随搅拌速率的提高而变化，这说明矿物颗粒在亚熔盐介质中分散充分，外扩散阻力已经基本消除。因此，为了排除动力学分析过程中搅拌速率的影响，在随后的浸出实验中反应的搅拌速率都维持在900r/min。

b. 氧气流量的影响　氧气从气相主体进入液相的溶解过程往往成为许多氧化浸取过程的控制因素。在氧气从气相主体向液相传递的过程中，传质阻力集中在气相边界层，而气相和液相主体中阻力较小可忽略。氧气在气液搅拌系统中的氧气传质速率（OTR）主要由传质系数k_L，两相接触比表面积A，以及两相间的传质推动力（$P_{O_2}/h-C_L$）决定。OTR可由下式计算确定：

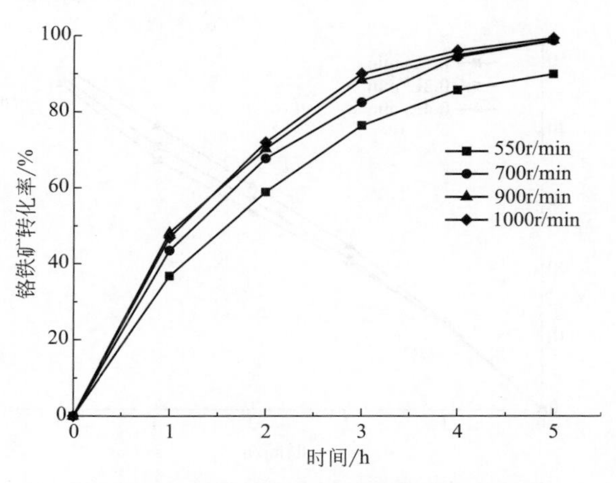

■ 图 2-94 搅拌速率对铬铁矿转化率的影响

$$OTR = k_L A(P_{O_2}/h - C_L) \tag{2-53}$$

式中 P_{O_2}——气相中氧气分压；

C_L——氧气在液相主体中的浓度；

h——亨利系数。

由于难以确定氧气溶解过程中具体的气液比表面，常常将传质系数和相接触面积结合成一个参数（$k_L A$）加以研究，$k_L A$ 为体积传质系数。在搅拌反应釜中气液传质过程复杂，$k_L A$ 受许多因素影响，其中最主要的影响因素有搅拌功率、气体表观流速以及液相物性如离子强度、黏度和表面张力等。$k_L A$ 与这些因素之间的关系已经有很多文献进行了报道[62,63]，它们大多具有相似的回归方程，这些方程的计算精度大约为 20%～40%。对实验级别搅拌釜中的强离子溶液内氧气的传递速率一般用式(2-54) 描述[63]：

$$k_L A = 1.09 \times 10^{-3} \left(\frac{W}{V}\right)^{1.029} (v_s)^{0.723} \tag{2-54}$$

式中 W——搅拌功率；

V——浸取剂体积；

v_s——氧气的表观气速。

为了确定气液相间氧气传递速率对铬铁矿浸出反应的影响，实验研究了不同氧气流量下铬铁矿转化率随时间的变化情况。

如图 2-95 所示，当氧气流量大于 0.1L/min，对铬铁矿的转化率几乎没有影响。很明显，氧气流量不是铬铁矿分解的控制参数，氧气在液相中溶解速率的增加已经不能加快铬铁矿的浸出，即氧气从气相主体向 KOH 亚熔盐中的传质速率足够补偿体系中氧气的消耗速率。

c. 氧气分压的影响　在反应温度为 160℃、铬铁矿为 0.045～0.063mm、搅拌速率为 900r/min、氧气流量为 0.10L/min 的条件下，测定了不同氧气分压下铬铁矿转化率随时间的变化情况，实验结果如图 2-96 所示。

由图 2-96 可知，氧气分压对铬铁矿的转化率影响显著。铬铁矿转化率随着氧气分压从 1.0MPa 上升到 3.0MPa 过程中增加明显。例如 1.0MPa 时铬铁矿 5h 的转化率只有

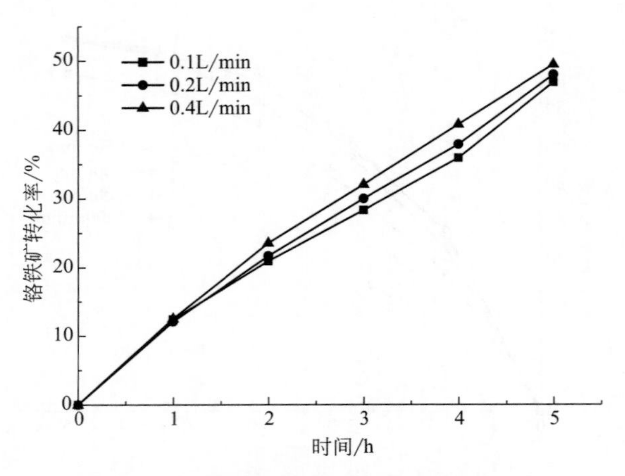

■ 图 2-95 氧气流量对铬铁矿转化率的影响

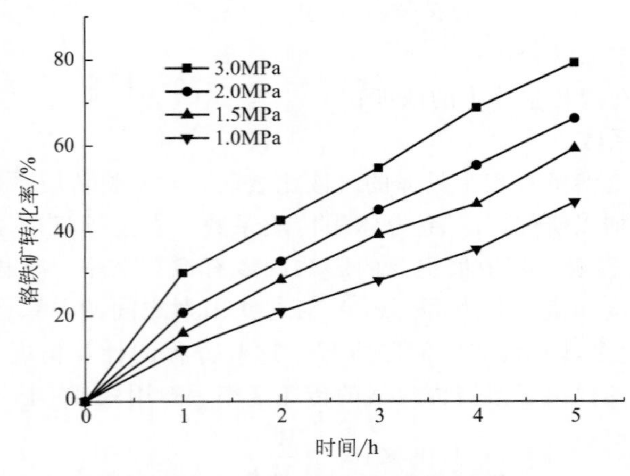

■ 图 2-96 氧气分压对铬铁矿转化率的影响

47%，而 3.0MPa 时铬铁矿 5h 的转化率则超过了 80%。

d. 铬铁矿粒度的影响 铬铁矿粒度对浸取反应速率的影响如图 2-97 所示。矿物颗粒小时有更大的比表面积，故小颗粒矿物更有利于加速铬铁矿的分解反应。粒度在 0.045～0.063mm 区间的铬铁矿样品转化率比 0.097～0.150mm 颗粒的转化率高出了 30%左右。此结果显示铬铁矿粒度对反应存在重要影响。

e. 反应温度的影响 反应温度对矿物浸出过程的热力学和动力学都有重要影响。温度对铬铁矿在 KOH 亚熔盐中分解过程的影响主要表现在反应平衡方面，许多文献对此已做了详细报道。温度在动力学方面的影响为，若浸取过程受化学反应控制，则温度直接影响着反应速率常数的大小，温度越高，速率常数越大；如浸取过程受扩散控制，温度是影响扩散系数的重要因素，扩散系数随温度升高而增大。同时考察不同反应温度下，铬转化率随随时间的变化关系，可以确定浸出动力学模型及计算反应的表观活化能。

在搅拌速率为 900r/min、铬铁矿粒度为 0.045～0.063mm、氧气分压为 2.0MPa 和氧气流量为 0.10L/min 的条件下，测定了不同温度下铬铁矿转化率随时间的变化情况。

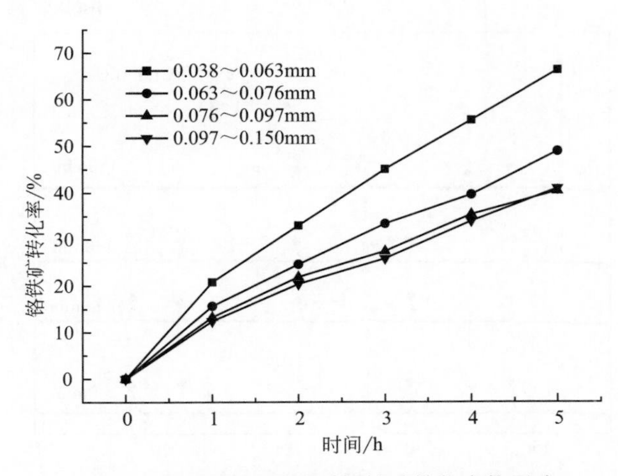

■ 图 2-97 铬铁矿粒度对铬铁矿转化率的影响

由图 2-98 可知，铬铁矿转化率随反应温度的升高而迅速提高。在 140℃下反应 5h 的铬转化率只有 45%，但在 200℃下反应 5h 的铬转化率则超过了 99%。而亚熔盐铬盐示范工厂的常压浸取工艺实现 99%的转化率，则需要将浸取温度提高到 330℃，同时浸取时间延长至 8h。

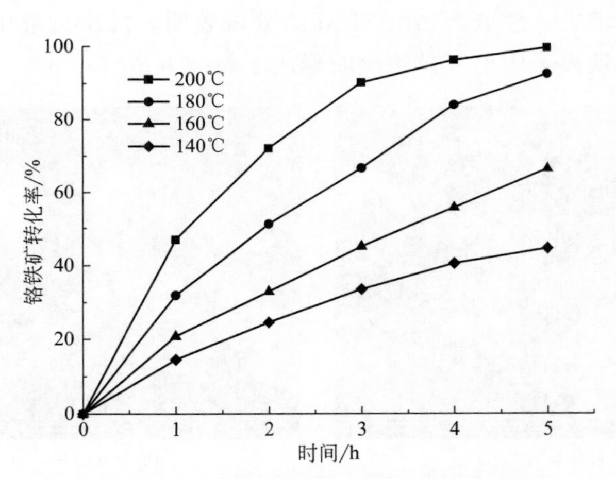

■ 图 2-98 反应温度对铬铁矿转化率的影响

② 质量分数为 60%的 KOH 亚熔盐分解铬铁矿的动力学研究。

a. 铬铁矿反应尾渣的物相分析　物相分析样品来自上面实验中 180℃、氧气分压为 2.0MPa 浸取条件下的不同转化率的反应渣。反应产物的物相分析主要通过 XRD、SEM-EDS 和矿物粒度分析共同完成。

铬铁矿在浸取过程中的相转变如图 2-99 所示。随浸取反应的进行，铬铁矿的衍射峰逐渐消失，而与此同时新物相的衍射峰则开始出现并逐渐增强。XRD 的物相数据库中没有与生成新物相的 XRD 图谱相对应的物质。此新物相具有磁性可通过强磁选进行富集，通过对多个合成样品的化学成分分析，确定此新物相化学式为 KFe_3O_5。

不同转化率下的浸出渣的 SEM 图如图 2-100 所示。当铬转化率为 43%（浸出反应

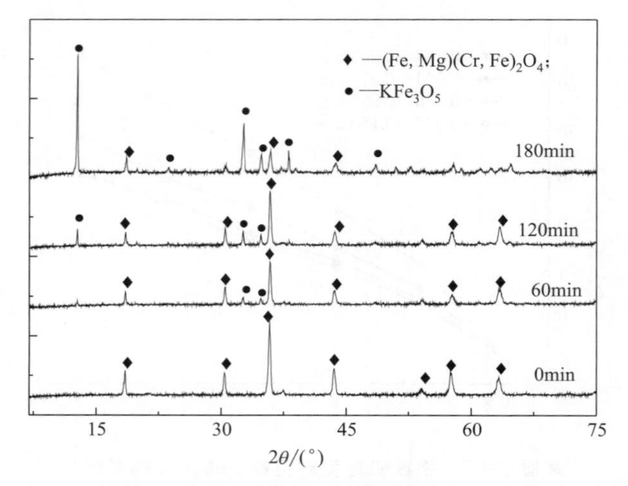

■ 图 2-99 铬铁矿浸出过程中的 XRD 变化

1h）时，铬铁矿光滑的外表面首先出现了一些小坑，同时开始出现正六边形的 KFe_3O_5 晶体。当铬转化率进一步上升为 56%后（浸出反应 3h），六边形晶体增多，矿物外表面也呈现为剥蚀状态。当铬转化率达到 97%以后（浸出反应 5h），产物几乎全部是六边形晶体，而铬铁矿则基本消失。浸取产物的 SEM 图分析表明，浸出过程中矿物表面一直保持更新，而反应产生的铁离子则离开矿物表明形成了新的 KFe_3O_5 相。

(a) η=33.5%　(b) η=55.7%　(c) η=96.5%

■ 图 2-100 不同转化率下的浸出渣的 SEM 图

为了解反应渣内部信息，使用浸取渣进行了冷镶制样，对样品磨抛后所得剖切面的SEM-EDS分析结果如图2-101所示。从背散射图中可以看出，渣中存在3种不同的颗粒相，不同颜色的颗粒对应不同的化学组成。黑色颗粒主要包含Mg和O两种元素；而白色和灰色颗粒的主要元素则分别是K、Fe、O和Cr、Fe、Mg、O等。结合前面的XRD分析结果可知，背散射图中的黑色、白色和灰色颗粒分别对应$Mg(OH)_2$、KFe_3O_5和铬铁矿3种物相。

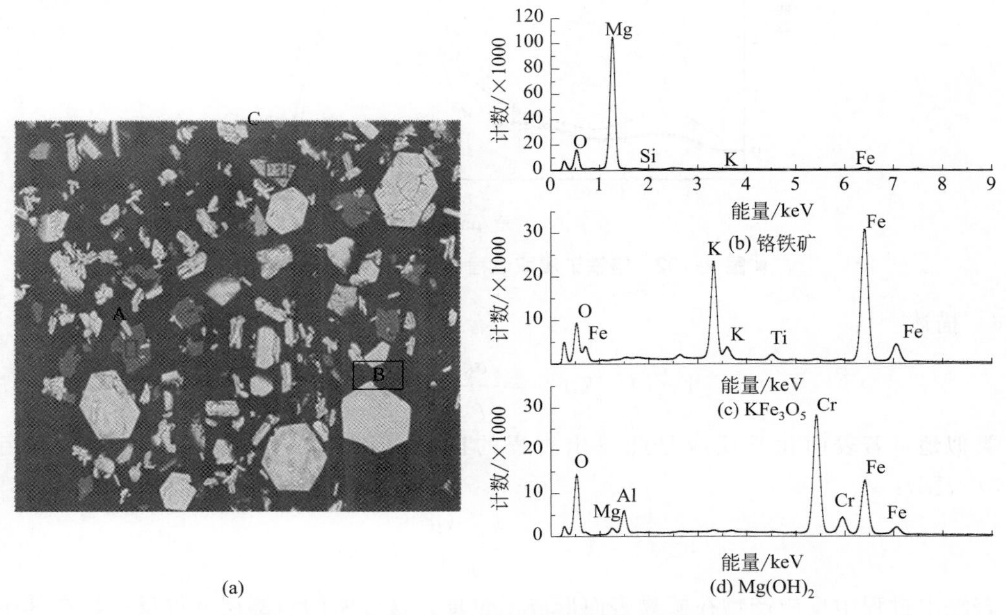

■ 图 2-101 铬铁矿浸取渣冷镶样的SEM-EDS分析

[A：铬铁矿；B：KFe_3O_5；C：$Mg(OH)_2$]

渣样的物相和成分分析结果表明，铬铁矿在质量分数为60%的KOH亚熔盐中分解的主要产物为水溶性的K_2CrO_4和固体产物$Mg(OH)_2$、KFe_3O_5。这个新的多相浸出反应可表示如下（为简化浸取过程，仅分析浸取过程的主反应）：

$$3FeO \cdot Cr_2O_3 + 13\ KOH + \frac{21}{4}O_2 \longrightarrow 6K_2CrO_4 + KFe_3O_5 + \frac{13}{2}H_2O \qquad (2\text{-}55)$$

浸出过程中不同转化率时铬铁矿颗粒的粒度分布如图2-102所示。在反应的初始阶段，矿物粒度迅速下降。当铬转化率达到56%时，体系中的固体颗粒平均粒度迅速由50.3μm降低到20.1μm。但是当转化率进一步升高时，体系中颗粒的平均粒径却开始回升，其回升的原因则可以归因于$Mg(OH)_2$和KFe_3O_5晶体的生长。

上述的形貌学分析结果表明，致密的铬铁矿颗粒在此浸出过程中逐渐溶解消失，没有形成固体产物层。因此这个浸取过程可用未反应核收缩模型描述，同时可以预测此浸取过程受表面反应控制。

b. 浸出过程的动力学分析　未反应核收缩模型将矿物浸出过程的速率控制步骤分为3类，分别为浸取液边界层中的外扩散控制、矿物表面的化学反应控制和反应产物层中的内扩散控制。

若此浸出过程受浸取液边界层中外扩散控制，则铬铁矿的浸出反应速率可用方程式

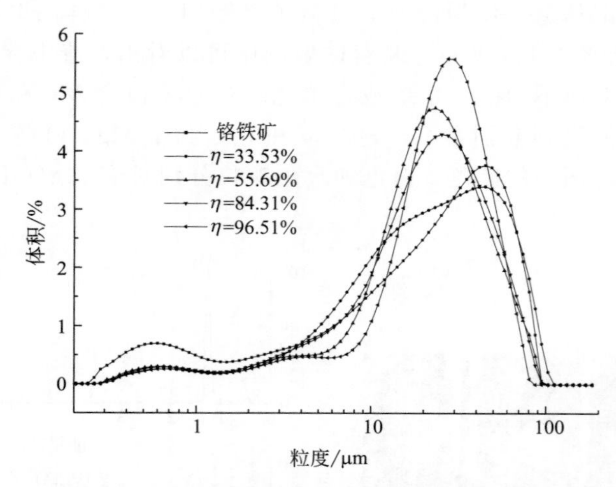

■ 图 2-102 铬铁矿浸取过程中铬铁矿的粒度变化

(2-56) 描述[64]：

$$1-(1-X)^{2/3}=\frac{2\sigma k_{\mathrm{M}}C_0}{\rho_{\mathrm{S}}R_0^2}t=k_{\mathrm{d}}t \tag{2-56}$$

类似地，若表面化学反应是此浸出过程的控制步骤，此过程的浸出动力学可用式(2-57) 表示：

$$1-(1-X)^{1/3}=\frac{k_{\mathrm{rea}}MC_0^n}{\sigma\rho_{\mathrm{S}}R_0}t=k_{\mathrm{r}}t \tag{2-57}$$

若浸出过程中反应产物在矿物表面形成了包裹，且致密的包裹层使得反应物在其中的扩散速率成为整个浸出过程的控制步骤，则整个浸出过程的反应速率可用方程式(2-58) 描述：

$$1+2(1-X)-3(1-X)^{2/3}=\frac{6\sigma k_{\mathrm{B}}C_0}{\rho_{\mathrm{S}}R_0^2}t=k_{\mathrm{b}}t \tag{2-58}$$

式中 X——铬铁矿的铬提取率；

k_{M}——反应物在液相边界层中的质量传递系数；

k_{B}——反应物在灰层中的质量传递系数；

k_{rea}——表面化学反应速率常数；

M——铬铁矿的摩尔质量，223.8kg/kmol；

C_0——体系中反应物浓度；

R_0——实验中铬铁矿的平均粒径，6.3×10^{-5}m；

σ——化学计量系数；

ρ_{S}——铬铁矿的密度，4.8×10^3kg/m^3；

n——化学反应级数；

t——反应反应时间；

k_{d}、k_{r}、k_{b}——式(2-56)～式(2-58) 中对应的表观速率常数。

参照前面的分析，在使用质量分数为60%的KOH亚熔盐浸出铬铁矿的过程中，没有生成包裹矿物的反应产物层。因此，此浸出过程的控制步骤只剩下外扩散控制和表面化学反应控制两种可能。根据动力学理论，将上面得到的实验数据使用式(2-56)和式(2-57)进行拟合，可比较确定此浸出过程的速率控制步骤及相关的动力学参数。

图2-103所示为不同温度下铬转化率使用$1-(1-X)^{1/3}$对时间回归所得的直线，通过这些直线的斜率则可以确定对应的反应速率常数k_r。很明显，各温度下铬转化率数据都得到了很好的拟合结果（$R>0.99$），式(2-57)的拟合结果要远好于式(2-56)所得的拟合结果。由此可以确认表面化学反应是此浸取过程的速率控制步骤。各温度下铬转化率数据使用式(2-57)进行线性拟合所得的速率常数数据如表2-2所列。

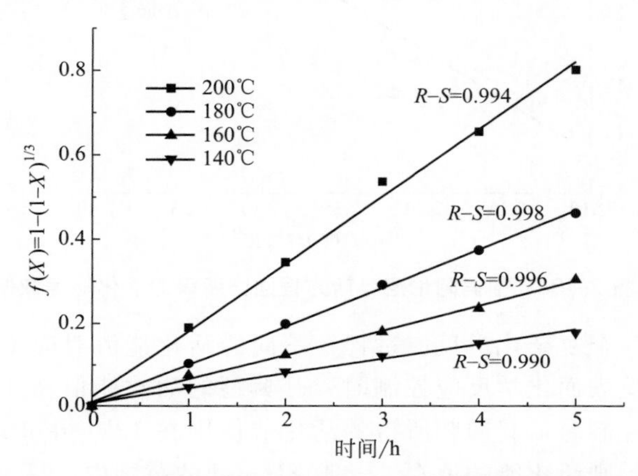

■ 图2-103 不同浸取温度时铬铁矿转化率回归所得的动力学曲线

■ **表2-2 各温度下的反应速率常数**

T/℃	T/K	$(1000/T)/K^{-1}$	k_r	$\ln k_r$
140	413	2.420	0.03586	−3.33
160	433	2.309	0.05895	−2.83
180	453	2.207	0.11354	−2.18
200	473	2.113	0.16552	−1.80

c. 表观活化能和浸出过程中氧气的反应级数　表观活化能是指通过实验测定的复杂反应的活化能，是各个基元反应活化能以及扩散活化能的组合。表观活化能一般是通过阿伦尼乌斯方程求得的。阿伦尼乌斯方程的指数表达式如式(2-59)所示：

$$k_r=A e^{-E_a/RT} \tag{2-59}$$

式中　k_r——反应速率常数；

E_a——反应的表观活化能；

T——反应热力学温度；

R——摩尔气体常数；

A——相应反应的特征常数。

根据阿伦尼乌斯方程，反应速率常数k的自然对数$\ln k$与反应温度的倒数$1/T$成线性关系，其中该直线的斜率为E/R。使用表2-2中各温度下的速率常数k_r数据，将$\ln k_r$对$1000/T$作图，所得结果见图2-104。对图2-104的各数据点进行线性拟合，结果显示该图各点有很好的线性相关度（R=98.9%）。由直线斜率 E/R=5.13，即可求得在实验条件下，铬浸出过程的表观活化能 E=42.65kJ/mol。

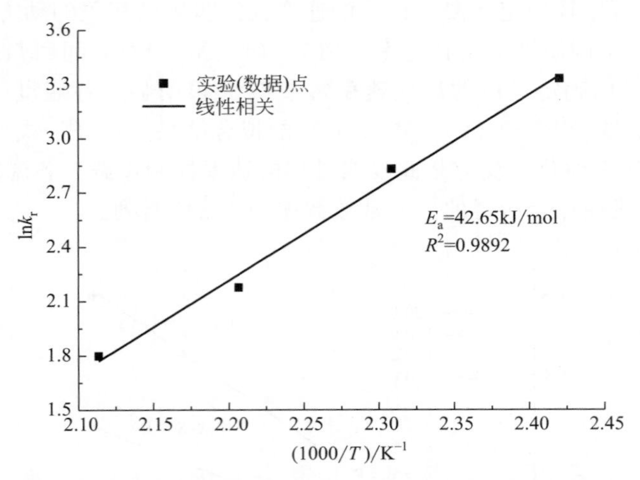

■ 图 2-104 根据阿伦尼乌斯方程回归所得的活化能等数据

一般来说，对于一个复杂化学反应过程，不同的活化能值对应不同的反应控制步骤。当整个化学反应过程受表面化学反应控制时，其典型的活化能值在 40kJ/mol 以上；而当整个反应过程受扩散控制时，其回归所得的活化能值则在 12kJ/mol 以下，而当反应受扩散和反应混合控制时，则活化能的值在 12～40kJ/mol 的范围内[65]。前面回归所得的活化能数值，也再次证明了铬铁矿在 60%KOH 亚熔盐中的浸出过程受表面化学反应控制。与之相对应，徐红彬等研究了 80%的 KOH 亚熔盐在 260～350℃的温度范围内浸取越南铬铁矿浸出的动力学，回归得到的活化能为 52.5kJ/mol，所得的结论也是浸出过程受表面化学反应控制[52,58]。

氧气是浸取反应过程中的氧化剂，在反应动力学方程确定后，可以进一步回归出氧气在浸出反应中的反应级数。使用式(2-57) 对图 2-105 中不同氧气分压下的铬转化率数据进行线性拟合，如图 2-105 所示，拟合结果显示各温度下的数据都有很好的相关度（R>

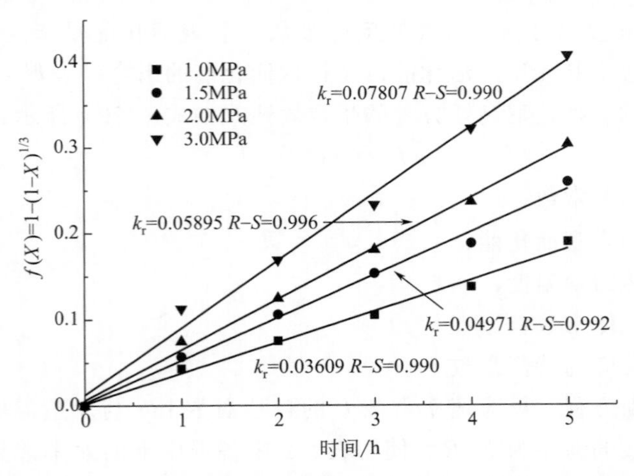

■ 图 2-105 不同氧气分压下铬铁矿转化率回归所得动力学曲线

99.0%)。

不同氧气分压下回归所得的表观速率常数 k_r 如表 2-3 所列。使用表 2-3 中各温度下的 $\ln k_r$ 数据对 $\ln P_{O_2}$ 作图，并将各数据点进行线性拟合，结果如图 2-106 所示。拟合直线的斜率为 0.737，此数值即为氧气加压浸出条件下氧气分压在铬铁矿分解反应中的反应级数。

■ 表 2-3 不同氧气分压下的反应速率常数

P/100kPa	$\ln P$	k_r	$\ln k_r$
10	2.398	0.03609	−3.32
15	2.773	0.04971	−3.00
20	3.045	0.05895	−2.83
30	3.434	0.07807	−2.55

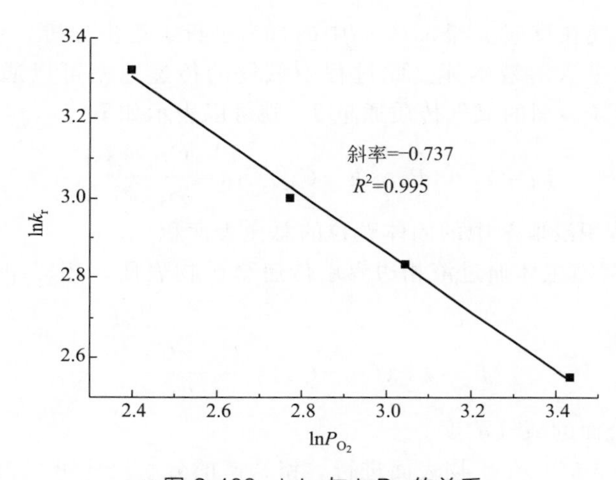

■ 图 2-106 $\ln k_r$ 与 $\ln P_{O_2}$ 的关系

综上所述，在搅拌速率为 900r/min、温度范围为 140～200℃、初始碱矿比为 4：1、氧气流量为 0.1L/min 时，粒度为 0.045～0.063mm 的铬铁矿在质量分数为 60%的 KOH 亚熔盐中浸出的动力学方程为：

$$1-(1-X)^{1/3}=874\times(P_{O_2})^{0.74}e^{\frac{-42650}{RT}}t \tag{2-60}$$

③ 氧气在浸出过程中的传递过程研究。

氧气属于难溶的气相浸取剂，是铬铁矿分解过程的重要控制因素，但是目前对氧气在整个浸取过程中传递和反应行为的研究却很少。根据亚熔盐中铬铁矿氧化分解的物理模型，本节计算比较了氧气由气相传递到矿物表面反应的阻力分布。铬铁矿的浸取反应过程可以分解成如下几步[66]：

a. 氧气从气相主体通过气液边界层进入液相主体，也就是氧气的溶解过程；

b. 氧气和 KOH 从液相主体通过液固边界层到达固体矿物表面，也就是浸取剂的外扩散过程；

c. 在 KOH 和氧气在矿物表面进行化学反应［式(2-55)］，即表面化学反应过程；

d. 反应式(2-55) 的产物通过液相边界层扩散进入液相主体，即产物的外扩散过程。

根据前面浸取过程中相平衡研究的结论[67]和实验中观察到的现象，在强烈的搅拌作用下，产物铬酸钾倾向于从固体矿物表面分离进入液相以晶体的形式存在。由此可知，反应产物的外扩散将不会对整个浸出过程的速率产生影响，这也和浸出过程中产物扩散不影响浸出速率的一般经验相符合[68]。因此，步骤 a.～c. 是浸出过程的浸出速率的主要控制因素。氧气在 KOH 溶液中的扩散系数和 KOH 的自扩散系数大小相近，但是氧气在溶液中的浓度却比 KOH 浓度小 3 个数量级，故氧气在液相边界层的质量传递速率要远小于 KOH。根据此分析结果可确定，对有 2 种浸取剂参与的铬铁矿氧化分解过程，由于两者浓度的巨大差异，液相边界层中的传递阻力主要集中于气相浸取剂。同理，铬铁矿表面反应的控制参数也将是表面的氧气浓度。亚熔盐分解铬铁矿工艺中 KOH 相对铬铁矿大量过量，其浓度在铬铁矿浸取反应前后都维持在很高数值，故可将 KOH 在浸出过程中的浓度视为 1。所以，在 KOH 亚熔盐氧化分解铬铁矿过程中反应速率的控制因素是气相浸取剂氧气的浓度。

故此，本节对氧气在反应步骤 a.～c. 中的行为进行了逐步分析。步骤 a. 氧气从气相主体通过气液边界层进入溶液本体。此过程中氧气的传递速率可以通过式(2-54) 计算，而相对于单位固体颗粒表面的氧气传质通量 J_1 则可以表示如下：

$$J_1=k_LA(P_{O_2}/h-C_L)/S_P=\frac{C_{O_2}-C_L}{S_P/k_LA} \tag{2-61}$$

式中　S_P——单位体积浸取剂中的固体颗粒的总比表面积。

步骤 b. 氧气从溶液主体通过液相边界层传递至矿物表面，相对单位固体颗粒表面的氧气传质通量 J_2 为：

$$J_2=k_M(C_L-C_S)=\frac{C_L-C_S}{1/k_M} \tag{6-62}$$

式中　C_S——矿物表面的氧气浓度。

步骤 c，反应式(2-55) 在矿物表面进行。铬铁矿的分解反应可视为不可逆反应，前面实验测得氧气的反应级数为 0.737。其中因为液相浸取剂 KOH 大量过量，且反应前后其浓度变化小，故 KOH 的浓度可视为 1。则铬铁矿的表面化学反应速率可表示为：

$$V_3=k_{rea}C_S^{0.737}=\frac{C_S^{0.737}}{1/k_{rea}} \tag{2-63}$$

因为浸取过程是一个稳态连续过程，所以浸出过程中氧气的传递和消耗量相等，即式(2-60)～式(2-62) 的通量是相同的，则氧气总的通量可以表示为：

$$J=\frac{C_{O_2}-C_S+C_S^{0.737}}{S_P/k_LA+1/k_M+1/k_{rea}} \tag{2-64}$$

此浸取过程受表面化学反应控制，因此矿物表面氧浓度很低接近于 0，故 C_S 值远小于 C_{O_2} 值，在后续分析中可将 C_S 忽略不计。据此，可将浸取过程中氧气的总推动力简化为 C_{O_2}，同时也说明氧气加压是一个强化氧气传递速率的有效途径。为了确定浸取过程中氧气传递反应的控制步骤，对式(2-63) 分母中的 3 个阻力因素进行了计算比较。

浸出过程中氧气的流量为 0.1L/min，转化为氧气的表观流速 v_g 为 0.53m/s，浸出实验中的搅拌电流是 0.75A，相对于单位溶液体积的搅拌功率为 9.18kW/m^3，则由方程式(2-52) 可计算出氧气的体积传质系数 k_LA 值。精确确定 S_P 值很困难，本书使用如下的模型进行估算。设想实验中所采用的铬铁矿颗粒都具有规则的球形结构，同时颗粒的直径都等于实验中样品所测得的平均直径，则 S_P 的值可以通过下面的方程进行计算：

$$S_P=\frac{m_s\bigg/\left(\frac{4}{3}\pi R_0^3\rho_s\right)\times 4\pi R_0^2}{m_L/\rho_L}=\frac{3m_s\rho_L}{m_L\rho_S R_0} \tag{2-65}$$

式中 m_s——铬铁矿样品的质量；

m_L——浸取剂的质量。

由此计算得到的 S_P 值大约为 $2.31\times10^3 m^2/m^3$。由此可确定氧气从气相主体传递进入液相的阻力（S_P/k_LA）为 $2.80\times10^2 s/m$。浸取过程中随着反应的进行，铬铁矿颗粒的粒径将会持续下降，对应的 S_P 值也随之降低；而体系的体积传质系数则基本维持不变，所以随浸取过程的进行，氧气溶解过程的阻力将会逐渐减小，上面的估值是氧气溶解过程的最大阻力值。

氧气在矿物表面的液相边界层中的传质系数 k_M 可以通过 Ranz-Marshall 公式进行估算[1,19,69]：

$$\mathrm{Sh}=\frac{2k_M R_0}{D_{O_2}}=2+0.6\mathrm{Re}^{\frac{1}{2}}\mathrm{Sc}^{\frac{1}{3}}=2+0.6\left(\frac{2\rho_L v R_0}{\mu_L}\right)^{1/2}\left(\frac{\mu_L}{\rho_L D_{O_2}}\right)^{1/3} \tag{2-66}$$

式中 Sh——舍伍德数；

D_{O_2}——氧气在质量分数为60%的KOH亚熔盐溶液中的扩散系数；

ρ_L 和 μ_L——质量分数为60%的KOH亚熔盐溶液的密度和黏度；

v——浸出过程中铬铁矿颗粒周边的液相流速。

因为缺乏 $KOH-H_2O$ 体系中氧气传递的实测数据，相关文献中的数据和方法被用来计算氧气在体系中的扩散系数。通过外推法估算出160℃时60% KOH亚熔盐溶液中氧气的扩散系数 D_{O_2} 大约为 $0.44\times10^{-10}\ m^2/s$[70～72]。60%KOH亚熔盐的密度和黏度通过线性插值法计算得出为 $1.56\times10^3 kg/m^3$ 和 $1.30\times10^{-3}\ Pa\cdot s$[73]。反应体系所使用搅拌桨的半径为0.030m，搅拌速率为900r/min，由此推算出铬铁矿颗粒周边液相的平均流速为2.83m/s。实验中铬铁矿样品的平均粒径为 $6.3\times10^{-5} m$。根据式(2-66)可计算出液相边界层中氧气的传质系数 k_M 为 $1.16\times10^{-5} m/s$，转换为阻力因素值（$1/k_M$）为 $0.86\times10^4 s/m$。

各氧气分压下的速率常数值 k_r，前面已经通过对各氧气分压下铬铁矿转化率数据的回归得到，而氧气加压浸出的表面反应速率 k_{rea} 则可通过式(2-57)进行计算。计算得到的不同氧气分压下 k_{rea} 平均值为 $1.20\times10^{-6} m/s$，转换为表面反应的阻力因素值（$1/k_{rea}$）为 $8.33\times10^5 s/m$。至此，氧气在铬铁矿浸出反应过程中的3个阻力因子都已经计算得到，他们的数值大小及所占百分比见表2-4。

表 2-4 浸取过程中氧气的传递阻力值及其百分比

项目	$S_P/(k_LA)$	$1/k_M$	$1/k_{rea}$
数值/(s/m)	2.80×10^2	8.60×10^3	8.33×10^5
百分数/%	0.033	1.02	98.95

由表2-4可知，表面化学反应的阻力占据了氧气总传递阻力的99%左右，即表面化学反应步骤是浸取过程的最大障碍。

（2）流场强化KOH亚熔盐分解铬铁矿技术

铬铁矿浸取过程中的反应物涉及气液固三相，而要使这些反应物能接触反应，就要求能同时实现反应器中气体的分散和固体的离底悬浮。若要使此三相体系进一步混合充分，就不仅要求宏观上各微团能分布均匀，而且微观混合也要达到一定的均匀度。因此反应器内的流场优劣直接决定了三相反应的速率，是反应器选型、设计和优化的基础。

具体到铬铁矿在钾系亚熔盐中的分解过程，示范现场使用的是气升环流反应器，但前期的小试实验使用的都是带螺旋搅拌桨的常压反应罐。反应体系的物性参数大致如下：铬铁矿的表观密度为 4.8g/cm^3，60%KOH 溶液的密度为 1.56g/cm^3，黏度为 1.30×10^{-3}Pa·s，体系的固液质量比为 15%。由此可知，较大的溶质浓度及固液密度差会使得体系中氧气溶解和铬铁矿悬浮都存在困难。

搅拌是应用最为广泛的流体流动和混合单元操作，目前对铬铁矿湿法浸取过程的研究使用的基本都是三相搅拌反应器，故本书所采用的也是带搅拌的高压釜式反应器。浸取时铬铁矿颗粒在搅拌作用下分散悬浮于 KOH 溶液中，氧气则由气体分布器引入反应器底部穿过 KOH 液层与体系中的铬铁矿颗粒接触反应。因为搅拌反应器内气-液-固三相体系的流场模拟还没有成熟可靠的模型，所以本书采用实验测定的方法，研究了搅拌桨、布气管等内件对反应器流场的影响，并通过比较得到了最佳的反应釜内件配置方案。

高压反应釜是一个完全封闭的反应体系，其内的气液固三相体系的流动状况难以通过常规手段检测表征，因此不同部件对反应釜内流场的影响，都是通过测定相同反应条件下铬铁矿转化率间接确定的。

① 搅拌桨形式对铬铁矿转化率的影响　搅拌桨对气液固三相体系的流场作用很复杂。对于气相，搅拌能提高气体在液相的传递速率。搅拌的效果主要表现在剪切液流而切碎气泡，增大气液相接触面积；使液相形成涡流，延长气泡在液相中的停留时间；减小气泡外滞留液膜的厚度，从而减小传递过程的阻力。对于液固两相，搅拌则能够有效降低固体表面滞留层的厚度，减小液固边界层中的传递阻力。

叶轮排出液流的轴向速度是固体悬浮和液体循环的主要动力，而其径向速度则是气体剪切分散的主要动力。径向流叶轮（如圆盘涡轮桨）具有较强的剪切分散能力，但轴向混合能力较差；而轴向流叶轮（如螺旋搅拌桨）具有较强的轴向循环能力，但对气体的剪切分散能力较弱。在气液两相的混合操作中比较多地采用了圆盘涡轮桨，而在液固两相的混合操作中比较多地使用螺旋搅拌桨，这都是为了利用各自的混合性能优势。但对气液固三相混合，由于气体和固体的分散间存在相互制约作用，情况较为复杂。Chapman、Nienow 和 Bujulski 等从不同的角度对三项体系的混合性能做了研究，但其结论都不尽一致[74]。因此对搅拌装置的选择和优化带有很大的经验性，需要根据反应体系的物性条件和以往的实践经验确定，并由最终实验结果验证。

如图 2-107 所示，可根据搅拌桨产生的流体流动类型将其分为轴流桨、径流桨以及混流桨，本章以此分类研究了搅拌桨类型对铬铁矿分解过程的影响[75]。

轴流式搅拌桨主要选择螺旋搅拌桨、莱宁公司的 A-310 桨和 A-315 桨进行了铬铁矿浸取实验，图 2-108 给出了相应的轴流桨实物图片。而径流式搅拌桨主要试验了 Rushton（标准六叶涡轮）桨、弧叶涡轮桨和交错桨，图 2-109 是相应径流式搅拌桨的实物图片。混流桨则试验了斜叶圆盘涡轮和双层混合桨两种，具体的实物如图 2-110 所示。实验中涉及的所有搅拌桨都是根据搅拌器行业标准 HG-T 3796.1—2005，以反应釜内径为基准尺寸进行制造的。

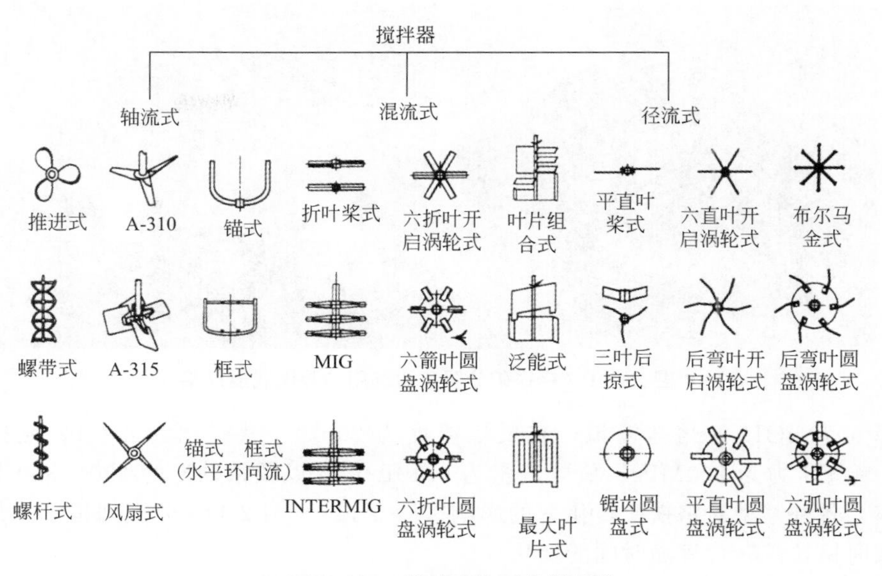

■ 图 2-107 搅拌器流型分类图谱

■ 图 2-108 铬铁矿分解实验选用的轴流式搅拌桨

■ 图 2-109 铬铁矿分解实验选用的径流式搅拌桨

因为混合过程的搅拌功耗不仅决定了动力消耗和操作费用，而且对于体系中的气含率、气泡大小、传质系数和传热系数等都有重要影响，因此搅拌功耗是通气式搅拌釜设计放大中最重要的参数。为便于比较搅拌桨的分散效果，以及为工程放大提供参照，实验中对不同搅拌桨控制的基准是搅拌功率（搅拌电流）而不是搅拌转速。

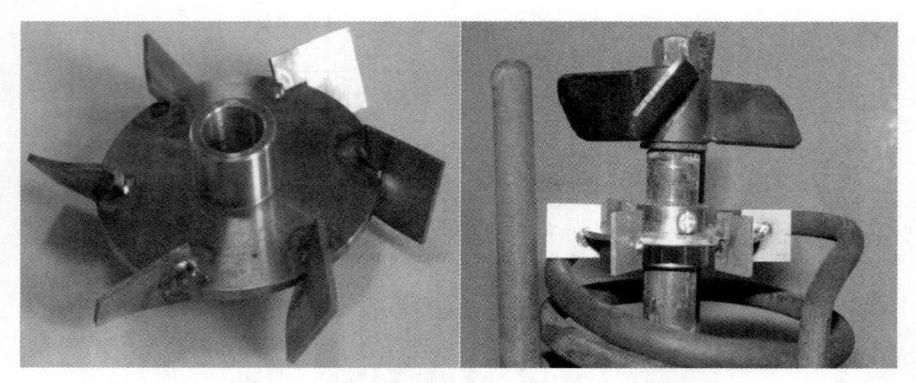

■ 图 2-110　铬铁矿分解实验选用的混流式搅拌桨

选择 60%KOH 亚熔盐溶液，在反应温度为 200℃、碱矿比为 4∶1、搅拌电流为 0.75A、氧气压力为 2.0MPa、氧气流量为 0.10L/min 以及铬铁矿为 250～300 目的条件下，比较了各种桨型对铬铁矿转化率的影响。图 2-111～图 2-113 分别列出了采用上述各种搅拌桨时铬铁矿转化率随时间的变化。

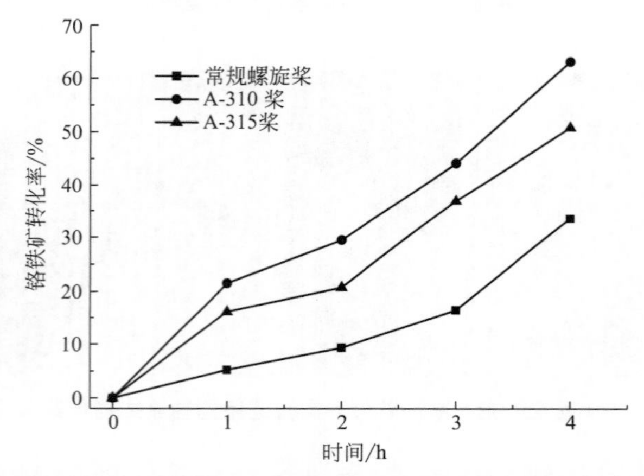

■ 图 2-111　轴流搅拌桨对铬铁矿转化率的影响（常规螺旋桨/A-310 桨/A-315 桨）

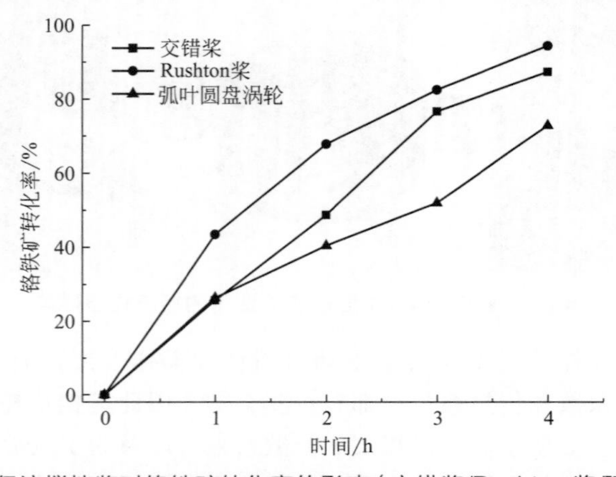

■ 图 2-112　径流搅拌桨对铬铁矿转化率的影响（交错桨/Rushton 桨/弧叶圆盘涡轮）

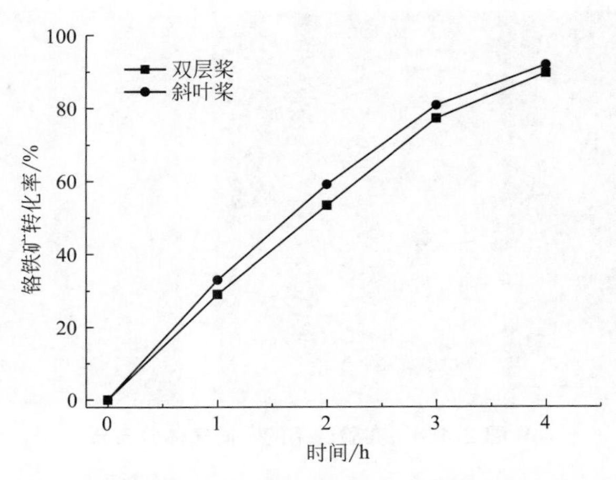

■ 图 2-113 混流搅拌桨对铬铁矿转化率的影响（斜叶桨/双层桨）

比较可发现，当反应器配备不同搅拌桨时，铬铁矿的转化率有着巨大的差异。当反应釜配备 Rushton 桨时铬铁矿转化率最高，反应 4h 的铬转化率达到了 94.5%，搅拌效果紧随其后的是斜叶圆盘涡轮桨，反应 4h 的铬转化率为 91.5%。当反应釜配备混流式搅拌桨时，铬铁矿转化率整体上都较低，其中效果最好的是 A-310 桨，其 4h 铬转化率为 63.2%，而效果最差的是螺旋搅拌桨，反应 4h 的铬转化率只有 33.7%。当反应釜配备上述搅拌桨时，不同反应时间的铬转化率情况也基本类似，斜叶涡轮桨的铬转化率总体上比 Rushton 桨的低 5%，而螺旋搅拌桨的铬转化率则仅占 Rushton 桨的 35%。

铬铁矿转化率随不同搅拌桨形式变化的原因可能在于它们对氧气的分散效果不同。轴流式搅拌桨和经流式搅拌桨的搅拌效果差异主要体现在对气体的分散上。气-液相分散操作需要剪切力强的搅拌。Rushton 桨由于其剪切力、湍流扩散和对流循环能力都较强，所以对气液分散操作最适用，其圆盘的下面可以存留一些气体，使得气体的分散更平稳。而轴流式搅拌桨的流体剪切和湍流扩散效果差，基本不适用于气体分散过程，仅少量应用于气体分散度要求不高的场合。

上述结果说明，在钾系亚熔盐分解铬铁矿的过程中，氧气的充分分散比铬铁矿的完全悬浮对铬转化率的影响更大，也更难实现。由此也表明，亚熔盐分解铬铁矿的前期研究中选择螺旋推进桨进行三相混合操作是不合适的。

② 气体分布器对铬铁矿转化率的影响　除搅拌桨外，高压釜中通气管对铬铁矿转化率的影响也做了相应的研究。实验中分别测试了不安装分布器、安装直管分布器和环型分布器情况下，铬铁矿转化率随时间的变化情况。实验中采用气体分布器的图片如图 2-114 所示。

在 160℃和常压氧气条件下，使用 70%KOH 的溶液，将搅拌速率和氧气流量分别控制在 1100r/min 与 0.1L/min，测定了气体不同分布状态下铬铁矿转化率随时间的变化，具体的实验结果见图 2-115。

由图 2-115 可知，亚熔盐体系中反应器使用直管分布器时铬转化率最高，较环型分布器能提高约 5%，而相对于不使用气体分布器则能提高约 10%。据此可确认 Rushton 桨配合直管分布器对钾系亚熔盐体系中氧气的分散效果最好，故在后续实验中反应器内件配置

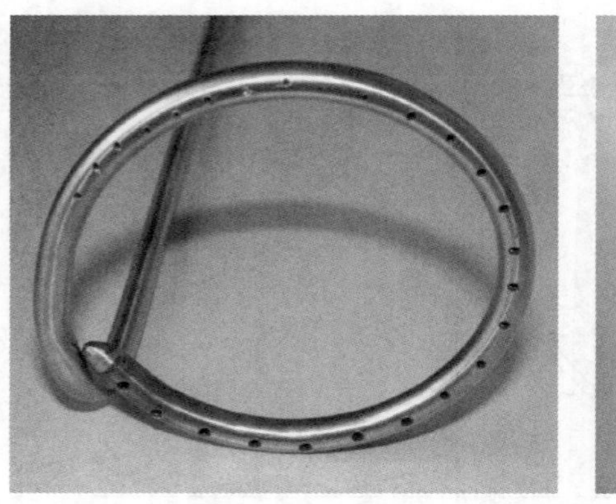
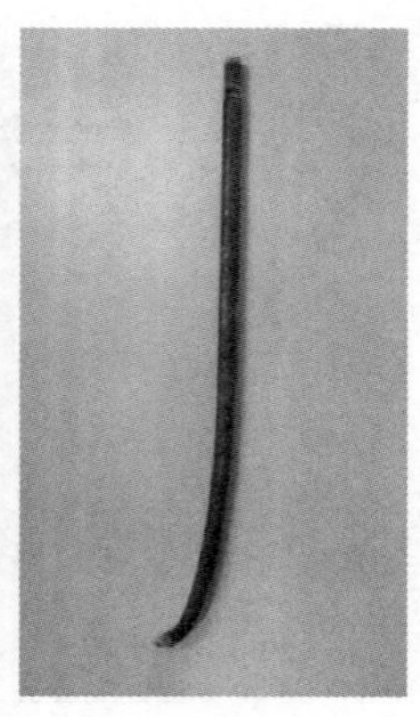

■ 图 2-114 实验选用的不同气体分布器

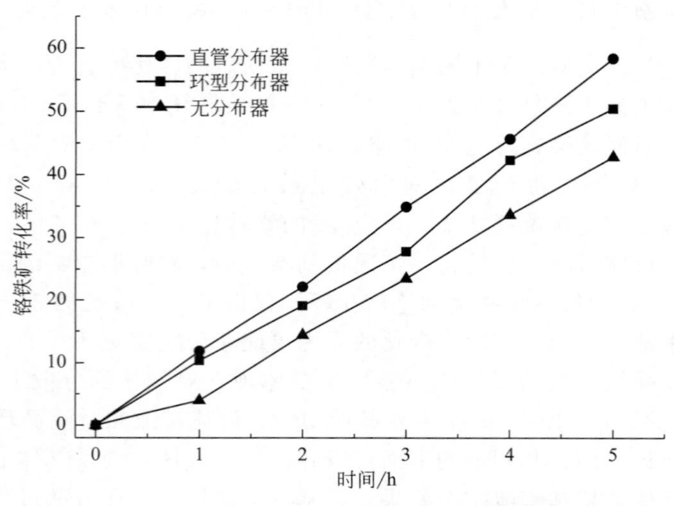

■ 图 2-115 气体分布器对铬铁矿转化率的影响

均选择 Rushton 桨与直管分布器。

③ 反应器持液量对铬铁矿转化率的影响 反应釜内持液量也是一个可能对浸出过程反应速率产生影响的因素。在 160℃、1.0MPa 氧气分压、搅拌速率为 900r/min、氧气流量为 0.1L/min 的反应条件下，将反应液体积和原矿质量都增加到了原来的 1.5 倍，测定了 60%KOH 溶液中铬铁矿转化率随时间的变化情况。

由图 2-116 中的数据可知，提高反应釜中持液量后铬转化率提高了 5%左右，说明增加持液量有利于铬铁矿的分解。其原因可能是反应釜内液层增高，氧气气泡穿过液层的时间延长，能与更多的矿物颗粒接触反应。该实验情况在常压反应罐中也有发现，并做了相关的研究分析[45]。但整体上铬转化率的增加幅度比较有限，后续反应过程中将仍维持正常持液量。

④ 反应器流场综合优化效果 在前期的研究中一直未注意到反应器流场的影响，亚熔盐分解铬铁矿实验采用的都是配备常规螺旋搅拌桨常压反应罐，反应器内胆为平底且搅拌桨内径较小。

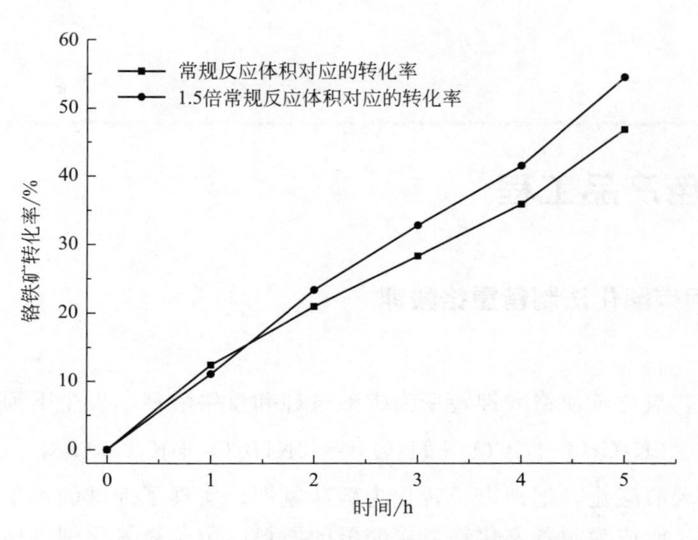

■ 图 2-116 体系持液量对铬铁矿转化率的影响

为确定优化流场对铬铁矿分解过程的综合效果，本节对比了常压反应罐和流场优化后反应釜中铬铁矿转化率的差异。在160℃、搅拌速率为1100r/min、氧气常压、气流量为0.1L/min的条件下，70%KOH亚熔盐中铬铁矿转化率随时间的变化情况如图2-117所示。

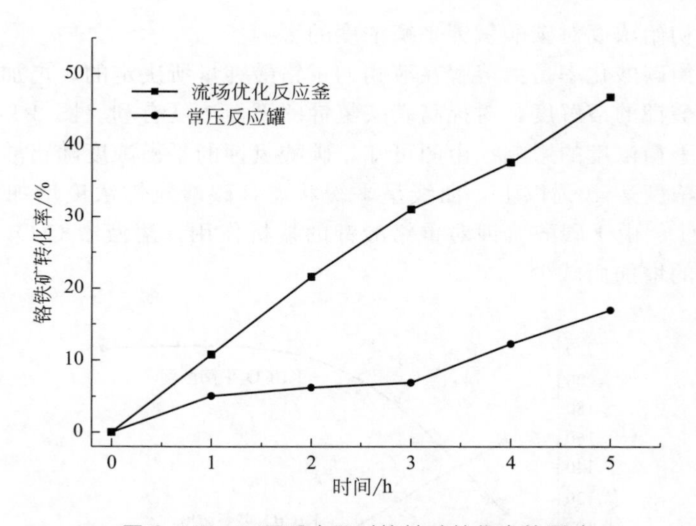

■ 图 2-117 不同反应器对铬铁矿转化率的影响

对比可知，相同反应条件下反应釜中铬铁矿转化率要远高于常压反应罐中的铬转化率，说明反应器内流场状态是影响钾系亚熔盐分解铬铁矿速率的重要因素。反应釜中的铬转化率总体上达到了常压反应罐中铬转化率的3倍左右，与前面实验中Rushton桨和螺旋搅拌桨间的差异接近，这也说明流场条件对亚熔盐分解铬铁矿速率的影响不随反应条件改变，具有普遍性。

2.3 绿色产品工程

2.3.1 铬酸钾碳酸化法制备重铬酸钾[76]

2.3.1.1 前言

在加压下用二氧化碳使铬酸钾转变为碳酸氢钾和重铬酸钾，发生下列可逆反应：

$$2K_2CrO_4+2CO_2+H_2O \rightleftharpoons 2KHCO_3+K_2Cr_2O_7\downarrow \tag{2-67}$$

铬酸钾经过碳酸酸化，把钾离子转化为碳酸氢钾，实现了钾碱的再生，所得重铬酸钾即可作为产品，又能成为制备氧化铬、铬酸酐的原料。由于氢氧化钾价格比氢氧化钠和碳酸钠昂贵得多，钾碱能否再生，是决定该清洁工艺原子经济效益的关键因素。根据生态化工的“3R”原则，（Recovery、Recycling、Reintegration）本节研究开发了钾碱的再生与铬盐清洁生产工艺和产品精制新途径，通过铬酸钾碳酸化-钙盐转化-混合碳酸化，实现了整个铬盐化工过程的“3R”目标。

2.3.1.2 铬酸钾碳酸化工艺研究

（1）铬酸钾初始浓度对碳酸氢钾平衡浓度的影响

铬酸钾的平衡碳酸化率是由溶解在液相的重铬酸钾量所决定的，增加碳酸化溶液的浓度，可降低重铬酸钾的溶解度，对提高碳酸氢钾的平衡浓度有利。图2-118是铬酸钾初始浓度对碳酸氢钾平衡浓度的影响。由图可知，碳酸氢钾的平衡浓度随铬酸钾浓度的增大而增加，当铬酸钾浓度达40%以上，曲线呈平缓状态，碳酸氢钾浓度增加量减小，基本恒定在225～230g/L。由于碳酸氢钾对重铬酸钾的盐析作用，溶液中CrO_4^{2-}的平衡浓度随铬酸钾初始浓度的增加而减少。

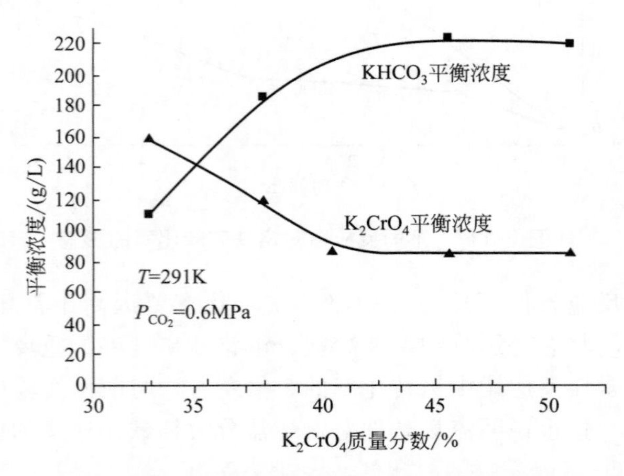

■ 图2-118 铬酸钾浓度对碳酸钾平衡浓度的影响

（2）二氧化碳分压对碳酸氢钾平衡浓度的影响

图 2-119 是二氧化碳分压对碳酸化反应的影响。由图可知，随二氧化碳分压的增加，铬酸钾的平衡浓度逐渐下降，碳酸氢钾的平衡浓度逐渐增大。这是因为液相中 H^+ 浓度由二氧化碳溶解度决定，增大二氧化碳分压，由于增高了液相中 H^+ 浓度，使铬酸钾转变为重铬酸钾的可逆反应向右进行，有利于铬酸钾平衡转化率的提高。铬酸钾浓度的降低减小了对碳酸氢钾的盐析作用，从而增加了碳酸氢钾的溶解度，所以随二氧化碳分压增大，碳酸氢钾的平衡浓度略有提高。

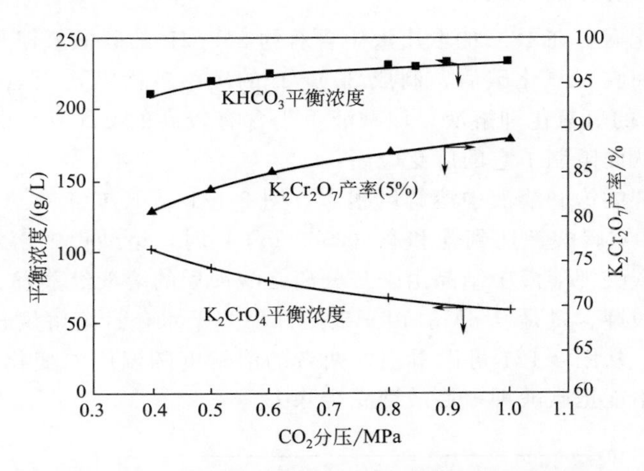

■ 图 2-119 二氧化碳分压对碳酸氢钾平衡浓度的影响

重铬酸钾产率随二氧化碳分压的增大而增加，当二氧化碳分压达到 0.6MPa 时，产率可达 85％以上，再增大压力，对工艺操作和设备提出更高要求，而碳酸氢钾平衡浓度增大幅度却很小，所以，二氧化碳分压以 0.6MPa 为宜。

（3）温度对碳酸氢钾平衡浓度的影响

重铬酸钾和碳酸氢钾的溶解度都随温度降低而减小，二氧化碳的溶解度随温度的下降而增高，所以温度是铬酸钾碳酸化效果好坏的一个重要影响因素。图 2-120 是在不同温度下达到平衡时溶液中碳酸氢钾和铬酸钾的含量，由图可知，18℃时，碳酸氢钾的平衡浓度

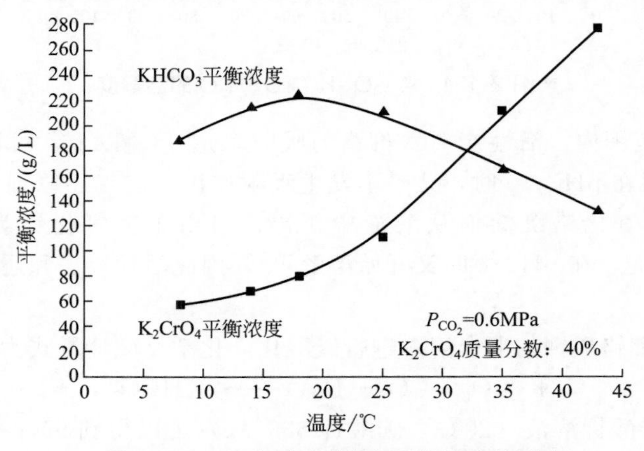

■ 图 2-120 温度对碳酸氢钾平衡浓度的影响

达到最大值，高于或低于18℃，碳酸氢钾的平衡浓度均减小，这主要是因为重铬酸钾的溶解度随温度的升高而增大，从而使平衡碳酸化率下降的缘故；而且铬酸钾碳酸化反应是放热反应，升高温度促使式(2-67)平衡向左移动；但降低温度使碳酸氢钾溶解度减小。该图表明，反应终点温度约18℃为宜。

综上所述，铬酸钾碳酸化的适宜条件是：铬酸钾浓度40%，二氧化碳分压0.6MPa，碳酸化反应的终点温度约18℃。

2.3.1.3 碳酸氢钾的分离与纯化

铬酸钾经碳酸化后，在18℃的取出液中含有约220g/L的碳酸氢钾和约80g/L的铬酸钾，该溶液经加热回收二氧化碳后，制成300g/L的碳酸钾溶液，用氢氧化钙乳液苛化，过滤后得到150g/L的氢氧化钾溶液。该碱液由于含有较高的Cr(Ⅵ)而只能返回用于铬铁矿的液相氧化，从而限制了它的广泛应用。

铬酸钾在碳酸钾的饱和溶液中溶解度很小，图2-121是K_2CO_3-K_2CrO_4-H_2O的溶解度图。由图可知，20℃碳酸钾达到饱和态（656.5g/L）时，铬酸钾的溶解度约为3.5g/L，绝大部分铬酸钾从碳酸钾溶液中结晶出来。分离铬酸钾后的溶液经蒸发、浓缩、过滤得碳酸钾晶体，其中铬酸钾含量是0.5%，由于碳酸钾易溶于水，且溶解度较大，而铬酸钾很难溶于碳酸钾溶液，从图2-121可以看出，两者的溶解度随温度的变化率也相近，所以，用洗涤和重结晶都不能把碳酸钾中铬酸钾完全除去。

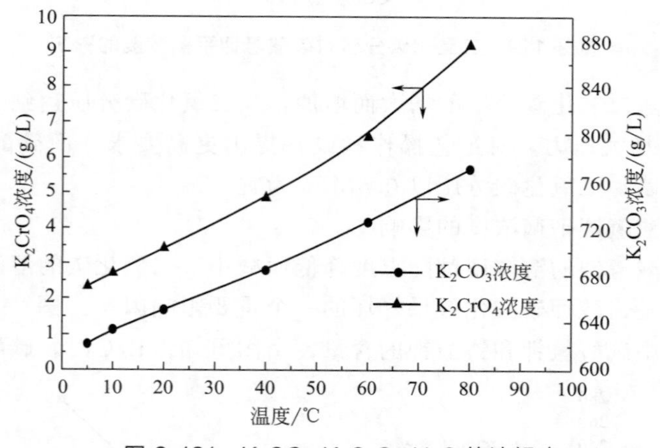

■ 图2-121 K_2CO_3-K_2CrO_4-H_2O的溶解度

在pH=4～5范围内，活性炭对六价铬的吸附率达98%以上，可以将六价铬吸附到0.1×10^{-6}以下，但在pH>10时，几乎不发生吸附作用。加入还原剂可以把六价铬还原成三价铬，形成氢氧化铬沉淀而从溶液中析出，但由于氢氧化铬为两性化合物，在pH=7时能完全沉淀，在pH>8时又开始溶解[10]，因此活性炭法和还原法也不能有效除去碱液中的六价铬。

把饱和碳酸钾和铬酸钾的混合溶液进行碳酸化，化学反应计量式为：

$$K_2CO_3+CO_2+H_2O \longrightarrow 2KHCO_3 \tag{2-68}$$

那么1L饱和碳酸钾溶液（20℃含碳酸钾656.5g）可以得到950g碳酸氢钾，由于碳酸氢钾的溶解度小（20℃是25%），所以大部分碳酸氢钾从溶液中结晶出来，少量铬酸钾留在溶液中，从而使碳酸氢钾与铬酸钾分开。从 220g/L 的碳酸氢钾溶液经过热解、蒸发浓缩和二次碳酸化得到纯净碳酸氢钾晶体的过程，虽然把铬酸钾完全除去，但流程长，过程复杂，能耗和设备投资增大。

铬酸钾在饱和碳酸钾溶液中溶解度很小，但在饱和碳酸氢钾溶液中的溶解度却很大。碳酸氢钾在铬酸钾饱和溶液中溶解度明显降低，也就是说，铬酸钾对碳酸氢钾有明显的盐析作用，而且这种盐析作用随着温度的降低而增大。图 2-122 是碳酸氢钾和铬酸钾双饱和溶液在不同温度时的溶解度图。

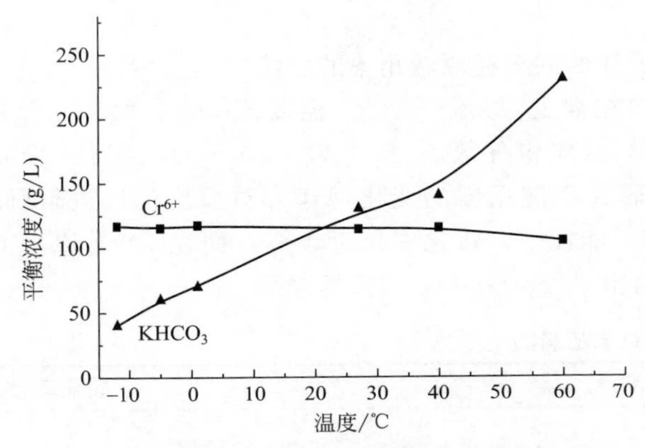

■ 图 2-122　碳酸氢钾和铬酸钾双饱和溶液的溶解度

由图可知，当温度从 60℃ 降到 −12℃，双饱和溶液中铬酸钾的浓度变化很小，从 2.0mol/L 增加到 2.25mol/L 而碳酸氢钾却由 230g/L 降到 40g/L，有 82.6%的碳酸氢钾从溶液中析出。因此，可以通过盐析和冷析共同作用，将碳酸氢钾从溶液中结晶出来，以达到与铬酸钾分离的目的。其工艺流程见图 2-123。向铬酸钾碳酸化所得的 220g/L 的碳酸氢钾溶液中加入铬酸钾至 400g/L，搅拌，冷却到 −10℃，析出碳酸氢钾晶体，达到平衡时，在该温度下过滤，溶液返回碳酸化，循环使用。滤饼为碳酸氢钾晶体，碳酸氢钾析出率>80%，六价铬含量为 0.15%。碳酸氢钾滤饼在 60℃溶解，然后冷却结晶、过滤、洗涤、干燥得碳酸氢钾产品，其中 Cr(Ⅵ) 小于 0.001%。重结晶率与温度的关系见表 2-5。

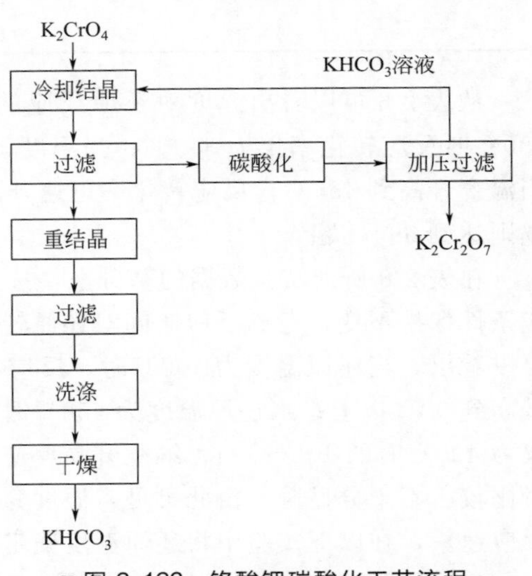

■ 图 2-123　铬酸钾碳酸化工艺流程

■ **表 2-5　碳酸氢钾结晶率与结晶温度的关系**

温度/℃	20	10	0	−5
$KHCO_3$ 结晶率/%	45.61	56.63	64.18	66.58

盐析冷析法不但可以得到纯净碳酸氢钾晶体，而且设备简单，操作容易，无需高能耗的

蒸发浓缩过程和复杂的二次碳酸化过程，投资少，该方法为制备钾碱商品提供了有力保障。

2.3.2 铬酸钾氢还原法制备氧化铬[77]

2.3.2.1 铬酸钾氢还原过程工艺研究

以清洁生产新工艺中间产品铬酸钾为原料，氢气为还原剂，对低温氢还原过程进行工艺研究，主要考察还原温度、反应时间、铬酸钾原料纯度、料层厚度、物料粒度等因素对还原反应的影响规律，以六价铬转化为三价铬的转化率为主要评价标准，确定还原过程最适宜的工艺条件。

(1) 还原温度和反应时间对还原转化率的影响

根据热力学分析，在常压、200～1000℃温度范围内、气体总流量为56L/h、混合气体中氢气含量为62.5%（体积分数）、粒度为+40/－20目的铬酸钾试剂、反应时间为1.5h的条件下，研究转化率随温度的变化规律并对反应温度进行筛选。研究结果表明，300℃以下时反应几乎不能发生，转化率接近于零，而在700℃以上时物料烧结严重，无法正常出料。表2-6给出了350～600℃的实验结果。

表2-6 还原温度对转化率的影响

还原温度/℃	转化率/%
350	3.2
400	12.9
450	95.1
500	98.2
600	99.3

从表2-6可以看出温度对还原反应的转化率影响非常明显，在1.5h的反应时间内，350℃时反应转化率仅为3.2%；当温度升高到400℃，反应转化率稍有提高，为12.9%；当温度升高到450℃，反应转化率迅速升高至95%以上；当反应温度为600℃，反应转化率则达到99%以上。

在表2-6所列实验数据的基础上，选择400℃、450℃和500℃ 3个反应温度，其他反应条件保持不变，考察反应时间对还原转化率的影响。实验结果如图2-124所示。从图中可以看出，当还原温度为400℃时，反应速率较小，在反应时间达到4h时反应转化率才升高到90%以上；当还原温度为450℃时，反应进行得非常快，达到相同转化率所用时间仅为400℃时的1/5～1/4；继续升高反应温度到500℃时，反应速率虽有增加但与450℃时比较已不十分显著。由此可见，温度为影响反应转化率的关键因素之一。为确保较高的反应速率，在以下实验中将还原温度确定为450℃或500℃。

(2) 铬酸钾原料纯度对还原转化率的影响

以上实验所用铬酸钾原料均为分析纯试剂，实际工艺过程中铬酸钾物料中通常含有少量铝、硅、铁等杂质，因此有必要考察杂质的存在对还原反应转化率的影响。本节选用了不同纯度的两种铬酸钾样品：一种为分析纯试剂；另一种为从河南义马示范工程生产线上取出的铬酸钾晶体样品，纯度为83%～97%。表2-7列出了后一种铬酸钾样品的组成。

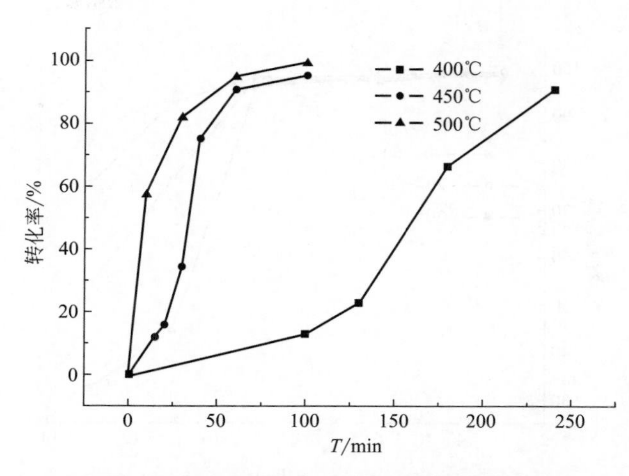

■ 图 2-124 不同温度下时间对转化率的影响

■ 表 2-7 粗品铬酸钾样品的典型组成 单位：%

百分含量	K_2CrO_4	K_2CO_3	KOH	S	Ti	Al	Si	Mg	H_2O	其他
1	83	1.73	<0.01	0.73	0.018	0.0079	0.0012	0.0103	8.66	5.8
2	95.4	1.43		1.04	0.038	0.0008		0.018		2.47

为排除其他反应条件影响，反应温度均选500℃，反应时间为3h，铬酸钾粒度范围为－20/＋40目，气体总流量为56L/h，混合气体中氢气含量为62.5%（体积分数）。实验结果见表2-8。从表中数据可看出，所考察的铬酸钾原料纯度对还原反应转化率未产生显著影响，六价铬转化率均在95%以上，这可说明单纯对于氢还原反应而言，对铬酸钾原料的纯度要求不是非常严格，从而降低了清洁工艺上游工段对铬酸钾中间体的精制要求。

■ 表 2-8 铬酸钾原料纯度对还原反应转化率的影响

铬酸钾纯度/%	六价铬转化率/%
82.2	95.8
90.0	96.3
95.0	97.7
95.4	95.3
97.3	97.0
99.0	98.2

（3）料层厚度对还原转化率的影响

气固反应发生的首要条件是气体扩散到固体表面，并且在固体表面发生吸附。气体能否顺利扩散到固体表面与料层厚度、固体颗粒粒径、形状及气体压力等因素有关。本书中的氢还原反应均是在反应器内氢气微正压的条件下进行的，本节着重考察不同粒径下料层厚度对还原转化率的影响。控制其他实验条件为：还原温度为500℃、时间为3h、气体总流量为56L/h、混合气体中氢气含量为62.5%（体积分数），分别使用粒径为－40/＋60目、－20/＋40目、＋20目的铬酸钾原料进行氢还原实验，实验结果如图2-125所示。

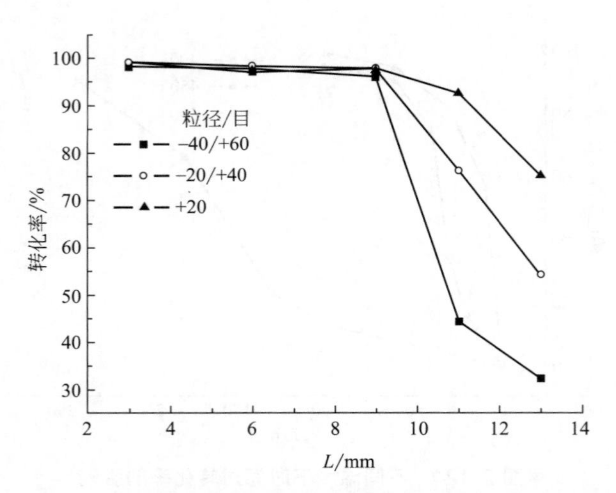

■ 图 2-125 料层厚度对转化率的影响

从图 2-125 可以看出，料层厚度对还原反应转化率的影响和粒度分布有关，物料粒径越大，达到较高转化率可以装填的料层厚度也越厚，但料层厚度大于 9mm，转化率就明显地下降。物料粒度较大时，物料颗粒之间空隙率较大，氢气很容易扩散到颗粒表面并发生反应，因此与粒度较小的物料相比，可以达到更大的料层厚度，但是料层过厚时，氢气不易扩散到料层底部，气固两相无法充分接触，导致转化率下降。

（4）物料粒度对还原转化率的影响

上面在考察料层厚度对还原转化率影响时，同时考虑了粒径的影响，发现二者对还原转化率的影响存在一定的关联，为进一步考察铬酸钾粒径对还原的影响，本节固定实验条件为：铬酸钾 20g、还原温度 500℃、气体流量 56L/h、混合气体中氢气含量为 62.5%（体积分数），研究了－20/＋40 目、－60/＋100 目及＋20 目 3 个粒度水平对还原转化率的影响。实验结果如图 2-126 所示。

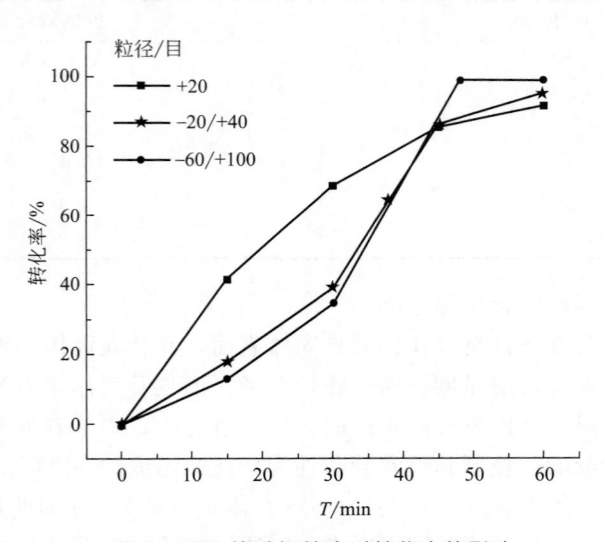

■ 图 2-126 铬酸钾粒度对转化率的影响

从图中可以看出，铬酸钾粒径为－20/＋40 目和－60/＋100 目时，在还原反应的前45min 对还原转化率的影响基本相同；对于粒径为＋20 目的铬酸钾物料，在还原反应的前 45min，转化率明显高于粒度较小的两个级别，而在反应的最后部分转化率达到 80％以上时，粒度越小，转化率越大。这说明在反应开始阶段，粒度越大，颗粒之间缝隙越大，氢气更容易扩散到物料颗粒表面，随着反应的进行，形成的固体产物层包裹在未反应的物料颗粒外层，原始颗粒越大，固体产物层越厚，氢气越不易扩散到未反应物料表面，造成反应后期颗粒越小反应越容易进行，所有颗粒直径范围在反应 1h 后转化率都可达到95％以上。

（5）总气体流量对还原转化率的影响

本节在铬酸钾 20g、还原温度为 500℃、混合气体中氢气含量为 62.5％（体积分数）、铬酸钾物料粒度－20/＋40 目的条件下，考察了 32L/h、56L/h 和 80L/h 3 个气体总流量水平对铬酸钾还原转化率的影响，实验结果见图 2-127。从图中可以看出，对应相同的还原时间所能达到的转化率随总气体流量的增大而增大，当气体总流量增加到 56L/h，继续增加气体流量对提高反应转化率作用已不太明显。因此最佳的气体总流量可选定为 56L/h。

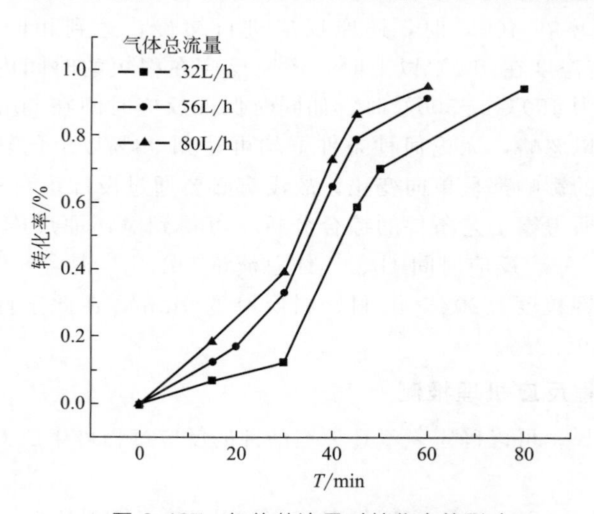

■ 图 2-127 气体总流量对转化率的影响

（6）混合气体中氢气含量对还原转化率的影响

本节在铬酸钾 20g、还原温度为 500℃、总气体流量为 56L/h、铬酸钾粒度为－20/＋40 目的条件下，考察了混合气体中氢气含量（体积分数）分别为 50％、62.5％和 80％时对还原转化率的影响，实验结果如图 2-128 所示。从图中可以看出，开始反应的前20min，氢气含量的差异对转化率影响不大，随着反应的进行，混和气体中氢气含量越高，达到相同转化率所用的时间越少，但如果采用高纯氢气还原，反应速率过快不利于对还原过程的研究。本书中选用氢气和氮气的混合物，工业生产可根据不同的氢气来源和含量来调整实现特定还原转化率所需的反应时间。

（7）铬酸钾氢还原过程工艺条件综合分析

上面的实验分别考察了反应温度、反应时间、铬酸钾物料纯度、料层厚度、物料粒度、总气体流量、混合气体中氢气含量等因素对还原反应转化率的影响。通过对实验结果

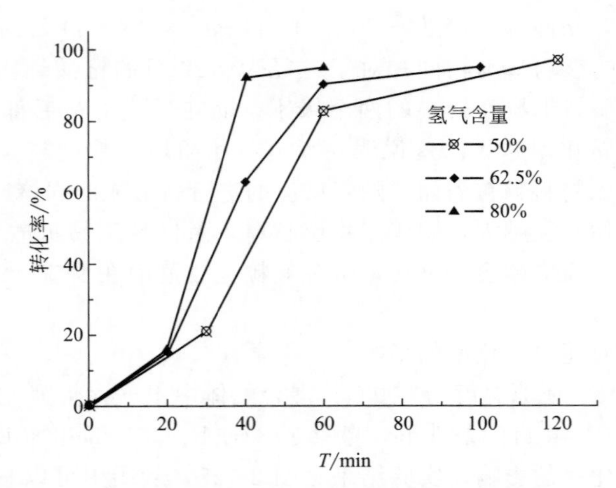

■ 图 2-128 混合气体中氢气含量对转化率的影响

的比较可以看出，转化率的主要影响因素为还原温度：反应温度低于 300℃，还原反应基本不能进行；还原温度在 400℃时，还原反应进行缓慢，达到相同转化率所用时间是 450℃时的 3 倍；反应温度在 450℃以上时，还原反应在很短的时间内就可以达到很高的转化率；在反应温度为 450℃或 500℃时，如同时保证反应时间在 60min 以上，则其他因素对转化率的影响可以忽略，无论何种条件下均可达到 98%以上的转化率。所考察的各个因素对还原转化率的影响都呈单向变化，故没有必要通过设计正交实验来考察这些因素的综合影响。通过对所考察工艺条件的综合分析，可得到氢还原反应的适宜条件为：20g 铬酸钾、反应温度 500℃、反应时间 1h、气体总流量 56L/h、混合气体中氢气含量（体积分数）62.5%、铬酸钾粒度－20/＋40 目、料层厚度 9mm，在此条件下，氢还原过程六价铬的转化率可达到 99.2%。

2.3.2.2 氢还原过程反应机理推测

根据物相分析结果，可以确定氢气还原铬酸钾的反应过程可生成 CrOOH，如式(2-69)所示。

$$2K_2CrO_4 + 3H_2 \longrightarrow 2CrOOH + 4KOH \qquad (2\text{-}69)$$

表 2-9 为不同还原温度下反应，所得中间产物与 KOH 重量的实验值与根据式(2-69)计算得到的理论值的比较。从表中数据可以看出，中间产物重量的实验值大于理论值，而 KOH 重量的实验值小于理论值，这可用部分 CrOOH 在洗涤过程中发生了水解反应来解释，如式(2-70) 所示。

■ 表 2-9 不同温度所得产物理论值和实验值比较

还原温度/℃	转化率/%	铬铁矿含量/%	固态实验重量/g	固态理论重量/g	实验 KOH 量/mol	理论 KOH 量/mol
400	12.9	50.1	1.33	1.13	0.164	0.178
450	95.1	53.4	8.84	8.33	0.176	0.191
550	99.1	54.5	9.00	8.68	0.183	0.204
650	99.4	56.2	8.89	8.71	0.140	0.188

$$CrOOH+\frac{(2x+3)}{2}H_2O \longrightarrow Cr(OH)_3 \cdot xH_2O \quad (2<x<3) \tag{2-70}$$

$Cr(OH)_3 \cdot xH_2O$ 的生成使得中间产物铬含量小于 CrOOH 的理论铬含量，而中间产物的重量大于 CrOOH 的理论重量，KOH 重量的实验值小于理论值是由 KOH 在固体中间产物上的吸附或反应过程中生成含钾铬化合物造成的。

表 2-10 给出不同条件下的还原产物在淋洗和浆化洗涤后所得中间产物的钾含量。从表中可以看出，随着温度升高，淋洗所得中间产物的钾含量明显增加，而浆化洗涤所得中间产物的钾含量随着温度升高先增加后降低；同一还原条件下淋洗所得中间产物的钾含量远远大于浆化洗涤所得中间产物的钾含量。钾含量随着温度升高而增大可能有 2 个原因：a. 较高的反应温度下发生了烧结反应，处于烧结状态的钾不易脱除；b. 温度升高时生成了含钾的铬化合物 $KCrO_2$，如式(2-71) 所示，而 $KCrO_2$ 在浆化洗涤过程中发生水解反应生成了晶型很好的 CrOOH，如式(2-72) 所示。

$$CrOOH+KOH \longrightarrow KCrO_2+H_2O \tag{2-71}$$

$$KCrO_2+H_2O \longrightarrow CrOOH+KOH \tag{2-72}$$

■ **表 2-10 不同洗涤方式所得中间产物钾含量变化**

还原条件	淋浴后钾含量/%	浆化洗涤后钾含量/%
450℃,5h	5.00	2.30
500℃,5h	7.50	3.76
600℃,5h	9.80	4.07
700℃,5h	12.20	2.77
600℃,1h	6.80	2.64
600℃,3h	8.10	3.30

表 2-11 为不同温度下中间产物物相组成。从表中数据可以看出，不同温度下，中间产物的钾铬含量差异很大，这说明生成 $Cr(OH)_3 \cdot xH_2O$ $(2<x<3)$ 的反应式(2-70) 和生成 $KCrO_2$ 的反应式(2-71) 受反应温度影响很大。

■ **表 2-11 不同温度氢还原所得中间产物组成**

样品编号	还原条件	K 含量	Cr 含量	可能组成
$Cr(OH)_3 \cdot 2H_2O$	不适用	0	37.4%	
$Cr(OH)_3 \cdot 3H_2O$	不适用	0	33.1%	
CrOOH	不适用	0	61.2%	CrOOH
$KCrO_2$	不适用	31.70%	42.2%	$KCrO_2$
R400-1b	400℃,1h	0.70%	48.5%	$Cr(OH)_3 \cdot xH_2O \approx CrOOH > KCrO_2$
R450-1b	450℃,1h	0.92%	54.5%	$CrOOH > Cr(OH)_3 \cdot xH_2O > KCrO_2$
R600-1b	600℃,1h	2.44%	57.6%	$CrOOH > Cr(OH)_3 \cdot xH_2O > KCrO_2$
R750-1b	750℃,1h	3.06%	57.5%	$CrOOH > Cr(OH)_3 \cdot xH_2O > KCrO_2$

根据本书前面的讨论以及不同还原温度所得中间产物的钾、铬含量分析可以推测出，中间产物的物相组成为 CrOOH、$Cr(OH)_3 \cdot xH_2O$ $(2<x<3)$、$KCrO_2$ 和 KOH。$KCrO_2$ 的理论含钾量为 31.7%（质量分数），对于钾含量最高的 R700-1b 样品而言，如 3.06%的钾含量均由 $KCrO_2$ 贡献，那么中间产物中 $KCrO_2$ 的含量不足 10%（质量分数），实际上中间产物的钾含量还有一部分是由吸附态的 KOH 贡献的，并且温度降低时，

中间产物的钾含量也降低。因此在所考察的温度条件下，所得中间产物中 $KCrO_2$ 的含量不可能超过 10%（质量分数）。

$KCrO_2$ 的理论含铬量为 42.2%（质量分数），因其在中间产物中的含量不高于 10%（质量分数），故 $KCrO_2$ 对中间产物铬含量的贡献不高于 4.22%（质量分数），基本可以忽略。中间产物的铬含量主要是由 $Cr(OH)_3 \cdot xH_2O$（$2<x<3$）[理论铬含量介于 33.1%～37.4%（质量分数）] 和 CrOOH [理论铬含量为 61.2%（质量分数）] 贡献的。对于铬含量最低的 R400-1b 样品而言，假如其中 $Cr(OH)_3 \cdot xH_2O$ 和 CrOOH 的含量各占 50%，则其铬含量应介于 47.2%～49.3%（质量分数），而该样品实际铬含量为 48.5%（质量分数），正好落在以上的范围内，这说明该样品中 $Cr(OH)_3 \cdot xH_2O$ 和 CrOOH 的含量大体相当。随着还原温度的增加，中间产物的铬含量越来越高，这说明中间产物中 CrOOH 的比例越来越大。

在本书中将 500～600℃的还原温度视为一个过渡阶段，500℃以下认为是低温反应，而 600℃以上则视为高温反应。综合分析中间产物的钾、铬含量可以得出，在较低的还原温度下，铬含量和钾含量都较低，说明中间产物中 $Cr(OH)_3 \cdot xH_2O$ 含量较高，400℃时中间产物中 3 种物质的含量关系为：$Cr(OH)_3 \cdot xH_2O$（$2<x<3$）≈CrOOH＞$KCrO_2$，这进一步说明了低温下生成的 CrOOH 基本为无定形态，活性较强，容易在洗涤过程中生成 $Cr(OH)_3 \cdot xH_2O$（$2<x<3$），使得铬含量较低，且低温下不易生成 $KCrO_2$，造成钾含量也很低；在较高的还原温度下，中间产物中铬含量和钾含量都较高，中间产物中 3 种物质的含量关系为：CrOOH＞$Cr(OH)_3 \cdot xH_2O$（$2<x<3$）＞$KCrO_2$，这说明高温下所得 CrOOH 晶型较好，洗涤阶段不易生成 $Cr(OH)_3 \cdot xH_2O$（$2<x<3$），且还原阶段生成的 $KCrO_2$ 造成了钾含量的升高。

（1）低温氢还原过程机理分析

还原温度为 400～500℃时，所得中间产物基本为无定形态，其铬含量在 36%～54% 之间变化。此时还原产物的反应活性较强，在空气中极易发生氧化反应，需经过洗涤脱除氢氧化钾后才能稳定存在。在这个阶段，洗涤条件对中间产物的晶型影响不大，不同洗涤条件所得中间产物均未呈现出很好的晶型。通过 XRD 测试发现，不同洗涤条件所得中间产物的谱图都有几个微弱的 CrOOH 衍射峰出现，说明反应过程有 CrOOH 生成。在洗涤阶段，发现生成了一种绿色胶状沉淀，经 TG、FT-IR 和化学分析确定该绿色胶状沉淀为 $Cr(OH)_3 \cdot xH_2O$（$2<x<3$），由此可以推测低温下还原反应按式(2-69) 发生；洗涤过程部分 CrOOH 发生了水解反应，如式(2-70) 所示。此时，中间产物由 CrOOH、$Cr(OH)_3 \cdot xH_2O$（$2<x<3$）以及微量未被洗涤脱除的 KOH 组成。反应温度越低，反应时间越短，中间产物活性越强，也就越容易发生式(2-70) 的反应，中间产物中 $Cr(OH)_3 \cdot xH_2O$（$2<x<3$）所占比例就越大；反应温度越高，反应时间越长，生成的 CrOOH 越不易发生式(2-70) 的反应，CrOOH 所占的比例也就相对越高，所以中间产物的铬含量（质量分数）随着反应温度和时间在 36%～54%变化。中间产物中少量钾是由于在胶体 $Cr(OH)_3 \cdot xH_2O$（$2<x<3$）和 CrOOH 上的吸附了少量 KOH 造成的。

（2）高温氢还原过程机理分析

还原温度为 600～700℃时，不同洗涤方式所得产物的晶型变化很大。XRD 分析结果表明中间产物中存在 CrOOH，并且中间产物因洗涤方式不同，其谱图中衍射峰强度按醇洗<淋洗<浆化洗涤的顺序依次增强。SEM 电镜照片也表明，浆化洗涤所得中间产物为规则的层状，最接近 CrOOH 晶体的形貌。化学分析表明，中间产物的铬含量在 55%～57%变化，淋洗所得中间产物的钾含量远远大于浆化洗涤所得中间产物的钾含量。在700℃对还原未经洗涤的产物进行 XRD 测试时，发现了 $KCrO_2$ 的衍射峰，但在浆化洗涤后产物 XRD 谱图中 $KCrO_2$ 的衍射峰消失，出现了明显的 CrOOH 衍射峰，可见在浆化洗涤过程中 $KCrO_2$ 发生水解反应生成了 CrOOH。

根据以上信息综合分析得知，高温下还原过程中发生的反应有式(2-69) 和式(2-71)；洗涤阶段发生了反应，如式(2-72) 所示。反应温度越高，反应时间越长，按式(2-71) 反应生成的 $KCrO_2$ 越多，导致中间产物钾含量升高，经过浆化洗涤后 $KCrO_2$ 发生水解反应，中间产物中钾含量降低。

2.3.2.3 中间产物分解机理分析及热处理工艺研究

中间产物的热分解过程与还原温度、热分解气氛、热分解温度等因素有关。不同的还原温度下所得中间产物中 2 个主要物相 $Cr(OH)_3 \cdot xH_2O$ 和 CrOOH 的组成比例不同。还原温度越低，中间产物中 $Cr(OH)_3 \cdot xH_2O$ 的相对含量越高，而热分解时形成氧化铬晶体的温度就越低。在空气气氛中，部分 CrOOH 的热分解按式(2-76) 和式(2-77) 进行，在氮气气氛中则直接按式(2-78) 和式(2-79) 进行，CrO_2 的热分解温度低于 CrOOH 的热分解温度，造成空气气氛中热分解的晶化温度低于氮气气氛中热分解的晶化温度。在空气中热分解过程的 FT-IR 红外谱图中观察到了微弱的高价态的铬的透射峰，而在氮气中没有观察到，这进一步证实了反应式(2-76) 和式(2-77) 的存在。在空气气氛中发现有少量重铬酸钾生成，证实了再氧化反应式(2-73)～式(2-75) 的存在。

综合以上分析，中间产物在空气气氛下热分解过程中发生的反应有：

$$2CrOOH+2KOH+\frac{3}{2}O_2 \longrightarrow K_2Cr_2O_7+2H_2O \tag{2-73}$$

$$2Cr(OH)_3 \cdot xH_2O+\frac{3}{2}O_2+2KOH \longrightarrow K_2Cr_2O_7+(2x+1)H_2O \tag{2-74}$$

$$2KCrO_2+\frac{3}{2}O_2 \longrightarrow K_2Cr_2O_7 \tag{2-75}$$

$$CrOOH+\frac{1}{2}O_2 \longrightarrow 2CrO_2+H_2O \tag{2-76}$$

$$CrO_2 \longrightarrow Cr_2O_3+\frac{1}{2}O_2 \tag{2-77}$$

$$CrOOH \longrightarrow Cr_2O_3+H_2O \tag{2-78}$$

$$Cr(OH)_3 \cdot xH_2O \longrightarrow \frac{1}{2}Cr_2O_3+\frac{(3+2x)}{2}H_2O \tag{2-79}$$

热处理温度对终产品纯度、残钾量和颗粒形貌影响很大。当热处理温度达到 800℃时，终产品纯度和残钾量基本不再发生变化，纯度可达到 99%以上，同时残钾量降至 0.01%以下，但此时所得产品形貌不是很规则；继续升高热处理温度到 1000℃，所得产品的化学组成变化不大，但终产品形貌更加规则，形成了氧化铬单晶的典型形状。可见，要得到晶型较好的氧化铬产品，热处理温度需高于 800℃。热处理时间的延长对终产品纯度影响不大。但热处理时间超过 1.5h 后终产品中残钾量略有升高。热处理气氛对终产品纯度和氧化铬收率影响较大，在空气气氛中热分解，由于再氧化现象的存在，造成氧化铬收率减小，但在氮气气氛中热处理时，氧化铬的纯度和残钾量都难以达到要求。

因此，比较合适的热处理条件为：空气气氛、1000℃、1.5h。

2.3.2.4 氢还原制备氧化铬全流程工艺优化

全流程工艺实验条件的选择：还原阶段工艺条件的选择原则，在反应速率适当的情况下尽量降低反应温度，在实际工业生产中由于设有氢气回收系统，反应时氢气过量，因此这里不考虑氢气的流量和流速。由于还原反应在温度低于400℃以下时进行得非常缓慢，温度太高造成物料烧结，同时中间产物的残钾量也很高，因此还原温度选择400～600℃，对于热分解过程，在保证氧化铬纯度前提下，尽可能采用较低的分解温度，以减少能耗。由上节可知分解温度在800℃以下氧化铬产品纯度很低，钾含量很高，因此分解温度要高于800℃。

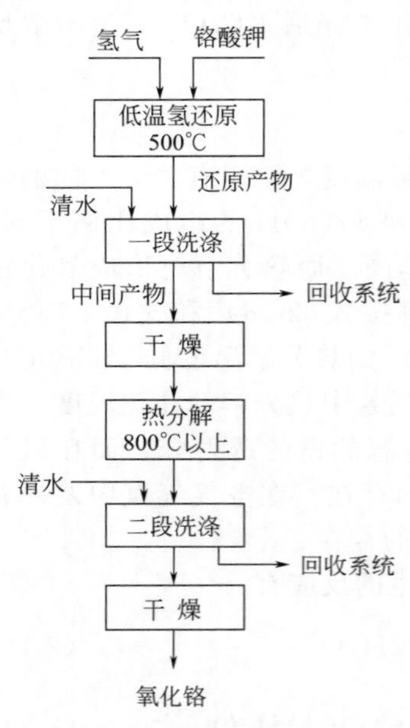

■ 图 2-129 氢还原铬酸钾制备氧化铬实验室小试工艺流程示意

全流程实验还原温度选择400～600℃，还原时间1h，气体总流量56L/h，混合气体中氢气含量62.5%（体积分数），还原结束后多次洗涤直到滤液为无色中性为止，热分解温度选择800℃、900℃和1000℃，在所选定的条件下进行多次重复实验取平均值，实验结果表明450℃和500℃最终所得的氧化铬收率最高，继续升高温度，虽然转化率基本可以达到99%以上，但是由于中间产物钾含量升高，导致再氧化率急剧上升，进而影响产品收率，热分解温度对产品的直收率基本没有影响，对终产品氧化铬的纯度影响不大，但对终产品的残钾量影响很大。热分解温度从800℃升高到1000℃，终产品的钾含量可降低2个数量级。实际工业生产过程可根据产品用途及其对纯度和杂质含量的要求选择合适的分解温度。整个工艺的流程如图2-129所示。

实验结果表明氢气还原铬酸钾制备氧化铬工艺具有以下特点：a. 还原温度较文献报道值大幅度降低；b. 流程简单，操作方便；c. 还原过程产生的氢氧化钾，可返回主体工艺前工段进行循环利用；d. 整个过程无“三废”排放。

2.3.3 高纯铬酸酐与硝酸钾联产工艺[78]

2.3.3.1 过程原理

硝酸分解重铬酸钾新工艺的反应方程式为：

$$K_2Cr_2O_7(s)+2HNO_3(aq) \longrightarrow 2CrO_3(s)+2KNO_3(s)+H_2O \qquad (2\text{-}80)$$

主反应溶液中除了水的离解平衡以外，实际存在如下平衡：

$$K_2Cr_2O_7(aq) \rightleftharpoons 2K^+ + Cr_2O_7^{2-} \qquad (2\text{-}81)$$

$$Cr_2O_7^{2-} + H_2O \rightleftharpoons 2HCrO_4^- \qquad (2\text{-}82)$$

$$HCrO_4^- \rightleftharpoons H^+ + CrO_4^{2-} \qquad (2\text{-}83)$$

$$KNO_3\ (aq) \rightleftharpoons K^+ + NO_3^- \qquad (2\text{-}84)$$

$$CrO_3(s)+H_2O \rightleftharpoons H_2CrO_4(aq) \rightleftharpoons H^+ + HCrO_4^- \qquad (2\text{-}85)$$

因此，主反应溶液中有K^+、H^+、NO_3^-、CrO_4^{2-}、$HCrO_4^-$、$Cr_2O_7^{2-}$、OH^-和

H_2CrO_4 存在，其中 CrO_4^{2-} 和 OH^- 在强酸性溶液中可以忽略。可以析出的晶体包括 $K_2Cr_2O_7$、KNO_3、CrO_3 以及 $K_2Cr_2O_7$ 和 CrO_3 的聚合物 $K_2Cr_3O_{10}$ 和 $K_2Cr_4O_{13}$ 等。由于主反应是在溶液中进行的复分解反应，工艺过程关键是目标产物 CrO_3 和副产物 KNO_3 的有效分离与精制纯化，而分离与纯化各单元操作的主要依据应该是溶液中相应混合物的溶解度数据。

铬酸酐在不同温度及不同浓度硝酸中的溶解度如图 2-130 所示。

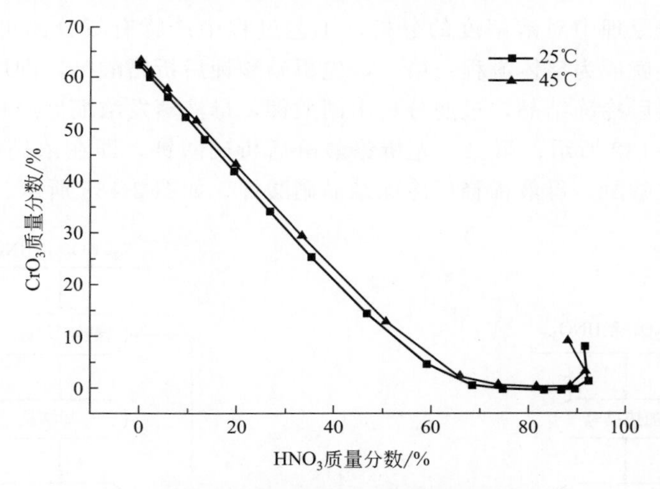

■ 图 2-130 铬酸酐在硝酸中的溶解度

由图 2-130 可以看出，铬酸酐在硝酸中的溶解度在 25～45℃随着温度的变化基本不变；在同一温度下，随着硝酸浓度的增大，铬酸酐的溶解度一直减小，在硝酸质量分数为 65％～85％时，铬酸酐的溶解度最小。

反应的另一产物硝酸钾在不同温度及不同浓度硝酸中的溶解度如图 2-131 所示。

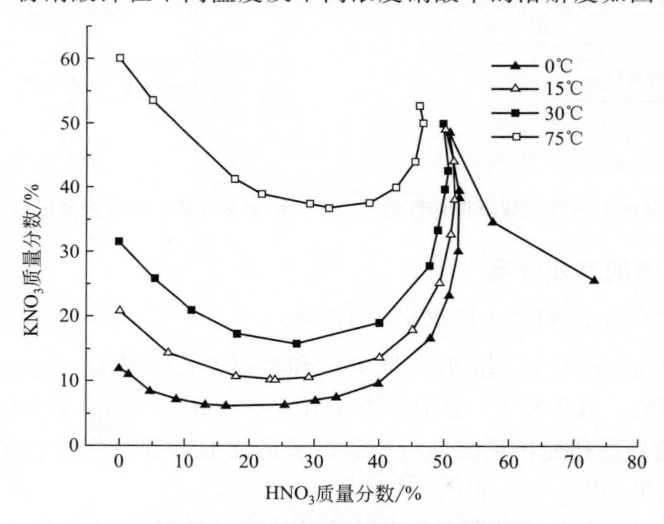

■ 图 2-131 硝酸钾在硝酸中的溶解度

由图 2-131 中可以看出，硝酸钾在硝酸中的溶解度在 15～75℃随温度的升高而增大；在同一温度下，随着硝酸浓度的增大，硝酸钾的溶解度先减小然后增大。具体地，在硝酸浓度处于 15%～40%时硝酸钾的溶解度较小，在这个范围之外，硝酸钾溶解度较大。

根据溶解度规律的分析，在浓硝酸中 CrO_3 结晶析出、KNO_3 溶解，而在稀硝酸中 KNO_3 结晶析出、CrO_3 溶解，可以初步确定分离出铬酸酐和硝酸钾的条件是分别在浓硝酸和稀硝酸环境中。但是，由于以上提供的溶解度数据只是 KNO_3-HNO_3-H_2O 和 CrO_3-HNO_3-H_2O 两个三元体系的数据，而真正需要的 $K_2Cr_2O_7$-CrO_3-KNO_3-HNO_3-H_2O 体系的溶解度数据文献中没有报道，具体工艺参数条件必须通过实验确定。

根据前述过程原理中对溶解度的分析，工艺过程中产物有效分离可以从两条路线实施，而将两者衔接就成为整体流程：第一，先析硝酸钾后析铬酸酐，即反应可以在稀酸溶液中均相进行，然后冷冻结晶，过滤分离出硝酸钾，母液蒸发浓缩后用相对浓的硝酸将铬酸酐析出，如图 2-132 所示；第二，先析铬酸酐后析硝酸钾，即在浓硝酸中进行反应后，冷却结晶分离出铬酸酐，母液稀释后冷冻结晶硝酸钾，如图 2-133 所示。

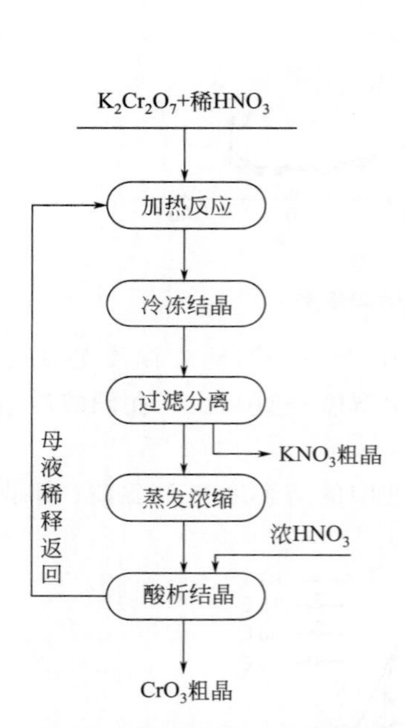

■ 图 2-132 先析硝酸钾后析铬酸酐操作流程

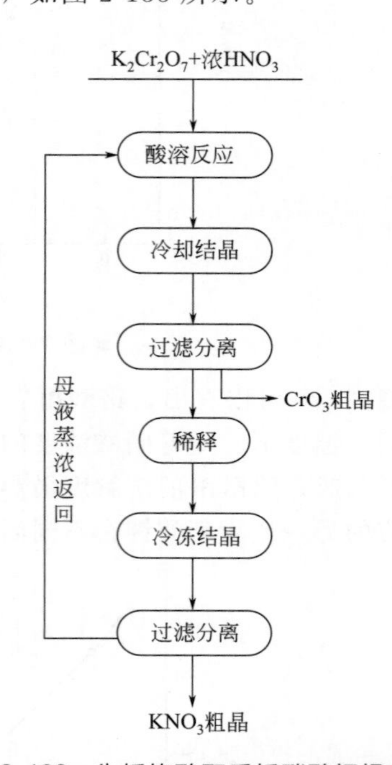

■ 图 2-133 先析铬酸酐后析硝酸钾操作流程

2. 3. 3. 2 反应产物的有效分离

（1）硝酸浓度 C_{1HNO_3} 和加入体积 V_L 的选择

$K_2Cr_2O_7$ 加入量为 200g，用 65% HNO_3 和蒸馏水配成浓度 C_{1HNO_3} 为 20%、30%、40%、50%的稀硝酸，其体积 V_L 分别为 300mL、400mL、500mL、600mL，反应在温度 T_r=90℃条件下按照前述先析硝酸钾后析铬酸酐的实验步骤分别进行了初步实验，得到硝酸钾粗晶实验结果如图 2-134 和图 2-135 所示。

可以看出，在稀硝酸加入体积 V_L 相同的条件下，随着硝酸浓度 C_{1HNO_3} 从 20%升高到 50%，冷冻结晶析出的硝酸钾粗晶量 M_{KNO_3} 呈现下降趋势，到硝酸浓度为 40%左右时接近最低点，然后又逐渐上升。硝酸钾粗晶中铬钾摩尔比 $R_{Cr/K}$ 也是先呈下降趋势，到硝

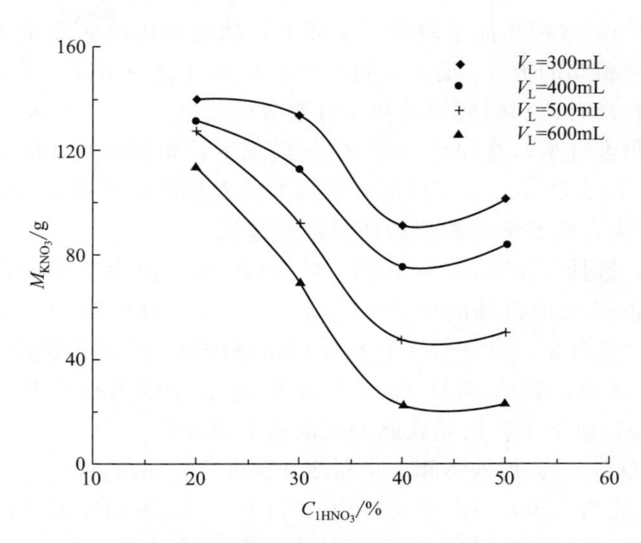

■ 图 2-134 硝酸钾粗晶量与硝酸浓度和加量的关系

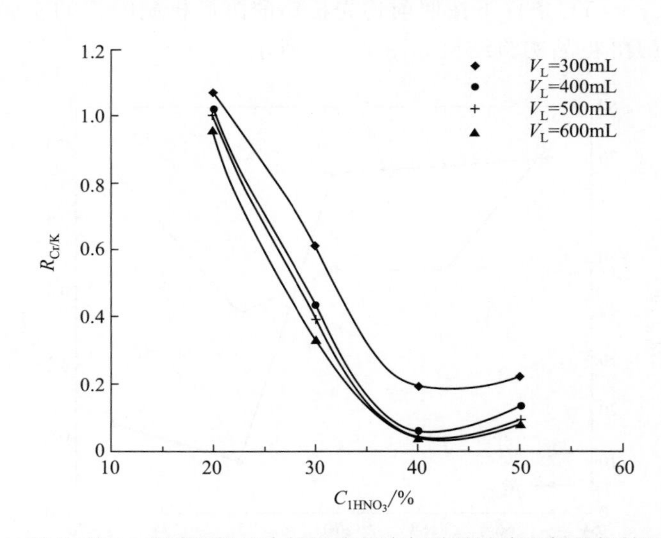

■ 图 2-135 硝酸钾粗晶中铬钾摩尔比与硝酸浓度和加量的关系

酸浓度为 40%左右时达到接近最低点，然后有小幅度的上升；在加入反应体系的硝酸浓度 C_{1HNO_3} 相同的条件下，硝酸加入体积 V_L 越大，析出的硝酸钾粗晶量 M_{KNO_3} 明显越小，但 $R_{Cr/K}$ 的变化规律不同，V_L 为 400mL、500mL、600mL 时 $R_{Cr/K}$ 相差不大，而 V_L 为 300mL 时 $R_{Cr/K}$ 明显比 400mL、500mL、600mL 时大，即此时硝酸钾粗晶中夹带 Cr^{6+} 含量相对较高。

硝酸钾粗晶的质量 M_{KNO_3} 和其中铬钾摩尔比 $R_{Cr/K}$ 要兼顾考虑，因为如果 M_{KNO_3} 较大，意味着留在母液中的钾离子比较少，返回处理量较小，使得装置负荷量较小；而同时如果 $R_{Cr/K}$ 很小，意味着硝酸钾粗晶中含铬量很低，后序硝酸钾重结晶操作更容易获得高质量的产品。相比之下，控制 $R_{Cr/K}$ 指标对控制最终硝酸钾产品质量更为重要。M_{KNO_3} 和 $R_{Cr/K}$ 与硝酸浓度 C_{1HNO_3} 的变化规律表面上存在矛盾点，粗晶中硝酸钾的纯度较高的硝酸

浓度 C_{1HNO_3} 点对应的硝酸钾粗晶量较低。实际上，硝酸钾粗晶的质量 M_{KNO_3} 并非一定越大越好，如果硝酸钾粗晶的 $R_{Cr/K}$ 很大，硝酸钾粗晶中含铬量很高，重铬酸钾或铬酸酐与硝酸钾同时析出，并没有达到硝酸钾的初步有效分离效果。

另外，从经济角度分析，在保证一定 $R_{Cr/K}$ 前提下，相同硝酸浓度 C_{1HNO_3} 时，反应体系中硝酸加入量 V_L 越少越好。由于后序母液需要蒸发浓缩后在高浓度硝酸溶液环境中结晶出铬酸酐，V_L 越少，蒸发浓缩需要的能量消耗越低。

基于以上分析，选择了 $C_{1HNO_3}=40\%$、$V_L=400mL$ 作为基本反应条件，反应温度 $T_r=90℃$ 时，析出的硝酸钾粗晶的质量 $M_{KNO_3}=75.5g$，其中铬钾摩尔比 $R_{Cr/K}=0.06$。按照溶解度等物理性质分析，此条件下粗晶主要由硝酸钾和重铬酸钾组成，依据实验测得粗晶中 Cr^{6+} 和 K^+ 含量，折合成每 100g 粗晶中含量分别为硝酸钾 75.9g、重铬酸钾 7.3g、含水量 16.8g，以下工作均是在此固定前提下完成的。

(2) 硝酸浓度 D_{1HNO_3}、加入体积 V_H 和冷却温度 T_{cool} 的选择

$K_2Cr_2O_7$ 加入量为 150g，用 65% HNO_3 和 95% 发烟 HNO_3 配成浓度 D_{1HNO_3} 为 65.0%、67.4%、70.0%、72.2%、75.1%的浓硝酸，总体积为 $V_H=250mL$，反应温度在 $T_{re}=90℃$，$T_{cool}=45℃$ 条件下按照前述先析铬酸酐后析硝酸钾的实验步骤分别进行了初步实验，得到铬酸酐粗晶实验结果如图 2-136 所示。

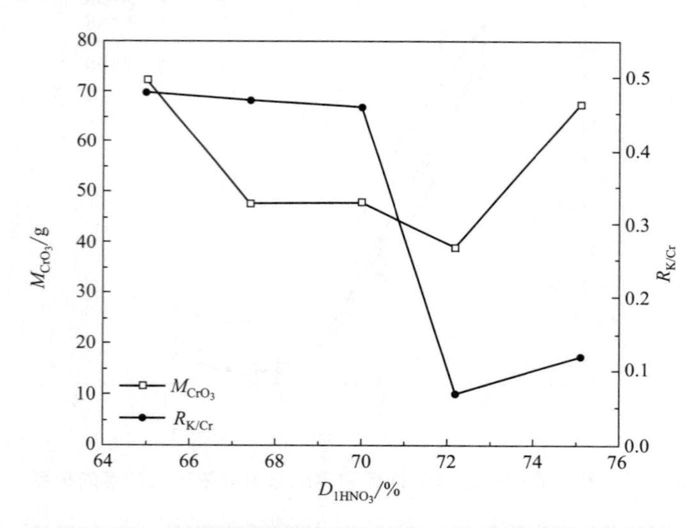

■ 图 2-136 铬酸酐粗晶量及其钾铬摩尔比与硝酸浓度的关系

由图 2-136 可知，随着硝酸浓度 D_{1HNO_3} 从 65.0%增大到 75.1%，析出铬酸酐固相总量 M_{CrO_3} 先呈减小趋势，但当 D_{1HNO_3} 大于 72.2%后，M_{CrO_3} 转而增大，而铬酸酐固相中钾铬摩尔比 $R_{K/Cr}$ 在 D_{1HNO_3} 为 72.2%时最低，即 D_{1HNO_3} 在此浓度点附近时析出铬酸酐固相的钾离子夹带比例最低。原因可能是高浓度的硝酸溶液中离子发生强烈的缔合作用，使溶液中游离的（或者说可以与 $HCrO_4^-$ 或 $Cr_2O_7^{2-}$ 结合生成 H_2CrO_4 使铬酸酐析出的）H^+ 总量减少所致。因此，参加反应的硝酸的浓度 D_{1HNO_3} 宜控制在 72.2%附近。

$K_2Cr_2O_7$ 加入量为 150g，用 65% HNO_3 和 95% 发烟 HNO_3 配成浓度 $D_{1HNO_3}=$ 72.2%的浓硝酸，总体积 V_H 分别为 210mL、230mL、250mL、270mL，在反应温度

$T_{re}=90℃$、$T_{cool}=35℃$条件下按照前述先析铬酸酐后析硝酸钾的实验步骤分别进行实验，得到铬酸酐粗晶实验结果如图 2-137 所示。

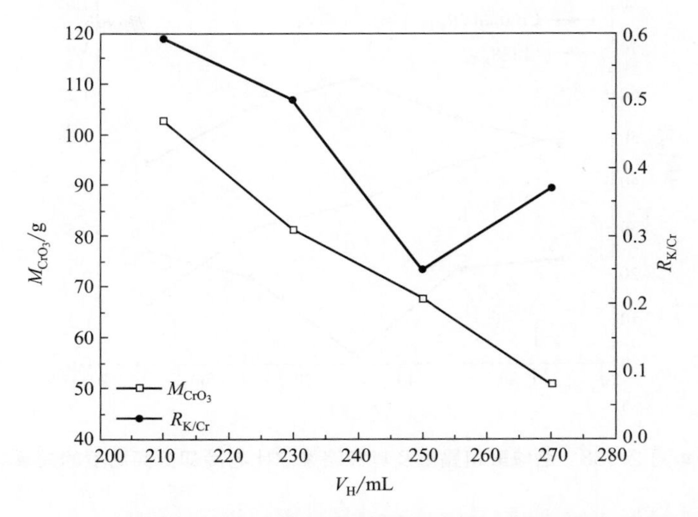

■ 图 2-137 铬酸酐粗晶量及其钾铬摩尔比与硝酸加量的关系

本工艺中硝酸与重铬酸钾的配比远远大于化学计量比，硝酸在这里既是反应物又是反应介质，为体系提供强酸环境以促使 H^+ 与 $HCrO_4^-$ 结合生成 H_2CrO_4，使铬酸酐析出。但是，硝酸加量也并非越大越好。硝酸加量越大，即溶剂量越大，在铬酸酐总量一定时析出到固相中的就越少，使单程收率降低。由图 2-136 可见，HNO_3 反应加量应控制在 250mL 附近。

注意到前两组实验中当反应条件都是 $D_{1HNO_3}=72.2\%$、$V_H=250mL$ 的时候，得到铬酸酐粗晶中 M_{CrO_3}和 $R_{K/Cr}$差异很大，原因就是反应完成后分离铬酸酐的冷却温度 T_{cool}不同，T_{cool}也是一项重要的工艺条件。为了确保能得到高纯度的铬酸酐产品，铬酸酐粗晶分离单元操作的分离效果尤为重要，必须保证粗晶中只夹带极少量钾离子杂质，即 $R_{K/Cr}$足够小。

$K_2Cr_2O_7$ 加入量为 150g，与浓度 $D_{1HNO_3}=72.2\%$、总体积为 $V_H=250mL$ 的浓硝酸混合，在反应温度 $T_{re}=90℃$条件下，T_{cool}分别为 25℃、35℃、45℃、55℃、65℃，按照前述先析铬酸酐后析硝酸钾的实验步骤分别进行实验，得到铬酸酐粗晶实验结果如图 2-138 所示。

由图 2-138 可知，随着冷却温度的下降，析出铬酸酐固相总量 M_{CrO_3} 增大，固相中钾铬摩尔比 $R_{K/Cr}$先减小后增大。在冷却温度 $T_{cool}=45℃$时 $R_{K/Cr}$最小，即分离出的铬酸酐中夹带硝酸钾量最小，为分离铬酸酐的最佳冷却温度。

基于以上实验结果，选择了加入反应体系的硝酸浓度 $D_{1HNO_3}=72.2\%$，体积 $V_H=250mL$，反应温度 $T_{re}=90℃$，在以冷却温度 $T_{cool}=45℃$作为基本反应条件时，析出的铬酸酐粗晶的质量 $M_{CrO_3}=39.0g$，其中钾铬摩尔比 $R_{K/Cr}=0.07$。此条件下粗晶主要由铬酸酐和重铬酸钾组成，依据实验测得粗晶中 Cr^{6+} 和 K^+ 含量，折合成每 100g 粗晶中含量分别为铬酸酐 71.1g、重铬酸钾 7.9g、含水量 21.0g，以下实验工作均是在此固定前提下完

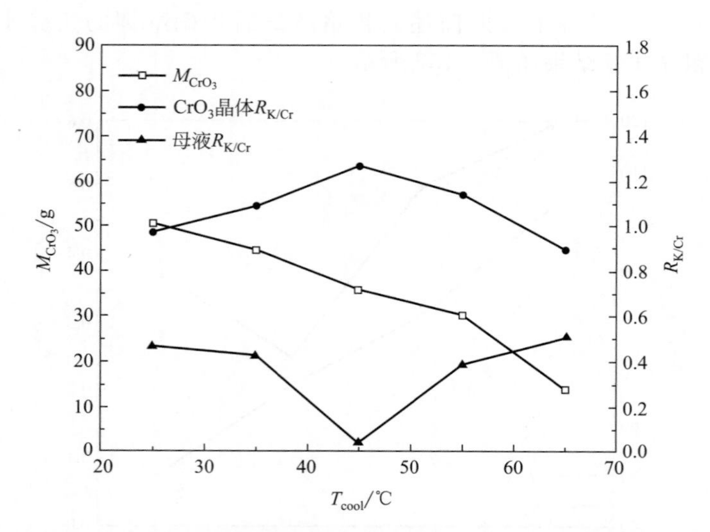

■ 图 2-138 铬酸酐粗晶量及其钾铬摩尔比与冷却分离温度的关系

成的。

(3) 冷冻结晶硝酸钾时硝酸浓度 D_{2HNO_3} 的选择

由(2)分离出铬酸酐后的母液稀释成不同的硝酸浓度溶液，然后在 0℃下冷冻结晶以确定结晶硝酸钾的最佳硝酸浓度 D_{2HNO_3}。

结果显示，当溶液中硝酸浓度 D_{2HNO_3} 为 35%时，冷冻结晶析出硝酸钾的效果最佳。根据三元体系溶解度数据得知，铬酸酐在硝酸中的溶解度随着硝酸浓度增加而降低，而硝酸钾在硝酸中的溶解度在硝酸浓度为 10%～40%时较低，低于 10%时随着硝酸浓度减小而增大，高于 40%时随着硝酸浓度增大而增大。因此，溶液中硝酸浓度较高时，铬酸酐析出的趋势增大，固相中夹带 Cr^{6+} 含量增大，使得后续精制硝酸钾的操作复杂。但是，溶液中硝酸浓度过低时，由于溶液总量大大增加，使得硝酸钾结晶量大大减少，甚至于不能达到饱和而无析出。

2.3.3.3 目标产品的精制纯化

主反应所分离出的铬酸酐粗晶表面上必然会附着少量 K^+ 和 NO_3^- 杂质离子，由于铬酸酐极易溶于水，不宜用水洗涤。同样利用铬酸酐在浓硝酸中溶解度极小，而且硝酸是挥发性酸，因此可用硝酸把铬酸酐表面的杂质离子洗去，然后再通过干燥，蒸发掉铬酸酐表面的水分和硝酸，即可得高纯度铬酸酐产品。

而工艺过程中冷冻结晶所分离出的硝酸钾粗晶表面上必然会附着 $Cr_2O_7^{2-}$ 杂质离子。硝酸钾和重铬酸钾在水中的溶解度与温度的关系如图 2-139 所示。

由图 2-139 可见，虽然相同温度下，硝酸钾在水中的溶解度比重铬酸钾的溶解度大，但两者的溶解度随温度变化的趋势一致，都随着温度的升高而增加，因此硝酸钾粗晶不宜于用水做溶剂通过重结晶进行精制。

根据硝酸钾在不同浓度硝酸中的溶解度可知，在硝酸浓度处于 15%～40%时硝酸钾的溶解度较小。虽然在文献中没有重铬酸钾在硝酸中的溶解度相关数据，实验中可以尝试用稀硝酸做溶剂进行重结晶纯化硝酸钾副产品。

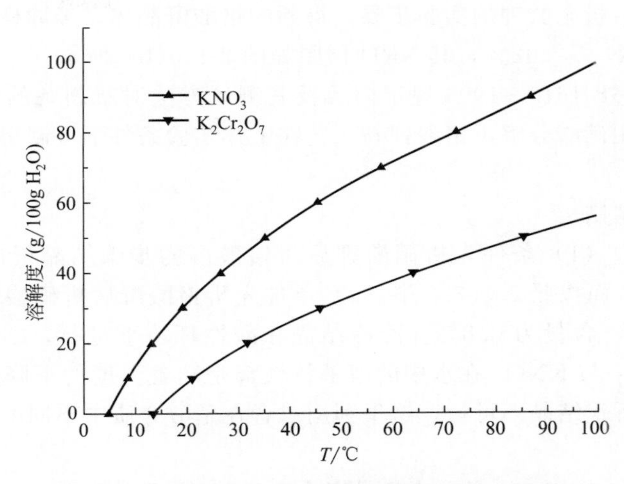

■ 图 2-139 不同温度下硝酸钾和重铬酸钾的溶解度

(1) 铬酸酐的精制

按照前述先析硝酸钾后析铬酸酐的实验步骤中，分离硝酸钾粗晶后的滤液在磁力搅拌器上加热进行蒸发浓缩，直至其体积约减少到原体积的 1/3，然后降温至 70℃以下，加入一定量 65%硝酸，低速搅拌均匀，保持一定的时间后过滤分离，得到铬酸酐粗晶。

所得铬酸酐表面附着有 1%～2%的硝酸钾，由于铬酸酐极易溶于水，不宜用水洗涤。铬酸酐在浓硝酸中溶解度极小，而且硝酸是挥发性酸，因此分别用质量比为 1∶1 的 65%硝酸洗涤 3 次，残留的硝酸及晶体表面的水分在干燥过程中完全挥发除去，即得铬酸酐产品，其纯度≥99.9%，K^+≤0.016%。

工业重铬酸钾原料中含 SO_4^{2-}、Cl^- 等杂质，用硝酸洗涤时，硫酸溶解在硝酸溶液中，而盐酸是一种挥发性酸，可通过挥发除去，并不影响最终产品质量。

按照前述先析硝酸钾后析铬酸酐的实验步骤，得到的铬酸酐晶体，如此精制后的铬酸酐产品的 X 射线衍射（XRD）谱图如图 2-140(a) 所示。

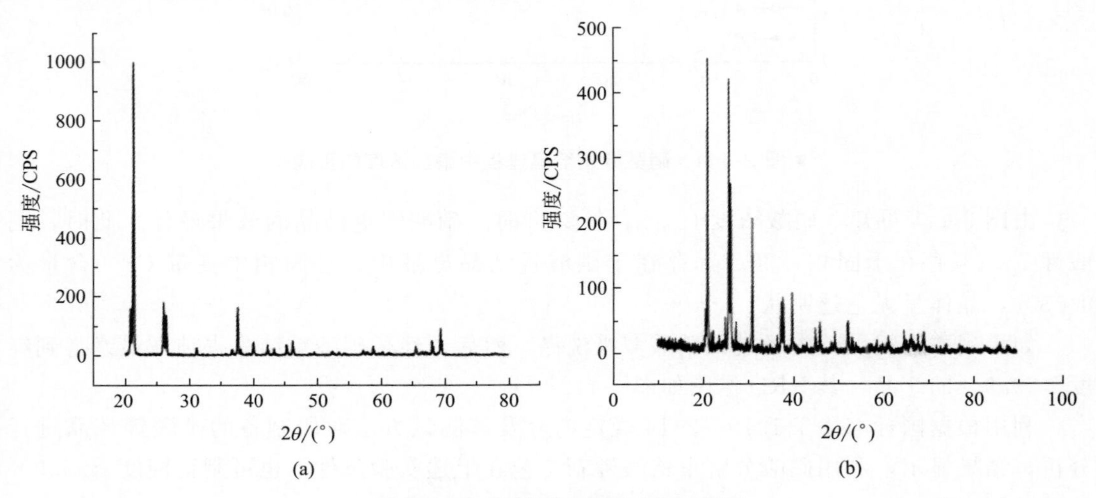

■ 图 2-140 铬酸酐产品的 XRD 谱图

按先析铬酸酐后析硝酸钾的实验步骤，得到的铬酸酐晶体，经同样过程精制处理后样品纯度≥99.9%，K^+≤0.02%，其 XRD 谱图如图 2-140(b) 所示。

利用根据国标 GB 1610—1999 规定内容及其测试方法对所制备的铬酸酐产品进行分析，结果显示，利用硝酸分解重铬酸钾新工艺在上述实验条件下可制得纯度≥99.9%的铬酸酐产品。

（2）硝酸钾的精制

按照 2.3.3.2 中（1）条件先析硝酸钾后析铬酸酐的步骤结晶析出的硝酸钾粗晶中 Cr^{6+} 含量为 2.6%，而按照 2.3.3.2 中（3）条件先析铬酸酐后析硝酸钾的步骤结晶析出的硝酸钾粗晶中 Cr^{6+} 含量为 0.8%。冷冻结晶在酸性环境下进行，Cr^{6+} 主要以 $Cr_2O_7^{2-}$ 形式存在，$K_2Cr_2O_7$ 与 KNO_3 在水中的溶解特性都是随着温度的下降而很快下降，理论上直接用蒸馏水进行重结晶不可行，这里利用二者在硝酸介质中不同的溶解规律进行硝酸钾的精制。

将 50g KNO_3 与 2g CrO_3 混合，此时混合物中 Cr^{6+} 含量为 2.0%。分别加入总质量为 100g，浓度分别为 20%、30%、40%、50%的稀硝酸中，混合后体系中硝酸浓度为 C_{2HNO_3}，温度首先升至 80℃然后冷却至室温进行重结晶，过滤分离得到纯度很高的硝酸钾晶体，结晶度和结晶中 Cr^{6+} 含量分别用 A_{2KNO_3} 和 P_{Cr} 表示，实验结果如图 2-141 所示。

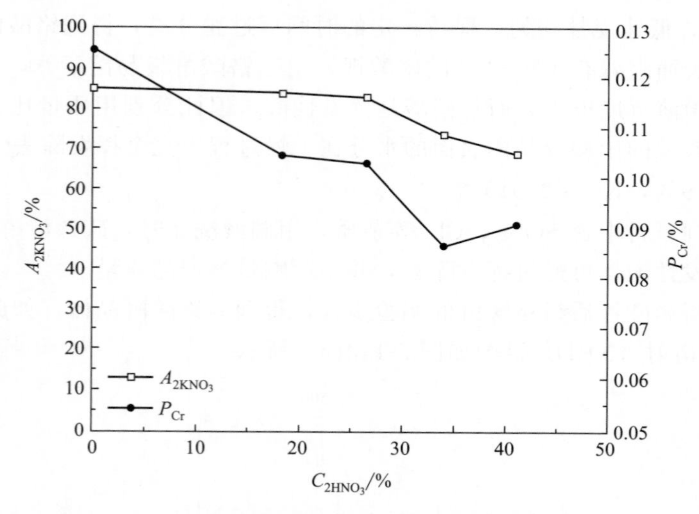

■ 图 2-141　硝酸钾重结晶过程中硝酸浓度的影响

由图 2-141 可知，硝酸浓度 C_{2HNO_3} 在 33%时，硝酸钾重结晶的效果最佳。此时，硝酸钾 73.3%存在于固相，26.7%存在于硝酸重结晶母液中，且固相中夹带 Cr^{6+} 含量为 0.08%，晶体呈无色透明状。

如果硝酸钾粗晶首先经过稀硝酸多级洗涤，然后再经稀硝酸重结晶提纯，最终得到纯度≥99.9%的产品，其 XRD 谱图如图 2-142 所示。

利用根据国标 GB/T 1919—2014 规定内容及其测试方法对所制备的硝酸钾产品进行分析，结果显示，利用硝酸分解重铬酸钾新工艺在上述实验条件下也可制得纯度≥99.9%的硝酸钾产品。

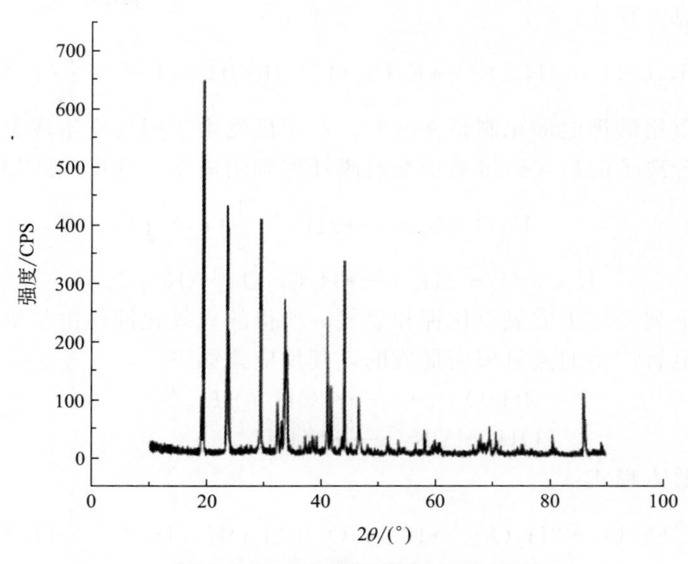

■ 图 2-142 硝酸钾产品的 XRD 谱图

2.3.4 电催化合成铬酸酐工艺[79,80]

2.3.4.1 前言

离子膜电催化合成铬酸酐分以下几步进行：首先对铬酸盐进行精制，再将精制后的铬酸盐电催化合成重铬酸盐，得到的重铬酸盐溶液调整至适当浓度，然后进行电催化合成铬酸酐反应，最后将所得到含重铬酸盐的铬酸阳极液进行后处理，即可得到纯净的铬酸酐晶体。电合成部分工艺条件的确定是整个工业生产的关键环节，能否得到最佳工艺条件，关系到工业生产成本的高低、质量的优劣、是否具有市场竞争力等。在确定了电催化合成反应器、阳离子交换膜、电极、极间距等因素之后，影响电催化的影响因素还有电流密度、反应温度、阳极液初始浓度、阴极液初始浓度、反应时间等。本章采用正交设计实验研究这些因素对电催化过程电流效率、转化率和直流电的影响，以确定较佳工艺条件。

2.3.4.2 反应原理

以铬酸钾为原料电催化制备铬酸酐分两步进行：先由铬酸钾电催化制备重铬酸钾，将所得溶液调整至一定浓度后再由重铬酸钾电催化而制得铬酸酐。

第一步：由铬酸钾电催化制备重铬酸钾，在阳极室的阳极发生下列反应生成重铬酸钾和氧气，同时，钾离子以水合离子的形式通过离子交换膜迁移到阴极室，其反应式如下：

$$H_2O-2e^- \longrightarrow 2H^+ + \frac{1}{2}O_2\uparrow \tag{2-86}$$

$$2K_2CrO_4+2H^+ \longrightarrow K_2Cr_2O_7+H_2O+2K^+ \tag{2-87}$$

在阴极室的阴极发生下列反应生成氢氧化钾和氢气，所得的氢氧化钾是由从阳极室迁移来的钾离子和水得电子电解产生的氢氧根而形成的，其反应式如下：

$$2H_2O+2e^- \longrightarrow H_2\uparrow +2OH^- \tag{2-88}$$

$$2OH^- +2K^+ \longrightarrow 2KOH \tag{2-89}$$

电化学反应总方程式：

$$2K_2CrO_4+2H_2O \longrightarrow K_2Cr_2O_7+2KOH+H_2\uparrow+\frac{1}{2}O_2\uparrow \quad (2\text{-}90)$$

第二步：由重铬酸钾电催化制备铬酸酐，在阳极发生下列反应生成重铬酸和氧气，同时，钾离子以水合离子的形式通过离子交换膜迁移到阴极室，其反应式如下：

$$H_2O-2e^- \longrightarrow 2H^++\frac{1}{2}O_2\uparrow \quad (2\text{-}91)$$

$$K_2Cr_2O_7+2H^+ \longrightarrow H_2Cr_2O_7+2K^+ \quad (2\text{-}92)$$

在阴极发生下列反应生成氢氧化钾和氢气，所得的氢氧化钾是由从阳极室迁移来的钾离子和水得电子电解产生的氢氧根而形成的，其反应式如下：

$$2H_2O+2e^- \longrightarrow 2OH^-+H_2\uparrow \quad (2\text{-}93)$$

$$2OH^-+2K^+ \longrightarrow 2KOH \quad (2\text{-}94)$$

电化学反应总方程式：

$$K_2Cr_2O_7+3H_2O \longrightarrow H_2Cr_2O_7+2KOH+H_2\uparrow+\frac{1}{2}O_2\uparrow \quad (2\text{-}95)$$

电化学反应过程中，阳极室内不断产生重铬酸钾，直至铬酸，阳极液的酸度不断增加；阴极室内不断产生氢氧化钾，并且浓度逐渐增加。在电合成铬酸酐的同时，副产氢氧化钾、氢气和氧气。

2.3.4.3 离子膜材料的选择

由铬酸钾电催化合成铬酸酐过程中，为了防止阴极液和阳极液互相混合，必须应用隔膜将阴、阳两室隔开，而阳极液 pH 逐渐由碱性变为酸性直至强酸性，对膜破坏性大，因而选择合适的隔膜材料就成为该工艺的重要组成部分。

目前电化学合成过程采用的离子膜材料主要为美国 Nafion 膜、旭化成 Aciplex 膜和旭硝子 Flemion 膜，但价格较高；国内也有些公司生产膜，但性能都没有国外好。小试曾用国产 F101 膜、Nafion®427 膜、Aciplex®4112 膜等进行多次实验，结果或由于微渗、或由于易脆化、或由于电流效率低等原因，均不理想。根据市售全氟离子交换膜的种类（全氟磺酸膜、全氟羧酸膜、全氟羧酸/磺酸复合膜）、结构及其特性以及采用铬酸钾为起始原料电催化合成铬酸酐反应特性分析，第一步电催化合成实验中阳极液由碱性逐渐变为酸性，阳极液物料对全氟磺酸/羧酸增强复合膜影响较小，并且羧酸层对 OH^- 反迁至阳极室有较强的阻挡特性，有高电流效率、低电压、适合碱浓度高与耐久性等优点。第二步电催化合成实验中由于反应后期酸性很强，羧酸层基团（—COO^-）会与 H^+ 结合，大大降低了 K^+ 的迁移速度，导致电压过高、电流效率剧降。Nafion300 系列全氟磺酸膜是由高/低浓度的磺酸层压合而成的复合膜，较高的酸性对此影响甚微，并且面向阴极的高浓度磺酸层也能有效阻挡 OH^- 向阳极室反渗透，阴极液碱浓度较稀时有较高的电流效率[81~83]。据此，采用 D551 全氟磺酸/羧酸增强复合膜和 Nafion®324 全氟磺酸复合膜分别作为由铬酸钾电催化合成重铬酸钾和由重铬酸钾电催化合成铬酸酐实验的阳离子交换膜，实验表明选用的离子交换膜电化学性能好、电流效率高，且化学稳定性好、机械强度高、尺寸稳定性优，效果较好。

2.3.4.4 电极材料选择

阳极材料采用 $Ti/IrO_2\text{-}Ta_2O_5$ 电极。阴极材料也是影响电流效率的因素之一，由于阴极液是氢氧化钾溶液，与离子膜法制氢氧化钾类似，考虑到耐腐蚀性能、价格及加工性能，本实验选用不锈钢网作阴极材料。

2.3.4.5 极间距的选择

极间距的大小主要影响槽电压的高低，一般极间距越大，槽电压越高。借鉴离子膜法制烧碱零极距的经验，本实验电催化反应器安装中采用准零极距，以最大限度降低电耗。极间距小于1mm。

2.3.4.6 电解液的搅拌速率

电催化过程中电解液浓度、组成的均匀与否直接关系到电流效率、槽电压的高低，以及阳离子交换膜复合层的是否分离起泡而影响其性能。在电催化反应器一定的情况下，搅拌速率越大，越有利于反应物向电极表面的扩散，有利于反应的进行。另外，提高搅拌速率还有利于电解液中的气泡快速逸出，降低电阻率，减少能耗。但搅拌速率太大会使离子膜剧烈振动，造成机械损伤。实验确定搅拌速率为400r/min较宜。

2.3.4.7 工艺条件优化

在确定了电催化反应器、阳离子交换膜、电极、极间距、电解液的搅拌速率等因素之后，影响电催化反应的因素还有反应温度、阴极液氢氧化钾初始浓度、阳极液初始浓度、电流密度和反应时间等主要因素，本章通过正交实验研究这些因素对电流效率、转化率和直流电耗的影响，以确定两步电催化合成过程中较佳反应条件。

(1) 铬酸钾电化学合成重铬酸钾

在所考察的范围内，电流密度对直流电耗和转化率的影响是很显著的，对电流效率的影响显著。电流密度越大，转化率越高，电流效率越高，电耗相应增加。这是因为铬酸钾电催化合成重铬酸钾反应是在电子导体电极与离子导体电解质溶液界面上进行的非均相电子转移反应，在低电流密度下，电化学反应速率比较低，在相同的通电量下，电解的时间就会长；随着电流密度的增加，电化学反应速率增大，电极的极化程度也增大，当电流密度增加到一定程度，因来不及向膜的界面补充K_2CrO_4，不仅使电流效率降低，电压上升，还使膜的内部结构受到破坏。与此同时，随着电极极化程度的增加，在电极上产生的H_2和O_2也会增加，而使电解液的电阻增大，电流效率降低，电耗增加。另外，使电催化合成重铬酸钾反应，控制在一个较高的电流密度下运行，可使膜的界面上基本不存在铬酸钾，故不会使铬离子自阳极侧扩散到阴极侧，可以获得较高纯度的氢氧化钾溶液。因此，从规模效益及副产品则综合利用上考虑，选用电流密度2.47kA/m^2为宜。

反应时间对转化率和电流效率的影响很显著，对直流电耗的影响次之。反应时间越长，转化率越高，但是随着反应时间的延长，特别是达到理论电解时间后，阳极液反应物浓度降低，电导率降低，阴极液生成物浓度增加，反应阻力增大，因此电耗增高，电流效率降低。反应时间太短，虽有较高的电流效率、较低的直流电耗，但转化率低，设备生产能力降低，因此选择理论电催化反应时间较为适宜。

阳极液铬酸钾初始浓度对转化率的影响是很显著的，对电流效率和直流电耗影响显著。且浓度越大，电流效率越大，转化率越高，电耗增加。随着阳极液铬酸钾浓度降低，阳极液电导率降低，将使离子交换膜中伴随着钾离子而移动的水量也迅速增加，从而使膜中含水率增加，阳极液中铬离子向阴极室的渗透也加剧了，因此，直流电耗增加，电流效率降低。而且如果长时间在较低的铬酸钾浓度下运行，将可能会使离子膜发生膨胀，严重时甚至导致起泡、分层，出现针孔，而使膜发生破坏；而 K_2CrO_4 初始浓度太大又容易生成结晶，所以选择 443.3g/L 为宜。

阴极液 KOH 初始浓度对转化率的影响很显著，对电流效率和直流电耗影响次之。随着电解过程的进行，KOH 浓度逐渐升高，固定离子逐渐增大，因此电流效率随之增加。但是随着 KOH 浓度的继续升高，膜阴极一侧含水量降低，OH^- 浓度增大，膜收缩，通道变窄，影响阳极室钾离子向阴极室的迁移，因此导致电流效率下降，直流电耗增加。铬酸钾电催化合成重铬酸钾过程中使用的离子膜为全氟磺酸/羧酸离子膜，能够抵抗较高的 KOH 浓度，因此为了制得较高浓度的 KOH 溶液，综合考虑经济因素，选择 KOH 初始浓度为 150g/L。

反应温度对直流电耗影响显著，对转化率影响显著，对电流效率影响不明显。升高温度，可以提高电化学反应速率，并且有利于传质和电子转移，从而使电极反应更易于进行，并且温度的升高可以提高电解液的电导率，降低电阻，使电耗减少。而对于离子膜来说，温度的上升会使离子膜阴极一侧的孔隙增大，使钾离子迁移数增多，有助于电流效率的提高；有助于提高膜的电导度，降低槽电压。但是，实际操作中，温度过高，水的蒸发量增加，导致汽/水比例增加，使槽电压上升，加速膜的恶化，也加剧电极的腐蚀和涂层的钝化。另外温度增加，铬酸根离子向阴极一侧的渗透也加快，使碱中铬含量增加。温度越高，电耗越低，电流效率越高，转化率越高，所以温度初选 80℃。

据此，在综合考虑影响铬酸钾电催化合成重铬酸钾工艺因素的条件下，确定较优工艺条件为：反应温度 80℃，电流密度 2.47kA/m^2，反应时间为理论电解时间，阳极液 K_2CrO_4 初始浓度 443.3g/L，阴极液 KOH 初始浓度 150g/L。

在上述确定的较优工艺条件下平行进行 5 次实验，5 次平行实验结果重复性较好，铬酸钾电催化合成重铬酸钾的转化率基本稳定在 93.32%左右，电流效率在 93.83%左右，直流电耗在 584kW·h/t 左右。可见，初选的工艺条件是可行的。

（2）重铬酸钾电化学合成铬酸酐

从以上的研究可知，在所考察的范围内，反应时间对直流电耗的影响很显著，对转化率和电流效率的影响显著。反应时间越长，转化率越高，但是随着反应时间的延长，特别是达到理论电解时间后，阳极液反应物浓度降低，电导率降低，阴极液生成物浓度增加，反应阻力增大，因此电耗增高，电流效率降低。反应时间太短，虽有较高的电流效率、较低的直流电耗，但转化率降低，设备生产能力降低。又由于重铬酸钾电催化制备铬酸酐过程中，后期反应阳极液的酸度越来越强，酸度增加，pKa 减小，阴极液浓度越来越高，为了使离子膜具有正常的离子交换能力，不使离子交换膜内因生成水泡而受到破坏，故选择理论电催化反应时间的 4/5 较为适宜。

反应温度对 3 个优化目标的影响都是显著的。升高温度，可以提高电化学反应速率，并且有利于传质和电子转移，从而使电极反应更易于进行，并且温度的升高可以提高电解液的电导率，降低电阻，使电耗减少。而对于离子膜来说，温度的上升会使离子膜阴极一侧的孔隙增大，使钾离子迁移数增多，有助于电流效率的提高；有助于提高膜的电导度，降低槽电压。但是，在实际操作中，温度过高，水的蒸发量增加，导致汽/水比例增加，使槽电压上升，加速膜的恶化，也加剧电极的腐蚀和涂层的钝化。另外温度增加，铬酸根离子向阴极一侧的渗透也加快，使碱中铬含量增加。温度越高，电耗越低，电流效率越高，转化率越高，所以温度选择 80℃为宜。

电流密度对直流电耗的影响是很显著的，对转化率和电流效率的影响不明显。这是因为重铬酸钾电催化合成铬酸酐反应是在电子导体电极与离子导体电解质溶液界面上进行的非均相电子转移反应，在低电流密度下，电化学反应速率比较低，在相同的通电量下，电解的时间就会长；随着电流密度的增加，电化学反应速率增大，电极的极化程度也增大，当电流密度增加到一定程度，因来不及向膜的界面补充 $K_2Cr_2O_7$，不仅使电流效率降低，电压上升，还使膜的内部结构受到破坏。与此同时，随着电极极化程度的增加，在电极上产生的 H_2 和 O_2 也会增加，而使电解液的电阻增大，电流效率降低，电耗增加。另外，控制电催化合成铬酸酐反应在一个较高的电流密度下运行，可使膜的界面上基本不存在重铬酸钾，故不会使铬离子自阳极侧扩散到阴极侧，可以获得较高纯度的氢氧化钾溶液。而相对于重铬酸钾电合成，本体系具有酸度高、阳极液浓度较低的特点，为了使电合成反应快速地进行，理应选择尽量高的电流密度，但是，对于高酸度析氧的电化学反应，电解密度太高，对电极的破坏加剧。因此，综合考虑，选用电流密度 2.99kA/m^2 为宜。

阳极液重铬酸钾初始浓度对电流效率的影响是显著的，对转化率和直流电耗影响不明显。且浓度越大，电流效率越大，转化率越高，电耗增加。随着阳极液重铬酸钾浓度降低，阳极液电导率降低，将使离子交换膜中伴随着钾离子而移动的水量也迅速增加，从而使膜中含水率增加，阳极液中铬离子向阴极室的渗透也加剧了，因此，直流电耗增加，电流效率降低。而且如果长时间在较低的重铬酸钾浓度下运行，将会使离子膜发生膨胀，严重时甚至导致起泡、分层、出现针孔，而使膜发生破坏，所以选择较高的重铬酸钾浓度 428.5g/L 为宜。

阴极液 KOH 初始浓度对电流效率的影响是显著的，对转化率和直流电耗影响不明显。随着电解过程的进行，KOH 浓度逐渐升高，固定离子逐渐增大，因此电流效率随之增加。但是随着 KOH 浓度的继续升高，膜阴极一侧含水量降低，OH^- 浓度增大，膜收缩，通道变窄，影响阳极室钾离子向阴极室的迁移，因此导致电流效率下降，直流电耗增加。而重铬酸钾电催化合成铬酸酐过程中使用的离子膜为全氟磺酸/磺酸离子膜，对 OH^- 的排斥能力较小，因此选择 KOH 初始浓度为 50g/L。

据此，在综合考虑影响重铬酸钾电催化合成铬酸酐工艺因素的条件下，确定较优工艺条件为：反应温度 80℃，电流密度 2.99kA/m^2，反应时间为 4/5 理论电解时间，阳极液 $K_2Cr_2O_7$ 初始浓度 428.5g/L，阴极液 KOH 初始浓度 50g/L。

在上述确定的较优工艺条件下进行 5 次平行实验，5 次平行实验结果重复性较好，由重铬酸钾电催化合成铬酸酐的转化率基本稳定在 60.20%左右，电流效率在 62.97%左右，直流电耗在 1233kW·h/t 左右。可见，初选的工艺条件是可行的。

2.3.5 氨基酸铬螯合物的合成[84]

2.3.5.1 前言

α-氨基酸是指氨基连在羧酸的 *α* 位，是羧酸分子中的 *α* 氢原子被氨基所代替直接形成的有机化合物，*α*-氨基酸是蛋白质的主要组分，是生物体中最重要的氨基酸。

L-蛋氨酸（*L*-methionine）又名甲硫氨酸、甲硫基丁氨酸，化学名称为 2-氨基-4-甲

硫基丁酸，是唯一含硫醚的氨基酸，也是一重要的氨基酸品种。蛋氨酸在食品、生化研究、照相技术、化妆品等领域中也有广泛的应用。蛋氨酸是人体必需氨基酸，具有重要的营养价值[85]。蛋氨酸能维持机体生长发育和氮平衡，对肾上腺素合成，胆碱和肝脂肪有一定的作用。蛋氨酸能促进肝内脂肪代谢，临床用于慢性肝炎、肝硬化、脂肪肝等的预防和治疗，亦可用于磺胺类药物、砷或苯等中毒的辅助治疗，还可用作利胆药，用于调节尿的 pH 值，减少脂肪的积聚。蛋氨酸是医用氨基酸输液的重要成分。蛋氨酸是畜禽合成动物蛋白必需的最重要的氨基酸之一，为蛋白质饲料的强化剂和弥补氨基酸平衡的营养添加剂，将它加入饲料中，可以促进禽畜生长、增加瘦肉量和达到缩短饲养周期的效果，有效地提高了蛋白质的利用率[86]。蛋氨酸还是一种很好的抗氧化剂[87]，身体细胞内的核酸胶原蛋白质的合成都需要蛋氨酸[88]，对服用避孕药的妇女，服用蛋氨酸也有好处。

L-甘氨酸（*L*-glycine）又名氨基乙酸，是化学结构最简单的天然氨基酸，也是人体内的一种非必需氨基酸。甘氨酸不仅参与蛋白质代谢，还是中枢神经系统中的一种抑制性神经递质，通过激活突触后膜上的甘氨酸受体来发挥作用。近来的研究发现，甘氨酸还能通过激活肝巨噬细胞上的相应受体来调节肝巨噬细胞的活性，并对多种原因引起的肝损害具有明显的保护作用[89]。

L-苏氨酸（*L*-threonine）又名 β-羟基-α-氨基丁酸，是一种必需的氨基酸，也是一种生糖兼生酮氨基酸。苏氨酸主要用于医药、化学试剂、食品强化剂、饲料添加剂等方面，特别是饲料添加剂方面[90]。苏氨酸的生物学功能包括调整饲料的氨基酸平衡，促进禽畜生长；改善肉质；改善氨基酸消化率低的饲料的营养价值；降低饲料原料成本；因此在欧盟国家和美洲国家，已广泛地应用于饲料行业。

L-苯丙氨酸（*L*-phenylalanine）又名 2-氨基苯丙酸，是 α-氨基酸的一种，苯丙氨酸广泛用于医药领域，它也是阿斯巴甜的主要原料。*L*-苯丙氨酸是具有生理活性的芳香族氨基酸，是人体和动物不能靠自身自然合成的必需氨基酸之一，是复配氨基酸输液的重要成分；用于医药，是苯丙氨苄、甲酸溶肉瘤素等氨基酸类抗癌药物的中间体，也是生产肾上腺素、甲状腺素和黑色素的原料[91]。

目前报道的 α-氨基酸铬（Ⅲ）螯合物的合成方法一般都是将 α-氨基酸及可溶性三价铬盐如氯化铬等在水中搅拌混合充分后，在搅拌下滴加浓氢氧化钠溶液调节溶液 pH 值使生成的 α-氨基酸铬（Ⅲ）螯合物沉淀并析出，静置冷却后过滤，滤饼用水及乙醇洗涤后充分干燥得到 α-氨基酸铬产品。此方法操作较烦琐，而且通过滴加氢氧化钠溶液调节 pH 值使产品沉淀的方法在工业上没有利用价值，无法实现连续生产。

为简化合成操作，本书选择 *L*-蛋氨酸、*L*-甘氨酸、*L*-苏氨酸以及 *L*-苯丙氨酸为配体，采用三价铬盐或六价铬盐为铬源，在醇相体系中合成了蛋氨酸铬、甘氨酸铬、苏氨酸铬以及苯丙氨酸铬螯合物，并对其结构进行了表征，为氨基酸铬螯合物的工业生产提供依据。

2.3.5.2 合成方法

（1）三价铬盐为原料

使用的三价铬盐有氯化铬、硝酸铬、硫酸铬和磷酸铬等，以氯化铬为例介绍氨基酸铬合成方法，其他三价铬盐合成方法类似。

① 蛋氨酸铬螯合物的合成　称取 4.5215g（0.03mol）蛋氨酸及 1.2014g（0.03mol）

氢氧化钠于100mL烧杯中，加入20mL体积分数为50%的乙醇溶液，加热搅拌溶解得到溶液1；同时称取2.6914g（0.01mol）氯化铬于100mL三口烧瓶中，加入20mL体积分数为50%的乙醇溶液，搅拌使其完全溶解；然后向其中滴加溶液1，滴加结束后在80℃下加热搅拌反应2h，溶液颜色由绿色变为紫色，并有固体生成。反应结束后冷却至室温，抽滤，用去离子水洗涤数次，除去未参加反应的氯化铬和蛋氨酸等，收集沉淀，真空干燥，即得紫红色粉末状固体产品。

② 甘氨酸铬螯合物的合成　称取2.2588g（0.03mol）甘氨酸及1.2018g（0.03mol）氢氧化钠于100mL烧杯中，加入30mL体积分数为75%的乙醇溶液，加热搅拌溶解得到溶液2；同时称取2.6909g（0.01mol）氯化铬于100mL三口烧瓶中，加入10mL体积分数为75%的乙醇溶液，搅拌使其完全溶解；然后向其中滴加溶液2，滴加结束后在80℃下加热搅拌反应2.5h，溶液颜色由绿色变为玫红色，并有固体生成。反应结束后冷却至室温，抽滤，用去离子水洗涤数次，除去未参加反应的原料，收集沉淀，真空干燥，即得玫红色粉末状固体产品。

③ 苏氨酸铬螯合物的合成　基本操作同上，苏氨酸用量为3.6111g（0.03mol），氢氧化钠1.2008g（0.03mol），氯化铬2.6927g（0.01mol），50%乙醇40mL，80℃反应2h，得到粉红色固体粉末。

④ 苯丙氨酸铬螯合物的合成　基本操作同上，苯丙氨酸用量为5.0061g（0.03mol），氢氧化钠1.2024g（0.03mol），氯化铬2.6917g（0.01mol），50%乙醇40mL，80℃反应3h，得到紫罗兰色固体粉末。

（2）六价铬盐为原料

使用的六价铬盐有重铬酸钠、重铬酸钾、铬酸钾、铬酸钠和铬酐等，以重铬酸钠为例介绍氨基酸铬合成方法，其他六价铬盐合成方法类似。

① 蛋氨酸铬螯合物的合成　称取6.4055g（0.0425mol）蛋氨酸及1.7007g（0.0425mol）氢氧化钠于100mL烧杯中，加入20mL体积分数为50%的乙醇溶液，加热搅拌溶解得到溶液1；同时称取1.4977（0.005mol）重铬酸钠于100mL三口烧瓶中，加入10mL蒸馏水搅拌溶解，然后逐滴加入3.9mL+10mL无水乙醇的混合溶液，回流反应30min，溶液颜色红棕色变为墨绿色；然后向其中滴加溶液1，滴加结束后在80℃下加热搅拌反应4h，溶液颜色由绿色变为紫色，并有固体生成。反应结束后冷却至室温，抽滤，用去离子水洗涤数次，除去未转化的反应物，收集沉淀，真空干燥，即得紫红色粉末状固体产品。

② 甘氨酸铬螯合物的合成　基本操作同上，反应物用量：甘氨酸3.3965g（0.045mol），氢氧化钠1.8004g（0.045mol），重铬酸钠1.4988g（0.005mol），75%乙醇20mL，蒸馏水5mL，无水乙醇15mL，HCl 3.5mL，回流反应40min，80℃反应4h，即得玫红色粉末状固体产品。

③ 苏氨酸铬螯合物的合成　基本操作同上，苏氨酸用量为5.4144g（0.045mol），氢氧化钠1.8033g（0.045mol），重铬酸钠1.4975g（0.005mol），50%乙醇20mL，蒸馏水10mL，无水乙醇10mL，HCl 3.9mL，回流反应40min，80℃反应4h，得到粉红色固体粉末。

④ 苯丙氨酸铬螯合物的合成　基本操作同上，苯丙氨酸用量为6.6754g（0.04mol），

氢氧化钠 1.6015g（0.04mol），重铬酸钠 1.4984g（0.005mol），50％乙醇 20mL，蒸馏水 10mL，无水乙醇 10mL，HCl 4.0mL，回流反应 40min，80℃反应 4h，得到紫罗兰色固体粉末。

2.3.5.3 以氯化铬为铬源合成蛋氨酸铬的工艺条件优化

（1）乙醇体积分数对反应的影响

乙醇体积分数对反应的影响结果如图 2-143 所示。反应条件是（以 0.01mol $CrCl_3 \cdot 6H_2O$ 计）：$n(Met):n(NaOH):n(CrCl_3 \cdot 6H_2O)=3:3:1$，即 Met 4.5215g，$CrCl_3 \cdot 6H_2O$ 2.6914g，NaOH 1.2g，溶剂用量 40mL，75℃反应 1.5h。

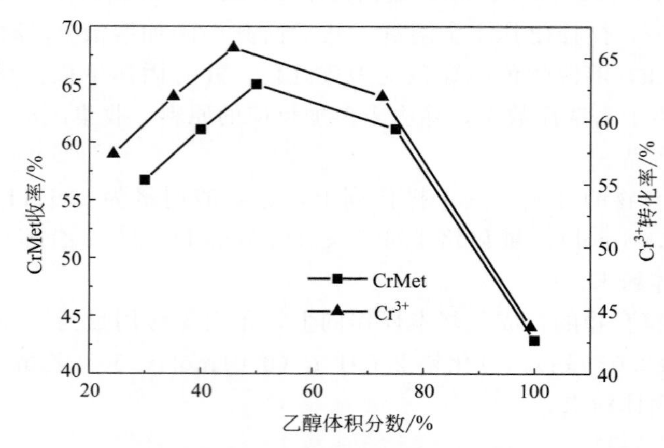

■ 图 2-143 乙醇体积分数对反应的影响

由图 2-143 结果可以看出随着乙醇体积分数的增大，氯化铬的转化率以及蛋氨酸铬螯合物收率均先增大后减小，在乙醇体积分数为 50％时达到最大值，故选择体积分数为 50％的乙醇作为反应溶剂。

（2）蛋氨酸与氯化铬摩尔比对反应的影响

蛋氨酸与氯化铬摩尔比对反应的影响结果如图 2-144 所示。反应条件为：$n(Met):n(NaOH)=1:1$，50％乙醇 40mL，75℃反应 1.5h。

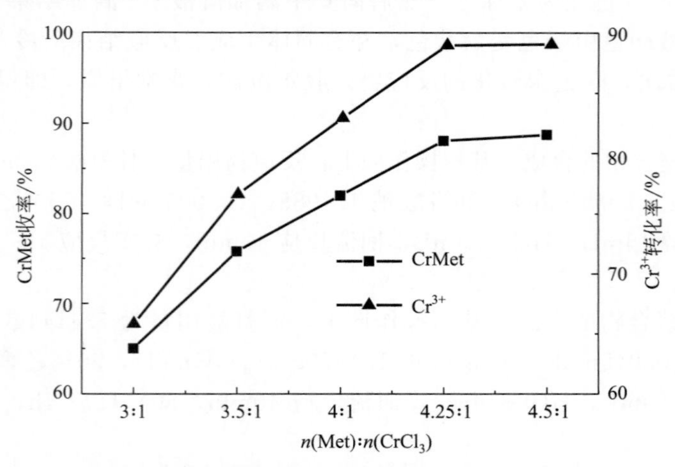

■ 图 2-144 蛋氨酸与氯化铬摩尔比对反应的影响

发生化学反应时，某一反应物过量会促使反应的进行，促进其他反应物的转化。由反应结果可以看出，在蛋氨酸与氯化铬摩尔比是4.25∶1的时候效果最好，再增大蛋氨酸用量就没效果了。故蛋氨酸与氯化铬摩尔比选为4.25∶1。

（3）氢氧化钠用量对反应的影响

氢氧化钠用量对反应的影响结果见图2-145。反应条件是（以0.01mol $CrCl_3 \cdot 6H_2O$ 计）：n(Met)∶n($CrCl_3 \cdot 6H_2O$)＝4.25∶1，即Met 6.4055g，$CrCl_3 \cdot 6H_2O$ 2.6914g，50%乙醇40mL，75℃反应1.5h。

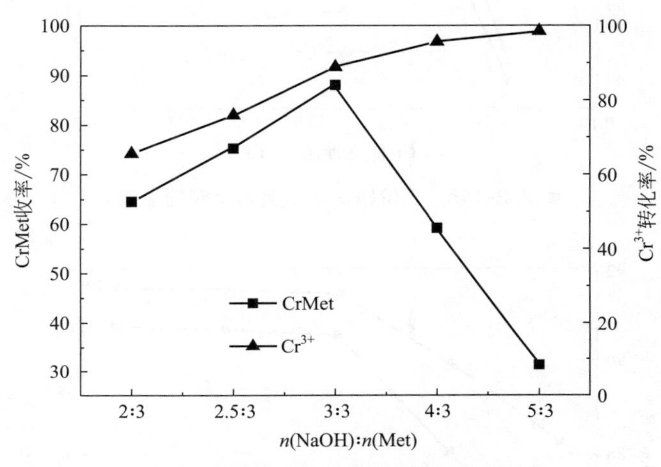

■ 图2-145 氢氧化钠用量对反应的影响

当氢氧化钠的摩尔量小于蛋氨酸的摩尔量时，不能完全中和蛋氨酸中的氢，按照有机反应理论，如果反应的话相当于用酸性较弱的蛋氨酸制备酸性较强的盐酸，这是不可能的，所以氢氧化钠量少时反应是不完全的，收率和转化率都偏低。氢氧化钠的摩尔量与蛋氨酸的相同时可以完全中和蛋氨酸中的氢，生成蛋氨酸钠。蛋氨酸钠再与氯化铬反应生成蛋氨酸铬和氯化钠。当氢氧化钠的摩尔量大于蛋氨酸的摩尔量时，过量的羟基会优先与 Cr^{3+} 反应生成氢氧化铬沉淀，虽然三价铬转化率升高，但是因为氢氧化铬副产物的生成会使蛋氨酸铬产品的收率降低，所以氢氧化钠的用量应该是与蛋氨酸等摩尔。

（4）三价铬初始浓度对反应的影响

三价铬初始浓度对反应的影响结果见图2-146。反应条件如下（以0.01mol $CrCl_3 \cdot 6H_2O$ 计）：n(Met)∶n(NaOH)∶n($CrCl_3 \cdot 6H_2O$)＝4.25∶4.25∶1，即Met 6.4055g，NaOH 1.7g，$CrCl_3 \cdot 6H_2O$ 2.6914g，溶剂为50%乙醇，75℃反应1.5h。

由上图可知，随着三价铬初始浓度的增加，氯化铬的转化率及蛋氨酸铬收率逐步增加后基本保持不变，故三价铬初始浓度选择为0.25mol/L。

（5）反应时间的影响

反应时间对氯化铬转化率及蛋氨酸铬收率的影响结果见图2-147。反应条件为（以0.01mol $CrCl_3 \cdot 6H_2O$ 计）：n(Met)∶n(NaOH)∶n($CrCl_3 \cdot 6H_2O$)＝4.25∶4.25∶1，即Met 6.4055g，NaOH 1.7g，$CrCl_3 \cdot 6H_2O$ 2.6914g，50%乙醇，氯化铬初始浓度为0.25mol/L，75℃反应。

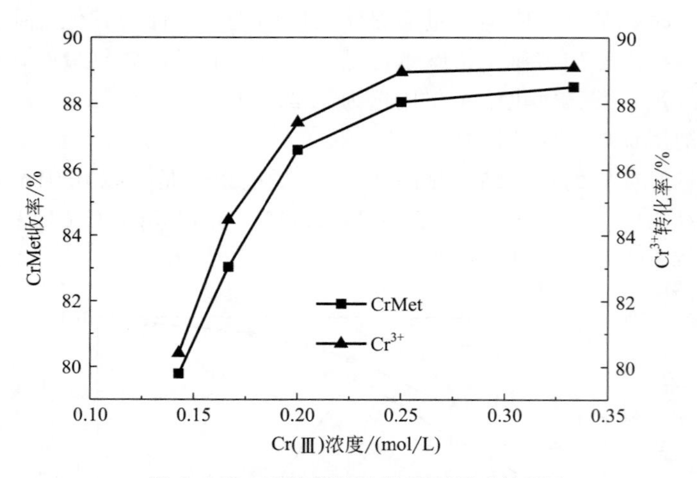

■ 图 2-146 三价铬初始浓度对反应的影响

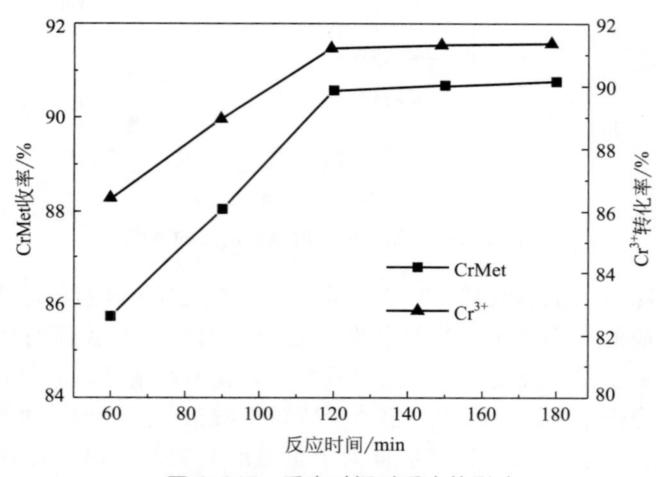

■ 图 2-147 反应时间对反应的影响

当反应时间小于 2h 时，氯化铬转化率以及蛋氨酸铬螯合物的收率随着反应时间的延长而增大，反应时间大于 2h 后，随着反应时间的延长，氯化铬转化率以及蛋氨酸铬螯合物的收率基本不变，故反应时间选为 2h。

（6）温度对反应的影响

温度对反应的影响结果如图 2-148 所示。反应条件为（以 0.01mol $CrCl_3 \cdot 6H_2O$ 计）：n(Met)：n(NaOH)：n($CrCl_3 \cdot 6H_2O$)＝4.25：4.25：1，即 Met 6.4055g，NaOH 1.7g，$CrCl_3 \cdot 6H_2O$ 2.6914g，50％乙醇 40mL，氯化铬初始浓度为 0.25mol/L，反应 2h。

由图 2-148 可以看出随着反应温度的升高，氯化铬转化率以及蛋氨酸铬螯合物的收率先增大后基本不变，在 80℃时收率最高，故反应温度选为 80℃。

（7）单因素实验小结

由单因素实验的结果得到较佳的反应条件为（以 0.01mol $CrCl_3 \cdot 6H_2O$ 计）：n(Met)：n(NaOH)：n($CrCl_3 \cdot 6H_2O$)＝4.25：4.25：1，即 Met 6.4055g，NaOH 1.7g，$CrCl_3 \cdot$

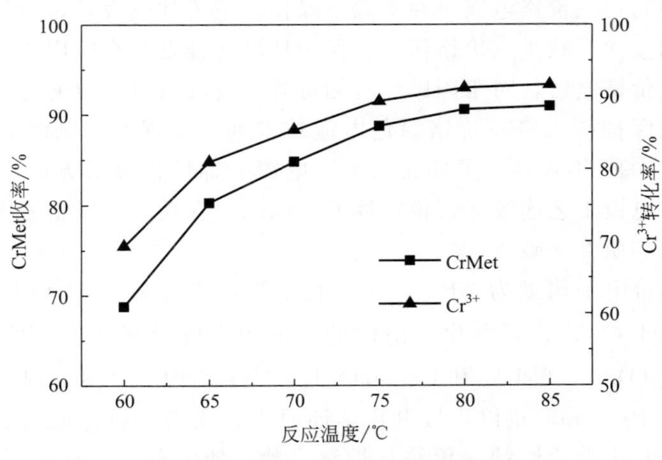

■ 图 2-148 温度对反应的影响

$6H_2O$ 2.6914g，50%乙醇，氯化铬初始浓度为 0.25mol/L，80℃反应 2h。

2.3.5.4 以六价铬为铬源氨基酸铬螯合物合成条件优化

为与现有的铬盐生产进行对接，进行了以六价铬盐为铬源制备氨基酸铬的工艺研究及优化。以六价铬盐为原料首先要将六价铬还原为三价铬，然后再与氨基酸反应得到氨基酸铬螯合物。

按照 2.3.5.3 部分类似的方法，可优化得到以六价铬盐为铬源合成氨基酸铬螯合物的工艺条件，列于表 2-12 中。

■ 表 2-12 六价铬盐为铬源氨基酸铬螯合物合成的最优条件

影响因素	蛋氨酸铬	甘氨酸铬	苏氨酸铬	苯丙氨酸铬
铬初始浓度/(mol/L)	0.5	0.1	0.5	0.5
氢氧化钠用量	与氨基酸等摩尔			
盐酸用量/mL	3.9	3.5	3.9	4.0
乙醇用量/mL	20	30	20	20
氨基酸与铬摩尔比	4.25∶1	4.5∶1	4.5∶1	4∶1
还原反应时间/min	35	40	40	40
螯合反应时间/h	4	5	4	5
反应温度/℃	81	80	80	80

2.3.6 三价铬高速电镀液的制备[92～94]

铬镀层具有优良的光亮性、耐蚀性和耐磨性，作为装饰性镀层和功能性镀层，具有广泛的应用。传统镀铬技术为六价铬电镀工艺，即以铬酐为铬源进行电镀，六价铬含量高，在电镀过程中，约有 40%～50%的铬酸随酸雾或镀件清洗水排出，是铬盐应用过程中最主要的铬污染排放源。镀铬污染占整个电镀行业污染总量的 50%以上，六价铬电镀的平均产污系数高达 55.4g/m^2 产品，经氧化还原处理后排污系数仍有 0.41g/m^2 产品。

三价铬的毒性仅为六价铬的 1%；深镀能力和均镀能力好、结晶速度快；电化学当量大，阴极电流效率高；三价铬电镀可在常温下操作，不需加热设备，节约能源；电镀时不受电流中断的影响。为了减少六价铬污染、保护环境，开发具有应用推广前景的三价铬绿色电镀技术代替六价铬电镀，对于国民经济的可持续发展具有重要的意义。工业和信息化部、科技部和环境保护部也将三价铬绿色电镀技术列入《国家鼓励的有毒有害原料（产品）替代品目录（2012 年版）》。国外在三价铬电镀装饰性铬镀层方面已经逐步开始规模化应用，但仍存在电镀工艺连续运行稳定性差的问题。在功能性厚铬方面，国内外尚未完全实现电镀技术的实质性突破。

三价铬离子的价电子构型为 $3d^3 4s^0 4p^0$，在水溶液中极易与 H_2O 形成稳定的正八面体配位化合物 $Cr(H_2O)_6^{3+}$，是电化学惰性的。采用密度泛函理论中的广义梯度近似算法，计算了 $Cr(H_2O)_6^{3+}$、CrL^{3+} 和 Cr(OH) L^{3+} 的平衡构形（图 2-149），水分子与铬离子距离仅为 2.02×10^{-10}m，难以直接电化学还原为金属铬。通过加入络合剂，置换部分水分子而形成具有电化学活性的三价铬活性络合物，使水分子与铬离子距离大于 2.04×10^{-10}m，才能发生电化学还原[13]。以 $CO(NH_2)_2$ 为主络合剂，由于其络合能力强于水分子，$CO(NH_2)_2$ 的介入使 Cr^{3+}—H_2O 之间距离增大，正对 $CO(NH_2)_2$ 的水分子与铬离子的距离为 2.07×10^{-10}m，这个水分子容易离开中心铬离子，铬离子可以在阴极界面上还原。当有 1 个 OH^- 进入铬络合物时，水分子和金属离子的距离可进一步到 2.15×10^{-10}m，将形成活性更高的三价铬络合物，从而提高三价铬沉积速率和电流效率。

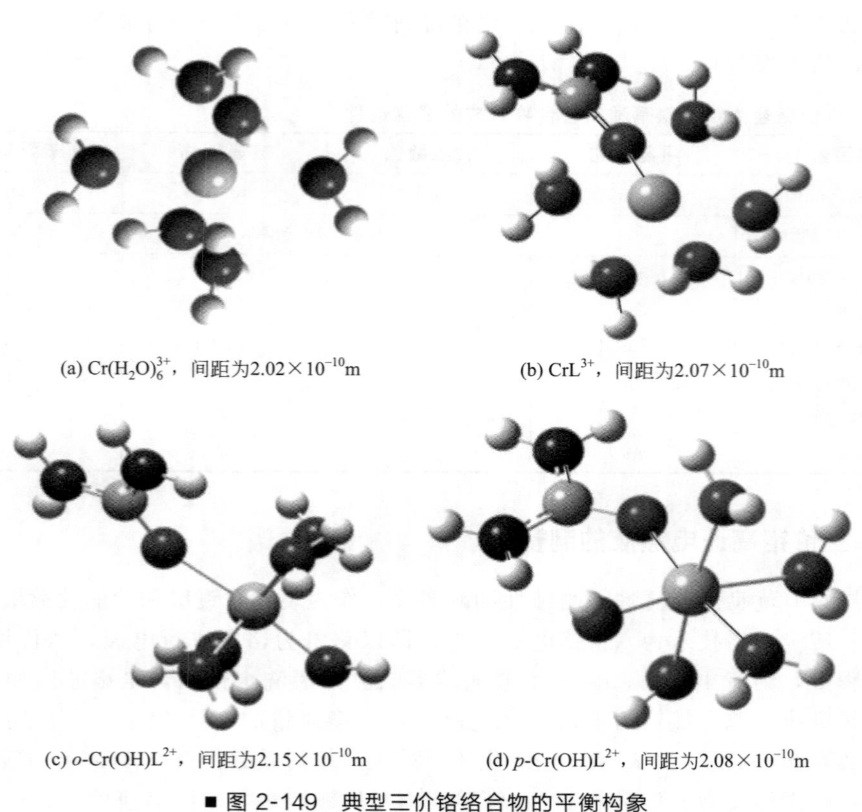

(a) $Cr(H_2O)_6^{3+}$，间距为 2.02×10^{-10}m　(b) CrL^{3+}，间距为 2.07×10^{-10}m

(c) *o*-$Cr(OH)L^{2+}$，间距为 2.15×10^{-10}m　(d) *p*-$Cr(OH)L^{2+}$，间距为 2.08×10^{-10}m

■ 图 2-149　典型三价铬络合物的平衡构象

然而，与铜、镍等镀种不同，三价铬镀液配制过程，络合物与水分子的置换反应极为缓慢，导致镀液中三价铬活性络合物含量较低，电镀速率难以提高，目前三价铬沉积速率大多低于 0.5μm/min。为了实现三价铬电镀功能厚铬，提高沉积速率是主要措施之一。因此，除了选用与三价铬离子具有适当配位能力的络合剂外，在镀液配制过程中，营造适宜的内-外部环境如 pH 值、温度、添加顺序等，促进镀液中各组分间的反应与兼容，尤其是三价铬离子与络合剂间的络合反应，可加速三价铬电镀。三价铬高速电镀镀液组成及电镀操作条件如表 2-13 所列，镀液主要由主盐、络合剂、缓冲剂、导电盐、表面活性剂等组成。在室温下配制的三价铬镀液，即使存放数天也仍然不能电沉积出金属铬，亦即没有三价铬活性络合物生成或者生成的量很少。

■ **表 2-13　三价铬镀液组成及电镀操作条件**

镀液组成及操作条件	浓度/(mol/L)
$Cr_2(SO_4)_3$	0.30～0.50
$CO(NH_2)_2$	0.70～0.90
HCOOH	0.30～0.50
$Al_2(SO_4)_3$	0.15
H_3BO_3	0.50
Na_2SO_4	0.50
表面活性剂	适量
pH 值	1.5～2.0(无单位)
电流密度/(A/dm²)	15～25
阳极	涂层阳极
温度/℃	室温

温度是影响络合反应的主要因素之一，图 2-150 为在不同条件下制备的 Cr(Ⅲ) 溶液的紫外吸收光谱图。所有谱图上都存在 2 个峰，对比溶液 a 和溶液 b 的谱图，发现经过加热的溶液，波长为 421nm 处出峰位置不变，另一峰由 585nm 移动至 582nm，2 个峰高度均明显增加。

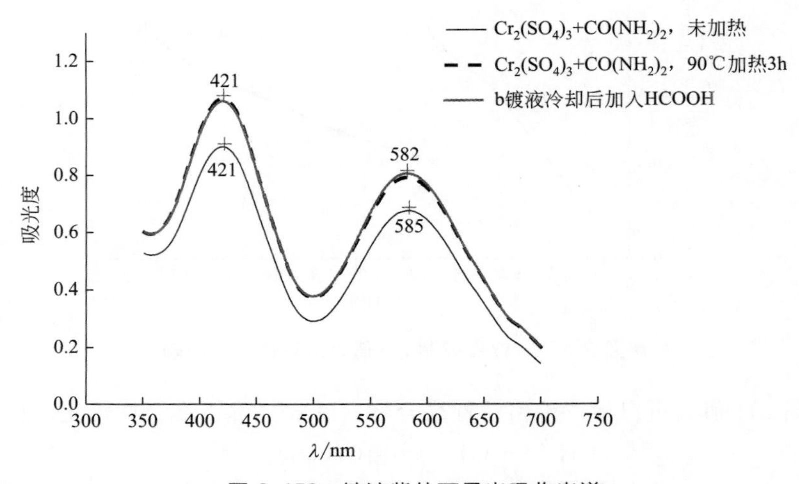

■ 图 2-150　镀液紫外可见光吸收光谱

意味着在较高温度下配制的溶液中有新的化合物生成。铬镀层可以从用溶液 b 配制的镀液中得到，而不能从用溶液 a 配制的镀液中得到，因此可以认为在较高温度下配制的溶液中生成了三价铬活性络合物，这一结论在文献中也有报道。说明升高温度可以显著增大三价铬离子与络合剂的反应速率。然而，溶液 b 和溶液 c 的紫外可见吸收光谱出峰位置和峰高都非常接近，在室温下加入的甲酸几乎不与三价铬离子反应。

根据图 2-151，配制镀液时，升高加热温度可显著提高沉积速率和效率，分别可达到 0.71μm/min 和 23.7%。在加热和陈化时，通过适当提高 pH 值，可进一步提高沉积速率，高达 0.86μm/min，如图 2-152 所示。

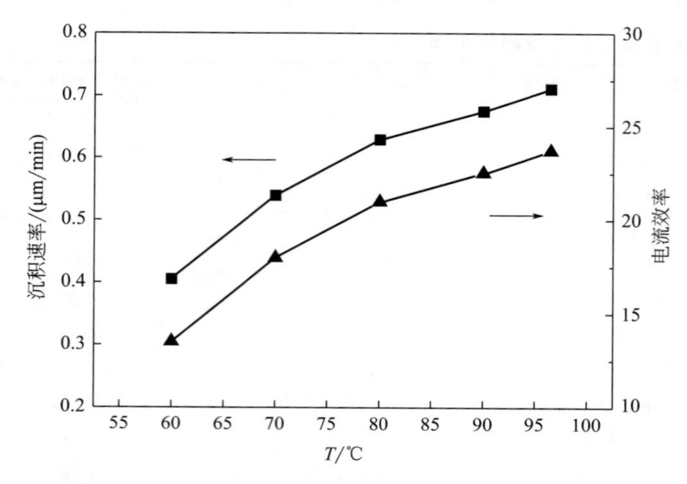

■ 图 2-151 镀液配制加热温度对沉积速率和电流效率的影响

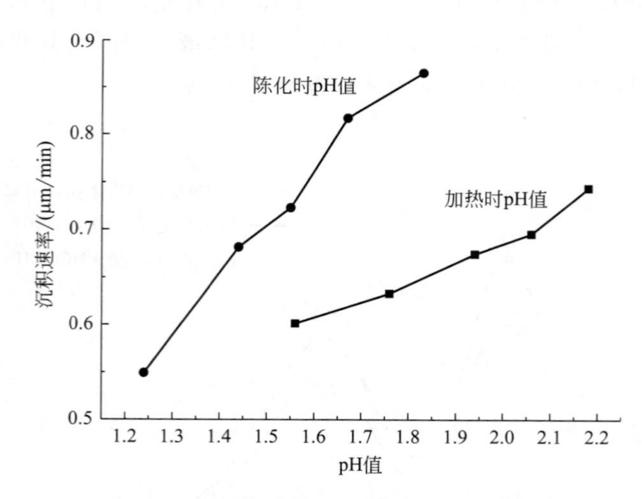

■ 图 2-152 镀液配制 pH 值对沉积速率的影响

通过提高 pH 值，可以使三价铬活性络合物向碱式三价铬络合物转化，见式(2-96)：

$$CrL^{3+} + OH^- \rightleftharpoons Cr(OH)L^{2+} \tag{2-96}$$

由于羟基进入铬络合物分子结构中，使水分子和铬离子间的距离进一步增大，增强了活性络合物铬离子得电子能力，从而提高三价铬沉积速率。因此，三价铬电化学还原过程如下：

$$Cr(OH)L^{2+} + e^- \rightleftharpoons Cr(OH)L^+ \tag{2-97}$$

$$Cr(OH)L^+ + 2e^- \rightleftharpoons Cr + OH^- + L \tag{2-98}$$

以实现三价铬高速电镀为目的，高活性三价铬镀液的配制过程如下：

a. 向镀槽中加入最终体积 1/2 的水，加热至规定温度；

b. 加入所需量 $Cr_2(SO_4)_3$，并搅拌至全部溶解；

c. 加入所需量 $CO(NH_2)_2$，搅拌全部溶解，调节至规定 pH 值，并反应 3h；

d. 补充水至 80%，冷却至室温，加入镀液其他组分，搅拌全部溶解；

e. 补充水至所需水位，调节至规定 pH 值，陈化 24h，期间定期修正 pH 值；

f. 调节 pH 值至电镀规定范围，进行试镀。

2.4 铬化工清洁工艺富铁渣的资源化利用[95~97]

针对亚熔盐清洁工艺所得尾渣，成功研发了用富铁渣制备高值脱硫剂的生产技术和工艺设备，建成了产业化生产装置，建立了资源-材料一体化的资源深加工技术平台。用富铁高活性铬渣制常温氧化铁系脱硫剂，工作硫容 20%，达半精脱硫标准，实现了铬铁矿资源综合利用和含铬废渣近零排放。

脱硫是很多化工生产中一个重要的环节，广泛应用于合成氨、甲醇、联醇、低碳醇、合成燃料、食品 CO_2 等行业。经过几十年来不断发展完善，已开发出多种脱硫方法，大致分为干法、湿法两大类，而干法常温脱硫以其工艺简单、操作方便、脱硫精度较高、能耗低而被广泛应用。目前干法脱硫剂主要有两种：一种是应用于粗脱（$H_2S<10mg/m^3$）和半精脱（$H_2S<1mg/m^3$），如氧化铁、普通活性炭等；另一种是应用于精脱（$H_2S<0.05mg/m^3$），如氧化锌、EAC 活性炭精脱硫剂等。铁的氧化物特别是水合氧化物用于气体脱硫已有上百年的历史。近年来，随着人们对资源综合利用意识的加强，科研工作者对利用副富铁渣做脱硫剂做了大量的研究，取得了很大的成果。国外主要氧化铁脱硫剂产品的性能指标见表 2-14。

表 2-14 国外氧化铁脱硫剂性能

型号	LUXmasse	N-IND	PD	P&D
产地	西德	日本	日本	印度
Fe_2O_3/%	50～60	60	60	65
原料来源	炼铝工业	天然沼铁矿 合成氧化铁	天然沼铁矿	合成氧化铁
堆密度/(g/cm^3)	0.85±0.05	0.8	0.5±0.1	0.5±0.1

续表

接触时间/s	186	36	144	186	36
压力/MPa	1.42	常压	常压	1.42 或常压	常压
空速/h^{-1}	380	100	25	280	100
净化气体	煤气	CO_2	煤气	煤气	CO_2
硫容/%	25	30	51	51	39

现场富铁渣的全分析结果见表 2-15。

表 2-15 富铁渣元素含量 ICP-OES 分析测定结果

元素	Fe	Al	Mg	Cr	Si	K
含量/%	15.84	6.95	4.09	0.14	0.97	4.51

从检测结果得知现场富铁渣的 Fe 含量 15.84%，折合成 Fe_2O_3 含量为 22.6%，可以用于制备脱硫剂。

原料前期处理：CaO 在 900～1000℃下煅烧 2h（使部分 $CaCO_3$ 转变为 CaO）；硫酸钙在 200℃下煅烧 2h（如使用无水硫酸钙则不需煅烧）。

脱硫剂检测流程（见图 2-153）：为了使脱硫剂强度好的同时硫容也较高，针对硫容设计了正交实验表，对于正交实验的最优组合代入脱硫剂强度最优边界方程中检验，位于脱硫剂强度最优区域中，所以最佳条件为每 10g 富铁渣中添加 3gCaO、1g 硫酸钙、3.5g 硝酸钙，煅烧温度为 500℃。脱硫检测条件见表 2-16。

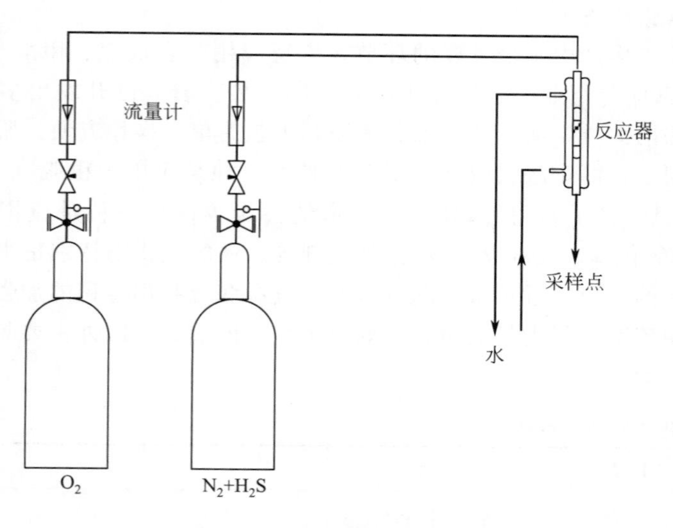

■ 图 2-153 脱硫剂检测流程简图

表 2-16 脱硫检测条件

温度/℃	压力/MPa	空速/h^{-1}	粒径/mm	高径比	进口浓度/(g/m^3)
30～70	0.1	1000～3000	0.15～0.28	3∶1	151.48

从图 2-154 脱硫剂的脱硫效果可看出，脱硫精度在 1mg/m³ 以下，属半精脱水平。脱硫剂的硫容为 28.8%（Fe_2O_3 的含量为 35%）。

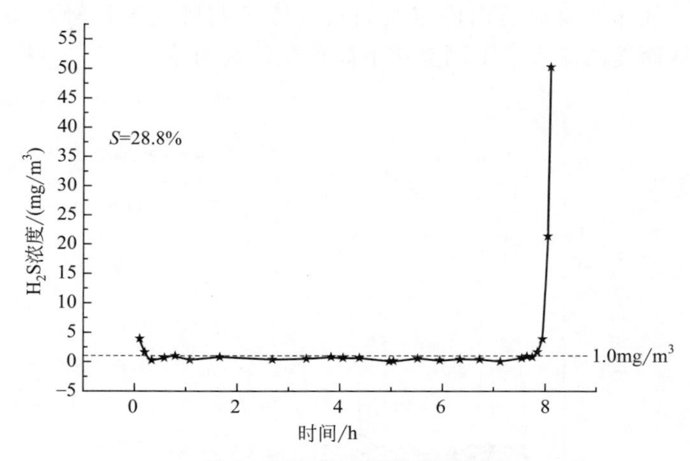

■ 图 2-154 脱硫剂的穿透曲线

脱硫剂性能影响因素如下。

（1）氧化铁含量的影响

现场富铁渣中，由于原料的改变其铁含量会有一定的变化。氧化铁含量的高低对脱硫剂的脱硫性能有重要的影响。图 2-155 为不同铁含量的脱硫剂穿透曲线。从图中可以看出铁含量越高，脱硫效果越好，这是由于氧化铁含量的增加，参与反应的活性氧化铁量增加所致。不同氧化铁含量下脱硫剂的硫容见表 2-17。

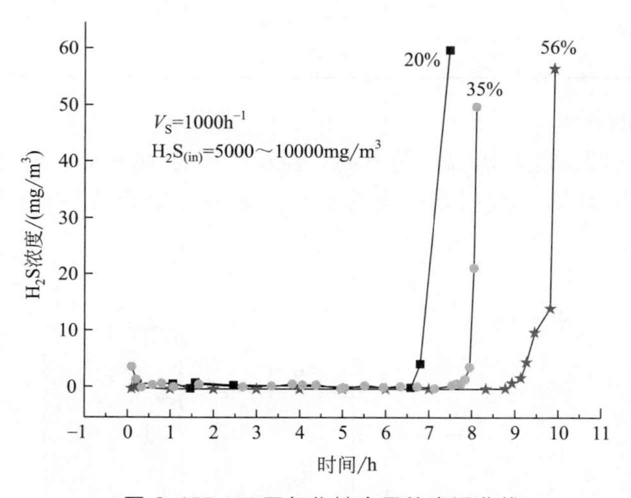

■ 图 2-155 不同氧化铁含量的穿透曲线

■ 表 2-17 不同氧化铁含量下脱硫剂的硫容

序号	渣中氧化铁含量/%	穿透硫容
1	20	23.4%
2	35	28.8%
3	56	35.4%

（2）空速对脱硫效率的影响

不同空速下脱硫剂的脱硫穿透曲线见图 2-156。结果表明，空速越低脱硫效果越好。这是由于空速低，气体在反应器内停留时间长，H_2S 与脱硫剂接触时间也越长，有利于脱硫反应发生，从而提高硫容。不同空速下同种脱硫剂的硫容见表 2-18。

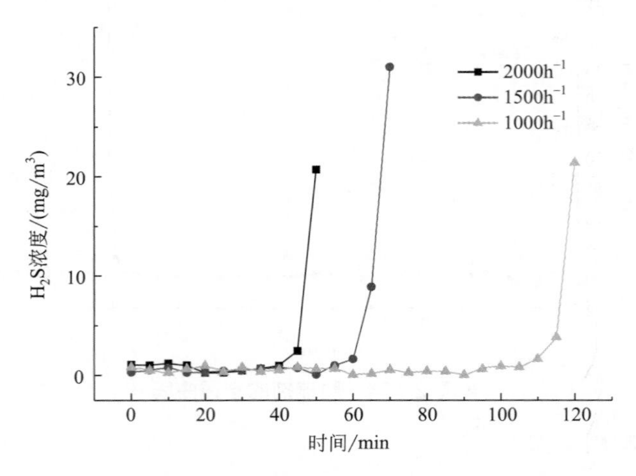

■ 图 2-156　空速对穿透曲线的影响

■ **表 2-18　不同空速下同种脱硫剂的硫容**

序号	空速/h^{-1}	穿透硫容/%
1	1000	35.4
2	1500	19.2
3	2000	13.3

（3）反应温度的影响

图 2-157 结果表明：随脱硫温度的升高，脱硫效率逐渐增加。说明反应温度的升高有利于气体的扩散，使 H_2S 与脱硫剂的充分接触，有利于硫化反应的发生，从而使脱硫效率得到提高。

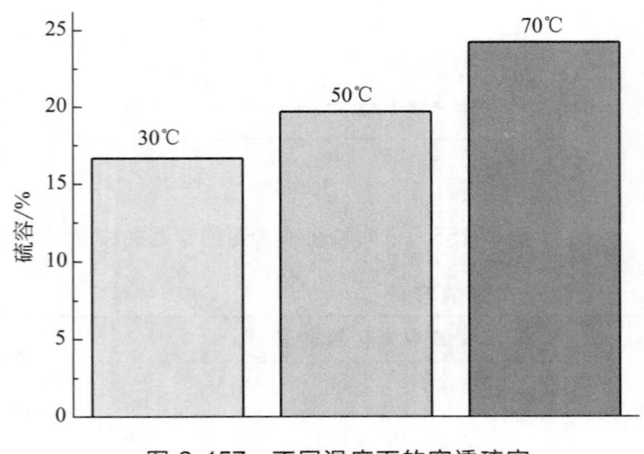

■ 图 2-157　不同温度下的穿透硫容

（4） 自制脱硫剂与商品脱硫剂的吸附性能比较

用35%Fe_2O_3 的铬渣为原料制成的脱硫剂，与三聚公司的产品JX-3A比较如图2-158所示。

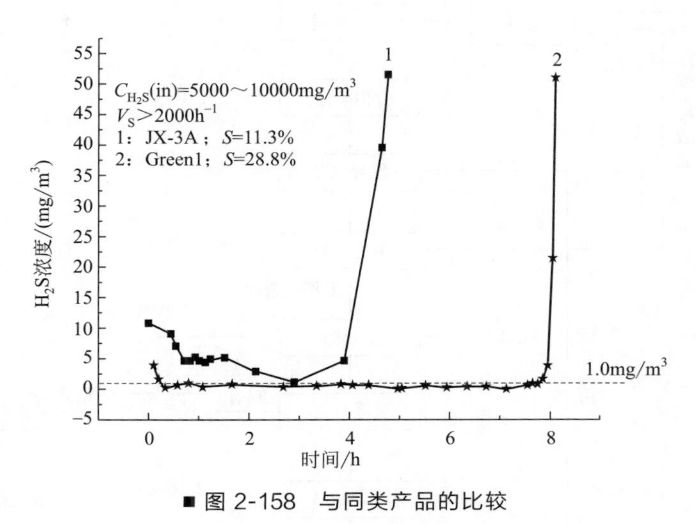

■ 图 2-158 与同类产品的比较

由图2-158可看出富铁渣所制脱硫剂的硫容、脱硫精度都优于同类产品JX-3A，一次硫容增大1倍以上，脱硫精度可达精脱或半精脱。

2.5 过程设备量化放大与系统集成[98]

2.5.1 钾系亚熔盐法铬盐清洁生产工艺全流程

2.5.1.1 工艺流程简介

本工艺采用氢氧化钾亚熔盐介质使铬铁矿原料中主要组分铬和铁被空气中的氧气氧化，钾系介质离子活度系数高、反应活性强、盐析效应强，更有利于反应/分离和介质循环。反应完成后向体系中加入低浓度碱液（铬酸钾蒸发结晶母液）进行稀释，并采用离心分离的方式实现稀释浆料中铬渣/铬酸钾固体混合物和浸取液（氢氧化钾溶液）的初级分离。浸取液经蒸发浓缩后返回液相氧化系统循环使用。向铬渣与铬酸钾固体混合物中加入稀碱液（铬渣洗涤液）和除杂剂进行浸取并同步除杂，将除杂后浆料进行过滤分离。滤饼（铬渣）经在线深度脱铬和造粒干燥后制得脱硫剂副产品。利用氢氧化钾对铬酸钾的盐析效应，将滤液进行蒸发盐析结晶分离后制得铬酸钾晶体，结晶母液（氢氧化钾溶液）作为低浓度碱液返回进行稀释结晶。在一定温度下，采用氢气还原铬酸钾晶体，还原产物经浆洗脱碱、高温煅烧、浆洗脱铬、干燥破碎后制得氧化铬产品。氢还原反应副产物氢氧化钾（洗涤液）经蒸发浓缩后返回液相氧化系统循环使用。工艺流程简图如图2-159所示。

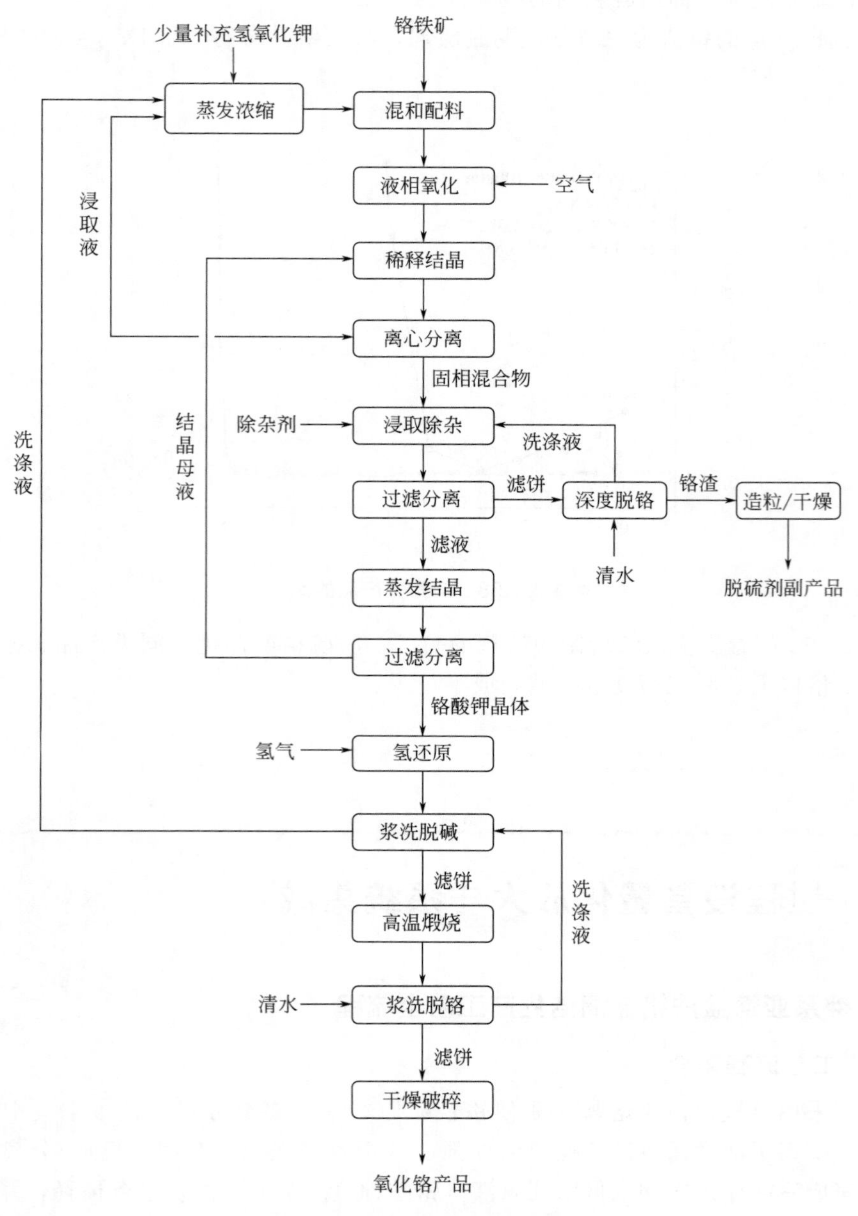

■ 图 2-159 工艺流程简图

2.5.1.2 工艺的创新点及特色

与传统有钙焙烧工艺比较，本工艺在原辅料、反应方式、产品路线、固废产出等方面均实现了较大的改进和提升。本工艺创新点及特色如下。

① 建立了低温高效清洁转化铬铁矿资源的亚熔盐液相氧化原子经济性反应新系统与工业化核心技术，以 320℃气液固三相反应系统取代传统的 1150℃回转窑气固焙烧，降低能源消耗，提高了资源转化利用率，并实现了铬渣产生量的源头削减。

② 开发了铬酸钾低温氢还原法短流程制备氧化铬产品清洁工艺，取代重污染的铬酸酐热分解工艺，实现了碱金属亚熔盐介质再生循环，降低了生产成本。

③ 工艺过程产生的铬渣疏松多孔，氧化铁含量高达40%以上，易于实现深度脱铬并可用于生产铁系脱硫剂副产品，工作硫容优于商业脱硫剂产品，实现了铬铁矿资源综合利用与铬渣近零排放。

2.5.2 典型过程装备设计、选型与应用

2.5.2.1 气升式环流反应器

气升式环流反应器分为内环流、外环流两种类型，可以间歇操作，也可以连续操作。气升式环流反应器是由鼓泡反应器改进而来的新型反应器，它综合了鼓泡床和搅拌釜的性能。与鼓泡床反应器相比，环流反应器具有液体定向流动的特点，在较低的表观气速之下即可以实现固体颗粒的完全悬浮，是用于气-液或气-液-固相过程的接触性反应装置，对于反应物之间的混合、扩散、传热和传质均很有利。其独特的几何特性使其具有结构简单、操作方便、造价低、易密封、能耗低、剪切应力低、反应溶液分布均匀、混合好、较高的溶氧速率和溶氧效率等优点。广泛应用于生化过程（发酵、酶反应）、化学工业、环境工程、冶金及煤的液化和加工。

湿法冶金中的浸取反应多为气-液-固三相反应，特别是对硫化矿物，需经氧化才能被浸出。首先气相中的氧需经扩散进入液相，然后再扩散至固体表面，进而在固体内部扩散并参与反应，氧化后生成的金属离子再经反扩散进入溶液，在这一连串的步骤中，最慢的常常是氧自气相通过气液界面处的液膜向液相内的扩散。气升式环流反应器作为气-液-固三相反应器除具有良好的混合及悬浮条件外，同时也能提供较大的气液界面积及剧烈的湍动，促进物质交换，有较高的液膜传质系数。本示范工程气升式环流三相反应器系统——气体提升流体、输送系统设计与操作控制由中国科学院过程工程所李佐虎研究员首次自行设计完成，设备多年运行良好（图2-160）。

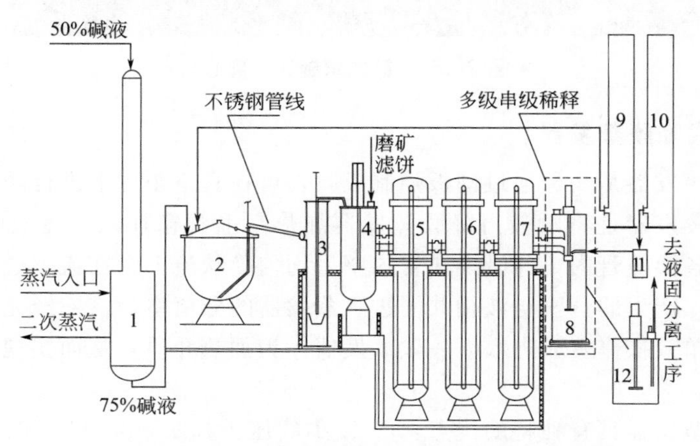

■ 图2-160 气升式环流三相反应器系统示意

1—低温真空蒸发器；2—熬碱锅；3—85% KOH储槽；4—配料槽；5—1号反应器；6—2号反应器；7—3号反应器；8—稀释槽；9—50% KOH储槽；10—30% KOH储槽；11—洗液槽；12—输浆槽

2.5.2.2 卧式螺旋卸料离心机

卧式螺旋卸料离心机是用离心沉降原理分离悬浮液的设备。对固相颗粒当量直径≥3μm、重量浓度比≤10%或体积浓度比≤70%、液固密度差≥0.05g/cm^3 的各种悬浮液均合采用该类离心机进行液固分离。其工作原理是：当要分离的悬浮液进入离心机转鼓后，比液相密度大的固相颗粒在转鼓强大离心力作用下快速沉降到转鼓内壁，离心机内部的螺旋输送器把沉积在转鼓内壁的固相推向转鼓小端的干燥区进一步脱水，然后经出渣口排出，分离后的清液则从转鼓大端溢流堰流出。

卧式螺旋离心机可以提供高固相回收率，在分离相对密度大的固相时具有很好的承载能力，独特的耐磨设计可以有效缓解高硬度固体颗粒对机体的磨损。而且其具有体积小、密封性好、连续运行且能自动遥控等优点，可以用在悬浮液的浓缩、澄清、脱水、浓缩脱水一体以及粒度分级等多个领域，广泛应用于冶金、化工、泥浆处理、环保行业、食品和饮料、石油和天然气、动物产品和生物燃料、微粉、生物科技与制药、三相分离等行业。设备如图 2-161 所示。

■ 图 2-161 卧式螺旋卸料离心机

2.5.2.3 刮板式降膜蒸发器

刮板式降膜蒸发器是一种通过刮板强制成膜，可在真空条件下进行降膜蒸发的新型高效蒸发器。降膜蒸发器是将料液自降膜蒸发器加热室上管箱加入，经液体分布及成膜装置，均匀分配到各换热管内，并沿换热管内壁呈均匀膜状流下。在流下过程中，被壳程加热介质加热汽化，产生的蒸汽与液相共同进入蒸发器的分离室，汽液经充分分离，蒸汽进入冷凝器冷凝（单效操作）或进入下一效蒸发器作为加热介质，从而实现多效操作，液相则由分离室排出。

刮板式降膜蒸发器具有独特的优点：a. 极小的压力损失；b. 可实现真正真空条件下操作；c. 适应性强、操作方便；d. 高传热系数，高蒸发强度；e. 低温蒸发，能保证物料在蒸发过程中不变性，尤其是适用于热敏性物料；f. 过流时间短；g. 可利用低品位蒸汽，节能降耗；h. 运行费用低。在石化、精细化工、农药、食品、医药、生物化工等行业中广泛应用于蒸发、浓缩、脱溶、提纯、汽提、脱气、脱臭等过程。设备见图 2-162。

2.5.2.4 回转式氢还原反应器

(1) 动密封多用回转炉

动密封多用回转炉是全面创新改进的新一代粉末冶金设备。适用于将高熔点有色金属化合物煅烧还原熔解成氧化物，尤其适用于优质紫钨生产的一种高效、环保、节能的回转炉。该设备采用独创的双重动密封技术，是生产达国际水平用紫钨生产超细晶粒硬质合金、超细碳化钨粉及其硬质合金的最佳配套设备，实现了设备的技术升级，其主要特点如下。

■ 图 2-162 刮板式降膜蒸发器

① 该设备的新型动密封装置，在各种不同温度、转速时，在 −2～15kPa 压力时不泄漏，密封件使用寿命大于 15000h。

② 该设备采用小风量、能防止因抽力过大而导致的物料损失，使粉末回收率达到 99.5%以上。

③ 该设备运行成本低，安全性能稳定。可不通氨气，用 APT 生产优质蓝钨；可通氢气，生产 99%以上单相紫钨。

④ 新型滑轨传动能确保炉管伸缩自如，传动稳定可靠同时设有炉管中部支撑保护，手动盘炉管装置能防止炉管变形，延长炉管使用寿命。

⑤ 改进后的锥形出料料仓增设搅拌清理装置，物料畅通，避免物料结团现象，产品质量稳定。在节能方面效果明显，具有能耗低、热效率高、保温性能好的特点，炉体表面温升（除两端）≤35℃。它主要用于水泥工业中煅烧水泥熟料，也用于耐火材料及陶瓷工业煅烧粒状及粉状物料和在上述工业中干燥各种原料。在化学工业中广泛用于干燥、脱水以及焙烧物料。设备如图 2-163 所示。

■ 图 2-163 动密封多用回转炉

（2）回转管式电炉

回转管式电炉采用进口回转管还原炉的石墨环球面密封结构，密封可靠。电阻丝悬挂布置在炉膛两侧面和底面，炉管均匀受热。耐火纤维炉衬保温效果好，可通 H_2 或 N_2 等保护气体，±10kPa 可自动控制。进料采用螺旋给料器，出料采用锁风阀。炉管及给料螺旋转速无级变速。粉料与工艺气体接触均匀充分，是生产均匀、细颗体金属粉末的理想炉型。可应用于氧化钨粉或其他金属氧化物通过 H_2 还原生成钨粉或其他纯金属粉末等领域。回转管式电炉如图 2-164 所示。

■ 图 2-164 回转管式电炉

2.6 万吨/年铬化工清洁生产产业化示范工程及推广应用

2.6.1 示范工程概况

中国科学院过程工程研究所开拓了钾系亚熔盐液相氧化法铬盐清洁工艺与集成技术，在河南义马建成万吨级示范装置。合作企业中蓝义马铬化学公司与中科院过程所研发团队密切合作，主体工程一次性试车成功，生产出合格重铬酸钾产品。多年整改历程中团队不屈不挠，艰苦拼搏。该示范装置在国内外首次实现了铬渣近零排放，从生产源头消除了铬渣、含铬粉尘和废气对人体健康和生态环境的危害，环境效益显著，继续追求降低全分离周期成本和产品高端化。图 2-165 为厂区外景。

2011 年，工业与信息化部将“钾系亚熔盐法铬盐清洁工艺与集成技术”列为“十二五”《铬盐行业清洁生产技术推广方案》中的推广技术。2011 年 11 月，环境保护部环评处、环境保护部环境工程评估中心等部门领导会同相关专家对铬盐清洁生产示范装置进行

■ 图 2-165 中蓝义马铬化学有限公司的厂区外景

了现场环保验收，对项目进展情况给予了高度评价。

2.6.2 装置生产运行情况

2.6.2.1 生产工序与车间划分

图 2-166 是由中科院过程所自行设计的钾系亚熔盐液相氧化法铬盐清洁工艺设备流程。该工艺可分为液相氧化工序、液固分离工序、氢还原工序、重铬酸钾制备工序、脱硫

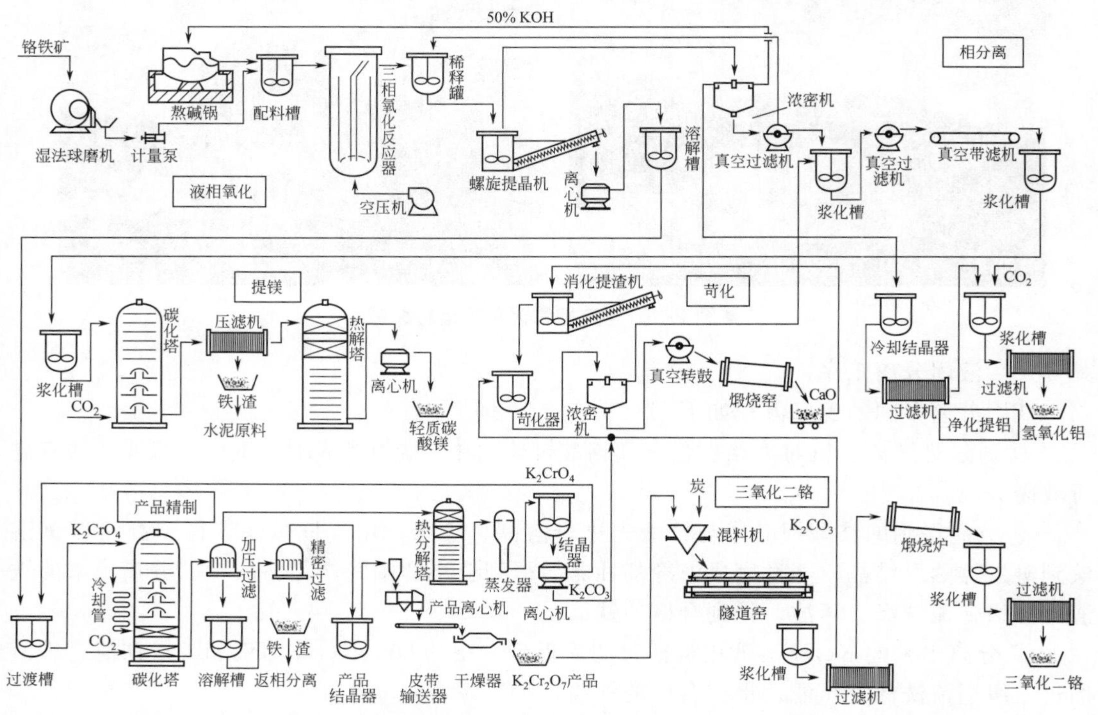

■ 图 2-166 钾系亚熔盐液相氧化法铬盐（$K_2Cr_2O_7 \cdot Cr_2O_3$）清洁工艺设备流程

剂工序，所以示范工程现场相应划分为液相氧化车间、液固分离车间、氢还原车间、重铬酸钾车间及脱硫剂车间。

（1）液相氧化工序

液相氧化车间采用钾碱液相氧化法清洁生产工艺，把外购铬铁矿经球磨机粉碎至200目98%以上过筛率，后使其与液固分离车间30%碱液和熬碱锅熬出来的70%左右的KOH溶液一起进入配料槽，均匀混合后进入三相氧化反应器进行反应，生成铬酸钾，铬铁矿的转化率由传统工艺的70%提高到95%以上。反应器出来的浆料通过稀释送到液固分离车间。图2-167为液相氧化车间运行装置。

■ 图 2-167 液相氧化车间运行装置

（2）液固分离工序

液固分离车间的工序流程如下。

① 通过卧螺离心机对液相氧化车间铬酸钾浆料中的铬酸钾晶体、KOH溶液、铁渣进行液固分离。

② 分离得到的铬酸钾晶体与铁渣先进行溶晶、除杂，用板框过滤，得到高铬低碱溶液到蒸发器蒸发结晶，蒸发完成液冷却抽滤后得到合格的中间产品铬酸钾。分离出来的铁渣经三级逆流洗涤、压滤，得到合格的铁渣。

③ 分离出来的KOH溶液用板框过滤后得到合格的50%KOH溶液和少量铁渣，铁渣通过三级逆流洗涤、压滤，得到合格的铁渣。

④ 蒸发所得的铬酸钾晶体，作为原料供应氢还原车间和重铬酸钾车间使用。

⑤ 分离后得到的50%KOH溶液作为原料供应液相氧化车间反应使用。

⑥ 分离处理后得到的铁渣作为原料供应脱硫剂车间生产脱硫剂。

图2-168为液固分离车间运行装置。

■ 图2-168 液固分离车间运行装置

(3) 氢还原工序

氢还原车间主要是用液固分离车间半成品铬酸钾和车间自制氢气在高温下进行反应，还原产物经过浆化洗涤、过滤、高温煅烧、浆化洗涤、干燥后，得到最终产品三氧化二铬。图2-169为氢还原车间运行装置。

■ 图2-169 氢还原车间运行装置

(4) 重铬酸钾制备工序

重铬酸钾制备车间主要是将液固分离车间半成品铬酸钾溶解后和二氧化碳在加压条件下进行碳酸化反应，反应产物经离心分离和干燥后，得到重铬酸钾产品。图2-170为重铬酸钾车间运行装置。

(5) 铬渣工序

脱硫剂车间把液固分离车间出来的解毒铁渣经晾晒、过磅后，与适量的石灰、锯末进行混合，混合料到粗造粒机进行第一次造粒，再到细造粒机造粒，干燥后得到合格的脱硫剂。图2-171为铬渣制备脱硫剂车间运行装置。

■ 图 2-170　重铬酸钾车间运行装置

■ 图 2-171　铬渣制备脱硫剂车间运行装置

2.6.2.2　运行效果

工业运行结果表明：液相氧化车间的铬转化率可达 99%，液固分离车间的晶体分离效率大于 99%，铬工业回收率大于 96%，较传统工艺提高 20%，较国际最先进的无钙焙烧技术提高 5%～10%。资源利用率由传统工艺的 20%提高到 90%，富铁渣用于生产铁系脱硫剂综合利用产品，并实现了无含铬工艺废水和粉尘废气的排放。钾系亚熔盐液相氧化法铬盐清洁工艺氧化铬生产流程短，实现了反应介质的再生循环，单位产品能耗较传统工艺下降 20%。经测算，在同等生产规模下，该工艺在减少单耗和产品增值方面的优势可使氧化铬生产成本较传统有钙焙烧工艺下降约 17%。钾系亚熔盐法铬盐清洁工艺与集成技术在国内外首次实现了铬渣近零排放，从生产源头消除了铬渣、含铬粉尘和废气对人体健康和生态环境的危害，环境效益显著。

参 考 文 献

[1]　成思危，丁翼，杨春荣．铬盐生产工艺［M］. 北京：化学工业出版社，1988.

[2] 纪柱．碳素铬铁制铬盐 [J]. 铬盐工业，2003，1(1)：1-17.
[3] 纪柱．铬铁矿无钙焙烧的反应机理 [J]. 无机盐工业，1997，18(1)：8-21.
[4] 张大威，李霞，纪柱．铬铁矿无钙焙烧工艺参数控制研究 [J]. 无机盐工业，2012，44(6)：37-39.
[5] 丁翼, 纪柱．铬化合物生产与应用 [M]. 北京: 化学工业出版社, 2002.
[6] Tathavakar V D，Antony M，Jha A. The Physical Chemistry of Thermal Decomposition of South African Chromite Minerals [J]. Metall. Mater. Trans. B，2005，36(1)：75-84.
[7] Tathavadkar V D，Jha A，Antony M. The Effect of Salt-Phase Composition on the Rate of Soda-Ash Roasting of Chromite Ores [J]. Metall. Mater. Trans. B，2003，34(5)：555-563.
[8] Tathavadkar V，Clavert C，Antony M，et al. Effect of Temperature and Oxygen Partial Pressure on the Phase Equilibria in Natural chromite spinels [C]. in EPD Congress 2000 as held at the 2000 TMS Annual Meeting. 145-157.
[9] Garbers A M，Van Vuuren C P J. A Thermoanalytical Study of the Solid State Reactions in the Cr_2O_3-Na_2CO_3-O_2 System [J]. Thermochim. Acta，1987，120(0)：9-17.
[10] Sastri M，Hill J. Reaction between Chromium(Ⅲ) Oxide and Oxygen in the Presence of Sodium Carbonate [J]. J. Therm. Analy.，1977，11(2)：323-326.
[11] Tathavadkar V，Jha A，Antony M. The Soda-Ash Roasting of Chromite Minerals: Kinetics Considerations [J]. Metall. Mater. Trans. B，2001，32(4)：593-602.
[12] 李小斌，齐天贵，彭志宏，等．铬铁矿氧化焙烧动力学 [J]. 中国有色金属学报，2010，20(9)：1822-1828.
[13] Antony M，Jha A，Tathavadkar V. Alkali Roasting of Indian Chromite Ores: Thermodynamic and Kinetic Considerations [J]. Miner. Process. Extr. Metall.，2006，115(2)：71-79.
[14] Subbanna S N，Morgan T R，Frick D G. Disintegration of chromites [P]. US Patents，1985.
[15] Meussdoerffer J N，Niederprum H，Nieder-Vahrenholz H G，et al. Disintegration of silica-rich chromite [P]. US Patents，1978.
[16] 纪柱．铬铁矿无钙焙烧工艺试验的经验 [J]. 铬盐技术通讯，1992,(2)：40-68.
[17] Arndt U，Batz M，Bellinghausen R，et al. Method for manufacturing alkali chromates from chromte ore [P]. US Patents，1996.
[18] 纪柱．铬铁矿酸溶生产三价铬化合物 [J]. 铬盐工业，2012，2(1)：83-87.
[19] Amer A. Processing of Ras-Shait Chromite Deposits [J]. Hydrometallurgy，1992，28(1)：29-43.
[20] Vardar E. 铬铁矿酸溶 [J]. 铬盐工业，2002，1(002)：11-27.
[21] 史培阳，姜茂发，刘承军．一种碱式硫酸铬的制备方法 [P]. 中国发明专利: CN1526646，2004.
[22] 刘承军，史培阳，姜茂发．一种硫酸浸出处理铬铁矿的方法 [P]. 中国发明专利: CN101979679A，2011.
[23] Sharma T. The Kinetics of Iron Dissolution from Chromite Concentrate [J]. Miner. Eng.，1990，3(6)：599-605.

[24] Geveci A, Y Topkaya, E Ayhan. Sulfuric Acid Leaching of Turkish Chromite Concentrate [J]. Miner. Eng. , 2002, 15(11): 885-888.

[25] Liu C J, Qi J, Jiang M F. Experimental Study on Sulfuric Acid Leaching Behavior of Chromite with Different Temperature [J]. Adv. Mater. Res. , 2012, 361: 628-631.

[26] 史培阳，刘承军，姜茂发．由多组分溶液中分离铬离子和铁离子的方法 [P]. 中国发明专利: CN 101974688A, 2011.

[27] 史培阳．铬铁矿硫酸浸出制备碱式硫酸铬清洁生产工艺研究 [D]. 沈阳: 东北大学, 2002.

[28] 胡国荣，王亲猛，彭忠东，等．高碳铬铁制备氢氧化铬的研究 [J]. 无机盐工业, 2010,(111): 30-32.

[29] 吴慎初．用铬铁生产铬盐新工艺研究 [J]. 无机盐工业, 1995, 4(6): 1-3.

[30] 纪柱．碳素铬铁水热法制红矾钠 [J]. 无机盐工业, 2012, 44(2): 44-47.

[31] 梅海军，王劲松，宋卫国，等．铬酸盐的高效、节能、清洁的制造方法 [P]. 中国发明专利: CN 1015084668, 2011.

[32] Kashiwase K, Sato G, Narita E, et al. The Kinetics of Oxidation Reaction of Chromite by NaOH-KNO_3 Molten Salts [J]. Nippon Kagaku Kaishi, 1975, 9: 54-59.

[33] Hundley G L, Nilsen D, Siemens R E. Extraction of Chromium from Domestic Chromites by Alkali Fusion [M]. US Department of the Interior, Bureau of Mines, 1985.

[34] Hundley G L. Na_2CrO_4 from Domestic Chromite Concentrates by an Alkali-Fusion Method [M]. US Department of the Interior, Bureau of Mines, 1988.

[35] Arslan C, Orhan G. Investigation of Chrome (Ⅵ) Oxide Production from Chromite Concentrate by Alkali Fusion [J]. Int. J. Miner. Process. , 1997, 50(1): 87-96.

[36] Yildiz K, Sengil I A. Investigation of Efficient Conditions for Chromate Production from Chromite Concentrate by Alkali Fusion [J]. Scand. J. Metall. , 2004, 33(4): 251-256.

[37] Kashiwase K, Mita M, Kon T, et al. Methanol Leaching of Reaction Product of Chromite with Molten Sodium Salts [J]. Nippon Kagaku Kaishi, 1975, 9: 1491-1495.

[38] 郑诗礼，张懿．铬铁矿熔盐液相氧化新反应系统的热力学分析 [J]. 中国有色金属学报, 1999, 9(4): 800-804.

[39] 徐霞，张懿，王志宽．铬铁矿液相氧化的热力学分析 [J]. 过程工程学报, 1996, 1: 003.

[40] Zheng S, Zhang Y. Thermodynamic Study of Chromite Caustic Fusion Process [J]. Acta. Metall. Sin. -Engl. , 2001, 14(1): 47-55.

[41] 杨流学．铬铁矿在 NaOH 熔盐体系中液相氧化的物理化学研究 [D]. 北京: 中国科学院化工冶金研究所, 1996.

[42] Zhang Y, Li Z H, Qi T, et al. Green Chemistry of Chromate Cleaner Production [J]. Chin. J. Chem . 1999, 17(3): 258-266.

[43] 邹兴，张懿．铬酸钠共存对铝酸钠溶液种分的影响 [J]. 环境化学, 2000, 19(5): 470-473.

[44] 邹兴，张懿．Na_2O-CrO_3-Al_2O_3-H_2O 四元水盐体系高碱区相图 [J]. 化工冶金,

2000，21(3)：248-251.

[45] 郑诗礼．铬盐清洁工艺液相氧化过程的基础研究与优化 [D]. 北京：中国科学院过程工程研究所，2000.

[46] Kashiwase K，et al. Appropriate oxidizing conditions of chromite with molten sodium salts [J]. Nippon Kagaku Kaishi，1974，3：469-473.

[47] Chandra D，Magee C B，Leffler L. Extraction of chromium from low-grade chromium-bearing ores [M]. Denver Research Inst.，CO. PB83-106781. 1982.

[48] 邹兴．Al^{3+}/Na^{+}/CrO_4^{2-}/OH^{-} 四元系分离的基础化学研究 [D]. 北京：中国科学院过程工程研究所，1998.

[49] 崔金兰．铬酸盐多元水盐体系相图及相分离基础性研究 [D]. 北京：中国科学院过程工程研究所，2000.

[50] 张洋．钠系铬盐清洁工艺应用基础研究 [D]. 北京：中国科学院过程工程研究所，2010.

[51] Sun Z，Zheng S，Zhang Y. Thermodynamics Study on the Decomposition of Chromite with KOH [J]. Acta. Metall. Sin. -Engl.，2007，20(3)：187-192.

[52] Xu H B，Zheng S L，Zhang Y，et al. Oxidative Leaching of a Vietnamese Chromite Ore in Highly Concentrated Potassium Hydroxide Aqueous Solution at 300℃ and Atmospheric Pressure [J]. Miner. Eng.，2005，18(5)：527-535.

[53] Cui J L，Zhang Y. Study on the KOH+ K_2CrO_4+ K_2CO_3+ H_2O System [J]. Journal of Chemical & Engineering Data，2000，45(6)：1215-1217.

[54] Zhang Y，Li Z H，Qi T，et al. Green Manufacturing Process of Chromium Compounds [J]. Environ. Prog.，2005，24(1)：44-50.

[55] Xu H B，Zhang Y，Li Z H，et al. Development of a New Cleaner Production Process for Producing Chromic Oxide from Chromite Ore [J]. J. Cleaner. Prod.，2006，14(2)：211-219.

[56] 曲景奎，郑诗礼，徐红彬，等．铬铁矿液相氧化产物的杂质分离及钾碱循环 [J]. 湿法冶金，2007，26(4)：193-197.

[57] 王少娜，郑诗礼，张懿．铬盐清洁生产工艺中铝硅的脱除 [J]. 中国有色金属学报，2007，17(7)：1188-1194.

[58] Zheng S，Zhang Y，Li Z，et al，Xu H. Green Metallurgical Processing of Chromite [J]. Hydrometallurgy，2006，82(3)：157-163.

[59] 孙峙．铬铁矿清洁工艺优化及基础研究 [D]. 北京：中国科学院过程工程研究所，2007.

[60] 杜春华．铬铁矿亚熔盐清洁生产过程中相平衡的应用基础研究 [D]. 北京：中国科学院过程工程研究所，2007.

[61] 陈刚．铬铁矿钾系亚熔盐强化浸出新过程应用基础研究 [D]. 北京：中国科学院过程工程研究所，2014.

[62] Van't Riet K. Review of Measuring Methods and Results in Nonviscous Gas-Liquid Mass Transfer in Stirred Vessels [J]. Industrial & Engineering Chemistry Process Design and Development, 1979, 18 (3)：357-364.

[63] Juarez P, Orejas J. Oxygen Transfer in a Stirred Reactor in Laboratory Scale [J]. Latin Amer. App. Res., 2001, 31: 433-439.

[64] Levenspiel O. Chemical Reaction Engineering [M]. New York: Wiley, 1972.

[65] Sohn H Y, Wadsworth M E. Rate Processes of Extractive Metallurgy [M]. New York: Plenum Publishing Corporation, 1979.
[66] Baruthio F. Toxic Effects of Chromium and Its Compounds [J]. Biol. Trace Elem. Res., 1992, 32 (1): 145-153.
[67] Katz S A, Salem H. The Toxicology of Chromium with Respect to Its Chemical Speciation: A Review [J]. J. Appl. Toxicol., 2006, 13 (3): 217-224.
[68] Hillier S, Roe M, Geelhoed J, et al. Role of Quantitative Mineralogical Analysis in the Investigation of Sites Contaminated by Chromite Ore Processing Residue [J]. Sci. Total Environ., 2003, 308 (1): 195-210.
[69] Sun Z, Zhang Y, Zheng S L, et al. A New Method of Potassium Chromate Production from Chromite and KOH-KNO_3-H_2O Binary Submolten Salt System [J]. AIChE J., 2009, 55 (10): 2646-2656.
[70] Tham M J, Walker R D Jr, Gubbins K E. Diffusion of Oxygen and Hydrogen in Aqueous Potassium Hydroxide Solutions [J]. J. Phy. Chem., 1970, 74 (8): 1747-1751.
[71] Shoor S, Gubbins K. Solubility of Nonpolar Gases in Concentrated Electrolyte Solutions [J]. J. Phy. Chem., 1969, 73 (3): 498-505.
[72] Davis R, Horvath G, Tobias C. The Solubility and Diffusion Coefficient of Oxygen in Potassium Hydroxide Solutions [J]. Electrochim. Acta, 1967, 12 (3): 287-297.
[73] Akerlof G, Bender P. The Density of Aqueous Solutions of Potassium Hydroxide [J]. J. Am. Chem. Soc., 1941, 63(4): 1085-1088.
[74] Nienow A. Suspension of Solid Particles in Turbine Agitated Baffled Vessels [J]. Chem. Eng. Sci., 1968, 23 (12): 1453-1459.
[75] 时钧. 化学工程手册（第5卷）[M]. 北京: 化学工业出版社, 1999.
[76] 杨仁春. 铬盐清洁生产中钾碱的再生与产品精制 [D]. 北京: 中国科学院化工冶金研究所, 2000.
[77] 白玉兰. 铬酸钾低温氢还原制备氧化铬的清洁工艺基础研究与优化 [D]. 北京: 中国科学院过程工程研究所, 2006.
[78] 陈恒芳. 铬盐清洁生产新技术体系中联产高纯铬酸酐与硝酸钾工艺的基础研究 [D]. 北京: 中国科学院过程工程研究所, 2004.
[79] 余志辉. 铬酸盐精制与电催化合成铬酸酐基础研究 [D]. 北京: 中国科学院过程工程研究所, 2009.
[80] Cao D W, Zhang Y J, Qi T, et al. Phase Diagram for the System $K_2Cr_2O_7$ + CrO_3 + H_2O at 25℃ and 90℃ [J]. C. J. Chem. Eng, 2007, 52: 766-768.
[81] 程殿彬. 离子膜法制碱生产技术 [M]. 北京: 化学工业出版社, 1998.
[82] 方度, 蒋兰荪, 吴正德. 氯碱工艺学 [M]. 北京: 化学工业出版社, 1990.
[83] Okada T, Xie G, Gorseth O, et al. Ion and Water Transport Characteristics of Nafion Membranes as Electrolytes [J]. Electrochim. Acta, 1998, 43(24): 3741-3747.
[84] 唐海燕. 有机铬螯合物的合成及性能研究 [D]. 北京: 中国科学院过程工程研究所, 2014.
[85] Kumar D, Gomes J. Methionine production by fermentation [J]. Biotechnology Advances, 2005, 23: 41-61.
[86] Wu B, Cui H, Peng X, et al. Effect of methionine deficiency on the thymus and the subsets and proliferation of peripheral blood T-cell, and serum IL-2 contents

in broilers [J]. Journal of Integrative Agriculture, 2012, 11: 1009-1019.

[87] Caylak E, Aytekin M, Halifeoglu I. Antioxidant effects of methionine, alpha-lipoic acid, N -acetylcysteine and homocysteine on lead -induced oxidative stress to erythrocytes in rats [J]. Experimental and Toxicologic Pathology, 2008, 60: 289-294.

[88] Oz H, Chen T, Neuman M. Methionine deficiency and hepatic injury in a dietary steatohepatitis model [J]. Digestive Diseases and Sciences, 2008, 53: 767-776.

[89] Tian L, Neng G. Glycine and glycine receptor signaling in hippocampal neurons: Diversity, function and regulation [J]. Progress in Neurobiology, 2010, 91: 349-361.

[90] Dong X Y, Quinn P J, Wang X Y. Metabolic engineering of *Escherichia coli* and *Corynebacterium glutamicum* for the production of *L* -threonine [J]. Biotechnology Advances, 2011, 29: 11-23.

[91] Xu H, Wei P, Zhou H, et al. Efficient production of L-phenylalanine catalyzed by a coupled enzymatic system of transaminase and aspartase [J]. Enzyme and Microbial Technology, 2003, 33: 537-543.

[92] Li L, Wang Z, Wang M Y, et al. Modulation of active Cr(Ⅲ) complexes by bath preparation to adjust Cr(Ⅲ) electrodeposition [J]. International Journal of Minerals Metallurgy and Materials, 2013, 20(9): 902-908.

[93] 王明涌, 王志, 栗磊, 等. 三价铬隔膜电镀方法 [P]. 中国发明专利: CN102677108A, 2012.

[94] 栗磊. 三价铬体系电镀厚铬过程调控的研究 [D]. 北京: 中国科学院过程工程研究所, 2013.

[95] 杨文刚, 张梅, 王习东, 等. 铬盐清洁新工艺中富铁渣用作脱硫剂的研究 [C]. 第五届冶金工程科学论坛, 北京, 2006-04-01.

[96] 翟超. 铬盐清洁工艺中铬渣的处理及利用 [D]. 北京: 北京化工大学, 2010.

[97] 翟超, 王京刚, 初景龙, 等. 铬盐清洁工艺中含铬铁渣回收钾及资源化处理 [J]. 有色金属(冶炼部分), 2011,(7): 22-25.

[98] 工业和信息化部节能与综合利用司. 工业清洁生产关键共性技术案例(2015年版)[M]. 北京: 冶金工业出版社, 2015.

氧化铝行业清洁生产技术与资源综合利用

3.1 氧化铝行业清洁生产技术研究背景和意义

氧化铝生产是有色金属工业中资源消耗与固体废弃物排放量最大的行业，也是国民经济的基础原材料工业。目前，工业上生产氧化铝的方法基本为碱法，主要包括拜耳法、烧结法和联合法[1~5]。国外铝土矿多为高铝硅比、易溶出的优质三水铝石型铝土矿，拜耳法是国外氧化铝生产的主流方法，溶出温度和压力低（T<180℃，P<1MPa）、能耗低，国外氧化铝工业的技术发展主要是针对拜耳法的工程优化。烧结法则用于处理低品位铝土矿或霞石，其能耗高、成本高，主要在中国和俄罗斯有应用。我国铝土矿资源特点是98%以上为难处理的一水硬铝石矿，且70%以上为铝硅比为4～7的中低品位铝土矿，尽管如此，我国目前氧化铝生产工艺仍然以只适宜处理高品位铝土矿的拜耳法为主，因而造成很多拜耳法氧化铝生产线的氧化铝利用率不足75%，同时赤泥排放量大。

现有的拜耳法与烧结法氧化铝生产技术，资源利用率低且能耗高，其赤泥碱含量高，赤泥的末端综合利用技术不仅是经济瓶颈问题，也是氧化铝行业长期以来的一个研究热点。国内外对此开展过大量研究，均未形成有效的解决方法。目前，国外处置大量高碱赤泥的主要方法也仍然是堆存[6,7]，如国际最大的矿业公司澳大利亚 BHP Billiton 公司。一些国家因无堆放场地就把赤泥通过管道或船只输送至深海，使堆存地水质直接受到污染，严重影响水生生物的生存环境。国外处理赤泥的主要发展方向是对赤泥堆存方法进行优化。在赤泥还不能大量利用而必须堆存的情况下，需防止或减少赤泥含碱附液进入地下和地表水体，禁止或减少土地盐碱化及水域的污染，减轻对工农业、渔业及周围环境造成的危害。赤泥干式堆存技术是赤泥处理工艺的重大进步，通过对湿赤泥进一步脱水后进行干式堆存，减轻赤泥的环境污染。赤泥干式堆存技术最早是由德国学者提出的，澳大利亚墨尔本大学进行了深入的研究后，经德国联合铝业公司及美国铝业公司澳大利亚分公司的开发，现已被世界上许多氧化铝厂所采用，但干式堆存的脱水能耗较高。

国外还曾采用高温高压水化学法从拜耳法赤泥中回收氧化铝和氧化钠，尽管问世多年，还进行了半工业试验，但由于此法对循环母液要求苛刻，至今还是无法在工业上应用[8~11]。1971年捷克 P. 克南对高压水化法做了重大改进，首次提出了水热法处理拜耳法赤泥，但需高温（>280℃）高压。1982年 P.J 克莱斯威尔等把 P. 克南提出的水热法又推进了一步，在保持高温低碱水热条件的同时，降低了对母液苛性比的要求。他们的工作充分证明了采用水热法从拜耳法赤泥中回收氧化铝和氧化钠的可行性，但该过程需高温高压，能耗高，且需采用蒸发结晶方法才能实现赤泥溶出浆液中氧化铝的分离，流程长而复杂，每吨氧化铝蒸发的水量超过18t，也一直未能实现工业化应用。

我国铝土矿多为难溶出的一水硬铝石矿，资源丰富，且高硅高铝，铝硅比低，其中98%以上为难处理一水硬铝石型，70%为铝硅比4～7的中低品位铝土矿[12]。目前我国的氧化铝生产有烧结法、混联法和拜耳法3种生产方法。近几年，通过技术攻关，引进技术的消化吸收与再创新，我国的氧化铝生产技术和装备水平不断提高。其中，拜耳法间接加热强化溶出技术、选矿拜耳法生产氧化铝新技术、富矿强化烧结法新工艺、间接加热连续脱硅工艺、流态化焙烧和板式降膜蒸发等一批新工艺、新技术的研究成功和生产应用，推动了我国氧化铝生产技术和装备的优化升级，提高了中国氧化铝工业的竞争力。但是与世界先进水平相比，我国氧化铝生产仍有不足之处，例如资源利用率低、能耗高、生产成本高、赤泥排放量大等[1,2]。

我国铝土矿资源的特点使我国部分传统大型氧化铝生产企业仍采用烧结法和混联法工艺，生产设备多、流程长、原料需求高、赤泥排放量大，需1200℃高温，能耗是国外的2～4倍，将逐渐被淘汰[3~5]。即便是采用了拜耳法的企业，由于铝土矿的品位越来越低，很多氧化铝生产企业拜耳法生产线处理的铝土矿的铝硅比已低于5。拜耳法赤泥的组成受传统过程反应热力学限制，铝土矿高硅组分要与碱、铝按化学计量反应生成铝硅酸钠进入赤泥，赤泥碱、铝含量高（含6%～10% NaOH，25% Al_2O_3），使得铝资源回收率不足75%，碱耗高，赤泥废渣和尾矿排放量大。同时，一水硬铝石型铝土矿需采用高温高压拜耳法（260～280℃，4.0～6.0MPa），反应条件苛刻、能耗高、设备操作难度大。

国内对于氧化铝工业面临的资源环境瓶颈问题，研究工作主要集中在拜耳法、混联法工艺的技术改进及赤泥综合利用上。我国对赤泥利用也开展过大量研究，如利用赤泥生产水泥和其他建筑材料，但因赤泥含碱高而无法实现大量应用，仅部分烧结法赤泥得到利用；利用赤泥作炼钢造渣剂、肥料、土壤改良剂、脱硫剂等[13~15]，受市场容量限制，无法成为赤泥综合利用的主流方法；从高铁赤泥中回收铁的技术已获工业应用，但选铁后的大量赤泥仍然继续堆存，难以从根本上解决赤泥污染难题。近年来，国内外关于赤泥用于环境修复研究较多，如澳大利亚将赤泥用于砂质土壤改良，能显著减少磷流失、改善土壤微生物种群并促进作物生长，在施用量达到850t/hm^2时，赤泥浸出铝、铁等元素对地下水环境无明显影响，可以忽略。尽管赤泥对土壤修复效果良好，但目前所用赤泥多为烧结法赤泥，其中残留高碱组分导致其应用仅限于酸性土壤和砂质土壤。

针对我国大宗特色低品位铝土矿资源特点的氧化铝生产新技术、新过程的研究一直是攻关热点。我国目前氧化铝生产技术研究主要集中在如何使我国铝土矿资源适合于拜耳法处理，相应的技术进展主要有选矿拜耳法和石灰拜耳法。选矿拜耳法是通过选矿技术从低品位铝土矿中选出高品位矿，因仍采用拜耳法生产原理，选矿拜耳法实际上不能解决铝土矿的铝硅分离问题，对于铝硅比为4的低品位原矿，氧化铝的选矿回收率约为80%，选精矿拜耳法溶出的氧化铝回收率不足80%，氧化铝总利用率约60%。选矿拜耳法不仅不能消除赤泥的污染，而且还增加了含有残留化学浮选药剂的选矿尾矿污染；另外选矿拜耳法也只适用于某些特定矿相结构的铝土矿资源。石灰拜耳法主要通过在溶出配料中增加石灰的配料量来减少溶出赤泥中铝硅酸钠的含量，以降低碱耗，但石灰拜耳法的氧化铝损失大，且赤泥生成量增大，至今未有工业化应用。拜耳法赤泥组成受反应热力学限制，因此基于拜耳法的技术进展难以从根本上提高氧化铝的资源利用率，并解决大宗高碱赤泥的环境污染问题。对于氧化铝工业上常用于低品位铝土矿的联合法，为了降低烧结工序的能耗与成本，其中的串联法是在烧结工序中只处理拜耳法赤泥，不与矿混合烧结，不属于湿法处理低品位铝土矿的清洁生产技术，因此其总体能耗与成本仍远高于拜耳法，并且由于其烧成温度范围要求很窄，难以在工业上实现，因此虽然该技术的研究在我国已开展了40年，但至今也难以在工业上应用。

因此，基于我国难处理中低品位一水硬铝石型铝土矿的特点，急需研发氧化铝清洁生产与赤泥源头减污集成技术，突破拜耳法处理中低品位铝土矿的反应热力学制约，从根本上解决我国氧化铝生产资源利用率低、高碱赤泥和尾矿污染严重的资源环境问题，实现氧化铝行业的可持续发展。

中国科学院过程工程研究所在亚熔盐非常规介质绿色化工冶金平台技术的基础上，开拓了钠系亚熔盐法处理一水硬铝石型铝土矿生产氧化铝的清洁工艺[16~19]，以解决我国氧化铝工业普遍存在的能耗高、氧化铝回收率低和高碱赤泥污染严重的瓶颈问题。新技术利用亚熔盐高浓介质沸点上升原理及亚熔盐非常规介质中氧负离子特性强化一水硬铝石矿的溶出，溶出压力和温度可由拜耳法的4.7～6.3MPa和260～280℃分别降低至近常压和150～170℃，对中低品位一水硬铝石矿的氧化铝回收率大于90%，反应条件温和，回收率高，可大幅度降低一水硬铝石型铝土矿溶出操作的工艺条件、设备投资和能耗，工业可操作性强。亚熔盐法新过程所得赤泥铝硅酸盐活性高，易于实现碱、铝回收和综合利用，同时亚熔盐法赤泥与烧结法赤泥相比，碱铝含量低，可扩大赤泥作为环境修复材料应用范围；硅含量高，其增肥增产效能将更加显著；吸水保水性能好，能显著改善土壤质地和微生物种群结构。亚熔盐法赤泥应用于环境修复将具有广阔应用前景，由此可望从源头消除赤泥污染。

亚熔盐法氧化铝清洁生产集成技术为中国科学院过程工程研究所自主研发并具有我国自主知识产权的清洁生产新技术。中国科学院过程工程研究所与杭州锦江集团开曼铝业（三门峡）有限公司开展合作后，于2010年年底在河南省三门峡市建成了万吨级氧化铝产品的示范性生产装置，已实现设计预定的连续稳定运行。中国科学院过程工程研究所基于亚熔盐非常规介质的新技术、新原理，针对我国大宗特色的中低品位一水硬铝石矿能耗高、资源利用率低和赤泥中资源浪费与环境污染严重的生产现状，突破难处理矿石低温高效溶出、亚熔盐介质高效循环、赤泥铝硅深度分离与低温脱碱等关键技术，形成原创性亚熔盐法氧化铝清洁生产集成技术。新工艺的溶出压力和温度较拜耳法工艺条件温和，对中低品位一水硬铝石矿的氧化铝回收率大于90%，且由于亚熔盐赤泥碱铝含量低，在制备建材产品及新型环境修复材料等领域具有广阔的应用前景。

3.2 我国特色大宗难处理铝土矿资源转化的亚熔盐清洁工艺创新

3.2.1 集成工艺创新原理

亚熔盐法生产氧化铝不同于拜耳法的实质就是利用亚熔盐的蒸气压低、沸点高、流动性能良好及其反应活性高等特性，在处理一水硬铝石型铝土矿时，溶出过程可在较低温度和常压下进行，具有投资少、操作条件温和、能耗低、易于生产冶金级氧化铝及各种化学品氧化铝等产品的特点。其基本原理主要有 2 条。

1）用高活性亚熔盐 NaOH 溶液在低温、常压下溶出铝土矿，溶出液过滤后冷却结晶得到水合铝酸钠结晶和结晶母液，母液经适当浓缩后循环用于溶出新的铝土矿。

2）水合铝酸钠结晶用水或稀碱液溶解后种分得到氢氧化铝，种分后母液经浓缩后与矿的浸出滤液合并或分别进行结晶。

铝土矿溶出的反应如下：

$$AlOOH(s)+NaOH(aq)\rightleftharpoons NaAlO_2(aq,s)+H_2O \quad (3\text{-}1)$$

水合铝酸钠结晶及其晶体的溶解反应为如下的可逆反应：

$$2NaAlO_2(aq)+4.5H_2O \underset{溶解}{\overset{结晶}{\rightleftharpoons}} Na_2O\cdot Al_2O\cdot 2.5H_2O(s)+4OH^- \quad (3\text{-}2)$$

种分反应式为：

$$NaAl(OH)_4(aq) \underset{溶解}{\overset{水解}{\rightleftharpoons}} Al(OH)_3(s)+NaOH(aq) \quad (3\text{-}3)$$

首先用 NaOH 亚熔盐溶液，在常压、低温条件下在溶出釜中浸出铝土矿中的氧化铝水合物（一水硬铝石等），使式(3-1) 向右进行得很彻底，矿石中的杂质在溶液中的溶解度都很低，皆进入渣相。溶出后的物料冷却结晶，析出水合铝酸钠 $Na_2O\cdot Al_2O_3\cdot 2.5H_2O$，将结晶后的物料进行保温过滤，水合铝酸钠 $Na_2O\cdot Al_2O_3\cdot 2.5H_2O$ 和赤泥一起在滤饼中，过滤母液经浓缩后用于溶出下一批铝土矿。滤饼用稀碱液溶解其中的水合铝酸钠后过滤，所得母液冷却后加入氢氧化铝晶种进行分解，使式(3-3) 向右进行得到氢氧化铝。分解后的母液经浓缩后冷却结晶得到水合铝酸钠，母液与溶出物料结晶后过滤所得母液合并，经适当浓缩后用于循环溶出新的铝土矿。氢氧化铝煅烧后得到氧化铝产品。从 Na_2O-Al_2O_3-H_2O 体系中的亚熔盐法原理图能更清楚地说明亚熔盐法的原理。

亚熔盐法生产氧化铝的原理如图 3-1 所示[20]。图中 3 条曲线分别代表 150℃、95℃和 60℃时的饱和液相线，在线下方为相应温度下的不饱和溶液区。150℃时，$bfmb$ 是 $Na_2O\cdot Al_2O_3(s)$ 和饱和铝酸钠溶液的共存区，95℃时，相应的区域 $ceFc$ 则是 $Na_2O\cdot Al_2O_3\cdot 2.5H_2O(s)$ 和饱和铝酸钠溶液的共存区。

亚熔盐法生产氧化铝的工艺不同于拜耳法，实质上是由 2 个循环过程组成，如图 3-1 所示。分别是铝土矿的溶解循环 $STFS$ 和铝酸钠溶液的种分循环 $cgjhc$。溶解循环 $STFS$ 主要有铝土矿的溶出、溶出矿浆的结晶和结晶母液的蒸发 3 个工序。由于在溶出过程中存在水合铝酸钠结晶，所以循环过程的 T 点代表的是溶出体系的总组成。如不考虑矿石中杂质造成的 Na_2O 和 Al_2O_3 的损失，溶出过程的开始阶段，溶液的组成变化是从溶出液的组成点 S 沿其与一水硬铝石 a 的连线方向，溶液中氧化铝的浓度不断升高，当其组成达到 m 点时（假定溶出温度是 150℃，实际的溶出温度可能要高些），$NaAlO_2$ 开始析出，溶液的氧化铝浓度则开始沿着该温度下 Al_2O_3 的溶解度曲线继续增大，达到 n 点时溶出反应完成，此时体系的总组成为 T 点。ST 直线为溶出线，TF 是结晶线，FS 直线是蒸发线。

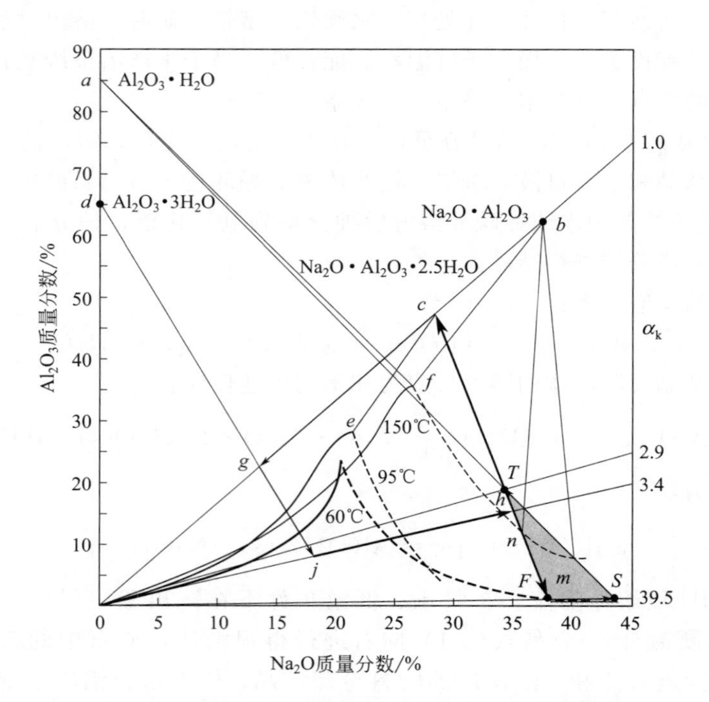

■ 图 3-1 亚熔盐法溶出一水硬铝石型铝土矿的原理

铝酸钠溶液的水解循环 $cigjhc$ 主要有水合铝酸钠的溶解、铝酸钠溶液的稀释、种分、浓缩和水合铝酸钠的结晶工序。由溶解循环得到的水合铝酸钠结晶，其组成为 c 点，将其溶解后得到的铝酸钠溶液为过饱和溶液，其组成为 g 点，cg 直线为溶解-稀释线；过饱和的铝酸钠溶液被冷却后，加入晶种进行分解，析出 $Al(OH)_3$ 后，溶液的组成为 j 点，gj 为分解线；溶液浓缩后其组成为 h 点，直线 jh 则同样为蒸发线。浓缩后的溶液冷却后结晶得到水合铝酸钠，水合铝酸钠结晶再被溶解进入下一个水解循环，而结晶母液则进入溶出循环。溶出循环和铝酸钠溶液分解循环的耦合，形成一个总体循环 $STcgjhFS$，便实现了处理一批铝土矿生产出氧化铝产品的全过程。在此总体循环过程中，STc 代表的是一水硬铝石的溶解转化为水合铝酸钠的过程，cg 表示水合铝酸钠的溶解-稀释过程，gj 则表示过饱和的铝酸钠溶液加晶种分解过程，而 $jhFS$ 则是蒸发浓缩过程。

3.2.2 亚熔盐介质强化溶出低品位一水硬铝石矿技术

铝土矿的溶出是亚熔盐法生产氧化铝的重要单元操作之一，适宜的溶出工艺条件的确定也是其工业化实施的基础。一水硬铝石型铝土矿溶出研究的工艺参数是溶出所需的碱矿比、溶出温度和压力、碱溶液浓度、溶出时间以及添加剂的作用和用量等。目标是在保证铝土矿中 Al_2O_3 溶出率的前提下，碱矿比适宜、溶出温度和压力低，溶出时间短，碱溶液的浓度适当，而添加剂用量要少或尽量不用。下面主要讨论溶出过程各操作条件对溶出过程的影响[20]。

3.2.2.1 反应温度的影响（NaOH 体系）

温度是一水硬铝石矿溶出最重要的影响因素之一。溶出温度对 NaOH 亚熔盐溶出一水硬铝石型铝土矿的影响见图 3-2。由图 3-2 可知，在温度低于 170℃时，Al_2O_3 的溶出率均随着温度的升高而显著增大，而当温度高于 170℃时，继续升高温度对提高 Al_2O_3 的溶出率没有明显的效果。在实验条件下，上述 3 种铝土矿的 Al_2O_3 溶出率在温度高于 170℃时差别不大；当温度低于 170℃时，山西矿的 Al_2O_3 溶出率最大，而广西平果矿的 Al_2O_3 溶出率最小，河南矿的 Al_2O_3 溶出率介于两者之间。

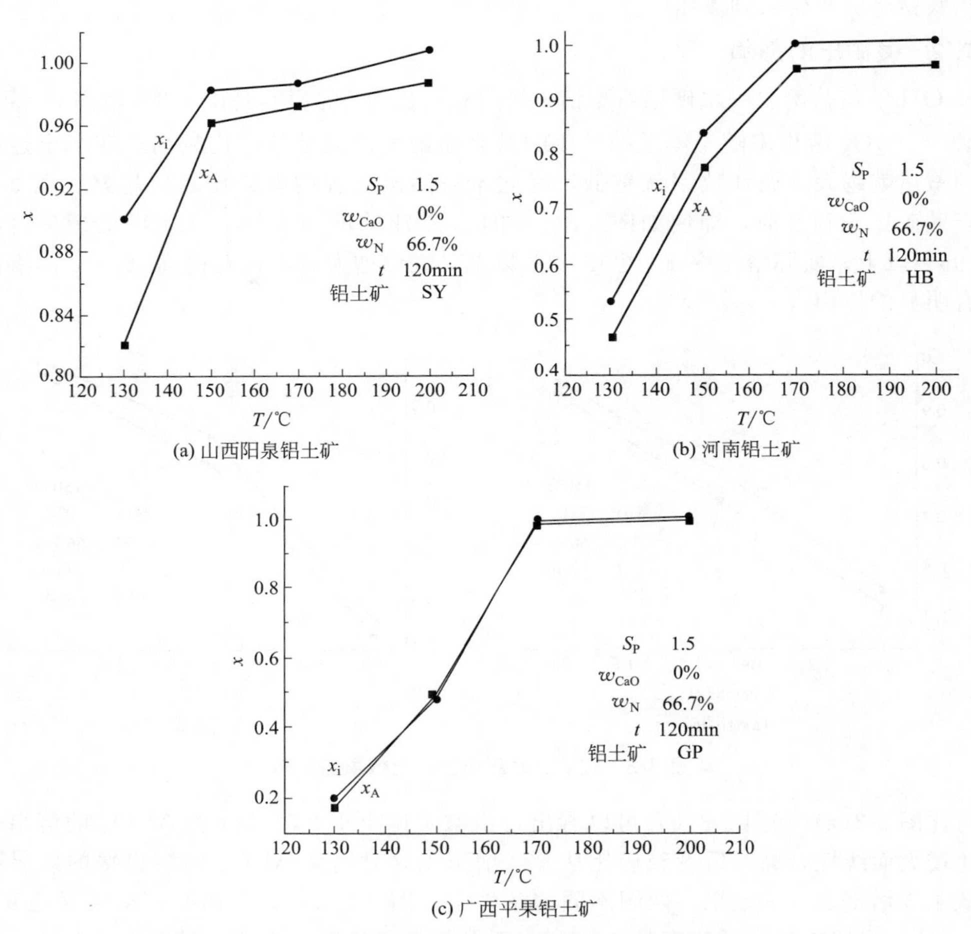

■ 图 3-2 溶出温度对氧化铝溶出效果的影响（S_P 为碱矿比、 w_{CaO} 为 CaO 添加量、 w_N 为碱浓度、 t 为反应时间， 下同）

不同铝土矿中 Al_2O_3 溶出的难易，实际反映了铝土矿的类型和结构的差别，广西平果矿是高铁一水硬铝石型，铁铝嵌布使其结构致密、硬度大，最难溶出；而山西阳泉矿呈层状，多与黏土质矿共生，因而最易溶出。

由图 3-2 还可以看出，广西平果矿的 Al_2O_3 实际溶出率 x_A 和相对溶出率 x_i 基本相同，而山西阳泉矿和河南矿的 Al_2O_3 实际溶出率 x_A 均明显低于各自的 Al_2O_3 相对溶出率 x_i。说明广西平果矿在溶出时，SiO_2 与 Al_2O_3 有大致相同的溶出率，而山西阳泉矿和河南矿在溶出时，SiO_2 的溶出率要明显低于 Al_2O_3 的溶出率。其原因可能为：一是广西平果矿中含硅矿物主要是高岭石，而高岭石和氧化铁均与一水硬铝石形成嵌布致密结构，在矿石溶出时只有当外层的一水硬铝石溶出后高岭石才会与碱液接触被溶出；二是广西平果矿中氧化铁的含量很高，必然导致溶出液中铁的浓度较高，会形成氢氧化铁的胶体阻碍硅铝酸钠的生成或其沉淀，以致 SiO_2 的溶出率保持较高。山西阳泉矿或河南矿溶出时，矿石中的 SiO_2 很容易被溶出，而它们的 Al_2O_3 实际溶出率 x_A 低于相对溶出率 x_i，就是由于在溶出初始阶段含硅矿物的快速溶出后使溶液中的 SiO_2 的浓度达到过饱和，从而形成硅铝酸钠沉淀再转入到渣相中。

3.2.2.2 碱矿比的影响

NaOH 亚熔盐溶出一水硬铝石型铝土矿时碱矿比 S_P 的影响见图 3-3。由图 3-3 可知，铝土矿中 Al_2O_3 溶出率随着体系碱矿比的升高而增大，但是碱矿比越高，在溶出过程中循环的碱量就越大，循环效率就越低，因此希望溶出过程的碱矿比越低越好。图 3-3 表明，当碱矿比达到 2 时，即使如图 3-3(a) 的 NaOH 浓度为 60%，Al_2O_3 的理论溶出率 x_i 在 95%以上，实际溶出率 x_A 也在 93%以上，继续增大碱矿比对提高 Al_2O_3 的溶出率已没有明显的作用。

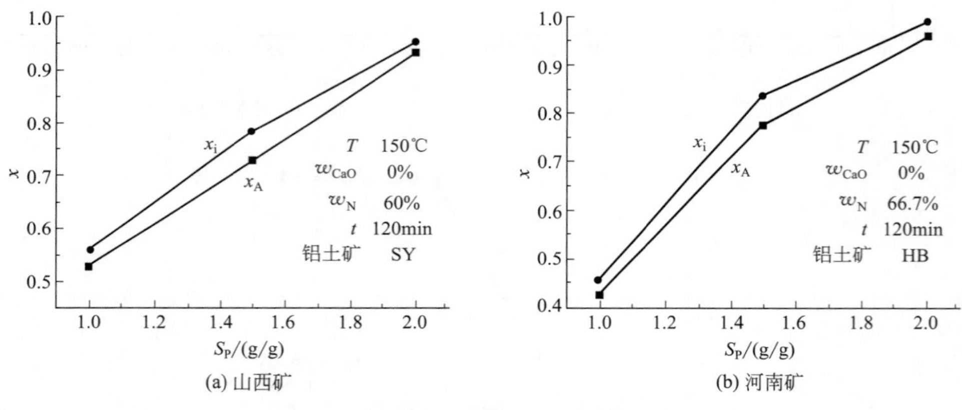

■ 图 3-3 碱矿比对氧化铝溶出效果的影响

对比图 3-3(a) 和图 3-3(b) 可以看出，当碱矿比小于 2 时，前者 Al_2O_3 的溶出率随碱矿比增大而线性升高，后者碱矿比从 1.0 增至 1.5 对提高 Al_2O_3 的溶出率的效果明显高于从 1.5 增至 2.0 的效果。两图不同的条件是，图 3-3(a) 为山西矿，碱浓度是 60%；而图 3-3(b) 为河南矿，碱浓度是 66.7%。而由前面的分析表明，山西矿比河南矿更易溶出。因此，可以认为碱矿比对铝土矿中 Al_2O_3 的溶出率的影响与溶出液的 NaOH 浓度有关。

3.2.2.3 NaOH 浓度的影响

溶出液 NaOH 浓度对铝土矿中 Al_2O_3 的溶出率的影响见图 3-4，图 3-4(a) 和图 3-4(b) 分别是山西阳泉矿和广西平果矿的溶出结果。由图可知，NaOH 浓度对铝土矿中 Al_2O_3 溶出率的影响与碱矿比的影响规律相似，当溶出液的 NaOH 浓度较低时，Al_2O_3 溶出率随着 NaOH 浓度的升高而增大，而当 NaOH 浓度增大至一定浓度后，如图 3-4(a) 的 NaOH 浓度为 60%或图 3-4(b) 的 66.7%以后，铝土矿中 Al_2O_3 已接近被全部溶出，溶出液 NaOH 浓度继续增大已没有明显意义。

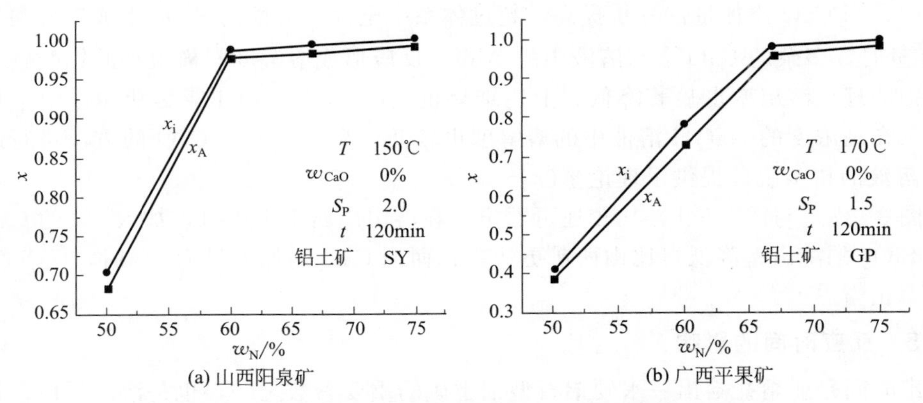

■ 图 3-4 溶出液 NaOH 浓度对氧化铝溶出效果的影响

图 3-4 还表明，相对于易溶出的山西矿而言，较难溶出的广西平果矿不但需要更高的温度，还需要更高的溶出液碱浓度。山西矿在 150℃时，用 NaOH 浓度为 60%的碱溶液溶出时的 Al_2O_3 溶出率要高于广西平果矿在 170℃用 NaOH 浓度为 66.7%的碱溶液溶出时的 Al_2O_3 溶出率，尽管后者 Al_2O_3 的实际溶出率 x_A 已达 95%以上且理论溶出率 x_i 在 98%以上。

3.2.2.4 CaO 对溶出效果的影响

在 NaOH 亚熔盐溶出铝土矿时，添加 CaO 对铝土矿中氧化铝的理论溶出率影响很小，如图 3-5 所示。在 NaOH 亚熔盐溶出铝土矿时并不像拜耳法溶出时那样，如不添加 CaO，在溶出的初始阶段就会在未溶解的一水硬铝石表面形成致密的钛酸钠膜层，阻碍一水硬铝石的溶出。添加 CaO 的作用主要是与 SiO_3^{2-} 和 AlO_2^- 反应生成铝硅酸钙，而且由于生成的铝硅酸钙在溶液中的溶解度要小于铝硅酸钠，添加 CaO 后铝土矿中氧化铝的实际溶出率降低，并且 CaO 添加量越大，氧化铝溶出率下降得越多。

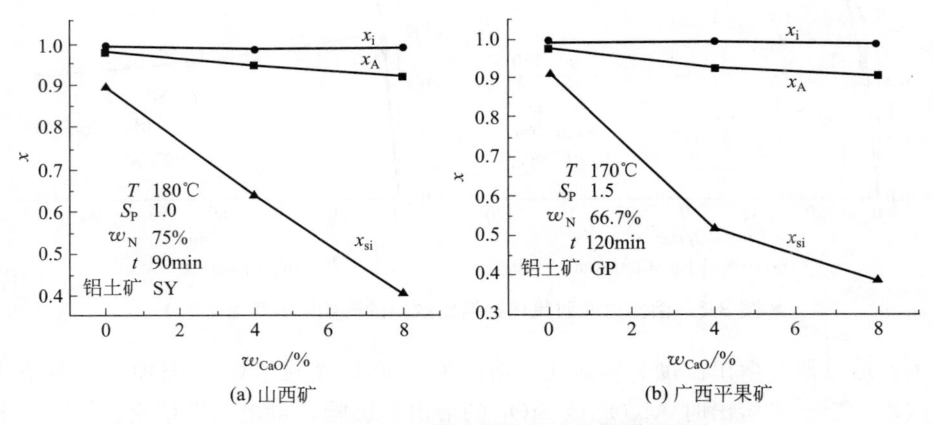

■ 图 3-5 CaO 添加量对氧化铝溶出效果的影响

如图 3-5 所示，在 NaOH 亚熔盐体系中，铝土矿中 SiO_2 的溶出率随着 CaO 添加量的提高而减低。SiO_2 的溶出率反映的是铝土矿中的 SiO_2 进入溶液中的百分率，实际上铝土

矿中的 SiO_2 已经被溶出，然后再与 CaO 和溶液中的 AlO_2^- 反应形成铝硅酸钙沉淀再转入到渣相中。当 CaO 添加量进一步提高，超过体系中全部可溶性的 SiO_2 生成铝硅酸钙所需的 CaO 量时，多余的 CaO 会与溶液中的 AlO_2^- 反应形成溶解度同样很小的铝酸钙，从而使氧化铝的理论溶出率也显著降低。上述结果也表明，在 NaOH 亚熔盐体系中生成的铝硅酸钙，在高浓度的 NaOH 溶液中的溶解度也较低，为采用加入 CaO 的方法进行高浓度 NaOH 溶液的初步脱硅提供了理论基础。

将图 3-5(a) 与图 3-5(b) 比较还可看出，在溶出广西平果矿时，加入 4%的 CaO，溶出液中 SiO_2 的溶出率降低得比山西矿更快些；而当 CaO 的加入量为 8%时，两者的 SiO_2 的溶出率相当。

3.2.2.5 反应时间的影响

溶出时间是亚熔盐溶出一水硬铝石型铝土矿的重要参数之一，也是溶出反应器设计的基础。溶出时间对铝土矿中 Al_2O_3 以及 SiO_2 溶出效果的影响见图 3-6。如图所示，铝土矿中的大部分 Al_2O_3 在反应的前 10min 就已经被溶出，溶出 30min 时反应已基本完成，溶出 60min 后反应全部完成。其中差别较大的是 SiO_2 的溶出规律。山西矿溶出时，不添加 CaO [见图 3-6(a)]，溶出液中 SiO_2 的浓度在 30min 时最高；添加 8%的 CaO [见图 3-6(b)]，溶出液中 SiO_2 的浓度则在溶出 10min 时最高，随后溶出液中 SiO_2 的浓度随溶出时间的延长开始降低；不添加 CaO 时溶出液中 SiO_2 的浓度要高于添加 CaO 时溶出液中 SiO_2 的浓度。广西平果矿中 SiO_2 的溶出过程与山西矿有很大不同，由图 3-7 可知，SiO_2 的溶出率可以达到 90%左右，远高于山西矿的 70%～80%，并且 SiO_2 的溶出曲线与 Al_2O_3 的溶出曲线相似，还没有明显的下降段；表明该体系在本实验条件下没有铝硅酸钠的沉淀生成。其原因主要与广西平果矿的结构与组成有关。

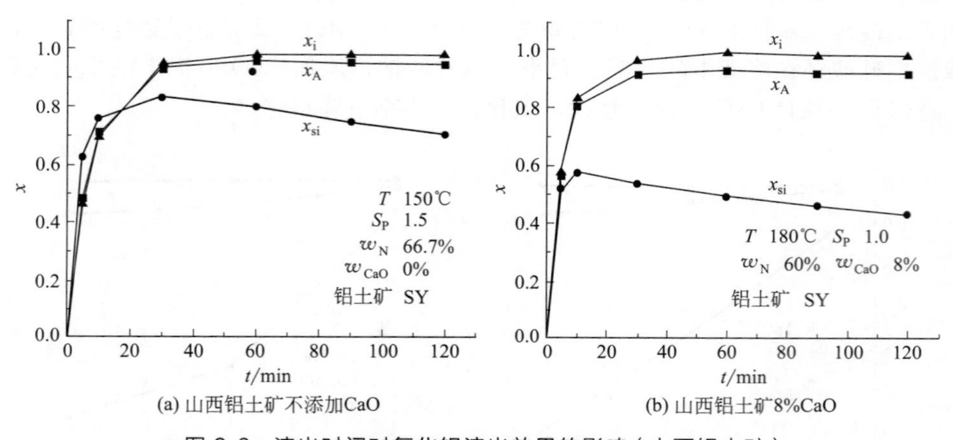

■ 图 3-6 溶出时间对氧化铝溶出效果的影响（山西铝土矿）

综上，通过研究溶出温度、碱矿比、溶出液 NaOH 浓度、CaO 添加量以及溶出时间等各单因素对铝土矿溶出时 Al_2O_3 或 SiO_2 的溶出率影响，得出以下结论。

① 铝土矿中 Al_2O_3 的溶出率随溶出温度的升高而增大。山西阳泉矿在溶出温度 150℃时，Al_2O_3 的实际溶出率就可达 95%以上；而要达到相同的溶出效果，河南矿和广西平果矿的溶出温度则需 170℃。

② 碱矿比和溶出液的 NaOH 浓度对溶出过程的影响比较相似。碱矿比和溶出液的 NaOH 浓度越高，Al_2O_3 的溶出率随之升高。山西阳泉矿相对易于溶出，溶出所需的碱矿比和溶出液的 NaOH 浓度相对要低些；而广西平果矿比较难溶出，要求的碱矿比和溶出液的 NaOH 浓度要高些。当溶出温度为 170℃、碱矿比为 1.5、NaOH 浓度为 66.7%时，广西平果矿中 Al_2O_3 的实际溶出率在 96%以上，相对溶出率在 98%以上。

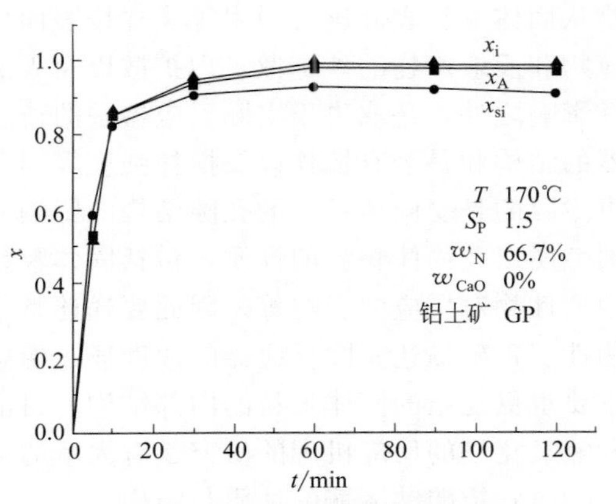

■ 图 3-7 溶出时间对氧化铝溶出效果的影响（广西平果矿）

③ NaOH 的亚熔盐溶出铝土矿时，CaO 的添加对铝土矿中氧化铝的相对溶出率影响很小。表明在 NaOH 的亚熔盐溶出铝土矿时并不像拜耳法溶出时那样，如不添加 CaO，在溶出的初始阶段就会在未溶解的一水硬铝石表面形成致密的钛酸钠的膜层，阻碍一水硬铝石的溶出。在 NaOH 的亚熔盐溶出铝土矿时，添加 CaO 的作用主要是与 SiO_3^{2-} 和 AlO_2^- 反应生成铝硅酸钙，而且由于生成的铝硅酸钙在溶液中的溶解度要小于铝硅酸钠，添加 CaO 后铝土矿中氧化铝的实际溶出率降低，并且添加 CaO 的量越大氧化铝的溶出率下降得越多。

④ 广西平果矿中 SiO_2 的溶出规律与河南矿和山西矿的有很大不同。当不添加 CaO 时，广西平果矿中 SiO_2 的溶出率很高，溶出曲线与 Al_2O_3 的溶出曲线相似，没有明显的下降段，而山西阳泉矿溶出时 SiO_2 的溶出率随溶出时间的延长有明显的下降。表明在本实验条件下，广西平果矿溶出时没有铝硅酸钠的沉淀生成，其原因主要与该矿石的结构与组成有关。

3.2.2.6 溶出过程动力学研究

一水硬铝石在低温下是不稳定的，其溶出过程主要受反应动力学因素控制，如溶出温度、溶出时间、碱矿比、碱溶液的浓度和体系的黏度等。氢氧化钠水溶液溶出铝土矿是典型的液-固非均相反应，一般认为包含以下步骤。

① 溶液中的反应物（以下简称反应物）由流体主体扩散至固体颗粒外表面。

② 未反应的反应物扩散至固体颗粒的内表面（对参加反应的固体颗粒有孔隙而言）。

③ 反应物在固体表面上进行吸附。

④ 反应物与固体颗粒进行化学反应。

⑤ 反应产物从固体颗粒表面进行脱附。

⑥ 反应产物从固体内部扩散至固体外表面（对参加反应的固体颗粒有孔隙而言）。

⑦ 反应产物从固体外表面扩散至流体主体。

上述各个步骤在整个反应过程中是串联的，因此每个步骤的阻力都构成了总阻力的一部分，只有当一个步骤的阻力小于其他步骤的阻力一个数量级以上时才可忽略。而当某一步骤的阻力大于其他任一步骤的阻力一个数量级以上时，则称该步骤为整个反应过程的控制步骤，整个反应过程的速率近似等于该步骤的速率。

在以上步骤中，反应物在固体表面上吸附、反应物与固体颗粒进行化学反应和反应产物从固体颗粒表面进行脱附等步骤按表面反应过程进行描述，因此整个反应过程可分为反应物和反应产物的外扩散、内扩散以及表面反应三部分。其中外扩散过程除了受溶液的物性影响之外，还取决于实际反应器中的速度场、温度场和浓度场，因此外扩散过程与反应器的结构和是否有搅拌以及搅拌强度等因素有关。内扩散过程除了受溶液物性影响之外，更主要的是受固体颗粒的孔隙结构的影响。表面反应过程则主要取决于反应物、反应产物的性质以及固体颗粒的性质，包括固体颗粒中参加反应的物质的结晶度、晶粒大小以及其他惰性物对反应的影响等。因此要描述整个反应的宏观动力学过程，必须首先清楚溶液的物性、正确描述实际反应器的速度场、温度场和浓度场；本征反应机理及其动力学以及更重要也更复杂的固体颗粒的内部结构。目前有关铝酸钠溶液的性质及其结构、一水硬铝石和氢氧化钠的反应机理的研究已有大量的文献报道。

（1）铝酸钠溶液的性质与结构

准确了解铝酸钠溶液的性质是研究铝土矿溶出过程动力学的前提。而铝酸钠溶液的结构又与一般的电介质溶液有很大的区别。近一个世纪以来虽然有很多的研究报道，但至今仍没有统一认识。

20 世纪初，主要有两种观点：一是认为铝酸钠溶液是由苛性钠溶液与氢氧化铝溶胶构成的胶体溶液，溶液中并没有铝酸钠化合物存在，铝酸钠溶液的分解过程完全是氢氧化铝溶胶的絮凝过程，但不能解释铝酸钠溶液分解时需要大量晶种的基本现象，另外其依据的试验数据少、且不可靠，因此未获承认；二是认为铝酸钠溶液是同时含有氢氧化铝溶胶和铝酸钠化合物的混合溶液，后来这个理论得以发展，认为铝酸钠溶液是处于真溶液与胶体溶液之间的分子和胶体分散的混合溶液，并提出 $Al(OH)_3$ 的溶解过程是按初分散、胶体分散、分子分散的过程进行的。但众多研究者用超倍显微镜对铝酸钠溶液进行的研究，并未发现胶体粒子存在。由于混合理论能解释为什么在铝酸钠溶液分解时需要有大量的晶种以及铝酸钠溶液的稳定性与浓度、温度的复杂关系，因此仍受到一定的重视。

目前有大量试验根据认为铝酸钠溶液是一种真溶液，铝酸钠分子完全离解为钠离子和铝酸根离子。但对铝酸根离子在溶液中的存在形态仍无确切的研究结论。通过测定黏度、导电率、相对密度等物理性质，认为铝酸根离子有 AlO_2^- 和 $Al(OH)_4^-$ 两种形态，在低温低碱浓度范围内，$Al(OH)_4^-$ 的晶格结构和三水铝石的晶格结构相似，且铝酸根离子与氢离子键合作用明显；在浓度大且过饱和度高的区域内，铝酸根离子有明显的络合作用，接近非解离状态；在从过饱和到饱和状态的过程中，可能存在有聚合离子。其中，在铝酸钠浓度较低时，溶液中铝酸根离子以四面体构型的 $Al(OH)_4^-$ 为主，这已得到不同作者采用红外、紫外、拉曼光谱以及核磁共振谱研究的证实。有文献认为在 pH＞12.5 的铝酸钠溶液中，铝酸根离子以 AlO_2^- 形式存在（对应 630cm^{-1}峰），在 pH 值在 8.4～12.5 范围内的铝酸钠溶液中，存在着—OH 桥连接的铝酸聚阴离子（拉曼光谱，对应 380cm^{-1}峰），且该结构中 Al 原子具有八面体构型。但 XRD 的研究表明，当碱浓度直至 8.625mol/L 时，溶液中既无显著的八面体型的铝酸根离子，也无明显的低对称度的 AlO_2^- 存在。

上述几种光谱研究还证实，铝酸钠溶液中的离子 Na^+、OH^-、$Al(OH)_4^-$ 等都是水化离子，且随着碱浓度的增加，含铝离子发生以下脱水变化：

$$[Al(OH)_4 \cdot 2H_2O]^- \cdot 8H_2O \cdot xH_2O \longrightarrow [Al(OH)_4 \cdot 2H_2O]^- \cdot 8H_2O \longrightarrow [Al(OH)_4 \cdot 2H_2O]^- \longrightarrow [Al(OH)_4]^- \longrightarrow [AlO(OH)_2^-] \longrightarrow AlO_2^-$$

因此，可以认为在中低碱浓度下，铝酸钠溶液中铝酸根离子主要以四面体型的 $Al(OH)_4^-$ 形式存在，而在碱浓度很高时则以低对称度的 AlO_2^- 为主。

（2）铝矿溶出机理

对铝土矿溶出过程机理进行分析，得出合理的反应式，是研究其反应动力学的前提，同时对强化溶出过程有着重要意义。

氢氧化钠水溶液溶出铝土矿的机理主要有两种观点：一种是认为 OH^- 直接与铝矿石作用，生成铝酸根离子进入溶液；另一种是认为由于胶溶、机械破碎或与 OH^- 的反应而使铝土矿逐渐破碎，达到一定大小后才与 OH^- 反应，生成铝酸根离子进入溶液。

有人认为，当三水铝石与 NaOH 溶液接触时，OH^- 从晶体表面浸入到晶体内部，切断了八面体离子团之间的键，分离出三水铝石的结晶单元——6 个八面体离子 $Al(OH)_6^{3-}$ 组成的“晶环” $Al_6(OH)_{24}^{6-}$ 和别的晶体碎块；$Al_6(OH)_{24}^{6-}$ 进一步与 OH^- 反应生成 $Al(OH)_6^{3-}$，并转变为 $Al(OH)_4^-$。

$$Al(OH)_6^{3-} \longrightarrow Al(OH)_5^{2-} \longrightarrow Al(OH)_4^-$$

一水软铝石和一水硬铝石的溶解机理与三水铝石相似。由于晶层之间和晶板之间有空穴，OH^- 扩散至晶体内部，断裂其连接键，使不饱和的 O^{2-} 暴露出来。在较低温度下，在稀碱溶液中 O^{2-} 按下式与水作用，释放出来的离子又重新参与反应。

$$-\mathrm{Al}-O + H_2O \longrightarrow -\mathrm{Al}-OH + OH^-$$

此外，溶出时的中间产物不是水合铝酸根离子，而是氢氧化铝分子，它扩散到溶液中之后再与 OH^- 反应。晶体的溶解过程可表述为：

粗分散⟶细分散⟶胶体分散⟶分子分散

在用电子显微镜观察氢氧化铝溶解和一水硬铝石型铝土矿的溶解反应过程中发现，溶解是从尖端、棱边、孔洞和裂缝开始，随着孔洞的发展和扩大，粗粒子变成小粒子，且物料的比表面积随溶解过程的进行不断增大。毕诗文等用光学显微镜观察了广西平果一水硬铝石矿溶出后的赤泥，并将图像进行微机处理，认为在溶出过程中，反应不仅发生在颗粒的外表面，同时还在内表面进行。

实际上，上述两种机理是从两个不同的方面阐述铝土矿的溶出机理。也就是说，前者主要是拟阐述反应本身的机理，后者主要是考察反应过程中铝土矿颗粒结构的变化。因此，在进行铝土矿溶出过程的动力学研究时，首先需对铝土矿的表面结构进行观察。

（3）铝土矿的表面结构分析

铝土矿和溶出赤泥的表面结构分析见表 3-1。

■ **表 3-1　铝土矿和溶出赤泥的表面结构分析**

铝土矿或赤泥	空隙率 ε_0	体积 V_0/(mL/g)	比表面积 S_0/(m^2/g)	平均孔径 d_0/nm
SY	0.088	0.03150	10.4442	10.54
GP	0.089	0.02778	21.2987	5.22
HB	0.078	0.02172	6.9037	11.34
已处理的 SY	0.115	0.03973	16.8259	11.03
SY 赤泥	0.598	0.23018	51.9456	13.22

由表3-1可知，较疏松的山西铝土矿（SY）和致密的广西平果矿（GP）均有大量的孔隙，具有大致相当的空隙率，而河南矿（HB）的空隙率略低。河南矿和山西矿中孔隙的孔径大小相当，其平均值分别为10.54nm和11.34nm，而广西平果矿中孔隙的平均孔径则要小得多，只有5.22nm，因而广西平果矿的比表面积远高于河南矿和山西矿。河南矿的空隙率又低于山西矿，其比表面积也最低。赤泥的空隙率接近0.6，其孔隙的平均孔径最大，比表面积也就高得多。

由于铝土矿中存在大量孔隙，因此溶出过程是在铝土矿颗粒的内部和外表面同时进行，并且在溶出过程中铝土矿颗粒的空隙率和孔径都在增大，这意味着内扩散的阻力随着溶出过程进行在不断减小。尤其在溶出温度较低、整个溶出过程是由界面反应控制时，在内表面的反应速率与外表面的反应速率基本相同，表明此时不适用界面模型或缩核模型来描述铝土矿溶出过程的动力学。

（4）亚熔盐溶出一水硬铝石的反应动力学方程

由上述讨论可知，当铝酸钠溶液中碱浓度在通常的拜耳法的范围内，也就是$Na_2O<$ 300g/L时，溶液中铝酸根离子主要以$Al(OH)_4^-$型存在，因此一水硬铝石的溶出反应可表示为：

$$AlOOH+OH^-+H_2O \rightleftharpoons Al(OH)_4^-$$

用高浓度的氢氧化钠溶液溶出一水硬铝石，其溶出反应可表示为：

$$AlOOH+OH^- \underset{k_2}{\overset{k_1}{\rightleftharpoons}} AlO_2^-+H_2O$$

溶出反应速率可表示为：

$$R_A=S\frac{dC_A}{dt}=S(k_1C_N^m-k_2C_A^n)$$

由铝土矿的溶出速率有：

$$R_A=-\frac{dn_A}{dt}=n_{A,0}\frac{dx_A}{dt}$$

故

$$n_{A,0}\frac{dx_A}{dt}=S(k_1C_N^m-k_2C_A^n) \tag{3-4}$$

式中 R_A——单位质量的铝土矿的总反应速率，mol/(L·s·g)；

k_1、k_2——一水硬铝石溶出过程的正反应和和逆反应的速率常数，s^{-1}；

m、n——反应级数（无因次）；

$n_{A,0}$——反应的铝土矿中AlOOH的总摩尔数；

C_A——溶液中AlO_2^-的摩尔浓度，mol/L；

C_N——溶液中OH^-的摩尔浓度，mol/L。

在已经报道的研究工作中，对式(3-4)中的参数m和n有很大的差别，且已经报道的研究均为拜耳法溶出铝土矿的体系，而高碱浓度时铝土矿溶出的动力学研究还未见报道。当溶出过程受化学反应控制时，此式即可表示总的溶出动力学。式中C_N和C_A易于用物料衡算得出与氧化铝溶出率x_A的关系。假定NaOH和AlO_2^-的反应初始浓度分别为$C_{N,0}$和0，则：

$$C_N = C_{N,0} - \frac{n_{A,0}x_A}{V} = C_{N,0} - \frac{n_{A,0}x_A}{V_0}$$

$$C_A = \frac{n_{A,0}x_A}{V} = \frac{n_{A,0}x_A}{V_0}$$

式中 V_0——溶出时的液固比，在溶出过程中可近似认为不变。

式(3-4) 中反应界面的面积 S 应该是有效反应面积，即和溶液直接接触的一水硬铝石的面积。因此如果像缩核模型所确定的反应界面总面积，则式中的反应界面面积 S 应为反应界面总面积再乘以其中氧化铝所占面积的分率，或者说反应界面上氧化铝的浓度。对于多孔型的固体颗粒，其反应界面总面积与固体颗粒的具体内部表面结构有关，而固体颗粒内部具体的表面结构非常复杂，且在溶出过程中还会发生变化，要准确描述非常困难。而采用溶出反应的初始速率进行研究则可回避反应过程中固体颗粒内部孔隙结构及内表面积变化的影响，且当控制实验条件使溶出过程为反应控制时，即可通过实验结果回归获得由上式所描述一水硬铝石溶出反应的动力学方程及其参数。

表面反应控制下，溶出反应速率方程可写成如下形式：

$$n_{A,0}\frac{dx_A}{dt} = S(k_1 C_N^m - k_2 C_A^n) \tag{3-5}$$

NaOH 亚熔盐溶出铝土矿的条件与拜耳法比较，除碱浓度高之外，在近常压下操作，其反应温度较低。在铝土矿溶出反应开始时刻，溶液中铝酸根离子浓度较 OH^- 浓度低很多，且碱矿比较高时，即溶出反应完成后溶液中铝酸根离子浓度仍较低，因此可以近似用差分式代替微分式：

$$\left.\frac{n_{A,0}}{S}\frac{\Delta x_A}{\Delta t}\right|_{t=0} = k_1 C_{N,0}^m - k_2 C_{A,0}^n \tag{3-6}$$

式中 $C_{N,0}$、$C_{A,0}$——NaOH 和铝酸根的初始浓度。

通过测定不同碱浓度时初始阶段铝土矿的溶出速率，可得到溶出过程中碱浓度的反应级数和速率常数。在此基础上，再测定相同碱浓度和其他条件下，铝土矿在特定铝酸根浓度的亚熔盐介质中的初始溶出速率，即可确定一水硬铝石溶出反应的逆反应级数与速率常数。

实验测定了初始氧化铝浓度一定时，不同碱浓度和不同温度的一水硬铝石溶出动力学。逆反应级数与活化能的计算过程与此类似。回归结果表明，一水硬铝石溶出的正逆反应都是一级反应，正反应的活化能为 56.2kJ/mol，逆反应的活化能为 86.6kJ/mol。

3.2.3 中间产品高效结晶技术

氧化铝工业中从铝酸钠溶液分解得到氧化铝的工艺主要有种分法和碳分法，前者应用于拜耳法，后者用于烧结法。其中采用种分法的拜耳法工艺是以 NaOH 循环，而用碳分法的烧结法工艺是以 Na_2CO_3 循环。亚熔盐法采用的是 NaOH 溶出，因此宜用种分法从铝酸钠溶液中析出氧化铝。在拜耳法中，由于溶出液的苛性比 α_k 只有 1.6 左右，可以直接稀释进行种分。而由前面的亚熔盐溶出铝土矿的研究可知，当溶出的碱矿比为 2 时，按铝土矿中的氧化铝全部溶出计，溶出液的 α_k 在 3.6 左右，即使碱矿比为 1.5，溶出液的

α_k 也在 2.7 以上，虽通过稀释种分也可分解析出部分氧化铝，但理论上氧化铝的析出率很低，必然导致大量碱循环，因此必须先由溶出液制得低 α_k 的溶液。由 α_k 值高的铝酸钠溶液制得低 α_k 铝酸钠溶液的途径主要是将其中的氧化铝以铝酸盐的形式沉淀析出，然后再溶解。从铝酸钠溶液中沉淀析出铝酸盐的方法，一个是加氧化钙使溶液中的铝以铝酸钙的形式析出，得到的铝酸钙通常再用稀碱液水热溶解即可得到低 α_k 的铝酸钠溶液，然后再进行种分水解；另一个方法是直接从铝酸钠溶液中结晶析出水合铝酸钠，再将水合铝酸钠溶解后种分水解制得氧化铝。析出铝酸钙的方法主要适用于原溶液中碱和铝的浓度均不是很高的体系，而后一方法则主要用于处理高浓度铝酸钠溶液。亚熔盐法溶出铝土矿所得到的溶出液碱浓度很高，且氧化铝的浓度也比较高，应采用直接结晶析出水合铝酸钠的方法。

从铝酸钠溶液中析出水合铝酸钠的过程如图 3-8 所示。图中 *efge* 是水合铝酸钠 $Na_2O\cdot Al_2O_3\cdot 2.5H_2O$ 的结晶区，曲线 *fg* 是饱和铝酸钠溶液线，*e* 点表示水合铝酸钠 $Na_2O\cdot Al_2O_3\cdot 2.5H_2O$，其 Al_2O_3 的质量浓度为 0.488。三角形 *edg* 区是水合铝酸钠 $Na_2O\cdot Al_2O_3\cdot 2.5H_2O$(*e*)、高钠铝酸钠 $4Na_2O\cdot Al_2O_3\cdot 12H_2O$(*d*) 和饱和铝酸钠溶液 (*g*) 三相区，理论上也可结晶析出水合铝酸钠 $Na_2O\cdot Al_2O_3\cdot 2.5H_2O$，并且当总组成点在此区域中接近 *eg* 边时，析出的固相中绝大部分是水合铝酸钠 $Na_2O\cdot Al_2O_3\cdot 2.5H_2O$，因而在工艺上也是可行的。

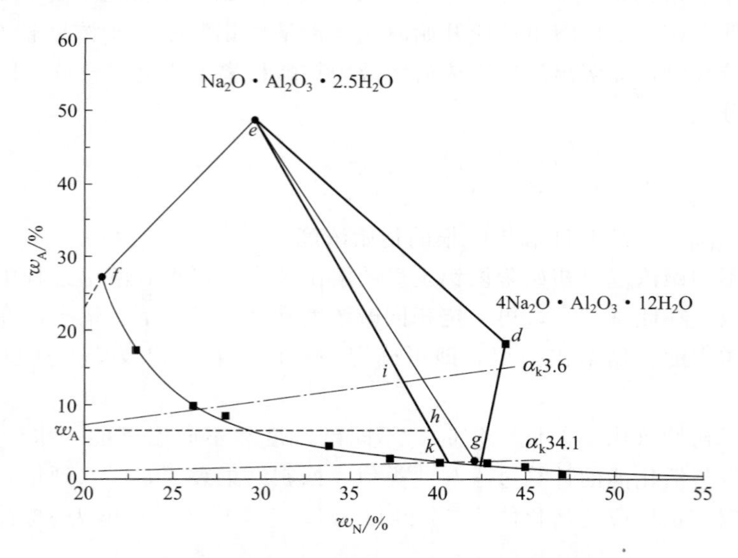

■ 图 3-8 水合铝酸钠结晶过程溶液浓度的变化

在研究结晶时，通常要求结晶时的平衡固相只有单一的相，以保证获得的固体产品的纯度。而在水合铝酸钠结晶时，由于碱液的黏附，很难获得纯度很高的水合铝酸钠产品。结晶温度越低，溶液的黏度越高，获得的水合铝酸钠产品的 α_k 值就越高，因此在工艺上，只要求固相水合铝酸钠的 α_k 值，而没有要求是否存在其他相，这就没有排除水合铝酸钠结晶时，结晶区域也可在图 3-8 中的 *edg* 区进行，并且在亚熔盐体系中，希望结晶时溶液的碱浓度要尽量高些。当然如果作为另一固相的高钠铝酸钠的含量较高，总的 α_k 值就高。因此，如果结晶过程在 *edg* 区进行，体系的总组成点要尽量靠近 *eg* 边，其最终的考察指

标仍与在 efg 区结晶一致，即所获得的结晶固相的 α_k 值。故在进行水合铝酸钠结晶的工艺研究时，并不考虑结晶过程是否一定在图 3-8 中的 efg 区进行。为了比较，实际上有许多实验点是处在 efg 区。

将亚熔盐溶出液直接结晶获得水合铝酸钠固体，然后通过水合铝酸钠中间物相的溶解获得适合氢氧化铝结晶的种分前液，是经济、高效和环境友好的亚熔盐氧化铝生产工艺的创新和特色之一。利用 NaOH 亚熔盐高效溶出我国典型的中低品位一水硬铝石型铝土矿，主要目的是通过铝酸钠溶液的高效、深度结晶，获得易于溶解、质量合格的水合铝酸钠中间产品，深度结晶之后的铝酸钠结晶母液要具有较高的分子比，以适合亚熔盐工艺二次溶出脱铝的要求。只有满足了上述要求，亚熔盐氧化铝生产过程才可以在双循环原理的指导下，高效、经济地处理我国中低品位铝土矿。

在水合铝酸钠结晶工艺研究中，除了考察结晶温度、碱液浓度等对水合铝酸钠结晶率影响之外，还需考察上述因素对所得到的水合铝酸钠苛性比值 α_k 的影响。在亚熔盐溶出铝土矿的工艺中，由于碱浓度很高，要求在水合铝酸钠结晶时，溶液的碱浓度越高越好。因此，进行水合铝酸钠结晶的工艺研究时，主要考察高碱浓度、高温时水合铝酸钠的结晶条件。

从工艺角度考虑，希望水合铝酸钠结晶率越高越好，同时得到的水合铝酸钠 α_k 值越低越好。但水合铝酸钠结晶率与其苛性比值 α_k 是一对矛盾，因为满足结晶率升高的条件就会导致苛性比值降低，反之亦然。最终只能选择一适宜的条件才能同时满足两者的工艺要求。

3.2.3.1 带赤泥结晶对铝土矿溶出液结晶过程的影响

需根据溶出工序之后是否分离赤泥来确定溶出液结晶过程是否带有赤泥，因此考察了赤泥存在与否对铝土矿溶出液结晶过程的影响。从图 3-9 的结果可以看出，由于赤泥的存在，铝土矿溶出液的结晶转化率略有降低。这说明赤泥存在对水合铝酸钠的结晶过程略有抑制作用，但是这种抑制作用非常有限。Mullin 认为，随着结晶体系不同，固体杂质对结晶过程有着不同影响，无法预测是否抑制结晶过程的进行。从后面的分析可以得出，由于赤泥的存在，MAH 晶体之间通过化学键键合形成复合结构的过程被抑制，且 MAH 与杂质赤泥颗粒交互生长，形成了坚实的聚结体。可以推测，占据 MAH 晶体表面的大量细

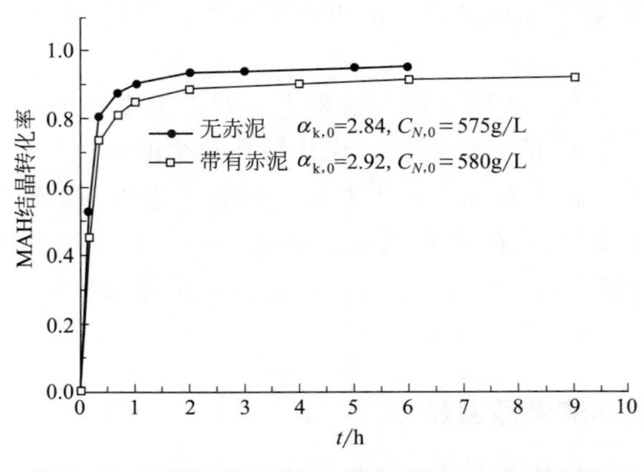

■ 图 3-9 赤泥的存在对铝土矿溶出液结晶过程的影响

小的溶出赤泥颗粒，在一定程度上阻碍了生长单元向 MAH 晶体表面迁移、整合进入晶格的过程，从而表现了一定的抑制作用。

3.2.3.2 结晶母液的分子比

在亚熔盐氧化铝生产工艺中，经历深度、高效结晶获得高分子比的铝酸钠结晶母液是实现关键循环过程的重要保证。从图 3-10 中看到，当结晶 6h 时，不带赤泥结晶得到的铝酸钠结晶母液的分子比为 35.86，带赤泥结晶的铝酸钠结晶母液的分子比为 26.75。

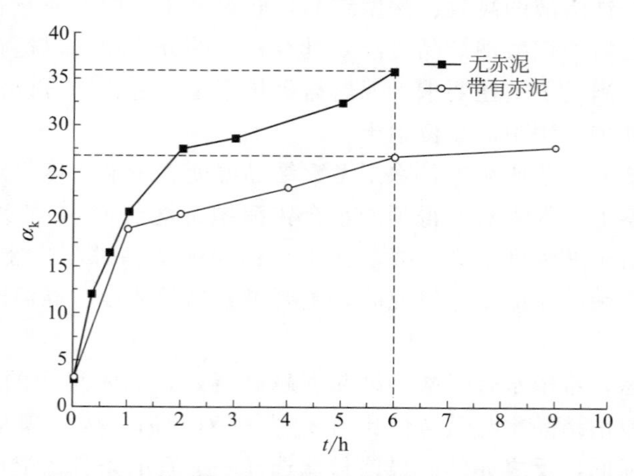

■ 图 3-10 铝酸钠结晶母液分子比随结晶时间的变化

亚熔盐工艺中，铝土矿溶出液的结晶母液与种分母液洗液的结晶母液的比例约为 2∶1。如果按带赤泥结晶母液的分子比计算，两股母液混合后的分子比高于 30，达到了结晶母液高效二次脱铝反应的要求。

3.2.3.3 产品形貌

图 3-11 给出了从铝土矿溶出液及带赤泥结晶析出的固相的形貌照片。图 3-11(a) 和图 3-11(b) 是从铝土矿溶出液制备出的晶种的 MAH 晶体，形貌以薄圆片为主，并有少量因平行生长形成的片状复合结构。图 3-11(c) 和图 3-11(d) 中的晶体是在 MAH 晶种存在下，从分离赤泥后的溶出液中结晶获得的，晶体主要以片状复合结构存在。这是因为杂质硅的引入抑制了晶体基面法向方向的生长，使得 MAH 晶体变薄，且向圆形发展。

图 3-11(e) 和图 3-11(f) 表明，虽然溶出赤泥有大量小于 1μm 的小颗粒存在，但是混晶中并没有发现小于 1μm 的赤泥颗粒；片状复合结构的固体很少，取而代之的是厚度增加的片状结构；有不少粒度在几个微米左右、形状不很规则的颗粒与片状固体表面发生聚结作用。由此可以推测，在带赤泥的结晶过程中，较小的赤泥颗粒主要作为固体杂质被 MAH 晶体包裹起来，较大的赤泥颗粒则主要通过表面聚结的作用与 MAH 形成团聚体。

3.2.4 高浓度铝酸钠溶液蒸发技术

亚熔盐氧化铝清洁生产技术在处理低品位铝土矿、拜耳法赤泥、高铝粉煤灰等含铝资

■ 图 3-11 铝土矿溶出液结晶析出的固体形貌

源方面具有常规方法无法比拟的通用优势，可实现铝资源的高效、综合利用，有望成为氧化铝行业可持续发展的替代技术。高分子比铝酸钠溶液蒸发循环技术与单元操作控制是实现亚熔盐氧化铝清洁生产的重要步骤。

了解亚熔盐介质操作区域内 Na_2CO_3 溶解度与相平衡性质，完善相应热力学基础数据，考察蒸发过程主要析晶组分的成核与结晶动力学行为，是实现介质高效循环的基础。

3.2.4.1 Na_2CO_3 溶解度与相平衡基础

不同温度、不同 R_p 下碳酸钠的溶解度，如图 3-12 和图 3-13 所示。随着苛碱浓度的增大，碳酸钠溶解度显著下降，当苛碱大于 400g/L 时下降趋于平缓。温度、R_p 对碳酸钠溶解度影响不显著。

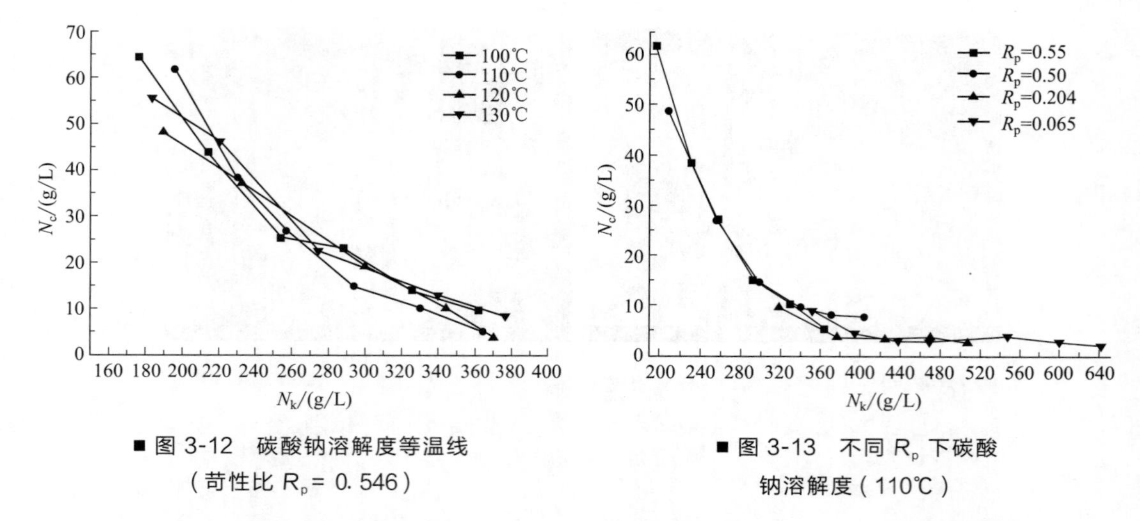

■ 图 3-12 碳酸钠溶解度等温线（苛性比 R_p= 0.546）

■ 图 3-13 不同 R_p 下碳酸钠溶解度（110℃）

120℃下 NaOH-Al(OH)$_3$-Na_2CO_3-H_2O 四元体系相图如图 3-14 所示，相图分为 5 个区域，分别是 $Al_2O_3 \cdot H_2O$(*A*)、Na_2CO_3(*B*)、$Na_2O \cdot Al_2O_3 \cdot 2.5H_2O$(*C*)、$Na_2O \cdot Al_2O_3$(*D*)、NaOH(*E*)。共有 3 个三相点，分别是 $Al_2O_3 \cdot H_2O + Na_2CO_3 + Na_2O \cdot Al_2O_3 \cdot 2.5H_2O$(*S*1)、$Na_2CO_3 + Na_2O \cdot Al_2O_3 \cdot 2.5H_2O + Na_2O \cdot Al_2O_3$(*S*2)、$Na_2CO_3 + Na_2O \cdot Al_2O_3 + NaOH$(*S*3)。

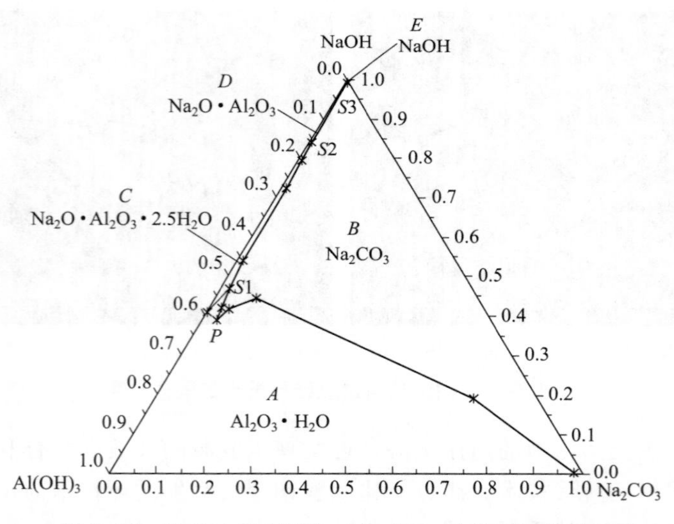

■ 图 3-14 NaOH-Al(OH)$_3$-Na_2CO_3-H_2O 四元体系相图

3.2.4.2 Na_2CO_3 超溶解度及杂质对结晶的影响

碳酸钠在铝酸钠溶液中的介稳区很窄，如图 3-15 所示，110℃碳酸钠的介稳区宽度与 120℃条件下的几乎一致。

模拟溶液蒸发过程中，由在线粒度仪（FBRM）分析可知，碳酸钠出现两次爆发成核（见图 3-16）。初次成核的晶体形貌呈光滑扁平状（见图 3-17）。后期出现的晶核呈疏松不规则（见图 3-18）。其中初次成核的晶体 Ca^{2+} 含量为 157g/L，远高于溶液中 Ca^{2+} 的含量。可以推断 Ca^{2+} 在初次成核的碳酸钠晶体中富集。

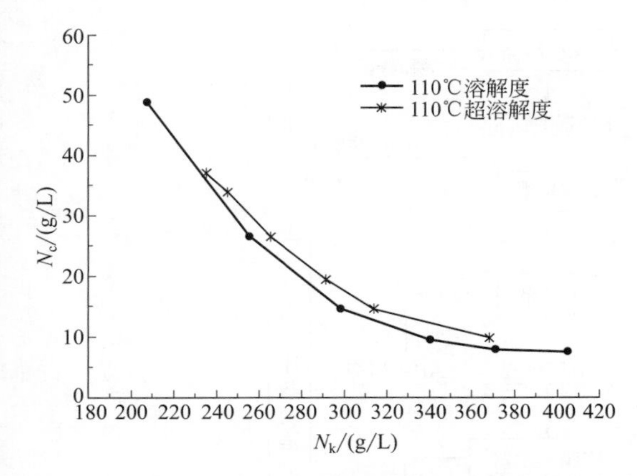

■ 图 3-15 110℃下碳酸钠溶解度和超溶解度

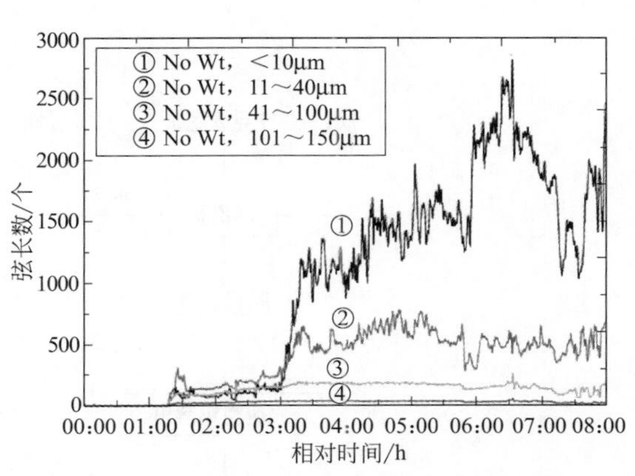

■ 图 3-16 蒸发过程中 FBRM 显示的弦长图

■ 图 3-17 初次成核晶体 SEM 图

■ 图 3-18 蒸发后期晶体 SEM 图

加入适量 EDTA 后的模拟液，蒸发过程只出现一次爆发成核，成核的晶体呈疏松的不规则状，光滑扁平状晶体不再出现，且晶体中 Ca^{2+} 含量为 0。

模拟液在苛碱浓度为 314g/L 时，析出碳酸钠晶体。加入 $CaCl_2$ 的模拟液，晶体析出时刻延迟，而加入 10g/L、100g/L EDTA 的模拟液，晶体析出时刻的苛碱浓度分别提前至 306.3g/L、302.2g/L。Ca^{2+} 对碳酸钠的成核有抑制作用。

3.2.4.3 亚熔盐介质循环工艺路线

亚熔盐法氧化铝清洁生产工艺的拜耳法赤泥溶出液具有碱浓度高、分子比高的优点。将拜耳法赤泥溶出液与进入强制效前的蒸发母液混合，可以提高蒸发母液的苛碱浓度，使接近碳酸钠饱和点的蒸发料液快速析出碳酸钠，达到析盐目的。析盐后的溶液，分子比较蒸发母液的分子比高，铝酸钠过饱和度降低，蒸发过程中可以有效避免铝酸钠的析出。浓缩后的蒸发母液进行铝酸钠深度结晶，结晶母液可以满足赤泥的溶出要求。

混合析盐工艺，可以较好地与现有的拜耳法工艺衔接，减少设备投资。亚熔盐介质循环工艺流程如图 3-19 所示。通过混合析盐，可以将杂质盐类在进入强制循环蒸发器之前排除，同时避免了铝酸钠的结晶析出，避免了碳酸钠、铝酸钠等在加热壁面的结垢，从而显著提高蒸发效率，降低蒸发工序能耗。

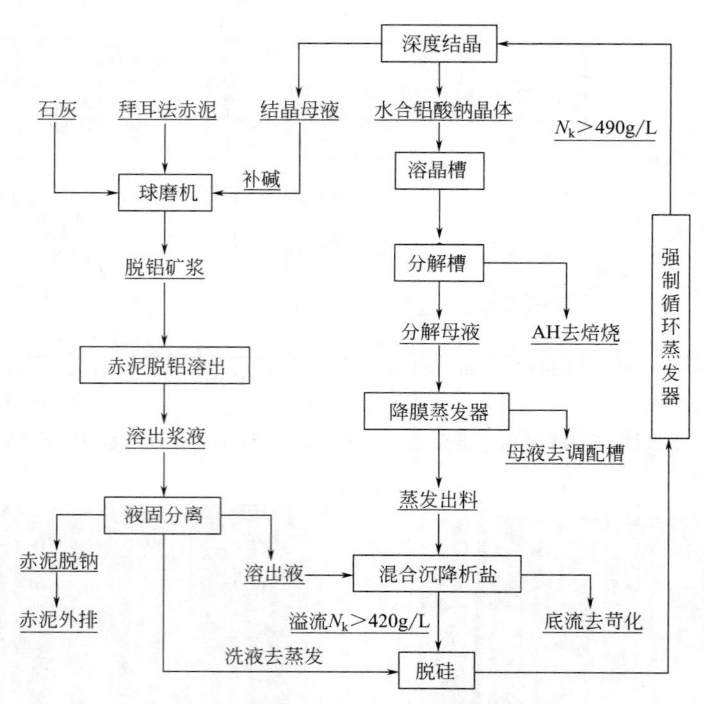

■ 图 3-19 亚熔盐介质循环工艺流程

利用自制蒸发装置，进行了混合析盐后清液蒸发实验，蒸发实例如下。

(1) 混合析盐-减压蒸发

将拜耳法赤泥溶出液与蒸发母液混合析盐，析盐后的溶液初始 N_k=440.9g/L、分子比 M_R=6.37，在蒸发器内进行减压蒸发，真空度为 0.063MPa。溶液增浓到 N_k=499.5g/L 时，开始有少量的 Na_2CO_3 晶体出现，溶液的温度为 116℃。

(2) 混合析盐-常压蒸发

将拜耳法赤泥溶出液与蒸发母液混合析盐，析盐后的溶液初始 N_k=428.6g/L、分子比 M_R=5.87，在蒸发器内进行近常压蒸发，为了防止料液喷溅，调节真空泵管路的开度，使蒸发器内真空度维持在 0.002MPa。溶液增浓到 N_k=530.9g/L 时，开始有少量的 Na_2CO_3 晶体出现，溶液的温度为 146℃。

由碳酸钠在铝酸钠溶液中的溶解度规律可知，在高苛碱浓度段，随着苛碱浓度的增加，碳酸钠溶解度略微减少。混合析盐后的溶液在蒸发过程中，Na_2CO_3 的过饱和度很低，前期的蒸发增浓过程不会出现 Na_2CO_3 的结晶析出，从根本上减少了加热壁面的结垢。

3.2.5 亚熔盐处理铝土矿生产氧化铝万吨级示范工程

3.2.5.1 工程筹建情况

由于国内氧化铝产量大幅度增长导致对铝土矿需求量的急剧增加，仅占我国铝土矿资源量30%的铝硅比7以上的高品位矿已大部分被消耗，而进口铝土矿价格也将由于需求量急剧增加而成倍增长。国家发改委颁布的氧化铝行业准入标准要求采用拜耳法氧化铝生产工艺时，铝土矿中氧化铝资源利用率不低于81%，目前已有很多拜耳法氧化铝生产企业，特别是缺乏自有矿山的民营企业只能利用我国铝硅比低于7，甚至低于6的铝土矿，其氧化铝资源利用率不足80%，远低于上述标准要求。铝土矿原料的成本已占氧化铝生产总成本的1/2，甚至更多。同时由于高碱赤泥堆存污染环境，还引发了氧化铝生产企业与当地居民的纠纷不断。立足国内中低品位铝土矿，开发资源利用率高、环境生态友好的氧化铝清洁生产工艺势在必行。

万吨级亚熔盐法生产氧化铝示范工程（以下简称氧化铝示范工程）即是在这样的背景下被提出并被实施的，目的是通过示范线的运行取得工业化设计、生产控制参数，最终实现该方法的工业化应用。

3.2.5.2 生产方法及全厂总流程

（1）亚熔盐法氧化铝生产方法介绍

亚熔盐法生产氧化铝技术是中科院过程所在亚熔盐低温低压分解一水硬铝石并吸取国外高温水化学法经验的基础上取得的重大技术创新。利用高浓度碱液浸取中低品位铝土矿中的氧化铝，并通过生成水合硅酸钠钙的中间矿物，进一步提取赤泥中的铝和碱，最终实现中低品位铝土矿90%以上的氧化铝回收率，外排赤泥碱含量小于1%，赤泥有利于后续综合利用。亚熔盐法处理中低品位铝土矿与拜耳法的区别是可以经济地利用中低品位铝土矿，与烧结法、串联法和混联法的区别是省去了高能耗和重污染的烧结工序。亚熔盐法为全湿法封闭运行，不存在“三废”排放，是一种极具潜力和发展前景的技术。

（2）工艺流程

铝土矿在原矿堆场进行均化，均化后矿石通过卸矿仓用胶带输送机送往原料磨的磨头仓。石灰经斗式提升机卸入石灰仓，仓底设置板式给料机、胶带输送机，全部石灰被输送至石灰仓，从石灰仓来的一部分石灰被送往石灰消化机，消化后送二段溶出。

在原料制备工序中，将铝土矿及循环溶液按比例加入原料磨中磨制原矿浆，送入原矿浆槽，再用矿浆泵送往矿石预处理车间进行矿石除杂。矿石预处理是通过对矿石的洗选去除有害的硫和有机碳、浮土，保证后续工序能正常运行，矿石预处理设洗矿、精矿脱水和尾矿脱水工序。

从矿石预处理工序送来的原矿浆进入料浆调配槽进一步添加高浓度循环母液，调整碱度和固含，调配合格后原矿浆送至高压泵房的隔膜泵。

用隔膜泵将原矿浆送往一段溶出的套管预热器预热后，再用一级套管换热器并采用高压新蒸汽加热，将原矿浆加热至反应温度。溶出后料浆经多级闪蒸，温度降至80℃后送入稀释槽。

各级矿浆自蒸发器产生的二次蒸汽用于相对应的套管预热器中预热原矿浆，二次蒸汽冷凝后从预热器排出进冷凝水罐，冷凝水经逐级闪蒸降压后，汇总到末级冷凝水罐，送往热水站制备热水。从溶出后槽送来的料浆进入铝酸钠结晶槽进行结晶，从结晶末槽将铝酸钠料浆用离心泵打至过滤机进行液固分离，分离后母液溶出二段赤泥，铝酸钠结晶再次溶解，并制备成与拜耳法粗液相当的溶液，送大厂沉降槽与大厂粗液合流，所产精液与大厂精液一并送种子分解工序。精液在此经两级换热，温度从100～105℃降到61～62℃，然后送种子过滤冲晶种。在分解槽尾部适当位置设置两台水力漩流器分级机组，分级底流为粗颗粒氢氧化铝料浆，作为本车间产品送往焙烧车间成品过滤工序，分级溢流返回分解槽中，分解倒数第二槽为种子出料槽，在槽上部适当位置出料自流进种子过滤工段，经过滤后晶种流进晶种槽中，过滤母液进锥形母液槽。种分母液一部分送氢氧化铝分级，调配料浆固含，另一部分与精液换热，换热后母液温度从50～55℃升至85～90℃，送蒸发车间的蒸发原液槽和洗晶使用。

洗晶后种分母液及一部分种分母液混合送蒸发器进行蒸发，使 N_k 从300g/L蒸发至循环母液浓度，送二段溶出使用。蒸发过程中分段将碳酸钠和铝酸钠结晶排出。其中碳酸钠送大厂进行苛化，铝酸钠用种分母液洗涤后用氢氧化铝洗液、种分母液溶解后送脱硅工序与一段溶出后所产粗液合流脱硅。

整个流程中损失的少量碱以液体碱的形式从二段溶出进料调配槽中补充。

洗涤后的一段赤泥添加部分石灰粉与一段溶出后结晶母液混合，调配好浓度和固含后送二段溶出机组脱铝。

二段溶出后的赤泥矿浆直接进行过滤和赤泥洗涤，溶出液返回一段调配槽配料，洗涤液返回铝土矿磨矿，赤泥送常压脱钠。

脱钠赤泥料浆再送大厂沉降槽进行分离和洗涤，洗涤后赤泥外排或用作建筑材料。工艺流程见图3-20。

（3）主要原燃材料的规格及其消耗量和来源

氧化铝示范工程建于铝业公司厂区，因规模小，所用原燃材料规格与大厂相同，因此原燃料全部从大厂转入。铝土矿成分见表3-2，石灰主要成分见表3-3、烧碱主要成分见表3-4。

表3-2 铝土矿主要化学成分（质量分数）（A/S① =4.2）

组分	Al_2O_3	SiO_2	Fe_2O_3	CaO	TiO_2	灼减	其他	合计
%	57.8	13.7	8.82	1.4	3.12	14.0	1.16	100

① A/S指铝硅比，后同。

表3-3 石灰成分（质量分数）

组分	Al_2O_3	SiO_2	Fe_2O_3	CaO	CO_2	其他	合计
%	1.22	3.06	0.61	82.73	6.67	5.71	100

表3-4 烧碱成分（质量分数）

成分	NaOH	Na_2CO_3	NaCl	Fe_2O_3
%	≥42	≤0.4	≤1.8	≤0.007

根据物料及能量平衡计算，设计示范线年运转时间为8000h，设计年产氢氧化铝30000t（折氧化铝19600t）。

3.2.5.3 厂区布置

本项目建设场址占地面积约15亩（1亩≈666.7m²）。项目所处位置周围规划有厂

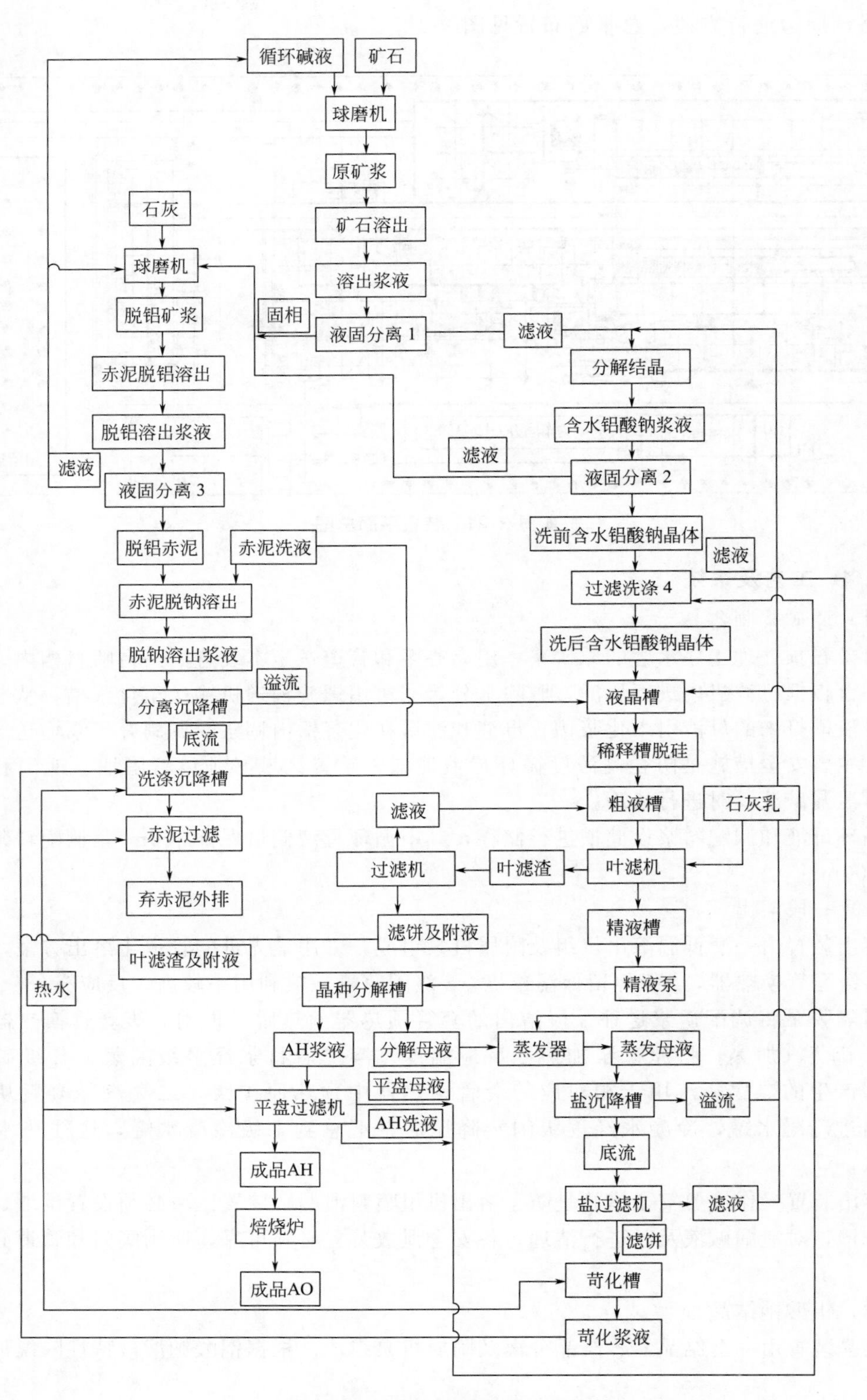

■ 图 3-20 亚熔盐法氧化铝工艺流程

内道路，周边通行方便，总平面布置见图3-21。

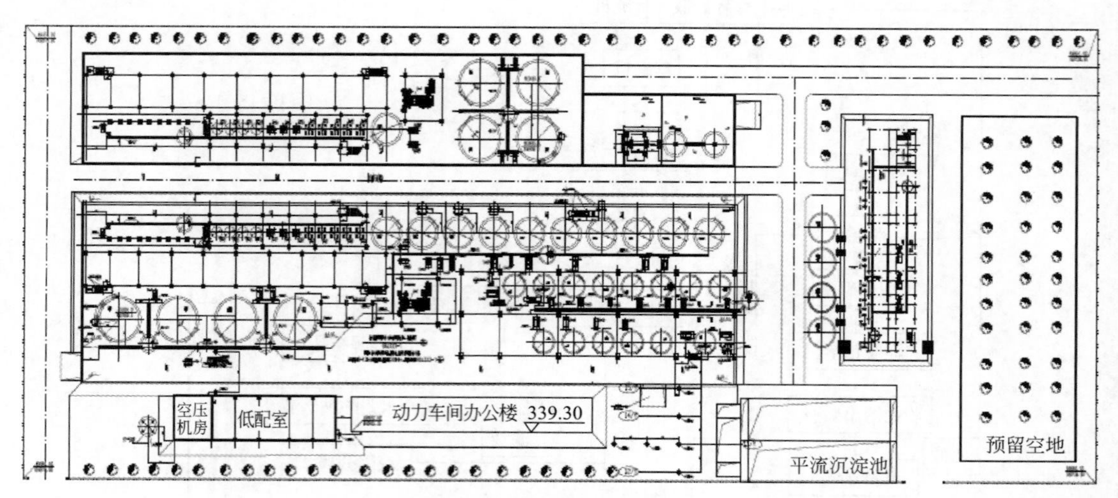

■ 图3-21 装置平面总图

3.2.5.4 工艺及系统

（1）原矿浆制备

由矿石预处理工序水磨的原矿浆，用离心泵和管道送至本装置内一台喂料槽内，用泵打到一台板框过滤机内进行压滤，脱除水分，滤饼用螺旋输送机输送至化浆槽，从装置内循环母液槽打来的母液引入化浆槽，母液和滤饼在化浆槽内调浆，调制好矿浆输送至溶出前槽。主要安全措施是防止高浓度循环母液泄漏，装置区域必须设置围堰、地沟和污水槽，对泄漏碱液及时进行清理。

循环母液和调配料浆设储槽进行储存，其中循环母液储量保证300m^3，调配料浆储量保证500m^3。

（2）一段溶出

溶出装置由一套低温溶出机组及附属机泵组成，采用最先进的管道化溶出方案，设计采用9级套管换热器，4级停留保温罐机，8级闪蒸槽，热利用率较高，反应充分。

用隔膜泵将调配矿浆送往一段溶出的套管预热器预热后，再用一级套管换热器并采用高压新蒸汽加热，将原矿浆加热至反应温度。溶出后料浆经多级闪蒸，各级矿浆自蒸发器产生的二次蒸汽用于相对应的套管预热器中预热原矿浆，二次汽冷凝后从预热器排出进冷凝水罐，冷凝水经逐级闪蒸降压后，汇总到末级冷凝水罐，送往热水站制备热水。

溶出装置操作主要安全措施是防止溶出机组喷料泄漏，装置区域必须设置围堰、地沟和污水槽，对泄漏碱液及时进行清理，各安全泄放装置必须可靠，所用阀门和管道必须耐腐蚀。

（3）铝酸钠结晶

结晶装置由一套结晶器、结晶分离及附属机泵组成。根据铝酸钠溶液特性降温加种结晶分解。

一段溶出矿浆经过两级螺旋板换热器降温后至70℃，进入结晶首槽，首槽同时添加部分末槽返回的种子料浆，首槽结晶后料浆依次进入结晶中槽、结晶末槽，结晶中槽设有中间降温螺旋板式换热器，浆结晶温度控制在60℃，结晶末槽出料用泵送至过滤机进行液固分离，同时用种分母液进行洗晶。结晶母液去二段溶出配料，洗晶液去蒸发，滤饼用一段赤泥洗液、脱钠赤泥洗液、氢氧化铝洗液、热水进行溶晶及化浆，溶晶后料浆再用两台过滤机进行过滤和洗涤，洗涤赤泥去二段溶出，溶晶粗液去大厂稀释后槽，洗液去溶晶。

结晶装置的核心设备是结晶器，根据铝酸钠溶液结晶机理，并依照拜耳法氧化铝种分经验，选用大型平底带机械搅拌常压结晶槽作为结晶器，完全可以满足工艺需要，为节约电能并保证停留时间，槽间料浆采用上进下出流向，槽间设位差，料浆可以实现自流。换热器选用螺旋板式换热器，过滤选用板框压滤机。

结晶装置操作主要安全措施是防止碱液泄漏，装置区域必须设置围堰、地沟和污水槽，对泄漏碱液及时进行清理。降温冷媒采用溶晶料浆，可以回收溶出矿浆热量，节约低压蒸汽消耗。

（4）二段溶出

二段溶出装置同样采用管道化溶出方案，包括9级套管换热器、4级停留保温罐机、8级闪蒸槽。

用隔膜泵将一段赤泥滤饼（洗后）加石灰浆及结晶母液调配成合格矿浆送往二段溶出的套管预热器预热后，再用一级套管换热器并采用高压新蒸汽加热，将原矿浆加热至反应温度。溶出后料浆经多级闪蒸，温度降至80℃后送入稀释槽。

各级矿浆自蒸发器产生的二次蒸汽用于相对应的套管预热器中预热原矿浆，二次蒸汽冷凝后从预热器排出进冷凝水罐，冷凝水经逐级闪蒸降压后，汇总到末级冷凝水罐，送往热水站制备热水。

溶出矿浆经一级过滤机分离，滤饼用脱钠液化浆后再用过滤机分离，分离滤液及洗液合并去一段溶出，滤饼洗涤后送脱钠。

装置操作主要安全措施是防止溶出机组喷料泄漏，装置区域必须设置围堰、地沟和污水槽，对泄漏碱液及时进行清理，各安全泄放装置必须可靠，所用阀门和管道必须耐腐蚀。

（5）赤泥脱钠

赤泥脱钠装置由一套常压搅拌反应器及附属机泵组成。

二段溶出矿浆经过滤洗涤后滤饼与部分石灰浆及脱钠赤泥洗液混合调制成赤泥脱钠用合格矿浆，用泵输送至脱钠槽内进行常压脱碱。

根据二段赤泥脱碱机理，脱钠槽选用4级大型平底带机械搅拌常压脱钠槽作为反应器，槽内装有管束，用低压蒸汽进行换热，保证脱钠反应温度，完全可以满足工艺需要。为节约电能并保证停留时间，槽间料浆采用上进下出流向，槽间设位差，料浆可以实现自流。反应维持物料温度使用大厂溶出机组乏汽，可以节约低压新蒸汽消耗。

（6）母液蒸发

母液蒸发装置由一套两效蒸发器及附属机泵组成。

铝酸钠晶体洗液、种分母液混合后进入两效蒸发器进行蒸发，蒸发器选用列管式强制循环蒸发器，为防止盐析出影响换热效率，两效蒸发器采用顺流和逆流交替作业，浓缩母液中的结晶盐采用沉降槽进行预浓缩，底流用离心机进行分离，分离盐送大厂进行苛化，浓缩母液回头去二段溶出。

蒸发器为本装置核心设备，根据蒸发原液特性，选用列管式强制循环蒸发器，为防止盐析出影响换热效率，采用两效蒸发器顺流和逆流交替作业，其中低温段二次蒸汽接真空系统，高温段对二次蒸汽接蒸汽喷射式热泵进行热能重复利用，可使运行蒸汽耗下降至 0.4t 汽/t 水。

3.2.5.5 示范项目现场

亚熔盐法万吨级氧化铝示范装置的运行结果显示，赤泥中氧化钠含量由传统工艺中较为先进的拜耳法的 6%～8%降低到 1.5%以下，年排放赤泥总量较拜耳法降低 10%以上，且赤泥易于实现综合利用，从而降低乃至消除赤泥堆存对环境造成的潜在危害，环境效益显著。亚熔盐法氧化铝清洁生产技术指标对比列于表 3-5。示范现场现状如图 3-22 所示。

■ 表 3-5 亚熔盐法氧化铝清洁生产技术指标对比

技术指标	拜耳法	烧结法	联合法	选矿拜耳法	亚熔盐法
分解温度/℃	250～260	>1000	>1000	250～260	170～190
分解压力/MPa	4.0～6.0	—	—	4.0～6.0	0.1～0.4
能耗/(GJ/t Al_2O_3)	13～16	35～38	29～32	15～19	13～16
氧化铝回收率/%	<75	>90	>90	～60	>90
矿种适应性	高品位	中低品位	中低品位	中低品位	中低品位
尾渣可利用性	难	较难	较难	难	易
尾渣排放量	大	大	大	大	降低 10%
尾渣污染情况	含碱高 污染重	污染 较重	污染 较重	含碱高 污染重	碱含量<1.5% 污染小

■ 图 3-22 示范现场

3.2.5.6 前景分析

氧化铝行业为国民经济、国家安全和人民生活中不可替代的基础原料工业，产品市场相对稳定，需求呈持续增长趋势。

研究表明，亚熔盐法氧化铝清洁生产/赤泥源头减污集成技术可以实现占我国铝土矿储量 70%以上的中低品位铝土矿的经济利用，并能实现赤泥中碱的高效回收及脱碱赤泥资源化利用，解决制约我国氧化铝工业可持续发展的资源环境难题。亚熔盐法处理一水硬铝石清洁技术的 3×10^4t/a 规模示范工程建成后，可较现有拜耳法传统工艺多回收氧化铝 4500t，回收碱 2400t，每年可减少 3×10^4t 高碱赤泥排放，并可节约相应固废堆场及防渗装置建设费用，减少相应的赤泥堆场管理和维护费用，加上赤泥的资源化利用效益，每年可实现综合经济效益近亿元，并可大大减小甚至消除赤泥筑坝堆存的压力及由此引起的环境污染隐患。

3.3 大宗赤泥固废的源头污染控制集成技术

3.3.1 拜耳法赤泥中物相的转化规律

赤泥的回收与利用一直是氧化铝行业面临的难题。国内外氧化铝厂大都将它们输送至堆场、以筑坝湿法堆存或干法堆存，长期占用大量土地，且含碱废液污染地表、地下水源，造成自然生态环境严重破坏，也制约着氧化铝生产的发展，赤泥综合回收与利用已成为发展氧化铝工业的重要课题。长期以来国内外对赤泥的综合利用也进行了大量研究，包括赤泥中有用物质如钪、铁的回收，利用赤泥生产铸件，建筑材料及多种砖，制成硅钙农用肥料，开垦地的填埋料，以及吸附剂用于治理环境污染等，但赤泥中钠铝回收一直是研究的重点和难点。

拜耳法赤泥中的铝和钠以方钠石或钙霞石的形式存在[19～23]。回收铝钠的基本方法是破坏富含铝钠的方钠石或钙霞石，控制条件生成一种贫铝钠或不含铝钠的新物相。考虑到便于与溶出工艺的衔接以及溶出介质的循环，回收铝钠基本均采用碱性浸出的方法。

前苏联阿布拉莫夫[24]提出了高压水化学法，分两步回收拜耳法赤泥中的铝、钠。该方法先将方钠石在水化学条件下转化成 $NaCaHSiO_4$ 回收其中的铝，然后再在低碱条件下使 $NaCaHSiO_4$ 分解回收其中的钠。过程所亚熔盐课题组[25～29]改进了该方法，将工艺条件带进了亚熔盐区域，物相转变依然遵循高压水化学法的变化规律，但大幅降低了操作压力，在 35% Na_2O 的碱溶液中，Al_2O_3 和 Na_2O 的回收率分别可达 87.8% 与 96.4%。此外，Cresswell[30,31]研究了三水铝石矿生产的拜耳法赤泥在水热条件下铝、钠的同步回收，在 260～300℃、10%～20% Na_2O 的碱浓度下，通过生成贫铝钠的钙铁榴石，可以回收赤泥中 70% Al_2O_3 和 95% Na_2O。图 3-23 标出了以上 3 种方法的简明操作

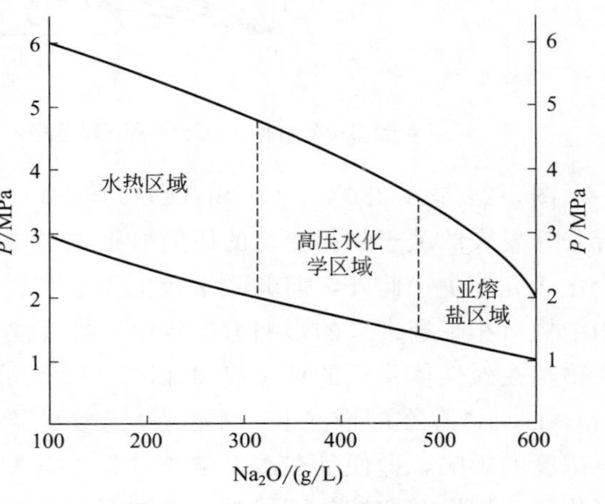

■ 图 3-23 水热法、高压水化学法及亚熔盐所在反应条件区域

区域。

以上 3 种方法虽然可以高效回收赤泥中的铝、钠，但是回收工艺中均需要高 α_k（溶液中 Na_2O 与 Al_2O_3 的摩尔比）的碱性循环液。如何经济地获得高 α_k 碱性循环液，成为这些流程工业化的核心问题之一[16]。因此，首先对赤泥进行处理改性，充分利用并回收拜耳法赤泥中的高值部分——有价金属氧化铝，并将赤泥无害化处置；其次再将改性的赤泥应用于建材领域，达到大规模消纳赤泥的目的。

由此可见，对碱性条件下拜耳法赤泥中物相转化规律研究是十分必要的。图 3-24 是前苏联学者[24]研究得出的在 280℃下，Na_2O-CaO-Al_2O_3-SiO_2-H_2O 体系平衡物相的大致存在区域。图中罗马数字代表的物相如下。Ⅰ：$Na_2O \cdot 2CaO \cdot 2SiO_2 \cdot H_2O$，$Ca(OH)_2$。Ⅱ：$4Na_2O \cdot 2CaO \cdot 3Al_2O_3 \cdot 6SiO_2 \cdot 3H_2O$ 和 $Ca(OH)_2$。Ⅲ：3（$Na_2O \cdot Al_2O_3 \cdot 2SiO_2$）· $NaAl(OH)_4 \cdot H_2O$，$Ca(OH)_2$。Ⅳ：$CaO \cdot SiO_2 \cdot H_2O$。Ⅴ：$4Na_2O \cdot 2CaO \cdot 3Al_2O_3 \cdot 6SiO_2 \cdot 3H_2O$，$3CaO \cdot Al_2O_3 \cdot xSiO_2 \cdot (6-2x)H_2O$。Ⅵ：$3CaO \cdot Al_2O_3 \cdot xSiO_2 \cdot (6-2x)H_2O$。Ⅶ：$3(Na_2O \cdot Al_2O_3 \cdot 2SiO_2) \cdot NaOH \cdot 3H_2O$。前苏联学者通过该平衡相图，寻找到了不含氧化铝的物相相区Ⅰ及同时不含铝碱的相区Ⅳ，并据此开发出了高压水化学法来处理霞石。

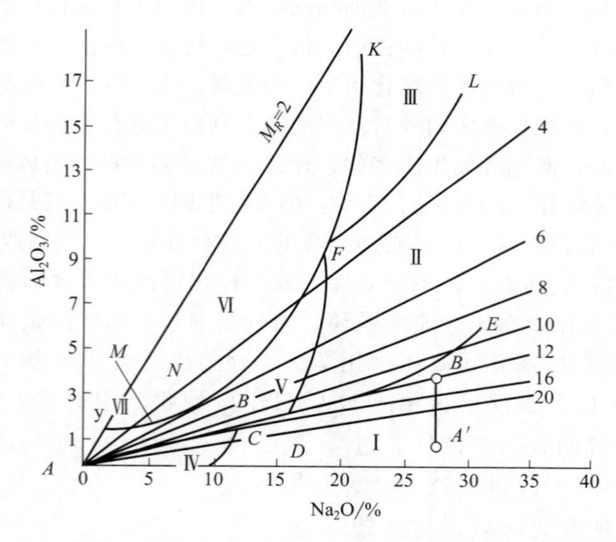

■ 图 3-24 Na_2O-CaO-Al_2O_3-SiO_2-H_2O 体系在 280℃下的平衡固相图

图 3-24 是在 280℃、Ca/Si（CaO 与 SiO_2 的摩尔比）为 1 的条件下绘制的。前苏联学者公开发表的关于物相变化的研究成果也主要集中在这一区域，但是对其他区域下的物相变化研究较少；此外，前苏联学者主要是以氧化物的形式考察物相，对物相的结构以及物相结构对相平衡带来的影响考虑较少。拜耳法赤泥中的主要含铝碱物相为方钠石/钙霞石，该物相在碱性体系下的转化规律如图 3-25 所示。

在 CaO 存在的情况下，方钠石/钙霞石会逐渐向钙石榴石转变，该转变过程不受溶液碱浓度的影响，即便是在清水中该过程也会发生[32,33]。但是，当碱浓度升高进入到高压水化学区域以及亚熔盐区域时，方钠石/钙霞石的分解平衡物相便会变为硅酸钠钙。另外，钙石榴石与硅酸钠钙之间也存在着转化关系，高碱浓度条件下（亚熔盐区域及部分高压水化学区域），钙石榴石会转变成硅酸钠钙；而在低碱浓度下（约 < 100g/L Na_2O），硅酸钠钙除了分解成硅酸钙类物质外，在某些条件下，还会转变成钙石榴石。此外，硅酸钙类物质可由多种物质组成，并且它们之间存在一定的转化关系；钙石榴石中存在着钙铝榴石-钙铁榴石类质同象替换的现象。

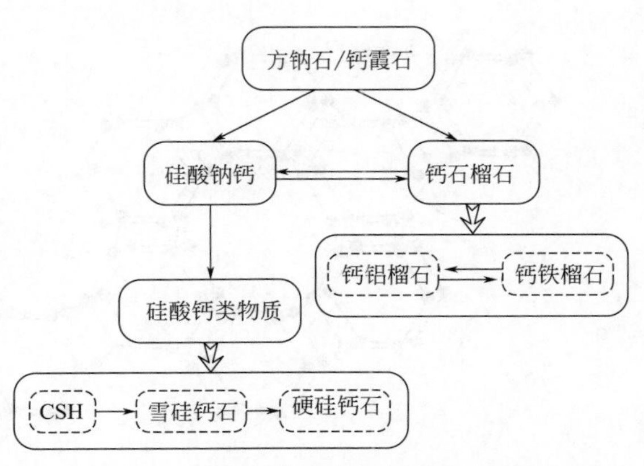

■ 图 3-25 碱性条件下物相转换关系图

3.3.1.1 方钠石/钙霞石的结构

铝土矿经碱液浸出后，需要将杂质硅从液相中分离脱除，工业上利用硅、铝二者的溶解度差别将硅脱除，脱硅产物排放到赤泥中。脱硅产物统称为 DSP，其氧化物分子式一般可写作 $Na_2O \cdot Al_2O_3 \cdot nSiO_2 \cdot mH_2O$（$n=1.6 \sim 1.9$），是赤泥的主要成分。从分子式可知，其中含有 Na、Al 元素，随着硅的脱除会造成大量的铝碱损失。因此，DSP 是赤泥处理的主要对象。

钠硅渣主要由方钠石组成，方钠石是一类具有沸石类笼型结构的铝硅酸钠物质，属于立方晶系的 $P\bar{4}3n$ 空间群[34,35]，其结构分子式为 $Na_6D(Al_6Si_6O_{24}) \cdot Na_2X \cdot nH_2O$，这里 X 可以是一系列无机阴离子，通常为 CO_3^{2-}、SO_4^{2-}、$2Cl^-$、$2OH^-$ 或 $2NO_3^-$[36~38]。其结构为共耦的 AlO_4 和 SiO_4 四面体交替连接形成骨架，Na^+ 及各种阴离子处于笼中并平衡电价[39,40]。但在较高温度和压力下，方钠石会逐步向另一结构的铝硅酸钠物质——钙霞石转变[41~44]，这在强化拜耳法中更加明显。钙霞石属于六方晶系的 $P6_3$ 空间群[45,46]，其与方钠石的结构分子式相同，结构差异不大，Barnes[42] 等研究者经过 15d 的水热结晶才使得钙霞石的（101）及（211）晶面晶化，得以与方钠石的 XRD 图谱进行区分，而拜耳法浸出工序中仅数小时的停留时间，且大量杂质对基线的干扰，使得实际中很难在 XRD 图谱上将二者区分开。

图 3-26 显示了方钠石及钙霞石的结构示意，图中只列出了 Al—O 键及 Si—O 键形成的骨架。在图 3-26(b) 的方钠石结构里，骨架形成的 α 笼及 β 笼中每个笼会包含一个单价离子或每隔一个包含一个双价离子；而图 3-26(a) 钙霞石的笼型结构中，有两种结构的笼可以包含离子：一个是小笼结构（ε-cage，该笼相较方钠石的 β 笼为小）；另一个是通道结构（channel，该笼相较方钠石的 β 笼为大）[47,48]。

由于方钠石/钙霞石的笼型结构，使其具有一定的离子交换性[49]。这也是拜耳法赤泥具有持续污染性的原因，即其中的 Na^+ 可以缓慢不断地释放。也有研究者[50]利用该特性使用含植物必需元素的 K^+、Ca^{2+}、NH_4^+ 等阳离子对 Na^+ 进行离子交换，以期解决其污染问题。但受扩散系数、反应条件及扩散平衡影响，该方法离子交换速率慢，替换率不高。

此外，根据铝硅酸盐骨架的生成规则 Loewenstein 规则，Al/Si 的摩尔比为 1 是 Al 参与骨架生成的极限含量，但实际上，DSP 中的 Al/Si 的摩尔比在 1.18～1.25 之间[51]。前苏联研究人员[24]认为是由于 $Al(OH)_4^-$ 进入到了方钠石的 β 笼中所致，为与常规的羟基

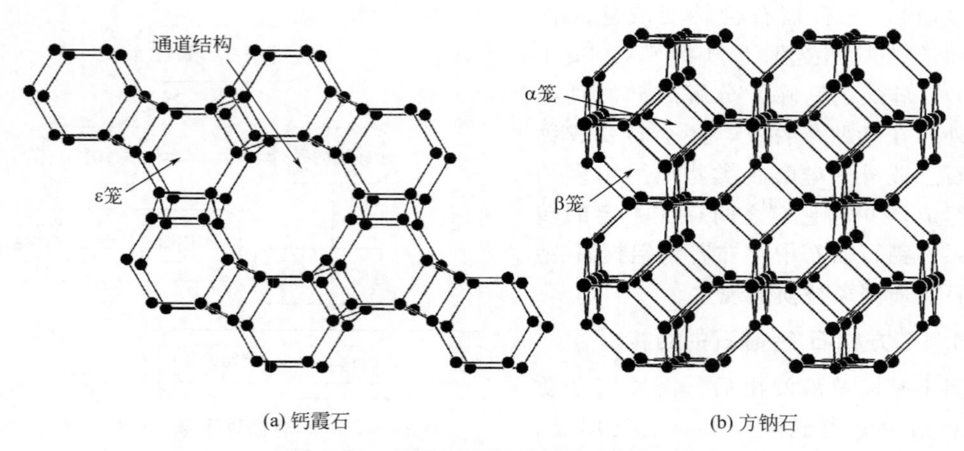

(a) 钙霞石 (b) 方钠石

■ 图 3-26 钙霞石结构及方钠石结构示意

方钠石相区别，将其称之为铝酸盐方钠石。但方钠石 β 笼内径为 0.33nm，其六环窗口半径为 0.22nm，而 $Al(OH)_4^-$ 的离子半径约为 0.33nm，所以无论是方钠石生成时的模板包裹，还是笼生成后再进入，β 笼都不太可能含有 $Al(OH)_4^-$。对此，Pascale[52] 等通过 Hartree-Fock 和 B3-LYP 方程证明了在低 α_k 中，较多 $Al(OH)_4^-$ 的存在使得生成方钠石时局部区域硅酸根离子未能填满，形成了由 Al—O—H 包围的 Si 空位，正是由于这种动力学原因造成的晶格缺陷导致了 DSP 中 Al/Si 摩尔比的反常，随后其对合成方钠石的折光率分析也证明了这一点。

如上所述，拜耳法赤泥中的 DSP 应为笼中含有大量 Na^+ 及 OH^- 的方钠石与钙霞石混合物，且该混合物以方钠石为主。

3.3.1.2 钙石榴石的结构研究

（1）类质同象类物质及成因

由于某些元素的离子或原子性质相似，如离子半径、电负性等，在矿物结晶形成的特定条件下，它们会同时存在于相同的配位点。随着这些配位点被不同的质点（离子或原子）占据，引起了晶格参数及矿物物理、化学性质的变化，但不引起晶格类型发生质变的现象，叫做类质同象（isomorphism）。

类质同象是矿物中普遍存在的一种现象，如镁菱铁矿中的 Mg-Fe 替换，是以菱镁矿 $MgCO_3$ 与菱铁矿 $FeCO_3$ 为端元的固溶体；常与闪锌矿 ZnS 伴生的 Cd、In 等元素，也以 Cd-Zn、In-Zn 替换的形式存在[53]。因此，在天然形成的矿物中，由于类质同象现象，矿物的组成往往在一定范围内变化，成分纯净者极少。

在水热法中，处理后赤泥渣相的终物相均为钙石榴石，其分子中六配位点上可发生 Fe-Al 的类质同象替换[54]。在不同的原料在不同操作条件下，六配位上 Fe-Al 的替换率差异很大，这就导致了虽然终物相相同，但渣相中氧化铝含量相差很大。

（2）石榴石的结构

石榴石（garnet）是一种常见的矿物，一般为立方晶系，属于 $Ia3d$ 空间群，其结构中普遍存在的类质同象现象，分子式一般可写作 $\{X\}_3[Y]_2(Z)_3O_{12}$[55~57]。其结构示意如图 3-27 所示，X 为八配位点，与周围的氧形成 12 面体，该配位一般由二价金属阳离子占据；Y 为六配位点，与周围的氧形成 8 面体，该配位一般由三价金属阳离子占据；Z 为四配位点，与周围的氧形成 4 面体，该配位一般由四价金属阳离子占据。

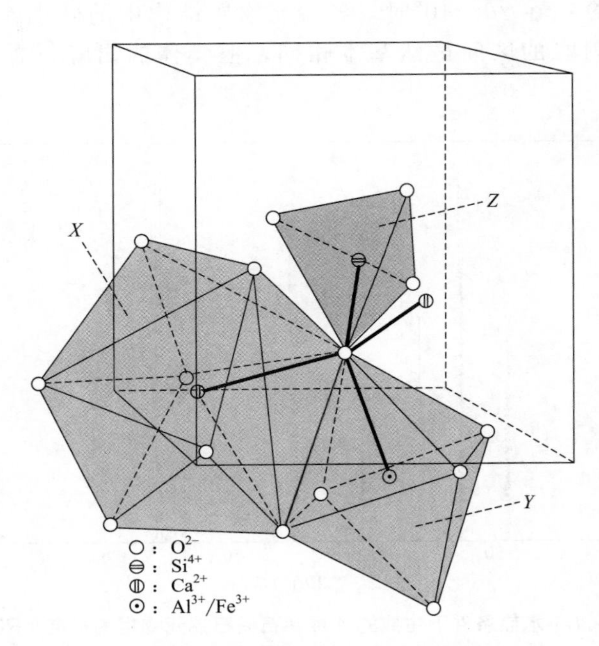

■ 图 3-27 钙石榴石的结构示意

X、Y、Z 这 3 个配位点均可发生类质同象替换，而形成不同的石榴石物质。此外，方钠石的骨架缩聚过程中会因为局部的硅酸根离子未填满而形成由羟基替代产生的缺陷。这种现象在钙石榴石形成的过程中也会出现，在钙石榴石骨架生成过程中，Al—OH 原子团通过缩聚反应转化为 Al—O—Si 原子团，在硅酸离子浓度很低的情况下，上述转化会不完全，在晶格中会残存一些 Al—OH 基团，导致在图 3-27 的 Z 配位中，$\begin{bmatrix} OH & OH \\ OH & OH \end{bmatrix}$缺陷结构代替部分 SiO_4 的情况[58~61]。这种水化现象导致生成的钙石榴石中一般都含有一定量的羟基，而羟基的存在量与（SiO_4）的数量存在对应关系。考虑到 Fe-Al 的同象替换及水化产生的缺陷，本章研究的钙石榴石分子结构式的一般通式为 $Ca_3(Al,Fe)_2(SiO_4)_{3-x}(O_4H_4)_x$。

（3）碱法中生成的钙石榴石

水热条件下生成的 4 种钙石榴石的端元物质如表 3-6 所列。

■ **表 3-6 水热条件下生成的 4 种钙石榴石端元物相**

PDF 序号	本书中编号	分子式
77-1713	1#	$Ca_{2.93}Al_{1.97}(Si_{0.64}O_{2.56})(OH)_{9.44}$
38-0368	2#	$Ca_3Al_2(SiO_4)(OH)_8$
87-1971	3#	$Ca_3(Fe_{0.87}Al_{0.13})_2(SiO_4)_{1.65}(OH)_{5.4}$
32-0147	4#	$Ca_3AlFe(SiO_4)(OH)_8$

图 3-28 中用不同的线型画出了 4 种端元物质标准 XRD 衍射峰。可以看出，这 4 种物质的衍射峰彼此非常接近，在 $2\theta<40°$时，考察物相短程有序度的时候，各端元物质的特征峰基本重叠；在 $2\theta>40°$时，各端元物质结构中的微小差异在长程有序的考察中被放大，各衍射峰的区间虽然基本相同，但具体的出峰位置彼此间已出现明显的差异。

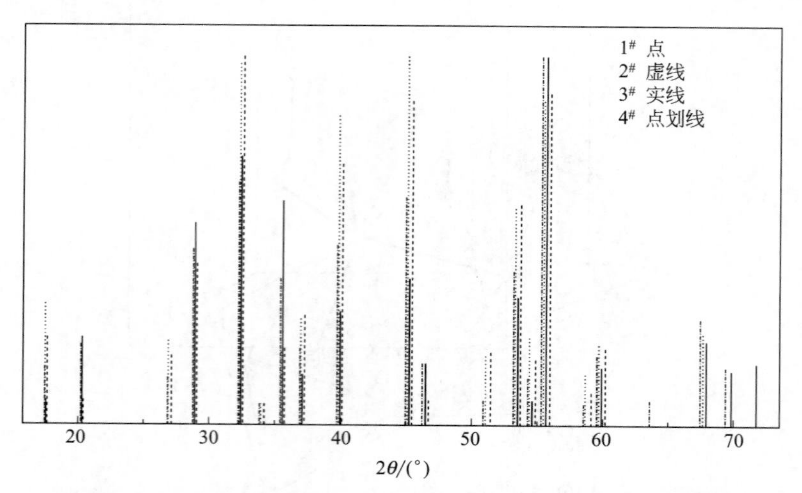

■ 图 3-28 水热条件下生成的 4 种钙石榴石端元物相的标准 XRD 谱图

3.3.2 铝硅高效分离技术

目前国内外已报道的有工业应用价值的回收赤泥中氧化铝的工艺有水热法、CaO 烧结法和高压水化学法。但水热法的溶出液中氧化铝的浓度很低，只能以水合铝酸钙的形式回收铝，难以与拜耳法主体溶出工序相配套；CaO 烧结法（温度达 1000℃以上）氧化铝回收率高，但能耗太高而且渣量大；占主导地位的高压水化学法氧化铝回收率高，同时还能回收一部分钠，但温度需达到 260～280℃且压力达 5.0MPa 以上，高温高压操作导致生产能耗高，同时对设备要求相当高，操作难度大。

为此，提出了一种处理赤泥的新方法——低温低压水化学法回收赤泥中的氧化铝和常温常压脱碱回收赤泥中的氧化钠，并制备出铝酸钠产品；反应介质 NaOH 可在体系中循环利用，工业实施可操作性强，工艺过程可节能减耗，提高资源利用率，消除赤泥夹带碱对环境造成的污染，为大宗赤泥的处理提供一条具工业应用前景的新途径。赤泥中氧化铝和氧化钠的回收以及碱的循环工艺流程如图 3-29 所示。

赤泥中氧化铝的回收是亚熔盐氧化铝清洁生产工艺的重要部分，也是赤泥回收处理和提高氧化铝提取率的难点和铝硅高效分离技术的关键所在。影响赤泥中氧化铝回收的影响因素主要有反应温度、NaOH 溶液初始浓度、碱矿比及 CaO 添加量。下面讨论各因素对铝回收效果的影响。

3.3.2.1 反应温度的影响

反应温度对赤泥中 Al_2O_3 回收效果的影响如图 3-30 所示。

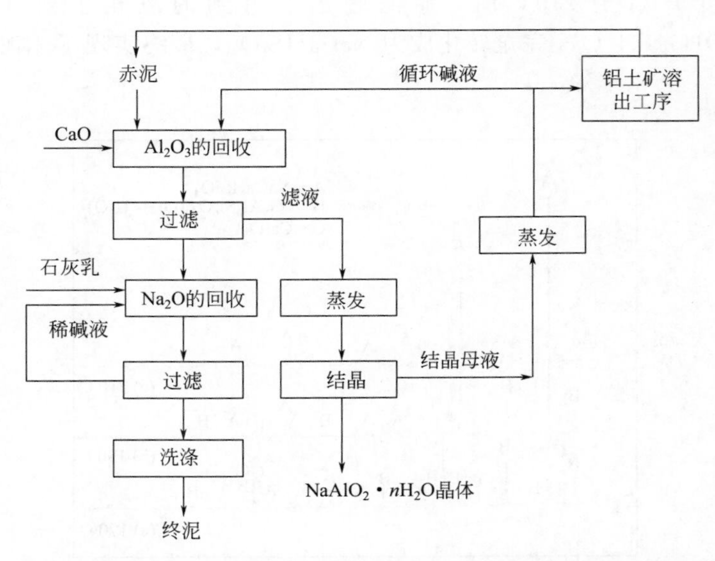

■ 图 3-29 赤泥中氧化铝和氧化钠的回收以及碱的循环工艺流程

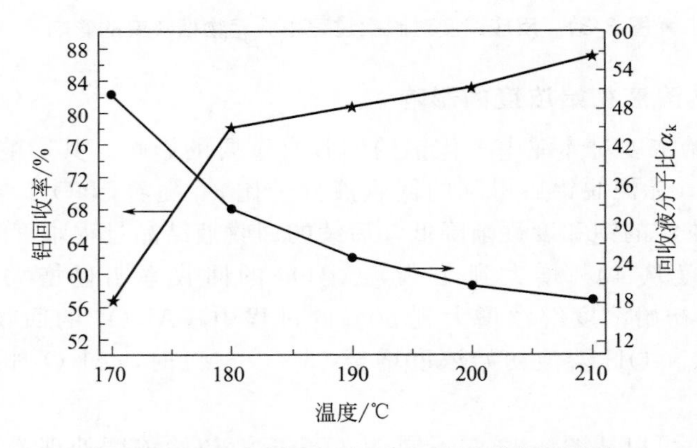

■ 图 3-30 反应温度对 Al_2O_3 回收效果的影响

图 3-30 表明赤泥中 Al_2O_3 的回收率随着温度的升高逐渐增高、回收液的分子比 α_k 逐渐降低，不过这种变化趋势在 170～180℃范围比在 180～210℃范围中明显。总体趋势是：在 170～210℃范围内，反应温度越高，反应动力学常数越大，越有利于 Al_2O_3 的溶出回收；反应温度为 170℃时，Al_2O_3 的回收效果差，反应温度需选择在 170℃以上，但同时要考虑温度越高能耗越大且反应介质对设备的腐蚀越严重等问题，故选择 200℃左右比较合适。

图 3-31 为不同温度脱铝后赤泥渣相的 XRD 图。当反应温度为 170℃时，渣相中主要存在 $Ca(OH)_2$ 和 $Na_8Al_6Si_6O_{24}(OH)_2(H_2O)_2$，表明反应没有完全，这也是由图 3-31 分析得出的反应温度低至 170℃时赤泥中氧化铝回收效果差的关键原因。反应温度为 190℃时，渣相中因反应不完全而残留的 $Ca(OH)_2$ 消失，赤泥原料中的钠硅渣 $Na_8Al_6Si_6O_{24}(OH)_2(H_2O)_2$ 物相基本转化成了 $NaCaHSiO_4$，但仍有少量仍未反应完

全；当反应温度升高至 210℃ 时，赤泥脱铝后得到的渣相主要含 $NaCaHSiO_4$，$Na_8Al_6Si_6O_{24}(OH)_2(H_2O)_2$ 完全转化成为 $NaCaHSiO_4$，最终实现了赤泥中氧化铝的高回收率。

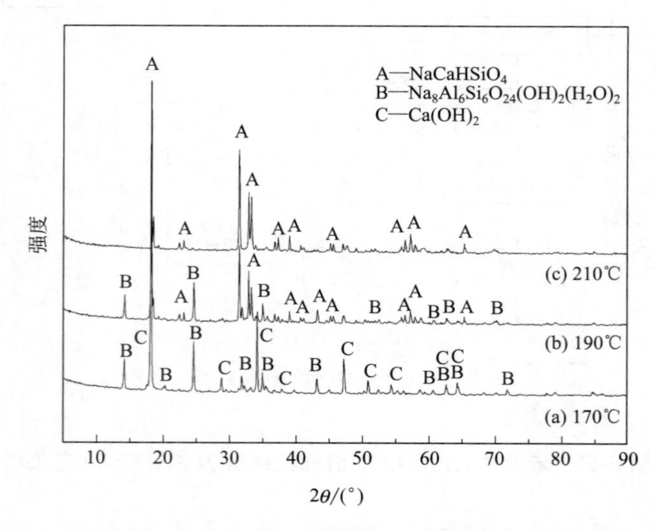

■ 图 3-31 反应温度对脱铝过程中赤泥物相转变的影响

3.3.2.2 氢氧化钠溶液初始浓度的影响

NaOH 溶液初始浓度对赤泥中氧化铝的回收有重要的影响，其影响规律如图 3-32 所示。从图 3-32 可知，赤泥脱铝后得到的回收液分子比 α_k 随着 NaOH 溶液初始浓度升高而逐渐增大，即回收液的饱和度逐渐降低，后续的回收液结晶过程难度随之相应增大。在 NaOH 溶液初始浓度从 40% 增大到 45%，Al_2O_3 的回收率明显增大（从 67% 增大到 95%），NaOH 溶液初始浓度继续增大到 50% 的过程中，Al_2O_3 的回收率略有升高（从 95% 增大到 96%），NaOH 溶液初始浓度增至 55%、60% 时，Al_2O_3 的回收率随之分别降至 82%、72%。

这一影响规律也可以从图 3-33 的不同 NaOH 溶液初始浓度处理赤泥后渣相 XRD 物

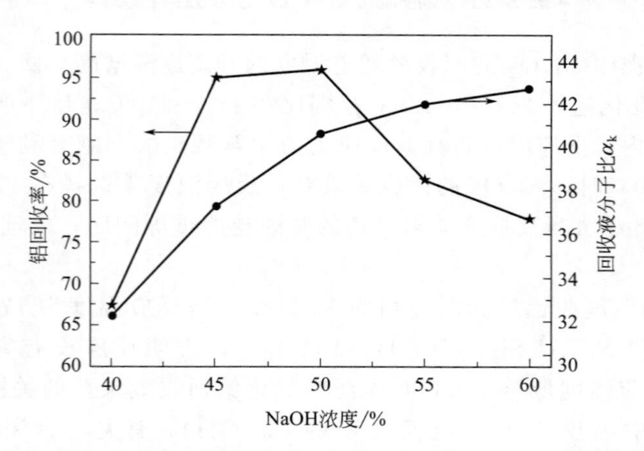

■ 图 3-32 氢氧化钠溶液初始浓度对 Al_2O_3 回收效果的影响

相分析结果得到解释。

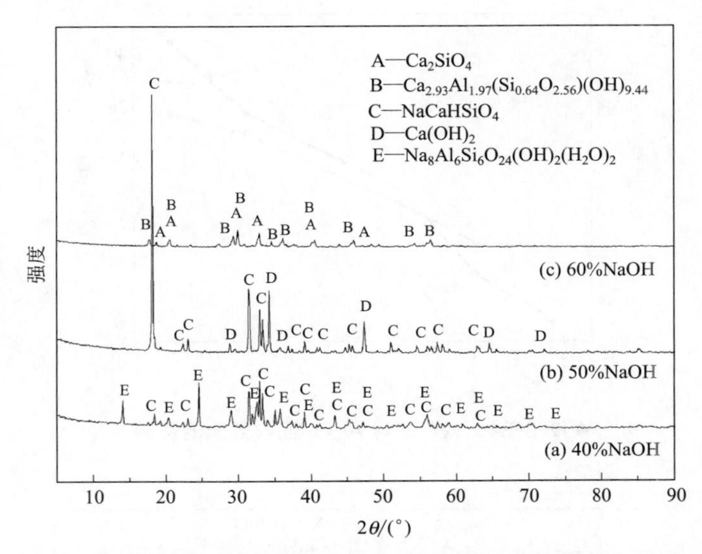

■ 图 3-33 氢氧化钠溶液初始浓度对脱铝过程中赤泥物相转变的影响

用浓度为 40%的 NaOH 溶液初始浓度处理赤泥，处理后的渣相中主要含 $Na_8Al_6Si_6O_{24}(OH)_2(H_2O)_2$(E)和 $NaCaHSiO_4$(C)，表明该浓度下赤泥中的钠硅渣仍有大部分没有反应转化；用初始浓度为 50%的 NaOH 溶液处理赤泥后，渣相主要含 $NaCaHSiO_4$(C) 和 $Ca(OH)_2$(D)，钠硅渣相消失，完全反应转化成了硅酸钠钙，实现了氧化铝的回收；60%的 NaOH 溶液处理后的赤泥物相转变成了 Ca_2SiO_4(A) 和 $Ca_{2.93}Al_{1.97}(Si_{0.64}O_{2.56})(OH)_{9.44}$(B)，这种铝硅酸钙化合物 $Ca_{2.93}Al_{1.97}(Si_{0.64}O_{2.56})(OH)_{9.44}$ 的铝硅比高，导致赤泥中氧化铝的回收率降低。

3.3.2.3 碱泥比的影响

碱泥比反映的是 NaOH 的相对用量（用 NaOH 与干基赤泥的质量比表示）。

如图 3-34 所示，随着碱泥比的逐渐增大（3→4→5→7→8），Al_2O_3 的综合回收率呈现上升趋势（87.9%→88.1%→90.2%→93.9%→94.8%），但考虑到 NaOH 的用量越高，在溶出过程中循环的量就越大，循环效率就越低，在保证较好的氧化铝回收率的前提下，溶出过程的 NaOH 的用量越低越利于工业化实施。再者，回收液的分子比随碱泥比的增大而增大（19.7→23.2→29.6→35.4→40.9），不利于后续工序——回收液的水合铝酸钠结晶。综合考虑，碱泥比选择 3 有利于工业化实施。

不同碱泥比条件下处理赤泥得到的渣相 XRD 表征结果（见图 3-35）表明：在碱泥比为 3～7 的实验范围内，所得渣相晶相均主要为 $NaCaHSiO_4$ 和 $Ca_3(Fe_{0.87}Al_{0.13})_2(SiO_4)_{1.65}(OH)_{5.4}$，均没有检测到原料赤泥中的 $Na_8Al_6Si_6O_{24}(OH)_2(H_2O)_2$ 物相，表明碱泥比为 3 时钠硅渣也已经基本转化完全；当碱泥比增大至 7 时，渣相中出现了由部分 $Ca_3(Fe_{0.87}Al_{0.13})_2(SiO_4)_{1.65}(OH)_{5.4}$ 转换生成的少量 Ca_3SiO_5 晶相，这也是碱泥比增大后氧化铝和氧化钠回收率提高的原因之一。

3.3.2.4 钙添加量的影响

钙添加量用 CaO 与干基赤泥中 SiO_2 的分子比表示，对赤泥中 Al_2O_3 回收效果也存

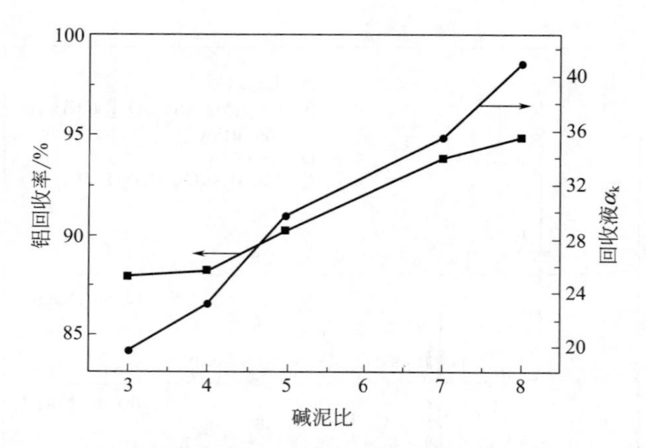

■ 图 3-34 碱泥比对 Al_2O_3 回收效果的影响

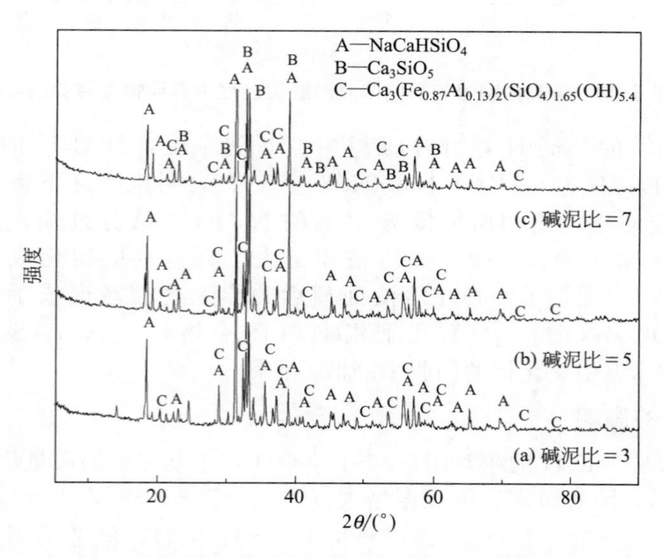

■ 图 3-35 碱泥比对脱铝过程中赤泥物相转变的影响

在较大影响，而且随着 CaO 添加量的升高，渣率也会呈现不断上升的趋势，需要通过研究找到适合的钙添加量，其影响规律如图 3-36 所示。

分析图 3-36 可知：随着 CaO 的添加量的不断增加（CaO 与 SiO_2 的分子比逐渐增大：0.5→1.0→1.5→2.0），Al_2O_3 的回收率呈现先上升后下降趋势（68.7%→83.2%→78.6%→77.3%），回收液的分子比呈现先下降后上升趋势（31.5→21.4→28.2→38.9），表明 CaO 与 SiO_2 的分子比为 1.0 时 Al_2O_3 的回收效果最好，这一结论也可以通过以下的 XRD 分析得到解释。

图 3-37 对比了不同钙添加量条件下处理赤泥得到的渣相的物相。结果表明：CaO 与 SiO_2 的分子比为 0.5 时，渣相主要含 $NaCaHSiO_4$ 和部分没有反应转化的钠硅渣 $Na_8Al_6Si_6O_{24}(OH)_2(H_2O)_2$，此时 CaO 的添加量明显不足；当 CaO 与 SiO_2 的分

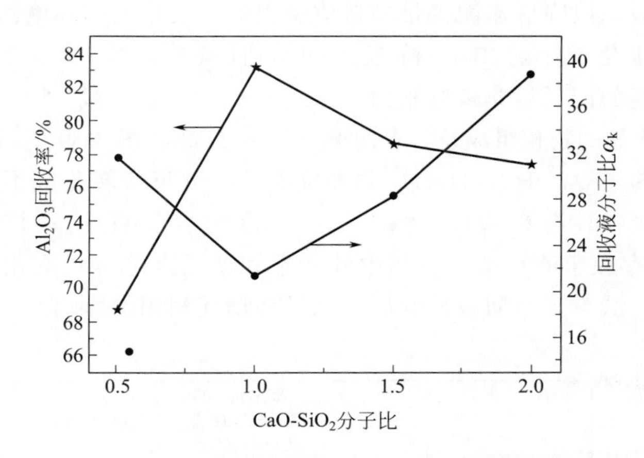

■ 图 3-36 CaO 添加量对 Al_2O_3 回收效果的影响

子比增大到 1.0 时，钠硅渣物相 $Na_8Al_6Si_6O_{24}(OH)_2(H_2O)_2$ 消失，并出现了 $Ca_3(Fe_{0.87}Al_{0.13})_2(SiO_4)_{1.65}(OH)_{5.4}$ 物相；当 CaO 与 SiO_2 的分子比增大至 2.0 时，过量添加的钙与回收液中的水合氧化铝反应生成了不可溶的水合硅铝酸钙相 $Ca_2Al_3Si_3O_{12}(OH)$ 并沉积到渣相中，从而导致回收液的分子比 α_k 也增大，赤泥中氧化铝的综合回收率降低。最终，赤泥在优化条件下的浸出结果见表 3-7。

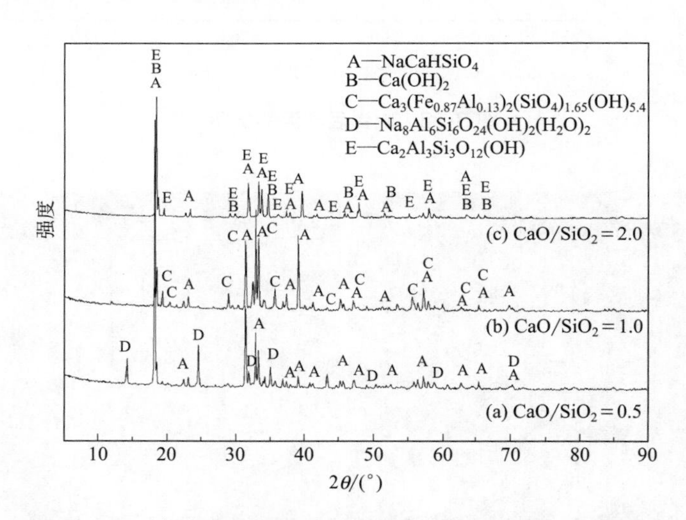

■ 图 3-37 氧化钙添加量对脱铝过程中赤泥物相转变的影响

■ **表 3-7 回收 Al_2O_3 后赤泥的主要化学组成**（A/S=0.19，N/S=0.56）

组分	Al_2O_3	SiO_2	Fe_2O_3	CaO	TiO_2	Na_2O
含量(质量分数)/%	4.61	24.12	10.83	22.32	6.01	13.60

注：N/S 指钠硅比，后同。

渣相中 Al_2O_3 的含量低于 5%，A/S 降至 0.19，Al_2O_3 的含量降至 4.19%，氧化铝的单程回收率达 88.05%，渣率为 79.9%，渣相中 N/S 降至 0.56，但 Na_2O 超过 10%，

必须进行进一步的脱钠以降低赤泥夹带碱造成碱损失以及带来的环境污染问题。此工艺条件中温度可从高压水化学法的 280℃降至 200℃，且碱矿比低至 3∶1，碱循环量显著降低，这对于降低过程的能耗是非常有利的。

赤泥脱铝后的渣相的物相组成及其表面形貌如图 3-38 和图 3-39 所示。原赤泥中的主要成分钠硅渣 $Na_8Al_6Si_6O_{24}(OH)_2(H_2O)_2$ 物相完全消失并反应转化成不含铝的 $NaCaHSiO_4$ 和铝硅比低的水合钙铁榴石 $Ca_3(Fe_{0.87}Al_{0.13})_2(SiO_4)_{1.65}(OH)_{5.4}$；其他一些成分如 SiO_2 和 Fe_2O_3 物相仍然存在于渣相中；渣相中硅元素和铁元素总含量变化也不大，表明只有少量进入回收液中，减少了对回收液的后续结晶和循环利用的影响。

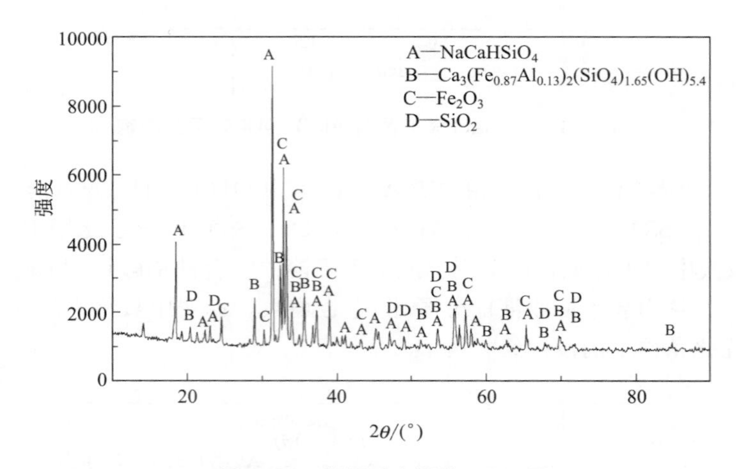

■ 图 3-38 脱铝后赤泥的 XRD 图

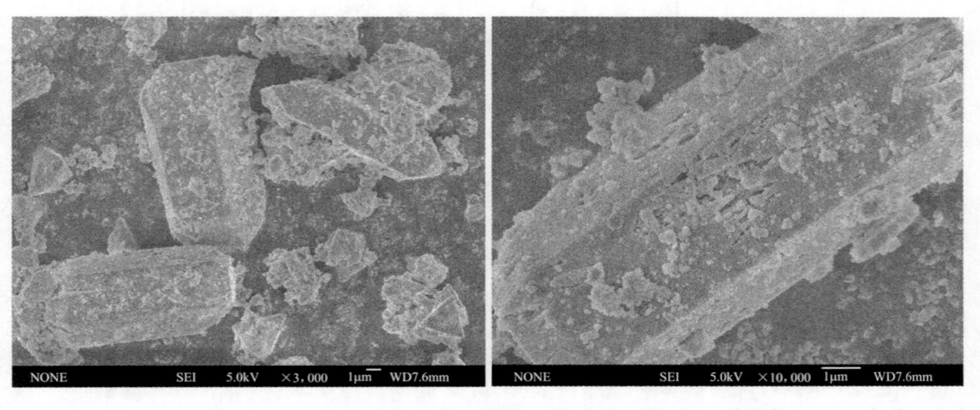

■ 图 3-39 脱铝后赤泥的 SEM 图

此外渣相的平均粒径为 9.17μm，比原料赤泥（平均粒径为 15.90μm）明显变小，说明脱铝处理过程中赤泥粒度发生细化，颗粒粒度呈多峰分布，中位值为 6.03μm，还存在少量更小颗粒和更大颗粒峰，d_{10} 为 1.02μm、d_{90} 为 21.78μm。

与原赤泥相比，脱铝反应后的渣相形貌呈近柱状团聚体，并伴有不同粒度大小的颗粒，其表面变得疏松多孔，这为下一步的深度脱钠提供了较好的反应接触面。

3.3.3 碱高效回收技术

脱铝赤泥中 Na_2O 含量高是由于物相 $NaCaHSiO_4$ 的存在。因此，必须进一步脱钠，以降低赤泥夹带碱造成碱损失以及其带来的环境污染问题。脱铝赤泥 Na_2O 回收的关键在于降低 $NaCaHSiO_4$ 的含量，使其发生分解。为此，提出了一种基于常温常压下回收氧化钠的亚熔盐法氧化铝生产工艺的赤泥脱碱方法，并考察了亚熔盐氧化铝清洁生产工艺中赤泥脱铝后渣相的脱钠过程中各因素对 Na_2O 回收效果的影响，并通过工艺优化，确定其优化工艺条件，为其工业化实施提供指导。由表 3-8 可知，终赤泥中 Na_2O 的含量含量可降至 1.41%，此时钠硅比为 0.07。图 3-40 为脱钠反应前后赤泥的扫描电镜图和微区能谱图。由图 3-40(a)～(d) 可见，反应前的赤泥主要为较规则的棒状晶体，另有一些细小的颗粒附着在其表面；反应后则变为众多薄片叠加的绒球状的聚集体，形貌不太规整，大小也不均一。

■ **表 3-8 反应 10h 后赤泥和溶出液的化学组成**（N/S=0.07）

组分	Na_2O	Al_2O_3	SiO_2	Fe_2O_3	CaO	TiO_2
终赤泥含量/%	1.41	1.80	21.02	8.49	40.25	5.61
溶出液浓度/(g/L)	70.52	1.63	0.38	0.03	3.50	0

从 EDS 分析也可以发现，反应前的赤泥中 Na 相对含量高；反应后 Na 的含量已经很低，由图中所选区域计算可知，$Na_2O/SiO_2=0.063$。

将反应后浆液固液分离，所得液相（脱钠液）的组成见表 3-8，其 Na_2O 浓度为 70.52g/L，提高了约 10g/L（与相比），其余组分的浓度均很小。脱钠液在亚熔盐法工艺中有两个去处，一部分与赤泥洗液混合后可循环用于赤泥脱钠，一部分溶解水合铝酸钠晶体。

赤泥经常温常压脱碱后，Na_2O 含量为 1.41%。目前，外排的拜耳法赤泥碱含量在 3%～5%左右。对比这一数据，赤泥常压脱碱能够满足要求，同时如作为建筑材料的原料也可以更高的比例掺入。

脱钠前赤泥的主要物相是 $NaCaHSiO_4$（水合硅酸钠钙）、$Na_8Al_6Si_6O_{24}(OH)_2(H_2O)_2$［含水铝硅酸钠，可写为 $3(Na_2O\cdot Al_2O_3\cdot 2SiO_2)\cdot 2NaOH\cdot 2H_2O$］和 $Ca_3(Fe_{0.87}Al_{0.13})_2(SiO_4)_{1.65}(OH)_{5.4}$（钙铁榴石）。当有 $Ca(OH)_2$ 存在时，在稀碱溶液中水合铝硅酸钠将不再是平衡相，会发生以下分解反应：

$$3(Na_2O\cdot Al_2O_3\cdot 2SiO_2)\cdot 2NaOH\cdot 2H_2O\cdot 6Ca(OH)_2+10H_2O \longrightarrow 6(CaO\cdot SiO_2\cdot H_2O)+6NaAl(OH)_4+2NaOH \tag{3-7}$$

$$2NaAl(OH)_4+3Ca(OH_2)\longrightarrow 3CaO\cdot Al_2O_3\cdot 6H_2O+2NaOH \tag{3-8}$$

由于固相中的铝含量已经很低，且还有一部分仍存在于钙铁榴石中，故在 XRD 图中水合铝酸钙的峰很不明显。

水合硅酸钠钙是不稳定的化合物，NaOH 或 Na_2CO_3 溶液都可使之分解，将其中的碱回收到溶液中，该过程可表示为：

$$NaCaHSiO_4+NaOH\longrightarrow Na_2SiO_3+Ca(OH)_2 \tag{3-9}$$

$$Na_2SiO_3+Ca(OH)_2+H_2O\longrightarrow CaO\cdot SiO_2\cdot H_2O+2NaOH \tag{3-10}$$

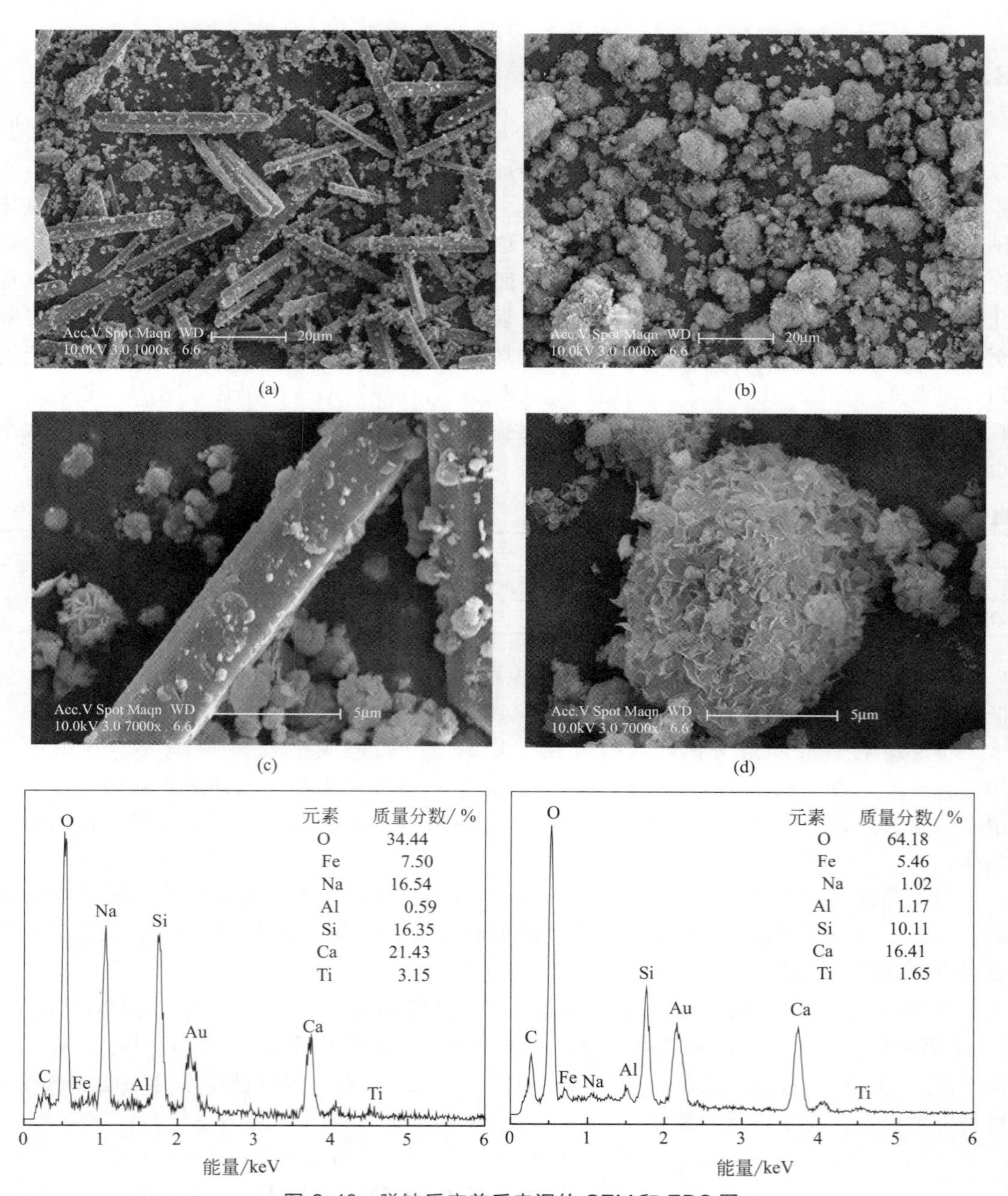

■ 图 3-40 脱钠反应前后赤泥的 SEM 和 EDS 图

本研究表明，在 $Ca(OH)_2$ 过量的情况下，水合硅酸钙会进一步反应生成硅酸多钙：

$$CaO \cdot SiO_2 \cdot H_2O + (x-1)Ca(OH)_2 \longrightarrow xCaO \cdot SiO_2 + xH_2O \qquad (3\text{-}11)$$

3.3.4 赤泥综合利用技术

3.3.4.1 赤泥性质

采用排液法和量筒法分别测定了亚熔盐脱碱赤泥的实密度和堆密度。亚熔盐脱碱赤泥实密度为 1.65g/cm³，松装密度为 0.28g/cm³。亚熔盐脱碱赤泥粒径较小，分布集中，主要集中在 10μm 左右，体积平均粒径为 12.84μm，表面积平均粒径为 8.93μm。在氮气气氛下采用美国康塔全自动物理化学吸附仪（型号是 AUTOSORB-1-C-TCD）测定了脱碱赤泥的比表面积，发现其比表面积可达 60～90m²/g。

3.3.4.2 亚熔盐脱碱赤泥制备水泥熟料的研究

为了消耗大宗赤泥，探索了赤泥制备水泥熟料的可行性。同时，为便于比较，将拜耳法赤泥深度脱碱后渣也用于制备水泥熟料。熟料制备工艺如下：首先将赤泥与其他配料混合，球磨至 0.08mm 以下，然后在 25MPa 压力下将原料压片，压片大小为直径 50mm、高 8mm；之后送高温炉烧结，在 1450℃下烧结 150min。

分析结果显示，亚熔盐赤泥经过深度脱碱后，在原料占 13.34%的情况下，亚熔盐赤泥制备的水泥其易烧性、物理性能、放射性等经权威部门检测均能满足 425 硅酸盐水泥要求。

3.3.4.3 亚熔盐脱碱赤泥制备新型墙体材料的研究

亚熔盐赤泥虽然可以作为水泥生产原料，但其添加量有限。为了提高赤泥的消纳水平，必须开辟其他渠道。前期研究基础发现，亚熔盐脱铝渣主要成分是硅酸钠钙（$NaCaHSiO_4$），硅酸钠钙可发生分解反应脱碱，最终产物经表征发现主要是托贝莫来石型硅酸钙（$5CaO \cdot 6SiO_2 \cdot 5H_2O$），托贝莫来石具有容重小、热导率低、耐高温和强度大等优良性能。因此，可以考虑将其作为新型的墙体材料，用来做室内外的装修或保温材料。

工业上，托贝莫来石型硅酸钙的合成主要是由硅质原料、钙质原料、增强纤维、水以及外加剂通过水热反应合成的，而在亚熔盐体系下，硅酸钙可由硅酸钠钙分解形成。因此考虑在硅酸钠钙脱碱的同时加入增强纤维和一些助剂，以期生成性能优良的托贝莫来石。其中增强纤维可以选择耐碱的玻璃纤维、陶瓷纤维或木质纸浆纤维；助剂则是增核剂、促凝剂、分散剂等一些惰性添加剂。这样亚熔盐脱碱的过程也就是托贝莫来石的水热合成过程，脱碱后的水合产物经过较彻底的水洗后，送去加压成型设备成型，然后经过干燥即可得到托贝莫来石型硅酸钙成品。

硅酸钙是一类重要的无机绝热材料。由于轻质硅酸钙材料具有较低的导热系数，良好的高温热稳定性及较小的容重可被广泛地应用于钢结构防火、建筑领域和高温工业窑炉等领域。而亚熔盐法提铝脱碱赤泥的主要成分为硅酸钙，基于上述原因，制定了脱碱赤泥制备保温绝热新型墙体材料的研究方案，如图 3-41 所示。

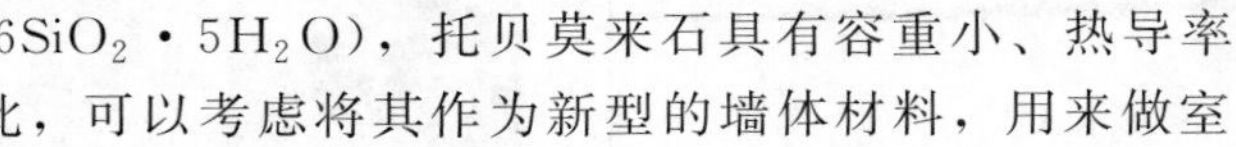

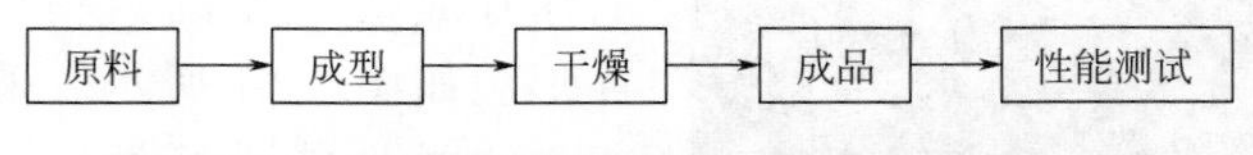

■ 图 3-41 脱碱赤泥制备新型墙体材料的工艺流程

3.3.4.4 亚熔盐脱铝赤泥脱碱及转型耦合工艺研究

亚熔盐法处理低品位铝土矿提取氧化铝后，生成以硅酸钠钙为主要物相的脱铝赤泥。脱铝赤泥经过硅酸钠钙分解过程生成硅酸钙类物质，既可达到回收氧化钠的目的，又为终渣赤泥制备新型墙体材料创造了必要条件。与此同时，为了提高新型墙体材料的机械性能，需要控制终渣赤泥的微观形貌。开发了以硅酸钠钙为主要物相的脱铝赤泥脱钠及转型耦合工艺。

（1）脱铝赤泥脱碱及转型

将脱铝赤泥采用水热法进行脱碱及转型耦合反应。反应结束后液固分离，将滤渣在80℃热水中浆洗10min，烘干、磨成细粉，用热场发射扫描电子显微镜与能谱分析仪观察其微观形貌，用XRD分析尾渣物相。将一部分湿渣（约20g）进行压片实验。

通过XRD分析物相的变化（图3-42），发现在优化条件下，脱铝赤泥中钙铁榴石相未发生变化，但另一物相硅酸钠钙则转变为托贝莫来石，其为制备硅酸钙保温墙体材料的主要原料，由其制备的保温材料不但容重小、热导率低，还耐高温，可用于高温环境中，在工程塑料、复合材料、废水处理、烟气脱硫等多个领域应用广泛，是一种重要的无机非金属材料。

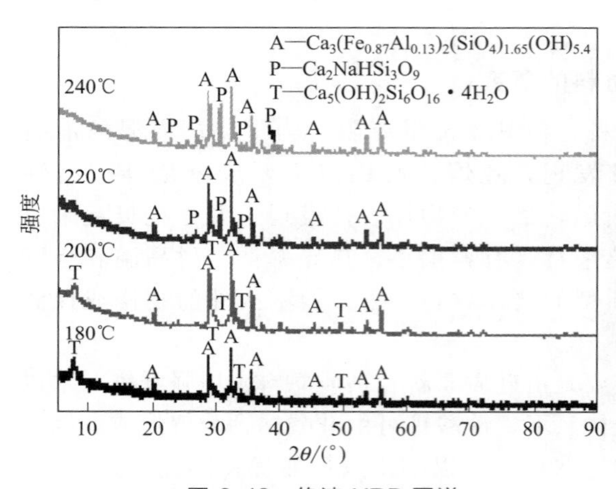

■ 图3-42 终渣XRD图谱

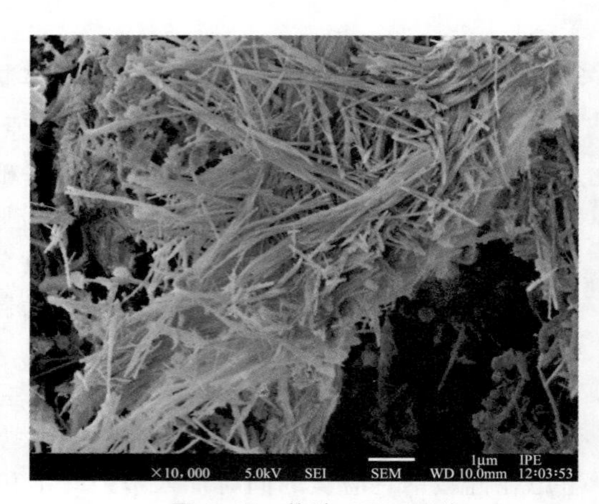

■ 图3-43 终渣SEM图片

脱铝赤泥脱碱后，通过形貌控制技术，制备出了纤维状产品，其在放大10000倍后的扫描电镜照片如图3-43所示。这种产品对增加墙体材料的机械性能至关重要。由图可观察到，实验中所得终渣的形貌均为纤维状晶须，这有利于制备轻质的保温墙体材料。

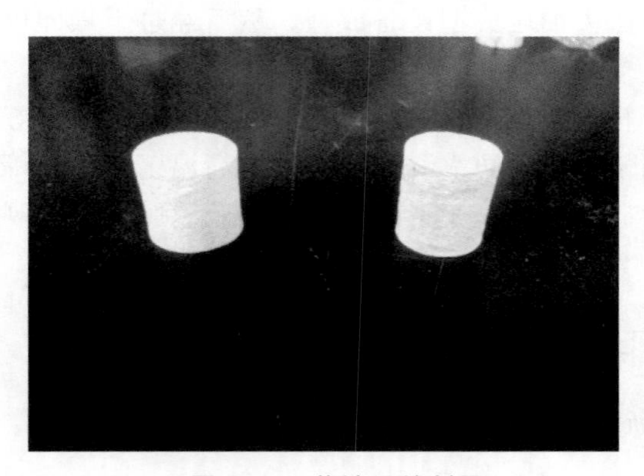

■ 图3-44 终渣压片制品

（2）终渣制备墙体材料的性能表征

将脱碱及纤维状终渣通过压片机对其进行压片成型、烘干。模具直径为2.5cm。制品形貌如图3-44所示。采用万能材料试验机对力学性能进行测试。结果表明，其抗压强度均在10MPa以上，符合国家墙体材料标准。此外，对制品的容重也进行了测试，其容重在500～600kg/m^{3}之间，热导率在0.08～0.1W/(m·K)之间。

3.3.4.5 赤泥的活化/改性技术

赤泥表观呈红褐色，颗粒度细小不匀，颗粒内部毛细网状结构十分发达，而且赤泥有很强的富水性能，吸湿性强，含水率高，主要物理性质列示于表 3-9。

■ 表 3-9 赤泥的主要物理性质

干容重/(g/cm³)	密度/(g/cm³)	塑性指数(WC)	熔点/℃	粒度/%		
				60 目	200 目	250 目
0.65～0.9	2.7～2.98	16.8	约 1220	约 5	约 25	约 40

赤泥中的矿物主要来源于溶出反应形成的不溶性矿物和溶出过程的水化、水解产生的衍生物、水合物以及二次副反应所形成的新生矿物。赤泥中的主要矿物有 β-硅酸二钙、霞石、方解石、α 型水化氧化铝、铝酸三钙等，其中氧化钙和二氧化硅含量较高，矿物组成中以 β-硅酸二钙为主。

赤泥中含有大量的 Al_2O_3、Fe_2O_3、Na_2O、TiO_2 等有价金属化合物，是吸附、固稳环境介质中污染物的有效成分。分别采用焙烧活化、酸洗活化及热酸活化综合比较酸洗赤泥、焙烧赤泥和热酸赤泥的除磷效果，它们对磷的吸附量分别为 7.02mg/g、9.97mg/g 和 8.62mg/g，原状赤泥的除磷吸附量为 7.41mg/g，说明焙烧赤泥和热酸赤泥均能提高赤泥去除量，而酸洗赤泥并没有提高赤泥除磷能力。3 种活化赤泥的除磷能力依次为：焙烧赤泥＞热酸赤泥＞酸洗赤泥。热酸赤泥提高除磷能力可能是由于热酸活化处理对赤泥比表面积影响较大促成的，赤泥热酸活化过程中，赤泥比表面积由处理前的 14.09m^2/g 增大到 21.76m^2/g。

3.4 高铝粉煤灰亚熔盐高活性介质低温溶出关键技术

粉煤灰是火力发电厂燃煤锅炉排放出的废渣，是一种工业固体废弃物。近年来，由于我国电力工业的迅速发展，且燃煤发电所占比重较大（约占全国发电量的 76%[62]），导致粉煤灰排放量逐年增加（见图 3-45）。2010 年我国粉煤灰排放量约为 4.8×10^8t[63]，2015 年粉煤灰排放量约达到 5.8×10^8t[64]。由于粉煤灰排放量过大且有效利用不足，目前累计堆存量已达 25×10^8t[65]，粉煤灰已成为我国最大的单一固体污染源。

粉煤灰的大量堆存，对生态环境和人体健康造成了严重危害，主要表现在以下几个方面[66～71]。

① 占用土地 目前我国主要以粉煤灰堆场的形式贮存粉煤灰。每万吨粉煤灰需占用堆场 4～5 亩，我国粉煤灰渣的累计堆存量已高达 25×10^8t，需占用土地 100 万～125 万亩。

② 污染空气 粉煤灰粒度较细，会随风飘扬，造成大气中固体颗粒物增多。当风力达到四级时，粉煤灰的沉降范围可达 $(10～15)\times10^4$ km^2，对离堆场较远的地方也可构成污染威胁。

③ 污染水源 粉煤灰在长期堆贮的过程中，其所含的有害物质可能会浸入附近水体中造成水污染。此外，粉煤灰也会随风扩散到江河、湖泊中造成水体污染。

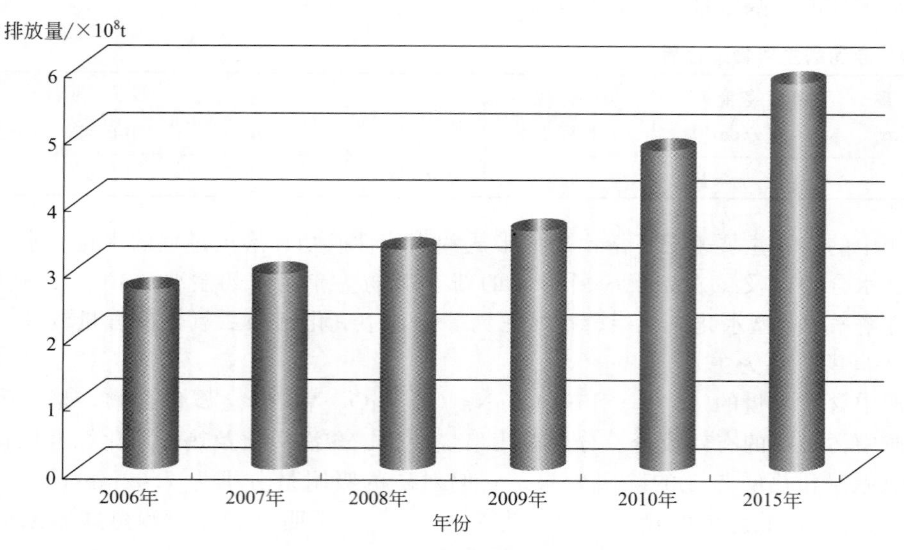

■ 图 3-45 我国粉煤灰年排放量

④ 对人体健康的危害 粉煤灰中的重金属元素、放射性物质、粉尘等会通过污染空气、水体等方式直接或间接进入到人体的呼吸系统或饮食系统，从而危害人体健康。

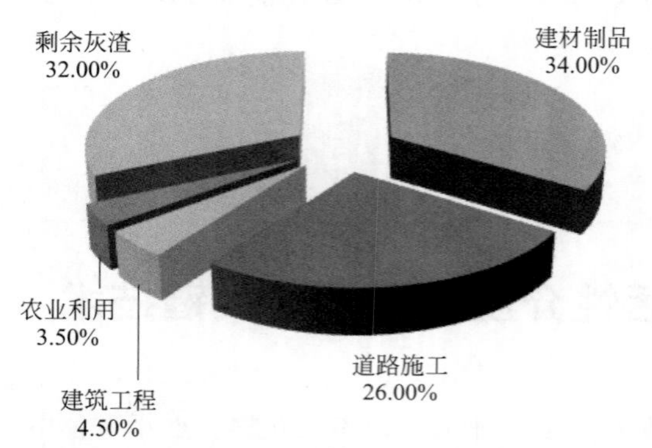

■ 图 3-46 我国粉煤灰各利用领域分布

鉴于粉煤灰堆存的巨大危害，我国对粉煤灰的综合利用研究较早，目前粉煤灰综合利用率在68%左右[72]，但主要集中在建筑、建材、筑路、回填等低附加值利用领域。图 3-46 是我国粉煤灰在各利用领域的分布情况[73]。

从图 3-46 中可以看出，建材制品和道路施工这两个方面对粉煤灰的综合利用率贡献最大，二者之和达到了 60%。然而，建材、筑路等方式未能有效利用粉煤灰中所赋存的有价元素，粉煤灰所蕴含的资源潜能未能充分发挥。而且，这些应用属于低附加值利用，应用地域范围受到限制。在资源日益匮乏、特别是优质矿物资源日渐短缺的今天，粉煤灰中所富集的各种有用元素越来越受到人们的重视。如何根据不同粉煤灰的特点，因地制宜地发掘粉煤灰的资源潜能，实现粉煤灰的高附加值利用，已成为解决当今资源短缺和环境污染问题的共同要求。

尤其是近年来在我国内蒙古、山西等地发现了一种新的粉煤灰类型——高铝粉煤灰，其 Al_2O_3 含量高达 30%～50%，相当于我国中低品位铝土矿中 Al_2O_3 的含量，表 3-10 为内蒙古某地高铝粉煤灰（1# 粉煤灰）与山东普通粉煤灰（2# 粉煤灰）的化学成分。由表 3-10 可知，该高铝粉煤灰 Al_2O_3 含量可达 48.5%，远高于普通粉煤灰中 Al_2O_3 的含量。据报道仅内蒙古中西部地区煤铝共生矿产资源总量就达 5.0×10^{10} t 以上，燃烧后可产生

高铝粉煤灰 1.5×10^{10} t[74]。如果将高铝粉煤灰用于传统的建材、筑路等领域，对其所富含的铝资源显然是一种浪费。

■ 表 3-10 两种粉煤灰的化学成分

成 分	SiO_2	Al_2O_3	CaO	Fe_2O_3	MgO	Na_2O
1# 粉煤灰(质量分数)/%	37.80	48.50	3.62	2.27	0.31	0.15
2# 粉煤灰(质量分数)/%	50.41	21.86	3.14	1.88	0.86	0.43

与此同时，随着我国经济的快速发展，铝工业也迅速发展壮大，我国已连续多年成为世界上最大的铝生产国和消费国。然而，我国铝土矿资源储量十分短缺，资源储量仅占世界的 3%，而精炼铝产量却占到世界产量的 30%以上[75~78]。氧化铝的大量生产导致我国优质铝土矿资源急剧减少。按照铝工业的发展现状，我国优质铝土矿资源储量仅能维持 7 年[79,80]。即便将现有技术无法利用的非优质铝土矿资源计算在内，我国铝土矿资源仍将在 2036 年之前消耗殆尽[81]。由于国内铝土矿资源已远远不能满足铝工业的生产需求，我国每年需要进口大量的铝土矿，资源进口依赖程度多年保持在 40%以上[82]，已严重制约了我国铝行业的可持续发展和经济安全。因此，积极拓宽国内资源渠道，提高资源保障能力已成为我国铝工业可持续发展的紧迫要求。

为此，国务院 2011 年 8 月发布的《“十二五”节能减排综合性工作方案》明确提出，加强煤铝共生矿产资源开发利用，为高铝粉煤灰的综合利用提供了强有力的政策支持。2011 年 12 月，国家发改委印发的《“十二五”资源综合利用指导意见》中也明确要求继续推进粉煤灰中有用组分的提取。开发高铝粉煤灰中氧化铝的经济、高效提取新技术、新工艺，既能缓解氧化铝行业的迫切需求，又有利于解决环境污染问题，无疑具有重大的战略意义和现实意义。

3.4.1 高铝粉煤灰提取氧化铝技术研究进展

从粉煤灰中提取氧化铝作为粉煤灰高附加值利用的一种途径，得到了国内外科研工作者的广泛重视。相比而言，国外的研究工作起步较早，早在 20 世纪 50 年代，波兰克拉科夫矿业学院 Grzymek 教授就采用石灰石烧结法处理高铝粉煤灰提取氧化铝[83]，并联产硅酸盐水泥，建成了年产 1.0×10^4 t 氧化铝和副产 1.0×10^5 t 水泥生产线；美国田纳西州橡树岭实验室于 20 世纪 80 年代采用盐酸浸取法从粉煤灰中同时回收氧化铝和氧化铁[84]，粉煤灰中氧化铝和氧化铁的回收率可分别达到 98%和 90%；美国艾奥瓦州立大学 Ames 实验室也曾对石灰烧结法做了大量研究，尤其是针对粉煤灰中的杂质对烧结熟料自粉化的影响做了深入的研究[85]；希腊曾采用 HF 酸处理粉煤灰提取氧化铝，效果较好，但未见详细报道；Calsinter 法是国外开发的酸碱联合法的典型代表，它是将粉煤灰与石灰烧结后，将烧结产物溶于稀盐酸中，通过萃取的方法除去铁、钛等杂质，然后将铝以铵矾形式沉淀析出，得到的沉淀经煅烧便得到氧化铝产品[86]。近年来，由于粉煤灰在筑路、建材等方面已有较成熟的利用方法，且粉煤灰中氧化铝含量普遍不高，国外关于粉煤灰提铝方面的报道较少，仅见少数处理粉煤灰提取氧化铝的报道，但方法上仍然没有大的突破[87,88]。

我国自 20 世纪 60 年代就开始研究从粉煤灰中提取氧化铝的工艺技术，郑州轻金属研究院、东北大学等科研院所相继开展了研究工作，研发了多种方法。综合国内外提取氧化铝的方法，大致可分为碱石灰烧结法、石灰石烧结法、硫（盐）酸浸取法、氟铵助溶法、硫酸铵烧结法等。

3.4.1.1 烧结法

烧结法根据原料的不同又分两种：石灰石烧结法和碱石灰烧结法。

（1）石灰石烧结法

石灰石烧结法原理如下。

$CaCO_3$ 分解为 CaO 和 CO_2：

$$CaCO_3 \longrightarrow CaO + CO_2 \uparrow \tag{3-12}$$

$3Al_2O_3 \cdot 2SiO_2$ 与 CaO 烧结成铝酸钙：

$$7(3Al_2O_3 \cdot 2SiO_2) + 64CaO \longrightarrow 3(12CaO \cdot 7Al_2O_3) + 14(2CaO \cdot SiO_2) \tag{3-13}$$

SiO_2 与 CaO 烧结转化为 $2CaO \cdot SiO_2$：

$$SiO_2 + 2CaO \longrightarrow 2CaO \cdot SiO_2 \tag{3-14}$$

烧结得到的铝酸钙可被 Na_2CO_3 溶液浸出，形成铝酸钠溶液：

$$12Na_2CO_3 + 12CaO \cdot 7Al_2O_3 + 33H_2O \longrightarrow 14NaAl(OH)_4 + 12CaCO_3 + 10NaOH \tag{3-15}$$

铝酸钠溶液经过净化、碳分后即可获得氢氧化铝产品。

可见，在石灰石烧结法工艺中，粉煤灰依次经熟料烧结、烧结熟料自粉化、溶出、过滤、脱硅、碳分等工艺环节后可得到 $Al(OH)_3$，$Al(OH)_3$ 煅烧便可得到 Al_2O_3 产品[89,90]。石灰石烧结法从粉煤灰中提取氧化铝工艺流程见图 3-47。

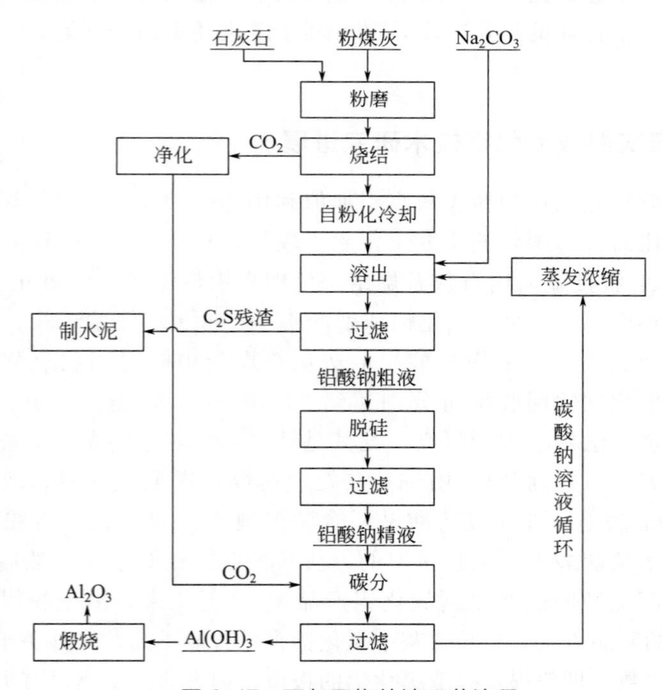

■ 图 3-47 石灰石烧结法工艺流程

石灰石烧结法的优点是工艺简单、设备腐蚀性小、耗碱量较少、烧结物料无需破碎；

缺点是烧结温度较高、导致能耗高，且一次性资源石灰石消耗量大、氧化铝溶出率不高、CO_2 和硅钙渣排放量大，这些都严重制约了该法的规模化工程应用。2006 年，蒙西高新技术集团经过 7 年的科技攻关形成了石灰石烧结法并联产水泥的技术路线，随即发改委核准了该公司利用粉煤灰年产 40×10^4t 氧化铝项目[91]，工程总投资 16.8 亿元，后因成本和大量硅钙渣应用问题而终止。

（2）碱石灰烧结法

碱石灰烧结法原理如下。

Al_2O_3 与碳酸钠在 1300℃左右烧结可得到铝酸钠：

$$Al_2O_3+Na_2CO_3 \longrightarrow 2NaAlO_2+CO_2\uparrow \tag{3-16}$$

SiO_2 与石灰烧结生成 $2CaO\cdot SiO_2$：

$$SiO_2+2CaO \longrightarrow 2CaO\cdot SiO_2 \tag{3-17}$$

碱石灰烧结法与石灰石烧结法二者的工艺环节大致相同。二者的区别主要是烧结熟料的成分不同，在石灰石烧结法中烧结熟料主要为铝酸钙，而碱石灰烧结法中烧结熟料主要为铝酸钠[92]。碱石灰烧结法工艺流程见图 3-48。

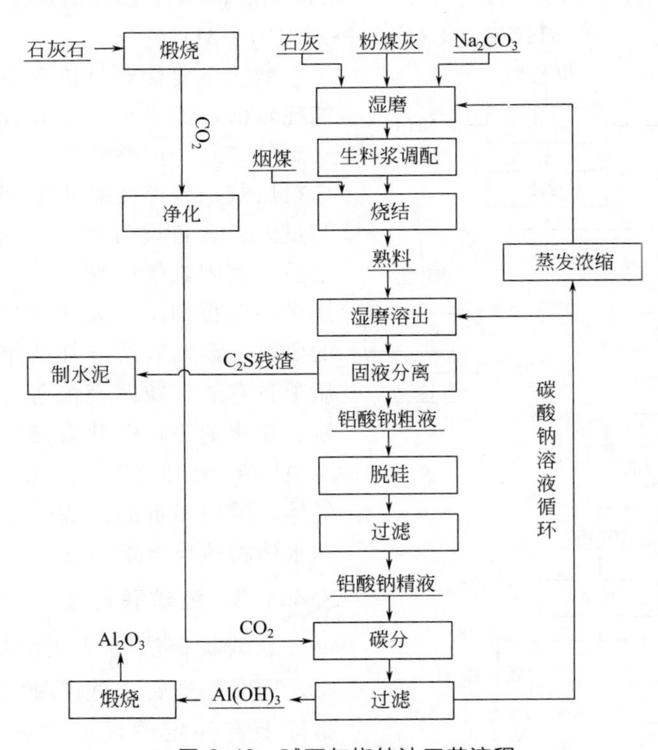

■ 图 3-48 碱石灰烧结法工艺流程

与石灰石烧结法相比，该工艺的优点是所需石灰石配入量较少、能耗相对较低；缺点是烧结工艺条件不稳定，烧成范围窄；废渣硅酸二钙排放量大，且其中碱含量较高，限制了其大宗消纳；且烧结反应复杂，氧化铝溶出率不高。

内蒙古大唐国际再生资源开发有限公司于 2004 年进行了高铝粉煤灰资源化利用技术开发与产业化实验，并成功开发了高铝粉煤灰预脱硅——碱石灰烧结法提取氧化铝联产活性硅酸钙和硅钙渣水泥熟料的工艺技术路线，于2006年建成了3000t/a氧化铝的工业化试验装置。试验取得了成功后，在大唐国际托克托发电公司于2010年建成了20×10^4t/a氧化铝的工业化生产线，为规模化利用高铝粉煤灰提供了工程示范，被列入国家有色金属产业振兴规划，但目前由于项目经济性和硅渣难以利用等问题，运行状况难如人意。

3.4.1.2 酸浸（溶）法

由于粉煤灰具有高硅、低铁的特点，因此，酸法处理粉煤灰受到了重视，得到了深入研究。酸法就是用盐酸或硫酸处理粉煤灰，得到相应的铝盐，高温分解铝盐可得到Al_2O_3。为了提高粉煤灰中Al_2O_3的浸出活性，常选择用NH_4F作为助溶剂[93]。其反应原理如下。

采用H_2SO_4为溶剂：

$$3H_2SO_4+6NH_4F+SiO_2 \longrightarrow H_2SiF_6+3(NH_4)_2SO_4+2H_2O \tag{3-18}$$

$$3H_2SO_4+Al_2O_3 \longrightarrow Al_2(SO_4)_3+3H_2O \tag{3-19}$$

采用HCl为溶剂：

$$6HCl+6NH_4F+SiO_2 \longrightarrow H_2SiF_6+6NH_4Cl+2H_2O \tag{3-20}$$

$$6HCl+Al_2O_3 \longrightarrow 2AlCl_3+3H_2O \tag{3-21}$$

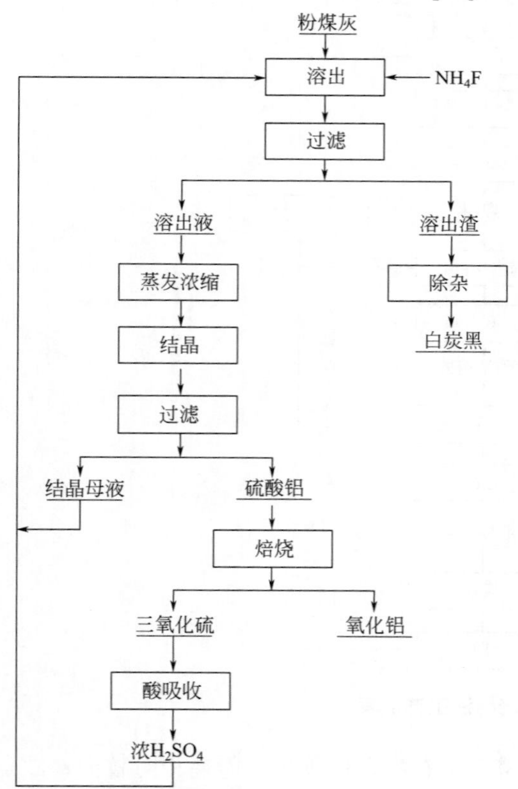

■ 图 3-49 酸浸法工艺流程

酸法主要优点是流程简单（见图3-49），能耗较低，渣量小，SiO_2组分可用于生产白炭黑等产品。但酸法通常只能处理循环流化床粉煤灰，且存在氧化铝回收率不高、循环酸量大、设备腐蚀严重、酸蒸气污染环境、杂质分离困难等问题，而且酸法得到的氧化铝产品颗粒细小，无法满足氧化铝电解工艺的要求，需要后续拜耳法重新处理，因此实质上具有酸、碱两套流程。以氟化物（氟化铵、氟化钠等）作助溶剂虽可降低能耗，提高Al_2O_3溶出效果，但反应过程生成氟化物气体，需要昂贵的钽铌合金设备，且对空气和水体将造成严重污染。

3.4.1.3 酸碱联合法

酸碱联合法通常能够提高Al_2O_3浸出率，同时联产铝、硅两种产品，因而在工艺指标上有一定的优越性。酸碱联合法根据酸、碱处理工艺顺序的不同又可分为先酸后碱工艺和先碱后酸工艺[94]。

先酸后碱工艺是用硫酸浸出焙烧后的粉煤灰，粉煤灰中的Al_2O_3以$AlCl_3$或$Al_2(SO_4)_3$的形式浸出到液相中，浸出液通过蒸发结晶得到$AlCl_3\cdot6H_2O$或$Al_2(SO_4)_3\cdot18H_2O$晶体，$AlCl_3\cdot6H_2O$或$Al_2(SO_4)_3\cdot18H_2O$晶体经过一步煅烧可得到Al_2O_3粗产品。

Al_2O_3 粗产品再经拜耳法系统溶出、种分、煅烧等工序进一步纯化后可以获得冶金级 Al_2O_3。

先碱后酸工艺[95]是将一定量的助剂（Na_2CO_3 或 NaOH）和粉煤灰混合焙烧，分解粉煤灰中的莫来石和铝硅酸盐玻璃相，使粉煤灰中的 Al_2O_3 转化为易溶于酸的铝硅酸钠，以弥补单纯酸法浸出率低的缺点。然后用盐酸（或硫酸）进行溶解、过滤，Si 以硅酸凝胶的形式成为沉淀，Al 以 $AlCl_3$ 或者 $Al_2(SO_4)_3$ 的形式进入到液相当中，从而使粉煤灰中的 Al 和 Si 得到分离。得到的硅酸凝胶沉淀可用于制备白炭黑、多孔氧化硅等无机硅产品，滤液经除杂后用 NaOH 进行中和，溶液达到一定 pH 值后可析出 $Al(OH)_3$，锻烧 $Al(OH)_3$ 便可得到 Al_2O_3 产品。

张晓云等[96]以内蒙古托克托电厂高铝粉煤灰为原料，采用该法制得了符合国标三级标准的冶金级氧化铝产品。该法优点是 Al_2O_3 提取率高达 98%，且 SiO_2 组分利用率高、产品附加值高、工艺流程能耗较低。缺点是工艺过程复杂、酸碱消耗量大、难以实现循环利用等。

3.4.1.4 硫酸铵烧结法

硫酸铵烧结法处理粉煤灰是将粉煤灰与硫酸铵按照一定的比例混合焙烧，得到含有 $Al_2(SO_4)_3$ 的烧结熟料，烧结熟料经溶出、过滤后得到 $Al_2(SO_4)_3$ 溶液和硅渣，用 NH_3 分解 $Al_2(SO_4)_3$ 溶液得到 $Al(OH)_3$ 粗产品，$Al(OH)_3$ 粗产品经拜耳法系统进一步溶出、种分、煅烧等工序纯化后就可以获得冶金级 Al_2O_3，分解后的溶液为 $(NH_4)_2SO_4$ 溶液，$(NH_4)_2SO_4$ 溶液蒸发浓缩后可返回烧结系统循环利用[97,98]，其工艺流程如图 3-50 所示。

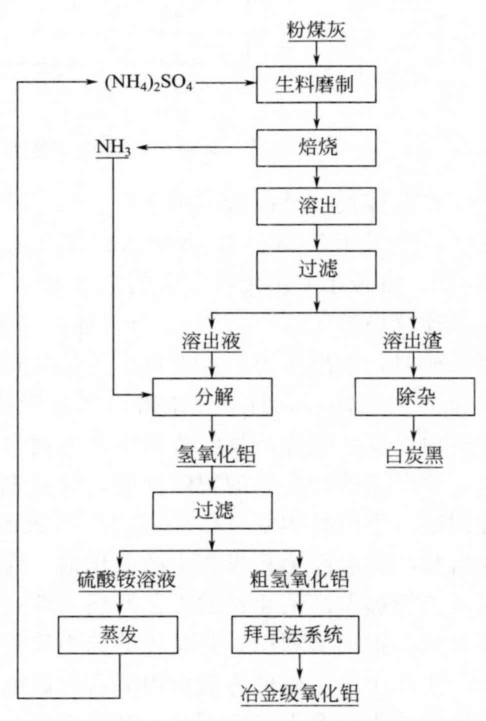

■ 图 3-50 硫酸铵法工艺流程

硫酸铵法的优点是烧结温度低、对设备腐蚀性小、硅渣量小、易于利用等，其缺点是烧成设备难以大型化、氨气易泄漏造成环境污染，通常具有酸、碱两套流程，流程复杂。

综上所述，现行粉煤灰提取氧化铝工艺存在着资源利用率低、能耗高、设备材质要求高、易产生环境污染等诸多问题，严重制约着我国高铝粉煤灰资源的开发利用。因此，实现粉煤灰提铝技术的重大突破，研发具有我国自主知识产权的高水平粉煤灰提铝清洁生产技术，是高铝粉煤灰资源综合利用亟需解决的关键科学问题。

3.4.2 高铝粉煤灰提铝及多组分综合利用技术介绍

中国科学院过程工程研究所根据多年来成功处理低品位难分解矿物的技术积累，提出了亚熔盐非常规介质的概念。如图 3-51 所示，亚熔盐区域为介于熔盐区和常规电解质水溶液之间的介质体系。亚熔盐非常规介质具有蒸气压低、沸点高、流动性良好等特性，对反应体系有良好的分散、传递作用，可以优化反应的动力学过程，适于处理难分解复杂矿产资源[99]。

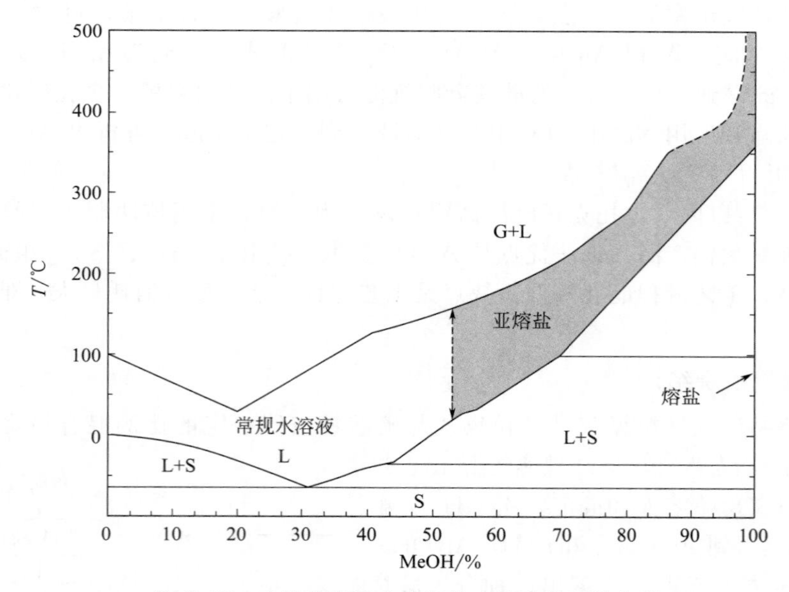

■ 图 3-51 全浓度范围内多元盐水流动体系的分类

目前该技术已成功应用于铬、铝、钛、铌、钽等两性金属矿物的分解转化过程。研究证实，当采用亚熔盐法处理铬铁矿工艺时，反应温度可由传统方法的 1200℃下降到 300℃，铬转化率由传统方法的 75%提高到 99%以上，已成功建成万吨级示范工程，并实现了连续稳定运行[100~107]。类似地，当采用亚熔盐法处理我国低品位难溶一水硬铝石型铝土矿时，溶出压力和温度可由传统拜耳法的 4.7～6.3MPa 和 260～280℃分别降至近常压和 150～170℃，且氧化铝溶出率高于传统拜耳法。此外，与传统方法相比，亚熔盐法在钛白、铌、钽等矿物的清洁生产方面也体现出明显的优越性[108~112]。

鉴于亚熔盐介质的特殊性能，针对现行粉煤灰提铝技术存在的能耗高、资源回收率低等问题，中国科学院过程工程研究所突破传统粉煤灰提铝技术思路，提出了采用 NaOH 亚熔盐法提取高铝粉煤灰中的氧化铝，探索出一条经济效益和环境效益显著，提铝后的粉煤灰渣能够做高值建材的工艺路线，即高铝粉煤灰提铝及多组分综合利用技术，实现了粉煤灰的高附加值利用，其具体的原则流程如图 3-52 所示。

实验中所用原料为取自内蒙古大唐电力有限公司的煤粉炉高铝粉煤灰和开曼铝业（三门峡）有限公司内部熟石灰，其化学成分如表 3-11 所列。

■ 表 3-11 粉煤灰和石灰的化学成分 单位：%

类别	Al_2O_3	SiO_2	Fe_2O_3	TiO_2	CaO	MgO	Na_2O
粉煤灰	49.50	42.25	2.31	1.78	1.35	0.49	0.21
熟石灰	0.52	1.27	0.39	—	76.90	1.19	—

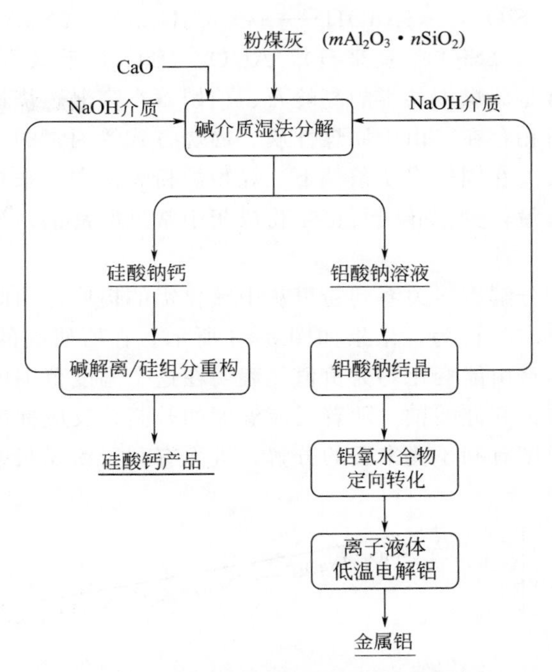

■ 图 3-52 亚熔盐法处理粉煤灰原则流程

3.4.3 亚熔盐法处理高铝粉煤灰的反应热力学分析

高铝粉煤灰的主要物相为 $3Al_2O_3 \cdot 2SiO_2$（莫来石）、$Al_2O_3 \cdot SiO_2$（硅线石）、SiO_2（石英）、Fe_2O_3、$CaO \cdot SiO_2$、$2CaO \cdot SiO_2$ 和 $CaO \cdot Al_2O_3 \cdot 2SiO_2$（见下述），该高铝粉煤灰在亚熔盐体系中发生反应时，主要可能发生的化学反应如下。[113~116]

$$3Al_2O_3 \cdot 2SiO_2 + 10NaOH \longrightarrow 6NaAlO_2 + 2Na_2SiO_3 + 5H_2O$$

$$Al_2O_3 \cdot SiO_2 + 4NaOH \longrightarrow 2NaAlO_2 + Na_2SiO_3 + 2H_2O$$

$$SiO_2 + 2NaOH \longrightarrow Na_2SiO_3 + H_2O$$

$$Fe_2O_3 + 2NaOH \longrightarrow Na_2O \cdot Fe_2O_3 + H_2O$$

$$2CaO \cdot SiO_2 + 2NaOH + H_2O \longrightarrow Na_2O \cdot SiO_2 + 2Ca(OH)_2$$

$$2CaO \cdot SiO_2 + NaOH + H_2O \longrightarrow NaCaHSiO_4 + Ca(OH)_2$$

$$CaO \cdot Al_2O_3 \cdot 2SiO_2 + 6NaOH \longrightarrow Na_2O \cdot Al_2O_3 + 2Na_2SiO_3 + Ca(OH)_2 + 2H_2O$$

$$Al_2O_3 \cdot SiO_2 + Ca(OH)_2 + 3NaOH \longrightarrow 2NaAlO_2 + 2H_2O + NaCaHSiO_4$$

$$3Al_2O_3 \cdot 2SiO_2 + 2Ca(OH)_2 + NaOH \longrightarrow 6NaAlO_2 + 5H_2O + 2NaCaHSiO_4$$

$$2Fe_2O_3 + 2NaOH + Ca(OH)_2 \longrightarrow CaO \cdot Fe_2O_3 + Na_2O \cdot Fe_2O_3 + 2H_2O$$

$$SiO_2 + Ca(OH)_2 + NaOH \longrightarrow H_2O + NaCaHSiO_4$$

$$CaO \cdot Al_2O_3 \cdot 2SiO_2 + Ca(OH)_2 + 4NaOH \longrightarrow 2NaAlO_2 + 2NaCaHSiO_4 + 2H_2O$$

$$3Al_2O_3 \cdot SiO_2 + 8NaOH + 3SiO_2 \longrightarrow Na_8Al_6Si_6O_{24}(OH)_2(H_2O)_2 + H_2O$$

$$3Al_2O_3 \cdot 2SiO_2 + 8NaOH + 4SiO_2 \longrightarrow Na_8Al_6Si_6O_{24}(OH)_2(H_2O)_2 + H_2O$$

$$Na_8Al_6Si_6O_{24}(OH)_2(H_2O)_2 + 6Ca(OH)_2 \longrightarrow 2Ca_3Al_2(SiO_4)_3 + 2NaAlO_2 + 6H_2O + 6NaOH$$

$$Ca_3Al_2(SiO_4)_3+5NaOH \longrightarrow 3NaCaHSiO_4+2NaAlO_2+H_2O$$

重点考察了 $3Al_2O_3 \cdot 2SiO_2$（莫来石）、$Al_2O_3 \cdot SiO_2$（硅线石）与 NaOH 反应的热力学行为。莫来石通常是原煤中共生的高岭石、伯姆石在高温燃烧过程中形成的，绝大部分粉煤灰中都有莫来石相存在。由于原煤性质、燃烧方式等因素的不同，不同粉煤灰中莫来石的含量差异性较大。在同等煤质条件下，煤粉炉粉煤灰中莫来石含量较多，循环流化床炉粉煤灰中莫来石含量较少。硅线石也是粉煤灰中常见的富铝物相，在高温条件下可转化为莫来石。

莫来石和硅线石的分解直接关系到粉煤灰中氧化铝的提取。因此，本书首先研究了二者与氢氧化钠反应的热力学行为，结果如图 3-53 所示。在所研究的温度范围内，莫来石和硅线石分解的吉布斯自由能变化均为负值，表明在这个温度范围内，莫来石和硅线石均可以被分解，生成铝酸钠和硅酸钠。随着反应温度的升高，反应标准吉布斯自由能呈降低趋势，说明提高反应温度有利于莫来石的分解，进而有利于粉煤灰中氧化铝的提取。

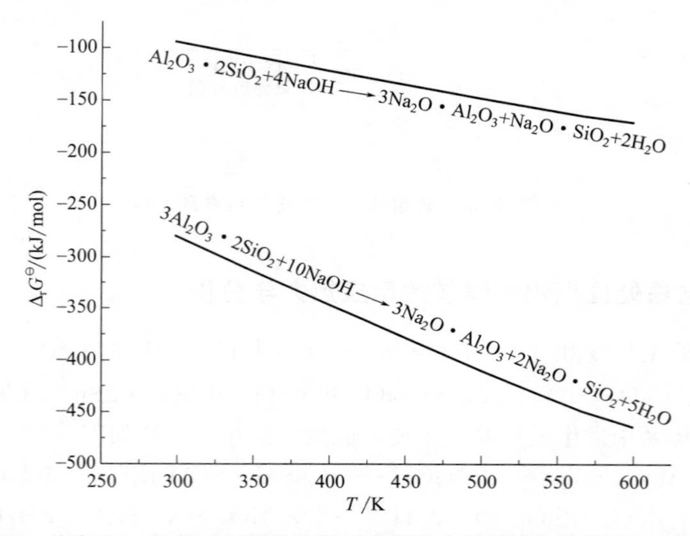

■ 图 3-53 莫来石、硅线石与氢氧化钠反应标准吉布斯自由能变化与温度的关系

（1）$Na_8Al_6Si_6O_{24}(OH)_2(H_2O)_2$ 生成的热力学分析

① $Na_8Al_6Si_6O_{24}(OH)_2(H_2O)_2$ 的热力学函数计算 $Na_8Al_6Si_6O_{24}(OH)_2(H_2O)_2$ 是一种结构复杂的类硅酸盐化合物，其热力学数据尚未见文献报道，因此，需要对其热力学数据进行估算。根据前人的研究成果[117]，类硅酸盐和复杂硅酸盐的吉布斯自由能可以看作由各种氧化物的吉布斯自由能之和与各种氧化物之间的反应自由能之和两部分组成。

根据这种计算方法，可按照图 3-54 计算 $Na_8Al_6Si_6O_{24}(OH)_2(H_2O)_2$ 的吉布斯自由能之值。

如图 3-54 所示，$Na_8Al_6Si_6O_{24}(OH)_2(H_2O)_2$ 的吉布斯自由能由酸性、碱性氧化物的吉布斯自由能以及二者化合时的能量之和组成。因此：

$$\Delta G_{T,Na_8Al_6Si_6O_{24}(OH)_2(H_2O)_2}=\sum G_{T,Oxides}+\sum G_{T,R}$$

$$\sum G_{T,Oxides}=4\Delta G_{T,Na_2O}+3\Delta G_{T,Al_2O_3}+6\Delta G_{T,SiO_2}+3\Delta G_{T,H_2O}$$

$$\sum G_{T,R}=G_{R,Na_2SiO_3}+G_{R,NaAlO_2}$$

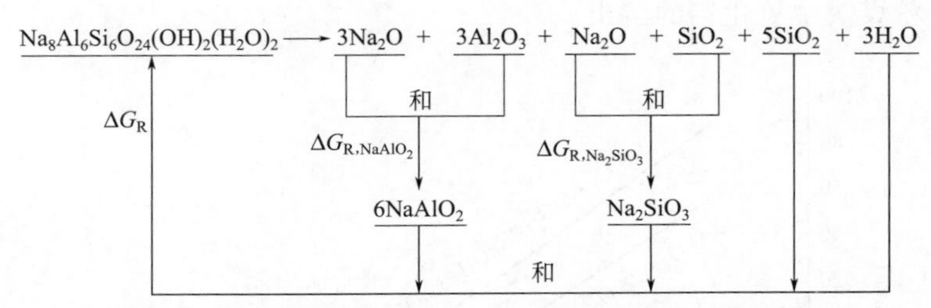

■ 图 3-54 $Na_8Al_6Si_6O_{24}(OH)_2(H_2O)_2$ 吉布斯自由能计算方法

$$G_{R,Na_2SiO_3}=G_{T,Na_2SiO_3}-G_{T,Na_2O}-G_{T,SiO_2}$$
$$G_{R,NaAlO_2}=G_{T,NaAlO_2}-G_{T,Na_2O}-G_{T,Al_2O_3}$$

按上述各式进行不同温度下 $Na_8Al_6Si_6O_{24}(OH)_2(H_2O)_2$ 的吉布斯自由能计算，结果见表 3-12。

■ **表 3-12 不同温度下 $Na_8Al_6Si_6O_{24}(OH)_2(H_2O)_2$ 的吉布斯自由能数值**

温度/K	298.15	300.00	400.00	500.00	600.00
$\Delta_r G^\ominus$/(kJ/mol)	−12850.96	−12846.06	−12578.27	−12305.26	−12032.41

如图 3-55 所示，$Na_8Al_6Si_6O_{24}(OH)_2(H_2O)_2$ 的自由能绝对值随着温度增加而减小，这说明温度的提高不利于 $Na_8Al_6Si_6O_{24}(OH)_2(H_2O)_2$ 的生成。

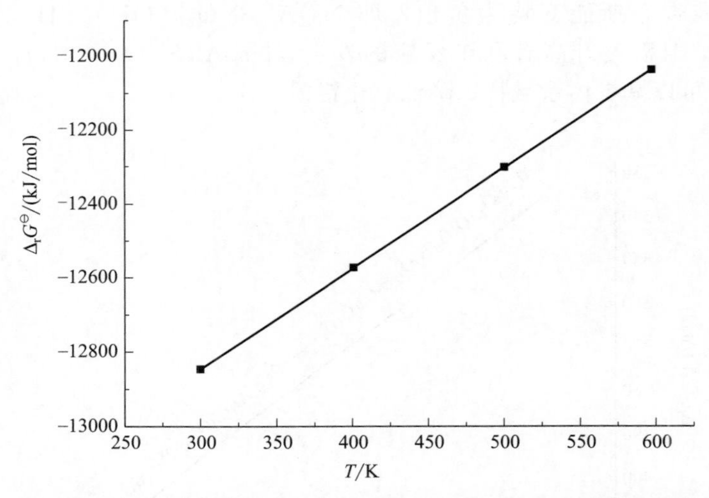

■ 图 3-55 温度对 $Na_8Al_6Si_6O_{24}(OH)_2(H_2O)_2$ 吉布斯自由能的影响

② $Na_8Al_6Si_6O_{24}(OH)_2(H_2O)_2$ 生成的热力学分析 图 3-56 表明 $Na_8Al_6Si_6O_{24}(OH)_2(H_2O)_2$ 生成反应标准吉布斯自由能变化随温度升高而降低，先正后负。当温度低于 394K 时，莫来石生成 $Na_8Al_6Si_6O_{24}(OH)_2(H_2O)_2$ 反应自由能为正值，由莫来石生成 $Na_8Al_6Si_6O_{24}(OH)_2(H_2O)_2$ 反应不能发生。当温度低于 436K 时，硅线石生成 $Na_8Al_6Si_6O_{24}(OH)_2(H_2O)_2$ 反应自由能为正值，由硅线石生成 $Na_8Al_6Si_6O_{24}(OH)_2(H_2O)_2$ 反应不能发生。曲线趋势表明温度越高越有利于 $Na_8Al_6Si_6O_{24}(OH)_2(H_2O)_2$ 的生成，由于 $Na_8Al_6Si_6O_{24}(OH)_2(H_2O)_2$ 是含铝的物相，因此，$Na_8Al_6Si_6O_{24}(OH)_2(H_2O)_2$

的生成不利于粉煤灰中氧化铝的溶出。

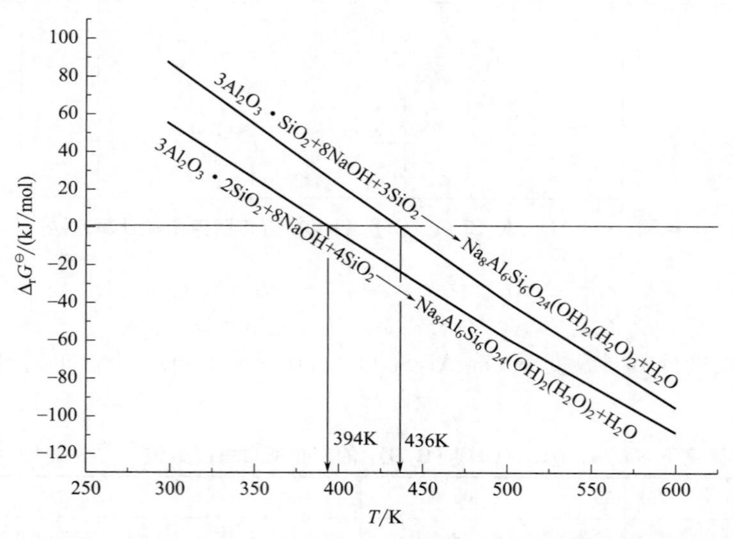

■ 图 3-56 $Na_8Al_6Si_6O_{24}(OH)_2(H_2O)_2$ 生成反应标准吉布斯自由能变化与温度的关系

（2）$Ca_3Al_2(SiO_4)_3$ 生成的热力学分析

图 3-57 表明在所研究的温度范围内，$Na_8Al_6Si_6O_{24}(OH)_2(H_2O)_2$ 向 $Ca_3Al_2(SiO_4)_3$ 转化反应的标准吉布斯能变均为负值，即 $Na_8Al_6Si_6O_{24}(OH)_2(H_2O)_2$ 能够转化为 $Ca_3Al_2(SiO_4)_3$，且温度升高有利于反应的发生。$Na_8Al_6Si_6O_{24}(OH)_2(H_2O)_2$ 转化为 $Ca_3Al_2(SiO_4)_3$ 可以减少体系碱耗，降低氧化铝损失。

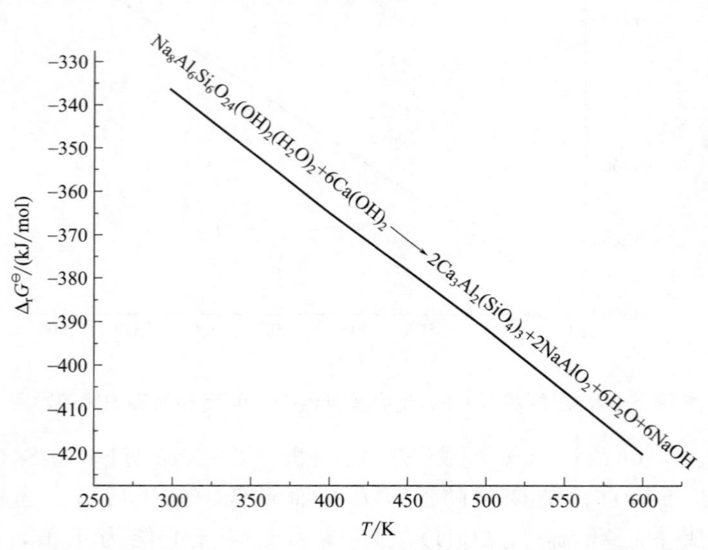

■ 图 3-57 $Ca_3Al_2(SiO_4)_3$ 生成反应标准吉布斯自由能与温度的关系

（3）$NaCaHSiO_4$ 生成的热力学分析

由图 3-58 可知，在所研究的温度范围内 $Ca_3Al_2(SiO_4)_3$ 仍然可能会向不含铝的 $NaCaHSiO_4$ 相转化，这有利于粉煤灰中氧化铝回收率的提高，但是会损耗一部分碱，需考虑碱回收工艺。

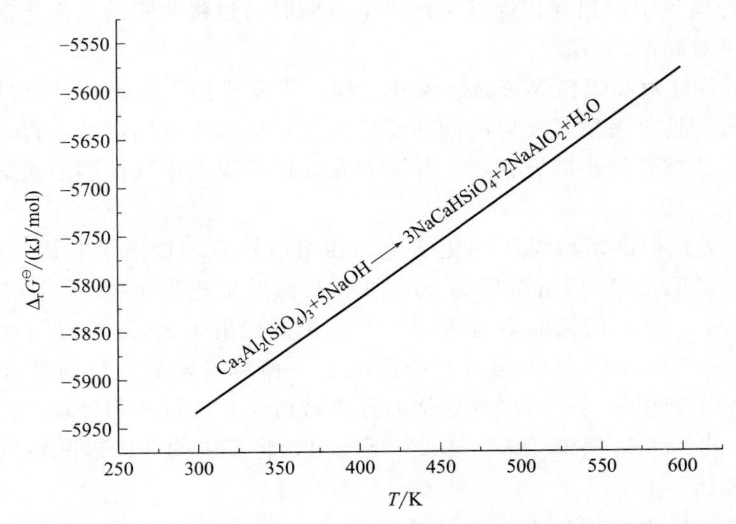

■ 图 3-58 $NaCaHSiO_4$ 生成反应标准吉布斯自由能与温度的关系

综上所述，通过对 NaOH 亚熔盐法处理粉煤灰过程的热力学计算，得到如下结论：在 298～600K 温度范围内，粉煤灰中的主要含铝物相莫来石、硅线石、钙长石等均可和氢氧化钠发生反应，氧化铝转化为可溶性的铝酸钠；粉煤灰中的石英、氧化铁等均可能和体系中的氢氧化钠发生反应，生成相应的钠盐；当在反应体系中加入氢氧化钙时，体系内可能的含硅物相主要为 $Na_8(Al_6Si_6O_{24})(OH)_2(H_2O)_2$、$Ca_3Al_2(SiO_4)_3$ 和 $NaCaHSiO_4$；三者的稳定性顺序为 $NaCaHSiO_4 > Ca_3Al_2(SiO_4)_3 > Na_8(Al_6Si_6O_{24})(OH)_2(H_2O)_2$；$NaCaHSiO_4$ 为不含铝的固相。因此，添加氢氧化钙使体系中的硅转化为 $NaCaHSiO_4$，有利于实现与铝酸钠的分离。

3.4.4 亚熔盐法处理高铝粉煤灰稀碱预脱硅工艺

由于铝和硅的性质相近，硅的存在对铝的提取会有很大影响。而粉煤灰中的二氧化硅有相当一部分是活性二氧化硅，易于溶解于稀碱液中。因此，对粉煤灰进行预脱硅就是使这部分活性 SiO_2 溶解到稀碱液中，从而使固相中的氧化铝含量相对提高，提高渣相铝硅比，这样不仅可以改善后续的溶出和脱铝条件，而且活性硅不进入高温溶出工序有助于节省生产成本。因此对粉煤灰进行脱硅预处理对于增加粉煤灰提铝效率、提高设备利用率、降低能耗等诸多方面都具有重要意义。

3.4.4.1 高铝粉煤灰预脱硅工艺研究现状

含铝矿物的化学脱硅法早在 20 世纪 40 年代就有研究，对粉煤灰的预脱硅是近几年才见报道。但只局限于对我国传统煤粉炉产生的粉煤灰进行预脱硅，而对循环流化床锅炉粉煤灰的预脱硅行为研究还未见报道。

大唐国际再生资源开发有限公司针对高铝粉煤灰的特点，借鉴国内外成熟的碱石灰烧结法生产氧化铝的工艺路线，研究开发出预脱硅碱石灰烧结法高铝粉煤灰提取氧化铝联产活性硅酸钙的工艺技术，该技术采用化学预脱硅技术，可脱除高铝粉煤灰中40%左右的二氧化硅，使粉煤灰中的铝硅比提高1倍以上；同时通过将脱除的二氧化硅制成优质活性硅酸钙，实现了对碱的回收。

杜淄川[118]等针对高铝粉煤灰碱熔脱硅过程，研究了其反应机理。通过热力学稳定性说明了实验的可行性。考察了反应时间和反应温度对碱熔脱硅的影响，得出高铝粉煤灰碱熔脱硅过程易形成颗粒细小的方钠石，并附着在高铝粉煤灰中其他颗粒表面，而其中含有的铁质微珠不发生反应。

张战军[119]等根据高铝粉煤灰的化学与物相组成特点，提出了利用NaOH提取非晶态SiO_2的工艺。当NaOH质量浓度为250g/L、灰碱质量比为1∶0.5、反应温度为95℃、反应时间为4h时，SiO_2的提取率达到41.8%，铝硅比由1.29提高到2.39。

秦晋国[120]在200710061662号专利中提出了一种对粉煤灰进行预脱硅提高铝硅比的方法。该方法是先利用酸浸、碱浸或焙烧的方法对粉煤灰进行活化处理，然后再以质量浓度大于400g/L的NaOH溶液于80～150℃下浸出，将其中的硅以硅酸钠形式溶出，使得碱浸渣中的铝硅比≥2。

3.4.4.2 循环流化床高铝粉煤灰稀碱预脱硅工艺原理

煤炭燃烧过程中，高岭石受热分解可生成无定型SiO_2与γ-Al_2O_3，无定型SiO_2易与碱液反应，而γ-Al_2O_3活性较低，利用两者与碱液发生反应的动力学差异，即可实现铝硅初步分离。

3.4.4.3 循环流化床高铝粉煤灰稀碱预脱硅工艺研究补充内容

基于以上脱硅原理，对山西某企业循环流化床锅炉燃烧产生的粉煤灰进行了稀碱预脱硅处理工艺研究。所用高铝煤灰成分如表3-13所列。

■ 表3-13 不同粒度粉煤灰的质量分数（A/S=0.77） 单位：%

Al_2O_3	SiO_2	CaO	Fe_2O_3	SO_3	TiO_2	K_2O	MgO	P_2O_5
33.84	43.96	9.78	3.11	3.29	1.13	0.41	0.27	0.18

对该高铝粉煤灰进行稀碱预脱硅研究后，得出高铝粉煤灰稀碱预脱硅工艺的最佳工艺条件为：NaOH浓度150g/L，反应温度95℃，液固比4，反应90min，此时SiO_2溶出率达23.15%，Al_2O_3溶出率为1.68%，铝硅比可由0.78上升到0.99。

3.4.4.4 循环流化床高铝粉煤灰稀碱预脱硅动力学研究

在工艺研究的基础上，进一步对脱硅反应的宏观动力学进行了系统研究。在NaOH浓度为150g/L、液固比为4∶1的条件下，考察368K、378K及388K温度下所用循环流化床高铝粉煤灰中SiO_2的溶出规律。在上述条件下，SiO_2的溶出规律如图3-59所示。可知，温度和时间对高铝粉煤灰中二氧化硅的溶出率影响较大，其中，反应时间对二氧化硅溶出影响更大。

对于有固相产物层生成的液-固反应，动力学方程有如下4种形式。

① 外扩散控制模型　该模型浸出速率由固/液界面溶液层中反应剂或生成物的扩散控制，且矿物颗粒均匀。浸出剂浓度在过程中基本保持不变的条件下，速率方程表达式简单表示为：

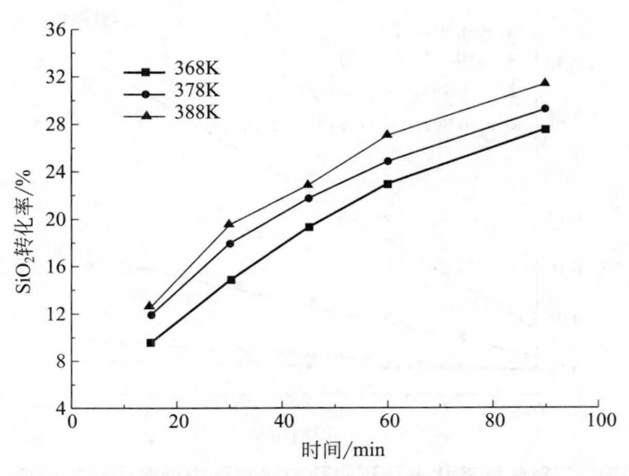

■ 图 3-59 反应温度对 SiO_2 转化率的影响

$$f=kt$$

② 内扩散控制模型 该模型适应于浸出速率由浸出剂或生成物通过固体松散层的扩散控制，且矿物原始颗粒均匀、浸出剂浓度基本不变条件下的浸出过程，速率方程表达式简单表示为：

$$1-\frac{2}{3}f-(1-f)^{2/3}=kt$$

③ 反应核收缩模型 该模型适应于固体颗粒随浸出过程而缩小，即浸出反应无固体生成物，化学反应控制速率过程时的浸出。当反应为一级反应时，其速率方程表达式简单表示为：

$$1-(1-f)^{1/3}=kt$$

④ 未反应核收缩模型 该模型适应于未反应核的界面因浸出而收缩，浸出反应生成松散状固体产物层，或未被浸出矿物质本身组成松散层，浸出剂和生成物扩散通过松散固体层到达未反应核的浸出过程。

当反应过程受表面化学反应控制时，速率方程表达式简单表示为：

$$1-(1-f)^{1/3}=kt$$

当反应过程受松散层扩散控制时，速率方程表达式简单表示为：

$$1-3(1-f)^{2/3}+2(1-f)=kt$$

式中 f——浸出率；

k——速率常数；

t——反应时间。

为了确定反应过程适合何种动力学方程，根据图 3-59 中的数据，取 95℃下的数值进行拟合，如图 3-60 所示。

由图 3-60 可以看出，在反应的初期阶段，$1-\frac{2}{3}f-(1-f)^{2/3}=kt$ 与反应时间的线性相关性最为显著，线性相关系数为 0.993。因此，本研究拟采用公式 $1-\frac{2}{3}f-(1-f)^{2/3}=kt$，对不同温度下反应数据拟合，结果如图 3-61 所示。

由图 3-61 可以看出，不同温度下，反应初期的拟合程度都较好。反应速率常数和反

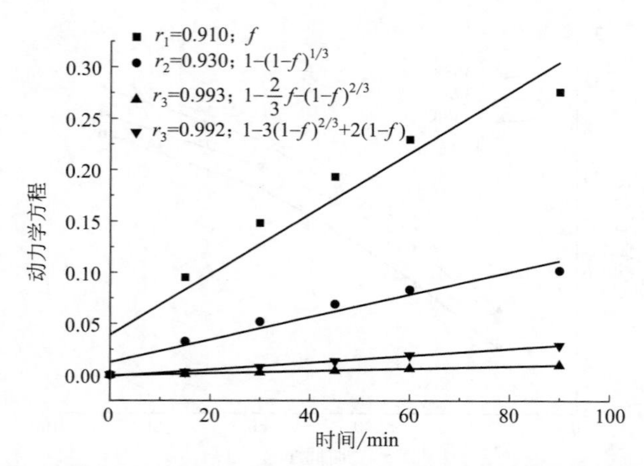

■ 图 3-60 二氧化硅转化率在不同动力学方程中相对于时间的拟合程度

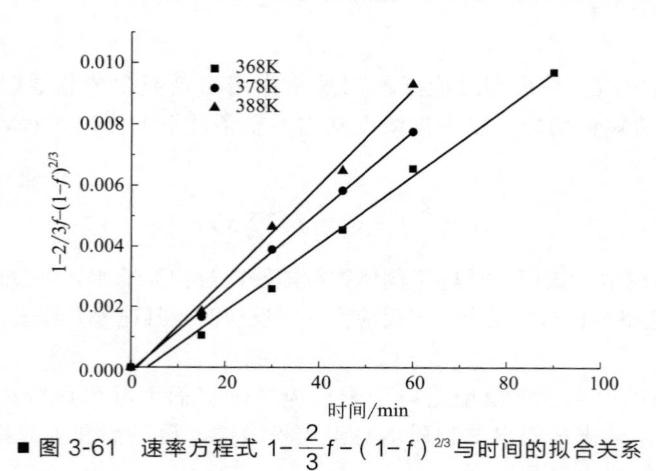

■ 图 3-61 速率方程式 $1-\frac{2}{3}f-(1-f)^{2/3}$ 与时间的拟合关系

应表观活化能可通过阿伦尼乌斯方程方程计算：

$$\ln k=\ln A-E/(RT)$$

式中 A——频率因子，min^{-1}；

E——活化能，J/mol；

T——热力学温度，K；

R——气体常数，8.314J/(K·mol)。

由图 3-61 计算得到不同反应温度下的反应速率常数见表 3-14，二者关系见图 3-62。

■ 表 3-14 不同温度反应速率常数

T/K	$k/(10^{-3}min^{-1})$	$\ln k$	$(1/T)/(10^{-3}K^{-1})$
368	0.12	−9.03	2.72
378	0.14	−8.89	2.64
388	0.15	−8.78	2.58

由图 3-62 可求得直线方程为 $\ln k=-4.19-1.78/T$，通过计算得反应活化能 $E=1.78\times8.314$kJ/mol=14.80kJ/mol；反应级数 $k=0.015$。由此可得反应的动力学方程为：

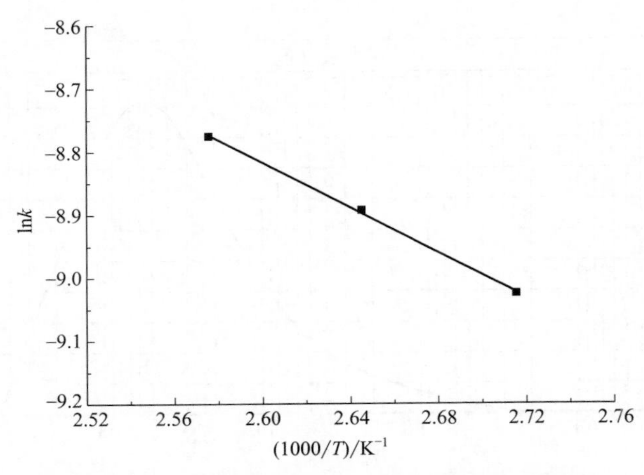

■ 图 3-62 lnk 与 1000/T 的关系图（阿伦尼乌斯图）

$1-\frac{2}{3}f-(1-f)^{2/3}=0.015\exp(-14800/RT)t$。

一般情况下，扩散控制的反应活化能较低，在 5～15kJ/mol 之间。而本研究所得反应活化能为 14.80kJ/mol，由此可判断该反应由内扩散控制。

3.4.5 亚熔盐法处理高铝粉煤灰溶出工艺

本节在上述热力学分析的基础上重点介绍高铝粉煤灰中氧化铝在 NaOH 亚熔盐介质中的溶出行为及工艺。本工艺研究过程中选用高铝粉煤灰样品采自内蒙古某地电厂，燃煤锅炉采用循环流化床炉燃烧技术。表 3-15 为所用高铝粉煤灰化学成分表。

■ 表 3-15 高铝粉煤灰的成分（A/S=1.35） 单位：%

Al_2O_3	SiO_2	CaO	Fe_2O_3	SO_3	TiO_2	K_2O	MgO	P_2O_5
47.13	34.85	7.98	1.98	1.39	1.86	0.41	0.27	0.18

图 3-63 为激光粒度分析仪测定的粉煤灰的体积粒度分布。分析表明该粉煤灰粒度较细，体积平均粒径为 42.91μm，在 0.3～500μm 不同粒级范围均有一定的分布，但主要集中在 10～200μm 之间。

图 3-64 为采用 X 射线衍射仪分析的粉煤灰的 XRD 图谱。从图中可以看出该粉煤灰主要的结晶相为石英、赤铁矿、硅酸钙、钙长石、莫来石和硅线石，在 2θ 为 10°～25°范围内宽大的衍射峰表明粉煤灰中存在玻璃相。XRD 半定量分析结果显示，粉煤灰中主要结晶相石英相约占 40%，莫来石相约占 7%。有研究表明[93,121]，原煤中的高岭石在高温燃烧过程中会发生一系列的物相转化：高岭石在 500～600℃条件下脱除羟基可转化为偏高岭石；在温度为 800～1000℃时，偏高岭石转化为无定形的铝、硅氧化物；当温度达到 1000～1100℃时，出现莫来石和方石英相。本研究所用粉煤灰为循环流化床锅炉粉煤灰。循环流化床锅炉燃烧温度约为 850～900℃，因此该粉煤灰含有较多以无定形存在的铝、硅氧化物，也不排除锅炉内局部温度在 900℃以上，因此，粉煤灰中含有少量的莫来石。

粉煤灰密度及比表面积分析结果如表 3-16 所列。散密度分析方法为将一定质量的粉煤

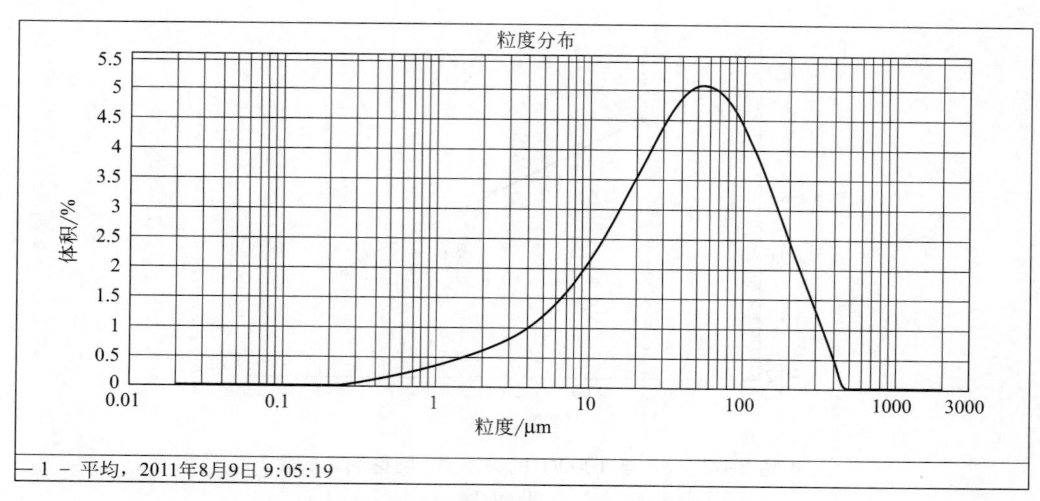

■ 图 3-63 高铝粉煤灰的基本粒度分布图

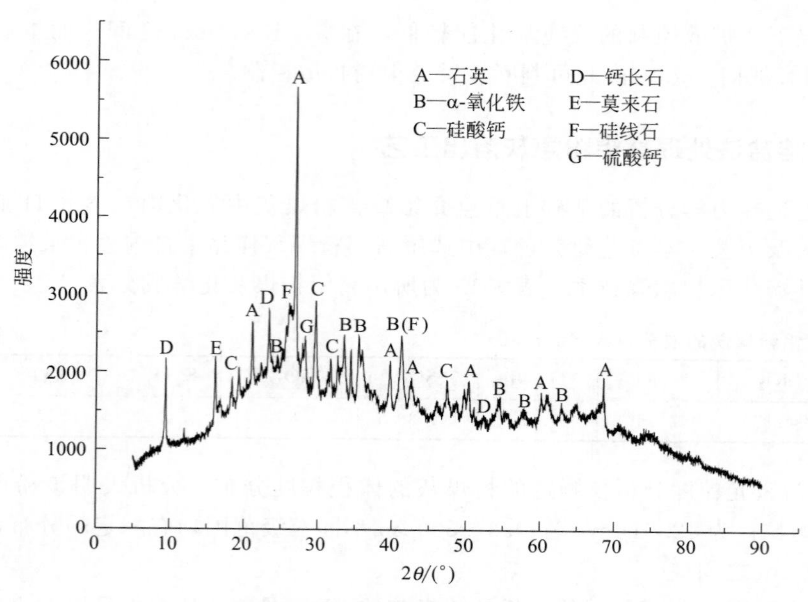

■ 图 3-64 高铝粉煤灰的 XRD 图

灰从漏斗孔按一定高度自由落下充满杯子，计算其单位体积的质量即为散密度。实密度分析方法为在量筒中加入一定体积的水，缓慢加入一定质量的粉煤灰，待粉煤灰全部下沉并沉降一段时间后，此时水上升的体积即为粉煤灰的体积，计算其单位体积的质量即为实密度。

■ 表 3-16 高铝粉煤灰的密度及比表面积

项　目	数　值
散密度/(g/cm^3)	0.81
实密度/(g/cm^3)	2.08
比表面积/(cm^2/g)	3150

粉煤灰的 SEM 分析及 EDS 面扫描的 Al、Si 元素分布如图 3-65 所示，由图可知，粉煤灰颗粒呈现不规则状态，颗粒表面较为粗糙。不同颗粒的 Al、Si 元素分布没有明显差异，由于不同颗粒的元素分布基本相同，初步判断，难以运用物理选矿的方法实现 Al、Si 的分离。

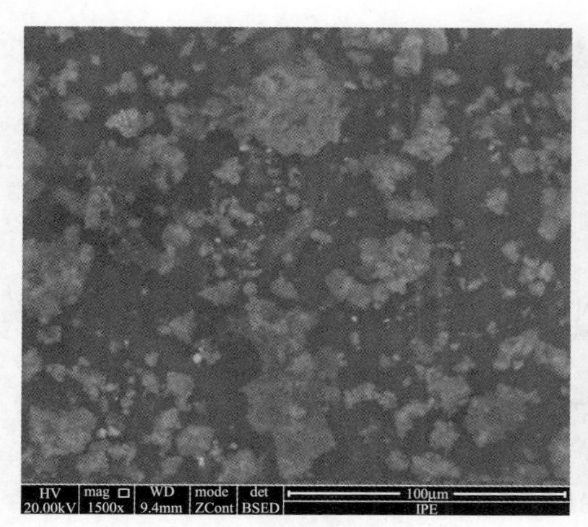

(a) 粉煤灰的SEM图

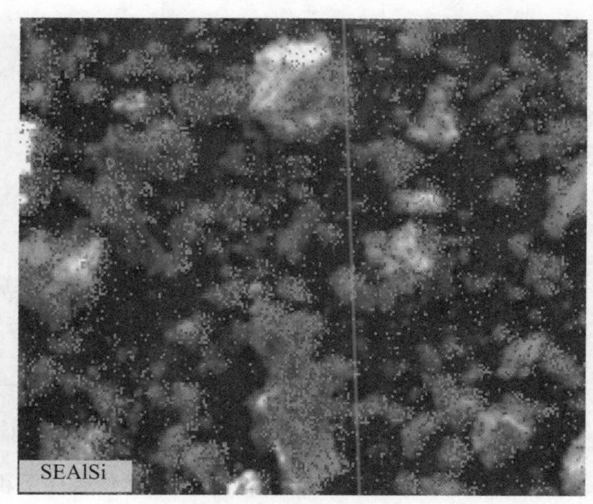

(b) EDS面扫描的元素分布图

■ 图 3-65 粉煤灰的 SEM 图及 EDS 面扫描的元素分布图

对粉煤灰粒度、成分、形貌及物相的研究表明，粉煤灰粒度分布较均匀，不同粒度的粉煤灰的颗粒组成没有明显差别，因而不利于运用物理选矿，如重选和浮选方法富集、分离 Al、Si 元素。

在综合考察碱浓度、液固比、溶出温度、氢氧化钙添加量、搅拌速率以及溶出时间等条件对氧化铝溶出率的影响的影响后，得出优化的溶出反应条件为：氢氧化钠浓度 45%、液固比 9、溶出温度 230～260℃（不同煤灰存在一定差异）、CaO/SiO_2 质量比为 1.1、搅拌速率 500r/min、溶出时间 1h。在此优化工艺条件下氧化铝溶出率可达 90%以上，渣相 A/S 小于 0.1。

表 3-17 为最优溶出条件下得到的溶出渣的化学组成。由表可知，在优化的溶出条件下，溶出渣中的氧化铝含量显著下降，由反应前的 47.13%降到 1.89%。粉煤灰渣的铝硅比由 1.35 降至 0.06。

■ 表 3-17 优化条件下粉煤灰溶出渣的化学组成

成分	Al_2O_3	SiO_2	Fe_2O_3	CaO	TiO_2	Na_2O
含量/%	1.89	30.67	1.03	34.91	0.86	19.22

最优溶出条件下得到的溶出渣 XRD 图谱如图 3-66 所示，由图可知，粉煤灰溶出渣中已基本不存在含铝物相，表明粉煤灰中的氧化铝已经被溶出。$NaCaHSiO_4$ 成为主要的含硅物相，这样经过亚熔盐介质溶出，成功实现了粉煤灰中含铝、硅物相的解离，并实现了氧化铝和氧化硅的物相分离。

最优溶出条件下得到的溶出渣粒度分布见图 3-67。由图可知，粉煤灰溶出渣粒度与溶出前相比，发生了明显变化。粉煤灰溶出渣粒径在 0.035～120.23μm 之间均有分布，

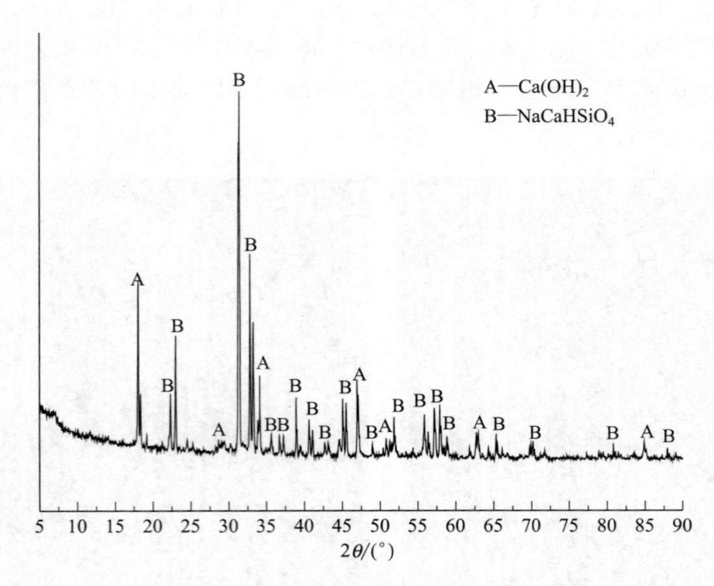

■ 图 3-66 优化条件下粉煤灰溶出渣 XRD 图

且有两个集中分布点，分别在 0.18μm 和 5μm。平均粒度为 4.44μm，与溶出前相比，粉煤灰溶出渣的粒径明显减小。

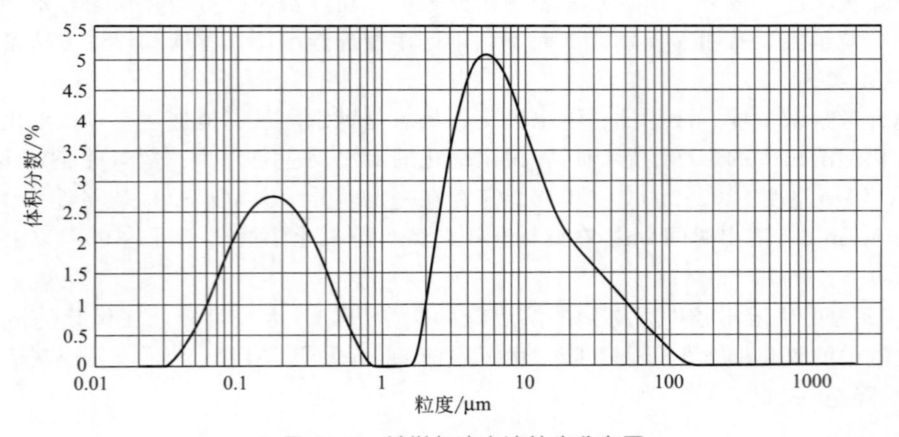

■ 图 3-67 粉煤灰溶出渣粒度分布图

最优溶出条件下得到的溶出渣 SEM 形貌如图 3-68 所示。由图分析表明，粉煤灰溶出渣形貌与溶出前相比有明显的不同，由原来的无规则状态转变为较规则的长条形。结合 XRD 分析可知，溶出渣形貌主要为 $NaCaHSiO_4$ 形貌。EDS 面扫描的元素分布图显示，Si 元素主要在长条形颗粒表面分布，也说明 Si 元素主要以 $NaCaHSiO_4$ 的形式存在。

对亚熔盐法处理高铝粉煤灰溶出机理分析可以从以下两方面进行。一是对升温过程的物相变化分析。在搅拌转速为 500r/min、碱浓度为 45%、初始苛性比为 25、液固比为 9 的条件下，考察了升温过程中温度分别到达 170℃、200℃、230℃、260℃、280℃时溶出

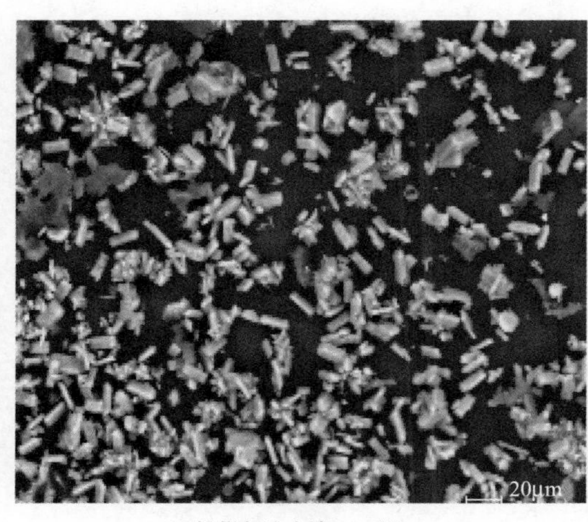

(a) 粉煤灰溶出渣SEM图

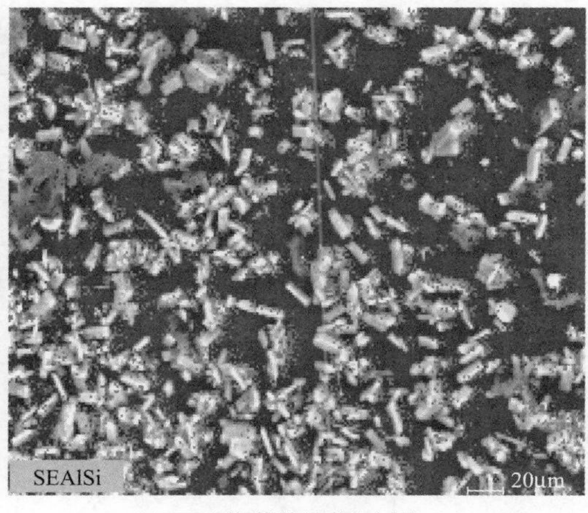

(b) EDS面扫描的元素分布图

■ 图 3-68 粉煤灰溶出渣 SEM 图及 EDS 面扫描的元素分布图

渣的物相转化规律。不同到温时刻溶出渣的 XRD 图谱如图 3-69 所示，由图可知，当温度到达 170℃时，溶出渣物相即已发生转化，原粉煤灰中 2θ 在 10°～25°范围内宽大的衍射峰、莫来石特征峰消失，出现了 $Na_8(Al_6Si_6O_{24})(OH)_2(H_2O)_2$ 特征峰。当温度升高到 200℃时，溶出渣相中仍然存在 $Na_8(Al_6Si_6O_{24})(OH)_2(H_2O)_2$ 特征峰，同时出现了微弱的 $Ca_3Al_2(SiO_4)_3$ 特征峰。当温度继续升高至 230℃，$Na_8(Al_6Si_6O_{24})(OH)_2(H_2O)_2$ 和 $Ca_3Al_2(SiO_4)_3$ 特征峰峰强继续变强，此时渣相中出现了较微弱的 $NaCaHSiO_4$ 特征峰。当温度继续升高达到 280℃时，$Na_8(Al_6Si_6O_{24})(OH)_2(H_2O)_2$ 和 $Ca_3Al_2(SiO_4)_3$ 特征峰相继消失，而 $NaCaHSiO_4$ 特征峰显著增强，最终溶出渣物相以 $NaCaHSiO_4$ 为主。

二是从化学反应原理上的分析，在拜耳法系统中，实现铝硅分离的原理是通过如下化学反应式使体系中的 SiO_2 和 $NaAl(OH)_4$ 溶液反应，生成溶解度很小的水合铝硅酸钠沉淀，但也同时造成 Al_2O_3 和 Na_2O 的损失。因此受反应原理的限制，拜耳法仅适用于处理 Al/Si 较高的优质铝土矿。

$$2SiO_2+2NaAl(OH)_4 \longrightarrow Na_2O \cdot Al_2O_3 \cdot 2SiO_2 \cdot nH_2O+(4-n)H_2O$$

而在高温亚熔盐法条件下，实现铝硅分离的原理是通过下列化学反应实现的。

$$3Al_2O_3 \cdot 2SiO_2+2Ca(OH)_2+8NaOH \longrightarrow 6NaAlO_2+5H_2O+2NaCaHSiO_4$$

$$Al_2O_3 \cdot 2SiO_2+Ca(OH)_2+3NaOH \longrightarrow 2NaAlO_2+2H_2O+NaCaHSiO_4$$

$$CaO \cdot Al_2O_3 \cdot SiO_2+3NaOH \longrightarrow Na_2O \cdot Al_2O_3+NaCaHSiO_4+H_2O$$

这样，通过上述反应，体系中的硅元素进入到不含 Al 的 $NaCaHSiO_4$ 沉淀中。因此，亚熔盐法就从反应原理上避免了氧化铝的损失，从而实现低品位含铝矿物的高效溶出。

在工艺研究的基础上，采用熔盐炉反应设备，对亚熔盐法溶出循环流化床高铝粉煤灰高温动力学进行了研究。

一般流-固多相反应的动力学计算，基本均采用未反应收缩核模型对动力学参数进行拟合[122,123]。该模型一般做了 4 点假设：a. 表观化学反应级数为一级；b. 外扩散浓度梯度为常量；c. 内扩散浓度梯度为常量；d. 化学反应为表面化学反应。当上述假设均成立时，可根据固相颗粒的形状不同，推导出不同的动力学方程，进而拟合动力学参数。有时

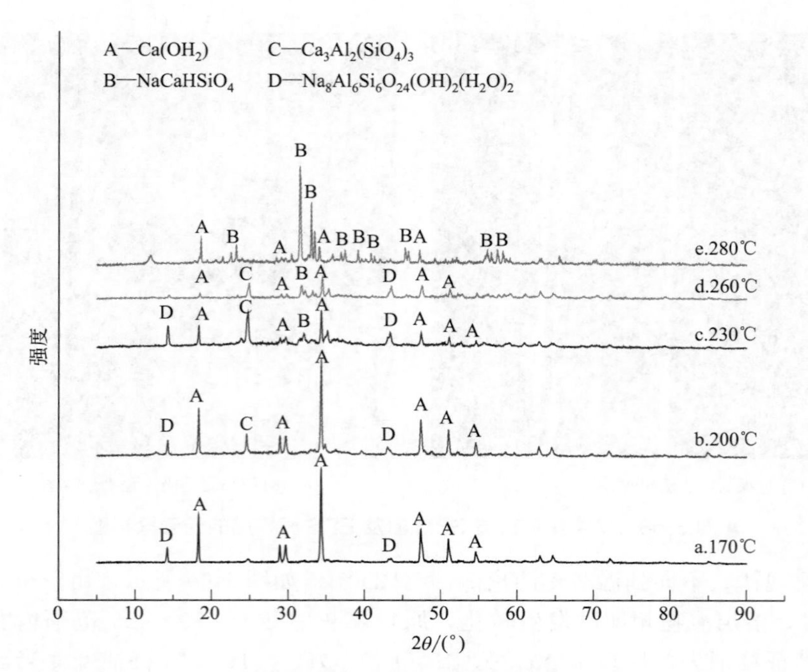

■ 图 3-69 升温过程物相变化

第四点假设不能满足，如反应颗粒的粒度很小，化学反应不再是二维地在颗粒表面进行，而是保持一定反应区域的厚度，这便推导出了其他模型，如区域反应模型等。这些模型都是流态相参与反应时可应用的模型。

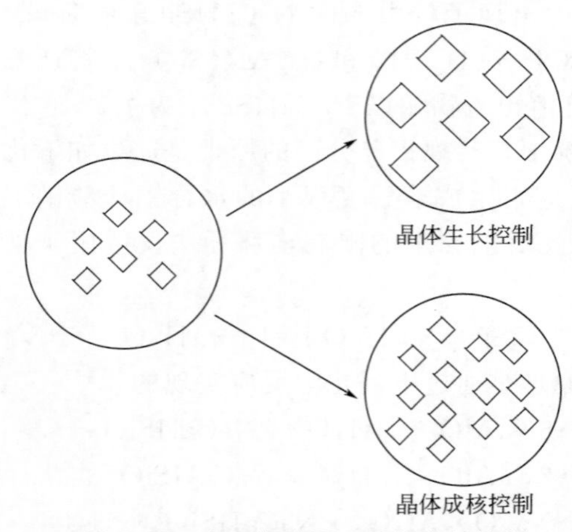

■ 图 3-70 在晶相表面，晶体生长控制及晶体成和控制示意

从溶出机理的分析可以看出，亚熔盐法高铝粉煤灰溶出过程中是含铝固相分解向不含铝固相 $NaCaHSiO_4$ 转变的过程，反应方程式可简化为：$A(s) \longrightarrow B(s)$。因此需要采用描述结晶控制的动力学方程。一般，$A$ 相向 B 相转化是两方面因素综合作用的结果。一方面是 B 相晶核在 A 相表面的生成及增多，即晶体成核；另一方面是生成的晶核的长大，即晶体生长。任何一方面因素都可使 A 相向 B 相发生转变，图 3-70 表示这两方面因素在极端状态下的情况，一般，实际反应都是这两方面因素综合作用的结果，即物质转化速率中应包含两部分内容，一个是成核速率 k_N（nucleation process），另一个是核生长速率 k_G（growth process）。

已有若干种成核类型描述成核速率方程[124,125]。

① 瞬时成核（instantaneous nucleation）

$$N = N_0 \tag{3-22}$$

② 单步成核（single-step nucleation）

指数关系方程：

$$N=N_0[1-\exp(-k_{\mathrm{N}}t)] \tag{3-23}$$

线性关系方程，匀速成核（constant nucleation）：

$$N=k_{\mathrm{N}}N_0t \tag{3-24}$$

③ 多步成核（multi-step nucleation），对应幂关系方程：

$$N=k_{\mathrm{N}}^{\beta}t^{\beta} \tag{3-25}$$

式中 N——在 t 时刻下结晶核数量；

N_0——反应开始前潜在的成核靶位；

k_{N}——成核速率常数；

β——多步反应中的步骤数目。

在瞬时成核情况下，成核靶位很多且 ΔG_{N}（成核反应自由能）值较小，此时结晶核数量为常数 N_0，且不再随反应时间变化而变化，如式(3-22) 所示。单步成核情况下，一般关系如式(3-23) 所示，但当 ΔG_{N} 较大并且 k_{N} 较小时，可将指数方程展开，并忽略其中数值较小的项，即可得到式(3-24)。而具有若干步骤的结晶反应，一般使用式(3-25) 的幂关系方程作为成核速率方程。含铝固相方钠石相的分解过程本身就是一个多步过程，若再考虑到产物 $CaNaHSi_4$ 的晶化过程，采用幂关系方程是比较适宜的。

核生长速率方程被描述成式(3-26)[124,125]：

$$G(t,t_j)=\sigma[k_{\mathrm{G}}(t-t_j)]^{\lambda} \tag{3-26}$$

式中 $G(t,t_j)$——在 t_j 时刻形成的晶核在 t 时刻所占有的体积；

σ——形状因子，如球形晶核 $\sigma=4\pi/3$；

k_{G}——核生长速率常数；

λ——晶核生长的维度。

由前论述已知，对于简化的 $A(\mathrm{s})\longrightarrow B(\mathrm{s})$ 反应，B 相的生成是由晶相成核与晶核生长两部分贡献的，那么对于 B 相在 t 时刻的相体积 $V(t)$ 可由式(3-27) 表示：

$$V(t)=\int_{t_0}^{t}G(t,t_j)\left(\frac{\mathrm{d}N}{\mathrm{d}t}\right)_{t=t_j}\mathrm{d}t_j \tag{3-27}$$

将式(3-25) 和式(3-26) 代入式(3-27) 中，可得式(3-28)：

$$V(t)=\int_{t_0}^{t}\sigma k_{\mathrm{G}}^{\lambda}(t-t_j)^{\lambda}k_{\mathrm{N}}^{\beta}\beta t_j^{\beta-1}\mathrm{d}t_j \tag{3-28}$$

对于 B 相，有 $V(t)/V(\infty)=\alpha$，其中 α 为 A 相的分解率。将式(3-28) 积分并转化成 A 相的分解率，可得式(3-29)：

$$\alpha=k^n(t-t_0)^n \tag{3-29}$$

$$k=\sigma k_{\mathrm{N}}^{\beta}k_{\mathrm{G}}^{\lambda},n=\lambda+\beta$$

式中 t_0——诱导时间；

k——表观反应速率常数，集成了晶体成核速率常数及晶核生长速率常数。

此外，如前所述，λ 表示晶核生长维度，称为生长因子（phase growth），根据 B 相晶核的实际生长状况，其值可在 1、2 或 3 间取整数；β 为成核因子（phase nucleation），在实际中经常取 0～2 间的非整数值，其意义也由原来其推导时的描述多步反应中的步骤数目，变成衡量反应中成核机理的一个因数。

另外，在 B 相的生长过程中，还需要考虑晶相生长的撞击与摄食效应（impingement and ingestion effect）[124,125]。有些晶核生长过程中会占据一些成核靶位，将其吞食，这会导致理论上的成核速率公式与实际值产生偏差。同样，有些原来各自独立的晶核会接触并合成为一个，这也会导致理论上的晶核生长速率公式与实际值发生偏差。Avrami[126~128] 对该问题进行了系统的研究，提出了使用 $-\ln(1-\alpha)$ 替代原来的分解率 α，来修正在实际体系中产生的误差。这样，式(3-29) 就可改写成为式(3-30)。该方程即为 Avrami-Erofeev 方程，经常用来计算物质结晶过程的动力学参数。本节也采用该方程对亚熔盐法处理高铝粉煤灰的高温溶出动力学参数进行计算。

$$-\ln(1-\alpha)=k^n(t-t_0)^n \tag{3-30}$$

式中 α——含铝物相的分解率；

k——反应速率常数；

t——反应时间；

t_0——成核的诱导时间；

n——Avrami 指数，其值由反应机理决定。

将式(3-30) 线性化为式(3-31)，这样通过式(3-31) 对 α 和 t 进行拟合，可以从拟合直线的斜率和截距中得到动力学参数。

$$\ln[-\ln(1-\alpha)]=n\ln(t-t_0)+n\ln k \tag{3-31}$$

所用煤灰为循环流化床高铝粉煤灰，其成分组成如前所述。在氢氧化钠浓度为 45%、液固比为 9、CaO/SiO_2 质量比为 1.1、溶出时间为 1h 的条件下，不同温度下粉煤灰中氧化铝溶出率随时间变化如图 3-71 所示。

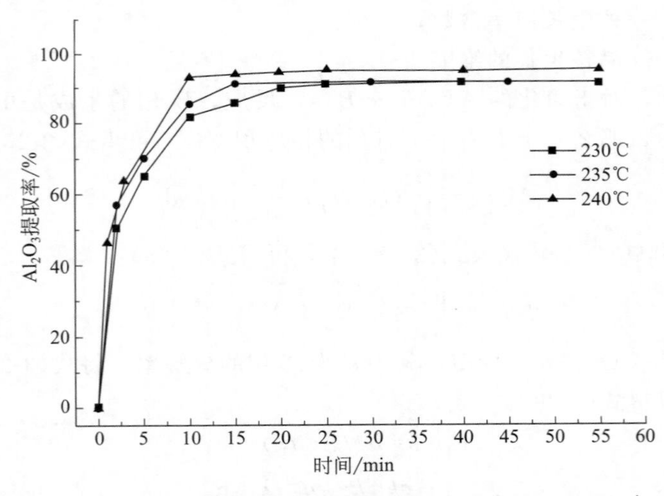

■ 图 3-71　反应温度对氧化铝提取率的影响（230~240℃）

对 230~240℃下高铝粉煤灰分解的数据进行动力学分析。由于实验设备局限等原因，诱导时间 t_0 太小，难以准确检测到，所以在本节的数据处理中，设 t_0 等于零。将图 3-71 中的数据进行换算，以 $\ln[-\ln(1-\alpha)]$ 对 $\ln t$ 绘点，并进行线性拟合，结果如图 3-72 所示。反应速率常数 K 及 Avrami 常数可通过式(3-31) 计算得出，结果列于表 3-18 中。

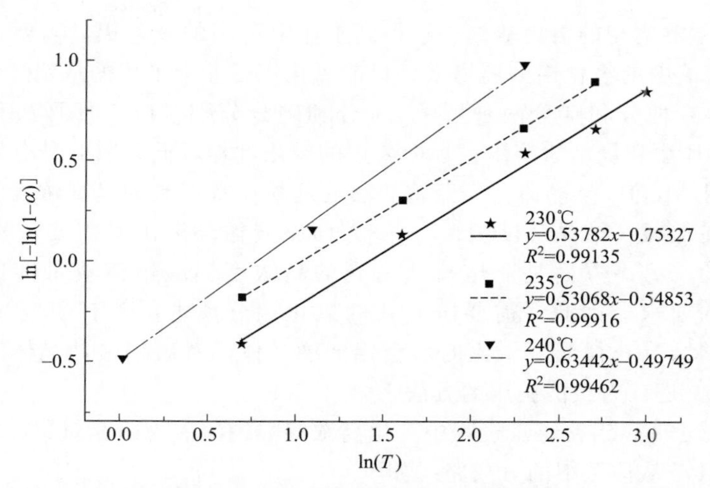

■ 图 3-72 高铝粉煤灰中氧化铝溶出动力学拟合曲线（230～240℃）

■ **表 3-18 反应速率常数及拟合曲线的线性相关系数**（230～240℃）

T	级数 n	斜率 k	线性相关系数 R^2
230℃	0.53785	0.246449367	0.99135
235℃	0.53068	0.355711208	0.99916
240℃	0.63442	0.456500692	0.99462

使用表 3-18 中的反应速率常数及对应的反应温度，通过线性化的阿伦尼乌斯方程 $-\ln K = E/(RT) - \ln A$ 绘点，如图 3-73 所示，并对散点进行线性拟合。通过拟合曲线计算反应的表观活化能为 132.41kJ/mol，拟合曲线的线性相关系数 R^2 为 0.97848。

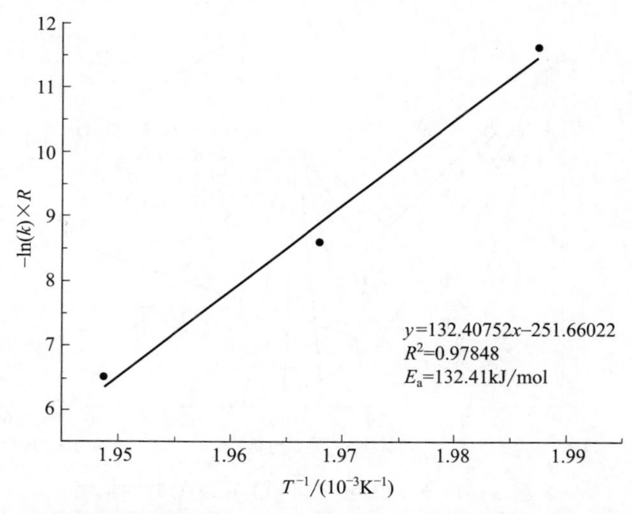

■ 图 3-73 高铝粉煤灰中氧化铝溶出的阿伦尼乌斯拟合曲线（230～240℃）

3.4.6 亚熔盐法处理高铝粉煤灰铝酸钠结晶工艺

亚熔盐法溶出高铝粉煤灰中的氧化铝之后，得到含有一定杂质的铝酸钠溶液和以

$NaCaHSiO_4$ 为主要物相的溶出渣。为了得到工业上可用的氧化铝，需要采用一定的工艺方法将铝酸钠溶液中的氧化铝分离出来。目前氧化铝工业上采用的从铝酸钠溶液中析出氧化铝的方法主要有种分和碳分两种[129]。种分和碳分分别对应于拜耳法和烧结法提铝工艺[130]。由于拜耳法和烧结法溶出过程中采用的碱浓度均较低，因此种分和碳分都是在低碱区域操作得到 $Al(OH)_3$ 晶体。而亚熔盐法处理粉煤灰得到的是高浓度铝酸钠溶液，若通过稀释仍然在低碱区结晶 $Al(OH)_3$，一方面碱液循环溶出时需要蒸发大量水，这样显然是不经济的；另一方面是亚熔盐法得到的高浓度铝酸钠溶液苛性比高达 12～15，无法满足种分的要求。因此，需要研究新的氧化铝分离方法。有研究表明，在高浓度区域通过铝酸钠结晶获得低分子比的水合铝酸钠晶体，然后铝酸钠晶体溶解再进一步结晶获得 $Al(OH)_3$ 是较为经济实用的方法[131]。

以亚熔盐法处理高铝粉煤灰过程中产生高浓铝酸钠溶液为研究对象，基于已有相图数据，提出了 Al_2O_3 从体系中的分离路线如下。

① 结晶分离铝酸钠　将提铝溶出液加热蒸发至较高浓度，如 Na_2O 浓度为 600g/L 左右，由图 3-74 可知[132]，在该浓度范围内可实现绝大部分的 $Na_2O \cdot Al_2O_3 \cdot 2.5H_2O$ 结晶析出。

② 结晶分离 $Al(OH)_3$　将第一步结晶析出的 $Na_2O \cdot Al_2O_3 \cdot 2.5H_2O$ 溶解、稀释、脱硅后，由如图 3-74 所示的 Na_2O-Al_2O_3-H_2O 系相图可知，在低碱浓度范围内可通过种子分解实现 $Al(OH)_3$ 结晶析出。

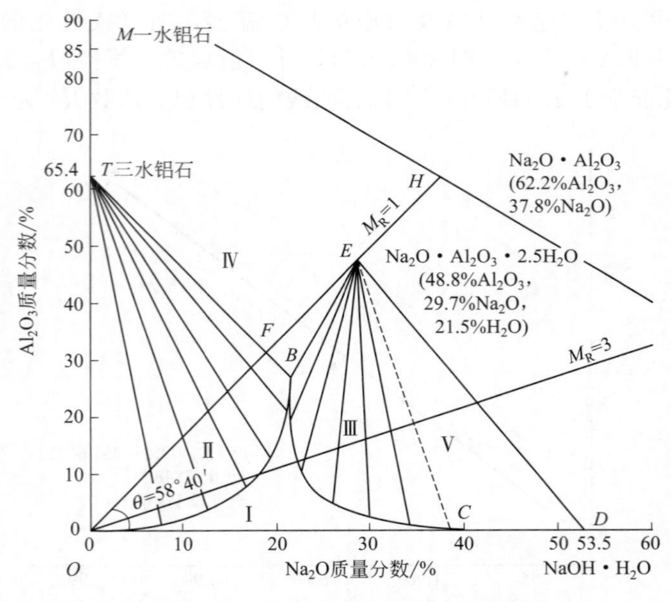

■ 图 3-74　Na_2O-Al_2O_3-H_2O 系 30℃时的相图

通过系统的研究各工艺参数对铝酸钠结晶的影响，得到了亚熔盐法处理高铝粉煤灰铝酸钠结晶的最佳工艺条件为：Na_2O 浓度 600g/L、结晶温度 60℃、晶种添加量 20g/L、结晶时间 35h。考虑到结晶工艺衔接循环溶出问题，循环母液苛性比应在 25 左右，而结晶时间为 16h 时母液苛性比即可达到 25，因此，结晶时间选择为 16h。确定的满足工艺要求的铝酸钠结晶条件为：Na_2O 浓度 600g/L、结晶温度 60℃、晶种添加量 20g/L、结晶时间 16h。在优化条件下得到的铝酸钠晶体用种分母液淋洗后苛性比可降到 1.5 以下，淋洗用种分母液的体积为铝酸钠粗晶质量的 1/2。

对在最佳工艺条件下得到的铝酸钠晶体进行各项表征如图 3-75 所示。图 3-75 为在优化结晶工艺条件下，从高铝粉煤灰溶出液中通过蒸发结晶获得的固相的 XRD 图谱。分析结果表明，其物相成分主要是水合铝酸钠，分子式为 $4NaAlO_2 \cdot 5H_2O$。

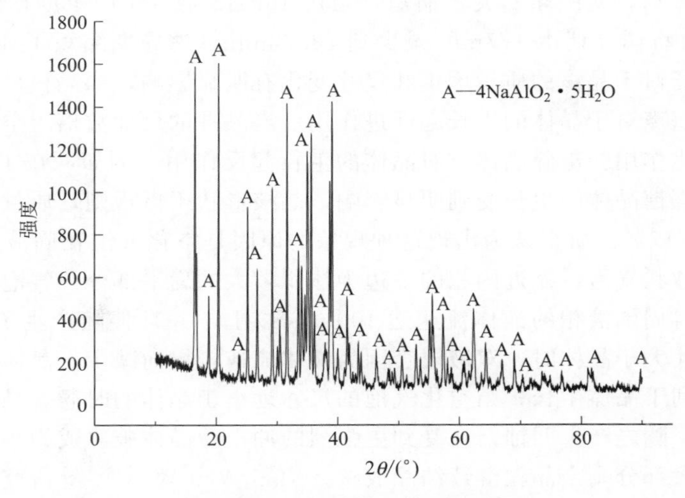

■ 图 3-75 铝酸钠晶体 XRD 图

图 3-76 为最优工艺条件下得到铝酸钠结晶的 SEM 照片，由图中可以看出，结晶所得铝酸钠晶体主要为圆形颗粒，粒度较为均匀，有一定的团聚现象。

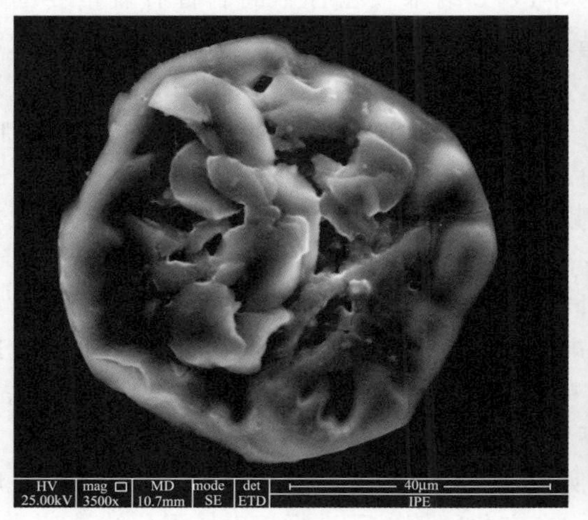

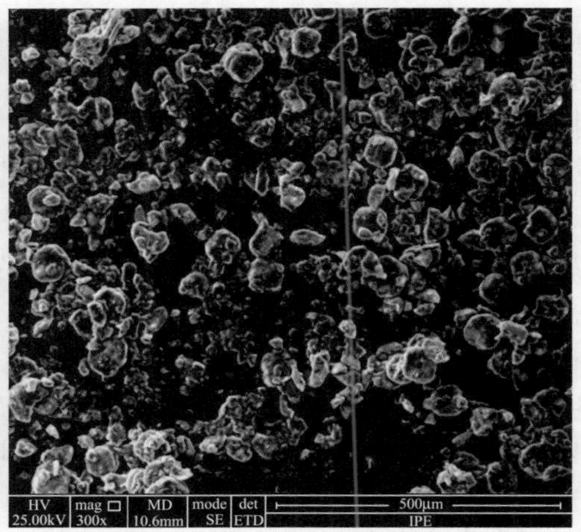

■ 图 3-76 铝酸钠晶体 SEM 图

通过铝酸钠结晶工艺的研究可以看出，在亚熔盐法处理粉煤灰等高铝高硅资源提取氧化铝工艺流程中，存在铝酸钠结晶时间过长、含硅杂质影响大、结晶率较低、工业应用时设备生产能力低等问题。为了强化结晶过程、提高生产效率，对超声场强化铝酸钠结晶进行了系统研究，并取得了积极的成果。

利用超声外场强化结晶过程是声学和化工相分离技术相互结合的产物，是一种新兴的结晶分离方法。由于超声场具有促进成核、改善晶体性质等特点，超声场强化溶液结晶技术已经成为近年来强化溶液结晶过程的研究热点。这门新技术广泛应用于化工分离、医药制造、食品加工等多种不同领域[133,134]。

丘泰球等研究了超声场中溶液的结晶过程动力学[135,136]。结果表明，超声波对结晶成核过程有显著影响，使诱导期大大缩短，当用16kHz超声作用于蔗糖体系时（过饱和系数为1.01），可将诱导期由177min减少到18.78min，诱导期缩短了89.39%。研究中同时发现，超声场对于晶核的质量增重和尺寸变化有明显影响，当晶核尺寸小于空化气泡的最大半径时，超声对于晶体的生长起促进作用；当晶种的尺寸数倍于空化气泡的最大半径时，超声的空化作用会击碎晶体，对晶体的生长起反作用。例如，在16kHz、200W的超声场强化下，蔗糖晶体的生长受到明显影响，晶核形状不再规则，质量减少，结晶后的晶体增重减少47.17%。研究认为出现这种现象的原因是空化气泡在固液两相均存在的系统中产生时为非球状气泡，靠近固相的一边为体积较大的扁平部分。气泡溃散后，局部产生的剧烈冲击使得周围液相的液体流速达100m/s以上，并且伴随产生了极大的冲击力。当空化气泡的尺寸大于晶体时，双液层会因为液体流速较慢而减少，晶体表面更容易获得溶质分子，从而利于晶体生长；当空化气泡的尺寸远小于晶体的时候，晶体的表面受到高速液体流的冲击，随之产生凹蚀。在受到更强烈的冲击后晶体破碎成为小晶粒，小部分晶粒溶解于液相，大部分剩余晶粒继续结晶成核。Xian Wen Wei[137]等研究发现，在特定温度下超声能够有效促进纳米颗粒FeCo结晶的形成，空化效应产生局部的高温、高压、吸热和放热的变化对还原反应的加速进行影响显著，如果在无超声场强化的相同条件下进行反应，所得产物大多为金属氧化物，但在超声场作用下，就能得到预期产物纳米颗粒FeCo结晶。可见，声场强化结晶过程对FeCo纳米颗粒合金的制备有着重要的影响。Nacera Amara[138]等对于$CaSO_4$的结晶过程进行研究，发现超声强化结晶过程能够减少成核所需要的能量壁垒，使得体系推动力变大，诱导期减少，晶核析出迅速，成核速率提升2.74倍，晶体成长速率减少40.9%，但两者叠加效果仍然体现为总速率的增加。此外，超声使$CaSO_4$的结晶粒度分布范围由200μm缩小到100μm。

超声场在强化溶液结晶过程中可以根据频率，功率或强化时间调控晶体形貌，如颗粒大小，晶体形状或晶体密度等，使结晶产品符合后续工艺的需求。Nacera Amara等[139]通过对比钾矾在超声结晶和搅拌结晶中的不同，发现超声波减少了成核壁垒，降低了结晶过程所需的过饱和度。晶体的生长特性因超声强化而改变，超声功率的升高使晶体细化现象明显，晶体的尺寸和粒度分布均有减小。而超声结晶所得晶体密度更大。Maria Patrick[140]等在Unilever R&D系统中研究了不同强度的超声场对脂肪结晶过程的影响。在低于和高于空化阈值的超声功率下进行结晶实验，所得奶油产品的结构发生改变，由一般产品的凝结状转变为超声强化特有的平滑状，在空化阈值以下进行超声场强化结晶时动力学研究所得的最优条件。

超声强化结晶技术在生物化工领域也显现出了很好的前景，结晶时间的缩短能大大减少工艺流程的能耗。Li Hong等[141]研究了抗生素母核7-氨基去乙酰氧基头孢烷酸的超声强化结晶过程，相比于搅拌结晶，结果显示超声场强化结晶过程能够更快速、均匀、有效地使溶液混合。结晶介稳区宽度和诱导期时间在超声场强化的过程下均有所减少。布设超声场强化结晶过程能够更有效地控制结晶过程，降低晶体聚合度；晶体的粒度和粒度分布也可以通过工艺参数的调整加以控制。Christo N. Nanev 等[142]发现溶菌酶结晶在超声场的强化下成核速率有所改变，在不同初始反应浓度下均能使晶体的成核速率增加 100%。方瑞斌等[143]在超临界流体中使用超声强化进行异构菲蒽的重结晶分离，研究发现超声波在临界流体中虽然无法产生空化效应，但仍然对催化成核具有强烈作用。用超声处理 30min，在 205mg/min、压力 10MPa 的条件下实验可得最大产率。

在前述获得的亚熔盐法处理高铝粉煤灰铝酸钠结晶的最佳工艺条件：Na_2O 浓度 600g/L、结晶温度 60℃、晶种添加量 20g/L、结晶时间 35h 的基础上，采用图 3-77 中的超声外场强化结晶反应器对超声场强化铝酸钠结晶进行了系统研究。

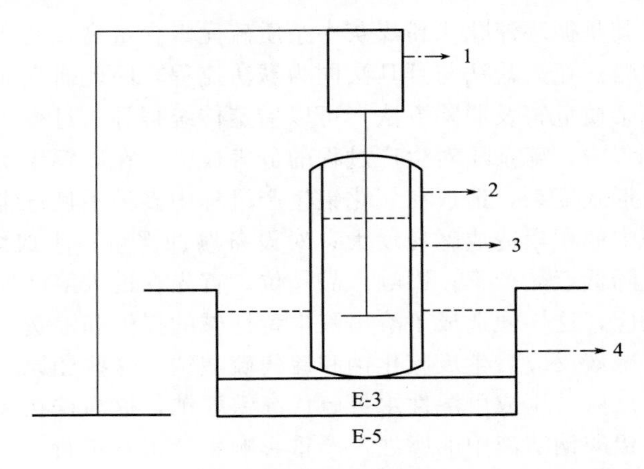

■ 图 3-77 实验装置图

1—搅拌器；2—恒温循环水浴夹层；3—结晶反应器；4—超声清洗仪

研究发现如下。

① 用超声场强化铝酸钠溶液结晶过程的工艺可以成功实施。相比无超声场强化的结晶过程，布设超声场强化铝酸钠结晶过程取得明显效果，结晶速率提升显著。在不添加晶种的情况下，当结晶时间为 3.5h、超声频率为 45kHz 时，结晶率由不加超声场的 0.8% 增加至 75.64%，当结晶时间为 4h、超声频率为 80kHz 时，结晶率增加至 77.24%。

② 超声场强化对于铝酸钠溶液中的各离子影响均不相同，当频率功率减少时，Al_2O_3 浓度呈现三段式变化，而 Na_2O 浓度则在功率减少时有了波动式的变化，并且在结晶开始阶段，当 Na_2O 浓度因为超声强化作用随晶体析出降至 520g/L 左右时，体系的结晶速率有了明显提高。在低频率高强度的超声场强化过程中，Si 杂质的浓度也会随结晶进程而略有减小。

③ 超声场强化铝酸钠溶液结晶过程中，当功率保持在 6.94kW/m^3 不变时，频率的变化主要从机理上影响结晶速率，不同频率的超声场强化直接决定了空化气泡的尺寸，低频率的超声场强化对于结晶的速率提升效果更为明显，在 45～100kHz 的探索实验中晶体形貌均为细小破碎状的晶体簇。在超声场强化铝酸钠溶液结晶过程中，当频率保持在 45kHz 不变时，功率的变化主要对超声场强度造成一定影响，功率降低，空化现象随之

减弱，结晶速率明显降低。低功率条件下有利于晶体的生长和晶型的控制，在4.17kW/m^{3}的功率下，能够得到单独的片状八边形晶体。

④ 超声场强化铝酸钠溶液结晶过程从内部改变了溶液的特性，通过浊度的表征发现超声对于结晶诱导期有着显著的强化效果，使得诱导期时间减少62%。通过电导率表征可以看出超声场强化铝酸钠溶液时的确改变了体系内离子的状态，电导率变化效果明显。

超声场强化铝酸钠结晶作为一种新型化工分离促进技术，展现出了广阔的应用前景，其强化结晶的作用机理及作用过程中对高浓度含硅铝酸钠溶液的结构影响等都有待进一步深入研究。

3.4.7 亚熔盐法处理高铝粉煤灰脱硫排盐工艺

由于粉煤灰，尤其是循环流化床粉煤灰中杂质硫元素含量高，其在粉煤灰提取氧化铝过程中的影响不能忽略。亚熔盐法与拜耳法同为碱法流程，因此研究亚熔盐法提取粉煤灰中氧化铝过程中的硫杂质危害及脱除方法，可以借鉴传统拜耳法过程[144]。

在氧化铝生产过程中，硫杂质对生产过程的危害极大。在以铝土矿为原料的氧化铝生产过程中，硫的存在形式复杂，造成在氧化铝生产过程中多种不良危害。主要表现在如下几点：硫在生产流程中的积累造成碱耗增大；对设备腐蚀严重；生成结疤造成设备堵塞，影响生产正常运行；降低产品产率；影响产品品位。首先在进入溶液体系时，硫杂质会与溶液中的碱液发生反应，这样便造成了溶出液中苛性碱的损失和浪费。而铝土矿中的黄铁矿之类的含硫矿物与碱液反应后生成硫化钠和硫代硫酸钠。这些还原态的含硫化合物易与设备材质中的铁发生反应，生成可溶性水合硫代高铁酸钠，提高铁在溶液中的溶解度。这样大大强化了设备在铝酸钠溶液中的腐烛，严重影响生产正常进行[145]。经氧气氧化后所有的含硫杂质离子都变为硫酸钠，造成生产流程中硫酸钠不断积累。硫酸钠在适宜的条件下与溶液中的碳酸盐反应生成复盐碳钠矾。这种复盐在生产过程中易形成结疤，设备中的结疤能够使热交换设备的传热系数显著降低，设备的有效容积减小，从而使设备难以稳定运行；管道中的结疤将使管道的截面积减小，进而降低管道的输送量；仪表上的结疤使所测数据不准等。而对结疤的清理则需停产进行，造成大量人力、物力和财力的浪费[146]。另一方面，硫酸钠在铝酸钠溶液中的存在对铝酸钠溶液种子分解具有一定的影响。硫酸钠的存在可改变氧化铝在铝酸钠溶液的溶解度。当硫酸钠存在时氧化铝的溶解度增大，这样便使其过饱和区间变窄，从溶液中析出的推动力变小，从而使种子分解率降低，产品产率降低[147]。此外，硫酸钠的存在易使产品粒度细化，不利于产品的分离[148]。铝土矿生产氧化铝过程中硫的另外一个主要危害在于硫化物主要以硫化铁的形式与碱液反应，增大溶液中铁的浓度，而铁的存在会严重影响产品氧化铝的品质，降低其品位[24]。

传统氧化铝生产过程中，硫杂质进入到溶液体系后主要考虑溶液脱硫，而进入溶液体系的硫杂质成分复杂。因此在实际中往往先将溶液中的还原态硫经过氧化使其全部变为硫酸钠，然后考虑硫酸钠在铝酸钠溶液中的脱除问题。硫酸钠的脱除方法主要是化学沉淀法，即通过填加脱硫剂使硫酸根与其反应生成难溶性的硫酸盐，从而达到与铝酸钠溶液分离的目的。其次，通过结晶分离的方法在一些氧化铝生产中也有应用，该方法主要是利用溶解度的不同来达到分离的目的。化学沉淀法中目前研究较多的有氢氧化钡脱硫和铝酸钡脱硫法。

以氢氧化钡作为脱硫剂添加到工业铝酸钠溶液中进行脱硫，该法在实际操作中取得了可喜的效果，在种分母液中脱除率可达到99%[149]。其脱硫原理如式(3-32) 所示。

$$Ba(OH)_2 + Na_2SO_4 \longrightarrow BaSO_4\downarrow + 2NaOH \tag{3-32}$$

该法可以保证生产中对硫脱除的要求，但是脱硫剂氢氧化钡的制备成本较高，因此价格较高。而且，由于氧化铝生产过程中铝酸钠溶液中的离子成分复杂，除了硫酸钠会与氢氧化钡反应外，碳酸钠和硅酸钠也可以与氢氧化钡反应，这就造成了脱硫剂氢氧化钡的使用量增大。同时，脱硫产生的脱硫渣的回收和利用困难，工艺流程复杂，操作量增大。脱硫剂的加入也使得溶液中引入了外来离子，增加了体系杂质的复杂程度，也使产品氧化铝的品位降低[150]。

铝酸钡脱硫与氢氧化钡脱硫相比，其主要优势在于脱硫剂铝酸钡原料易得，价格便宜，这样就大大降低了铝酸钠溶液脱硫的成本。铝酸钡脱硫原理[151]如式(3-33) 所示：

$$BaO \cdot Al_2O_3 + Na_2SO_4 + 4H_2O \longrightarrow BaSO_4\downarrow + 2NaAl(OH)_4 \tag{3-33}$$

该工艺方法的主要优势在于脱硫剂中铝酸根与铝酸钠溶液体系中离子相同，因此不会引起氧化铝生产工艺中工艺参数的较大变动。在脱硫的过程中也达到了脱碳和脱硅的目的。但是该方法具有的同样不足是在生产过程中引入了与氧化铝生产无关的钡离子，造成产品品位的下降。

母液降温结晶排盐的方法是在拜耳法生产氧化铝过程中，通过将溶出液在蒸发前进行两次降温处理。使硫酸钠和碳酸钠以复盐形式析出，然后加入石灰使碳酸钠苛化得到氢氧化钠。之后将溶液再一次冷却使硫酸钠析出，达到分离硫酸钠的目的[152]。但是使硫酸钠从铝酸钠溶液中析出的时候需要有碳酸钠的参与才可完成，因此该方法在碱石灰烧结法中更为适合。而且该法中的两次降温在能耗上造成了巨大的浪费，经济上不可行。

相对于化学沉淀法脱除硫酸根的方法引入杂质离子的缺陷和母液降温结晶排盐流程复杂、能耗高的缺点，蒸发结晶排盐是一个较好的选择。在实际生产中介质是循环使用的，当返回到溶出工序用于溶出反应时，低浓度的铝酸钠溶液都需要进行蒸发。这个过程中溶液中的离子浓度均会增大，可以利用蒸发结晶的方法使硫酸钠结晶析出，从而达到脱除硫酸根的目的。该方法流程简单、易与操作，由于不引入杂质，因此对整个生产系统的物料平衡没有影响，也不会影响产品品位[152]。但是该方法目前是在较低碱浓度（$Na_2O<300g/L$）和较低溶液苛性比（<3.5）条件下进行的。

亚熔盐法粉煤灰提铝过程的工艺复杂，对其进行简化如图 3-78 所示。

由图 3-78 可以看出，流程中的液相介质全部循环回用，因此溶液中硫杂质对工艺流程的影响需要进行详细的研究。通过分析测定工艺流程中各处硫酸根的浓度，并根据测得的结果进行物料衡算得到硫在亚熔盐法粉煤灰提铝工艺中的物质流走向如下：a. 硫杂质在溶液体系中以硫酸钠的形式存在，其浓度并不大，以硫酸钠的形式记，最高硫酸钠浓度约为 4.8g/L；b. 硫杂质进入溶液后，存在于溶出液和脱铝渣洗液中。二者所含硫杂质的量分别占总体硫含量的 50%左右；c. 溶出液中的硫杂质在结晶滤饼稀释脱硅过程中，几乎全部进入到钠硅渣中形成含硫钠硅渣，对后续氧化铝生产没有影响。体系中 1/2 以上的硫杂质存在于脱铝渣洗液中，对硫杂质的脱除可以考虑在此处进行，拟采用在真空蒸发过程中进行结晶排盐的方式排出系统中的硫酸盐。以此为目标，对 Na_2SO_4-NaOH-H_2O 三元系相图、硫酸钠在铝酸钠溶液中过饱和性等进行了进一步研究，以为工业生产提供

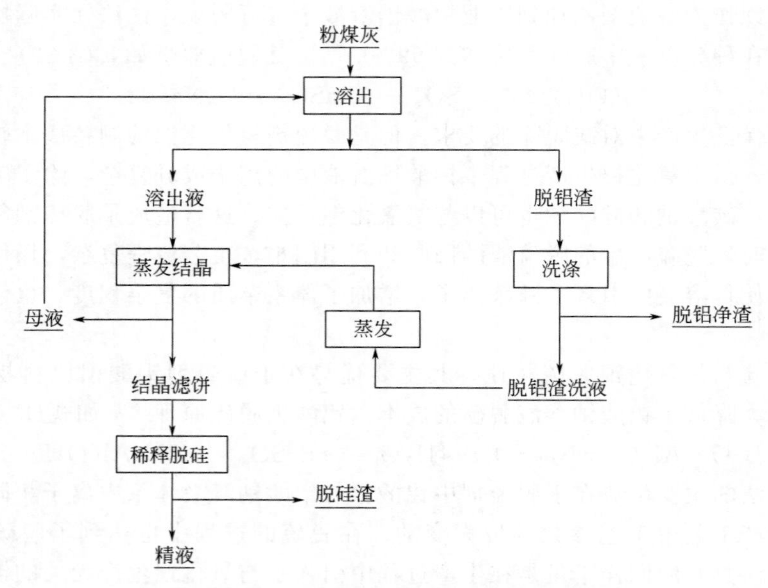

■ 图 3-78　亚熔盐法粉煤灰提铝工艺简图

依据。

研究装置如图 3-79 所示。

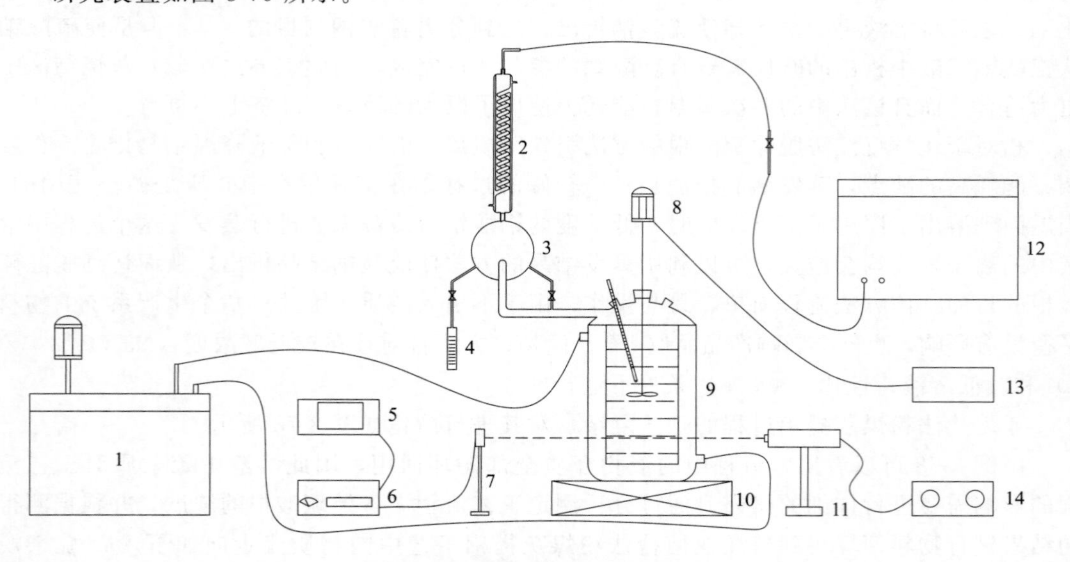

■ 图 3-79　真空蒸发结晶实验装置

1—超级恒温水浴；2—冷凝管；3—回流控制器；4—冷凝水计量器；5—无纸记录仪；6—激光功率计；7—激光接收器；8—搅拌器；9—结晶器；10—升降台；11—激光发生器；12—循环水式真空泵；13—调速器；14—激光电源

研究首先获得了 80℃全碱浓度范围内硫酸钠在氢氧化钠水溶液中的溶解度数据，由实验数据分析可知其平衡固相仅为无水硫酸钠和氢氧化钠两种。具体实验数据及对应的相图见表 3-19 和图 3-80。

■ 表 3-19 80℃ Na_2SO_4-NaOH-H_2O 三元系平衡数据

样品号	液相组成/%		湿渣组成/%		平衡固相
	NaOH	Na_2SO_4	NaOH	Na_2SO_4	
1	0.00	25.02			*C*
2	2.90	20.30	2.61	45.62	*C*
3	6.52	15.20			*C*
4	8.90	12.57	4.92	55.17	*C*
5	11.60	9.85			*C*
6	17.19	6.04			*C*
7	21.74	3.67			*C*
8	27.93	1.63	19.93	27.70	*C*
9	32.96	1.13			*C*
10	38.66	0.79			*C*
11	44.64	0.69			*C*
12	50.59	0.60	36.15	30.96	*C*
13	57.31	0.41			*C*
14	63.33	0.27	48.03	24.04	*C*
15	68.69	0.23	54.92	19.55	*C*
16	72.97	0.06	64.35	11.01	*C*
17	74.32	0.05			*C*+*D*
18	75.80	0.00			*D*

注：*C* 代表无水硫酸钠相，*D* 代表氢氧化钠相。

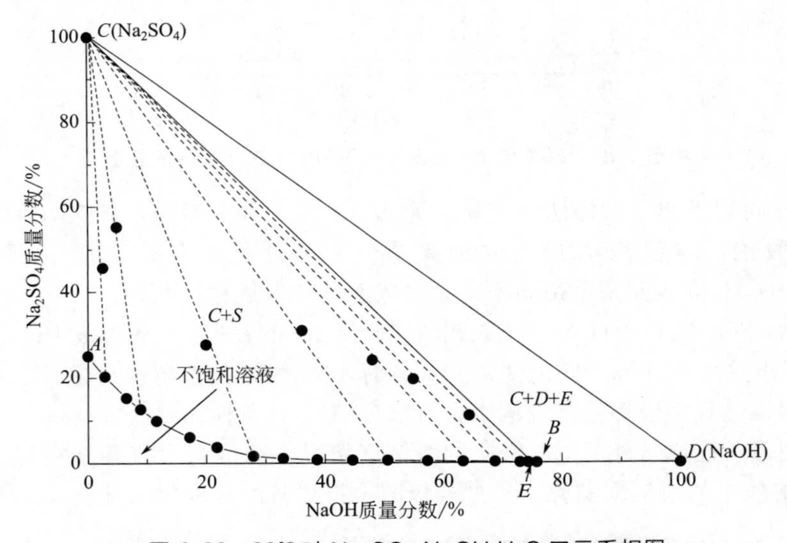

■ 图 3-80 80℃时 Na_2SO_4-NaOH-H_2O 三元系相图

由表 3-19 和图 3-80 可以看出，在全碱浓度范围内，Na_2SO_4 的溶解度随着 NaOH 浓度的增大而减小。在 NaOH 浓度低于 30%的范围内下降速度较快，当 NaOH 浓度高于 30%并继续增大时，Na_2SO_4 溶解度的下降趋势趋于平缓。在 NaOH 浓度为 30%时，Na_2SO_4 的溶解度约为 1%。

表 3-19 中给出了部分湿渣分析结果。根据湿渣法，将液相溶液组成点和对应的湿渣化学组成点连线后并延长，它们有一个共同的交点。该交点即为此体系的一个平衡固相点。在图 3-80 中，该点由图中的 C 点表示，即 Na_2SO_4 组成点。点 A 为 Na_2SO_4 在纯水中的溶解度点，点 B 为 NaOH 在纯水中的溶解度点。AB 曲线为 Na_2SO_4 在此温度下 NaOH 溶液中的溶解度曲线。AOB 组成的区域为未饱和溶液。ACB 组成的区域为固体 Na_2SO_4 与饱和溶液组成的液固两相混合物。图中点 E 为该相图的三相点，即在此处饱和溶液、Na_2SO_4 和 NaOH 三相可同时存在。当 NaOH 浓度继续增大时就进入了 BCD 组成的区域，该区域为 Na_2SO_4、NaOH 以及三相点处溶液组成的混合物。

由该相图可以看出，在本实验所关心的碱浓度范围内，该三元系的平衡固相为 Na_2SO_4，即无水硫酸钠。为了进一步验证该固相，又对该固相进行了 X 射线衍射分析。通过分析得到该平衡固相的 X 射线衍射图如图 3-81 所示。

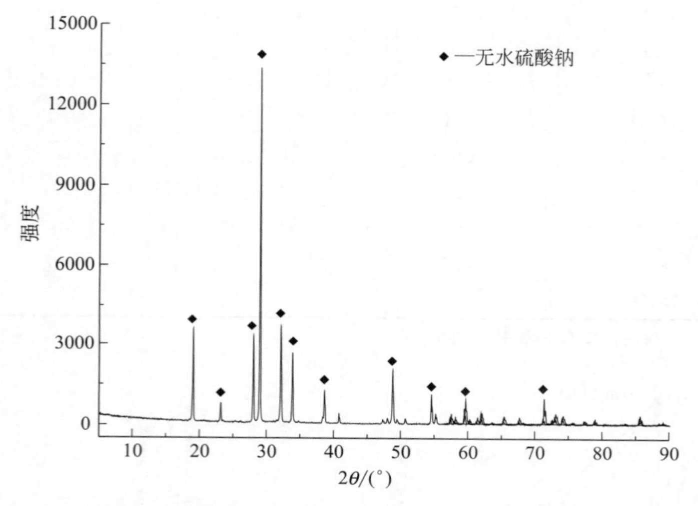

■ 图 3-81 80℃时 Na_2SO_4-NaOH-H_2O 三元系平衡固相

由图 3-81 可以看出，湿渣法测定显示为 Na_2SO_4 的平衡固相，其 XRD 图显示该晶体也为无水硫酸钠，与湿渣法测定的结果吻合。因此，在全碱浓度范围内，80℃ 时 Na_2SO_4-NaOH-H_2O 三元系平衡固相为无水硫酸钠和氢氧化钠两种。

由上述 Na_2SO_4-NaOH-H_2O 三元系相图实验可知，Na_2SO_4 在碱溶液中的溶解度随碱浓度的增大而减小。并且当 NaOH 浓度大于 30%时，Na_2SO_4 的溶解度约为 1%。由于在亚熔盐法粉煤灰提铝过程中脱铝渣淋洗液中含有部分 Al，其苛性比一直在 12～15 的范围内波动。为了探明该苛性比条件下 Na_2SO_4 的溶解度情况，又进行了硫酸钠在苛性比为 12 和 15 的铝酸钠溶液中的溶解度实验。经过分析测定得到其溶解度数据见表 3-20 和图 3-82。

■ 表 3-20 80℃ Na_2SO_4 在铝酸钠溶液中的溶解度数据

样品号	苛性比为 12 的液相组成/%		苛性比为 15 的液相组成/%	
	NaOH	Na_2SO_4	NaOH	Na_2SO_4
1	5.21	20.54	3.42	22.73
2	7.58	17.25	6.56	18.56

续表

样品号	苛性比为 12 的液相组成/%		苛性比为 15 的液相组成/%	
	NaOH	Na_2SO_4	NaOH	Na_2SO_4
3	9.97	14.02	8.96	15.22
4	12.06	11.77	11.25	12.73
5	15.22	8.29	13.85	10.08
6	19.79	4.87	17.14	6.87
7	23.35	2.98	20.13	4.86
8	25.96	1.92	23.69	3.14
9	28.45	1.33	27.05	1.66
10	30.68	1.03	30.76	1.05
11	32.59	0.78	33.78	0.62
12	37.27	0.51	37.44	0.52
13	40.59	0.44	41.82	0.42

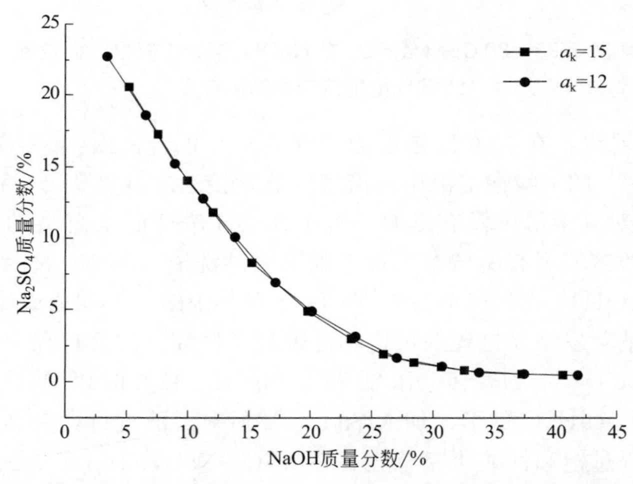

■ 图 3-82　80℃时 Na_2SO_4 在苛性比（α_k）为 12 和 15 的铝酸钠溶液中的溶解度

由表 3-20 和图 3-82 可以看出，随着 NaOH 浓度的增大 Na_2SO_4 在苛性比为 12 和 15 的铝酸钠溶液中的溶解度逐渐下降。由图 3-82 也可以看出，在这两种溶液体系中，Na_2SO_4 的溶解度曲线下降的趋势是相同的，且二者的溶解度与在相同的 NaOH 浓度下溶解度非常接近。由表 3-20 中数据可知，当 NaOH 浓度低于 30%时，随着 NaOH 浓度的升高 Na_2SO_4 溶解度下降较快。对于苛性比为 12 的体系，当 NaOH 浓度为 30.68%时，Na_2SO_4 的溶解度为 1.03%；在苛性比为 15 的体系中，当 Na_2SO_4 的溶解度降为 1.05%时，对应 NaOH 的浓度为 30.76%。在两个苛性比溶液体系中，当 NaOH 浓度分别高于 30.68%和 30.76%时，Na_2SO_4 溶解度的下降逐渐趋于平缓。

同时，确认了 80℃时苛性比为 12 和 15 的铝酸钠溶液达到平衡时二者的平衡固相也都是无水硫酸钠，这与 Na_2SO_4-NaOH-H_2O 三元系平衡时在相同的 NaOH 浓度范围内得到的平衡固相是一样的。因此在该 NaOH 浓度范围内，$Al(OH)_3$ 的加入对其平衡固相并没有造成显著的影响。

将 Na_2SO_4 在苛性比为 12 和 15 的铝酸钠溶液中的溶解度曲线与 Na_2SO_4-NaOH-H_2O 三元体系中 Na_2SO_4 的溶解度对比，如图 3-83 所示。

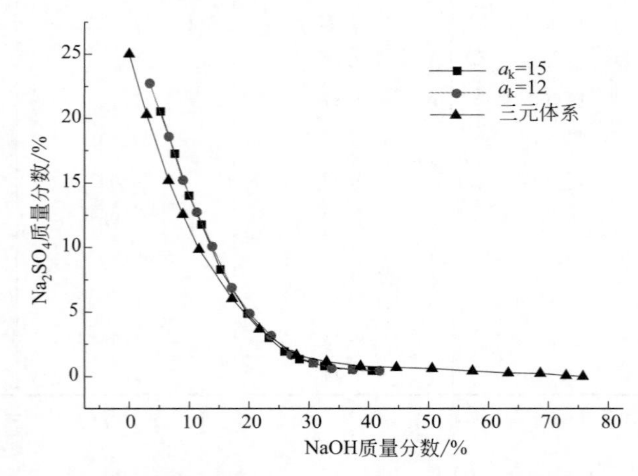

■ 图 3-83 80℃时 Na_2SO_4 在 NaOH 溶液和苛性比为 12 和 15 的铝酸钠溶液中的溶解度

由图 3-83 可以看出，在 NaOH 浓度为 20%～40%的范围内，Na_2SO_4 在 NaOH 溶液与在苛性比为 12 和 15 的铝酸钠溶液中的溶解度非常接近。可以认为在该 NaOH 浓度范围内 $Al(OH)_3$ 的加入对其溶解度没有影响。而在 NaOH 浓度低于 20%的范围内，$Al(OH)_3$ 的加入使 Na_2SO_4 的溶解度有所增大。对于脱铝渣淋洗液，其 NaOH 约为 25%，因此对于脱铝渣洗液，$Al(OH)_3$ 的存在不会对 Na_2SO_4 在其中的溶解度造成显著影响。

接下来对硫酸钠蒸发结晶过程的过饱和性进行了研究。研究过程中所有实验初始碱浓度均为：Na_2O 为 300g/L，Na_2SO_4 浓度为 4.83g/L，必要时以 $Al(OH)_3$ 的形式加入 Al_2O_3，以 $Na_2SiO_3 \cdot 9H_2O$ 的形式加入 SiO_2，然后对溶液进行真空蒸发。

硫酸钠结晶过程过饱和性的研究首先在 Na_2SO_4-NaOH-H_2O 三元系中进行，得到了硫酸钠在氢氧化钠溶液中的析晶点 Na_2O 浓度为 402g/L。将该值与硫酸钠在氢氧化钠溶液中相同碱浓度下的溶解度进行对比，就可获得过饱和信息。对比真空蒸发的析晶点与该温度下的硫酸钠在氢氧化钠溶液中溶解度曲线得到图 3-84。

可以看出，该溶液析晶点的位置基本在与溶解度曲线重合，并没有出现明显的过饱和现象。也就是说，该三元体系下硫酸钠的过饱和区间非常小，即在真空蒸发情况下，只要溶液中硫酸钠浓度达到理论溶解度值硫酸钠就能从溶液中析出。在此基础上，对硫酸钠在苛性比为 12 的铝酸钠溶液中真空蒸发时的过饱和性又进行了进一步研究，得到析晶点处对应的碱浓度对应 405.69g/L，与 Na_2SO_4-NaOH-H_2O 三元系的 402g/L 非常接近，因此可以推断，氢氧化铝的加入对体系析晶点并没有显著影响。通过对比硫酸钠在苛性比为 12 的铝酸钠溶液中的溶解度数据，可以看出，硫酸钠在苛性比为 12 的铝酸钠溶液中也没有明显的过饱和现象，即在淋洗液真空蒸发过程中，当硫酸钠达到其溶解度时即可从溶液中结晶析出。因此在实际生产中可以不考虑硫酸钠过饱和现象对实际操

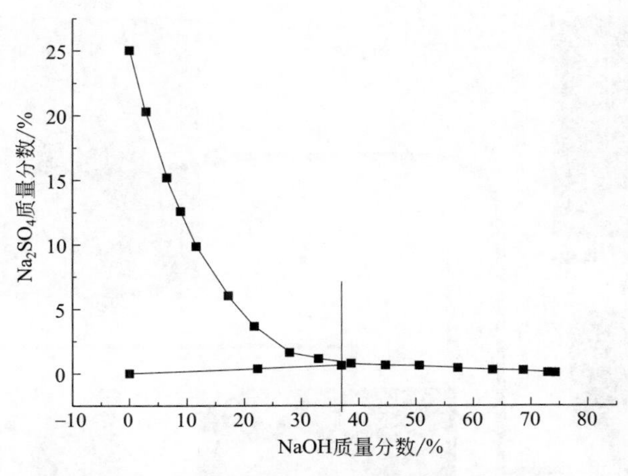

■ 图 3-84 Na_2SO_4 析晶点与溶解度曲线对比

作的影响。

借鉴传统氧化铝生产工艺中，蒸发过程中的硅杂质与碳酸盐杂质等均会对生产造成严重危害[117,153~155]，考察了硅杂质与碳酸盐杂质对硫酸钠结晶规律的影响。研究结果表明，硅杂质的加入使得硫酸钠真空蒸发析晶点处碱浓度提高了 20g/L 左右，且与初始 SiO_2 浓度无关；碳酸钠的加入使得硫酸钠真空蒸发析晶点处碱浓度降低了 15g/L 左右，且与初始碳酸钠的浓度无关。

综合上述研究成果，提出了亚熔盐法高铝粉煤灰提铝工艺硫酸钠排盐方法：硫酸钠真空蒸发过程中的过饱和性研究表明在该条件下，硫酸钠过饱和现象不明显，即只要达到硫酸钠的溶解度就可以结晶析出。杂质对体系的影响研究结果表明，硅杂质对硫酸钠析晶点处碱浓度的影响表现在可使析晶点处碱浓度升高 20g/L 左右，而碳酸钠的加入可使析晶点处碱浓度降低 15g/L。因此在实际生产中硫酸钠的结晶排盐浓度应控制碱浓度区间为 385～420g/L。在真空蒸发过程中进行结晶排盐，可以在多级闪蒸罐之间添加一个停留罐，硫酸钠结晶物可以通过该停留罐排除出体系。

3.4.8 核心反应器的研制与优化设计

3.4.8.1 百吨级扩试平台搭建

在前期对粉煤灰提铝工艺的小试实验结果基础上，实验团队与本研究主要参与单位之一开曼铝业（三门峡）有限公司合作，搭建了完整的亚熔盐法粉煤灰提铝百吨级扩试生产平台，完成了百吨级清洁工艺优化，并进行了核心反应器和结晶器等设备的放大研究，获得了大量工艺操作条件、基础物性数据、物质转化分离方法等工艺设计参数，完成了千吨级示范工程部分设备选型、订货，为工程建设及正常运行奠定了扎实基础。

在百吨级扩试平台中，溶出及其料浆分离工艺生产方面包括配料槽、溶出高压反应釜、缓冲槽、翻盘过滤机和离心过滤机，如图 3-85 所示，该系列装置主要用于实现百吨级粉煤灰提铝的高效反应与料浆分离，为千吨级示范工程设计与工业应用提供技术参数。

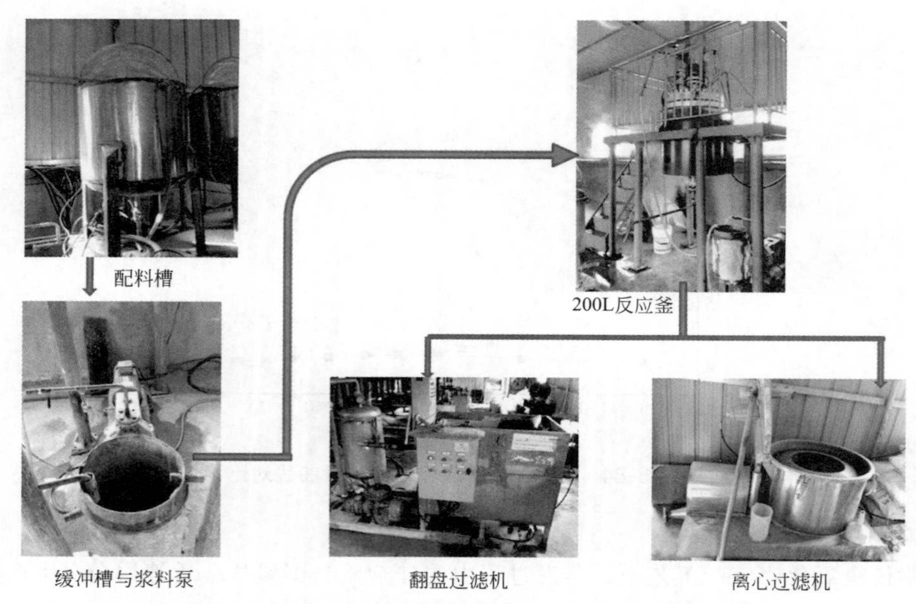

■ 图 3-85 粉煤灰提铝百吨扩试溶出及分离生产设备

在提铝百吨级扩试平台中，结晶及分离工艺生产方面，主要设备包括超声结晶器和小型翻盘过滤机，如图 3-86 所示，该装置主要用于粉煤灰溶出液进行铝酸钠结晶以及固液分离。

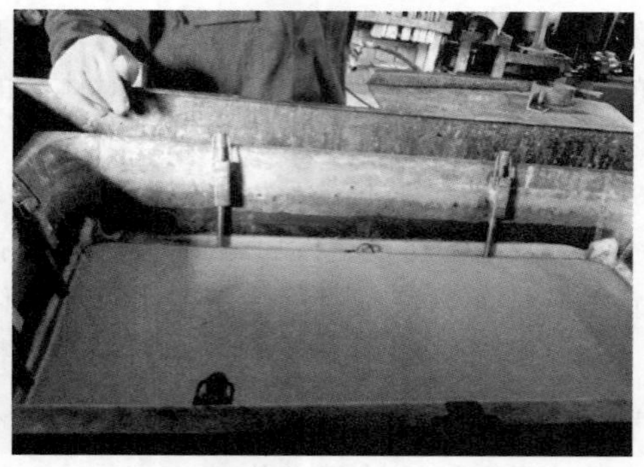

■ 图 3-86 粉煤灰提铝百吨扩试结晶及分离生产设备

在粉煤灰提铝百吨级扩试硅材料生产方面，主要设备包括高压反应釜、翻盘过滤机和压片机，如图 3-87 所示，该装置主要用于粉煤灰溶出渣的脱钠处理、液固分离以及硅材料的成型。

3.4.8.2 扩试装置优化设计与运行

粉煤灰提铝百吨级扩试装置搭建完成之后，在实验室系统研究的基础上，通过大量的扩试生产试验，对百吨级粉煤灰提取氧化铝生产工艺进行了优化，最终确定了最佳反应条件：溶出反应温度 260℃，反应时间 1h，钙硅比 1.0；脱钠反应条件为 170℃，反应时间 4h，液固比 15；结晶反应条件为碱浓度 Na_2O 600g/L，结晶 60℃，结晶时间 16h。在此

(a) 高压反应釜

(b) 压片机

(c) 翻盘过滤机

■ 图 3-87 粉煤灰提铝百吨级扩试硅材料生产装置

条件下氧化铝溶出率可达到 93%，溶出渣铝硅比可降至 0.1 以下；溶出料液结晶后滤液的苛性比可达到 25，满足碱液循环的要求；溶出渣中氧化钠的脱除率可达到 94%，终渣的氧化钠含量可降至 1.0%以下。

3.4.8.3 全流程物质能量优化与关键设备放大

（1）溶出反应装置设计基础-溶出反应动力学研究

溶出反应是亚熔盐技术的核心内容之一。为完成溶出反应装置的选型，对亚熔盐溶出粉煤灰的溶出机理进行了深入研究。

① 试验原料　溶出试验所用原料粉煤灰，若不特别指出均为煤粉炉粉煤灰，钙源均为熟石灰，其化学成分如表 3-21 所列。

■ **表 3-21　试验用煤粉炉粉煤灰的化学成分**（A/S=1.17）

组成	Al_2O_3	SiO_2	Fe_2O_3	TiO_2	CaO	MgO	LOI
质量分数/%	49.50	42.25	2.31	1.78	1.35	0.49	2.44

② 试验设备　溶出优化试验所用设备为 100mL 和 5L 的高压反应釜，高压釜内与物料接触部分均为纯镍。

③ 动力学机理研究　溶出反应动力学首先是在置于盐浴中的六个平行的镍罐中进行的，镍罐容积为 100mL。为了增强传质效果，在反应前配料时，将少量镍珠置于配好的料浆中。镍罐密封后，迅速放置于预先已升温至预定温度的盐浴中，此时盐浴温度下降 5～6℃，但会在 2～3min 内重回设置温度。此时开始计时。试验过程中，对于煤粉炉粉煤灰考察了 250℃、255℃、260℃、270℃不同反应时间下粉煤灰中氧化铝的溶出效果。

不同温度下溶出的反应结果如图 3-88 所示。由图可见，煤粉炉粉煤灰在亚熔盐介质中反应非常迅速，反应对温度的敏感性极强，于 0.5h 以后氧化铝提取率基本无变化。该反应的活化能达到了 255.55kJ/mol。煤粉炉粉煤灰溶出过程不同动力学反应模型的拟合结果见图 3-89。其不同温度下的动力学参数见表 3-22，250～260℃下粉煤灰溶出的阿伦尼乌斯拟合曲线见图 3-90。

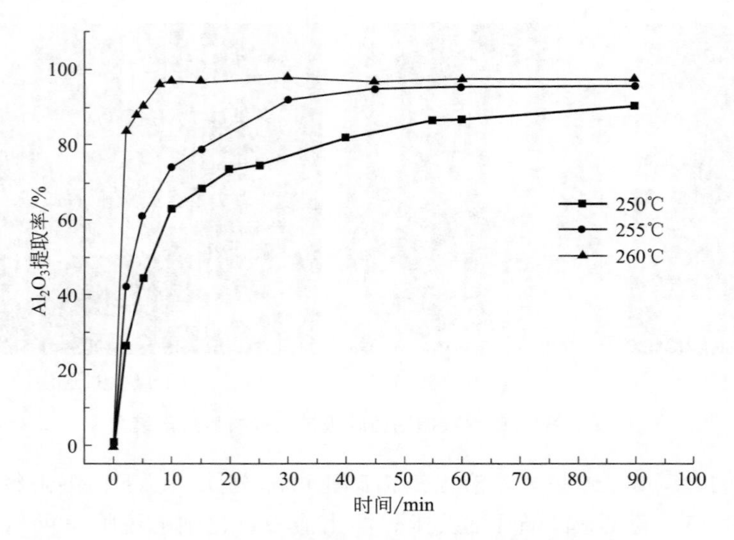

■ 图 3-88 煤粉炉粉煤灰的溶出动力学

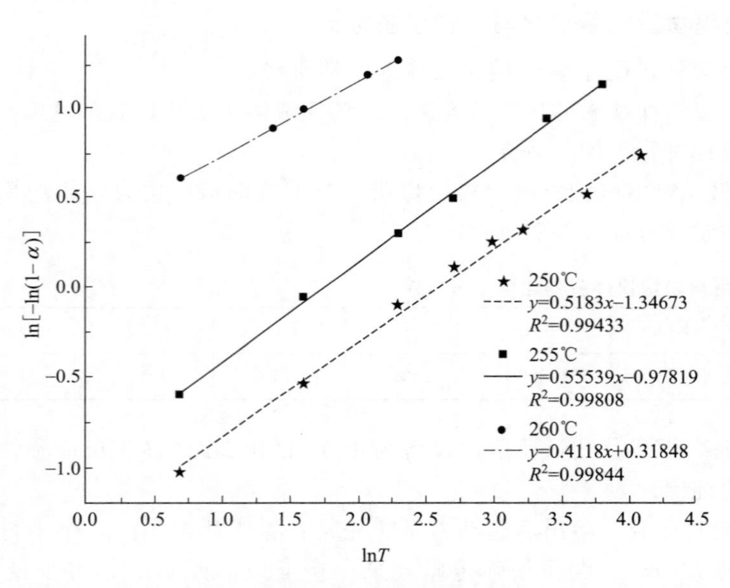

■ 图 3-89 煤粉炉粉煤灰溶出过程不同动力学反应模型的拟合结果

■ 表 3-22 不同温度下的动力学参数

T	级数 n	斜率 k	线性相关系数 R^2
250℃	0.5183	0.074395485	0.99433
255℃	0.55539	0.171827045	0.99808
260℃	0.4118	2.16708975	0.99844

据此设计了如图 3-91 所示的高压釜。反应釜外形尺寸为直径 1.5m，高 10m。内部构件上，为尽量降低传质阻力，设计了四层搅拌桨，搅拌桨形式为推进式，如图 3-91 所示。

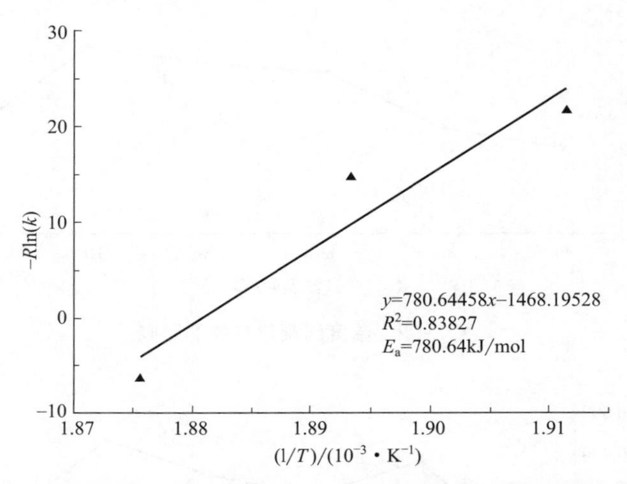

■ 图 3-90 250～260℃下粉煤灰溶出的阿伦尼乌斯拟合曲线

■ 图 3-91 溶出高压釜的外形及选用的搅拌桨

(2) 溶出料浆液固分离工艺研究

本试验使用杭化机 0.32m^2 的翻盘过滤机，对粉煤灰使用亚熔盐法溶出后的料浆进行了不同温度，不同料浆厚度等多方面因素的过滤实验，并将以上因素对过滤效果的影响进行如下总结。

① 料浆过滤温度 试验过程中均使用型号为 750AB 的滤布，其温度分别为 74℃、83℃、88℃、100℃、101℃和 106℃。试验结果表明，料浆温度在 101℃时，效果最佳。而温度过低导致料浆流动性差不宜过滤；而高温料浆在过滤中，滤饼易开裂，裂纹较深，对过滤影响很大。考虑到工业上料浆温度有一定的波动范围，所以最终得到合适的过滤温度为 88～102℃。温度因素对产能的影响见图 3-92。

② 料浆厚度 料浆温度在 100～104℃之间，N_k 在 480～490g/L 范围内，均使用型号为 750AB 的滤布。料浆质量从小到大依次为 23kg、32.7kg、35kg、43.2kg、44.6kg、51.75kg 与之对应的料浆厚度为 54mm、71.5mm、74mm、91.5mm、95mm、111mm，同样通过过滤产能来表征过滤效果，得到料浆厚度对产能的影响，如图 3-93 所示。

试验结果表明：料浆厚度在 70～95mm 之间时过滤效果比较理想。

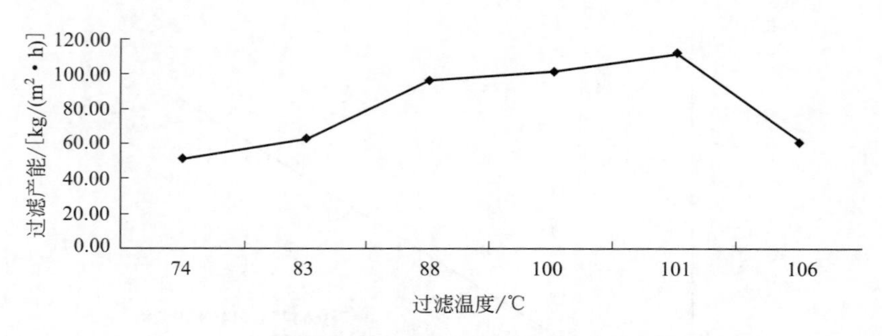

■ 图 3-92　温度因素对产能的影响

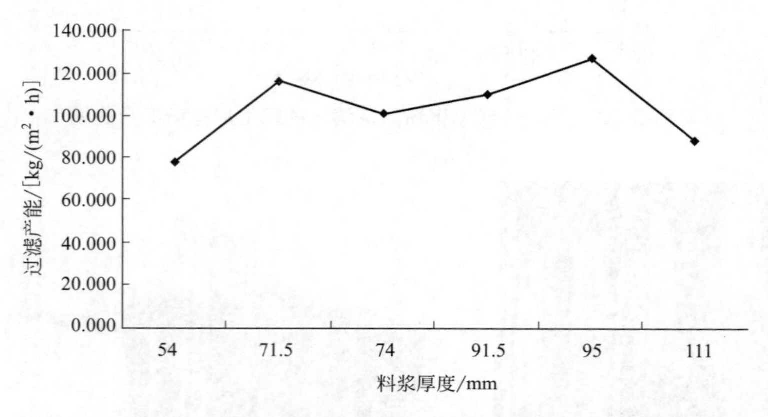

■ 图 3-93　料浆厚度对产能的影响

③ 料浆苛碱浓度　料浆温度控制在 100～110℃之间，料浆质量在 40～45kg 的范围内，均使用型号为 750AB 的滤布。料浆苛碱浓度，即 N_k 从小到大依次为 480g/L、490g/L、497g/L、600g/L、650g/L 采用过滤产能来表征过滤效果，得到苛碱浓度对产能的影响，如图 3-94 所示。

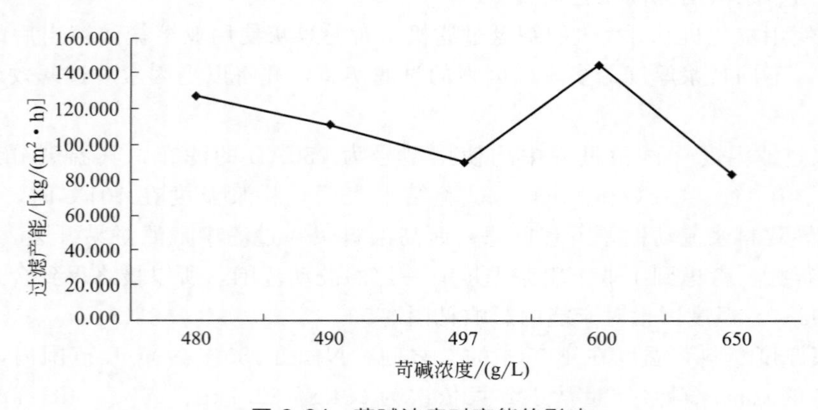

■ 图 3-94　苛碱浓度对产能的影响

试验结果发现，随着料浆碱浓度的变化，过滤产物并没有明显的规律，说明随着料浆的蒸发，N_k 的提高并没有对过滤造成很大的影响。而过滤产能的变化主要是由于滤布随着过滤次数的增加，导致滤布孔隙处出现洗渣的阻塞现象，导致过滤产能下降。

④ 滤布型号 参考翻盘过滤机生产厂家推荐型号，当料浆质量相同时，温差在5℃之内，分别采用型号为750AB和DHPA的滤布，发现两者过滤时间相同均为156s，但观察滤液发现，使用DHPA的滤布过滤虽然时间较短但滤液比较浑浊，而用750AB过滤后的滤液较后者更为澄清。综上，选择型号750AB的滤布进行过滤。采用此滤布过滤后的滤液进行了浮游物测定，其含量为0.0202g/L，含量极低，过滤效果良好。

在滤布的使用中发现，经过10次使用后，在85～100℃之间，过滤产能有一定的降低，但基本稳定在0.5～1.0$m^3/(m^2 \cdot h)$之间，经过反复洗涤，反吹之后，过滤产能有了明显的提高，有的过滤实验中在1.0$m^3/(m^2 \cdot h)$以上，甚至达到1.6$m^3/(m^2 \cdot h)$。

⑤ 滤饼洗涤 对于过滤之后的滤饼，采用了液固比约为4的方式进行了淋洗，分别采用了清水淋洗和逆流淋洗。

以上方式在洗涤时间方面，因为影响因素较多，并无明显规律。但当滤饼厚度在10mm左右、溶出液碱浓度在500g/L左右时，总时间基本都能够控制在2min之内，其中一洗在1min之内，二、三洗均在30s以内。从洗涤效果上看，三洗附碱均能达到60g/L左右。

对于蒸发后的滤液，即溶出液碱浓度升高至600g/L时，洗涤时间有一定的增加，3次洗涤约为2分30秒。洗涤后洗水附碱会有一点升高，不过三洗洗水浓度依然能控制在100g/L以下。

由此可知：a. 翻盘过滤试验证明了翻盘过滤机用于粉煤灰溶出矿浆的液固分离和洗涤是可行的；b. 为千吨级示范生产线翻盘过滤机的设计提供了必要的参数；根据这些基础数据设计、购买的20m^2翻盘过滤机在现场运行良好，如图3-95所示；c. 实现了粉煤灰溶出矿浆的快速液固分离和在线洗涤，大幅降低了因硅酸钠钙在碱液中分解而造成的铝的损失，保证了粉煤灰中氧化铝的较高的回收率。

■ 图 3-95 翻盘过滤机

(3) 亚熔盐介质净化与循环

亚熔盐介质净化与循环包括溶出液成分调整和铝酸钠结晶两个过程。其中，溶出液成分调整是指种分母液循环并入溶出液后碱浓度降低和苛性比的降低。而溶出液成分调整后，溶出液浓度无法满足铝酸钠结晶的要求，因此需要在该部分增设一组蒸发器。在溶出料浆闪蒸试验中已经证明，高浓度碱液的蒸发是可行的，实际操作难度不大。为此，在示范工程中蒸发器参照成熟拜耳法的现有设计，采用了真空降膜蒸发器，如图 3-96 所示。铝酸钠结晶器则参照成熟拜耳法中种分槽的设计，依据结晶时间，设计了 3 个直径 4m，高 6m 的结晶器，如图 3-97 所示。

■ 图 3-96　真空降膜蒸发器

■ 图 3-97　结晶器

（4）脱铝渣脱钠设备选型

根据脱钠工艺参数，并同时考虑到脱钠料浆易沉积、脱钠渣溶胀严重、孔隙吸水率高等特点，设计了脱钠反应釜，脱钠反应釜内设有六层搅拌桨，搅拌桨形式也为推进式，内有蒸汽加热管束，如图 3-98 所示。

■ 图 3-98　脱钠反应釜

3.4.9　粉煤灰提取氧化铝万吨级示范工程

3.4.9.1　亚熔盐工艺流程

亚熔盐工艺流程主要包括原料制备、脱铝溶出、脱铝料浆分离及洗涤、脱钠溶出、脱钠料浆分离及洗涤、终渣利用、溶出液脱硅、脱硅液蒸发、水合铝酸钠结晶、结晶料浆分离及洗涤等工序，其总流程如图 3-99 所示。

3.4.9.2　千吨级示范工程建设

示范工程的建设得到了合作单位开曼铝业（三门峡）有限公司的大力支持，经过 2012 年及 2013 年两年的建设施工，与 2013 年年底具备了试运行条件。图 3-100 是示范工程全景图。

示范工程主要的运行数据如图 3-101～图 3-106 所示。由图 3-101 和图 3-102 可知，在运行调试过程中，主要工艺指标尚存在较大波动，但在相当长的一段时间内，主要工艺指

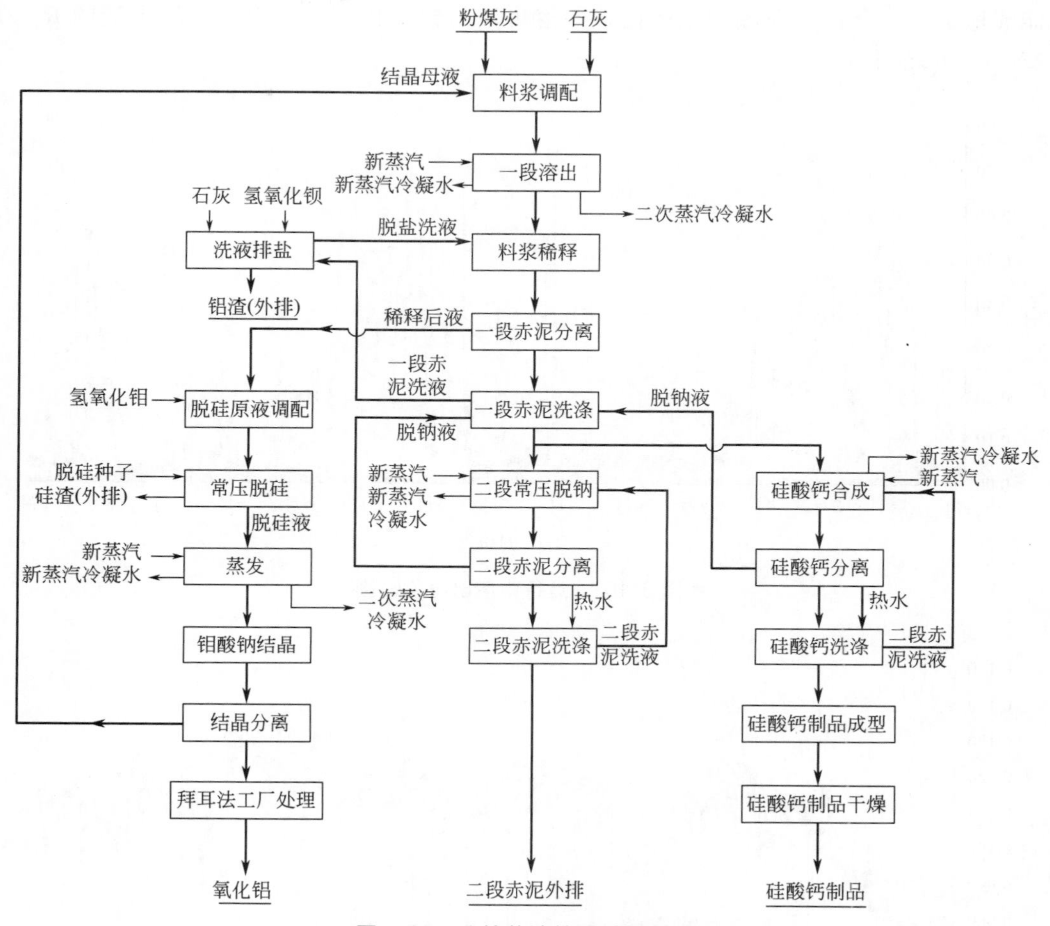

■ 图 3-99 亚熔盐法处理粉煤灰流程

■ 图 3-100 示范工程全景图

标能够稳定在一个较为理想的范围内，即溶出渣的铝硅比在0.1以下，溶出液的R_p在0.12～0.13之间。

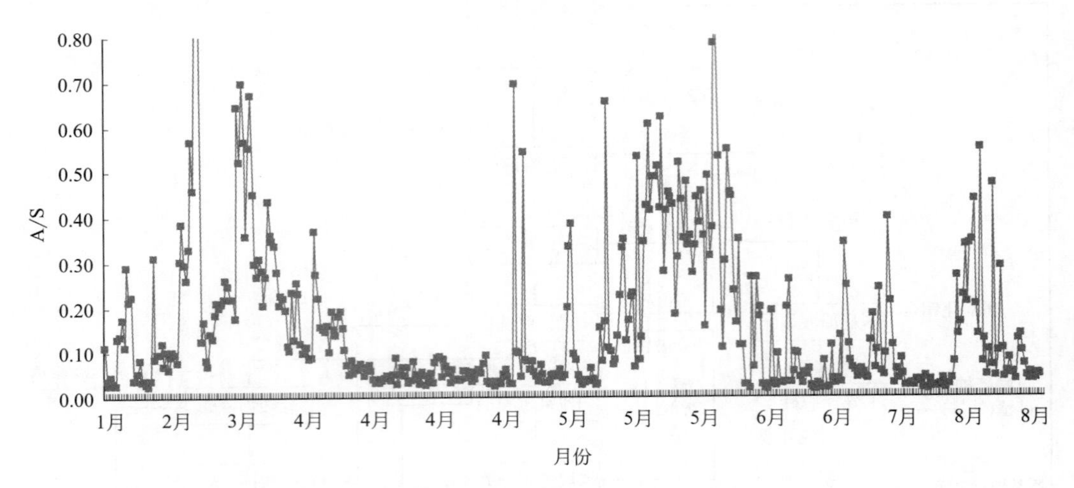

■ 图 3-101 运行中溶出渣 A/S 图

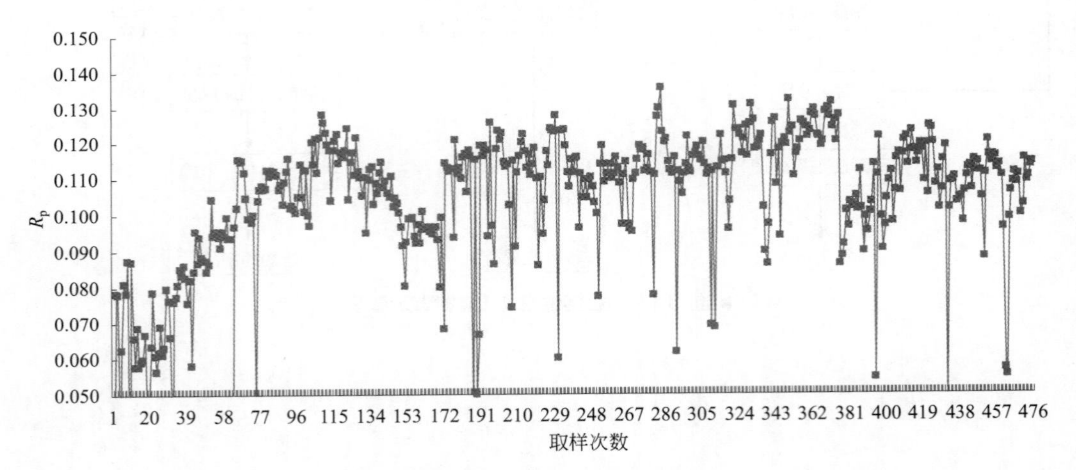

■ 图 3-102 运行中溶出 R_p 图

由图3-101～图3-106可知，示范工程双流法流量可分别达到$10.4m^3/h$，此时粉煤灰的干基进料量为1～1.1t/h。按全年运行300d计，全年可处理粉煤灰7200t，年产氧化铝约3200t。从示范工程设计产能来看，双流法流量最高可达到$25m^3/h$，每小时粉煤灰干基进料量可达到2t，全年可处理粉煤灰14000t，年产氧化铝6400t。

经过近一年的调试运行，已经取得了以下成果。

① 证实了亚熔盐法处理粉煤灰提取氧化铝技术在工业上是可行的。

② 获得了各个工序的最佳工艺参数；在最佳工艺参数下，氧化铝溶出率达到95%左右。

③ 从生产实践中验证了设备选型的正确性。

④ 工艺指标完全满足预期。

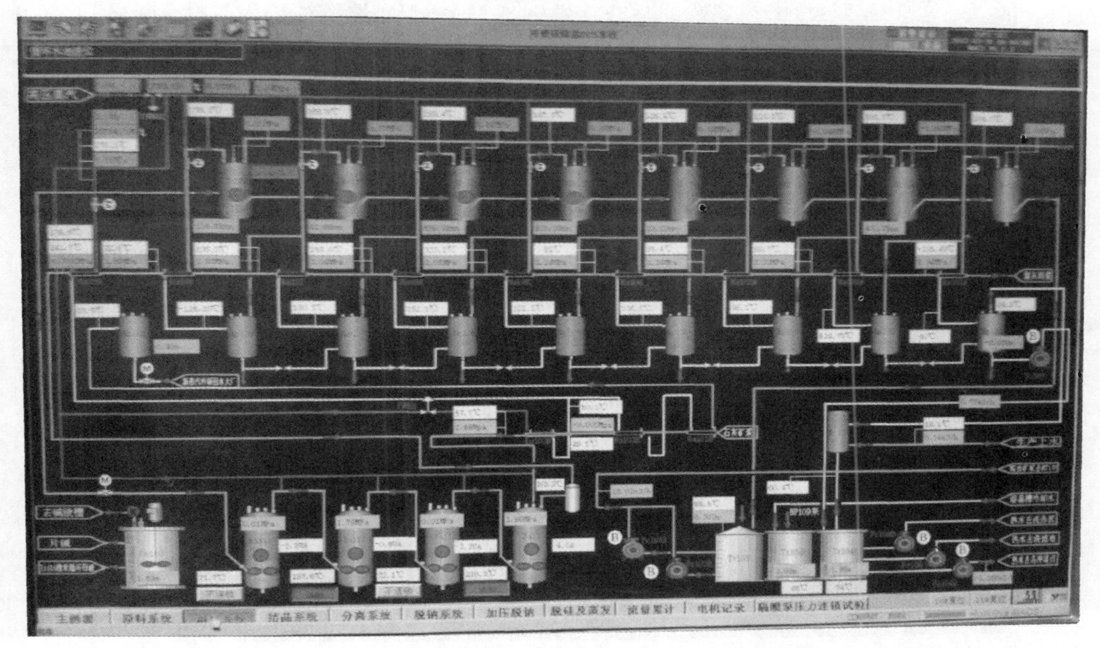

■ 图 3-103 亚熔盐法高铝粉煤灰综合利用示范工程 DCS 系统溶出工序流程

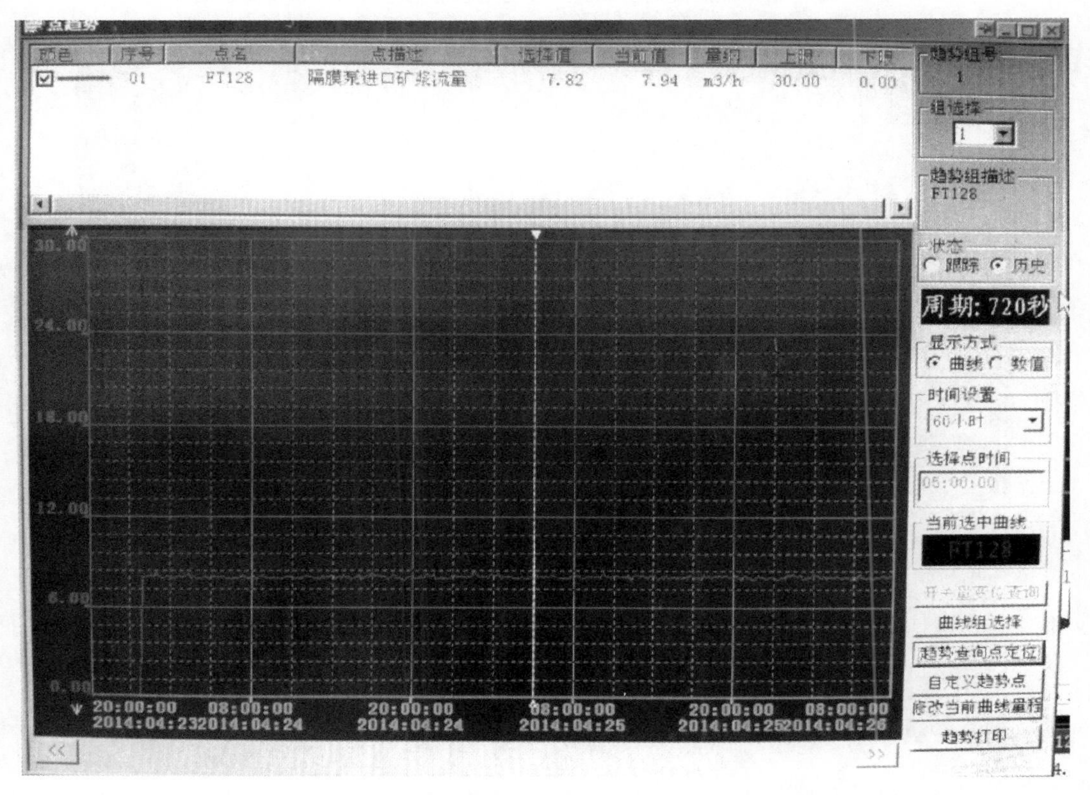

■ 图 3-104 亚熔盐法高铝粉煤灰综合利用示范工程石灰料浆流量曲线

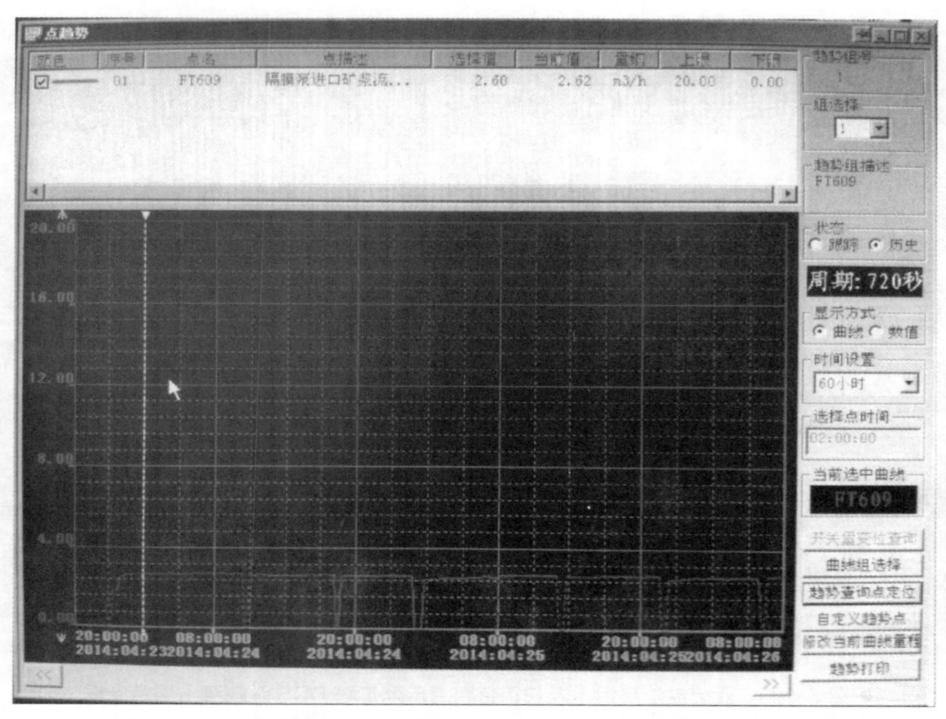

■ 图 3-105 亚熔盐法高铝粉煤灰综合利用示范工程粉煤灰料浆流量曲线

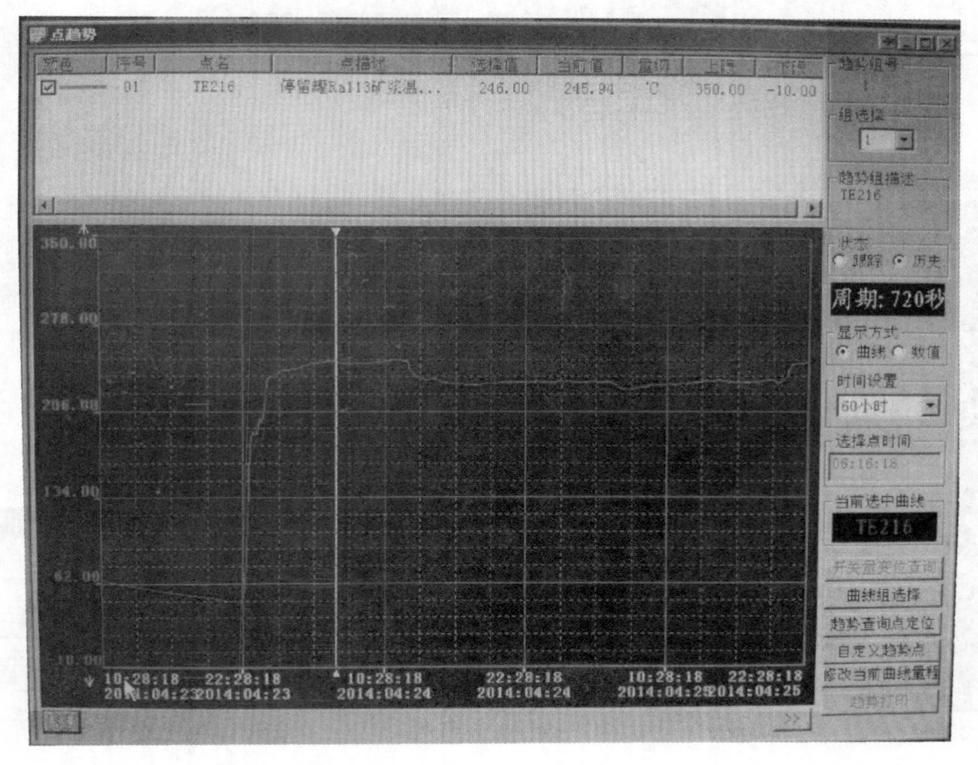

■ 图 3-106 亚熔盐法高铝粉煤灰综合利用示范工程核心反应器反应温度曲线

参考文献

[1] 樊英峰，张佰永．一水硬铝石型铝土矿生产氧化铝的经济适应性研究［J］．轻金属，2012，（12）：23-28.

[2] Ma S H，Wen Z G，Chen J N，et al. An Environmentally Friendly Design for Low-grade Diasporic Bauxite Processing［J］. Miner. Eng.，2009，22(9/10)：793-798.

[3] Jiang T，Li G H，Huang Z C，et al. Thermal Behaviors of Kaolinite Diasporic Bauxite and Desilication from It by Roasting Alkali Leaching Processing［A］. Schneider W A. Light Metals 2002［C］. Warrendale: The Minerals Metals & Materials Society，2002: 89-94.

[4] 于斌．混联法氧化铝生产新工艺的探索［J］．轻金属，2000，(2)：9-13.

[5] 马善理，王锡慧．混联法氧化铝生产的改造与发展方向［J］．世界有色金属，1997，(7)：11-17.

[6] Liu W，Yang J，Xiao B. Review on Treatment and Utilization of Bauzite Residues in China［J］. International Journal of Coal Geology，2009，93: 220-231.

[7] 南相莉，张廷安，刘燕，等．我国主要赤泥种类及其对环境的影响［J］．过程工程学报，2009，9: 459-464.

[8] Cengeloglu Y，Kir E，Ersoz M. Recovery and Concentration of Al(Ⅲ)，Fe(Ⅲ)，Ti(Ⅳ) and Na(Ⅰ) from Red Mud［J］. J. Colloid Interface Sci.，2001，244(2)：342-346.

[9] 王立堂．山铝赤泥不排放的探讨［J］．轻金属，1997，(3)：17-20.

[10] Hrishikesan，Kizhakke G. Process for Recovering Soda and Alumina Values from Red Mud［P］. US Pat.：4045537，1977: 08-30.

[11] Cresswell J P，Grayson I L，Smith A H. Recovery of Sodium Aluminate from Bayer Process Red Mud［P］. United States Patent，4668485，1987-05-26.

[12] Gu S Q. Chinese Bauxite and Its Influences on Alumina Production in China［J］. Light Metals，2008: 79-83.

[13] Courtney R G，Timpson J P. Reclamation of Fine Fraction Bauxite Processing Residue(Red Mud) Amended with Coarse Fraction Residue and Gypsum［J］. Water，Air and Soil Pollution，2005，164: 91-102.

[14] 李小平，刘永刚，周连碧，等．拜耳法赤泥基质改良技术［P］．中国发明专利: CN10018271. 0，2005.

[15] Gupta V K，Sharma S. Removal of Cadmium and Zinc from Aqueous Solutions Using Red Mud［J］. Environmental Science & Technology，2002，36: 3612-3617.

[16] 元炯亮．高浓介质强化处理一水硬铝石矿新工艺的基础研究［D］．北京：中国科学院过程工程研究所，1999.

[17] 张亦飞．氧化铝的常压低温溶出生产方法［P］．中国专利：03148717. 3，2005-01-19.

[18] 张亦飞．一种从铝土矿生产氧化铝的方法［P］．中国专利：200810227930. 5，2010-06-23.

[19] 王少娜，郑诗礼，张懿．亚熔盐溶出一水硬铝石型铝土矿过程中赤泥的铝硅行为［J］．过程工程学报，2007，7(5)：967-972.

[20] 张亦飞．亚熔盐法生产氧化铝的基础性研究［D］．北京：中国科学院过程工程研究

所，2003.
[21] 张亚莉，刘祥民，彭志宏，等．钠硅渣湿法处理工艺一碱回收工艺研究 [J]. 矿冶工程，2003, 23: 56-58.
[22] 柯家骏，张帆．拜耳法赤泥水热处理的渣物相的热力学分析 [J]. 化工冶金，1994，15: 341-347.
[23] Zheng K，Smart R S C，Addai-Mensah J，et al. Solubility of Sodium Aluminosilicates in Synthetic Bayer Liquor. Journal of Chemical and Engineering Data，1998，43: 312-317.
[24] [苏联] 阿布拉莫夫．碱法综合处理含铝原料的物理化学原理 [M]. 陈谦德，唐贤柳，黄际芬，等译．长沙: 中南工业大学出版社，1988.
[25] Zhong L，Zhang Y，Zhang Y. Extraction of Alumina and Sodium Oxide from Red Mud by a Mild Hydro-Chemical Process [J]. Journal of Hazardous Materials，2009，172: 1629-1634.
[26] 孙旺，郑诗礼，张亦飞，等. NaOH 亚熔盐法处理拜耳法赤泥的铝硅行为 [J]. 过程工程学报，2008，8: 1148-1152.
[27] 马淑花，郑诗礼，张懿．赤泥中氧化钠和氧化铝的回收 [J]. 矿产综合利用，2008，1: 27-31.
[28] 钟莉，张亦飞．亚熔盐法回收赤泥 [J]. 中国有色金属学报，2008，18: 70-73.
[29] 陈利斌，张亦飞，张懿．亚熔盐法处理铝土矿工艺的赤泥常压脱碱 [J]. 过程工程学报，2010，10: 470-475.
[30] Cresswell P J，Milne D J. A Hydrothermal Process for Recovery of Soda and Alumina from Red Mud [J]. Light Metals 1982，Dallas，Tex，1982: 227-238.
[31] Cresswell P J，Milne D J. Hydrothermal Recovery of Soda and Alumina from Red Mud: Tests in a Continuous Flow Reactor. Light Metals 1984，Los Angeles，Calif，1984.
[32] 王宏，卜天梅，白永民．拜耳法赤泥常压添加石灰脱碱实验探索 [J]. 有色金属分析通讯，2003，2: 22-24.
[33] 焦淑红，卜天梅，郭晋梅，等．常压石灰法处理拜耳法赤泥的研究 [J]. 有色金属（冶炼），2004，2: 21-22，36.
[34] Taylor D. The Sodalite Group of Minerals [J]. Contributions to Mineralogy and Petrology，1967，16: 172-188.
[35] Taylor D. Cell Parameter Correlations in the Aluminosilicate-Sodalites [J]. Contributions to Mineralogy and Petrology，1975，51: 39-47.
[36] Banvolgyi G，Toth A C，Tassy I. In Situ Formation of Sodium Aluminum Hydrosilicate from Kaolinite [J]. Light Metal，1991: 1-15.
[37] 邓红梅，曾文明，陈念贻．氧化铝生产中"硅渣"的组成和结构研究 [J]. 金属学报，1996，32: 1248-1251.
[38] Whittington B，Fallows T. Formation of Lime-Containing Desilication Product (DSP) in the Bayer Process: Factors Influencing the Laboratory Modelling of DSP Formation [J]. Hydrometallurgy，1997，45: 289-303.
[39] [联邦德国] Liebau F. 硅酸盐结构化学——结构、成键和分类 [M]. 席耀忠译，北京: 中国建筑工业出版社，1989.
[40] 徐如人，庞文琴，屠昆岗．沸石分子筛的结构与合成 [M]. 吉林: 吉林大学出版

社，1987.
[41] Whittington B I，Fletcher B L，Talbot C. The Effect of Reaction Conditions on the Compositioin of Desilication Product (DSP) Formed under Simulated Bayer Conditions [J]. Hydrometallurgy，1998，49: 1-22.
[42] Barnes M C，Assai-Mensah J，Gerson A R. The Mechansim of the Sodalite-to-Cancrinite Phase Transformation in Synthetic Spent Bayer Liquor [J]. Microporous and Mesoporous Materials，1999，31: 287-302.
[43] Barnes M C，Addai-Mensah J，Gerson A R. A Methodology for Quantifying Sodalite and Cancrinite Phase Mixtures and the Kinetics of the Sodalite to Cancrinite Phase Transformation [J]. Microporous and Mesoporous Materials，1999，31: 303-319.
[44] Croker D，Loan M，Hodnett B K. Desilication Reactions at Digestion Conditions: An In Situ X-Ray Diffraction Study [J]. Crystal Growth & Design，2008，8: 4499-4505.
[45] Hassan I，Grundy H D. The Crystal Structure of Basic Cancrinite，Ideally $Na_8(Al_6Si_6O_{24})(OH)_2 \cdot 3H_2O$ [J]. Canadian Mineralogist，1991，29: 377-383.
[46] Grundy H D，Hassan I. The Crystal Sturcture of a Carbonate-Rich Cancrinite [J]. Canadian Mineralogist，1982，20: 239-251.
[47] Smith P. The Processing of High Silica Bauxites-Review of Existing and Potential Processes [J]. Hydrometallurgy，2009，98: 162-176.
[48] Trill H，Eckert H，Srdanov V I. Topotactic Transformations of Sodalite Cages: Synthesis and Nmr Study of Mixed Salt-Free and Salt-Bearing Sodalites [J]. Journal of American Chemical Society，2002，124: 8361-8370.
[49] Jordan E，Bell R G，Wilmer D，et al. Anion-Promoted Cation Motion and Conduction in Zeolite [J]. Journal of American Chemical Society，2006，128: 558-567.
[50] Wong J W C，H o. G. Cation Exchange Behavior of Bauxite Refining Residues from Western Austrilia. Joural of Environmental Ruality，1995，24: 461-466.
[51] 陈念贻．氧化铝生产的物理化学 [M]. 上海: 上海科学技术出版社，1962.
[52] Pascale F，Ugliengo P，Civalleri B，et al. Hydrogarnet Defect in Chabazite and Sodalite Zeolites: A Periodic Hartree—Fock and B3-Lyp Study [J]. Journal of Chemical Physics，2002，17: 5337-5346.
[53] 陈平．结晶矿物学 [M]. 北京: 化学工业出版社，2008.
[54] Zoldi J，Solymar K，Zambo J，et al. Iron Hydrogarnets in the Bayer Process. Light Metals 1987，Denver，Colorado，USA，1987: 105-111.
[55] Hawthorne F C. Some Systematics of the Garnet Structure [J]. Journal of Solid State Chemistry，1981，37: 157-164.
[56] Geller S. Crystal Chemistry of the Garnets [J]. Zeitschrift für Kristallographie，1967，125: 1-47.
[57] Novak G A，Gibbs G V. The Crystal Chemistry of the Silicate Garnets [J]. The American Mineralogist，1971，56: 791-825.
[58] Nobes R H，Akhmatskaya E V，Milman V，et al. Structure and Properties of Aluminosilicate Garnets and Katoite: An Ab Initio Study [J]. Computational Materials Science，2000，17: 141-145.
[59] Lager G A，Nipko J C，Loong C-K. Inelastic Neutron Scattering Study of the (O_4H_4)

Substitution in Garnet [J]. Physica B，1998，241-243: 406-408.
[60] Ferro O，Galli E，Papp G，et al. A New Occurrence of Katoite and Re-Examination of the Hydrogrossular Group [J]. European Journal of Mineralogy，2003，15: 419-426.
[61] Lager G A，Armbruster T，Rotella F J，et al. OH Substitution in Garnets: X-Ray and Neutron Diffraction，Infrared，and Geometric-Modeling Studies [J]. American Mineralogist，1989，74: 840-851.
[62] 人民网．中国电力行业“十一五”期间二氧化碳减排 17.4 亿吨．2011. 11. 21.
[63] 国家发展和改革委员会．2010 年及“十一五”电力行业节能减排情况通报，2011. 09.
[64] 国家发展和改革委员会．“十二五”资源综合利用指导意见和大宗固体废物综合利用实施方案．2011. 12. 10.
[65] 吕子剑．粉煤灰提取氧化铝研究进展 [J]. 轻金属，2010，(007)：12-14.
[66] 王伟，周华强．粉煤灰对环境的危害及其综合利用 [J]. 建材技术与应用，2007. 5: 4-6.
[67] 孙俊民，韩德馨．粉煤灰的形成和特性及其应用前景 [J]. 煤炭转化，1999，22(001)：10-14.
[68] 王立刚．粉煤灰的环境危害与利用潜力 [J]. 能源基地建设，2000，(003)：45-46.
[69] Kapicka，A，et al，Proxy mapping of fly-ash pollution of soils around a coal-burning power plant: a case study in the Czech Republic [J]. Journal of Geochemical Exploration，1999，66(1)：291-297.
[70] Lee R，Von Lehmden D J. Trace metal pollution in the environment [J]. J. Air Pollut. Control Assoc;(United States)，1973. 23(10).
[71] Gupta D K，et al. Impacts of fly-ash on soil and plant responses [J]. Journal of plant research，2002，115(6)：401-409.
[72] 国家发展和改革委员会．大宗固体废物综合利用实施方案．2011. 12. 10.
[73] 王立刚，朱曦光．我国粉煤灰资源的综合利用现状及今后发展重点 [J]. 矿业研究与开发，1999，19(005)：41-43.
[74] 新华网．内蒙古蒙西煤田有望成为中国最大“铝土矿”．2011.
[75] 鄢艳．我国铝土矿资源现状 [J]. 有色矿冶，2009，25(005)：58-60.
[76] 常春．中国铝业公司铝土矿对外直接投资策略分析 [D]. 贵阳：贵州大学，2005.
[77] 魏欣欣．非传统铝资源——高硫铝土矿和粉煤灰的利用研究 [D]. 长沙：中南大学，2011.
[78] 孙志伟，鹿爱莉．我国铝土矿资源开发利用现状，问题与对策 [J]. 中国矿业，2008，17(5)：13-15.
[79] 范振林，马茁卉．开发铝矿内外并举 [J]. 中国金属通报，2010，(042)：14-15.
[80] 陈祺，关慧勤，熊慧．世界铝工业资源——铝土矿，氧化铝开发利用情况 [J]. 世界有色金属，2007，(1)：27-33.
[81] 新华网．中国铝土矿资源储量到 2036 年面临消耗殆尽．2008.
[82] 范振林，马茁卉．利用国外铝土矿资源的安全评价与策略 [J]. 中国矿业，2010，(003)：13-15.
[83] 张佰永，周凤禄．粉煤灰石灰石烧结法生产氧化铝的机理探讨 [J]. 轻金属，2007，(6)：17-18.

[84] 张占军．从高铝粉煤灰中提取氧化铝等有用资源的研究［D］．西安：西北大学，2007.

[85] Gabler Jr R，Stoll R L. Extraction of leachable metals and recovery of alumina from utility coal ash［J］. Resources and Conservation，1982，9：131-142.

[86] 崔子文，曹桂萍．从粉煤灰中回收氧化铝［J］．化工环保，1995，15(6)：360-362.

[87] Matjie R，Bunt J，Van Heerden J. Extraction of alumina from coal fly ash generated from a selected low rank bituminous South African coal［J］. Minerals Engineering，2005，18(3)：299-310.

[88] Park H，Park Y，Stevens R. Synthesis of alumina from high purity alum derived from coal fly ash［J］. Materials Science and Engineering：A，2004，367(1)：166-170.

[89] 刘瑛瑛．粉煤灰精细利用——提取氧化铝研究进展［J］．轻金属，2006(005)：20-23.

[90] Rayzman V L，Shcherban S A，Dworkin R S. Technology for chemical-metallurgical coal ash utilization［J］. Energy & fuels，1997，11(4)：761-773.

[91] 内蒙古新闻网．内蒙古实施粉煤灰提取氧化铝可提取26亿吨左右．2012. 03. 09.

[92] Tang Y，Chen F. Extracting alumina from fly ash by soda lime sintering method［J］. Mining and Metallurgical Engineering，2008. 6.

[93] 唐云，陈福林．粉煤灰中氧化铝的浸出特性［J］．矿业研究与开发，2009，(001).

[94] 白光辉．粉煤灰硫酸法提铝的新工艺参数研究［J］．煤炭科学技术，2008，36(9)：106-109.

[95] 赵剑宇，田凯．微波助溶从粉煤灰提取氧化铝新工艺研究［J］．无机盐工业，2005，37(2)：47-49.

[96] 赵东峰，丁建础．以粉煤灰为原料生产氧化铝和硅胶的研究现状［J］．轻金属，2012，(11)：24-28.

[97] 李来时．粉煤灰中提取氧化铝研究新进展［J］．轻金属，2012，(11)：12-16.

[98] Kelmers A，et al. Chemistry of the direct acid leach，calsinter，and pressure digestion-acid leach methods for the recovery of alumina from fly ash［J］. Resources and Conservation，1982，9：271-279.

[99] 张懿．绿色过程工程［J］．过程工程学报，2001，1(1)：10-15.

[100] 张懿．绿色化学与铬盐工业的新一代产业革命［J］．化学进展，1998，10(2)：172-178.

[101] 徐红彬．钾系亚熔盐铬盐清洁工艺的分离工程应用基础研究与优化［D］．北京：中国科学院过程工程研究所，2003.

[102] 李迎辉．亚熔盐反应——熟化新工艺溶出一水硬铝石矿的基础研究［D］．北京：中国科学院过程工程研究所，2002.

[103] 仝启杰．KOH亚熔盐法制备钛酸钾晶须和二氧化钛［J］．过程工程学报，2007，7(1)：85-89.

[104] 周宏明，郑诗礼，张懿．Nb_2O_5在KOH亚熔盐体系中的溶解行为［J］．中国有色金属学报，2004，14(2)：306-310.

[105] Zheng S，et al. Green metallurgical processing of chromite［J］. Hydrometallurgy，2006，82(3)：157-163.

[106] Zhou H, Zheng S, Zhang Y. Dissolution behavior of Nb_2O_5 in KOH sub-molten salt [J]. Chinese Journal of Nonferrous Metals, 2004, 14(2): 306-310.

[107] Jiang Y, Ning P. An Overview of Comprehensive Utilization of Red Mud from Aluminum Production [J]. Environmental Science and Technology, 2003, 1.

[108] 赵昌明．红土镍矿在 NaOH 亚熔盐体系中的预脱硅 [J]. 中国有色金属学报, 2009, 19(5): 951-954.

[109] 刘玉民, 齐涛, 张懿．KOH 亚熔盐法分解钛铁矿的动力学分析 [J]. 中国有色金属学报, 2009, 19(6): 1142-1147.

[110] 马保中．磷酸三丁酯萃取分离钛铁矿亚熔盐反应产物酸解液中 Fe^{3+} 及金红石型 TiO_2 的制备 [J]. 过程工程学报, 2008, 8(3): 504-508.

[111] Zhou H, Zheng S, Zhang Y. Leaching of a low-grade refractory tantalum-niobium ore by KOH sub-molten salt [J]. Chinese Journal of Process Engineering, 2003, 3(5): 459-463.

[112] Tong Q, et al. Preparation of potassium titanate whiskers and titanium dioxide from titaniferous slag using KOH sub-molten salt method [J]. Chinese Journal of Process Engineering, 2007, 7(1): 85.

[113] 朱明善, 陈宏芳．热力学分析 [M]. 北京: 高等教育出版社, 1992.

[114] 叶大伦．热力学实用无机物热力学数据手册 [M]. 北京: 冶金工业出版社, 1981.

[115] 梁英教, 车荫昌．无机物热力学数据手册 [M]. 沈阳: 东北大学出版社, 1993.

[116] Hesselmann K, Kubaschewski O, Knacke O. Thermochemical properties of inorganic substances [M]. Berlin: Springer, 1991.

[117] 洪涛．亚熔盐生产氧化铝过程硅组分物理化学研究 [D]. 西安: 西安建筑科技大学, 2008.

[118] 杜淄川, 等．高铝粉煤灰碱溶脱硅过程反应机理 [J]. 过程工程学报, 2011, 11(3): 442-447.

[119] 张战军, 等．从高铝粉煤灰中提取非晶态 SiO_2 的实验研究 [J]. 矿物学报, 2007, 27(2): 137-142.

[120] 秦晋国, 翟玉春．一种从粉煤灰中提取氧化铝的方法 [P]. 中国专利: 201410128644.9, 2014-07-23.

[121] 沈王庆．煤系高岭土脱硅工艺与动力学的研究 [D]. 淮南: 安徽理工大学, 2005.

[122] 朱炳辰．化学反应工程 [M]. 北京: 化学工业出版社, 2007.

[123] 孙康．宏观反应动力学及其解析方法 [M]. 北京: 冶金工业出版社, 1998.

[124] Brown M E, Dollimore D, Galwey A K. Reaction in the Solid State. Comprehensive Chemical Kinetics [M]. Amsterdam: Elsevier, 1980.

[125] Nayak N, Randa C R. Aluminium Extraction and Leaching Characteristics of Talcher Thermal Power Station Fly Ash with Sulphuric Acid [J]. Fuel, 2010, 89: 53-58.

[126] Avrami M. Kinetics of Phase Change Ⅰ, General Theory [J]. Journal of Chemical Physics, 1939, 7: 1103-1112.

[127] Avrami M. Kinetics of Phase Change Ⅱ, Transformation-Time Relations for Random Distribution of Nuclei [J]. Journal of Chemical Physics, 1940, 8: 212-224.

[128] Avrami M. Kinetics of Phase Change Ⅲ, Granulation, Phase Change, and Mi-

crostructure [J]. Journal of Chemical Physics, 1941, 9: 177-184.
[129] 王鸿雁. 种分 $Al(OH)_3$ 作碳分活性晶种的工艺探索 [J]. 有色设备, 2007, (5): 17-21.
[130] 李太昌, 娄东民. 烧结法生产氧化铝碳分母液中氧化铝回收新工艺技术研究 [J]. 铝镁通讯, 1999, (1): 3-6.
[131] Cao S, Zhang Y. Preparation of sodium aluminate from the leach liquor of diasporic bauxite in concentrated NaOH solution [J]. Hydrometallurgy, 2009, 98 (3): 298-303.
[132] 毕诗文. 氧化铝生产工艺 [M]. 北京: 化学工业出版社, 2006.
[133] 杭方学, 丘泰球, 赍永光. 声结晶技术的研究进展 [J]. 声学技术, 2006, 26 (3): 539-543.
[134] Patrick M, Blindt R, Janssen J. The effect of ultrasonic intensity on the crystal structure of palm oil [J]. Ultrasonics sonochemistry, 2004, 11: 151, 255.
[135] 张喜梅, 丘泰球, 李月花. 声场对溶液结晶过程动力学影响的研究 [J]. 化学通报, 1997, (1): 44-46.
[136] 丘泰球, 张喜梅. 超声处理溶液中蔗糖晶体的生长 [J]. 华南理工大学学报(自然科学版), 1996, 24(6): 107-110.
[137] Wei X W, Wua K L. Ultrasonic-assisted surfactant-free synthesis of highly magnetized FeCo alloy nanocrystallite from ferric and cobalt salt [J]. Journal of Alloys and Compounds, 2012, 539: 21-25.
[138] Amara N, Ratslmba B, Wilhelm A M, et al. Crystallization of potash alum: effect of power ultransound [J]. Ultrasonics sonochemistry, 2001. 8: 265-270.
[139] Amara N, Ratslmba B, Wilhelm A M, et al. Growth rate of potash alum crystals: comparison of Silent and ultrasonic conditions [J]. Ultrasonics Sonochemistry. 2004, 11: 17-21.
[140] McCausland L J, Cains P W, MartnL P D, et al. Use the power of sonocrystallization for improved properties [J]. Chemical Engineering Progress, 2001, 97 (7): 56-61.
[141] Li H, Li H R, Guo Z C, et al. The application of power ultrasound to reaction crystallization [J]. Ultrasonics Sonochemistry, 2006, 13: 359-363.
[142] Christo N. Nanev, Anita Penkova. Nucleation of lysozyme crystals under external electric and ultrasonic fields [C]. Journal of Crystal Growth, 2001, 232: 285-293.
[143] 方瑞斌, 赵逸云, 高诚伟, 等. 超声催化超临界流体重结晶研究 [J]. 云南化工, 1998, (2): 21-23, 27.
[144] 杨重愚. 氧化铝生产工艺(修订版) [M]. 北京: 冶金工业出版社, 1993.
[145] Misra C, White E T. Kinetics of crystallization of aluminium trihydroxide from seeded caustic aluminate solutions [J]. Chemical engineering programming symposium series, 1970, 53: 1024-1029.
[146] 梁大伟. 氧化铝生产过程中结疤的形成与防治 [D]. 长沙: 中南大学, 2005.
[147] 王熙慧, 于海燕, 卢东, 等. 硫酸钠对铝酸钠溶液种分过程的影响 [J]. 材料与冶金学报, 2007, 6(3): 184-187.
[148] 刘彩玫, 郭海峰, 龙建华. 母液中杂质成分对蒸发结晶过程的影响 [J]. 轻金属,

2006,(9): 33-36.
[149] 何润德. 工业铝酸钠溶液氢氧化钡除硫 [J]. 有色金属, 1994,(4): 63-66.
[150] 兰军. 石灰拜耳法生产氧化铝脱硫及热力学研究 [D]. 贵阳: 贵州大学, 2009.
[151] 胡四春, 郭敏, 赵恒勤, 何润德. 用铝酸钡脱除铝酸钠溶液中硫的研究 [J]. 有色金属(冶炼部分), 2007,(1): 11-13.
[152] 杨巧芳, 赵清杰. 氧化铝生产中排除硫酸钠的研究 [J]. 河南冶金, 1998,(3): 14-17.
[153] 王利涛. 拜耳法高浓度铝酸钠溶液深度脱硅工艺研究 [D]. 郑州: 郑州大学, 2012.
[154] 王磊, 陆玉, 毛鹏, 等. 拜耳法生产流程中碳酸钠浓度升高的原因分析及对策 [J]. 冶金丛刊, 2011, 1: 14-15.
[155] 王利娟, 蒋涛, 杨会宾. 氧化铝生产过程中结疤的生成及防治技术的探索 [J]. 轻金属, 2011, 2: 11-15.

钛白行业的清洁生产技术

4.1 钛白行业的技术发展现状分析

钛白粉学名为二氧化钛，无毒、无害，具有极高的不透明度、白度和耐候性，被认为是目前世界上性能最好的白色颜料之一，占全部白色颜料使用量的80%以上，广泛应用于涂料、塑料、造纸、印刷油墨、化纤、橡胶、化妆品等行业。目前世界上90%以上的钛矿用于生产钛白粉，约5%～6%的钛矿用于生产海绵钛，其余的用于制造合金、陶瓷、玻璃和化学品等[1]。2013年我国钛白粉产量高达190万吨，其中金红石型产品达100万吨以上。

钛白粉的工业生产方法主要有硫酸法和氯化法两种[2]，目前国内约98%的钛白企业采用传统硫酸法钛白工艺，此法能生产锐钛矿型和金红石型二氧化钛，但废弃物排放量大，环境污染严重，流程长，以间歇操作为主，硫酸、水的消耗量高；氯化法工艺开发较晚，只能制备金红石型二氧化钛，且投资大，技术引进费用昂贵，设备结构复杂，对原料的要求苛刻，易副产高毒性氯化物。除了以上两种方法，基于低成本钛原料的盐酸法于1999年实现了实验室规模的研发，此工艺能耗低，能制造锐钛矿型和金红石型二氧化钛，废物产生少，无需深井填埋，生产成本低，但是铁钛杂质有机萃取分离效率较低，有待进一步研发。

4.1.1 硫酸法

硫酸法于1916年首次实现工业化，至今仍在许多国家进行应用。其工艺路线成熟，流程如图4-1所示。将钛铁矿粉与浓硫酸进行酸解反应生成硫酸氧钛，然后水解制备偏钛酸沉淀，最后经煅烧、粉碎即得钛白粉产品[3,4]。硫酸法生产钛白工艺流程长、间歇操作、工序多、工艺复杂、钛白品位较低[5]。同时，硫酸法副产大量的硫酸亚铁和稀硫酸废物，每生产1t钛白，需排放3～4t硫酸亚铁和8～10t 20%稀硫酸，这两种副产物销路窄，回收成本高，环境污染严重，成为钛白行业发展的瓶颈。随着政府环保法律逐渐严格，西方（特别是美国和西欧）很多硫酸法生产钛白的工厂被迫关闭。

4.1.2 氯化法

氯化法是1958年由美国杜邦公司首先实现工业化的[6]。该法是将天然金红石或高钛渣原料与焦炭或石油焦混合后进行高温氯化，生成四氯化钛，再经高温氧化生成二氧化钛，最后经过滤、水洗、干燥和粉碎得到钛白粉[7,8]，具体工艺见图4-2。氯化法生产工艺流程短，系统密闭连续操作、氯气循环利用，“三废”排放少，易于治理。每生产1t钛白粉只产生0.15～0.3t废渣，废水约20～50m^3，不足之处是对原料要求高，且副产二噁

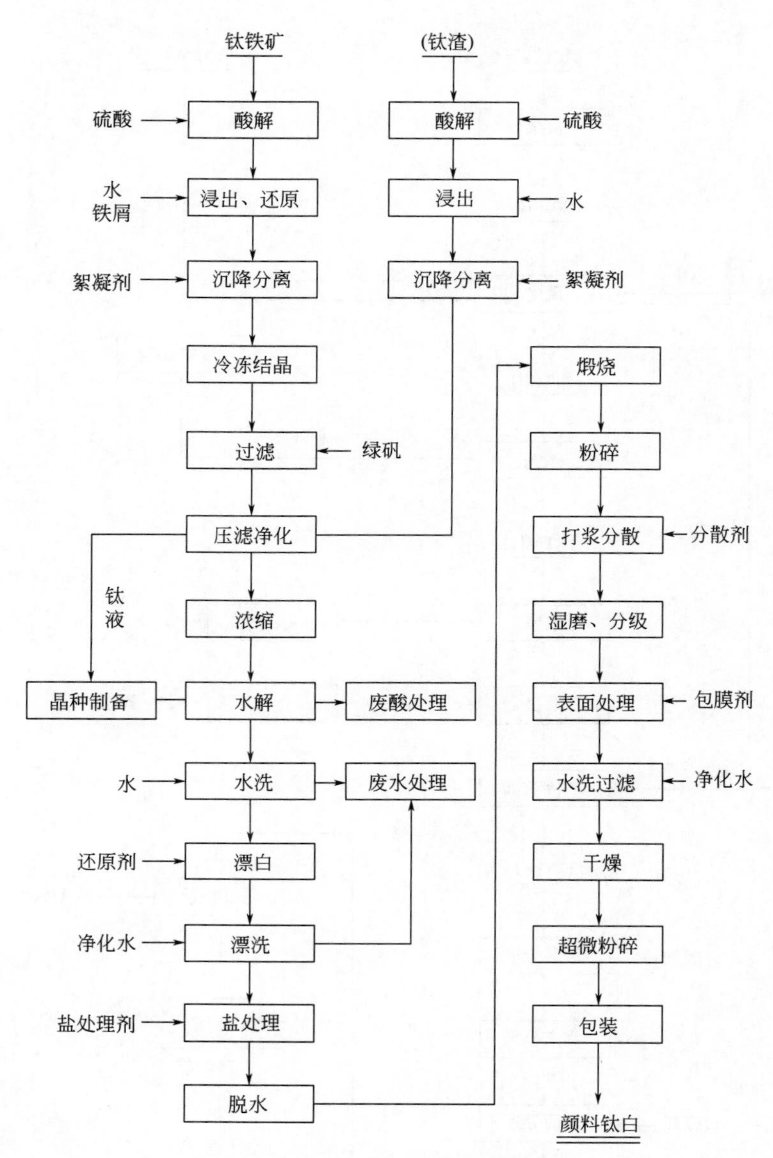

■ 图 4-1 硫酸法生产钛白的工艺流程[3]

英毒物，工艺技术难度大，设备材质要求高，至今生产技术被几家公司垄断，如杜邦、科特斯、特诺、亨兹曼、康诺斯等。

4.1.3 盐酸法

盐酸法于2002年由美国俄特尔纳米材料公司提出，是一种用盐酸酸浸钛铁矿生产钛白粉的方法，与硫酸法相类似，工艺流程见图4-3。该法是用浓盐酸处理钛铁矿，制得四氯化钛水溶液，然后经过与硫酸法相同的铁屑还原、沉降、冷冻除铁、净化/萃取分离、水解、水洗、盐处理、煅烧、粉碎等工艺过程而制得钛白粉[9,10]。盐酸法可以直接制备

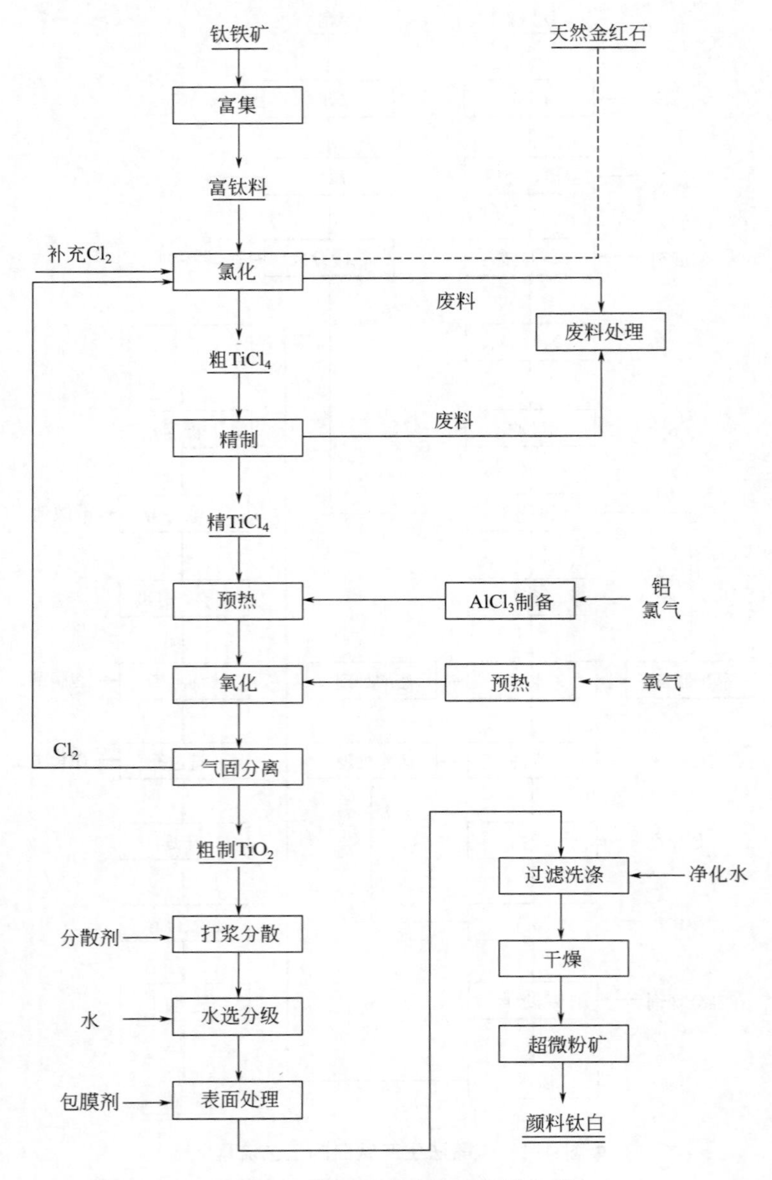

■ 图 4-2 氯化法生产钛白的流程[6]

金红石型二氧化钛，但是盐酸易挥发、操作浓度要求高（>35%）、设备腐蚀严重、盐酸难循环再利用且排出大量酸性废水，所以至今未实现工业投产。

由上述二氧化钛生产方法可知，硫酸法钛白生产工艺产生大量的“三废”，对环境污染极其严重；氯化法工艺产生的含放射性物质的氯化物毒性强，需深井填埋；同时，生产企业对“三废”的处理均为末端治理，存在二次污染，且投资大，成本高，未能彻底解决环境污染问题。因此，钛白粉行业的根本出路在于建立新的从生产源头根除污染的新生产技术，将环境污染治理与资源能源综合利用进行有机结合。

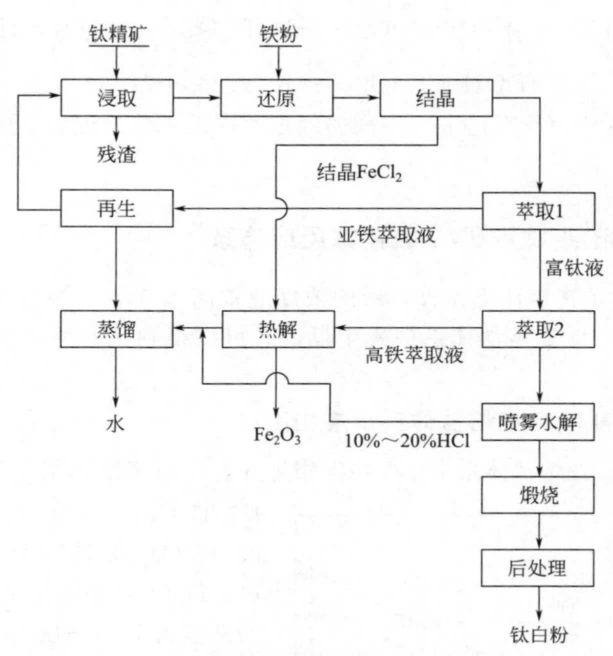

■ 图 4-3 盐酸法萃取生产钛白工艺流程[9]

4.2 亚熔盐分解钛资源的高效反应技术

针对钛白粉生产过程中“三废”排放量大及环境污染重等问题，依据清洁生产原理，提出了以无毒无害碱金属亚熔盐法处理钛铁矿或高钛渣生产钛白的新工艺。该工艺是将亚熔盐清洁生产技术平台拓展到钛资源冶金的具体应用，是一种生产二氧化钛的新工艺。

钛铁矿或高钛渣（高钛渣中的钛以二氧化钛计）被氢氧化钠亚熔盐分解时的化学原理如图 4-4 所示。

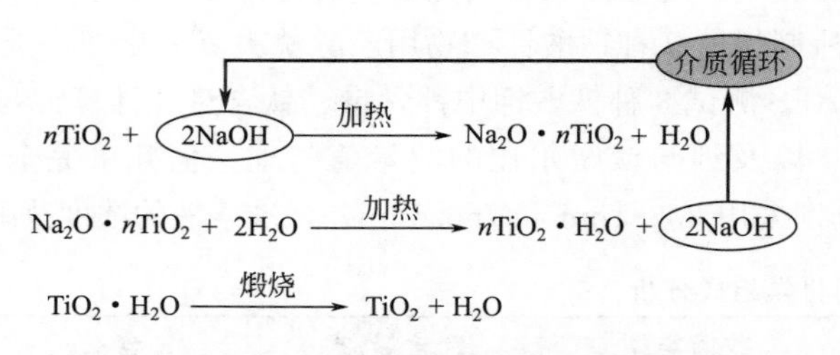

■ 图 4-4 NaOH 亚熔盐分解钛资源化学原理简图

亦可用氢氧化钾亚熔盐法来制取钛酸盐晶须，反应式为：

$$3FeTiO_3+4KOH+\frac{3}{4}O_2 \longrightarrow K_4Ti_3O_8+\frac{3}{2}Fe_2O_3+2H_2O \quad (4\text{-}1)$$

$$4KOH+3TiO_2 \longrightarrow K_4Ti_3O_8+2H_2O \quad (4\text{-}2)$$

反应生成的钛酸钾（$K_4Ti_3O_8$）中间体经过不同的工艺处理后，可以制备得到钛酸钾晶须[11]。

4.2.1 KOH 亚熔盐-钛铁矿/二氧化钛反应体系

KOH 亚熔盐体系在常压下操作，碱的浓度通常高于 50%，反应温度低于 300℃。钛铁矿/二氧化钛在 KOH 亚熔盐体系中发生反应，可以得到钛酸钾晶须，是制备钛酸钾的一种新方法。

4.2.1.1 TiO_2-KOH-H_2O 亚熔盐体系反应相图

TiO_2-KOH-H_2O 亚熔盐体系由 3 个稳定相生成，反应相图如图 4-5 所示，即三钛酸钾（$K_4Ti_3O_8$）、水合二钛酸钾（$K_2Ti_2O_5 \cdot 0.5H_2O$）及 $KTiO_2(OH)$。三钛酸钾（$K_4Ti_3O_8$）相的生成区域位于氢氧化钾的浓度为 70%～80%处，反应温度为 180～280℃；$KTiO_2(OH)$ 相的生成区域位于氢氧化钾的浓度为 65%～75%处，反应温度为 120～180℃；氢氧化钾的浓度为 55%～60%，反应温度高于 100℃而小于相对应氢氧化钾溶液的沸点是水合二钛酸钾（$K_2Ti_2O_5 \cdot 0.5H_2O$）相的生成区域。

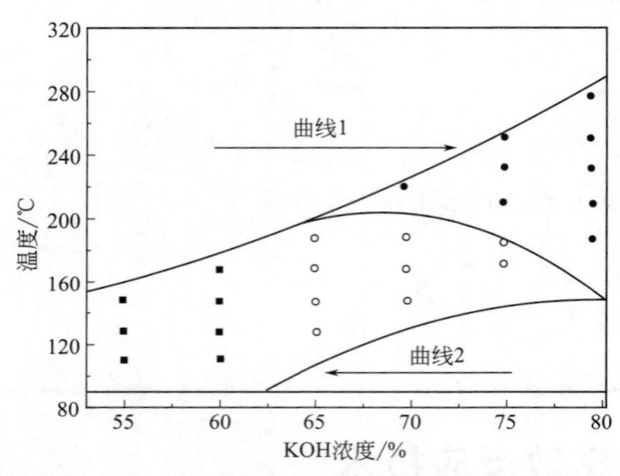

■ 图 4-5 TiO_2-KOH-H_2O 亚熔盐体系反应相图

● — $K_4Ti_3O_8$；○ — $KTiO_2(OH)$；■ — $K_2Ti_2O_5 \cdot 0.5H_2O$；

曲线 1—KOH 溶液的沸点线；

曲线 2—固体 KOH 的溶解度线

从 TiO_2-KOH-H_2O 亚熔盐体系反应相图中可以发现，氢氧化钾的浓度高，生成产物的 K/Ti 摩尔比也较高（如 $K_4Ti_3O_8$）；氢氧化钾的浓度低，生成产物的 K/Ti 摩尔比也较低［如 $KTiO_2(OH)$、$K_2Ti_2O_5 \cdot 0.5H_2O$］；同时还可以看出，氢氧化钾的浓度一定时改变反应温度，则生成的产物并非一直不变；或者反应温度一定时改变氢氧化钾的浓度，生成的产物也有所不同，这可能与生成产物的热稳定性及氢氧化钾溶液的活度有关，也说明碱浓度和反应温度是控制二氧化钛氢氧化钾亚熔盐体系产物变化的双重因素。

将在一定条件下所制得的 3 种钛酸钾产物用乙醇洗去氢氧化钾，干燥、称重，然后用盐酸将其溶解，用 ICP-AES 测试 3 种钛酸钾中钾含量、钛含量并计算钾与钛的摩尔比，3 种钛酸钾的钾含量、钛含量以及钾与钛摩尔比的测量值与理论值几乎完全一致，如表 4-1 所列（钛与钾的谱线波长分别采用 336.1nm 和 766.5nm，标准溶液的浓度范围均为 0～20μg/mL）。

■ 表 4-1 3 种钛酸钾的化学组成分析

化合物	数值类型	Ti 含量/%	K 含量/%	K/Ti 摩尔比
$K_4Ti_3O_8$	测量值	32.1	34.3	1.3
（KOH 80%，220℃）	理论值	33.5	36.5	1.3

续表

化合物	数值类型	Ti 含量/%	K 含量/%	K/Ti 摩尔比
$KTiO_2(OH)$	测量值	33.4	29.2	1.1
(KOH 65%,180℃)	理论值	35.2	28.8	1.0
$K_2Ti_2O_5 \cdot 0.5H_2O$	测量值	35.1	29.0	1.0
(KOH 55%,120℃)	理论值	36.4	29.7	1.0

4.2.1.2 3种钛酸钾的形貌

(1) 不同条件下制备的 $K_4Ti_3O_8$ 的形貌

图 4-6 是不同条件下制备的钛酸钾（$K_4Ti_3O_8$）的 FESEM 图。从图中可知，不同条件下所得 $K_4Ti_3O_8$ 的形貌均呈晶须状，晶须的长度及其团聚程度随反应温度及氢氧化钾浓度的变化而变化。

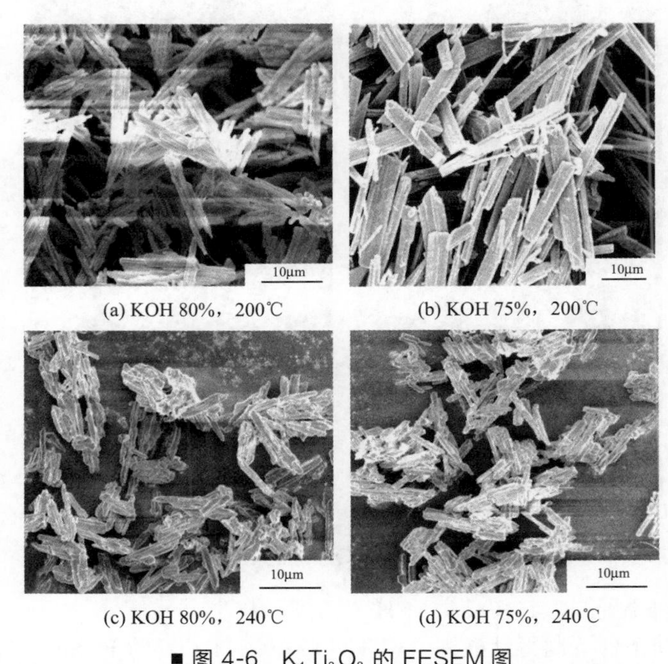

(a) KOH 80%，200℃　(b) KOH 75%，200℃
(c) KOH 80%，240℃　(d) KOH 75%，240℃

■ 图 4-6 $K_4Ti_3O_8$ 的 FESEM 图

图 4-6(a) 与图 4-6(b) 的反应温度相同，但图 4-6(a) 条件下的氢氧化钾浓度高于图 4-6(b)，在图 4-6(a) 与图 4-6(b) 条件下所得 $K_4Ti_3O_8$ 晶须的平均长度分别为 12.2μm 与 23μm，说明氢氧化钾浓度的提高不利于 $K_4Ti_3O_8$ 晶须的生长。图 4-6(a) 与图 4-6(c) 的氢氧化钾浓度相同，但图 4-6(c) 条件下的反应温度高于图 4-6(a)，而图 4-6(c) 条件下所得晶须的平均长度 8μm 明显小于图 4-6(a) 条件下所得晶须的平均长度 12.2μm，说明在氢氧化钾浓度一定时，提高反应温度也不利于 $K_4Ti_3O_8$ 晶须的生长。同样比较图 4-6(b) 与图 4-6(d) 条件下所制备的 $K_4Ti_3O_8$ 晶须的长度，也可以得到相同的结论。此外，从图 4-6 还可以看出，降低反应温度和氢氧化钾浓度有利于降低 $K_4Ti_3O_8$ 晶须的团聚程度，有利于晶须的均匀生长。

（2）不同条件下制备的 $KTiO_2(OH)$ 的形貌

图 4-7 是不同条件下制备的 $KTiO_2(OH)$ 的 FESEM 图。从图中可知，不同条件下所得 $KTiO_2(OH)$ 的形状均为六方柱状，六方柱状的大小受反应温度及氢氧化钾浓度的影响。图 4-7(a) 与图 4-7(b) 反应温度相同，但图 4-7(a) 条件下的氢氧化钾浓度高于图 4-7(b)，所得六方柱状 $KTiO_2(OH)$ 的平均长度分别为 21μm 与 7.5μm，说明在反应温度一定时，提高氢氧化钾浓度有利于六方柱状 $KTiO_2(OH)$ 的生长。图 4-7(b) 与图 4-7(d) 氢氧化钾浓度相同，图 4-7(b) 的反应温度高于图 4-7(d)，所得六方柱状 $KTiO_2(OH)$ 平均长度为 7.5μm，明显高于图 4-7(d) 的 5μm，说明在氢氧化钾浓度一定时，提高反应温度有利于六方柱状 $KTi_2(OH)$ 的生长。

(a) KOH 70%，150℃　(b) KOH 65%，150℃

(c) KOH 70%，180℃　(d) KOH 65%，120℃

■ 图 4-7　$KTiO_2(OH)$ 的 FESEM 图

（3）不同条件下制备 $K_2Ti_2O_5 \cdot 0.5H_2O$ 的形貌

图 4-8 是在不同条件下制得钛酸钾（$K_2Ti_2O_5 \cdot 0.5H_2O$）的 FESEM 图。从图中可以看出，不同制备条件下所得钛酸钾（$K_2Ti_2O_5 \cdot 0.5H_2O$）的形貌均为片状结晶，平均长度在 10μm 左右。同时，从图 4-8 还可以看出，改变氢氧化钾的浓度及反应温度对所得钛酸钾（$K_2Ti_2O_5 \cdot 0.5H_2O$）形貌的影响不大，其长度及团聚程度并不随反应条件的改变而明显不同。

4.2.1.3　3 种钛酸钾高温相转化的研究

（1）$K_4Ti_3O_8$ 高温相转化

图 4-9 是钛酸钾（$K_4Ti_3O_8$）的 TG-DSC 图，可以看出，在温度低于 560℃之前，TG 曲线上表现为连续失重现象，同时在 DSC 曲线上有一吸热峰，这主要是因为脱去钛酸钾（$K_4Ti_3O_8$）中吸附水的缘故；在 870℃时，DSC 曲线上有一强吸热峰，TG 曲线上没有失重现象，这主要是发生了由 $K_4Ti_3O_8$ 向 $K_2Ti_2O_5$ 和 K_2O 的相转化反应；DSC 曲线上最后一个吸热峰出现在 930℃左右，这是由于固体 $K_2Ti_2O_5$ 熔融吸热[12]所致。

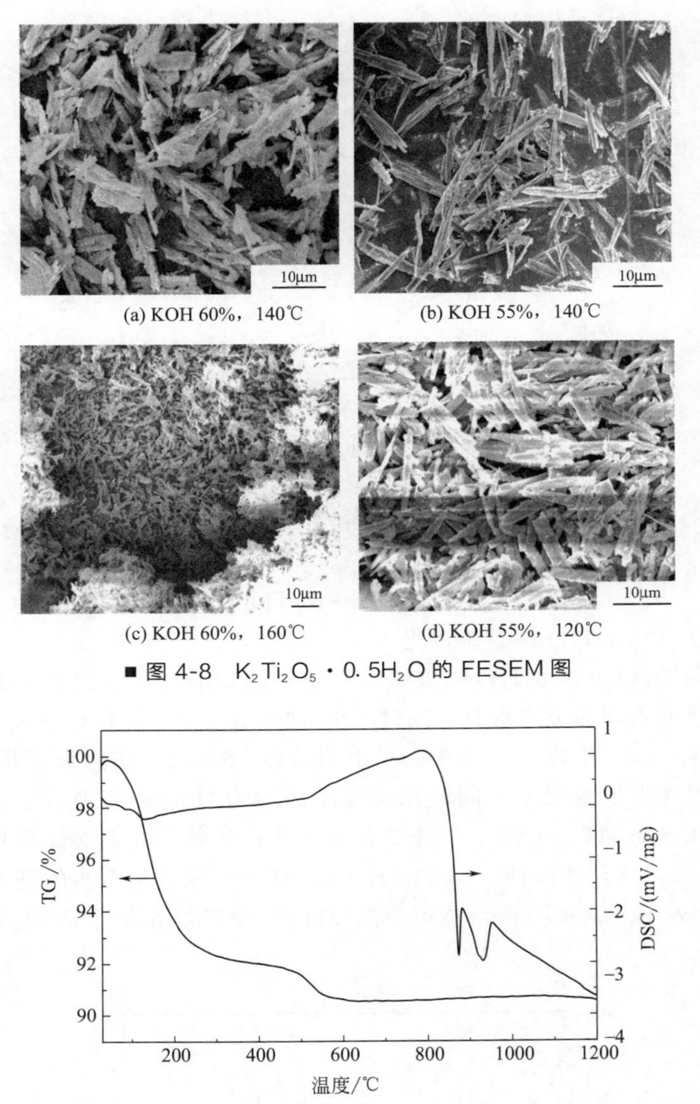

(a) KOH 60%，140℃　(b) KOH 55%，140℃

(c) KOH 60%，160℃　(d) KOH 55%，120℃

■ 图 4-8　$K_2Ti_2O_5 \cdot 0.5H_2O$ 的 FESEM 图

■ 图 4-9　$K_4Ti_3O_8$ 的 TG-DSC 图（N_2，KOH 浓度 80%，反应温度 200℃）

在上述温度范围内钛酸钾（$K_4Ti_3O_8$）发生的相转化方程式如下：

$$2K_4Ti_3O_8 \xrightarrow{870℃} 3K_2Ti_2O_5 + K_2O \tag{4-3}$$

（2）$KTiO_2(OH)$ 高温相转化

图 4-10 是 $KTiO_2(OH)$ 的 TG-DSC 图，可以看出，在 100～400℃之间，TG 曲线上表现为失重现象，同时 DSC 曲线在 290℃左右有一吸热峰，这主要是 $KTiO_2(OH)$ 脱去羟基所致，此外，在此温度区间内 TG 曲线上失重量为 6.98%，这与 $KTiO_2(OH)$ 脱去羟基的理论失重量（6.62%）相一致；在 505℃时，DSC 曲线上有一放热峰，这主要是发生由 $KTiO_2(OH)$ 向 $K_2Ti_2O_5$ 的相转化反应；DSC 曲线上最后一个吸热峰是由于固体 $K_2Ti_2O_5$ 熔融吸热所致。

$KTiO_2(OH)$ 发生的相转化方程式如下：

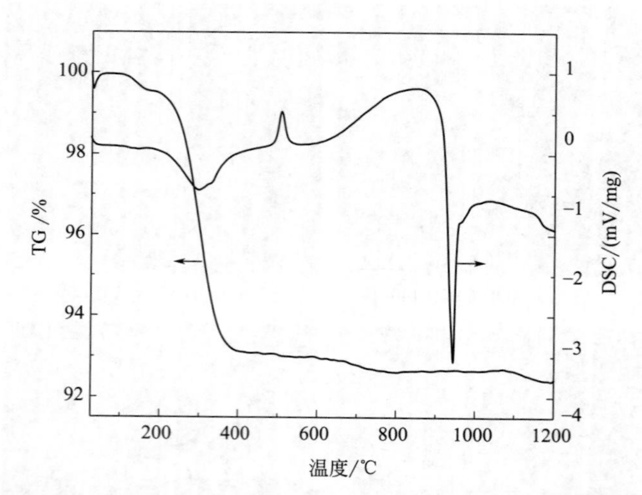

■ 图 4-10 $KTiO_2(OH)$ 的 TG-DSC 曲线（N_2，KOH 浓度 70%，反应温度 180℃）

$$2KTiO_2(OH) \xrightarrow{505℃} K_2Ti_2O_5 + H_2O \tag{4-4}$$

(3) $K_2Ti_2O_5 \cdot 0.5H_2O$ 高温相转化

图 4-11 是 $K_2Ti_2O_5 \cdot 0.5H_2O$ 的 TG-DSC 图，可以看出，在温度范围为 100～250℃之间时，TG 曲线上表现为失重现象，同时 DSC 曲线在 160℃左右有一很尖锐吸热峰，这主要是脱去钛酸钾（$K_2Ti_2O_5 \cdot 0.5H_2O$）中吸附水的缘故；在温度范围为 700～800℃时，TG 曲线上表现为失重现象，同时在此温度区间的 DSC 曲线上有一强放热峰，这是钛酸钾（$K_2Ti_2O_5 \cdot 0.5H_2O$）脱去本身结合水所致；此外，在此温度区间内 TG 曲线上的失重量为 3.36%，这与钛酸钾（$K_2Ti_2O_5 \cdot 0.5H_2O$）脱去结合水的理论失重量 3.36% 相一致。DSC 曲线上最后一个在 930℃左右出现的强吸热峰是由于固体 $K_2Ti_2O_5$ 熔融吸热所致。

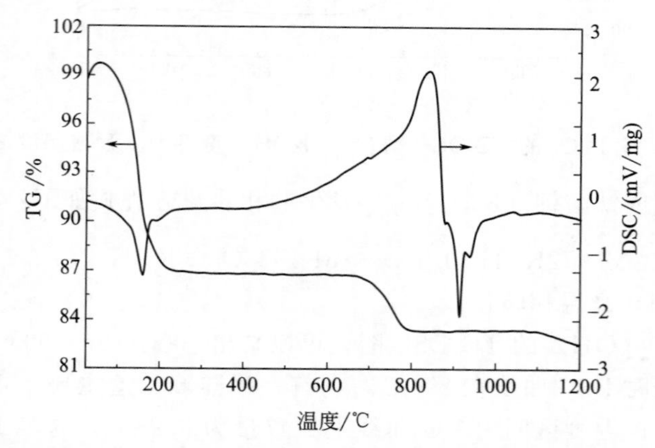

■ 图 4-11 $K_2Ti_2O_5 \cdot 0.5H_2O$ 的 TG-DSC 曲线（KOH 浓度 55%，反应温度 120℃）

钛酸钾（$K_2Ti_2O_5 \cdot 0.5H_2O$）发生的相转化方程式如下：

$$K_2Ti_2O_5 \cdot 0.5H_2O \xrightarrow{700\sim800℃} K_2Ti_2O_5 + 0.5H_2O \tag{4-5}$$

4.2.1.4 3种钛酸钾相转化产物的表征

钛酸钾 $K_4Ti_3O_8$、$KTiO_2(OH)$ 及 $K_2Ti_2O_5 \cdot 0.5H_2O$ 经一定温度（分别为 870℃、505℃及 800℃）煅烧后均可转化为结晶性能好，无其他杂相的二钛酸钾，见图 4-12 及图 4-13。图 4-13 是钛酸钾（$K_2Ti_2O_5$）的 FESEM 图，其制备条件分别为：a. $K_4Ti_3O_8$，870℃煅烧；b. $KTiO_2(OH)$，505℃煅烧；c. $K_2Ti_2O_5 \cdot 0.5H_2O$，800℃煅烧。从图中可以看出，经不同前驱体所制备的二钛酸钾（$K_2Ti_2O_5$）的形貌均为片状，其长度为 1～10μm。

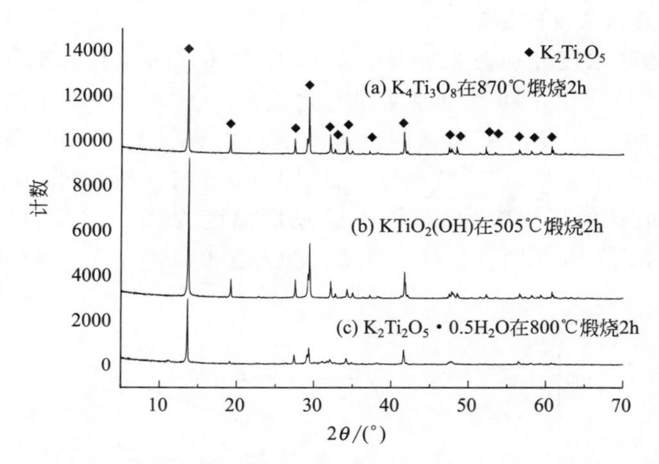

■ 图 4-12 不同条件下所得 $K_2Ti_2O_5$ 的 XRD 图

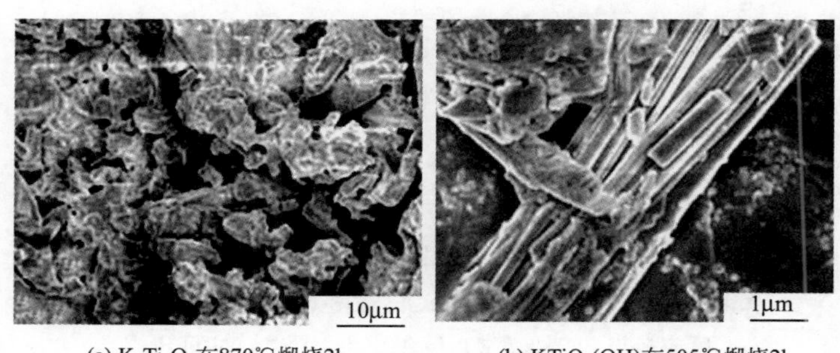

(a) $K_4Ti_3O_8$在870℃煅烧2h (b) $KTiO_2(OH)$在505℃煅烧2h

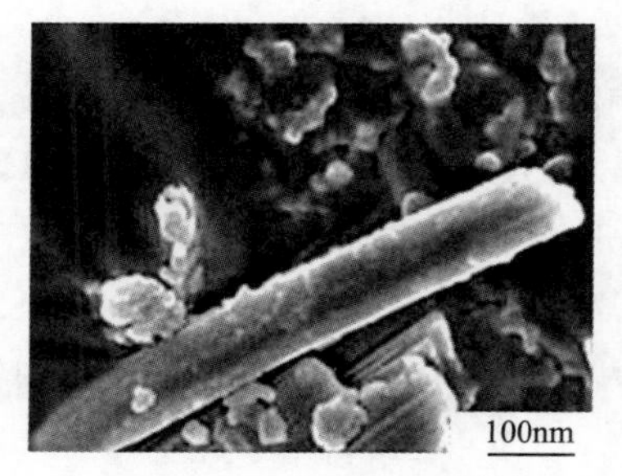

(c) $K_2Ti_2O_5 \cdot 0.5H_2O$在800℃煅烧2h

■ 图 4-13 煅烧所得 $K_2Ti_2O_5$ 的 FESEM 图

4.2.2 NaOH 亚熔盐-钛渣反应体系

NaOH 亚熔盐与钛渣体系在压力场强化下，能够在相对温和的条件下生成相应的钛酸盐产物（钛酸钠）[13,14]。钛酸盐产物经过后续离子交换、水解、分离纯化以及后处理，可以得到性能良好的钛白。反应温度、碱渣比、反应时间等条件是该反应的主要影响因素，对钛的浸出率及钛酸盐产物结构产生影响。

4.2.2.1 反应条件对钛的浸出率的影响

（1）反应温度及碱浓度的影响

图 4-14 是 NaOH 浓度分别为 320g/L、350g/L、400g/L，OH^-/TiO_2 摩尔比＝10∶1、反应时间为 8h 时，钛浸出率随反应温度的变化关系。由图可以看出温度对高钛渣中钛的浸出率有很大影响，且浸出率与碱的浓度有关。在碱渣比相同的条件下，NaOH 浓度为 400g/L、反应温度为 220℃时钛的浸出率即可达到 100％；NaOH 浓度为 350g/L、反应温度为 240℃时钛的浸出率为 93.26％，反应温度为 260℃时，钛的浸出率才可达到 100％；NaOH 浓度为 320g/L 时，即使反应温度为 260℃，钛的浸出率也仅有 89.84％。

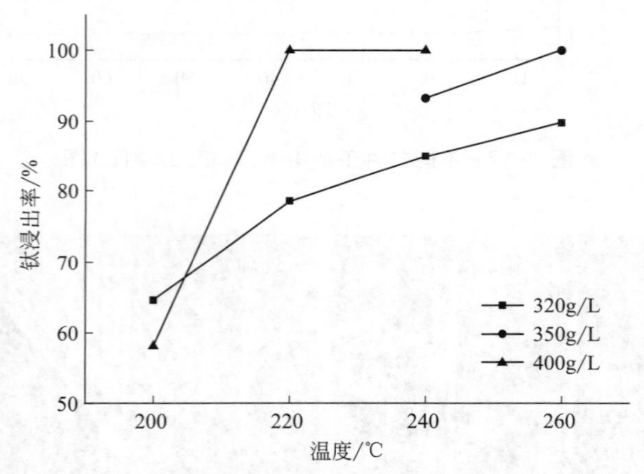

■ 图 4-14 反应温度及 NaOH 浓度对钛浸出率的影响

（反应条件：OH^-/TiO_2 摩尔比= 10∶1；时间 8h）

（2）碱渣比的影响

碱渣比对钛浸出率的影响随温度变化而发生改变。在较高温度时（260℃），钛的浸出率随碱渣比增加而提高。图 4-15 为当 NaOH 浓度为 350g/L、反应温度为 260℃时，钛的浸出率随 OH^-/TiO_2 摩尔比的不同而得到的结果。

图 4-16 是在 NaOH 浓度为 400g/L，反应温度为 200℃、220℃、240℃条件下 OH^-/TiO_2 摩尔比分别为 6∶1、8∶1、10∶1、15∶1 时高钛渣中钛的浸出率变化图。由图可以看出，当反应温度为 200℃时，OH^-/TiO_2 摩尔比为 6∶1、8∶1、10∶1，钛的浸出率均为 60％左右，继续增加 OH^-/TiO_2 摩尔比至 15∶1 时，钛的浸出率反而有下降的趋势，由此可知在较低的反应温度下，即使大大增加 NaOH 的用量也不能提高钛的浸出率，反

而不利于钛的浸出；当 OH^-/TiO_2 摩尔比为 6∶1 时，在 220℃、240℃下反应，钛的浸出率分别为 98.30%和 98.68%；OH^-/TiO_2 摩尔比为 8∶1 和 10∶1 时，在 220℃、240℃下反应，钛的浸出率均达到了 100%。

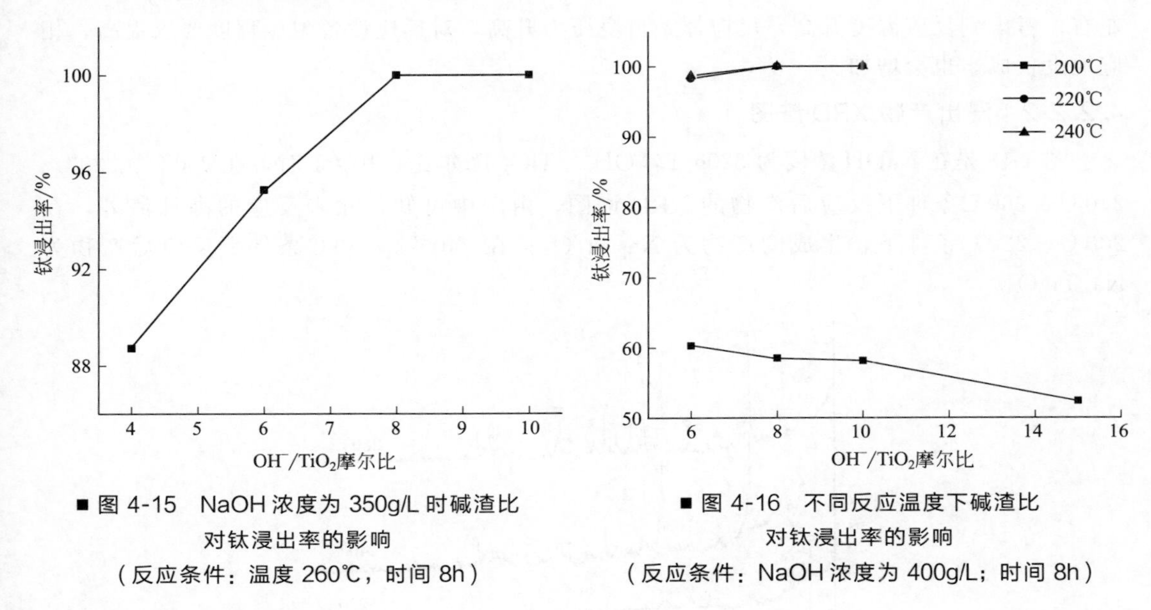

■ 图 4-15 NaOH 浓度为 350g/L 时碱渣比对钛浸出率的影响（反应条件：温度 260℃，时间 8h）

■ 图 4-16 不同反应温度下碱渣比对钛浸出率的影响（反应条件：NaOH 浓度为 400g/L；时间 8h）

(3) 反应时间的影响

反应时间也是影响钛浸出率的重要因素之一。随着反应时间的增加，钛的浸出率发生变化。图 4-17 是 NaOH 浓度为 400g/L、OH^-/TiO_2 摩尔比＝10∶1、在 260℃条件下反应时间对浸出率的影响，由图中可以看出反应时间≥4h 时高钛渣中钛的浸出率即可达到 100%。

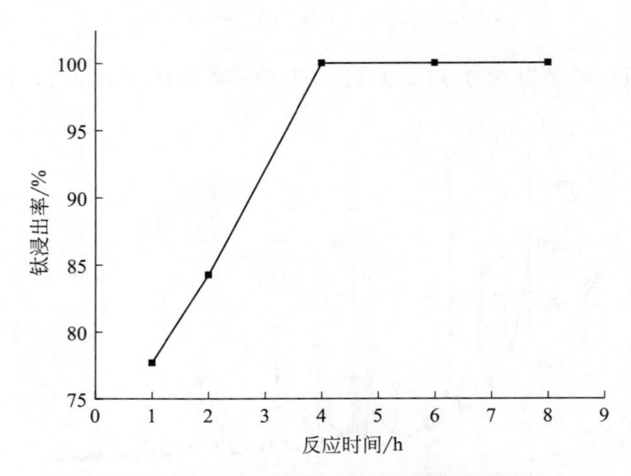

■ 图 4-17 反应时间对钛浸出率的影响

（反应条件：NaOH 浓度为 350g/L；OH^-/TiO_2 摩尔比= 10：1；温度为 260℃）

由以上浸出条件实验可以得出：当 NaOH 浓度为 350g/L 时，温度需在 260℃，OH^-/TiO_2 摩尔比≥8∶1，反应时间≥4h 时高钛渣中钛的浸出率可达到 100%；当 NaOH 浓度为 400g/L 时，温度在 220℃，OH^-/TiO_2 摩尔比≥8∶1，反应时间≥4h 时高钛渣中钛的浸出率可达到 100%。

该体系下，反应温度为 220℃时的压力为 2.2MPa 左右，而 260℃时的压力为 4.5MPa 左右，考虑到反应温度升高，反应体系自身压力升高，对反应设备耐压程度要求提高，相应地设备成本也会增加。

4.2.2.2 浸出产物 XRD 谱图

图 4-18 是在 NaOH 浓度为 320g/L，OH^-/TiO_2 摩尔比=10∶1 时，在 200℃、220℃、240℃、260℃条件下反应后产物的 XRD 谱图，由图中可知，除未反应的高钛渣外，在 200℃、220℃条件下，生成的产物为 $Na_2Ti_3O_7$；在 240℃、260℃条件下反应后产物为 $Na_4Ti_3O_8$。

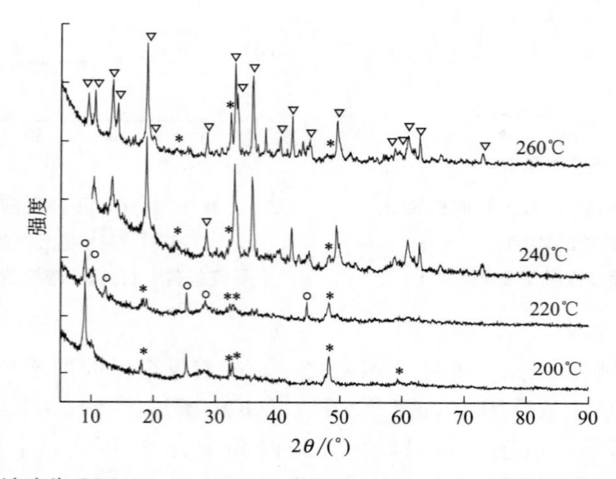

■ 图 4-18 NaOH 浓度为 320g/L，OH^-/TiO_2 摩尔比= 10∶1 时各种温度下反应产物的 XRD 谱图

▽—$Na_4Ti_3O_8$；○—$Na_2Ti_3O_7$；*—高钛渣

图 4-19 是 NaOH 浓度为 350g/L，OH^-/TiO_2 摩尔比=10∶1，260℃条件下反应产

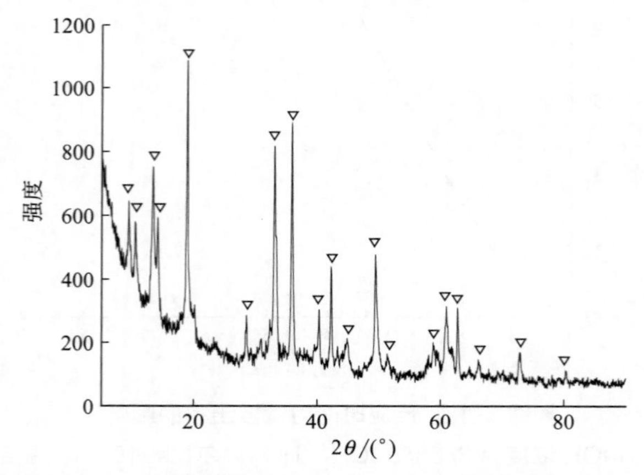

■ 图 4-19 NaOH 浓度为 350g/L，OH^-/TiO_2 摩尔比= 10∶1，260℃条件下反应产物的 XRD 谱图

▽— $Na_4Ti_3O_8$

物的 XRD 谱图，由图中可以看出，反应后已没有高钛渣的峰出现，基本反应完全，且产物为 $Na_4Ti_3O_8$。

图 4-20～图 4-23 是当 NaOH 浓度为 400g/L 时在各种条件下产物的 XRD 谱图，由图可知，NaOH 浓度为 400g/L，反应后除未反应的高钛渣外，200℃反应时，产物为 $Na_2Ti_3O_7$；在高于 200℃反应时，产物均为 $Na_4Ti_3O_8$；温度 $T \geqslant 220$℃时，已没有高钛渣的峰出现，说明基本反应完全。

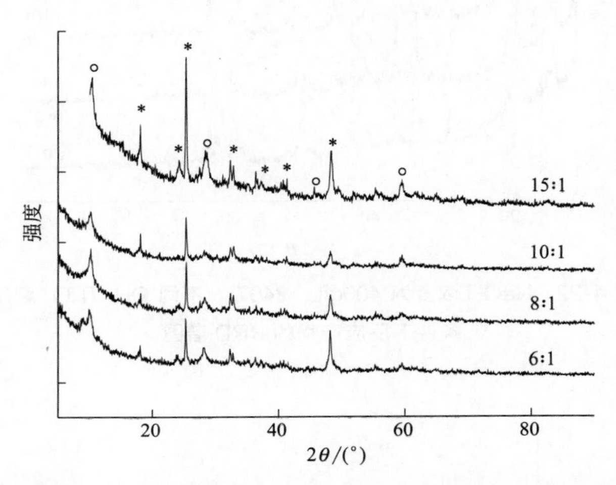

■ 图 4-20 NaOH 浓度为 400g/L，200℃，不同 OH^-/TiO_2 摩尔比条件下反应产物的 XRD 谱图

○—$Na_2Ti_3O_7$；*—高钛渣

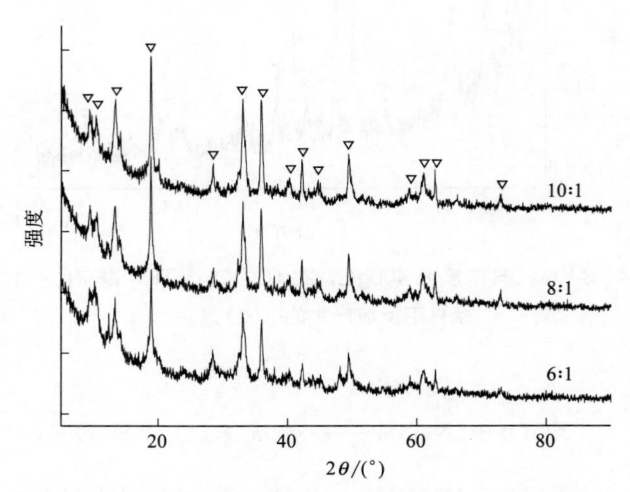

■ 图 4-21 NaOH 浓度为 400g/L，220℃，不同 OH^-/TiO_2 摩尔比条件下反应产物的 XRD 谱图

▽—$Na_4Ti_3O_8$

由以上分析，可以得出，氢氧化钠水热分解高钛渣过程中，在所研究的实验条件范围内，发生的主反应为：

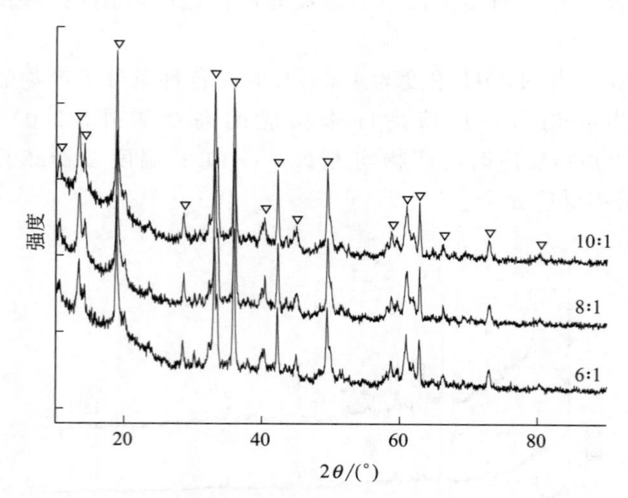

■ 图 4-22 NaOH 浓度为 400g/L，240℃，不同 OH^-/TiO_2 摩尔比条件下反应产物的 XRD 谱图

▽—$Na_4Ti_3O_8$

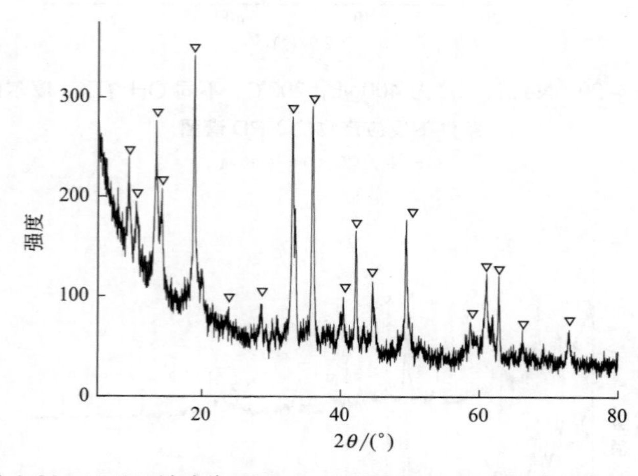

■ 图 4-23 NaOH 浓度为 400g/L，260℃，OH^-/TiO_2 摩尔比= 10：1 条件下反应产物的 XRD 谱图

▽—$Na_4Ti_3O_8$

$$3TiO_2 + 2NaOH \xrightarrow{200℃} Na_2Ti_3O_7 + H_2O \tag{4-6}$$

$$3TiO_2 + 4NaOH \xrightarrow{\geqslant 200℃} Na_4Ti_3O_8 + 2H_2O \tag{4-7}$$

4.2.2.3 反应产物 $Na_4Ti_3O_8$ 的 Na/Ti 摩尔比

为了验证 XRD 分析的准确性，选取部分反应后产物，进行熔样，结果见表 4-2。按照产物为 $Na_4Ti_3O_8$，则产物中理论 Na/Ti 摩尔比为 1.33，由表中数据可以看到，Na/Ti 摩尔比的实验值分别为 1.36、1.32、1.30，考虑到分析仪器及分析方法的误差，产物

Na/Ti 摩尔比实验值与理论值基本相符，由此进一步证明产物分析的正确性。

■ 表 4-2 反应产物的化学组成分析

反应条件	Na/Ti 摩尔比
NaOH 浓度为 400g/L，OH^-/TiO_2 摩尔比=10∶1，220℃	1.36
NaOH 浓度为 400g/L，OH^-/TiO_2 摩尔比=10∶1，240℃	1.32
NaOH 浓度为 400g/L，OH^-/TiO_2 摩尔比=10∶1，260℃	1.30

4.2.2.4 反应产物 $Na_4Ti_3O_8$ 的形貌

生成的 $Na_4Ti_3O_8$ 的形貌为晶须状，见图 4-24，长度大于 1μm。

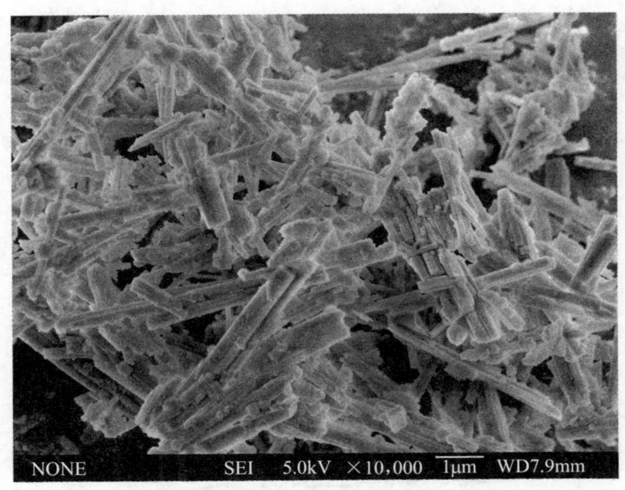

■ 图 4-24 反应产物 $Na_4Ti_3O_8$ 的 SEM 图

（反应条件：NaOH 浓度为 400g/L，OH^-/TiO_2 摩尔比= 10∶1， 220℃）

4.2.2.5 碱浓度和反应温度对钛酸钠结构的影响

图 4-25～图 4-27 分别为 NaOH 浓度为 5mol/L、10mol/L、20mol/L、30mol/L、40mol/L 时，在 160℃、200℃、240℃反应后产物的 XRD 谱图。

由图 4-25 可以看出，反应温度为 160℃，当 NaOH 浓度为 5mol/L 时有类似于 $Na_2Ti_2O_4(OH)_2$ 的峰出现，但锐钛矿（anatase）相仍很明显，说明钛渣未完全反应；当 NaOH 浓度为 10mol/L 时，产物中已没有锐钛矿相，产物为 $Na_2Ti_2O_4(OH)_2$；NaOH 浓度为 20mol/L、30mol/L、40mol/L 时，产物为 Na_4TiO_4，但仍存在少许未反应的锐钛矿型钛渣峰。

由图 4-26 可以看出，反应温度为 200℃，NaOH 浓度为 5mol/L 时，产物为 $H_2Ti_5O_{11}\cdot 3H_2O$；NaOH 浓度为 10mol/L 时，产物为 $Na_2Ti_3O_7$；NaOH 浓度为 20mol/L、30mol/L、40mol/L 时，产物为 Na_4TiO_4，且反应物中的锐钛矿相完全反应。

由图 4-27 可以看出，反应温度为 240℃，NaOH 浓度为 5mol/L 时，产物为 $H_2Ti_5O_{11}\cdot 3H_2O$ 和 $Na_2Ti_3O_7$ 的混合物；NaOH 浓度为 10mol/L 时，产物为 $Na_4Ti_3O_8$；NaOH 浓度为 20mol/L 时，产物为 $Na_2Ti_3O_7$ 和 $Na_4Ti_5O_{12}$ 的混合物；NaOH 浓度为 30mol/L、

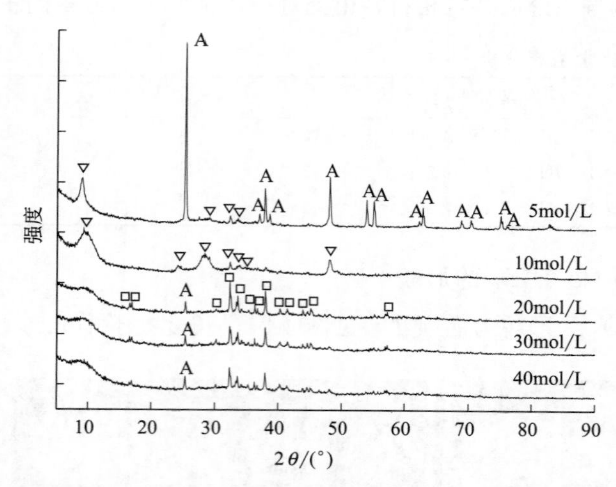

■ 图 4-25 不同浓度的 NaOH 与二氧化钛在 160℃加压亚熔盐反应产物 XRD 谱图

A—锐钛矿；▽—$Na_2Ti_2O_4(OH)_2$；□—Na_4TiO_4

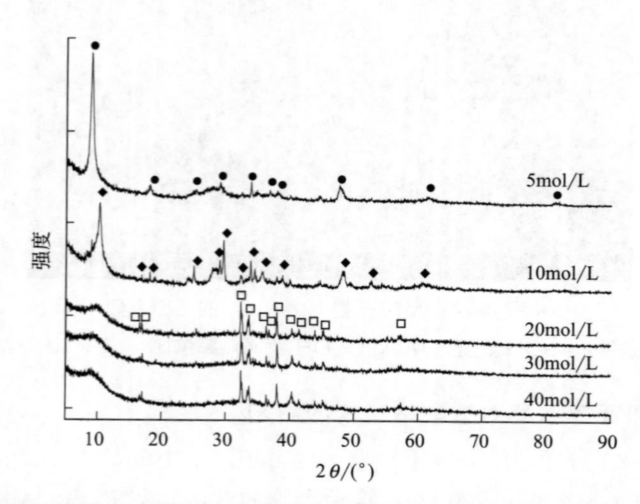

■ 图 4-26 不同浓度的 NaOH 与二氧化钛在 200℃加压亚熔盐体系反应产物的 XRD 谱图

●—$H_2Ti_5O_{11}\cdot 3H_2O$；◆—$Na_2Ti_3O_7$；□—Na_4TiO_4

40mol/L 时，产物仍为 Na_4TiO_4。

由此可见，NaOH 亚熔盐浓度和反应温度对钛酸钠产物结构形式均具有较大影响，分析以上结果得到二氧化钛与氢氧化钠加压亚熔盐反应相图如图 4-28 所示。钛渣在 NaOH 亚熔盐介质中主要反应过程如下：

$$5TiO_2+4H_2O\xrightarrow{NaOH}H_2Ti_5O_{11}\cdot 3H_2O \tag{4-8}$$

$$2TiO_2+2NaOH\longrightarrow Na_2Ti_2O_4(OH)_2 \tag{4-9}$$

$$3TiO_2+2NaOH\longrightarrow Na_2Ti_3O_7+H_2O \tag{4-10}$$

$$3TiO_2+4NaOH\longrightarrow Na_4Ti_3O_8+2H_2O \tag{4-11}$$

$$TiO_2+4NaOH\longrightarrow Na_4TiO_4+2H_2O \tag{4-12}$$

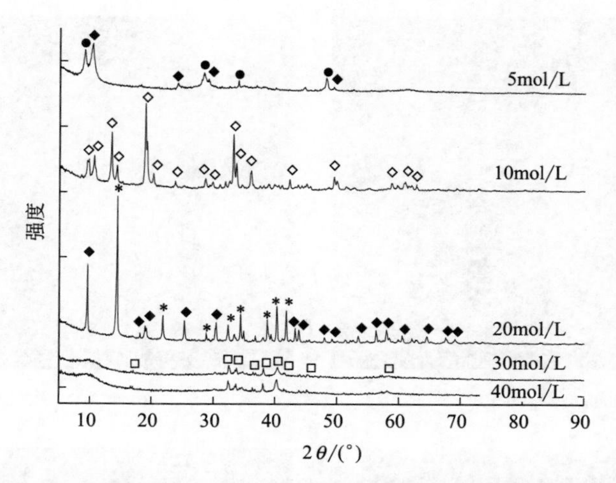

■ 图 4-27 不同浓度的 NaOH 与钛渣在 240℃加压亚熔盐反应产物 XRD 谱图

● —$H_2Ti_5O_{11}\cdot 3H_2O$；◆ —$Na_2Ti_3O_7$；◇ —$Na_4Ti_3O_8$；* —$Na_4Ti_5O_{12}$；□ —Na_4TiO_4

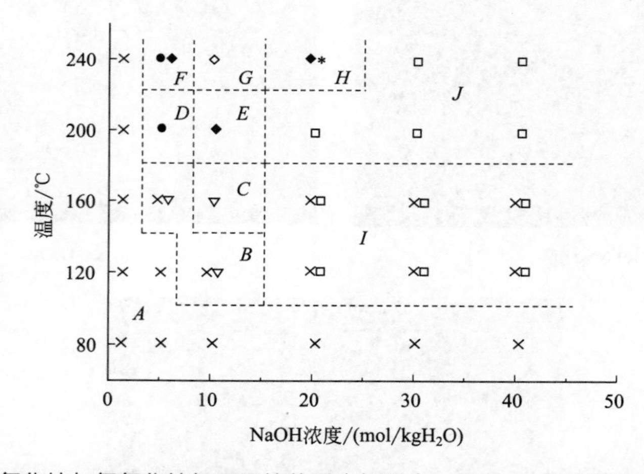

■ 图 4-28 二氧化钛与氢氧化钠加压亚熔盐反应相图（x—TiO_2，其余符号意义同图 4-27）

A—TiO_2；B—TiO_2+ $Na_2Ti_2O_4(OH)_2$；C—$Na_2Ti_2O_4(OH)_2$；D—$H_2Ti_5O_{11}\cdot 3H_2O$；

E—$Na_2Ti_3O_7$；F—$H_2Ti_5O_{11}\cdot 3H_2O$+ $Na_2Ti_3O_7$；G—$Na_4Ti_3O_8$；

H—$Na_2Ti_3O_7$+ $Na_4Ti_5O_{12}$；I—TiO_2+ Na_4TiO_4；J—Na_4TiO_4

4.2.2.6 钛酸钠产物形貌分析

NaOH-TiO_2-H_2O 体系加压亚熔盐反应产物的 SEM 图如图 4-29 所示，可以看出，$Na_2Ti_2O_4(OH)_2$、$Na_2Ti_3O_7$ 和 $Na_4Ti_3O_8$ 均为晶须状，$H_2Ti_5O_{11}\cdot 3H_2O$ 为片状，Na_4TiO_4 则为球形。

为考察钛酸钠的高温稳定性，将 $Na_4Ti_3O_8$ 分别在 80℃、650℃、950℃煅烧，SEM 表征结果如图 4-30 所示。由图可以看出煅烧对 $Na_4Ti_3O_8$ 的形貌基本无影响，其在 950℃下煅烧所得的 $Na_2Ti_3O_7$ 仍为晶须状。

综上，KOH 亚熔盐-钛铁矿/二氧化钛反应体系在常压下操作，碱浓度高于 50%，反

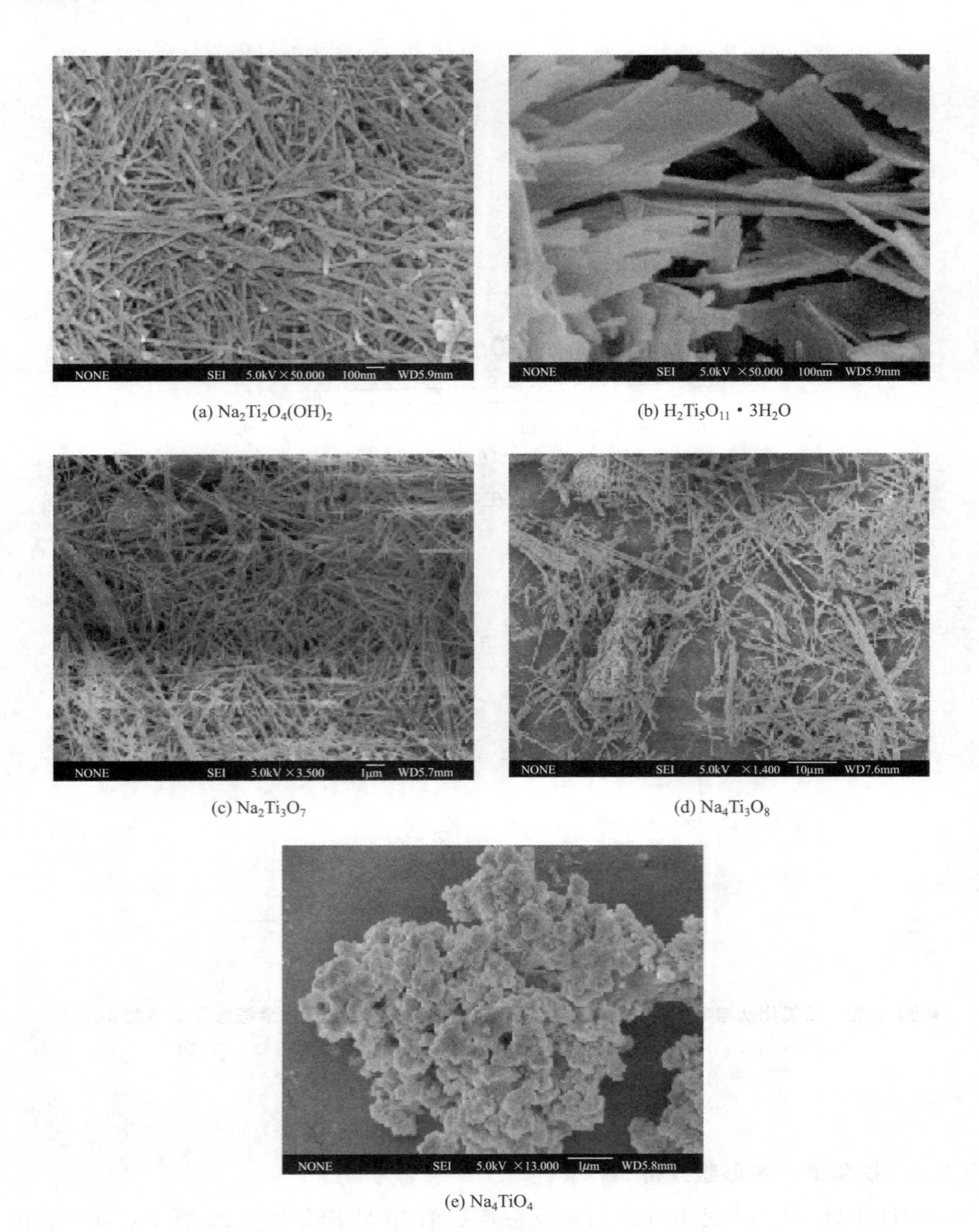

(a) $Na_2Ti_2O_4(OH)_2$ (b) $H_2Ti_5O_{11}\cdot 3H_2O$

(c) $Na_2Ti_3O_7$ (d) $Na_4Ti_3O_8$

(e) Na_4TiO_4

■ 图 4-29 钛渣与氢氧化钠亚熔盐体系反应产物 SEM 图

应温度小于 300℃时可以发生亚熔盐反应，生成钛酸钾，根据反应条件的不同可生成晶须状 $K_4Ti_3O_8$、六方柱状 $KTiO_2(OH)$ 及片状 $K_2Ti_2O_5\cdot 0.5H_2O$ 3 种钛酸钾产物。NaOH 亚熔盐-钛渣体系在压力场强化下，能够在相对温和的条件下生成相应的钛酸盐产物（钛酸钠）。两种亚熔盐体系中，碱的亚熔盐浓度和反应温度对亚熔盐产物结构形式和形貌均具有较大影响。

(a) 80℃

(b) 650℃

NONE SEI 5.0kV ×2.200 10μm WD7.8mm

(c) 950℃

■ 图 4-30 不同温度下煅烧 $Na_4Ti_3O_8$ 2h 后所得物质的 SEM 图

4.3 分离纯化及钛白产品工程

4.3.1 分离纯化

NaOH 亚熔盐-高钛渣反应体系中，亚熔盐反应产物是氢氧化钠亚熔盐分解高钛渣得到的，其中含有铁、硅、钙等杂质元素。而钛白粉中的有些杂质即使含量甚微也会对钛白粉的白度等光学性能产生明显的不良影响，如铁、铬、锰等。

4.3.1.1 杂质铁的去除

钛白粉中的杂质铁对其白度等光学性能的影响最为明显。因为偏钛酸中痕量铁经高温煅烧后，生成红色的 Fe_2O_3，Fe_2O_3 具有同金红石型钛白粉相同的晶形结构，往往以同晶混合物混入金红石晶格中，造成晶格变形，使金红石型钛白粉对铁杂质的影响要比锐钛型钛白粉对铁杂质的影响敏感得多。当 Fe_2O_3 含量为 0.003%时，已使金红石钛白粉呈现黄色；而当 Fe_2O_3 含量为 0.009%时，才开始影响锐钛型钛白粉的白度。铁杂质的影响，不仅在于 Fe_2O_3 本身的红色，更重要的是 Fe_2O_3 进入 TiO_2 晶格，造成晶格缺陷，形成发色活化点，从而提高了产品的光吸收能，导致白度和消色力的下降，影响到钛白粉的光学性质。因此，铁的有效去除在钛白生产工艺中至关重要。

亚熔盐反应产物经水洗后得到的产物的化学组成如表 4-3 所列。

表 4-3 亚熔盐反应水洗产物的化学组成

组分	Na	TiO_2	ΣFe	Cr_2O_3	MgO	MnO	Al_2O_3	SiO_2	CaO
质量分数/%	10.27	33.44	0.48	0.04	0.20	0.65	0.17	0.51	0.48

（1）原理

高钛渣的主要成分为 Ti_3O_5，在 NaOH 亚熔盐中发生的主要反应为

$$2Ti_3O_5+12NaOH+O_2 \longrightarrow 6Na_2TiO_3+6H_2O \quad (4\text{-}13)$$

渣中的氧化铁在亚熔盐反应过程中呈现惰性，不参与反应，并且在反应产物水洗过程中仅有微量浸出至洗涤碱液中，大部分铁伴随着钛进入固相，即水洗产物中。在酸解过程中，Fe_2O_3 在稀盐酸中溶解，发生如下反应：

$$Fe_2O_3+6HCl \longrightarrow 2FeCl_3+3H_2O \quad (4\text{-}14)$$

可以通过加入 EDTA 来抑制 Fe^{3+} 在 TiO^{2+} 水解过程中水解生成 $Fe(OH)_3$ 沉淀而影响二氧化钛的纯度[15]。加入 EDTA 后，生成的 Fe^{3+} 与 EDTA 络合，EDTA 在酸性溶液中的存在形式一共 6 种，即 HY^{3-}、H_2Y^{2-}、H_3Y^-、H_4Y、H_5Y^+ 和 H_6Y^{2+}，但是能够与 Fe^{3+} 络合的只有 HY^{3-}、H_2Y^{2-} 和 H_3Y^-，络合的主要反应为：

$$Fe^{3+}+HY^{3-} \longrightarrow FeY^-+H^+ \quad (4\text{-}15)$$

$$Fe^{3+}+H_2Y^{2-} \longrightarrow FeY^-+2H^+ \quad (4\text{-}16)$$

$$Fe^{3+}+H_3Y^- \longrightarrow FeY^-+3H^+ \quad (4\text{-}17)$$

式(4-15)～式(4-17) 是个连续的过程，EDTA 与 Fe^{3+} 的不断络合，促进 Fe_2O_3 在稀盐酸中的溶解，降低固相中铁的含量，减少下一步离子交换水解单元的除铁压力。

在酸解过程中，有少量钛酸钠溶解至酸液中，生成 $TiOCl_2$，但由于酸度低，大部分钛仍存在于固相中，经过滤后高温离子交换，方程式如下：

$$TiOCl_2+2H_2O \longrightarrow TiO_2+H_2O+2HCl \quad (4\text{-}18)$$

离子交换得到的偏钛酸水洗后除去颗粒表面附着的杂质，然后经过漂白、盐处理和煅烧后[16]，可得到较纯的 TiO_2。

（2）酸体系的选择

将水洗后亚熔盐反应产物加入到 EDTA 溶液中，加入盐酸或者硫酸调节 pH 值，两种酸体系对 Fe^{3+} 络合产生不同的效果。当 EDTA/Fe 的摩尔比为 5、温度为 60℃、时间为 12h 时，两种酸在不同 pH 值下对 Fe^{3+} 络合的各参数的比较见表 4-4。

表 4-4 硫酸和盐酸在不同 pH 值下对 Fe^{3+} 络合的各参数的比较

酸体系	pH 值	Ti^{4+} 溶出率/%	Fe^{3+} 溶出率/%	产物 TiO_2 的纯度/%	产物 Fe^{3+} 的质量分数/%
HCl+EDTA	0.3	6.55	57.98	98.9	0.004
	0.5	2.87	54.08	99.3	0.004
	0.8	2.52	32.50	99.2	0.008

续表

酸体系	pH 值	Ti^{4+} 溶出率/%	Fe^{3+} 溶出率/%	产物 TiO_2 的纯度/%	产物 Fe^{3+} 的质量分数/%
H_2SO_4+EDTA	0.3	13.1	39.12	—	—
	0.5	6.13	34.29	—	—
	0.8	5.76	21.53	—	—

如表 4-4 所列，盐酸体系中，在 3 个不同 pH 值的条件下，Fe^{3+} 的溶出率都高于硫酸体系中的 Fe^{3+} 溶出率，而 Ti^{4+} 的溶出率都低于硫酸体系中的 Ti^{4+} 溶出率。另外，在盐酸体系，络合过滤得到的固相后再进行离子交换得到产品 TiO_2 的纯度最高可以达到 99.3%；而在硫酸体系中，络合过滤得到固相经离子交换颗粒较细，多为胶体，不易过滤。所以盐酸体系更有利于对 Fe^{3+} 的去除从而提高产品 TiO_2 纯度。

(3) 各种因素对 EDTA 络合 Fe^{3+} 的影响

图 4-31 为 EDTA 加入量与 Ti^{4+} 和 Fe^{3+} 溶出率的关系曲线。由于 EDTA 在酸性溶液中的存在形式一共 6 种，即 HY^{3-}、H_2Y^{2-}、H_3Y^-、H_4Y、H_5Y^+ 和 H_6Y^{2+}，而能够与 Fe^{3+} 络合的只有 HY^{3-}、H_2Y^{2-} 和 H_3Y^- 3 种形式，由反应式(4-15)、式(4-16)、式(4-17)可知，EDTA/Fe^{3+} 的理论摩尔比为 1∶1，但是反应产物中 Na^+、Mg^{2+}、Ca^{2+}、Al^{3+} 和 Fe^{3+} 都可以被 EDTA 络合，各金属离子与 EDTA 络合物的稳定平衡常数的对数值 lg$K$ 如表 4-5 所列。因此，实验中 EDTA 实际加入量要大于理论量。图 4-31 为 EDTA/Fe^{3+} 的摩尔比为 1、3、5、7、9 时对 Ti^{4+} 和 Fe^{3+} 溶出率的影响。随着 EDTA/Fe^{3+} 摩尔比的增加，酸液中 Fe^{3+} 被络合的速度加快，促进了固相中的铁不断溶出至液相中。同时，铁的溶出消耗了盐酸，体系酸度降低，致使 Ti^{4+} 的溶出率不断降低。当 EDTA/Fe^{3+} 的摩尔比为 5 时，Fe^{3+} 的溶出率增加缓慢，这是因为体系中的 EDTA 大大过量，能够被酸溶解掉的 Fe_2O_3 已经完全溶解，溶液中 Fe^{3+} 几乎完全与 EDTA 络合，从而增加 EDTA 的量将不再对 Fe^{3+} 的溶出率有明显的影响，同时 Ti^{4+} 的溶出率也达到平衡。

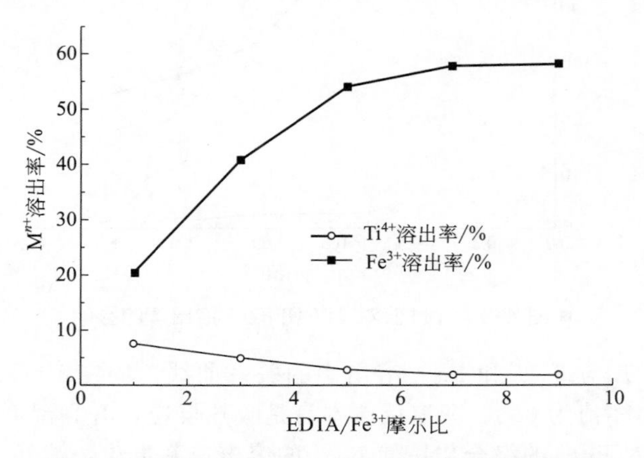

■ 图 4-31 EDTA 加入量对 Ti^{4+} 和 Fe^{3+} 溶出率的影响

■ 表 4-5 金属离子与 EDTA 络合物的 lg$K$

金属离子	Ti^{4+}	Si^{4+}	Mn^{n+}	Cr^{3+}	Na^+	Mg^{2+}	Ca^{2+}	Al^{3+}	Fe^{3+}
lg$K$	—	—	—	—	1.7	8.7	10.7	16.1	25.1

时间 t 与 Ti^{4+} 和 Fe^{3+} 溶出率的关系曲线如图 4-32 所示。随着反应时间的增加，Fe^{3+} 的溶出率不断增加，Ti^{4+} 不断降低，当反应时间达到 12h 以后 Fe^{3+} 的溶出率增加缓慢并趋于平衡，此时 Ti^{4+} 溶出率也趋于平衡。

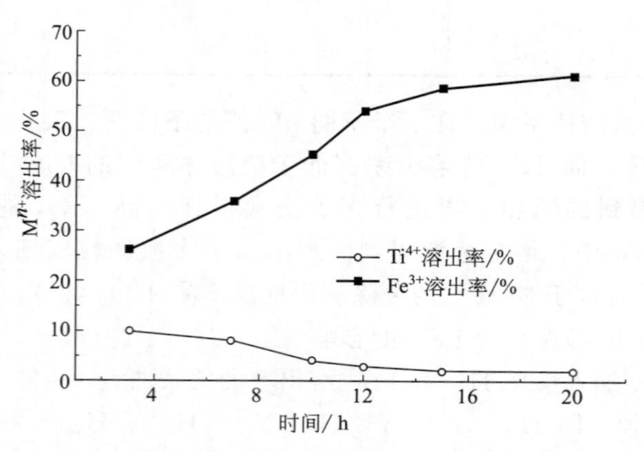

■ 图 4-32 时间对 Ti^{4+} 和 Fe^{3+} 溶出率的影响

pH 值与 Ti^{4+} 和 Fe^{3+} 溶出率的关系曲线见图 4-33，随着 pH 值的升高，体系中的酸度降低，H^{+} 的浓度降低，相对 Ti^{4+} 和 Fe^{3+} 的溶出率均逐渐降低，从图中可以看出，当 pH＞0.5 时，Ti^{4+} 的溶出率降低得比较缓慢，而此时 Fe^{3+} 的溶出率在 pH＝0.5 处相对比较高。

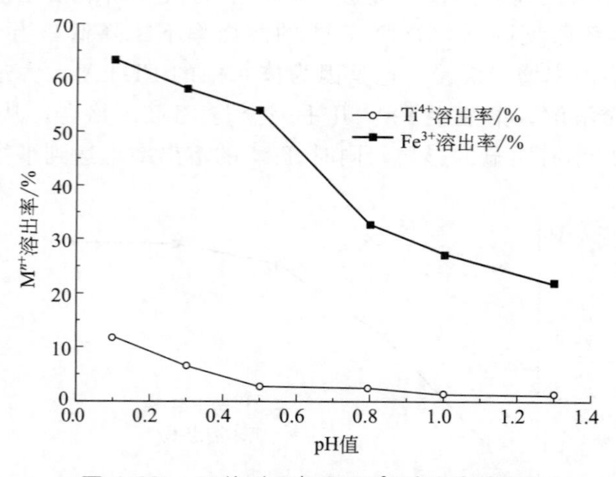

■ 图 4-33 pH 值对 Ti^{4+} 和 Fe^{3+} 溶出率的影响

图 4-34 为温度 T 与 Ti^{4+} 和 Fe^{3+} 溶出率的关系曲线。固定 EDTA/Fe^{3+} 的摩尔比为 5，时间 t 为 12h，pH 值为 0.5。酸溶反应本身是吸热反应，升高温度可加快 Fe^{3+} 的溶出速率，由于 EDTA 对 Fe^{3+} 的络合作用使 Fe^{3+} 的溶出速率更快，消耗 H^{+} 的速度加快，而 H^{+} 浓度是一定的，所以 Ti^{4+} 溶出率不断下降。当反应温度为 60℃时，Fe^{3+} 溶出率变化不大，基本达到平衡，虽然 Ti^{4+} 的溶出率由于温度升高会有部分水解导致的溶出率降低，但是降低的幅度不到 1%，从能量消耗的角度考虑，温度 60℃为宜。

添加 EDTA 与不添加 EDTA 的盐酸体系中各参数的比较如表 4-6 所列，从表中可以

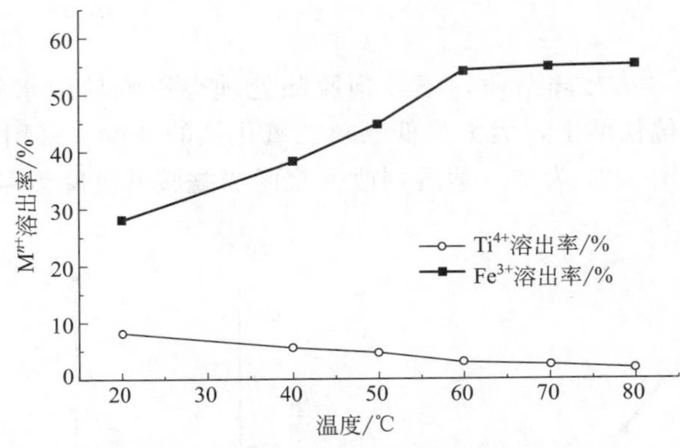

■ 图 4-34 温度对 Ti^{4+} 和 Fe^{3+} 溶出率的影响

看出，添加 EDTA 的盐酸体系与不添加 EDTA 的盐酸体系相比，Fe^{3+} 的溶出率较高而 Ti^{4+} 的溶出率较低。另外，水解后得到的产品 TiO_2 的纯度在添加 EDTA 的盐酸体系中可以达到 99.3%，同时 Fe^{3+} 的质量分数不足添加 EDTA 的盐酸体系 Fe^{3+} 质量分数的 1/8，所以添加 EDTA 的盐酸体系更有利于对 Fe^{3+} 的去除，从而提高产品 TiO_2 纯度。

■ **表 4-6 是否添加 EDTA 的盐酸体系中各参数的比较** 单位：%

体系	Ti^{4+} 溶出率	Fe^{3+} 溶出率	产物 TiO_2 的纯度	产物 Fe^{3+} 的质量分数
HCl	12.18	10.45	98.2	0.034
HCl+EDTA	2.87	54.08	99.3	0.004

产物中各种元素以氧化物计的组成见表 4-7，所得二氧化钛产品中杂质的含量很低，经进一步处理可满足工业上广泛使用的钛白粉的要求。

■ **表 4-7 650℃煅烧 2h 后所得二氧化钛的化学组成**

组分	TiO_2	Fe_2O_3	Cr_2O_3	MgO	MnO	Al_2O_3	SiO_2	CaO
质量分数/%	99.3	0.006	0.010	0.032	0.036	0.045	0.062	0.025

图 4-35 为离子交换产物经 650℃煅烧 2h 后的 XRD 图，从图中可以看出，离子交换产物为锐钛型二氧化钛。图 4-36 为水解产物经 650℃煅烧 2h 后的 SEM 图，显示产物为球形且直径稍小于 100nm。

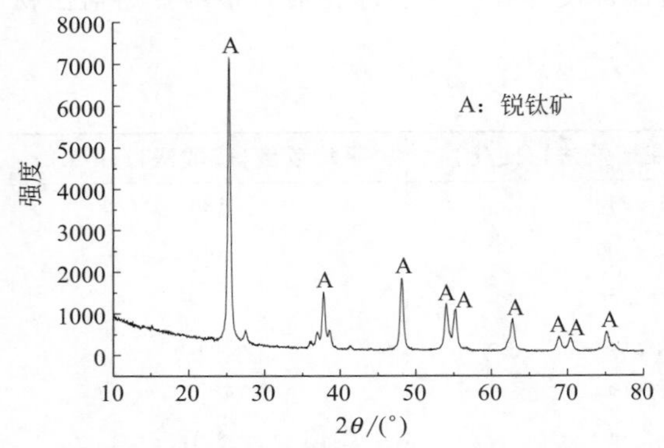

■ 图 4-35 离子交换产物经 650℃煅烧 2h 后的 XRD 图

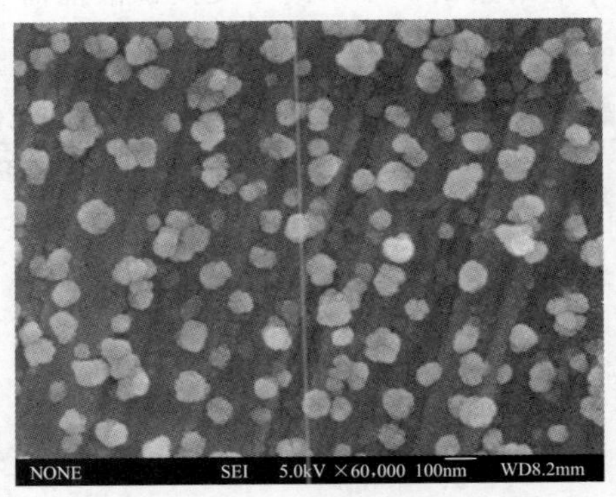

■ 图 4-36 离子交换产物经 650℃煅烧 2h 后的 SEM 图

4.3.1.2 脱硅工艺

钛液中存在约1～3g/L硅杂质，不经预脱除处理会影响后续水解过程，硅杂质最终全部吸附在水解产物偏钛酸上，大大降低颜料二氧化钛的纯度。采用絮凝脱硅工艺可以达到较好的脱硅效果。图4-37为加入絮凝剂改性聚丙烯酰胺并沉降絮凝后的脱硅曲线。

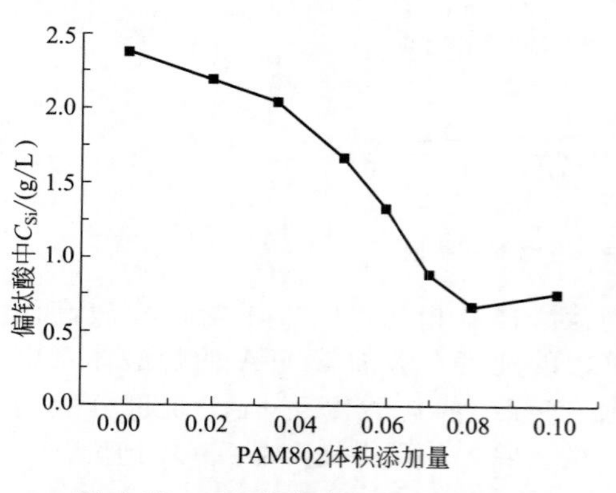

■ 图4-37 不同絮凝剂添加量脱硅效果

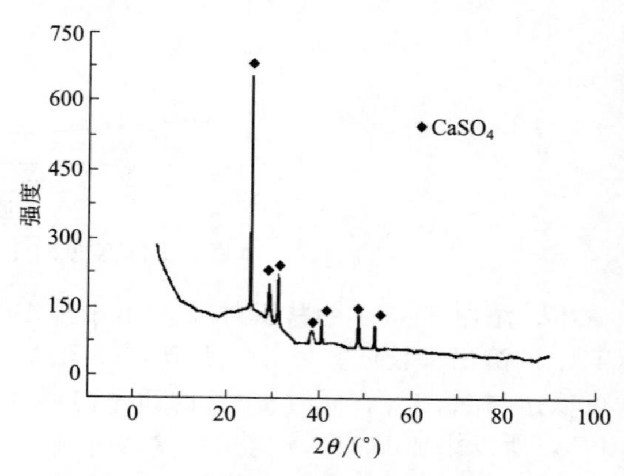

■ 图4-38 钛液长期静置沉淀物XRD分析

以钛液体积为1计，絮凝剂（0.1%）体积添加量小于0.04时，基本没有脱硅效果；当继续提高絮凝剂含量后，脱硅效果迅速增加，在0.08处达到最优值。随着絮凝剂添加量的继续提高，絮凝剂自身相互碰撞失活，反而降低脱硅效果。改性聚丙烯酰胺絮凝剂中含有大量活性基团，—$CONH_2$和—COOH在强酸性钛液中吸附硅胶，中和其电荷，降低双电层厚度和电位，降低颗粒间排斥力，通过物理和化学的方法达到沉淀脱硅的效果；当絮凝剂含量过高时，分子自身排斥力过大，活性基团减少，絮凝除杂效果大大降低。

4.3.1.3 脱钙工艺

脱硅后钛液静置10d后开始析出白色结晶物，通过图4-38 XRD分析得到产物是水合硫酸钙（CAS No：072-0916，$a=b=c=7.000\times10^{-10}$m，$\alpha=\beta=\gamma=90°$）。特别是钛液从制备温度50℃降到室温后，硫酸钙溶解度进一步降低，导致其析出。在高浓度钛液中，硫酸钙的溶解度大大降低，其存在将导致钛液稳定性变差，会在离子交换过程中产生不均一原始晶核，所以离子交换钛液前需要加入过滤深度净化工艺。净化后，最终亚熔盐法钛液组成与硫酸法钛液对比，见表4-8。

■ 表4-8 亚熔盐法钛液和硫酸法钛液组成的对比

主要离子/微量离子	浓度(NaOH亚熔盐法)/(g/L)	平均浓度(硫酸法)/(g/L)
Ti(总)(以TiO_2计)	15～240	180
H_2SO_4(总)	70～500	360
Na(Ⅰ)	2～25	1
Fe(Ⅱ)	4～10	64
Ti(Ⅲ)	4～10	4～7
Mn(Ⅱ)	≤3.00	3.1
Mg(Ⅱ)	≤2.50	4.4

续表

主要离子/微量离子	浓度(NaOH 亚熔盐法)/(g/L)	平均浓度(硫酸法)/(g/L)
Si(Ⅳ)	≤1.00	0
Zr(Ⅳ)	≤0.80	0.50
Ca(Ⅱ)	≤0.60	0.66
Cr(Ⅲ)	≤0.15	0.02
Al(Ⅲ)	≤0.10	3.4

4.3.2 煅烧

4.3.2.1 晶型转化动力学研究[17]

在亚熔盐法钛白清洁生产中，偏钛酸通过高温煅烧除去其中的水分和 SO_3，同时使 TiO_2 转变成所需要的晶型。TiO_2 的晶型转化机理及其动力学参数可以用固/固反应动力学方程[18]来描述。

在加速阶段（成核阶段），核生长是一维、线性和恒定生长速率的，可用动力学方程式(4-19) 来描述：

$$\ln\alpha = k_1 t + c \tag{4-19}$$

式中 α——晶型转化率；

k——速率常数；

c——常数。

而减速阶段（相转化阶段）是在S形曲线上相变速率逐渐随时间而减小的那一段。假定粒子是球形的，新相粒子成长符合球界面收缩模型，可用动力学方程式(4-20) 来描述：

$$(1-\alpha)^{1/3} = k_2 t + c \tag{4-20}$$

如果新相粒子随机成核并且快速生长，可用动力学方程式(4-21) 来描述：

$$\ln(1-\alpha) = k_3 t + c \tag{4-21}$$

如果还要考虑新相粒子成核时的相互重叠，可用动力学方程式(4-22) 来描述：

$$[\ln(1-\alpha)]^{1/3} = k_4 t + c \tag{4-22}$$

利用以上动力学方程分别拟合不同煅烧温度下的 α-t 关系图，得到直线斜率 k，再根据阿伦尼乌斯方程进行线性拟合，并计算不同相转化机理对应的表观活化能，见表 4-9。

■ 表 4-9 不同转化机理对应的相转化表观活化能

动力学方程	α 拟合范围	k	E_a/(kJ/mol)
$\ln\alpha = k_1 t + c$	0～0.30	8.24	685
$(1-\alpha)^{1/3} = k_2 t + c$	0.35～0.90	10.10	840
$\ln(1-\alpha) = k_3 t + c$	0.35～0.90	10.60	881
$[\ln(1-\alpha)]^{1/3} = k_4 t + c$	0.35～0.90	9.86	819

从表中可以看出，在 TiO_2 晶型成核期内，晶型转化的表观活化能为 685kJ/mol；在 TiO_2 晶型生长期，晶型转化的表观活化能在 819～881kJ/mol 之间。固体颗粒，特别是对于固体粉末反应，由于颗粒形状难以确定，粒径的分布不是很均匀，要确定采用哪一个机理方程来回归实验数据较为困难。但对于亚熔盐法 TiO_2 晶型转化的生长阶段（$\alpha=$

0.35～0.90），以上3个动力学方程的拟合线性和结果都基本相近，因此可以判断成核阶段为“一维形核-匀速增长”，生长阶段则为3种机理都有可能发生。

4.3.2.2 晶型转化过程的晶化机制

对于亚熔盐法的煅烧工序的晶型转化过程，可采用等温相变动力学来确定其转化过程的晶化机制。Johnson、Mehl 和 Avrami 根据第一性原理来解释转化过程中的“成核-生长”，并提出了结晶动力学经典理论 JMA 方程[19]。JMA 理论认为在“成核-生长”过程中，晶化体积分数 α 与晶化时间 t 符合以下的关系：

$$\ln[-\ln(1-\alpha)]=\ln k+n\ln t \tag{4-23}$$

式中 α——相转化分数；

t——转化时间；

k——反应动力学速率常数；

n——Avrami 指数，表征了晶化过程中新相成核及新相长大的晶化机制。

表 4-10 中列出了 JMA 方程中 n 与对应的晶化机制关系。

表 4-10 晶化机制与 JMA 方程指数关系

晶化机制	n
三维扩散生长，成核率随时间不变	4
二维扩散生长，最初成核后成核率为零	3
一维扩散生长，晶棱成核饱和	2
表面成核，晶界面成核饱和	1
已有晶核的稳定长大	<1

根据式(4-23)，可得不同煅烧温度下的 JMA 曲线，见图 4-39。可以看出，实验点基本符合线性分布，说明相转化过程符合简化的 Johnson-Mehl-Avrami 模型。Avrami 指数 n 和反应速率 k 由直线的斜率和截距求得，具体结果见表 4-11。

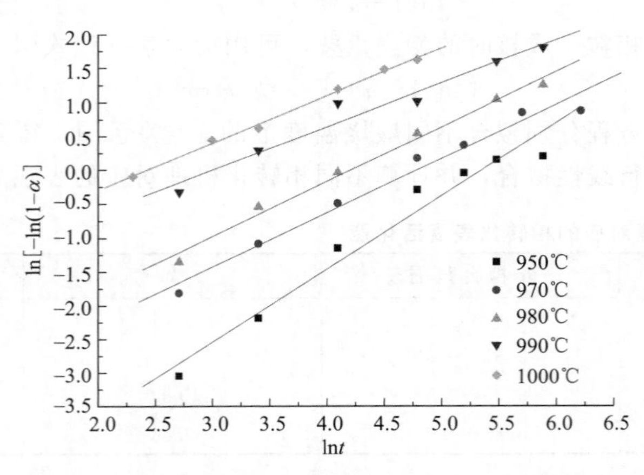

■ 图 4-39 不同温度下 ln[-ln(1-α)] 与 ln*t* 的关系

由表 4-11 可知，当相转化温度为 950℃时，Avrami 指数 $n=1.08$，说明 TiO_2 相转化过程是表面成核过程。而当转化温度继续升高后，Avrami 指数 $n<1.0$，这说明在这个温度下主要是在已成核表面上的稳定长大过程。同时，JMA 方程中 k 值的大小取决于成核

和生长速率。从表 4-11 中可以看出，随着反应温度的逐渐升高，反应速率常数 k 值也逐渐升高，即提高转化温度可以明显增加反应速率。

■ **表 4-11 不同温度下 JMA 方程中 k 与 n 的值**

温度/℃	k	n
950	0.003	1.08
970	0.022	0.80
980	0.033	0.81
990	0.146	0.64
1000	0.182	0.70

将方程式(4-23) 经过转化可以得到 Avrami 指数与转化率 n 之间的关系，见方程式(4-24)。根据表 4-11 中在一定温度下的速率常数 k，以及一定转化时间 t 下对应的转化率 α，可以得到一定温度下 Avrami 指数 n 和转化率 α 之间的关系图，见图 4-40。

$$n=\ln\left[\frac{-\ln(1-\alpha)}{k}\right]/\ln t \tag{4-24}$$

从图 4-40 中可以看出，煅烧过程中 Avrami 指数 n 随转化率 α 变化幅度不大。结合表 4-11 可知，亚熔盐法 TiO_2 转化过程中温度对于转化过程中的晶化机制影响较大；而在相同转化温度下，转化率对于晶化机制的影响较小。

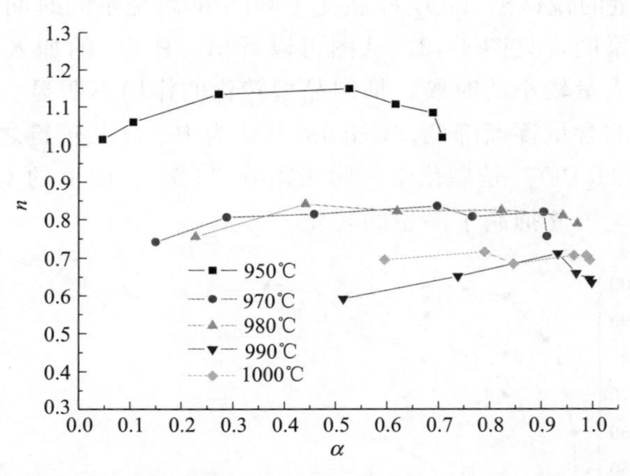

■ 图 4-40 不同等温温度下平均 Avrami 指数 n 与转化分数 α 的关系曲线

4.3.2.3 离子掺杂对 TiO_2 晶型转化的影响

离子掺杂是钛白粉生产中重要的工序，不仅对于产品的颜料性能有着直接的影响，还会直接影响到产品 TiO_2 的晶型。

(1) K_2O 掺杂的影响

将掺杂不同 K_2O 含量的锐钛型 TiO_2 在 1000℃下煅烧，得到煅烧时间与金红石转化率的关系图，见图 4-41。由图可以看出，加入少量的 K_2O 就可以明显抑制晶型的转化，随着加入量的逐渐增加，继续提高加入量对于抑制晶型转化的作用增加有限。Rodriguez-Talavera[20] 从离子半径角度解释了 K_2O 的抑制作用，其研究认为这主要是由于 K^+ 的离子半径（$r_{K^+}=1.52\times10^{-10}$m）大于 O^{2-} 的离子半径（$r_{O^{2-}}=1.26\times10^{-10}$m）和 Ti^{4+} 的离子半径（$r_{Ti^{4+}}=0.745\times10^{-10}$m），$K^+$进入$TiO_2$晶格后使原晶格发生畸变，从而抑制了$TiO_2$的晶型转化。此外，$K_2O$的加入减少了颗粒间的烧结，从而减少了颗粒间不同物相的物质传递，这也是K_2O抑制TiO_2晶型转化的一个原因。

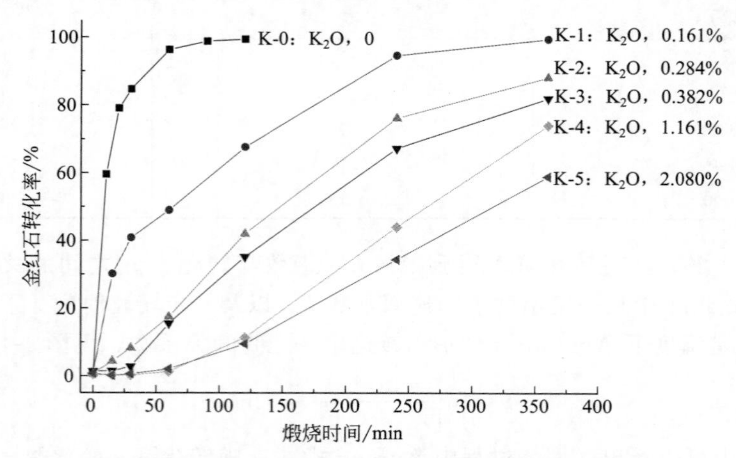

■ 图 4-41 掺杂K_2O的TiO_2样品的晶型转化曲线

（2）P_2O_5掺杂的影响

将不同P_2O_5含量的锐钛型TiO_2样品在1000℃下煅烧不同时间，得到不同煅烧时间与金红石转化率的关系图，见图 4-42。从图可以看出，P_2O_5的加入可以抑制锐钛相向金红石相的转化，在加入量较小的时候，抑制晶型转化的作用不明显。随着P_2O_5加入量的增加，产品中金红石的含量逐渐降低。Criado[21]认为P—O共价键之间作用力较强，P^{5+}不大可能代替Ti^{4+}。$H_2PO_4^-$是靠化学吸附吸附在TiO_2表面上的OH^-位点，其限制了离子在表面上的迁移，因此抑制了晶型的转化。

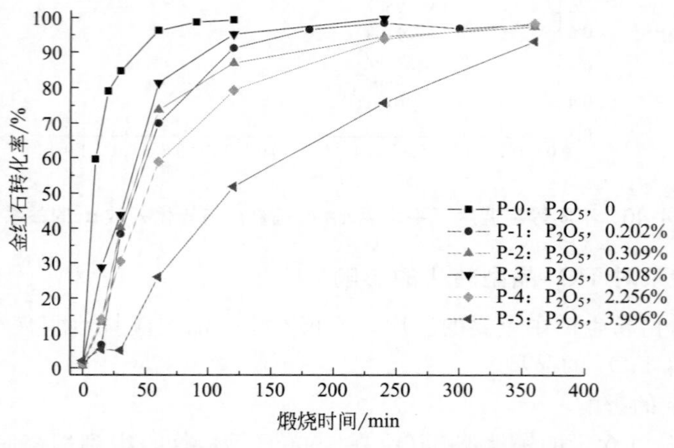

■ 图 4-42 掺杂P_2O_5的TiO_2样品的晶型转化曲线

（3）Al_2O_3掺杂的影响

将不同Al_2O_3含量的锐钛型二氧化钛样品在1000℃下煅烧不同时间，得到不同煅烧时间与金红石转化率的关系图，见图 4-43。从图可以看出，Al_2O_3的加入可以抑制锐钛

相 TiO_2 向金红石相 TiO_2 的转化，当 Al_2O_3 在 TiO_2 中的含量在 0～0.8%范围内时，转化率随着 Al_2O_3 加入量的增加金红石含量迅速降低；而随着 Al_2O_3 的含量继续增加，其对于晶型转化的抑制作用逐渐变弱。由于掺杂 Al_2O_3 煅烧产品中并未发现 Al_2O_3 相，说明 Al^{3+} 完全或部分进入了 TiO_2 晶格空隙或占据 O^{2-} 空位，使得 Al_2O_3 高度分散在 TiO_2 粒子间，有效地减少了粒子表面的金红石相成核几率，故其加入抑制了 TiO_2 的相转化。同时，另外一种原因是：Al^{3+} 的离子半径（$r_{Al^{3+}}=0.54\times10^{-10}$m）明显小于 Ti^{4+} 的离子半径（$r_{Ti^{4+}}=0.745\times10^{-10}$m），较小的 Al^{3+} 取代了 Ti^{4+} 后便出现了空余的空间，从而产生了晶格缺陷，这部分能量在发生相变前需要释放，使得锐钛型 TiO_2 更加稳定。

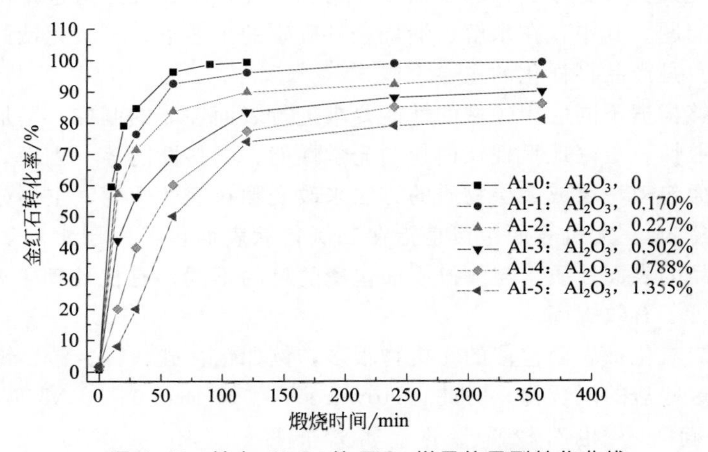

■ 图 4-43 掺杂 Al_2O_3 的 TiO_2 样品的晶型转化曲线

（4）金红石型 TiO_2 溶胶掺杂的影响

将不同 TiO_2 晶种含量的锐钛型 TiO_2 样品在 800℃下煅烧 1h，得到金红石晶种加入量与金红石转化率的关系图，见图 4-44。从图可以看出，煅烧得到样品的金红石含量随着晶种加入量的增加而逐渐升高。金红石型 TiO_2 溶胶中的金红石相 TiO_2 为极微小的金红石相颗粒，其在相转化过程中起到诱导作用，在浆液中产生了八面体 TiO_6 生长单元定

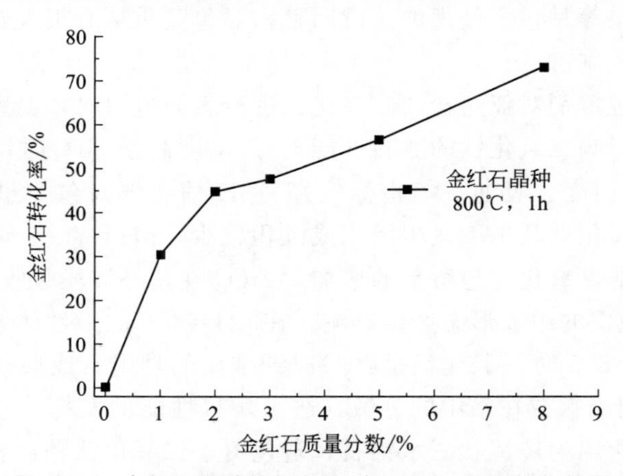

■ 图 4-44 金红石晶种的加入量对于 TiO_2 晶型转化的影响

向沉积，这有利于加快煅烧过程中的成核速率和提高产物中金红石相 TiO_2 的含量。

4.3.3 包覆

4.3.3.1 二氧化钛质量调控

前期研究发现，决定产品质量的关键调控因素不仅取决于分离操作所达到的浓度或纯度，更取决于产品的结构和物理性质，如颗粒形状、粒度分布、晶型结构、孔率、表面性质等，这也是我国钛白粉质量与进口钛白粉质量的主要差距所在。二氧化钛的粒度控制与表面性能控制主要集中在钛液水解、煅烧、表面处理 3 个操作单元，分别涉及偏钛酸初级晶核形成、二氧化钛粒子有序生长、表面性质精确调控 3 个过程，这也是困扰硫酸法钛白生产技术的共性问题。其中，在水解、煅烧条件确定的工艺下，二氧化钛的表面处理体现出更大的灵活性，是产品多样化的主要手段[22]。

表面处理能够根据不同应用领域的性能要求进行表面性能的调控，增加颗粒与不同体系的相容性和分散性，更好地呈现钛白粉的光学性能、颜料性能等。表面处理通常采用在二氧化钛颗粒表面包覆一层或多层物质的方法来改变颗粒表面性能，主要分为无机表面包覆与有机表面包覆[23]。无机表面包覆是指在二氧化钛表面包覆一层水和氧化物或氢氧化物，从而改善产品的表面性质。与无机表面包覆的目的不同，有机处理主要对 TiO_2 的润湿性和分散性进行了有效提高。

用于颜料级二氧化钛表面包覆的无机物很多，例如铝、硅、锌、锆、锑等金属的可水解的白色盐类或这些盐的混合物，对此，Howard[24]、M Bruni[25]、M Tschapek[26] 等进行了研究。崔爱莉等[27] 也对较重要的金属离子 Be^{2+}、Zn^{2+}、Mg^{2+}、Mn^{2+}、Al^{3+}、Cr^{3+}、Si^{4+}、Ti^{4+}、Zr^{4+}、Ce^{4+} 等进行过相应研究。但在工业产品中普遍采用的是铝、硅、钛等几种，国内所生产的 TiO_2 几乎全是用铝[28] 和硅[29,30] 这两种重要的表面包覆剂进行包覆的。近年来锆也越来越多地受到生产商的青睐，应用于工业生产中 TiO_2 的表面包覆。

影响无机表面包覆效果的主要因素有浆料中粒子的分散状态，包覆过程的浆料浓度、包覆剂的用量和加入方法以及浆料的 pH 值、包覆处理温度和处理时间等。其中良好的分散，即浆料中的 TiO_2 粒子尽可能保持原级颗粒，是实现良好包覆的前提。浆料的酸碱度、反应温度、包覆量等是包覆处理的关键因素，对包膜质量有很大影响，在实际生产中通常进行连续检测和控制。

以硅酸钠为表面包覆剂对亚熔盐法二氧化钛进行表面包覆时，温度主要对氧化硅膜的形态产生影响，进而影响二氧化钛的颜料性能[31]。温度高于 80℃时，生成连续致密的氧化硅膜，此时，TiO_2 白度、吸油量等指标较好。pH 值主要对包覆量及膜层形态产生影响，在酸性环境下，氧化硅几乎不发生沉积或沉积很少，pH＝7～9 时沉积率高。包覆量对耐候性影响较大，随着氧化硅包覆量的增加，TiO_2 在紫外波段吸收降低，耐候性增强。

pH 值对氧化铝包覆的组成形态产生影响。在 pH＝4.0 的酸性体系下，生成的氧化铝为无定形态，在 pH＝8.5 时，氧化铝呈针状或纤维状的勃姆石或假勃姆石型，即一水软铝石 γ-AlOOH，有利于颗粒在水中的分散，适于颜料性能的发挥；在 pH＝10.5 的强碱性体系下，生成的氧化铝为棱镜状三水铝石，若包覆于二氧化钛颗粒表面则会使光发生较大方向的折射，从而影响产品的颜料性能。

4.3.3.2 氧化锆包覆二氧化钛的过程

采用硅、铝氧化物对二氧化钛进行表面包覆的相关研究进行得较多，本书不再赘述。近年来，氧化锆作为包覆层在钛白粉的应用中呈现出良好的性能，因此受到越来越多的关注。

试验表明，温度、pH 值、包覆量对包覆效果和颜料性能均有所影响。优化条件下的氧化锆包覆能够提高产品的消色力和亮度，且随着包覆量的增加，耐候性逐渐提高。

氧化锆的包覆过程可认为是一个吸附-沉积过程。首先，包覆剂中的锆离子水解被吸附在 TiO_2 表面的—OH 上，形成 Zr—OH，而后在低过饱和度下发生异相成核，并键合成为 Ti—O—Zr 键，生成一层连续的氧化锆膜，是一个典型的物理-化学变化过程[32]。

ζ 电位在颗粒包覆中起着重要作用，为了研究水合氧化锆在 TiO_2 表面的包覆过程，在包覆进行中的不同阶段分别对颗粒的表面 ζ 电位进行测定，结果见图 4-45。

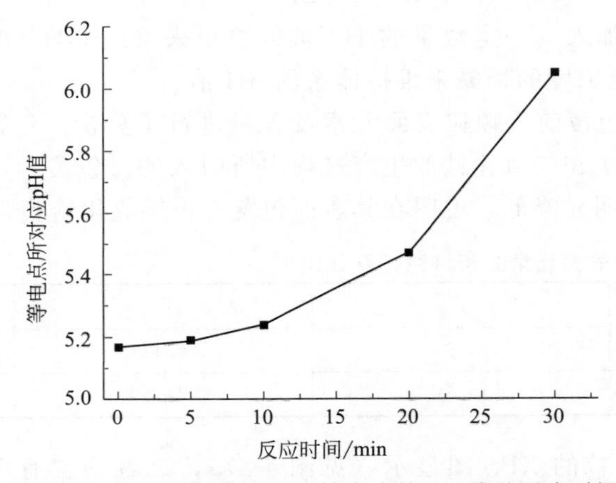

■ 图 4-45 氧化锆包覆过程中颗粒等电点的 pH 值随反应时间的变化

从图 4-45 中可看出，包覆前二氧化钛原料的等电点在 pH＝5.17 左右，随着包覆过程的进行，水合氢氧化锆不断地在颗粒表面沉积，导致表面电位不断发生变化，等电点所对应的 pH 值逐渐变大。对包覆后颗粒及纯的 $Zr(OH)_4$ 的表面电位也分别进行了测定，见图 4-46。

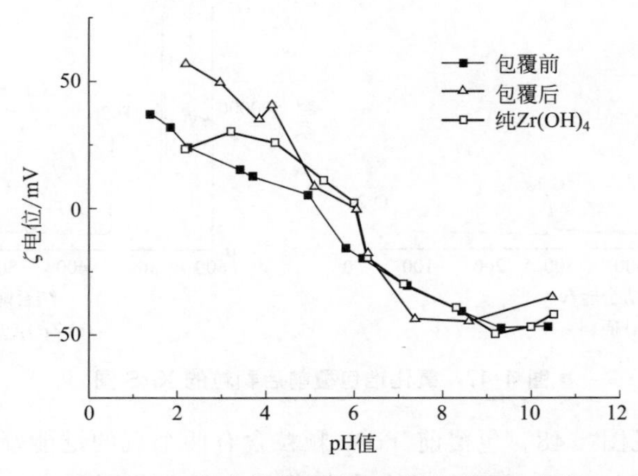

■ 图 4-46 氧化锆包覆前后颗粒的表面 ζ 电位

包覆前 TiO_2 的等电点（IEP）在 pH＝5.17 处，包覆氧化锆后的等电点在 pH＝6.0 左右，与纯 $Zr(OH)_4$ 的相近，且二者表面荷电行为相似，表明 TiO_2 颗粒表面被氧化锆完全包覆。

二氧化钛固体上的原子、离子和分子处于化学力不均衡的状况之中，此种不均衡可通过表面能来表达，当其高度分散在水中时，首先吸附水中的 OH 基进行配位以降低表面自由能，达到稳定状态[33,34]。这些 OH 基质子化的程度决定表面化学性质，可表示为(向左为低 pH 值，向右为高 pH 值)[35]：

$$Ti—OH_2{}^+ \rightleftharpoons Ti—OH \rightleftharpoons Ti—O^- + H^+ \quad (4\text{-}25)$$

当 $Zr(SO_4)_2$ 加入时，Zr^{4+} 被 TiO_2 吸附，包覆过程由此开始。吸附水解物为 $Zr(OH)_3^+$，反应式如下[36]：

$$Zr^{4+} + H_2O \longrightarrow [Zr(OH)_3]^+ + H^+ \quad (4\text{-}26)$$

随着 Zr^{4+} 的不断加入，一定数量的 H^+ 被释放出来（或 OH^- 被吸附），浆液的 pH 值逐渐下降，加入一定浓度的稀碱来维持体系的 pH 值。

表 4-12 对氧化锆包覆前后颗粒表面元素及含量进行了分析。包覆前其颗粒表面包含 0.03％的 Zr 元素是由于在二氧化钛的生产过程中所引入的。包覆后，表面含有 4.81％的 Zr，而 Ti 元素的含量明显降低，说明在其表面包覆有一层氧化锆膜。

■ **表 4-12　包覆前后颗粒表面元素分析**（原子百分比）　　单位：％

样品	Ti	Zr	O
包覆前	23.96	0.11	75.93
包覆后	19.38	4.96	75.66

包覆前后 TiO_2 颗粒的 XPS 图显示（见图 4-47），二者均含有 Ti 2p 和 O 1s 的峰，C 1s 是由于颗粒表面吸附了 C 而出现的峰（在计算表面含量时已除去）。由于氧化锆包覆量少，膜层为较薄，故包覆后电子束能够穿透膜层打到 TiO_2 核，出现 Ti 2p 的峰。包覆后颗粒的 XPS 图包含 Zr $3d_{5/2}$ 的峰，说明水和氧化锆被沉积到二氧化钛表面。

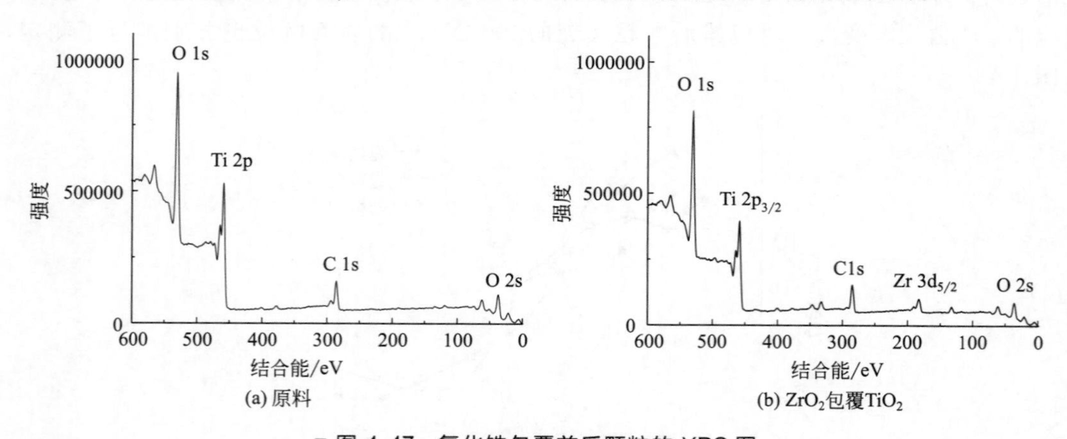

(a) 原料　　(b) ZrO_2包覆TiO_2

■ **图 4-47　氧化锆包覆前后颗粒的 XPS 图**

O 1s 的 XPS 图见图 4-48。包覆前 TiO_2 颗粒含有两个氧的键能峰，分别为 Ti—O 键（529.3eV）与—OH 键（530.3eV）。当包覆氧化锆之后，分别在 529.9eV 和 531.2eV 处出现两个氧键，经分析为 Ti—O 键与 Zr—O 键[37]。包覆后的 O 1s 峰相对于包覆前宽，且结合能发生变化，是由于 Zr—O 键的形成与叠加。XPS 光谱变宽取决于几个因素，包括：a. 存在几种不同化学特性的物质；b. 物质间的电子转移（金属氧化物-载体氧化物相互作用）。在此情况下，包覆后二氧化钛的 O 1s 峰发生位移，其原因可归结为在 TiO_2 颗粒表面形成了 Ti—O—Zr 的化学键。氧化锆包覆后的 Ti $2p_{3/2}$ 结合能发生右移，较包覆前明显提高，这种键能化学位移的改变是由于价电子对中心电子的屏蔽引起的，可以看作氧化态的指示剂[38]。结合 O 1s 的位移可以进一步证明 ZrO_2 和 TiO_2 之间存在强的相互作用，在二氧化钛的表面形成了 Ti—O—Zr 键。

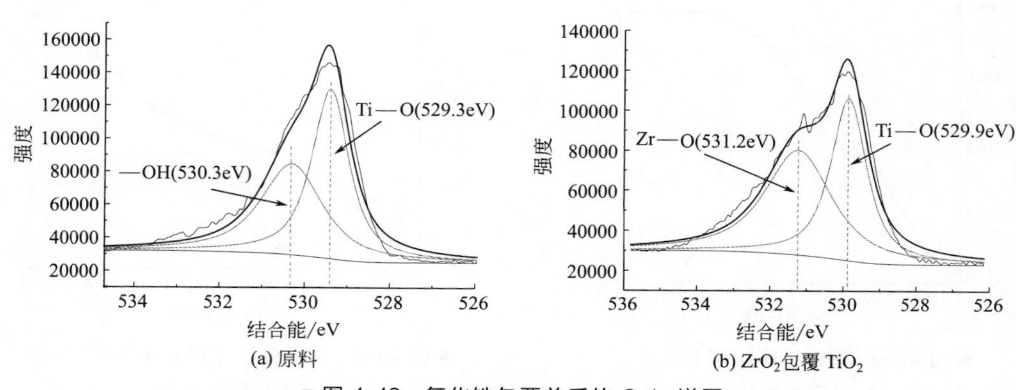

■ 图 4-48 氧化锆包覆前后的 O 1s 谱图

综上，二氧化钛的表面包覆处理是利用物理或化学的手段，通过在基体表面发生特性吸附或沉淀等作用，在前驱体表面包覆或沉积一定厚度的无机物（或水合物）。在这一过程中，伴随着传质与反应过程的进行，体系中分散相的表面吸附性质、电势电位、固液（气）间的界面结构均会发生变化，一般说来，整个过程是一个复杂的含化学反应的多相体系的吸附、交换与分离的过程，不同反应体系，不同反应时间，体系中存在组成比不同的前驱物。

4.4 酸/碱介质循环回用技术

4.4.1 碱介质循环回用技术

循环碱液的化学组成如表 4-13 所列。由表 4-13 可以看出，循环碱液中含有较高含量的 Mn、Si、Al 等杂质，会对碱液的循环利用产生不良影响，在碱液循环利用前应尽可能将其去除。

■ 表 4-13 循环碱液的化学成分

单位：g/L

化学成分	NaOH	Al	Si	Mn	Cr	Ti
含量	133	1.664	0.665	0.195	0.160	0.059

4.4.1.1 杂质 Mn 的去除

Mn 在碱液中以 $Mn_xO_y^{z-}$ 的形式存在，久置易沉淀，严重影响碱液稳定性，可以采用无水乙醇将碱液中的锰从高价态（$Mn_xO_y^{z-}$）还原为沉淀形式的低价锰化合物，最后将其沉淀分离。乙醇在碱性条件下具有较强的还原性，反应速度快，且除了 C、H、O 外不引入其他杂质元素，体系简单，是理想的还原剂。图 4-49 为不同醇碱体积比对碱液中 Mn 的去除率的影响。

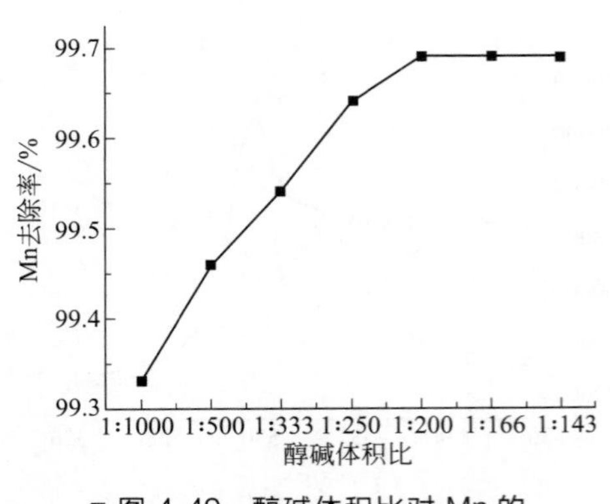

■ 图 4-49 醇碱体积比对 Mn 的去除率的影响

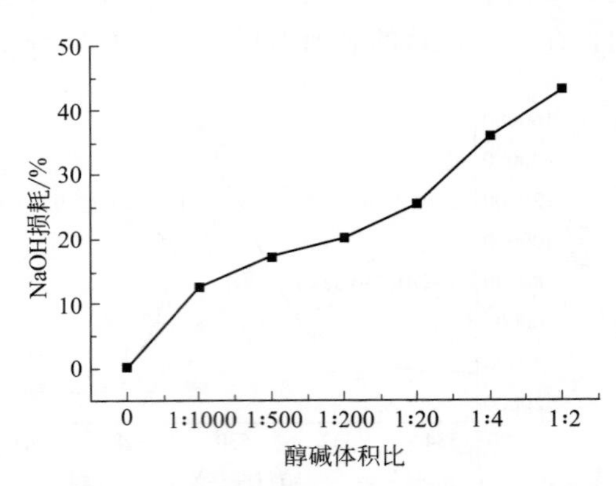

■ 图 4-50 醇碱体积比对去除杂质 Mn 后碱液损耗的影响

从图 4-49 可以看出，当醇碱体积比为 1∶1000 时，杂质 Mn 的去除率为 99.3%，此时，碱液仍然呈现明显的深绿色，可能会对最终 TiO_2 颜料产品产生不良影响。当醇碱体积比为 1∶200 时，杂质 Mn 的去除率达到 99.7%，此后继续增加醇碱体积比，杂质 Mn 的去除率不再变化，且碱液中的绿色完全消失，对产品的后续处理不会产生影响。

图 4-50 为不同醇碱体积比对去除杂质 Mn 后碱液中 NaOH 损耗的影响。由图可以看出，碱液中 NaOH 损耗随着醇碱体积比的增大而增大，这可能是因为乙醇在强碱性条件下有一部分会被 $Mn_xO_y^{z-}$ 氧化成 CO_2，在碱性环境下与 NaOH 发生反应生成 CO_3^{2-} 的缘故。因此，醇碱体积比不宜过高。在保证 Mn 的去除效果的前提下，应结合实际生产需求来确定最终的醇碱体积比。

4.4.1.2 杂质 Si 的去除

在亚熔盐法钛白清洁生产工艺中，尽管一次碱液中杂质硅、铝含量较低，但碱液经过多次循环后，这些杂质会在碱液中大量累积，可能对后续工艺产生严重影响。因此，采用价格较为低廉的 CaO 来处理碱液，以脱除其中的杂质 Si 和 Al。图 4-51 为不同 CaO/SiO_2 条件下模拟碱液的脱硅曲线。由图可以看出，加入 CaO 后，碱液中的杂质 Si 迅速以 $3CaO \cdot 2SiO_2 \cdot xH_2O$ 的形式沉淀下来。当 CaO/SiO_2 高于 2 时，CaO/SiO_2 对碱液中杂质 Si 的去除影响很小。

4.4.1.3 杂质 Si、Al 的共沉淀

图 4-52 是 $CaO/(Al_2O_3+SiO_2)=2$ 时，Al_2O_3/SiO_2 为 3.7 的模拟碱液中杂质 Si、Al 的脱除曲线。由图可以看出，加入 CaO 后，碱液中的杂质 Si、Al 迅速以 $Ca_{2.93}Al_{1.97}Si_{0.64}O_{2.56}(OH)_{9.44}$

的形式沉淀下来。对比图 4-52 可以发现，当杂质 Si 和 Al 共存时，CaO 沉硅的效果更好，这是因为生成的 $Ca_{2.93}Al_{1.97}Si_{0.64}O_{2.56}(OH)_{9.44}$ 可以结合更多的 SiO_2 的缘故。

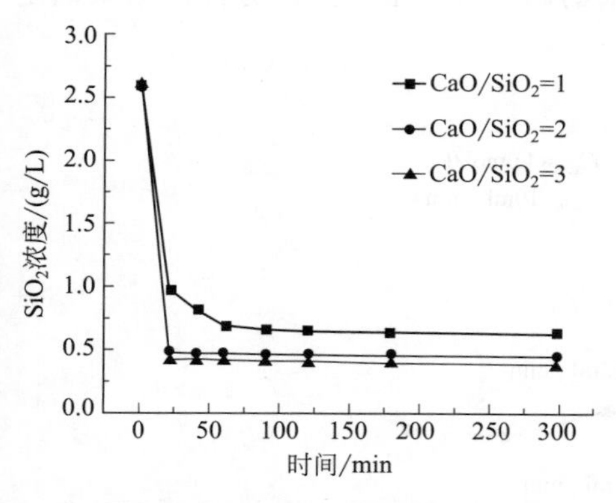

■ 图 4-51 CaO/SiO_2 对模拟碱液脱硅效果的影响

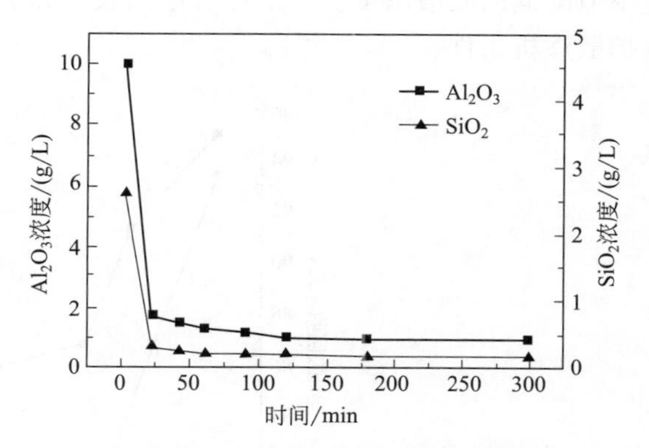

■ 图 4-52 模拟碱液中杂质 Si 和 Al 的共沉淀曲线

4.4.2 酸介质循环

对于钛白传统废酸的处理，主要有回收法和中和法。回收法包括蒸发浓缩法[39]、膜分离法[40]和萃取法[41]，可回收利用其中的游离酸；中和法将废酸中和，回收其中的 SO_4^{2-}。蒸发浓缩法在日本和欧洲流行，但设备昂贵，且能耗高、操作难；扩散渗析法反应条件温和环保，回收酸产品纯度高但酸度低，目前不适用于硫酸法钛白的生产；萃取法分离效果好，处理能力大，但回收酸成本高，萃取剂循环利用率低。目前工厂多以石灰乳中和法为主，但固废量排放过大[42,43]。为完善亚熔盐法钛白清洁生产工艺，实现高效原子利用率和对环境零排放的目标，本节探讨了亚熔盐工艺中水解废酸的处理和回用。由于新工艺对酸溶的酸度要求不高，可用扩散渗析法实现废酸的除杂净化及回收。

4.4.2.1 扩散渗析法处理回收废酸

通过 $Na_xH_{2-x}TiO_3$ 的酸溶-絮凝-过滤-水解-过滤-水解母液浓缩的酸循环实验，分析测定各工序的物料质量变化、体积变化、酸浓度和杂质浓度变化，进一步得到废酸除杂回收和母液中杂质的累积规律。图 4-53 是水解母液的浓缩装置，图中水解母液和清水逆流通过扩散渗析器，得到回收酸和残液。

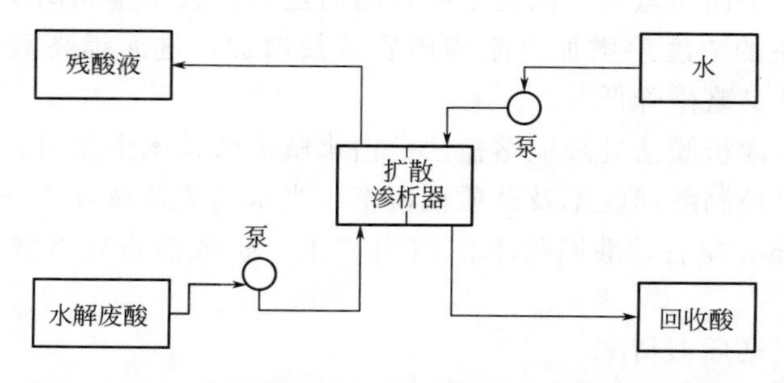

■ 图 4-53 扩散渗析法处理亚熔盐法钛白废酸的实验装置

（1）水流速对酸回收效果的影响

图 4-54 和图 4-55 是水流速对酸回收率和回收浓度的影响。增加水流速会提高酸回收率但降低回收酸浓度。一般综合酸回收率和工业要求的回收液酸浓度这两方面因素来确定扩散渗析条件。

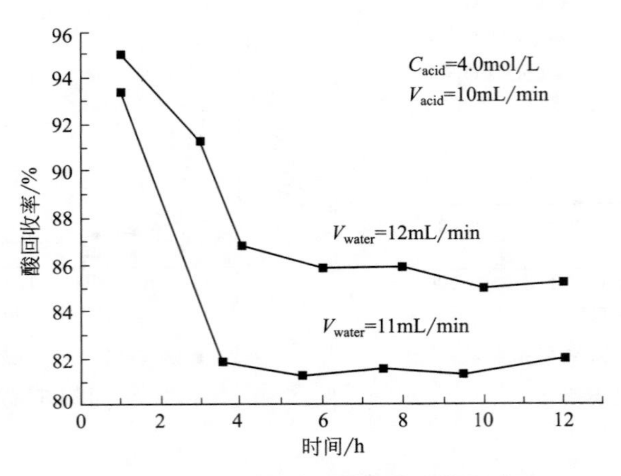

■ 图 4-54　水流速对酸回收率的影响

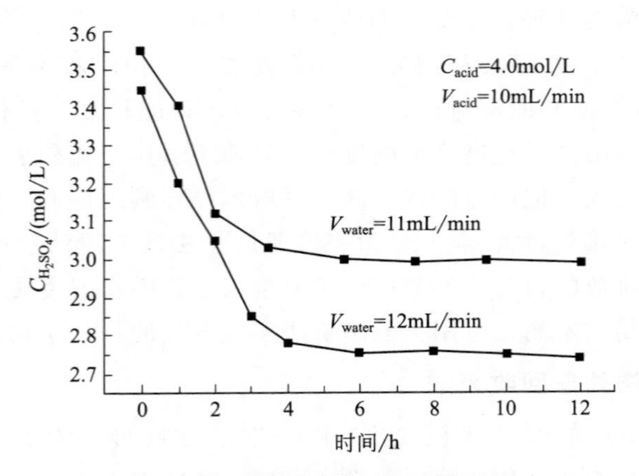

■ 图 4-55　水流速对回收酸浓度的影响

图 4-56 为扩散渗析原理，B 为扩散室，A 为渗析室。阴离子膜有选择透过性，负电荷酸根离子先透过，小体积氢离子因为电中性随后透过，大个金属离子难透过。当水流速增加时，A 室与 B 室的浓度差增加，流体传质系数增加，进而提高酸回收率；同时流速的提高，回收酸浓度又略微降低。

结果表明，扩散渗析膜法处理亚熔盐法钛白水解废酸技术上是可行的，通过调节废酸和水的流速比，可以控制酸回收率及杂质截留率，当水的流速调在 11～12mL/min，废酸的流速调在 10mL/min 左右，酸回收率在 80%以上。扩散渗析残液酸浓度较低可直接用石灰法中和处理。

（2）最优条件下杂质截留率

通过表 4-14，可知残液中 Na 杂质含量大约为 0.6g/L，其他杂质含量均小于 0.2g/L，

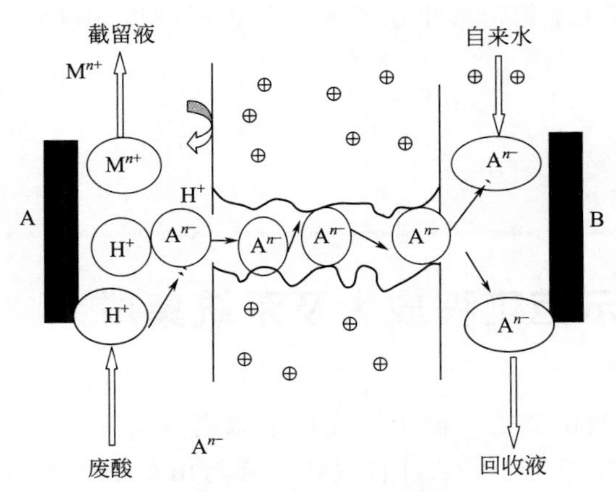

■ 图 4-56 扩散渗析原理

总体截留率都在85%以上。残液中杂质含量越低，回收酸纯度越高；杂质在酸循环使用过程中的累积越少，酸循环使用次数越多。

■ 表 4-14 扩散渗析法不同杂质截留率

杂质	废酸中浓度/(g/L)	回收酸中浓度/(g/L)	残液中浓度/(g/L)	回收率/%
Na	5.142	0.569	4.287	86.0
Ti	3.663	0.191	3.404	93.6
Fe	4.232	0.143	3.997	93.6
Mg	0.372	8.674×10^{-3}	0.380	97.3
Mn	0.676	2.23×10^{-2}	0.654	96.0
Al	0.109	1.097×10^{-3}	0.108	98.8

4.4.2.2 酸循环过程中杂质累积结果

亚熔盐法钛白酸溶-水解过程中体系杂质，主要是由水洗料 $Na_xH_{2-x}TiO_3$ 带入，并随着水解母液的循环在体系内积累。检测每次循环制备的操作酸、水解前钛液和水解母液中杂质浓度，根据物料中元素守恒定律，可以得到水解母液中不同杂质浓度与循环次数的函数关系。结果表明，水解母液中 Na、Fe、Mn、Mg、Zr 等杂质的浓度积累规律为一收敛函数，随着水解母液中杂质含量的增大，其积累速度越来越小，最后接近一极限浓度。

$$\lim_{n\to\infty} C^{i,n}_{水母}=(1.85C^{i}_{s})Z^{i}/(1-0.62254Z^{i})\quad(0.62254Z^{i}<1)\tag{4-27}$$

式中 Z^i——$\dfrac{k^i_{水解}k^i_{Ti^{3+}}k^i_{絮}k^i_{酸溶}}{abcd}$，反映了经酸溶水解全部工艺后液相中杂质浓度变化的比例系数；

a——钛液离心后所得上清液与初始钛液体积比；

b——经过絮凝工序后的钛液体积比；

c——添加三价钛后的钛液体积比；

d——水解过滤后的水解母液与水解钛液体积比。

通过式(4-27)计算出水解母液中杂质累积的极限浓度，进一步确定酸循环过程中除杂的时间点和方法。

4.5 千吨级示范工程放大及系统集成

在大量实验和公斤级试验的基础上，完成了以高钛渣为原料、NaOH 亚熔盐为反应介质的千吨级钛白清洁生产工艺的软件包设计，并与山东东佳集团通力合作，于 2008 年 10 月建成了千吨级钛清洁生产示范工程。

千吨级示范工程包括亚熔盐反应活化处理高钛渣工序、钛液制备及精制工序、钛液水解工序、偏钛酸后处理与煅烧工序、碱介质循环再生工序，见图 4-57。

■ 图 4-57　千吨级示范工程车间

4.5.1 亚熔盐反应工序

4.5.1.1 亚熔盐反应工序运行情况简介

亚熔盐反应活化处理高钛渣车间及碱介质再生车间是千吨级碱法钛白示范工程的核心车间。NaOH 亚熔盐反应的主要设备包括煤气加热系统、双螺旋反应器、碱矿混料器、出料装置。

双螺旋装置稳定运行 58d，经过亚熔盐反应可以得到具有氯化钠结构的钛酸钠。产品指标符合要求。但是因为 NaOH 的黏度较大易结壁面，导致受热不均，所以反应器的设计有待进一步提高。统计数据表明，高钛渣单程转化效率>94%，渣率<5%，得到的晶体结构为立方结构，该结构有利于后续洗涤酸溶反应的进行。

4.5.1.2 亚熔盐反应工艺核心技术

根据实验结果，当碱与矿于 350℃下均匀混合即可以发生主反应，生成具有立方结构的偏钛酸钠，通过增加反应温度可以有效地提高反应速率，但是当温度达到 600℃时，偏钛酸钠粒度长大会导致酸溶性能变差，降低整体钛提取率。

通过对连续酸解分离设备的广泛调研，经分析认为类似的反应器可以满足连续生产的要求，所以自主研发了双螺旋式反应器（见图 4-58）。在碱与矿发生反应后，产物的密度小于熔化的碱液，而高钛渣的密度大于碱液，伴随着螺旋翅片的旋转位于上表面的物料被带出实现了反应物与高钛渣的分离，双螺旋反应器可以很好地实现连续碱分解高钛渣的反应，并且对于物料的进料方式没有特殊要求，只要是混合均匀的物料均可以得到合格的熔盐料，这在中试中已经被证实。

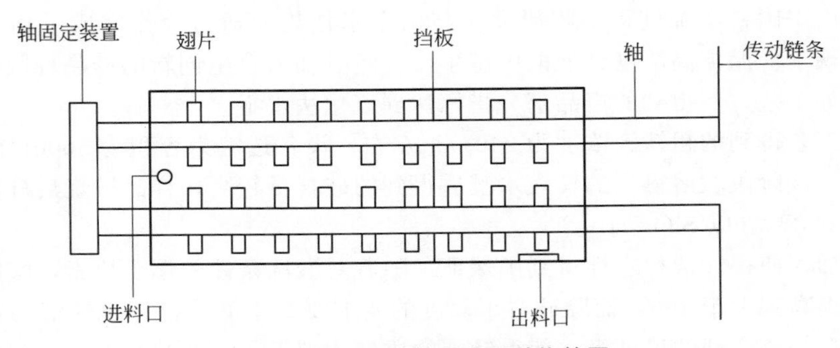

■ 图 4-58 双螺旋反应器结构简图

转窑试验也采用浆料进料方式进行，试验结果表明，在适当条件下转窑可达制备得到粉状的亚熔盐反应料，且 XRD 数据表明产品为立方晶型钛酸钠，达到预期效果。

4.5.2 离子交换、洗涤工序

4.5.2.1 离子交换、洗涤工序运行情况简介

亚熔盐料洗涤所要求的各项工艺指标都基本达到了设定工艺指标，在经碱洗、三级逆流洗涤后水洗料中的硅含量由 0.8%降至 0.48%，优于实验室的洗涤效果，碱洗步骤基本实现物料中的碱溶性硅的脱除。

酸洗步骤（离子交换步骤）是该工序中至关重要的环节，也是熔盐料洗涤操作最为核心的技术。酸洗步骤实现了钠含量的调控，从而避免了酸溶的过热及钛液中钠含量过高等问题。碱洗、酸洗操作单元对本工艺具有以下优势：a. 碱洗步骤累积硅脱除率提高 40%；b. 酸洗步骤的加入可以大幅提高钠的脱除率，经酸洗过滤压榨后物料中钠含量低于 1.45%（三级逆流水洗后该值为 3.7%）；c. 酸洗煅烧失重小于 55%。

4.5.2.2 离子交换、洗涤工艺关键技术

（1）碱料洗除杂

碱洗目的是使已转化为可溶性的硅酸盐最大限度地溶解于水中而使钛硅分离。熔盐料中大部分的硅是可溶性的，这是除硅最多的一个环节。熔盐料经一次碱洗后（碱浓度200～300g/L，以 NaOH 计），除硅率达 70%以上。随着洗涤次数的增加，碱度下降，会对除硅产生不利的影响。逆流洗涤可控制碱度在一个合理的范围。洗涤浓度决定了除硅的最终效果，一般要求将水洗料中的可溶性硅完全除去，以减少酸溶步骤中硅晶种的加入量。

（2）酸洗料除钠

除钠是酸洗加入的主要目的，因为钠的存在使得物料整体为碱性，在酸溶过程中会放出大量的热，钛液温度过高容易发生水解，这已经影响到了整个工艺的稳定性，酸洗的加入使得反应的控制更加容易，同时有可能在温和的条件下制备出高浓度的钛液。

4.5.3 钛液制备、精制及水解工序

4.5.3.1 钛液制备、精制及水解工序运行情况简介

在大量实验和公斤级试验的基础上，参考硫酸法完成了酸溶反应和钛液精制的工艺软件包建设，由中国科学院过程工程研究所与山东东佳集团通力合作完成了相关的工程设计，首次实现了低温下高浓度钛液的中试生产。经过加入自主创新的硅晶种脱硅，电解法制备三价钛等工艺，使得到的产品部分指标达到氯化法水平。

采用新工艺得到的粗钛液浓度为 240g/L 左右，设备选定为容积为 5000L 的搪瓷反应釜，经分析，该阶段酸溶得到的钛液水解后得到的硅含量较高，样品煅烧后硅含量占空白样品质量的 0.8%（以 SiO_2 计）。

酸洗的加入使得钛液稳定性得到了保证，随着对酸洗条件的逐步摸索，酸溶后得到的钛液稳定性提高到大于 400，而除硅对于温度的要求要高于酸溶，正是钛液稳定了才使得脱硅能控制在一个合理的温度下，使得钛液的质量达到了一个新的高度，得到的钛液带了非常浅的颜色，高纯度的钛液制备工艺推进了电解三价钛工作。

中试车间运行数据表明，酸溶后钛液的浓度约为 260g/L，钛液的稳定性接近 400。通过精确控制晶种制备条件和水解条件，能将偏钛酸的粒度大小控制在 0.8～1.3 之间，该指标低于硫酸法钛白指标，煅烧得到的产品优于硫酸法钛白产品。基本可以通过控制钛液质量和水解条件达到生产不同粒径大小和分布偏钛酸的工艺要求。在生产中还摸索了放宽操作指标对产品的影响，形成了独特的适合于本工艺钛液特征的水解工艺和操作要求。

4.5.3.2 钛液制备、精制及水解工艺关键技术

（1）低温酸溶制备高纯度高浓度钛液

钛液是硫酸法中的标志性中间体，相比硫酸法亚熔盐法钛白生产技术主要有两大特点：一是最大的特点为钛液浓度可控，且反应极为温和；二是钛液的纯度极高，经过酸洗后酸洗料的 TiO_2 最高能达到 99.2%（实验室），酸洗一次洗涤该值为 92%，后经水多次洗涤硫酸钠后能达到 97%。经过酸洗处理后的物料在酸解过程中反应放热很低，升温约为 28℃，常温就是最佳反应温度，完全不用担心类似水洗料与酸反应大量放热导致早期水解。

钛液浓度的控制可以通过控制酸浓度、酸洗料的含水量等条件控制。实验室制备得到的钛液最高浓度为 330g/L 远高于硫酸法中浸出（120～140g/L）及蒸发后的钛液浓度（190～210g/L），而车间也制备得到过浓度为 290g/L 的钛液，这在传统硫酸法中是很难达到的。

（2）钛液/高浓酸体系中微量硅脱除

在亚熔盐反应中，Si 一部分被转化为 Na_2SiO_3 等溶于水的盐，另一部分则存在于 Na_2TiO_3 的晶格中，采用水洗的方法是无法去除的，这部分 Si 将与偏钛酸一起以固态的形式存在于水洗料中，在酸溶反应中偏钛酸的晶体结构被破坏，Si 无法继续存在于晶格之中同钛一起进入钛液，在强酸的条件下，以最简单的［SiO_4^{4-}］结构为例，［SiO_4^{4-}］中的 O 提供电子而 H^+ 提供空轨道，O 一般为 4 配位，所以每个 O 最多还可以吸附 3 个 H^+，形成带正电的胶团阻止了 Si 的水解缩聚反应发生。

常规条件下，硅酸盐是不会在强酸条件下发生聚合反应的，但是 Si—O 键是比较牢固的键、是酸所不能破坏的，所以聚合一旦发生，形成的硅胶就不会分解，但是聚合反应在没有活性中心的情况下靠自生晶种发生很困难，需要把钛液的温度提高到比较高的温度才能成核聚合，这一温度直接影响到钛液的稳定性。既然成核困难，那么可以在低温的条件下，通过加入高活性的晶体来实现硅的聚合水解，这一过程同钛的水解十分类似，只是在不同的温度下发生。聚合后硅从溶质变成更稳定的硅胶，可以通过絮凝沉淀方式去除。

（3）电解制备三价钛

三价钛制备在硫酸法的整个流程中出现两次，一次是用铁粉还原钛液得到三价钛，另一次是用铝粉制备三价钛，制备的三价钛被用于漂洗偏钛酸。亚熔盐法钛白得到的钛液含杂质少，钛液中的铁仅为 8g/L，远低于硫酸法，如果采用与硫酸法相同的方法制备三价钛会引入铁离子，整体考虑在经济上、环境上都是不划算的。在亚熔盐法钛白生产中偏钛酸漂洗并不是必须的步骤，可以在水解完成后加入电解法制备的三价钛一步将铁洗涤至合格范围。电解法制备三价钛不仅不会引入杂质离子而且经济优势明显。

（4）高浓度钛液水解及粒径控制

钛液水解的工序中发生的主要化学反应为可溶性硫酸钛在高温以及晶种的作用下生成偏钛酸和硫酸。对颜料级二氧化钛来说，其产品质量在很大程度上取决于二氧化钛粒子的形状、粒度和粒度分布。而这些又取决于水解偏钛酸的粒子形状，粒度和粒度分布。因此水解工学是钛白粉生产工艺中的重要工序。

水解工艺中，影响水解偏钛酸粒度和粒度分布的因素有钛液的性质，如钛浓度、F 值、铁钛比、稳定性等；水解晶种的性质，如晶种活性、晶种用量；水解操作，如水解升温时间、水解沸腾时间、保温时间、物料混合方式。在相同浓度的钛液中，F 值越高则钛液的酸度也越高，水解的速度越慢，水解得到的粒子粒径会偏细。F 值过低会导致钛液的稳定性降低，甚至早期水解。

亚熔盐法钛白生产的钛液与传统硫酸法钛液相比，所得到的钛液中铁含量约为 7～9g/L，制备的钛液浓度为 230～240g/L，F 值为 1.6～1.8，稳定性接近 400。所以水解得到偏钛酸中铁杂质含量低，这对于偏钛酸的洗涤除杂过程是十分有好处的，因为即使制备粒度更细的偏钛酸也可以较容易地实现产品中铁的去除。中试结果表明，采用新工艺制备的钛液可以得到粒径更小，粒度分布更窄的偏钛酸，而不影响后续的洗涤步骤。

4.5.4 偏钛酸洗涤、盐处理、煅烧工序

4.5.4.1 偏钛酸洗涤、盐处理、煅烧工序运行情况简介

偏钛酸洗涤在硫酸法钛白生产中是较为重要的一部分，对应的主要是洗涤得到合格的

偏钛酸，控制好洗涤条件可以消耗更少的水并得到含杂质更少的产品。

偏钛酸过滤板框运行稳定，偏钛酸洗涤效果好，通过中心洗涤及边角洗涤可以实现大部分的杂质去除。偏钛酸经过漂洗，洗涤后煅烧得到的钛白中含铁量低于 30×10^{-6}，用水量为每吨偏钛酸耗水 10t，低于目前钛白行业 20t 的用水量。

中试煅烧窑整体长为 8.2m，分为 3 个加热段和 5 个控温段。新工艺的产品纯度为 98.8%～98.9%，略低于三盛钛锐钛产品纯度 99.2%～99.4%；新工艺的产品消色力优于三盛钛业产品；新产品干粉白度与三盛钛业产品相当，约为 97%～97.5%。

4.5.4.2 偏钛酸洗涤、盐处理、煅烧工艺关键技术

偏钛酸洗涤的核心技术是与钛液的铁钛比有关的，铁钛比低的钛液能够将偏钛酸洗涤及漂洗工艺简化为一步洗涤，从而减少了废水废酸的排放。经过一次水洗可以将窑下品中的 Fe^{3+} （以 Fe_2O_3 计）洗涤至 50×10^{-6} 以下，达到了锐钛型钛白中铁含量的要求。板框中的进料压力需要精确控制，进料压力高的结果是滤饼被压得过实，导致滤饼难于洗涤，影响偏钛酸透水性。其次洗涤水压力也很大，这对水洗来说也是很不利的，因为偏钛酸中的杂质进入洗涤水中也需要时间，水洗压力过大则水的流速过快，不能及时带走杂质离子，而硫酸更容易被水带走，偏钛酸滤饼会因为酸度下降严重而使得部分金属离子水解，影响洗涤效果。另外就是板框自身的缺陷，板框在边角处无法洗涤得很干净。

4.5.5 碱介质循环工序

4.5.5.1 碱介质循环工序运行情况简介

在熔盐法钛白清洁生产工艺中，高钛渣在氢氧化钠介质中分解转化为偏钛酸钠，偏钛酸钠经水洗后，钛和杂质铁、镁等以氢氧化物或氧化物的形式进入固相，而大部分钠、铝、铬、锰、硅进入碱液中，碱液经除杂浓缩后循环再生，可返回至高钛渣分解单元作为反应介质循环利用，源头消减废弃物排放量。碱介质循环为熔盐法钛白清洁生产工艺的创新点与生命力，而实现碱液循环使用的难点是如何将碱液中的杂质进行有效的去除。

4.5.5.2 碱介质循环工序关键技术

降膜蒸发与刮板蒸发工艺流程如图 4-59 所示。

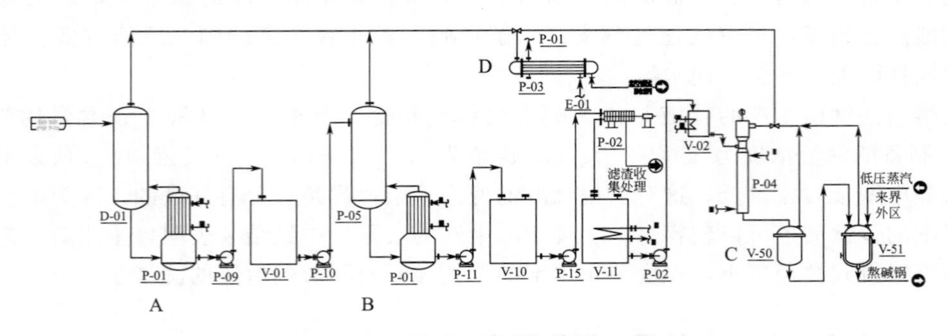

■ 图 4-59 降膜蒸发与刮板蒸发工艺流程

A—一级降膜蒸发器；B—二级降膜蒸发器；C—刮板蒸发器；D—真空罐

刮板式薄膜蒸发器是利用高速旋转将液体分布成均匀薄膜而进行蒸发的一种高效蒸

发、蒸馏设备。它具有以下几个特点。

① 在内壁形成薄膜，在筒体蒸发段内壁表面附着处理液中的淤积物可被活动刮板迅速移去，具有传热系数 K 值高、蒸发能力大、蒸发强度高、热效率高等特点。

② 物料加热时间短，约 5～10s。

③ 适应黏度变化范围广，高、低黏度物均可以处理，适合碱液这类随浓度变化而黏度变化大的物料。

④ 蒸发器内壁不易结垢。

⑤ 设备占地面积小，结构简单，维修方便，清洗容易。

4.6 小结

亚熔盐-钛渣清洁生产技术以碱性亚熔盐为离子化流动介质，与含钛矿物原料在一定条件下发生反应，能够实现含钛矿物的高效分解和钛的高效转化，能够将金红石、黑钛石等难分解的矿物完全分解，并形成活性较高的钛酸盐。亚熔盐反应产物通过水洗可分离大部分碱溶性杂质，如硅、铝等，使钛进一步富集。经过水解和后处理得到二氧化钛。碱易得到再生，碱性亚熔盐反应介质能够循环利用。从源头降低反应物料消耗及废物排放量，具有一定的资源利用和环境保护优势。

参考文献

[1] 莫畏，邓国珠，罗方承．钛冶金 [M]. 第 2 版．北京: 冶金工业出版社，1998: 5-68.

[2] 邓捷，吴立峰，乔辉．钛白粉应用手册 [M]. 北京: 化学工业出版社，2003: 1-32.

[3] 张益都．硫酸法钛白粉生产技术创新 [M]. 北京: 化学工业出版社，2010: 17-217.

[4] Han K N，Rubcumintara T，Fuerstenau M C. Leaching Behaviour of Ilmenite with Sulphuric Acid [J]. Metallurg Transact，1987，18B: 325-330.

[5] Chernet T. Effect of Mineralogy and Texture in the TiO_2 Pigment Production Process of the Tellnes Ilmenite Concentrate [J]. Mineralogy and Petrology，1999，67: 21-32.

[6] Barksdale J. Titanium，Its Occurrence，Chemistry and Technology [M]. New York: Ronald Press，1966.

[7] 韩明堂．氯化法钛白生产的现状和发展 [J]. 钛工业进展，1997，1: 1-5.

[8] Sohn H Y，Zhou L. The Chlorination Kinetics of Beneficiated Ilmenite Particles by CO+ Cl_2 Mixtures [J]. J. Chem. Eng.，1999，72: 37-42.

[9] Duyyesteyn W P，Sabacky B J，Verhulst Dirk E V. Processing titaniferous ore to titanium dioxide pigment [P]. US Patent: 6375923.

[10] 谢亚汉，谢炳元，刘朴衡，等．盐酸法制取金红石型钛白粉的方法 [P]. 中国专

利：ZL98113128. X，2002-2-20.
[11] 刘玉民．钾系亚熔盐法处理钛资源的应用基础研究 [D]. 北京：中国科学院大学，2007.
[12] Masaki N，Uchida S，Yamane H，et al. Characterization of a New Potassium Titanate，$KTiO_2(OH)$ Synthesized via Hydrothermal Method [J]. Chemistry of Materials，2002，14: 419-424.
[13] 章永洁．水热法处理钛资源的应用基础研究 [D]. 北京：中国科学院大学，2007.
[14] 薛天艳．氢氧化钠熔盐分解高钛渣制备二氧化钛清洁新工艺的研究 [D]. 大连：大连理工大学，2009.
[15] Wang M H，Woo K D，Kim I Y. Separation of Fe^{3+} during hydrolysis of TiO^{2+} by addition of EDTA [J]. Hydrometallurgy，2007，89: 319-322.
[16] 陈朝华，刘长河．钛白粉生产及应用技术 [M]. 北京: 化学工业出版社，2006: 129-131.
[17] 王勇．碱熔法制取钛白新工艺掺杂及焙烧对产品质量影响的基础研究 [D]. 北京：中国科学院大学，2011.
[18] Shannon R D，Pask J A. Kinetics of Anatase-Rutile Transformation [J]. Journal of the American Ceramic Society，1965，48(8)：391-398.
[19] 许军锋，坚增运，常芳娥，等．$Ge_{23}Se_{67}Sb_{10}$玻璃非等温结晶动力学研究 [J]. 功能材料，2007，38(7)：1060-1063.
[20] Rodriguez Talavera R，Vargas S，Arroyo Murillo R，et al. Modification of the phase transition temperatures in titania doped with various cations [J]. Journal of Materials Research，1997，12(2)：439-443.
[21] Criado J，Real C. Mechanism of the Inhibiting Effect of Phosphate on the Anatase-rutile Transformation Induced by Thermal and Mechanical Treatment of TiO_2 [J]. Journal of the Chemical Society-Faraday Transactions I，1983，79: 2765-2771.
[22] 李洁．熔盐法钛白清洁工艺产品表面包覆过程研究 [D]. 北京: 北京科技大学，2009.
[23] 毕胜．钛白生产表面包覆 [M]. 徐州：江苏科学技术出版社，2004.
[24] Howard P B，Parfitt G D. The precipitation of silica/alumina on titanium dioxide surface [J]. Croatica Chemica Acta，1984，50(6)：483-487.
[25] Bruni M，Grabassi F，Mello C E. Precipitation of aluminosilicates on the surface of titaniumioxide [J]. Industrial and Engineering Chemistry Production Research Development，1985，24: 579-586.
[26] Tschapek M，Wasowski C，Sanchez T，et al. The P. Z. C. and I. E. P. of γ-Al_2O_3 and TiO_2 [J]. Journal of Electroanalytical Chemistry，1976，74(2)：167.
[27] 崔爱莉．TiO_2 表面包覆工艺、机理和新型反应器研究 [D]. 北京：清华大学，1999.
[28] 韩爱军，叶明泉，马明，等．Al/TiO_2 表面包覆致密 SiO_2 膜的试验研究 [J]. 化学世界，2006：650-653.
[29] 覃操，王亭杰，金涌．液相沉积法制备 TiO_2 颗粒表面包覆 SiO_2纳米膜 [J]. 物理化学学报，2002，18(10)：884-889.
[30] 邹建，高家诚，王勇，等．纳米 TiO_2 表面包覆致密 SiO_2 膜的试验研究 [J]. 材料科学与工程学报，2004，22(87)：71-73.

[31] 李洁，孙体昌，王勇，等．水合氧化硅在 TiO_2 上的沉积及颜料性能影响研究 [J]. 化学工程，2010，38(6)：53-56.

[32] Jie Li，Tichang Sun，Yong Wang，et al. Preparation of hydrous zirconia coated on TiO_2 and film growing mechanism. International Journal of Minerals [J]. Metallurgy and Materials，2010，17(5)：660-667.

[33] Davis J A，James R O，Leckie J O. Surface ionization and complexation at the oxide-water interface computatuion of electrical double layer properties in simple electrolytes [J]. Journal of Colloid and Interface Science，1978，63: 480-499.

[34] Schindler P W，Gamsjäger H. Acid-base-reactions of the TiO_2 (anatase) -water interface and the point of zero charge of TiO_2 suspensions [J]. Kolloid-Z. u. Z. Polymere，1972，250: 759-763.

[35] Parfitt G D. Precipitation of hydrolysis products on to oxide surfaces [J]. Croatica Chemical Acta，1973，45: 189-194.

[36] Cruti E，Degueldre C. Solubility and hydrolysis of Zr oxides: a review and supplemental data [J]. Radiochim. Acta，2002，90: 801-804.

[37] Wu B C，Yuan R S，Fu X Z. Structural characterization and photocatalytic activity of hollow binary ZrO_2/TiO_2 oxide fibers [J]. Journal of Solid State Chemistry，2009，182: 560-565.

[38] 李志杰．二氧化钛粉体的无机改性及其性质的研究 [D]. 太原：中国科学院山西煤炭化学研究所，2005.

[39] 魏绍东，冯圣君，魏艳．钛白废酸的治理与浓缩综述 [J]. 无机盐工业，2007，39(2)：15-17.

[40] 赵宜江，邢卫红，徐南平．扩散渗析法从钛白废酸中回收硫酸 [J]. 高校化学工程报，2002，16(2)：217-221.

[41] 李潜，张启修．萃取法回收钛白水解废酸中硫酸的试验研究 [J]. 稀有金属与硬质合金，2003，31(1)：4-7.

[42] 胡术刚，马术文，王之静，等．钛白废酸废水治理及副产石膏应用探讨 [J]. 中国资源综合利用，2003(9)：2-8.

[43] 陈朝华．钛白废酸制普钙的商榷 [J]. 中国涂料，2004，19(1)：19-21.

稀有金属铌、钽的清洁工艺技术

5.1 铌钽行业的技术发展现状分析

5.1.1 铌和钽的性质与应用

铌（Nb）和钽（Ta）是重要的稀有金属，属于元素周期表中ⅤB族元素，物理化学性质非常相似，而且都属于高熔点（钽 2996℃、铌 2468℃）、高沸点金属（钽 5427℃、铌 5127℃），外观似钢，灰白色光泽，粉末呈深灰色，具有延展性好、蒸气压低、导电导热性能好、化学稳定性高、金属表面氧化膜介电常数大、热中子俘获截面小、抗酸和液态金属腐蚀能力强以及超导性能等一系列特性[1~4]，既是特殊的功能材料，又是优良的结构材料，被广泛地应用于冶金、化工、电子、航空航天、医疗器械、原子能等诸多领域[5~14]。

钢铁工业是铌的最大消费领域，其用量占铌总消费量的 90%以上。铌是钢最优秀的微合金化元素，铌加入钢中可以起到细化晶粒和弥散强化的作用，从而提高钢的强度、韧性、抗热性和抗蚀性，降低钢脆性转变温度，获得好的焊接和成形性能[15]。因此，反映一个国家钢铁工业现代化程度的一个重要指标就是钢铁工业总体生产中铌的消费量，发达国家每吨钢大约消费 50g 铌，而目前我国用铌量只相当于北美和欧洲用量的 15%。我国是高强度低合金钢用铌铁的最大潜在市场。

钽曾被称为“贵族金属”，其原料少、价格高、产品贵，应用多集中在高科技领域。这个形势短期内不会改变。电容器制造是钽的主要消费领域。由于钽氧化膜化学稳定性好、电阻率高（$7.5\times10^{12}\Omega\cdot cm$）、漏电流小、介电常数大（27.6），用钽制作的电容器具有容量大、体积小、热稳定性和耐热性好、工作温度范围宽、可靠性高、抗震、使用寿命长等优点[16,17]，是最优秀的电容器，能在许多其他电容器所不能胜任的严峻条件下正常工作。由于钽电容器具有其他诸多电容器不可比拟的优异特性，在微电子科学和表面贴装技术领域几乎无可等效替代的其他电容器与之竞争，因此 60%～65%的钽以电容器级钽粉和钽丝的形式用于制作钽电容器，并广泛应用于通信（程控机、交换机、手机、传呼机、传真机、无绳电话）、计算机、汽车、家用和办公用电器、仪器仪表、航空航天、国防军工等领域。

航天航空工业是铌和钽的第二大用户。铌和钽的高温合金和以铌和钽为基体的耐热合金是高速飞机、导弹、火箭、宇航飞行器的热应力部件中不可或缺的支柱性材料[18]。钽常用来制造喷气式飞机、航天飞机、火箭的发动机部件，如燃烧室、燃烧导管、涡轮泵、火箭加速器喷管、宇宙飞船推进加力装置和喷管阀门等。采用铌、钽、钨、铝、镍、钴、钒等一系列金属合成的超级合金，是超声速喷气式飞机、火箭和导弹等的良好结构材料。

硬质合金是钽的第三大用户，也是铌的重要应用领域。用碳化钽、碳化铌制造的硬质合金刀具，能经受近 3000℃的高温，其硬度可以与世界上最坚硬的物质——金刚石媲美。

用碳化钽和碳化铌制造的硬质合金刀具广泛应用于汽车生产、建筑、能源等部门。

铌和钽的化合物及其单晶还具有一些特殊的性能，如铁电性能、压电性能、热电性能、电光和声光电性能和非线性系数、光折射灵敏度等，这些特殊性能使它们广泛地用在电子、光学和声控装置上。钽还具有良好的生物相容性，它与人体的骨骼、肌肉组织以及体液直接接触时，能够与生物细胞相适应，具有极好的亲和性，几乎不对人体产生刺激和副作用。钽不仅可用于制作治疗骨折用的接骨板、螺钉、夹杆等，而且可以直接用钽板、钽片修补骨头和用钽条来代替因外伤而折断的骨头。钽丝和钽箔可以缝合神经、肌腱以及1.5mm以上的血管，极细的钽丝可以代替肌腱甚至神经纤维。用钽丝织成的钽纱、钽网可以用来修补肌肉组织。此外，铌化合物及合金还被用于催化剂、超导材料、特种玻璃、电子陶瓷、水冷核反应堆的燃料包套及重水反应堆的压力管道的制造。而钽合金还可用于放射性核素的封装。

5.1.2 铌钽资源状况

目前，全球铌钽资源来源分为：铌钽精矿、废碎料和锡渣三部分，其中，铌钽精矿是铌钽来源最重要的组成部分；废碎料是铌钽的第二大来源，供应数量由铌钽消费量决定[19]；锡渣数量则随着东南亚国家锡矿资源的枯竭而呈现下降趋势，锡渣作为钽铌资源构成部分的作用在不断减弱。

铌和钽在地壳中的平均含量很小，铌在地壳中的平均含量（克拉克值）为24×10^{-6}，钽为1.7×10^{-6}[20]。由于钽和铌的原子结构相同，原子半径和离子半径相近，使得它们在自然界密切共存，地球化学性质相似[21]。

在铌钽精矿中，铌钽与其在元素周期表中相邻的元素晶体化学性质相似，容易发生等价或异价类质同象作用，致使钽铌矿物多达150多种，而且成分十分复杂。按晶体结构和化学成分分类，这些矿物大致可分为铌钛酸盐矿、铌钽酸盐矿和钛钽铌铀酸盐三大类以及铌铁矿-钽铁矿族、烧绿石-细晶石矿族、褐钇铌矿-黄钇钽矿族、铌铁金红石-钽铁金红石矿族、易解石矿族、黑稀金矿-复稀金矿族、重铌铁矿-重钽铁矿族、铌钇矿族和铈铌钙钛矿族9个矿族。在上述150多种矿物中，60种为独立钽铌矿物，另外90种矿物中钽铌是以杂质元素形式存在。其中具有经济意义的钽铌矿物如表5-1所列[22]。

表5-1 具有经济意义的钽铌矿物

矿物	化学式	密度/(g/cm³)	Nb_2O_5 含量/%	Ta_2O_5 含量/%
烧绿石	$(Ca,Na)_2(Nb,Ta)_2(O,OH,F)_7$	3.5～4.6	50～70	0.5
细晶石	$(Ca,Na)_2(Nb,Ta)_2(O,OH,F)_7$	6.4	1～10	68～79
铌铁矿	$(Fe,Mn)(Nb,Ta)_2O_6$	5.2	30～75	1～40
钽铁矿	$(Fe,Mn)(Ta,Nb)_2O_6$	7.9	2～30	40～80
铌钽铁矿	$(Fe,Mn)(Ta,Nb)_2O_6$	—	60～75	—
锡锰钽矿	$(Ta,Sn,Mn,Nb,Fe,Ti)_{16}O_{32}$	—	1～25	45～70
钽金红石	$(Fe,Mn)(TaNbTi)_2O_6$	5.4	9～17	5～26

全世界已探明的钽储量为3.64×10^5t，主要分布在澳大利亚、非洲、巴西。世界上最大的钽矿是澳大利亚西澳大利亚洲的格林布什（Greenbushes）和沃吉拉（Wodgina）矿，其次还包括巴西的皮廷加、加拿大的Tanco等，如表5-2所列。

■ 表 5-2 世界主要钽矿

国家	矿区地	经营公司	品位/%	储量/t
澳大利亚	沃吉纳	Global Advanced Metals	0.027	19100
	格林布什	Global Advanced Metals	0.0157	22100
	Bald Hill	Altura Mining	0.0435	—
	Mount Cattlin	银河资源有限公司	—	—
巴西	皮廷加	Mineracao Taboca	—	—
	Mibra	Companhia Industrial Fluminense	0.0388	—
加拿大	Tanco	Tantalum Mining Corporation of Canada Limited	0.0216	—
埃塞俄比亚	Kenticha	EMDSC(State Owned)	0.015	—
莫桑比克	Marropino	Noventa	0.0235	2129
刚果(金)	Kibara Belt	SHAMIKA RESOURCES INC	—	—
卢旺达	—	R é gie des Mines du	—	—

注：数据来源于英国地质调查局，储量按金属量计算。

世界铌资源主要分布在巴西、中国、加拿大等国，其中巴西是铌储量最大的国家，烧绿石矿储量极为丰富，分布于迈纳斯盖瑞斯地区的阿拉克斯、桥雅斯地区的卡塔拉奥。其铌生产商巴西冶金矿产公司和卡塔拉奥矿产公司的铌产量约占世界铌产量的 85%，其余的铌主要来自于澳大利亚、中国和俄罗斯钽铌精矿，泰国和马来西亚锡渣[23]。世界钽铌资源储量见表 5-3。

■ 表 5-3 世界钽铌资源储量[24~26]

国家或地区	Ta_2O_5		Nb_2O_5	
	储量/kt	分布率/%	储量/kt	分布率/%
巴西	3.10	1.0	21200.0	65.3
澳大利亚	68.66	22.4	2485.0	7.7
加拿大	2.75	0.9	1600.0	4.9
前苏联	190.0	62.0	3170.0	9.8
尼日利亚	3.18	1.0	434.0	1.3
泰国	7.30	2.4		
刚果	1.82	0.6	1900.0	5.9
马来西亚	0.91	0.3		
东南亚地区	3.60	1.2		
美国			11.0	0.3
乌干达			600.0	1.8
肯尼亚			740.0	2.3

我国已探明的钽资源储量为 8.4 万吨，主要分布在江西、内蒙古、湖南、广西、广东和福建，其中江西宜春矿钽工业储量占全国钽储量的 24.35%，是国内最大的钽原料基地。我国钽资源矿脉分散、矿石成分复杂、原矿中 Ta_2O_5 品位低、矿物嵌布粒度细、经济资源少，难以建大规模的矿山。目前，江西宜春矿钽资源贫化，原矿中 Ta_2O_5 平均含量已由 0.016%下降到 0.013%，并且矿物嵌布粒度更加细化，选矿回收率降低；福建南平 14# 矿脉钽资源临近枯竭，其他如广东横山矿、新疆可可托海矿 Ta_2O_5 储量、产量均

很小[27]。

我国已探明的铌资源储量为 6.6×10^6t，其中内蒙古地区铌储量占全国铌储量的92.53%，是国内最大的铌原料基地。据调查，我国三处最好的铌资源地是内蒙古白云鄂博、内蒙古扎鲁特旗（801矿）和湖北竹山，其原矿中 Nb_2O_5 平均含量在0.1%～0.3%之间[28]。中国钽铌资源储量见表5-4。

表 5-4 中国钽铌资源储量

地区	储量/10^4t		占全国储量/%	
	Ta_2O_5	Nb_2O_5	Ta_2O_5	Nb_2O_5
广西	0.22	3.30	2.62	0.50
江西	2.045	31.55	24.35	4.78
湖南	1.045	11.62	12.44	1.76
内蒙古	2.15	610.01	25.60	92.53

注：数据来源于国土资源部。

5.1.3 铌钽资源主要分解方法

工业上铌钽资源的处理方法主要：碱分解法、氯化分解法以及酸分解法有3种。其中，碱分解法是最早采用的工业方法，后续主要接分步结晶法分离钽和铌，也可进行酸转化接溶剂萃取法；氯化分解法一般后续接精馏法分离铌和钽；酸分解法主要接溶剂萃取法或离子交换法分离铌和钽。还有其他一些分解方法，如与 $KHSO_4$、$K_2S_2O_7$ 或与 KHF_2 熔融，主要用于化学分析的实践中，不具有工业应用价值。

5.1.3.1 碱分解法

碱分解法主要包括碱熔融分解法[29]、碱溶液水热分解法[30,31]和低碱焙烧分解法[32]。碱法分解铌钽原料主要以NaOH或KOH为反应介质，目的是使铌钽转化为铌钽钠盐或铌钽钾盐，然后将其酸分解后得到水合氧化钽铌。

（1）碱熔融分解法

20世纪50年代以前，碱熔融分解法是国内外普遍采用的分解铌钽原料的方法。国内外碱熔分解钽铌矿的方法基本相似，都是将氢氧化钠或氢氧化钾与铌钽原料的混合物在800℃进行熔融分解，碱熔反应的方程式如下（式中Me为碱金属Na或K）。

$$(Fe,Mn)[(Nb,Ta)O_3]_2+10MeOH \longrightarrow 2Me_5(Nb,Ta)O_5+(Fe,Mn)O+5H_2O \quad (5\text{-}1)$$

$$FeWO_4+2MeOH \longrightarrow Me_2WO_4+FeO+H_2O \quad (5\text{-}2)$$

$$MnWO_4+2MeOH \longrightarrow Me_2WO_4+MnO+H_2O \quad (5\text{-}3)$$

$$FeTiO_3+2MeOH \longrightarrow Me_2TiO_3+FeO+H_2O \quad (5\text{-}4)$$

$$Al_2O_3+2MeOH \longrightarrow 2MeAlO_2+H_2O \quad (5\text{-}5)$$

$$SiO_2+2MeOH \longrightarrow Me_2SiO_3+H_2O \quad (5\text{-}6)$$

$$SnO_2+2MeOH \longrightarrow Me_2SnO_3+H_2O \quad (5\text{-}7)$$

与氢氧化钠反应时，钽、铌、钛生成不溶性的化合物；与氢氧化钾反应时，钽、铌、钛生成可溶性的化合物；与氢氧化钠或氢氧化钾反应时，铁、锰生成不溶性的化合物，钨、铝、硅、锡生成可溶性的化合物。

NaOH 和 KOH 熔融分解工艺基本相同，其不同之处主要在于如下几处。

① 当用 NaOH 分解时，多钽酸钠和多铌酸钠与氧化铁、氧化锰均转入沉淀中，然后加热用盐酸处理沉淀物浸洗掉铁和锰，最后获得工业纯钽铌混合氧化物。

用水浸出破碎的熔块时，5∶1 的钽、铌酸盐发生水解生成难溶的 4∶3 的钽酸钠盐和 7∶6 的铌酸钠盐。反应式如下：

$$6Na_5TaO_5 + 36H_2O \longrightarrow 4Na_2O \cdot 3Ta_2O_5 \cdot 25H_2O + 22NaOH \quad (5\text{-}8)$$

$$12Na_5NbO_5 + 55H_2O \longrightarrow 7Na_2O \cdot 6Nb_2O_5 \cdot 32H_2O + 46NaOH \quad (5\text{-}9)$$

用盐酸分解时，钽铌酸钠盐发生水解，钽（铌）生成五氧化钽（铌）的水合物，钛生成钛酸而沉淀，同时铁锰可溶性化合物则留在溶液中。

② 当用 KOH 分解时，用水浸熔体可使大部分钽和铌以可溶性多钽（铌）酸钾的形式进入溶液，氧化铁、氧化锰和钛酸钾则留在水浸渣中。水浸液中再加入氯化钠，使钽铌以难溶的多钽（铌）酸钠形式全部沉淀出来。再用盐酸处理沉淀物即可获钽和铌的混合氧化物。

KOH 分解所得钽铌混合氧化物的纯度较 NaOH 分解混合氧化物的纯度高，但钽铌的直接回收率偏低，仅约 80%。

碱熔融分解的缺点在于操作温度高、碱耗过高（每 1kg 精矿耗碱 3kg）、坩埚寿命短、消耗快、操作强度大、工作条件差，目前已被淘汰。

（2）碱溶液水热分解法

针对碱熔融分解法的主要缺点，国内外科技工作者提出了碱液水热法分解钽铌矿的新工艺，在相当程度上可以克服碱熔融分解法的主要不足。

在 20 世纪 60～70 年代，苏联的 A. H. 泽利克曼等[33]对碱液水热法进行了深入研究，并探讨了反应机理，认为 NaOH 或 KOH 溶液分解铌钽铁矿的反应分两阶段进行（式中 Me 为碱金属 Na 或 K）。

$$3Fe[(Ta,Nb)O_3]_2 + 8MeOH + (n-1)H_2O \longrightarrow Me_8(Ta,Nb)_6O_{19} \cdot nH_2O + Fe(OH)_2 \quad (5\text{-}10)$$

$$Me_8(Ta,Nb)_6O_{19} \cdot nH_2O \longrightarrow 6Me(Ta,Nb)O_3 + 2MeOH + (n-1)H_2O \quad (5\text{-}11)$$

在第一阶段生成可溶性的多钽（铌）酸盐，而后再转化成不溶性的偏钽（铌）酸盐。调整反应条件可以使分解的产物基本上是多钽（铌）酸盐，或偏钽（铌）酸盐。例如当温度为 150℃和碱浓度为 45%时，所生成的分解产物主要是多钽（铌）酸盐；而在 200℃和碱溶液浓度为 30%～50%时，在 2～3h 内很快便完成分解，同时生成偏钽（铌）酸盐。

多钽（铌）酸盐在碱溶液中溶解度较低，但易溶于水，为此在高压釜分解后沉淀物先水浸，将钽铌转入溶液，再将溶液蒸发浓缩使多钽（铌）酸盐重新沉淀出来，经盐酸分解即可得到相当纯的钽铌混合氧化物；偏钽（铌）酸盐在碱溶液和水中的溶解度很小，反应完成后经过滤所得偏钽（铌）酸盐易被 15%～20%的 HF 溶解。碱溶液水热分解法对于原料的适应性较差，对于难分解的钽铌矿，钽的浸出率只能达到 10%左右，即便通过机械活化对钽铌矿进行预处理，钽的浸出率也仅能达到 60%[34]。碱溶液水热分解法目前仍只停留在实验室阶段，尚未有工业化生产的报道。

(3) 低碱焙烧分解法

低碱焙烧分解法[32]是近年来新开发出的一种处理难分解铌钽资源的新方法。该方法以 NaOH 为反应介质，通过将特定比例的铌钽原料与 NaOH 混合后在 650℃进行焙烧使铌钽接近全部转化为偏铌（钽）酸钠，从而实现铌钽原料的分解。分解反应原理如下（以铌钽铁矿为例）：

$$(Fe,Mn)[(Ta,Nb)O_3]_2+2NaOH \longrightarrow 2Na(Ta,Nb)O_3+(Fe,Mn)O+H_2O \quad (5\text{-}12)$$

该方法与传统碱熔融分解法有显著区别。传统碱熔融法采用高碱用量分解铌钽原料，钽铌主要转化为含钠量高的铌钽原盐 $Na_5(Nb,Ta)O_5$。而低碱焙烧分解法则通过控制分解过程中铌钽原料与 NaOH 的比例，使铌钽转化为含钠量低的铌钽偏盐 $Na(Nb,Ta)O_3$，理论上可将反应过程中的氢氧化钠耗量降为传统碱熔融分解法的 1/5，即实现铌钽原料的低碱分解，大幅度降低氢氧化钠介质的用量。

研究结果表明，在焙烧温度为 650℃、焙烧时间为 30min、初始矿物粒径小于 58μm 的条件下，难分解铌钽矿中铌和钽的转化率达到 99%以上，碱耗量为 1kg NaOH/kg 钽铌矿。焙烧料经水洗后可用 4.37mol/L 的稀 HF 溶液转型溶解，溶解率达 99%以上。

5.1.3.2 氯化分解法

氯化分解工艺[35,36]主要利用氯化时所生成的各种氯化物的蒸气压的差别将精矿中的主要组分进行分离。工艺流程为精矿在有还原剂（木炭、石油焦）的情况下，于 400～800℃进行氯化，由于生成的钽、铌氯化衍生物沸点较低，一般比杂质元素的沸点低 70℃以上，在氯化过程中可被气体带走，并在冷凝器中吸收；而高沸点的氯化物，包括稀土、钠、钙及其他的氯化物则存留于氯化器中形成氯化物熔盐。由冷凝物制取的钽、铌氯化物的混合物经精馏实现钽铌分离。氯化过程的反应如下：

$$Nb_2O_5+\frac{3}{2}C+3Cl_2 \longrightarrow 2NbOCl_3+\frac{3}{2}CO_2 \quad (5\text{-}13)$$

$$Ta_2O_5+\frac{5}{2}C+5Cl_2 \longrightarrow 2TaCl_5+\frac{5}{2}CO_2 \quad (5\text{-}14)$$

氯化法对原料的适应性强，可以处理复杂的多金属共生矿，如铈铌钙钛矿、含钽铌的锡渣以及烧绿石、黑稀金矿、褐钇铌矿等含钽、铌、钛、铀、稀土的复杂矿物。并且通过氯化法可以制得超高纯铌和钽的化合物。总体上来说，对于低品位、复杂铌钽原料的处理，氯化法是一种较适宜的方法，有很好的应用前景。但需解决氯气腐蚀设备及环境污染等问题。氯化分解工艺目前在俄罗斯已经实现工业化生产。

5.1.3.3 酸分解法

目前国内外工业上均采用氢氟酸法或混酸（氢氟酸＋硫酸）法处理铌钽原料[37,38]。国外用得较多的是单一氢氟酸法，而国内普遍采用氢氟酸和硫酸混酸法。氢氟酸法和混酸法是目前处理铌钽原料的主流方法。

通常认为分解反应为：

$$Nb_2O_5+10HF \longrightarrow 2H_2NbOF_5+3H_2O \text{（低酸度 HF<20\%）} \quad (5\text{-}15)$$

$$Nb_2O_5+14HF \longrightarrow 2H_2NbF_7+5H_2O \text{（高酸度 HF 20\%～40\%）} \quad (5\text{-}16)$$

$$Nb_2O_5+12HF \longrightarrow 2HNbF_6+5H_2O \text{（高酸度 HF>40\%）} \quad (5\text{-}17)$$

$$Ta_2O_5+14HF \longrightarrow 2H_2TaF_7+5H_2O(\text{高酸度}\quad HF\ 20\%\sim40\%) \tag{5-18}$$

$$Ta_2O_5+12HF \longrightarrow 2HTaF_6+5H_2O(\text{高酸度}\quad HF>40\%) \tag{5-19}$$

矿物浸出时的情况比纯溶液复杂得多。即使在高酸度下，除了占主导地位的一种络合物外，实际上是多种络合物并存。

铌钽原料里的各种杂质也被同时浸出。例如铁、锰等也会分别以络合物的形式如 $HFeF_3$、$HMnF_3$ 等进入浸出液中。以铌（钽）铁矿为例，分解浸出反应还有：

$$Fe[(Nb,Ta)_2O_6]+17HF \longrightarrow 2H_2(Nb,Ta)F_7+HFeF_3+6H_2O \tag{5-20}$$

$$Mn[(Nb,Ta)_2O_6]+17HF \longrightarrow 2H_2(Nb,Ta)F_7+HMnF_3+6H_2O \tag{5-21}$$

除了钽、铌、铁、锰之外，在伴生矿物中所含的其他元素如锡、钛、硅、钨也分别以络合酸 H_2SnF_6、H_2TiF_6、H_2SiF_6、H_2WF_8 的形式进入溶液。而稀土、铀、钍、钙等则分别以沉淀物形式 REF_3、UF_4、ThF_4、CaF_2 残留在浸出渣中。

浸出时一般采用质量分数为55%的氢氟酸，分解温度为90～100℃，耗酸量按化学反应计量的理论用量并超过5%～10%。分解通常在内衬铅、钼镍合金、浸渍石墨、硬橡胶（尤以QH-95溴化丁基橡胶为佳）的反应器中进行，搅拌器用蒙耐尔合金（含铜27%～29%铜镍合金）制作。分解时，将粒度被磨至小于0.074mm的精矿边搅拌边加入反应器中，控制温度小于50℃，因分解为放热反应，加料过快，反应过于激烈，易造成氢氟酸挥发损失。矿粉加完后，通蒸汽或用石墨电阻发热体继续加热至90～100℃，搅拌保温4～12h，冷却后过滤或直接送萃取工序进行矿浆萃取。一般铌钽分解率达98%以上。分解残渣中的铌钽含量低于1%。

用氢氟酸浸出，以前仅限于高品位的精矿。随着浸出工艺和设备的技术进步，矿浆萃取已发展到处理各种品位的原料，包括含铌钽仅2%～4%的复杂低品位原料（如钛钽铌矿、锡渣等）。表5-5为球磨-分解各种矿料的主要技术经济指标。

表5-5　球磨-分解各种矿料的主要经济技术指标

原料	高品位精矿	钛钽铌矿	锡渣	铌钽铁合金
分解浸出率/%	≥98.5	≥95	≥99	≥99
氢氟酸单耗/(t/t)	2.2～2.4	2.8～3.1	2.2～2.4	2.5～2.7
浸出保温时间/h	16～24	24～36	8～24	8～24
球磨电耗/(kW·h/t)	121～160	200～280	100～120	—

目前，工业上采用的氢氟酸分解工艺均为常压操作，因氢氟酸的挥发性较强，在分解过程中约有10%的氢氟酸挥发进入废气中。这种含氟烟气不仅污染大气，而且会给操作人员和通风设备造成危害。面临着日益提高的环保排放要求带来的巨大压力，对于含氟废气，目前比较成熟的解决方法为冷凝-淋洗吸收法[39]。含氟湿烟气通过石墨管冷凝，可回收50%～60%的氢氟酸。尾气再经多级水淋洗，可实现达标排放。但因含氟烟气中含有大量 SiF_4，在冷凝时易出现因氟硅酸水解而引起堵塞的问题。近期有科研工作者开展了低品位难分解钽铌矿的加压酸分解工艺的研究[40]。该工艺采用密闭加压方式对铌钽矿石进行氢氟酸分解，铌钽分解率达到98.5%以上。由于加压分解过程改善了反应条件，可使氢氟酸的用量减少15%、矿料粒度增大20%。同时，由于分解过程密闭，可显著改善操作环境，有效缓解含氟废气的环保处理及排放压力。

在铌钽湿法冶金中，国内外科技工作者还根据不同铌钽矿的特点开发出一些有针对性的方法。例如，针对易分解的钛钽铌复合精矿开发出硫酸分解法[41]，可综合回收该矿中的有价组分、金属回收率较高，但由于其原料适应面窄、操作复杂、产品纯度低和硫酸耗量大，没有在工业上得到广泛应用。

5.1.4 铌和钽的主要分离方法

在获得铌钽产品的过程中，铌钽分离是至关重要的环节，此环节不仅可以使铌钽分离，而且还能达到除杂净化的效果。目前铌钽的分离方法主要包括溶剂萃取法[42~46]、离子交换法[49,50]、分步结晶法[47,48]等。

5.1.4.1 溶剂萃取法

自 20 世纪 60 年代氢氟酸萃取工艺成熟后，溶剂萃取就被广泛地应用于铌钽湿法冶金工业生产中，它具有分离效率高、处理能力大、劳动强度小、能耗低、容易实施自动化等优点，是目前铌钽分离的主流工艺。铌钽萃取剂种类很多，除国外广为应用的 MIBK、TBP 外，我国科技工作者还针对本国资源的特点，研发了仲辛醇、乙酰胺等萃取剂。

（1）MIBK-HF-H_2SO_4-H_2O 萃取体系

MIBK-HF-H_2SO_4-H_2O 萃取体系是国内外应用最广泛的铌钽萃取分离体系。MIBK（甲基异丁基酮）选择性好，萃取时可获得铌、钽高纯化合物。萃取铌钽的饱和容量较其他萃取剂大，可使用较高质量浓度的原液（铌钽质量浓度可达 60～120g/L）。此外，它还具有密度小、黏度小、操作稳定和易于控制等优点。其缺点就是水溶性大、挥发性大、损耗大、价格高以及气味难闻等。

一般认为，MIBK 在氢氟酸体系萃取铌钽属于佯盐萃取类型，即在强酸溶液中，MIBK 中氧原子上的孤对电子吸引带正电荷的氢离子或水合氢离子而形成佯盐离子，然后再和水相中铌、钽络阴离子借助静电引力而结合成佯盐。萃取铌钽时生成的佯盐只有在强酸溶液中才能形成。溶液酸度降低时，如用水稀释，佯盐即发生分解，被萃取到有机相中的铌或钽又会回到水溶液中，因此可以通过控制反萃剂的酸度来控制反萃铌或反萃钽的顺序，从而使铌钽分离。

MIBK 既可进行清液萃取，也可进行矿浆萃取。我国普遍采用矿浆萃取，矿浆萃取工艺流程如图 5-1 所示。

（2）仲辛醇-HF-H_2SO_4-H_2O 萃取体系

由于我国南方常年气温较高，不适合使用闪点较低的萃取剂，而仲辛醇闪点高，因此在我国南方使用较为普遍。除闪点高外，仲辛醇还具有价格便宜、密度小、凝固点低、水中溶解度低、萃取容量大、分离效果好等优点；其缺点就是黏度较大，反萃时易出现乳化现象。

仲辛醇的萃取机理与 MIBK 相似，也为佯盐萃取。仲辛醇萃取工艺过程和 MIBK 相似。

仲辛醇和 MIBK 萃取性能比较如下。

① 分离系数：在相同的硫酸浓度下，MIBK 的分离系数高于仲辛醇。

② 萃取饱和度：MIBK 的萃取容量比仲辛醇约大 1/3，两种萃取剂杂质萃取水平相当，其中仲辛醇对钨的萃取率均 MIBK 大 10%。

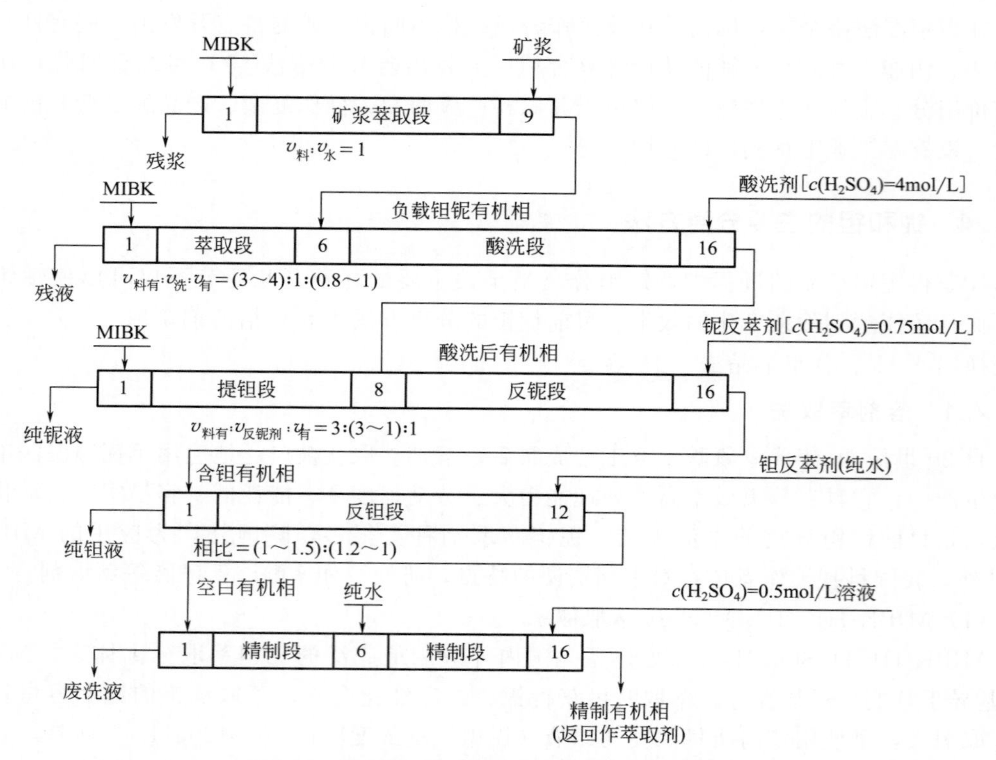

■ 图 5-1 MIBK-HF-H_2SO_4 体系铌钽萃取分离流程

料液成分：c (HF)= (6±0.5)mol/L；c (H_2SO_4)= (4±0.25)mol/L；ρ [$(Ta, Nb)_2O_5$] = (180±20)g/L；ω (Ta_2O_5)：ω (Nb_2O_5)= (1.5：1)~(1：1.5)；$v_{料}$—料液流速；$v_{料有}$—负载有机相流速；$v_{有}$—有机相流速；$v_{洗}$—酸洗液流速；$v_{反铌剂}$—反铌剂流速

③ 回收率和原材料消耗：仲辛醇萃取铌钽的总回收率较高，原材料消耗较低。

④ 萃取级数：针对仲辛醇黏度大、分层慢、易受温度影响的特点，在混合澄清萃取槽结构和萃取级数上有一定差别，总的来说，MIBK 萃取时，级数较少。

(3) TBP-HF-H_2SO_4-H_2O 萃取体系

在萃取过程中，TBP（磷酸三丁酯）含氧萃取剂与水合质子结合生成大的阳离子，然后与金属络阴离子缔合而发生萃取反应。当氢氟酸浓度为 4～5mol/L 时，TBP 通过活性基团 P═O 与水合氢离子结合，形成大阳离子 $[H_3O(H_2O)_3\cdot 3TBP]^+$，然后该阳离子再和溶液中的铌钽氟络合物阴离子结合而进入有机相。

与 MIBK、仲辛醇相比，TBP 萃取流程存在以下缺点：a. 铌钽分离效果不太理想；b. 杂质分离，尤其是对钨和钛分离较差；c. TBP 在使用过程中有降解发生，导致产品含磷较高；d. 流程比较复杂。目前，TBP 很少在铌钽萃取分离工业上使用。

5.1.4.2 离子交换法

离子交换法比溶剂萃取法分离铌和钽的效果更好些，但是其生产效率低，迄今为止未在工业生产中应用。离子交换反应发生在固相的离子交换树脂和水相的离子之间。离子交换时，有些离子负载到树脂上，与溶液中其他离子分离，然后再从树脂上洗脱下来回收，同时使树脂再生，反复使用。

采用离子交换法分离铌和钽时，通常以氢氟酸、$HF-H_2SO_4$ 和 HF-HCl 混酸作为介质，有时也采用草酸作为介质。钽和铌在这些介质中以络合阴离子形式存在，所以交换树脂使用不同碱度和结构的具有活性基的阴离子交换剂。钽铌原液通过交换柱时，由于各元素离子对离子交换剂的亲和力不同，不同元素离子解析顺序也不同，如采用 ЭдЭ-10п（阴离子交换剂型号）中等碱度的阴离子交换剂时，最先解析下来的是铌，然后是钛，最后是钽。在离子交换过程中，为了强化分离效果，采用三种淋洗液进行淋洗：首先，使用35g/L HCl淋洗下不含铌钽钛的铁，用35g/L HCl＋1g/L HF混酸解析铌；然后使用84g/L HCl解析出全部钛和铌；最后使用180g/L HCl＋10g/L HF混酸溶液解析出纯净的钽。所得解析液进行氨沉，获得的钽铌氧化物基本上不含杂质，满足产品要求。

离子交换法的优点是生产成本低、工艺操作简单、设备结构简单、节约大量有机溶剂等；其缺点是生产周期长、碱用量大、生产效率低、环境污染严重。

5.1.4.3 分步结晶法

氟化物分步结晶法分离铌和钽是马立拉克于1865年所创建的，20世纪50年代以前这种方法是工业分离铌和钽的唯一方法。该方法是基于钽盐和铌盐在弱酸溶液中溶解度的差别使铌钽得到分离。

分步结晶分离铌和钽的工艺包括溶解、沉淀结晶和蒸发结晶3个工序。在70～80℃下用1.1～1.15倍理论用量的35%～40%的HF溶解铌钽混合氧化物，所得溶液经澄清后过滤，所得滤液经稀释加热后，加入KCl，生成K_2TaF_7，以针状晶体从溶液中析出，K_2NbOF_5留在溶液中。过滤得到K_2TaF_7晶体和含有K_2NbOF_5的母液，母液经蒸发浓缩、冷却结晶后，得到$K_2NbOF_5 \cdot H_2O$晶体。这2种晶体分别进行再结晶，直至达到所要求的纯度。

分步结晶法所得到的钽产品一般比较纯，但是很难保证铌产品的质量。其原因在于钽铌中常伴生有杂质钛，钛容易生成与$K_2NbOF_5 \cdot H_2O$同晶型的$K_2TiF_6 \cdot H_2O$络合物，且其在20℃时的溶解度远低于铌盐的溶解度，因此铌盐结晶析出的同时，钛盐也析出，导致铌产品难以获得足够高的纯度。一般Nb_2O_5的纯度仅在99.17%的水平。

5.1.5 未来发展趋势

目前，国内外铌钽冶金大多采用高浓度氢氟酸（55%）或高浓度氢氟酸-浓硫酸分解矿石、清液或矿浆萃取分离铌钽的工艺处理铌钽矿物或其他含铌钽的原料。该方法经几十年的发展已非常成熟。现有工艺研究大多集中于后续产品质量的提升及高附加值产品的开发方面，如提高钽、铌粉的比电容值，制备比表面积大、纯度高的优质电容器用钽、铌粉，以及开发草酸铌、乙醇钽、乙醇铌等新产品。但铌钽原料氢氟酸分解工艺和铌钽溶剂萃取分离工艺所固有的一些问题一直未得到完美的解决。如氢氟酸分解法会产生大量的含氟废气、废水和废渣，环境污染严重。近年来，针对氢氟酸法所产生的严重环境污染问题，国内外一些钽铌生产厂家对氢氟酸分解工艺进行了部分改进以减少氟污染[51～57]。例如，德国H.C.Starc公司通过集中研究改进湿法工艺内部循环途径，以减少H_2SO_4等化学原材料的消耗和渣的数量，并且回收各种废料液中的HF、NH_3和MIBK；在分解工艺中不使用H_2SO_4或严格控制HF和H_2SO_4的使用，而分解所产生的残渣用来生产

$CaSO_4$、CaF_2 或作为其他化学原材料，以减少原料投入和渣的产生。美国专利[52]提出了真空蒸发回收残液中游离 HF 方法。我国株洲硬质合金厂[39]提出了冷凝加淋洗的氢氟酸回收工艺，效果较好。但上述方法均属于末端治理，代价较大，且未能彻底解决氟污染问题。另外，在将铌或钽的氟化物转化为氢氧化物的过程中需加液氨，由此将产生大量氨氮废水。氨氮废水的处理费用较高。

铌钽冶炼属于高污染性行业。研究开发资源可持续利用的绿色冶金工艺方法和技术，发展清洁生产和环境友好生产工艺，特别是寻找新的化学反应方法，使用新的原材料，开发氢氟酸体系以外的新的铌钽分离工艺，是铌钽冶金工作者重要的努力方向。

5.2 铌钽资源亚熔盐高效清洁分解反应技术

针对铌钽资源氢氟酸分解法环境污染严重的问题，中国科学院过程工程研究所依据清洁生产原理，提出以无毒无害碱金属亚熔盐法处理难分解铌钽资源的新工艺。该工艺是将亚熔盐清洁生产技术平台拓展到铌钽冶金的具体应用，以解决现有氢氟酸分解工艺存在的问题，实现铌钽矿的清洁转化。

亚熔盐体系可分为 KOH 亚熔盐体系和 NaOH 亚熔盐体系。由于 NaOH 价格低于 KOH，为降低生产成本，一般优选 NaOH 亚熔盐体系作为反应介质。但由于铌钽与 NaOH 亚熔盐反应生成的多铌（钽）酸钠在 NaOH 溶液中的溶解度很低（90℃时多铌酸钠在 1%的 NaOH 溶液中的溶解度仅为 1.1g/L），不易实现铌钽与渣相的分离；而铌钽与 KOH 亚熔盐反应生成的六铌（钽）酸钾在 KOH 溶液中具有很高的溶解度（90℃时六铌酸钾在 4.5mol/L KOH 溶液中的溶解度约为 120g/L），并可在溶液蒸发浓缩后以相应的晶体形式析出，得到纯度很高的六铌（钽）酸钾中间体。这对于制备高纯铌钽产品是非常有利的。因此，铌钽矿亚熔盐新工艺选择 KOH 亚熔盐体系作为反应介质。

铌钽原料被氢氧化钾亚熔盐分解时，发生如下反应（以铌钽铁矿为例）：

$$3(Fe,Mn)O \cdot (Ta,Nb)_2O_5 + 8KOH + (n-4)H_2O \longrightarrow K_8[(Ta,Nb)_6O_{19} \cdot nH_2O] + 3(Fe,Mn)O \tag{5-22}$$

$$K_8[(Ta,Nb)_6O_{19} \cdot nH_2O] \rightleftharpoons 6K(Ta,Nb)O_3 + 2KOH + (n-1)H_2O \tag{5-23}$$

铌钽铁矿在氢氧化钾亚熔盐中的浸出过程分为两个阶段，第一阶段生成可溶性的六铌（钽）酸钾，第二阶段六铌（钽）酸钾转化为不溶性的偏铌（钽）酸钾；在一定条件下，两阶段可互相转化。亚熔盐工艺需控制铌钽主要转化为可溶性六铌（钽）酸钾。铌钽铁矿经亚熔盐分解后，经反应分离耦合过程（稀释分离-浸出）及结晶分离得到六铌（钽）酸钾晶体，再经酸化脱钾得到水合氧化铌（钽）沉淀，该沉淀可直接溶于低浓度氢氟酸溶液（<10%）中，所得溶液经低酸萃取实现铌、钽的分离。分解反应中过量的 KOH 溶液先经稀释至 50%并与渣相分离后，再经蒸发浓缩并返回亚熔盐分解工序，实现 KOH 介质的内循环。该工艺过程简图如图 5-2 所示。

5.2.1 Nb_2O_5 和 Ta_2O_5 在氢氧化钾亚熔盐中的溶解行为

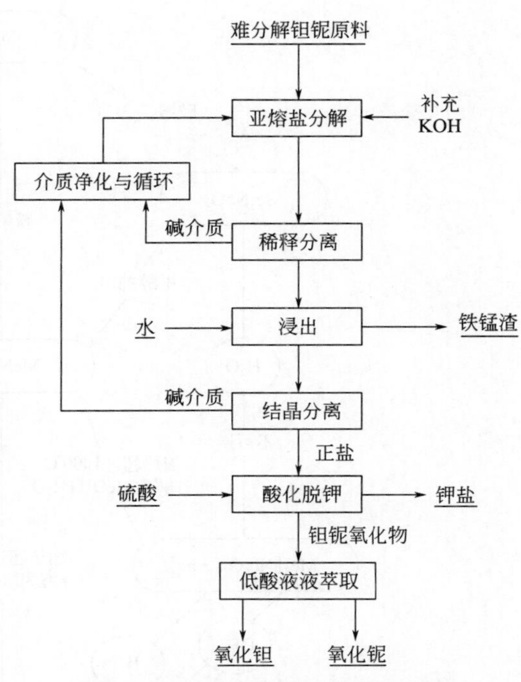

■ 图 5-2 钽铌清洁生产工艺原理简图

Nb_2O_5 和 Ta_2O_5 在氢氧化钾亚熔盐中的溶解行为是构建铌钽资源亚熔盐高效清洁分解反应技术的基础。铌、钽的五氧化物为强酸性，其酸性大约与二氧化硅相同，铌、钽五氧化物能够与氢氧化钾生成铌、钽酸钾。根据氧化铌、钽与氢氧化钾的摩尔比不同，可以生成多种不同的钾盐。从化学组成来看，铌、钽酸钾与磷酸盐相似，可以生成偏、焦、正及多酸盐，其化学式分别为 KMO_3、$K_4M_2O_7$、K_3MO_4 和 $K_xM_yO_{(y/4+x/2)}$，其中 M 代表铌或钽。

关于溶解在水溶液中的铌化合物的形态，文献[58]用 X 射线衍射法测定了用离子交换从溶液中提取的铌酸根离子，认为都是聚合的六核铌酸根。文献[59]认为固态存在的六核铌酸根能在液态下继续保持其形态，溶液中的六核铌酸根可用通式 $H_xNb_6O_{19}{}^{(8-x)-}$ 表示。文献[60]用分光光度法和 X 射线衍射法研究了铌酸钾和铌酸钠的水溶液，认为在溶液中存在 3 种类型的六铌酸根离子，即 $Nb_6O_{19}^{8-}$、$HNb_6O_{19}^{7-}$ 和 $[(Nb_6O_{18}\cdot aq)^{6-}]_n$，离子类型与溶液的 pH 值有关。当 pH 值很低时，铌酸盐会水解为氧化铌的水合物。铌酸盐水溶液通常很容易发生水解，影响水溶液稳定性的主要因素为溶液的 pH 值，一般认为 pH 值高时铌酸钾溶液是稳定的。如文献[58，60]认为当 pH 值大于 9 时，溶液是稳定的，并认为如果处理得当，pH 值降至 6.2 时溶液也不会产生沉淀，并给出了碱金属铌酸盐水解模式，见图 5-3。文献[60～63]认为随溶液的 pH 值减小，铌酸根在溶液中平衡的离子序列为：

$$NbO_4^{3-} \longrightarrow Nb_6O_{19}^{8-} \longrightarrow HNb_6O_{19}^{7-} \longrightarrow NbO_3^- \longrightarrow Nb_2O_5$$

文献[58，60]认为，溶液中不仅同时存在单核六铌酸根离子 $Nb_6O_{19}^{8-}$、$HNb_6O_{19}^{7-}$ 和 $H_2Nb_6O_{19}^{6-}$，还同时存在着聚合多核铌酸根 $H_3Nb_{12}O_{36}^{9-}$、$H_4Nb_{12}O_{36}^{8-}$、$H_5Nb_{12}O_{36}^{7-}$ 和 $H_6Nb_{12}O_{36}^{6-}$。

钽酸钾在水溶液中的形态也主要取决于溶液的 pH 值。文献[64，65]认为在 pH 值大于 13 的溶液中存在钽酸根时，钽酸根将以 $Ta_6O_{19}^{8-}$ 稳定存在。pH 值降低到 4.5 时将得到不溶于水的水合氧化钽沉淀。

文献[65]给出的钽酸根在水溶液中平衡的离子序列为：

$$TaO_4^{3-} \longrightarrow Ta_5O_{16}^{7-} \longrightarrow TaO_3^- \longrightarrow Ta_2O_5$$

文献[66]研究了水热条件下，五氧化二铌在氢氧化钾溶液中的溶解行为。认为五氧化二铌在氢氧化钾溶液中先转化为可溶性的六铌酸钾 $K_8Nb_6O_{19}\cdot nH_2O$，然后转变为不

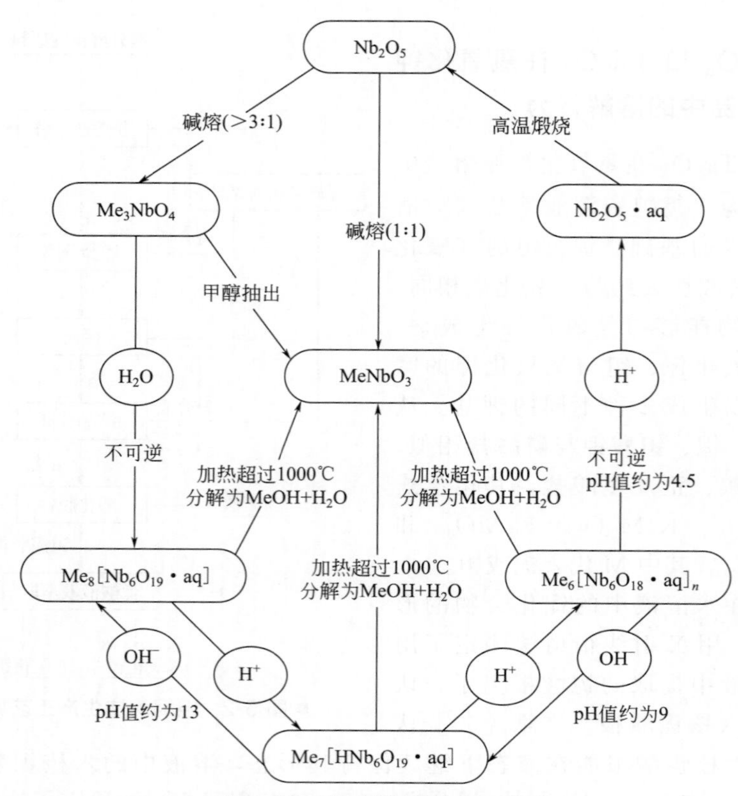

■ 图 5-3 碱金属铌酸盐水解模式

溶性的无水偏铌酸钾 $KNbO_3$，反应式如下：

$$3Nb_2O_5+8KOH+(n-4)H_2O \longrightarrow K_8Nb_6O_{19} \cdot nH_2O \tag{5-24}$$

$$K_8Nb_6O_{19} \cdot nH_2O \rightleftharpoons 6KNbO_3+2KOH+(n-1)H_2O \tag{5-25}$$

浓度低于 7.75mol/L 时生成易溶解的 $K_8Nb_6O_{19} \cdot 16H_2O$，氢氧化钾浓度过高时，易溶的水合六铌酸钾将转变成不溶解的无水偏铌酸钾，这种转变的方向及限度和水合六铌酸钾中的结晶水含量主要取决于氢氧化钾溶液的浓度和反应温度。

以上主要研究了水热条件下，五氧化二铌在氢氧化钾溶液中的溶解行为，有关五氧化二铌和五氧化二钽在氢氧化钾亚熔盐中的溶解行为研究尚未见报道。本书采用因素实验方法，探讨了氢氧化钾浓度、反应温度、反应时间、搅拌速率和碱矿比［氢氧化钾与五氧化二铌（钽）的质量比］等因素对五氧化二铌和五氧化二钽及其混合物在氢氧化钾亚熔盐中的溶解行为的影响，确定了关键影响因素，之后对实验中产生的沉淀物用 X 射线衍射及 ICP-AES 等方法进行了分析，为氢氧化钾亚熔盐高效清洁转化铌钽铁矿的工艺设计提供了理论依据。

5.2.1.1 实验原料、装置与方法

（1）实验原料与分析仪器

① 主要试剂：

Nb_2O_5，高纯（99.99%），宁夏东方钽业股份有限公司提供；

Ta_2O_5，高纯（99.99%），宁夏东方钽业股份有限公司提供；

KOH，分析纯，北京化工厂；

去离子水，自制。

② 主要仪器：

JSM-35CF 型扫描电镜，日本；

SIEMENS D500 型 X 射线衍射仪，德国 SIEMENS；

ICP-AES 分析装置，过程工程研究所自组装；

PE-4000 原子吸收仪，美国 PE 公司。

（2）实验装置

本实验所用的反应釜由不锈钢制成，容积为 500mL，直径为 60mm，内衬镍板，采用油浴加热，通过 CKW-Ⅲ型可控硅温度控制器控温，用镍铬-镍硅热电耦测温，温控精度为±1℃，反应器上装有回流冷凝管；搅拌转速由 D-8401-WZ 型数显控速搅拌机控制。搅拌器为开放涡轮式，由不锈钢制造，4 片均匀的散射式桨叶为 12mm×7mm。实验装置如图 5-4 所示。

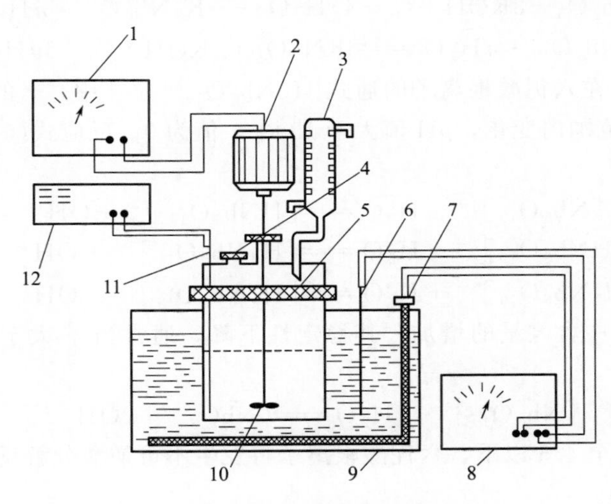

■ 图 5-4 实验装置图

1—调速控制器；2—搅拌电机；3—回流冷凝器；4—取样孔；5—油管连接器；6—热电偶；7—电热棒；8—温度控制器；9—油浴；10—搅拌桨；11—热电偶；12—数字显示器

（3）实验方法

每次实验称取 150g 固体分析纯氢氧化钾放入反应釜中，加去离子水至设定浓度，开通回流冷凝管中的冷却水，然后将反应釜升温至设定温度，开通搅拌，使体系恒温 5min，按碱矿比 R_a（氢氧化钾与 Nb_2O_5 或 Ta_2O_5 的质量比）加入 Nb_2O_5 或 Ta_2O_5，反应计时，再定时取样分析可溶性的铌、钽含量。

设加入反应釜中的水和 Nb_2O_5 或 Ta_2O_5 的质量分别为 W_{H_2O}(g) 和 W_{Nb}(g)，则料液的总质量为：$W_T=150+W_{H_2O}+W_{Nb}$(g)。在设定的时间取样，样品经骤冷、称重、溶解、过滤、洗涤，所得滤液用 ICP-AES 分析其中铌、钽的含量。设第 i 次所取的样品质量为 B_i(g)；第 i 次所取的样品中可溶性的铌质量为 T_i(g)；所加入的总铌量为 T_{Nb}(g)。则第 i 次取样时 Nb_2O_5 的浸出率为：

$$y_i=\frac{W_T}{T_{Nb}}\times\frac{T_i}{B_i}\times 100\% \tag{5-26}$$

Ta_2O_5 的浸出率的计算与上式类同。实验过程中得到的不溶性铌、钽酸盐沉淀用热水或无水乙醇洗涤至中性后，在 120℃ 下烘干，用 ICP-AES 法分析其中铌、钽的含量，钾含量采用原子吸收仪分析；水含量根据煅烧前后的质量差确定，根据分析结果确定其组成。利用 X 射线衍射对其化学结构进行了分析。

5.2.1.2 Nb_2O_5 在氢氧化钾亚熔盐中溶解行为研究

首先对 Nb_2O_5 在氢氧化钾亚熔盐中的溶解行为进行研究，确定不同反应条件下，Nb_2O_5 在氢氧化钾亚熔盐中的转化产物。

根据文献［66，67］，Nb_2O_5 在氢氧化钾溶液中的反应分为两阶段进行，第一阶段生成易溶于水的六铌酸钾（$K_8Nb_6O_{19} \cdot nH_2O$），然后再转化成不溶于水的偏铌酸钾（$KNbO_3$）。反应式如下：

$$3Nb_2O_5 + 8KOH + (n-4)H_2O \longrightarrow K_8Nb_6O_{19} \cdot nH_2O \quad (5\text{-}27)$$

$$K_8Nb_6O_{19} \cdot nH_2O \rightleftharpoons 6KNbO_3 + 2KOH + (n-1)H_2O \quad (5\text{-}28)$$

大部分文献认为在六铌酸根离子的通式 $H_xNb_6O_{19}{}^{(8-x)-}$ 中，x 的值随溶液 pH 值下降而增大，在 0～3 范围内变化，pH 值大于 13 时 x 值为 0。反应式(5-28) 的平衡反应式可写为：

$$[Nb_6O_{19}]^{8-} + H_2O \rightleftharpoons [HNb_6O_{19}]^{7-} + OH^- \quad (5\text{-}29)$$

$$[HNb_6O_{19}]^{7-} + H_2O \rightleftharpoons [H_2Nb_6O_{19}]^{6-} + OH^- \quad (5\text{-}30)$$

$$[H_2Nb_6O_{19}]^{6-} + H_2O \rightleftharpoons [H_3Nb_6O_{19}]^{5-} + OH^- \quad (5\text{-}31)$$

随六铌酸根离子中含氢量的增加，其稳定性下降，通常当 x 大于 2 时，就非常容易发生水解发应，即：

$$[Nb_6O_{19}]^{8-} + H_2O \rightleftharpoons 6NbO_3{}^- + 2OH^- \quad (5\text{-}32)$$

当溶液 pH 值降至 4.5 以下，六铌酸根离子将发生不可逆酸分解反应得到水合氧化铌沉淀 $Nb_2O_5 \cdot xH_2O$。

$$[Nb_6O_{19}]^{8-} + 2H^+ + 2H_2O \longrightarrow 3Nb_2O_5 \cdot xH_2O + 6OH^- \quad (5\text{-}33)$$

影响六铌酸钾稳定性的主要因素为溶液的 pH 值，对溶液 pH 值的影响因素较多，如反应温度、氢氧化钾浓度等；另一方面，反应式(5-27) 和反应式(5-28) 的相对速率大小也将使 Nb_2O_5 在一定时间内的转化产物不同。因此，控制不同的反应条件，可使转化产物主要为可溶性的六铌酸钾或不溶性的偏铌酸钾，并且六铌酸钾的结晶水数 n 也不为一定值，一般认为提高反应温度、提高氢氧化钾浓度时，结晶水含量将减少。

（1）KOH 浓度的影响

在搅拌速率为 1100r/min、碱矿比为 7∶1、浸出时间为 3h 时，考察在一定反应温度条件下，不同初始氢氧化钾浓度对 Nb_2O_5 在氢氧化钾亚熔盐中浸出率的影响，实验结果如图 5-5 所示。

由图 5-5 可见，温度为 150℃时，Nb_2O_5 的浸出率随氢氧化钾浓度的升高而缓慢升高；当温度为 225℃时，Nb_2O_5 与浓度 68%～75%的氢氧化钾溶液反应只生成不溶性的铌酸盐沉淀，继续提高 KOH 浓度，浸出率迅速增大，这是由于氢氧化钾浓度提高，OH^- 的活度增大，溶液的 pH 值升高，抑制了 $[Nb_6O_{19}]^{8-}$ 发生水解反应生成偏铌酸钾沉淀。温度为 300℃时，Nb_2O_5 的浸出率随氢氧化钾浓度的升高迅速增大。因此，在一定温度下，提高 KOH 浓度有利于得到可溶性的铌酸盐，提高 Nb_2O_5 浸出率。

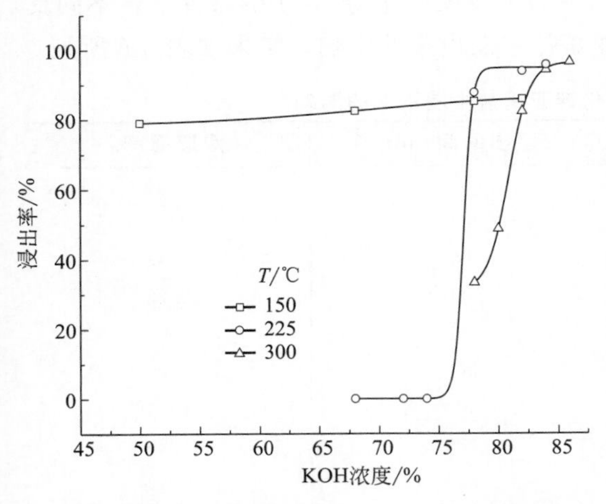

■ 图 5-5 KOH 浓度对 Nb_2O_5 在 KOH 亚熔盐中浸出率的影响

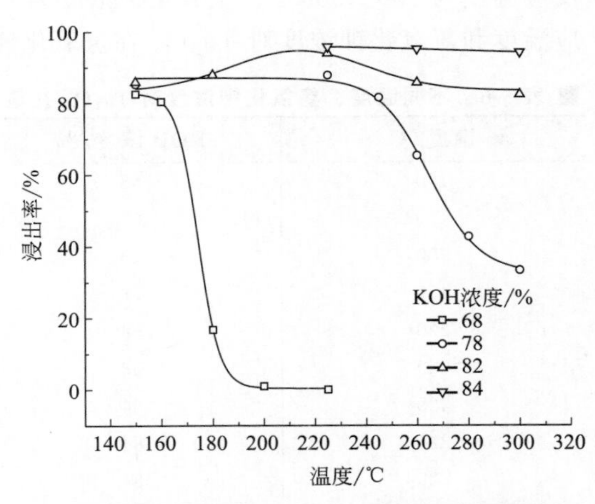

■ 图 5-6 反应温度对 Nb_2O_5 在氢氧化钾亚熔盐中浸出率的影响

(2) 温度的影响

在搅拌速率为 1100r/min、碱矿比为 7∶1、浸出时间为 3h 的条件下，考察了一定氢氧化钾浓度下，不同反应温度对 Nb_2O_5 浸出率的影响，实验结果如图 5-6 所示。

图 5-6 表明，在一定的氢氧化钾浓度下，温度越高越有利于得到不溶性的铌酸盐沉淀，从而降低了 Nb_2O_5 的浸出率。同时，从图 5-6 还可发现，KOH 浓度越高，得到可溶性铌酸盐的温度范围越宽。因此，一定氢氧化钾浓度下，提高温度将促使不溶性铌酸盐沉淀的生成。

实验过程中得到的不溶性铌酸盐沉淀经去离子水或无水乙醇洗至中性后，采用 X 射线衍射对不溶性铌酸盐的化学结构进行了分析，结果见图 5-7。通过计算机自动检测与 ASTM 卡片对照分析可知，浸出过程中形成的不溶性铌酸盐沉淀为偏铌酸钾（$KNbO_3$）。

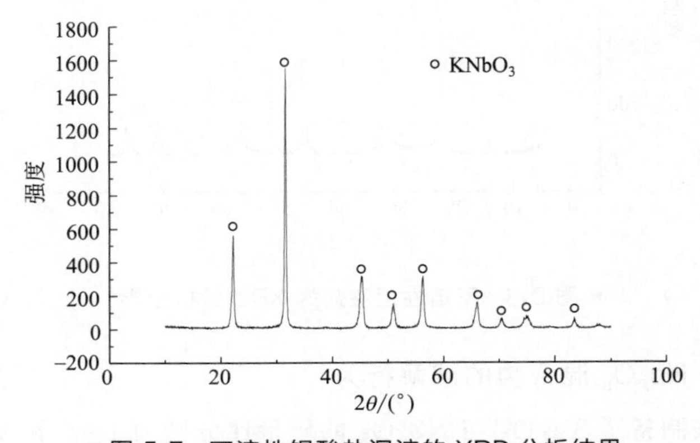

■ 图 5-7 不溶性铌酸盐沉淀的 XRD 分析结果

5.2.1.3 Ta_2O_5 在氢氧化钾亚熔盐中溶解行为

由前述可知，对 Nb_2O_5 在氢氧化钾亚熔盐中的溶解行为影响最显著的因素为反应温度和氢氧化钾浓度。为研究 Ta_2O_5 在氢氧化钾亚熔盐中的溶解行为，通过实验考察了在反应温度为 150～300℃、氢氧化钾浓度为 68%～84%及碱矿比为 7∶1 的条件下，不同反应温度和氢氧化钾浓度对 Ta_2O_5 在氢氧化钾亚熔盐中浸出率的影响，结果如表 5-6 所列。

■ 表 5-6 不同温度、氢氧化钾浓度对 Ta_2O_5 在氢氧化钾亚熔盐中浸取率的影响

温度/℃	KOH 浓度/%	浸出时间/min	浸取率/%
150	68	60	0.31
150	68	360	0.16
150	78	60	0.43
150	78	360	0.22
225	68	30	0
225	68	360	0
225	84	30	1.59
225	84	180	1.29
225	84	360	0.62
300	78	30	0
300	78	180	0
300	84	30	0.85
300	84	180	0.59
300	84	360	0.26

由表 5-6 中实验结果可发现，Ta_2O_5 在上述实验条件范围内的浸出规律与 Nb_2O_5 的不同，在所有的实验条件下，其液相浸取率都非常低。采用 X 射线衍射对 Ta_2O_5 在氢氧化钾亚熔盐溶液中浸出后得到的不溶性沉淀的化学结构进行了分析，分析结果见图 5-8。用计算机自动检索及用 ASTM 卡片进行对照可知，钽酸盐沉淀为偏钽酸钾（$KTaO_3$）。

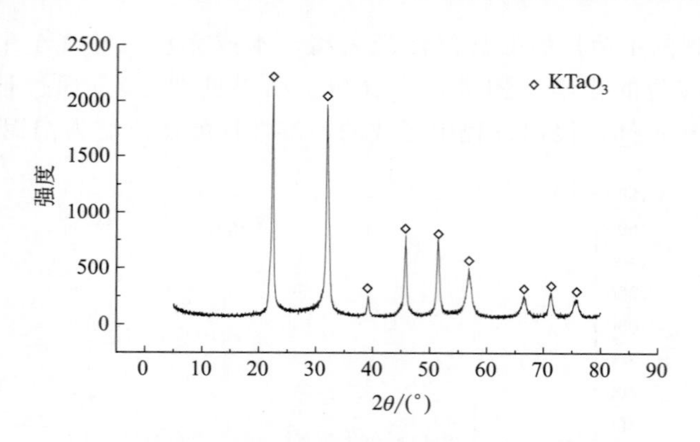

■ 图 5-8 不溶性钽酸盐的 XRD 分析结果

5.2.1.4 Ta_2O_5 和 Nb_2O_5 混合物的溶解行为

采用共沉淀方法制备了 Ta_2O_5 与 Nb_2O_5 的质量比分别为 1∶1 和 3∶1 的铌、钽混合氧化物。并对其在氢氧化钾亚熔盐中的溶解行为进行了实验研究。在温度为 150～300℃、氢氧化钾浓度为 68%～84%、碱矿比为 7∶1 及搅拌速率为 1100r/min 的条件下，考察了 Ta_2O_5∶Nb_2O_5（质量比）分别为 1∶1 和 3∶1 的混合氧化物在氢氧化钾亚熔盐中的铌、

钽浸出率随时间的关系，结果如图 5-9 所示。

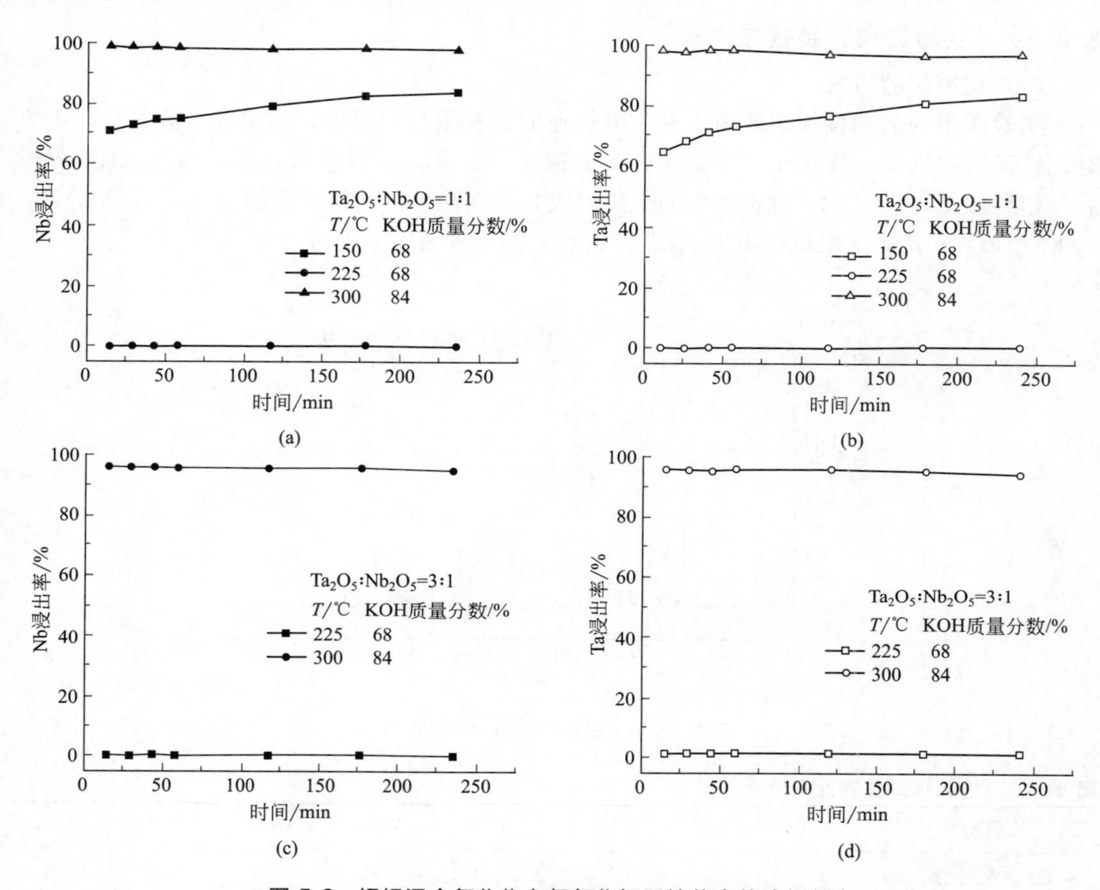

■ 图 5-9 铌钽混合氧化物在氢氧化钾亚熔盐中的溶解行为

图 5-9 表明，在一定条件下，大部分钽、铌氧化物均转化为可溶性的六铌（钽）酸钾，共同进入溶液；或转化为偏铌（钽）酸钾沉淀；并且不同配比的铌、钽氧化物对铌、钽总浸出率的影响很小。由以上研究可知，五氧化二铌（钽）在氢氧化钾亚熔盐中可转化为可溶性的六铌（钽）酸钾和不溶性的偏铌（钽）酸钾，氢氧化钾浓度越高越有利于得到可溶性的六铌（钽）酸钾，而高温则将促使不溶性的偏铌（钽）酸钾的生成。采用氢氧化钾亚熔盐处理铌钽原料时，采用较高的氢氧化钾浓度有利于获得高的铌钽浸出率；在保证铌钽原料充分分解的前提下，反应温度越低越有利于获得高的铌钽浸出率。

5.2.2 铌钽原料在氢氧化钾亚熔盐中的宏观浸出动力学

铌钽原料在氢氧化钾亚熔盐中的浸出是铌钽亚熔盐清洁工艺的技术核心之一。浸出速率直接关系到工艺过程的可行性。本书以铌钽铁矿为例研究了铌钽原料在氢氧化钾亚熔盐中浸出过程的宏观动力学，考察了浸出时间、搅拌转速、矿粒径、碱矿比（氢氧化钾与钽铌铁矿的质量比）、初始氢氧化钾浓度和反应温度对铌钽铁矿中铌的浸出速率的影响，并初步探讨了浸出过程的机理。

5.2.2.1 实验原料、装置与方法

(1) 铌钽矿的组成

实验所用的低品位铌钽矿由宁夏东方钽业股份有限公司提供，其组成十分复杂，主要有铌铁矿、钽铁矿、铌锰矿、钽锰矿、钛钽铌矿、云母、石英和锡石等，通过 XRD 分析后，结果如图 5-10 所示。铌钽矿中的主要组成为铌钽铁矿，其化学结构为：(Fe，Mn)O·(Nb，Ta)$_2$O$_5$。化学组成经 ICP-AES 分析后，结果如表 5-7 所列。

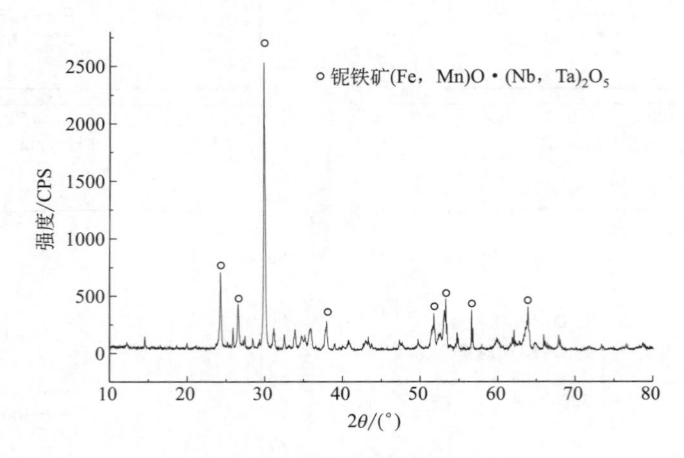

■ 图 5-10 钽铌铁矿的 XRD 分析

■ 表 5-7 铌钽铁矿主要元素分析

组分	Nb_2O_5	Ta_2O_5	SiO_2	TiO_2	WO_3	Al_2O_3	MnO	Fe_2O_3
含量(质量分数)/%	28.72	28.35	2.61	4.73	1.83	2.29	7.53	11.85

在上述分析的基础上，对铌钽铁矿的比表面积和粒子形貌做了进一步分析，发现铌钽铁矿的表面非常致密，通过比表面吸附仪测定其比表面积为 2.314m^2/g，粒子形貌的 SEM 分析如图 5-11 所示。

(a) (b)

■ 图 5-11 铌钽铁矿的表面形貌 SEM 图

(2) 实验装置见 5.2.1.1 部分。

(3) 实验方法

每次实验称取一定质量的固体分析纯氢氧化钾放入反应釜中，加去离子水至设定浓度，开通回流冷凝管中的冷却水，然后将反应釜升温至设定温度，开通搅拌，使体系恒温 5min，按碱矿比 R_a（KOH 与铌钽铁矿的质量比）加入铌钽铁矿，反应计时，再定时取样分析可溶性的铌含量。

设加入反应釜中的固体氢氧化钾、水和铌钽铁矿的质量分别为 W_{KOH}(g)、W_{H_2O}(g) 和 W_{ore}(g)，则料液的总质量为 $W_T = W_{KOH} + W_{H_2O} + W_{ore}$(g)。在设定的时间取样，样品经骤冷、称重、溶解、过滤、洗涤，所得滤液用 ICP-AES 分析其中铌含量。设第 i 次所取的样品质量为 B_i(g)；第 i 次所取的样品中可溶性的铌质量为 T_i(g)；所加入的铌钽铁矿中所含的总铌量为 T_{Nb}(g)。则第 i 次取样时铌的浸出率为：

$$X_i = \frac{W_T}{T_{Nb}} \times \frac{T_i}{B_i} \times 100\% \tag{5-34}$$

5.2.2.2 实验结果

(1) 搅拌速率的影响

铌钽铁矿在浸出过程中会有固态氧化亚铁（锰）出现，因此浸出过程是属于多相并有固相生成的固-液浸取过程，而搅拌速率是代表扩散因子的重要因素，通过实验考察了其对铌浸出速率的影响。结果见图 5-12。从图中可以发现，搅拌速率对铌浸出的影响并不大，说明外扩散不是控制步骤。当搅拌速率大于 1100r/min 时，铌浸出率随搅拌速率的增大几乎不变，此时可认为浸出过程中的外扩散已基本消除，以下的实验全部在搅拌速率为 1100r/min 下进行。

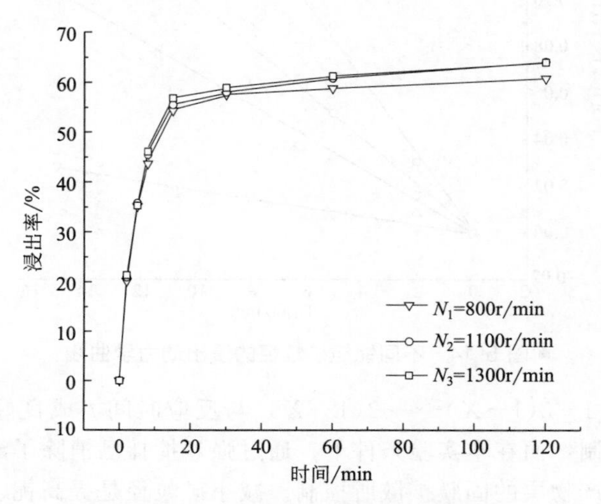

■ 图 5-12 搅拌速率对铌浸出率的影响

（温度为 150℃；KOH 质量分数为 82%；碱矿比为 7：1；粒径为 −61/+43μm）

(2) 矿粒径的影响

矿粒径对铌浸出速率的影响见图 5-13。从图中可以看出，矿粒径的大小对浸出速率有明显的影响，随矿粒径的减小，浸出速率显著增大，在浸出 15min 时，粒径为 −44/

$+38\mu m$的浸出率约为粒径为$-147/+104\mu m$的浸出率的2倍。按克-金-布动力学方程线性回归$1-3(1-X)^{2/3}+2(1-X)=kt$与t的关系作图，其结果如图5-14所示。

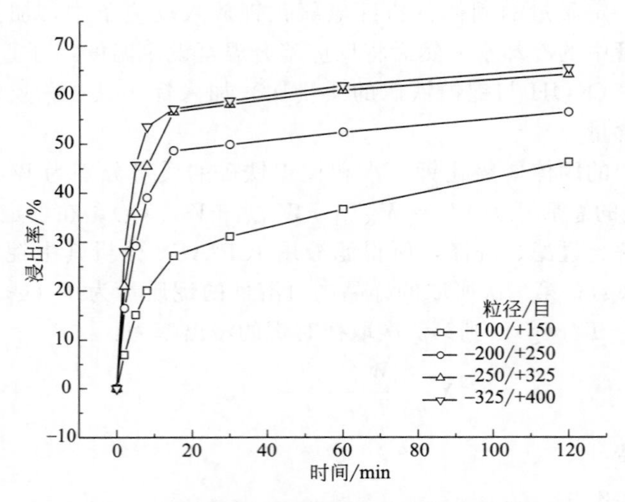

■ 图 5-13 钽矿粒径对铌浸出率的影响

（温度为150℃；碱矿比为7：1；搅拌速率为1100r/min；KOH质量分数为82%）

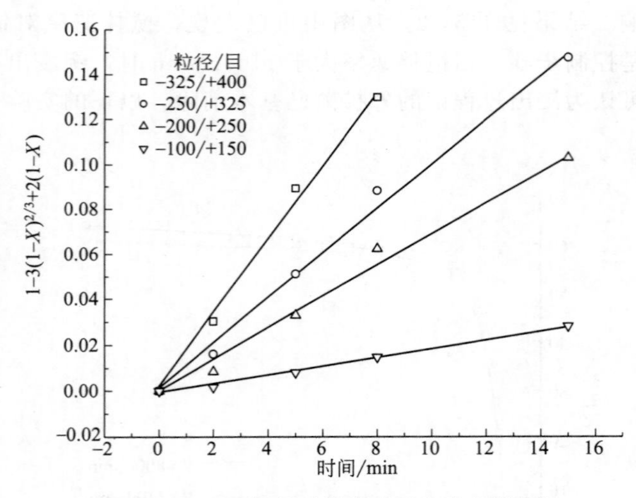

■ 图 5-14 不同铌钽矿粒径的浸出动力学曲线

由图5-14可见，$1-3(1-X)^{2/3}+2(1-X)$与反应时间t成良好的直线关系，说明浸出过程为内扩散控制，而在本实验条件下，通过强烈搅拌已消除了液膜的扩散控制，因此浸出过程应为通过产物层的固膜扩散所控制。减小矿粒径是提高铌、钽浸出速率的非常有效的途径。

（3）碱矿比的影响

另一个重要的影响因素为碱矿比（氢氧化钾与铌钽铁矿的质量比）的影响，因为碱矿比的大小不仅影响到原料消耗及氢氧化钾在流程中的循环量，而且影响浸出过程的速率。在反应温度为150℃、精矿粒度为$-61/+43\mu m$、搅拌速率为1100r/min、初始氢氧化钾浓度为82%的条件下，测定了不同碱矿比下铌的浸出率随时间的变化，结果如图5-15所示。

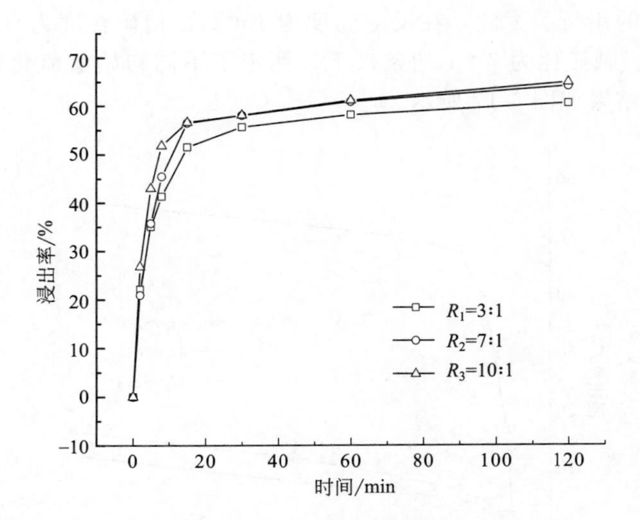

■图 5-15 碱矿比对铌浸出率的影响

（温度为150℃；粒径为-61/+43μm；搅拌速率为1100r/min；KOH质量分数为82%）

从图5-15可看出，铌的浸出速率在浸出初始阶段（0～15min）随碱矿比的增加迅速增加。当碱矿比超过7∶1时，浸出率随碱矿比增加不大，而在碱矿比为7∶1的条件下，体系中的氢氧化钾大大过量，从而能保证氢氧化钾浓度在浸出过程中基本保持不变，有利于动力学的研究。因此，以下动力学实验的碱矿比都采用7∶1进行。

按克-金-布动力学方程线性回归不同碱矿比下$1-3(1-X)^{2/3}+2(1-X)$与t的关系作图，其结果如图5-16所示。从图5-16可知，不同碱矿比下的$1-3(1-X)^{2/3}+2(1-X)$与浸出时间t也呈直线关系。说明在不同碱矿比下，铌钽矿在氢氧化钾亚熔盐中的浸出过程仍然受产物层的内扩散所控制。

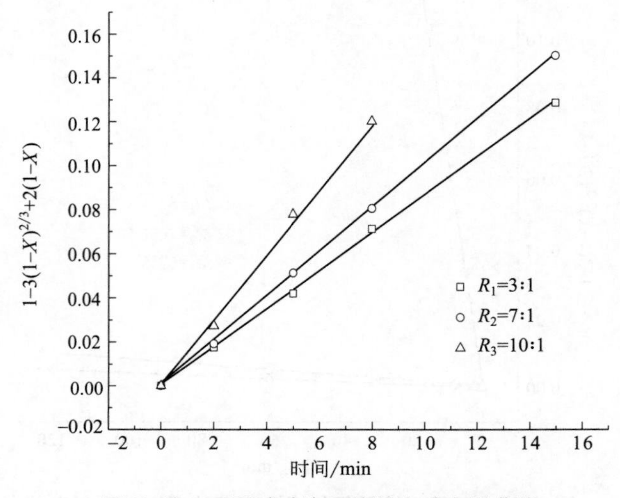

■图 5-16 不同碱矿比下的浸出动力学曲线

（4）初始氢氧化钾浓度的影响

初始氢氧化钾浓度的大小对铌钽铁矿的浸出具有重要的影响，不仅影响体系的黏度，而且影响氢氧化钾的用量。为此，在反应温度为150℃、精矿粒度为$-61/+43\mu m$、搅拌速率为1100r/min、碱矿比为7：1的条件下，测定了不同初始氢氧化钾浓度下铌的浸出率随时间的变化，结果如图5-17所示。

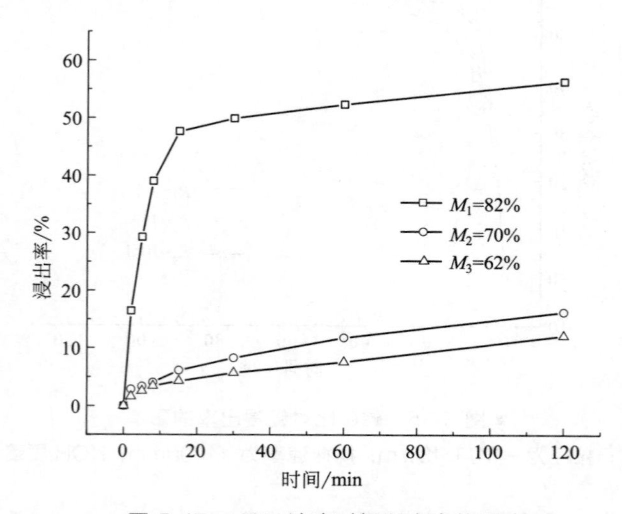

■图 5-17 KOH 浓度对铌浸出率的影响

（温度为150℃；粒径为$-61/+43\mu m$；搅拌速率为1100r/min；碱矿比为7：1）

由图5-17可知，铌的浸出速率随初始氢氧化钾浓度的增大而升高，说明初始氢氧化钾浓度的升高可大大强化铌钽铁矿的浸出，这也体现了用氢氧化钾亚熔盐浸出铌钽矿比用氢氧化钾水热法浸出铌钽矿的优越性。按克-金-布动力学方程线性回归不同初始氢氧化钾浓度下$1-3(1-X)^{2/3}+2(1-X)$与t的关系作图，其结果如图5-18所示。

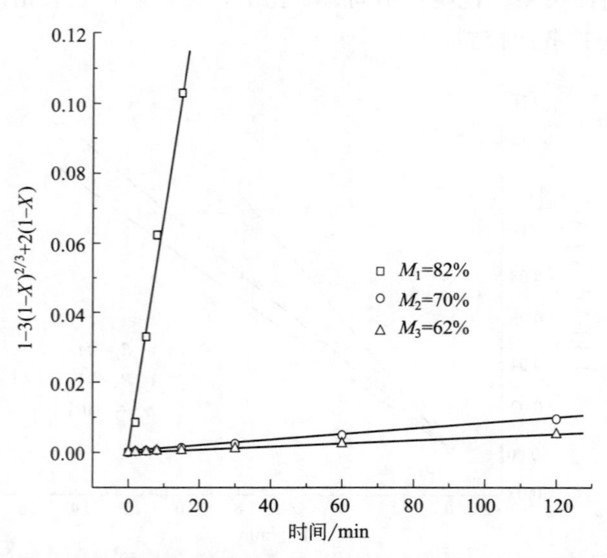

■图 5-18 不同初始氢氧化钾浓度下的浸出动力学曲线

由图 5-18 的实验结果可知，在不同初始氢氧化钾浓度下，$1-3(1-X)^{2/3}+2(1-X)$ 与浸出时间 t 同样呈直线关系。说明在不同氢氧化钾浓度下，铌钽铁矿在氢氧化钾亚熔盐中的浸出过程仍然符合克-金-布动力学模型，属于产物层的内扩散所控制。

(5) 反应温度的影响

考察反应温度对浸出动力学的影响具有重要的意义。通过对反应温度的研究可估算浸出反应的表观活化能。为此，在碱矿比为 7∶1、精矿粒度为 $-61/+43\mu m$、搅拌速率为 1100r/min、初始氢氧化钾浓度为 82% 的条件下，测定了不同反应温度下铌的浸出率随时间的变化，结果如图 5-19 所示。

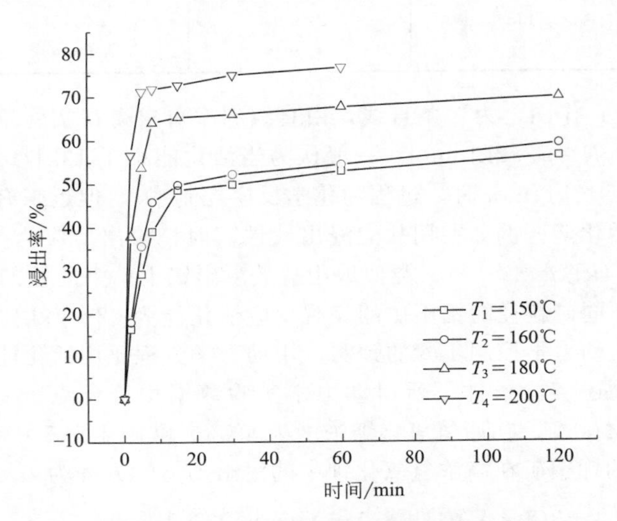

■ 图 5-19 反应温度对铌浸出率的影响

（KOH 质量分数为 82%；粒径为 $-61/+43\mu m$；搅拌速率为 1100r/min；碱矿比为 7∶1）

图 5-19 表明，温度对反应效果影响十分显著，铌浸出率随反应温度升高迅速增大。温度越高，化学反应速率及反应物、产物的扩散速率增加，从而使铌浸出速率增加。按克-金-布动力学方程线性回归 $1-3(1-X)^{2/3}+2(1-X)$ 与 t 的关系作图，结果如图 5-20 所示，结果

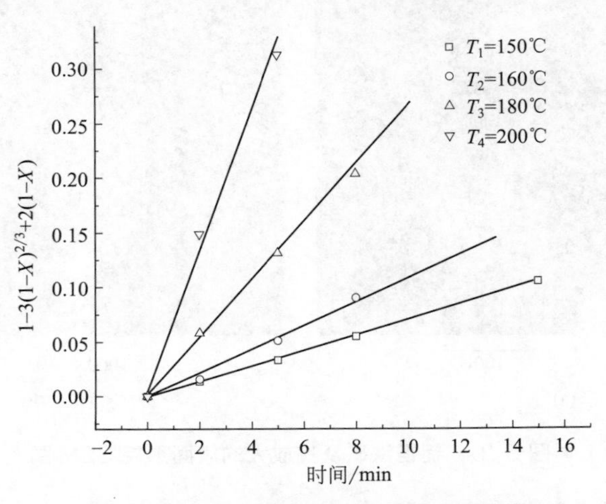

■ 图 5-20 不同温度下的浸出动力学曲线

表明，在不同反应温度下，$1-3(1-X)^{2/3}+2(1-X)$与浸出时间 t 同样呈良好的线性关系。

将图 5-20 中各温度下 $1-3(1-X)^{2/3}+2(1-X)$ 与浸出时间 t 之间的关系进行线性回归，所得直线斜率即为不同温度下的反应速率常数 k 值。不同反应温度下的速率常数 k 的计算结果如表 5-8 所列。

■ 表 5-8　各温度下的反应速率常数

T/℃	T/K	$(1000/T)/K^{-1}$	k	ln$k$
200	473	2.114	0.06215	−2.778
180	453	2.207	0.02515	−3.683
160	433	2.309	0.01157	−4.459
150	423	2.364	0.00687	−4.991

将 ln$k$ 对 $1000/T$ 作图，为一条直线，由直线斜率可求得在实验条件下，浸出反应表观活化能 $E=8685\times R=72.2$kJ/mol。一般认为当活化能小于 13kJ/mol 时，过程为扩散控制；当活化能大于 42kJ/mol 时，过程为化学反应控制[68]，但近来有研究表明一些扩散控制反应具有高的活化能。例如在用盐酸浸出钛铁矿时，浸出反应为产物层的扩散控制，其表观活化能为 67.1kJ/mol[69,70]；类似地用盐酸浸出铝土矿中的铁的浸出反应也是产物层的内扩散控制，不同矿粒径的铝土矿的表观反应活化能为 62～79kJ/mol[71]。一般认为对非均相浸出反应的动力学控制步骤的预测，用动力学方程比用活化能的大小更准确。

综上所述，在上述实验条件下所得动力学实验数据均符合克-金-布动力学方程。因此，在温度为 150～200℃、初始氢氧化钾浓度为 82%、碱矿比为 7∶1 的条件下，初始粒径为 $-61/+43\mu m$ 的铌钽矿在高浓氢氧化钾中的浸出动力学方程为：

$$1-3(1-X)^{2/3}+2(1-X)=5.93\times10^{6}e^{-\frac{72200}{RT}}\cdot t \qquad (5\text{-}35)$$

为确定铌钽铁矿亚熔盐分解产物固相产物层的存在，在反应温度为 200℃、初始氢氧化钾浓度为 82%、初始平均粒径为 0.125mm 的条件下，将反应不同时间后的铌钽铁矿经喷金处理后，采用电子扫描电镜观察其形貌变化，结果如图 5-21～图 5-23 所示。

(a)　(b)

■ 图 5-21　铌钽铁矿及其放大的表面形貌 SEM 图

图 5-21 表明，浸出前铌钽铁矿的表面光滑、致密度高，矿石结晶完整。浸出 10min

(a) (b)

■ 图 5-22 浸出 10min 后铌钽铁矿及其放大的表面形貌

(a) (b)

■ 图 5-23 浸出 60min 后铌钽铁矿及其放大的表面形貌

后，图 5-22 则显示出铌钽铁矿粒表面有疏松固体颗粒覆盖。在浸出 60min 后，图 5-23 显示铌钽铁矿颗粒表面覆盖程度急剧增加，固膜孔隙大大减少，几乎完全遮盖。以上结果证明铌钽铁矿在 KOH 亚熔盐浸出过程中，确实存在固体产物层，为查明固膜的组成，用 X 射线能谱（EDXA）对浸出前的铌钽铁矿和浸出 60min 后的铌钽铁矿表面的组成进行了分析，浸出前铌钽铁矿和浸出 60min 后铌钽铁矿颗粒表面的各元素的质量分数见表 5-9。

■ **表 5-9 铌钽铁矿和浸出 60min 后铌钽铁矿颗粒表面的各元素的含量**

种类	质量分数/%					
	Nb	Ta	Fe	Mn	Sn	Ti
铌钽铁矿表面	37.94	19.00	17.93	7.90	13.44	3.77
浸出 60min 后铌钽铁矿表面	2.12	1.81	39.28	2.60	0.34	5.61

从分析结果可知，铌钽铁矿在浸出后，其表面固相产物的主要组分为铁化合物，还有少量的钛、锰化合物等。浸出后铌钽铁矿表面的锡含量较浸出前大大降低，几乎全部进入溶液。铌、钽含量较浸出前大大减少。这说明在浸出 60min 后，铌钽铁矿的表面组成与浸出前铌钽铁矿的表面组成显然不同，主要产物为铁化合物，这证明了铌钽铁矿在氢氧化

钾亚熔盐中浸出时确实存在铁化合物固相产物层。

由以上分析可见，提高反应温度或减小铌钽铁矿粒径都可有效提高铌、钽的浸出速率和浸出率，从而提高铌、钽的回收率。

5.2.3 铌钽铁矿氢氧化钾亚熔盐浸出工艺研究

铌钽铁矿在氢氧化钾亚熔盐中的浸出是铌钽铁矿亚熔盐分解清洁工艺新过程的核心部分，确定适宜的浸出工艺条件对工业化实施具有重要的意义。根据 Nb_2O_5、Ta_2O_5 及其混合物在氢氧化钾亚熔盐中的溶解行为研究可知，影响 Nb_2O_5 和 Ta_2O_5 浸出率的主要因素为反应温度、氢氧化钾浓度、碱矿比、反应时间和搅拌速率等，其中反应温度和氢氧化钾浓度的影响尤为显著。动力学研究则还显示铌钽铁矿的矿粒径对浸出率的影响也十分显著。因此，本节重点考察了以上各因素对铌、钽浸出率的影响，同时考察了矿中的杂质组分在不同浸出工艺条件下的浸出规律；并通过工艺优化，确定浸出过程的最适宜的工艺条件。

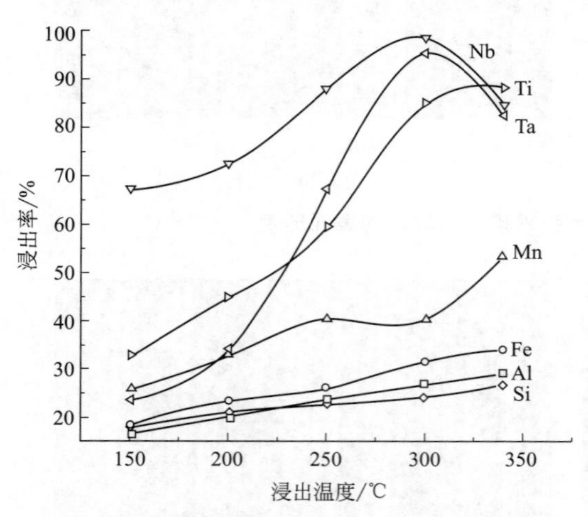

■ 图 5-24 浸出温度对铌、钽、钛、铁、锰、硅和铝浸出率的影响
（KOH 浓度为 84%、反应时间为 60min、碱矿比为 7：1、矿粒径为 -61/+43μm、搅拌速率为 1100r/min）

各因素对铌、钽及主要杂质浸出率的影响如图 5-24～图 5-28 所示。

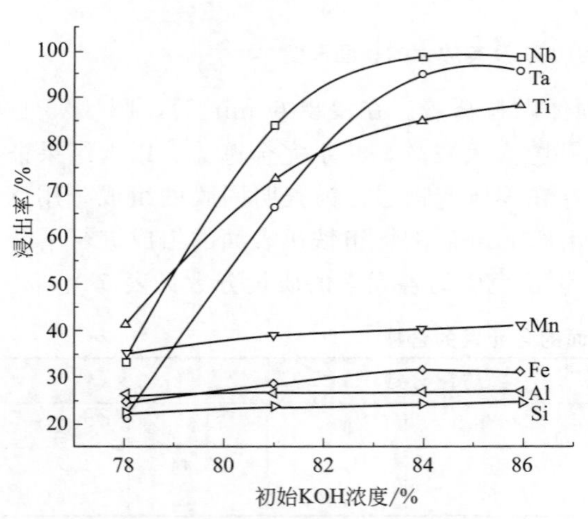

■ 图 5-25 初始 KOH 浓度对铌、钽、钛、铁、锰、硅和铝浸出率的影响
（反应温度为 300℃、反应时间为 60min、碱矿比为 7：1、矿粒径为 -61/+43μm、搅拌速率为 1100r/min）

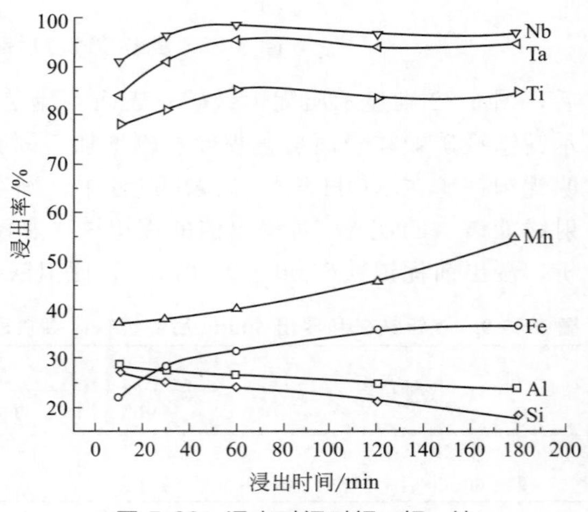

■ 图 5-26 浸出时间对铌、钽、钛、铁、锰、硅和铝浸出率的影响
（反应温度为 300℃、初始 KOH 浓度为 84%、碱矿比为 7：1、矿粒径为 -61/+43μm、搅拌速率为 1100r/min）

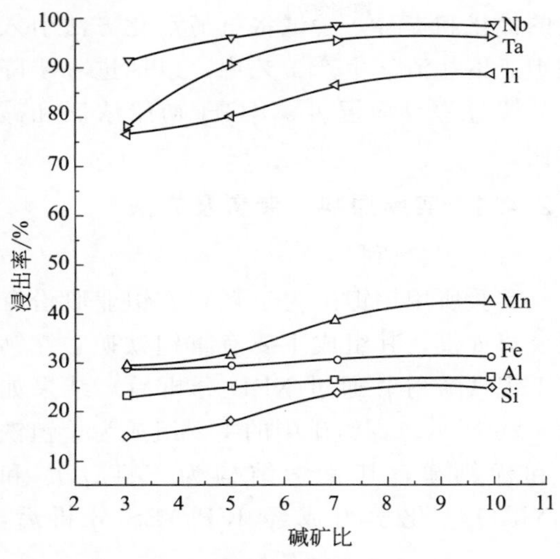

■ 图 5-27 碱矿比对铌、钽、钛、铁、锰、硅和铝浸出率的影响
（反应温度为300℃、初始KOH浓度为84%、反应时间为60min、矿粒径为-61/+43μm、搅拌速率为1100r/min）

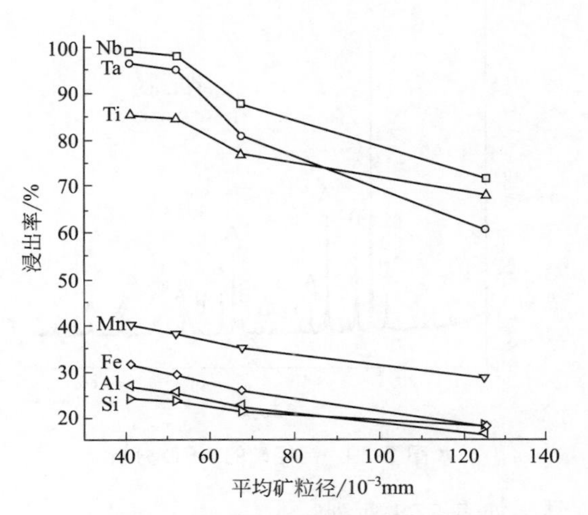

■ 图 5-28 平均矿粒径对铌、钽、钛、铁、锰、硅和铝浸出率的影响
（反应温度为300℃、初始KOH浓度为84%、反应时间为60min、碱矿比为7：1、搅拌速率为1100r/min）

由上述工艺实验得出KOH亚熔盐浸出低品位难分解铌钽铁矿的优化条件为：浸出温度300℃、初始KOH浓度84%、浸出时间60min、碱矿比7：1、矿粒径－61/＋43μm。为考察在此工艺下浸出效果的重复性，对铌钽铁矿在KOH亚熔盐中的浸出进行了2次重复实验，结果见表5-10（$F1$、$F2$）。在工业上，一般采用混合矿，因此也同时考察了粒径为－74μm的铌钽铁矿（$H3$）在氢氧化钾亚熔盐中的浸出效果（其他条件同上）。

■ 表 5-10 优化工艺参数下铌钽铁矿的浸出

编号	浸出率/%	
	Nb	Ta
$F1$	97.6	95.6
$F2$	97.8	96.3
$H3$(－74μm)	96.9	95.1

表5-10表明，在最优工艺条件下铌、钽的浸出率都较高，在95%以上，且浸出效果稳定。

5.2.4 机械活化强化铌钽矿氢氧化钾亚熔盐浸出工艺

机械活化这一概念可定义为："固体物质在摩擦、碰撞、冲击、剪切等机械力作用下，使晶体结构及物化性能发生改变，使部分机械能转变成物质的内能，从而引起固体的化学活性增加"，它属于机械化学的范畴。机械活化由于能够使矿物晶格缺陷增加，能储量增高，反应活性增强，因而能提高矿物的分解速率，降低反应温度、浸出剂浓度等条件的依赖程度，使浸出过程大大加强，提高产品回收率。为实现对铌钽KOH亚熔盐清洁分解工

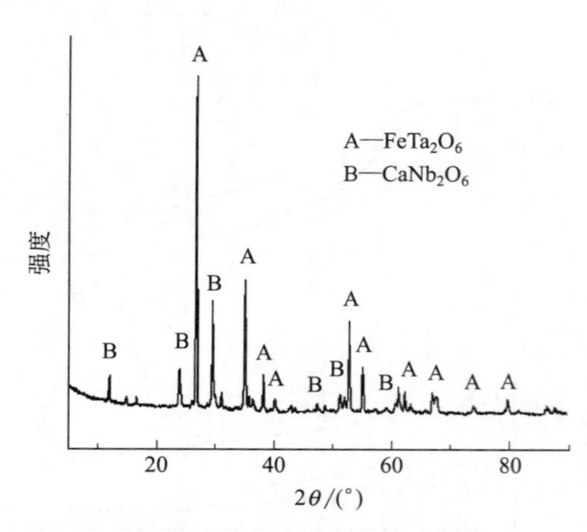

■ 图 5-29 钽铌矿的 XRD 分析

艺的优化和提升，尝试将机械活化方法引入铌钽亚熔盐清洁生产工艺中，以期进一步降低分解过程反应温度、KOH 初始浓度和碱矿比。

5.2.4.1 实验原料、装置及方法

（1）实验原料

实验所用铌钽矿为宁夏东方钽业股份有限公司提供，其组成主要有重钽铁矿、铌钙矿、铌铁矿等，通过 XRD 分析后，结果如图 5-29 所示。铌钽矿中的主要组成为重钽铁矿和铌钙矿，其化学结构为 $FeTa_2O_6$ 和 $CaNb_2O_6$。化学组成经 ICP-AES 分析后，结果如表 5-11 所列。

■ 表 5-11 铌钽矿主要元素分析（质量分数） 单位：%

Nb_2O_5	Ta_2O_5	TiO_2	Fe_2O_3	MnO	SiO_2	Al_2O_3	CaO
28.20	28.05	6.84	9.36	3.34	14.21	1.97	5.44

（2）实验装置

机械活化装置为德国 Fritsch 公司 Pulverisette 6 单罐高能行星式球磨机（见图 5-30）。球磨罐内径为 10cm、高 7cm、容积 500mL；转速连续可调；球磨时间可控；磨球直径为 10mm；球磨罐及磨球材质均为不锈钢。实验装置见 5.2.1.1 部分。

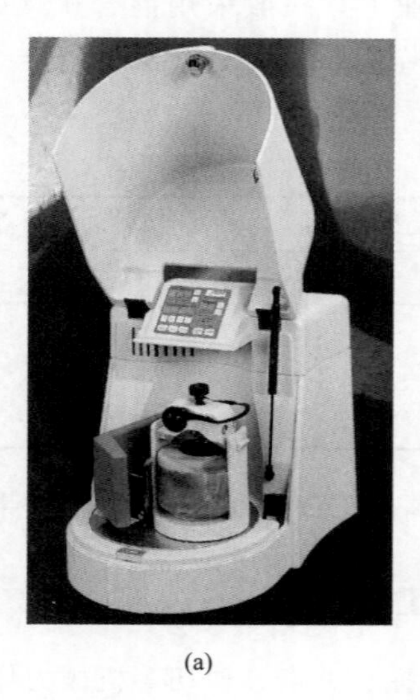

(a)

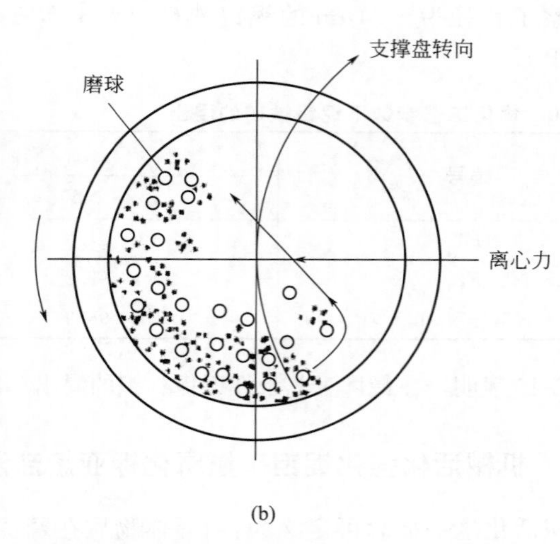

(b)

■ 图 5-30 行星式球磨机及原理

（3）实验方法

每次称取 50g 未活化铌钽矿，放入行星磨球磨罐中，再放入 120 个直径为 10mm 的不锈钢磨球（磨球与加入矿的质量比为 10∶1），设定公转速率为 550r/min，开始磨矿。

至设定时间停止磨矿，将矿物取出备用。

每次实验称取一定质量的固体分析纯 KOH 放入反应釜中，加去离子水至设定浓度，开通回流冷凝管中的冷却水，然后将反应釜升温至设定温度，开通搅拌，使体系恒温 5min，按碱矿比 R_a（KOH 与铌钽矿的质量比）加入未机械活化或机械活化后的铌钽矿，反应计时，至设定的时间取样分析。所取样品经骤冷、溶解、过滤、洗涤，所得滤液用 ICP-AES 分析其中铌的含量。滤渣烘干后称重，并用碳酸钾-硼酸于 950℃熔融分解，再用酒石酸-稀盐酸溶解，然后用 ICP-AES 分析其中铌的含量。

铌浸出率的计算程序如下：设某次所取样品中可溶性铌的总质量为 $T_{液}$(g)；所取样品经溶解、过滤、洗涤、烘干后所得渣中含有铌的总质量为 $T_{渣}$(g)，则取样时铌的浸出率（X_i）为：

$$X_i = T_{液}/(T_{液}+T_{渣})\times 100\%$$

为避免机械活化矿存放时间不一致对浸出结果造成的实验偏差，所有实验的活化操作结束，再经过出料称样到浸出开始的时间控制为 30min±5min，在机械活化强度较大时尤需严格控制。

5.2.4.2 实验结果

(1) 反应温度的影响

在 KOH 浓度为 60%、反应时间为 300min、碱矿比为 4：1、机械活化时间为 30min、搅拌速率为 1000r/min 的条件下，考察了铌、钽及钛、铁、锰、硅和钙的浸出率随反应温度的变化，结果如图 5-31 所示。

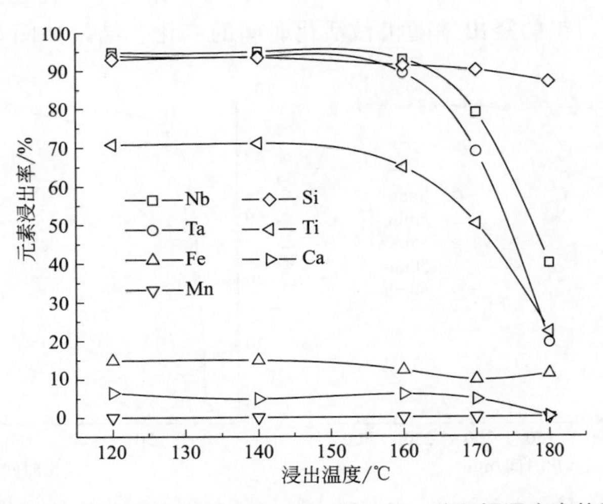

■ 图 5-31 浸出温度对铌、钽、钛、铁、锰、硅和钙浸出率的影响

由图 5-31 可看出，铌、钽的浸出率变化规律基本一致，即在 120～140℃的范围内浸出率基本保持不变；温度超过 140℃时，浸出率则随温度的升高而迅速下降；而当反应温度超过 140℃时，可溶性六钽（铌）酸钾会发生向不溶性偏钽（铌）酸钾的转化，而且温度越高，转化率越大。因此，钽、铌的浸出率随温度升高而降低。从图 5-31 还可看出，杂质元素浸出率基本不受反应温度的影响，其中锰基本没有浸出；铁和钙的浸出率也较低，均不超过 20%；硅的浸出率较高，达到 90%以上，这主要是由于生成了可溶

性的硅酸钾。

图 5-32 为 170℃反应所得渣相的 XRD 谱图。经物相检索，渣相的衍射峰与 $KTa_{0.77}Nb_{0.23}O_3$（JCPDS 70-2011）最为接近。而 $KTa_{0.77}Nb_{0.23}O_3$ 为 $KNbO_3$ 与 $KTaO_3$ 的完全固溶体，这证明铌钽浸出率下降的原因确实是生成了不溶性的偏钽（铌）酸钾。

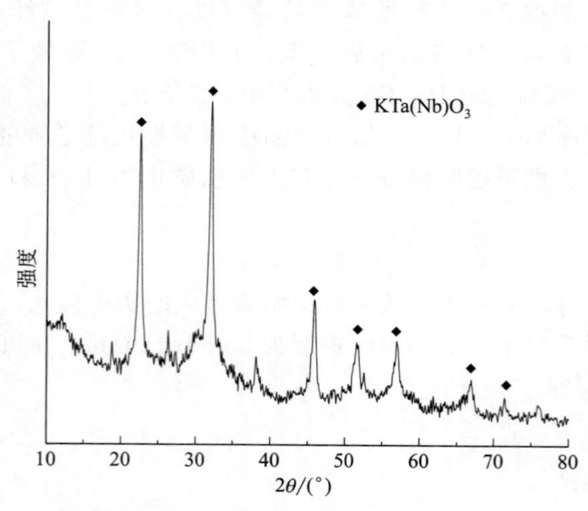

■ 图 5-32　浸出渣相 XRD 谱图

（2）机械活化时间的影响

在反应温度为 140℃、初始 KOH 浓度为 50%、碱矿比为 4∶1、搅拌速率为 1000r/min 的条件下，考察了铌、钽的浸出率随机械活化时间的变化。结果如图 5-33 所示。

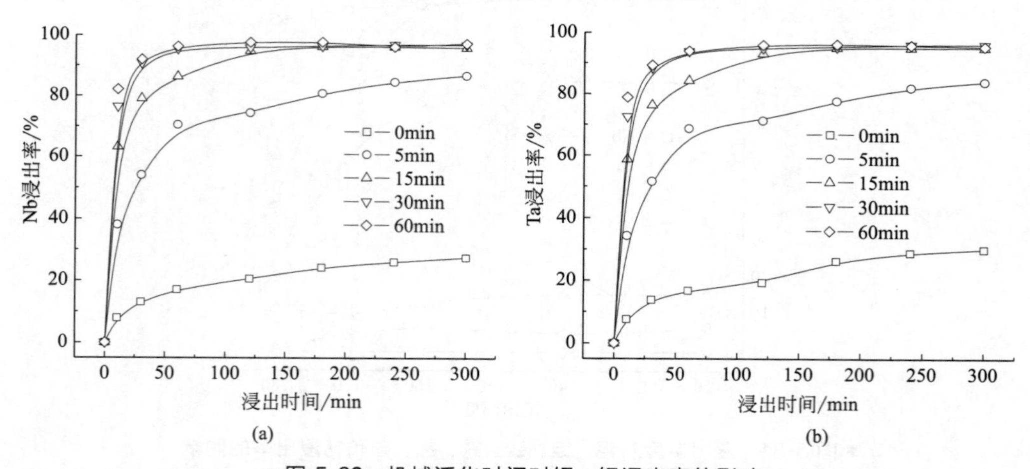

■ 图 5-33　机械活化时间对铌、钽浸出率的影响

由图 5-33 可以看出，机械活化时间对铌、钽浸出率的影响非常显著。机械活化 5min，铌钽的浸出率就由未活化时的不到 30%上升到 80%左右。这说明经机械活化后铌钽矿的反应活性得到了很大的提高。机械活化时间在 0～30min 的范围内，铌钽的浸出率及浸出速率均随机械活化时间的延长而增大。当机械活化时间达到 30min 以后，继续延长机械活化时间，铌、钽最终的浸出率并没有明显的变化，只是初始阶段的浸出速率略有

增大，再延长机械活化时间已无实际意义。

(3) 初始 KOH 浓度的影响

KOH 溶液浓度是影响铌钽矿浸出的重要因素，提高 KOH 溶液浓度也可以起到增大铌、钽浸出率的作用。但在一定的反应温度下，提高 KOH 溶液浓度也会促使六铌酸钾转化为不溶性的偏铌酸钾沉淀，反而降低铌的浸出率。因此，可以推断必然存在一个铌钽矿浸出的最佳 KOH 溶液浓度。

在反应温度为 140℃、反应时间为 300min、碱矿比为 4∶1、机械活化时间为 30min、搅拌速率为 1000r/min 的条件下，考察了铌、钽及钛、铁、锰、硅和钙的浸出率随初始 KOH 浓度的变化，结果如图 5-34 所示。

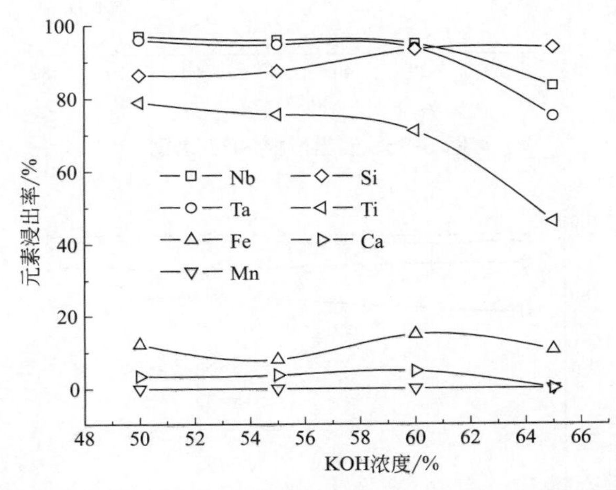

■ 图 5-34 初始 KOH 浓度对铌、钽、钛、铁、锰、硅和钙浸出率的影响

从图 5-34 可以看出，初始 KOH 浓度为 50%时，铌和钽的浸出率已分别达到 97.0%和 95.9%。初始 KOH 浓度在 50%～60%范围内时，钽、铌浸出率变化并不明显，但当初始 KOH 浓度高于 60%时，钽、铌的浸出率出现了明显下降的趋势。钽、铌浸出率下降的原因在于可溶性六铌钽酸钾部分转化为不溶性的偏铌钽酸钾。杂质方面，钛浸出率较高，达到 80%左右，其变化规律与铌一致。硅由于生成了可溶性的硅酸钾，其浸出率达到 80%以上，且随初始 KOH 浓度的升高略有上升。其他杂质元素的浸出率随初始 KOH 浓度的升高均没有显著的变化。

图 5-35 为 KOH 浓度为 65%时浸出渣相的 XRD 谱图。经物相检索，渣相的衍射峰与 $KTa_{0.77}Nb_{0.23}O_3$（JCPDS 70-2011）最为接近。这证明渣相中的铌钽确实是以偏铌钽酸钾的形式存在的。

(4) 碱矿比的影响

在反应温度为 140℃、初始 KOH 浓度为 50%、反应时间为 180min、机械活化时间为 30min、搅拌速率为 1000r/min 的条件下，考察了铌、钽及钛、铁、锰、硅和钙的浸出率随碱矿比的变化，结果如图 5-36 所示。

由图 5-36 可以看出，在实验条件范围内，碱矿比的变化对铌、钽、钛、铁、锰、硅及钙的浸出率并没有明显的影响。碱矿比为 2∶1 时，铌、钽的浸出率已达到 95%以上，

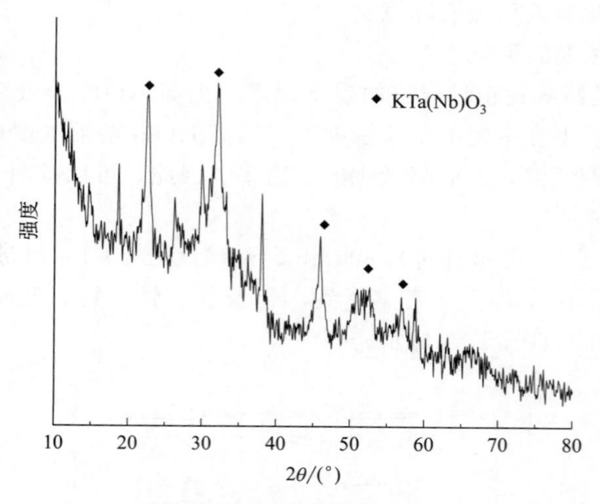

■ 图 5-35 浸出渣相 XRD 谱图

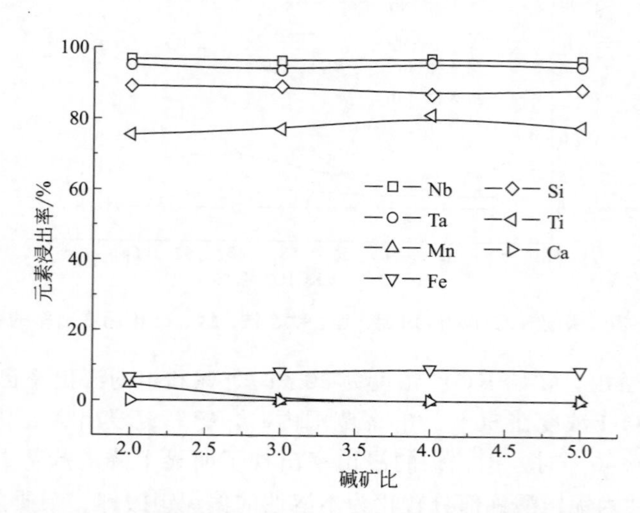

■ 图 5-36 碱矿比对铌、钽、钛、铁、锰、硅和钙浸出率的影响

继续降低碱矿比，则反应体系中固含量过大，失去流动性，反应无法进行。

由上述实验得出 KOH 亚熔盐浸出机械活化铌钽矿的优化条件为：浸出温度 140℃、初始 KOH 浓度 50%、浸出时间 180min、碱矿比 2∶1、机械活化时间 30min。在此条件下可使铌、钽的浸出率分别达到 96%和 95%以上。通过机械活化，铌钽矿 KOH 亚熔盐分解工艺条件显著降低。

研究团队还开展了机械活化铌钽矿在 KOH 亚熔盐浸出的表观动力学研究。研究结果表明，机械活化 15min 和 30min 后，铌钽矿在 KOH 亚熔盐中浸出的表观活化能由未活化时的 80.3kJ/mol 下降为 55.7kJ/mol 和 43.9kJ/mol，反应级数由未活化时的 2.43 下降为 1.24 和 0.96。表观活化能和反应级数的显著下降说明经机械活化后浸出反应对温度和浸出剂浓度的依赖性下降，可以在更加温和的条件下进行。浸出反应速率常数增大，浸出速率加快。这就从动力学角度阐明了机械活化强化亚熔盐浸出铌钽矿的机理。

5.2.5 结论

针对目前铌钽湿法冶金行业存在的严重氟污染等问题，提出了以 KOH 亚熔盐介质取代传统有毒性氢氟酸作为铌钽矿的分解介质，从生产源头消除氟污染，开展了铌钽矿亚熔盐分解清洁工艺新过程的基础研究与过程优化，主要结论如下。

① 提出以 KOH 亚熔盐取代高浓度、高毒性的氢氟酸作为铌钽铁矿的分解介质，从生产源头消除氟污染，环境效益明显。KOH 亚熔盐具有蒸气压低、沸点高、流动性能良好等特性，并且由于浓度高，具有较高的活度，是一种接近离子化的溶剂，有利于加速反应的进行。

② 通过实验研究了 Nb_2O_5、Ta_2O_5 以及其混合物在 KOH 亚熔盐中的溶解行为。结果表明，对 Nb_2O_5 溶解行为影响最显著的因素为反应温度和 KOH 浓度。在一定温度下，KOH 浓度越高越有利于得到可溶性的六铌酸钾；而在一定 KOH 浓度下，温度越高越有利于得到不溶性的偏铌酸钾沉淀；Ta_2O_5 在不同反应温度和 KOH 浓度的亚熔盐中，均只得到不溶性的偏钽酸钾沉淀；Nb_2O_5 与 Ta_2O_5 的质量比分别为 1∶1 和 1∶3 的混合物在 KOH 亚熔盐中的溶解行为与纯 Nb_2O_5 的溶解行为类似，没有观察到铌、钽的选择性浸出。

③ KOH 亚熔盐浸出铌钽铁矿的反应动力学实验研究表明，提高反应温度和 KOH 浓度或减小铌钽铁矿粒径能显著提高铌的浸出速率；浸出过程符合固膜扩散控制的收缩未反应核模型，受产物层的内扩散控制，其表观活化能为 72.2kJ/mol；通过 SEM 和 EDXA 对铌钽铁矿和浸出不同时间后的铌钽铁矿表层物质组成的分析，证明了固相产物层的存在，固相产物层的主要组成为铁化合物；$[(Nb, Ta)_6O_{19}]^{8-}$ 通过固相产物层的内扩散为浸出过程的控制步骤。

④ 对 KOH 亚熔盐浸出铌钽铁矿的工艺过程进行了优化，确定了最佳分解反应条件。在优化条件下，铌、钽的浸出率都在 96%以上。对于难分解铌钽原料，提出了机械活化强化铌钽矿亚熔盐分解新工艺。难分解铌钽原料经机械活化预处理后，反应活性大大提高，可大幅度降低亚熔盐分解过程反应条件，分解反应温度由 300℃下降至 140℃，碱矿比由 7∶1 下降至 2∶1，碱浓度由 82%下降至 50%，铌、钽的浸出率仍可达到 95%以上。机械活化后，铌钽矿在 KOH 亚熔盐中浸出的表观活化能和反应级数均显著下降。

5.3 铌钽酸盐低酸度转型与分离技术

铌钽原料经 KOH 亚熔盐高效清洁分解后，铌、钽大部分转化为可溶性六铌（钽）酸钾，在后续工艺中通过浆化洗涤使其进入 KOH 溶液，而与铁锰渣等分离。六铌（钽）酸钾与 KOH 溶液是否得到有效分离，对铌、钽在流程中的直收率的高低和反应介质的再生循环利用的影响非常大。在传统的碱熔法当中，一般向六铌（钽）酸钾溶液中添加 NaCl

或 NaOH，使六铌（钽）酸钾转化为六铌（钽）酸钠沉淀与 KOH 溶液分离，但由于 KOH 溶液中含有较多的 Na^+，导致大量过剩的 KOH 不能再生重复利用，KOH 耗量大大增加。为此，根据六铌（钽）酸钾在碱性溶液中的溶解度特性，通过蒸发结晶分离六铌（钽）酸钾与 KOH，得到较纯净的六铌（钽）酸钾晶体，结晶母液返回循环使用。六铌（钽）酸钾晶体经稀硫酸转型脱钾后转变为水合铌钽混合氢氧化物。该混合氢氧化物反应活性极强，可用低浓度氢氟酸在常温下轻易溶解。所得溶液经低酸度萃取分离可实现铌与钽的分离与纯化，制得铌和钽的产品。

5.3.1 六铌（钽）酸钾结晶分离工艺

要研究六铌（钽）酸钾在 KOH 溶液中的结晶分离工艺，首先必须了解六铌（钽）酸钾在 KOH 溶液中的溶解度与溶液的浓度和温度的关系，以及在不同条件下的平衡固相组成。

目前，有关六铌（钽）酸钾在 KOH 溶液中溶解度的研究报道较少和不系统。Rohmer 等[72,73]认为 $4K_2O \cdot 3Nb_2O_5 \cdot nH_2O$ 在 KOH 水溶液中的溶解度不是常数，随 KOH 浓度上升，其溶解度迅速下降。Orekhov 和 Zelikman 等[66]测定了 $4K_2O \cdot 3Nb_2O_5 \cdot 7.5H_2O$ 在温度为 90℃、KOH 浓度为 4.5mol/L、7.5mol/L、11.2mol/L 时的水溶液中的溶解度分别为 120g/L、59g/L、21g/L；$7K_2O \cdot 5Ta_2O_5 \cdot 7.5H_2O$ 在相同条件下的溶解度分别为 33g/L、20g/L、9g/L。拉皮茨基[74]测定了 $4K_2O \cdot 3Nb_2O_5 \cdot 16H_2O$ 在 25℃水中的溶解度为 111.8g/L。

Windmaisser 等[75]测定了 $4K_2O \cdot 3Nb_2O_5 \cdot 16H_2O$ 在 25℃的 K_2CO_3 水溶液中的溶解度（见表 5-12），随 K_2CO_3 浓度的上升，其溶解度急速下降，25℃时 $7K_2O \cdot 6Nb_2O_5 \cdot 27H_2O$ 在水溶液中的溶解度为 55.08%无水盐。Bernard 和 Jander[58,62]认为当溶液 pH 值大于 13 时，水合铌酸钾在 KOH 溶液中以六核铌酸根（$[Nb_6O_{19}]^{8-}$）的形式存在，并可以同样的形式结晶析出。

表 5-12 25℃时 $4K_2O \cdot 3Nb_2O_5 \cdot 16H_2O$ 在 K_2CO_3 水溶液中的溶解度

K_2CO_3/%	50.75	49.93	47.69	41.80	38.61	29.67	25.01
$K_8Nb_6O_{19}$/%	1.47	1.50	1.56	3.37	4.15	10.53	17.32
K_2CO_3/%	23.20	19.50	13.78	7.39	4.49	0.90	
$K_8Nb_6O_{19}$/%	19.66	23.84	33.01	44.15	49.09	54.85	

由于六铌酸钾与六钽酸钾在氢氧化钾溶液中的溶解度变化规律相似[66]，本书采用等温溶解度法研究 30℃和 80℃时 K_2O-Nb_2O_5-H_2O 三元水盐体系的平衡溶解度，并绘成相应的相图，以此为基础，提出采用蒸发调碱结晶的方法分离六铌（钽）酸钾与 KOH。

5.3.1.1 K_2O-Nb_2O_5-H_2O 三元水盐体系相图

实验用六铌酸钾（$4K_2O \cdot 3Nb_2O_5 \cdot 10H_2O$）采用高纯五氧化二铌与 KOH 反应制备。其化学组成经分析后，结果如表 5-13 所列。

表 5-13 $4K_2O \cdot 3Nb_2O_5 \cdot 10H_2O$ 的化学组成

$4K_2O \cdot 3Nb_2O_5 \cdot 10H_2O$	K_2O/%	Nb_2O_5/%	H_2O/%
分析值	27.96	58.73	13.31
理论值	27.82	58.98	13.29

将制备的 $4K_2O \cdot 3Nb_2O_5 \cdot 10H_2O$、KOH 和去离子水按一定比例混合于 100mL 的硬质塑料瓶中，置于水浴恒温振荡器中。为保证体系达到充分平衡，分别在 30℃（±0.1℃）和 80℃（±0.5℃）恒温振荡 3～5d[66]，然后保温放置澄清。取液相时，将取样管预热至平衡温度，而后迅速插入清液层，吸取 2～3mL 液体，放入已恒重的称量瓶中，然后精确称量该称量瓶，再将其中的液体稀释至 100mL 容量瓶中待分析；将塑料瓶中的液相吸干，精确称量湿渣后，溶解稀释于 100mL 容量瓶中待分析。

Nb_2O_5 含量的测定：取一定量待测液，稀释至铌含量为 10mg/L 左右，用 ICP-AES 测定其中的铌含量。

K_2O 含量的测定：移取 25mL 待测液，以甲基红为指示剂，用 0.2mol/L 的硫酸标准溶液滴定至过量，沉淀出铌氢氧化物，过滤后滤液用 0.1mol/L 的 NaOH 标准溶液滴定，K_2O 含量通过计算所消耗 H_2SO_4 的量来确定。H_2O 含量用差减法计算。

平衡固相组成的确定采用“直线外推法”和“湿渣结线法”[76~78]，并辅以 X 射线衍射和 ICP-AES 加以分析。

(1) 30℃时 K_2O-Nb_2O_5-H_2O 体系相图

对于 KOH-$4K_2O \cdot 3Nb_2O_5 \cdot nH_2O$-$H_2O$ 三元水盐体系，由于前两种物质都含 K^+，所以体系可简化为 K_2O-Nb_2O_5-H_2O 三元水盐体系。30℃时的实验结果见图 5-37 和表 5-14。图 5-37 中 W_A 和 W_B 分别代表 K_2O 和 Nb_2O_5 的质量分数。

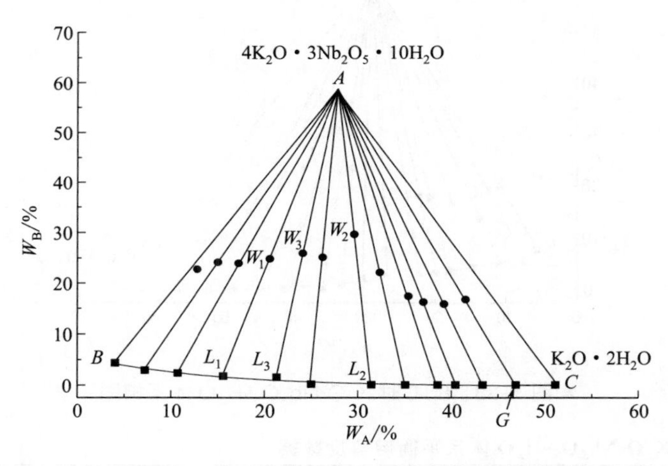

■ 图 5-37 K_2O-Nb_2O_5-H_2O 体系 30℃时的相图

■ 表 5-14 K_2O-Nb_2O_5-H_2O 体系 30℃时的相图

序号	液相组成(质量分数)/%			湿固相组成(质量分数)/%			平衡固相	湿固线与坐标轴交点=27.82
	K_2O	Nb_2O_5	H_2O	K_2O	Nb_2O_5	H_2O		
1	4.06	4.37	91.57	12.81	22.77	64.42	$4K_2O \cdot 3Nb_2O_5 \cdot 10H_2O$	61.70
2	7.23	2.93	89.84	15.04	24.18	60.78	$4K_2O \cdot 3Nb_2O_5 \cdot 10H_2O$	61.15
3	10.74	2.36	86.6	17.24	23.97	58.79	$4K_2O \cdot 3Nb_2O_5 \cdot 10H_2O$	60.74
4	15.64	0.86	82.59	20.56	24.83	54.61	$4K_2O \cdot 3Nb_2O_5 \cdot 10H_2O$	60.55
5	21.33	1.59	77.08	24.09	25.95	49.96	$4K_2O \cdot 3Nb_2O_5 \cdot 10H_2O$	60.59
6	25.0	0.15	74.85	26.21	25.16	48.63	$4K_2O \cdot 3Nb_2O_5 \cdot 10H_2O$	60.61

续表

序号	液相组成(质量分数)/%			湿固相组成(质量分数)/%			平衡固相	湿固线与坐标轴交点＝27.82
	K_2O	Nb_2O_5	H_2O	K_2O	Nb_2O_5	H_2O		
7	31.47	0.027	68.5	29.62	29.68	40.70	$4K_2O\cdot3Nb_2O_5\cdot10H_2O$	61.45
8	35.1	0.0198	64.88	32.36	22.09	45.55	$4K_2O\cdot3Nb_2O_5\cdot10H_2O$	59.77
9	38.56	0.0093	61.43	35.41	17.39	47.2	$4K_2O\cdot3Nb_2O_5\cdot10H_2O$	60.05
10	40.45	0.0078	59.54	37.01	16.24	46.75	$4K_2O\cdot3Nb_2O_5\cdot10H_2O$	60.95
11	43.38	0.0076	56.61	39.21	15.87	44.92	$4K_2O\cdot3Nb_2O_5\cdot10H_2O$	60.59
G 点	46.92	0.0051	53.07	41.49	16.74	41.77	$4K_2O\cdot3Nb_2O_5\cdot10H_2O+KOH\cdot2H_2O$	62.13
C 点	46.8	0	53.2	51.14	0	48.86	$KOH\cdot2H_2O$	

实验结果表明，30℃时 $4K_2O\cdot3Nb_2O_5\cdot10H_2O$ 在 KOH 溶液中的溶解度随 KOH 浓度的升高而减小，且能稳定存在。

(2) 80℃时 K_2O-Nb_2O_5-H_2O 体系相图

80℃时的实验结果见图 5-38 和表 5-15。

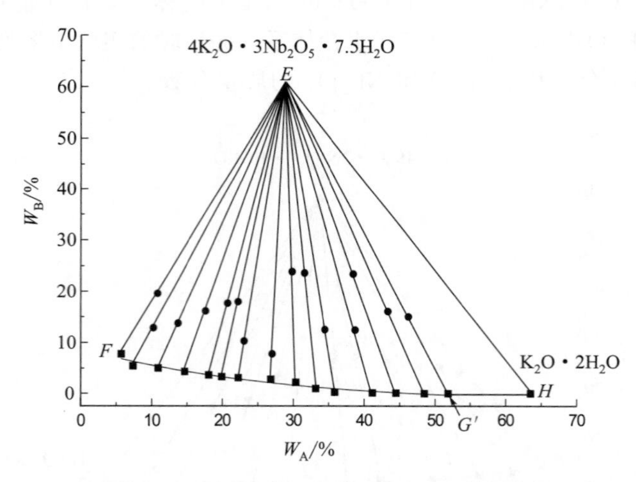

■ 图 5-38　80℃时 K_2O-Nb_2O_5-H_2O 体系相图

■ 表 5-15　80℃时 K_2O-Nb_2O_5-H_2O 体系平衡溶解度数据

序号	液相组成(质量分数)/%			湿固相组成(质量分数)/%			平衡固相
	K_2O	Nb_2O_5	H_2O	K_2O	Nb_2O_5	H_2O	
1	5.73	7.74	86.53	10.81	19.57	69.62	$4K_2O\cdot3Nb_2O_5\cdot7.5H_2O$
2	7.39	5.43	87.18	10.26	12.86	76.88	$4K_2O\cdot3Nb_2O_5\cdot7.5H_2O$
3	10.90	5.00	84.10	13.72	13.73	72.55	$4K_2O\cdot3Nb_2O_5\cdot7.5H_2O$
4	14.67	4.34	80.99	17.65	16.11	66.24	$4K_2O\cdot3Nb_2O_5\cdot7.5H_2O$
5	18.09	3.66	78.25	20.74	17.62	61.64	$4K_2O\cdot3Nb_2O_5\cdot7.5H_2O$
6	19.94	3.31	76.75	22.23	17.95	59.82	$4K_2O\cdot3Nb_2O_5\cdot7.5H_2O$
7	22.24	2.89	74.67	23.06	10.28	66.66	$4K_2O\cdot3Nb_2O_5\cdot7.5H_2O$
8	26.83	2.02	70.35	27.01	7.77	65.22	$4K_2O\cdot3Nb_2O_5\cdot7.5H_2O$
9	30.37	1.39	67.44	29.82	23.84	46.34	$4K_2O\cdot3Nb_2O_5\cdot7.5H_2O$

续表

序号	液相组成(质量分数)/%			湿固相组成(质量分数)/%			平衡固相
	K_2O	Nb_2O_5	H_2O	K_2O	Nb_2O_5	H_2O	
10	33.17	0.96	65.87	31.56	23.58	44.86	$4K_2O \cdot 3Nb_2O_5 \cdot 7.5H_2O$
11	35.86	0.24	63.90	34.45	12.47	53.08	$4K_2O \cdot 3Nb_2O_5 \cdot 7.5H_2O$
12	41.18	0.11	58.71	38.75	12.38	48.87	$4K_2O \cdot 3Nb_2O_5 \cdot 7.5H_2O$
13	44.51	0.088	55.40	38.46	23.38	38.16	$4K_2O \cdot 3Nb_2O_5 \cdot 7.5H_2O$
14	48.51	0.018	51.47	43.35	16.01	40.64	$4K_2O \cdot 3Nb_2O_5 \cdot 7.5H_2O$
*G'*点	51.85	0.0078	48.14	46.24	14.96	38.80	$4K_2O \cdot 3Nb_2O_5 \cdot 7.5H_2O + KOH \cdot H_2O$
H 点	51.79	0	48.21	63.51	0	36.49	$KOH \cdot H_2O$

实验结果表明，80℃时 $4K_2O \cdot 3Nb_2O_5 \cdot 10H_2O$ 在 KOH 溶液中的溶解度随 KOH 浓度的升高而减小。$4K_2O \cdot 3Nb_2O_5 \cdot 10H_2O$ 在 80℃的 KOH 溶液中的平衡固相为 $4K_2O \cdot 3Nb_2O_5 \cdot 7.5H_2O$，说明水合六铌酸钾的结晶水数目随平衡温度的升高而减少。

5.3.1.2 六铌（钽）酸钾结晶分离新工艺

根据图 5-37 和图 5-38 可作出不同温度和 KOH 浓度下水合六铌酸钾在 KOH 溶液中的溶解度曲线，结果如图 5-39 所示。结果表明，水合六铌酸钾的溶解度随 KOH 浓度和溶液温度的变化都比较明显，可采用蒸发结晶和冷却结晶的方法使水合六铌酸钾与 KOH 分离。

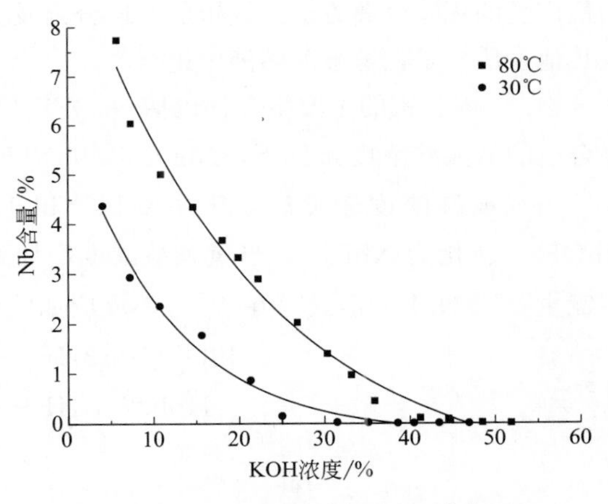

■ 图 5-39 不同温度、KOH 浓度下六铌酸钾溶解度曲线

铌钽原料经 KOH 亚熔盐分解后，反应浆料先用水稀释至 KOH 浓度为 50%，过滤。滤液为循环 KOH 溶液，经浓缩后返回亚熔盐分解工序。滤渣为六铌（钽）酸钾晶体及铁渣。将滤渣用水浸出，为保证铌（钽）酸钾充分溶出，控制浸出液中 KOH 浓度在 200g/L 以下。过滤分离后，浸出液中铌和钽的浓度分别为 13.7g/L 和 15.9g/L。将浸出液的 KOH 浓度蒸发到 380g/L 左右，然后缓慢降温至 30℃，析出六铌（钽）酸钾晶体。结晶母液中的铌、钽浓度分别为 0.85g/L 和 0.97g/L。由此可知，绝大部分铌、钽以六铌（钽）酸钾结晶的形式析出，从而实现了六铌（钽）酸钾与 KOH 溶液的分离，并制得了六铌（钽）酸钾混合晶体。

5.3.1.3 六铌（钽）酸钾混合晶体低酸转型

由蒸发结晶得到的是六铌（钽）酸钾结晶混合物，而铌、钽分离需在氢氟酸溶液中进行。由于结晶中的钾含量较高，并含有一定的游离碱，如果直接溶于稀氢氟酸溶液，会生成氟铌（钽）酸钾结晶，两者很难完全分离。因此，先用 10%左右的稀硫酸使六铌（钽）酸钾结晶全部转化为水合氧化铌（钽）沉淀，脱除钾离子。酸分解反应如下：

$$4K_2O \cdot 3(Nb,Ta)_2O_5 + 4H_2SO_4 + (x-4)H_2O \longrightarrow 3(Nb,Ta)_2O_5 \cdot xH_2O \downarrow + 4K_2SO_4 \quad (5\text{-}36)$$

根据文献［65］，式(5-36)在pH值为4.5以下时可迅速进行，一般可控制反应后溶液的pH值为3～4。酸分解后得到的水合氧化铌（钽）沉淀在800℃下煅烧1h后，用ICP-AES分析得到铌钽混合氧化物的组成，结果见表5-16。

■ 表5-16 铌钽混合氧化物的组成

组分	$(Nb,Ta)_2O_5$	Fe_2O_3	MnO	TiO_2	SiO_2	Al_2O_3
含量/%	99.3	0.08	—	<0.05	<0.05	<0.01

铌钽混合氧化物中的杂质含量很低，完全可用于生产铌钽合金。

酸化脱钾得到的水合氧化铌（钽）沉淀可迅速溶于10%的稀氢氟酸溶液，且该过程在常温下进行，产生的含氟蒸气量很小。水合氧化铌（钽）沉淀经稀氢氟酸溶解后可通过低酸度萃取工艺实现铌和钽的分离与纯化，制备铌和钽的产品。

5.3.2 低浓度氢氟酸体系中MIBK萃取分离铌钽研究

铌钽萃取分离技术可以获得高纯的化合物且易于实现大规模生产，是目前铌钽工业中应用最广泛的铌钽分离方法。铌钽的萃取分离及提纯（去除溶液中的硅、钛、铁、锰、钨、锡及其他杂质）是在氢氟酸溶液中进行的[79～81]。在氢氟酸溶液中铌钽可以形成多种稳定的氟络合物[82～86]。铌的主要络合物包括$NbOF_n^{3-n}$（$2 \leqslant n \leqslant 6$）和$NbF_n^{5-n}$（$7 \leqslant n \leqslant 9$）[87]。其中，在合适的氢氟酸浓度条件下，$NbOF_5^{2-}$和$NbF_6^-$是最稳定的络合物[88,89]，如图5-40[82]所示。当氢氟酸浓度较低时，铌主要以$NbOF_5^{2-}$形式存在，随着氢氟酸浓度逐渐增加，$NbOF_5^{2-}$转化为NbF_7^{2-}，当氢氟酸浓度增加到35%以上时，NbF_7^{2-}转化为NbF_6^-，溶液中铌主要以NbF_6^-形式存在[82,90]，反应如式(5-37)和式(5-38)所示。

$$NbOF_5^{2-} + 2HF \longrightarrow NbF_7^{2-} + H_2O \quad (5\text{-}37)$$

$$NbF_7^{2-} + HF \longrightarrow NbF_6^- + HF_2^- \quad (5\text{-}38)$$

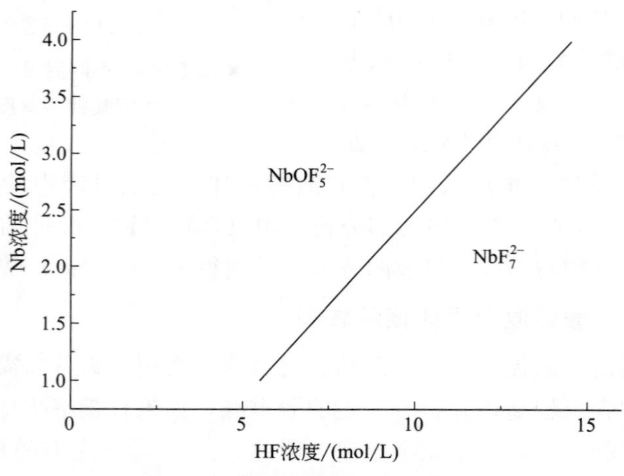

■ 图5-40 不同种类铌络合离子的存在区域

对于钽而言，在溶液中，钽氟络合物以 TaF_n^{5-n} （$3\leqslant n\leqslant 7$）[91,92]的形式存在，但是最稳定的钽氟络合物形式是 TaF_7^{2-} 和 TaF_6^- [82]，随着氢氟酸浓度增加，TaF_7^{2-} 能转化为 TaF_6^- [91]，如式(5-39) 所示：

$$TaF_7^{2-}+HF \longrightarrow TaF_6^-+HF_2^- \tag{5-39}$$

在不同氢氟酸浓度溶液中，TaF_7^{2-} 和 TaF_6^- 的存在区域不同，如图 5-41 所示。当氢氟酸浓度较低时，溶液中主要以 TaF_7^{2-} 形式存在，当氢氟酸浓度较高时，主要以 TaF_6^- 形式存在。

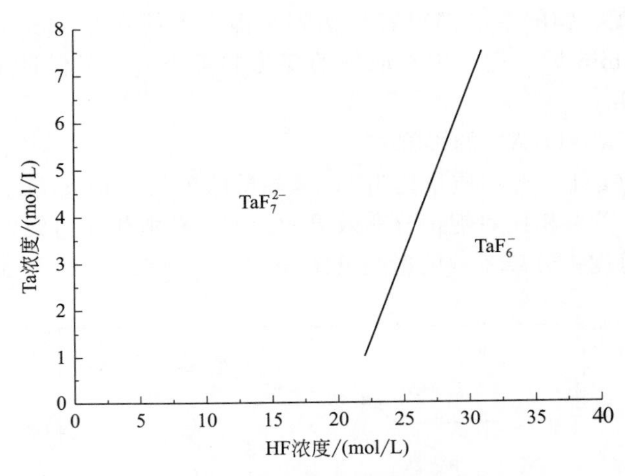

■ 图 5-41 不同种类钽络合离子的存在区域

传统的铌钽萃取分离技术均在高浓度氢氟酸条件下操作，此时铌主要以 NbF_7^{2-} 形式存在，钽主要以 TaF_7^{2-} 形式存在，它们均可与萃取剂（MIBK 或仲辛醇）络合，即铌和钽被共同萃取进入有机相，再经分步反萃实现铌与钽的分离。

在较低氢氟酸浓度的条件下，铌、钽分别生成络合结构不同的 TaF_7^{2-} 和 $NbOF_5^{2-}$，结构不同导致其化学性质不同，TaF_7^{2-} 可以与萃取剂（MIBK 或仲辛醇）络合，而 $NbOF_5^{2-}$ 不能与萃取剂（MIBK 或仲辛醇）络合。依据这一性质差异，可以实现低氢氟酸浓度体系中铌和钽的萃取分离。低酸萃取不仅可以大幅度降低杂质萃取率，减少萃取级数，而且可有效减少钽产品中氟含量，有利于制得高纯钽产品。另外，由于铌钽 KOH 亚熔盐清洁工艺获得的水合铌钽氢氧化物易溶于低浓度氢氟酸中，低酸萃取工艺可与之直接衔接。

本书在低浓度氢氟酸体系中，利用萃取剂 MIBK，通过萃取的单因素实验主要考察接触时间、萃取相比、氢氟酸浓度、钽铌浓度、钽铌质量比、H_2SO_4 浓度、温度对钽、铌萃取率及钽铌分离系数的影响，得到了钽铌在低浓度氢氟酸体系中萃取分离的规律。

5.3.2.1 低浓度氢氟酸体系中铌钽萃取分离实验结果

（1）接触时间的影响

在铌钽浓度为 60g/L、铌钽质量比为 1、氢氟酸浓度为 0.5mol/L、萃取相比为 1、室温条件下，考察了接触时间对铌钽分离效果的影响，从而得出铌钽萃取平衡时间，结果见表 5-17。

■ 表 5-17 接触时间对铌、钽萃取率的影响

时间/min	钽萃取率/%	铌萃取率/%
0.5	81.21	0.44
1	82.30	0.56
2	83.52	0.60
3	83.54	0.61
4	83.51	0.60
5	83.52	0.60

表 5-17 表明，铌、钽的萃取都很容易达到平衡，大约在 2～3min 就已经达到平衡，振荡萃取时间超过 3min 后，铌、钽萃取率的变化非常小。为了保证萃取过程达到平衡，接触时间选择为 5min。

(2) 萃取相比（R=O/A）的影响

在铌钽浓度为 60g/L、铌钽质量比为 1、氢氟酸浓度为 0.5mol/L、接触时间为 5min、室温条件下，考察了萃取相比对铌钽分离效果的影响。萃取相比对铌、钽萃取率的影响见图 5-42，萃取相比对铌钽分离系数的影响见图 5-43。

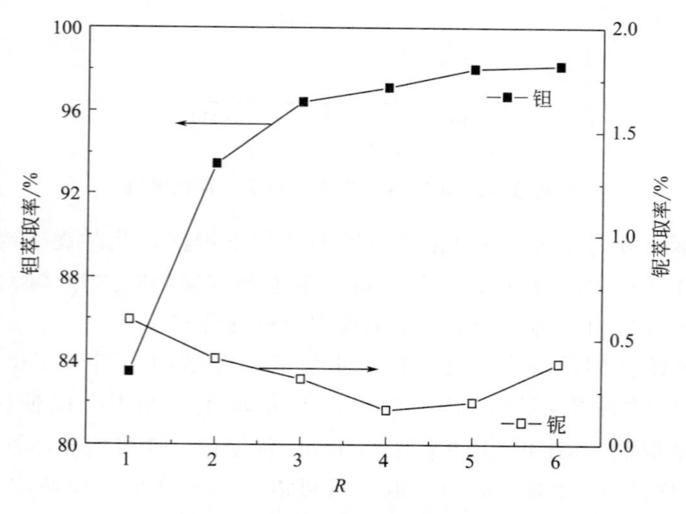

■ 图 5-42 萃取相比对铌、钽萃取率的影响

由图 5-42 可见，随着萃取相比的增大，钽萃取率先迅速增大后缓慢增大趋于平衡；铌的萃取率则先减小后增大。由图 5-43 可见，随着萃取相比的增大，铌钽分离系数 $\beta_{Ta/Nb}$ 先迅速增大后有所减小，在萃取相比为 5 处达到最大值。此时铌、钽的单次萃取率分别为 98.03%和 0.20%，$\beta_{Ta/Nb}$ 高达近 25000。

(3) 氢氟酸浓度的影响

在铌钽浓度为 60g/L、铌钽质量比为 1、萃取相比为 5、接触时间为 5min、室温条件下，考察了氢氟酸浓度对铌钽分离效果的影响。氢氟酸浓度对铌、钽萃取率的影响见图 5-44，氢氟酸浓度对铌钽分离系数的影响见图 5-45。

由图 5-44 可见，HF 浓度对钽的萃取率的影响不大，随着 HF 酸度的增加，钽萃取率呈缓慢减小趋势；铌的萃取率则逐渐增大。由图 5-45 可见，钽铌分离系数先迅速减小后

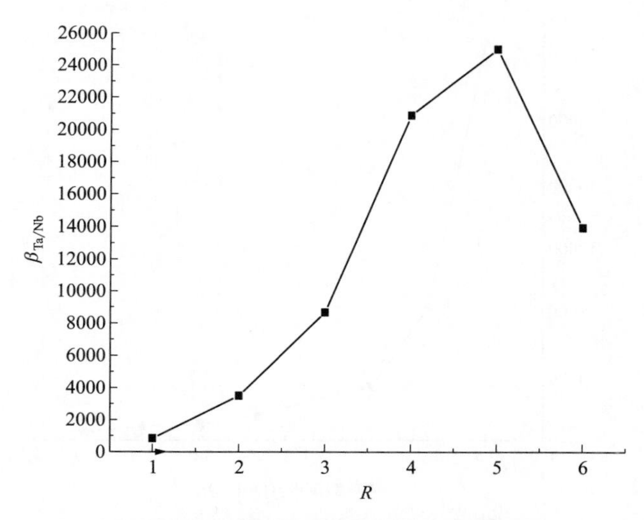

■ 图 5-43 萃取相比对铌钽分离系数的影响

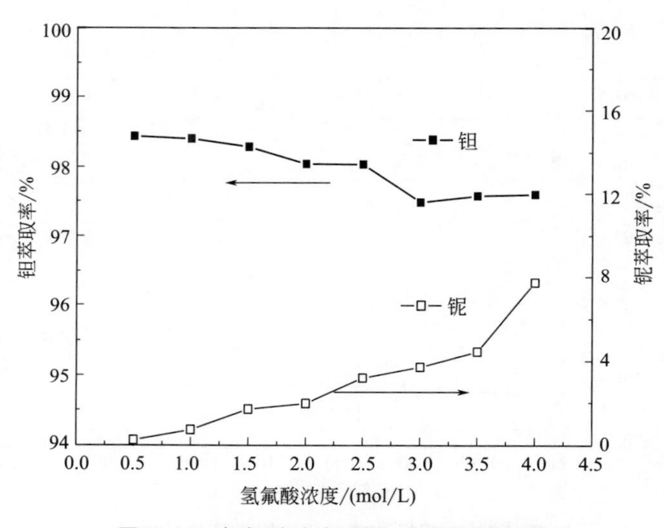

■ 图 5-44 氢氟酸浓度对钽、铌萃取率的影响

缓慢减小趋于平衡。总体上来说，HF 浓度越小，钽铌分离效果越好。

（4）铌钽浓度的影响

在铌钽质量比为 1、氢氟酸浓度为 0.5mol/L、萃取相比为 5、接触时间为 5min、室温条件下，考察了铌钽浓度对铌钽分离效果的影响。铌钽浓度对铌、钽萃取率的影响见图 5-46，铌钽浓度对铌钽分离系数的影响见图 5-47。

由图 5-46 可见，随着铌钽浓度的增加，铌和钽萃取率逐渐增大。由图 5-47 可见，随着铌钽浓度的增加，铌钽分离系数则逐渐减小。铌钽浓度过高不利于铌钽分离；铌钽浓度过低又降低了生产能力，这在经济上是不合算的。

（5）铌钽质量比的影响

在铌钽浓度为 60g/L、氢氟酸浓度为 0.5mol/L、萃取相比为 5、接触时间为 5min、

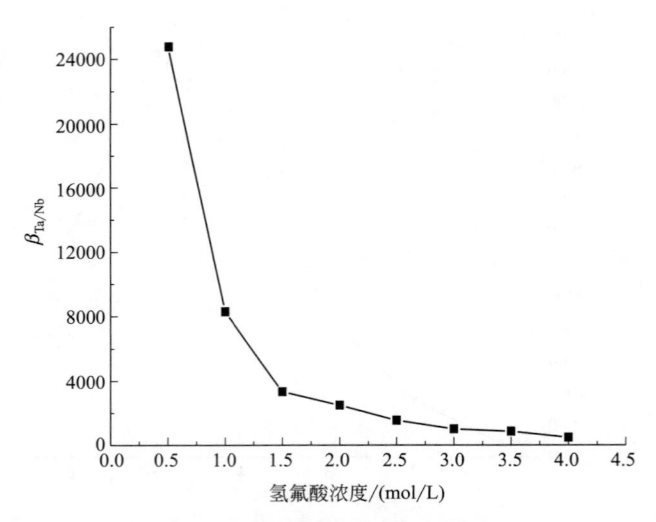

■ 图 5-45 氢氟酸浓度对钽铌分离系数的影响

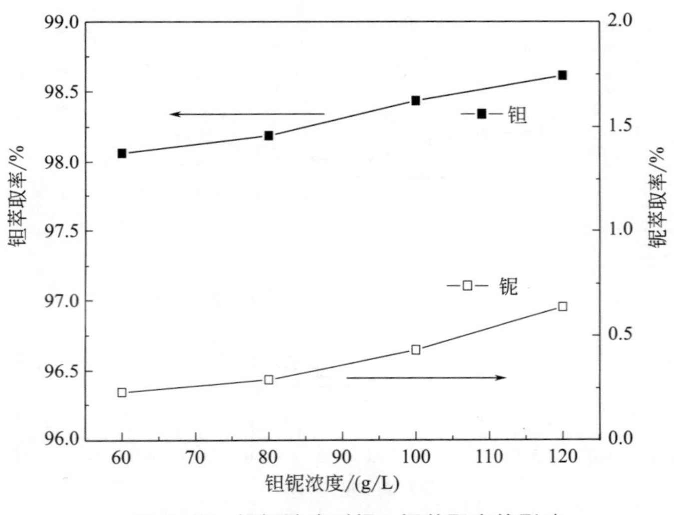

■ 图 5-46 铌钽浓度对铌、钽萃取率的影响

室温条件下，考察了铌钽质量比对铌钽分离效果的影响。铌钽质量比对铌、钽萃取率的影响见图 5-48，铌钽质量比对铌钽分离系数的影响见图 5-49。

由图 5-48 可见，随着铌钽质量比的增加，钽萃取率几乎呈线性的减小；铌萃取率则逐渐减小达到平衡。由图 5-49 可见，随着铌钽质量比的增加，铌钽分离系数则先增大后减小，在钽铌质量比为 2 时达到最大值。此时，铌钽分离系数达到近 50000。

(6) 硫酸浓度的影响

在铌钽浓度为 60g/L、铌钽质量比为 2、氢氟酸浓度为 0.5mol/L、萃取相比为 5、接触时间为 5min、室温条件下，添加一定量的硫酸，考察了硫酸浓度对铌钽分离效果的影响。硫酸浓度对铌、钽萃取率的影响见图 5-50，硫酸浓度对铌钽分离系数的影响见图 5-51。

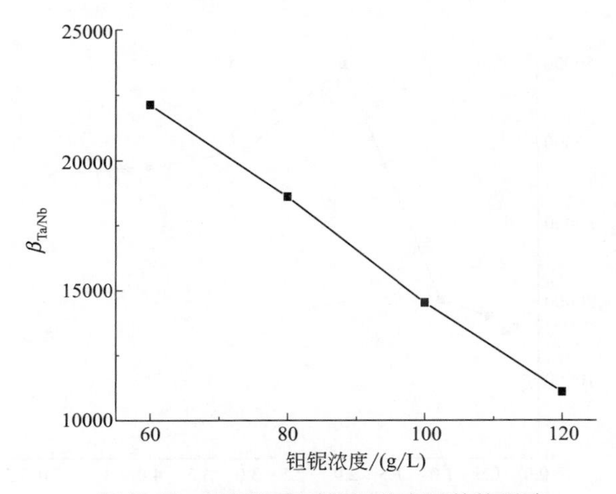

■ 图 5-47 铌钽浓度对铌钽分离系数的影响

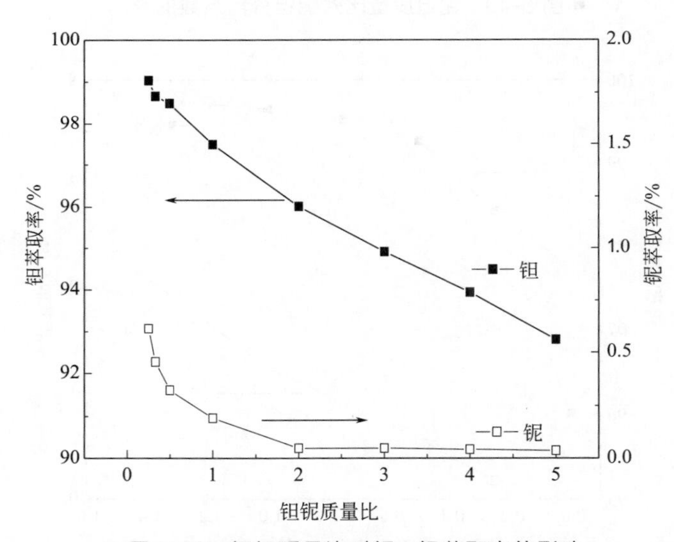

■ 图 5-48 铌钽质量比对铌、钽萃取率的影响

由图 5-50 可见，随着硫酸浓度的增加，钽萃取率先迅速增加后缓慢增加趋于平衡，铌萃取率则逐渐增加。由图 5-51 可见，随着硫酸浓度的增加，铌钽分离系数则迅速减小到平衡。添加了硫酸的 HF 体系没有单 HF 酸体系的分离效果好，虽然会同时增加铌钽的萃取率。

(7) 温度的影响

在铌钽浓度为 60g/L、铌钽质量比为 2、氢氟酸浓度为 0.5mol/L、萃取相比为 5、接触时间为 5min 条件下，考察了温度与钽分配比的关系。以 $\lg D$ 对 $1000/T$ 作图，得到一条直线，结果见图 5-52。

根据克-克方程：$\lg D=-\dfrac{\Delta H}{2.303RT}+C$，计算得出：$\Delta H=-37.40\text{kJ/mol}$。所以 MIBK 萃取钽为放热过程，低温有利于钽的萃取。

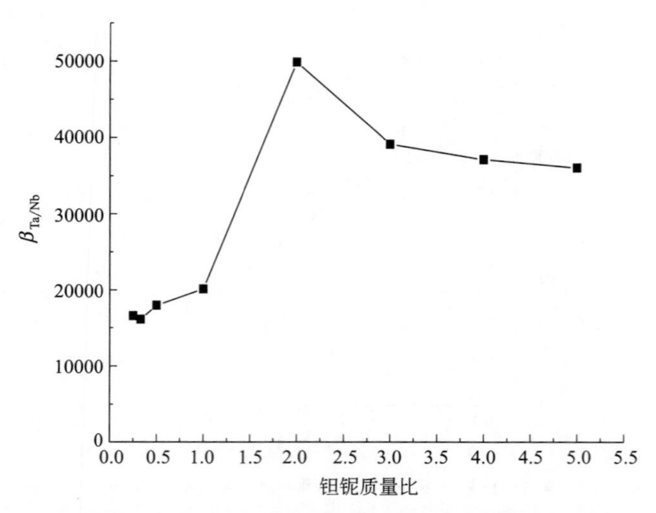

■ 图 5-49 铌钽质量比对铌钽分离系数的影响

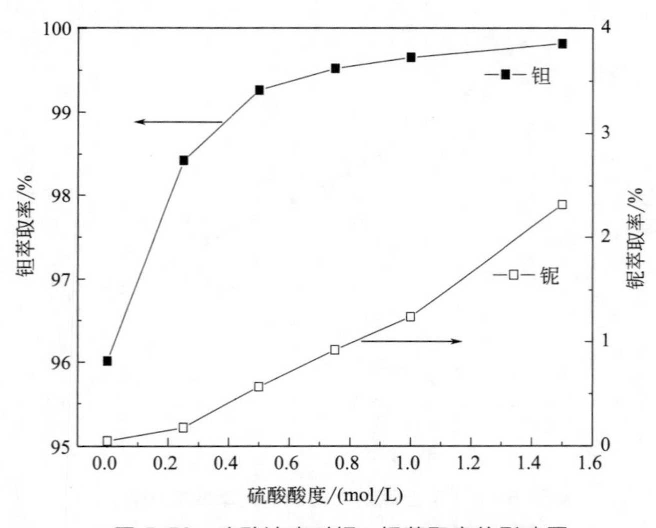

■ 图 5-50 硫酸浓度对铌、钽萃取率的影响图

杨秀丽[32]开展了 TaF_7^{2-} 在低酸度氢氟酸体系下的萃取动力学研究，得到萃取速率常数 k_f 为 $10^{-2.35\pm0.1}$，通量为 F [kmol/(m^2·s)]$=10^{-2.35}[TaF_7^{2-}][H^+][MIBK]_{(o)}$。通过阿伦尼乌斯理论得到萃取过程表观活化能 E_a 为 31.8kJ/mol；通过过渡状态理论得到 $\Delta^{\neq}H^{\circ}$为 29.1kJ/mol，$\Delta^{\neq}S^{\circ}$为-185.7J/(mol·K)，$\Delta^{\neq}G_{298}^{\circ}$为 84kJ/mol。根据动力学研究结果，对 TaF_7^{2-} 在低酸度氢氟酸体系下的萃取反应机理进行推断，得到总反应速率的控制步骤是 $H\cdot MIBK_{(i)}^{+}+TaF_7^{2-}\longrightarrow HTaF_7\cdot MIBK_{(i)}^{-}$。

5.3.2.2 含钽有机相净化及反萃

在低酸度氢氟酸体系中萃取钽过程中，少量铌及其他杂质与钽一起进入有机相中。为得到高纯度的钽产品，需对含钽有机相进行净化洗涤。采用 5mol/L 硫酸溶液在相比为 1∶1

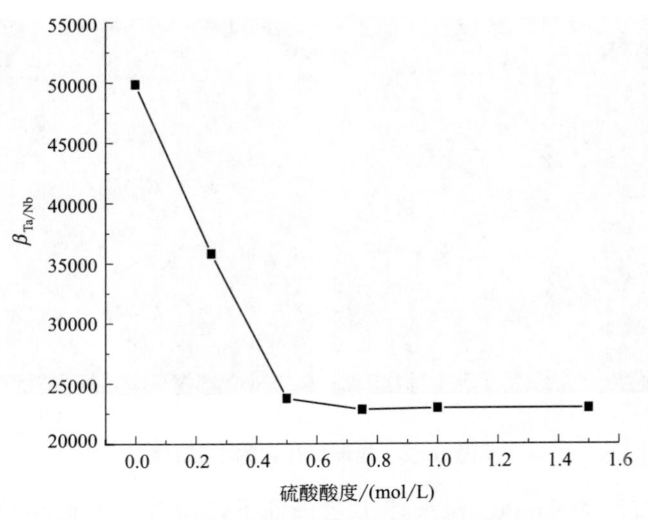

■ 图 5-51 硫酸酸度对铌钽分离系数的影响

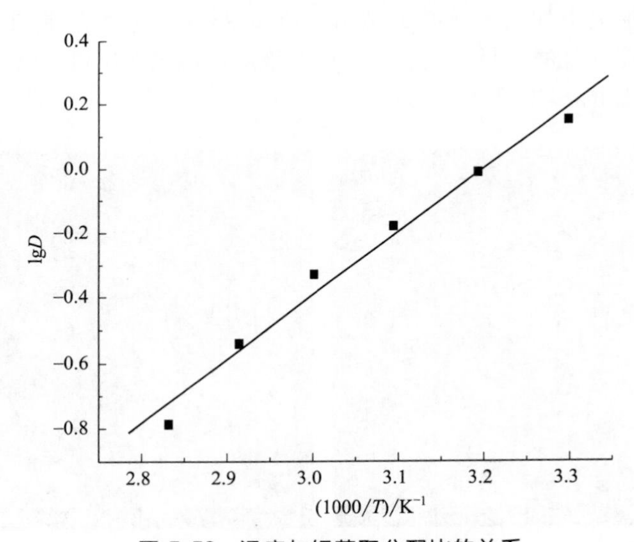

■ 图 5-52 温度与钽萃取分配比的关系

的条件下对含钽有机相进行六级洗涤，杂质去除率可达到约 100%。采用纯水反萃钽，相比为 1∶1，得到反钽液。向反钽液中加入氨水，调节 pH 值至 8～9，过滤，得到水合氧化钽。用稀盐酸洗涤水合氧化钽，过滤、烘干、在 750℃下焙烧，得到 Ta_2O_5。氧化钽经检测得到其纯度可达 99.9%，氧化钽的 SEM 见图 5-53。

5.3.2.3 铌的萃取与反萃

在低酸度氢氟酸溶液中萃取钽后，铌和杂质元素主要进入萃余液中。因在低酸度氢氟酸体系中，铌主要以 $NbOF_5^{2-}$ 的形式存在，不能被 MIBK 萃取。因此，需调高氢氟酸浓度，以实现铌的萃取及与杂质元素的分离。杨秀丽[32]系统研究了氢氟酸体系中 MIBK 萃取铌的规律，得到最佳萃铌工艺条件为：氢氟酸浓度为 6mol/L，硫酸浓度为 4mol/L，相

(a) (b)

■ 图 5-53 自制氧化钽的 SEM 图

比为 3∶1，接触时间为 5min。在最佳工艺条件下，铌单次萃取率可达到 99%。采用 6mol/L 稀硫酸对含铌有机相六级洗涤后，除杂率约 100%。采用纯水反萃铌，相比为 1∶1，得到反铌液，向反铌液中加入氨水，调节 pH 值至 8～9，过滤，得到水合氧化铌。用稀盐酸洗涤水合氧化铌，过滤、烘干、在 750℃下焙烧，得到 Nb_2O_5。氧化铌经检测其纯度可为 99.9%，氧化铌的 SEM 见图 5-54。

(a) (b)

■ 图 5-54 自制氧化铌的 SEM 图

萃取铌之后，萃余液中氢氟酸浓度和硫酸浓度约为 4mol/L，浓度较高。萃余液可返回水合铌钽混合氧化物溶解工序，实现氢氟酸和硫酸的回收利用。从而实现全流程无氢氟酸酸性废水排放。

5.3.3 结论

① 开展了 K_2O-Nb_2O_5-H_2O 三元水盐体系相图的研究，结果表明，30℃和 80℃时的平衡固相分别为 $4K_2O \cdot 3Nb_2O_5 \cdot 10H_2O$ 和 $4K_2O \cdot 3Nb_2O_5 \cdot 7.5H_2O$，结晶水含量随溶液温度的升高而减少，并且其溶解度均随温度的升高而增大和随氢氧化钾浓度的增大而

减小；溶解度曲线受温度和氢氧化钾浓度的影响较大，由此确定在后续工艺中可采用蒸发结晶分离水合六铌酸钾和氢氧化钾。六铌（钽）酸钾结晶经硫酸分解后得到纯度>99%的水合氧化铌、钽混合物作为进一步制备铌钽系列产品的中间体。

② 在低浓度氢氟酸体系中，利用 MIBK 萃取分离铌、钽，考察了接触时间、萃取相比、氢氟酸浓度、铌钽浓度、钽铌质量比、H_2SO_4 浓度、温度对铌、钽萃取率及铌钽分离系数的影响。最优萃取条件为：接触时间 5min、萃取相比 5、氢氟酸浓度 0.5mol/L、钽铌浓度 60g/L、钽铌质量比 2，此时钽的单级萃取率 96.01%，铌的单级萃取率为 0.048%，钽铌分离系数达到近 50000。MIBK 萃取钽的反应为放热反应，单酸氢氟酸体系分离钽铌效果比氢氟酸-硫酸体系要好。研究了 MIBK 萃取铌的规律，得到最佳萃铌工艺条件为：氢氟酸浓度为 6mol/L，硫酸浓度为 4mol/L，相比为 3∶1，接触时间为 5min。在此工艺条件下，铌萃取率可达到 99%。通过对含钽有机相及含铌有机相洗涤规律的研究，获得了最佳洗涤条件，采用 5mol/L 稀硫酸对含钽有机相六级洗涤后，除杂率约为 100%；采用 6mol/L 稀硫酸对含铌有机相六级洗涤后，除杂率约 100%。采用纯水在相比为 1∶1 的条件下单次反萃含钽有机相和含铌有机相，钽铌反萃率达到 98%以上，反钽液及反铌液经氨沉、洗涤、烘干、煅烧，得到了纯度为 99.9%的铌、钽产品。萃余液中残留的氢氟酸和硫酸可实现循环回用，体系不会排放含氢氟酸酸性废水。

③ 开展了矿浆体系 TaF_7^{2-} 低酸萃取动力学研究，结果表明当搅拌速率为 400r/min 时，反应受界面化学反应控制，通量为 F [kmol/(m · s)] $=10^{-2.35}[TaF_7^{2-}][H^+][MIBK]_{(o)}$；总反应速率的控制步骤是 $H \cdot MIBK_{(i)}^+ + TaF_7^{2-} \longrightarrow HTaF_7 \cdot MIBK_{(i)}^-$；表观活化能 E_a 为 31.8kJ/mol，$\Delta^{\neq} H^{\circ}$为 29.1kJ/mol，$\Delta^{\neq} S^{\circ}$为-185.7J/(mol · K)。

5.4 铌钽资源伴生组分综合利用

随着各种金属资源的日益减少，人们开始将目光转向二次资源，例如含铁废渣及各种有色金属冶炼废渣的综合回收，力求高效、低成本地回收二次资源中的各种有价金属，变废为宝。二次资源的综合利用变得越来越重要。铌钽资源的 KOH 亚熔盐清洁生产工艺会产生铌钽冶炼渣，由于铌钽资源种类繁多，伴生组分也多种多样，铌钽冶炼渣的成分也各不相同。对于铌钽冶炼渣的综合利用应根据伴生组分的具体组成制订相应的技术方案。下文以铌钽铁矿的 KOH 亚熔盐工艺冶炼渣为例，对铌钽资源伴生组分的综合利用做一简单介绍。

铌钽铁矿的 KOH 亚熔盐工艺冶炼渣组成以铁锰为主，铁锰含量（以氧化物计）约占 40%。另外，还含有约 7%的铌钽（以氧化物计），是一种具有很高综合利用价值的二次资源。如能将其中的有价金属回收利用，不仅节约了资源，而且能够产生一定的经济效益，这对提升铌钽资源亚熔盐工艺的经济性是非常有利的。

由于铌钽铁矿亚熔盐浸出渣中铁、锰、铌、钽的含量较高，因此铌钽铁矿亚熔盐浸出渣的综合利用应以回收其中的铁、锰、铌、钽为主。由于渣相基本为无定形状态且成分复杂，物相分析较为困难，其中的有价金属究竟以何种形式存在目前尚不清楚。预实验结果表明，渣相中的有价元素无法通过选矿、磁选等物理方法实现有效分离；当采用化学方法时，渣相中的铁、锰基本全部溶于稀硫酸溶液中，而铌、钽化合物的化学性质非常稳定，不被除HF之外的无机酸分解，但可被KOH亚熔盐重新溶解。因此，本书采用稀硫酸浸出的方式实现渣相中铁、锰和铌、钽化合物的分离。分离后，渣相中的铌、钽化合物得到富集，可通过亚熔盐工艺再处理以实现其中铌、钽的回收。酸浸后产生的富含铁锰的硫酸溶液经除杂净化后用来制备高附加值的软磁铁氧体原料，从而实现渣相中铁锰资源的综合利用。

铁氧体是一种以铁为主要成分的半导体磁性材料，具有磁导率高和电阻率高的特点。根据铁氧体应用情况可分为软磁、硬磁、旋磁、矩磁和压磁五大类。软磁指在较弱的磁场下，易于磁化也易于退磁的一类铁氧体材料。软磁铁氧体材料主要作为磁芯广泛用于通讯和电子工业中，是目前各种铁氧体中用途较广、数量较大、品种多、产值高的一种铁氧体材料。工业应用中的软磁铁氧体主要有锰锌铁氧体和镍锌铁氧体两大系列。他们呈尖晶石结构，属于立方晶系，一般化学式为$MeFe_2O_4$，其中Me代表二价金属离子，如Zn^{2+}、Mn^{2+}、Co^{2+}、Mg^{2+}、Ni^{2+}、Cu^{2+}、Fe^{2+}等。其晶体结构如图5-55所示，其中A位表示尖晶石结构中处于四面体位置的金属离子，B位表示尖晶石结构中处于八面体位置的金属离子。

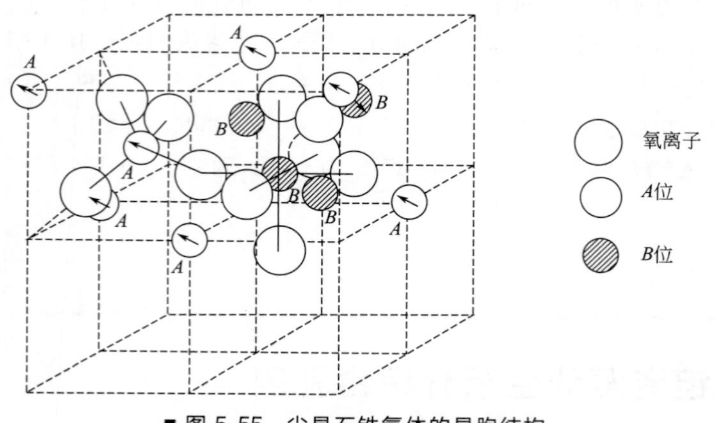

■ 图 5-55 尖晶石铁氧体的晶胞结构

目前，Mn-Zn铁氧体的产量占软磁铁氧体总产量的比例已近90%，是当前软磁材料中最受关注和最为活跃的领域。Mn-Zn铁氧体具有高饱和磁通密度、高磁导率、高电阻率、低高频损耗、低居里温度及低矫顽力等特性，广泛应用于各种电子元器件中，如功率变压器、扼流线圈、脉冲宽带变压器、磁偏转装置和传感器等。利用Mn-Zn铁氧体制成的磁芯，已经成为计算机、通讯、彩电、录像机、办公自动化及其他电子设备不可缺少的基础元件[93,94]。

2008年，我国Mn-Zn铁氧体的产量超过2.5×10^5t，以2万元/t计，年产值超过50亿元，市场巨大。而且由于市场需求的不断扩大，在今后几年甚至十几年内，Mn-Zn铁氧体的产量仍会持续增长。

目前，制备Mn-Zn铁氧体微粉的方法主要分为干法和湿法两大类。

干法又称陶瓷法[95~100]，以纯度很高的Fe_2O_3、Mn_3O_4和ZnO为原料，经过配料、球磨、预烧、二次球磨、制粒等工序得到软磁铁氧体粉料。该方法工艺比较简单，是目前工业生产的主要方法。突出缺点是：粉料很难混合均匀、所得产品性能不稳定；必须研磨处理，容易引入杂质污染；对原料纯度要求高，生产成本较高等。

由于干法工艺存在许多缺点，近年来，人们越来越倾向于用新的化学方法，即湿法工艺制备高性能的锰锌铁氧体微粉。湿法工艺制备的锰锌铁氧体微粉成分均匀，粉体烧结活性高，因而越来越受到人们的重视[101]。主要的湿法工艺有化学共沉淀法[102~106]、水热法[107~111]、溶胶-凝胶法[112,113]、超临界法[114,115]、微乳液法[116]等。其中的水热法、溶胶-凝胶法、超临界法及微乳液法由于生产规模、设备及成本等方面的原因，目前还仅限于实验室阶段。只有共沉淀法较为成熟，并获得了一定的工业应用。

化学共沉淀法用纯金属或其化合物按比例用酸重新溶解，制得金属离子混合溶液选择一种合适的沉淀剂，将金属离子均匀沉淀或结晶出来，再将沉淀物脱水或热分解而制得铁氧体粉料。该方法制备的粉体具有纯度高、粒度分布均匀、活性好等优点。按沉淀剂不同可分为氢氧化物沉淀法、草酸盐沉淀法和碳酸盐沉淀法等。

① 氢氧化物沉淀法　将按一定配比的 Fe^{2+}、Mn^{2+} 及 Zn^{2+} 溶液混合均匀，用碱中和，在 pH 值为 8～11 和温度为 30～80℃的范围内直接生成锰锌铁氧体粉料，其化学反应过程为：

$$Me^{2+}+2Fe^{3+}+8OH^- \longrightarrow Me(OH)_2+2Fe(OH)_3 \longrightarrow MeFe_2O_4+4H_2O \quad (5\text{-}40)$$

其中 Me^{2+} 为 Mn^{2+} 和 Zn^{2+}。

氢氧化物沉淀法得到的产物颗粒细小，工艺操作方便，可连续化生产，但因颗粒过细从而导致液固分离困难。

② 草酸盐沉淀法　在金属盐溶液中，加入草酸铵沉淀剂，得到前驱体沉淀物，再焙烧得到铁氧体粉料。其反应过程为：

$$Me^{2+}+2Fe^{2+}+3C_2O_4^{2-} \longrightarrow MeFe_2(C_2O_4)_3 \cdot nH_2O\downarrow \longrightarrow MeFe_2O_4+CO_2\uparrow+H_2O \quad (5\text{-}41)$$

其中 Me^{2+} 为 Mn^{2+} 和 Zn^{2+}。

由于大多数金属草酸盐的晶体结构较相似，易形成微粒较均匀的沉淀物，易于过滤和洗涤，且热分解温度较低，草酸盐沉淀法可制备出性能很好的锰锌铁氧体粉料。而且草酸盐共沉淀工艺本身就是一种很好的提纯方法，采用此法所制得的粉料比同级别原料的氧化物火法工艺纯度要高得多。但是，此法生产成本比碳酸盐沉淀法高出很多，仅可用于极少数特高档材料的制备。

③ 碳酸盐共沉淀法　在金属盐溶液中，加入碳酸盐沉淀剂，得到前驱体沉淀物，焙烧得到铁氧体粉料。在共沉淀过程中，选用 NH_4HCO_3 或 $NH_3 \cdot H_2O\text{-}NH_4HCO_3$ 作沉淀剂，其化学反应过程分别为：

$$Me^{2+}+NH_4HCO_3+NH_3 \cdot H_2O \longrightarrow MeCO_3\downarrow+2NH_4^++H_2O \quad (5\text{-}42)$$

$$Me^{2+}+NH_4HCO_3 \longrightarrow MeCO_3\downarrow+2NH_4^++CO_2\uparrow \quad (5\text{-}43)$$

其中 Me^{2+} 为 Fe^{2+}、Mn^{2+} 和 Zn^{2+}。

此法工艺简单、易于操作，具有一定的经济效益。国内曾有四川宜宾和山东临沂等几个厂家用该方法生产锰锌铁氧体粉料。但是，与陶瓷法类似，该方法同样存在对原料纯度要求高、成本高的问题。

针对陶瓷法和碳酸盐共沉淀法存在的对原料纯度要求高、成本高的问题，本研究开发

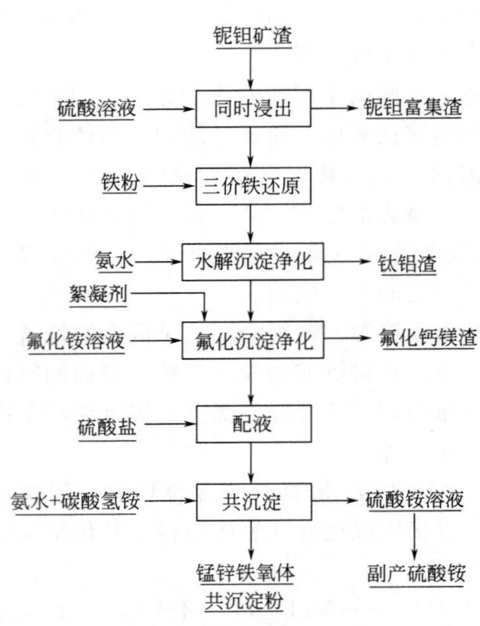

■ 图 5-56 处理铌钽矿亚熔盐法冶炼渣的原则工艺流程

了由铌钽矿亚熔盐法冶炼渣为铁、锰源，经同时浸出、还原、净化和碳酸盐共沉淀制取铁氧体用前驱体粉料的新工艺。该工艺不仅实现了铌钽矿渣中铁、锰资源的同时回收利用，而且避免了传统铁氧体制备工艺中各种原料（铁、锰、锌金属或其化合物）单独提纯净化的复杂过程，这对于降低生产成本，简化工艺流程都是极为有利的。同时，铌钽矿渣经硫酸浸出后，其中的铌、钽得到富集，可通过亚熔盐法再处理以回收其中的铌钽。这对于提高铌钽矿资源利用率及降低亚熔盐工艺成本均极具意义。

图 5-56 为处理铌钽矿亚熔盐法冶炼渣的原则工艺流程。

5.4.1 实验原料与方法

5.4.1.1 实验原料

实验所用铌钽矿亚熔盐冶炼渣为自制，经烘干后过 100 目筛，备用。其化学成分见表 5-18。图 5-57 为铌钽矿亚熔盐渣的 X 射线衍射图。

■ **表 5-18 铌钽矿渣主要元素分析**（质量分数，以氧化物计）

组成	Fe_2O_3	MnO	Nb_2O_5	Ta_2O_5	TiO_2
含量/%	27.81	11.50	2.89	4.08	4.44
组成	SiO_2	CaO	MgO	K_2O	Al_2O_3
含量/%	17.76	4.72	2.29	12.19	3.99

注：灼减量达 12.19%。

从表 5-18 可以看出，该铌钽矿亚熔盐浸出渣富含铁、锰，适于制备铁锰系化工产品。钽、铌的含量也较高，具有较高的综合利用价值。另外，该渣中还含有较多的硅、钙及少量的铝、镁等。图 5-57 显示，该渣基本为无定形态，这说明该渣应该具有较高的反应活性。

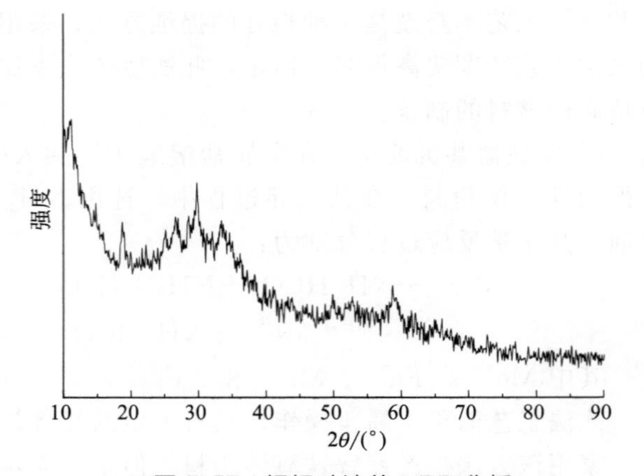

■ 图 5-57 铌钽矿渣的 XRD 分析

5.4.1.2 实验方法

（1）硫酸浸出实验

量取一定体积的硫酸加入到 250mL 锥形瓶中，搅拌升温至设定的温度，恒温 5min 后，按设定液固比缓慢加入铌钽矿亚熔盐浸出渣。加料完毕后，恒温反应一定时间。反应完成后，真空抽滤。计量浸出液体积，浸出渣烘干称重。分析浸出液和浸出渣中铁、锰及其他元素的含量，并计算浸出率。

(2) 浸出液还原实验

量取一定体积的浸出液，计算出所需还原铁粉的质量，在60℃和搅拌条件下缓慢加入铁粉，反应3h。反应完成后，过滤，计量还原液的体积，分析还原液中Fe^{3+}的含量并计算还原率。

(3) 还原液除杂实验

除铝、硅、钛、铌、钽实验：量取一定体积还原液放入250mL锥形瓶中，加热到设定温度，向该料液中定量加入氨水调节pH值，并保证整个净化过程溶液pH恒定，反应一定时间后加过滤。用ICP分析滤液中的Al、Si、Ti、Nb、Ta含量。

(4) 除钙、镁实验

量取一定体积除铝、硅、钛、铌和钽的料液（pH=5.0）放入250mL锥形瓶中，加热到设定温度，向该料液中定量加入NH_4F，用氨水调节pH值，并保证整个净化过程溶液pH值恒定，反应一定时间后定量加入絮凝剂（1%聚丙烯酰胺溶液），慢速搅拌20min后陈化、过滤。用ICP分析滤液中的Ca、Mg含量。

(5) 共沉淀实验

共沉淀实验方法见5.4.2.3部分。

5.4.2 实验结果

5.4.2.1 硫酸浸出过程

由于硫酸极易与Fe_2O_3和MnO反应，且价廉易得又没有挥发性，所以选择硫酸作为浸出剂浸出亚熔盐渣中的铁和锰。通过单因素实验考察了初始硫酸浓度、浸出温度、浸出时间和浸出液固比对铁、锰及其他杂质浸出率的影响规律。其结果见图5-58～图5-60和表5-19。

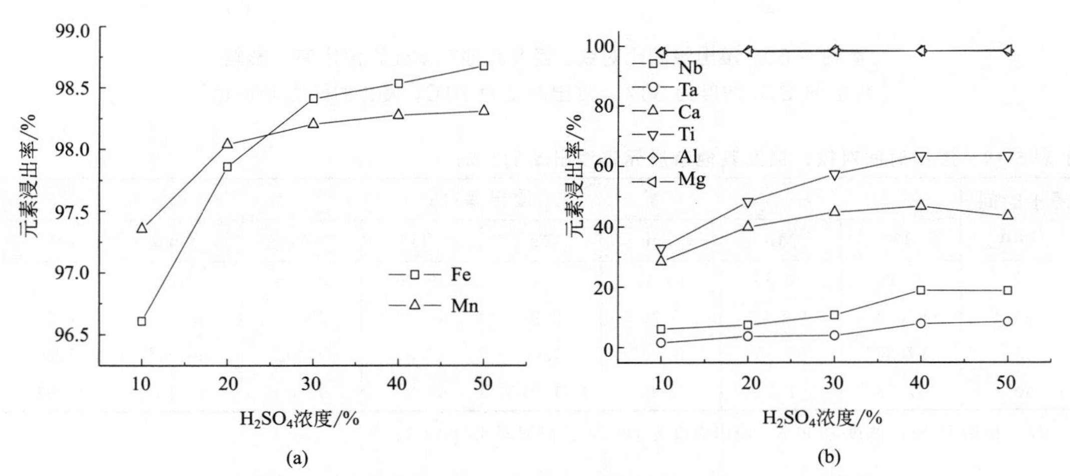

■ 图5-58 初始硫酸浓度对铁、锰及其他杂质元素浸出率的影响
（浸出温度为90℃，浸出时间为60min，浸出液固比为10：1）

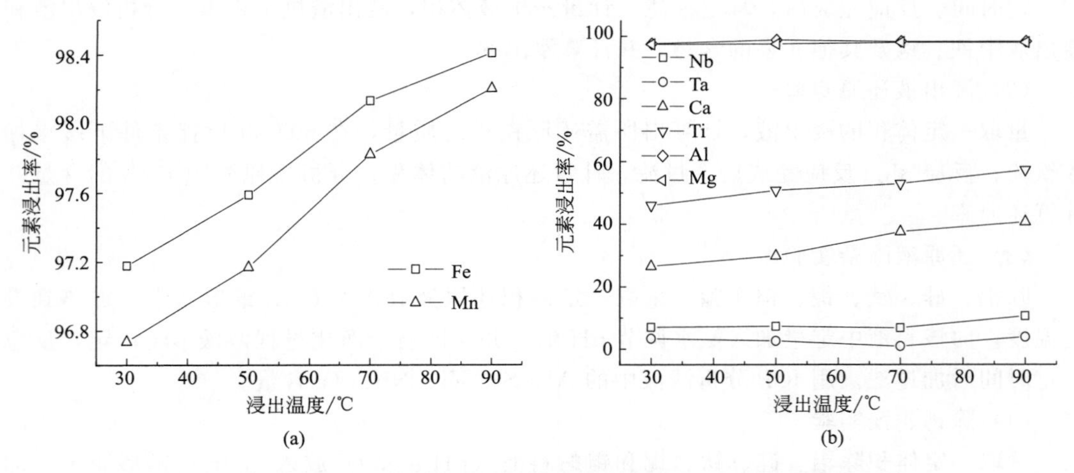

■ 图 5-59 浸出温度对铁、锰及其他杂质元素浸出率的影响

（初始 H_2SO_4 浓度为 30%，浸出时间为 60min，浸出液固比为 10∶1）

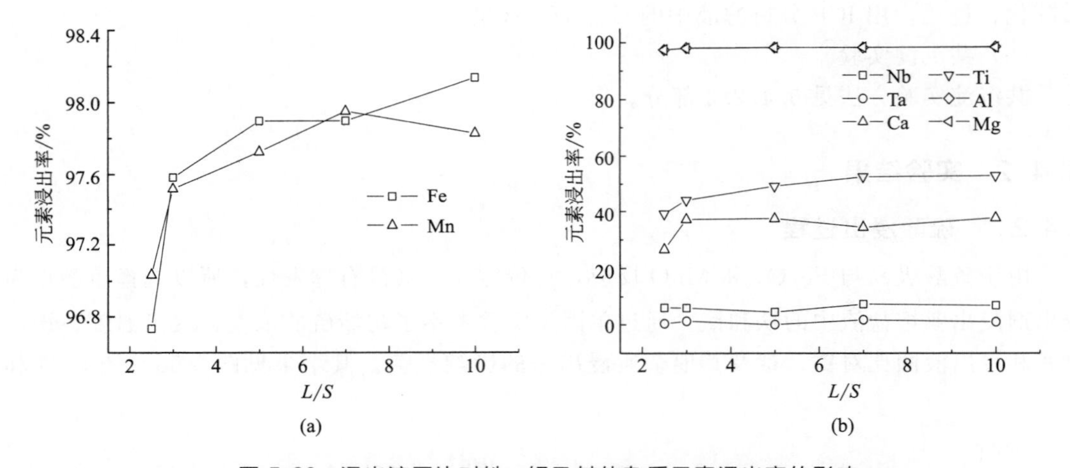

■ 图 5-60 浸出液固比对铁、锰及其他杂质元素浸出率的影响

（初始 H_2SO_4 浓度为 30%，浸出温度为 70℃，浸出时间为 60min）

■ **表 5-19 浸出时间对铁、锰及其他杂质元素浸出率的影响**

浸出时间/min	浸出率/%							
	Fe	Mn	Nb	Ta	Ti	Al	Ca	Mg
15	97.26	97.95	10.42	6.43	49.36	97.78	35.04	97.31
30	97.58	98.04	6.75	2.27	47.08	97.85	32.98	97.39
45	97.36	98.06	4.80	1.05	42.85	97.92	36.37	97.29
60	97.58	97.52	5.93	1.21	44.02	98.09	37.13	97.92

注：初始 H_2SO_4 浓度为 30%，浸出温度为 70℃，浸出液固比为 3∶1。

综合上述实验结果，铌钽矿亚熔盐法冶炼渣最适宜的酸浸条件为：初始 H_2SO_4 浓度 30%，浸出温度 70℃，浸出液固比 3∶1，浸出时间 30min。在此条件下，铁和锰的浸出率分别达到了 97.6%和 98.0%，达到了较好的浸出效果，为铌钽矿渣中铁和锰的回收利用提供了基础。酸浸后，渣率约为 0.35，所得酸浸渣的成分分析见表 5-20。由表 5-20 可见，酸浸后，渣中的铁、锰含量已非常低，而铌、钽含量则明显提高，实现了铌、钽化合物的富集。该富集渣可通过亚熔盐工艺进行再处理，以回收其中的铌和钽。

■ **表 5-20　酸浸渣主要元素分析**（质量分数，以氧化物计）

组成	Fe_2O_3	MnO	Nb_2O_5	Ta_2O_5	Al_2O_3	SiO_2	CaO	MgO	TiO_2
含量(质量分数)/%	2.11	0.74	8.34	12.29	0.28	15.86	36.44	0.40	7.21

5.4.2.2 浸出液还原过程

浸出过程完成后，浸出液中的铁离子主要以三价铁的形式存在。而在共沉淀过程中，溶液中的铁离子需以二价的形态进行共沉淀。为了使后续共沉淀工艺能够顺利进行，必须对溶液中的 Fe^{3+} 进行还原。由于铁粉的反应速度快、还原彻底、引入杂质少，因此采用铁粉作为还原剂。同时，铁氧体制备过程中，铁和锰之间有严格的配方关系，即铁和锰的质量比为 2.98 ∶ 1，而前面得到的浸出液中铁和锰的质量比仅为 2.19 ∶ 1（[Fe]=36.952g/L，[Mn]=16.881g/L），这表明浸出液中铁含量是明显偏低的。因此，采用铁粉做还原剂，还能在一定程度上起到调整浸出液中铁锰比例的作用。

在浸出液中加入铁粉，使浸出液中的三价铁还原为二价铁，主要发生的反应：

$$Fe + 2Fe^{3+} \longrightarrow 3Fe^{2+} \tag{5-44}$$

在三价铁被还原的过程中，铁还原剂也会与过量的硫酸反应，析出氢气。

$$Fe + H_2SO_4 \longrightarrow FeSO_4 + H_2\uparrow \tag{5-45}$$

从热力学的角度考虑，任何金属均可能按其在电势序中的位置被更负性的金属从溶液中还原。根据文献[117]，将相关反应的标准电极电势列于表 5-21。从表 5-21 中可以看出，金属铁与 Fe^{3+} 的电势差大于它与 H^+ 的电势差，这就确保了金属铁还原剂将优先与 Fe^{3+} 发生反应。在工艺上避免了金属铁还原剂与 H^+ 反应而造成金属铁的消耗以及 Fe^{3+} 还原不彻底。

■ **表 5-21　标准电极电势**

电对 (氧化态/还原态)	电极反应 氧化态+ne^- ⇌ 还原态	标准电极电势 E^θ/V
Fe^{2+}/Fe	$Fe^{2+}(aq) + 2e^- \rightleftharpoons Fe(s)$	−0.447
H^+/H_2	$H^+(aq) + e^- \rightleftharpoons 1/2H_2(g)$	0.000
Fe^{3+}/Fe^{2+}	$Fe^{3+}(aq) + e^- \rightleftharpoons Fe^{2+}(aq)$	+0.771

以硫酸浸出过程最优条件实验所得浸出液为原料，以铁粉为还原剂，进行还原过程实验研究。浸出液中铁的浓度见表 5-22。

■ **表 5-22　浸出液中铁的浓度**

形式	Fe^{3+}	Fe^{2+}	Fe
浓度/(g/L)	33.036	3.916	36.952

实验考察了铁粉加入量对还原率的影响，实验结果见图 5-61。

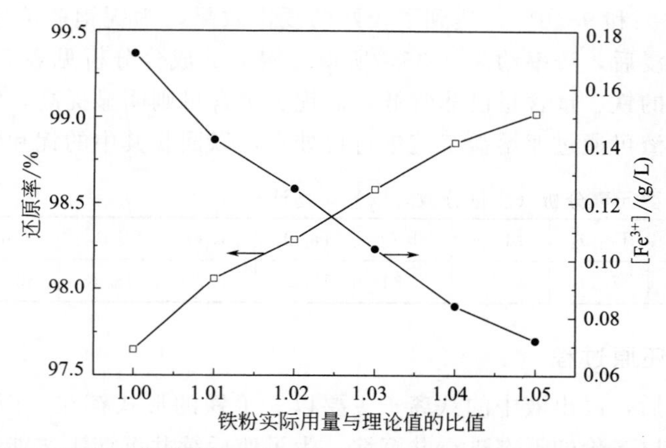

■ 图 5-61 铁粉用量对浸出液中 Fe^{3+} 的浓度和还原率的影响

从图 5-61 可以看出，按理论量加入铁粉时，Fe^{3+} 的还原率即已达到 97.65%，这说明加入的还原剂铁粉优先与溶液中的 Fe^{3+} 发生了氧化还原反应，这与前面的热力学分析是一致的。但是由于溶液具有一定的酸度（pH 值约为 0.5），并且铁粉的活性较高，在反应过程中不可避免地有一部分铁粉与溶液中的氢离子发生了反应，导致还原剂铁粉的消耗，因此需补加少量铁粉。随着铁粉加入量的增加，Fe^{3+} 的还原率不断提高，当铁粉加入量为理论量的 1.05 倍时，Fe^{3+} 的还原率已达到 99%以上，溶液中残余 Fe^{3+} 浓度仅为 0.07g/L，这说明还原过程已进行得十分彻底。该实验结果为后续的溶液净化除杂及共沉淀工艺创造了良好的条件。

5.4.2.3 还原液净化过程

在还原液中除了主金属元素外，还存在着大量的杂质元素。如果这些杂质元素不经过净化处理，相当一部分可进入共沉淀粉，从而影响锰锌铁氧体的质量及磁性能。为制备优质锰锌铁氧体粉料提供合格的溶液，对净化液中杂质元素的去除就显得十分重要。本节以上一节得到的还原液为原料，进行净化除杂实验研究。还原液成分见表 5-23。还原液的净化过程包括水解沉淀除 Nb、Ta、Ti、Si、Al 等杂质元素和加氟化铵沉淀除 Ca、Mg 两个部分，主要研究了在净化过程中溶液的 pH 值、反应温度、氟化铵用量等因素对还原液中杂质去除率的影响规律，并确定了还原液净化过程的最佳工艺条件。

■ 表 5-23 还原液成分

元素	Fe	Mn	Nb	Ta	Ti	Al	Si
浓度/(g/L)	54.296	16.881	0.269	0.149	2.435	4.023	0.053
元素	Mg	Ca	Ni	Co	Cu	Pb	
浓度/(g/L)	5.403	1.466	0.0447	0.0063	0.0147	0.311	

（1）还原液净化除铌、钽、钛、硅、铝实验

在酸性水溶液中，Al(Ⅲ) 不是以 Al^{3+} 形式存在，而是以 $Al(H_2O)^{3+}$ 形态存在。在水溶液中这种水合铝配合离子是主要形态，随着溶液 pH 值升高，水合铝配合离子将发生配位水分子的离解，生成多种羟基铝离子，pH 值再升高，水解逐级进行，从单核单羟基水合物水解成单核三羟基水合物，最终生成 $Al(OH)_3$ 的沉淀物，其反应过程有：

$$Al(H_2O)_6^{3+} \longrightarrow [Al(OH)(H_2O)_5]^{2+} + H^+ \quad (5\text{-}46)$$

$$[Al(OH)(H_2O)_5]^{2+} \longrightarrow [Al(OH)_2(H_2O)_4]^{+} + H^+ \quad (5\text{-}47)$$

$$[Al(OH)_2(H_2O)_4]^{+} \longrightarrow [Al(OH)_3(H_2O)_3] + H^+ \quad (5\text{-}48)$$

实际上的反应比上面的要复杂得多，当 pH＞4 时，羟基离子增加，各羟基离子之间又可发生架桥连接，产生多核羟基配合物，即高分子的缩聚反应，同时，多核缩聚物也会继续水解，所以水解和缩聚两种反应交替进行，最终产生聚合度极大的中性氢氧化铝沉淀析出。

在酸性水溶液中，Si(Ⅳ) 以硅酸及硅酸离子的形式存在：

$$H_3SiO_4^- \xrightarrow{+H^+} H_4SiO_4 \xrightarrow{+H^+} H_5SiO_4^+ \quad (5\text{-}49)$$

硅酸的自聚反应是溶液中硅酸的基本特性，在酸性尤其是有盐存在的情况下，硅酸首先自聚成链状，继而变成三维网状结构的凝胶，可以通过过滤的方式除去。

在酸性水溶液中，铌、钽和钛分别以 $Nb_2O_3(SO_4)_2$、$Ta_2O_3(SO_4)_2$ 和 $TiOSO_4$ 的形式存在。当溶液 pH 值升高时，$Nb_2O_3(SO_4)_2$、$Ta_2O_3(SO_4)_2$ 和 $TiOSO_4$ 分别水解为 $Nb_2O_5 \cdot nH_2O$、$Ta_2O_5 \cdot nH_2O$ 和 $TiO_2 \cdot nH_2O$ 沉淀析出。

由上面的分析可知，提高 pH 值时，还原液中的铝、硅、钛、铌和钽均可水解或聚合沉淀析出。因此，考虑通过中和水解沉淀法实现这 5 种元素的脱除。主要考察了溶液 pH 值、水解温度及沉淀时间对铝、硅、钛、铌和钽去除效果的影响。实验结果见图 5-62、图 5-63 和表 5-24。

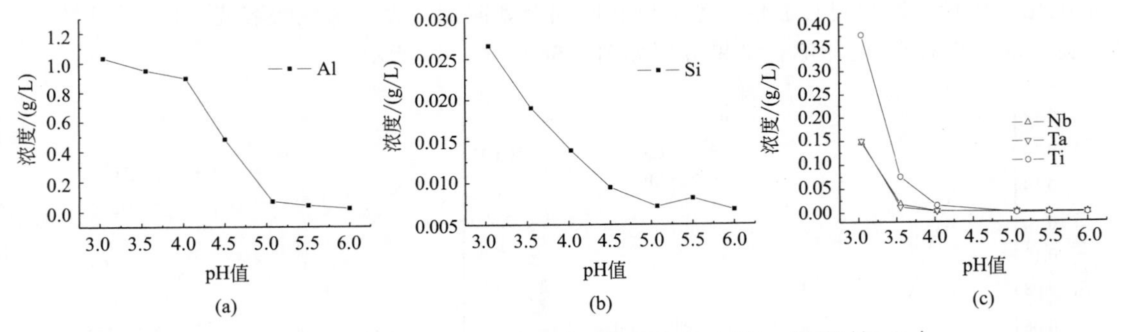

■ 图 5-62 pH 值对除铝、硅、铌、钽、钛的影响（25℃，沉淀时间 1h）

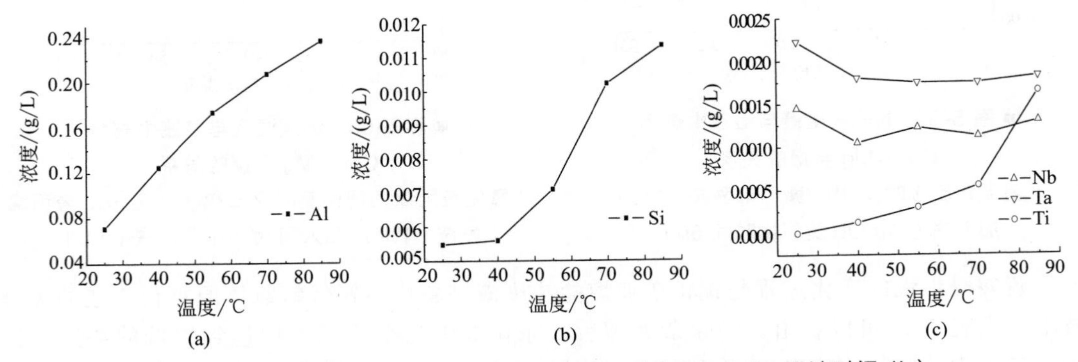

■ 图 5-63 温度对除铝、硅、铌、钽、钛的影响（pH= 5.0，沉淀时间 1h）

■ 表 5-24 沉淀时间对除铝、硅、钛、铌、钽的影响

沉淀时间	浓度/(mg/L)				
	Al	Si	Nb	Ta	Ti
1h	70.87	5.48	1.45	2.23	<0.001
3h	68.15	5.20	1.30	2.14	<0.001
5h	71.29	5.71	1.24	2.29	<0.001
10h	63.98	5.01	1.25	1.92	<0.001

注：pH=5.0，净化温度 25℃。

综合上述结果，在 25℃，溶液 pH=5.0 的条件下沉淀反应 1h，溶液中铌、钽、钛和硅的浓度均能降至 6mg/L 以下，达到了较好的净化效果。大部分铝在净化过程中被除去，但溶液中仍有约 70mg/L 的铝存在，这部分铝尚需进一步净化。

(2) 还原液净化除钙、镁实验

还原液净化除钙、镁主要是依据下面两个反应进行的：

$$Ca^{2+} + 2F^- \longrightarrow CaF_2 \qquad K_{sp,CaF_2} = 2.7\times10^{-11} \tag{5-50}$$

$$Mg^{2+} + 2F^- \longrightarrow MgF_2 \qquad K_{sp,MgF_2} = 6.5\times10^{-9} \tag{5-51}$$

即 Ca^{2+} 和 Mg^{2+} 与 F^- 生成难溶的 CaF_2 和 MgF_2 沉淀而除去。根据 Ca^{2+}-F^--H_2O 系及 Mg^{2+}-F^--H_2O 系的 E-pH 图[118]，CaF_2 及 MgF_2 在 pH=1～10 的范围内均可以稳定存在，这也为氟化除 Ca^{2+}、Mg^{2+} 提供了理论依据。本书以氟化铵为沉淀剂，主要考察了氟化铵用量、净化过程温度、絮凝陈化时间及絮凝剂［聚丙烯酰胺溶液（1%）］用量对去除 Ca^{2+} 和 Mg^{2+} 的影响，结果分别如图 5-64～图 5-67 所示。

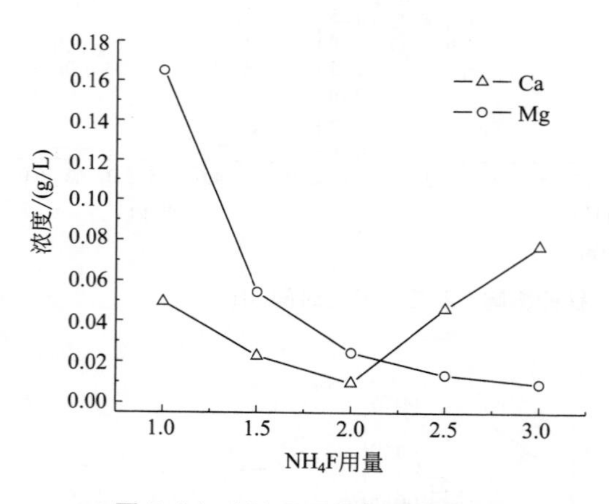

■ 图 5-64 NH_4F 用量与溶液中剩余 Ca、Mg 含量的关系
［室温、反应时间 1h、聚丙烯酰胺（1%）加入量为 1mL/L 及陈化时间 6h］

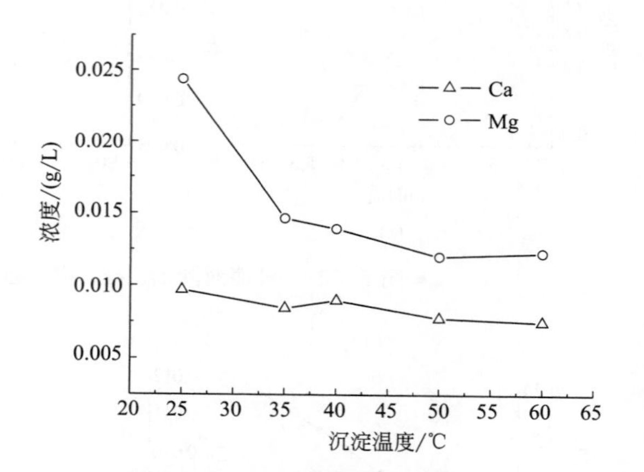

■ 图 5-65 沉淀温度与溶液中剩余 Ca、Mg 含量的关系
［氟化铵用量为理论量的 2.0 倍、反应 1h、聚丙烯酰胺（1%）加入量为 1mL/L，陈化 6h］

硫酸浸出液的净化过程是铌钽矿亚熔盐法废渣制备优质锰锌铁氧体原料新工艺的关键技术。由表 5-25 可以看出，经除杂处理后，净化液中的杂质元素均达到很低的浓度，这为制备优质的铁氧体粉料提供了保证。另外，由表 5-25 还可看出，除钙镁后，净化液中

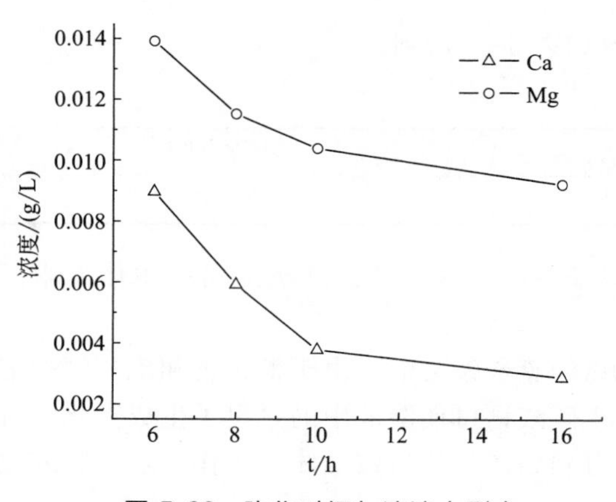

■ 图 5-66 陈化时间与溶液中剩余Ca、Mg含量的关系
[40℃，氟化铵用量为理论量的2.0倍、聚丙烯酰胺（1%）加入量为1mL/L]

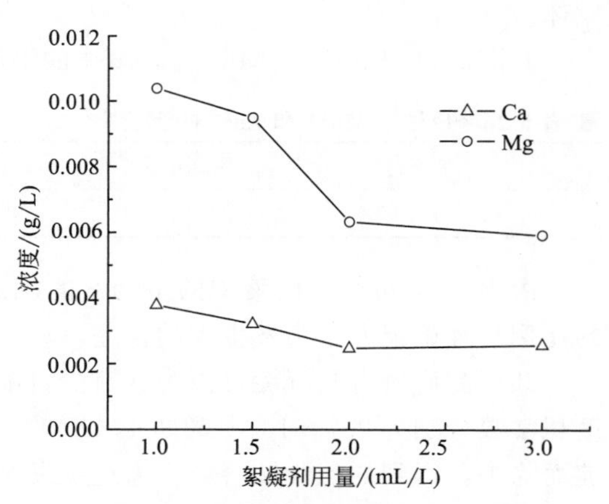

■ 图 5-67 絮凝剂用量与溶液中Ca、Mg含量的关系
（氟化铵用量为理论量的2.0倍、40℃反应10h）

的铝的浓度也明显降低，这是由于除钙镁过程中加入了絮凝剂，絮凝剂也起到了絮凝沉淀溶液中残余的细小氢氧化铝颗粒的作用。与此同时被沉淀下来的还有部分氢氧化铁以及重金属离子。

■ 表 5-25 净化液成分

元素	Fe	Mn	Nb	Ta	Ti	Al	Si
浓度/(g/L)	50.356	16.365	0.001	0.002	<0.001	0.008	0.005
元素	Mg	Ca	Ni	Co	Cu	Pb	
浓度/(g/L)	0.006	0.002	0.006	<0.001	<0.001	<0.001	

（3）共沉淀粉制备过程

Fe^{2+}、Mn^{2+}和Zn^{2+}与NH_4HCO_3或者$NH_3 \cdot H_2O$-NH_4HCO_3溶液反应，生成碳酸盐沉淀。本书采用$NH_3 \cdot H_2O$-NH_4HCO_3为沉淀剂，其反应式为：

$$MeSO_4 + NH_4HCO_3 + NH_3 \cdot H_2O \longrightarrow MeCO_3 \downarrow + (NH_4)_2SO_4 + H_2O \quad (5\text{-}52)$$

首先向净化液中加入分析纯$MeSO_4$（Me代表Fe、Mn和Zn）来调整净化液中主成分的比例，使其接近低功耗铁氧体的理论配比［Fe_2O_3：MnO：ZnO（质量比）＝71.34：21.71：6.95］。并调整溶液的pH值为2～3，溶液中金属离子总浓度为1.2～1.5mol/L。

由于共沉淀过程已有成熟的方法，并实现了工业应用，因此本研究并未对共沉淀过程进行深入研究，只是套用了文献［119］报道的共沉淀方法。其方法如下。

① 配制氨水和碳酸氢氨的共沉淀底液，碳酸氢氨浓度为2mol/L。

② 量取200mL调整好主成分比例的净化液及一定体积的共沉淀底液，保证共沉淀底液中的碳酸氢氨的量为理论需要量的1.2倍。在室温下将净化液缓慢加入到共沉淀底液中，加料速度控制为0.2mL/(min·mL)。同时剧烈搅拌。调节溶液pH值，使其在pH＝7.5的条件下反应1h。

③ 反应完毕后，陈化12h。过滤，洗涤，将粉料在90℃下烘干，即为锰锌铁氧体前

驱体。

共沉淀过程 Fe^{2+}、Mn^{2+} 和 Zn^{2+} 的沉淀率如表 5-26 所列。

■ 表 5-26 Fe^{2+}、Mn^{2+} 和 Zn^{2+} 的沉淀率

Fe^{2+}	Mn^{2+}	Zn^{2+}
98.77%	98.23%	97.35%

由表 5-26 可知，溶液中的主元素的沉淀率都很高，这保证了共沉淀粉中主体元素间的比例与理论配方不会发生大的偏差。

共沉淀后所得共沉淀母液为含有少量氟化铵的硫酸铵溶液。由于氟化钙和硫酸钙的溶度积常数分别为 2.7×10^{-11} 和 9.1×10^{-6}，加入硫酸钙可使溶液中的氟离子生成氟化钙沉淀而除去，得到的硫酸铵溶液可通过蒸发结晶得到副产品硫酸铵晶体，用作农业肥料或化工工业原料等。

5.4.2.4 共沉淀粉的质量评价

共沉淀粉的质量指标主要体现在：共沉淀粉中杂质成分的含量以及 Fe、Mn 和 Zn 的实际比例与理论配方的相对误差。为此，将实验所得共沉淀粉在 800℃煅烧 2h 后，对其进行了化学分析，实验结果如表 5-27 所列。作为比较，本书还列出了《软磁铁氧体用氧化铁》（SJ/T 10383—93）标准修订版中对杂质含量的要求，见表 5-28。

■ 表 5-27 Mn-Zn 铁氧体共沉淀粉的化学成分

成分	Fe_2O_3	MnO	ZnO	TiO_2	Ta_2O_5	Nb_2O_5	Al_2O_3	SO_4^{2-}	K_2O
含量/%	70.52	21.29	6.81	0.0017	0.0025	0.0014	0.015	0.12	0.0022
成分	SiO_2	MgO	CaO	NiO	Co_2O_3	CuO	PbO	P_2O_5	B
含量/%	0.011	0.010	0.0028	0.0077	0.0014	0.0013	0.001	0	0

■ 表 5-28 氧化铁的化学成分标准

成分	Fe_2O_3	MnO	TiO_2	Al_2O_3	SiO_2	MgO	CaO
含量/%	≥99	≤0.3	≤0.01	≤0.02	≤0.015	≤0.02	≤0.015
成分	NiO	CuO	SO_4^{2-}	K_2O	P_2O_5	B	
含量/%	≤0.02	≤0.02	≤0.15	≤0.01	≤0.02	≤0.001	

由表 5-27 和表 5-28 的结果可知，所得 Mn-Zn 铁氧体微粉中的杂质含量均低于国家标准的要求。由表 5-27 的结果可以算出，所得 Mn-Zn 铁氧体微粉中的主成分的比例及与理论配方的相对误差，其结果列于表 5-29。

■ 表 5-29 Mn-Zn 铁氧体共沉淀粉的化学成分

实际成分配比	绝对误差/%			相对误差/%		
Fe_2O_3∶MnO∶ZnO	Fe_2O_3	MnO	ZnO	Fe_2O_3	MnO	ZnO
71.50∶21.59∶6.91	+0.16	−0.12	−0.04	+0.22	−0.55	−0.58

理论配方：Fe_2O_3∶MnO∶ZnO（质量比）=71.34∶21.71∶6.95

由表 5-29 可以看出，所得铁氧体微粉的主成分比例与理论配方的相对误差均小于 1%，都在铁氧体制备要求控制的±5.0%的范围之内，达到了制备高性能锰锌铁氧体对前驱体粉料的要求。

5.4.3 结论

① 通过对铌钽矿亚熔盐浸出渣的成分分析，确定了硫酸浸出回收铁、锰制备锰锌铁氧体用前驱体粉料，渣相中铌、钽化合物富集后返回亚熔盐分解工序回收铌、钽的工艺路线。该工艺即可实现铌钽资源中铁锰的高附加值回收，又能高效回收浸出渣中的铌、钽，保证全流程铌、钽的回收率达到99%以上。

② 通过单因素实验研究方法考察了浸出过程中反应温度、硫酸浓度、液固比和反应时间等因素对铌钽渣中 Fe 和 Mn 浸出率的影响规律，确定浸出过程的最佳工艺条件为：反应温度 70℃、硫酸浓度 30%、液固比 3∶1、浸出时间 30min。在此条件下，铁和锰的浸出率分别达到了 97.6%和 98.0%，达到了较好的浸出效果。酸浸渣中铌、钽化合物含量明显提高，达到了富集的目的。

③ 研究了单质铁还原 Fe^{3+} 过程的热力学，并在此基础上提出了铁粉还原技术，实现了浸出液中 Fe^{3+} 的还原，并确保了还原液中 Fe、Mn 比例接近锰锌铁氧体的理论配方。在铁粉用量为理论量的 1.05 倍时，Fe^{3+} 的还原率大于 99%，还原液中的 $[Fe^{3+}]=0.07g/L$。

④ 通过对还原液中杂质组分存在形态及溶解行为的分析，提出了水解沉淀除铝、硅、钛、铌、钽和氟化沉淀除钙、镁的工艺路线。通过实验确定了还原液水解沉淀除铝、硅、钛、铌和钽的最佳工艺条件为：pH=5.0、水解温度 25℃、水解时间 1h；还原液氟化沉淀除钙、镁的最佳工艺条件为：氟化铵用量为理论量的 2.0 倍、沉淀温度 40℃、絮凝剂用量 2mL/L、絮凝陈化时间 10h。在最佳工艺条件下，溶液中各种杂质的浓度均达到工艺要求。

⑤ 以氨水和碳酸氢氨为沉淀剂，采用反向加料的方式制备了锰锌铁氧体共沉淀粉。经分析，共沉淀粉中杂质含量均低于国家标准，且铁、锰、锌的比例与理论配方的偏差均小于 1%，达到了制备高性能锰锌铁氧体对前驱体粉料的要求。

5.5 铌钽亚熔盐清洁工艺系统集成与应用前景

铌钽资源亚熔盐清洁生产新过程可分为前、后两个系统：前一系统是指以铌钽资源为原料，通过机械活化、氢氧化钾亚熔盐分解、碱-铌（钽）-杂质分离及渣的资源化利用等工序，得到水合铌、钽氧化物中间体及其他有价副产品；后一系统指由前一系统得到的水合铌、钽氧化物溶于稀氢氟酸溶液后，经铌钽萃取分离得到铌、钽氧化物等产品。通过对这两个系统中涉及的单元操作的系统研究，提出了适宜的整体工艺原则流程。

5.5.1 铌钽资源 KOH 亚熔盐清洁分解工艺流程

铌钽资源在 KOH 亚熔盐介质中发生典型的液-固两相反应（难分解铌钽资源可先通

过机械活化预处理），矿中96%左右的铌、钽被转化为可溶性的六铌（钽）酸钾。根据六铌（钽）酸钾的溶解度特性[120]，采用蒸发结晶方法分离六铌（钽）酸钾和剩余KOH，结晶母液返回分解工序实现KOH的循环利用。

由于铌钽矿的原料成本占铌钽湿法冶金生产成本的75%以上，因此工艺流程走向的确定首先必须遵循的原则是尽量提高铌钽矿中的铌、钽回收率；其次，有利于使反应介质在工艺流程中循环利用，从而达到降低成本、减少“三废”排放的目的；再次，应有利于矿中其他有价组分的提取，以提升整个工艺的原子经济性。根据上述原则可形成KOH亚熔盐法处理铌钽资源的原则工艺流程，如图5-68所示。

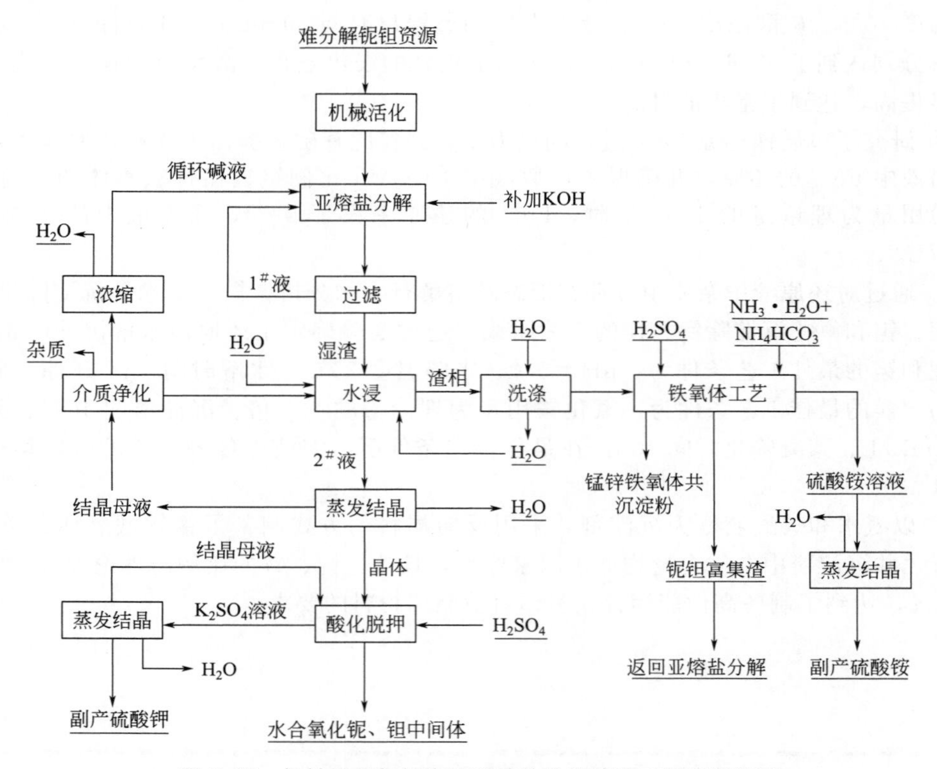

■ 图5-68 机械活化铌钽资源亚熔盐分解清洁工艺原则流程

难分解铌钽资源经机械活化后与循环碱液以及补充的新碱液在常压反应釜中反应，反应结束后，待冷却至80℃后过滤分离得到不含铌、钽的高浓度KOH溶液（流程中的$1^{\#}$液），返回亚熔盐分解步骤。固相经水浸出后，过滤得到六铌、钽酸钾溶液（流程中的$2^{\#}$液），以及含不溶性铌、钽化合物的铁锰渣相。$2^{\#}$液经蒸发结晶得到六铌、钽酸钾晶体，结晶母液除杂后大部分返回水浸出工序，小部分经浓缩后返回亚熔盐分解工序。浸出后的渣相洗涤后，用稀硫酸分解，得到富含铁、锰的溶液和铌、钽酸钾富集相。富含铁、锰的溶液经净化除杂后用于制备锰铁氧体粉；富集的铌、钽化合物返回亚熔盐分解工序。洗涤水返回水浸出过程。

六铌、钽酸钾晶体经10%左右的稀硫酸酸化分解后，过滤得到可用于制备铌钽合金或用作铌钽萃取分离的中间体——水合铌、钽氧化物。硫酸钾溶液经蒸发结晶得到副产硫酸钾，结晶母液返回酸分解步骤。

在整个铌钽资源亚熔盐分解工艺过程中，不存在带压操作，反应温度较碱熔融分解法降低500℃以上，并从源头削减了现行氢氟酸工艺中存在的严重氟污染，整个工艺的操作条件温和，环境效益良好。其次，本工艺可大大提高难分解铌钽资源中铌、钽的回收率，较传统氢氟酸工艺提高10%以上，经济效益十分显著，并且可以实现铌钽矿中铁、锰资源的深度利用。

5.5.2 水合铌钽氧化物低酸萃取分离工艺流程

铌钽原料经KOH亚熔盐清洁分解工艺处理后，得到水合铌钽氧化物。水合铌钽氧化物的纯度可达99%以上，且易溶于稀氢氟酸溶液。水合铌钽氧化物经稀氢氟酸溶解后，可通过MIBK分别萃取钽和铌。负载钽和铌的有机相分别经硫酸洗涤除杂、氨水沉淀、烘干、煅烧即可制得纯度达99.9%以上的五氧化二钽和五氧化二铌产品。

铌、钽低酸萃取分离工艺流程如图5-69所示。

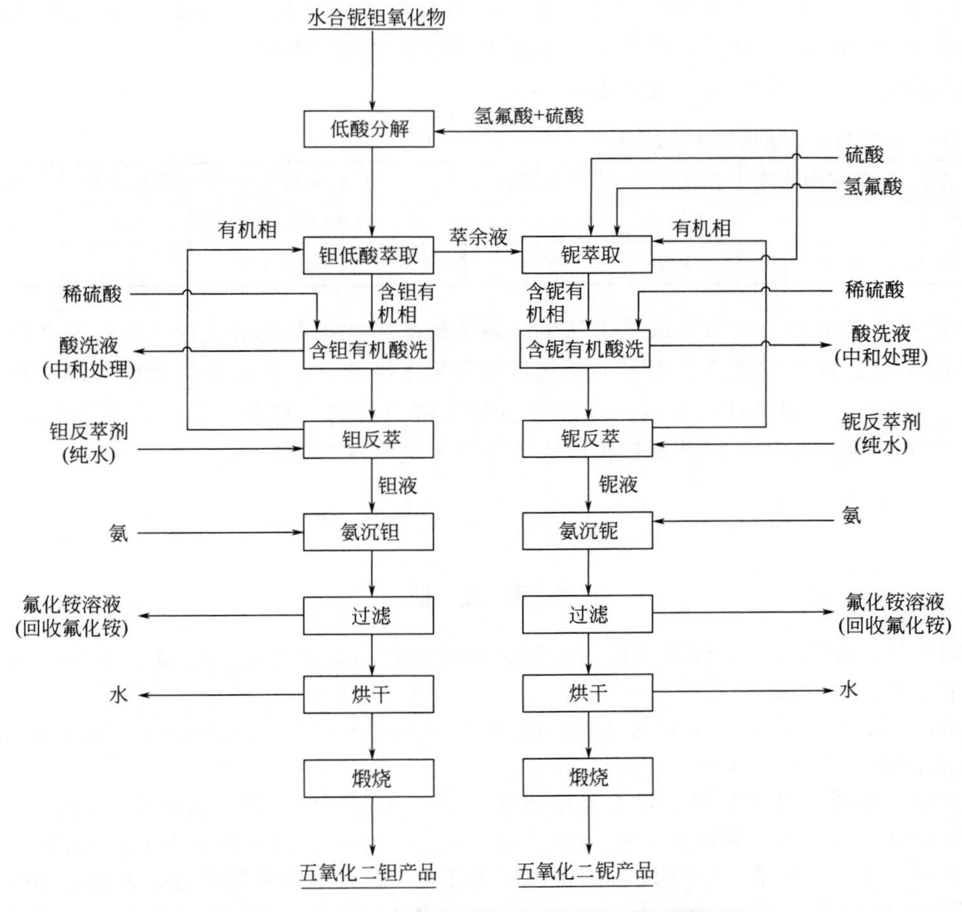

■ 图5-69 水合铌钽氧化物低酸萃取分离工艺流程

反萃后得到的含钽液，也可加入氯化钾使钽沉淀为氟钽酸钾，再经过滤烘干制备氟钽酸钾产品。萃取铌后的萃余液含有约4mol/L的氢氟酸和硫酸，可直接返回水合铌钽氧化物的低酸分解工序。全流程中无含氢氟酸酸性废水排出。

5.5.3 铌钽亚熔盐清洁生产工艺应用前景

对于铌钽资源，世界各铌钽湿法生产厂家基本都沿用传统的高浓氢氟酸-浓硫酸分解、高浓度氢氟酸体系萃取分离铌钽工艺。生产过程中产生大量含氟废气、废水、废渣，环境污染严重，且对于难分解铌钽资源回收率偏低。在资源及环境压力日益增长的社会大背景下，铌钽湿法冶金工业的可持续发展受到了严重的威胁。行业对于技术发展及提升的需求非常迫切。

与现行高浓氢氟酸工艺相比较，铌钽亚熔盐清洁生产工艺的主要优势在于如下几点。

① 由无毒、无害的氢氧化钾亚熔盐代替高浓、高毒性的氢氟酸作为分解介质，基本无含氟废气、废水、废渣排放，环境效益显著。

② 对铌钽资源没有选择性，适于处理低品位、难分解铌钽资源。在处理难分解铌钽资源时，铌、钽回收率可达99%以上，较现行氢氟酸工艺提高1%～4%，同时可实现铁锰资源的高附加值综合利用，从而大大提高了铌钽资源的利用率。

亚熔盐法与氢氟酸法的比较见表5-30。

表5-30 亚熔盐法与氢氟酸法的比较

工艺	铌钽回收率	反应介质	含氟废渣	介质消耗	反应时间	反应温度
HF酸工艺	95%～99%	高毒性	10～15t/t矿	2～4t/t矿(55% HF)	20h	110℃
亚熔盐工艺	99%	无毒	约为0	0.5～0.7t/t矿(KOH)	3h	140℃

铌钽亚熔盐清洁工艺与集成技术从生产源头解决了铌钽湿法冶金行业氟污染严重的难题，消除了高毒性含氟废渣、废水、废气污染和生态破坏，并将难分解铌钽资源回收率提高到99%以上，实现了社会效益、环境效益和经济效益的一体化，具有广阔的技术应用前景。如能实现产业化，将是对铌钽湿法冶金技术的一次技术升级。

参考文献

[1] 刘贵材，娄燕雄．钽铌译文集——国际钽铌研究的发展与趋势［M］．长沙：中南大学出版社，2009.

[2] Ma F K，Qiu X D，Jia H S. Niobium and tantalum［M］. Changsha：Central South University Press，1997.

[3] 大化工百科全书编写组．化工百科全书［M］．北京：化学工业出版社，1994.

[4] 马福康，邱向东，贾厚生．铌与钽［M］．长沙：中南工业大学出版社，1997.

[5] 宣宁，谢群，黄鑫．快速发展的中国钽铌工业［J］．中国金属通报，2009，(38).

[6] Bernard N. Tantalum carbide and niobium carbide in hard metal［C］. Proceeding of a Symposium at the 36th TIC Meeting，1995.

[7] Gramberg U. Tantalum as a material of construction for the chemical process indus-

try—a critical survey [C]. Processing of a Symposium at the 36th TIC Meeting, 1995.
[8] 2007～2008年中国行业市场调查与投资前景分析报告：中国钽铌行业市场调查与投资前景分析报告 [R]，北京华经视点信息咨询有限公司，2007.
[9] 吴荣庆．钽和铌：战略资源如何保护和利用 [J]. 中国金属通报，2009，21：30-33.
[10] 郭青蔚．铌工业经济与市场 [J]. 有色金属，1994，5：22-25.
[11] 王永跃．铌的应用与发展 [J]. 稀有金属与硬质合金，1996，124：41-44.
[12] 黄金昌．铌的应用与市场 [J]. 矿冶工程，1997，5：13.
[13] 陈满元．世界铌的发展动态 [J]. 稀有金属与硬质合金，2001，145：49-52.
[14] Karlheinz R. The use of tantalum/niobium compounds in the electronic industry [C]. Proceeding of a Symposium at the 36th TIC Meeting，1995.
[15] 李尚诣，等．铌资源开发应用技术 [M]. 北京：冶金工业出版社，1992：663-675.
[16] 胡忠武，李中奎，张小明．钽及钽合金的工业应用和进展 [J]. 稀有金属快报，2004，23(7)：8-10.
[17] 钟景明，李春光，高勇，等．片式钽电容器的研究现状与发展趋势 [J]. 稀有金属快报，2003，11：1-3.
[18] 周菊秋，黄列如，谭日善，等．中国钽、铌碳化物的生产和应用 [J]. 稀有金属材料与工程，1998，27(1)：26-31.
[19] 郭宁．钽工业发展分析 [J]. 中国金属通报，2012，(12)：38-40.
[20] Ensley J. The elements [M]. Oxford：Clarendon Press，1989.
[21] 陈德潜．稀有金属地质概论 [M]. 北京：地质出版社，1982.
[22] 郭青蔚，王肇信．现代铌钽冶金 [M]. 北京：冶金工业出版社，2009.
[23] 任俊．世界铌资源概况及其特征 [M]. 有色矿冶．1997，5：1-3.
[24] 宁夏东方钽业股份有限公司．钽经济 [M]. 第9版．2003.
[25] 赵天从．有色金属提取冶金手册(稀有高熔点金属) [M]. 北京：冶金工业出版社，1999.
[26] 地质矿产部资料局．世界矿产储量及产量年报 [R]. 1999.
[27] 吴瑞荣．中国的钽资源及中国钽原料的生产和供需情况 [J]. 稀有金属材料与工程，1998，1：21-25.
[28] 张去非．我国铌资源开发利用的现状及可行性 [J]. 中国矿业，2003，12(6)：30-33.
[29] 有色金属提取冶金手册编辑委员会编．有色金属提取冶金手册(下) [M]. 北京：冶金工业出版社，1999.
[30] Zhou K，Tokuda M. Study on the solubility of Nb_2O_5 in KOH and alkali leaching of niobite [J]. Journal of Central South University of Technology，2000，7(4)：171-177.
[31] 许力贤．碱性水热法提取铌钽化合物的研究 [D]. 沈阳：东北大学，1995.
[32] 杨秀丽．难分解钽铌矿低碱分解新工艺及应用基础研究 [D]. 昆明：昆明理工大学，2012.
[33] Zelikman A N，Orekhov M A. Study on the Hydrothermal Decomposition of Tantalite in NaOH and KOH Solutions [J]. CHz. ANSSSR. Metally.，1965，6：38-45.
[34] 孙青，汪加军，王晓辉，等．机械活化强化铌钽矿碱性水热体系浸出 [J]. 北京科技大学学报，2013，35(10)：1279-1288.
[35] Mcintosh A B，Broadley J S. The Extraction of Pure Niobium by a Chlorination Process. Extraction and Refining of the Rarer Mateas Symposium [M]. London：Institution

of Mining and Metallurgy，1957：123-136.
[36] 李洪桂．稀有金属冶金学［M］. 北京：冶金工业出版社，2001：185.
[37] 何季麟，张宗国，徐忠亭．中国钽铌湿法冶金［J］. 稀有金属材料与工程，1998，1：9-14.
[38] Gupta C K，Suri A K. Extractive Metallurgy of Niobium［M］. London：CRC Press，1994a：98.
[39] 何长仪，刘志明，张浩军．钽铌矿湿法冶炼含氟废气的治理［J］. 有色金属，1998，4：141-142.
[40] 杨继红．低品位难分解钽铌矿加压酸分解工艺的试验研究［J］. 稀有金属与硬质合金，2013，41(3)：4-7.
[41] Fowler R M. Separation of Columbium and Tantalum［P］. USA Pat：2481584，1949-09-13.
[42] Caletka R，Krivan V. Separation of niobium and tantalum on polyurethane foam pretreated with diantipyrylmethane［J］. Fresenius Analytical Chemistry，1985，321：61-64.
[43] 万明远．低品位钽铌矿物萃取分离工艺的改进［J］. 硬质合金，2002，19(1)：29-31.
[44] 潘万成．溶剂萃取法从钽铌废料中回收钽、铌［J］. 化学世界，1991，(6)：249-251.
[45] 任卿，张锦柱，赵春红．钽、铌资源现状及其分离方法研究进展［J］. 湿法冶金，2006，25(2)：65-69.
[46] 韩建设，周勇．钽铌萃取分离工艺与设备进展［J］. 稀有金属与硬质合金，2004，32(2)：15-20.
[47] 胡火根．钽铌湿法冶金分离方法评述［J］. 稀有金属与硬质合金，2015，43(1)：29-32.
[48] Amer S. Review of Metal. CENIM，1982，182(2)：108-118.
[49] 汪家鼎．溶剂萃取手册［M］. 北京：化学工业出版社，2001.
[50] 杨佼庸，刘大星．萃取［M］. 北京：冶金工业出版社，1998.
[51] Bludssus W，Eckert J. Process for the Recovery and Separation of Tantalum and Niobium［P］. U. S. Patent 5209910，1993.
[52] Meyer H. Process for the Recovery of Hydrofluoric Acid and Depositable Residues During Treatment of Nobium-and /or Tantalum-containing Raw Materials［P］. USA Pat 4309389，1982-01-05.
[53] Calson B J. Metal and fluorine values recovery from mineral ore treatment［P］. USA Pat 5273725，1993.
[54] Sielecki E J，Romberger K A，Bakke B F，et al. Recovery of Metal Values and Hydrofluoric Acid from Tantalum and Columbium Waste Sludge［P］. USA Pat 5023059，1991.
[55] 李水芳，陈学泽，王元兰，等．钽铌厂矿石分解工序含氟废水处理试验［J］. 中南林学院学报，2003，23(2)：98-100.
[56] 刘文华，刘芬，刘能铸，等．钽铌矿溶解含氟废气治理技术及工程实践［J］. 湘潭矿业学院学报，2002，17(4)：92-94.
[57] 胡金柳．国外铌工业近况［J］. 有色金属技术经济研究，1992，9：30-35.
[58] Bernard S. Study on the Hydrolysis of Potassium Niobate［J］. Review of Mineral Chemistry，1968，5：839-868.

[59] Fairbrother F. The Chemistry of Niobium and Tantalum [M]. Amsterdam. Elsevier, 1967：66.

[60] Mehrotra R C，Agrawal M M，Kapoor P N. Alkali-Metal Hexa-Alkoxides of Niobium and Tantalum [J]. J. Chem. Soc. A，1968：2373-2376.

[61] Jander G，Ertel D. Niobic Acids and Aqueous Alkali Niobate. Ⅰ. Light Absorption and Diffusion Measurements in alkali niobate solutions [J]. J. Inorg. Nuclear Chem，1960，14：71-76.

[62] Jander G，Ertel D. Niobic Acidsand Aqueous Alkali Niobate. Ⅱ. Preparation and Analysis [J]. J. Inorg. Nuclear Chem，1960，14：77-84.

[63] Jander G，Ertel D. Niobic Acids and Aqueous Alkali Niobate. Ⅲ. Conductometric Titration and X-ray Studies. Hydrolysis Scheme for Isopolyniobates [J]. J. Inorg. Nuclear Chem，1960，14：85-90.

[64] Jander G，Ertel D. Tantalic Acid and Aqueous Alkali Tantalates [J]. J. Inorg. Nuclear Chem，1956，3：139-152.

[65] Britton H T S，Robinson R A. Physicochemical Studies of Comples Acids. Ⅸ. Tantalic Acid [J]. Reactions of Alkali Columbate and Tantalate Solutions with Organic Acids. J. Chem. Soc，1933：419-424.

[66] Orekhov M A，Zelikman A N. Reaction of niobium and tantalum pentoxides with alkali solution at temperature over 100℃ [J]. Izv. Vysshikh Uchebn. Zavedenii Tsvetn. Met，1963，5：99-107.

[67] Zelikman A H，Orekhov M A. A Study of the Dissolution Behavior of $K_8Nb_6O_{19}\cdot 16H_2O$ in KOH Solutions under High Temperature [J]. Chzv. Ansssr. Neorganchieskche materchapy，1972，8：1451-1454.

[68] 杨显万，邱定藩. 湿法冶金 [M]. 北京：冶金工业出版社，1998. 154-188.

[69] Tsuchida H，Narita E，Takeuchi H，et al. Manufacture of High Pure Titanium (Ⅳ) Oxide by the Chloride Process：I. Kinetic Study on Leaching of Ilmenite Ore in Concentrated Hydrochloric Acid Solution [J]. Bull. Chem. Soc. Jpn，1982，55 (6)：1934-1938.

[70] Olanipekun E. A Kinetic Study of the Leaching of a Nigerian Ilmenite Ore by Hydrochloric Acid [J]. Hydrometallurgy，1999，53：1-10.

[71] Paspaliaris Y，Tsolakis Y. Reaction Kinetics for the Leaching of Iron Oxides in Diasporic Bauxite from the Parnassus-Giona Zone (Greece) by Hydrochloric Acid [J]. Hydrometallurgy，1987，19：259-266.

[72] Rohmer R，Dehand J，Hiss Y. Preparation of Potassium Tantalates in Aqueous Solution；Proprties；and 25℃ Isotherm of the System Ta_2O_5-K_2O-H_2O [J]. Compt. Rend，1961，253：1460-1462.

[73] Reisman A，Holtzberg F，Berkenblit M. Metastability in Niobate System [J]. J. Am. Chem. Soc，1959，81：1292-1295.

[74] [俄] Елютин A B.，Коршунов B T. 马福康，邱向东，贾厚生，等译. 铌与钽 [M]. 长沙：中南工业大学出版社，1997：6-35.

[75] Windmaisser F. Columbates and Tantalates [J]. Z. Anorg. Allgem. Chem，1941，248：283-288.

[76] 顾菡珍，叶于浦. 相平衡和相图基础 [M]. 北京：北京大学出版社，1991：25-68.

[77] 苏裕光，吕秉玲，王向荣．无机化工生产相图分析：基础理论［M］．北京：化学工业出版社，1985：36-81.

[78] 崔金兰，张懿，刘昌见．Na_2CrO_4-$(NH_4)_2CrO_4$-H_2O 体系相图［J］．物理化学学报，2000，1：70-75.

[79] Xing L Z. Metallurgy of tantalum and niobium [M]. Beijing: Metallurgical Industry Press, 1982.

[80] He J L, Zhang Z G, Xu Z T. Hydrometallurgical extraction of tantalum and niobium in China [J]. Tantalum-Niobium International Study Centre Bulletin, 1998, 93: 1-6.

[81] Roethe G. Processing of tantalum and niobium ores. Berlin: Proceedings of a workshop in Berlin, 1986.

[82] Agulyansky A. The chemistry of tantalum and niobium fluoride compounds [M]. Amsterdam: Elsevier publisher, 2004.

[83] Nikolaev A I, Kirichenko N V, Maiorov V G. Niobium, tantalum and titanium fluoride solutions [J]. Russian Journal of Inorganic Chemistry, 2009, 54(4): 505-511.

[84] Tikhomorova E L, Kalinnikov D V. Reaction of niobium pentoxide with ammonium hydrodifluoride [J]. Russian Journal of Inorganic Chemistry, 2008, 53(7): 988-992.

[85] Gupta C K, Suri A K. Niobium and tantalum separation process: Florida Extractive Metallurgy of Niobium [M]. Boca Raton: CRC. Press Inc, 1994.

[86] Gibalol M. Analytical chemistry of niobium and tantalum [M]. London: Ann Arbor Humphery Science Publishers, 1970.

[87] Land E, Osborne C V. The formation constants of the niobium fluoride system [J]. Journal of the Less Common Metals, 1972, 29(2): 147-153.

[88] Keller O L. Identification of complex ions of niobium in hydrofluoric acid solutions by Raman and infrared spectroscopy [J]. Inorganic Chemistry, 1963, 2: 783-788.

[89] Packer K J, Mutteries E I. Nature of niobium fluoride special in solution [J]. Journal of American Chemical Society, 1963, 85: 3030-3036.

[90] Buslaev Y A, Nikolaev A I, Ilyin E G. Investigation of niobium and tantalum state in fluoride solution [J]. Fluorine Chemistry, 1985, 29(1-2): 51.

[91] Baumann E W. Investigation of the tantalum fluoride system using the fluoride-selective electrode [J]. Journal of Inorganic and Nuclear Chemistry, 1972, 34: 687-695.

[92] Vargas L P, Wakley W D, Nicolson L S. Solvent extraction studies of tantalum fluoride complex with N-benzoylphenylhydroxylamine, tri-n-octylphosphine oxide, and methyl isobutyl ketone using computer technique [J]. Analytical Chemistry, 1965, 37(8): 1003-1009.

[93] 李东风，贾振斌，魏雨．尖晶石型软磁铁氧体纳米材料的制备研究进展［J］．电子元件与材料，2003，22(6)：37-40.

[94] 孙科，兰中文，余忠．MnZn 功率铁氧体的研究进展［J］．磁性材料及器件，2005，36(6)：17-32.

[95] 艾树涛，胡国光．高磁导率 Mn-Zn 铁氧体的配方和烧结工艺的研究［J］．安徽大学学报，1999，37(1)：31-36.

[96] 黄永杰，李世堃，兰中文．磁性材料［M］．北京：电子工业出版社，1994：43-95.

[97] Bowen C R, Derrby B. Self-Propagating High Temperature Synthesis of Ceramic Materials [J]. British Ceramic Transaction, 1997, 96(1): 25-26.

[98] 席国喜，路迈西．锰锌铁氧体材料的制备研究新进展［J］. 人工晶体学报，2005，34(1)：164-168.
[99] Casrto S，Gayoso M，et al. Structural and Magnetic Properties of Barium Hexaferrite Nanostructured Particles Prepared by the Combustion Method [J]. Journal of Magnetism and Magnetic Materials，1996，(152)：61-69.
[100] Casrto S，Gayoso M，et al. A study of Combustion Method to Prepare Fine Ferrite Particles [J]. Journal of Solid State Chemistry，1997，(134)：227-231.
[101] 李伯光，尹光福，查忠勇．软磁 Mn-Zn 铁氧体粉料可连续化生产新工艺［J］. 有色金属，1999，51(3)：87-89.
[102] 杨新科．锰锌软磁铁氧体粉制备研究进展［J］. 宝鸡文理学院学报(自然科学版)，2001，21(2)：125-127.
[103] Pandya P B，Joshi H H，Kulkarni R G. Magnetic and Structural properties of $CuFe_2O_4$ Prepared by the Co-precipitation Method [J]. Journal of Materials Science Letters，1991，(10)：474-476.
[104] 冉均国，郑昌琼，尹光福．碳酸盐共沉淀法制取锰锌铁氧体超细粉末的热力学分析［J］. 成都科技大学学报，1993，(2)：1-6.
[105] 禹长清，张武．共沉淀法制备超细锰锌铁氧体前驱体粉末［J］. 中国锰业，2000，18(3)：37-38.
[106] 郑昌琼，冉均国，杨云志．草酸盐共沉淀法制取优质锰锌铁氧体微细粉末的热力学分析［J］. 稀有金属，1997，21(2)：101-104.
[107] William J D. Hydrothermal Synthesis of Advanced Ceramic Powders [J]. America Ceramic Society Bulletin，1988，67(10)：1673-1678.
[108] Marko R，Miha D. Hydrothermal Synthesis of Manganese Zinc Ferrites [J]. Journal of America Ceramic Society，1995，78(9)：2449-2455.
[109] 刘素琴，左晓希，桑商斌．锰锌铁氧体纳米晶的水热制备研究［J］. 磁性材料及器件，2000，31(2)：12-16.
[110] 桑商斌，古映莹，黄可龙．锰锌铁氧体纳米晶的水热法制备及热动力学研究［J］. 功能材料，2001，32(l)：27-29.
[111] Gu Y Y，Sang S B，Huang K L，et al. Synthesis of MnZn Ferrite Nanoscale Particles by Hydrothermal Method [J]. Journal of Central South University of Technology，2000，7(1)：37-39.
[112] 余忠，兰中文，王京梅．溶胶-凝胶法制备高性能功率铁氧体［J］. 功能材料，2000，31(51)：34-35.
[113] Lee W J，Fang T T. The Effect of the Molar Ratio of Barium Ferrite using a Citrate Process [J]. Journal of Materials Science，1995，30(17)：4349-4354.
[114] Me G P J，Laine R M. Theoretical Process Development for Freeze Drying Spray Frozen Aerosols [J]. Journal of the America Ceramin Society，1992，75(5)：1123.
[115] 姚志强，王琴，钟炳．超临界流体干燥法制备 MnZn 铁氧体超细粉末［J］. 磁性材料与器件，1998，29(1)：24-28.
[116] 谭小平，古映莹．尖晶石型超微铁氧体粉末合成方法进展［J］. 磁性材料及器件，2002，33(4)：17-20.
[117] 胡忠鲠．现代化学基础［M］. 北京：高等教育出版社，2000：661.

[118] 阳征会．黄钠铁矾渣提取镍铁工艺及软磁高频镍锌铁氧体的制备研究［D］．长沙：中南大学，2007.

[119] 张保平．锰锌软磁铁氧体用前驱动碳酸盐共沉淀过程基础理论及工艺研究［D］．长沙：中南大学，2004.

[120] 周宏明，郑诗礼，张懿．K_2O-Nb_2O_5-H_2O 三元水盐体系相图［J］．化工学报，2005，56（3）：387-391.

钒渣亚熔盐法钒铬高效提取分离技术

6.1 概述

钒为国家战略性金属资源，被誉为“现代工业的味精”。向钢铁中加入少量钒即可显著提升钢材的强度、韧性、延展性、可塑性及抗氧化性等[1]，目前85%以上的钒主要用于钢铁工业中合金钢、工具钢、磨具钢等特种钢材生产[2]；10%的钒用于飞机、火箭、宇航等领域中高温结构材料制备。此外，钒及其化合物还因其优异的电化学、光学及催化等性能被广泛应用于电子技术、颜料、化工等领域，在国民经济生产中发挥着越来越大的作用[3]。

全球提钒的原料主要来自于钒矿、钢渣、石煤、废钒催化剂、石油和沥青废料等[4]。含钒矿物主要包括钾钒釉矿、钒铜锌矿、钒铜铅矿、绿硫钒矿、钒云母、钒铅矿等，钒也沉积在钒钛磁铁矿、含铀砂石、铝土矿、磷矿、原油、岩页油、油砂中。其中钒钛磁铁矿是我国重大特色低品位多金属矿产资源，已探明储量超过1.0×10^{10}t，远景储量达3.0×10^{10}t以上，主要分布在四川攀枝花地区和河北承德地区[5]。其中位于攀枝花市的红格钒钛磁铁矿矿区（简称红格矿区）不仅是攀西四大矿区之最，也是目前国内最大的钒钛磁铁矿矿床，全区钒钛磁铁矿矿石总量35×10^{8}t亿吨，矿床中以中、贫矿石为主，矿石中TFe（总铁含量）、TiO_2、V_2O_5及Cr_2O_3平均含量分别为27.64%、10.86%、0.23%及0.55%～0.82%，是以铁为主同时伴生多种有价金属组分的综合性特大型多金属矿床，具备较高利用价值。

钒钛磁铁矿的烧结矿经高炉法形成含钒铁水，所得含钒铁水在转炉内经氧气或空气选择性氧化，铁水中钒被氧化进入渣相，渣相中钒含量高达12%～24%（以V_2O_5百分含量计）；同时由于铬与钒性质极为接近，在铁水氧化过程中，伴生铬组分被同步氧化进入渣相，形成含铬钒渣。由于钒渣中钒铬被高度富集，其被广泛用于提钒工业，是当前国内外主要的提钒原料，约占全球钒生产行业的60%[6]。

当前国内外主流钒渣提钒技术为钠化焙烧-水浸-铵盐沉钒工艺[6]，以NaCl、Na_2CO_3、Na_2SO_4等为添加剂，于800～900℃条件下进行高温氧化焙烧将含钒原料中多价态的钒（主要为三价钒）转化为水溶性五价钒的钠盐（$Na_2O\cdot yV_2O_5$），然后用水浸取钠化焙烧产物，得到含钒及少量杂质的浸取液，调节溶液到一定的pH值后加入铵盐（氯化铵或硫酸铵），使钒以偏钒酸铵或多钒酸铵形态沉淀析出，所得铵盐经热分解得到五氧化二钒。然而由于钒渣中钒多以尖晶石形态存在，化学矿相稳定，且焙烧过程为典型的气-固反应过程，氧气传质较差，即使采用多次高温焙烧，钒的转浸率也只有85%；而伴生的铬尖晶石结构更为稳定，需在1150℃以上的高温操作条件下才可实现有效氧化分解，故在现有焙烧条件下钒渣中铬尖晶石几乎不能被分解，仅有5%左右的铬被氧化为六价，绝大部分未转化的铬资源进入尾渣，引发严重的资源浪费和环境危害。此外，钒渣中含有较多的硅质低熔点组分，提高反应温度将导致炉窑结圈，进一步恶化焙烧过程传质效率，且影响窑的操作，由此限制了焙烧温度的进一步提高，难以通过提高温度的方法提高钒、铬的提取率[7]。此外，使用食盐作为添加剂，钠化焙烧过程中NaCl会分解产生有害的含氯废气，严重污染环境。

为解决传统焙烧法存在的诸多弊端，诸多新型焙烧方法，如以复合钠盐为添加剂及钙化焙烧法等相继被提出[3,8]。新型焙烧法将钒提取率提升至90%以上，且大幅降低“三废”排放量，然而其依然无法实现钒渣中钒铬资源的同步回收利用，资源综合利用率依然低下，且并未从本质上破解焙烧反应传质效果差、能耗高的技术瓶颈，故一直未能在钒渣钒铬共提方面取得实质性的突破。

为应对日益严峻的资源环境压力，基于团队在亚熔盐非常规介质化工冶金技术方面的长期积累，提出了利用亚熔盐介质强化钒渣分解实现钒铬高效共提与清洁分离的新方法。相继开发了钾系亚熔盐法钒渣钒铬共提技术及钠系亚熔盐法钒渣处理技术。这些新技术在200～300℃条件下实现钒渣中钒铬的高效同步回收，钒铬回收率分别由80%及5%提升至95%和80%以上[9,10]。相对于传统焙烧法而言，亚熔盐法钒渣处理工艺反应温度更低，节能效果显著；工艺采用介质内循环，原料消耗量较小；且操作过程中几乎无“三废”排放，过程绿色清洁[3]，有望在国内外率先实现钒渣资源的高效清洁利用[11]。

6.1.1 传统钒渣提钒技术

传统钒渣提钒技术主要有以下工序：a. 原料预处理；b. 固液分离及溶液净化；c. 钒溶液沉淀结晶；d. 钒酸盐分解、干燥及熔炼。其中原料预处理工序主要是对钒渣通过高温焙烧或酸、碱溶液浸出等方法进行处理，使其中的钒元素完成晶型及结构价态转变，最终形成水溶性、碱溶性或酸溶性的钒盐或钒酸盐；分离净化工序是将预处理后的物料或溶液经水、酸（稀盐酸或稀硫酸）、碱（碳酸钠或氢氧化钠溶液）浸出，固液分离后再对溶液进行净化处理，制得合格的含钒酸、碱溶液；沉淀分离工序是将净化后的钒溶液在碱性（铵盐）或酸性（铵盐）条件下制成固体多钒酸盐、偏钒酸盐等产品；分解熔炼工序是将所得多钒酸盐或偏钒酸盐等产品投入分解窑（炉）、熔炼炉内，经脱水、脱氨以及熔炼等制成片状或粉状五氧化二钒。目前具有代表性的提钒工艺主要有钠化焙烧法、钙化焙烧法及酸浸氧化法等。

6.1.1.1 钠化焙烧法

钠化焙烧法是最具代表性且应用最为广泛的钒渣提钒方法[3,12～14]，其基本原理是以食盐或苏打为添加剂，通过高温氧化焙烧将多价态的钒转化为水溶性的五价钒的钠盐，然后通过水浸得到含钒及少量铝杂质的浸取液，通过酸性铵盐沉淀法制得偏钒酸铵沉淀，经煅烧得到粗 V_2O_5，再经碱溶、除杂并用铵盐二次沉钒得到偏钒酸铵，焙烧后可得纯度大于98%的 V_2O_5，工艺流程如图6-1所示。

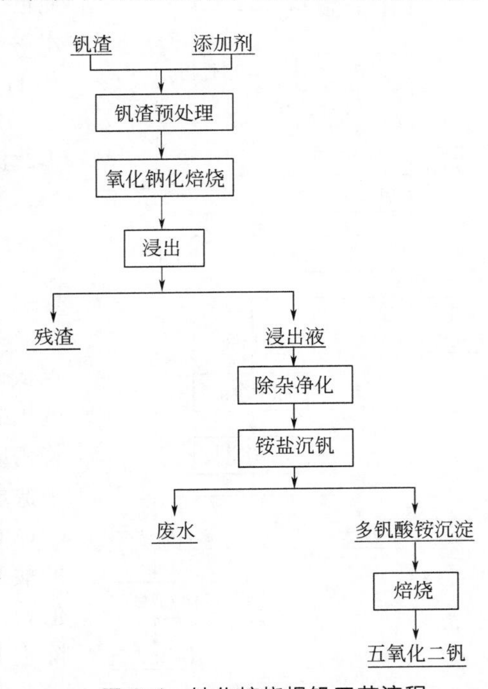

■ 图6-1 钠化焙烧提钒工艺流程

钠化焙烧阶段为整个流程核心步骤，其主要原理如下：在氧化性气氛中，钒渣中钒铁尖晶石等不溶性三价钒化合物经高温氧化反应转化为五氧化二钒，钠化试剂高温分解形成 Na_2O，所得 Na_2O 与 V_2O_5 发生钠化反应，最终转化为水溶性钒酸钠，如式(6-1)、式(6-2) 所示。

$$FeO \cdot V_2O_3 + 2NaCl + \frac{7}{4}O_2 \longrightarrow \frac{1}{2}Fe_2O_3 + 2NaVO_3 + Cl_2 \uparrow \tag{6-1}$$

$$FeO \cdot V_2O_3 + Na_2CO_3 + \frac{5}{4}O_2 \longrightarrow \frac{1}{2}Fe_2O_3 + 2NaVO_3 + CO_2 \uparrow \tag{6-2}$$

钠化焙烧法工艺流程简单，操作简便，基本原理研究较为透彻，现已获得广泛应用。然而该工艺同时也存在诸多弊端。

① 钒渣中钒主要以尖晶石结构存在，矿相稳定、难以分解，在气-固焙烧反应过程中，氧气传质效果差，即使采用多次高温焙烧，钒的单程回收率也只有 85%。

② 钒渣中伴生铬组分同样以尖晶石构型存在，热力学更加稳定，需 1150℃以上高温焙烧才能实现有效氧化分解，在现有条件下（800～900℃），铬尖晶石几乎不能分解，仅有 5%左右的 Cr(Ⅲ) 转化为 Cr(Ⅵ)，其余大部分进入尾渣，造成极大的资源浪费和环境污染难题。

③ 钠化焙烧过程中，钠化试剂会分解产生氯气、氯化氢或二氧化硫等有害气体，污染环境，腐蚀设备。

④ 焙烧过程中，钒渣中钒的转化率随焙烧温度提升明显提高，然而钒渣中存在着大量的含硅低熔点物质（如铁橄榄石），当焙烧温度超过 900℃时，炉料开始烧结和玻璃化，同时 Na_2CO_3 与 SiO_2 反应形成不溶性玻璃体 $Na_2O \cdot V_2O_5 \cdot SiO_2$，极大恶化焙烧过程中氧气传质效果，且对窑操作产生不良影响，由此限制了反应温度的进一步提高。

⑤ 焙烧除了形成钒酸盐之外，部分铁、硅和铝等杂质也会被氧化分解生成钠盐。水浸过程中，这些钠盐水解会生成具有强烈吸附性的 $Fe(OH)_3$、$Al(OH)_3$ 和 H_2SiO_4 等胶体，使钒难以沉降。

近些年来，国内外科研专家对钠化焙烧工艺进行诸多改进和优化，例如复合钠盐焙烧法、球团钠化焙烧法等，然而高温氧化焙烧存在的气固反应传质差、能耗高、资源综合利用率低下等问题并未从本质上得到破解。

6.1.1.2 钙化焙烧法

为解决钠化焙烧过程存在的废气污染及因钠盐熔点低而产生的炉料结块、结圈等问题，国内外相关研究机构相继提出钙化焙烧-酸浸工艺[3]。钙化焙烧法是将钙质化合物（石灰或石灰石）作为熔剂添加到钒渣中造球、焙烧，使钒氧化成不溶于水的钒的钙盐，如 $Ca(VO_3)_2$、$Ca_3(VO_4)_2$、$Ca_2V_2O_7$，然后利用钒酸钙的酸溶性，用稀硫酸将其浸出，并控制合理的 pH 值，使之生成 VO_2^+、$V_{10}O_{28}^-$ 等，同时净化浸出液，除去 Fe 等杂质，然后采用铵盐法沉钒，制得偏钒酸铵并煅烧得高纯 V_2O_5，工艺流程如图 6-2 所示。

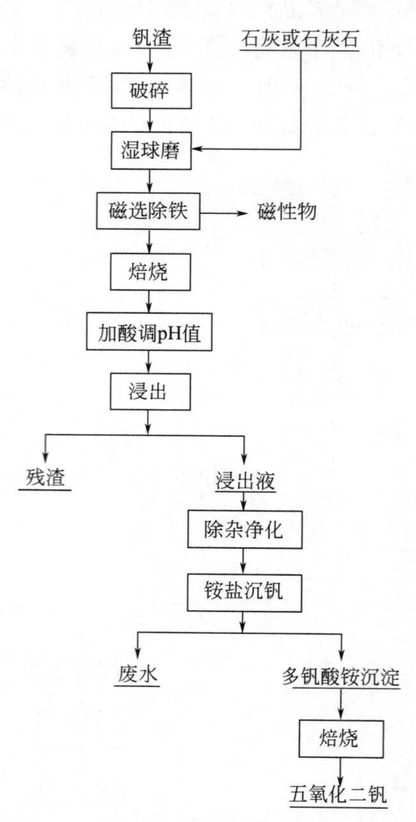

图 6-2 钙化焙烧提钒工艺流程

陈厚生[15]采用石灰石作为添加剂从钒渣（含 V_2O_5 15.43%，CaO 0.595%）中提钒，焙烧温度为900℃，焙烧时间为1.5h，CaO/V_2O_5 为0.6，焙烧后的钒渣用稀硫酸浸出、沉钒，得到纯度为93%～94%的 V_2O_5，钒渣中钒的相转化率为90%～92%，钒的总收得率达85%～88%；张萍等[16]对 V_2O_5 含量0.9%的低品位钒矿进行钙化焙烧试验，添加钒矿质量为6.7%的CaO，900～1000℃条件下焙烧3h，焙烧后的物料用质量分数为6%的碳酸铵溶液浸出，同时向溶液中通入 CO_2 气体，pH值维持在8.5，温度75℃，钒的转浸率为83.6%，之后经过离子交换和铵沉，钒的总收率达77.8%；此外，钙化焙烧还在石煤提钒[17]和钒矿提钒[18]中进行了广泛的试验研究。

钙化焙烧法主要反应方程如式(6-3)及式(6-4)所示：

$$FeO \cdot V_2O_3 + CaO + \frac{5}{4}O_2 \longrightarrow \frac{1}{2}Fe_2O_3 + Ca(VO_3)_2 \tag{6-3}$$

$$Ca(VO_3)_2 + 2H_2SO_4 \longrightarrow (VO_2)_2SO_4 + CaSO_4 + 2H_2O \tag{6-4}$$

钙化焙烧过程中由于未添加低熔点钠盐，不会产生含氯废气，同时有效避免了焙烧过程中炉料结块、结圈等问题，大大提升了焙烧设备的生产效率；此外酸浸渣富含钙，可用于建材行业，更利于资源综合利用。然而钙化焙烧法中钒渣的浸出率依旧偏低，浸出过程中含钒溶液杂质元素含量高，得到的 V_2O_5 品质偏低，含量只能达到95%[19]；且焙烧物料需要稀酸浸出，这不仅对浸出设备提出了更高的要求，而且钒渣中Mn、Fe、P等杂质也一同进入溶液，增加了浸出液的净化除杂负担，导致生产成本提高[20]；同时与传统钠化焙烧法类似，焙烧过程为典型的气固反应过程，氧气传质效率低下，而且由于焙烧温度依然未达到铬的有效氧化温度（1150℃以上），钒渣中伴生铬组分依旧无法被同步回收利用。

综上所述，尽管相对于传统钠化焙烧技术而言，钙化焙烧法存在钒回收率高、环境友好等明显优势，其大规模工业应用还有很多困难。目前全世界钙化焙烧应用最成功的是于20世纪70年代建厂投产的俄罗斯图拉厂。我国攀钢于2008年在成都青白江地区建成了500t的钙化焙烧-酸浸提钒半工业化实验。后在西昌建成了 1.6×10^4 t钙化焙烧生产线，技术经济指标和相应的参数、设备还有待进一步探索和完善[21]。

6.1.1.3 酸浸氧化法

为破解焙烧法存在的能耗高、资源综合利用率低下的问题，研究者提出酸浸氧化提钒法[3]，该方法是将钒渣与强酸混合，使钒以 VO_2^+、VO^{2+} 等形态浸出，然后加碱将其中和至弱碱性，再用强氧化剂将其氧化成水溶性的五价钒［如 VO_3^-、$(H_2VO_4)^-$］，使钒与铁的水合氧化物等共同沉淀，再碱浸制得粗钒。粗钒经碱熔生成+5价钒的钠盐，除去杂质后通过铵盐沉淀钒制得多钒酸铵沉淀，经高温煅烧可得高纯 V_2O_5 产品。

酸浸氧化提钒法还可用于其他低品位钒矿提钒，如含磷钒矿[22]、页岩钒矿[23]以及石煤[3]等，其中石煤直接酸浸应用最为广泛。在黏土矿物中，钒以V(Ⅲ)形式部分取代硅氧四面体和铝氧四面体中的Al(Ⅲ)存在于云母晶格中，必须破坏云母结构并氧化才能使钒从云母结构中浸出来。在高温和长时间的浸出条件下，酸可以破坏云母结构溶出钒，使钒以 $VOSO_4$ 的形式浸出，含钒酸浸溶液经氧化、铵沉、热解可得到钒产品。但是，该法用酸量大，硫酸耗量达到了矿石的40%，甚至90%[24]。且为得到理想的钒浸出率，需采用高浓度的硫酸，或将反应时间延长至50～60h，由此导致石煤常压硫酸浸出的提钒工艺经济性较差。为了强化浸出，许多学者采用添加氧化剂的方法提高钒的浸出率[25,26]，例如，在硫酸浸出石煤的过程中，添加质量为石煤质量3%的 $NaClO_3$ 或者 MnO_2，钒的浸出率可以从57.3%分别提高到81.1%和79.4%[26]。

酸浸氧化提钒法在一定程度上提高了钒的浸出率，且没有有害气体排放问题，但是酸法提钒普遍存在的问题是需消耗大量高浓度强酸，所有设备必须进行防腐处理，工程造价及维护费用较高。此外，矿石中所有的酸溶成分与钒一同浸出，钒与杂质离子的分离难度大，且其他有毒性重金属离子的溶出会严重污染环境[27]。

综上所述，现行钒渣提钒工艺存在钒提取率低、铬无法同步提取、“三废”污染严重等难题。因此，钒渣提钒的出路在于建立一种从生产源头实现钒铬共提且消除污染的清洁生产技术，将资源高效综合利用与环境污染治理有效结合，从根本上破除制约钒产业发展的瓶颈，为我国钒渣资源高效清洁利用提供技术支撑，实现我国钒产业的绿色化升级。

6.1.2 亚熔盐介质强化溶出技术

针对现有传统钒渣提钒工艺存在的资源环境难题，中国科学院过程工程研究所研究人员利用亚熔盐非常规介质优异的物理化学特性，研究设计了亚熔盐法钒渣高效提取-反应分离耦合的全新工艺体系，工艺流程如图6-3所示，形成了以钒铬高效提取-多组分清洁分离-钒铬产品转化-提钒尾渣综合利用为技术特色的亚熔盐法高效清洁提钒铬的原创性集成技术。

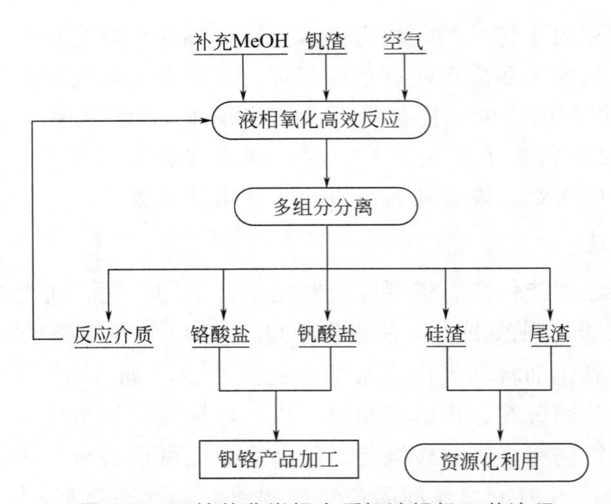

■ 图6-3 亚熔盐非常规介质钒渣提钒工艺流程

亚熔盐法钒渣处理技术在200～300℃温度条件下，使钒转化率由传统工艺的80%提高到95%以上，铬回收率由基本不能回收提高至80%以上，并可实现尾渣的综合利用。相对于传统焙烧技术而言，新过程采用介质内循环，大幅度减少了原料消耗；反应温度较传统过程下降500℃以上，可显著节能；湿法过程无含废气产生，环境友好，为钒的清洁冶金提供了一条新的途径。

6.2 亚熔盐法钒渣钒铬高效同步提取技术

6.2.1 钒渣颗粒矿物解析

6.2.1.1 钒渣物相及形貌

图 6-4 及图 6-5 为承钢钒渣的 XRD 谱图及 SEM 图。由图可见，钒渣颗粒呈明显包裹型结构，其中 Fe、V、Cr、Ti、Mn 等组分以尖晶石形态［$(Mn, Fe)(V, Cr)_2O_4$］存在于颗粒中央（图 6-5 中区域 A 中浅色区域），Si 则主要以铁橄榄石（Fe_2SiO_4）及石英（SiO_2）形态存在于包围包裹层（图 6-5 中区域 A 中灰色区域）。

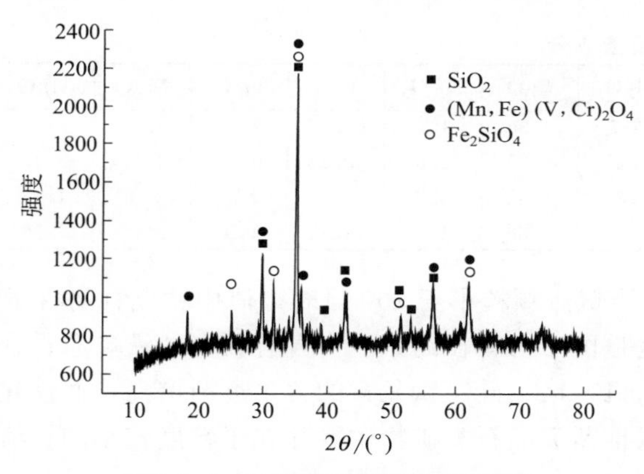

■ 图 6-4 承钢钒渣颗粒 XRD 谱图

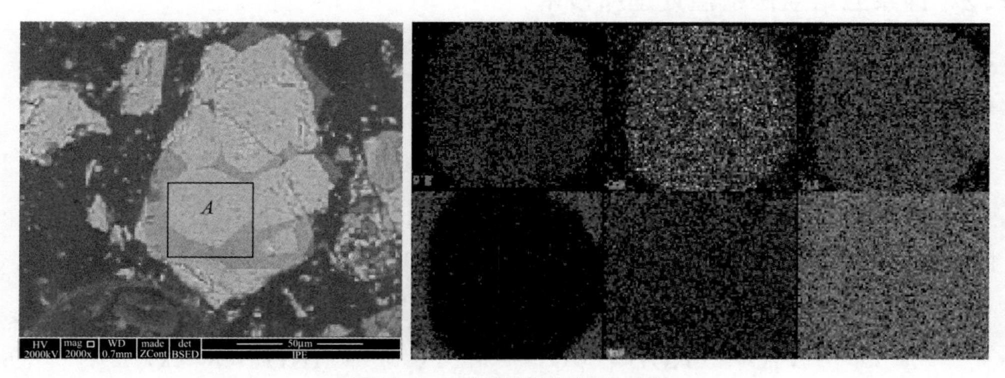

■ 图 6-5 承钢钒渣颗粒 SEM 图

6.2.1.2 钒渣粒径分布与成分

图 6-6 为承钢钒渣粒度分布直方图，从图中可以看出 100 目以上的钒渣约占总量的 84.3%，200 目以上约占 66.8%。

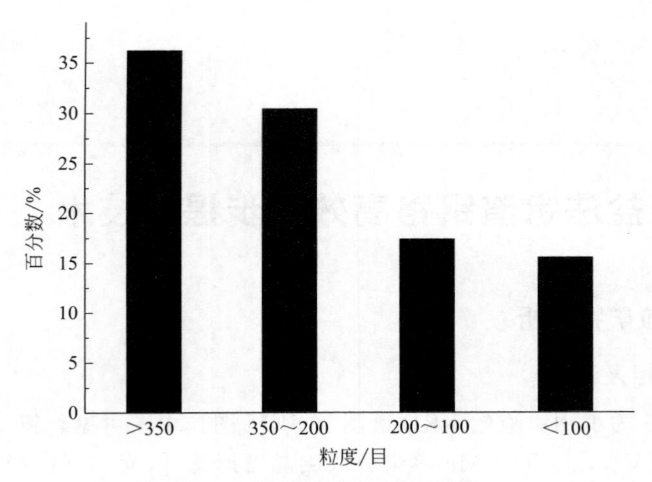

■ 图 6-6 承钢钒渣粒度分布直方图

同时考察了不同粒度承钢钒渣的化学成分，如表 6-1 所列。

■ 表 6-1 不同粒度承钢钒渣成分

粒度/目	质量分数/%	Al_2O_3	CaO	Cr_2O_3	FeO	K_2O	MgO	MnO	SiO_2	TiO_2	V_2O_5
<100	15.7	0.7	0.86	1.9	64.08	0.43	1.36	3.08	11.6	5.71	6.31
100～200	17.55	0.67	1.25	2.6	33.83	0.75	1.00	3.37	9.93	6.87	6.12
200～350	30.65	1.35	1.35	3.8	41.96	0.56	2.06	4.42	20.0	11.4	10.6
>350	36.1	2.12	1.88	4.1	41.71	0.1	2.03	4.59	20.7	12.5	12.2

从表 6-1 可看出，当钒渣颗粒小于 100 目时，渣中铁化合物含量明显高于其他粒度区间钒渣中的铁含量，这是由于大颗粒的钒渣中含有较多的铁单质；在其他粒度范围内，随着钒渣颗粒度的增大，钒、铬、硅、钛元素的含量逐渐增高，而铁化合物的含量呈现逐渐减少的趋势，因此可以推断尖晶石类矿物主要存在于粒度较小的钒渣中。

6.2.2 钾系亚熔盐法钒渣处理新技术

6.2.2.1 钒渣在 KOH 亚熔盐中的反应原理

钒渣中外围硅被分解的主要反应如式(6-5)、式(6-6) 所示。

$$Fe_2SiO_4+\frac{1}{2}O_2 \longrightarrow Fe_2O_3+SiO_2 \tag{6-5}$$

$$SiO_2+2KOH \longrightarrow K_2SiO_3+H_2O \tag{6-6}$$

随外围包裹相的分解，钒渣中心尖晶石相与 KOH 亚熔盐介质接触，在氧化性气氛下，尖晶石可通过以下反应被氧化分解并形成相应的可溶性钾盐：

$$FeO \cdot V_2O_3+6KOH+\frac{5}{4}O_2 \longrightarrow \frac{1}{2}Fe_2O_3+3H_2O+2K_3VO_4 \tag{6-7}$$

$$FeO \cdot Cr_2O_3+4KOH+\frac{7}{4}O_2 \longrightarrow \frac{1}{2}Fe_2O_3+2H_2O+2K_2CrO_4 \tag{6-8}$$

对于 KOH 反应体系，反应的温度一般在 180～250℃，可以有效利用反应放热，从而降低过程能耗。温度对钒铬氧化溶出的影响如图 6-7 所示。

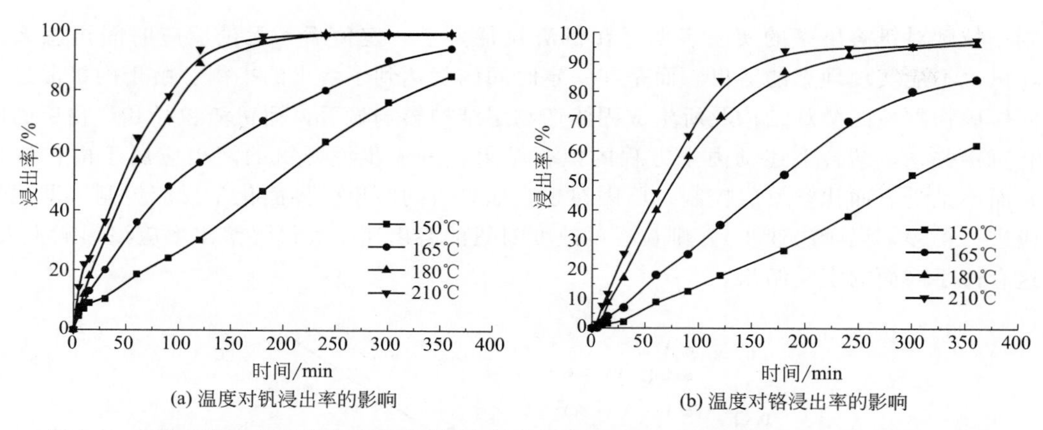

■ 图 6-7 温度对钒和铬浸出率的影响（钒渣粒度约为 200 目，碱矿比为 4∶1，碱浓度为 75%，搅拌速率为 700r/min，通氧气流量为 1L/min，反应时间为 6h）

图 6-7 表明，在温度大于 180℃时，2h 后钒的溶出率就达到了 90%，而低于这个温度钒的最终溶出率和溶出速率都不是很理想；150℃条件下 5h 后钒的最终溶出率仅有 76%，且溶出速率很低。铬与钒有相似的溶出变化规律，温度大于 180℃，4h 后铬的溶出率也达到了 90%，相比钒的溶出要慢一些；但是在 150℃条件下，铬 5h 后溶出率仅有 51%，与钒的 76%的溶出率差距较大，而且在前 0.5h 内铬几乎不溶出，表明铬的溶出相对滞后于钒，且前者的溶出相对较困难，铬对温度的依赖性更强。当温度大于 180℃时钒铬的最终溶出率和溶出速率变化不大，本着节能的原则，溶出工艺的温度可以选为 180℃。

作为影响钒铬溶出的显著性因素，温度无论是在热力学方面还是动力学方面都显示了重要的作用。一方面较高的温度意味着更高的热力学反应趋势，反应会更加彻底；另一方面较高的温度会破坏尖晶石周围黏结硅相使尖晶石部分裸露出来，同时降低介质体系的黏度，有利于氧气的扩散传质，使得钒铬的氧化能够高效地进行下去。

6.2.2.2 钒渣在 $KOH\text{-}O_2$ 体系中浸出的动力学

对钒渣在 KOH 亚熔盐介质中反应的热力学分析和反应机理进行探讨可知，随着反应的进行其表面会生成以 Fe_2O_3 为主的疏松固体产物层，因此可以推测此反应过程适用于有固体产物层的缩核模型。分别用 $X=kt$，$1-(1-X)^{1/3}=kt$，$1-3(1-X)^{2/3}+2(1-X)=kt$ 等方程进行拟合，根据各自的线性相关系数的大小确定钒渣在 KOH 亚熔盐介质中浸出过程的控制步骤，并求得反应过程中的表观活化能。

将 165℃时的钒不同时间浸出率分别用动力学方程 $X=kt$（外扩散控制），$1-(1-X)^{1/3}=kt$（界面化学反应控制），$1-\frac{2}{3}X-(1-X)^{2/3}=kt$（产物层内扩散控制）进行拟合，拟合结果见图 6-8。由图可知，对钒尖晶石的溶出过程用方程 $1-(1-X)^{1/3}=kt$ 和 $1-\frac{2}{3}X-(1-X)^{2/3}=kt$ 拟合结果均比较理想，线性相关系数高。具体属于哪一种动力学模型控制需要结合前面工艺条件实验结果进行分析：搅拌速率和气流量对钒溶出率的工艺条件实验表明，在其分别达到一定值后，钒的溶出率不再增大，即使在相对较小的搅拌速率和气流量下只要反应时间足够长，钒是能够实现理想溶出的，表明钒的溶出不受外扩散的控制；粒度对钒溶出率的实验表明，在钒渣粒径大于一定值后，无论反应时间再怎么延长，钒也不能实现理想的溶出，而是在一定时间内就达到了溶出的平衡。由于内扩散过程受固体矿物颗粒的微观结构及所生成固体产物层结构影响显著，而钒渣粒径和产物层的厚度有直接关系，结合上述动力学方程的拟合结果，进一步说明钒的溶出应属于内扩散控制，而不是受表面化学反应控制。原因在于，如果钒的溶出受界面化学反应控制（即化学反应进行得慢，属于决速步），则粒径的改变对钒的溶出速率和最终溶出率应该影响不大，而这有悖于前面的实验结果。

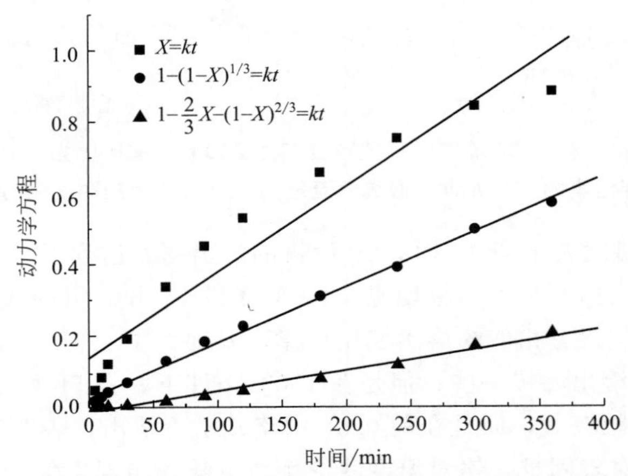

■ 图 6-8　165℃时钒浸出率 X 与时间关系用 3 种动力学方程拟合结果

然后将 150～210℃时钒浸出率用 $1-\frac{2}{3}X-(1-X)^{2/3}=kt$ 进行拟合，结果见图 6-9。由图 6-8 可知，不同反应温度下钒的浸出动力学均可用 $1-\frac{2}{3}X-(1-X)^{2/3}=kt$ 进行描述。进一步计算得到了钒浸出过程的表观活化能为 40.57kJ/mol，该活化能值比较小，进一步验证了钒的溶出受内扩散控制。进而得到了钒在该反应条件下的浸出动力学方程。

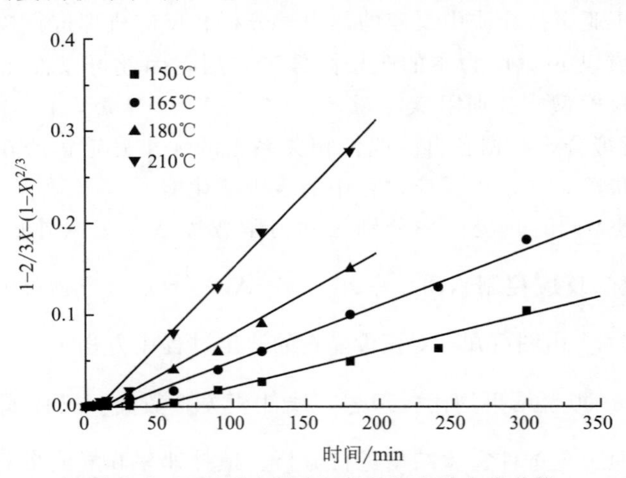

■ 图 6-9　不同反应温度下钒的浸出动力学曲线

在温度为 150～210℃、碱矿比为 4∶1、碱浓度为 75%、钒渣粒度约为 200 目、搅拌速率为 700r/min、氧气流量为 1L/min、常压反应条件下，钒尖晶石在 KOH 亚熔盐体系中浸出动力学方程为：

$$1-\frac{2}{3}X-(1-X)^{2/3}=40.95\exp[-4875.95/(RT)] \quad (6\text{-}9)$$

同样的，将 165℃时铬浸出率曲线分别用上述动力学方程进行拟合，拟合结果见图 6-10。由图可知，同样对铬的溶出过程用方程 $1-(1-X)^{1/3}=kt$ 和 $1-\frac{2}{3}X-(1-X)^{2/3}=kt$ 拟合结果均比较理想，但是前者线性相关系数最高，其数值为 0.999。由于钒铬均为尖晶石结构，前面分析表明钒的溶出过程受内扩散控制，因而铬的溶出同样受到内扩散的影响。然而造成在相同反应条件下铬的溶出速率和最终溶出率小于钒的原因在于铬本身比钒要难以氧化，而反应物固有的化学性质直接影响表面反应过程，即铬的溶出受界面化学反应和内扩散的双重控制，但是前者作用更显著，因而铬的溶出宜用 $1-(1-X)^{1/3}=kt$ 进行描述。

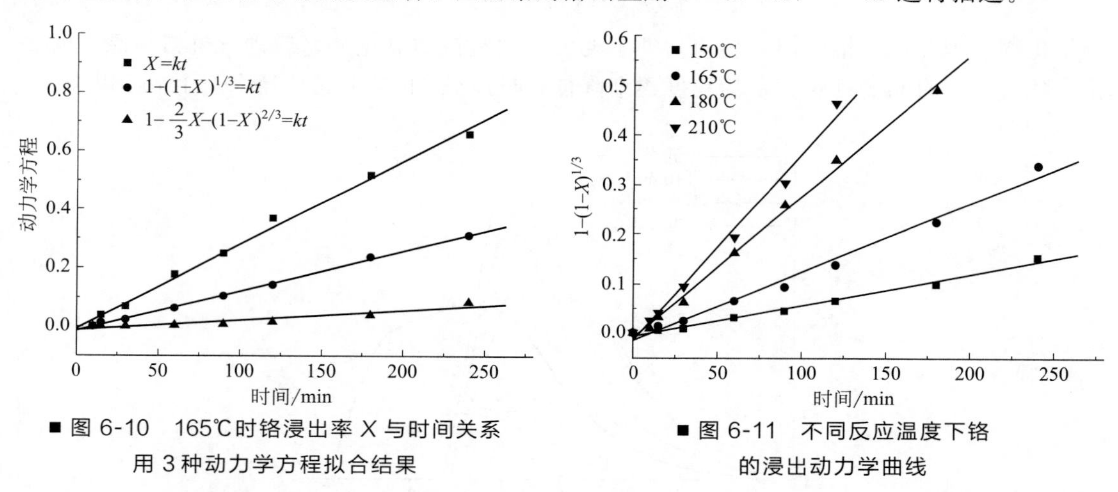

■ 图 6-10 165℃时铬浸出率 X 与时间关系用 3 种动力学方程拟合结果

■ 图 6-11 不同反应温度下铬的浸出动力学曲线

然后将 150～210℃时铬浸出率与时间的关系用 $1-(1-X)^{1/3}=kt$ 进行拟合，结果见图 6-11。由图可知，不同反应温度下铬的浸出动力学均可用 $1-(1-X)^{1/3}=kt$ 进行描述。进一步计算得到了铬浸出过程的表观活化能为 50.27kJ/mol，该活化能值也比较小，充分说明铬的溶出受界面化学反应和内扩散的双重控制，进而得到了铬在该反应条件下的浸出动力学方程。

在温度为 150～210℃、碱矿比为 4∶1、碱浓度为 75%、钒渣粒度约为 200 目、搅拌速率为 700r/min、氧气流量为 1L/min、常压反应条件下，铬尖晶石在 KOH 亚熔盐体系中浸出动力学方程为：

$$1-(1-X)^{1/3}=2032.45\exp[-6046.17/(RT)]t \quad (6\text{-}10)$$

6.2.2.3 浸出渣的性质研究

用激光粒度分析仪分析反应温度为 180℃时的反应终渣与未反应前钒渣的粒度分布，随机选取了 3 个此反应条件下的终渣，结果见图 6-12。从图中可以看出经 KOH 亚熔盐氧化分解后的钒渣粒径大大降低，而且分布更为集中，可见钒渣的氧化分解比较充分。

图 6-13 显示出了钒渣粒度分布曲线随反应时间的变化情况。从图中可以看出，反应开始后，钒渣粒度迅速降低，尤其是大颗粒的钒渣迅速减少。反应 10min 后，体系中 100μm 以上的颗粒几乎全部氧化分解为细小的颗粒。由于大颗粒钒渣含有大量铁及其低

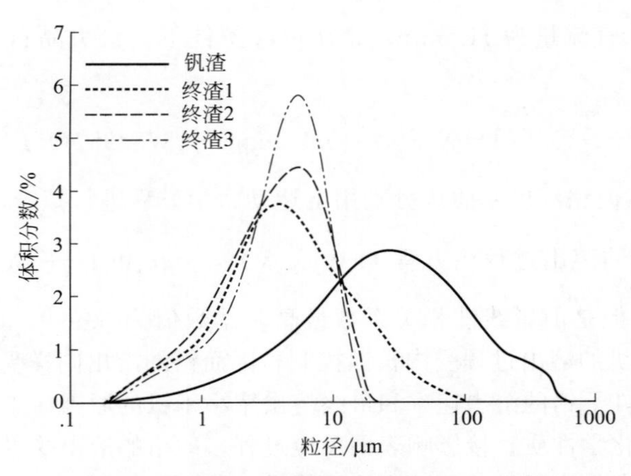

■ 图 6-12 反应前后钒渣粒度变化

价氧化物，因此可以推断出，反应初期主要发生的是铁的氧化，之后进行钒铬尖晶石的氧化。随着反应时间的延长，平均粒度逐渐降低，反应到 5h 时平均粒径降至 10μm 以下。

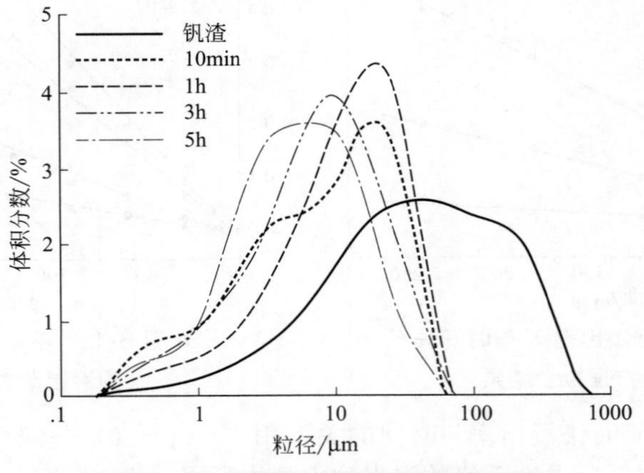

■ 图 6-13 钒渣粒度随反应时间的变化

分别经过 7min、15min、2h、3h、4h 的浸出渣的物相组成结果见图 6-14。从图谱中

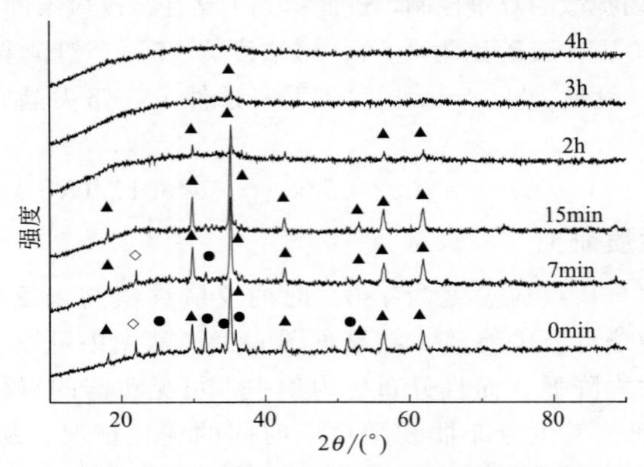

■ 图 6-14 不同反应时间的钒渣的 XRD 图谱

▲—(Mn，Fe)(V，Cr)$_2$O$_4$；●—Fe_2SiO_4；◇—SiO_2

可以明显看出，反应初期，含硅物相首先与KOH发生反应，15min时即不存在石英和橄榄石的峰，钛铁矿也被氧化分解，从XRD图谱中只能看到钒铬尖晶石的峰。随着反应时间的延长，尖晶石的峰逐渐减弱，2h时只能观察到微弱的尖晶石峰，4h时钒渣完全呈现无定形状态，可见尖晶石的氧化比较困难。

为了更直观地研究钒渣溶出过程中的形貌、成分变化，进而推断其溶出过程，对上述相同条件下得到的不同时间点的钒渣又进行了高真空SEM/EDX分析，实验结果见图6-15和表6-2。从图中可以看出，随着反应的进行钒渣由质地坚实的颗粒变成了疏松多孔的富铁渣。随着浸出时间的延长，渣发生了聚合，一些细小的渣被较大的渣吸附在其表面。

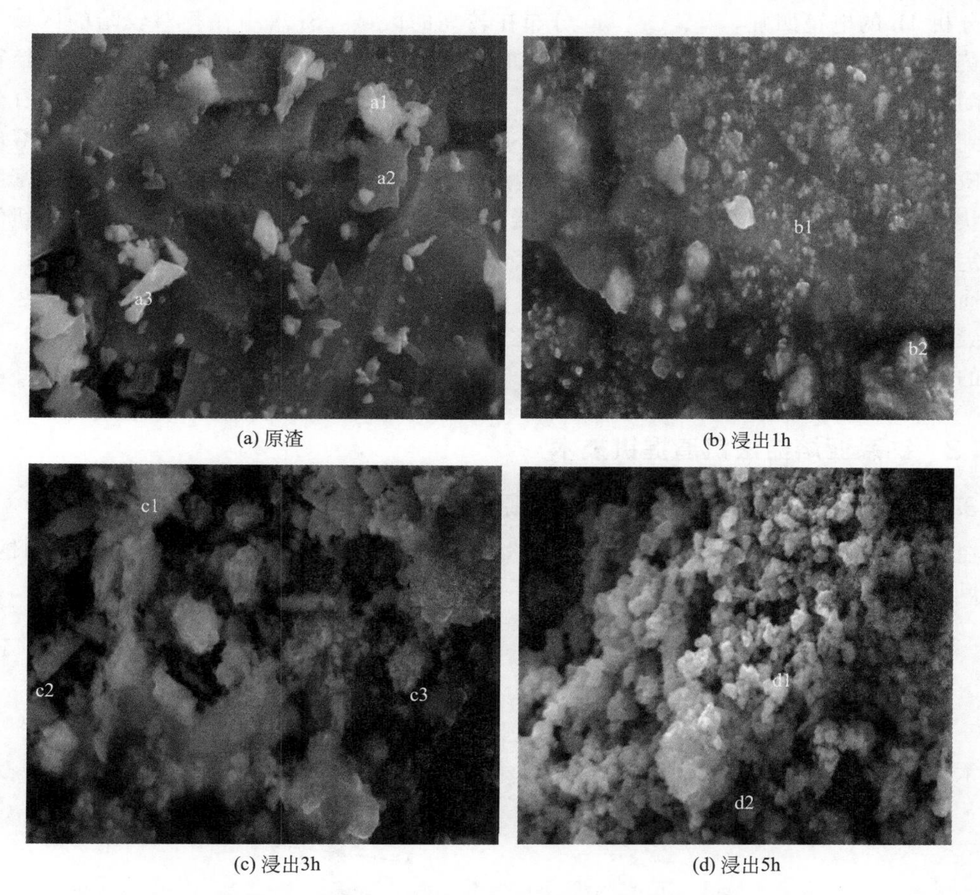

(a) 原渣　(b) 浸出1h　(c) 浸出3h　(d) 浸出5h

■ 图6-15 不同反应时间的钒渣SEM/EDX图(×5000)

■ 表6-2 不同反应时间钒渣的能谱分析（质量分数）　单位：%

编号	O	Cr	Fe	Mg	Al	Ti	Mn	Ca	V	Si	P	K
a1	39.96	3.01	26.84	0.58		13.75	3.79		10.85	1.23	0	0
a2	24.04	1.82	31.24	0.2	0.58	14.29	2.95	0.07	8.52	16.29	0	0
a3	17.93	1.39	45.19	0.23	0.43	19.15	4.18	0.15	8.9	2.45	0	0
b1	40.83	3.7	34.02	0.49	0.12	6.85	2.53	0.44	9.57	0.69	0	0.77
b2	39.82	0.32	31.4	4.77	0.46	3.81	5.6	0.98	1.01	10.62	0.08	1.13
c1	7.23	0.76	66.82	1.89	0.28	9.07	6.95	1.17	0.24	2.44	0.25	2.9
c2	34.18	0.17	42.67	2.71	0.45	7.06	4.37	1.23	0.21	4.64	0.07	2.25

续表

编号	O	Cr	Fe	Mg	Al	Ti	Mn	Ca	V	Si	P	K
c3	8.09	1.24	60.02	0.73	0	12.34	8.47	1.96	0.79	2.46	0	3.89
d1	37.81	0	42.4	0.9		6.7	4.17	1.04	0	2.88		4.09
d2	47.37	0	32.66	2.41	0.43	6.57	2.63	1.01	0	3.3	0	3.62

实验结果表明，Ti、V、Cr集中分布在尖晶石相，Si主要分布在石英相，Fe、Mn、O在两相中皆有分布。随着反应的进行，原本光滑致密的矿物表面变得疏松多孔。观察1h、3h钒渣的电镜照片，可以看到矿物颗粒像熔融后黏结到一块，并出现明暗相间的区域。分析1h的电镜照片，V、Cr、Ti分布在较亮的区域，Si集中在相对较暗的区域，排除石英相区域本身钒铬含量低的因素，可知钒铬溶出率较小。3h后钒渣似熔融团聚在一起，随机取几个点进行成分分析，得到V、Cr、Si有较大的溶出，其中V的元素百分含量降到0.2%左右，Cr最低降到0.17%，Si在前期较快溶出实现了渣相与液相的溶出平衡，Fe的质量分数占到了60%左右。5h后熔融黏结状态消失，矿物表面沉积了密密麻麻的球状小颗粒，变得更加疏松多孔，根据能谱分析是最终铁的氧化物沉积造成的，钒渣呈现无定形状态，几乎检测不到钒铬，钒铬实现了较大的溶出。

通过上述粒度、物相及形貌分析表明，钒渣在KOH亚熔盐中氧化分解过程为包裹在钒铬尖晶石外面的石英、铁橄榄石首先氧化，使得钒铬尖晶石裸露出来进而被氧化，因此钒铬的氧化以铁、硅的氧化为前提。

6.2.3 钠系亚熔盐法钒渣提钒技术

6.2.3.1 钒渣在NaOH亚熔盐中的反应原理

在氧化性气氛下，钒渣会在NaOH亚熔盐介质中发生氧化分解并生成对应的钠盐，主要反应如下：

$$FeO\cdot V_2O_3+6NaOH+\frac{5}{4}O_2 \longrightarrow \frac{1}{2}Fe_2O_3+3H_2O+2Na_2VO_4 \tag{6-11}$$

$$FeO\cdot Cr_2O_3+4NaOH+\frac{7}{4}O_2 \longrightarrow \frac{1}{2}Fe_2O_3+2H_2O+2Na_2CrO_4 \tag{6-12}$$

不同温度条件下钒渣中钒溶出曲线如图6-16所示。其他条件控制为：碱矿比4∶1，

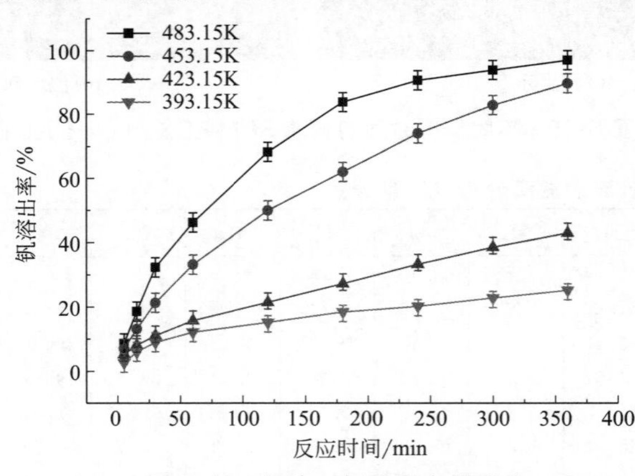

■ 图6-16 温度对钒溶出率的影响

通气量 1L/min，碱浓度 80%，搅拌速率 700r/min，钒渣粒度<200 目，反应时间 6h。

由图 6-16 看出，钒的浸出率随温度升高逐步提高，120℃和 150℃时，终渣中钒的溶出率仅为 23.28%和 42.66%，180℃和 210℃时，钒溶出率则达到了 85.76%和 96.53%。因为随着温度升高，NaOH 亚熔盐体系黏度会不断降低，介质流动性变好，介质与钒渣接触更充分，反应效果越好；此外，NaOH 亚溶盐介质活度随温度提高逐渐增大，钒溶出率也会增大。但如果温度超过了 NaOH 溶液的沸点，会出现安全隐患、操作不便、能耗过高等一系列问题，且 210℃时钒溶出率已达 95%以上，高出传统焙烧工艺单次提钒效率 15%以上。由于 NaOH 溶液沸点随碱浓度变化显著，为了实现在 210℃的常压操作，溶液最低碱浓度为 80%。

6.2.3.2 钒渣在 $NaOH$-O_2 体系中浸出动力学研究

将钒渣在 210℃条件下不同时间钒浸出率分别用动力学方程 $X=kt$（外扩散控制），$1-(1-X)^{1/3}=kt$（界面化学反应控制），$1-\frac{2}{3}X-(1-f)^{2/3}=kt$（产物层内扩散控制）进行拟合，拟合结果如图 6-17 所示。

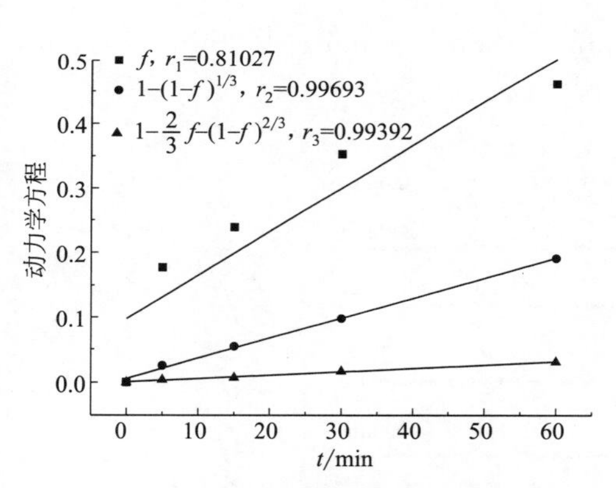

■ 图 6-17 210℃时钒浸出率与时间关系用 3 种动力学方程拟合结果

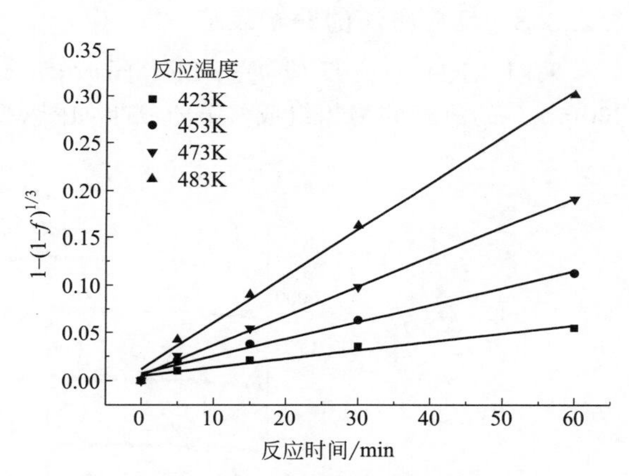

■ 图 6-18 不同反应温度下钒的浸出动力学曲线

由图可知，在反应的初期阶段，方程 $1-(1-f)^{1/3}$ 和 $1-\frac{2}{3}f-(1-f)^{2/3}$ 与反应时间的线性相关性均比较显著，其中前者更加显著，线性相关系数为 0.9969。

将不同温度（210℃、200℃、180℃、150℃）条件下钒的浸出率与时间的关系用速率方程 $1-(1-f)^{1/3}=kt$ 进行拟合，拟合结果见图 6-18 及表 6-3。

■ 表 6-3 不同反应温度下的反应速率常数

T/K	$k/10^{-4}\mathrm{min}^{-1}$	ln$k$	$(1/T)/10^{-3}\mathrm{K}^{-1}$
423	0.56	约 7.48	2.36
453	1.85	约 6.29	2.21
473	3.99	约 5.52	2.11
483	5.05	约 5.29	2.07

由图 6-18 可知，不同温度条件下钒的浸出动力学用 $1-(1-f)^{1/3}=kt$ 均拟合较好，

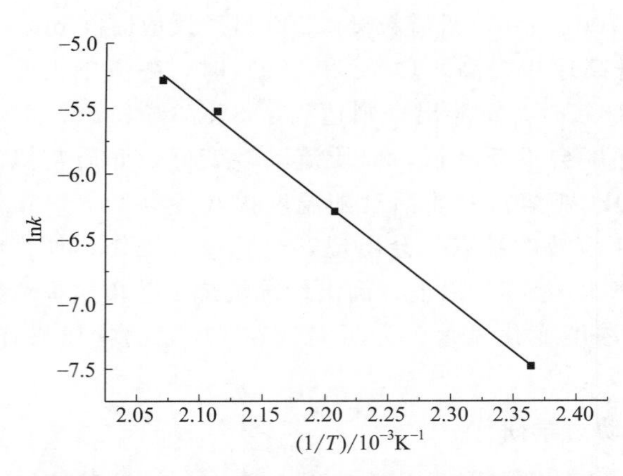

■ 图 6-19 lnk 与 1/T 的关系图（阿伦尼乌斯图）

且前面实验证实不同粒度钒渣中的钒均可以在钠系亚熔盐体系中浸出，只是浸出速度有所差别，结合上述动力学方程的拟合结果，可确定钒的溶出应属于界面化学反应控制。采用阿伦尼乌斯方程对反应速率常数与温度倒数进行关联，结果如图 6-19 所示。

由图 6-19 计算得到钒渣中钒的浸出表观活化能为 63.13kJ/mol。进而得到在温度为 150～210℃、碱矿比为 4∶1、碱浓度为 80%、钒渣粒度约为 200 目、搅拌速率为 700r/min、氧气流量为 1L/min、常压反应条件下，钒尖晶石在 NaOH 亚熔盐体系中浸出动力学方程为：

$$1-(1-f)^{1/3}=35404\exp[-63130/(RT)]t \tag{6-13}$$

6.2.3.3 反应终渣的分析表征

采用 XRD 分析反应进行到不同时间（0min、30min、60min、120min、240min、360min）的渣相的物相组成，分析结果如图 6-20 所示。

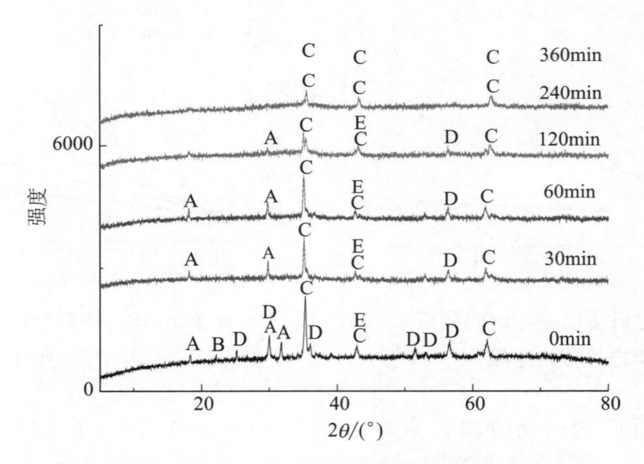

■ 图 6-20 不同反应时间的钒渣的 XRD 图谱

A—$Fe_{2.5}Ti_{0.5}O_4$；B—SiO_2；C—$FeCr_2O_4$；D—Fe_2SiO_4；E—$FeVO_4$

由图中可以看出，在钠系亚熔盐体系中含硅物相石英和铁橄榄石首先发生氧化分解，消失不见，钛磁铁矿其次被分解，钒铬尖晶石结构最稳固，缓慢被氧化，峰强逐渐减弱，4h 已经检测不到钒铁尖晶石的峰，铬铁尖晶石的峰则一直未消失，铬一直无法溶出。

使用场发射扫描电子显微镜对不同反应时间（0、2h、4h、6h）的渣相进行了高真空 SEM/EDS 分析，结果如图 6-21 所示。由图可见，随着反应的进行钒渣表面逐渐被破坏，由质地坚实的颗粒变成了疏松多孔的富铁渣，后期渣发生了聚合，一些细小的渣被较大的渣吸附在其表面。对反应进行到不同时间的钒渣进行 EDS 分析，分析结果如表 6-4 所列。

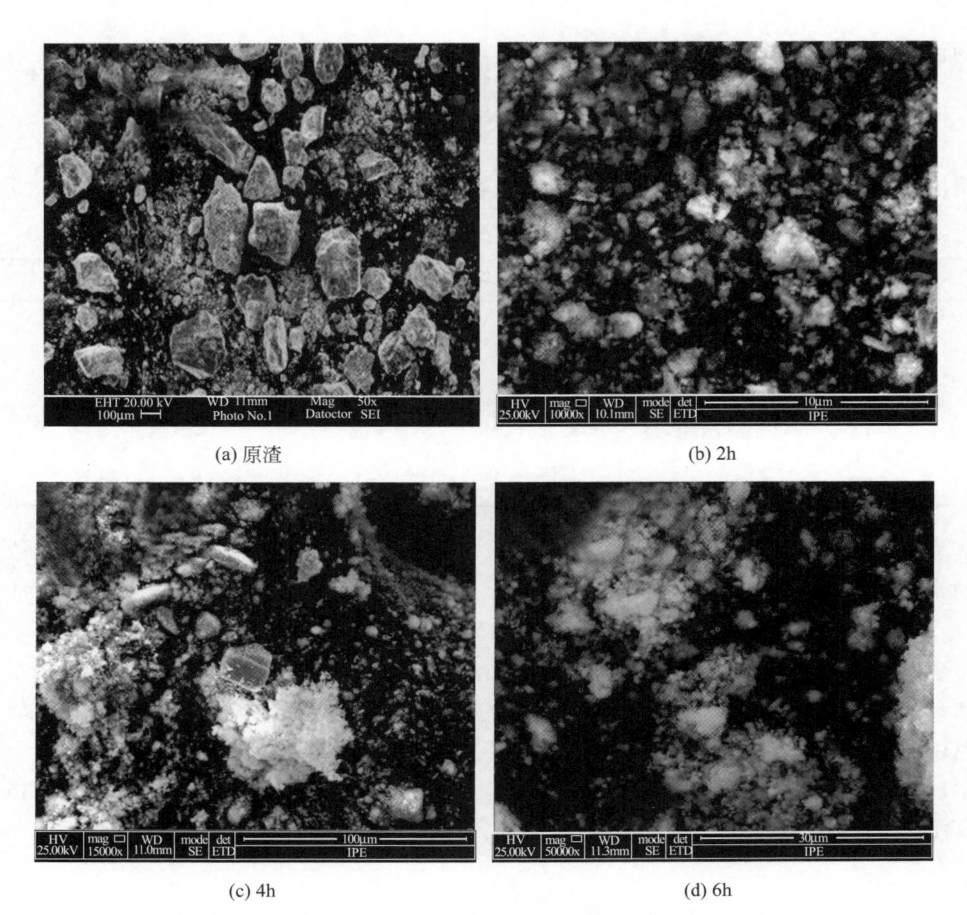

(a) 原渣 (b) 2h

(c) 4h (d) 6h

■ 图 6-21 不同反应时间渣相的 SEM 图

■ 表 6-4 不同反应时间钒渣的能谱分析（质量分数） 单位：%

元素	时间		
	1h	4h	6h
O	50.49	46.03	46.36
Na	01.83	02.47	08.67
Mg	02.52	02.65	01.96
Al	00.35	00.16	00.40
Si	03.11	01.36	00.81
Ca	01.00	00.93	00.86
Ti	04.71	05.67	04.77
V	01.58	00.48	00.11
Cr	01.98	01.89	01.93
Fe	33.86	37.65	33.67

由表 6-4 可以看到随着时间的延长，钒和硅快速大量溶出，而铬基本不溶出，钠系亚熔盐体系现有条件可以破坏铁橄榄石和石英相，使尖晶石相得到暴露，进而氧化钒，但无法氧化铬，钒渣中的铬比钒更加难以氧化溶出。

综上所述，钒渣在 NaOH 亚熔盐体系中氧化分解过程为包裹在钒尖晶石之外的石英、铁橄榄石相首先被氧化，使钒尖晶石暴露出来进而被氧化分解，钒的氧化浸出以铁、硅的氧化为前提。

6.2.4 钠系和钾系亚熔盐钒渣生产技术对比

钒渣钠系和钾系的两种亚熔盐技术的反应条件和钒铬转化效果如表 6-5 所列。

■ 表 6-5 钠系、钾系亚熔盐清洁生产技术比较

工艺条件	钠系	钾系
反应温度/℃	210	180
反应时间/h	6	6
碱浓度/%	80	75
液固比	4∶1	4∶1
钒转化率/%	95	99
铬转化率/%	0	95

从表 6-5 中可以看出，钠系和钾系的反应条件基本相当，钾系的反应温度和碱浓度略低于钠系，但是钒铬的转化率明显高于钠系，反应 6h，钾系中钒铬的转化率分别为 99%和 95%，而钠系中钒的转化率为 95%，铬的转化率几乎为 0，说明钾系亚熔盐体系较钠系具有更强的氧化性。根据前期的基础研究结果[28]，相对于钠系，钾系亚熔盐体系在热力学和动力学上都表现出明显的优势。钒铬的转化率主要依赖于体系的氧化性，氧气在钾系体系中的溶解度和扩散系数更大，黏度更低，更有利于氧气的溶解和扩散，因此，钾系体系中氧化性更强，钒铬的溶出效果更好。但是在工业应用的过程中，KOH 的价格远高于 NaOH，因此钾系的生产成本更高。

6.3 钠系亚熔盐外场强化技术

综上所述，由于钠系亚熔盐反应活性较低，无法实现铬的氧化浸出，因此考虑采用外场强化的方法强化铬的浸出。研究发现，通过化学场强化、电化学场强化、流场强化以及添加活性剂的方法可以显著地提高铬的转化率，强化铬的浸出。

6.3.1 化学场强化

亚熔盐介质可实现两性金属矿物的高效氧化分解的本质在于介质中活性氧组分的大量形成及稳定存在。活性氧离子一方面与矿物晶格中氧负离子发生同质替换，引发晶格畸变；另一方面对矿物中低价金属氧化物产生催化氧化作用。二者相辅相成、相互结合，使氧气/矿物间的气固反应转化为氧负离子/矿物间的液相氧化过程，在热力学和动力学方面均对矿物分解过程进行强化，由此实现两性金属矿物的高效氧化分解。因此，实现亚熔盐技术的优化升级的本质在于对介质中活性氧形成及赋存状态的宏观调控。基础研究表明，硝酸盐等

氧化性酸根离子可在亚熔盐介质中充当氧原子的载体，通过自身氧化还原作用，释放出高活性氧，极大提升介质氧势，进而促进介质中两性矿物的氧化溶出效果。

6.3.1.1 技术原理

钒渣分解过程中 O_2 和 $NaNO_3$ 都是氧化剂，原则上都有可能氧化钒铬尖晶石，发生反应。

$FeO \cdot V_2O_3$ 和 $FeO \cdot Cr_2O_3$ 在 $NaOH\text{-}O_2$ 体系下的反应方程式：

$$4FeO \cdot V_2O_3 + 24NaOH + 20O_2 \longrightarrow 2Fe_2O_3 + 12H_2O + 8Na_3VO_4 \tag{6-14}$$

$$4FeO \cdot Cr_2O_3 + 16NaOH + 7O_2 \longrightarrow 2Fe_2O_3 + 8H_2O + 8Na_2CrO_4 \tag{6-15}$$

$FeO \cdot V_2O_3$ 和 $FeO \cdot Cr_2O_3$ 在 $NaOH\text{-}NaNO_3$ 体系下的反应方程式：

$$2FeO \cdot V_2O_3 + 12NaOH + 2NaNO_3 \longrightarrow 2NaNO_2 + Fe_2O_3 + 6H_2O + 4Na_3VO_4 \tag{6-16}$$

$$2FeO \cdot Cr_2O_3 + 8NaOH + 7NaNO_3 \longrightarrow 7NaNO_2 + Fe_2O_3 + 4H_2O + 4Na_2CrO_4 \tag{6-17}$$

但是在实际的反应过程中，由于氧气在液相中的溶解度有限，发挥氧化作用的主要是硝酸钠，氢氧化钠促进硝酸钠分解产生大量的活性氧，极大地提高了反应体系的氧化性，促进还原性氧化物发生氧化，而氢氧化钠作为碱与钒渣中的酸性氧化物反应，使钒渣中的钒铬最终反应生成含氧酸盐。反应原理如图 6-22 所示。

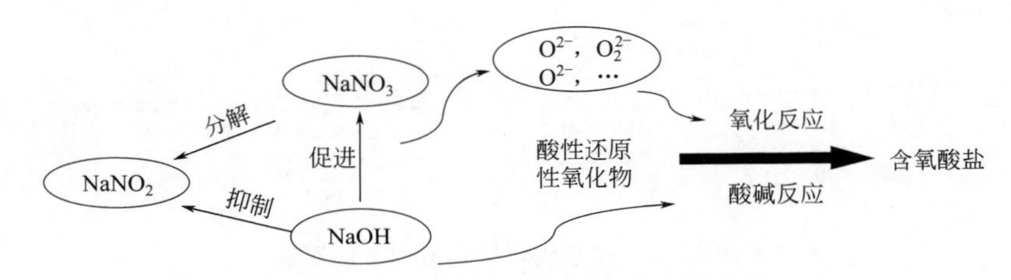

■ 图 6-22 化学场强化钒渣分解反应原理

温度是影响反应动力学的重要因素，因此研究了不同温度下钒铬的溶出情况。反应条件为：约 200 目钒渣，液固比 4∶1，碱盐比 1∶1，搅拌速率 700r/min，气体流速 0.4L/min，反应时间 6h。钒铬的溶出曲线如图 6-23 所示。

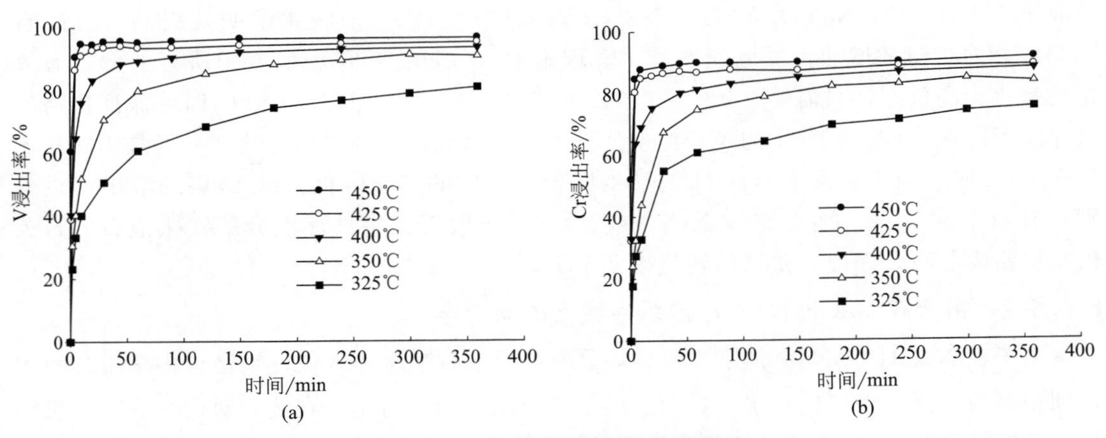

■ 图 6-23 温度对钒铬浸出率的影响

从图中可以看出，温度对于钒铬的溶出速率影响非常大，随着温度的提高，钒铬的转化速率明显提高。当温度为400℃时，反应2h钒铬的溶出率基本达到了稳定值，钒的溶出率为93.7%，铬的溶出率为81.0%，延长反应时间，转化率增加不明显；当反应温度大于400℃时，反应30min钒铬的转化率基本达到了最大值。温度对钒渣的氧化影响非常显著，这主要是由于随着温度升高，$NaNO_3$ 会分解产生大量的氧气，有利于提高反应体系的氧化性，因此钒铬的转化速率随着温度的升高而增大。

NaOH和$NaNO_3$ 都是钒渣氧化过程中重要的反应剂，NaOH和$NaNO_3$ 的相对含量将影响钒渣的溶出效果。因此，研究了在液固比为4∶1、反应温度为400℃、搅拌速率为700r/min、氧气流速为0.4L/min的反应条件下，碱盐比为4∶0、3∶1、1∶1、1∶3和0∶4时钒铬的溶出效果，如图6-24所示。

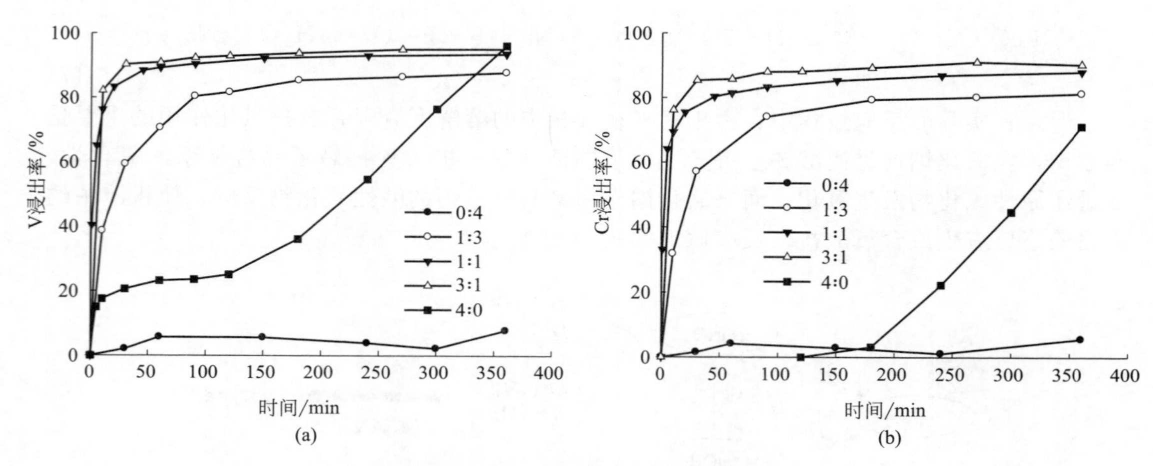

■ 图6-24 碱盐比对钒铬浸出率的影响

从图中可以看出，在纯NaOH熔盐体系中，以氧气为氧化剂，经过长时间的反应(6h)，钒铬可以实现氧化提取，钒和铬的转化率分别达到了97%和70%，但是反应速率较低，尤其在反应的初始阶段。反应后期，随着时间的延长，反应速率逐渐上升。可见，由于氧气在液相中的溶解和扩散较慢，传质速率较慢，反应速率低于以$NaNO_3$ 为氧化剂的液-固反应。当有$NaNO_3$ 存在于NaOH熔盐中时，钒铬的转化率明显提高，且随着NaOH相对含量的增加，反应速率增大。理论上，将每1单位的钒渣中所有的低价态氧化物氧化为高价态，只需要0.4～0.5单位的$NaNO_3$，即少量的$NaNO_3$ 即可保证钒铬的氧化。因此在3∶1和1∶1的碱盐比条件下，均能得到很高的钒铬转化率。但是当碱盐比降至1∶3时，由于体系中NaOH的活度降低，反应的速率降低，6h钒铬的溶出率也分别只有86%和74%。而在纯$NaNO_3$ 体系中，由于缺乏强碱性环境分解铁橄榄石、石英以及钒铬尖晶石，因此，钒铬的转化率几乎为零。

6.3.1.2 钒渣在NaOH-$NaNO_3$ 体系中浸出的动力学

由于在NaOH-$NaNO_3$ 体系中钒铬尖晶石氧化分解速率非常快，钒铬转化率短时间内达到很高值，然后保持较高水平，为了便于研究反应的动力学，在此只对前30min的钒铬转化率进行动力学方程拟合。不同温度下钒铬的转化率变化趋势相似，取350℃时钒铬的转化率为研究对象。图 6-25 为 350℃时的钒不同时间浸出率分别用动力学方程 $X=kt$（外扩散控制），$1-(1-X)^{1/3}=kt$（界面化学反应控制），$1-\frac{2}{3}X-(1-X)^{2/3}=kt$（产物层内扩散控制）进行拟合所得到的结果。由图可知，对钒尖晶石的溶出过程用方程 $1-(1-X)^{1/3}=kt$ 和 $1-\frac{2}{3}X-(1-X)^{2/3}=kt$ 拟合结果均比较理想，线性相关系数分别达到了 0.9974 和 0.9943，具体属于哪一种动力学模型控制，需要结合前面工艺条件实验结果进行分析。

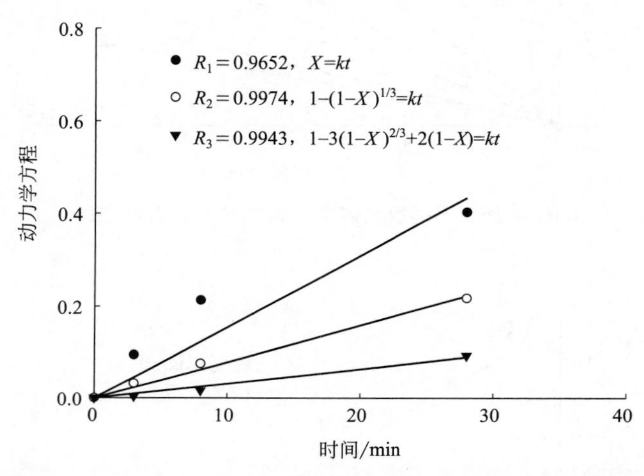

■ 图 6-25　350℃时钒浸出率 X 与时间关系用 3 种动力学方程拟合结果

前述钒渣粒度对钒浸出率的影响研究表明，不同粒度下钒的转化速率都很快，几乎没有区别，这说明 $NaOH-NaNO_3$ 二元熔盐体系对钒铬尖晶石及其包裹的杂质组分的分解能力很强，产物为疏松多孔的无定形物质，不足以对氧化剂的扩散造成影响，因此钒尖晶石分解过程不受固体产物层扩散控制。同时还考察了搅拌速率和液固比对钒铬溶出率的影响，虽然增强搅拌和增大液固比可以加强反应物在液相中的扩散，强化传质，但是实验结果表明，钒铬转化率几乎不受搅拌速率和液固比的影响，说明反应也不受外扩散控制。而从不同温度下钒转化率与时间的关系可以看出，温度对钒转化速率影响非常显著，提高温度能显著提高钒的转化速率。因此，结合动力学方程的拟合结果可以得到结论，钒尖晶石的氧化分解受化学反应控制。

将 325～450℃时钒浸出率与时间的关系用 $1-(1-X)^{1/3}=kt$ 进行拟合，结果见图 6-26。325℃、350℃、400℃、425℃ 和 450℃ 下的线性相关系数分别为 0.9991、0.9984、0.9929、0.9926、0.9904，显著性检验的 F 值分别为 102、124、139、632、1154。在显著性水平 0.05 下不同温度下拟合计算得到的 F 值均大于 $F_{0.05}(1,2)=18.51$，说明在实验温度范围内，$1-(1-X)^{1/3}$ 动力学与 t 存在显著的线性关系。

对图 6-26 中各温度下的动力学方程与浸出时间 t 进行线性回归，所得直线的斜率就是不同温度下的反应速率常数 k。将 $\ln k$ 对 $1000/T$ 作图，得到图 6-27。

对图 6-27 中各数据点进行线性拟合，计算直线的斜率即可求得实验条件下钒浸出过程的表观活化能，其结果为 $E=40.58$kJ/mol。该活化能值较大，说明钒的溶出受表面化学反应控制。钒在该反应条件下的浸出动力学方程为：

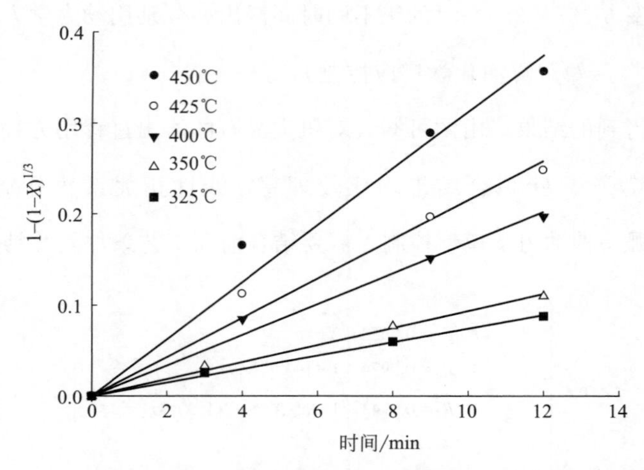

■ 图 6-26 不同反应温度下钒的浸出动力学曲线

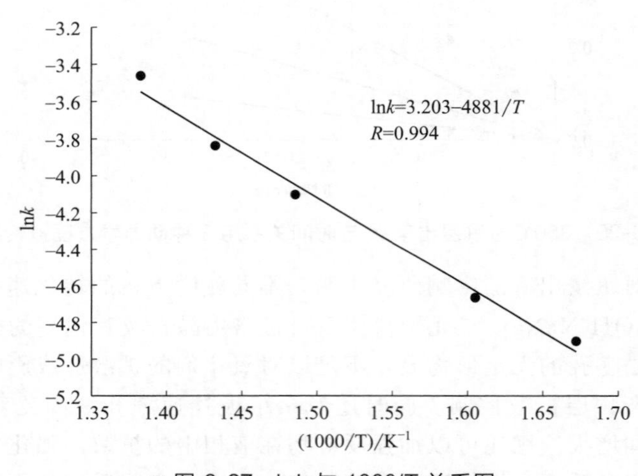

■ 图 6-27 lnk 与 1000/T 关系图

$$1-(1-X)^{1/3}=24.61\mathrm{e}^{-\frac{40580}{RT}}t \tag{6-18}$$

同样将 350℃时铬的浸出率曲线分别用上述动力学方程进行拟合，拟合结果见图 6-28。动力学方程 $1-(1-X)^{1/3}=kt$ 和 $1-\frac{2}{3}X-(1-X)^{2/3}=kt$ 的拟合结果均比较理想，线性相关系数分别为 0.997 和 0.995。由于钒铬性质相似，以类质同象的形式存在于尖晶石结构，而且钒铬的溶出规律一致，钒的溶出过程受表面化学反应控制，因此铬的溶出同样受表面化学反应控制，铬的溶出应该用动力学方程 $1-(1-X)^{1/3}=kt$ 进行描述。

将 325～450℃时铬浸出率与时间的关系用 $1-(1-X)^{1/3}=kt$ 进行拟合，结果见图 6-29。325℃、350℃、400℃、425℃和 450℃下的线性相关系数分别为 0.9946、0.9975、0.9944、0.9932、0.9952，显著性检验的 F 值分别为 182、401、177、144、208。在显著性水平 0.05 下不同温度下拟合计算得到的 F 值均大于 $F_{0.05}$（1，2），说明铬氧化的表面化学反应动力学方程 $1-(1-X)^{1/3}$ 与 t 也存在显著的线性关系。计算不同温度下的速率常数 k，然

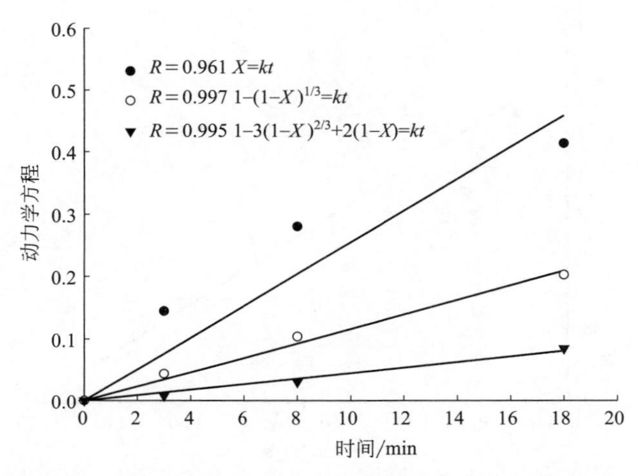

■ 图 6-28　350℃时铬浸出率 X 与时间关系用 3 种动力学方程拟合结果

后将 ln$k$ 对 1000/T 作图，得到图 6-30。通过计算图中直线的斜率可以计算出铬浸出过程的表观活化能为 $E=105.7$kJ/mol。该活化能值与文献［29］中所计算的铬铁矿在 NaOH-$NaNO_3$ 中氧化的活化能接近，但反应控制步骤不同。文献中认为铬铁矿中铬的浸出受固体产物层扩散控制，但是钒渣中铬的浸出受表面化学反应控制，这可能是由于两种矿物氧化分解后所得产物不同。铬铁矿氧化分解后形成一种新的物相 $MgFe_2O_4$，该产物阻碍了反应直接的扩散，因此反应过程为固体产物层扩散控制。而钒渣分解后生成了疏松的氧化铁及硅酸钠，固体产物层不会成为反应物扩散的控制步骤，界面化学反应成为反应的主要控制步骤。这种动力学上的差异可以从颗粒粒度对两种矿物中铬的溶出率的影响中看出：不同粒度的钒渣中铬转化速率没有明显区别，而不同粒度的铬铁矿中铬转化速率却显示出明显的差异，粒度越小，铬的转化速率越快。

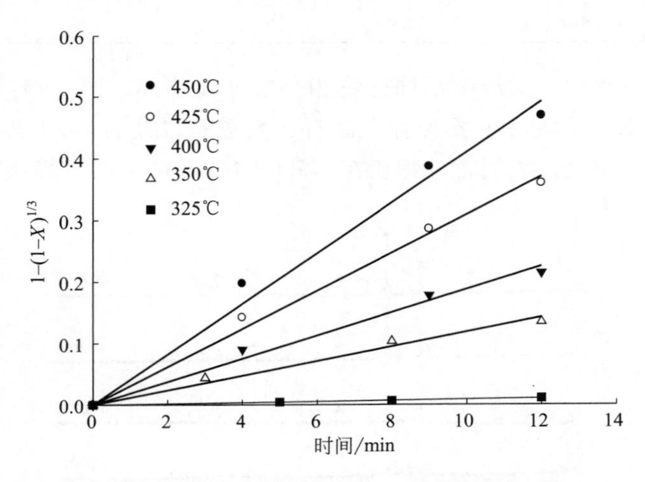

■ 图 6-29　不同反应温度下铬的浸出动力学曲线

钒渣中铬尖晶石在 NaOH-$NaNO_3$ 体系下的浸出动力学方程：

$$1-(1-X)^{1/3}=2303e^{-\frac{105745}{RT}}t \tag{6-19}$$

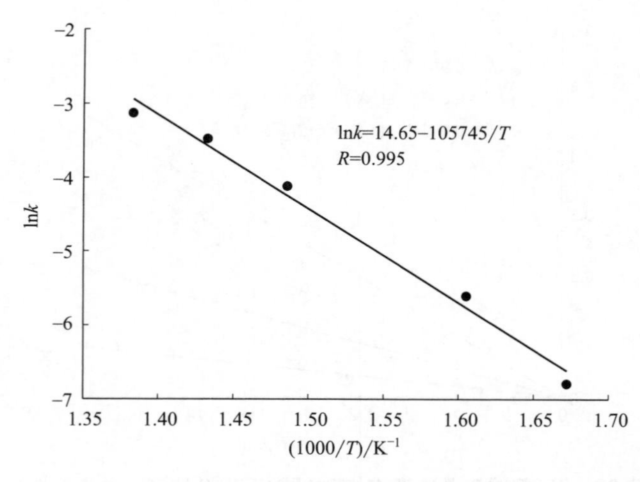

■ 图 6-30 lnk 与 1000/T 关系图

6.3.1.3 浸出渣的性质研究

表 6-6 为氧化分解前后，钒渣和尾渣典型的化学成分及主要元素 V、Cr、Si 的转化率。从表中可以看出，尾渣中 V_2O_5 和 Cr_2O_3 的含量分别降到了 0.7%和 0.5%以下，钒和铬实现了有效的提取分离。尾渣中硅的含量减少了 1/2，说明有一部分硅反应后进入液相。此外，尾渣中含有 6.73%的 Na_2O，可能以钛酸钠和铝硅酸钠的形式存在。

■ 表 6-6 钒渣和尾渣的典型化学成分及主要元素转化率

渣相	V_2O_5	Cr_2O_3	FeO	SiO_2	TiO_2	CaO	MnO_2	Al_2O_3	MgO	Na_2O
钒渣/%	10.20	4.15	49.01	20.21	11.73	1.22	5.22	2.42	1.60	0
尾渣/%	0.62	0.47	55.23	10.01	16.21	1.17	4.34	1.15	1.58	6.73
转化率/%	93.61	83.95		56.05						

在钒渣浸出的过程中，钒渣中不同的物相分解性能不同，图 6-31 列出了不同反应时间下钒渣的物相变化。原钒渣主要含有尖晶石、橄榄石以及石英，反应 10min 后石英和橄榄石的衍射峰很快消失，表明含硅物相在 $NaOH-NaNO_3$ 中的溶解速度很快。而尖晶石

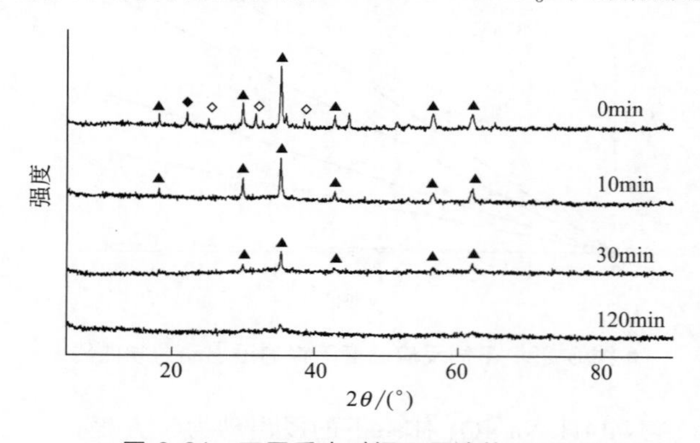

■ 图 6-31 不同反应时间下尾渣的 XRD 图

▲—(Mn, Fe)(V, Cr)$_2O_4$；◇—Fe_2SiO_4；◆—SiO_2

相的分解则是一个相对缓慢分解的过程，2h 后尖晶石相的衍射峰才完全消失。反应后的尾渣呈无定形状态。

图 6-32 列出了不同反应时间的钒渣的形貌变化，从 SEM 图中可以看出，原钒渣是坚实的固体颗粒，表面很光滑。反应 5min 后，钒渣颗粒变得粗糙多孔，而且颗粒变得更加细小，平均粒度也由原钒渣的 29.95μm 降低到 13.18μm。这是由于钒渣颗粒被 NaOH-$NaNO_3$ 强烈破坏，形成细小的氧化铁颗粒。

(a) 0min (b) 5min

(c) 20min (d) 360min

■ 图 6-32 不同反应时间下尾渣的 SEM 图

6.3.2 电化学场强化

电化学基础研究表明，氧气在碱性介质中可经电化学还原过程（OERR）形成大量稳定存在的超氧离子及过氧离子等活性组分，所得活性氧组分可对钒渣、铬铁矿等两性金属矿物中 Cr_2O_3、V_2O_3 等低价金属氧化物产生良好的催化氧化作用。同时由于电场引入，矿物颗粒可直接于电极表面失去电子发生直接电化学氧化分解。

基于电场强化技术可实现介质中活性氧组分量化调控并引发矿物颗粒直接电化学氧化分解的原理，提出亚熔盐介质矿浆电解新方法。将传统亚熔盐技术与电化学冶金技术进行有机结合，利用电化学手段促进温和条件下（低温、低浓度）亚熔盐介质中活性氧组分的大量形成及稳定赋存，促进矿物的催化氧化作用；阳极析氧反应的出现，使大量微米/纳米级小粒径氧气被释放，提升介质氧势，进而促进矿物的化学氧化作用；同时直接电化学氧化作用的引入进一步强化矿物分解。上述 3 种氧化作用相辅相成，相互促进，共同实现电化学场强化的亚熔盐介质中矿物的深度复合高效氧化。

6.3.2.1 技术原理

随着电化学场的引入，除化学氧化反应外，尖晶石还可直接在阳极表面失去电子被氧化（直接电化学氧化）：

$$FeO \cdot Cr_2O_3 + 11OH^- - 7e^- \longrightarrow \frac{1}{2}Fe_2O_3 + 2CrO_4^{2-} + \frac{11}{2}H_2O \tag{6-20}$$

$$FeO \cdot V_2O_3 + 11OH^- - 5e^- \longrightarrow \frac{1}{2}Fe_2O_3 + 2VO_4^{3-} + \frac{11}{2}H_2O \tag{6-21}$$

除化学氧化及直接电化学氧化作用外，在电化学场中，介质溶氧可经电化学氧化或者还原反应形成超氧离子、过氧离子、负氧离子等具备高活性和氧化性的活性氧组分[28]。所得活性氧可实现钒渣中钒、铬等低价金属氧化物的高效催化氧化作用，实现钒渣的深度复合氧化。反应示意如图 6-33 所示。

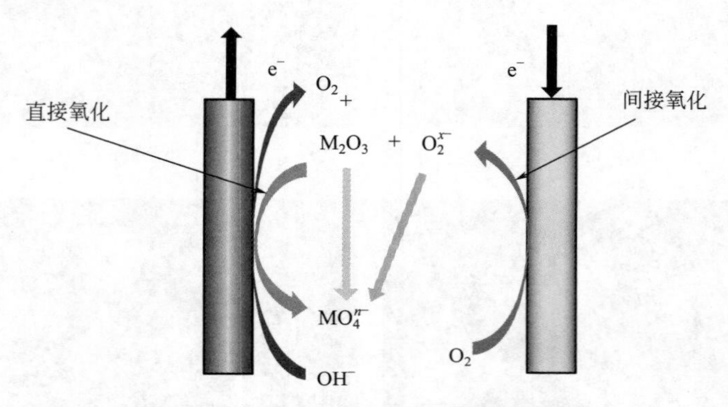

■ 图 6-33 钒渣电化学场强化浸出示意

系统研究温度、碱浓度及槽电流密度等因素对钒渣中钒铬电化学溶出的影响，并在此基础上确定最佳电解条件。

6.3.2.2 碱浓度的影响

鉴于碱浓度直接决定操作温度区间选择（凝固点及沸点决定），同时其对介质黏度及传质存在重要影响，实验过程中将碱浓度作为首要考察因素，钒铬溶出曲线如图 6-34 所示。

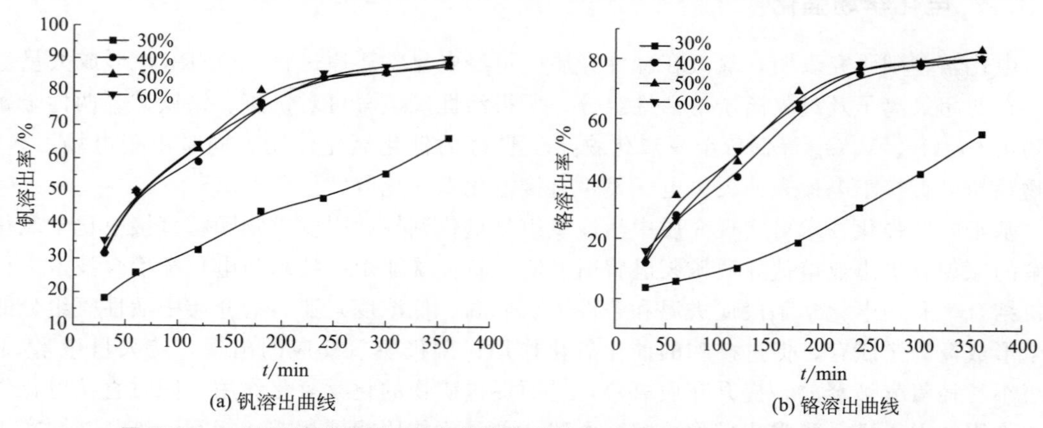

■ 图 6-34 不同碱浓度条件下钒和铬溶出曲线（反应温度为 120℃，液固比为 15，搅拌速率为 1000r/min，氧气流量为 1.0L/min，槽电流密度为 1000A/m²）

由图 6-34 可以看出，碱浓度由 30%提升至 40%，钒铬溶出率分别由 66.26%和 55.29%大幅提升至 88.45%和 80.41%；然而随碱浓度进一步升高，钒铬溶出曲线呈现不同的变化规律，钒溶出率基本不再随碱浓度增加而变化，而铬溶出率则随碱浓度变化而呈抛物线形变化，当 40%<碱浓度<50%时，随碱浓度增加，铬溶出率呈现轻微上升；然而当碱浓度>50%时，碱液浓度进一步增加，铬溶出率开始下降，主要是因为介质黏度增加，传质恶化，同时氧气溶解度降低，抑制反应发生。

6.3.2.3 温度的影响

操作温度在热力学及动力学方面对钒铬溶出均具有重要影响，因此考察了 80～130℃范围内不同操作温度条件下钒渣中钒铬溶出效果，结果如图 6-35 所示。

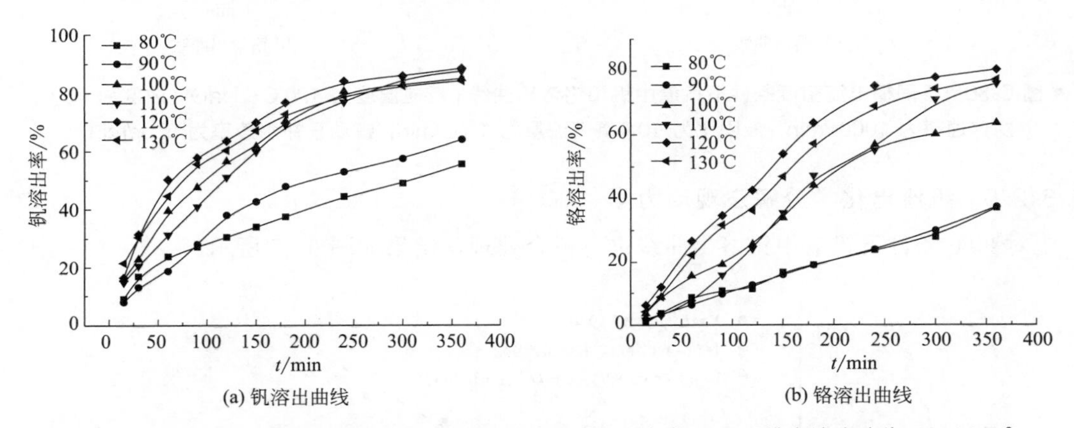

图 6-35 不同温度条件下钒渣中钒和铬溶出曲线（碱浓度为 40%，槽电流密度为 1000A/m^2，搅拌速率为 1000r/min，液固比为 15，氧气流量为 1.0L/min，反应时间为 6h）

由图 6-35 可知，钒铬溶出率随温度升高均呈现典型的抛物线特性，温度由 80℃提升至 120℃，由于传质性能提升及组分反应活性增加等因素导致钒铬尖晶石氧化反应更易于进行，因此钒铬溶出率均迅速增加；当温度>120℃时，由于溶液接近沸腾状态（40% NaOH 溶液沸点约为 128.5℃），介质溶氧量较小，而充足的氧气含量对于氧化反应的进行至关重要。

6.3.2.4 槽电流密度

由前文可知，槽电流密度的变化对钒渣电化学分解具有重要影响，大电流密度更利于钒铬尖晶石的直接电化学氧化，同时更利于阳极析氧，促进介质氧势提升，进而强化尖晶石的氧气氧化等作用。故前期试验均采用 1000A/m^2 槽电流密度，以充分发挥电化学场强化作用，为降低电耗，试验中考察了槽电流密度 0～1000A/m^2 范围内，槽电流密度对钒渣中钒铬溶出的影响，结果如图 6-36 所示。

由图 6-36 可看出，当槽电流密度<750A/m^2 时，钒渣中钒铬溶出率均随槽电流密度增大而迅速增加；而当槽电流密度大于 750A/m^2 时，钒铬溶出率不再随槽电流密度增加而增加。这可能是由于氧气在高浓碱介质中溶解度较小，槽电流密度达到一定数值后，尽管阳极析氧过程更为剧烈，所得氧气无法实现在介质中长期稳定赋存，引发电能浪费，由此选定槽电流密度为 750A/m^2。

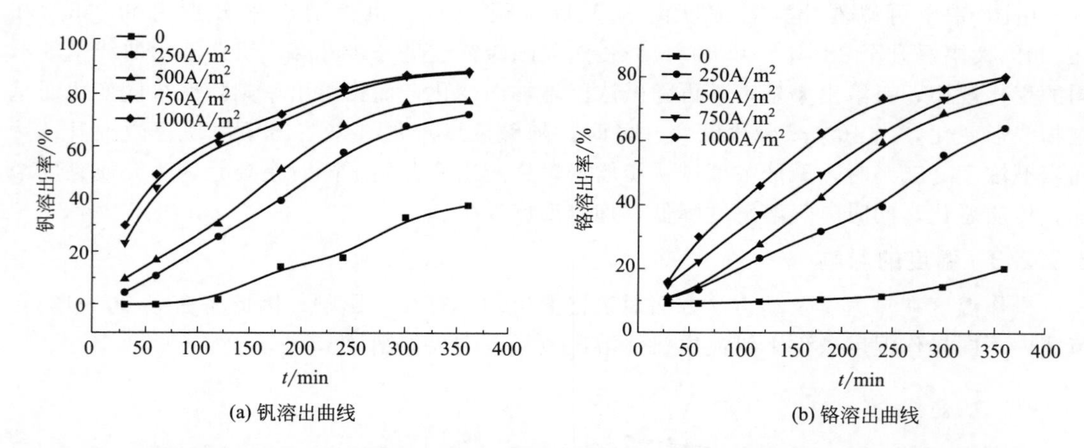

(a) 钒溶出曲线　　(b) 铬溶出曲线

■ 图 6-36　不同槽电流密度条件下钒渣中钒和铬溶出曲线（反应温度为 120℃，NaOH 浓度为 40%，搅拌速率为 1000r/min，液固比为 10，氧气流量为 1. 0L/min，蠕动泵补水速率为 5. 0r/min）

6. 3. 2. 5　钒渣电化学分解宏观动力学

对 80℃条件下钒渣中钒溶出曲线进行拟合处理，结果如图 6-37 所示。

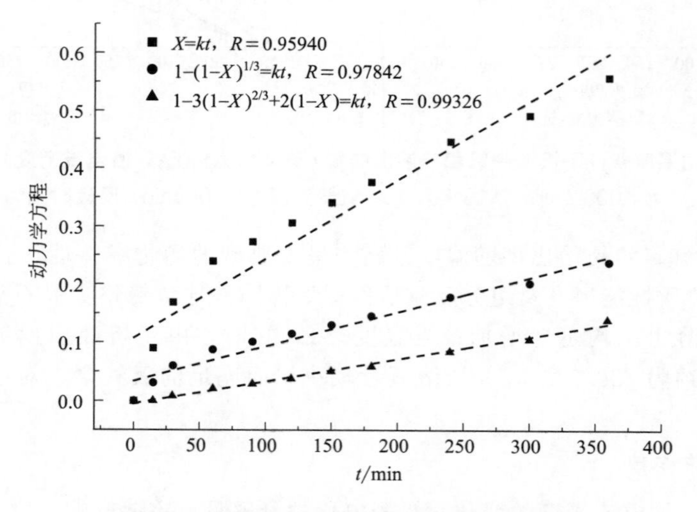

■ 图 6-37　80℃条件下钒溶出过程动力学拟合

其中化学反应控制的拟合精度最高，表明 80℃条件下钒溶出过程受固体产物层内扩散控制。采用相同方法对不同温度条件下钒溶出曲线进行拟合处理，结果见图 6-38 及表 6-7。

■ 表 6-7　不同温度条件下钒渣中钒溶出过程动力学拟合结果汇总

温度/℃	$10^3 k$	Pearson R 系数	决速步骤
80	0. 377256	0. 99326	固体产物层扩散
90	0. 572908	0. 99458	固体产物层扩散
100	1. 41	0. 98564	固体产物层扩散

续表

温度/℃	10^3k	Pearson R 系数	决速步骤
110	1.56	0.99240	固体产物层扩散
120	1.86	0.99781	固体产物层扩散
130	1.55	0.99870	固体产物层扩散

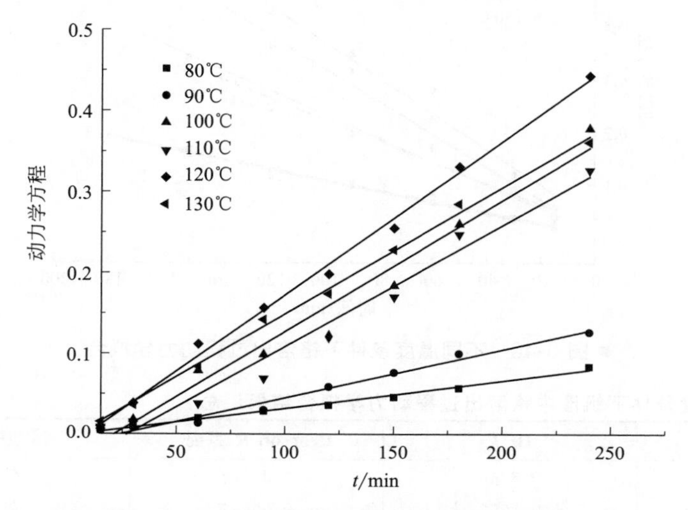

■ 图 6-38 不同温度条件下钒溶出过程动力学拟合

由表 6-7 可看出，在考察温度范围内，钒渣中钒溶出动力学均受固体产物层内扩散控制，反应速率随温度增加而增加。采用阿伦尼乌斯方程对不同温度下钒溶出速率常数进行拟合处理，以计算钒溶出表观活化能，结果如图 6-39 所示。

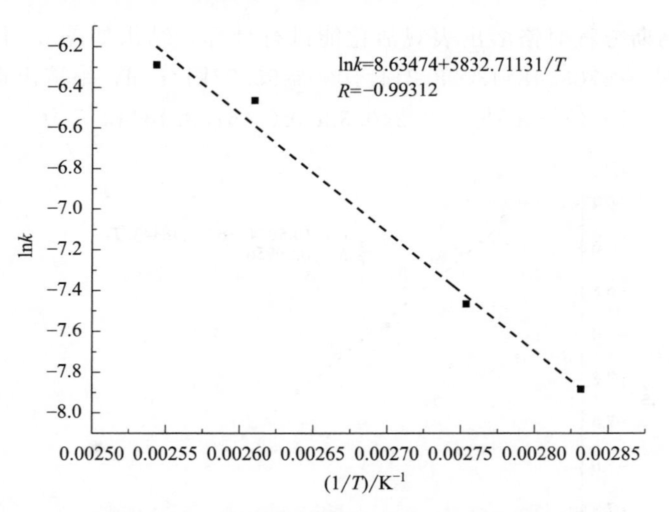

■ 图 6-39 钒渣中钒溶出过程动力学拟合曲线

由图 6-39 可知，钒溶出表观活化能为 $E_a=5832.7113\times8.314/1000=48.49$kJ/mol。钒溶出动力学方程为：

$$1-3(1-X)^{2/3}+2(1-X)=5623.671\exp(-5832.7113/T)t \tag{6-22}$$

采用式(6-22)对不同温度条件下铬溶出曲线进行拟合处理，结果见图 6-40 及表 6-8。

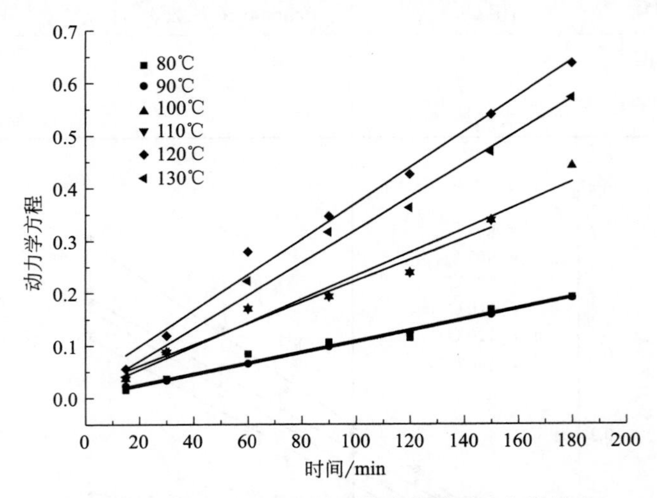

■ 图 6-40　不同温度条件下铬溶出过程动力学拟合

■ 表 6-8　不同温度条件下钒渣中铬溶出过程动力学拟合结果汇总

温度/℃	$10^3 k$	Pearson R 系数	决速步骤
80	0.3746	0.99328	外扩散控制
90	0.3753	0.99937	外扩散控制
100	0.9002	0.98738	外扩散与化学反应混合控制
110	0.9535	0.98847	外扩散与化学反应混合控制
120	1.55	0.99744	化学反应控制
130	1.35	0.99702	化学反应控制

采用阿伦尼乌斯方程对铬溶出表观活化能进行计算，结果如图 6-41 所示，可知铬溶出表观活化能为 $E_a=6708.48443\times8.314/1000=55.77\text{kJ/mol}$，铬溶出动力学方程为：

$$1-(1-X)^{1/3}=39240.32\exp(-6708.48443/T)t \quad (6\text{-}23)$$

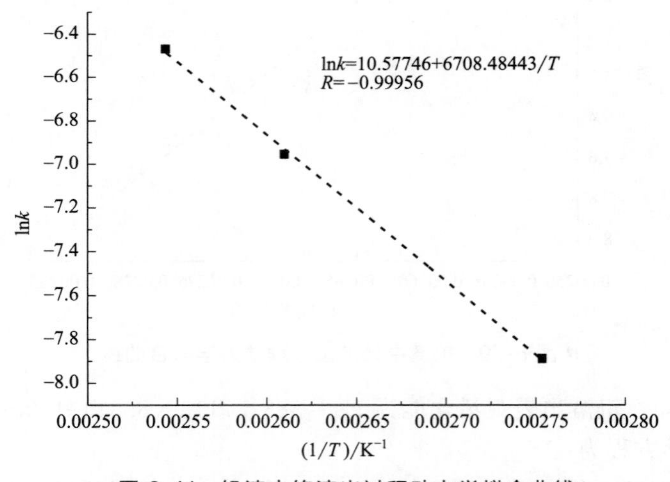

■ 图 6-41　钒渣中铬溶出过程动力学拟合曲线

6.3.3 流场强化

6.3.3.1 技术原理

在化学反应器中流体流动状况严重影响反应速率、转化率和选择率，研究反应器中流体流动模型是反应器选型、设计和优化的基础。搅拌是应用最为广泛的流体流动、混合单元操作，搅拌的原理涉及流体力学、传热、传质和化学反应等多种过程，其理论方面的研究还很不足，对搅拌装置的设计和操作至今仍带有很大的经验性。

在搅拌反应釜中进行气液固三项的混合操作，要求同时实现对气体的完全分散和固体的完全离底悬浮。理想的混合效果不仅要求到达两者在宏观上的均匀，而且微观混合上也要达到一定的均匀度，所以反应釜内的混合水平直接决定了三相反应的速率，而搅拌桨的比较选择是反应前需要考虑的一个关键因素。

高速旋转的叶轮所产生的排出流中，其轴向速度是固体悬浮和液体循环的主要动力，而其径向速度是气体剪切分散的主要动力。径向流叶轮（如盘式涡轮桨）具有较强的剪切分散能力，但轴向混合能力较差；而轴向流叶轮（如螺旋桨）具有较强的轴向循环能力，但对气体的剪切分散能力较弱。在气液两相的混合操作中比较多的采用了盘式涡轮桨，而在液固两相的混合操作中比较多的使用螺旋桨，这都是为了利用各自的混合性能优势。但对气液固三相混合，由于气体和固体的分散是一个相互制约的分散问题，问题就变得比较复杂了。Chapman、Nienow 和 Bujulski 等从不同的角度对三项体系的混合性能做了研究，但其结论不尽一致。体系中最适宜搅拌形式的确定，需要根据反应体系的物性条件和以往的实践经验确定，并最终由实验结果验证。

通气式搅拌釜是一种重要的气液接触设备，广泛应用于气体吸收、氧化、加氢、发酵、聚合等化工过程。在这类设备中，气体由分布器通入釜内，并在机械搅拌的作用下被剪切成细小的气泡而得到分散。过程中的搅拌功耗不仅决定了设备的动力消耗和操作费用，而且常用于预测气含率、气泡大小、传质系数和传热系数等。因此搅拌功耗是通气式搅拌釜设计放大最重要的参数之一。

搅拌桨对气液固三相反应的作用复杂。对于气液两相，搅拌能提高气液间的传递速率。其作用主要表现在打破气泡，增大气液相接触面积；使液相形成涡流，延长气泡在液体中的停留时间；减小气泡外滞留液膜的厚度，从而减小传递过程的阻力。对于液固两相，搅拌能够有效降低固体表面滞留层的厚度，加快由液相向固相的传递过程。

6.3.3.2 搅拌桨影响

对于搅拌桨形式对铬浸出过程的影响，分别研究了采用不同类型的轴向桨、径向桨以及混流桨时钒渣的浸取效果。其中轴向流叶轮主要研究了推进式叶轮、斜叶涡轮和长薄叶螺旋桨三种，图 6-42 给出了铬铁矿浸出实验中采用的轴流桨实物图片。而径向流叶轮主要是直叶涡轮桨，图 6-43 则是浸出实验中径向桨的实物图片。混流桨则采用了斜叶圆盘涡轮，如图 6-44 所示。实际使用的混流桨为下推进式、上直叶涡轮桨的双层桨。实验中涉及的所有搅拌桨都是根据反应釜的内径尺寸，依据搅拌器的相关标准进行制造的。

选择 80% NaOH 亚熔盐溶液，在反应温度为 200℃、碱矿比为 4∶1、搅拌电流为

■ 图 6-42 浸出实验选用的不同轴向流叶轮

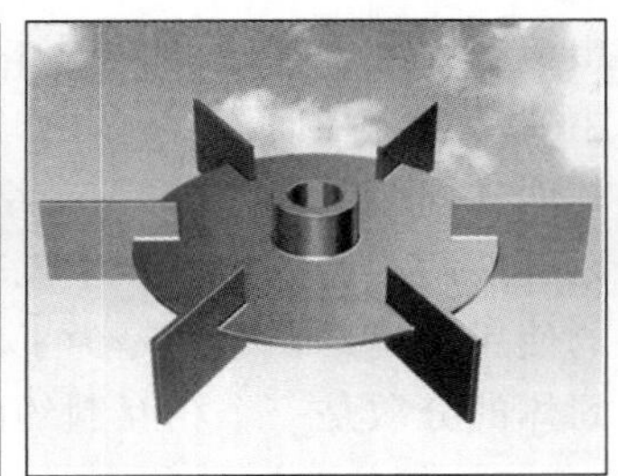
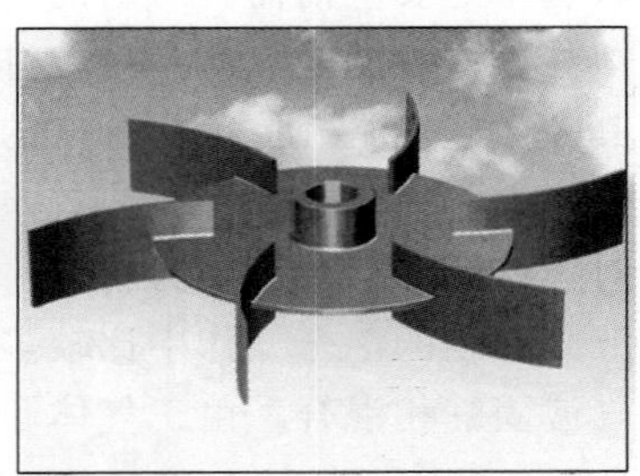

■ 图 6-43 浸出实验选用的不同径向流叶轮

■ 图 6-44 浸出实验选用的混合流叶轮

0.75A、氧气流量为 0.10L/min 以及矿粒度为 250～300 目的条件下，比较了各种桨型对铬浸出率的影响。图 6-45 列出了采用上述各种搅拌桨时铬浸出率随时间的变化。比较浸出率可以发现使用不同的搅拌桨时，铬的浸出率有着巨大的差异。其中标准六叶涡轮桨时的浸出率最高，远远超过高于常规的推进式搅拌桨，因此六叶涡轮搅拌桨是最适合体系的搅拌形式。

不同搅拌桨引起铬铁矿浸出率差异的原因在于 NaOH 溶液具有较大的黏度，铬铁矿固体和氧气气泡在其中分散困难。液体黏度对搅拌器选型具有很大影响，一般推进式搅拌器适用于较小黏度体系，桨式搅拌器一般可取较大的直径和较低的转速，用于较高黏度体系，涡轮式搅拌器适用于高强度搅拌（如要求气体高度分散在液体中等）。涡轮式由于其对流循环能力、湍流扩散和剪切力都较强，几乎是应用最广的一种形式。气-液相分散操作过程，需要剪切力强的搅拌，所以圆盘式涡轮桨最适用，而且圆盘的下面可以存留一些气体，使气体的分散更平稳。但开启涡轮就没有这个优点，桨式和推进式对气体扩散过程基本上不适用，只有在气体要求分散度不高时应用。圆盘涡轮桨能在反应釜内形成强的循环及湍动，有利于气体在其中的分散和传质，从而加快浸出反应的进行。

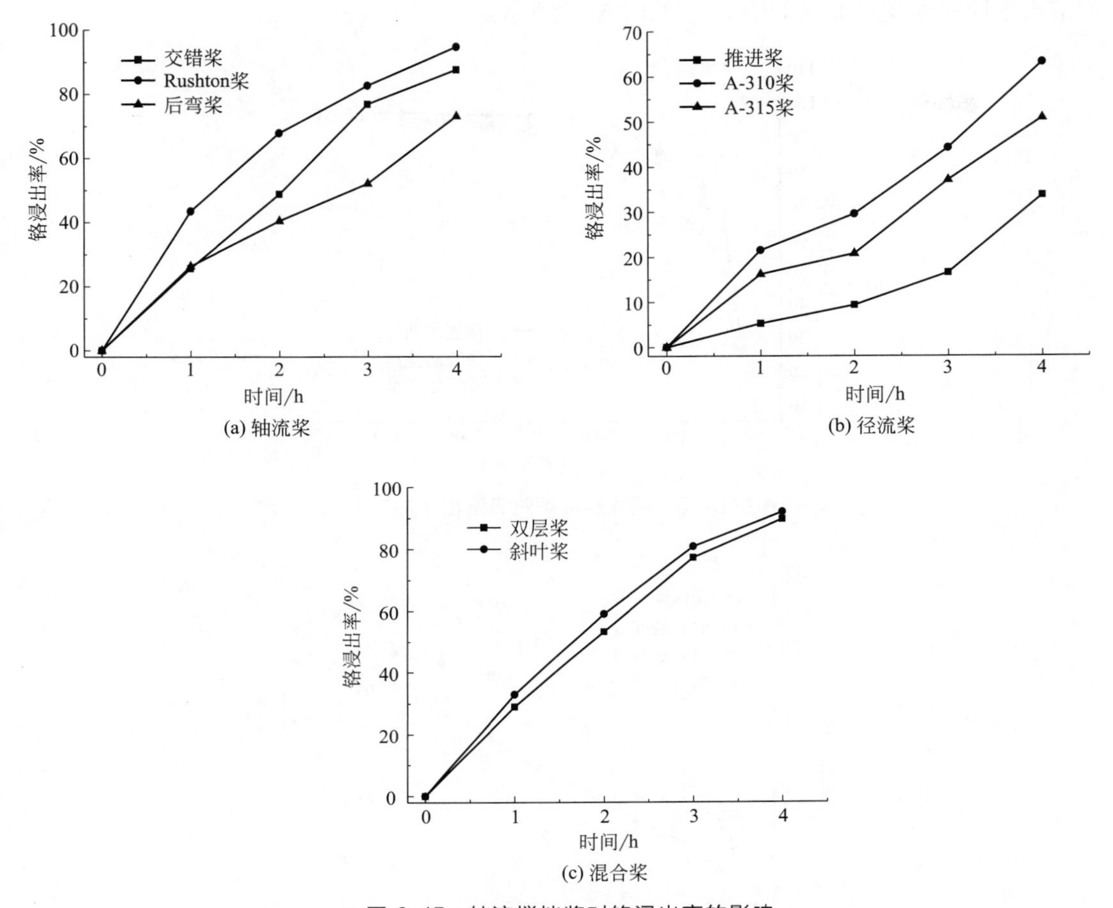

■ 图 6-45 轴流搅拌桨对铬浸出率的影响

6.3.4 添加活性剂强化

6.3.4.1 技术原理

活性炭具有吸附氧气的特性，活性炭与氧气接触时，氧气会物理吸附在活性炭上，活性炭表面的氧气浓度比液相体系中高数千倍，由于活性炭易于漂浮，增加了富集在活性炭上的氧气与钒渣的接触机会；同时氧会化学吸附在活性炭表面，形成过氧化物，与羧基等含氧官能团一起构成活性表面，为钒渣中三价铬的氧化提供了可能。

6.3.4.2 活性炭种类对铬提取率的影响

不同种类活性炭在孔隙率、比表面积、机械强度等方面的性质差异很大，其物理化学性质也必然存在很大的不同[3]。因此分别采用椰壳活性炭、果壳活性炭和木质活性炭进行了工艺探索，与不添加活性炭的实验进行对比，以确定最适合的活性炭作为添加剂来实现钒渣中的钒铬共提。控制反应条件为：反应温度 215℃，NaOH 浓度 80%，搅拌速率 900r/min，通气量 1L/min（氧气），钒渣粒度＜200 目，反应时间 10h，活性炭添加量 10%，分别添加颗粒状的椰壳活性炭、果壳活性炭以及木质粉末活性炭进行实验。钒和铬的溶出率随时间变化曲线如图 6-46 及图 6-47 所示。

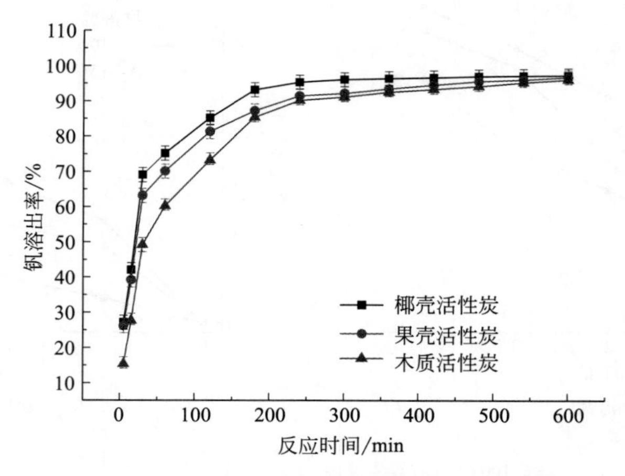

■ 图 6-46 活性炭种类对钒溶出率的影响

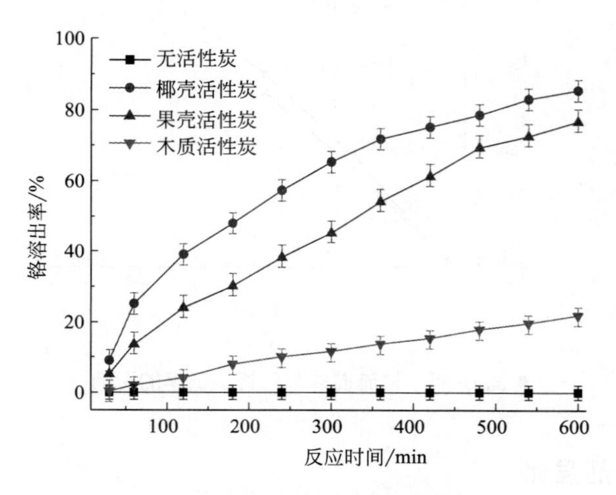

■ 图 6-47 活性炭种类对铬溶出率的影响

由图 6-46 可见，相比单一 NaOH 亚熔盐体系，添加活性炭后钒的前期溶出速度大幅度提高，30min 时钒溶出率已达 70%，钒最终溶出率略微提高，添加三种活性炭对钒溶出率影响差别并不明显。

由图 6-47 可见，活性炭实现了钠系亚熔盐体系中铬的提取，添加三种不同种类活性炭，铬的溶出效果由好到坏的顺序为椰壳活性炭>果壳活性炭>木质活性炭，这是由于不同种类的活性炭的孔隙度、比表面积以及表面官能团不同，其中椰壳活性炭的吸附性能最好，故溶出效果最佳。

6.3.4.3 活性炭粒度对铬溶出率的影响

活性炭粒度大小关系到活性炭的机械强度高低及活性炭回收利用的难易程度，因此选用效果较好的椰壳活性炭和果壳活性炭进行探索实验，对比不同粒度活性炭对铬提取率的影响情况，以确定最佳的活性炭粒度。控制反应条件为：反应温度 215℃，NaOH 浓度

80%，搅拌速率 900r/min，通气量 1L/min（O_2），钒渣粒度<200 目，反应时间 10h，活性炭添加量 10%，分别添加椰壳 1～2mm 和椰壳 2～4mm 活性炭、果壳 1～2mm 和果壳 2～4mm 活性炭进行探索实验，实验结果如图 6-48 和图 6-49 所示。

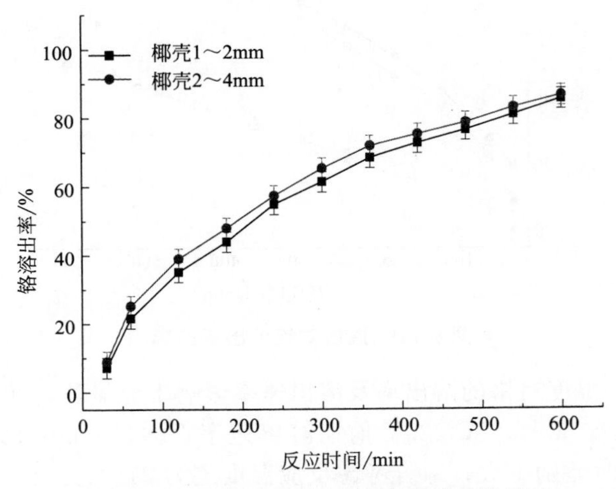

■ 图 6-48　椰壳活性炭粒度对铬溶出率的影响

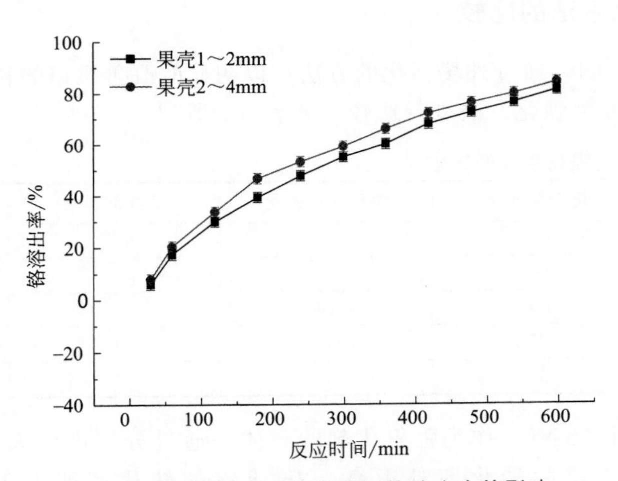

■ 图 6-49　果壳活性炭粒度对铬溶出率的影响

由图 6-48 和图 6-49 可见，活性炭粒度对铬溶出率影响不显著，添加 1～2mm 和 2～4mm 的活性炭，铬的溶出速率和最终溶出率差别不大，为了方便后续回收利用，选用相对较大颗粒的活性炭。

6.3.4.4 温度对铬溶出率的影响

前人探索实验表明，反应温度为影响钒铬溶出的显著因素，因此采用椰壳活性炭作为添加剂进行了不同温度条件下钒渣中铬的溶出探索实验，以确定最佳的反应温度。控制反应条件为：NaOH 浓度 80%，搅拌速率 900r/min，通气量 1L/min（O_2），钒渣粒度<200 目，反应时间 10h，活性炭添加量 10%，分别在 200℃、215℃、225℃下进行了探索实验，实验结果如图 6-50 所示。

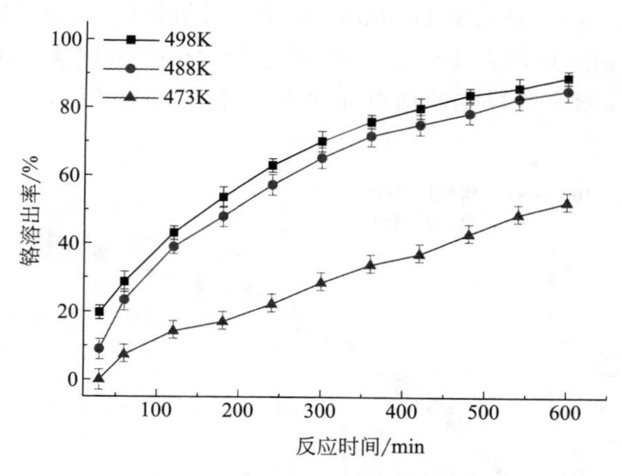

■ 图 6-50 温度对铬溶出率的影响

由图 6-50 可知，温度对铬的溶出率及溶出速率影响十分显著，200℃时铬的溶出效果较差，最终溶出率只有 52.35%，225℃前期溶出速率很大，30min 已溶出接近 20%，但最终溶出率与 215℃时差别不大，综合考虑反应温度定为 215℃为宜。

6.3.5 不同强化方法的比较

以上几种方法表明，通过外场强化的方法可以明显的改善钒铬的转化率，使铬的转化率达到 80%，现对几种强化方法进行比较，如表 6-9 所列。

■ 表 6-9 不同的亚熔盐强化手段的比较

工艺条件	化学场强化	电化学场强化	活性剂强化	流场强化
反应温度/℃	400	120	215	200
反应时间/h	2	6	10	4
碱浓度/%	100	40	80	80
钒转化率/%	95	88	90	99
铬转化率/%	90	80	80	95

化学场强化采用 $NaNO_3$ 作为强氧化剂的载体，通过分解产生大量的活性氧提高反应体系的氧化性，钒铬的转化率都很高，2h 钒铬的转化率即大于 90%；但是采用 NaOH 熔盐作为反应剂，反应温度高，反应条件苛刻；采用电化学场强化方法，反应条件大幅度降低，反应温度较亚熔盐法低 100℃，碱浓度降至 40%，钒铬的转化率分别大于 88%和 80%。但电化学法的缺点是，由于电解方法的引入，反应能耗增大。活性剂强化法是在亚熔盐反应介质中添加活性炭，通过活性炭对氧气的活性吸附作用增大介质中的氧浓度，提高亚熔盐体系的氧化性。该方法可使铬的转化率从不能提取提高至 80%，实现了钠系亚熔盐体系中铬的氧化浸出，但是该方法所需反应时间较长，较长的反应时间也意味着较高的反应能耗；流场强化法是在原有亚熔盐反应条件的基础上，通过增强液固反应的搅拌，强化氧气分布实现钒铬的高效转化，钒的转化率达到 99%，而铬的转化率从不能提取提高至 95%，强化作用非常明显。该强化方法有望在亚熔盐生产技术中得到推广应用。

6.4 钒铬清洁相分离技术

钒渣的主要组分为 Fe、Si、Ti、Cr、V、Mn、Mg、Ca 等，不同来源的钒渣主要组分基本相同，仅在含量上有所差别。在亚熔盐反应过程中，钒渣经亚熔盐介质溶出后，杂质 Fe、Ti、Mn、Mg 及部分的 Si 进入渣相，得到主要成分 MeOH、Me_3VO_4、Me_2CrO_4 及杂质 Me_2SiO_3（Me 为 Na 或 K）等多种物质的溶出液，这些物质的高效分离是钒铬亚熔盐工艺能否顺利进行的技术关键。因此，分离过程在亚熔盐钒渣钒铬共提清洁工艺中具有重要的地位。亚熔盐钒渣清洁工艺分离过程主要包括亚熔盐介质杂质脱除、中间产品相分离、残渣净化等分离过程。

6.4.1 钒酸钾的分离

亚熔盐反应稀释分离后得到的液相可归结为 $KOH-K_3VO_4-K_2CrO_4-H_2O$ 四元体系。根据前文通过蒸发结晶的方法分离 K_2CrO_4 得到 $KOH-K_3VO_4-H_2O$ 三元体系，由于亚熔盐体系为强碱性介质，反应过程会吸收空气中大量的 CO_2，从而在体系中引入较多的 K_2CO_3。因此，研究 $KOH-K_3VO_4-K_2CO_3-H_2O$[30] 及其子体系 $KOH-K_3VO_4-H_2O$ 的溶解度，可为杂质 K_2CO_3 和中间产品 K_3VO_4 的分离提供理论依据，以期进一步指导 K_2CO_3 和 K_3VO_4 的结晶分离工艺。钒酸钾在亚熔盐体系中分离方法需基于溶解度相图的构建。

6.4.1.1 溶解度和相图

40℃和 80℃时 $K_2O-V_2O_5-H_2O$ 体系溶解度数据如表 6-10 所列，相应的溶解度曲线如图 6-51 所示。由表 6-10 和图 6-51 可知，当温度为 40℃时，随着 K_2O 浓度由 34.63% 增大到 45.62%，V_2O_5 的溶解度由 21.16%降低到 3.19%；当温度为 80℃时，随着 K_2O 浓度由 37.27%增大到 48.62%，V_2O_5 的溶解度由 24.47%降低到 7.48%。在同一个温度下，当 K_2O 浓度低于 43%时，V_2O_5 的溶解度随着 K_2O 浓度的增大而显著降低。因此，可以采用蒸发结晶的方式分离钒酸钾。当温度为 40℃时，K_2O 浓度为 43.67%，V_2O_5 的溶解度达到最小值 3.19%；当温度为 80℃，K_2O 浓度为 44.99%，V_2O_5 的溶解度达到最小值 7.48%。由图 6-51 可知，在整个碱浓度区间，V_2O_5 的溶解度随着温度变化呈现显著变化。因此，可以采用冷却结晶的方式从 KOH 溶液中提取分离钒酸钾。

■ 表 6-10 40℃和 80℃时 $K_2O-V_2O_5-H_2O$ 体系溶解度数据

样品号	液相组成					
	T=40℃			T=80℃		
	K_2O 浓度/%	V_2O_5 溶解度/%	平衡结晶相	K_2O 浓度/%	V_2O_5 溶解度/%	平衡结晶相
1	45.62	3.19	$K_3VO_4\cdot3H_2O$	37.27	24.47	$K_3VO_4\cdot5H_2O$
2	44.20	3.19	$K_3VO_4\cdot3H_2O$	38.22	22.49	$K_3VO_4\cdot5H_2O$

续表

样品号	液相组成					
	T=40℃			T=80℃		
	K_2O 浓度/%	V_2O_5 溶解度/%	平衡结晶相	K_2O 浓度/%	V_2O_5 溶解度/%	平衡结晶相
3	43.67	3.21	$K_3VO_4 \cdot 3H_2O$	38.89	20.88	$K_3VO_4 \cdot 5H_2O$
4	42.85	3.42	$K_3VO_4 \cdot 3H_2O$	39.43	19.42	$K_3VO_4 \cdot 5H_2O$
5	40.95	4.21	$K_3VO_4 \cdot 3H_2O$	40.05	17.87	$K_3VO_4 \cdot 5H_2O$
6	39.28	4.97	$K_3VO_4 \cdot 3H_2O$	40.80	16.05	$K_3VO_4 \cdot 5H_2O$
7	37.85	6.15	$K_3VO_4 \cdot 3H_2O$	41.57	14.23	$K_3VO_4 \cdot 5H_2O$
8	36.42	7.40	$K_3VO_4 \cdot 3H_2O$	42.83	11.44	$K_3VO_4 \cdot 5H_2O$
9	35.72	9.50	$K_3VO_4 \cdot 3H_2O$	43.82	9.33	$K_3VO_4 \cdot 5H_2O$
10	35.46	10.27	$K_3VO_4 \cdot 3H_2O$	44.99	7.85	$K_3VO_4 \cdot 5H_2O$
11	35.26	11.27	$K_3VO_4 \cdot 3H_2O$	46.86	7.55	$K_3VO_4 \cdot 5H_2O$
12	34.76	13.98	$K_3VO_4 \cdot 3H_2O$	48.62	7.48	$K_3VO_4 \cdot 5H_2O$
13	34.60	16.17	$K_3VO_4 \cdot 3H_2O$			
14	34.63	21.16	$K_3VO_4 \cdot 3H_2O$			

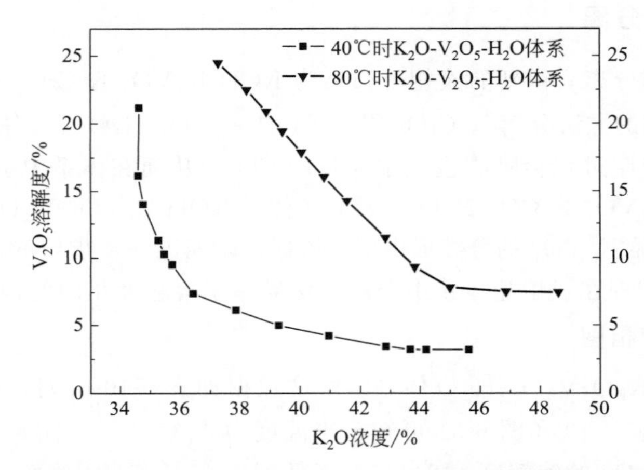

■ 图 6-51 40℃和 80℃时 K_2O-V_2O_5-H_2O 体系溶解度曲线

表 6-11 包括液相成分、湿渣相成分和平衡固相成分。根据湿渣结线法，可以得到图 6-52。由图 6-52 可知，所有表示液相成分的点和相对应的湿渣相点连接后相交于 A 点。A 点表示 $K_3VO_4 \cdot 3H_2O$ 的固相成分。通过图 6-53 的 XRD 分析进一步证明平衡固相成分为 $K_3VO_4 \cdot 3H_2O$。

■ 表 6-11 40℃时 K_2O-V_2O_5-H_2O 体系的相平衡数据

样品号	液相组成		湿渣相组成		平衡结晶相
	K_2O 浓度/%	V_2O_5 溶解度/%	K_2O 浓度/%	V_2O_5 溶解度/%	
1	34.63	21.16	38.72	24.12	$K_3VO_4 \cdot 3H_2O$
2	34.60	16.17	39.08	20.99	$K_3VO_4 \cdot 3H_2O$
3	34.76	13.98	39.61	19.95	$K_3VO_4 \cdot 3H_2O$
4	35.26	11.27	38.92	16.60	$K_3VO_4 \cdot 3H_2O$
5	35.46	10.27	41.25	19.16	$K_3VO_4 \cdot 3H_2O$

续表

样品号	液相组成		湿渣相组成		平衡结晶相
	K_2O 浓度/%	V_2O_5 溶解度/%	K_2O 浓度/%	V_2O_5 溶解度/%	
6	36.42	7.40	41.75	17.56	$K_3VO_4 \cdot 3H_2O$
7	39.28	4.97	44.76	16.71	$K_3VO_4 \cdot 3H_2O$
8	40.95	4.21	42.83	14.46	$K_3VO_4 \cdot 3H_2O$
9	42.85	3.42	45.92	16.91	$K_3VO_4 \cdot 3H_2O$
10	43.67	3.21	46.38	16.89	$K_3VO_4 \cdot 3H_2O$
11	45.62	3.19	47.36	16.34	$K_3VO_4 \cdot 3H_2O$

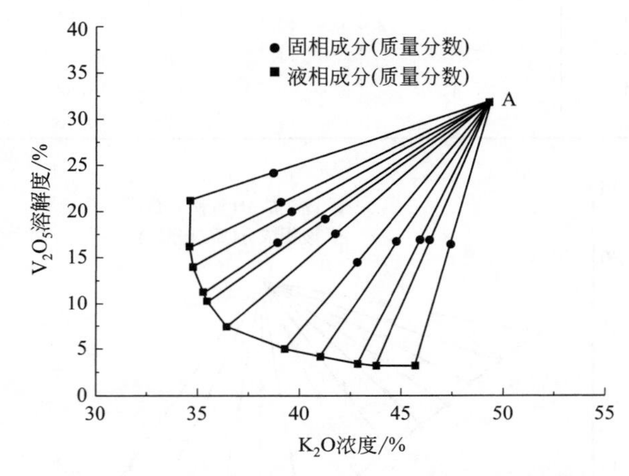

■ 图 6-52　40℃时 K_2O-V_2O_5-H_2O 体系的相图

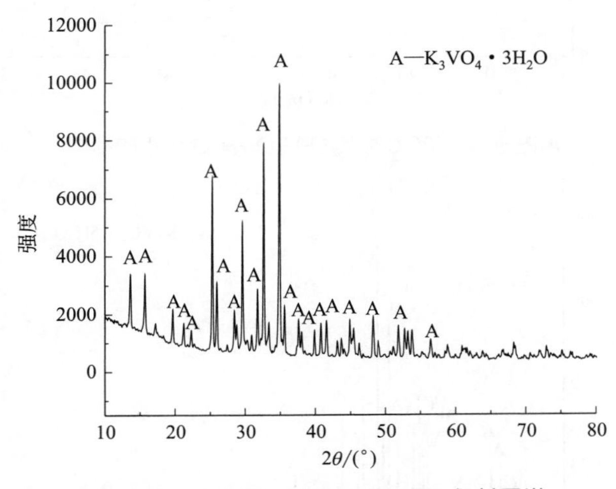

■ 图 6-53　$K_3VO_4 \cdot 3H_2O$ 的 XRD 衍射图谱

表 6-12 包括液相成分、湿渣相成分和平衡固相成分。根据湿渣结线法，可以得到图 6-54。由图 6-54 可知，所有表示液相成分的点和相对应的湿渣相点连接后相交于 B 点。B 点表示 $K_3VO_4 \cdot 5H_2O$ 的固相成分。通过图 6-55 中 XRD 分析进一步证明平衡固相成分为 $K_3VO_4 \cdot 5H_2O$。

■ 表 6-12　80℃时 K_2O-V_2O_5-H_2O 体系的相平衡数据

样品号	液相组成		湿渣相组成		平衡结晶相
	K_2O 浓度/%	V_2O_5 溶解度/%	K_2O 浓度/%	V_2O_5 溶解度/%	
1	37.27	24.47	40.94	26.68	$K_3VO_4 \cdot 5H_2O$
2	38.22	22.48	40.77	25.29	$K_3VO_4 \cdot 5H_2O$
3	38.89	20.87	40.90	24.08	$K_3VO_4 \cdot 5H_2O$
4	39.43	19.42	40.77	22.32	$K_3VO_4 \cdot 5H_2O$
5	40.05	17.87	40.86	20.27	$K_3VO_4 \cdot 5H_2O$
6	40.80	16.05	41.91	20.86	$K_3VO_4 \cdot 5H_2O$
7	41.57	14.23	43.03	23.43	$K_3VO_4 \cdot 5H_2O$
8	42.83	11.44	43.05	15.73	$K_3VO_4 \cdot 5H_2O$
9	43.82	9.33	43.82	20.63	$K_3VO_4 \cdot 5H_2O$
10	44.99	7.85	44.36	18.52	$K_3VO_4 \cdot 5H_2O$
11	46.86	7.48	45.59	16.58	$K_3VO_4 \cdot 5H_2O$
12	48.62	7.55	46.92	14.78	$K_3VO_4 \cdot 5H_2O$

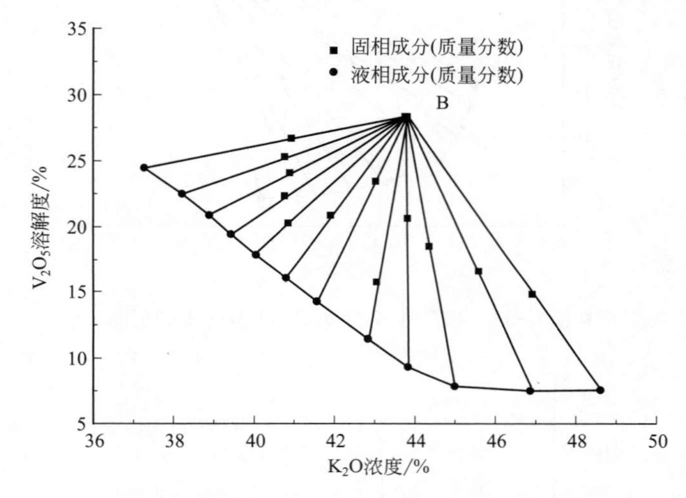

■ 图 6-54　80℃时 K_2O-V_2O_5-H_2O 体系的相图

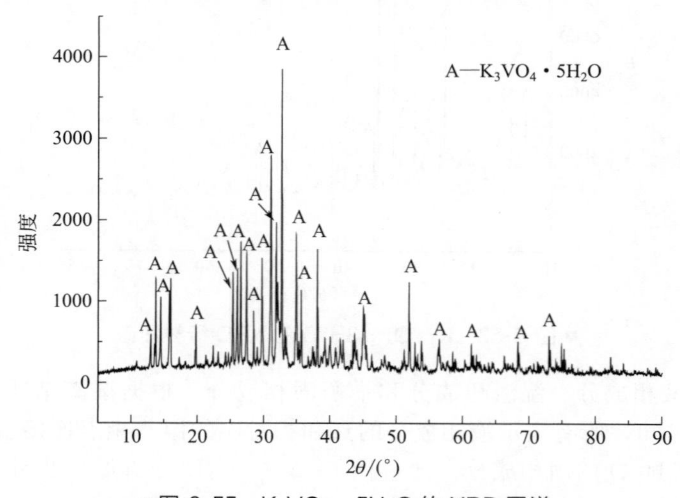

■ 图 6-55　$K_3VO_4 \cdot 5H_2O$ 的 XRD 图谱

6.4.1.2 K_3VO_4 在 KOH 水溶液中的溶解度等温线

40℃和 80℃时 $KOH-K_3VO_4-H_2O$ 体系溶解度数据如表 6-13 所列，相应的溶解度曲线如图 6-56 所示。

■ 表 6-13 40℃和 80℃时 $KOH-K_3VO_4-H_2O$ 体系的平衡数据

样品号	液相组成					
	T=40℃			*T*=80℃		
	KOH 浓度/%	K_3VO_4 溶解度/%	平衡结晶相	KOH 浓度/%	K_3VO_4 溶解度/%	平衡结晶相
1	3.41	56.87	$K_3VO_4 \cdot 3H_2O$	47.25	18.15	$K_3VO_4 \cdot 5H_2O$
2	6.60	51.64	$K_3VO_4 \cdot 3H_2O$	43.34	18.15	$K_3VO_4 \cdot 5H_2O$
3	8.80	47.34	$K_3VO_4 \cdot 3H_2O$	40.29	19.06	$K_3VO_4 \cdot 5H_2O$
4	11.86	41.85	$K_3VO_4 \cdot 3H_2O$	37.39	20.03	$K_3VO_4 \cdot 5H_2O$
5	13.35	38.39	$K_3VO_4 \cdot 3H_2O$	32.52	23.79	$K_3VO_4 \cdot 5H_2O$
6	15.84	34.68	$K_3VO_4 \cdot 3H_2O$	29.78	25.99	$K_3VO_4 \cdot 5H_2O$
7	18.13	30.31	$K_3VO_4 \cdot 3H_2O$	25.42	31.49	$K_3VO_4 \cdot 5H_2O$
8	22.37	24.56	$K_3VO_4 \cdot 3H_2O$	22.25	36.54	$K_3VO_4 \cdot 5H_2O$
9	28.00	18.28	$K_3VO_4 \cdot 3H_2O$	17.62	44.61	$K_3VO_4 \cdot 5H_2O$
10	33.93	14.75	$K_3VO_4 \cdot 3H_2O$	13.00	53.23	$K_3VO_4 \cdot 5H_2O$
11	39.45	12.13	$K_3VO_4 \cdot 3H_2O$	10.94	58.43	$K_3VO_4 \cdot 5H_2O$
12	42.87	10.73	$K_3VO_4 \cdot 3H_2O$			
13	47.55	8.73	$K_3VO_4 \cdot 3H_2O$			
14	50.72	8.19	$K_3VO_4 \cdot 3H_2O$			
15	53.30	8.18	$K_3VO_4 \cdot 3H_2O$			

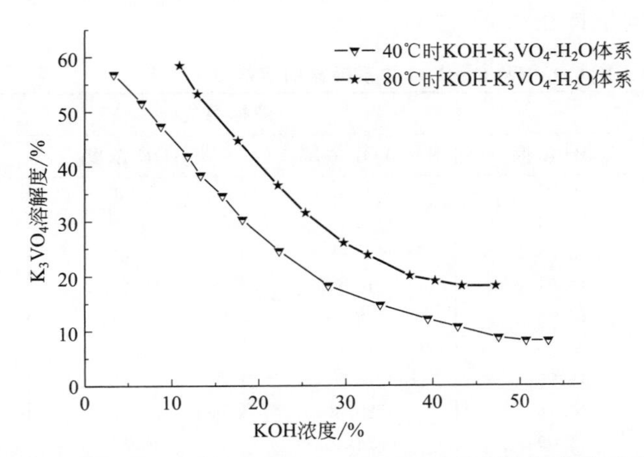

■ 图 6-56 40℃和 80℃时 $KOH-K_3VO_4-H_2O$ 体系溶解度曲线

由表 6-13 和图 6-56 可知，40℃时当 KOH 浓度由 3.41%增大到 53.30%，K_3VO_4 的溶解度由 56.87%降低到 8.18%；80℃时当 KOH 浓度由 10.94%增大到 47.25%，K_3VO_4 的溶解度由 58.43%降低到 18.15%。在同一个温度下，当 KOH 浓度低于 40%，K_3VO_4 的溶解度随着 KOH 浓度的增大而显著降低。因此，可以采用蒸发结晶的方式分离钒酸钾。当温度为 40℃时，KOH 浓度为 50.72%，K_3VO_4 的溶解度达到最小值

8.19%；当温度为 80℃ 时，KOH 浓度为 43.34%，K_3VO_4 的溶解度达到最小值 18.15%。在整个碱浓度区间，K_3VO_4 的溶解度随着温度的变化呈显著的变化。因此，可以采用冷却结晶的方式从 KOH 溶液中提取分离 K_3VO_4。

6.4.1.3 KOH-K_2CO_3-K_3VO_4-H_2O 四元体系相平衡

钾系亚熔盐钒渣清洁生产工艺是以亚熔盐为介质，在氧化性气氛中实现钒渣的高效氧化溶出，由于溶出反应是以空气为反应气体，反应介质氢氧化钾很容易与空气中微量的二氧化碳反应生成 K_2CO_3，因此经多次反应循环后，介质中会累积一定量的 K_2CO_3。如果体系中存在大量的 K_2CO_3，部分 K_2CO_3 受溶解度限制，会以晶体颗粒的形式存在于反应体系中，从而增加了反应体系中的固体含量，降低了反应的液固比。反应液固比的降低不仅会使反应介质的流动性恶化，影响氧化性气体在介质中的传质，从动力学上降低反应效率，并且会降低氧气在介质中的溶解度，从热力学上阻碍反应的发生，严重影响钒渣的氧化溶出效果。从结晶的角度来说，在碱浓度较低时，K_2CO_3 的溶解度较大，随着碱浓度升高，溶解度逐渐降低。由于钒酸钾、铬酸钾结晶时碱浓度较高，碳酸钾会同步结晶析出，从而严重影响晶体纯度。综上所述，将 K_2CO_3 从体系中分离出去，对于提高反应效率和产品质量意义重大。碳酸钾的分离借鉴钾系铬盐亚熔盐清洁生产工艺可以利用碳酸钾在氢氧化钾中的溶解度变化来实现分离。

由表 6-14 和图 6-57 可知，40℃时，在整个碱浓度区间，K_2CO_3 和 K_3VO_4 的溶解度均随着碱浓度的增大而逐渐降低，且 K_3VO_4 在碱溶液中的溶解度大于 K_2CO_3。具体分析，当 KOH 浓度由 11%增大到 49%，K_3VO_4 在碱溶液中溶解度由 42%降低到 9%，且当 KOH 浓度大于 40%，K_3VO_4 的溶解度基本维持在 10%左右；当 KOH 浓度由 9%增大到 49%，K_2CO_3 在碱溶液中溶解度由 29%降低到 0.5%，且当 KOH 浓度大于 40%，K_2CO_3 的溶解度基本维持在 0.7%左右。

■ 表 6-14 40℃ 时 KOH-K_2CO_3-K_3VO_4-H_2O 体系钾盐的溶解度　　单位：%

样品号	液相组成			
	KOH 浓度	K_3VO_4 溶解度	KOH 浓度	K_2CO_3 溶解度
1	49.27	9.45	9.39	29.63
2	45.84	9.20	13.29	20.52
3	43.83	9.86	16.07	16.49
4	41.91	10.88	18.24	13.98
5	40.42	12.23	21.67	11.19
6	38.79	13.66	23.52	9.62
7	34.95	16.91	25.09	8.08
8	30.38	20.30	27.93	6.51
9	28.09	22.45	30.36	5.18
10	24.87	25.35	34.13	3.17
11	21.70	29.13	38.30	1.68
12	17.39	33.97	40.61	0.90
13	14.80	37.26	41.46	0.78
14	11.29	42.49	42.29	0.74
15			45.84	0.54
16			47.64	0.50
17			49.27	0.46

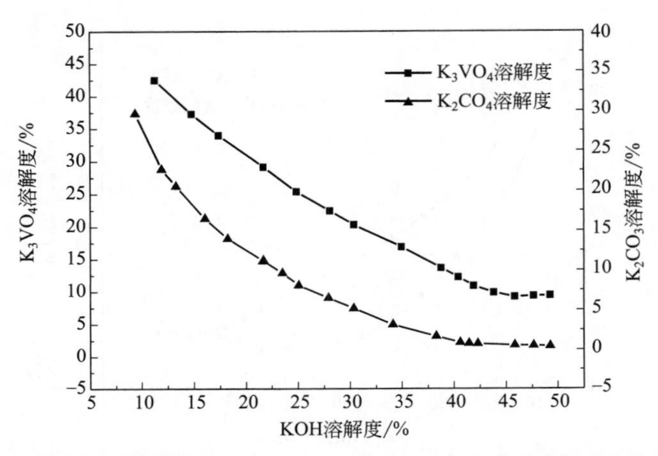

■ 图 6-57 40℃时 $KOH-K_2CO_3-K_3VO_4-H_2O$ 体系钾盐的溶解度等温线

由表 6-15 和图 6-58 可知，80℃时，在整个碱浓度区间，K_2CO_3 和 K_3VO_4 的溶解度均随着碱浓度的增大而逐渐降低，且 K_3VO_4 在碱溶液中的溶解度大于 K_2CO_3。具体分析，当 KOH 浓度由 14%增大到 49%时，K_3VO_4 在碱溶液中溶解度由 41%降低到 9%，且当 KOH 浓度大于 42%时，K_3VO_4 的溶解度基本维持在 9.5%左右；当 KOH 浓度由 9%增大到 38%时，K_2CO_3 在碱溶液中溶解度由 47%降低到 16%，且当 KOH 浓度大于 30%时，K_2CO_3 的溶解度基本维持在 16%左右。

■ 表 6-15 80℃时 $KOH-K_2CO_3-K_3VO_4-H_2O$ 体系钾盐的溶解度 单位：%

样品号	液相组成			
	KOH 浓度	K_3VO_4 溶解度	KOH 浓度	K_2CO_3 溶解度
1	49.27	9.45	9.39	47.63
2	47.64	9.34	11.92	39.97
3	45.84	9.20	13.29	37.14
4	42.24	10.67	16.07	31.73
5	40.42	12.23	18.18	28.35
6	38.79	13.66	21.92	23.15
7	34.95	16.91	23.55	21.35
8	30.38	20.30	24.87	20.09
9	28.09	22.45	28.05	17.32
10	24.87	25.35	30.52	16.42
11	21.60	28.97	34.19	15.82
12	18.43	33.31	38.32	15.71
13	15.67	37.43		
14	13.97	40.89		

6.4.1.4 K_2CO_3 共饱和时 K_3VO_4 溶解度等温线

为了研究碳酸钾对后续钒酸钾结晶分离的影响，得到 K_2CO_3 共饱和时 K_3VO_4 在 KOH 溶液中的溶解度数据，结果见表 6-16 和图 6-59。

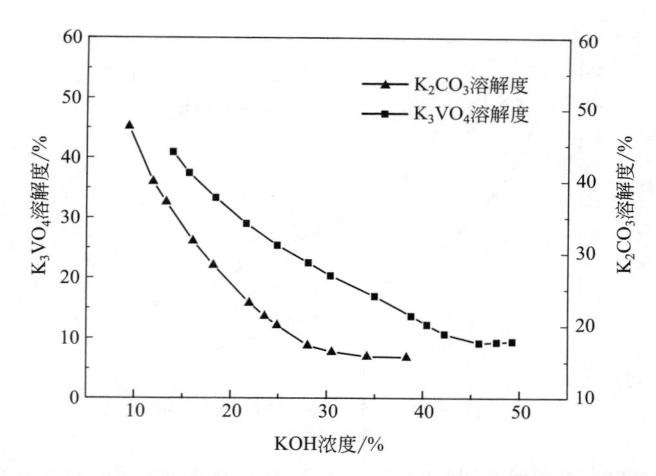

■ 图 6-58　80℃时 $KOH-K_2CO_3-K_3VO_4-H_2O$ 体系钾盐的溶解度等温线

■ 表 6-16　40℃和 80℃时 K_2CO_3 饱和下 K_3VO_4 的溶解度

样品号	液相组成			
	$T=40℃$		$T=80℃$	
	KOH 浓度/%	K_3VO_4 溶解度/%	KOH 浓度/%	K_3VO_4 溶解度/%
1	49.27	9.45	9.39	56.27
2	47.64	9.34	11.92	50.43
3	45.84	9.20	13.29	47.03
4	42.24	10.67	16.07	42.23
5	40.42	12.23	18.18	38.19
6	38.79	13.66	21.92	34.42
7	34.95	16.91	23.55	32.65
8	30.38	20.30	24.87	32.21
9	28.09	22.45	28.10	31.30
10	24.87	25.35	30.48	30.89
11	21.60	28.97	34.13	30.48
12	18.43	33.31	38.30	29.88
13	15.67	37.43		
14	13.97	40.89		

由表 6-16 和图 6-59 可知，在整个碱浓度区间，当 K_2CO_3 饱和时，K_3VO_4 在 KOH 溶液中的溶解度随着碱浓度的增大而显著降低。具体分析，80℃时，当 KOH 浓度由 9%增大到 38%时，K_3VO_4 在 KOH 溶液中的溶解度由 56%降到 30%，且当 KOH 浓度大于 30%时，K_3VO_4 的溶解度基本维持在 30%左右；40℃时，当 KOH 浓度由 14%增大到 49%时，K_3VO_4 在碱溶液中溶解度由 41%降低到 9%，且当 KOH 浓度大于 42%时，K_2CO_3 的溶解度基本维持在 9.5%左右。在高碱区（KOH 浓度＞35%），K_3VO_4 在 KOH 溶液中的溶解度随着碱浓度变化幅度较小，因此，当 K_2CO_3 饱和时，采取冷却结晶的方法从四元 $KOH-K_2CO_3-K_3VO_4-H_2O$ 体系分离 K_3VO_4。

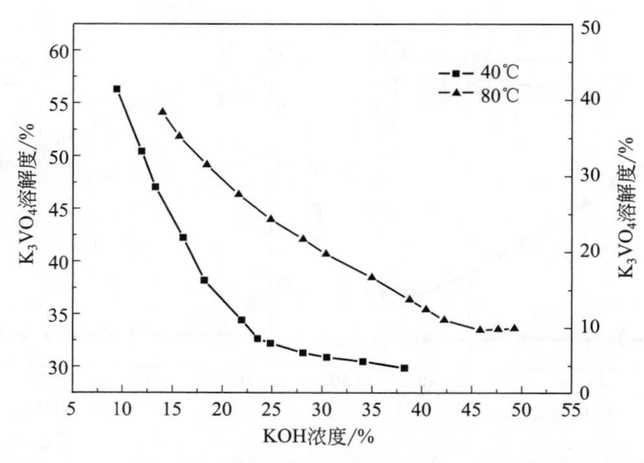

■ 图 6-59 40℃和 80℃时 K_2CO_3 饱和下 K_3VO_4 的溶解度等温线

6.4.1.5 $KOH-K_3VO_4-K_2CrO_4-H_2O$ 体系相平衡规律

40℃和 80℃时四元水盐体系 $KOH-K_3VO_4-K_2CrO_4-H_2O$ 的溶解度数据列于表 6-17，得到图 6-60，平衡固相的 XRD 如图 6-61 所示。

■ 表 6-17 40℃和 80℃时 $KOH-K_3VO_4-K_2CrO_4-H_2O$ 四元体系溶解度

样品号	碱液组成					
	T=40℃			T=80℃		
	KOH 浓度/%	K_3VO_4 溶解度/%	K_2CrO_4 溶解度/%	KOH 浓度/%	K_3VO_4 溶解度/%	K_2CrO_4 溶解度/%
1	1.36	38.34	1.69	1.85	44.06	0.76
2	3.46	37.33	0.51	3.54	44.92	0.68
3	8.64	38.97	0.10	7.84	42.01	0.48
4	10.21	36.22	0.48	11.18	40.19	0.59
5	14.92	30.96	0.11	14.00	37.74	0.16
6	17.49	29.77	0.10	17.01	34.83	0.14
7	18.24	28.07	0.14	19.71	33.96	0.09
8	21.29	23.90	0.12	21.69	33.38	0.10
9	28.79	17.43	0.07	24.23	30.10	0.09
10	33.32	13.13	0.07	27.40	24.69	0.13
11	40.17	8.45	0.04	30.88	22.80	0.06
12	41.20	8.07	0.04	34.23	23.52	0.04
13	42.46	7.63	0.03	39.97	18.62	0.03
14	45.02	8.12	0.02	38.83	18.86	0.03
15				39.96	16.54	0.07

由表 6-17 和图 6-60 可知，在整个碱浓度区间内，K_3VO_4 和 K_2CrO_4 的溶解度均随着 KOH 浓度的增大而降低。无论是在 40℃还是 80℃，在整个碱浓度区间内，相对于 K_3VO_4 的含量，K_2CrO_4 的含量都非常低，表明 K_3VO_4 对 K_2CrO_4 有明显的盐析作用。

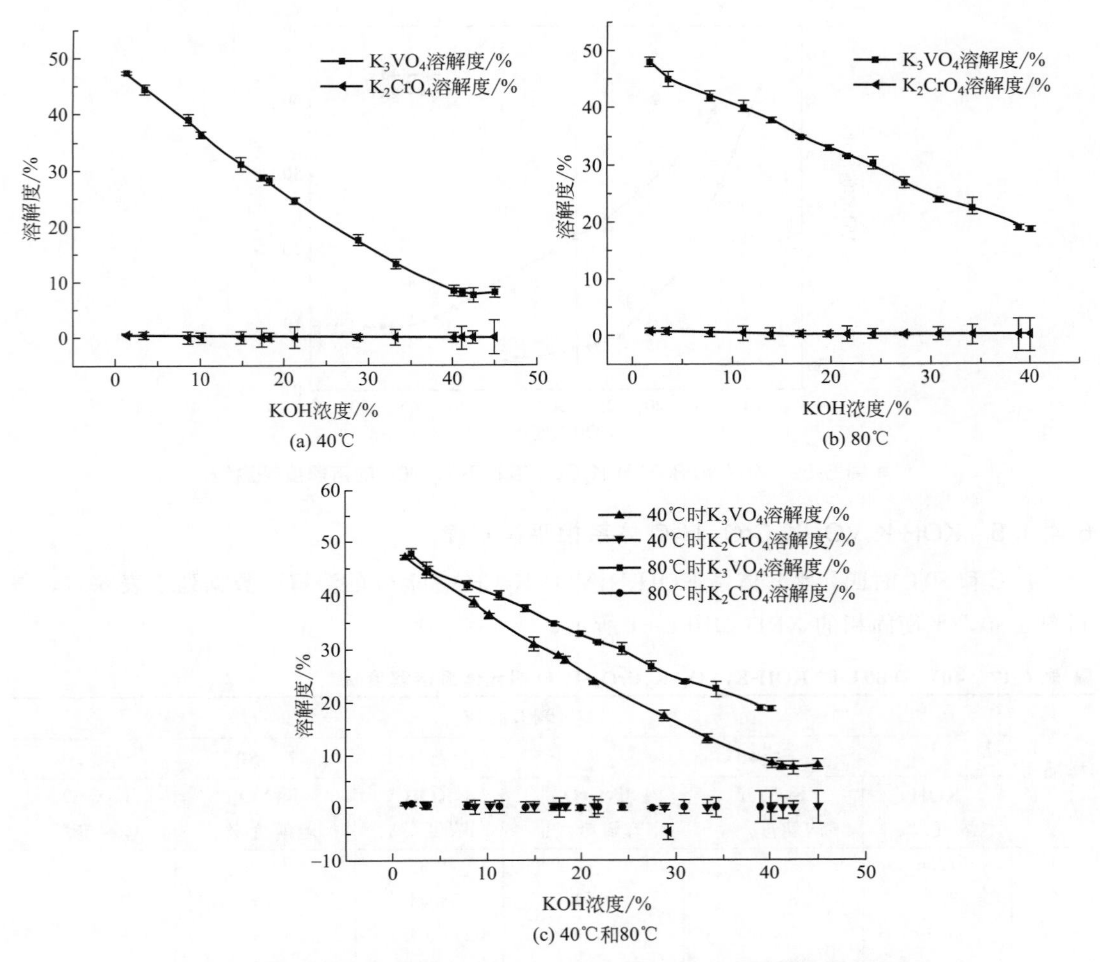

■ 图 6-60 40℃和 80℃时 $KOH-K_3VO_4-K_2CrO_4-H_2O$ 四元体系溶解度

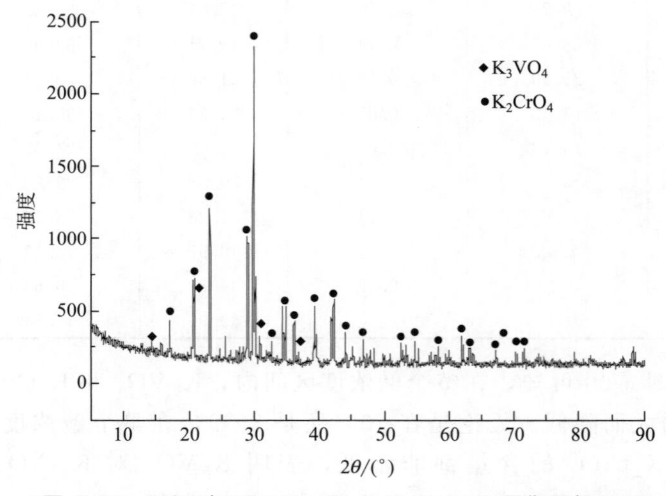

■ 图 6-61 40℃时 $KOH-K_3VO_4-K_2CrO_4-H_2O$ 平衡固相 XRD

因 40℃和 80℃的四元平衡体系固相 XRD 图相似，所以只列出一张图。由图 6-61 可见，无论是在 40℃还是 80℃，谱图中检测到 K_2CrO_4 的衍射峰非常强，而 K_3VO_4 的强度则较弱，这正是由 K_3VO_4 对 K_2CrO_4 强烈的盐析作用造成的，令 K_2CrO_4 在平衡液相中的浓度很低，大量析出成为固相。经 XRD 分析，四元体系的平衡固相为 K_3VO_4 和 K_2CrO_4。

6.4.1.6 钒酸钾结晶分离工艺

在上几节体系溶解度数据的基础上，可得出钒酸钾的结晶分离方法如下：K_3VO_4 在 KOH 溶液中的溶解度随着碱浓度的增大而显著降低，当碱浓度高于 750g/L 时，K_3VO_4 的溶解度随碱浓度变化不再明显。当 KOH 浓度高于 750g/L，80℃时，K_3VO_4 在 KOH 溶液中的溶解度基本保持在最小值 310g/L；40℃时，K_3VO_4 在 KOH 溶液中的溶解度基本保持在最小值 130g/L。在整个碱浓度区间，温度对 K_3VO_4 在碱溶液中的溶解度影响颇为显著，冷却结晶是最佳的分离方式。因此，对冷却结晶的方法对钒酸钾从碱性体系中的分离进行了系统研究。

（1）KOH 浓度对钒酸钾结晶的影响

根据上述关于溶解度相图的研究可知，钒酸钾溶解度受碱浓度影响较大，但是在不同的碱浓度区间，其不同温度下的溶解度差值是不相同的，为了得到冷却结晶最佳的碱浓度，需考察不同碱浓度对钒酸钾结晶的影响。根据后续工艺及实际操作过程对溶液的要求，在 750～1000g/L 范围内考察了 KOH 浓度对钒酸钾结晶的影响（见图 6-62）。

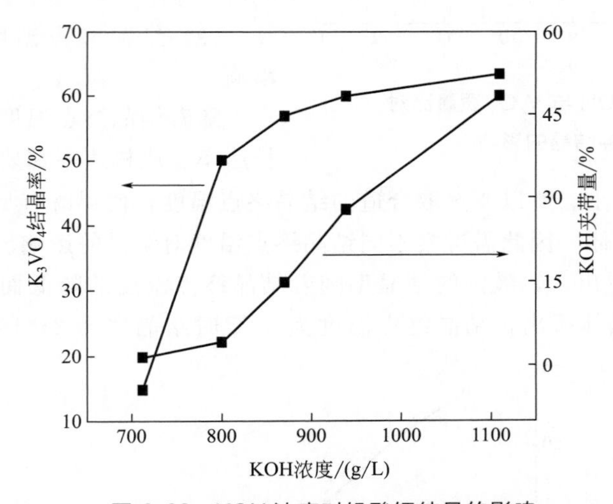

■ 图 6-62 KOH 浓度对钒酸钾结晶的影响

从图 6-62 可以看出，随着碱浓度的升高，钒酸钾的结晶率逐渐提高，当 KOH 浓度高于 800g/L，结晶率大于 50%；当 KOH 浓度达到 1000g/L，结晶率达到 60%。然而，钒酸钾晶体中游离碱的夹带量也随着碱浓度的增大而增大，当 KOH 浓度为 800～1000g/L，钒酸钾晶体中游离碱的夹带量由 4%增大到约 40%。在结晶前液中 K_3VO_4 浓度相同的情况下，溶液中碱浓度越高，钒酸钾在溶液中越易达到过饱和状态，过饱和度是晶核形成和晶体生长的推动力，所以提高溶液的浓度可以加快结晶的速度。但是与此同时，随着碱浓度的提高，溶液的黏度也随之增大，从而会降低结晶速度[31]。综合考虑 K_3VO_4 结晶率、晶体中碱夹带量、实际体系溶液浓度以及反应液后续工艺要求，如液固分离、杂质脱除和介质循环等，KOH 浓度不宜过高，在 800～850g/L 较为适合。

（2）KOH 与 V_2O_5 质量比对钒酸钾结晶的影响

在高碱体系中（pH＞13），V 以 VO_4^{3-} 形式存在，化学反应方程式见式(6-24)：

$$6KOH + V_2O_5 \longrightarrow 2K_3VO_4 + 3H_2O \tag{6-24}$$

理论上，KOH 与 V_2O_5 质量比为 1.85。根据实际体系，钒浓度相对较低，以 V_2O_5 表示为 70～80g/L。当 KOH 浓度确定在 800～850g/L 时，理论上的 K/V（KOH 与 V_2O_5 质量比）为 10～12。作为反应物的 V_2O_5 浓度直接会影响到钒酸钾结晶，需研究 K/V 为 6∶1、7∶1、8∶1、9∶1、10∶1 和 12∶1 对结晶率的影响。

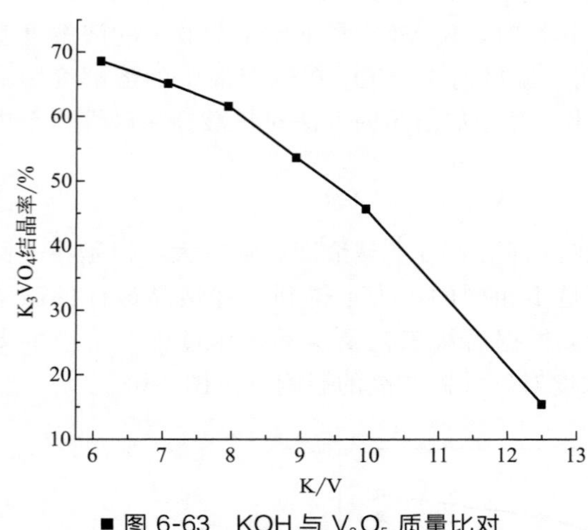

■ 图 6-63 KOH 与 V_2O_5 质量比对钒酸钾结晶的影响

从图 6-63 中 KOH 与 V_2O_5 质量比对钒酸钾结晶的影响可知，随着 K/V 的增大，钒酸钾的结晶率逐渐降低，当 K/V 为 8～9 时，结晶率在 54%～61%之间；当 K/V 大于 9 时，结晶率随着 K/V 的增大（12.5）而降低到 15.45%；当 K/V 小于 8 时，结晶率随着 K/V 的降低到 6 而增大到 68.57%。考虑到实际钒结晶前液中钒浓度偏低，结合结晶率，选择 K/V=9～10 为宜。

（3）结晶终点温度对钒酸钾结晶的影响

随着结晶终点温度的降低，晶体的生长速率、成核速率都要增大，从而导致结晶产物的平均粒度减小。所以要选取合适的结晶终点温度，使得既有足够的过饱和度又得到平均粒度较大的晶体。因此需考察不同结晶终点温度对结晶的影响。

由图 6-64 可以看出，钒酸钾的结晶率随着结晶终点温度的降低而升高。结晶终点温度为 60℃时溶液无晶体析出，结晶终点温度为 50℃时结晶率为 25.16%，40℃时结晶率

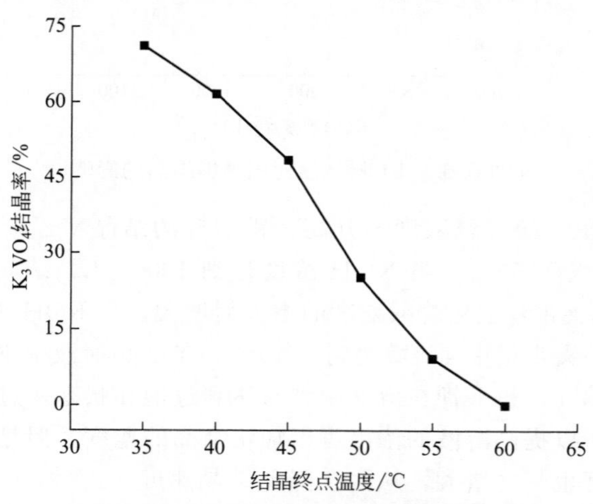

■ 图 6-64 结晶终点温度对结晶率的影响

为 61.52%，35℃时结晶率为 71.17%，这与钒酸钾在溶液中的溶解度有关，随着温度的降低，钒酸钾在溶液中的溶解度显著降低，故温度越低析出越多。

冷却结晶起点温度相同，冷却结晶终点的温度越低，其间钒酸钾的溶解度相差就越大，钒酸钾的结晶率就越高。但溶解度相差越大，即结晶的推动力越大，晶体析出就越快，晶体的形状多为针状或树枝状，晶粒很细，影响产品的纯度[6]。冷却终点温度过低也会使制冷成本增大。综合考虑钒酸钾的结晶率、制冷成本及易操作性，较为合适的温度为 40℃。

（4）降温机制对钒酸钾结晶的影响

结晶过程的推动力是过饱和度，过饱和度是控制结晶产品质量的关键，恒过饱和度通常是结晶过程控制的追求目标。冷却结晶中的过饱和度的产生主要是靠降温来提供的，因此需考察不同降温制度对钒酸钠结晶的影响。

由图 6-65 可以看出，当冷却速率低于 20℃/10min 时，随着冷却速率的增大，K_3VO_4 结晶率缓慢增大，晶体中碱夹带量也逐渐增大；当冷却速率等于 10℃/10min，即自然冷却时，K_3VO_4 结晶率为 58.69%，晶体中夹带碱量很少，只有 4.15%；当冷却速率等于 20℃/10min 时，K_3VO_4 结晶率最大为 60.04%，晶体中碱夹带量达到了 6.05%。然后进一步增加冷却速率，结晶率反而降低，当冷却速率等于 30℃/10min 时，K_3VO_4 结晶率降到 53.96%。根据晶体学理论：降温速度太快可导致晶核数量激增，远超出所需的晶核量，使晶体无法长大。这种细小的晶核的临界半径尺寸较小，在溶液中难以长大，会重新溶于溶液中，这样就导致钒酸钾的结晶率较低；降温速度慢，晶体有足够的生长时间，可以得到更多的钒酸钾晶体，使其结晶率增大，且形成的晶体颗粒较大[32]。但当冷却速度过慢时，从图 6-65 中可看出，钒酸钾的结晶率并没有明显提高。因为晶体中碱夹带量均低于 10%，自然降温时结晶率与冷却速率等于 20℃/10min 只有不到 2%的差距，但后者伴有能量消耗，因此，综合考虑到结晶率、能耗和晶体纯度，自然降温（10℃/10min）即为合适的降温速度。

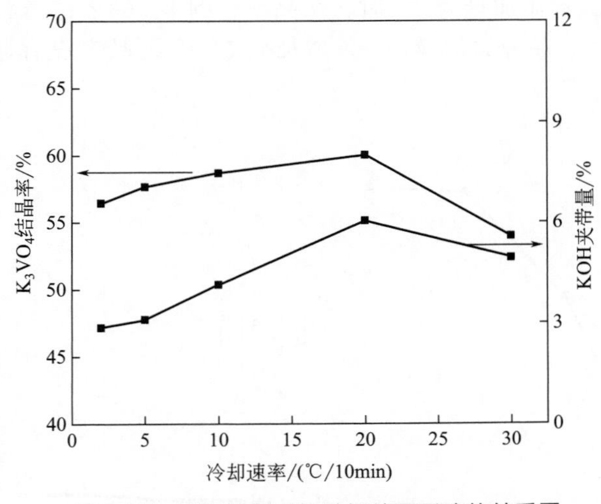

■ 图 6-65 降温机制对钒酸钾结晶影响的关系图

（5）搅拌速率对钒酸钾结晶的影响

搅拌速率对整个结晶过程有着持续的影响，因此需考察不同搅拌速率对钒酸钠结晶的

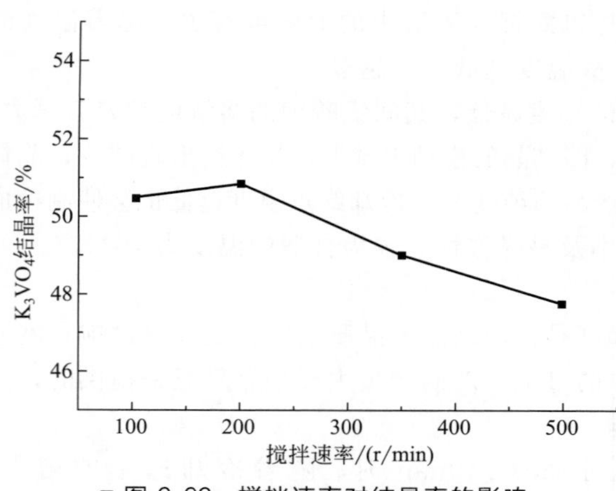

■ 图 6-66 搅拌速率对结晶率的影响

影响。

从图 6-66 可以看出，钒酸钾结晶率在搅拌速率为 100r/min 和 500r/min 时有所下降，在实验过程中发现，当搅拌速率为 100r/min 时，加了少量晶种后依旧很难从溶液中析出大量的晶体，只有少数不多的晶体沿着容器壁上析出，这说明在溶液中已存在一定的过饱和度，但是由于搅拌不足的原因，减少了原子相互碰撞结合的机会，致使只有少数晶体沿容器壁析出[3]。而在后续液固分离过程中，由于过饱和度的存在，晶体瞬时大量结晶析出，故得到的结果与正常情况下的结晶率相近。搅拌速率为 200～500r/min 时则不存在此种情况，加了晶种后大量的晶体会从溶液中析出。而当搅拌速率在 500r/min 时，钒酸钾的结晶率也有所下降，分析其原因是在大搅拌速率下，新形成的晶核被打碎，打碎后的小晶核尺寸要小于临界晶核半径，致使再一次被溶解，于是晶体的结晶率有所下降。

通过上述分析可知，搅拌速率需适中，否则会影响晶体的结晶以及晶体的形貌与粒度。选取适中的搅拌速率为 200r/min。

（6）晶种添加量对钒酸钾结晶的影响

由于 K_3VO_4 溶液有比较大的介稳区，晶体不会自动结晶出来，只能通过添加晶种到过饱和溶液中诱导结晶，得到的晶体颗粒大，分布均匀且纯度高。由图 6-67 可以看出，随着晶种添加量的增加，K_3VO_4 的结晶率逐渐增加，特别是当晶种添加量大于 0.5%时，结晶率显著增加。当晶种添加量为 2%时，结晶率达到 87.63%；当晶种添加量为 5%时，结晶率可达到 88.45%。晶种添加量由 2%增加到 5%，结晶率没有显著变化，最终选择晶种添加量以 2%为佳。

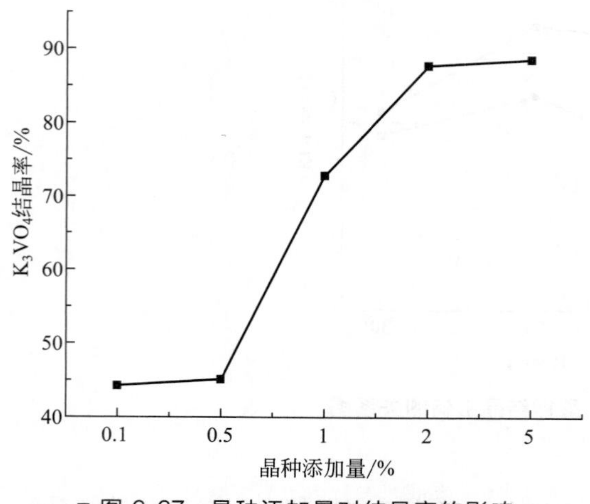

■ 图 6-67 晶种添加量对结晶率的影响

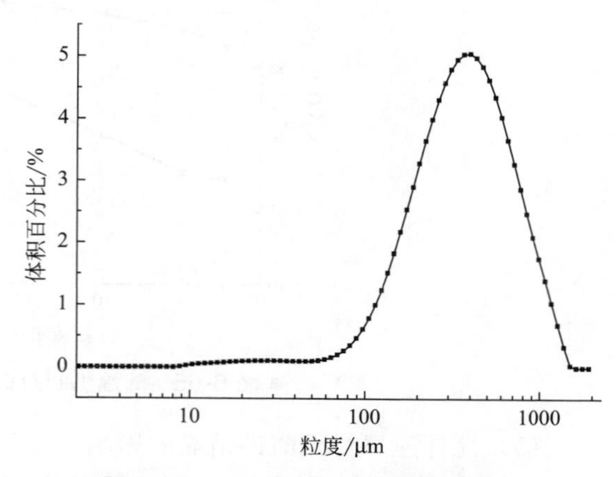

■ 图 6-68 45℃下添加 2%晶种粒度分布

其中，晶种添加量是把 V_2O_5 的理论浓度（94.44g/L）作为计算的基准，计算公式见式(6-25)：

$$晶种添加量=(94.44\times V/M_{V_2O_5})\times 2\times M_{K_3VO_4}\times 晶种添加百分含量 \quad (6\text{-}25)$$

式中 V——溶液体积，mL；

$M_{V_2O_5}$——181.88g/mol；

$M_{K_3VO_4}$——231.94g/mol。

（7）优化结晶工艺条件及产品测试结果

根据单因素条件，得到最终结晶条件：结晶液浓度为 KOH 853.1g/L；KOH 与 V_2O_5 质量比为 9.24；V_2O_5 浓度为 92.31g/L；80℃自然降温至45℃添加2%的晶种，并于45℃养晶 1h，然后自然降温至40℃，保温 3h。反应后液浓度：KOH 800.94g/L；V_2O_5 54.86g/L。

最终所得晶体粒度如图 6-68 所示，晶体的平均粒度为 385.873μm，颗粒较大，沉降速度很快，可在 10min 内完成晶体的沉降分离。

6.4.2 钒酸钠的分离

6.4.2.1 溶解度规律

测定了 Na_3VO_4 在 NaOH 中的溶解度数据，并画出相应的溶解度相图，数据如表 6-18 所列，相应的溶解度如图 6-69 所示，相应固相的 XRD 如图 6-70 所示。

■ 表 6-18 40℃和 80℃时 $NaOH-Na_3VO_4-H_2O$ 体系溶解度数据

液相成分/(g/L)			
T=40℃		T=80℃	
NaOH	Na_3VO_4	NaOH	Na_3VO_4
151.22	150.41	105.19	268.57
249.83	51.38	248.33	164.29
296.79	28.92	388.95	114.01
305.02	26.17	409.76	102.16
329.83	17.06	440.21	92.62
373.56	17.60	528.25	90.02
382.71	13.71	547.60	86.62
402.68	9.89	578.28	88.78
435.66	10.78	582.54	85.71
479.67	8.33	607.07	87.16
534.26	7.99	620.43	84.81
535.23	8.51		
541.39	10.19		
620.43	17.12		
666.35	28.79		

图 6-69 表明，在低碱区间，即 NaOH 浓度小于 300g/L 时，Na_3VO_4 的溶解度随 NaOH 浓度增加急剧下降，所以在此浓度范围内，可以通过蒸发结晶的方法分离 Na_3VO_4；当 NaOH 浓度高于 300g/L 时，Na_3VO_4 的溶解度随 NaOH 浓度增加基本不再

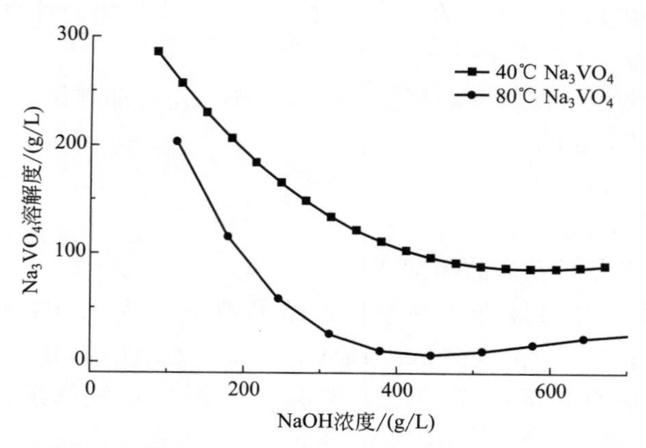

■ 图 6-69 40℃和 80℃时 $NaOH-Na_3VO_4-H_2O$ 体系 Na_3VO_4 的溶解度等温线

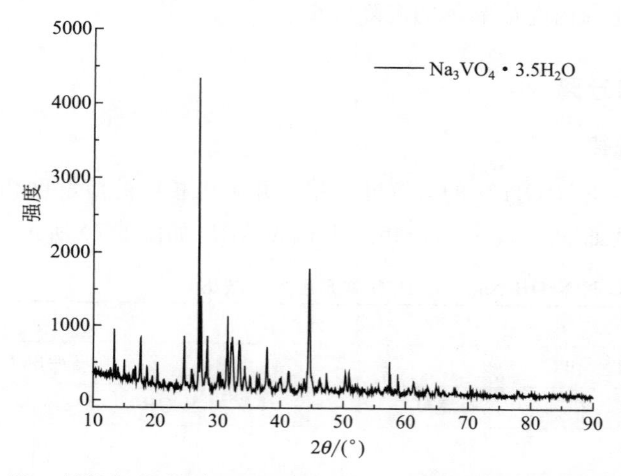

■ 图 6-70 40℃和 80℃时 $NaOH-Na_3VO_4-H_2O$ 体系平衡固相的 XRD 图

变化，此时不宜采用蒸发结晶的方法。另一方面，在整个 NaOH 的浓度范围内，Na_3VO_4 溶解度随温度变化很明显，所以冷却结晶也是分离 Na_3VO_4 的一种有效方法。然而，具体采用何种结晶分离方式，要结合具体的工艺过程考虑。对于本工艺而言，由于涉及 $NaNO_3$ 和 Na_2CrO_4 的分离，所以要综合考虑几种物质间的相互影响，这将在下面的章节中具体介绍。由图 6-70 可以看出，此三元体系的平衡固相是 $Na_3VO_4 \cdot 3.5H_2O$。

测定 40℃和 80℃时四元水盐体系 $NaOH-Na_3VO_4-Na_2CrO_4-H_2O$ 的溶解度，数据列于表 6-19 和表 6-20，得到图 6-71。

■ 表 6-19 40℃时 $NaOH-Na_3VO_4-Na_2CrO_4-H_2O$ 四元体系溶解度

样品号	ρ/(g/cm³)	碱液成分/(g/L)			碱液成分/%		
		NaOH	Na_3VO_4	Na_2CrO_4	NaOH	Na_3VO_4	Na_2CrO_4
1	1.4465	11.83	66.28	544.26	0.82	4.58	37.63
2	1.4717	63.75	40.16	537.40	4.33	2.73	36.52
3	1.4333	125.28	20.33	475.41	8.74	1.42	33.17
4	1.4430	205.32	10.70	431.17	14.23	0.74	29.88

续表

样品号	ρ/(g/cm³)	碱液成分/(g/L)			碱液成分/%		
		NaOH	Na_3VO_4	Na_2CrO_4	NaOH	Na_3VO_4	Na_2CrO_4
5	1.4389	244.32	9.53	405.00	16.98	0.66	28.15
6	1.3855	289.49	12.06	338.95	20.89	0.87	24.46
7	1.4002	384.08	12.72	218.73	27.43	0.91	15.62
8	1.4726	431.06	13.45	186.18	29.27	0.91	14.68
9	1.3903	469.90	11.61	139.69	33.80	0.83	10.05
10	1.4188	520.06	27.11	119.04	36.66	1.91	8.39
11	1.4839	591.99	34.69	95.70	39.89	2.34	6.45
12	1.4399	643.32	40.73	59.91	44.68	2.83	4.16
13	1.5025	754.63	13.69	46.23	50.23	0.91	3.08

■ 表 6-20 80℃时 $NaOH-Na_3VO_4-Na_2CrO_4-H_2O$ 四元体系溶解度

样品号	ρ/(g/cm³)	碱液成分/(g/L)			碱液成分/%		
		NaOH	Na_3VO_4	Na_2CrO_4	NaOH	Na_3VO_4	Na_2CrO_4
1	1.5758	2.51	156.11	608.43	0.16	9.91	38.61
2	1.5485	27.52	77.42	660.77	1.78	5.00	42.67
3	1.5539	59.83	64.33	631.49	3.85	4.14	40.64
4	1.4929	113.33	49.61	566.69	7.59	3.32	37.96
5	1.4633	173.73	44.16	477.59	11.87	3.02	32.64
6	1.4820	285.68	35.28	373.22	19.28	2.38	25.18
7	1.4738	320.65	36.87	329.30	21.76	2.50	22.34
8	1.4571	370.99	44.20	278.92	25.46	3.03	19.14
9	1.4635	429.55	77.89	219.79	29.35	5.33	15.02
10	1.5041	548.74	70.24	142.78	36.48	4.82	9.49
11	1.5431	621.49	58.19	113.21	40.28	3.77	7.34
12	1.4893	633.19	50.80	104.74	42.52	3.41	7.03
13	1.5571	729.24	22.93	90.84	46.83	1.47	5.83
14	1.4743	737.57	15.24	82.09	50.03	1.03	5.57

图 6-71 为 40℃和 80℃时 $NaOH-Na_3VO_4-Na_2CrO_4-H_2O$ 四元体系的溶解度等温线。由图可知，在整个碱浓度区间内，Na_2CrO_4 的溶解度随碱浓度增大显著降低（除 80℃第一点之外）；而 Na_3VO_4 的溶解度随碱浓度升高而降低，但当 NaOH 浓度达到 33.80%（40℃）和 21.76%（80℃）时，溶解度又有明显增加，当碱浓度继续上升到 50.23%（40℃）和 40.28%（80℃）时，溶解度又开始降低，令 Na_3VO_4 溶解度曲线中呈现一个突出的波峰。

在整个碱浓度范围内，Na_2CrO_4 的溶解度显著高于 Na_3VO_4，在低碱区尤其明显。例如，80℃时，当碱浓度为 113.33g/L 时，Na_3VO_4 溶解度为 49.61g/L，而 Na_2CrO_4 溶解度达到 566.69g/L，是 Na_3VO_4 的 11 倍；低温 40℃时两者差异更为显著，当碱浓度为 63.75g/L 时，Na_3VO_4 仅溶解 9.53g/L，此时 Na_2CrO_4 溶解度达到 405.00g/L，是

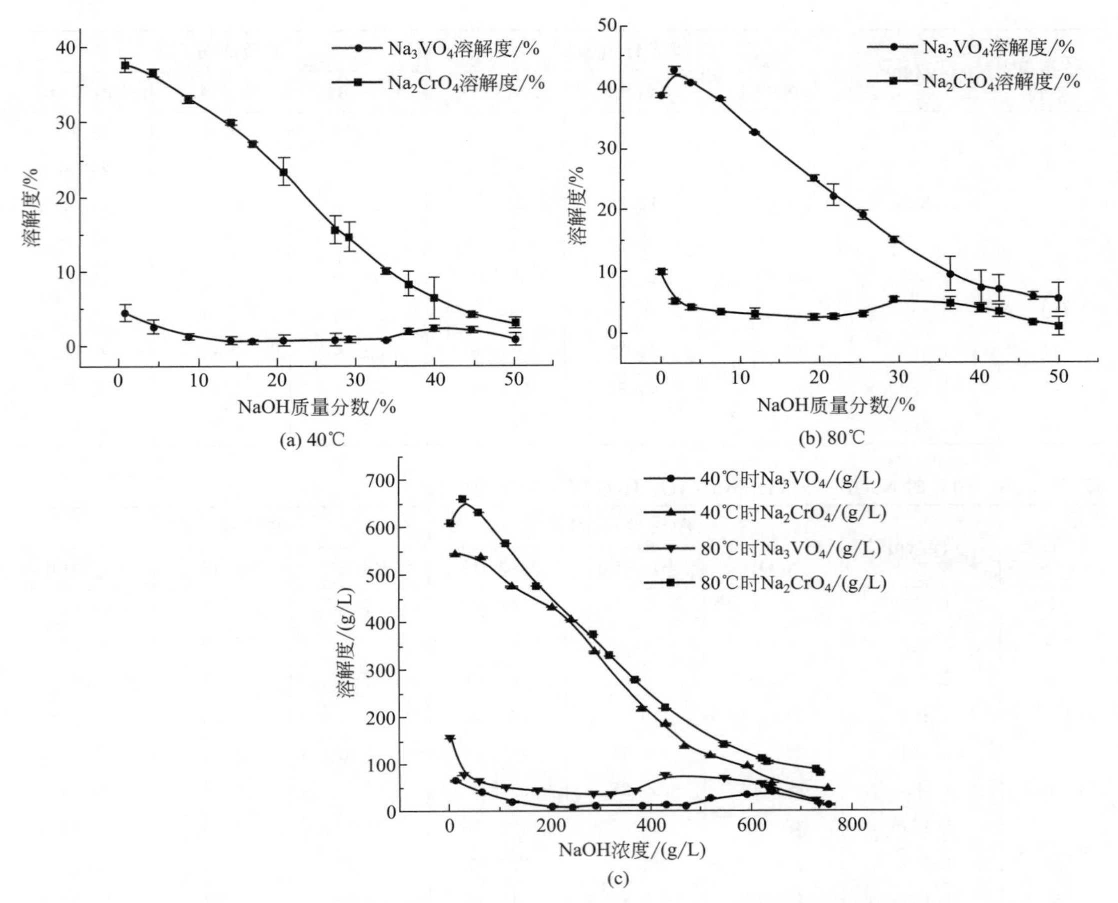

■ 图 6-71　40℃和 80℃时 $NaOH$-Na_3VO_4-Na_2CrO_4-H_2O 四元体系溶解度

Na_3VO_4 的 42 倍。

另一方面，比较 Na_2CrO_4 在两个温度下的数据可知，温度对其溶解度的影响并不显著，当碱浓度由 10g/L 增加到 700g/L 时，Na_2CrO_4 溶解度降低了约 500g/L，表明 Na_2CrO_4 受碱浓度的影响远大于温度。因此，可以通过蒸发结晶的手段在整个碱浓度范围内分离 Na_2CrO_4。Na_3VO_4 的溶解度受温度影响变化不大，因此可通过冷却结晶方法进行分离。但二者的单相结晶区域还需根据与三元体系对比研究才可最终确定，这一部分内容将在下一节进行详尽讨论。

由于 40℃和 80℃的四元平衡体系固相 XRD 图相似，所以只列出一张图（见图 6-72）。经 XRD 分析，四元体系的平衡固相为 $Na_3VO_4 \cdot 3H_2O$ 和 Na_2CrO_4。

6.4.2.2　Na_2CrO_4 的影响

图 6-73 为 40℃和 80℃时 Na_2CrO_4 对 Na_3VO_4 溶解度的影响曲线。由图可见，当温度为 40℃时，若碱浓度低于 384.08g/L，由于 Na_2CrO_4 的加入，Na_3VO_4 浓度显著降低。例如，当 NaOH 浓度在 150g/L 左右时，三元体系中 Na_3VO_4 浓度为 150g/L，而四元体系则会降至 20g/L，降低率超过 80%。随着碱浓度不断增大，Na_2CrO_4 带来的影响越来

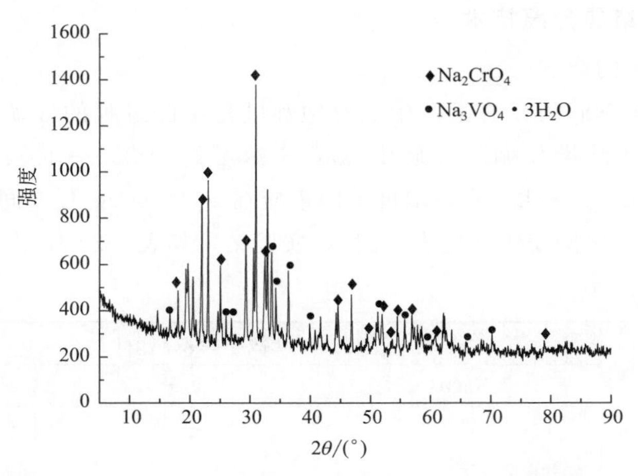

■ 图 6-72 40℃时 $NaOH\text{-}Na_3VO_4\text{-}Na_2CrO_4\text{-}H_2O$ 平衡固相 XRD

越小；当碱浓度超过 384.08g/L 时，四元体系中 Na_3VO_4 浓度相较三元体系反而增加，在 470～670g/L 的碱浓度区间内，Na_3VO_4 浓度增加量小于 20g/L。因此，在 40℃时，Na_2CrO_4 的加入使得 Na_3VO_4 浓度在低碱区溶解度显著降低，高碱区影响较小。

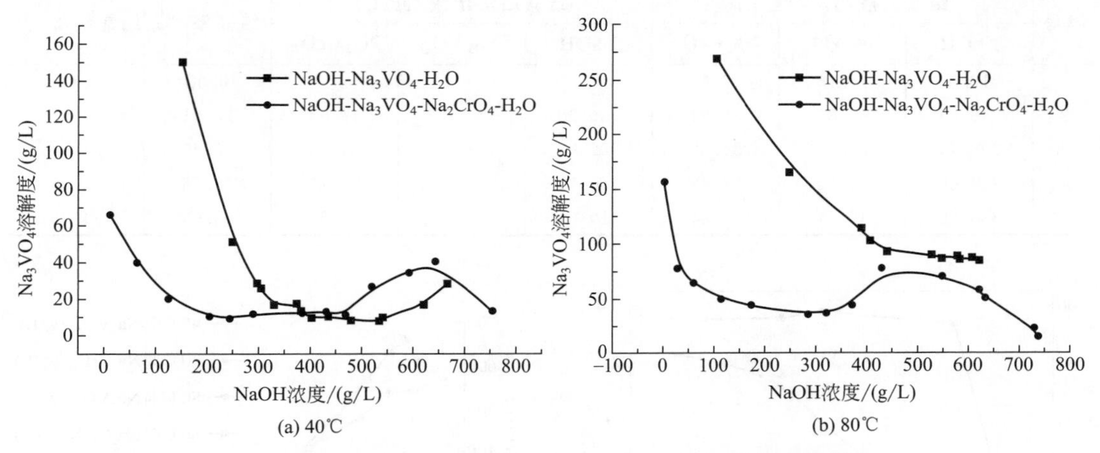

■ 图 6-73 40℃和 80℃时 Na_2CrO_4 对 Na_3VO_4 溶解度的影响

当温度为 80℃时，Na_2CrO_4 的加入对 Na_3VO_4 浓度的影响同样是在低碱区比较显著。当 NaOH 浓度为 100g/L 左右时，三元体系中 Na_3VO_4 浓度为 270g/L，而到四元体系中便降至 50g/L，降低率亦超过 80%，不过相对于低温，在 80℃其浓度的降低并没有那么显著。随着碱浓度增大，尽管四元体系中的 Na_3VO_4 浓度升高，但仍低于相同碱浓度的三元体系的溶解度值，在碱浓度为 420～620g/L 的区间内，浓度差平均值约为 50g/L。因此，在 80℃时，Na_2CrO_4 的加入使得 Na_3VO_4 浓度在低碱区溶解度显著降低，高碱区影响较小。

综上所述，Na_2CrO_4 的加入使得 Na_3VO_4 浓度在低碱区溶解度显著降低，对高碱区影响较小，盐析效应主要存在于低碱区。因此，在低碱区进行冷却结晶更有利于 Na_3VO_4 的分离。

6.4.2.3 Na_3VO_4 结晶分离技术

(1) NaOH 浓度的影响

NaOH 浓度影响 Na_3VO_4 在溶液中的过饱和度是结晶过程的推动力。考虑到亚熔盐钒渣清洁生产工艺实际操作循环介质中 NaOH 浓度约为 250～300g/L、Na_3VO_4 约为 40g/L、Na_2CrO_4 约为 25g/L，则碱浓度单因素应在 200～400g/L 之间，以保证 Na_3VO_4 和 Na_2CrO_4 的浓度按比例变化（见表 6-21）。实验结果如表 6-22 和图 6-74 所示。

■ 表 6-21 结晶液浓度

样品号	液相组成/(g/L)		
	NaOH	Na_3VO_4	Na_2CrO_4
1	200	26.67	16.67
2	250	33.33	20.83
3	300	40.00	25.00
4	350	46.67	29.17
5	400	53.33	33.33

■ 表 6-22 NaOH 浓度对 Na_3VO_4 结晶的影响

编号	结晶前液组成/(g/L)			结晶后液组成/(g/L)			结晶率/%	结晶纯度/%
	NaOH	Na_3VO_4	Na_2CrO_4	NaOH	Na_3VO_4	Na_2CrO_4		
1	212.04	27.15	17.89				0.00	0.00
2	246.88	30.88	20.84	236.90	25.77	19.98	25.91	93.52
3	308.44	36.98	24.82	282.97	18.92	24.58	55.40	97.84
4	328.60	42.32	27.62	340.71	12.18	29.11	75.76	95.55
5	380.00	42.14	31.84	410.01	8.73	34.39	83.06	94.93

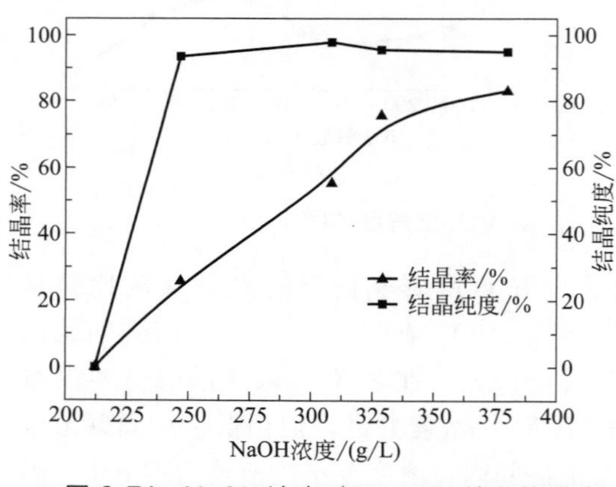

■ 图 6-74 NaOH 浓度对 Na_3VO_4 结晶的影响

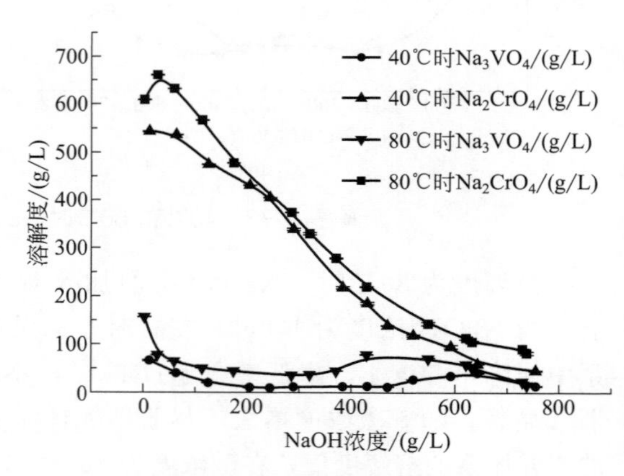

■ 图 6-75 四元体系溶解度

由图 6-74 可知，当碱浓度为 212g/L 时，由于 Na_3VO_4、Na_2CrO_4 浓度过低，无法结晶析出 Na_3VO_4；当碱浓度在 246～380g/L 之间时，结晶率大于 25%，且随着碱浓度升高而升高；当碱浓度为 380g/L 时，结晶率达到 83.06%。

对比图 6-75 的相图可知，40℃碱浓度在 246～380g/L 之间时，随着碱浓度提高，

Na_3VO_4 溶解度降低，而原本结晶原液是成比例配制，即碱浓度越高，Na_3VO_4 浓度越高，因此 Na_3VO_4 溶解度差变大，在溶液中越容易达到过饱和状态，过饱和度越大，而过饱和度是晶核形成和晶体生长的推动力，所以提高溶液的浓度会加快结晶速率，在同等时间内，Na_3VO_4 结晶率增大。

由表 6-22 和图 6-74 可见，除碱浓度为 212g/L 时无法结晶析出 Na_3VO_4 外，碱浓度在 246～380g/L 之间时，结晶纯度大于 93%，碱浓度为 308g/L 时最高，可达到 97%，随着碱浓度继续升高，Na_2CrO_4 浓度升高，令其夹带增多，纯度稍有降低。这表明，尽管碱浓度和 Na_2CrO_4 浓度会对结晶纯度产生一定影响，但并不显著，且产品未经后续处理，纯度即可超过 93%。

由于亚熔盐清洁工艺即产生碱浓度 250～300g/L 的溶液，此时得到产物纯度最高，而结晶率达到 50%，已满足后续实验要求，因此选择碱浓度为 250～300g/L 的工艺原液即可进行结晶。

（2）结晶终温的影响

随着结晶终温的降低，结晶终点改变，晶体的生长速率、成核速率都会相应增大，从而导致结晶产物的平均粒度减小。因此，通过选择合适的结晶终温，可以在保证足够的过饱和度的同时又得到平均粒度较大的晶体。实验结果见表 6-23 和图 6-76。

■ 表 6-23 结晶终温对 Na_3VO_4 结晶率和纯度的影响

样品号	结晶液组成/(g/L)			结晶固体干重/g	结晶率/%	结晶纯度/%
	NaOH	Na_3VO_4	Na_2CrO_4			
原液	251.97	54.77	19.78			
60℃						
50℃	256.04	40.95	20.29	9.08	29.16	82.83
40℃	262.15	27.11	20.63	22.87	56.69	75.47
30℃	272.30	20.96	20.32	22.47	65.56	67.76
20℃	262.30	7.49	19.67	44.78	84.54	53.56

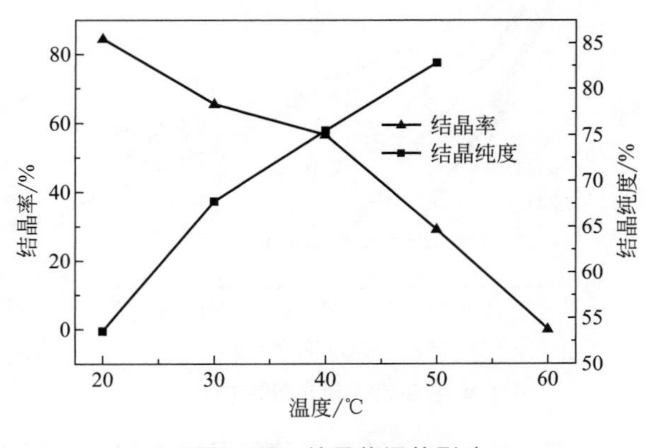

■ 图 6-76 结晶终温的影响

由表 6-23 和图 6-76 可知，Na_3VO_4 结晶率随温度降低而升高，终温 60℃时溶液无结晶析出；而当终温降至 20℃时，结晶率超过 80%，这与 Na_3VO_4 在碱溶液中的溶解度有关。实验中保持溶液浓度以及冷却结晶起点温度相同，由于 Na_3VO_4 在 NaOH 溶液中溶解度随着温度降低而显著降低，终点温度越低，Na_3VO_4 在 NaOH 中的溶解度差就越大，Na_3VO_4 的结晶率就越高。同时，由于溶解度差越大，结晶的推动力就越大。

随着温度降低，晶体体积减小，周围包裹的碱量增加，从而影响产品纯度，因此随着温度降低，结晶出的 Na_3VO_4 纯度由 50℃的 82.83%降至 20℃的 53.56%。这是由于溶解度差随着温度降低而增大，则结晶的推动力增大，晶体析出速率增大，晶体不再在原细微晶粒表面生长，而是不断析出新的晶粒，体积减小但数量增多，同时细微晶粒表面会黏附大量碱液，导致碱夹带量增加。且由表 6-23 可知，低温下由于附着的碱量大，滤饼体积大，干燥后重量大，且高温下的滤饼不需研磨即可得到均匀颗粒，而 20℃的滤饼体积大，难以研磨。同时考虑到由于盛夏季节气温高，若降温至 20℃所需的冷却代价大，难以达到，因此考虑工业操作经济性，应选用冷却结晶终点温度为 40℃。

（3）降温机制的影响

结晶过程的推动力是过饱和度，冷却结晶过程中的过饱和度主要靠降温提供，因此需要考察不同降温速率对冷却结晶的影响。

向循环水浴中通入冷却水，通过调节冷却水的流量改变降温速率。由 80℃降温至 40℃的降温速率分别为 0.52℃/min、0.97℃/min、1.30℃/min、1.86℃/min 和 2.44℃/min，当温度降至 40℃后关闭冷却水。

降温速率为 0.52℃/min 时，温度还未降至 40℃即有晶体析出，因此未加晶种，待其降温完全后保温 2h 恒温抽滤。其他降温速率的样品均待温度达到 40℃后加入晶种，晶体立即析出，保温 2h 后恒温抽滤。

图 6-77 是控制冷却水降温过程中时间与温度的曲线。由图可见，通过控制冷却水的通入量，可以保证温度速率为一条斜率一定的直线，即保证降温速率均匀，从而保证实验的有效性。

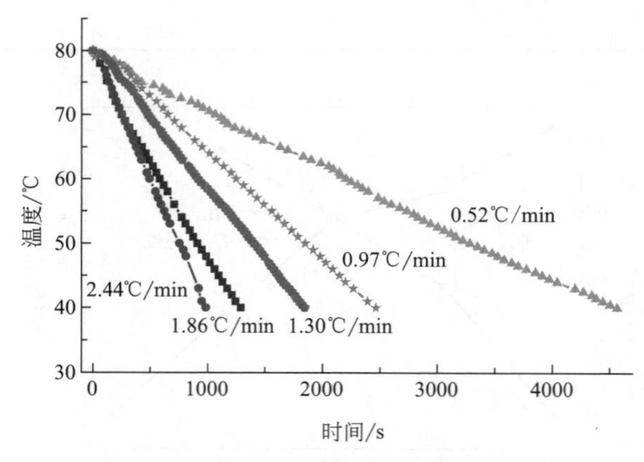

■ 图 6-77 降温速率曲线

由表 6-24 和图 6-78 可知，Na_3VO_4 结晶率随降温速率增大而降低，这是因为当未到达由溶解度差决定的结晶终点时，降温速率越小，降温时间越长，晶体有足够的生长时间，便可以得到更多的 Na_3VO_4，结晶率也随之增大；而当降温速率低于 1.3℃/min 后，结晶率虽然增大，但仅由 61.13%增大到 61.69%，变化并不显著，说明此时已达到结晶终点，降温速率的改变并不能引起结晶率的显著变化。且降温速率越小，耗时越长，同时制冷成本增大，经济性降低。因此，从结晶率的角度出发，对于工业操作来说，控制降温速率在 1℃/min 左右即可。

■ 表 6-24 降温机制对 Na_3VO_4 结晶的影响

样品号	结晶后液组成/(g/L)			结晶率/%	结晶纯度/%
	NaOH	Na_3VO_4	Na_2CrO_4		
原液	251.97	54.77	19.78		
0.52℃/min	265.46	265.46	19.56	61.69	70.48
0.97℃/min	271.47	271.47	19.77	61.58	73.32
1.30℃/min	262.00	262.00	19.37	61.13	85.99
1.86℃/min	252.63	252.63	18.50	56.57	78.27
2.44℃/min	270.24	270.24	19.69	54.77	75.98

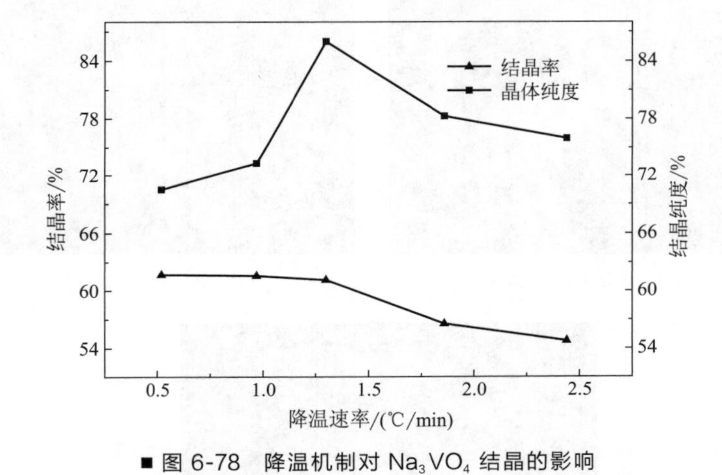

■ 图 6-78 降温机制对 Na_3VO_4 结晶的影响

由图 6-79 可知，当降温速率在 1.30℃/min 及以下时，晶体为针状，且随着降温速率增大，数量增多，因此纯度升高。而当降温速率再增大，结晶晶体成为薄片状，速率越高薄片越多［见图 6-79(d)、(e)］，因为降温速率过大会导致晶核数量激增，远超出所需的晶核量，使晶体无法长大，这样细小的晶核的临界半径尺寸较小，在溶液中难以长大，会重新溶于溶液中，导致结晶率较低，生长的晶核夹带碱液，晶体纯度也不高。综合考虑结晶率、晶体纯度以及经济性，控制降温速率在 1℃/min 左右即可。

(4) 保温时间的影响

保温时间的长短决定结晶是否完全，因此考察了保温时间对 Na_3VO_4 结晶的影响。

由表 6-25 和图 6-80 可知，当保温时间短于 1.5h 时，结晶率随着保温时间增长而降低，但随着时间再继续增加，结晶率反而降低，但总的来看，结晶率随保温时间的变化并不大，在 1%左右，也就是说，保温时间对结晶率几乎没有显著影响。而这里结晶率均超过 80%，也与碱浓度升高有关。同时，由图 6-80 可知，当保温时间短于 1.5h 时，结晶纯度随着保温时间增长而增大，而当结晶时间超过 1.5h 后，纯度反而降低。最低纯度为 65.96%，最高纯度为 75.64%。

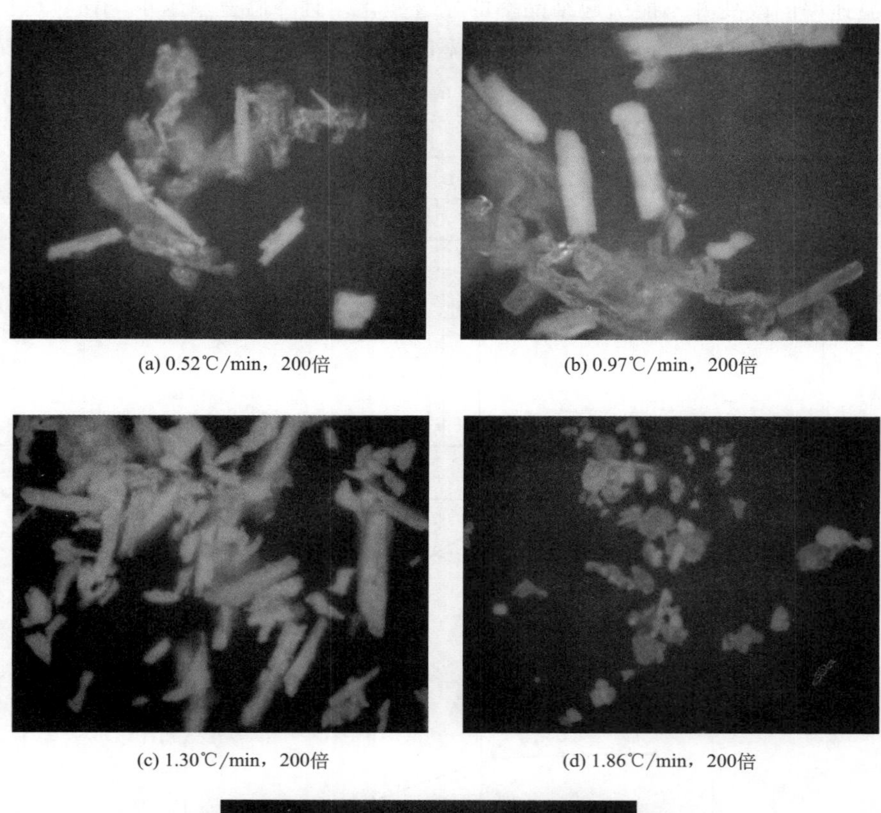

(a) 0.52℃/min，200倍　(b) 0.97℃/min，200倍

(c) 1.30℃/min，200倍　(d) 1.86℃/min，200倍

(e) 2.44℃/min，200倍

■ 图 6-79　降温机制对晶型的影响

■ 表 6-25　保温时间对结晶率和 Na_3VO_4 纯度的影响

样品号	结晶后液组成/(g/L)			结晶率/%	结晶纯度/%
	NaOH	Na_3VO_4	Na_2CrO_4		
原液	351.92	59.85	26.01		
0.5h	328.45	11.36	24.79	83.79	66.87
1h	308.79	11.16	25.08	83.27	71.82
1.5h	314.98	11.45	25.94	82.78	75.64
2.5h	307.73	10.95	24.59	83.35	65.96

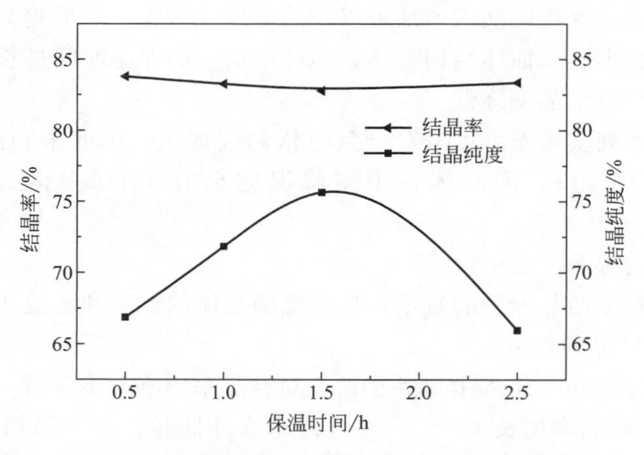

■ 图 6-80 保温时间对结晶率和 Na_3VO_4 纯度的影响

图 6-81 是结晶的晶型。保温 0.5h 后结晶的晶体为六边形，当保温时间延长至 1h，六边形尺寸变大，且开始出现八边形，与此同时，生长完全的晶体数量增多，因此结晶率由 66.87%增至 71.82%。当保温时间继续增加，八边形的尺寸继续变大，同时六边形依旧共存，因此结晶率仍然增加。然而，当继续增加保温时间，八面体数量减少，六面体数量增多，且六面体尺寸变小，与 0.5h 存在的六面体几乎相同，因此此时的纯度与 0.5h 接近。

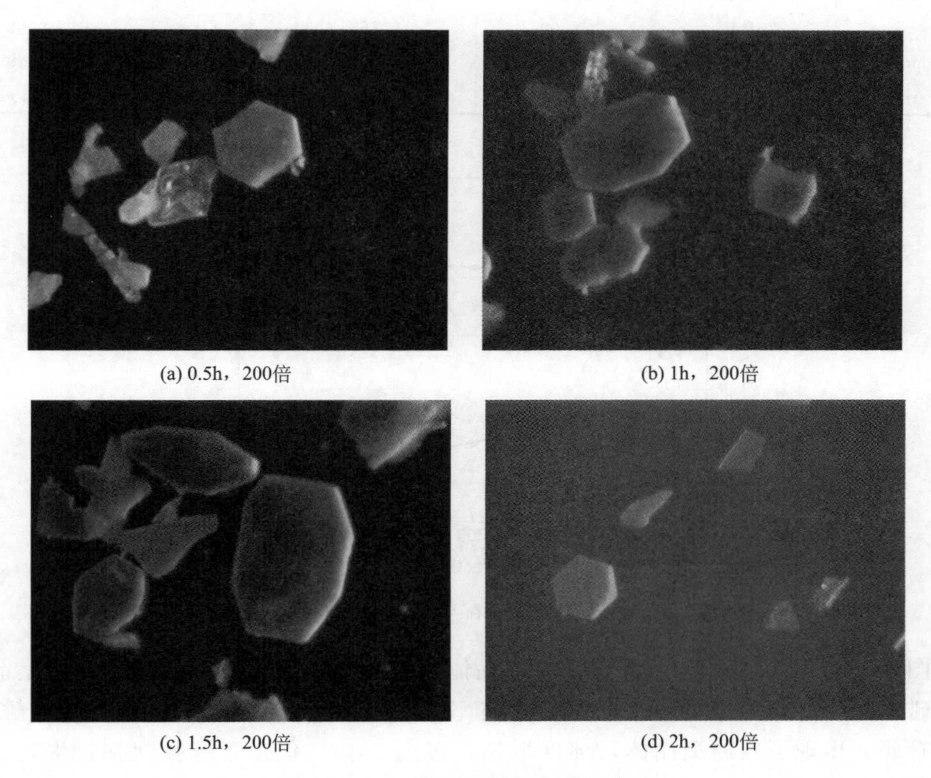
(a) 0.5h，200倍
(b) 1h，200倍
(c) 1.5h，200倍
(d) 2h，200倍

■ 图 6-81 保温时间对晶型的影响

由以上分析可知，保温时间的增加可以令晶体尺寸增大，且形貌会发生变化，时间介于1～1.5h之间时会形成八面体结构晶体，纯度增加，而保温时间过长，尺寸大的八面体又重溶于溶液中，导致结晶率降低。

考虑到由于此系列实验碱浓度升高导致过饱和度增大，因此未到温度降至40℃时即有晶体析出（52℃左右），即晶体析出到降温完全有15min，因此最佳保温时间选择105min。

（5）搅拌速率的影响

搅拌速率影响整个结晶器中的流场，从而影响晶体的粒度和形貌变化，因此考察了搅拌速率对 Na_3VO_4 结晶的影响。

由表6-26和图6-82可知，搅拌速率的改变对结晶率影响并不显著。当转速由100r/min增至150r/min后，结晶率增长1.5%。当搅拌速率过低时，原子间相互碰撞结合的概率降低，溶液几乎形成固体状，在结晶器内没有充分移动，因此结晶率较低；当搅拌速率过高时，新形成的晶核被打碎，打碎后的小晶核尺寸小于临界晶核半径，细晶再一次被溶解。就结晶率而言，搅拌速率选择在160r/min左右较为合适。

表6-26 搅拌速率对结晶率和 Na_3VO_4 纯度的影响

样品编号	结晶后液组成/(g/L)			结晶率/%	结晶纯度/%
	NaOH	Na_3VO_4	Na_2CrO_4		
原液	256.92	56.64	19.09		
100r/min	262.76	25.57	19.95	63.10	74.25
150r/min	261.56	24.06	19.85	64.64	83.86
200r/min	269.91	25.51	20.48	61.15	86.93
300r/min	253.65	27.46	19.18	57.34	88.72

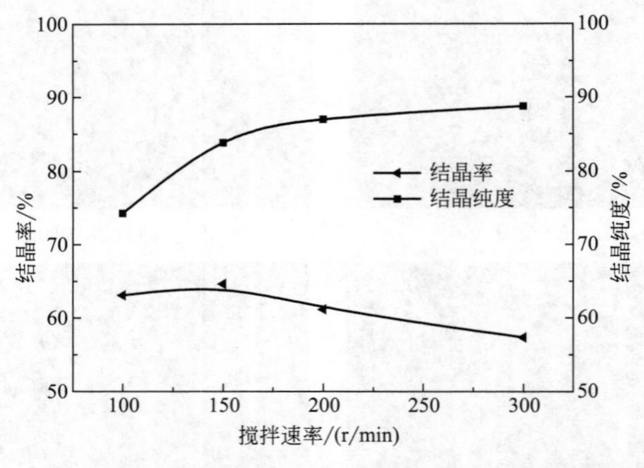

■ 图6-82 搅拌速率对结晶率和 Na_3VO_4 纯度的影响

由图6-83可见，当搅拌速率较低时，晶体须状生长，形成的最终晶体仅仅是晶体之间相互碰撞的碎片，质量低劣；而当搅拌速率增大至300r/min时，晶粒之间接触增多，细晶被打碎，出现了六面型晶体，纯度增加，接近90%。但由于搅拌速率过大，会导致结晶器装置不稳定，且过大的搅拌速率令结晶率降低，因此后续操作中依旧选择搅拌速率为 160r/min。

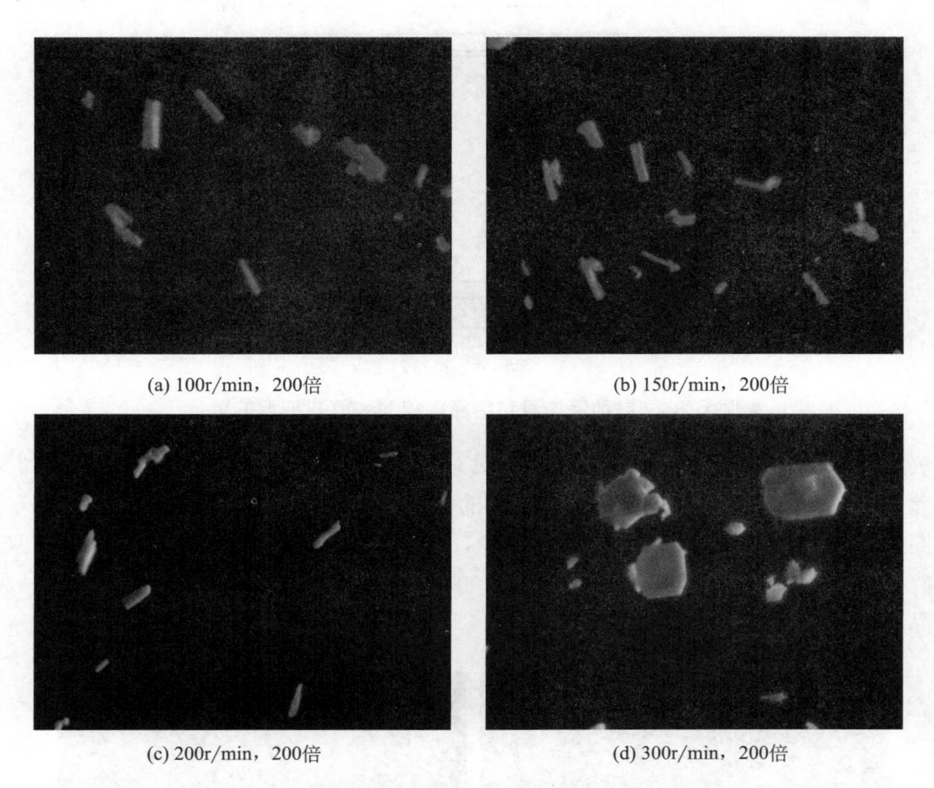
(a) 100r/min，200倍　(b) 150r/min，200倍
(c) 200r/min，200倍　(d) 300r/min，200倍

■ 图 6-83 搅拌速率对晶型的影响

（6）晶种添加量的影响

晶核的加入有诱导晶核形成的作用，且能通过控制加入晶种的时间调控产生晶体的粒度。配制相同浓度的四元溶液用于实验，根据已测得 $NaOH$-Na_3VO_4-Na_2CrO_4 三元体系介稳区宽度，选择在 47℃时添加晶种，晶种添加量分别为 0.1%、0.35%、0.75%、1%以及 2%。晶种添加量的计算是以原液中 Na_3VO_4 含量作为计算基准。计算公式如下：

$$\text{晶种添加量}=c(Na_3VO_4)\times V\times\text{晶种添加百分含量} \tag{6-26}$$

上式中，钒酸钠浓度由 ICP 测得，溶液为实验溶液体积恒定 400mL。实验结果见表 6-27 和图 6-84。

■ 表 6-27 晶种添加量对结晶率和 Na_3VO_4 纯度的影响

样品编号	结晶后液组成/(g/L)			结晶率/%	结晶纯度/%
	NaOH	Na_3VO_4	Na_2CrO_4		
原液	256.92	56.64	19.09		
0.10%	249.65	26.08	19.77	57.41	94.17
0.35%	270.97	27.86	20.91	54.74	95.75
0.75%	265.77	26.87	20.82	57.19	93.79
1.00%	255.73	28.68	20.45	54.94	92.43
2.00%	272.41	28.22	21.47	55.17	95.48

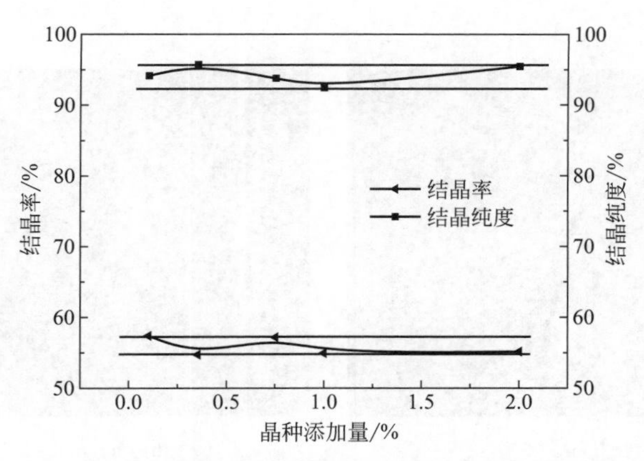

■ 图 6-84 晶种添加量对结晶率和 Na_3VO_4 纯度的影响

由表 6-27 及图 6-84 可见，晶种添加量对结晶率影响并不显著，尤其在考虑到实验的操作误差以及 ICP 测定误差的情况下，测定的结晶率最大仅相差 2.67%。

由图 6-85 可见，无论晶种添加量为多少，最终均生成六边形晶体，同时夹杂较多细小的破碎片状晶体，纯度变化小于 2.75%，亦可将其视为实验误差范围内，即晶种添加量对结晶率和结晶纯度均无较大影响。

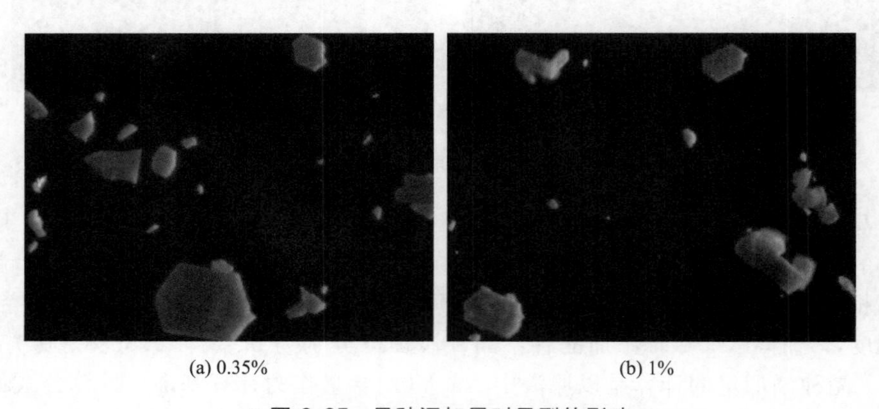

(a) 0.35%　　(b) 1%

■ 图 6-85 晶种添加量对晶型的影响

6.4.2.4 Na_3VO_4 结晶产物物相性质

用纯的 $Na_3VO_4 \cdot 3H_2O$ 试剂进行 XRD 测试，在测定前进行在 60℃和 80℃下烘干的预处理。由图 6-86 可见，纯试剂在进行不同温度的烘干之后，峰线发生了明显变化，这表明钒酸钠晶体携带的结晶水受温度影响极大，且失去不同数目的结晶水会引起 XRD 峰的显著变化，因此结晶产物需要在统一温度下干燥后再进行 XRD 测试。

在 80℃烘干条件下对自制钒酸钠以及最终结晶产物进行预处理，由图 6-87 可见，其谱图峰线吻合。经过与图 6-88 进行对比分析可知，结晶产物为 $Na_3VO_4 \cdot 3H_2O$。

将直接结晶的产物进行 SEM 表征，由图 6-89 可见，结晶产物为棱柱状柱体，包裹在絮状的碱中。将直接结晶的产物进行粒度分析，其平均粒度为 20.297μm，由图 6-90 可见，其粒度分布出现双峰，粒度分布不均匀。

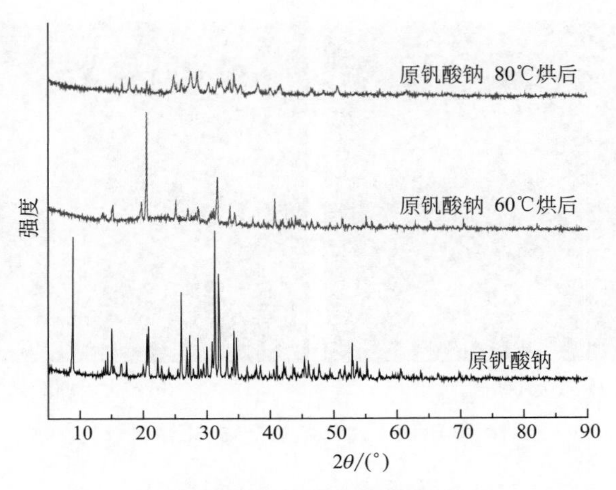

■ 图 6-86 原钒酸钠 XRD 谱

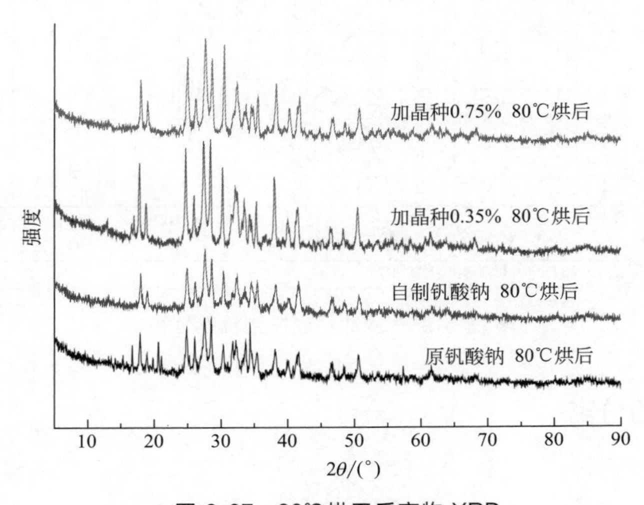

■ 图 6-87 80℃烘干后产物 XRD

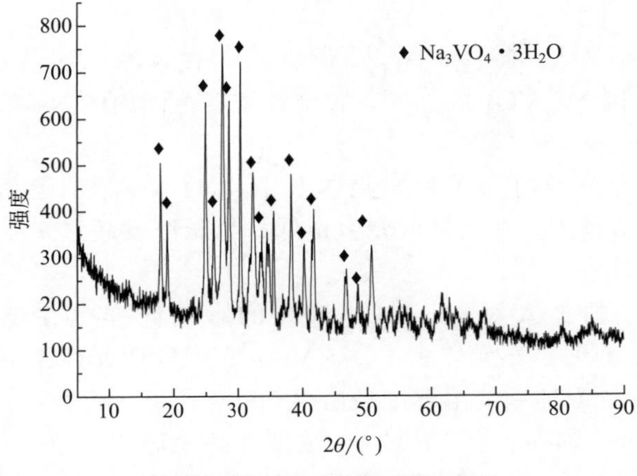

■ 图 6-88 冷却结晶产物 XRD

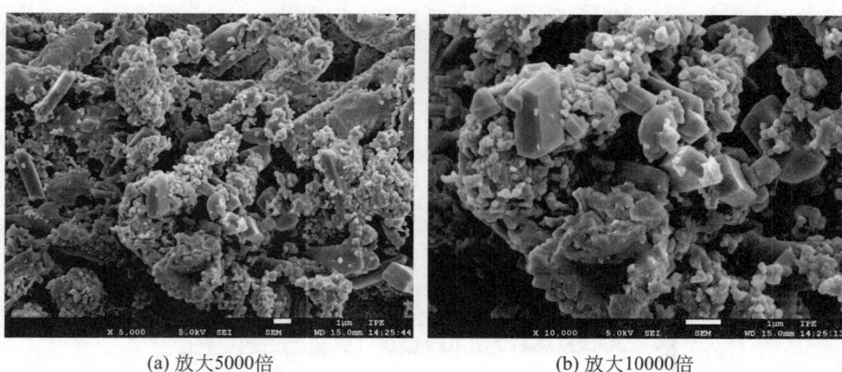

(a) 放大5000倍 (b) 放大10000倍

■ 图 6-89 冷却结晶产物 SEM 图

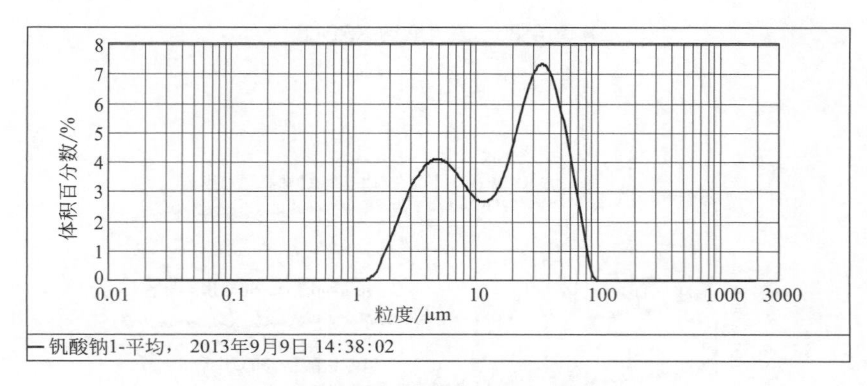

■ 图 6-90 冷却结晶产物粒度分布

6.4.3 铬酸钠的分离

6.4.3.1 溶解度规律

$NaOH$-Na_3VO_4-Na_2CrO_4-H_2O 四元体系溶解度见图 6-71。

6.4.3.2 Na_3VO_4 的影响

40℃和 80℃时 Na_3VO_4 对 Na_2CrO_4 溶解度的影响如图 6-91 所示，由图可见，无论是在 40℃或者 80℃，因 Na_3VO_4 的加入，整个碱浓度范围内的 Na_2CrO_4 溶解度均有显著降低。

40℃在整个碱浓度范围内三元和四元体系中，Na_2CrO_4 的溶解度差的平均值约为 100g/L，在低碱区差值稍大，在高碱区差值稍低，当碱浓度超过 750g/L 后，Na_3VO_4 溶解度降低量小于 50g/L。

80℃时，Na_3VO_4 的加入对 Na_2CrO_4 浓度的影响同样是在低碱区比较显著。当 NaOH 浓度低于 100g/L 时，三元体系中 Na_3VO_4 浓度较四元体系高出约 150g/L，而当碱浓度为 730g/L 时，三元体系的溶解度高出仅 50g/L。

综上所述，Na_3VO_4 的加入令 Na_2CrO_4 浓度在整个碱浓度范围内均有降低，但是在低碱区更为明显，因此 Na_3VO_4 对 Na_2CrO_4 在碱液中也存在盐析效应，这将有利于

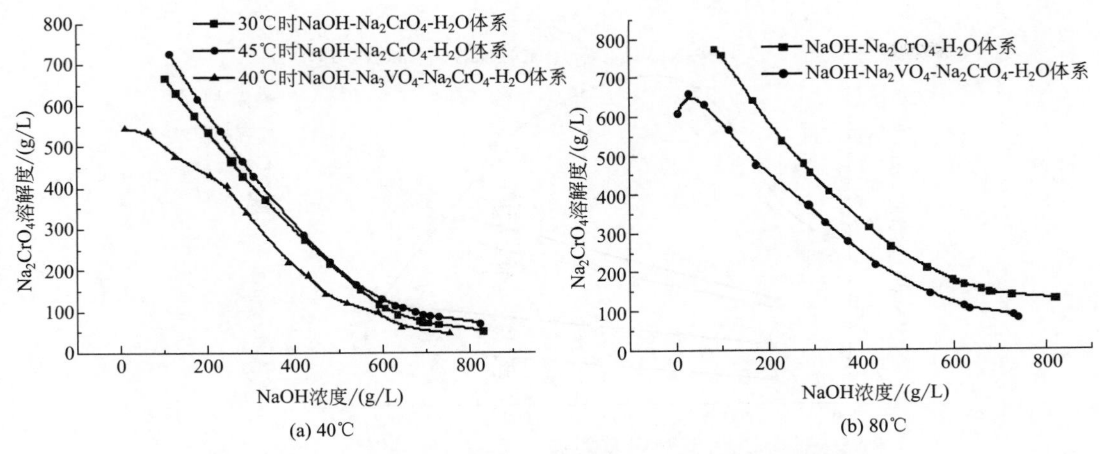

■ 图 6-91 40℃和 80℃时 Na_3VO_4 对 Na_2CrO_4 溶解度的影响

Na_2CrO_4 的蒸发结晶析出。

6.4.3.3 Na_2CrO_4 结晶分离

（1）Na_3VO_4 浓度的影响

Na_3VO_4 浓度的影响对 Na_2CrO_4 结晶的影响见表 6-28、图 6-92 及图 6-93，可知，当初始溶液碱浓度和铬酸钠浓度相同，且结晶终点相同时，初始溶液中钒酸钠浓度越高（在不超过其饱和溶解度的情况下），Na_2CrO_4 的结晶率越高，这是由于 Na_3VO_4 对 Na_2CrO_4 显著的盐析作用。

■ 表 6-28 Na_3VO_4 浓度对 Na_2CrO_4 结晶的影响

样品号	原液组成/(g/L)			抽滤液组成/(g/L)			结晶率/%	$Na_3VO_4\cdot 3H_2O$/%	$Na_2CrO_4\cdot 4H_2O$/%
	NaOH	Na_3VO_4	Na_2CrO_4	NaOH	Na_3VO_4	Na_2CrO_4			
1	367.65	5.39	62.15	629.38	11.25	126.83	0.00		
2	371.63	13.29	67.04	712.49	22.55	129.32	4.55	1.10	8.31
3	362.25	21.20	65.27	628.83	35.58	113.52	4.56	1.51	8.16
4	366.09	23.42	65.05	646.08	42.07	114.65	5.17	1.97	6.68

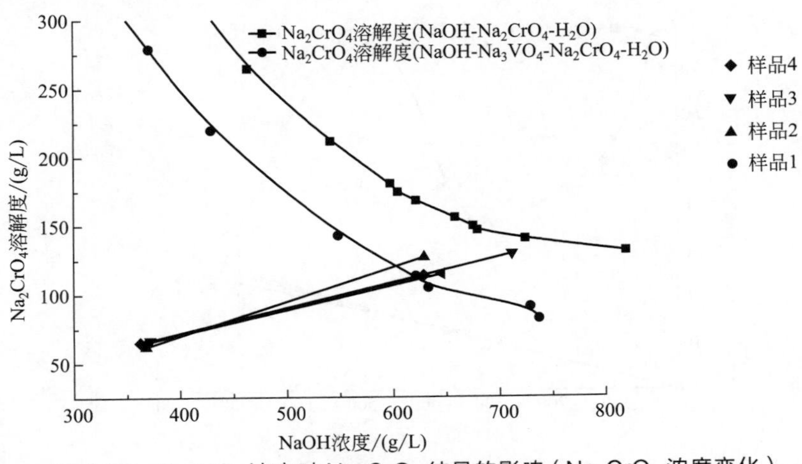

■ 图 6-92 Na_3VO_4 浓度对 Na_2CrO_4 结晶的影响（Na_2CrO_4 浓度变化）

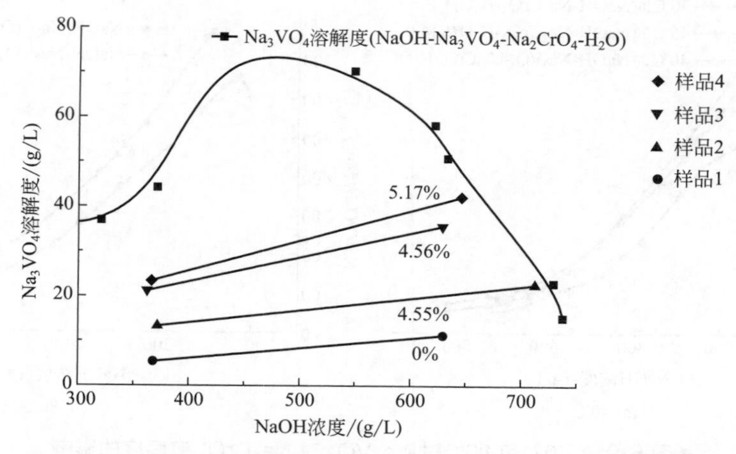

■ 图 6-93 Na_3VO_4 浓度对 Na_2CrO_4 结晶的影响（Na_3VO_4 浓度变化）

（2）Na_2CrO_4 浓度的影响

Na_2CrO_4 浓度的影响见表 6-29、图 6-94 及图 6-95，可知，当初始溶液碱浓度和钒酸钠浓度相同，且结晶终点相同时，初始溶液中铬酸钠浓度越高，其结晶率越高，这是因为其溶解度越高，蒸发至一定碱浓度后浓度亦越高，与饱和溶解度之间的差值越大，则析出越多。且结晶产物中 $Na_3VO_4 \cdot 3H_2O$ 的质量分数低于 1%，表明在蒸发结晶过程中，Na_3VO_4 未析出，且初始 Na_2CrO_4 浓度越低，夹带 $Na_3VO_4 \cdot 3H_2O$ 越少，可根据循环实验的要求确定初始结晶溶液中钒铬浓度。

■ **表 6-29 铬酸钠浓度对铬酸钠结晶的影响**

编号	原液组成/(g/L)			抽滤液组成/(g/L)			结晶率/%	$Na_3VO_4 \cdot 3H_2O$/%	$Na_2CrO_4 \cdot 4H_2O$/%
	NaOH	Na_3VO_4	Na_2CrO_4	NaOH	Na_3VO_4	Na_2CrO_4			
1	362.81	12.79	57.63	655.42	24.91	113.40	6.11	1.21	7.00
2	365.66	13.55	80.84	736.91	25.13	130.01	7.71	0.96	98.21
3	348.03	12.64	108.23	691.90	25.37	120.22	13.00	0.29	98.74

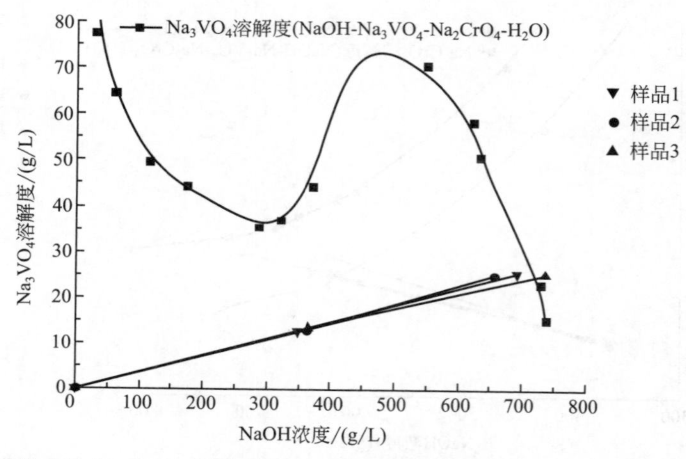

■ 图 6-94 Na_2CrO_4 浓度对 Na_2CrO_4 结晶的影响（Na_3VO_4 浓度变化）

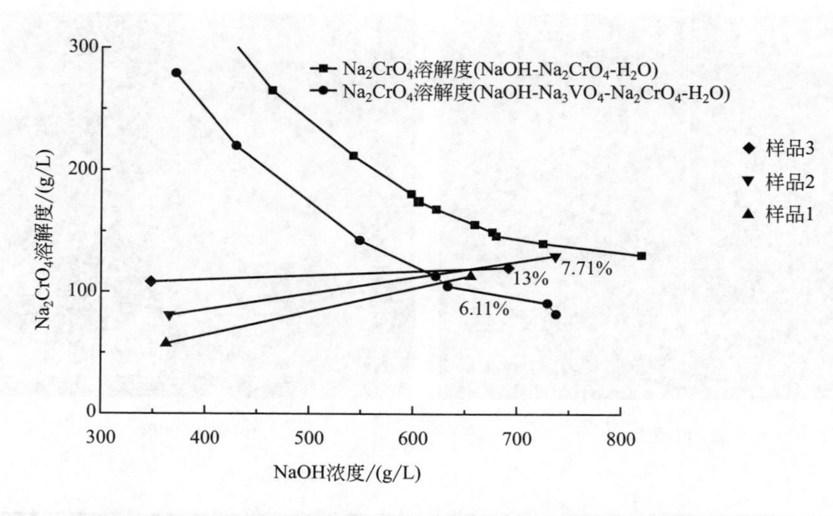

■ 图 6-95 Na_2CrO_4 浓度对 Na_2CrO_4 结晶的影响（Na_2CrO_4 浓度变化）

6.4.3.4 Na_2CrO_4 结晶产物性质

在 80℃烘干条件下对实验制得的铬酸钠进行预处理，由图 6-96 可见，结晶产物为 $Na_2CrO_4 \cdot 4H_2O$。

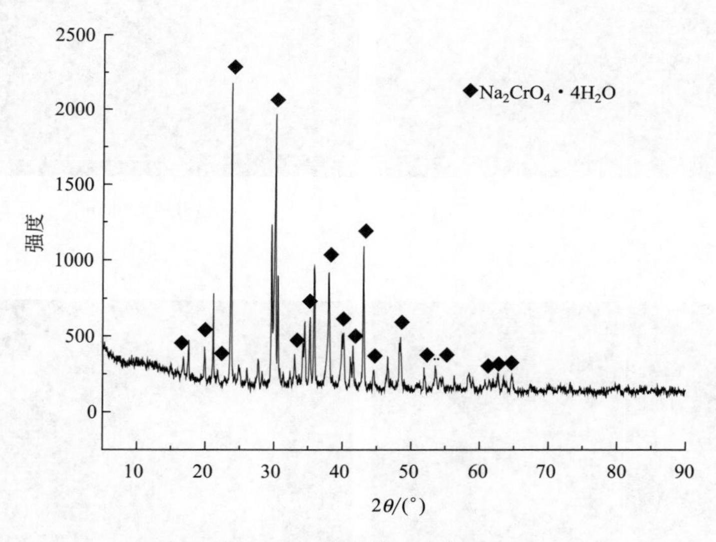

■ 图 6-96 蒸发结晶产物 XRD

由放大 200 倍的图 6-97(a) 可见，结晶晶体呈各种大小不同的片状，而放大至 500 倍［见图 6-97(e)］或 800 倍［见图 6-97(b)］，可清楚地看到六边形固体以及菱形片状，在图 6-97(c) 和图 6-97(d) 中可看到边缘光滑或不光滑的菱形片状晶体，并能看出晶体生长趋势，生长完全的晶体边缘及表面均平滑，而未生长完全的晶体则是开始形成片状菱形，再慢慢变得平滑。

(a) 放大200倍

(b) 放大800倍

(c) 放大2000倍

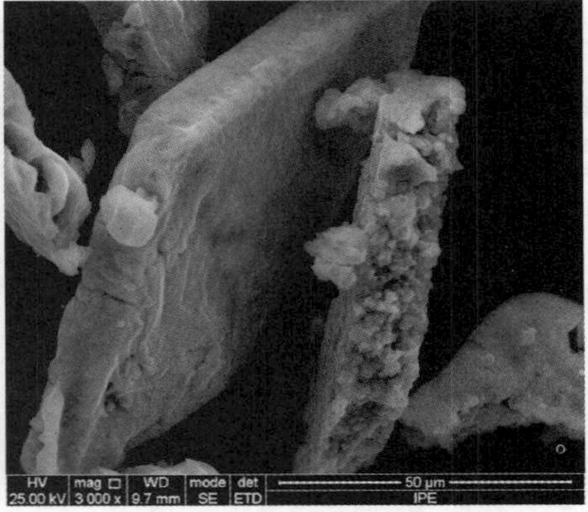

(d) 放大3000倍

(e) 放大500倍

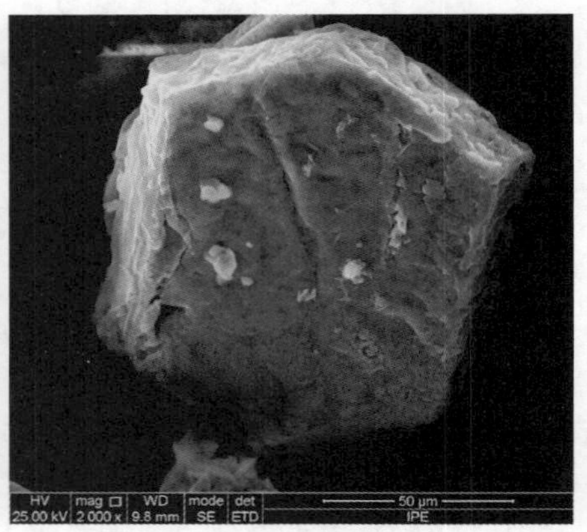

(f) 放大2000倍

■ 图 6-97 蒸发结晶产物 SEM

6.5 钒酸盐的阳离子解离及碱介质循环

为实现亚熔盐钒渣钒铬共提新工艺的清洁生产，需解决碱介质的循环回用问题，钒酸盐中的碱金属如何循环利用成为清洁工艺迫切需要解决的问题之一。传统钠化焙烧提钒工艺无法实现碱金属的有效回收，如铵沉工艺中碱金属以其正盐的形式损失于氨氮废水中，在水解沉钒工艺中碱金属以离子态损失于酸液中。为使中间产物钒酸盐中的碱金属钠能以氢氧化物的形式返回循环液中，需开发一种可实现碱金属、钒分离的沉钒新工艺。

针对亚熔盐钒渣工艺的特点，提出了两种钒酸盐的清洁转化方法：一种方法是通过加入钙盐生成低溶解度的钒酸钙，而钒酸钠中的碱金属离子则进入溶液以 NaOH 的形式返回反应阶段循环利用；另一种方法是通过电解钒酸盐的水溶液，使钒以低价态钒氧化物的形式还原析出，而钠则以 NaOH 的形式形成可以循环利用的碱溶液，从而实现钒酸盐的清洁转化。

6.5.1 阳离子解离方法

6.5.1.1 钙盐转化法

钙盐沉淀法系采用氯化钙（$CaCl_2$），生石灰（CaO）或石灰乳［$Ca(OH)_2$］为沉淀剂，在强烈搅拌下，将沉淀剂石灰加入热的钒溶液中，其反应产物与溶液的碱浓度有关。本工艺中浸出液为强碱溶液，在强碱溶液中生成正钒酸钙，其反应式见式(6-27)：

$$2Na_3VO_4+3CaO+3H_2O \longrightarrow Ca_3(VO_4)_2\downarrow+6NaOH \qquad (6\text{-}27)$$

从式(6-27) 可知，反应后溶液为碱性溶液，要保证钒酸钙有效沉淀，就要保证其在碱溶液中的溶解度最小，因此对 $NaOH-Na_3VO_4-Ca(OH)_2-H_2O$ 体系的相平衡进行了研究，得到 353.15K 时，Na_3VO_4 溶解度相图如图 6-98 所示[33]，当 NaOH 浓度小于 200g/L

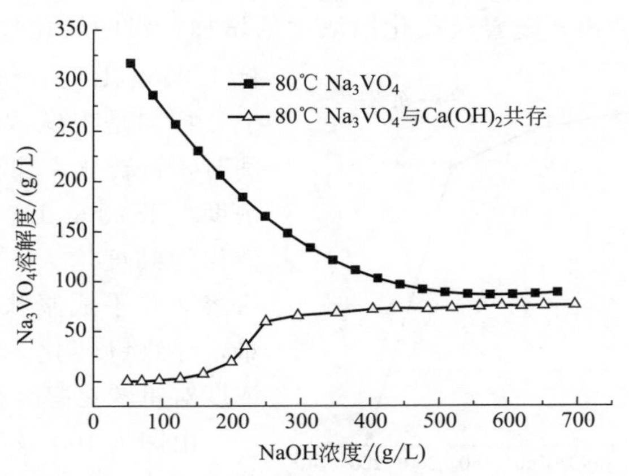

■ 图 6-98 80℃时 $NaOH-Na_3VO_4-H_2O$ 和 $NaOH-Na_3VO_4-Ca(OH)_2-H_2O$ 体系 Na_3VO_4 的溶解度等温线

时，CaO的存在会促使溶液中的钒酸根与其反应，使钒酸根离子浓度大幅降低；当溶液NaOH浓度升高到一定值后，CaO的存在对溶液中钒酸根离子的溶解度变化趋势影响逐渐减小。因此可以认为，低碱浓度下，溶液中钒酸根离子和钙离子形成沉淀，其在溶液中的浓度很低。随着碱浓度的增大，溶液中的钒酸根离子不再与钙盐反应，其浓度随碱浓度升高急剧增大。即钒酸根离子的钙沉受到碱浓度的影响很大，必须分析不同碱浓度浸出液中钒酸根离子的钙沉规律。

6.5.1.2 电解还原法

钒酸钠电化学还原的原理为：电解时，由于受电场力的作用，OH^-向阳极移动，并在电极表面发生氧化反应生成O_2。而溶液中的VO_4^{3-}由于扩散和对流的作用移向阴极，与阴极表面碰撞发生还原反应，生成低价态的钒化合物和OH^-。由于钒酸根离子的还原电位较负（−1.8V），因此，溶液中的H^+也会在阴极发生还原反应，成为阴极副反应。阴、阳极的电极反应如下。

阴极反应：

$$VO_4^{3-}+H_2O+e^- \longrightarrow VO_x+OH^- \tag{6-28}$$

$$2H^++2e^- \longrightarrow H_2 \tag{6-29}$$

阳极反应：

$$4OH^- -4e^- \longrightarrow 2H_2O+O_2 \tag{6-30}$$

电解过程中，生成低价态的钒氧化物首先沉积在阴极表面，当钒氧化物达到一定厚度后，由于受到阴极析氢反应的“扰动”影响，沉积物从光滑的玻碳电极表面脱落沉积在溶液底部，而电解液逐渐变为高浓度的碱溶液。

6.5.2 钒酸盐钙化工艺

6.5.2.1 NaOH浓度的影响

分别配置碱浓度为70g/L、100g/L、130g/L、160g/L、190g/L、220g/L的钒酸钠溶液，加入所需理论量氧化钙的1.5倍，反应温度为90℃，反应时间2h，反应结束后停止震动，静止1h左右，具体实验结果见图6-99。

从图6-99中可以看出，随着氢氧化钠浓度的增加，钒的转化率逐渐降低，当碱浓度低于200g/L时，钒的转化率均在90%以上，特别是当碱浓度在100～150g/L之间时，钒转化率可达到99%以上；当碱浓度大于200g/L时，由于碱浓度高，使液相的黏度增大，实验中观察到，反应后溶液几乎成浆状，实验操作中抽滤困难，导致钒转化率降低。由此可见，碱浓度对钒转化率有很大的影响。

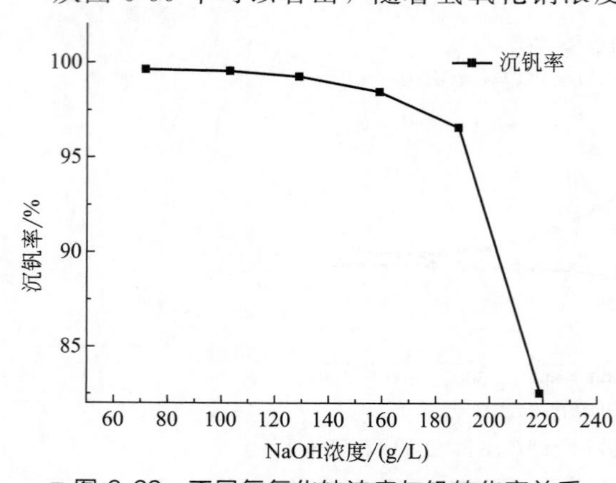

■ 图6-99 不同氢氧化钠浓度与钒转化率关系

由图6-100及表6-30可以看出，随着NaOH浓度的增加，固相中碱的夹带量随之增大，当碱浓度为160g/L时，固相中夹带的 NaOH 即达到1%左右，这是因为碱浓度高，生成的固相产物比较坚硬，致密度较大，从而造成游离碱的夹带量大。

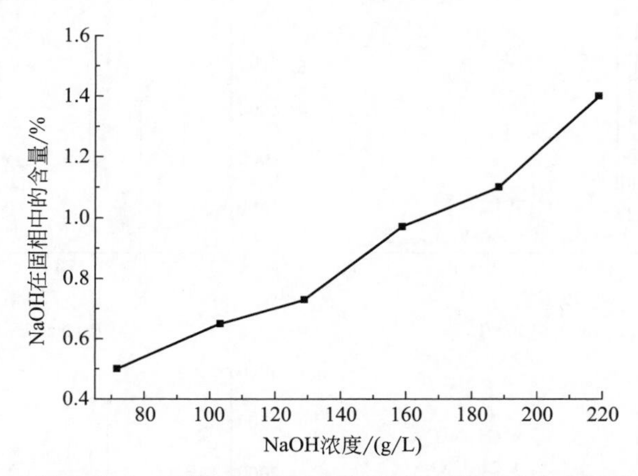

■ 图 6-100 固相 NaOH 夹带量随 NaOH 浓度变化关系

■ 表 6-30 钙化固相产物成分

NaOH 浓度/(g/L)	固相含量/%		
	V_2O_5	CaO	游离 NaOH
71.72	43.13	56.37	0.50
103.20	44.06	55.29	0.65
128.90	44.03	55.24	0.73
158.90	42.10	56.93	0.97
188.32	42.17	56.73	1.10
218.80	41.00	57.60	1.40

正钒酸钙理论上 V_2O_5 的含量为52%，CaO为48%，从表6-30中可以看出，实际生成的固相含钒量均低于理论计算量：一方面是因为所用添加剂氧化钙过量，致使固相中有未反应的氧化钙存在；另一方面产物中还有其他物质的生成，如游离碱的存在，这都影响了固相中 V_2O_5 的含量。固相中五氧化二钒的含量一般在43%左右。

从图6-101可以看出，不同氢氧化钠浓度条件下生成的固相产物主要为 $Ca_{10}V_6O_{25}$，即 $3Ca_3(VO_4)_2 \cdot CaO$，其中有少量的焦钒酸钙生成，这是因为产物的生成主要与沉钒的pH值相关，正钒酸钠水溶液呈强碱性，在pH=14时，钒酸钙的沉淀形式主要为 $Ca_3(VO_4)_2$，反应方程式为：

$$2Na_3VO_4+3CaO+3H_2O \longrightarrow Ca_3(VO_4)_2\downarrow+6NaOH \quad (6\text{-}31)$$

由于添加的氧化钙为过量的，所以在固相中会夹带多余的氧化钙，生成 $Ca_{10}V_6O_{25}$；而又因为正钒酸钠是强碱弱酸盐，会水解生成焦钒酸钠，与添加剂氧化钙结合生成焦钒酸钙，所以固相组成是以 $Ca_{10}V_6O_{25}$ 为主的含钙钒氧化物。焦钒酸钙的反应方程式为：

$$Na_4V_2O_7+2CaO+2H_2O \longrightarrow Ca_2V_2O_7\downarrow+4NaOH \quad (6\text{-}32)$$

由以上分析可知，氢氧化钠浓度的不同，不影响沉钒产物的组成，只对钒转化率、固相含钒量及固相游离碱的夹带量有影响，为减少沉钒过程中碱的损失，并保证较高的沉钒率，选取的碱浓度不宜过高，在130g/L左右为宜。

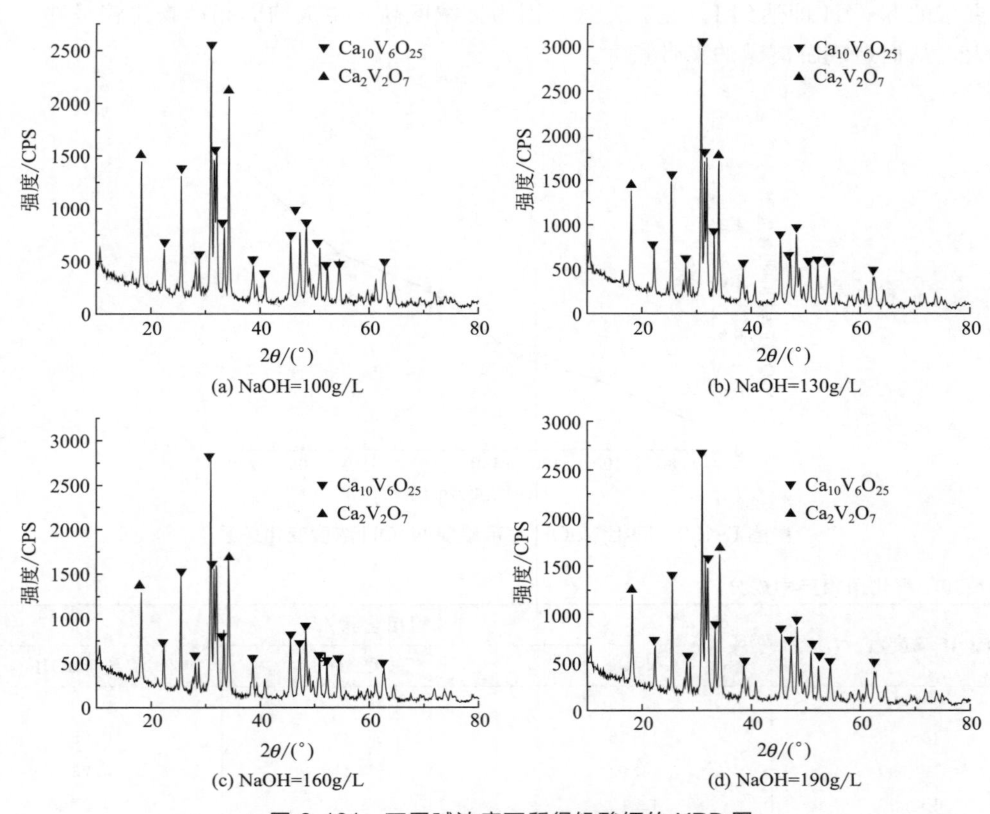

■ 图 6-101 不同碱浓度下所得钒酸钙的 XRD 图

6.5.2.2 不同氧化钙添加量对钒转化率的影响

氧化钙是沉钒剂，氧化钙的添加量对沉钒效果有很大的影响，本实验主要考察不同氧化钙添加量对沉钒的影响，从而选取合适的添加量，使沉钒率达到一定高度。氧化钙过量系数（excessive coefficient），即实际添加的氧化钙量与化学平衡理论氧化钙所需添加量的倍数。

在 NaOH 浓度为 130g/L 左右、反应温度为 90℃、反应时间为 2h 的条件下，考察氧化钙过量系数分别为 1.9、1.6、1.4、1.2、0.9、0.8、0.7、0.6 及 0.5 时对沉钒的影响。

从图 6-102 可知，随氧化钙添加量的增大，五氧化二钒的转化率逐渐升高。当氧化钙过量系数小于 1 时，钒转化率随氧化钙添加量的增大成线性增加；氧化钙添加量为理论量的 50%时，钒转化率为 50%左右；添加量为 60%时，钒转化率为 60%左右；当过量系数大于 1 时，钒转化率随氧化钙添加量的增加而缓慢的增加，变化很小；当添加量在 1.4～1.6 时，钒转化率可达 99%左右。CaO 过量系数增大，溶液中钙离子的浓度随之增加，有利于化学反应平衡的进行，有利于钒酸钙的生成，从而提高了钒的转化率。当氧化钙添加量更大时，则出现反应后近乎无液相存在，难以操作的现象。

图 6-103 是 CaO 过量系数对固相中含钒量的影响，随 CaO 过量系数增大，固相中含钒量先增加后减少，当过量系数为 2 左右时，固相中 V_2O_5 含量急剧下降，这是由于固相中有过量的氧化钙，并且溶液黏度增大，过滤操作困难。氧化钙过多，会造成溶液中其他

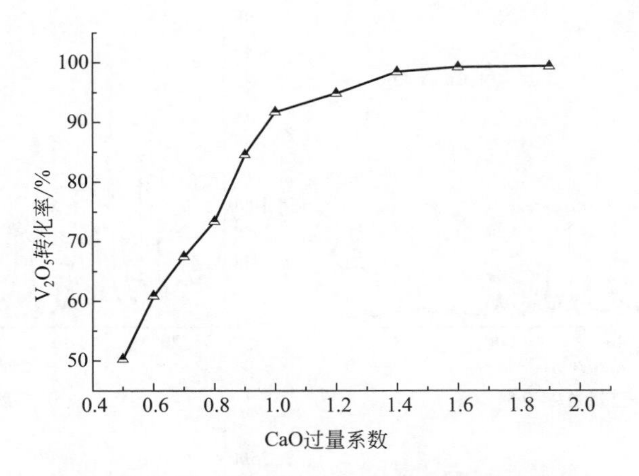

■ 图 6-102　不同氧化钙量对沉钒率的影响

物质如碱的黏附，使固相中含钒量下降。

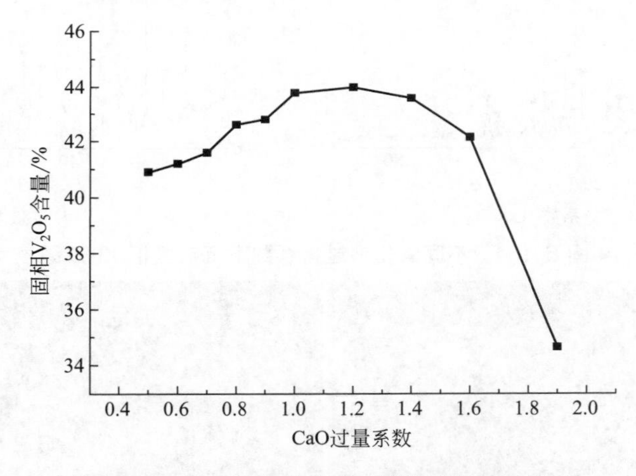

■ 图 6-103　不同氧化钙量对固相含钒量的影响

从图 6-104 可以看出，不同氧化钙添加量下的产物组成不一样，当氧化钙过量系数小于 1 时，固相产物组成主要为 $Ca_6V_{10}O_{25}$，随着氧化钙过量系数的增大，固相产物则由 $Ca_6V_{10}O_{25}$和焦钒酸钙（$Ca_2V_2O_7$）组成，这是因为氧化钙过量系数小于 1 即化学平衡理论量时，Ca^{2+}浓度较小，首先发生主反应，即 VO_4^{3-} 与 Ca^{2+} 的反应，生成产物 $Ca_6V_{10}O_{25}$；当氧化钙过量系数大于 1 时，此时溶液中的 Ca^{2+} 浓度增大，不仅促进主反应的发生，并且增大了与其他离子的接触机会，促进了副反应的生成，主要是正钒酸钠水解生成的 VO_3^- 与 Ca^{2+}结合生成 $Ca_2V_2O_7$。

从图 6-105 可以看出，氧化钙添加量的不同，对沉钒固相的形貌影响不大，整体观察固相颗粒大小较均匀。

由以上分析可知，氧化钙添加量不仅影响钒转化率而且对最终产物组成也有影响，综合考虑，选取氧化钙添加量为理论量的 1.5 倍，可实现钒转化率达 99%以上，固相组成为 $Ca_6V_{10}O_{25}$和 $Ca_2V_2O_7$，即为含钙的钒氧化物。

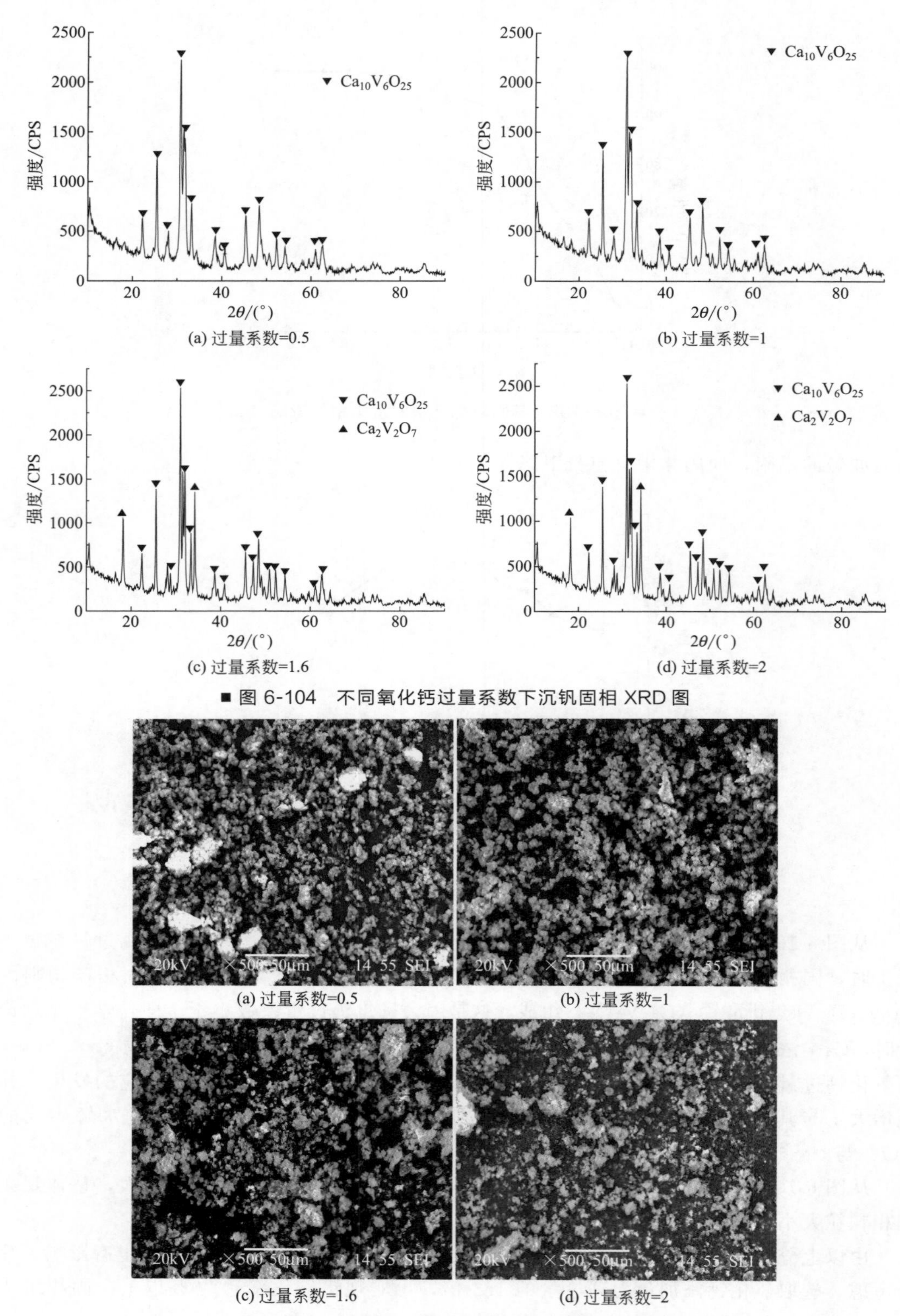

(a) 过量系数=0.5 (b) 过量系数=1

(c) 过量系数=1.6 (d) 过量系数=2

■ 图 6-104 不同氧化钙过量系数下沉钒固相 XRD 图

(a) 过量系数=0.5 (b) 过量系数=1

(c) 过量系数=1.6 (d) 过量系数=2

■ 图 6-105 不同氧化钙过量系数下沉钒固相 SEM 图

6.5.2.3 不同反应温度对钒转化率的影响

根据相关理论可知，温度对化学反应有一定的影响。本实验主要考查 50～100℃之间温度对钒酸钠钙化的影响。实验条件为：NaOH 浓度为 130g/L 左右，氧化钙添加量为 1.5 倍，反应时间 2h，反应结束后停止振动，静止 1h 左右。

由图 6-106 可以看出，随着温度的升高，钒转化率急剧升高，50℃时钒转化率为 97% 左右，90℃时钒转化率即达 99%，100℃时为 99.4%，所以在温度≥90℃左右时即可得到很大的沉钒率。这是由于钒酸钙的生成是一种吸热反应，而温度的升高有利于产物的生成，所以，综合考虑沉钒率及高温所产生的能耗问题，反应温度在 90℃左右为宜。

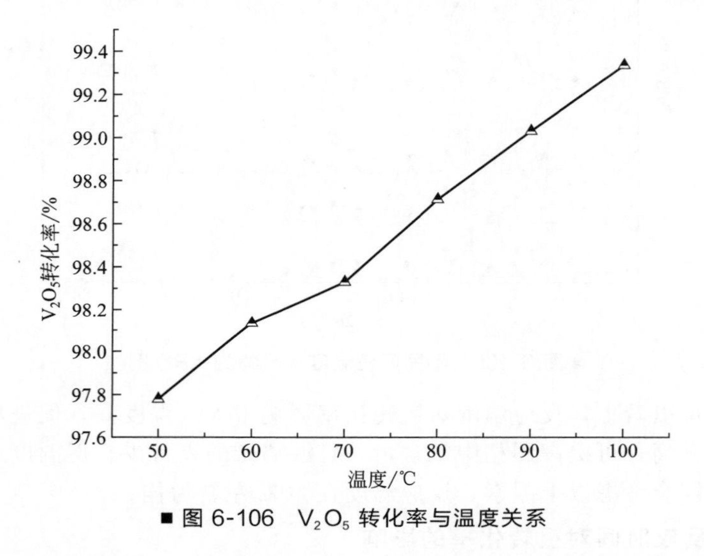

■ 图 6-106 V_2O_5 转化率与温度关系

从图 6-107 中可以看出，随着反应温度的升高，固相中五氧化二钒的含量随之增大，固相中游离碱的夹带量则随温度的升高而下降，由于温度越高，越有利于反应进行，所以

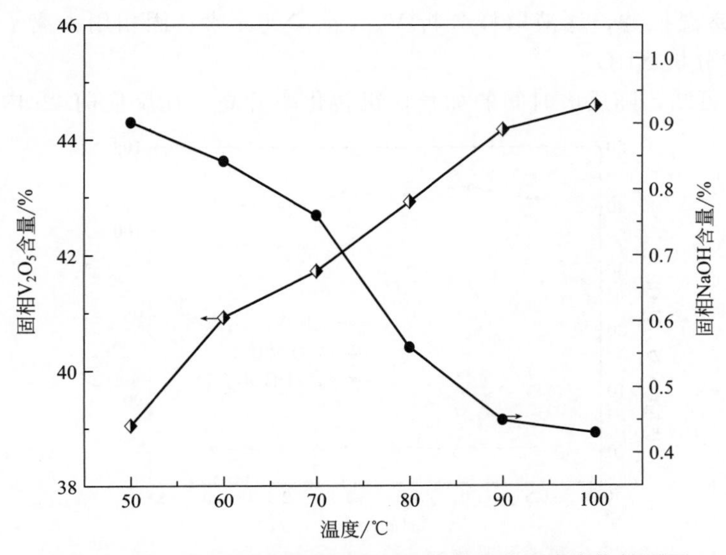

■ 图 6-107 固相中含钒量及 NaOH 夹带量随温度变化关系图

反应产物中含钒量高，并且碱的夹带少，综合考虑钒转化率、固相含钒量及固相碱夹带量因素，选取反应温度以 90℃为宜。

由图 6-108 可以看出，不同反应温度下钙化沉钒产物物相组成均一致，说明温度对反应产物组成没影响。

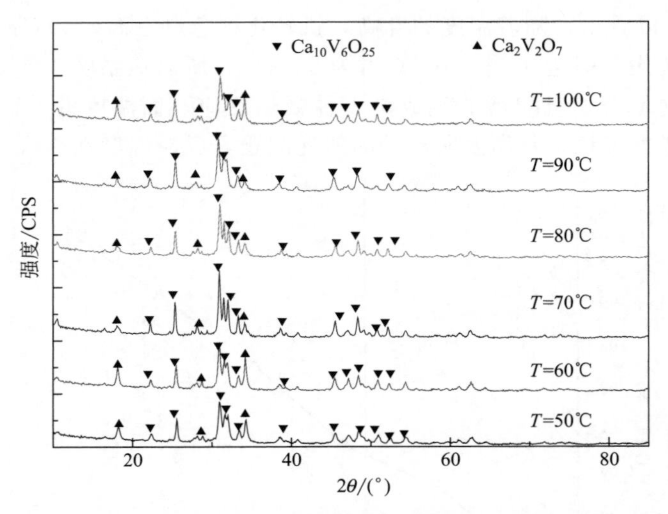

■ 图 6-108　不同反应温度下产物的 XRD 图

从以上分析可以看出，反应温度对钒转化率影响很大。温度高，促进反应进行，沉钒率高；反应温度升高，可提高固相中钒含量并且游离碱的夹带少，但温度过高，接近沸点时，操作困难。综合考虑以上因素，反应温度在 90℃左右为佳。

6.5.2.4　不同反应时间对钒转化率的影响

将反应时间设置为 0.5h、1h、1.5h、2h、2.5h、3h 进行试验，其他条件：NaOH 浓度为 130g/L 左右，氧化钙添加量为 1.5 倍，反应温度为 90℃，反应结束后停止震动，静止 1h 左右，后室温抽滤，滤液取样分析 V、Ca、Na 元素；固相用去离子水淋洗，烘干分析固相成分并分析 XRD。

由图 6-109 可知，随反应时间的加长，钒转化率升高，在反应前 2h 内，钒转化率随

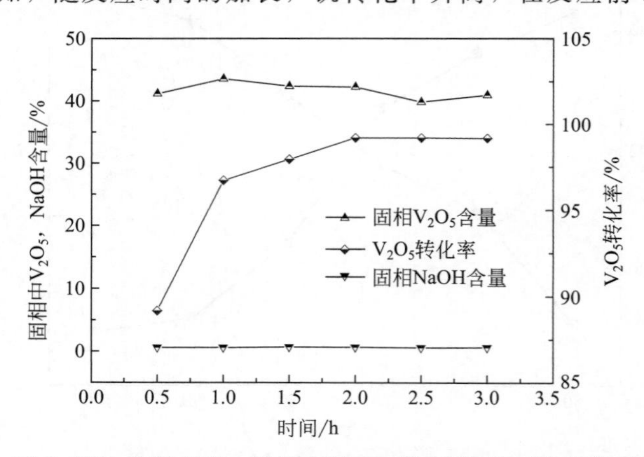

■ 图 6-109　钒转化率、固相含钒量及碱夹带量与时间变化关系

时间的加长而迅速增加，2h 后，钒转化率随时间加长其增长速度缓慢，几乎不再变化，这是因为随着沉淀反应时间的延长，增大了两种反应物的接触时间，所以钒转化率随时间延长而增大；当两种反应物充分反应后，时间的延长对反应不再发生明显效果，所以 2h 后钒转化率不再变化。随反应时间的增大，固相中含钒量及固相中碱夹带量的变化不是很明显，也就是说时间对固相中含钒量及固相中碱夹带量影响不是很大。

从图 6-110 可以看出，不同反应时间下生成的钙化产物不同，在反应前 1h，生成的钙化产物主要为 $Ca_{10}V_6O_{25}$，此时主要为主反应的发生；而后随着时间的延长，反应产物的物相结构主要由 $Ca_{10}V_6O_{25}$ 和 $Ca_2V_2O_7$ 组成，这说明，随着时间的延长，增加了两种

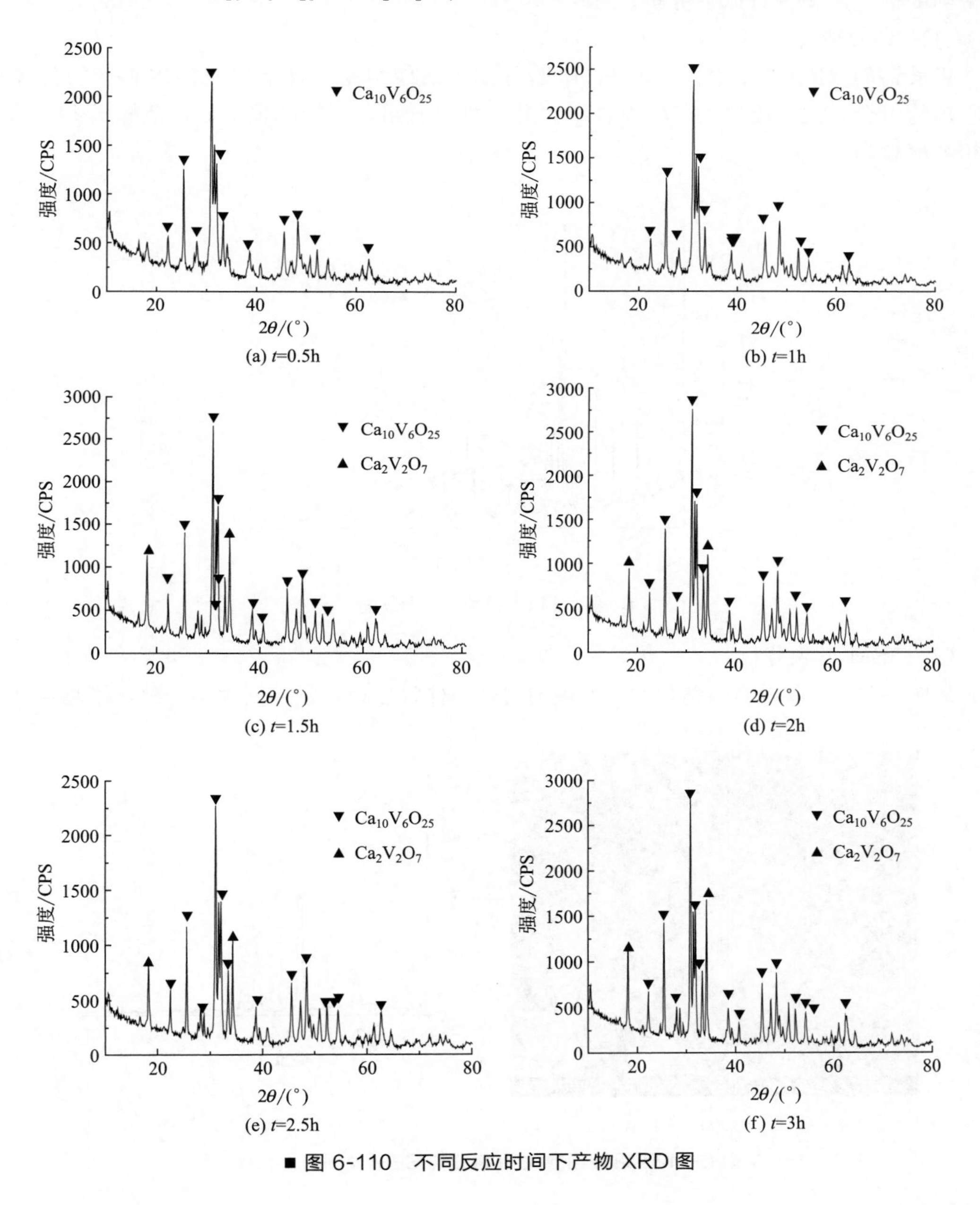

■ 图 6-110 不同反应时间下产物 XRD 图

反应物的接触，无论是主反应还是副反应均得到了充分的进行。

由以上分析可知，随着反应时间的延长，反应得以充分进行，提高了钒转化率，但固相中含钒量变化不大，但随时间的延长，产物的重量随之增加，综合考虑钒转化率及其他因素，选取反应时间 2h 最佳。

6.5.2.5 钒酸钙物相性质分析

根据前一节中各因素对钙化沉钒影响分析，得到最佳实验条件，即碱浓度为 130g/L 左右，温度在 90℃，时间为 2h，氧化钙添加量为化学平衡理论量的 1.5 倍。对最佳条件下得到的钙化产物进行以下分析。

(1) XRD 物相分析

钒酸钙的 XRD 图谱见图 6-111，由图可知，最佳实验条件下生成的固相产物为多种钒酸钙的组合，主要组成为 $Ca_{10}V_6O_{25}$，并且可以看出，特征峰较明显，杂峰很少，说明物相纯度较高。

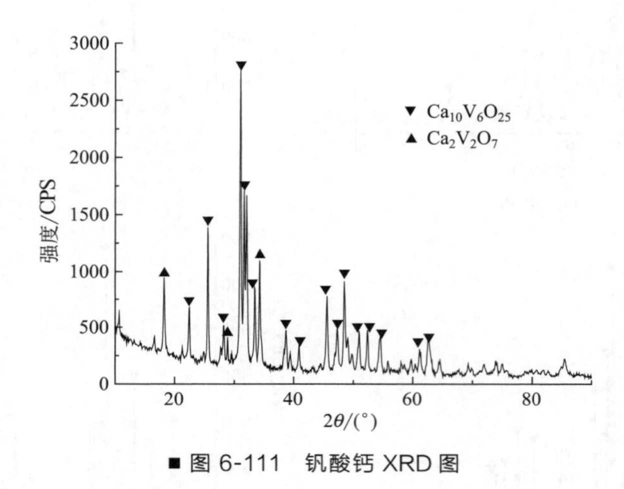

■ 图 6-111 钒酸钙 XRD 图

(2) SEM 形貌分析

从图 6-112 可以看出，钙化产物形貌均匀，呈柱状分布，颗粒度大小一致，平均粒度约

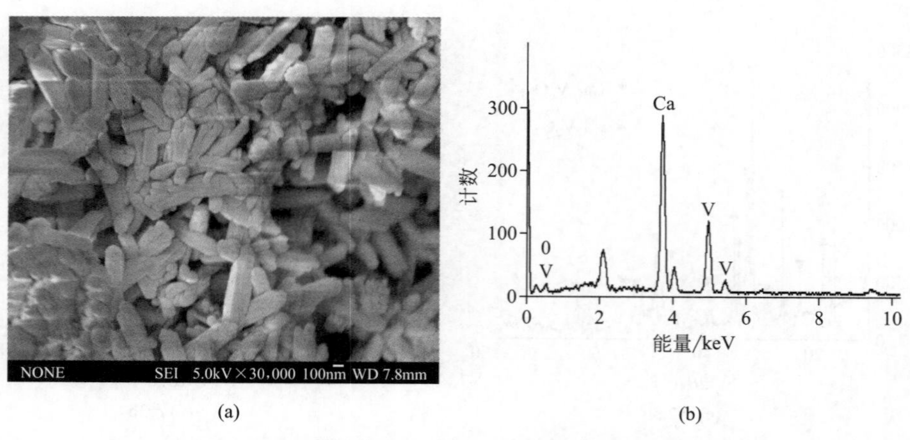

■ 图 6-112 钒酸钙放大 10000 倍 SEM 及对应能谱图

为 700～800nm，由表 6-31 可知，钙化产物主要由 Ca、V、O 三种元素组成，由此可知固相产物的杂质夹带很少；从高倍放大照片可以看出，在柱状晶体中有小粒状物质分布，其为 $Ca_2V_2O_7$，柱状晶体的空隙度较大，副产物 $Ca_2V_2O_7$ 镶嵌于其中，形成形貌均匀的晶体。

■ 表 6-31 钙化产物放大 10000 倍的能谱分析结果

元素	频谱类型	质量分数/%	摩尔比/%
O	ED	25.75	48.94
Ca	ED	41.77	31.69
V	ED	32.47	19.38
总计		100	100

6.5.3 钒酸钙碳酸化

前一节已阐述了钒酸钾通过钙化实现钠钒分离工艺，钙化后钒可转变为钒酸钙（$Ca_{10}V_6O_{25}$ 和 $Ca_2V_2O_7$ 的混合物），转化率达 99%以上，生成 NaOH 返回到亚熔盐溶出工序。钒酸钙既可作为冶炼钒铁的原料，也可进一步加工制成五氧化二钒产品。

目前对于钒酸钙进一步加工得到五氧化二钒主要采用两种不同的酸浸方法：一种方法是加入硫酸；另一种方法是在通 CO_2 的条件下，加入碳酸盐进行钒的提取。其工艺流程如图 6-113 所示。

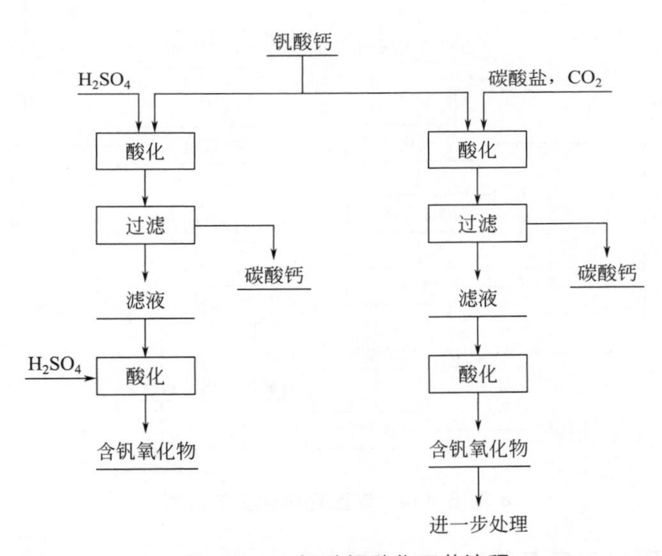

■ 图 6-113 钒酸钙酸化工艺流程

在本体系中，采用碳酸盐溶液浸出，并通入 CO_2 气体以控制整个浸出体系呈弱碱性，促进钒酸钙向 K_{sp} 更小的碳酸钙转化，在加压浸出条件下，钒几乎可以全部转化到溶液中。相关研究[34]表明只要浸出溶液中铵离子浓度不太高，温度不低于 70℃时，不会生成偏钒酸钙沉淀，在持续通入 CO_2 气体的条件下，使用碳酸氢铵代替碳酸铵进行碳酸钙的浸出反应，能更准确方便地调节控制溶液的酸碱度，从而实现钒和钙的高效分离[17,35]。K_2CO_3、$KHCO_3$、NH_4HCO_3 的水溶液皆可用于浸出，从环保和价格考虑最好选择 NH_4HCO_3。

6.5.3.1 钒酸钙碳化原理

在研究碱性含钒溶液净化理论时发现，过量的碳酸根离子可使比 $CaCO_3$ 溶解度大的磷酸钙中的磷再溶解而进入溶液。所以，为使溶解度很小的钒酸钙中的钒从其中分离出来，采用碳酸盐溶液浸出，或往碱性溶液中通 CO_2，在一定的条件下，也可使难溶的钒酸钙较容易的转化为溶解度更小的碳酸钙，而使钒发生再溶解，其反应方程式见式(6-33)：

$$Ca_3(VO_4)_2+3CO_3^{2-} \longrightarrow 3CaCO_3\downarrow+2VO_4^{3-} \quad (6\text{-}33)$$

碳化剂选择 NH_4HCO_3，同时通入 CO_2 的具体化学反应方程式见式(6-34)：

$$Ca_3(VO_4)_2+3NH_4HCO_3 \xrightarrow{CO_2} 2VO_3^-+2NH_4^++2H_2O+NH_3+3CaCO_3 \quad (6\text{-}34)$$

针对碱性体系中钒酸钙的高值化转化，本工艺采用 NH_4HCO_3 作为碳化剂，通入 CO_2 进行碳化反应，使钒从固相钒酸钙中转移到液相中以偏钒酸铵的形式结晶分离出来，经过煅烧之后获得高纯的五氧化二钒产品，整个碳化工艺流程见图 6-114。

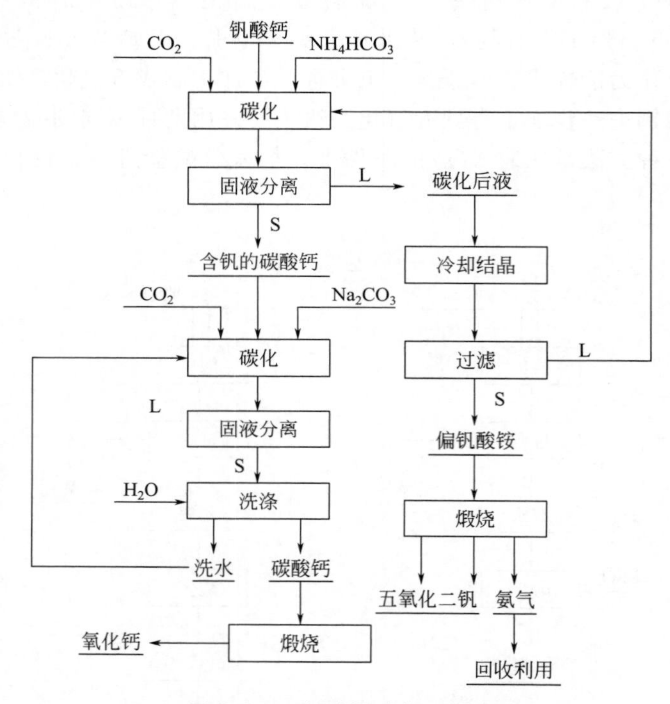

■ 图 6-114 钒酸钙碳化工艺流程

6.5.3.2 钒酸钙碳化工艺条件

(1) 液固比的影响

液固比即反应液体积（mL）与钒酸钙质量（g）的比，是碳化过程首先考虑的因素。液固比直接影响到反应物和产物在溶液中的浓度。从化学反应动力学的角度出发，反应物的浓度是影响化学反应进度的主要因素之一，因此控制液固比直接影响到碳化反应中钒的转化率；而产物偏钒酸铵的浓度会直接影响到后续工艺中的分离难易。结合工厂实际常用的液固比选择范围，研究液固比为 8、10、12、14、16 和 18 时钒的转化效果，进而选择最佳的液固比。

由图 6-115 可知，从整体趋势上看，在液固比相对较小时，洗水和碳化固相中的钒浓度相对较大，随着液固比的增大，洗水和碳化固相中的钒浓度逐渐降低，最终基本保持不变；而碳化后液中的钒浓度随着液固比的增大而不断增大。具体分析，当液固比低于 10 时，洗水中的钒浓度转化率大于 30%，碳化后液中钒浓度在 30%～44%之间，洗水中的钒浓度相对过大，不利于钒的最终回收利用；当液固比为 10～18，碳化后液中的钒浓度由 44%增大到 73%，洗水中的钒浓度由 30%降到 14%，碳化固相中的钒浓度基本保持在 4%左右。在图 6-116 中钒的转化率是指碳化后液相中钒的转化率和洗水中钒的转化率的总和。由图可知，随着液固比的增大，钒的转化率总体呈现增大的趋势，当液固比处于 12～18 之间时，钒的转化率由 92%缓慢增大到 95%。从反应机理上分析，碳化目的是使钒酸钙固相中的钒再次溶解到液相中，因此钒的转化率越大，特别是碳化后液中钒的有效转化率越大，说明碳化效果越好。由表 6-32 可知，液固比越大，碳化固相中的钒含量越低。当液固比大于 10 时，碳化固相的钒含量均低于 5%。综合考虑，只要液固比在 10 以上，随着液固比越大，钒的转化率越高，碳化后液中钒浓度越大，洗水和碳化固相中的钒浓度越小，但液固比的增大会带来耗水成本的增大以及后续目标产物偏钒酸铵结晶分离的困难，因此液固比不宜太大，最终选择液固比为 12。

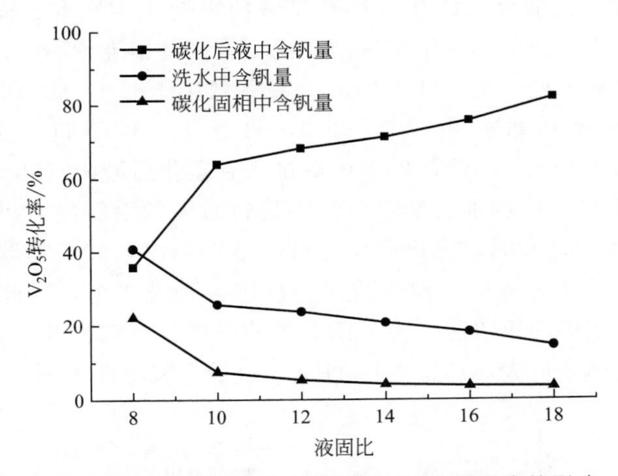

■ 图 6-115 不同液固比对钒在各体系中转化率的影响

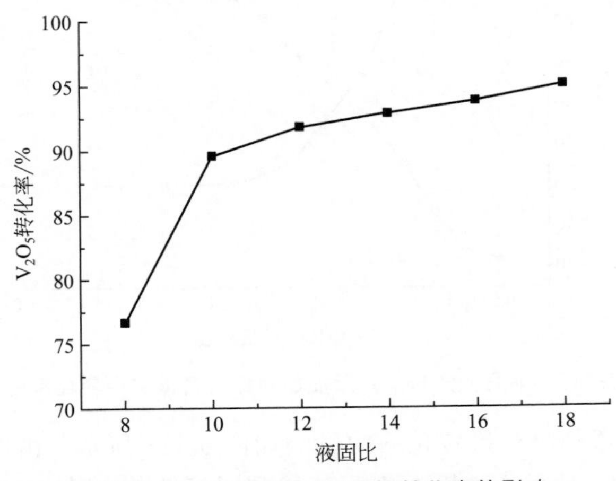

■ 图 6-116 不同液固比对钒转化率的影响

■ 表 6-32　不同液固比的固相成分分析

液固比	V_2O_5 含量/%	$Ca_3(VO_4)_2$ 含量/%
8	5.50	10.58
10	3.84	7.38
12	3.14	6.04
14	2.87	5.52
16	2.45	4.73
18	2.44	4.69

（2）NH_4HCO_3 添加量的影响

碳化的目的是固相钒酸钙中的钒以 VO_3^- 的形式转移到液相中，根据传统的铵盐沉钒原理，选择 NH_4^+ 与 VO_3^- 结合生成 NH_4VO_3，经过煅烧之后就得到最终的产品 V_2O_5。提供 NH_4^+ 的铵盐种类很多，常用的是氯化铵和硫酸铵，考虑到不能引进其他杂质离子，最终选择可分解的 NH_4HCO_3 作为碳化剂。

不同 NH_4HCO_3 添加量对钒在各体系中转化率的影响如图 6-117 所示，由图可知，NH_4HCO_3 的加入量对钒酸钙的碳化效果有显著的影响。从整体上看，随着 NH_4HCO_3 过量系数的增大，碳化后液中的钒浓度逐渐降低，最终基本维持不变；洗水中的钒浓度逐渐增大，最终基本保持不变。当 NH_4HCO_3 过量系数小于 1.0，80%的钒进入到碳化后液中；当 NH_4HCO_3 过量系数处于 1.0～1.3，只有 1/2 的钒进入到碳化后液中；当 NH_4HCO_3 过量系数大于 1.3，只有 20%的钒进入到碳化后液中，50%以上的钒进入到洗水中，这是因为 NH_4HCO_3 的加入量对溶液中偏钒酸铵的溶解度有更加显著的影响，导致 NH_4HCO_3 的加入量过大时，偏钒酸铵会从溶液中析出，和产物碳酸钙混合在一起被过滤，在后续的浆洗淋洗过程中，偏钒酸铵再次进入到洗水中，因此洗水中钒浓度比较大，甚至超过碳化液相中的钒浓度。为了让更多的钒由钒酸钙固相中进入到碳化液相中，即碳化后液中钒浓度达到最大，选择 NH_4HCO_3 过量系数不能大于 1.2。

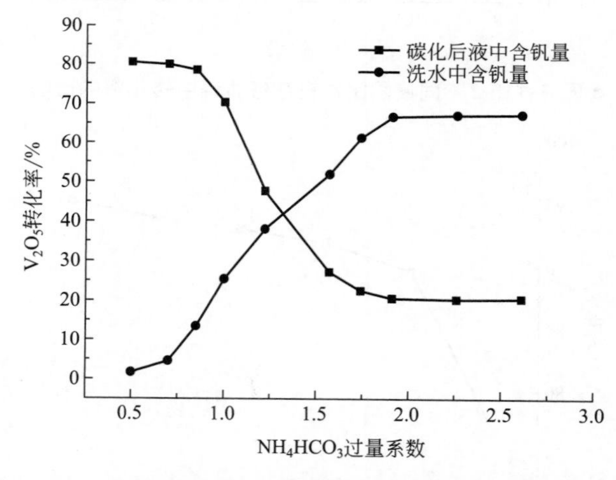

■ 图 6-117　不同 NH_4HCO_3 添加量对钒在各体系中转化率的影响

不同 NH_4HCO_3 添加量对钒转化率的影响如图 6-118 所示，由图可知，钒的转化率在 84%～96%，说明绝大部分的钒由固相转移到了液相中。当 NH_4HCO_3 过量系数为

1.0 时，钒的转化率达到最大值 95.67%。综合考虑钒的转化率和碳化后液中钒的浓度，NH_4HCO_3 过量系数最佳为 1.0。由表 6-33 可知，NH_4HCO_3 过量系数最佳为 1.0 的碳化固相中钒含量比较低，只有 2.03%。

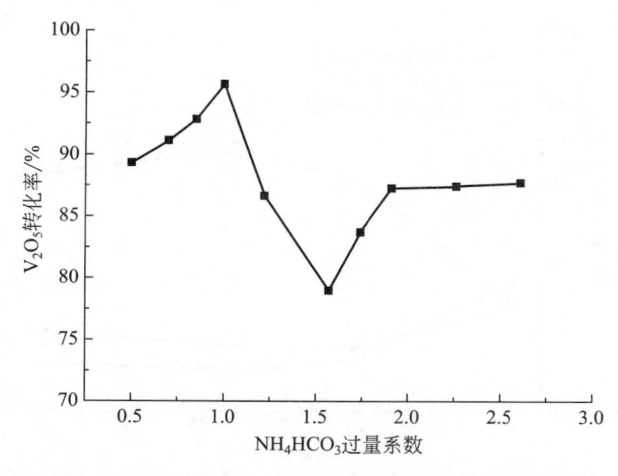

■ 图 6-118 不同 NH_4HCO_3 添加量对钒转化率的影响

■ 表 6-33 不同 NH_4HCO_3 添加量的固相成分分析

液固比	V_2O_5 含量/%	$Ca_3(VO_4)_2$ 含量/%
0.50	2.69	5.18
0.70	1.76	3.39
0.85	2.46	4.74
1.00	2.03	3.90
1.22	3.00	5.77
1.57	2.72	5.23
1.74	2.21	4.25
1.91	2.55	4.91
2.26	2.11	4.05
2.61	5.62	10.81

（3）温度的影响

从化学反应动力学的角度出发，温度对化学反应的进行有显著的影响。钒酸钙的碳化反应为吸热反应，温度越高，越有利于反应的进行，进而提高钒的转化率。

不同温度对钒在各个体系中转化率的影响如图 6-119 所示。由图可知，在实验设计的温度区间内随着反应温度的上升，钒的转化率增大，这种变化趋势在反应温度大于 75℃后逐渐缓慢。这是因为钒酸钙碳化反应是吸热反应，温度越高，溶液中离子的热运动越剧烈，离子之间的碰撞机会越大，反应进行得越彻底，从而提高钒转化率；温度过低，反应速度较慢，晶核形成的时间也较长，造成沉淀反应进行得很慢。但若是温度过高，如高于 90℃，NH_4HCO_3 在溶液中已经分解为 $(NH_4)_2CO_3$ 和 NH_3，有部分铵的损失。当温度在 70℃以上时，碳化后液中钒的浓度由 61%～67%比较缓慢地增加，洗水和碳化固相中的钒浓度分别保持在 20%和 12%左右。由图 6-120 可以看出，钒的转化率随着温度的增加而显著增大，当温度在 75℃以上时，钒的转化率由 84%～

88%缓慢地增大。表 6-34 为不同温度下的碳化固相的成分，从表中可以看出，碳化固相中钒的含量均低于 3%。综合考虑钒的转化率、碳化后液中钒浓度以及能耗问题，最佳温度选择 75℃。

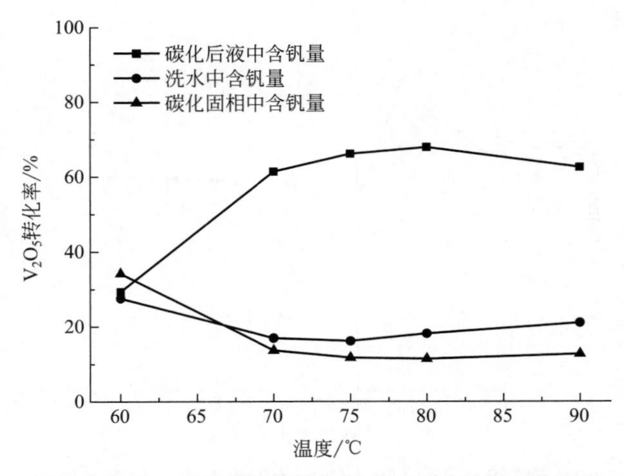

■ 图 6-119　不同温度对钒在各个体系中转化率的影响

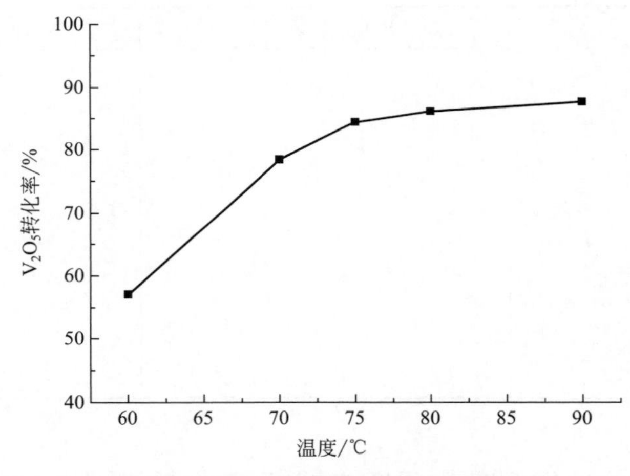

■ 图 6-120　不同温度对钒转化率的影响

■ 表 6-34　不同温度下的固相成分分析

温度/℃	V_2O_5 含量/%	$Ca_3(VO_4)_2$ 含量/%
60	1.71	3.29
70	1.69	3.25
75	2.02	3.88
80	2.16	4.15
90	1.84	3.54

6.5.3.3　碳化固相提钒技术

钒酸钙通过碳化之后得到固相产物为夹带钒酸钙的碳酸钙，在最佳的碳化条件下得到的碳酸钙固相中夹带的钒含量为 2.02%，需进行进一步提纯。实验结果见表 6-35。

■ 表 6-35 碳化固相提钒后成分分析

碳化固相 V_2O_5/%	V_2O_5 含量/%	$Ca_3(VO_4)_2$ 含量/%
3	0.33	0.63
5	0.62	1.19

由表 6-35 可知，夹带少许钒酸钙的碳化固相碳酸钙经过进一步的碳化提取之后，钒在碳酸钙中的夹带大幅度降低，均在 1%之内。

图 6-121 为夹带少许钒酸钙的碳化固相在不同温度下、不同时间点的碳化效果，由图可知，温度越高，溶液中钒浓度越大，随着时间的延长，溶液中钒浓度也逐渐增大，表明钒的转化率越高，碳化效果越好。从反应时间上看，当碳化时间短于 60min，在不同温度下钒的浓度随着时间显著增加；当碳化时间长于 60min，在不同温度下钒的浓度随着时间增加比较缓慢，基本保持不变，说明经过 60min 碳化基本完成。从反应温度上看，温度越高，碳化效果越好。从 30℃到 60℃，溶液中的钒浓度增幅明显，从 75℃到 90℃，溶液中的钒浓度增幅比较小，这是因为 NH_4HCO_3 在溶液中已经分解为 $(NH_4)_2CO_3$ 和 NH_3，有部分铵的损失。但温度越高，能耗越高，综合考虑，最佳温度仍选择 75℃，碳化时间 1h。

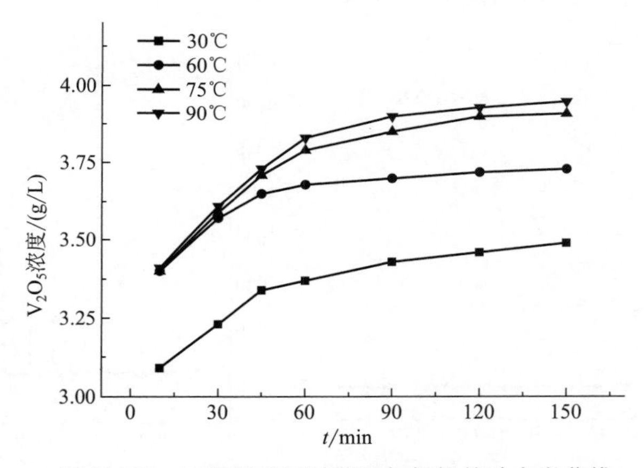

■ 图 6-121 不同温度下碳化固相提钒的动力学曲线

6.5.3.4 偏钒酸氨制备

钒酸钙经过碳化后，液固分离得到偏钒酸铵溶液，通过冷却结晶获得偏钒酸铵，可返回到钒酸钙碳化环节作为液相调节液固比，减少外排量，节约资源。

由表 6-36 可知，将偏钒酸铵的结晶母液作为钒酸钙碳化环节中调整液固比时的一部分液相，通过 4 次循环，碳化后液中 V_2O_5 的含量基本维持在 9～11g/L，碳化结晶母液中 V_2O_5 的含量基本维持在 6～7g/L，CO_3^{2-} 浓度随着循环次数的增多而增大，基本维持在 7～9g/L，表明碳化结晶母液可以不断多次循环利用。循环实验所得固相为含钒的碳酸钙，根据 1# 和 2# 实验固相洗涤方式的不同，可知固相中有 1/2 以上的钒是以夹带的方式存在于碳酸钙中，可以通过浆洗的方式使夹带的钒含量最大限度地降低。通过大量去离子水的淋洗后，碳化固相中的钒含量在 1.04%～1.22%之间（见表 6-37）。

■ 表 6-36 四次碳化循环实验液相成分分析

循环次数	碳化后液 V_2O_5 含量/(g/L)	碳化结晶母液 V_2O_5 含量/(g/L)	碳化结晶母液 CO_3^{2-} 含量/(g/L)
初始	22.64	4.02	2.13
1# 循环	11.11	8.42	6.65
2# 循环	10.04	6.66	8.51
3# 循环	9.32	6.13	8.82
4# 循环	9.28	6.16	9.09

■ 表 6-37 四次碳化循环实验固相成分分析

样品编号	称取的质量/g	V_2O_5 含量/%	固相洗涤方式
1# 循环	0.1622	2.37	淋洗
2# 循环	0.1423	1.04	浆洗
3# 循环	0.1452	1.22	浆洗
4# 循环	0.1336	1.09	浆洗

钒酸钙在最佳的碳化条件下反应之后得到的固相为碳酸钙，液相为偏钒酸铵溶液。经过测定，40℃时偏钒酸铵的溶解度为 4.88g/L，28℃时偏钒酸铵的溶解度为 3.21g/L。碳化后液中钒浓度一般在 22～25g/L，通过冷却结晶可得到偏钒酸铵晶体，图 6-122 和图 6-123 分别为碳化产物偏钒酸铵晶体和碳酸钙的 XRD 图谱。

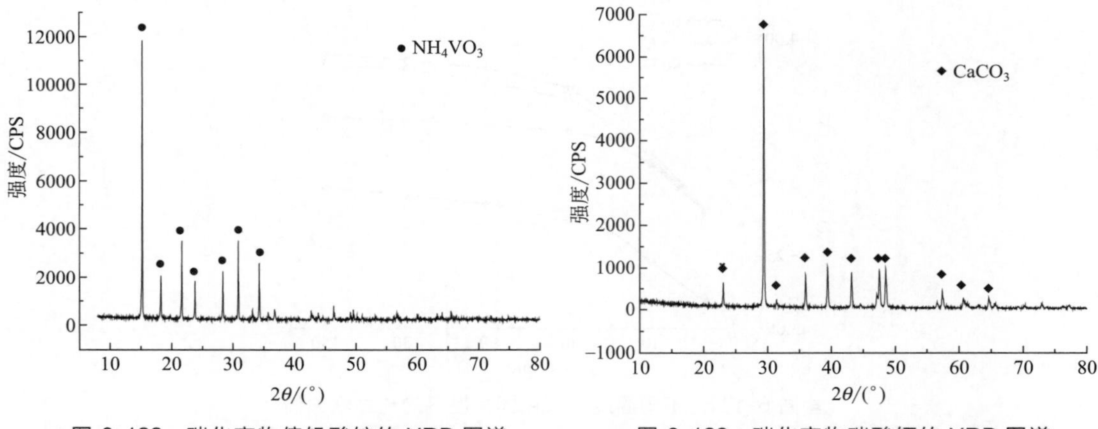

■ 图 6-122 碳化产物偏钒酸铵的 XRD 图谱 ■ 图 6-123 碳化产物碳酸钙的 XRD 图谱

6.5.4 钒酸盐电解还原制备钒氧化物

在电解液 NaOH 浓度为 0.25mol/L、钒浓度为 0.1mol/L 的条件下，控制温度为 60℃考察电流密度为 133A/m²、167A/m²、200A/m²、233A/m²、267A/m² 时对电流效率及直流电耗的影响。

不同电流密度下的电流效率和直流电耗如图 6-124 所示，随着电流密度的增大，电解效率也逐渐减小，这是由于电流密度增大，槽电压增大，阴极电位就越负，而氢气析出的副反应也变得越来越明显，从而导致电流效率降低。随着电流密度的提高，直流电耗逐渐增大，当电流密度增大到 200A/m² 的时候，电耗增加不明显。因此，综合电流效率、电解产率和直流电耗，选择电流密度 267A/m^2 比较合适，此时电流效率为 25.07%，直流电耗为 3610kW·h/t。

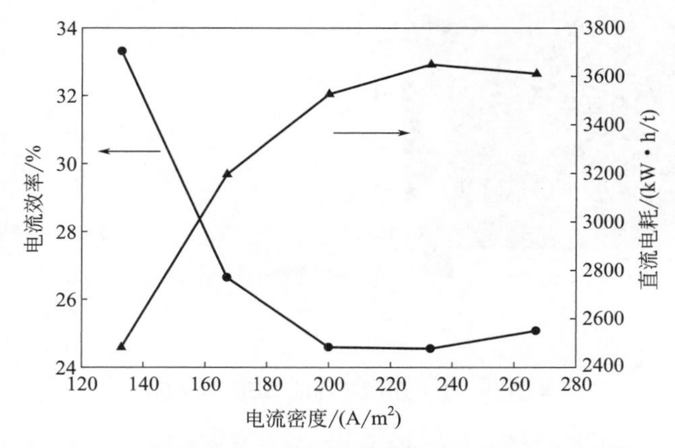

■ 图 6-124 不同电流密度下电流效率和直流电耗与电流密度的关系

还原产物的形貌如图 6-125 所示，产物呈薄片状，是一种略显棕色的黑色粉末，其在盐酸中溶解后的颜色呈现蓝绿色，与+3 价和+4 价的钒的酸性溶液相对应。

(a) (b)

■ 图 6-125 还原产物及溶解在盐酸中的溶液

为了更清晰的呈现产物的形貌，在扫描电子显微镜下观察产物。从图 6-126 可以看出还原产物呈现薄片状，EDX 分析结果表明，其产物主要元素为 V 和 O，不含 Na 元素，这与化学分析的结果一致。

为了深入分析其成分，在不同温度下对还原产物进行退火处理，实验在封闭式管式炉中进行，N_2 流量为 0.8L/min，在不同温度下加热保温一定时间，观察物相变化，结果如图 6-127 所示。图中标示出的峰为 VO_2 的衍射峰，从图 6-127 中可以看出，200℃下退火处理无定形产物不发生变化，没有明显的衍射峰出现；当处理温度为 300～500℃时，出现了明显的 VO_2 衍射峰，说明还原产物以 VO_2 为主，这与滴定分析结果一致；但是当温度达到 700℃时，除了 VO_2 还出现了其他一些无法识别的杂峰，说明 700℃时有其他成分的钒化合物生成，根据滴定分析，可能是+3 价钒的化合物，其成分有待进一步探索。

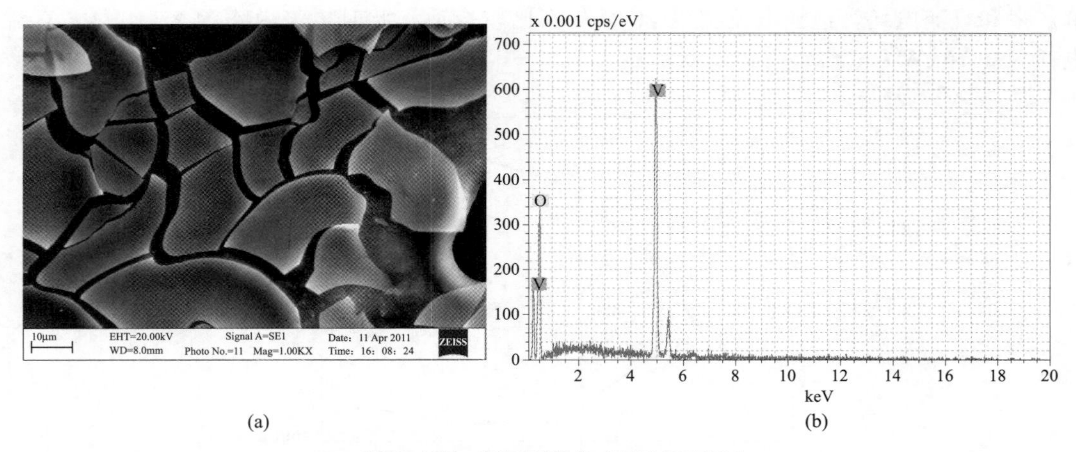

■ 图 6-126 还原产物的 SEM 及 EDX

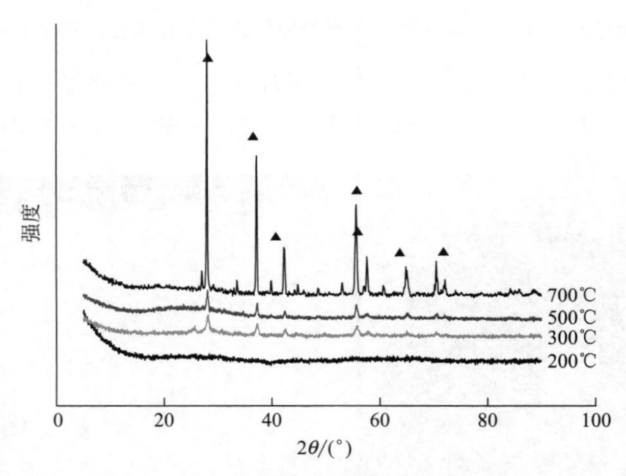

■ 图 6-127 还原产物在不同的煅烧温度下的 XRD 图

6.5.5 两种阳离子解离方法比较

两种阳离子方法均没有酸性氨氮废水的生成，是一种清洁的生产方法，但是在具体实践过程中都体现出各自的优缺点，如表 6-38 所列。

■ 表 6-38 阳离子解离方法比较

工艺条件	钙盐转化法	电解还原法
钒转化率	94%	70%
产品纯度	低	高
反应周期	长	短
技术难度	低	高
生产成本	低	高

钙盐转化法是一种常规的化学转化法，技术难度低，操作简单，但是工序较长，需要经过钒酸盐的钙化、碳化、煅烧才能最终制备出钒的氧化物。由于钙化、碳化的过程中加

入了各种反应剂，导致产品中钒的纯度较低。总体而言，该法钒的转化率较高，生产成本低。

电解还原法最大的优点是工序短、操作简单，通过电解还原可以一步实现钒氧化物的制备以及碱的生成。液固分离后可以得到钒产品，碱液直接浓缩用于下一次的浸出。但该法需要使用价格较贵的玻碳电解，生产成本较高，对电解液的要求比较苛刻，技术难度大。但是电解制备的钒产品的纯度较高，为电解还原制备高纯度钒氧化物提供了可能。

6.6 钒渣亚熔盐法钒铬共提千吨级示范工程

6.6.1 钒渣亚熔盐法钒铬共提工艺流程

钒渣亚熔盐法钒铬共提工艺总流程如图 6-128 所示。具体工序如下。

① 反应溶出　将称量好的钒渣与氢氧化钠、返回液一同加入到流化塔/加压反应器中，开启搅拌，并加热升温至预定温度，反应一定时间后，将冷却后的料浆放到搅拌料浆罐中。

② 稀释过滤　料浆加入稀释液稀释，并保持温度在 80℃左右。搅拌 10min 左右，将料浆打入离心过滤机，分离得到 1# 液和一次渣。

③ 一次渣洗涤　过程②得到的渣相进入洗涤槽中，加入二次洗液搅拌打浆，并加温至 80℃左右，搅拌 20min 左右将料浆打入到离心过滤机上分离，得到二次洗液。

④ 二次渣洗涤　过程③得到的渣相进入洗涤槽中，加入工业水搅拌打浆，并加温至 80℃左右，搅拌 20min 左右将料浆打入到板框过滤机上分离，得到二次洗液和提钒尾渣。

⑤ 除杂　过程②得到的液相通过添加脱硅剂进行脱硅，脱硅后得到结晶前液。

⑥ 钒酸钠结晶　过程⑤得到的液相进入冷却结晶槽中，开通搅拌，并冷却降温至 40℃以下，搅拌 1h 左右。打入到真空过滤机中过滤，得到钒酸钠和结晶母液。

⑦ 铬酸钠结晶　过程⑥得到的结晶母液经过蒸发浓缩到 550～600g/L，维持搅拌状态，液中析出晶体，养晶 1h 左右。打入到真空过滤机中过滤，得到铬酸钠晶体和返回液。

6.6.2 千吨级示范工程现场

钒渣亚熔盐法钒铬共提新技术经过了实验室开发-公斤级扩试，充分验证了工艺条件、结果及装备的稳定性，为工艺的产业化放大提供了坚实的技术和装备支撑。与河北钢铁股份有限公司承德分公司合作，于 2014 年建成千吨级产业化示范工程，示范工程现场如图 6-129 所示。

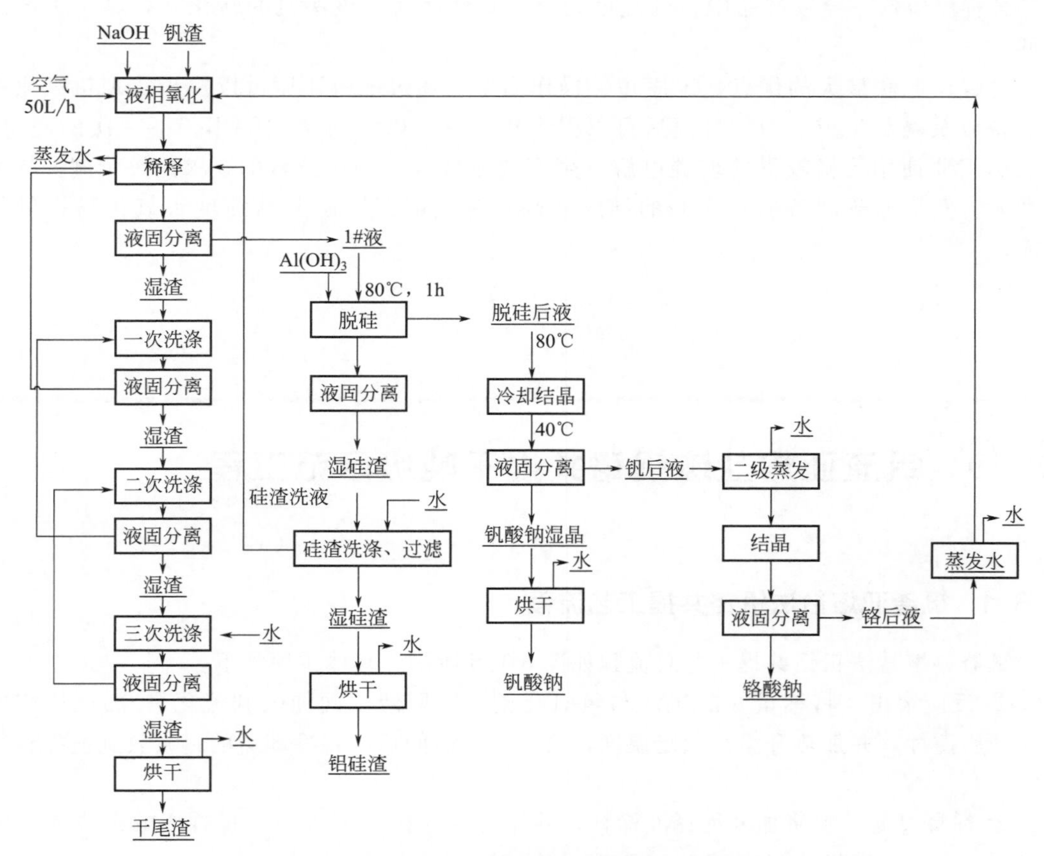

■ 图 6-128　钒渣亚熔盐法钒铬共提工艺总流程

■ 图 6-129　千吨级示范工程现场

由图 6-130 可以看出，示范工程运行过程钒转化率>94％，铬转化率>84％，反应条件温和、资源利用率高、无污染物排放。

目前，万吨级钒渣亚熔盐法钒铬共提示范工程正在河北钢铁股份有限公司承德分公司展开建设，项目清洁环保，可源头解决有害窑气、高盐氨氮废水的排放。项目的经济技术

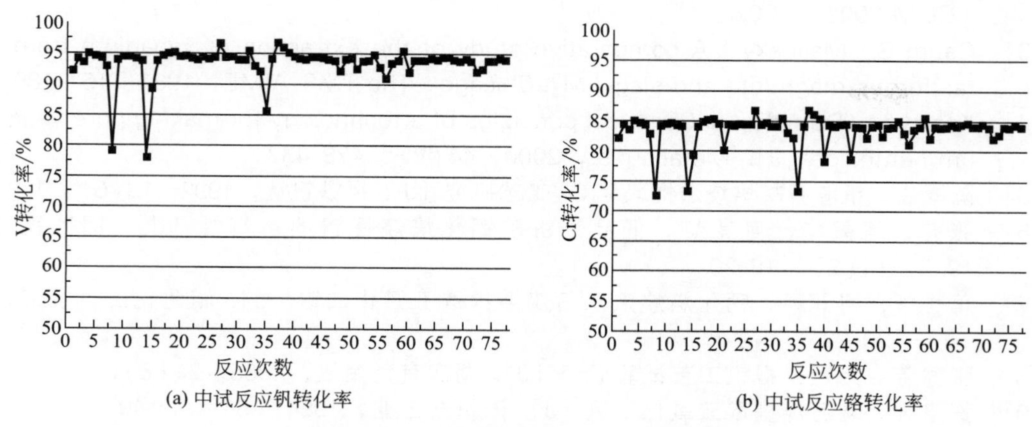

(a) 中试反应钒转化率　(b) 中试反应铬转化率

■ 图 6-130　千吨级中试工程钒、铬转化率

指标及环境效益居于世界领先水平，将为全球钒生产的绿色产业化升级提供支撑。

参考文献

[1] 黄道鑫．提钒炼钢 [M]. 北京：冶金工业出版社，2000.

[2] 杨守志．钒冶金 [M]. 北京：冶金工业出版社，2010.

[3] Maurya M R，Bisht M，Avecilla F. Synthesis，characterization and catalytic activities of vanadium complexes containing ONN donor ligand derived from 2-aminoethylpyridine [J]. Journal of Molecular Catalysis A：Chemical，2011，344(1-2)：18-27.

[4] Moskalyk R R，Alfantazi A M. Processing of vanadium：a review [J]. Minerals Engineering，2003，16(9)：793-805.

[5] 杨绍利．钒钛材料 [M]. 北京：冶金工业出版社，2007.

[6] Li X S，Xie B，Wang G E，et al. Oxidation process of low grade vanadium slag in presence of Na_2CO_3 [J]. Transactions of Nonferrous Metals Society of China，2011，21(8)：1860-1867.

[7] 席增宏，覃向民，赵景富．钠化焙烧钒渣提钒工艺中焙烧温度的控制 [J]. 铁合金，2005，36(4)：19-20.

[8] Chen T，Zhang Y，Song S. Improved extraction of vanadium from a Chinese vanadium-bearing stone coal using a modified roast-leach process [J]. Asia-Pacific Journal of Chemical Engineering，2010，5(5)：778-784.

[9] Liu H B，et al. Novel Methods to Extract Vanadium from Vanadium Slag by Liquid Oxidation Technology [J]. Advanced Materials Research，2011，396-398：1786-1793.

[10] Liu B，et al. A novel method to extract vanadium and chromium from vanadium slag using molten NaOH-$NaNO_3$ binary system [J]. AIChE Journal，2012，59(2)：541-552.

[11] 郑诗礼，等．亚熔盐法钒渣高效清洁提钒技术 [J]. 钢铁钒钛，2012，33(1).

[12] Bradbury D. The production of vanadium pentoxide. in Vanadium-Geology [C]. Processing and Applications：asheld at the 41st Annual Conference of Metallurgists of CIM

(COM 2002). 2002.

[13] Gabra G, Malinsky I. A comparative study of the extraction of vanadium from titaniferous magnetite and slag [M]. Chicago: The TMS-AIME, 1981: 167-189.

[14] Kozlov V, Demidov A. Chemical principles of a technology for making pure vanadium pentoxide [J]. Metallurgist, 2000, 44(8): 428-433.

[15] 陈厚生. 钒渣石灰焙烧法提取 V_2O_5 工艺研究 [J]. 钢铁钒钛, 1992, 13(6): 1-9.

[16] 张萍, 蒋馥华, 何其荣. 低品位钒矿钙化焙烧提钒的可行性 [J]. 钢铁钒钛, 1993, 14(2): 18-20.

[17] 蒋馥华, 何其荣. 钙化焙烧法从石煤中提取五氧化二钒 [J]. 湖北化工, 1992, 9(1): 20-22.

[18] 张德芳. 无污染提钒工艺试验研究 [J]. 湖南有色金属, 2005, 21(6).

[19] 贺洛夫. 从石煤提取五氧化二钒 [J]. 无机盐工业, 1994,(6): 39-40.

[20] 朱燕, 等. 钒渣中钒的浸出特性 [J]. 环境科学与技术, 2007, 29(12): 16-17.

[21] 李晓军. 钒渣中尖晶石生长规律及钒渣钙化焙烧机理的研究 [D]. 重庆: 重庆大学, 2011.

[22] 李欣, 王毅, 朱军. 低品位钒矿直接酸浸提钒工艺研究 [J]. 钢铁钒钛, 2010, 31(3): 10-14.

[23] 曹耀华, 杨绍文, 高照国, 等. 某钒矿酸法提钒新工艺试验研究 [J]. 矿产综合利用, 2008,(5): 3-6.

[24] 陈庆根. 石煤钒矿提钒工艺技术的研究进展 [J]. 矿产综合利用, 2009, 2: 30-34.

[25] 鲁兆伶. 用酸法从石煤中提取五氧化二钒的试验研究与工业实践 [J]. 湿法冶金, 2002, 21(4): 175-183.

[26] Li H, et al. Vanadium recovery from clay vanadium mineral using an acid leaching method [J]. Rare Metals, 2008, 27(2): 116-120.

[27] 李学字, 林浩宇. 石煤钒矿加工生产 V_2O_5 技术现状与展望 [J]. 化工矿物与加工, 2011, 40(4): 38-40.

[28] Jin W, et al. Comparison of the Oxygen Reduction Reaction between NaOH and KOH Solutions on a Pt Electrode: The Electrolyte-Dependent Effect. Journal of Physical Chemistry B, 2010, 114(19): 6542-6548.

[29] 张洋. 钠系铬盐清洁工艺应用基础研究 [D]. 北京: 中国科学院研究生院, 2010.

[30] Cui J, Zhang Y. Study on the KOH+ K_2CrO_4+ K_2CO_3+ H_2O System [J]. Journal of Chemical & Engineering Data, 2000, 45(6): 1215-1217.

[31] 黄德春, 王志祥, 刘巍. 溶液间歇结晶动力学模型的新型算法 [J]. 化学学报, 2006, 64(9): 906-910.

[32] 周志朝. 结晶学 [M]. 杭州: 浙江大学出版社, 1997.

[33] Li L, et al. Solubility in the Quaternary Na_2O-V_2O_5-CaO-H_2O System at (40 and 80) ℃ [J]. Journal of Chemical & Engineering Data, 2011, 56(10): 3920-3924.

[34] 张中豪. 钙化焙烧冶炼 V_2O_5 新工艺研究 [J]. 新技术新工艺, 1999,(3): 23-24.

[35] 米玺学, 兰玮锋. 从石煤钒矿石中提取五氧化二钒工艺综述 [J]. 湿法冶金, 2008, 27(4): 208-210.

7 工业固废资源化利用

我国钢铁、有色、化工等重化工行业长期作为国民经济主体，造成大量工业固废产生。目前粉煤灰、冶金废渣、工业副产石膏、电石渣等大宗工业固废年产生量超过 20 亿吨，并以每年 10%的比例持续增加。现有工业固废综合利用方式以建材建工低附加值利用为主，经济性低，废物处理效率不高，典型大宗工业固废综合利用率不到 40%，仍以堆存处置为主。“十二五”期间大宗工业固废总堆存量净增加 80 亿吨，累计堆存量达到 270 亿吨，不仅占用大量土地，而且所含的重金属元素、有毒有害介质、微细粉尘、有机污染物等造成了严重的大气、水体、土壤污染和生态危害。例如，我国氧化铝行业年排放赤泥量近 5000 万吨，目前尚无大规模资源化利用手段，累计堆存达 3 亿吨，高碱赤泥渗液污染地下水源达 200～700m，成为制约产业发展与区域和谐的重大公害。

工业固废虽然排放量巨大，环境污染严重，但蕴含丰富的可回收资源，既包括铁、铝、铜、镍、铬、锌等重要的战略金属资源，也包含丰富的碳、硫、氯、磷等非金属资源；工业固废资源化利用既可以为工业生产提供替代原生矿产资源的再生原材料，也可以直接为社会生活提供再生产品，将成为缓解战略资源短缺瓶颈的重要突破口；但因为缺乏对工业固废组成结构特征的深刻认识，目前资源化利用仍主要采用处理原生矿产资源的技术与装备，产品多为低端的建工建材利用，造成资源浪费。例如，我国内蒙古鄂尔多斯大型能源基地每年产生 3000 万吨高铝粉煤灰（Al_2O_3＞40%）废物，现有综合利用率不到 10%，如突破高铝粉煤灰铝、硅、镓、等资源协同利用多联产集成技术，将形成煤炭-电力-有色-环保循环经济产业链，不但对于西部地区发展循环经济、保护生态环境具有重大战略意义，同时也将大幅度延长我国铝资源安全供给年限。

7.1 亚熔盐法处理高铝粉煤灰联产硅酸钙保温材料利用技术

鉴于亚熔盐介质的特殊性能，针对现行粉煤灰提铝技术存在的能耗高、资源回收率低等问题，中国科学院过程工程研究所突破传统粉煤灰提铝技术思路，提出采用 NaOH 亚熔盐法提取高铝粉煤灰中的氧化铝，探索出一条经济效益和环境效益显著，提铝后的粉煤灰渣能够做高值建材的工艺路线，即高铝粉煤灰提铝及多组分综合利用技术，实现了粉煤灰的高附加值利用，其具体的原则流程如图 7-1 所示。由图可知，亚熔盐法高铝粉煤灰提铝尾渣的主要成分为硅酸钠钙（$NaCaHSiO_4$），为进一步对其进行碱解离/硅组分重构，制备出可用于保温材料的硅酸钙材料，需对硅酸钠钙的性质进行深入研究。

7.1.1 硅酸钠钙结构研究

硅酸钠钙最早由前苏联学者阿布拉莫夫提出[1]。随后，Gard[2～4]等在 180℃下将其制备出来，并通过 XRD 测定研究发现，$NaCaHSiO_4$ 为单斜晶系，$P2_1$ 或 $P2_1/m$ 空间群，其中 $a=5.72$nm，$b=7.06$nm，$c=5.48$nm，$\beta=122.5°$，$V=0.1866$nm^3，$Z=2$，$D_{obs}=$

2.75，$D_{calc}=2.77g/cm^3$。Kenyon 等[5~9]对其结构研究发现，硅酸钠钙中的硅以 SiO_3OH 为结构单位，每个单位之间以氢键相连形成锯齿状层间结构，Ca 与 O 形成八面体结构同时平衡层间电位，Na 与 O 形成三角双锥也平衡着层间电位，其分子结构如图 7-2 所示。

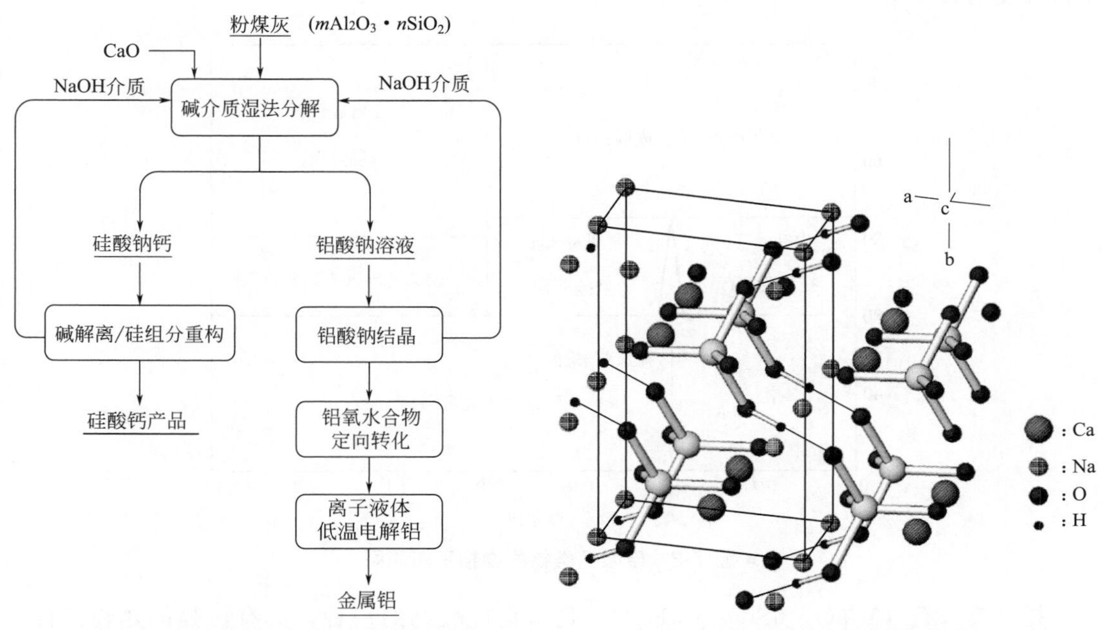

■ 图 7-1 亚熔盐法处理粉煤灰原则流程　　■ 图 7-2 硅酸钠钙的分子结构

硅酸钠钙的应用价值并不高，而且其化学性质很不稳定，虽然在高碱条件下可以稳定存在，但在低碱条件下（Na_2O，<100g/L）很容易分解，其分解的反应机理如式(7-1) 和式(7-2) 所示[6,10]，此反应在亚熔盐法中被用来实现渣相中 Na_2O 的回收，其回收率可达 90%以上。

$$Na_2O \cdot 2CaO \cdot 2SiO_2 \cdot H_2O + 2NaOH \longrightarrow 2Na_2SiO_3 + 2Ca(OH)_2 \tag{7-1}$$

$$Na_2SiO_3 + Ca(OH)_2 + H_2O \longrightarrow CaO \cdot SiO_2 \cdot H_2O + 2NaOH \tag{7-2}$$

通过上述化学方程式可以推断出，对提铝尾渣进行脱钠回收时，每反应 1.5t 提铝尾渣，就会生成 1t 脱钠渣，而且渣中的主要成分为水化硅酸钙，如果这部分硅酸钙尾渣没有被利用，粉煤灰利用过程中并没有实现零排放的目标，因而环境污染问题没有得到根本上的解决。故能否有效利用回收 Na_2O 之后的硅酸钙尾渣将是亚熔盐法处理高铝粉煤灰新技术的关键问题之一。

7.1.2 硅酸钙类物质

提铝尾渣经过脱碱处理后的产物，即水化硅酸钙（calcium silicate hydrate，C-S-H），是 $CaO\text{-}SiO_2\text{-}H_2O$ 体系中存在三元化合物的统称，由于其成分与结构的复杂性和较低的结晶度，硅酸钙种类多种多样。一直以来，水化硅酸钙都是各国学者们研究的焦点，水化硅酸钙晶体结构的多样性决定了其性质的多样性，在特定的条件下很容易转化成其他晶型稳定的硅酸钙类物质。而据前人分析，稳定的硅酸钙类物质有几十种之多，硅酸钙物质之间相平衡简图如图 7-3 所示。很多实验室和生产都利用这些性质制备硅酸钙材料，例如硅酸盐水泥和混凝土等。除此之外，托贝莫来石型保温材料和硬硅钙石型保温材料，其主要原料托贝莫来石（$5CaO \cdot 6SiO_2 \cdot 5H_2O$，tobermorite）和硬硅钙石（$6CaO \cdot 6SiO_2 \cdot H_2O$，xonotlite）均为硅酸钙类物质，由于它们优良的性能，国际上对这两种保温材料的重视程度与日俱增。

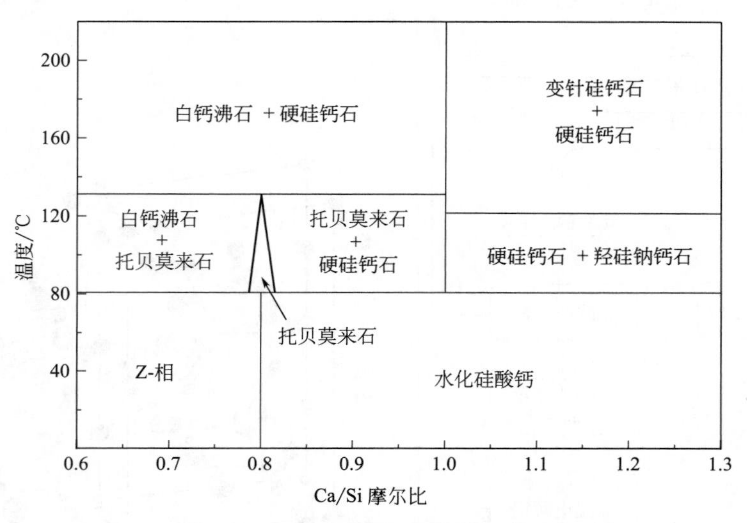

■ 图 7-3　硅酸钙类物质物相平衡简图

托贝莫来石（$5CaO \cdot 6SiO_2 \cdot 5H_2O$）是水化硅酸钙的一种，具有极强的热稳定性，研究表明，托贝莫来石在 300℃条件下会失去层间水，但是只有当温度达到 750℃时，其晶体结构才会遭到破坏，转变为非晶态的无定型物质[11]。由于其在高温下也可以稳定存在的性能，托贝莫来石型材料现已作为保温材料被应用于建筑、冶金、化工、医疗和电力等多个领域[12,13]。研究发现，托贝莫来石晶体为层状结构，每一层均由硅氧四面体形成的三元单链重复排列连接而成，层与层之间以钙八面体连接，硅氧四面体与钙八面体共氧，层间分布四个水分子[14]。根据层与层之间的排列方式和层间距的不同，托贝莫来石可以分为四种类型，分别为单斜托贝莫来石、0.9nm 托贝莫来石、1.1nm 托贝莫来石和 1.4nm 托贝莫来石[15]，这四种类型中，单斜托贝莫来石和 1.1nm 托贝莫来石具有相似的结构，它们之间的区别在于单斜托贝莫来石晶体的结构中形成了双链硅氧四面体，而 1.1nm 托贝莫来石则只形成了单链硅氧四面体，0.9nm 托贝莫来石与 1.4nm 托贝莫来石的结构相似，只是钙氧八面体的结合方式不同，从而导致了层间距不同[16]。

自从 1880 年 Heddle 在伦敦托贝莫利首次发现天然矿物中的托贝莫来石，科学家们对托贝莫来石的研究已经有 100 多年的历史，而且取得了相当显著的成果。到目前为止，人工合成托贝莫来石的工艺已经很成熟[17~19]，现在的工艺均采用硅质原料（如硅藻土、膨润土、硅石粉、稻壳灰、石英粉和水淬炉渣等）和钙质原料（如消石灰、生石灰和电石渣等）为主要反应原料[20~24]，经混合、成型、蒸养后反应生成托贝莫来石，其主要工艺流程如图 7-4 所示。

制备托贝莫来石的硅质原料中的主要成分一般都要求高于 65%，而影响托贝莫来石生成的有害杂质含量一般都不大于 2%，且经实验研究发现，硅质原料中如果有少量的无

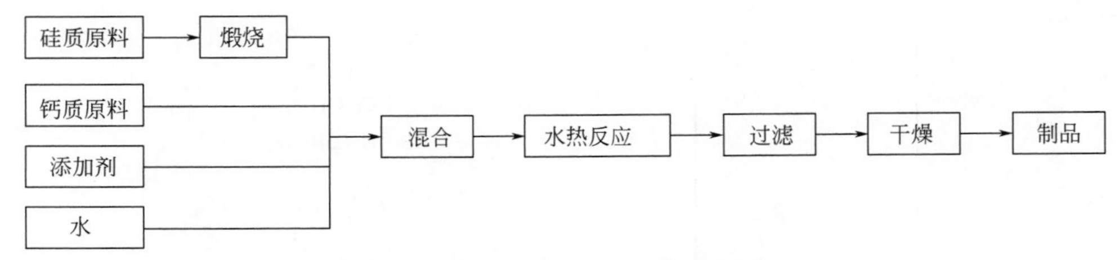

■ 图 7-4 传统托贝莫来石制备工艺流程

定型二氧化硅存在可以促进反应的发生，降低反应时间。钙质原料通常只有消石灰、生石灰和电石渣，原料中氧化钙的含量非常高，均在90%以上，氧化钙中影响生成托贝莫来石的因素为氧化钙的活性和原料在溶液中的沉降容积的大小，一般情况下，氧化钙的活性越大，且在溶液中的沉降容积越大，越容易生成托贝莫来石[14]。有时，为增加无定型硅的含量，增加颗粒的比表面积，增加氧化钙和二氧化硅的接触面积，同时增加氧化钙的活性和沉降容积，需要对原料进行适当的高温活化。制备托贝莫来石的原料中均存在其他微量金属或非金属成分，而这些成分的存在对托贝莫来石的生成会起到一些抑制或促进作用，例如 Al^{3+} 的存在可以替换托贝莫来石晶体结构中的 Si^{4+}，形成一种含铝的托贝莫来石，这种晶体结构比不含铝的托贝莫来石晶体结构还要稳定[25]；而反应液中存在 Cr^{3+} 时，会降低水化硅酸钙的结晶度，并提高其晶体的含水量，从而很难形成托贝莫来石[26]；当反应液中存在 Na^{+} 时会抑制结晶较好的水化硅酸钙生成，但是当 Al^{3+} 和 Na^{+} 同时存在且达到一定含量时，这种抑制状态就会消失[27]；大量研究也表明，一些重金属离子如 Zn^{2+}、Pb^{2+} 等对托贝莫来石的生成均有一定的影响[28~30]。

7.1.3 硅酸钠钙分解影响因素研究

亚熔盐法粉煤灰提铝清洁工艺实现了高铝粉煤灰中氧化铝的高效经济提取。但提铝尾渣即硅渣中含有一定的碱，若不有效利用，会给环境造成二次污染，同时也是硅资源的极大浪费。为此，以亚熔盐法粉煤灰提铝清洁工艺中产生的硅渣为研究对象，研究了其在稀碱液中的分解及转化行为，开发了以硅渣为原料生产高性能保温材料的新工艺，测定了不同反应条件下获得的保温材料的性能，并进行了新工艺的中试放大初步研究。

前已述及，高铝粉煤灰提铝尾渣的主要成分是硅酸钠钙，其在低碱条件下易发生分解。其分解性能在亚熔盐法中被用来回收渣相中的 Na_2O，其最高提取率可达90%。

对提铝尾渣进行脱钠，硅组分转化为水化硅酸钙。虽然硅酸钙种类多样，但以托贝莫来石最为常见，它是一种常见的硅酸钙隔热保温材料，性能非常优异，而且市场需求量大，因此，本研究将硅渣定向转型处理后，拟制备成硅酸钙保温材料。

具体的工艺流程依次包括脱碱、硅酸钙形貌调控、硅酸钙粉体压制成型及制品干燥等工序。

研究中所用实验原料为亚熔盐法处理粉煤灰所得的提铝尾渣，提铝尾渣的化学成分见表7-1，其物相分析结果见图7-5。

■ 表 7-1 提铝尾渣的化学组成（A/S=0.06）

组分	Na_2O	SiO_2	Al_2O_3	CaO	Fe_2O_3	TiO_2
含量/%	19.13	30.67	1.89	34.91	1.03	0.86

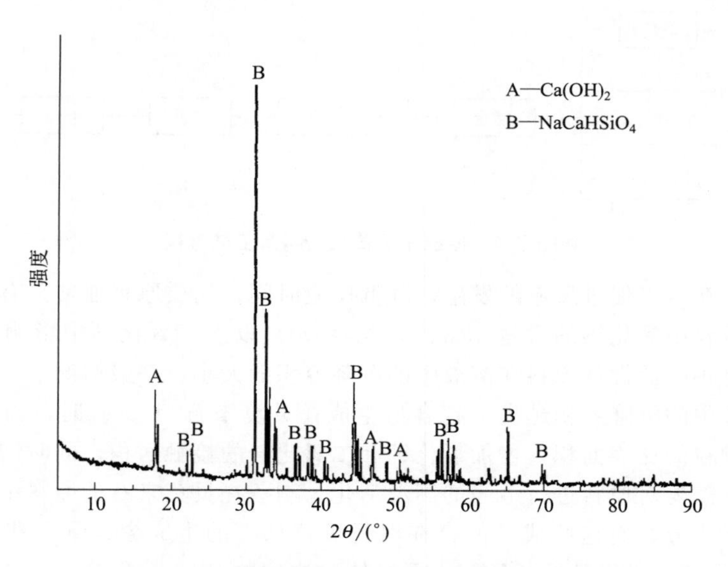

■ 图 7-5 亚熔盐法处理高铝粉煤灰尾渣的 XRD 分析

(1) 反应温度的影响

本实验选择的反应温度范围为 90～230℃，其余反应条件为：按照液固比为 30mL/g，将提铝尾渣置于 Na_2O 浓度为 20g/L 的碱溶液中，在 500mL 高压釜中以 300r/min 的转速水热反应 7h。

从表 7-2 脱钠效果不难看出，常压低温条件下粉煤灰提铝尾渣可将钠离子脱除，但是脱除率较差。随着温度的升高，当温度达到 150℃以上时，脱钠效果已经没有太明显的变化，平均效果在 90%左右。从图 7-6 的物相分析可以看出，从 90℃开始，脱钠产物均生成托贝莫来石。由图 7-7 的 SEM 图谱可以看出常温 90℃脱钠转型与 150℃脱钠转型的产物均为棒状结构，当温度升高到 170℃时，棒状结构消失，生成了溶胀明显的颗粒，随温度升高，溶胀的颗粒状态变化不大。

■ 表 7-2 不同反应温度下脱钠效果

温度/℃	90	150	170	190	210	230
Na_2O 含量/%	3.29	2.41	1.80	2.17	1.52	1.92

将所得转型产物用 769YP-60E 型粉末压片机在 0.1MPa 条件下压制 5min 成型，烘干后测其容重，结果如图 7-8 所示，不难看出，棒状结构的产物制品容重均偏高，当分解产物以球形颗粒形式存在并产生溶胀时，容重明显下降。由图 7-8 可知，当转型温度为 170℃及以上时，压片制品的容重均在 300kg/m³ 以下。故反应的最适温度为 170℃。

(2) 搅拌速率的影响

本实验研究在 500mL 反应釜中进行，设计搅拌速率范围为 100～400r/min，每隔 50r/min 设一个实验，共设计了 8 个实验，其他条件不变：按液固比为 30mL/g，将提铝尾渣置于 Na_2O 浓度为 20g/L 的碱溶液中，在 500mL 高压釜中，以 170℃的温度水热反应 7h。

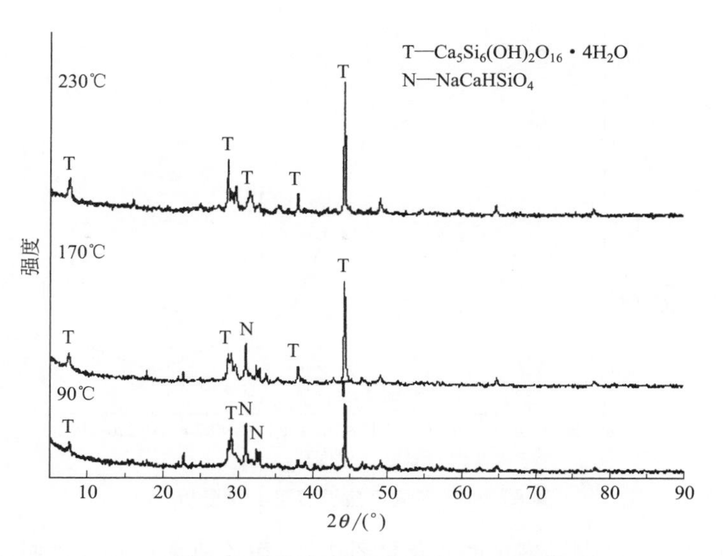

■ 图 7-6 不同温度条件下的 XRD 图谱

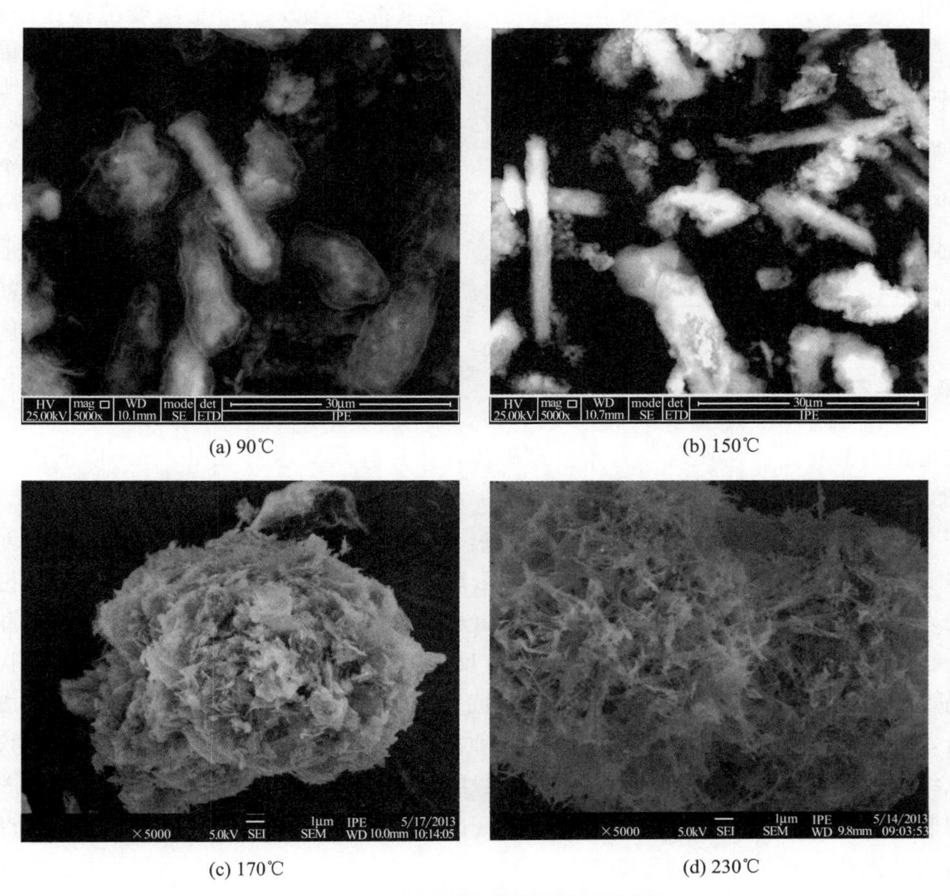

(a) 90℃ (b) 150℃ (c) 170℃ (d) 230℃

■ 图 7-7 不同温度条件下的 SEM 图

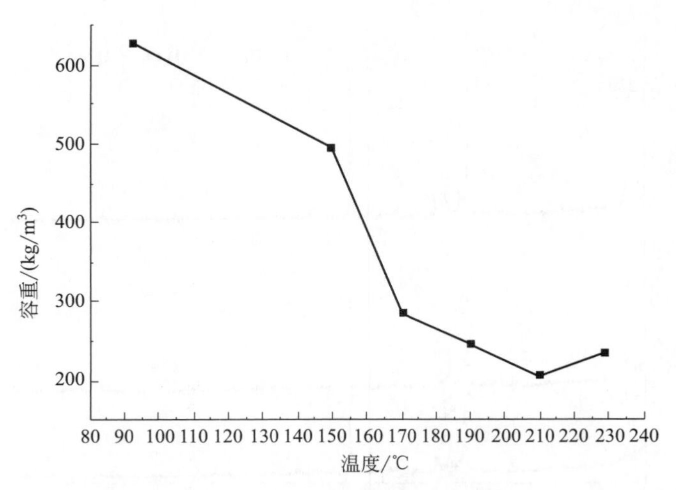

■ 图 7-8 不同反应温度下容重分析

不同搅拌速率下压片制品容重的变化见图 7-9，搅拌速率对硅酸钙制品容重有很大影响。搅拌速率为 100r/min 时，压片制品容重将近 $600kg/m^3$。随着搅拌速率增大，当达到 200～300r/min 之间时，容重明显减小，均在 $300kg/m^3$ 以下；当搅拌速率增大到 350r/min 时，压片制品的容重增加到了 $443kg/m^3$；当搅拌速率增大到 400r/min 时，压片制品容重达到了 $672kg/m^3$。从图 7-10 的 SEM 分析中也可以看出，当产物其微观结构均为溶胀的球形粒子时，容重较小；但球形粒子未生成或者遭到破坏时，容重较大。因此，搅拌速率在 200～300r/min 为最佳范围，此范围内的粒子有溶胀现象且不会被破坏，压片容重易达到 $300kg/m^3$ 以下。

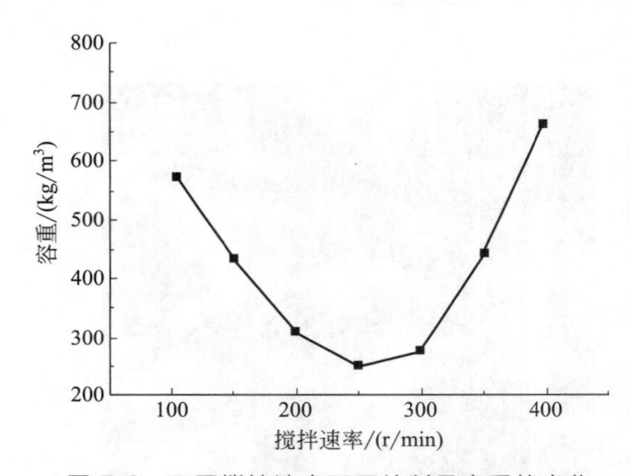

■ 图 7-9 不同搅拌速率下压片制品容重的变化

（3）反应时间的影响

在 3～8h 范围内研究了时间对产物的影响，结果如图 7-11、图 7-12 和图 7-13 所示。从图 7-11 的 XRD 分析不难看出，反应时间为 3h 时，产物已全部转化为托贝莫来石，说明原料转化为托贝莫来石的速度很快，结合图 7-12(a) 可知，生成的托贝莫来石以网格状相互粘连在一起，形成了高孔隙率的球形粒子。随着反应时间的延长，托贝莫来石由网格状向纤维状晶型转变，如图 7-12(b) 所示，反应时间为 7h 时，已经有大量的纤维晶须生成。综合分析，在 3～8h 的时间段，均可生成高孔隙率的球形粒子，只是随着反应时间的延长，向生成纤维晶型的方向转变，从图 7-13 的线性变化也可以看出，不同反应时间的产物压制成的制品，其容重均在 $300kg/m^3$ 以下，已达到理想的效果，但以反应时间 4h 为最佳。

（4）液固比对反应结果的影响

选择液固比为 10mL/g、15mL/g、20mL/g、25mL/g、30mL/g 5 个变化条件，其他

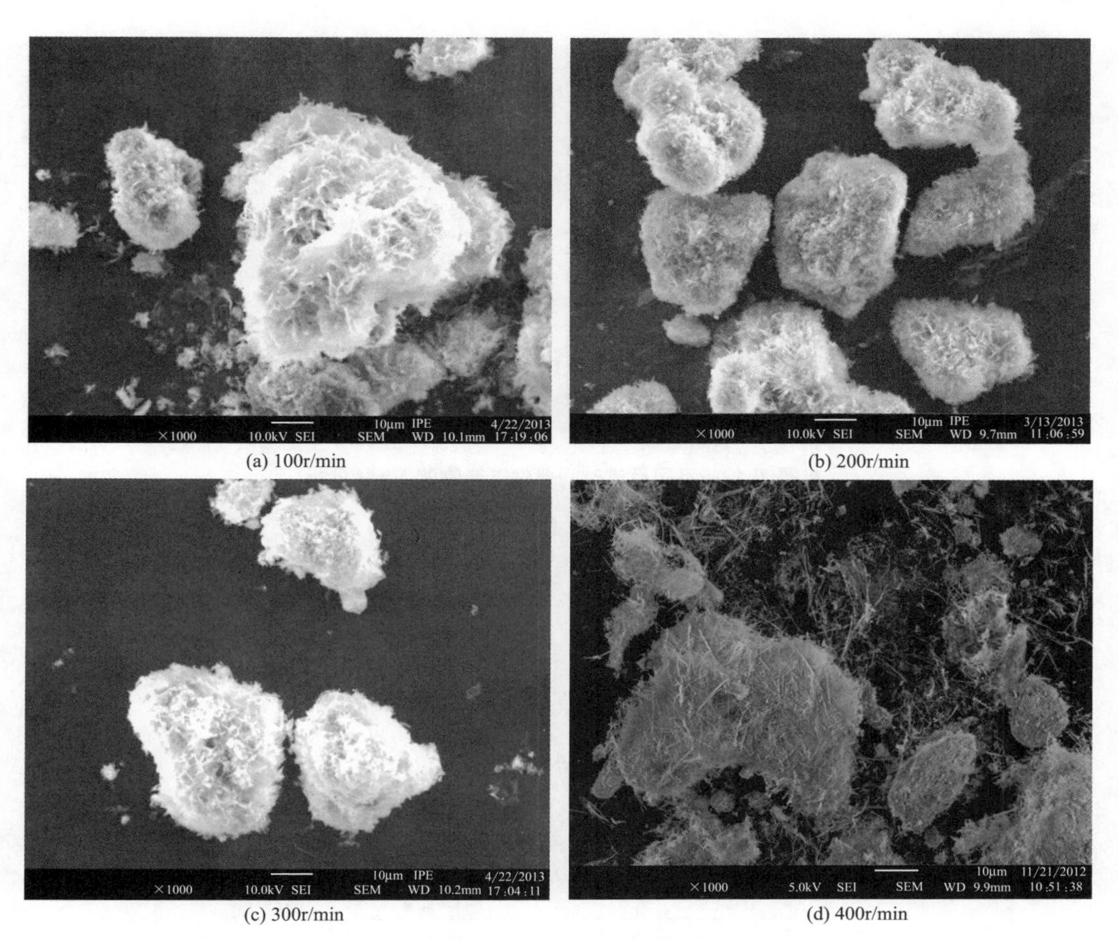

(a) 100r/min (b) 200r/min

(c) 300r/min (d) 400r/min

■ 图 7-10 不同转速条件下脱铝尾渣脱钠转型后的 SEM 图

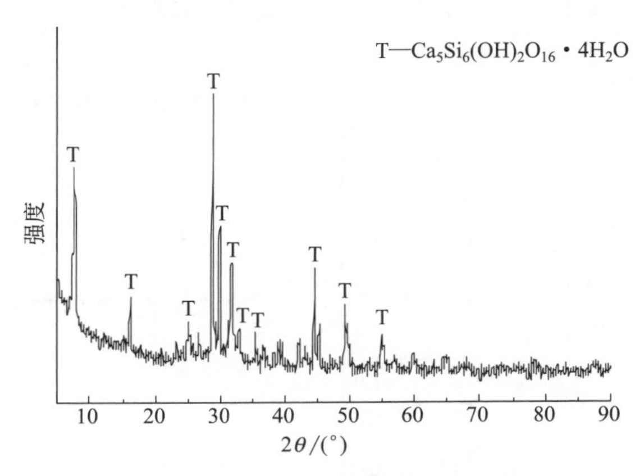

■ 图 7-11 3h 条件下产物的 XRD 图谱

反应条件均采用最佳条件：将粉煤灰提铝尾渣按不同的液固比置于 Na_2O 浓度为 20g/L 的碱溶液中，在 500mL 高压釜中，以 170℃的温度和 300r/min 的搅拌速率进行水热反应 4h，其产物的 XRD 和 SEM 的分析如图 7-14 和图 7-15 所示。

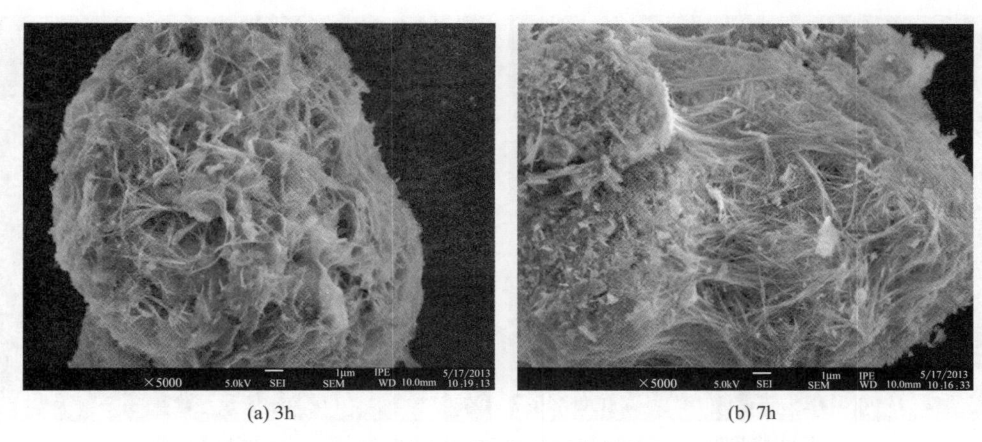

(a) 3h (b) 7h

■ 图 7-12 不同反应时间条件下产物的 SEM 分析

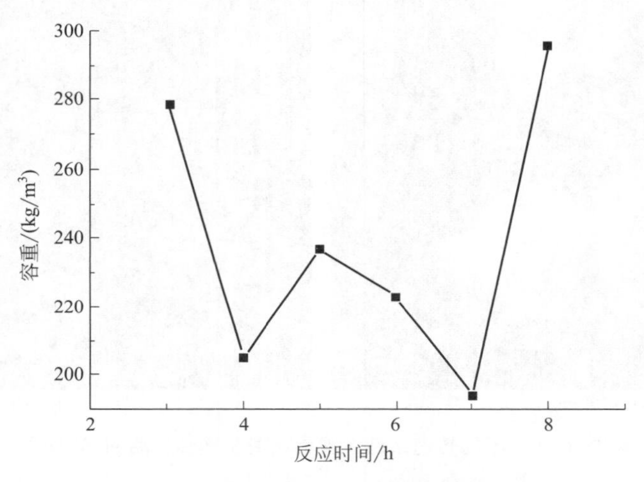

■ 图 7-13 不同反应时间条件下制品容重分析

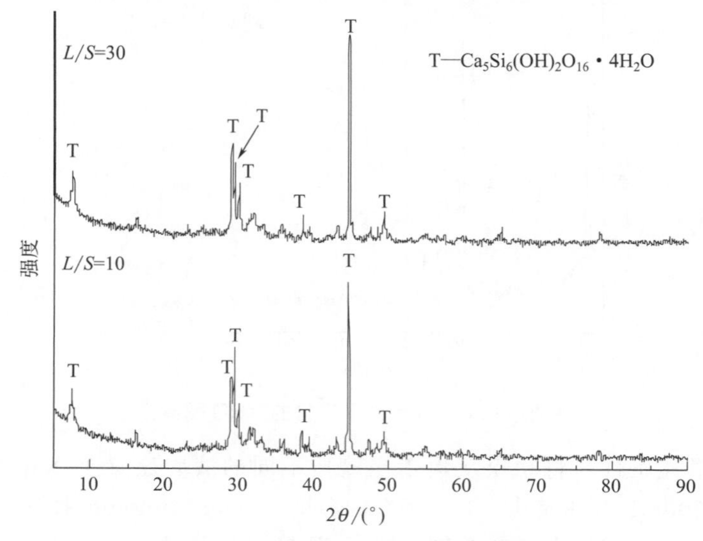

■ 图 7-14 不同液固比下产物的 XRD 分析

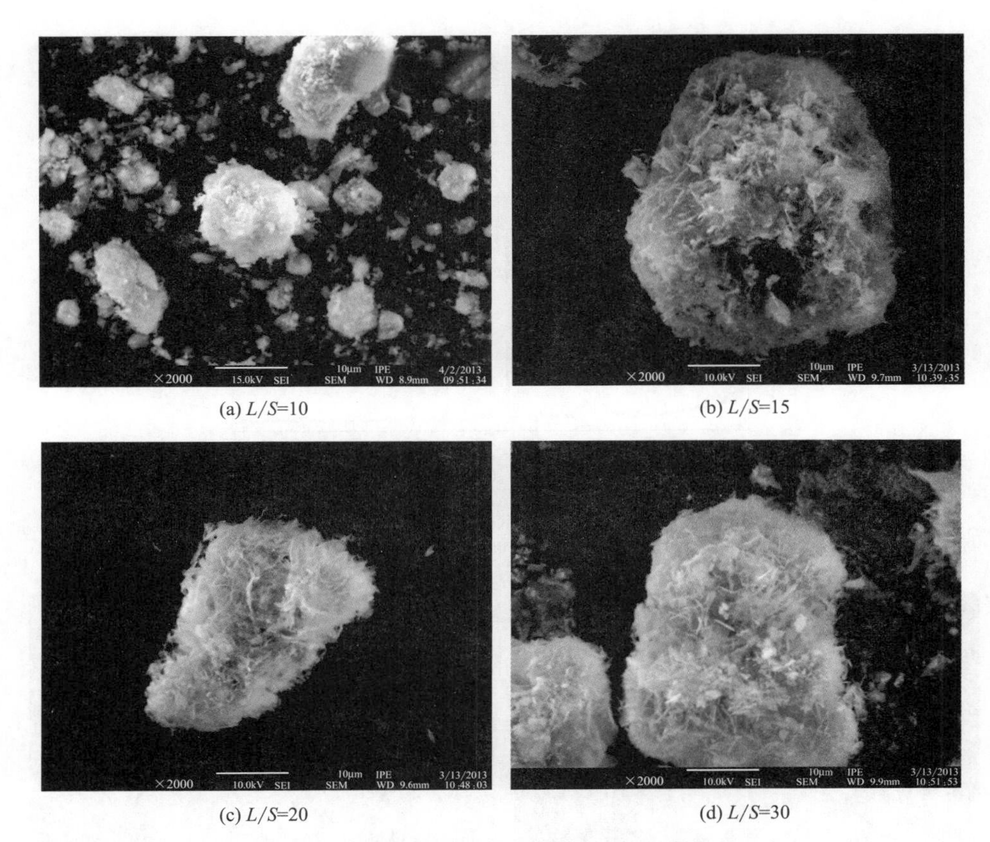

(a) L/S=10　(b) L/S=15

(c) L/S=20　(d) L/S=30

■ 图 7-15 不同液固比下产物的 SEM 图

从图 7-14 的 XRD 图中可以看出，液固比的减小并没有影响产物托贝莫来石的生成，当液固比为 10 时，生成的产物依然是托贝莫来石。但从图 7-15 的 SEM 分析中可以看到不同液固比下产物形貌上明显的区别，当液固比为 10mL/g 时，颗粒溶胀很小，如图 7-15(a) 所示，而当液固比增加到 15mL/g 时，颗粒溶胀较液固比为 10mL/g 时更为显著，之后随着液固比的增加颗粒的溶胀一直维持在较高水平。此外，在实验过程中，当液固比为 15mL/g 及以上时，所得反应产物料浆流动性好，且随着液固比的增大产物料浆的流动性越强，而液固比为 10mL/g 时流动性差。综上所述，最适液固比应选择 15mL/g。

(5) 钙硅摩尔比的影响

本实验将实际获得的脱铝尾渣（钙硅比为 1.14）和加入 SiO_2 后的脱铝尾渣（调配原料中 Ca/Si 的摩尔比调配为 1）分别以 15mL/g 液固比置于 Na_2O 浓度为 20g/L 的碱溶液中，在 500mL 高压釜中，以 170℃的温度和 300r/min 的搅拌速率进行水热反应 4h。其转型的分析结果如图 7-16 和图 7-17 所示。

由图 7-16 不难看出，不论是使用原始提铝尾渣还是调节 Ca/Si 的摩尔比之后的尾渣，转型后的主要产物均为托贝莫来石。原始尾渣中由于 CaO 的过量，除了生成托贝莫来石外，还会生成少量的其他水化硅酸钙类物质，而加入 SiO_2 后的提铝尾渣中由于 Si+Al 的物质的量大于 Ca 的物质的量，反应物中会存在少量未反应的 SiO_2。而从图 7-17 中并不

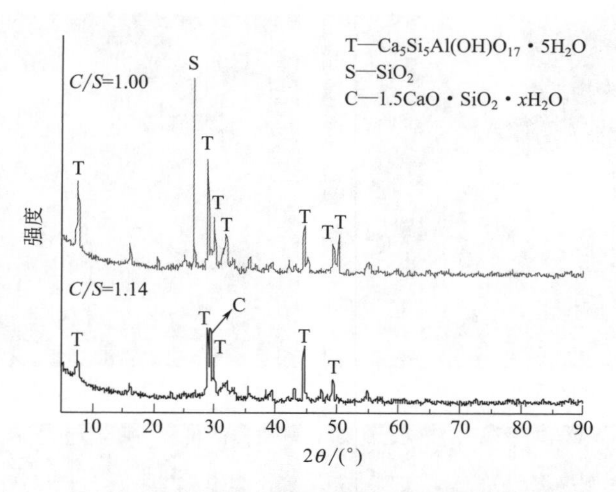

■ 图 7-16 不同钙硅摩尔比下转型后的 XRD 图谱

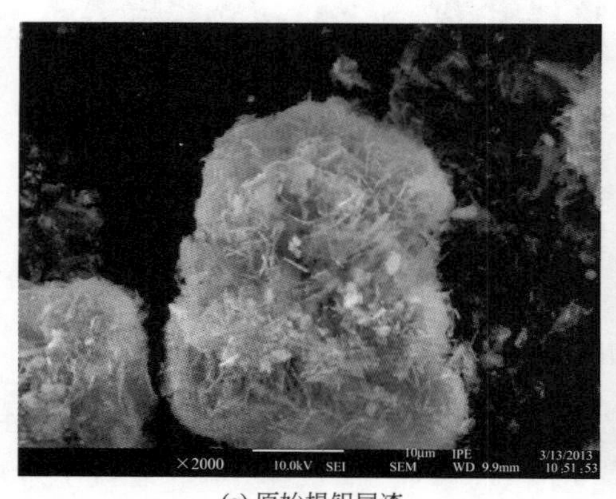

(a) 原始提铝尾渣

(b) 调节钙硅摩尔比之后的提铝尾渣

■ 图 7-17 不同钙硅摩尔比下转型后的 SEM 图

能看出有什么区别，说明加入 SiO_2 前后对转型产品的微观形貌并没有直接的影响。

（6）反应介质碱浓度的影响

本实验将对不同碱浓度下提铝尾渣的转型结果进行分析，寻找反应液中最佳的 Na_2O 浓度，反应的其他条件不变：将脱铝尾渣以 15mL/g 液固比置于碱溶液中，Na_2O 浓度分别为 10g/L、20g/L 和 30g/L，在 500mL 高压釜中，以 170℃的温度和 300r/min 的搅拌速率进行水热反应 4h。其分析结果如图 7-18 和图 7-19 所示。

从图 7-18 中不难看出，不同碱浓度条件下转型的产物依然是含铝托贝莫来石，说明当碱浓度在 30g/L 以下时，生成为托贝莫来石的情况并不受影响。随着浓度的增加，属于另一种水化硅酸钙的峰不断地变小，直到 30g/L 时峰几乎消失，说明碱浓度的增加对这种硅酸钙类物质的生成有抑制作用。经 SEM 分析，从图 7-19 可以看出，碱浓度的增加对生成物的微观结构有一定的影响。从图 7-19 可以看出，产物均为网格状晶体相互连接生成的高孔隙率的粒子，当反应液碱浓度不大于 20g/L 时，产物的粒子形态接近球形；而当碱浓度达到 30g/L 时，产物的粒子为长条状结构。

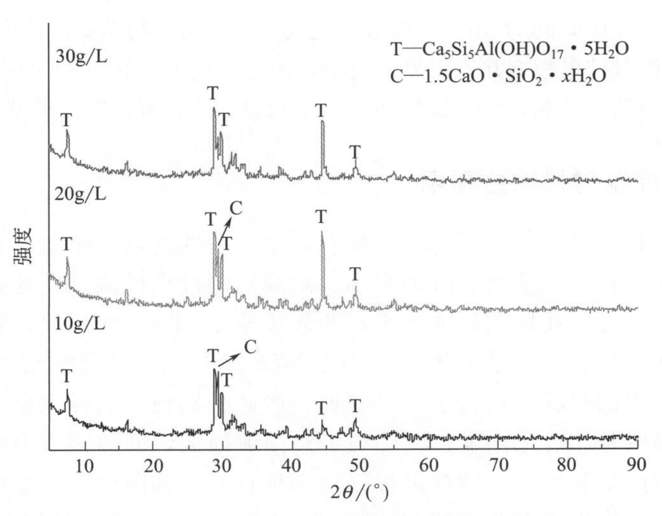

■ 图 7-18 不同碱浓度下转型的 XRD 图谱

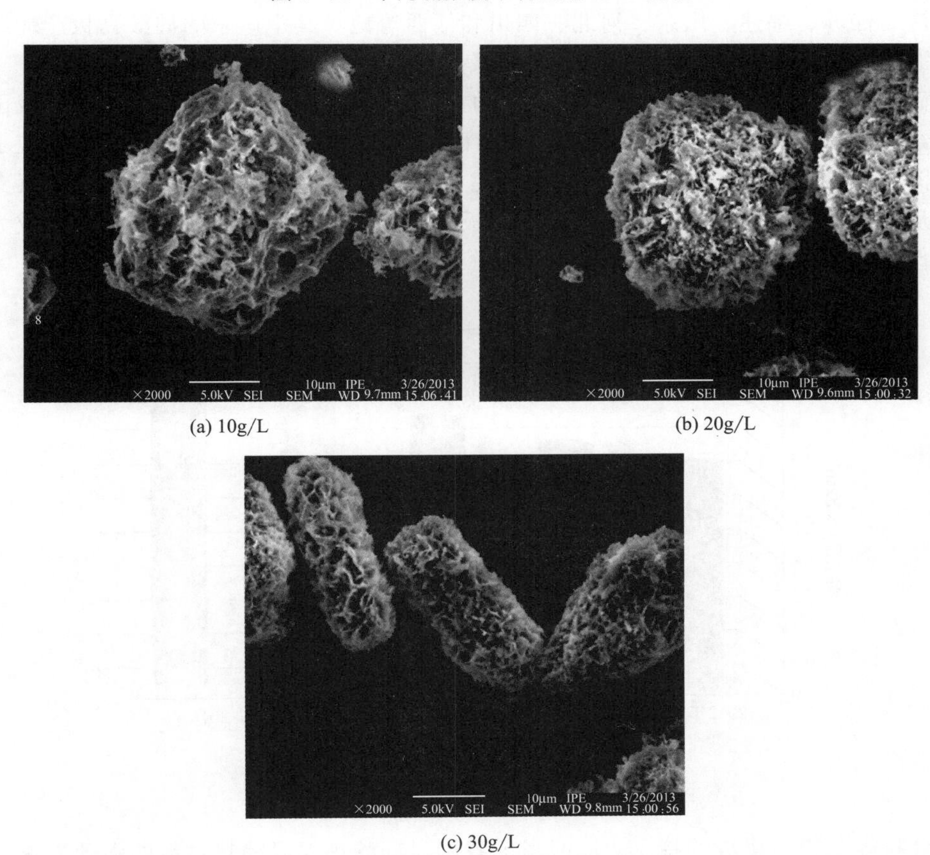

(a) 10g/L (b) 20g/L

(c) 30g/L

■ 图 7-19 不同碱浓度下转型的 SEM 图

（7）小结

由于粉煤灰提铝尾渣中微量元素的影响，粉煤灰提铝尾渣脱钠转型后生成托贝莫来石型硅酸钙；粉煤灰提铝尾渣脱钠转型的最佳条件为：反应温度为 170℃，搅拌速率的最适范围为 200～300r/min，反应时间为 4h，反应液固比为 15mL/g，初始碱液浓度不高于 20g/L，而调节 Ca/Si 的摩尔比对结果影响并不明显，使用提铝尾渣的原始比（摩尔比为 1.10～1.20）即可；以粉煤灰脱铝尾渣为原料，经过脱钠转型、压制成型后，制品容重最低可达 200kg/m^3。

7.1.4 硅酸钙保温材料综合利用

硅酸钙板保温材料是以硅酸钙为主要原料，添加一些助剂，经过一系列工序生产出的建筑板材。由于质量轻、强度高、收缩率小、耐高温等优良性能，硅酸钙板已经逐渐被人们所接受并越来越重视。我国的硅酸钙板产业起步于 20 世纪 80 年代，到目前为止，已经取得了突飞猛进的发展，年产量的增长率均在 30%以上，但是我国市场上的硅酸钙板仍然处于一种供不应求的现状，而且还出口其他一些硅酸钙板的消耗国家。在国外，特别是美国、日本、韩国以及印度尼西亚、新加坡等东南亚地区，硅酸钙板的销量非常大，目前已有上述国家的客商从我国进口硅酸钙板，特别是日本、韩国的用量缺口较大。从生产的布局看，我国硅酸钙板生产企业主要集中在南方地区，50 多条硅酸钙板生产线分布在广东、浙江、江苏、福建、山东、河北、四川和江西等地。其中广东的硅酸钙板产能约占全国的 1/3。但是，目前硅酸钙板在我国的普及率仅占 1%～2%。

然而，硅酸钙板在市场上地位不断提升的趋势没有改变。据有关部门预测，我国硅酸钙板供给和需求都以稳定的趋势增长着，并且会在未来的发展中长时间保持供不应求的情况，如图 7-20 和图 7-21 所示。这是由我国建材市场的不断进步和我国国家的政策支持决定的。从技术发展的角度来看，实现硅酸钙板轻质、低热导率、高强度等目标，成为众多科研工作者的追求。

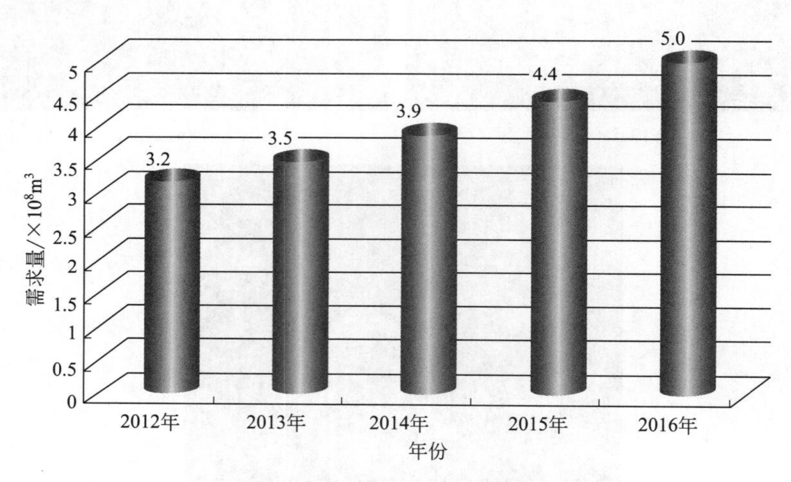

■ 图 7-20 我国硅酸钙板的需求量预测

结合粉煤灰提铝尾渣的特点，同时考虑我国对硅酸钙保温隔热材料的强劲需求，同时为保护我国钙质和硅质等一次资源，以粉煤灰提铝尾渣二次资源为原料制作硅酸钙超轻保温材料，开发了亚熔盐法处理高铝粉煤灰提铝尾渣即硅渣的高值化利用新技术，实现了粉煤灰提铝工艺污染零排放，这为粉煤灰综合利用提供了一个全新的方向，也拓宽了制备硅酸钙轻质保温材料的新思路。

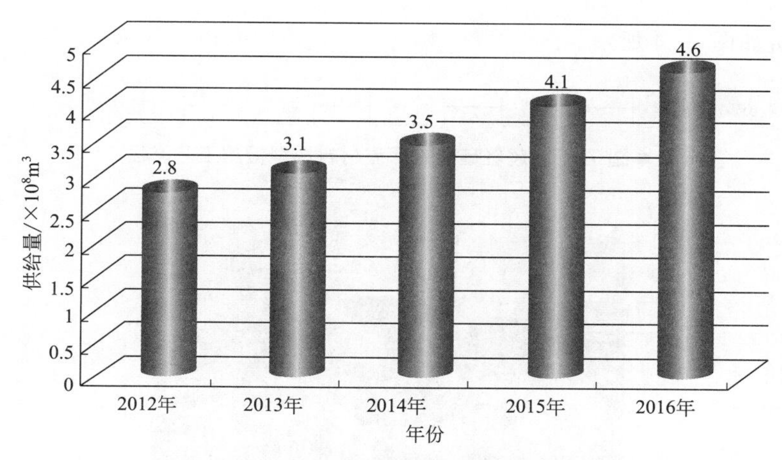

■ 图 7-21 我国硅酸钙板供给量预测

研究所用原料为提铝尾渣在前述最优条件下脱钠处理后所得的以托贝莫莱石为主要晶相的硅酸钙渣。其成分如表 7-3 所列。

■ 表 7-3 脱钠后硅酸钙材料成分表

组成	Al_2O_3	SiO_2	Fe_2O_3	CaO	TiO_2	Na_2O
水合产物含量/%	1.27	32.23	1.08	36.69	0.92	0.95

对该硅酸钙产品进行微观形貌检测如图 7-22 所示。如图所示，生成的托贝莫来石纤维长度达 5～10μm，长径比在 50～100 之间，同时在搅拌过程中纤维相互缠绕形成高孔隙率的球形粒子，粒子的孔隙率达 90%以上。这种高孔隙率的微观结构是其制备超轻高强保温材料的重要基础。

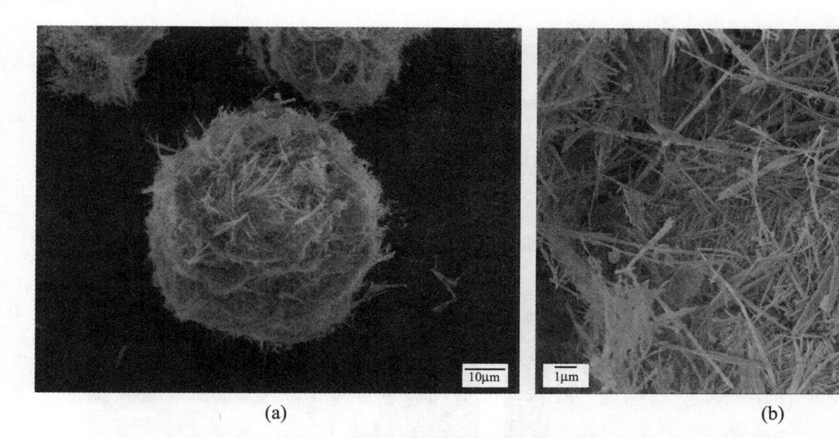

■ 图 7-22 最优条件下水热处理后得到硅酸钙材料的 SEM 图

根据国家标准要求，硅酸钙保温隔热材料按照制品密度可以分为 220kg/m^3 左右的普通型和小于 130kg/m^3 的超轻型两种。超轻质硅酸钙材料由于具有较低的热导率、良好的高温热稳定性及较小的容重，可广泛应用于钢结构防火、建筑领域和高温工业窑炉等领域。为了进一步检测亚熔盐法处理高铝粉煤灰硅渣高值化利用工艺制备得到的托贝莫来石硅酸钙材料的性能，按图 7-23 所示工艺步骤制备得到超轻硅酸钙保温材料样品，其中所用压片成型机如图 7-24 所示。

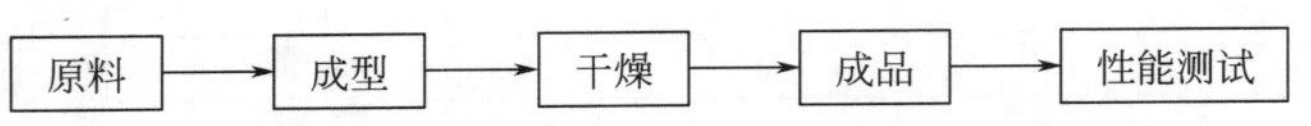

■ 图 7-23 超轻硅酸钙保温材料成型检测工艺流程

■ 图 7-24 769YP-60E 型压片机

产品经过成型干燥之后如图 7-25 所示。

(a) 100mm×100mm×20mm

(b) ϕ25mm×20mm

■ 图 7-25 超轻硅酸钙保温材料样品

经干燥后得到成品，采用万能试验机（见图 7-26）测试其抗压强度和抗折强度，并对其密度和热导率等性能进行测试表征。

以亚熔盐法处理高铝粉煤灰脱铝尾渣为原料，经过脱钠转型与形貌调控之后得到的硅酸钙材料经压制成型后，制品容重最低可达到200kg/m³。同时亚熔盐法粉煤灰提铝工艺中提铝尾渣分解转型实验扩大400倍后的中试试验结果表明，在上述优化条件下依然可以制备出微观上为纤维状的托贝莫来石型硅酸钙渣。这种硅酸钙渣经过压制成型后所得的硅酸钙制品，其性能经国家权威部门检测，满足国家硅酸钙一级品标准（GB/T 10699—1998），其检测结果见图7-27。硅酸钙制品热导率为0.053W/(m·K)，是性能非常优异的保温隔热材料。另外，经适当控制硅酸钙晶化状态，可获得低碱含量的硅酸钙产品，为制备多元化、高值化的硅酸钙产品提供了重要前提条件。

■ 图7-26 WDW-20E型万能试验机

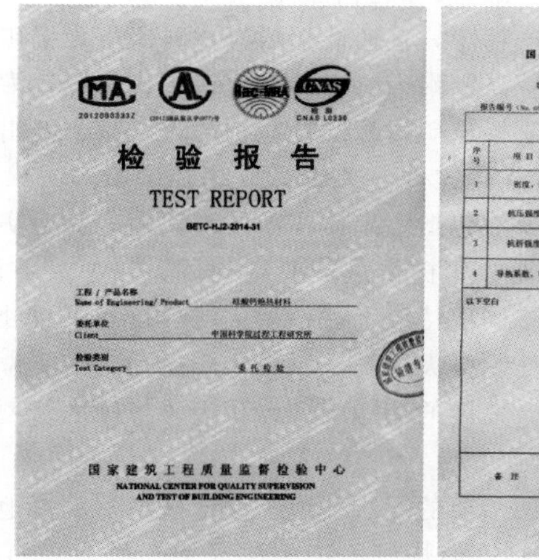

检 验 报 告

TEST REPORT

BETC-HJ2-2014-31

工程/产品名称 Name of Engineering/ Product 硅酸钙绝热材料

委托单位 Client 中国科学院过程工程研究所

检验类别 Test Category 委托检验

国家建筑工程质量监督检验中心

NATIONAL CENTER FOR QUALITY SUPERVISION AND TEST OF BUILDING ENGINEERING

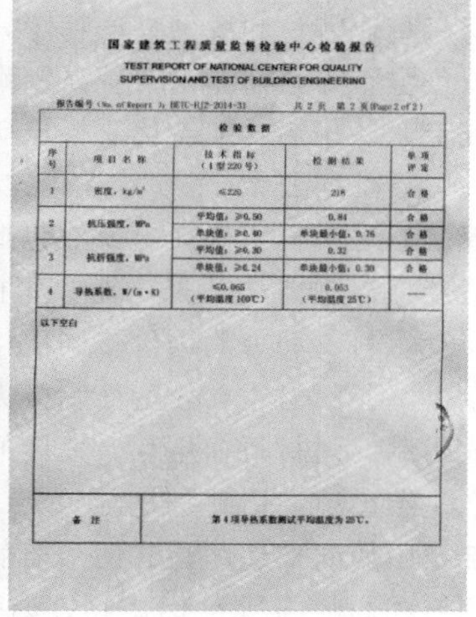

国家建筑工程质量监督检验中心检验报告

TEST REPORT OF NATIONAL CENTER FOR QUALITY SUPERVISION AND TEST OF BUILDING ENGINEERING

报告编号(No. of Report): BETC-HJ2-2014-31　共2页 第2页(Page 2 of 2)

检验数据

序号	项目名称	技术指标（Ⅰ型220号）	检测结果	单项评定
1	密度，kg/m³	≤220	218	合格
2	抗压强度，MPa	平均值：≥0.50	0.84	合格
		单块值：≥0.40	单块最小值：0.76	合格
3	抗折强度，MPa	平均值：≥0.30	0.32	合格
		单块值：≥0.24	单块最小值：0.30	合格
4	导热系数，W/(m·K)	≤0.065（平均温度100℃）	0.053（平均温度25℃）	—

以下空白

备注：第4项导热系数测试平均温度为25℃。

■ 图7-27 硅酸钙制品检测报告

7.2 高铝粉煤灰制备莫来石联产白炭黑综合利用技术

针对典型工业固废提出了有价组分提取利用和多组分协同利用的新思路。如针对高铝粉煤灰资源特点及耐火材料行业现状，开发了高铝粉煤灰深度脱硅制备高牌号莫来石耐火材料联产白炭黑技术。通过对高铝粉煤灰预脱硅矿相调控、质子酸化学活化-深度脱硅、产品物性调控、介质再生循环控制及关键设备量化放大等核心过程的系统研究，实现高铝粉煤灰中二氧化硅的深度脱除，比传统预脱硅过程脱硅率提高 80%，脱硅后粉煤灰中 Al_2O_3 含量高于 70%，莫来石相含量高于 90%，铝硅比达到 3∶1 以上，杂质含量大幅度降低，可直接用于烧制莫来石产品。脱除的二氧化硅经碳酸化转化后可制备得到通用级白炭黑产品。

综上，本节将对上述高铝粉煤灰制备莫来石联产白炭黑综合利用技术的基础原理与工艺特点，进行详述。

7.2.1 高铝粉煤灰制备铝硅耐火材料技术进展

7.2.1.1 高铝粉煤灰制备铝硅耐火材料需求

莫来石（$3Al_2O_3 \cdot 2SiO_2$）是一种优质的耐火材料原材料，具有热震稳定性好、荷重软化点高、高温蠕变值小、硬度大等特点，通常作为重要的含铝矿物广泛添加于各类铝硅质耐火制品中。2010 年中国铝硅系耐火材料产量约 1000 万吨，生产厂家主要分布于山西、河南、山东、贵州等地。由于天然莫来石较为少见，工业使用的莫来石一般由铝土矿同高岭土、黏土、硅石等原料经配料、细磨、成型后高温烧结合成[31]。

鉴于耐火材料行业特色和我国矿产特点，普通低铝耐火材料所需含铝矿物来源较为广泛，如高岭土、焦宝石等，而莫来石等高铝耐火材料所需含铝矿物来源较为单一，通常为高品位铝土矿或工业氧化铝。随着优质铝土矿资源的日益枯竭，国家已经出台政策控制相关矿物的开采，国务院办公厅 2010 年 1 号文件《关于采取综合措施对耐火黏土萤石的开采和生产进行控制的通知》明确提出要对包括铝土矿在内的高铝耐火黏土实行开采和生产双重总量控制，严格控制新增开采产能，积极推进产业结构调整。另一方面，2010 年以来，随着原材料、燃料、动力购进价格同比持续上涨，耐火材料行业一直处于高成本运行状态。在此背景下，各耐材生产企业面临极大的高铝原料供应压力。高品位含铝矿物的日益枯竭已逐渐成为制约耐材行业生存、发展的关键问题。积极寻找国内新型替代资源，保障含铝资源安全供给已迫在眉睫[32]。

内蒙古中部及山西北部地区是我国重要的煤炭基地，该地区特殊的古地理位置使得煤中大量伴生勃姆石和高岭石等富铝矿物，燃烧发电产生的高铝粉煤灰中氧化铝含量高达 40%～50%，成为一种非常宝贵的含铝新资源。我国高铝煤炭资源远景储量超过 1000 亿吨，潜在高铝粉煤灰资源量达 300 亿吨以上，是我国铝土矿保有储量的 8 倍以上。目前年排放高铝粉煤灰 3000 万吨，综合利用率不到 20%。排放的粉煤灰占用大量土地，所含重金属元素、有毒有害物质、微细粉尘等造成了严重的环境污染和生态危害[2]。现有高铝粉煤灰资源化技术以建工建材利用为主，市场空间有限，经济效益不显著，造成铝、硅等有价资源的浪费。2011 年，国家相关部委分别制订了指导性文件以推进高铝粉煤灰的资源化利用[33,34]。

因此，若能够技术合理、经济可行地将高铝粉煤灰资源应用于耐材行业生产，不但将为耐材行业提供新的铝土矿替代资源，同时将为高铝粉煤灰的资源化利用开辟新途径，更是国家发展资源循环利用战略性新兴产业的重要需求。

7.2.1.2 高铝粉煤灰制备铝硅耐火材料进展

20世纪90年代后，研究人员开始进行粉煤灰制备耐火材料的相关研究。基于普通或高铝粉煤灰铝硅比较低的组成特点，直接配料仅能生产低牌号莫来石产品，因此研究者的主要思路集中于以下几点。

（1）提高混合料铝含量

通过掺入工业氧化铝、氢氧化铝、铝土矿等富铝矿物实现。J S Jung等[35]将粉煤灰经600℃预烧2h除碳，按莫来石中氧化铝和氧化硅分子配比掺入工业氧化铝，进一步配乙醇球磨24h，最后经1400～1600℃焙烧2h得到氧化铝含量＞70%的莫来石产品。Yingchao Dong等[36]采用氢氧化铝同粉煤灰配料，于1000～1500℃下合成出氧化铝含量小于41.2%的系列莫来石产品，结果表明加入氢氧化铝有利于增加产品孔结构，进一步抑制其烧结收缩性。Jing hong Li等[37]采用铝土矿与高铝粉煤灰混合，添加定量V_2O_5后球磨2h，经105℃干燥2h后于1100～1500℃下煅烧4h得到莫来石产品，进一步明确了V_2O_5的添加对莫来石体积密度、表观孔结构、结合强度及微孔结构的影响。孙俊民等[38]采用粉煤灰同工业氧化铝经不同比例配料、湿法细磨、加压成型及高温烧结后分别得到M50、M60和M70三种莫来石产品，性能达到国家一类标准。

（2）降低粉煤灰硅含量

Anran Guo等[39]借鉴高铝粉煤灰预脱硅-碱石灰烧结法提取氧化铝工艺的特点，采用氢氧化钠溶液预脱硅除去粉煤灰中部分非晶态氧化硅以提高其铝硅比，进一步焙烧后得到莫来石。但该工艺脱硅效率较低，仅能将铝硅比提高到2左右，产品中铝含量低于60%。此外，该过程中副反应抑制困难，预脱硅反应中自发形成的类沸石相物质，如羟基方钠石等，将严重影响产品耐火度指标。

综上，目前高铝粉煤灰难以应用于莫来石行业，其主要问题在于如下几点。

① 高铝粉煤灰铝硅比较低，只可用于生产低牌号莫来石，而对于高铝含量的高牌号莫来石尚无法应用。外加铝源资源浪费严重、成本增加较大；降低硅含量脱硅效率较低，无法满足行业需求。

② 矿相组成复杂，相互嵌黏夹裹。高铝粉煤灰与莫来石的主要矿相均为莫来石相，但粉煤灰中含有大量非晶相玻璃体、铁质微珠等其他相态[40]，各矿相相互嵌黏夹裹，粉煤灰成分波动较大，产品质量不稳定。

③ 杂质含量较高，高铝粉煤灰中Fe含量约为2%～3%，Na+K含量约为1%，直接使用将严重影响产品白度、耐火度等性能。因此，提高铝硅比、调整矿相组成、降低杂质含量、实现资源综合利用将是制约高铝粉煤灰大规模应用于耐材行业的核心问题。

7.2.1.3 高铝粉煤灰深度脱硅制备莫来石耐火材料联产白炭黑技术

基于上述分析，中科院过程工程研究所提出了高铝粉煤灰深度脱硅制备高牌号莫来石耐火材料联产白炭黑的新思路、新技术。运用湿法冶金-化学化工-物理化学等基础理论，系统研究了高铝粉煤灰预脱硅矿相调控、质子酸化学活化-深度脱硅、产品物性调控、介质再生循环控制及关键设备量化放大等核心过程。结果表明，高铝粉煤灰在低碱体系预脱硅后，通过稀酸介质调控及进一步脱硅，可以实现氧化硅的深度脱除，相比于传统预脱硅

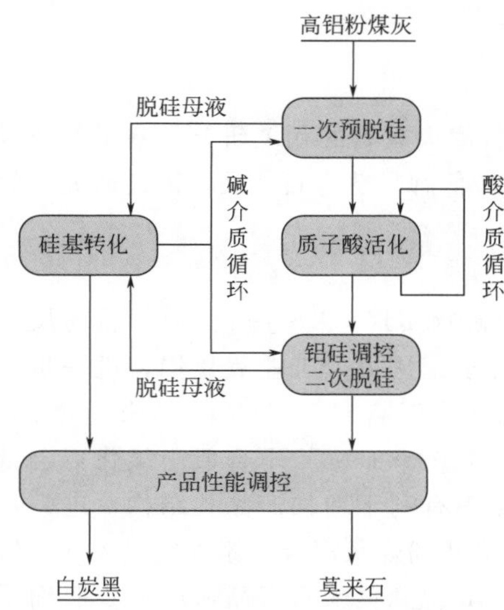

■ 图 7-28 高铝粉煤灰深度脱硅制备莫来石耐火材料联产白炭黑技术路线

过程，脱硅率提高 80%，脱硅后粉煤灰中 Al_2O_3 > 70%，莫来石相比例大于 90%，铝硅比达到 3∶1 以上[41,42]，其矿相组成及氧化铝含量符合高牌号莫来石要求，可直接用于烧制莫来石产品。脱除的氧化硅经碳酸化转化后可制备得到通用级白炭黑产品。目前，该技术已在内蒙古地区建成 3000t/a 中试生产线，已打通工艺流程并得到初步产品，正处于优化运行阶段。整体技术路线如图 7-28 所示。

7.2.2 高铝粉煤灰的矿相构成与组成分析研究

7.2.2.1 高铝粉煤灰的物理性质

粉煤灰颗粒较细，比表面积较大，其粒径一般在 0.5～300μm 范围内[43]。一般呈银灰色或灰色，其颜色变化与含碳量、含水率、细度及化学成分有关。通常情况下，含碳量越高、含水率越大、粒度越小，粉煤灰的颜色越深，化学成分主要影响颗粒本身的颜色，一般钙含量和铁含量越高，颜色越深[44]。

针对粉煤灰形貌，Ramsden[45] 等利用光学显微镜、电子探针、电子显微镜识别出 7 种纤维颗粒：未融矿物碎屑、海绵状颗粒、多孔状玻璃体、实心微珠，树枝状氧化铁颗粒、结晶态氧化铁颗粒及未燃尽的碳。孙俊民[46] 利用光学显微镜和扫描电子显微镜对粉煤灰进行观察，根据微观形貌和内部结构将其分为 16 种类型。通过扫描电镜发现高铝粉煤灰大多为球形，球形表面较为光滑，还有部分不规则形状的颗粒，如图 7-29 所示。

(a)

(b)

■ 图 7-29 高铝粉煤灰扫描电镜图

7.2.2.2 高铝粉煤灰的化学性质

粉煤灰的化学性质很大程度上取决于燃煤中的无机组分和燃烧条件，不同种类煤、不同地区的粉煤灰的化学性质存在差异[47]，但其中 70%以上均是由 SiO_2、Al_2O_3 和 Fe_2O_3

组成。典型粉煤灰中还含有 CaO、MgO、TiO_2、K_2O、Na_2O、SO_3 和 P_2O_5 等氧化物。我国典型的高铝粉煤灰储备基地内蒙古准格尔地区的粉煤灰与国内外其他粉煤灰的化学成分对比列于表 7-4。

■ 表 7-4 高铝粉煤灰的化学成分及比较[48] 单位：%

样品	Al_2O_3	SiO_2	Fe_2O_3	CaO	MgO	TiO_2	K_2O	Na_2O	MnO	SO_3	P_2O_5	烧失量 LOI
准格尔高铝粉煤灰	54.77	36.52	2.29	3.14	0.52	1.4	0.42	0.13	0.0	0.1	0.14	0.32
我国粉煤灰平均水平	27.1	50.6	7.1	2.8	1.2	—	1.3	0.5	2	0.3	—	8.2
美国典型粉煤灰	25.8	54.9	6.9	8.7	1.8	—	—	0.6	—	0.6	—	—

7.2.2.3 高铝粉煤灰的物相组成及含量

粉煤灰的物相组成可分为晶体矿物和玻璃体矿物[43,49~51]。粉煤灰晶体矿物含量一般在 11%～48%之间，主要物相包括莫来石、石英、赤铁矿、磁铁矿、方镁石、铝酸三钙、石灰石、黄长石等，其中莫来石的比例最大。

对实验所用粉煤灰通过 XRD 进行物相组成分析，结果见图 7-30。由图可知粉煤灰中主要晶体物质为莫来石和刚玉；此外，XRD 谱图中衍射峰位于 $2\theta=17°\sim30°$处的“鼓包峰”为玻璃相的特殊峰区域，说明原料中含有部分非晶态氧化硅。

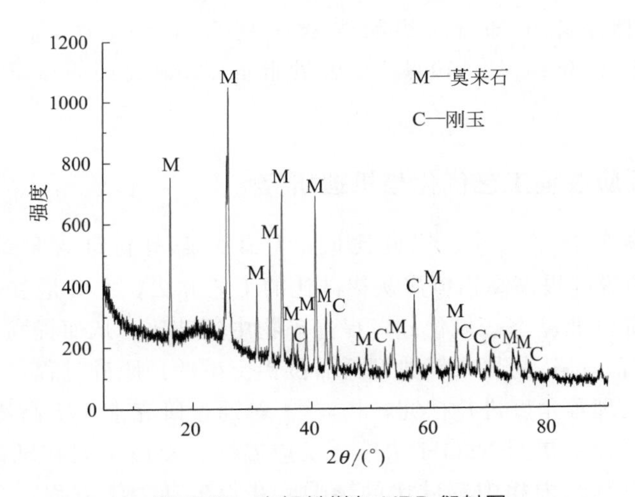

■ 图 7-30 高铝粉煤灰 XRD 衍射图

粉煤灰中的玻璃体是非晶态中的一种特殊类型，主要来源于高温条件下粉煤灰矿物的分解和熔融，由于熔融过程中没有充足的结晶时间，导致产生无序结构的玻璃相。玻璃体的无定型部分相对于同样化学组成的晶体具有更大的能量，玻璃体在酸性和碱性条件下是支配反应行为的部分，由于其键距、键角等结构缺陷，化学键更易断裂。

高铝粉煤灰物相含量的确定对原料分析和反应机理的确定具有重要意义，利用 Maud 软件对原料粉煤灰 XRD 图谱进行全谱精修拟合，通过 XRD 对应的物相类型查询出对应的物相结构数据（ICSD）卡片，卡片及对应数据见表7-5，然后利用这些ICSD卡片进行全谱精修拟合计算出粉煤灰中各个物相的含量。

■ 表7-5 高铝粉煤灰的物相结构数据卡片

物相名称	ICSD
莫来石	66262
刚玉	73076

实验所用高铝粉煤灰精修谱图见图7-31，由图可以看出图谱拟合效果较好。

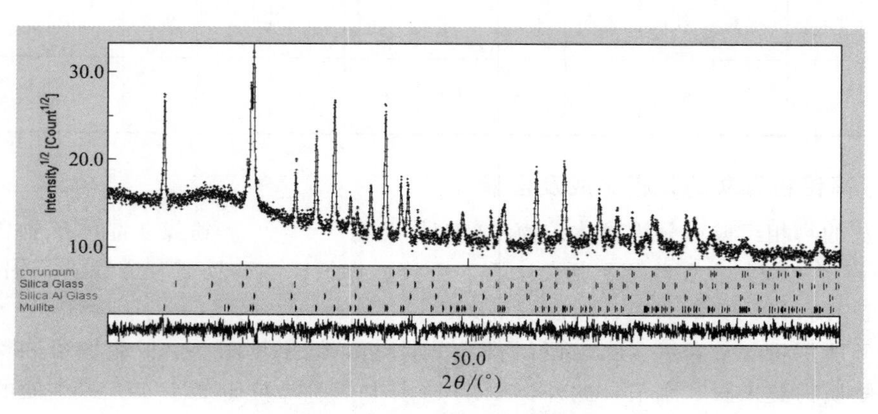

■ 图7-31 高铝粉煤灰精修谱图

通过Maud计算结果可知，高铝粉煤灰中莫来石含量为55.66%，刚玉含量为9.99%，玻璃相含量为34.34%，粉煤灰中大量非晶态二氧化硅的存在，为粉煤灰碱溶脱硅提供了可能。

7.2.3 预脱硅反应过程工艺优化与机理研究

针对高铝粉煤灰硅含量较高、铝硅比低，且非晶态氧化硅含量高的特点，已有学者[52～57]提出通过预脱硅提高高铝粉煤灰铝硅比的工艺方法，主要是首先采用稀碱低温脱除高铝粉煤灰中的部分非晶态二氧化硅，提高矿物中铝硅比，从而提高矿物的品位。

针对一水硬铝石、高铝粉煤灰等典型低品位铝土矿的预脱硅过程，已有学者从其热力学、动力学及反应机理等角度进行探究，杨波[52]等通过研究常压下高浓度NaOH溶液浸取铝土矿的预脱硅过程中初始NaOH浓度、反应温度、浸出时间和碱矿比等因素对氧化铝、氧化硅浸出率及剩余固相中铝硅比的影响，并得出动力学方程；在预脱硅热力学方面，罗琳[58]等通过应用差热、热重、红外光谱、高温X射线衍射在线分析等多种现代仪器分析研究了其焙烧热力学过程，揭示了非晶态二氧化硅及非晶态Al-Si尖晶石的形成是焙烧脱硅工艺的实质所在。

在煤粉炉高铝粉煤灰预脱硅处理过程的工艺优化与反应机理研究中，首先考察了NaOH与粉煤灰预脱硅反应的热力学性质，进一步以脱硅率为指标，在保证莫来石结构不被破坏的前提下，通过对反应温度、反应时间、液固比、搅拌速率、碱浓度等工艺条件的优化使产品中氧化铝含量达60%，铝硅比达1.83左右。针对此工艺条件，对预脱硅过程进行了详细的脱硅动力学考察，通过动力学的影响因素和结果进一步指导工艺的顺利进行；最后通过 XRD、SEM 等表征手段分析预脱硅过程矿相转变，加深了对预脱硅过程机理的认识。

7.2.3.1 热力学稳定性分析[59]

通过对高铝粉煤灰的化学组成和物相结构分析得出，采用 NaOH 溶液脱除高铝粉煤灰中的 SiO_2 可能发生的化学反应主要包括存在于晶相中的刚玉、莫来石及玻璃相中非晶态 SiO_2 与 NaOH 的反应[54]，其主要方程式为：

$$Al_2O_3(s)+2NaOH(aq)\longrightarrow 2NaAlO_2(aq)+H_2O(l) \quad (7\text{-}3)$$

$$Al_6Si_2O_{13}(s)+10NaOH(aq)\longrightarrow 6NaAlO_2(aq)+2Na_2SiO_3(aq)+5H_2O(l) \quad (7\text{-}4)$$

$$SiO_2(\text{非晶态})+2NaOH\longrightarrow Na_2SiO_3+H_2O \quad (7\text{-}5)$$

此外，高铝粉煤灰作为一种低品位含铝资源，在与 NaOH 发生反应时易形成较稳定的新物相方钠石，其反应方程式为：

$$8Na^+(aq)+6Al(OH)_4^-(aq)+6H_2SiO_4^{2-}(aq)\longrightarrow Na_8Al_6Si_6O_{24}(OH)_2(H_2O)_2(s)+10H_2O(l)+10OH^-(aq) \quad (7\text{-}6)$$

随后计算了不同温度下上述反应的 ΔG。图 7-32 为刚玉和石英与 NaOH 反应的 ΔG 以及方钠石生成反应的 ΔG 随体系温度的变化关系。在体系温度为 300～500K 范围内石英与 NaOH 反应的 ΔG 始终为负值，由于非晶态 SiO_2 的反应活性高于石英，因此非晶态 SiO_2 与 NaOH 之间的反应在体系温度为 300～500K 范围内更易自发进行。刚玉与 NaOH 的反应 ΔG 随体系温度升高而降低，在体系温度超过 373K 后，反应的 ΔG 变为负值，因此反应温度低于 373K 有利于刚玉相保持稳定。方钠石生成反应 ΔG 随体系温度升高而急剧减小，且始终为负值，升高温度有利于方钠石的形成。

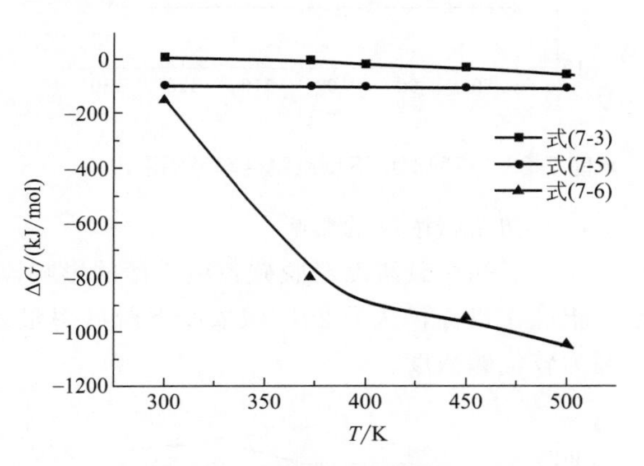

■ 图 7-32 ΔG 随体系温度的变化关系

7.2.3.2 预脱硅过程工艺条件优化

根据上述热力学分析，高铝粉煤灰预脱硅过程可以以稀碱液与高铝粉煤灰进行反应的方式进行。前期研究发现，影响预脱硅过程效率的主要因素为反应温度、初始碱浓度（初始 NaOH 溶液浓度）、液固比（参与反应碱液体积与参与反应粉煤灰质量之比，单位为 mL/g）以及反应时间，且影响由大到小的顺序为反应温度＞初始碱浓度＞液固比＞反应时间，因此预脱硅过程按照以上顺序考察了各个因素对脱硅率、铝浸出率、铝硅比、总钠、脱硅液模数的影响。其中脱硅率是指经过脱硅过程被脱除的硅占原料中原始硅的质量分数，是衡量脱硅效果、确定脱硅工艺条件的重要指标；铝浸出率是指经过脱硅过程被脱除的铝占原料中原始铝的质量分数，脱硅反应应尽量降低铝浸出率；铝硅比（A/S）是指矿物中氧化铝（Al_2O_3）与二氧化硅（SiO_2）的质量比，是衡量铝土矿及含铝矿物品质的最主要指标之一，铝硅比越高，含铝矿物的品质越高，提铝过程的尾渣产生量越低；总钠是指脱硅后固相样品中所含钠的质量分数，由于预脱硅过程生成类沸石相副产物使脱硅率下降，故可通过钠生成量间接推测副产物生成量，有助于最优工艺条件的选择。

（1）反应温度的影响

反应温度对脱硅各项指标的影响如图 7-33 和图 7-34 所示。综合考虑脱硅率、铝浸出率各个指标数据，预脱硅温度宜选择 95℃。

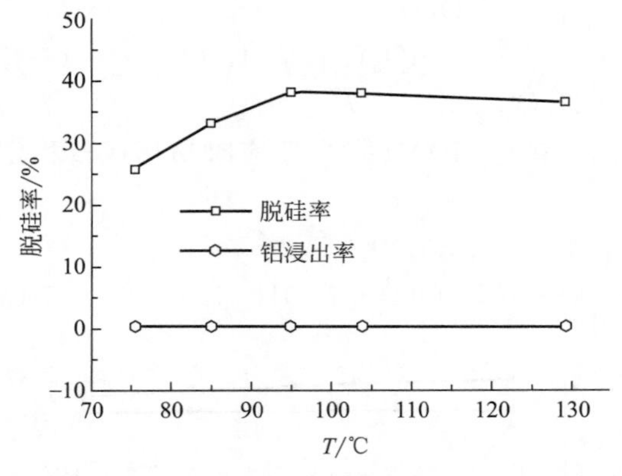

■ 图 7-33 不同温度下反应脱硅率及铝浸出率

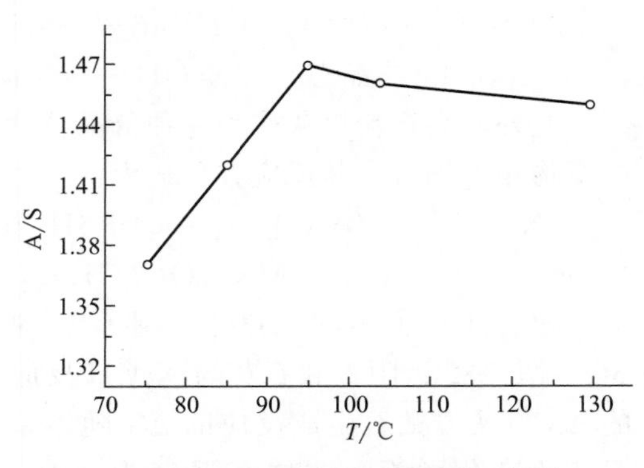

■ 图 7-34 不同温度下固相铝硅比

（2）初始碱浓度的影响

考察了初始碱浓度对脱硅各项指标的影响，结果如图 7-35 和图 7-36 所示。综合脱硅率、铝硅比指标，认为 20％碱浓度下脱硅率最高且固相铝硅比最高，选择初始碱浓度为 20％为较优碱浓度。

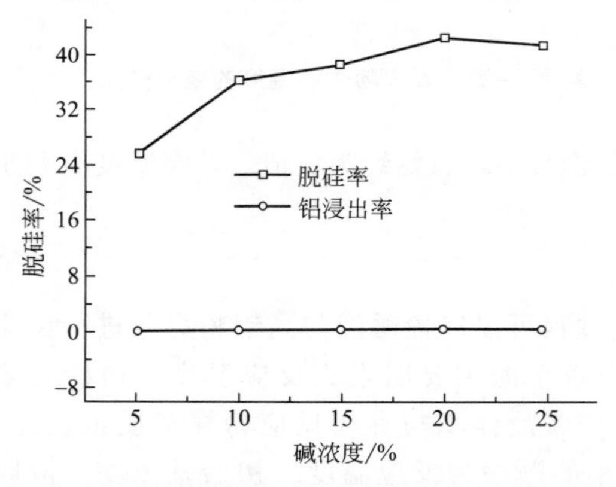

■ 图 7-35 不同初始碱浓度下反应脱硅率及铝浸出率

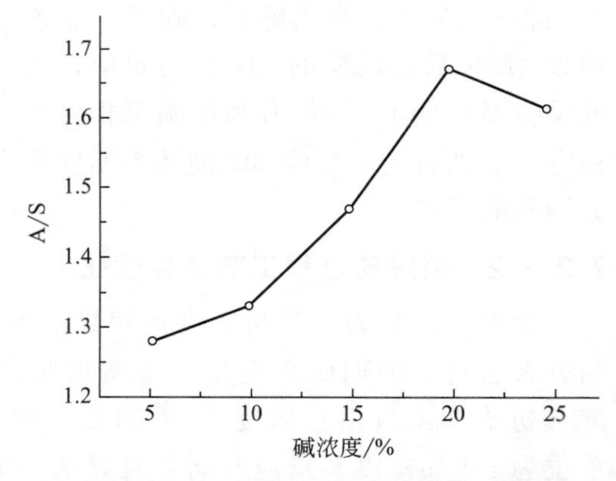

■ 图 7-36 不同初始碱浓度下固相铝硅比

（3）液固比的影响

液固比对脱硅各项指标的影响如图 7-37 和图 7-38 所示。综合考虑脱硅率、铝硅比指标数据，发现虽然液固比为 4 时脱硅率较高，但是此时液相模数低于 0.4，对后续白炭黑制备工艺影响较大，故综合所有指标数据，选择液固比为 3 较优。

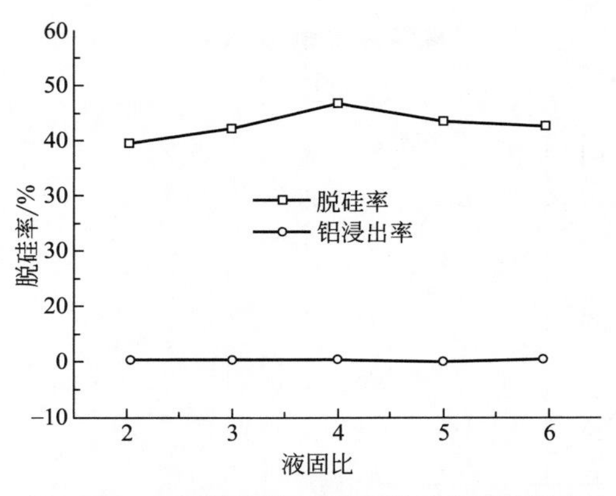

■ 图 7-37 不同液固比下反应脱硅率及铝浸出率

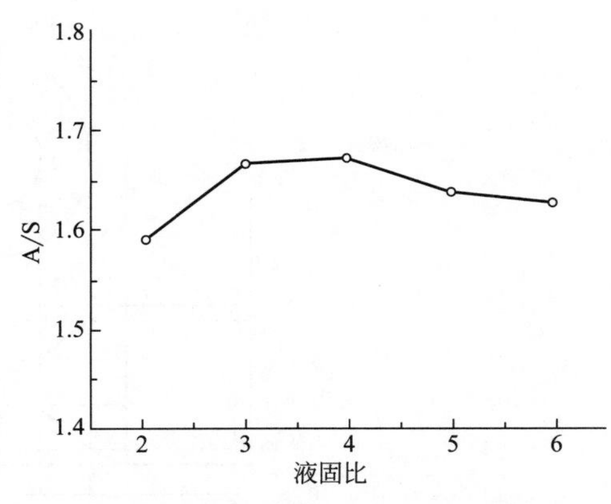

■ 图 7-38 不同液固比下固相铝硅比

（4）反应时间的影响

反应时间对脱硅各项指标的影响如图 7-39 和图 7-40 所示。为保证较高铝硅比及较高的脱硅率，选择反应时间为 1.5h 为最优反应时间。

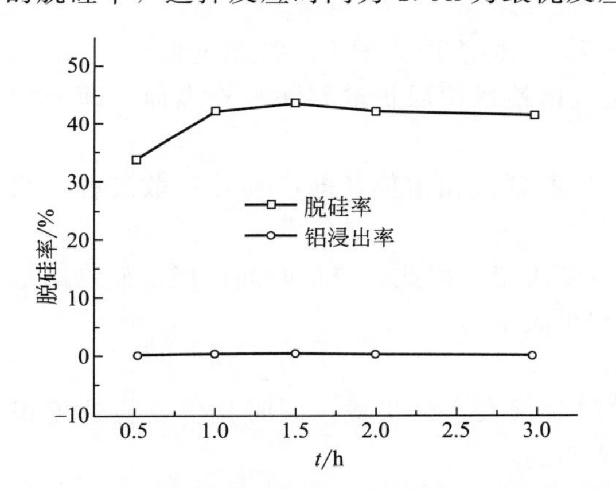

■ 图 7-39 不同反应时间下反应脱硅率及铝浸出率

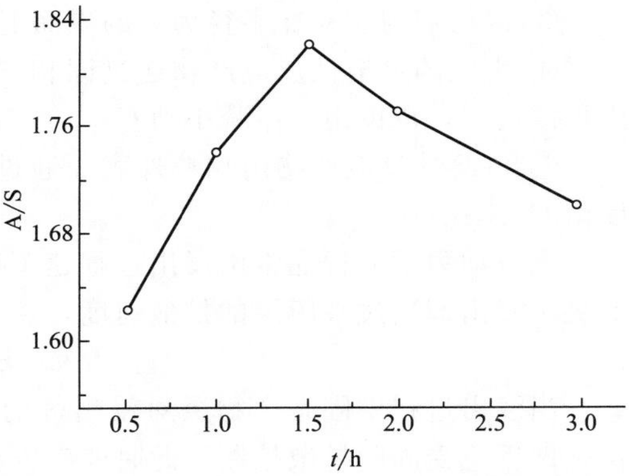

■ 图 7-40 不同反应时间下固相铝硅比

综上所有考察因素，得到高铝粉煤灰原料的预脱硅最优工艺条件为：反应温度 95℃，初始碱浓度 20%，液固比 3，反应时间 1.5h，在此工艺条件下可以达到脱硅率为 43.7%，铝硅比达 1.83，液相模数为 0.43，得到预脱硅产品中氧化铝含量为 57%。

7.2.3.3 预脱硅反应动力学

（1）表观动力学模型

动力学研究对控制反应进行有重要的指导意义，因此针对煤粉炉高铝粉煤灰预脱硅过程的动力学进行了详细研究。高铝粉煤灰预脱硅过程属于液-固非均相反应，最常见的反应模型为收缩未反应芯模型，简称为“缩芯模型”。缩芯模型又分为粒径不变缩芯模型和颗粒缩小缩芯模型。粒径不变缩芯模型的特点是有固相产物层生成，反应过程中颗粒粒径不变，在碱性浸出反应中该类模型较为常见，且固相原料多为球形颗粒[60]。如图 7-41 所示，有固态产物层的浸出反应由以下步骤组成。

① 液相中的浸出剂 A 通过矿粒（半径为 r_0）外面的液膜扩散到颗粒外表面，即反应物外扩散过程，浓度由 C_A 减小到 C_{AS}。

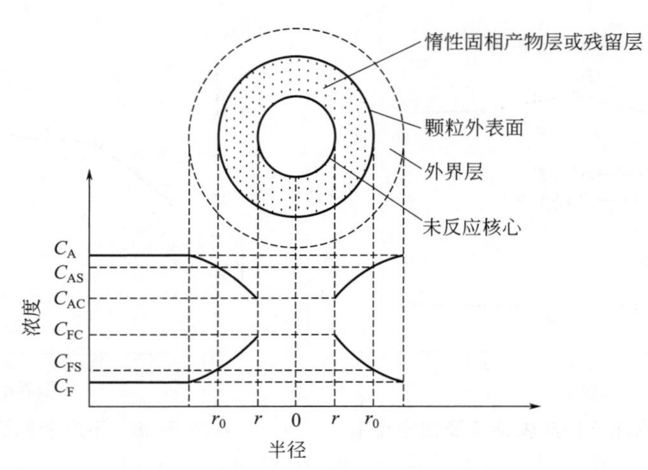

■ 图 7-41 有固态产物层的缩芯反应模型示意

② 浸出剂由矿粒外面通过固相产物层或惰性残留层扩散到收缩未反应芯（半径为 r）的界面，即反应物内扩散过程，浓度由 C_{AS}减小到 C_{AC}。

③ 浸出剂与矿粒在半径为 r 的界面上进行反应，即表面化学反应控制过程。

④ 生成的可溶性反应产物通过固相产物层或惰性残留层扩散到颗粒外表面，即产物内扩散过程，浓度由 C_{FC}减小到 C_{FS}。

⑤ 可溶性反应产物由颗粒外表面通过液膜扩散到液相主体，即产物外扩散过程，浓度由 C_{FS}减小到 C_F。

反应动力学方程通常由浸出过程速率控制步骤决定。因此，单位时间内浸出矿物的量取决于浸出剂通过液膜层的扩散速度，速率方程可表示为：

$$kt = X_B \tag{7-7}$$

当浸出过程中固态产物层对浸出剂的扩散阻力远大于外扩散，同时化学反应速度很快，即反应受固膜扩散控制，此时速率方程可表示为：

$$kt = 1 - \frac{2}{3}X_B - (1 - X_B)^{2/3} \tag{7-8}$$

当浸出过程中浸出剂通过液膜扩散层及固膜的扩散阻力很小，以致反应受化学反应控制，此时速率方程可表示为：

$$kt = 1 - (1 - X_B)^{1/3} \tag{7-9}$$

式中 k——速率常数；

t——反应时间。

煤粉炉高铝粉煤灰碱溶脱硅反应动力学主要从以上 3 种模型着手进行数据拟合，最终确定了动力学方程。动力学方程表示反应温度和反应物系中各组分的浓度与反应速率之间的定量关系，反应温度和反应物浓度是影响动力学方程的重要参数。另外，通过对搅拌速率的研究可确定外扩散的影响。因此，选择搅拌速率、反应温度和 NaOH 溶液初始浓度 3 个因素来研究煤粉炉高铝粉煤灰碱溶脱硅反应动力学。

（2）动力学影响因素考察

① 搅拌速率的影响　当搅拌速率对 SiO_2 浸出率的影响较大时，表明反应受液膜扩散控制。由图 7-42 可以看出，不同搅拌速率对 SiO_2 浸出率影响并不大，这说明液膜扩散不是浸出

反应的控制步骤。为了减小外扩散影响，选择最大搅拌速率为350r/min进行考察。

② 反应温度的影响　反应温度（T）对 SiO_2 浸出率的影响如图7-43所示。反应温度对 SiO_2 浸出率的影响显著，SiO_2 浸出率随着温度升高及反应时间延长而升高。在不同反应温度下，反应前期缩芯模型 $1-(1-X_B)^{1/3}$ 与浸出时间同样呈良好的线性关系，表明前期反应受表面反应控制，结果如图7-44所示。反应后期缩芯模型 $1-\frac{2}{3}X_B-(1-X_B)^{2/3}$ 与浸出时间呈良好的线性关系，表明后期反应受固膜扩散控制，结果如图7-45所示。将前期及后期缩芯模型分别与浸出时间之间的关系进行线性回归，所得直线斜率即为不同温度下的 k 值。根据阿伦尼乌斯方程 $\ln k=\ln A-E/(RT)$，将 $\ln k$ 对 $1/T$ 作图，结果如图7-46所示，前期及后期均呈现良好的线性关系。由直线斜率可求得在实验条件下，浸出反应前期表观活化能 $E=80.15$kJ/mol，后期表观活化能 $E=29.93$kJ/mol。

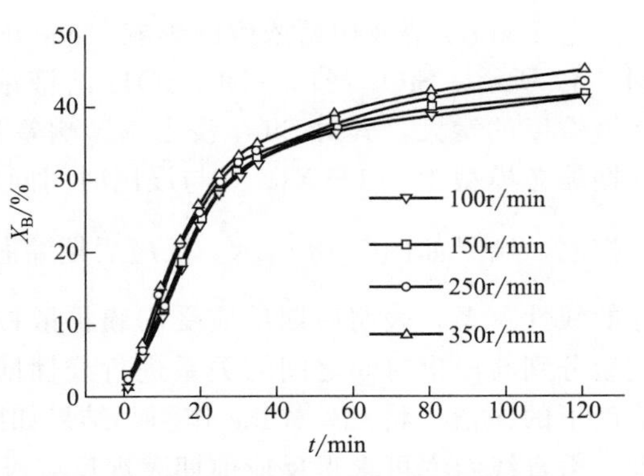

■ 图7-42　不同转速下浸出率随时间的变化

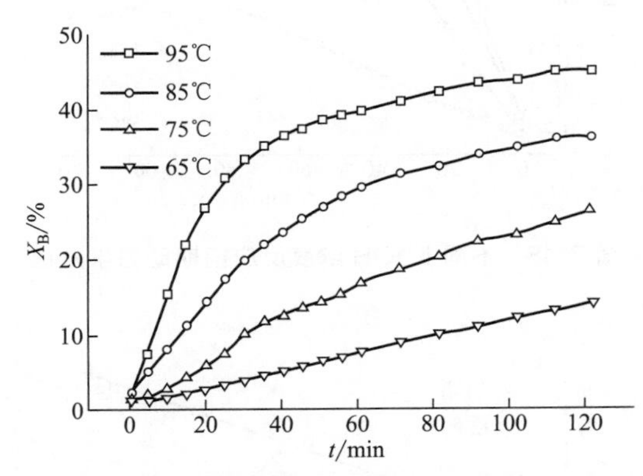

■ 图7-43　不同反应温度 SiO_2 浸出率随时间变化

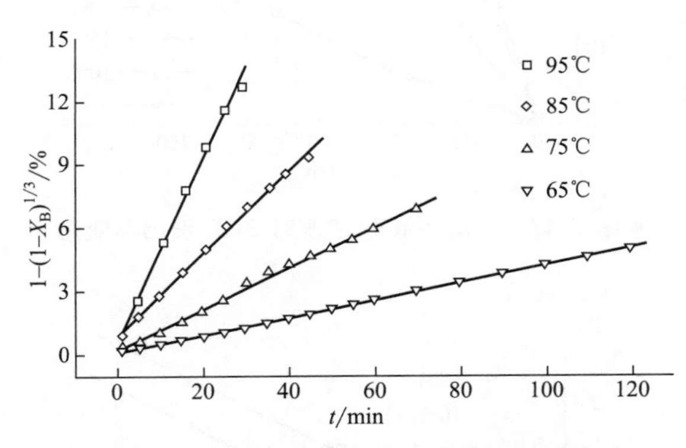

■ 图7-44　不同反应温度反应前期动力学方程

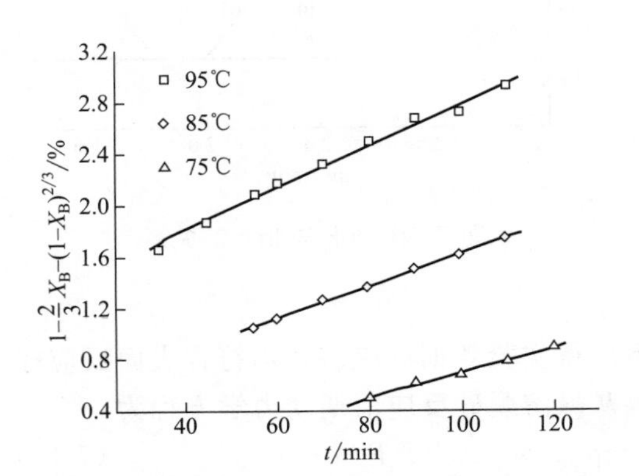

■ 图7-45　不同反应温度反应后期动力学方程

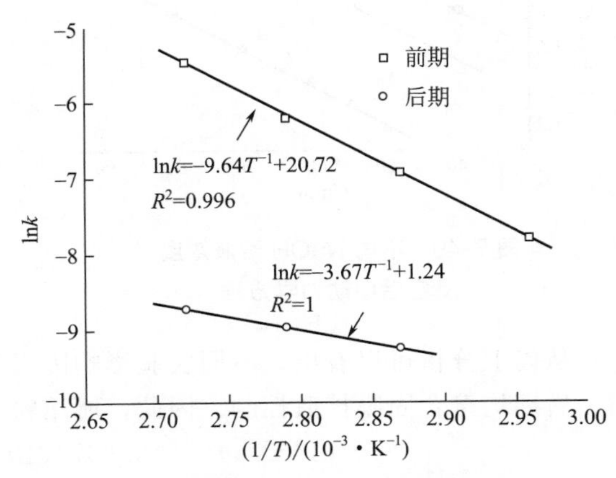

■ 图7-46　$\ln k$ 与 T^{-1} 的关系

③ NaOH 溶液初始浓度的影响　NaOH 溶液初始浓度（c）对 SiO_2 浸出率的影响如图 7-47 所示。SiO_2 浸出率随 NaOH 溶液浓度升高及反应时间延长而提高，随着 NaOH 溶液浓度的增大，其对 SiO_2 浸出率影响差距逐渐减小。在不同 NaOH 溶液浓度下，反应前期缩芯模型 $1-(1-X_B)^{1/3}$ 与浸出时间同样呈良好的线性关系，表明前期反应受表面反应控制，结果如图 7-48 所示。反应后期缩芯模型 $1-\frac{2}{3}X_B-(1-X_B)^{2/3}$ 与浸出时间呈良好的线性关系，表明后期反应受固膜扩散控制，结果如图 7-49 所示。将前期及后期缩芯模型分别与浸出时间之间的关系进行线性回归，所得直线斜率即为不同初始 NaOH 溶液浓度下的 k 值。将 $\ln k$ 对 $\ln c$ 作图，结果如图 7-50 所示，前期及后期均呈现良好的线性关系。由直线斜率可求得反应前期表观反应级数为 1.28，反应后期表观反应级数为 0，此时 NaOH 溶液浓度不是影响反应速率的主要因素。

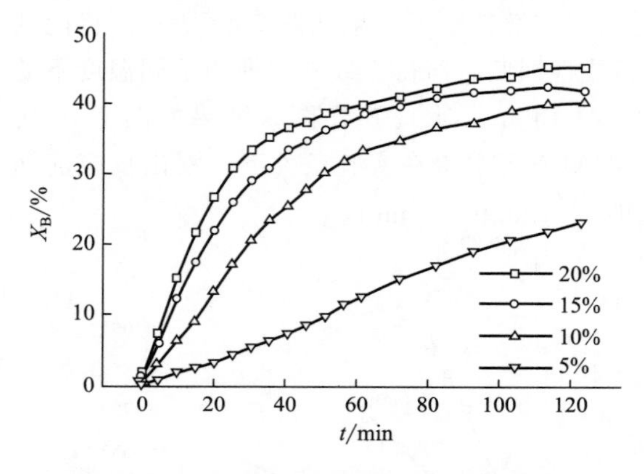

■ 图 7-47　不同 NaOH 浓度时 SiO_2 浸出率变化

■ 图 7-48　不同 NaOH 浓度反应前期动力学方程

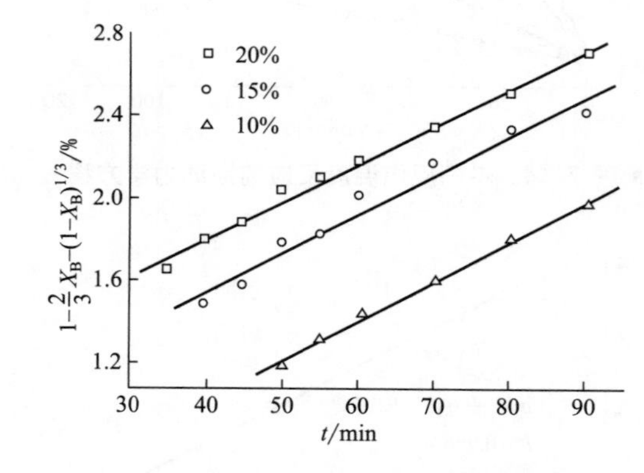

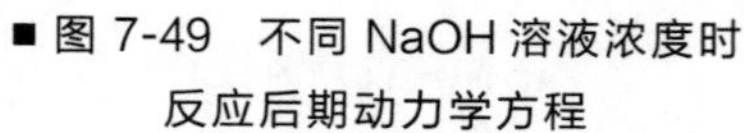
■ 图 7-49　不同 NaOH 溶液浓度时反应后期动力学方程

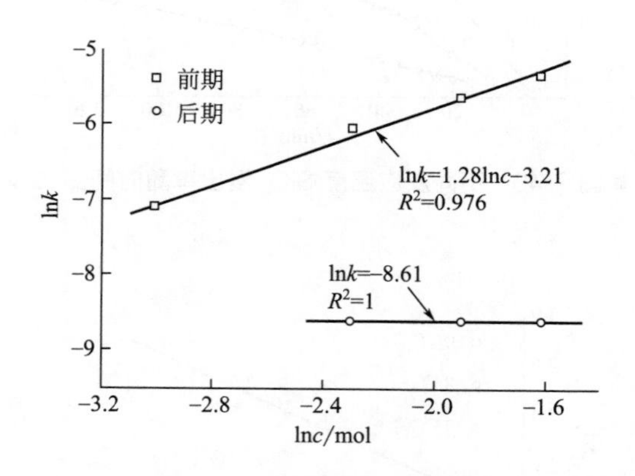

■ 图 7-50　lnk 与 ln$c$ 的关系

从以上分析可以看出，不同实验影响因素下所得实验数据反应前期均符合表面反应控制，后期均符合固膜扩散控制。因此，所用粉煤灰碱溶脱硅反应前期动力学方程为：

$$1-(1-X_B)^{1/3}=9.967\times10^5\exp[-80150/(RT)]\cdot t \tag{7-10}$$

反应后期动力学方程为：

$$1-\frac{2}{3}X_B-(1-X_B)^{2/3}=3.46\exp[-29930/(RT)]\cdot t \tag{7-11}$$

7.2.3.4 浸出机理分析

进一步开展了高铝粉煤灰预脱硅过程机理分析。根据反应动力学分析结果，高铝粉煤灰与 NaOH 溶液的反应前期符合表面反应控制，后期符合固膜扩散控制。为进一步证明上述结论，在反应温度为 95℃、NaOH 溶液浓度为 20%的条件下，将反应不同时间后的固相进行 XRD 及 SEM-EDS 分析，结果如图 7-51 和图 7-52 所示。

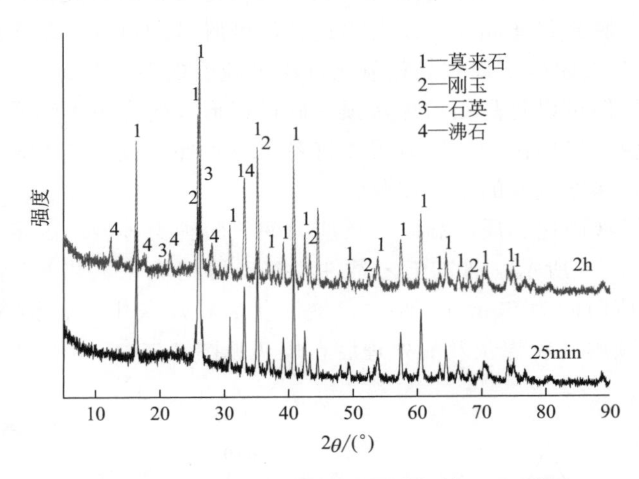

■ 图 7-51 不同反应时间所得渣相的 XRD 谱图

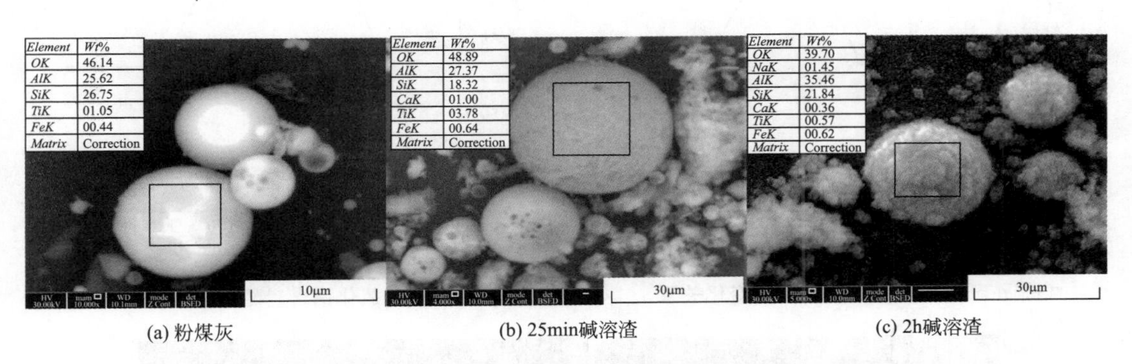

(a) 粉煤灰 (b) 25min碱溶渣 (c) 2h碱溶渣

■ 图 7-52 粉煤灰、25min 碱溶渣、2h 碱溶渣的 SEM-EDS 图谱

由图 7-51 可以看出，25min 时 XRD 图谱与原料粉煤灰 XRD 图谱相比，并无其他特征峰出现，表明没有新相生成或生成量很小，不足以改变反应的控制步骤。2h 时在 $2\theta=12.45°$、21.52°、28.14°处出现沸石特征衍射峰，表明此时已生成沸石相。

由图 7-52(a) 可知，粉煤灰原料为表面光滑的球形。25min 时［见图 7-52(b)］，部分非晶态 SiO_2 反应进入液相导致表面非晶态 SiO_2 减少，此时球形表面呈现网状结构，由能谱可以看出，颗粒表面无钠元素，表明表面没有生成沸石或生成量很少，即没有形成固膜；2h 时［见图 7-52(c)］，球形表面被较多颗粒附着，同时结合能谱分析表明，该颗粒为含钠相，结合 XRD 可知其为沸石，从而证明了固膜的存在。

综上，反应前期粉煤灰主要进行脱硅反应，没有产生固膜。随反应进行，不断生成新相附着于粉煤灰表面形成固膜，从而使反应后期受固膜扩散控制，这与动力学研究结果相符。

7.2.4 深度脱硅工艺研究与机理分析

7.2.4.1 酸活化工艺条件优化

经过预脱硅后的脱硅粉煤灰中有部分副产物生成，主要为沸石类晶相物质，附着在粉煤灰颗粒表面阻止了脱硅过程的深度进行，利用酸活化可将沸石类物质转化为含硅非晶相物质，进而通过二次脱硅将非晶态物质溶出达到深度脱硅的目的。基于此，针对预脱硅粉煤灰提出了酸活化-二次脱硅实现非晶相氧化硅深度脱除的新工艺。

其中，酸活化不但可以将高铝粉煤灰预脱硅过程形成的沸石类物质转化为含硅非晶相物质，为后续深度脱硅提供保证，同时可以将粉煤灰中部分铁、钙等杂质溶出，提升产品品质，所以酸活化是深度脱硅的重要步骤。

研究重点考察了液固比、反应温度、反应时间、酸种类等各个因素对酸活化过程的影响，如图7-53及图7-54所示。通过工艺条件考察，得到优化工艺条件：液固比为4，反应温度为80℃，反应时间为90min。此时，酸活化后粉煤灰中氧化铝含量达到60.15%，铝硅比达到1.79。预脱硅粉煤灰及酸处理后粉煤灰见图7-55。

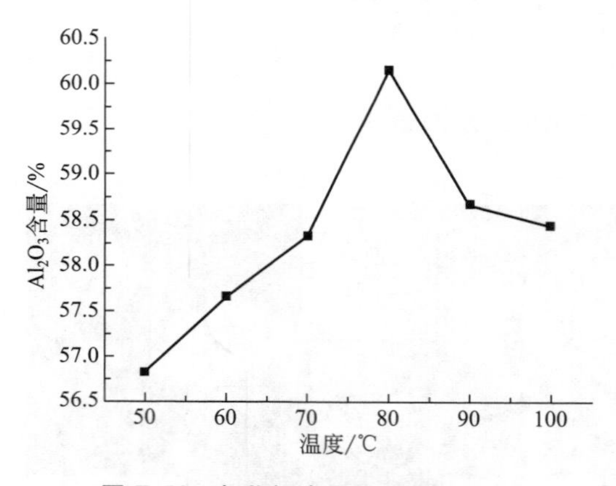

■ 图7-53 氧化铝含量随温度变化关系

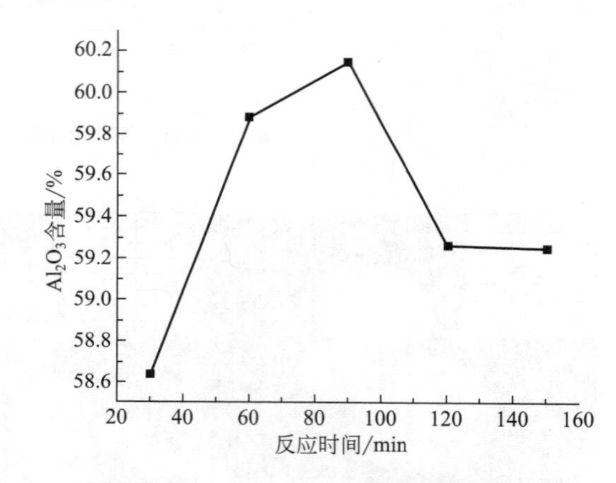

■ 图7-54 氧化铝含量随反应时间变化关系

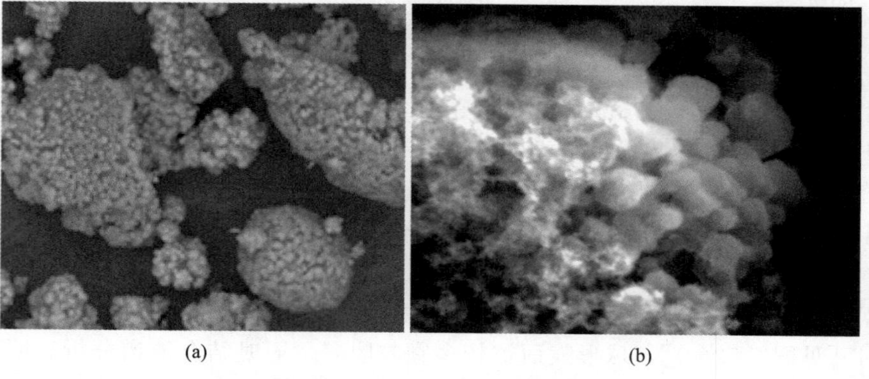

■ 图7-55 预脱硅粉煤灰（a）及酸处理后粉煤灰（b）

7.2.4.2 二次脱硅过程工艺条件优化

经过酸活化后的粉煤灰实现表面包裹的类沸石相与粉煤灰的有效剥离，可进一步采用稀碱脱硅过程实现非晶态硅的深度分离。通过大量的前期研究考察，发现影响二次脱硅的主要因素为初始碱浓度、液固比以及反应时间。因此二次脱硅过程主要考察以上影响因素对脱硅率、固相铝硅比、液相脱硅液模数的影响，进而选择较优的预脱硅工艺条件。

(1) 初始碱浓度的影响

碱浓度对二次脱硅各项指标的影响如图 7-56 和图 7-57 所示。综合考虑脱硅率和固相铝硅比指标，选择 6%为较优初始碱浓度。

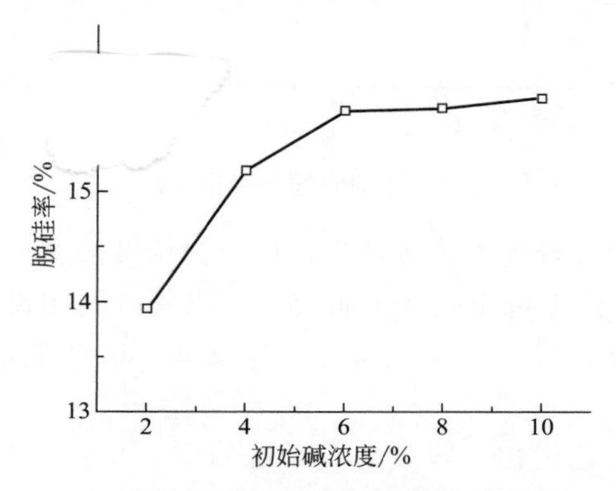

■ 图 7-56 不同初始碱浓度下反应脱硅率

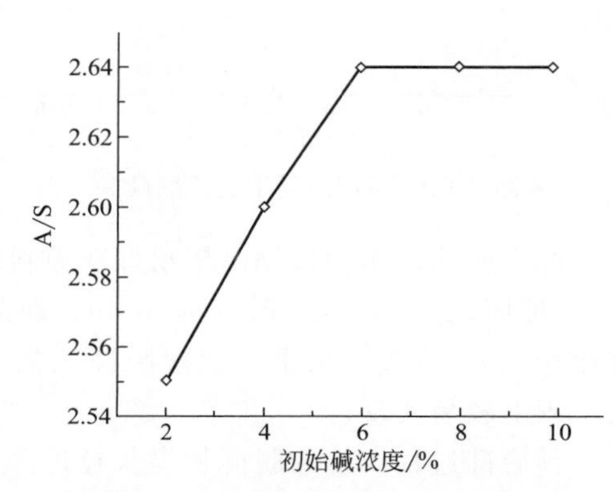

■ 图 7-57 不同初始碱浓度下固相铝硅比

(2) 液固比的影响

液固比对二次脱硅各项指标的影响如图 7-58 和图 7-59 所示。从图 7-58 中可以看出，液固比对二次脱硅率的影响较小，在所研究范围内，脱硅率几乎没有随液固比的变化而变化，在固液比为 2 时便可达到较好的脱硅率。图 7-59 为不同液固比下固相铝硅比变化情况，由图可以明显看出随液固比升高，固相铝硅比变化较小。综合所有指标数据，选择 2 为较优液固比。

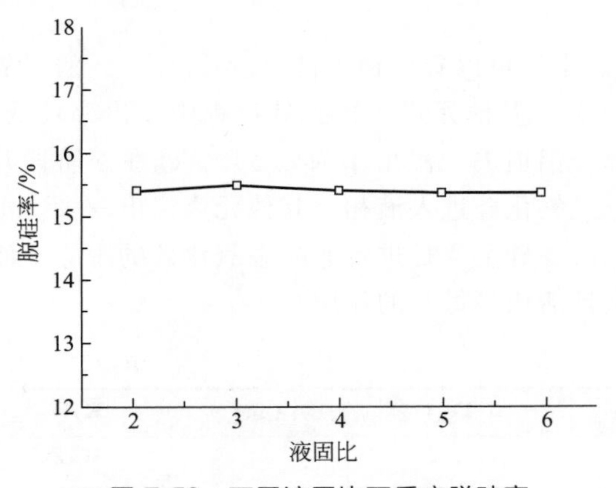

■ 图 7-58 不同液固比下反应脱硅率

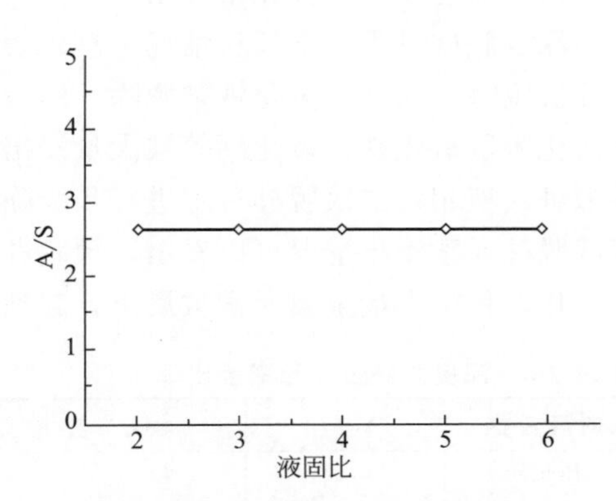

■ 图 7-59 不同液固比下固相铝硅比

(3) 反应时间的影响

反应时间对二次脱硅各项指标的影响如图 7-60 和图 7-61 所示。由图可知，二次脱硅过程反应较快，10min内即可达到反应平衡，因此从工艺研究角度可选最优反应时间为3min，考虑工业运行过程，可将反应时间进一步延伸至1h以内。

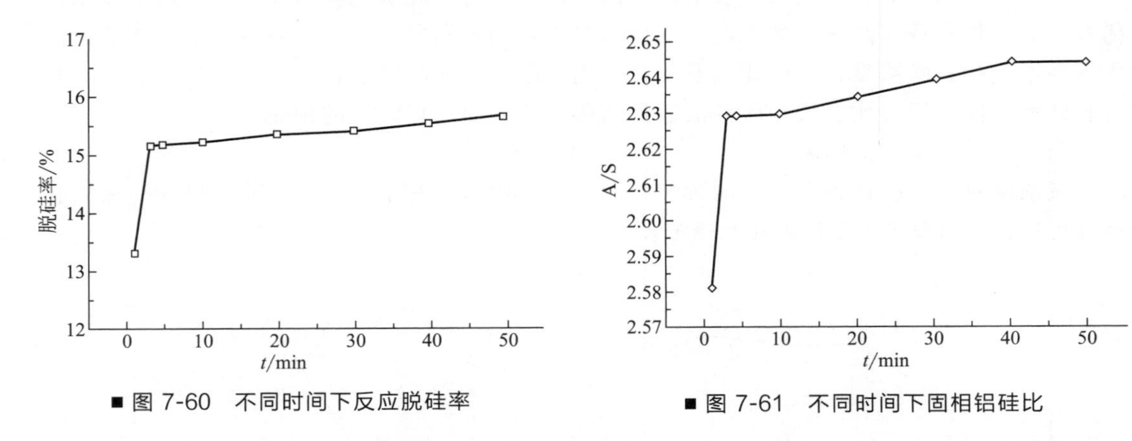

■ 图 7-60　不同时间下反应脱硅率　　■ 图 7-61　不同时间下固相铝硅比

综上所述，实验选用高铝粉煤灰原料的二次脱硅最优工艺条件为：反应初始碱浓度为6%，液固比为2，反应时间为3min，在此工艺条件下可以达到脱硅率15.16%，固相铝硅比达2.63的较优结果。二次脱硅工艺条件较为温和，反应时间短、温度低、碱耗低，在工程上较易实现。

预脱硅过程产生的脱硅粉煤灰经过深度脱硅工艺优化，脱硅率可以达到59.09%，固相铝硅比由1.01提高到2.63，深度脱硅后的粉煤灰铝硅比大幅度提高，为后续综合利用提供了更优条件；同时二次脱硅得到的脱硅液可用于制备白炭黑等硅质产品，并且二次脱硅得到的脱硅液模数大于1，可以制备品位较高的白炭黑产品。因此，该工艺不仅有利于后续提铝过程，同时使硅资源达到有效利用。

7.2.4.3　深度脱硅过程机理分析

针对深度脱硅过程，进一步从元素浸出率、组分含量、物相及其含量变化、颗粒形貌等几方面进行了深入研究，探索深度脱硅过程机理。

（1）深度脱硅过程元素浸出率

深度脱硅过程元素迁移情况汇总于表7-6。由表可以看出预脱硅过程中43.7%的二氧化硅被脱除，大部分氧化钾被脱除，约占80.2%，其他元素在预脱硅过程中浸出率较低；酸活化阶段氧化铁、氧化钙等被大量浸出，部分铝损失，浸出率为8.5%，硅在该阶段几乎未进入液相；二次脱硅过程进一步脱除部分二氧化硅进入液相，其他元素浸出较少。由深度脱硅元素浸出情况可以看出，预脱硅和二次脱硅主要是进行非晶态氧化硅的脱除，而酸活化过程中大量金属元素被浸出，起到除杂且活化粉煤灰的作用。

■ 表 7-6　深度脱硅过程元素浸出率　　单位：%

脱硅过程	Al_2O_3	SiO_2	TiO_2	Fe_2O_3	CaO	K_2O
预脱硅	0.81	43.7	3.38	2.52	0.1	80.2
酸活化	8.5	0.23	8.21	80.76	67.26	2.26
二次脱硅	0.25	15.16	1.92	1.77	0	0

（2）深度脱硅过程固相成分变化

深度脱硅过程中固相化学组成的变化情况见表 7-7。由表中可以看出预脱硅过程硅的含量明显减少，说明该过程脱硅效果明显，铝硅比明显升高，而钠含量增加，说明该过程生成含钠的副产物；酸活化过程中钠含量明显减少，说明该过程含钠副产物被溶解，此时铝硅比稍微降低，是因为该过程是由部分铝的损失造成的；二次脱硅过程硅明显降低，而铝明显升高，铝硅比升至 2.63，钠含量较少，几乎未生成副产物。

■ 表 7-7 深度脱硅过程固相化学组成及 A/S 值　　单位：%

脱硅过程	Al_2O_3	SiO_2	CaO	TiO_2	Fe_2O_3	K_2O	MgO	Na_2O	A/S
原料	47.584	44.304	2.0625	2.2558	1.9417	0.44531	0.15032	0.090962	1.01
预脱硅	56.775	31.099	2.1041	2.0258	1.7885	0.071478	0.35706	5.892	1.83
酸活化	58.913	37.846	0.14514	1.4681	0.80923	0.045106	0.10752	0.063245	1.56
二次脱硅	69.881	26.587	0.18886	1.6895	0.88655	0.053536	0.12513	0.27432	2.63

（3）深度脱硅过程物相变化

经过深度脱硅，高铝粉煤灰中固相物相变化的 XRD 图谱见图 7-62。预脱硅后出现沸石峰，表明经过预脱硅有副产物产生，沸石由钠、铝、硅等元素组成，故副产物的产生不利于脱硅；酸洗后沸石峰消失，表明在酸的作用下，沸石相溶解，同时可以看出 $2\theta=17°\sim30°$ 处的“鼓包峰”，说明酸活化过程出现非晶态玻璃相，表明再次脱硅的可能性；经过二次脱硅非晶态玻璃相的“鼓包峰”消失，此时主要晶相仅有莫来石和刚玉。

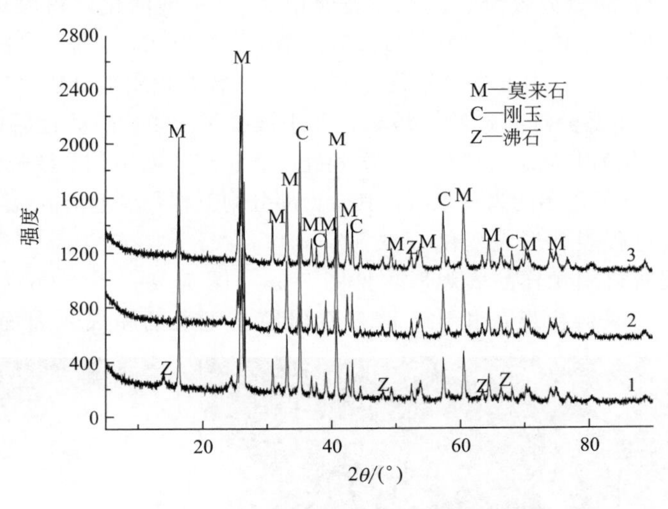

■ 图 7-62 深度脱硅过程 XRD 衍射图

1—预脱硅；2—酸活化；3—二次脱硅

（4）深度脱硅过程物相含量变化

利用 Maud 对深度脱硅各步所得产物 XRD 图谱进行全谱精修拟合，在 sig<2，Rw<15%范围内数据可靠，通过 XRD 对应的物相类型在 Findit 中查询出对应的物相结构数据（ICSD）卡片，卡片及对应数据见表 7-8，Silica Al Glass 和 Silica Glass 为软件自带标准卡片，并通过 Findit 查出对应物相的分子空间结构，见图 7-63～图 7-65，Maud 利用这些 ICSD 卡片进行全谱精修拟合算出粉煤灰中各个物相的含量。

■ 表 7-8 高铝粉煤灰的物相结构数据卡片

物相名称	ICSD
莫来石	66262
刚玉	73076
沸石	36050

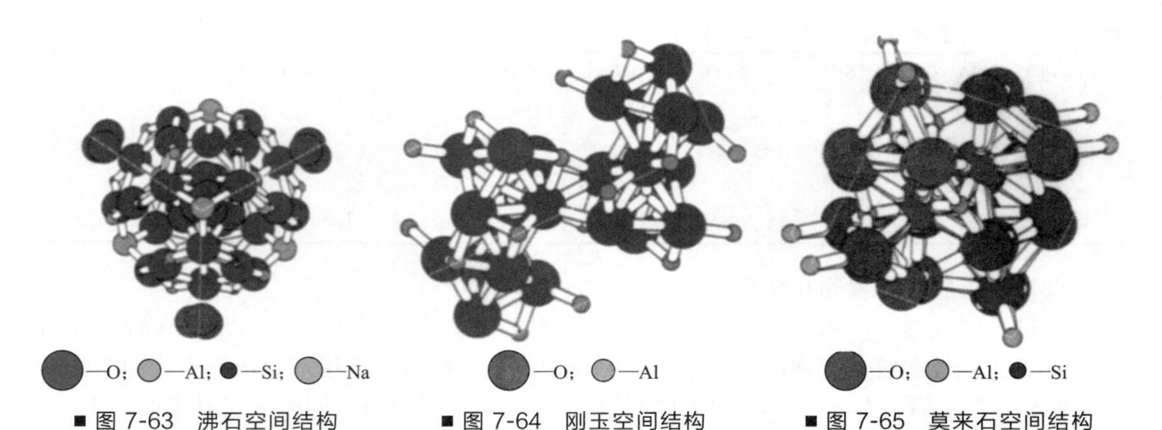

■ 图 7-63 沸石空间结构 ■ 图 7-64 刚玉空间结构 ■ 图 7-65 莫来石空间结构

由 Maud 分析计算结果可知，预脱硅后粉煤灰中莫来石质量分数为 75.42%、刚玉质量分数为 11.53%、沸石质量分数为 5.55%、玻璃相 7.5%；酸活化后粉煤灰中莫来石质量分数为 64.4%、刚玉质量分数为 10.39%、玻璃相质量分数为 25.21%；二次脱硅后粉煤灰中莫来石质量分数为 80.9%、刚玉质量分数为 13.33%、玻璃相质量分数 5.77%。从分析结果可以看出预脱硅后产生部分沸石产物，玻璃相几乎被脱除干净；酸活化后玻璃相增加，说明有部分晶相物质被活化为非晶态玻璃相；二次脱硅后非晶态玻璃相几乎被脱除干净，经过深度脱硅，粉煤灰中物相含量最多的为莫来石，其余为部分刚玉相和少量未被脱除干净的玻璃相。

(5) 深度脱硅过程表观形貌变化

深度脱硅过程所得固相样品表观形貌见图 7-66～图 7-68。图 7-66 为预脱硅后粉煤灰样品的表观形貌，与原料粉煤灰相比，明显看出原来光滑的粉煤灰表面被一层小颗粒包

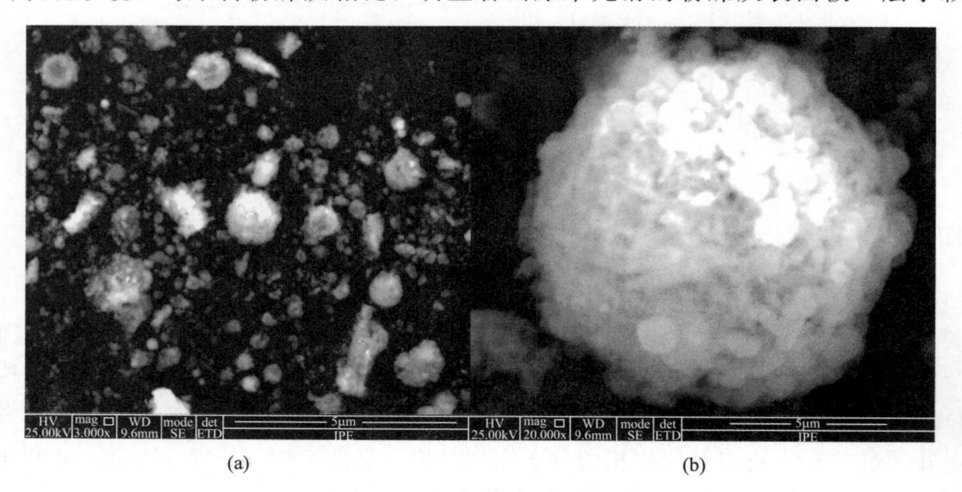

(a) (b)

■ 图 7-66 预脱硅产物 SEM 图

裹，表明此过程生成了新物相，与 XRD、物相定量分析的结果相吻合；图 7-67 为酸活化后固相产物的表观形貌，由放大图片可以看出，经过酸活化，粉煤灰颗粒表现为蜂窝状结构，同时表面的细小颗粒消失，表明此过程副产物被溶解，使粉煤灰露出内部网状结构，粉煤灰比表面积增大，使下一步反应更容易进行；图 7-68 为二次脱硅固相产物的表观形貌，可以看出粉煤灰蜂窝状颗粒增多，形貌基本与酸活化形貌相似，该过程没有新相生成。

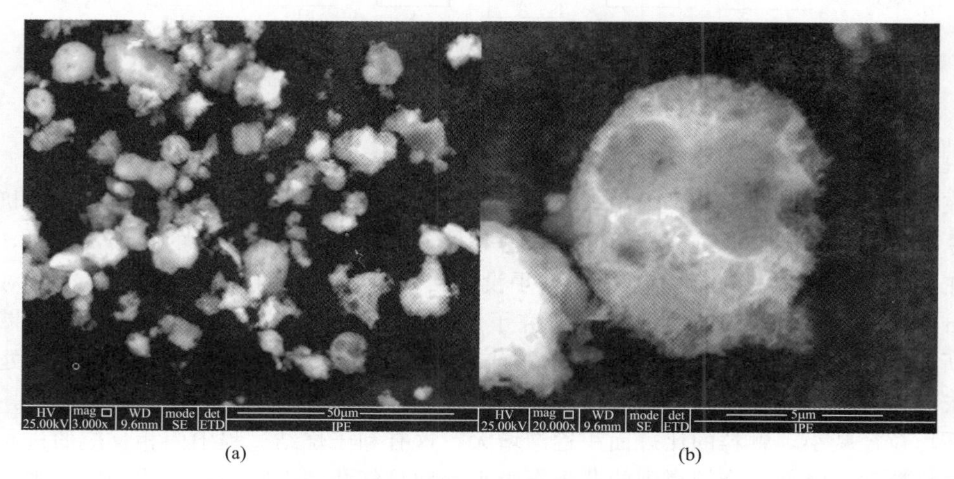

■ 图 7-67 酸活化产物扫描电镜图

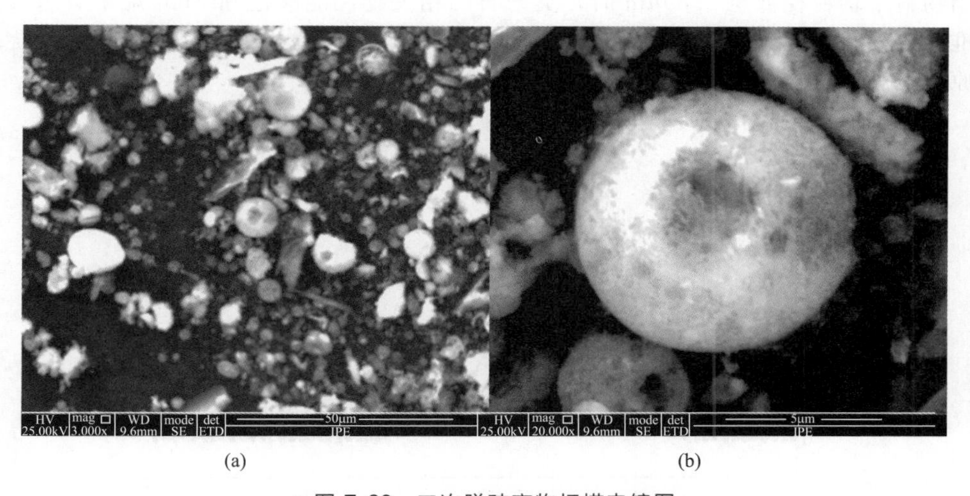

■ 图 7-68 二次脱硅产物扫描电镜图

7.2.5 莫来石制备与物性调控过程

7.2.5.1 莫来石制备工艺研究

高铝粉煤灰深度脱硅后得到的莫来石为粉状物料，市场容量较小。此外，煤粉炉燃烧过程不充分，莫来石相形成不够完整。针对上述问题，开展了莫来石粉料制备高品质莫来石骨料工艺研究。将深度脱硅产品经球磨、成型、压制、烧结后可得到满足行业标准的莫来石骨料。通过对化学处理过程的调控，可得到不同牌号的商用莫来石。例如，酸洗后直接湿磨、成型、烧结可得到 M45 牌号的莫来石；酸洗后再经过二次脱硅，然后湿磨、成型、烧结可得到 M60 牌号的莫来石。总体工艺流程如图 7-69 所示。

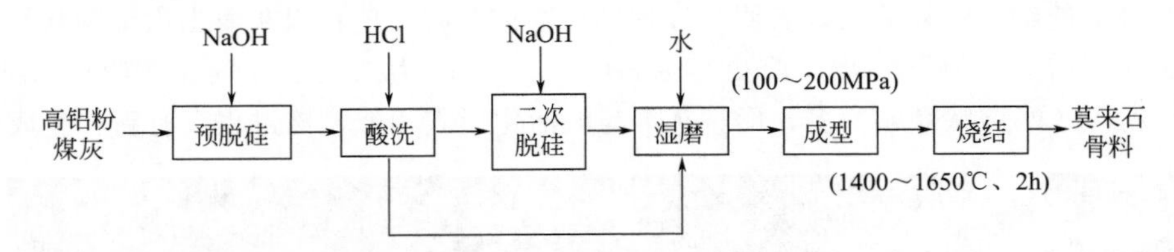

■ 图 7-69 高铝粉煤灰烧结合成莫来石的实验流程

(1) 原料粒度的影响

在莫来石合成过程中，常采用球磨的方式对原料进行预处理。采用行星式球磨机对粉煤灰原料进行预处理，通过改变不同的球磨条件，得到不同粒径分布的粉煤灰原料，并进一步在 1600℃下烧结 2h。目前，由于几乎没有文献提供相关的数据探讨原料粒度对合成莫来石性能的影响，因此本实验首先研究了原料粒度对烧结产品物性的影响，结果如图 7-70 所示。曲线①为原始粉煤灰的粒径分布，曲线②～④分别为经不同球磨条件处理的粉煤灰的粒径分布，其对应的粉煤灰颗粒平均粒径如表 7-9 所列。从表中可以看出，随着原料平均粒径减小，颗粒的比表面积逐渐增大，这有利于烧结过程中固相反应的进行[61]。随着原料粒度的降低，烧结得到的莫来石吸水率和显气孔率下降明显，体积密度则直线上升。当物料平均粒径低至 2.89μm 时，莫来石的相关物性能够达到 M60 烧结莫来石的行业标准（显气孔率≤5%，体积密度≥2.65g/cm³）。表 7-9 的相关数据直接证明了烧结莫来石原料粒度对烧结产品物性的关键作用。

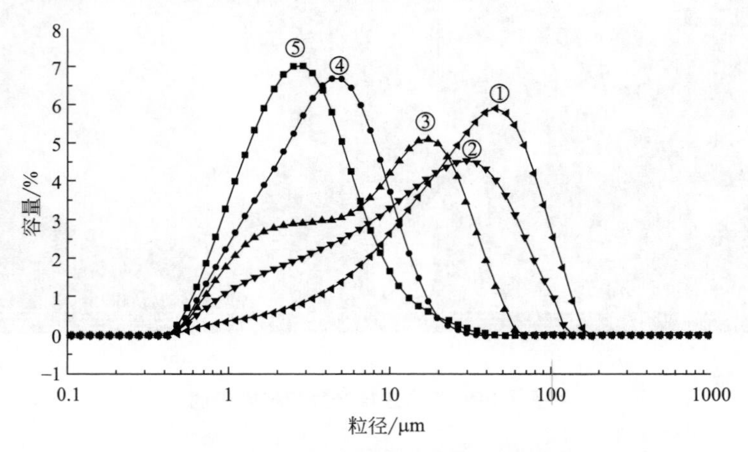

■ 图 7-70 球磨前后的粉煤灰粒径分布

■ 表 7-9 不同原料粒度的烧结物性

样品编号	$d_{0.5}$/μm	比表面积/(m²/g)	吸水率/%	显气孔率/%	体积密度/(g/cm³)
①	31.29	0.53	13.80	28.51	2.07
②	16.28	1.06	10.47	23.46	2.24
③	9.16	1.51	6.14	15.20	2.47
④	4.13	2.1	3.38	8.80	2.60
⑤	2.89	2.66	0.43	1.20	2.78

(2) 烧结温度的影响

烧结温度是影响莫来石产品性能的关键因素，温度过低不利于莫来石化的反应进行，温度过高则使能耗大大增加，甚至影响莫来石产品的物理性能。烧结温度与所采用的烧结原料组成有很大关系，利用高岭土或高铝矾土合成莫来石的烧结温度一般要达到 1700℃以上。表 7-10 为预处理后的粉煤灰在不同温度下烧结 2h 后的产品物性。从表中可以看出，随着烧结温度的增加，吸水率、显气孔率呈下降趋势，体积密度则逐渐升高。同时，产品的莫来石相含量和抗压强度也随着温度的升高而增加，这说明随着烧结温度的升高，莫来石化过程越来越完全。当烧结温度达到 1600℃时，莫来石的相关物性能够达到 M60 烧结莫来石的行业标准。

■ 表 7-10 不同烧结温度下的产品物性

烧结温度/℃	吸水率/%	显气孔率/%	体积密度/(g/cm^3)	莫来石含量/%	抗压强度/MPa
1200	27.19	44.17	1.62	47.94	36.01
1300	17.16	33.80	1.97	48.12	42.62
1400	12.10	26.61	2.20	68.68	79.70
1500	4.95	12.53	2.53	78.05	103.51
1600	0.43	1.20	2.78	88.33	169.62

(3) 恒温时间的影响

恒温时间也是影响莫来石产品性能因素之一。表 7-11 为预处理后的粉煤灰置于 1600℃下进行烧结，保持不同的恒温时间所获得的莫来石的物理性能。相对于粒度和烧结温度，恒温时间对莫来石物性的影响较小。随着恒温时间的增加，产品的吸水率和显气孔率呈现先降低后升高的趋势，体积密度则在恒温时间为 2h 时达到最大值。值得注意的是，当恒温时间为 0.5h 时，烧结产品已具有较佳的物理性能，这是因为粉煤灰本身已含有大量一次莫来石晶体，而体系中一次莫来石的存在免去了成核阶段所需的界面能，使反应能够快速进入二次莫来石化过程[62]。

■ 表 7-11 不同恒温时间下的产品物性

烧结时间/h	吸水率/%	显气孔率/%	体积密度/(g/cm^3)
0.5	0.97	2.59	2.67
1	0.65	1.75	2.68
2	0.43	1.20	2.78
4	0.33	0.90	2.75
6	0.56	1.54	2.76

7.2.5.2 物相转变规律与显微形貌特征

(1) 物相转变

图 7-71 为不同温度下烧结得到的莫来石产品的 XRD 图谱。从图中可以看出，当烧结温度为 1200℃时，制品的主要晶相即为莫来石相，但是强度较低且含有一定量的刚玉相和石英相；当温度升高至 1300℃时，伴随着石英相（α-SiO_2）的消失，方石英相（β-SiO_2）开始形成，这说明了此温度下，石英已转变生成方石英[63]；当温度继续升高至 1400℃时，刚玉相已经很难被检测到，并且莫来石相的特征峰明显变强。结合表 7-12 中

提供的莫来石相含量的数据可以推测，此时刚玉相开始慢慢融入液相，和原料中多余的SiO_2进行二次莫来石化反应，生成大量的莫来石。当温度达到1500℃时，产品中只能检测到唯一的莫来石相，并且随着烧结温度的增加，莫来石相的衍射峰进一步增强。

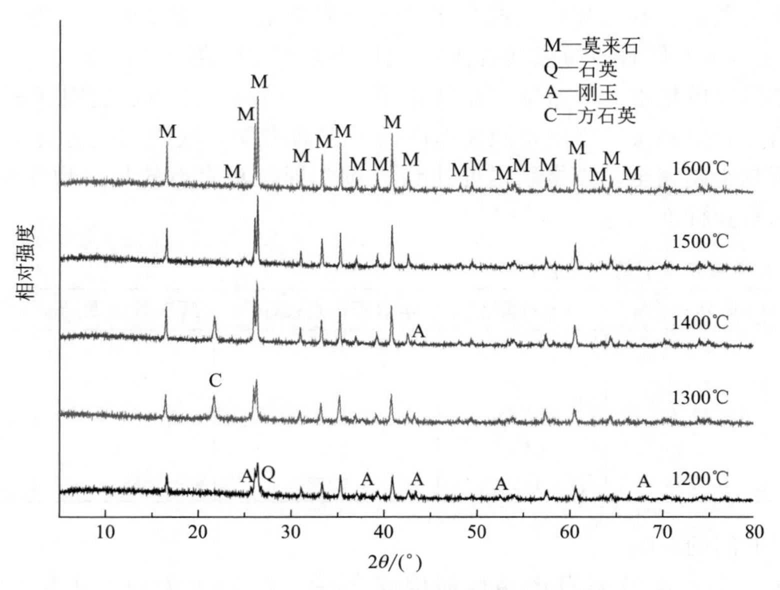

■ 图 7-71 不同烧结温度下的 X 射线衍射谱

■ 表 7-12 不同烧结温度下的莫来石晶格常数 单位：10^{-10} m

温度/℃	a_0	b_0	c_0	$V_{cell}/10^{-3}nm^3$	d_{cell}
1200	7.378	7.921	2.888	168.767	499
1300	7.559	7.678	2.885	167.456	442
1400	7.754	7.566	2.895	169.864	859
1500	7.734	7.563	2.893	169.175	920
1600	7.553	7.713	2.890	168.366	944
JCPDS(15-0776)	7.545	7.689	2.884	167.350	—

表 7-12 是利用图 7-71 中得到的烧结莫来石 XRD 图谱计算得到的不同烧结温度下的莫来石晶格常数。从表中可以看出，与卡片号为 15-0776 的标准莫来石相比，利用粉煤灰烧结得到的晶胞常数相对较大。这是因为与采用纯物质合成莫来石相比，粉煤灰中含有一定量的杂质如 Ti、Fe 等，能进入莫来石晶胞中，代替 Al 元素，而这类元素的原子半径比 Al 的大，因此增大了烧结莫来石的晶胞常数。

(2) 微观形貌

图 7-72 是不同烧结条件下产品断面的 SEM 图。由图可见，当烧结温度较低为1400℃且恒温时间为 2h 时，未能观测到特定形状的莫来石晶［见图 7-72(a)］；当烧结温度足够高时（1600℃），生成了大量长度约为 10μm 的棒状莫来石晶体［见图 7-72(b)］，这说明烧结温度是影响莫来石生成数量和控制莫来石晶体生长尺寸的重要因素；当产品在1600℃烧结 0.5h 时［见图 7-72(c)］，也观测不到一定规模的莫来石晶体，只能在高放大倍数下观测到晶粒尺寸为 100～200μm 的莫来石晶体［见图 7-72(d)］，这是由恒温时间过

短、大量的一次莫来石晶体来不及生长所致。

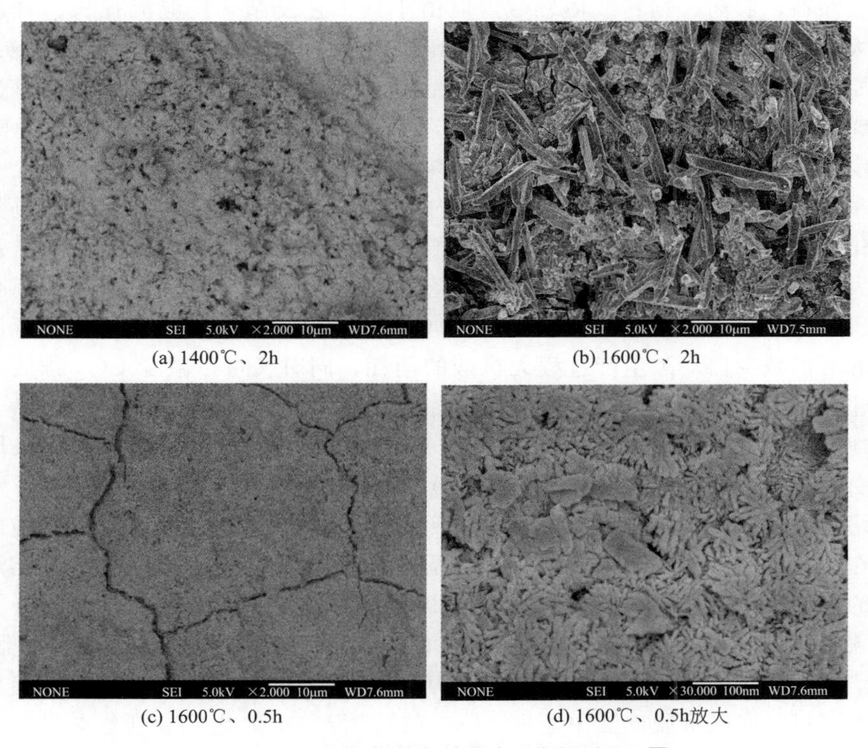

(a) 1400℃、2h (b) 1600℃、2h

(c) 1600℃、0.5h (d) 1600℃、0.5h放大

■ 图 7-72 不同烧结条件下产品断面 SEM 图

7.2.6 高铝粉煤灰脱硅溶液制备白炭黑工艺

高铝粉煤灰碱溶脱硅过程中非晶态氧化硅以 Na_2SiO_3 的形式进入液相，形成脱硅液（化学成分分析见表 7-13）。鉴于脱硅液的主要化学成分为硅酸钠，可以用于制备偏硅酸钠、硅酸钙、硅酸铝铁、硅钙肥、白炭黑等产品。重点开展了脱硅液制备白炭黑过程研究。

■ 表 7-13 脱硅液成分分析

成分	Na	Al	Si	Fe	Ti	Mn	Cu	Na_2SiO_3
含量/(g/L)	95.87	0.32	22.36	0.09	0.34	0.00	0.02	97.42

白炭黑又称水合二氧化硅，化学式 $SiO_2 \cdot nH_2O$，其中 nH_2O 以表面羟基的形式存在，是一种白色、无毒、无定形系粉状的无机硅化合物，在 20 世纪 30～40 年代就已作为补强材料广泛用于军事用品中[64,65]。随着时代的发展，白炭黑凭借其独特的物理化学性能，如优越的稳定性、补强性、增稠性、电绝缘性、触变性等[65,66]，逐步走向民用市场，广泛应用于国民经济的各个领域[67,68]。

目前，国内外制备白炭黑的方法主要包括气相法和沉淀法。气相法白炭黑[68]以卤化硅为原料在氢气和氧气燃烧生成的水中进行高温水解反应，然后骤冷，经过聚集、脱酸等处理工艺制得。此法得到的产品纯度高、粒径小、分散度好，主要用于特种用途的硅橡胶、塑料、涂料、农药、饲料载体领域。但由于其工艺复杂、反应流程长、对设备要求高、能耗大、产率低、生产成本高、产品价高而使其应用受到限制。沉淀法白炭黑[69]以水玻璃为原料，通过与酸反应沉淀、过滤、洗涤、干燥得到沉淀白炭黑产品。该方法生产工艺简单成熟、生产成本较低、市场用量大，但产品粒径分布较宽、结构不稳定、SiO_2含量低，广泛应用于低、中端橡胶制品、塑料、饲料等领域。

近年来，为了降低白炭黑生产成本，国内企业一直寻求理想的替代硅源。高铝粉煤灰凭借其氧化铝、二氧化硅含量均达到40%～50%的特殊化学组成，作为铝、硅系伴生资源受到广大科研工作者的青睐，目前国内已经有学者开展了利用粉煤灰中所含氧化硅生产白炭黑的研究工作[70]，其中，利用工业废气CO_2代替无机酸与硅酸钠溶液进行反应制备白炭黑，既可以减少白炭黑生产过程无机酸的消耗，同时又可以减少CO_2排放，受到研究者的关注[71,72]。

中国地质大学的李歌等[64]，以陕西某热电厂粉煤灰碱溶脱硅液为原料，采用碳化法工艺制备白炭黑。以该工艺为对象，分析CO_2通入过程中，不同pH值下体系发生的反应，并利用核磁共振测试手段追踪硅胶的形成过程，较好地描述了硅在碳化反应的不同环境下的存在形式，为分析白炭黑制品的结构提供了理论根据。山西朔州中煤平朔煤业有限责任公司的荆富等[73]，以火力发电厂粉煤灰碱溶脱硅液为原料，采取两次碳分工艺制备白炭黑。碳分后进行固液分离、洗涤，所得白炭黑在不锈钢烘箱中烘干，可制备得到SiO_2纯度>99.5%的优质白炭黑。内蒙古大唐再生资源的孙俊民等[74]，以高铝粉煤灰碱溶脱硅液为原料，向碱溶脱硅液中通入CO_2气体进行一步碳化反应制备白炭黑。向过滤分离得到的碳化滤液中加入石灰乳苛化，苛化液直接或经蒸发浓缩后返回碱溶脱硅工艺循环使用。该工艺简单，生产成本低，实现了碱液的循环利用，同时提取白炭黑后的粉煤灰还可以作为一种重要的铝资源用于制备氧化铝。

经综合考虑，选定以脱硅液为原料采用碳化法制备白炭黑产品。目前，碳化法白炭黑工艺主要采用CO_2气体进行一步一段酸化反应。由于粉煤灰脱硅液的模数低、活性低、CO_2气体的酸性也较弱，一步反应一段加热不能满足沉淀反应过程的原始粒径和结构控制的工艺要求。这种工艺将会引起碳化反应过程中晶核生成速度和核晶增长聚集时间不可调。虽然碳化反应过程终点控制与传统沉淀法反应终点一致，pH值控制在要求的8.0～9.5范围内，但由于过程反应不彻底，影响了一次平均粒径的晶核生成和核晶聚集结构增长速度，导致白炭黑生产工艺参数难以调控，产品质量不能稳定，补强性能较差，应用领域受到了很大限制。这种碳化法白炭黑仅应用于市场需求量较少的低端的载体、摩擦剂、黏合剂等行业，难以用于需求量最大的橡胶、塑料、涂料、饲料、硅橡胶、日用化工等行业。

依据高铝粉煤灰碱溶脱硅液模数较低、CO_2气体酸性较弱等特性，采用碳化滤饼提模，两段加热、两步反应的分段式碳化反应方法，有效提高了碳化过程的反应速率，提高了反应初期一次晶核的生成速率，控制了反应初期原始粒径大小的分布范围，完善了核晶增长即聚集结构的合成反应过程温度和控制参数。可实现生产工艺连续稳定可控，产品物理化学质量指标稳定，拓展了碳化法白炭黑产品市场的应用潜力，可用于橡胶制品、特种工程塑料、特种涂料以及硅橡胶制品等方面。

7.2.6.1 高铝粉煤灰预脱硅溶液制备白炭黑工艺优化

由于高铝粉煤灰碱溶脱硅液模数相对较低（0.4～0.6），首先采用碳化滤饼加压重溶的方法提高碱溶脱硅液模数。依据 CO_2 气体酸性较弱的特性，采用两段加热、两步反应的分段式碳化过程，至 pH 值降低到 8.0～9.5，总的碳化反应时间为 120～180min。经过滤、洗涤、打浆、喷雾干燥和粉碎得到白炭黑母料；在母料内滴加不同黏度的甲基硅油进行接枝反应，得到疏水性白炭黑。重点考察了搅拌速率、硅酸钠浓度、反应温度、CO_2 气速以及化学改性等各个因素对两段加热、两步反应的分段式碳化反应过程的影响。实验装置如图 7-73 所示。

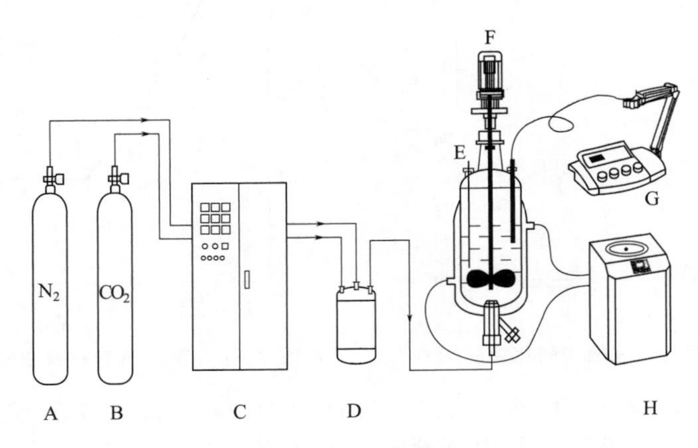

■ 图 7-73 实验装置示意

A，B—气瓶；C—气体流量计；D—气体混合器；E—温度计；F—搅拌桨；G—pH 计；H—恒温水浴

7.2.6.2 碳化过程工艺优化

① 搅拌速率的影响 考察搅拌速率对白炭黑吸油值（DBP）的影响，结果如图 7-74 所示。由图可知，随着搅拌速率的降低，白炭黑的 DBP 逐渐降低，结合转化率、物料过滤性能等指标综合考虑，当搅拌速率为 70r/min 时，DBP 最低，因此选定 70r/min 为最优搅拌速率。

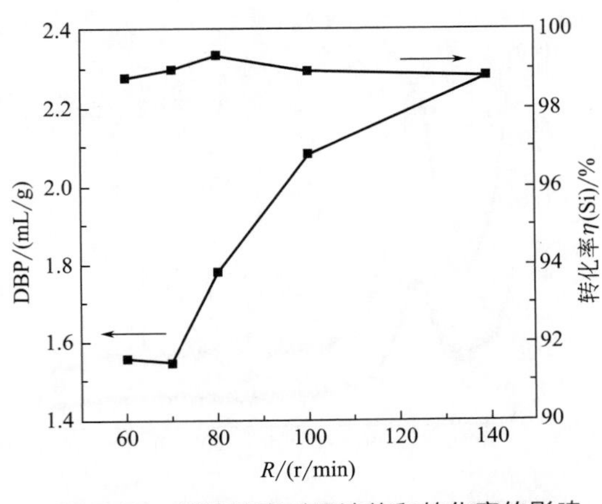

■ 图 7-74 搅拌速率对吸油值和转化率的影响

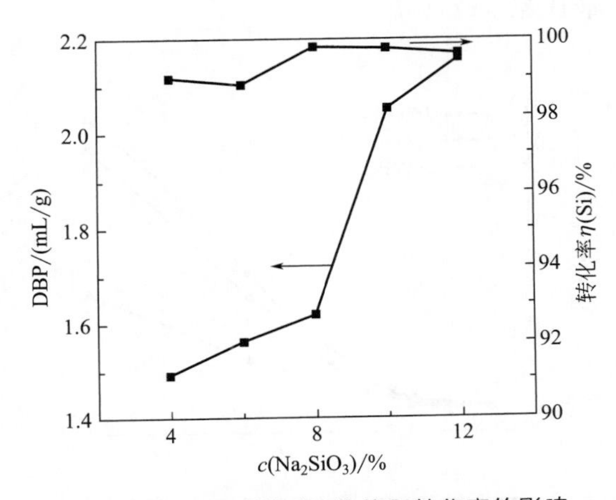

■ 图 7-75 硅酸钠对吸油值和转化率的影响

② 硅酸钠浓度的影响 硅酸钠浓度对白炭黑 DBP 的影响如图 7-75 所示。由图可知，随着硅酸钠浓度的降低，白炭黑的 DBP 逐渐降低，结合转化率指标综合考虑当硅酸钠浓度为 4%时，DBP 最低，但此时白炭黑的产能较低，因此选定硅酸钠浓度为 6%。

③ 反应温度的影响 反应温度对白炭黑 DBP 的影响如图 7-76 所示。由图可知，随反应温度降低，白炭黑的 DBP 逐渐降低，结合转化率、实际工艺控制等指标综合考虑选定反应温度为 72℃为最优反应温度。

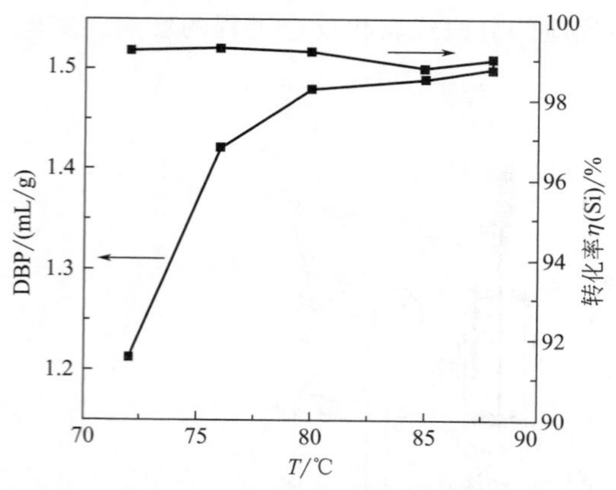

■ 图 7-76 反应温度对吸油值和转化率的影响

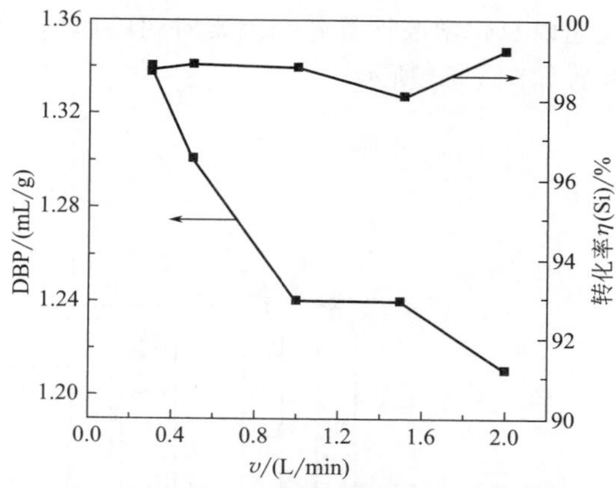

■ 图 7-77 CO_2 气速对吸油值和转化率的影响

④ CO_2 气速的影响 CO_2 气速对白炭黑 DBP 的影响如图 7-77 所示。由图可知，随着 CO_2 气速的增加，白炭黑的 DBP 逐渐降低，当 CO_2 气速增加至 2.0L/min 时 DBP 最低，但是 CO_2 气速是 1.0L/min 时的 2 倍，且 DBP 仅降低了 0.03mL/g，因此综合考虑各方面指标选定最佳 CO_2 气速为 1.0L/min。

7.2.6.3 白炭黑的改性与表征

(1) 甲基硅油改性剂对白炭黑疏水性能的影响

甲基硅油改性剂对白炭黑疏水性能的影响如图 7-78 所示。由图可知，随着甲基硅油黏度的增加，白炭黑的疏水性逐渐增加；随着甲基硅油添加量的增加，白炭黑的疏水性逐渐增加，综合考虑选定添加 3%黏度为 1000cP（$1cP=10^{-3}Pa\cdot s$，下同）的甲基硅油为最佳疏水改性条件。

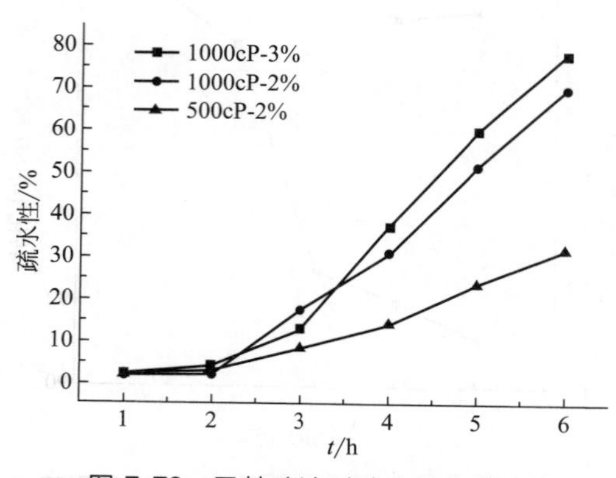

■ 图 7-78 甲基硅油对疏水性能的影响

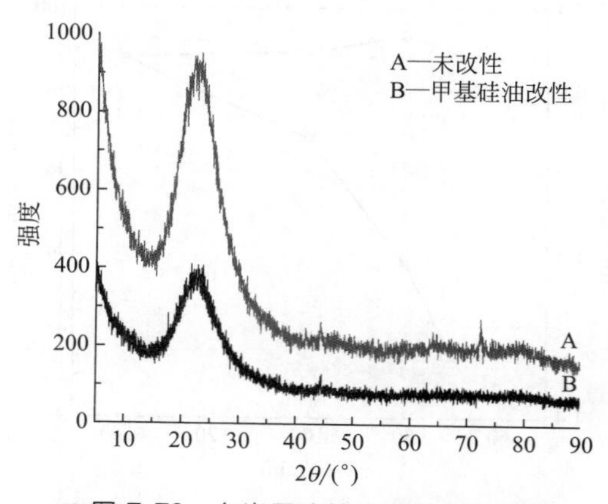

■ 图 7-79 白炭黑改性前后的 XRD 图

（2）改性前后白炭黑的 XRD 图谱分析

由图 7-79 可见，白炭黑在 15°～35°的低衍射角区域出现了一个很强的“馒头状”衍射峰，说明该粉末是非晶态结构。经表面改性后，仍在低衍射角区出现了很强的单峰，说明经甲基硅油改性后，白炭黑仍为非晶态结构。但是改性后的衍射峰峰强度略有减弱，表明白炭黑的结晶度和孔结构的有序性有所下降。这可能是由于改性后，孔道中填入了有机物，同时有部分大孔结构的坍塌，导致峰强降低。

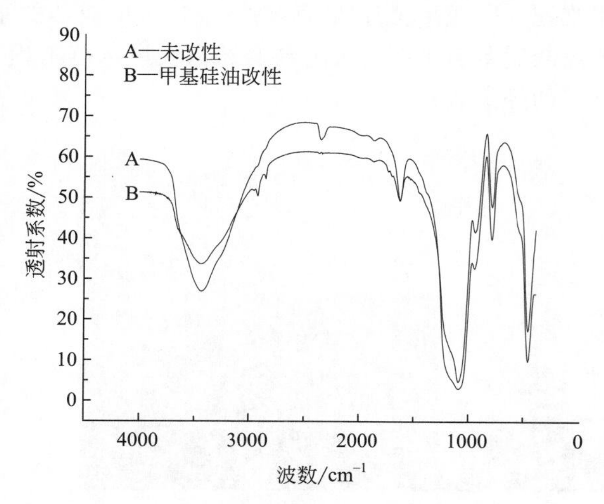

■ 图 7-80　白炭黑改性前后的 FT-IR 图

（3）改性前后白炭黑的 FT-IR 图谱分析

图 7-80 为白炭黑样品的红外光谱图，1099cm^{-1}、799cm^{-1}和 469cm^{-1}的吸收带是 SiO_2 的特征吸收，其中 1099cm^{-1}和 799cm^{-1}附近的吸收峰分别对应于 Si—O 键的反对称和对称伸缩振动，469cm^{-1}附近的吸收峰对应于 Si—O—Si 键的弯曲振动；3437cm^{-1}附近是硅羟基和物理吸附水中 O—H 键的伸缩振动吸收，1635cm^{-1}附近是物理吸附水的弯曲振动吸收；在 953cm^{-1}附近，出现另一个较弱的吸收峰，是 Si—OH 的弯曲振动吸收。白炭黑经甲基硅油表面改性后，2926cm^{-1}处为—CH_3 的特征吸收峰，2854cm^{-1}则为—CH_2 的特征吸收峰，表明甲基硅油接枝到白炭黑表面。

（4）白炭黑产品性能考察

采用两段加热、两步反应的分段式碳化反应方法制备的白炭黑产品，其产品性能为：BET241.78m^2/g、DBP2.458cm^3/g、粒度 27.202μm、加热减量 5.31%、硫酸盐 0.89%、白度 99.19%、pH 值为 6.52。该指标达到了涂料用白炭黑指标的要求，详见表 7-14。

■ 表 7-14　涂料用白炭黑技术指标

项目	加热减量/%	pH 值	硫酸盐/%	DBP/(cm^3/g)	BET/(m^2/g)	白度/%	粒度/μm
指标	5～7	6～8	＜1.0	2.4～2.8	≥200	≥95	20～60

7.2.7　高铝粉煤灰制备莫来石联产白炭黑过程集成与工程示范

7.2.7.1　整体工艺集成

基于前期试验结果及百公斤级放大验证，形成了高铝粉煤灰制备莫来石联产白炭黑整体工艺流程，本工艺由高铝粉煤灰低碱预脱硅、滤渣深度脱硅制备莫来石、脱硅液碳化制备白炭黑、酸碱/工艺水循环利用、蒸汽/余热回收利用五部分组成。

7.2.7.2　新工艺工程示范

在工艺优化完善基础上，进一步系统研究了全流程的质量、能量和水平衡，成功研发了两次梯度磁选除铁、槽式连续脱硅反应器、深度脱硅快速沉降装置、全混流碳化塔等核心设备，解决了高铝粉煤灰深度除铁、低温高效脱硅、两相预分离、高效传质碳酸化等技术难题，完成了公斤级-百吨级-千吨级反应器的量化放大与工程化，已建成3000t/a高铝粉煤灰制备莫来石耐火材料联产白炭黑示范工程（见图7-81），生产出合格产品，展示了良好的经济效益。

■ 图7-81 示范工程全貌图

■ 图7-82 示范工程酸碱耦合深度脱硅工段

7.2.8 总结

针对我国粉煤灰大量排放、污染严重、综合利用率低的严重问题，开发了高铝粉煤灰深度脱硅制备莫来石耐火材料联产白炭黑新技术，突破了高铝粉煤灰高效预脱硅技术、脱硅粉煤灰稀酸活化-深度脱硅技术（见图7-82）、莫来石物性调控技术等核心技术及装备，建立了3000t/a示范工程，为高铝粉煤灰铝硅资源的协同利用提供了新思路。

参考文献

[1] ［苏联］阿布拉莫夫．碱法综合处理含铝原料的物理化学原理［M］．陈谦德等译．长沙：中南工业大学出版社，1988.

[2] Gard J A，Ramsay C G，Taylor H F W. The Unit Cell of $NaCaHSiO_4$：An Electron-Microscope and X-Ray Study［J］. Journal of Applied Chemistry and Biotechnology，1973，23(4)：87-91.

[3] Blakeman E A，Gard J A，Ramsay C G，et al. Studies on the System Sodium Oxide-Calcium Oxide-Silica-Water［J］. Journal of Applied Chemistry and Biotechnology，1974，24(4-5)：239-245.

[4] Cooksley B G，Taylor H F W. Crystal structure of monoclinic $NaCaHSiO_4$［J］. Acta Crystallographica Section B-Structural Science，1974，30(15)：864-867.

[5] Kenyon N J，Weller M T. The effect of calcium on phase formation in the sodium aluminium silicate carbonate system and the structure of $NaCaSiO_3OH$［J］. Microporous and Mesoporous Materials，2003，59(2-3)：185-194.

[6] Zhang R，Ma S，Yang Q，et al. Research on $NaCaHSiO_4$ decomposition in sodium

hydroxide solution [J]. Hydrometallurgy，2011，108(3-4)：205-213.

[7] Rios C A，Williams C D，Fullen M A. Hydrothermal synthesis of hydrogarnet and tobermorite at 175℃ from kaolinite and metakaolinite in the $CaO-Al_2O_3-SiO_2-H_2O$ system [J]. Applied Clay Science，2009，43(2)：228-237.

[8] Meller N，Hall C，Kyritsis K，et al. Synthesis of cement based $CaO-Al_2O_3-SiO_2-H_2O$ (CASH) hydreceramic and 200℃ and 250℃ ex-situ and in-situ diffraction [J]. Cement and Comcrete Research，2007，37(6)：823-833.

[9] Hong S Y，Glasser F P. Phase relations in the $CaO-SiO_2-H_2O$ system to 200℃ at saturated steam pressure [J]. Cement and Concrete Research，2004，34(9)：1529-1534.

[10] 毕诗文，于海燕．氧化铝生产工艺 [M]. 北京：化学工业出版社，2006：127-134.

[11] 杨秀丽，崔晓昱，崔崇，等．托贝莫来石晶体的高温相变规律研究 [J]. 光谱学与光谱分析，2013，33(8)：2227-2230.

[12] 张寿国，谢红波，李国忠．硅酸钙保温材料研究进展 [J]. 建筑节能，2006，34(1)：28-30.

[13] Kim H W，Kim H E，Knowles J C. Production and potential of bioactive glass nanofibers as a next-generation biomaterial [J]. Advanced Functional Materials，2006，16(12)：1529-1535.

[14] 焦志强．托贝莫来石型硅酸钙 [J]. 房产与应用，1996，(3)：25-29.

[15] Merlino S，Bonaccorsi E，Armbruster T. Tobermorites：their real structure and order-disorder (OD) character [J]. American Mineralogist，1999，84(10)：1613-1621.

[16] Merlino S，Bonaccorsi E，Armbruster T. The real structures of clinotobermorite and tobermorite 9Å：OD character，polytypes，and structural relationships [J]. European Journal of Mineralogy，2000，12(2)：411-429.

[17] Fumio S，Guomin M，Mitsuo H. Mechanochemical synthesis of hydrated calcium silicates by room temperature grinding [J]. Solid State Ionics，1997，101：37-43.

[18] 刘凤梅，韩守梅．利用水淬炉渣合成托贝莫来石的研究 [J]. 中国非金属矿工业导刊，2001，(4)：10-11.

[19] Shaw S，Clark S M，Henderson C M B. Hydrothermal formation of the calcium silicate hydrates，tobermorite and xonotlite：an in-situ synchrotron study [J]. Chemical Geology，2000，167(1-2)：129-140.

[20] 黄翔，江东亮，谭寿洪．生物活性硅酸钙晶须的赘合剂法水热合成 [J]. 无机材料学报，2003，18(1)：143-147.

[21] 林开利．纳米磷酸钙，硅酸钙及其复合生物与环境材料的制备和性能研究 [D]. 上海：华东师范大学，2008.

[22] 李懋强．水热合成硅酸钙微孔球形颗粒 [J]. 硅酸盐学报，2002，30(z1)：64-65.

[23] 梁宏勋，李懋强．硬硅钙石水热合成的形成历程及硝酸银对它的影响 [J]. 硅酸盐学报，2002，30(3)：295-296.

[24] 刘红艳，王丽，衣伟，等．利用工业电石渣合成硅酸钙保温材料 [J]. 实验室研究与探索，2010，29(1)：9-12.

[25] Elhemaly S A S，Mitsuda T，Taylor H F W. Synthesis of normal and anomalous tobermorites [J]. Cement and Concrete Research，1977，7(4)：429-438.

[26] Nocunwczelik W. Effect of some inorganic admixtures on the formation and properties of calcium silicate hydrates produced in hydrothermal conditions [J]. Cement and Concrete Research, 1997, 27(1): 83-92.
[27] Nocunwczelik W. Effect of Na and Al on the phase composition and morphology of autoclaved calcium silicate hydrates [J]. Cement and Concrete Research, 1999, 29(11): 1759-1767.
[28] Thevenin G, Pera J. Interaction between lead and different binders [J]. Cement and Concrete Research, 1999, 29(10): 1605-1610.
[29] Yousuf M, Mollah A. An infrared spectroscopic examination of cement-based solidification/stabilization system-portland types V and IP with zinc [J]. Journal of Environmental Science and Health Part, 1992, A27(6): 1503-1519.
[30] Lin C F, Lin T T, Huang T H. Leaching processes of the dicalcium and copper oxide solidification/stabilization system [J]. Toxico-Logical and Environ Chemistry, 1994, 44(1-2): 89-100.
[31] 王维邦. 耐火材料工艺学 [M]. 北京: 冶金工业出版社, 1994.
[32] 绿色和平组织. 煤炭的真实成本——粉煤灰调查报告 [R]. 2010.
[33] 中华人民共和国国家发展与改革委员会.《关于加强高铝粉煤灰资源开发利用的指导意见》. 发改办产业 [2011] 310号文.
[34] 中华人民共和国工业和信息化部.《大宗工业固体废物综合利用“十二五”规划》. 工信部规 [2011] 600号文.
[35] Jung J S, Park H C. Mullite ceramics derived from coal fly ash [J]. Journal of Materials Science and Letters, 2001, 20: 1089-1091.
[36] Dong Y C, Diwu J, Feng X F, et al. Phase evolution and sintering characteristics of porous mullite ceramics produced from the fly ash-$Al(OH)_3$ coating powders [J]. Journal of Alloys and Compounds, 2008, 460: 651-657.
[37] Li J H, Ma H W, Huang W H. Effect of V_2O_5 on the properties of mullite ceramics synthesized from high-aluminum fly ash and bauxite [J]. Journal ofhazardous Materials, 2009, 166: 1535-1539.
[38] 孙俊民, 程照斌, 李玉琼, 等. 利用粉煤灰与工业氧化铝合成莫来石的研究 [J]. 中国矿业大学学报, 1999, 28: 247-250.
[39] Guo A R, Liu J C, et al. Preparation of mullite from desilication-fly ash [J]. Fuel, 2010, 89: 3630-3636.
[40] Dai S F, Zhao L, Peng S P, et al. Abundances and distribution of minerals and elements in high alumina coal fly ash from the Jungar power plant, Inner Mongolia, China [J]. International Journal of Coal Geology, 2010, 81: 320-332.
[41] 李会泉, 李少鹏, 李勇辉, 等. 一种利用粉煤灰脱硅母液生产硅酸钙的方法 [P]. 中国发明专利申请号: 201210005534. 4.
[42] 李会泉, 李少鹏, 李勇辉, 等. 一种利用粉煤灰生产莫来石的方法 [P]. 中国发明专利申请号: 201210005536. 3.
[43] Brown P, Jones T, BéruBé K. The internal microstructure and fibrous mineralogy of fly ash from coal-burning power stations [J]. Environmental Pollution, 2011, 159: 3324-3333.
[44] 贺祯, 赵彦钊, 殷海荣, 等. 粉煤灰的特性及其应用与发展 [J]. 陶瓷, 2008,

(4): 10-12.

[45] Ramsden R A, Shibaoka M. Characterization and individual fly ash particles from coal-fired station by a combination of optical microscopy, electron microscopy and quantitative electron microprobe analysis [J]. Atmos. Environ. 1982, 16(9): 2191-2198.

[46] 孙俊民，韩德馨，姚强，等．燃煤飞灰的显微结构类型与显微结构特征 [J]. 电子显微结构，2001，20(2): 140-147.

[47] 钱觉时，吴传明，王智．粉煤灰的矿物组成(下) [J]. 粉煤灰综合利用，2001，(1): 26-31.

[48] 陈江峰，邵龙义．高铝粉煤灰特性及其在合成莫来石和堇青石中的应用 [M]. 北京：地质出版社，2009.

[49] Vassilev S V, Menendez R, Sornoano-Diaz M, et al. Phase-mineral and Chemical Composition of Coal Fly Ashes as a Basis for Their Multicomponent Utilization. 2. Characterization of ceramic cenosphere and salt concentrates [J]. Fuel, 2004, 83(4-5): 585-603.

[50] Hower J C, Robertson J D, Thomas G A, et al. Characterization of Fly Ash from Kentucky Power Plants [J]. Fuel, 1996, 75(4): 403-411.

[51] Gonzalez A, Navia R, Moreno N. Fly Ashes from Coal and Petroleum Coke Combustion: Current and Innovative Potential Applications [J]. Waste Manage, 2009, 27(10): 976-987.

[52] 杨波，王京刚，张亦飞，等．常压下高浓度 NaOH 浸取铝土矿预脱硅 [J]. 过程工程学报，2007，7(5): 922-927.

[53] 刘今，巩前明，吴若琼，等．低品位铝土矿预脱硅工艺及动力学研究 [J]. 中南工业大学学报，1998，29(2): 145-148.

[54] 张战军，孙俊民，曹瑞宗，等．高铝粉煤灰的深度脱硅方法 [P]. 申请号：201310183592. 0.

[55] 公彦兵，孙俊民，张生，等．一种高铝粉煤灰预脱硅同步降低碱含量的方法 [P]. 申请号：201310183477. 3.

[56] 谭蔚，朱国瑞，刘丽艳，等．高铝粉煤灰中非晶态二氧化硅的脱除方法 [P]. 申请号：201310218963. 4.

[57] 王华，张强，宋存义．莫来石在粉煤灰碱性溶液中的反应行为 [J]. 粉煤灰综合利用，2001，(5): 24-27.

[58] 罗琳，刘永康，何伯泉．一水硬铝石-高岭石型铝土矿焙烧脱硅热力学机理研究 [J]. 有色金属，1999，51(1): 25-30.

[59] 杜淄川，李会泉，包炜军，等．高铝粉煤灰碱溶脱硅过程反应机理 [J]. 过程工程学报，2011，11(3): 442-447.

[60] Schilm J, Herrmann M, Michael G. Kinetic study of the corrosion of silicon nitride material in acid [J]. Journal of the European Ceramic Society, 2003, 23(4): 577-584.

[61] Kong L B, Zhang T S, Ma J, et al. Anisotropic grain growth of mullite in high-energy ball milled powders doped with transition metal oxides. Journal of the European Ceramic Society, 2003, 23(13): 2247-2256.

[62] 李金洪．高铝粉煤灰制备莫来石陶瓷的性能及烧结反应机理 [D]. 北京：中国地质

大学，2007.
[63] Mollah M Y A，Promreuk S，Schennach R，et al. Cristobalite formation from thermal treatment of Texas lignite fly ash [J]. Fuel，1999，78：1277-1282
[64] 李歌，马鸿文，刘浩，等. 粉煤灰碱溶脱硅液碳化法制备白炭黑的实验与硅酸聚合机理研究 [J]. 化工学报，2011，62(12)：3580-3587.
[65] Liu J. Pore Size Control of Mesoporous Silicas from Mixtures of Sodium Silicate and TEOS [J]. Microporous Mesoporous Mater，2007，106(1)：62-67.
[66] Kalapathy U，Proctor A，Shultz J. A Simple Method for Production of Pure Silica from Ricehull Ash [J]. Bioresour. Technol，2000，3(3)：257-262.
[67] Ouyang C，Chen S G，Che B. Aggregation of Azo Dye Orange Ⅰ Induced by Polyethylene Glycol in Aqueous Solution [J]. Colloids and Surfaces A-Physicochemical and Engineering Aspects，2007，301(1-3)：346-351.
[68] Jesionowski T，Krysztafkiewicz A，Zurawska J，et al. Novel Precipitated Silicas：An Active Filler of Synthetic Rubber [J]. Journal of Materials Science，2009，44(3)：759-769.
[69] Lee S W，Kang G，Park S B. New Approach for Fabrication of Folded-structure SiO_2 Using Oyster Shell [J]. Micron，2009，40(7)：713-718.
[70] 朱永康. 气相法白炭黑用于橡胶补强与现状综述 [J]. 橡塑技术与装备，2011，37(6)：7-17.
[71] 吉娜. 利用锆硅渣制备白炭黑和沉淀法白炭黑品级评判研究 [D]. 北京：中国地质大学，2009.
[72] 方俊. 粉煤灰渣湿法制备水玻璃和白炭黑工艺研究 [D]. 淮南：安徽理工大学，2013.
[73] 荆富，伊茂森，张忠温，等. 粉煤灰提取白炭黑和氧化铝的研究 [J]. 中国工程科学，2012，14(2)：96-106.
[74] 孙俊民，张战军，张晓云，等. 一种利用高铝粉煤灰生产白炭黑的方法及其系统 [P]. 中国. 2008/0112619. 6.

过程制造业绿色化升级转型技术路线图预测[1～5]

全球范围的制造业正在经历深刻的变化，在向高价值制造、高技术化、智能化制造升级的同时，向可持续的绿色制造-资源循环-低碳经济转变已成为主导趋势和人类共同的战略目标。

面向大规模矿产、油气、生物质资源转化利用的过程制造业绿色化技术升级，以冶金、化工、原材料等典型高能耗、重污染生产过程为切入点，面向未来10～20年，重点研发突破技术（见表8-1）。

表8-1 过程制造业绿色化技术路线

项目	2020年前后 → 2030年前后
矿产资源高效清洁转化利用的绿色化工冶金集成技术	亚熔盐等非常规介质活化催化理论、清洁氧化技术理论与新应用 亚熔盐矿物分解、节能相分离、短程内循环、碱金属解离、优化放大集成应用扩展：突破我国重大难处理战略资源钒钛磁铁矿、一水硬铝石矿、铌、钽、锆、钨、钼、硼等的高效清洁综合利用技术难题 资源转化与高附加值材料一体化短流程的高端化转型
二次资源循环利用	建立金属废弃物数据库与优势判断模型 用冶金物化/介质与多场强化提升含金属废弃物处理技术 10年内将金属再生循环利用率由25%提升到50% 大宗工业固废资源化，高铝粉煤灰、赤泥综合利用技术等产业化成功推广 电动汽车动力电池短程逆向循环新技术产业化静脉与动脉产业结合一体化
绿色产品设计	产品绿色化推进： 基于环境特性的模块化设计方法 产品的长寿命设计、可拆卸性设计、面向回收的设计 面向产品使用维护的易维修和易升级的模块和接口设计、产品绿色设计的工具集成 绿色产品评价体系和评价方法
环境核心技术	污染源解析诊断评估方法： 行业污染源识别分类、行业关键技术环境影响技术诊断评估 重污染行业工业废水强化处理与资源化、能源化、水循环利用技术创新与产业化推进；突破新老煤化工难降解有机废水、高盐、高氨氮重金属废水处理产业化技术难题 大宗工业废弃物资源化： 多产业固废链接-协同资源化 化工冶金工业园区多过程污染协同控制 有毒有害化学污染物的过程控制、风险管理，有毒化学品替代技术，如涉汞、电镀、化肥农药等行业 区域大气污染综合治理

（1）矿产资源高效清洁转化利用的绿色化工冶金集成技术

深入研究亚熔盐、离子液体等非常规介质活化转化、节能相分离、短程内循环、碱金属离子解离等原创技术和优化放大产业化设计。与铁的直接还原技术结合，重点突破我国重大难处理战略资源钒钛磁铁矿、一水硬铝石矿、硼铁矿、稀有金属氧化矿等的高效清洁综合利用技术难题，实现大幅度提高资源利用率、节能减排的重大突破。资源-材料一体化短流程的产品高端化转型，如亚熔盐化工冶金技术中间体直接衔接氢还原、电化学解离、萃取等分离技术获得高附加值高纯金属材料，10 年内完成原始创新研究到工程应用。

（2）二次资源循环利用与绿色产品设计

① 建立金属废弃物数据库与优势判断模型，定量预测回收重要性与技术可行性和成本；运用源头污染控制先进技术方法，综合运用多学科交叉、耦合化学场与物理场强化手段，提升含金属废弃物处理技术；10 年内将金属再生循环利用率由 25%提升到 50%，实现清洁高效的金属再生循环与废弃物消减，可从根本上缓解我国金属资源的对外依存度，大幅度节能减排；同步考虑大宗工业固废资源化技术产业化推进。

② 结合电化学、表面工程修复技术、绿色产品设计，从建立电动汽车动力电池短程逆向循环新技术切入，实现静脉与动脉产业结合一体化新模式。

③ 绿色产品设计。绿色设计技术包括产品的绿色设计准则、基于环境特性的模块化设计方法、产品的长寿命设计、可拆卸性设计、面向回收的设计、面向产品使用维护的易维修和易升级的模块和接口设计、产品绿色设计的工具集成等。这方面，过程制造业与离散制造业的界限已越来越模糊。绿色产品将成为世界主要市场的主导产品，迫切需要建立适合我国国情、技术、资源和环境水平及行业特点的绿色产品评价体系和评价方法，而国内研究积累很少，影响了我国融入全球经济。

（3）环境核心技术

环境核心技术是指运用绿色化学化工理论方法和源头减排技术的多学科交叉方法提升传统环境工程技术，包括如下几种：

- 污染源解析-行业污染源识别、分类与技术诊断评估方法；
- 与源头减排整合的全过程污染控制技术；
- 重污染行业工业废水强化处理与资源化、能源化、水循环利用技术，突破新老煤化工难降解有机废水、高盐、高氨氮重金属废水处理低成本产业化技术难题；
- 重金属污染场地快速修复技术与设备；
- 大宗工业废弃物资源化，多产业工业固废链接-协同资源化；
- 重化工聚集工业园区多过程污染协同控制；
- 有毒有害化学污染物的过程控制、风险管理与有毒化学品替代技术；
- 废气多污染物协同控制技术与装备。

以上技术将取得重要突破性进展。

（4）基于绿色制造的环境优先与环境影响识别准则集成的多尺度模拟、算法与优化放大的设计技术

多相复杂系统流动、传递、反应耦合过程与设备机理模型建立及模拟算法/模拟放大的优化设计技术，2030 年前后将取得工程放大的辅助设计应用。过程工业绿色制造

技术路线图中，新反应介质替代技术见图 8-1，高效催化技术见图 8-2，过程强化与设备见图 8-3。

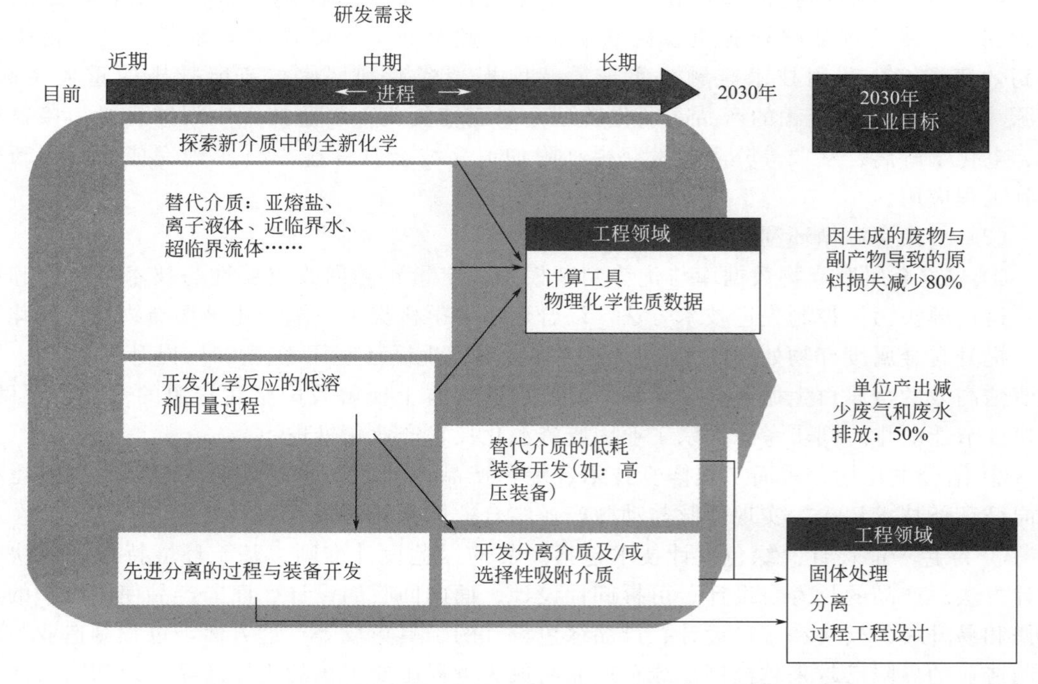

■ 图 8-1 过程工业绿色制造技术路线图——新反应介质替代技术

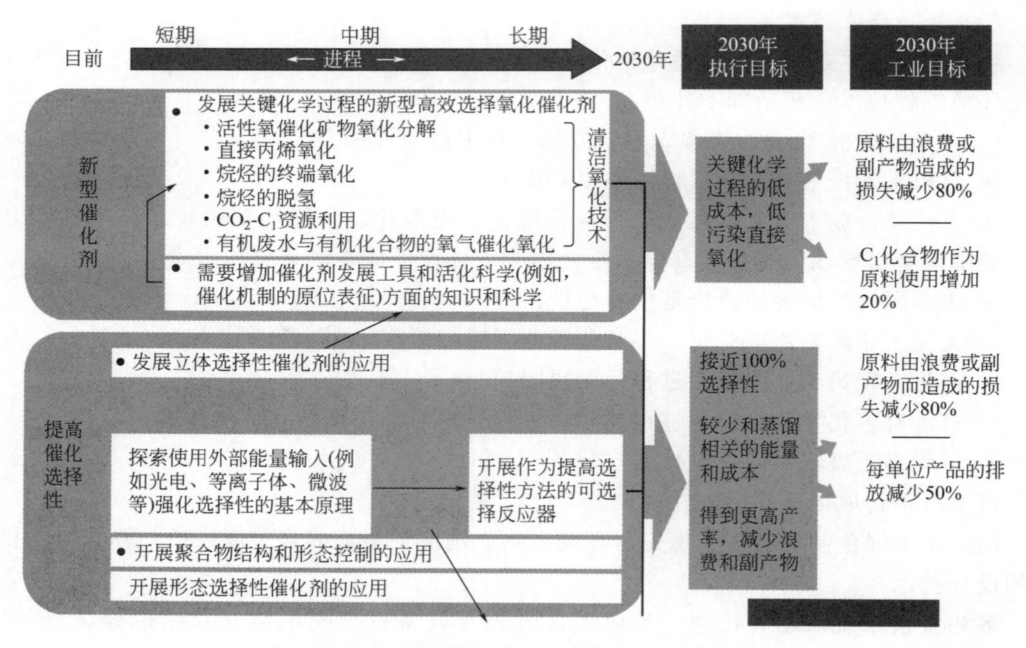

■ 图 8-2 过程工业绿色制造技术路线图——高效催化技术

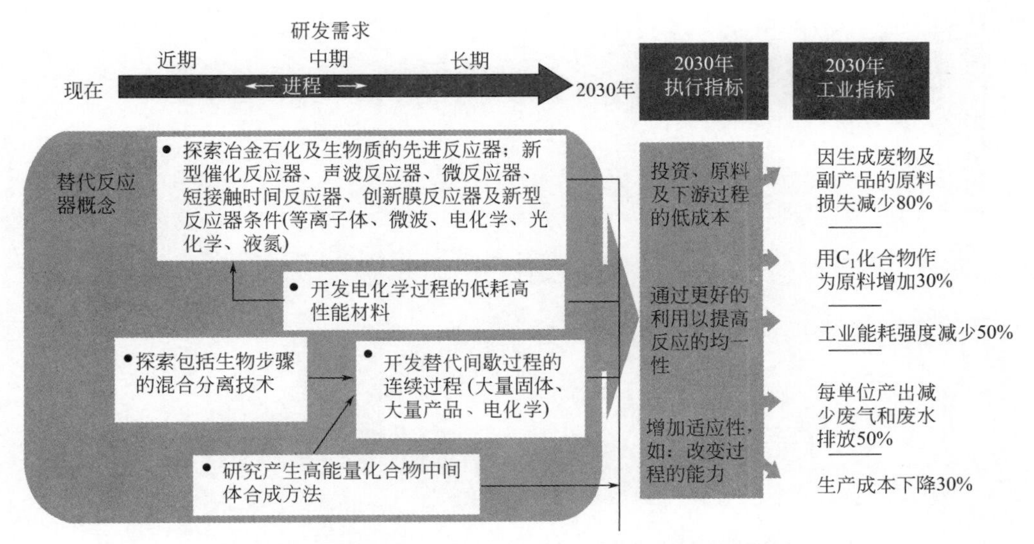

■ 图 8-3 过程工业绿色制造技术路线图——过程强化与设备

参 考 文 献

[1] 中国科学院．科技发展新态势与面向 2020 年的战略选择．北京：科学出版社，2013.

[2] 中国科学院先进制造领域战略研究组．中国至 2050 年先进制造科技发展路线图．北京：科学出版社，2009.

[3] IChemE. A Roadmap for 21st Century Chemical Engineering，www. icheme. org/TechnicalRoadmap，2007.

[4] 张懿，徐滨士，段广洪．绿色制造技术发展的重点与趋势．中国科学院．高技术发展报告．北京：科学出版社，2007.

[5] Anastas P T，Heine L G，Williamson T C. Green engineering. Washington，D. C.：American Chemical Society，2000.